国家级一流本科课程配套教材

2008年度普通高等教育精品教材

普通高等教育“十一五”国家级规划教材

普通高等教育“十四五”规划教材

# 机械制图与计算机绘图

# Mechanical Drawing and Computer Aided Drawing

## 第2版

张淑娟　赵凤芹　周静卿　主编



中国农业大学出版社

·北京·

# 内 容 简 介

本书是在普通高等教育“十一五”国家级规划教材的基础上，根据教育部最新制定的“普通高等院校工程图学课程教学基本要求”及“新工科”建设要求，并结合作者多年来在国家级一流本科课程、国家精品资源共享课程、国家精品课程及慕课课程，还有课程的配套教材、教学资源建设等方面的教学研究与改革的成果编写而成。

本书的内容包括点、直线和平面的投影，立体的投影，制图的基本知识，组合体的视图，轴测投影图，机件的表达方法，标准件与常用件，零件图，装配图，AutoCAD 二维绘图，SolidWorks 三维建模，其他工程图。

本书可作为高等学校机类、近机类各专业的“工程图学”系列课程教学用书，也可供机械工程领域的工程技术人员参考。

**图书在版编目(CIP)数据**

机械制图与计算机绘图/张淑娟，赵凤芹，周静卿主编. --2 版. --北京：中国农业大学出版社，2023.5

ISBN 978-7-5655-2955-9

Ⅰ. ①机… Ⅱ. ①张… ②赵… ③周… Ⅲ. ①机械制图—高等学校—教材 ②计算机制图—高等学校—教材 Ⅳ. ①TH126

中国国家版本馆 CIP 数据核字（2023）第 036388 号

**书　　名** 机械制图与计算机绘图 第 2 版
JIXIEZHITU YU JISUANJI HUITU DI-ER BAN

**作　　者** 张淑娟 赵凤芹 周静卿 主编

**策划编辑** 张秀环　　**责任编辑** 张秀环

**封面设计** 中通世奥图文设计

**出版发行** 中国农业大学出版社

**社　　址** 北京市海淀区圆明园西路 2 号　　**邮政编码** 100193

**电　　话** 发行部 010-62733489, 1190　　读者服务部 010-62732336
编辑部 010-62732617, 2618　　出 版 部 010-62733440

**网　　址** http://www.cau.edu.en/caup　　**E-mail** cbssEs@cau.edu.cn

**经　　销** 新华书店

**印　　刷** 运河(唐山)印务有限公司

**版　　次** 2023 年 10 月第 2 版　　2023 年 10 月第 1 次印刷

**规　　格** 185mm×260mm　　16 开本　　30 印张　　730 千字

**定　　价** 93.00 元

# 第 2 版编委会名单

主　编　张淑娟　(山西农业大学)
　　　　赵凤芹　(营口理工学院)
　　　　周静卿　(华南农业大学)
副主编　武志明　(山西农业大学)
　　　　孙海霞　(山西农业大学)
　　　　宁旺云　(云南农业大学)
　　　　全腊珍　(湖南农业大学)
　　　　郭葆春　(内蒙古农业大学)
　　　　陶　冶　(华南农业大学)
　　　　徐伟君　(安徽农业大学)
参　编　(按照姓氏笔画排序)
　　　　丁　乔　(北京石油大学)
　　　　王漫潼　(营口理工学院)
　　　　邓春香　(湖南农业大学)
　　　　许　伟　(安徽农业大学)
　　　　阳厚森　(云南农业大学)
　　　　苏　赫　(内蒙古农业大学)
　　　　李　捷　(华南农业大学)
　　　　吴慕春　(华南农业大学)
　　　　陈　霖　(四川农业大学)
　　　　陈思思　(营口理工学院)
　　　　武海燕　(山西农业大学)
　　　　范　斌　(内蒙古农业大学)
　　　　图　雅　(内蒙古农业大学)
　　　　赵聪慧　(山西农业大学)
　　　　钱淑香　(山东农业大学)
　　　　唐艳芹　(华南农业大学)
　　　　薛建新　(山西农业大学)

# 第 1 版编委会名单


主　编　周静卿　(华南农业大学)

　　　　张淑娟　(山西农业大学)

　　　　赵凤芹　(沈阳农业大学)

副主编　宁旺云　(云南农业大学)

　　　　全腊珍　(湖南农业大学)

　　　　徐　岩　(沈阳农业大学)

　　　　郭葆春　(内蒙古农业大学)

　　　　陶　冶　(华南农业大学)

　　　　徐伟君　(安徽农业大学)

参　编　(按照姓氏笔画排序)

　　　　丁　乔　(东北农业大学)

　　　　邓春香　(湖南农业大学)

　　　　白雪卫　(沈阳农业大学)

　　　　刘翠红　(沈阳农业大学)

　　　　许　伟　(安徽农业大学)

　　　　阳厚森　(云南农业大学)

　　　　李　捷　(华南农业大学)

　　　　李　静　(西南大学)

　　　　吴慕春　(内蒙古农业大学)

　　　　陈　霖　(四川农业大学)

　　　　陈丽君　(沈阳农业大学)

　　　　赵　萍　(沈阳农业大学)

　　　　夏　玲　(河北农业大学)

　　　　钱淑香　(山东农业大学)

　　　　唐艳芹　(华南农业大学)

　　　　廖宇兰　(海南热带作物大学)

　　　　穆继卫　(内蒙古农业大学)

# 第 2 版前言

本教材是在普通高等教育“十一五”国家级规划教材的基础上，根据教育部最新制定的“普通高等院校工程图学课程教学基本要求”，并结合作者多年来教学改革的经验编写而成的。本教材的第 1 版荣获 2008 年度普通高等教育精品教材奖。

编写组成员多年来致力于本科“工程图学”教学改革与实践，开展“工程图学”课程的系列教学研究，在国家精品课程、国家精品资源共享课程、国家级一流本科课程、省普通本科教育课程思政示范课程慕课课程建设以及课程的教材建设、教学资源建设等方面都取得了系列成果。

在本书的编写过程中，我们力图将慕课课程线上教学资源和线下教材内容学习相结合，依据高校应用型人才培养的实际需要，突出理论知识的系统性、工程应用的实践性和教材内容的先进性。本书主要有以下特点：

(1) 重视课程思政的有机融入。本书强调“知识、能力和素质”三位一体的学生培养目标，落实立德树人的根本任务，培养德智体美劳全面发展的社会主义建设者和接班人。

(2) 突出理论知识的系统性。教材内容编排首先从点、线、面投影到立体的投影，再到制图的基本知识、机械图和计算机绘图内容的学习。教材内容系统且易于理解。

(3) 注重教材内容的先进性。本书采用《机械制图》和《技术制图》最新国家标准；选用最新版的计算机绘图软件绘制机械图，增加三维立体建模内容。

(4) 注重工程应用的实践性。在配套的《机械制图与计算机绘图习题集》中，既有尺规绘图的练习，也有徒手绘图和计算机绘图的练习，注重实践绘图能力的培养，同时注重教材中例题和习题集中题目的难度和梯度。

(5) 将教材内容各章节以及各部分的标题等用汉、英两种语言编写，力求适应双语教学要求。

(6) 将课程慕课的线上教学资源与线下教材内容有机融合，力求更加方便学生学习。

本书由张淑娟、赵凤芹和周静卿任主编，武志明、孙海霞、宁旺云、全腊珍、郭葆春、陶冶、徐伟君任副主编。编写人员具体分工如下：张淑娟编写绪论，郭葆春、范斌、苏赫、图雅编写第 1 章，张淑娟、丁乔和钱淑香编写第 2 章，全腊珍、邓春香编写第 3 章和第 6 章，郭葆春、范斌、苏赫、图雅、陈霖编写第 4 章，宁旺云、阳厚森编写第 5 章和第 12 章，陶冶、吴慕春、孙海霞编写第 7 章，徐伟君、许伟、孙海霞编写第 8 章，周静卿、李捷、唐艳芹、孙海霞编写第 9 章，赵凤芹、王漫潼、陈思思编写第 10 章，武志明编写第 11 章，武海燕编写本教材的附录部分。

山西农业大学的薛建新录制了“机件的表达方法”微课视频，赵聪慧录制了“标准件和常用件”微课视频，张淑娟录制了“零件图技术要求”微课视频，孙海霞制作了装配图一章中“虎钳和齿轮泵装配体的装拆”微课视频。学生可在教材中通过移动端扫描二维码使用这些数字资源。

本书在编写过程中参考了一些已出版的教材和文献，在此向作者表示衷心的感谢！

限于编者水平有限，教材中难免有不妥之处，敬请广大同仁及读者惠于指正，不吝赐教，在此谨表谢意。

编　者

2023 年 1 月

# 第1版前言

为满足21世纪人才培养的需求，本书依据新修订的“画法几何及机械制图课程教学基本要求”和高等学校工科制图课程教学指导委员会提出的“画法几何、工程制图、计算机绘图系列课程内容与体系改革建议”，并吸取各兄弟院校多年来教学改革的成功经验和同行专家们的意见编写而成。

本教材定位于全国农业院校机械类各专业(本科)学生使用，也可供近机类和非机类各专业学生选用，教材内容严谨，叙述简洁，结构紧凑，实用性强，并具有一定的前瞻性，考虑到农业院校的特点，在内容的选取上，突出基本知识、基本理论和基本技能，以正投影法为理论基础，以图形表达为中心，形体分析、线面分析和结构分析为基本方法，逐步培养学生空间形体想象能力和构思、创造、设计能力，并加强学生动手能力的结养。本教材丰富和加强了计算机绘图的理论知识和应用技能，重点培养学生计算机绘图的实际能力。

教材中选用最新的国家标准，如在第6章机件的各种表达方法中，不再使用阶梯剖、斜剖、旋转剖等剖切面的简称，图采用与国际标准相一致的术语。

为逐步适应双语教学的要求，教材还将各章、节以及各部分的标题等，用汉、英两种语言编写，以期逐步提高教师与学生的专业英语水平。

本教材有配套的习题集，习题由易到难，由浅入深，循序渐进，数量及难度适中。

本教材由华南农业大学周静卿教授、山西农业大学张淑娟教授及沈阳农业大学赵凤芹教授任主编，参加编写的有全国10多所农业院校的20多位教师。周静卿，东北农业大学丁乔编写绪论；内蒙古农业大学郭葆春编写第1章第1、5、6、7节及第4章第1、4节，内蒙古农业大学穆继卫编写第1章第2、3、4节：郭葆春和四川农业大学陈霖编写第4章第2、3节；张淑娟和山东农业大学钱淑香编写第2章第1节；张淑娟编写第2章第2节；张淑娟、丁乔编写第2章第3节；湖南农业大学全腊珍、邓春香，海南热带作物大学廖宇兰和河北农业大学夏玲编写第3、6章：云南农业大学宁旺云、阳厚森和西南农业大学李静编写第5、11章；华南农业大学陶冶、吴慕春编写第7章：安徽农业大学徐伟君、许伟编写第8章：华南农业大学周静卿、李捷、唐艳芹编写第9章：沈阳农业大学赵凤芹、徐岩、陈丽君、赵萍、刘翠红、白雪卫编写第10章。此外，周静卿、张淑娟、赵凤芹、徐伟君等对各章节的审核及校正做了大量的工作，与书配套的电子教案和习题指导光盘由沈阳农业大学赵凤芹任主编，参加制作的人员有沈阳农业大学赵凤芹、徐岩、陈丽君、赵萍、刘翠红、白雪卫、李永奎、周立瑶和抚顺石油化工大学王丽艳。

由于我们水平有限，本书难免存在缺点和错漏，欢迎读者批评指正。

编　者

2007年7月

# 目　录

# 绪　　论
# Introduction

**1．本课程的性质和内容**

机械制图是一门既有系统理论又有较强实践性的、工科学生必修的技术基础课，它研究绘制和阅读工程图样的基本理论和基本方法，是培养学生尺规绘图、徒手绘草图和计算机绘图能力，提高学生空间想象能力、空间思维能力和创新能力的一门学科。在工程界，工程图样是人们表达和交流技术思想的重要工具，是工程技术部门的一种重要技术文件，工程技术人员通过绘制图样来表达自己的设计意图，并通过阅读图样来领会他人的技术思想。因此图样被称为"工程师的语言"，每个工程技术人员都必须掌握和运用这种"语言"，即必须具备绘制和阅读工程图样的能力。

本课程内容包括投影理论、制图基础、机械图、计算机绘图和其他工程图部分。投影理论部分主要介绍正投影法的基本原理和基本方法，研究用正投影法表达空间几何形体和图解简单的空间几何问题；制图基础部分学习和贯彻制图国家标准及其他有关标准、规定。训练用仪器和徒手绘图的操作技能，培养绘制和阅读图样的基本能力；机械图部分培养绘制和阅读机器或部件的零件图和装配图的基本能力；计算机绘图部分主要介绍用 AutoCAD2020 计算机绘图软件绘制机械图的基本操作及主要命令的使用方法，介绍用 SolidWorks2021 三维建模软件绘制和表达零件三维模型与部件三维装配体的能力，培养学生利用计算机二维、三维绘图软件三维建模和绘制机械零件图与装配图的基本能力。

**2．本课程的主要任务**

本课程的主要任务如下：

(1) 学习和掌握正投影法的基本原理和方法。

(2) 培养仪器绘图、徒手绘图和计算机绘图的动手能力。

(3) 培养正确运用国家标准及有关规定绘制和阅读机械图样的基本能力。

(4) 培养空间想象能力、空间思维能力和开拓创新精神。

(5) 培养严谨细致的工作作风和认真负责的工作态度。

总之，在本课程专业内容的学习过程中，牢记立德树人的根本任务，贯彻"以学生为中心"的知识、能力和素质三位一体全面培养的教学理念。学习《国家机械制图和技术制图标准》，培养学生严格按照规矩办事、精益求精的工匠精神；以行业专家、校友的典型事迹为示范引导，培养学生的专业兴趣、家国情怀、责任担当。把三种能力和三种意识作为教学重点，即培养学生的图学思维和空间想象能力、形体的构形分析能力、图形表达能力以及工程意识、设计构型创新意识、遵守标准和规范的意识，为后续专业课程学习奠定扎实的基础。

### 3．本课程的学习方法

在本课程的学习过程中，应注重理论联系实际。要认真学习投影原理，掌握正投影的基本作图方法，在理解基本概念的基础上，由浅入深地通过一系列的绘图和读图实践，不断地由物画图，由图想物，分析和想象空间形体与图样上图形之间的对应关系，逐步提高空间逻辑思维能力和形象思维能力，因此，在学习本课程时应做到：

(1) 注意线上慕课和线下资源在学习过程中的有机融合，注意课堂学习中积极参与师生间、学生间互动交流。

(2) 严格、认真、及时地完成一系列的作业和练习，注意画图与看图相结合，多画、多看、多想，反复联系和理解空间物体与图样之间的对应关系，逐步培养和提高空间思维能力和想象能力。

(3) 学会正确使用绘图工具和仪器，掌握正确的画图和看图步骤，通过大量的画图与看图练习，不断提高画图和看图的技能。

(4) 注意认知常见机械和学习机械加工工艺知识及国家制图标准和有关技术标准，严格遵守国家标准的有关规定，掌握查阅和使用有关标准和资料的方法。

(5) 在学习计算机绘图内容时，要注意加强上机实践，在掌握用计算机绘图软件绘制机械图和三维建模基本方法的前提下，不断提高计算机绘图的技巧和能力。

通过本课程的学习和训练，逐步培养学生自觉运用各种作图手段进行构思、分析、解决和表达工程问题的能力，为顺利完成后续课程的学习和今后工作中熟练地绘制和阅读机械图以及机械三维建模打下良好的理论基础和实践基础。

# 第 1 章　点、直线和平面的投影

# Chapter 1　Projection of Points, Straight Lines and Planes

本章主要介绍投影法的基本理论；点、直线和平面的投影及其相对位置关系；变换投影面法的基本知识及作图方法。

本章重点掌握点的投影规律、直线和平面的投影特性；掌握由两面投影求第三面投影以及平面上取点和直线的作图方法。本章难点是根据直线与平面以及两平面的相对位置的几何条件，掌握它们的投影作图的方法。

## 1.1　投影法概述(Introduction of projection methods)

### 1.1.1　投影法的基本概念(Basic concepts of projection methods)

物体受到灯光或其他光源照射，在桌面上或墙壁上就会呈现影子，见图 1-1(a)。人们将这种自然现象加以科学抽象和归纳，形成了投影的概念。如图 1-1(b)所示，我们称光源为投射中心 *S*，将平面 *ABCD* 称为空间物体，平面 *H* 称为投影面，把各条光线 *SA*、*SB*、*SC*、*SD* 称为投射线，平面 *ABCD* 在 *H* 面上的影子 *abcd* 称为投影。可见，投影中心 *S*、空间物体(平面 *ABCD*)、投影面 *H* 是形成投影的 3 个要素。

投射线通过空间物体向选定的面投射，在该面上得到物体投影的方法称为投影法。如图 1-2 所示，设定平面 *H* 为投影面，不属于该面的定点 *S* 为投射中心，从投射中心发出的投

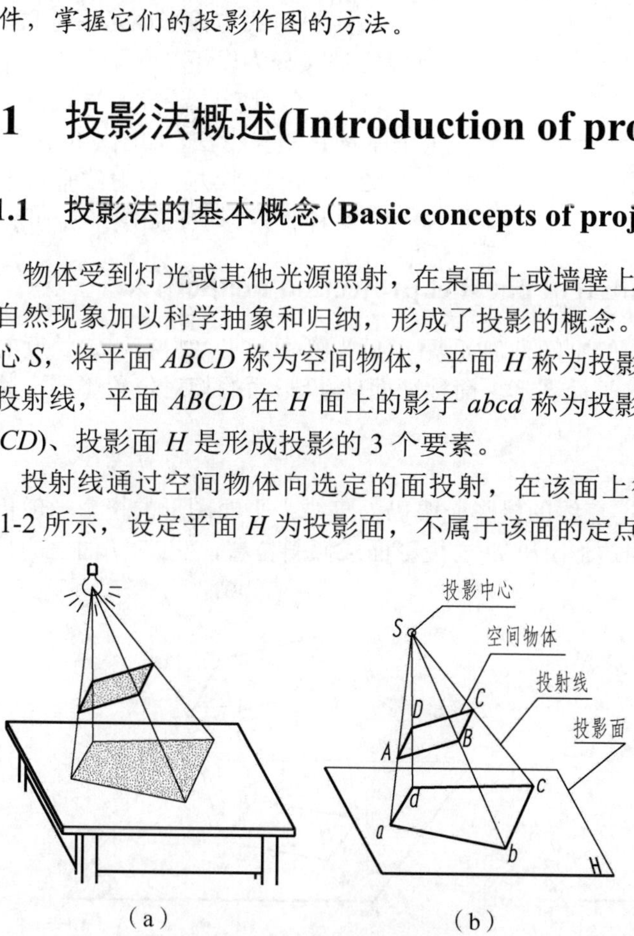


**图 1-1　投影三要素及中心投影法**

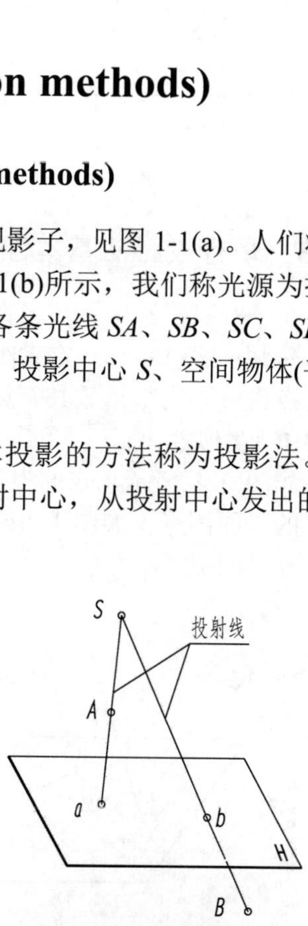


**图 1-2　投影概念**

射线通过空间点 $A$ 与投影面 $H$ 相交于点 $a$，点 $a$ 称为空间点 $A$ 在投影面 $H$ 上的投影。同理，投射线 $SB$ 与投影面 $H$ 的交点 $b$ 称为空间点 $B$ 在投影面 $H$ 上的投影。

## 1.1.2 投影法的分类(Classification of projection methods)

投影法一般分为中心投影法和平行投影法两种。

### 1.1.2.1 中心投影法

如图 1-1(b)所示，所有投射线都汇交于一点的投影法(投射中心位置固定于有限远处)称为中心投影法。用中心投影法得到的投影，其大小和形状与物体到投影面的距离、位置有关，当平面 *ABCD* 靠近或远离投影面时，它的投影 *abcd* 就会变小或变大，且一般不能反映空间平面 *ABCD* 的真实大小和形状。

### 1.1.2.2 平行投影法

当投射中心距离投影面无限远时，投射线趋于相互平行，这种投射线相互平行的投影法称为平行投影法，如图 1-3 所示。在平行投影法中，若平行移动空间物体，其投影的大小和形状都不会改变。

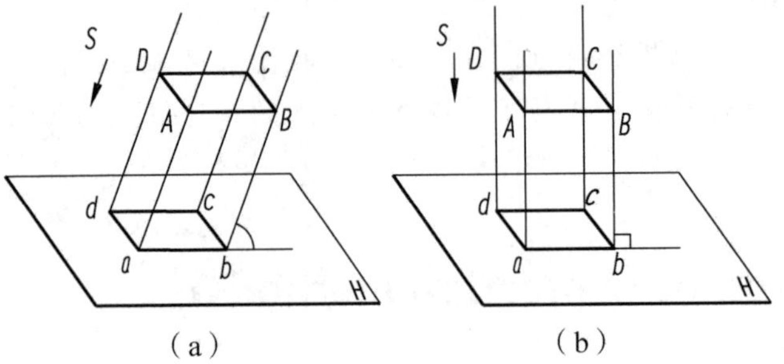


图 1-3 平行投影法

按照投射线与投影面是否垂直，平行投影法又分为以下 2 种。

(1) 斜角投影法：投射线倾斜于投影面，简称斜投影法，如图 1-3(a)所示；

(2) 直角投影法：投射线垂直于投影面，简称正投影法，如图 1-3(b)所示。

## 1.1.3 平行投影法基本性质(Essential of parallel projection method)

在平行投影法中，点、直线和平面等空间几何元素(以后为简便起见，将有一定长度的线段，简称直线；将有一定大小和形状的平面图形，简称平面)与投影面的相对位置不同，其投影特点也就不同。一般具有如下特性。

### 1.1.3.1 类似性

如图 1-4 所示，点的投影仍为点；直线的投影一般仍为直线；平面图形的投影一般仍为类似的平面图形。如图 1-4(b)所示，四边形 *ABCD* 与投影面成倾斜位置，它在 $H$ 面上的投影 *abcd* 仍为四边形。

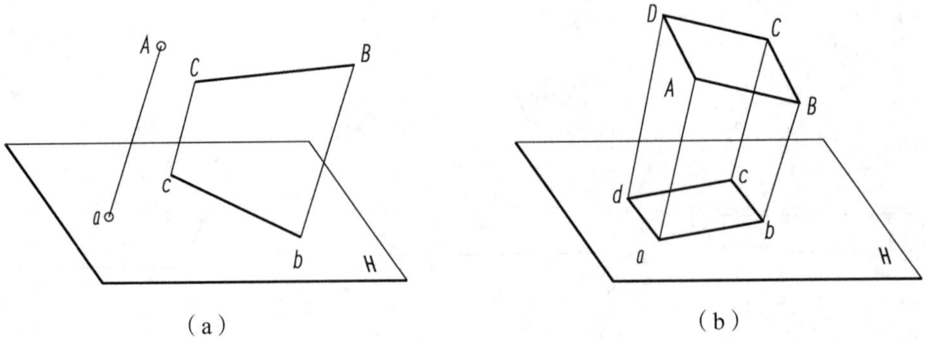


图 1-4 直线和平面投影的类似性

### 1.1.3.2　积聚性

如图 1-5 所示，当直线或平面平行于投射线时，其投影有积聚性。即：平行于投射线的直线 *AB* 的投影积聚为一点 *a(b)*；与投射线平行的平面△*CDE*，其投影积聚成一直线 *cde*。

### 1.1.3.3　实形性

若直线平行于投影面，则它在该投影面上的投影反映其实长(真实长度)；若平面平行于投影面，则它在该投影面上的投影反映其实形(空间真实形状)。如图 1-6 所示，直线 *AB*∥*H*，其投影 *ab* 反映 *AB* 的实长，即：*ab*=*AB*；平面△*CDE*∥*H* 面，其投影△*cde* 反映△*CDE* 的实形，即：△*cde*≌△*CDE*。

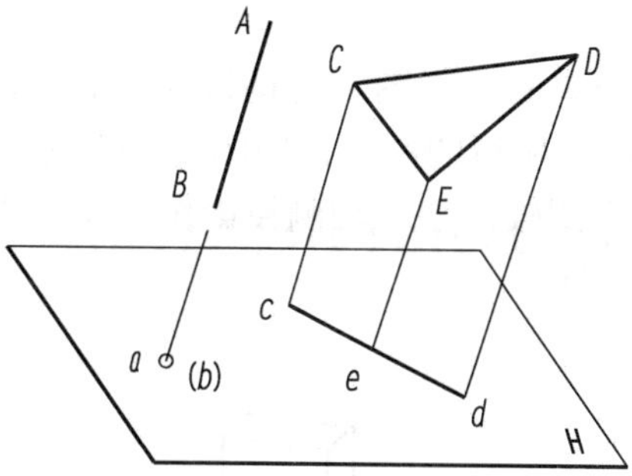


图 1-5　投影的积聚性

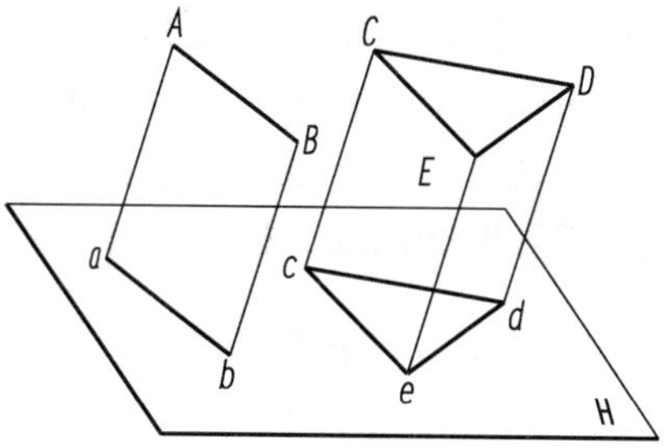


图 1-6　投影的实形性

### 1.1.3.4　从属性

若点在直线上，则点的投影必在该直线的投影上。如图 1-7 所示，空间点 *K*∈*AB*，则投影 *k*∈*ab*。换言之，点属于直线，投影后从属关系不变。

### 1.1.3.5　平行性

若空间两直线相互平行，则其投影也互相平行。如图 1-8 所示，若空间直线 *AB*∥*CD*，则投影 *ab*∥*cd*。

### 1.1.3.6　等比性

如图 1-7 和图 1-8 所示，点分线段长度之比等于其投影长度之比；平行两线段长度之比等于其投影长度之比，即 *AK*∶*KB*＝*ak*∶*kb*，*AB*∶*CD*＝*ab*∶*cd*。换言之，空间点分线段之比和平行两线段长度之比，投影后其比值均保持不变。

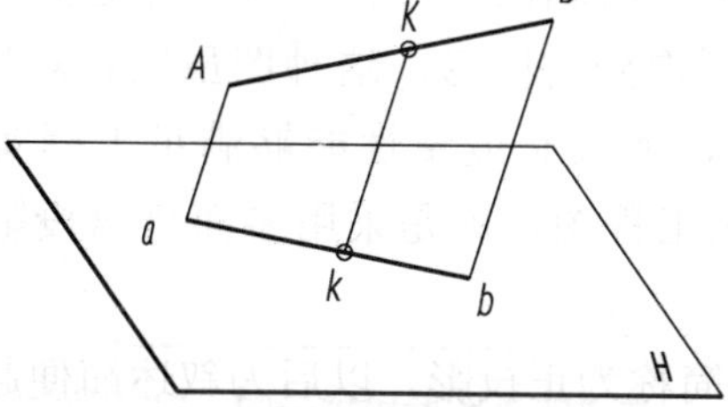


图 1-7　投影从属性和等比性

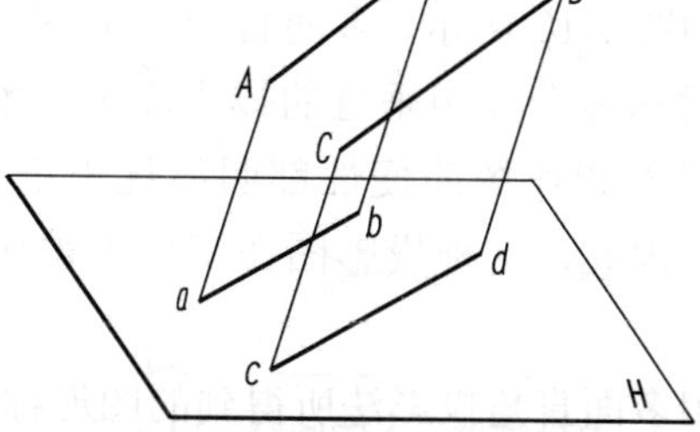


图 1-8　投影平行性和等比性

上述平行投影法基本性质均可由立体几何得到证明，这里不再赘述。

$Aa$ 与 $H$ 面的交点 $a$ 称为点 $A$ 的水平投影；$Aa'$与 $V$ 面的交点 $a'$ 称为点 $A$ 的正面投影。规定空间点用大写字母 $A$、$B$、$C$、…表示；水平投影用小写字母 $a$、$b$、$c$、…表示；正面投影用小写字母加一撇 $a'$、$b'$、$c'$、…表示。

为了将空间两投影面上的投影画在同一平面(图纸)上，规定 $V$ 面保持不动，而将 $H$ 面绕投影轴 $OX$ 按图 1-15(a)中箭头所示的方向旋转 90°，使之与 $V$ 面重合，得到点 $A$ 的两面投影图，如图 1-15(b)所示。由于投影面是没有边界的，因此在投影图上无须画出投影面的边框，如图 1-15(c)所示。

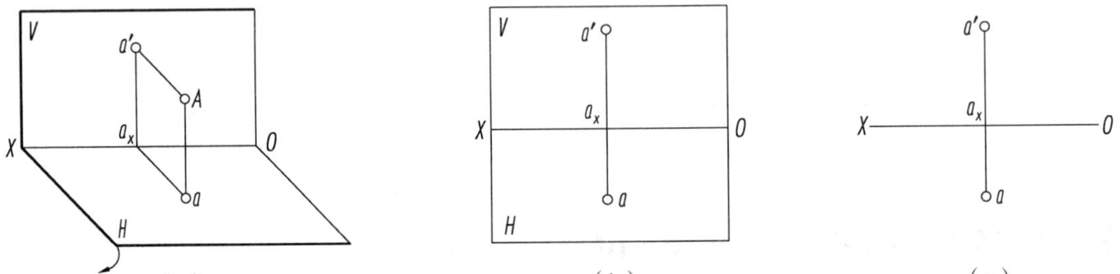


(a) (b) (c)

**图 1-15 点的两面投影图**

有了点的投影图，按照相反的过程推想，便能确定出该点的空间位置。例如，在图 1-15(a)中，分别过 $a$ 和 $a'$ 作相应投影面的投射线，则两投射线的交点即是 $A$ 点的空间位置。

通过分析点在两投影面体系中的投影图，可得出点在两投影面体系的投影规律如下。

(1) 点的水平投影和正面投影的连线垂直于 $OX$ 轴(即 $a'a \perp OX$)。因为投射线 $Aa$ 和 $Aa'$ 构成了一个既垂直于 $H$ 面又垂直于 $V$ 面的平面 $Aaa_xa'$，它与 $H$ 面和 $V$ 面的交线为 $aa_x$ 和 $a'a_x$。由于平面 $Aaa_xa' \perp OX$，故 $a'a_x \perp OX$；$aa_x \perp OX$。当 $a$ 随着 $H$ 面旋转后，$aa_x \perp OX$ 的关系不变，因此投影图上的 $a$、$a_x$、$a'$ 三点共线，且 $a'a \perp OX$。

(2) 点的水平投影到 $OX$ 轴的距离 $aa_x$，反映了该点到 $V$ 面的距离 $Aa'$；正面投影到 $OX$ 轴的距离 $a'a_x$；反映了该点到 $H$ 面的距离 $Aa$。因为平面 $Aaa_xa'$是一个矩形，所以 $aa_x=Aa'$，$a'a_x=Aa$。

## 1.2.2 点在三投影面体系中的投影(Points projection in the three projection-planes system)

点的 2 个投影虽已能确定点在空间的位置，但表达复杂的形体或解决某些空间几何问题时，还常采用 3 个或更多的投影面。

### 1.2.2.1 三投影面体系

三投影面体系是在两投影面体系中加入一个侧立投影面 $W$ 而构成的[图 1-16(a)]。$H$、$V$ 和 $W$ 3 个投影面互相垂直，它们的交线统称为投影轴。$H$ 面与 $V$ 面的交线称为 $OX$ 轴；$H$ 面与 $W$ 面的交线称为 $OY$ 轴；$V$ 面与 $W$ 面的交线称为 $OZ$ 轴。三投影轴垂直相交于一点 $O$，称为原点。

### 1.2.2.2 点的三面投影图

如图 1-16(a)所示，在三投影面体系中，将空间点 $A$ 分别向 $H$、$V$、$W$ 面作垂线，便得点 $A$ 在 3 个投影面上的投影 $a$、$a'$和 $a''$。其中点 $A$ 在 $W$ 面上的投影 $a''$ 称为点 $A$ 的侧面投影，规定用相应的小写字母右上角加两撇表示。投影面展开成投影图时，仍规定 $V$ 面不动，而将 $H$ 面

和 $W$ 面分别按图 1-16(a)箭头所示方向绕投影轴旋转 90°与 $V$ 面重合，便得点 $A$ 的三面投影图，如图 1-16(b)所示。应该指出，由于投影图上投影轴 $OY$ 在两处出现，因此，随 $H$ 面旋转后的 $OY$ 轴标记为 $OY_H$，随 $W$ 面旋转后的 $OY$ 轴标记为 $OY_W$。

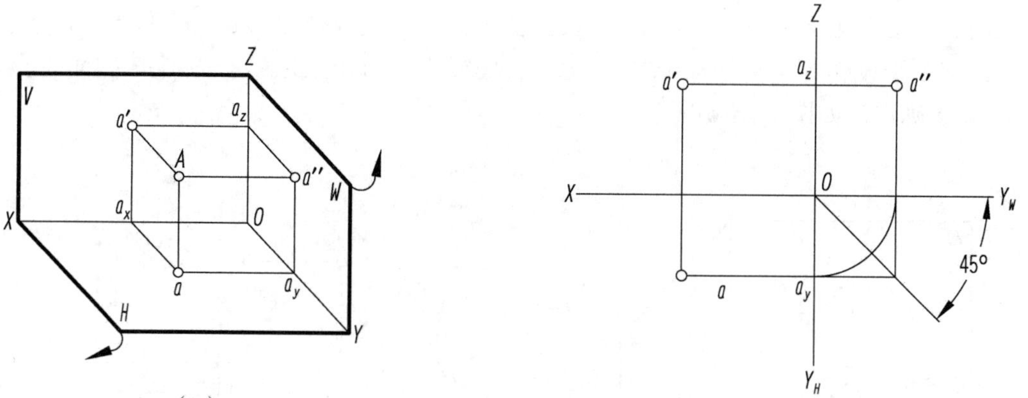


（a）　　（b）

**图 1-16　点的三面投影图**

从图 1-16 中可以得出点在三投影面体系中的投影规律：

(1) 点 $A$ 的正面投影和水平投影的连线垂直于 $OX$ 轴，即 $a'a \perp OX$。

(2) 点 $A$ 的正面投影和侧面投影的连线垂直于 $OZ$ 轴，即 $a'a'' \perp OZ$。

(3) 点 $A$ 的水平投影到 $OX$ 轴的距离，等于该点的侧面投影到 $OZ$ 轴的距离。即 $aa_x=a''a_z$，作图时可以用圆弧或 45°线反映它们的关系。

从图 1-16 中还可看出：正面投影 $a'$到 $OX$ 轴和 $OZ$ 轴的距离分别表示点 $A$ 到 $H$ 面和 $W$ 面的距离；水平投影 $a$ 到 $OX$ 轴和 $OY$ 轴的距离分别表示点 $A$ 到 $V$ 面和 $W$ 面的距离；侧面投影 $a''$ 到 $OZ$ 轴和 $OY$ 轴的距离分别表示点 $A$ 到 $V$ 面和 $H$ 面的距离。因此，只要已知点 $A$ 的任何 2 个投影，便可得到点 $A$ 到 3 个投影面的距离，从而完全确定点 $A$ 在三投影面体系中的空间位置。这就是说，在投影图上根据点的 2 个投影就可以用投影规律作出点的第 3 个投影。

**例 1.1**　已知点 $A$ 的正面投影 $a'$和侧面投影 $a''$，求作水平投影 $a$[图 1-17(a)]。

**作图步骤：**

(1) 过 $a'$作 $OX$ 的垂线，与 $OX$ 交于 $a_x$，并延长之[图 1-17(b)]。

(2) 过 $a''$作 $OY_W$ 轴的垂线，并利用过原点 $O$ 的 45°辅助线，使得 $a''a_z=aa_x$[如图 1-17(c)]。

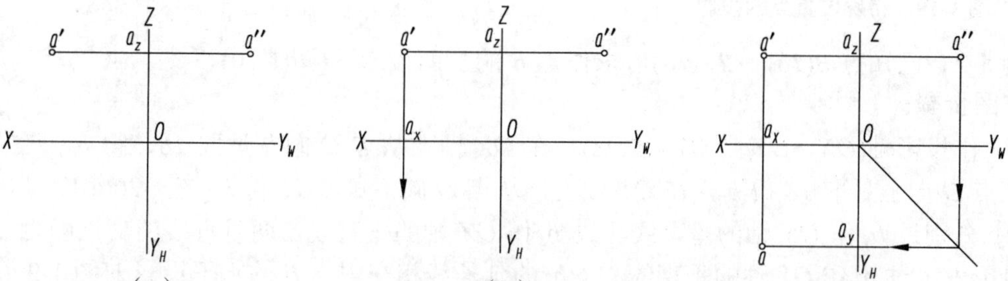


（a）　　（b）　　（c）

**图 1-17　已知点的两面投影，求第 3 个投影**

### 1.2.2.3 点的投影和坐标间的关系

在图 1-18(a)中，如把投影面当作坐标平面，投影轴当作坐标轴，原点 $O$ 作为坐标原点，则三投影面体系便是一个笛卡尔空间直角坐标系。因此，空间一点 $A$ 到 3 个投影面的距离便可分别用它的直角坐标 $x$、$y$、$z$ 表示。在投影图上，点 $A$ 的 3 个投影 $a$、$a'$和 $a''$也完全可由坐标确定，即水平投影 $a$ 可由坐标 $x$、$y$ 确定，正面投影 $a'$可由坐标 $x$、$z$ 确定，侧面投影 $a''$可由坐标 $y$、$z$ 确定，如图 1-18(b)所示。

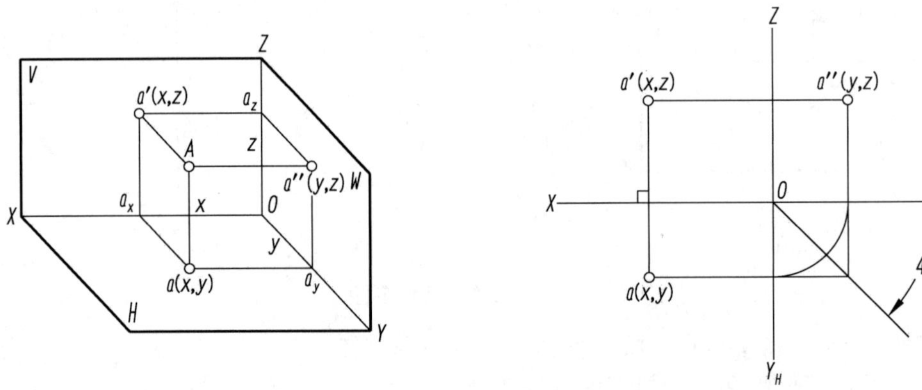


（a） （b）

**图 1-18 点的投影与坐标间的关系**

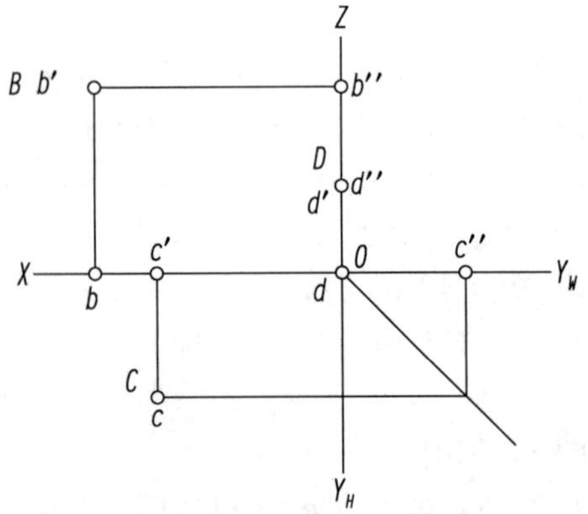


**图 1-19 特殊位置点的投影**

如图 1-19 所示，当空间点的 3 个坐标值中有一个为零时，则该点位于投影面上。点 $B(20,\ 0,\ 25)$ 的 $Y$ 坐标为零，即它到 $V$ 面的距离为零，故点 $B$ 在 $V$ 面上。点 $C(15,\ 20,\ 0)$的 $Z$ 坐标为零，故点 $C$ 在 $H$ 面上。因此，其投影特点是：点在该投影面上的投影与空间点本身重合；另外 2 个投影在相应的投影轴上。而当空间点的 3 个坐标值中有 2 个为零时，则该点位于投影轴上。点 $D(0,\ 0,\ 7)$的 $X$、$Y$ 坐标值为零，故点 $D$ 在投影 $OZ$ 轴上。因此，其投影特点是：点的 2 个投影和空间点都重合于投影轴上，另外一个投影则与原点重合。

**例 1.2** 已知点 $B(18,\ 12,\ 18)$，求作点 $B$ 的三面投影图(图 1-20)。

**作图步骤：**

(1) 作投影轴($OX$、$OY_H$、$OY_W$、$OZ$)；在 $OX$ 轴上从点 $O$ 向左量取 18，得 $b_x$；在 $OZ$ 轴上，从点 $O$ 向上量取 18 得 $b_z$，在 $OY$ 轴上，从点 $O$ 向下量取 12 得 $b_y$[图 1-20(a)]。

(2) 分别过 $b_x$ 作 $OX$ 轴的垂直线、过 $b_z$ 作 $OZ$ 轴的垂直线，两垂直线的交点即为点 $B$ 的正面投影 $b'$；过 $b_y$ 作 $OY$ 轴的垂直线与 $b'b_x$ 的延长线相交得点 $B$ 的水平投影 $b$[图 1-20(a)]。

(3) 根据 $b$、$b'$两投影作出 $b''$[图 1-20(b)]。

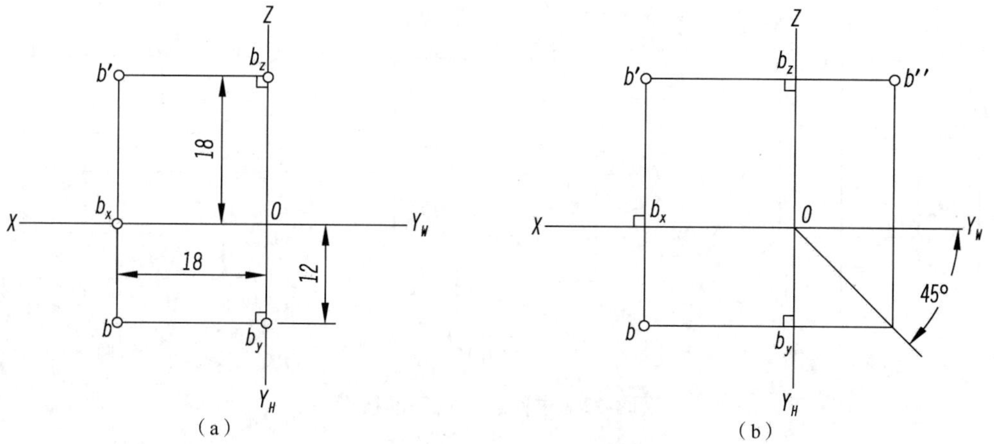


图 1-20　已知坐标作投影图

### 1.2.2.4　两点的相对位置

如图 1-21(a)所示，空间任意两点之间均存在着上下、左右、前后的相对位置关系，两点的上下关系可以通过它们的正面投影(或侧面投影)判断，也可通过它们的 Z 坐标的大小判断。如图 1-21(b)所示，$a'$在 $b'$之下；即 $Z_A < Z_B$，所以可判断点 A 在点 B 之下。同样，水平投影(或正面投影)反映空间两点的左右关系，因 a 在 b 之右，即 $X_A < X_B$，所以可判断点 A 在点 B 之右。而空间两点的前后关系是由水平投影(或侧面投影)决定的，因为 a 在 b 之后，即 $y_A < y_B$，所以可判断点 A 在点 B 之后。

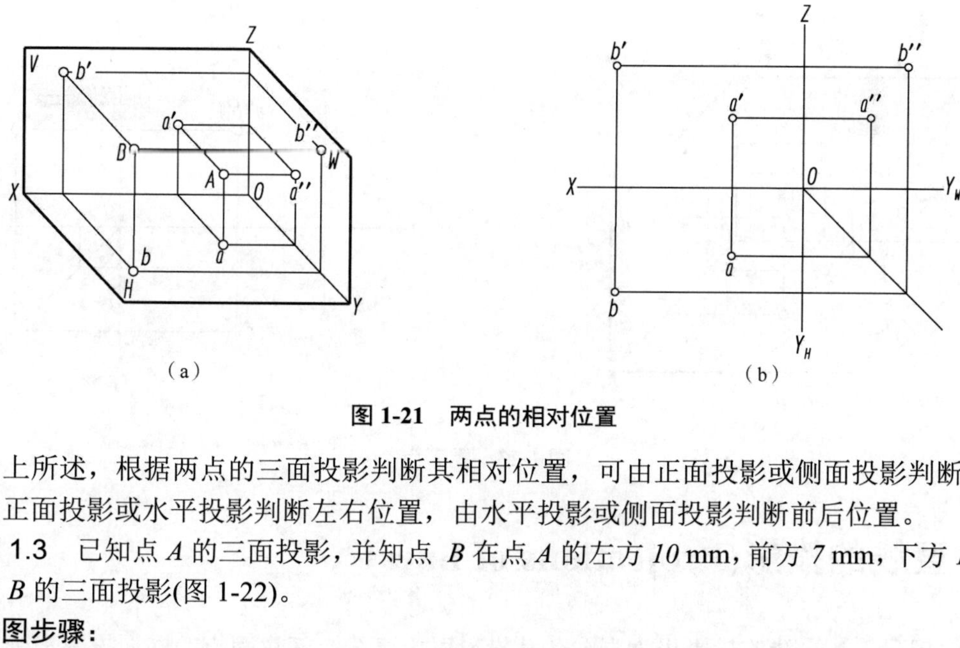


图 1-21　两点的相对位置

由上所述，根据两点的三面投影判断其相对位置，可由正面投影或侧面投影判断上下位置，由正面投影或水平投影判断左右位置，由水平投影或侧面投影判断前后位置。

**例 1.3**　已知点 A 的三面投影，并知点 B 在点 A 的左方 10 mm，前方 7 mm，下方 12 mm。求作点 B 的三面投影(图 1-22)。

**作图步骤：**

(1) 在 $a'$左方 10 mm，下方 12 mm 处确定 $b'$[图 1-22(a)]。

(2) 作 $b'b \perp OX$，且在 a 前 7 mm 处确定 b[图 1-22(b)]。

(3) 按投影关系求得 $b''$[图 1-22(c)]。

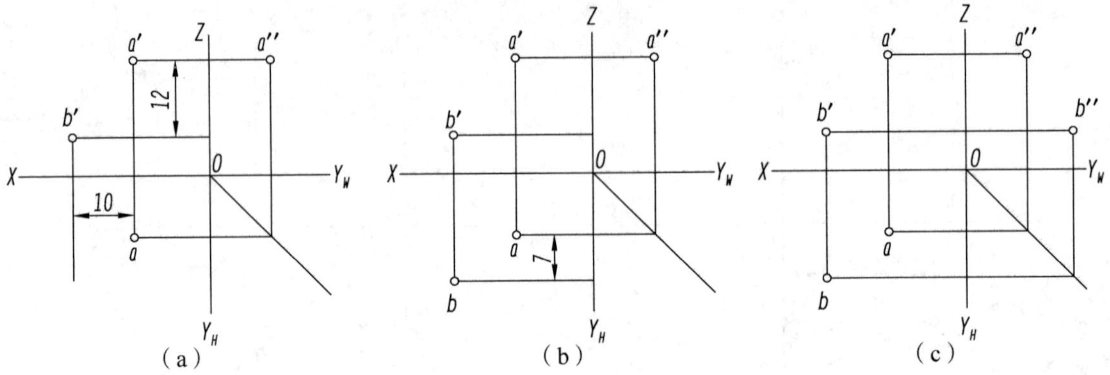


图 1-22　求作点 *B* 的三面投影

#### 1.2.2.5　重影点

当空间两点处于对某投影面的同一条投射线上时，则它们在该投影面上的投影重合，此两点称为对该投影面的重影点。如图 1-23 所示，点 *A*、*B* 位于垂直 *V* 面的同一条投射线上，它们的正面投影重合。因此点 *A*、点 *B* 是对 *V* 面的重影点。同理，点 *C*、点 *D* 为对 *H* 面的重影点。

当两点为某个投影面的重影点时，我们规定距该投影面相对远的一点是可见的，即坐标值大的点可见，坐标值小的点不可见，并将不可见的点的投影用加括号的方法表示。如图 1-23 所示，点 *A* 相对点 *B* 距 *V* 面较远($y_A>y_B$)，故点 *A* 的正面投影 *a*′可见，点 *B* 的正面投影(*b*′)不可见。同理，点 *C* 相对点 *D* 距 *H* 面较远($Z_C>Z_D$)，其水面投影 *c* 可见，点 *D* 的水面投影(*d*)不可见。

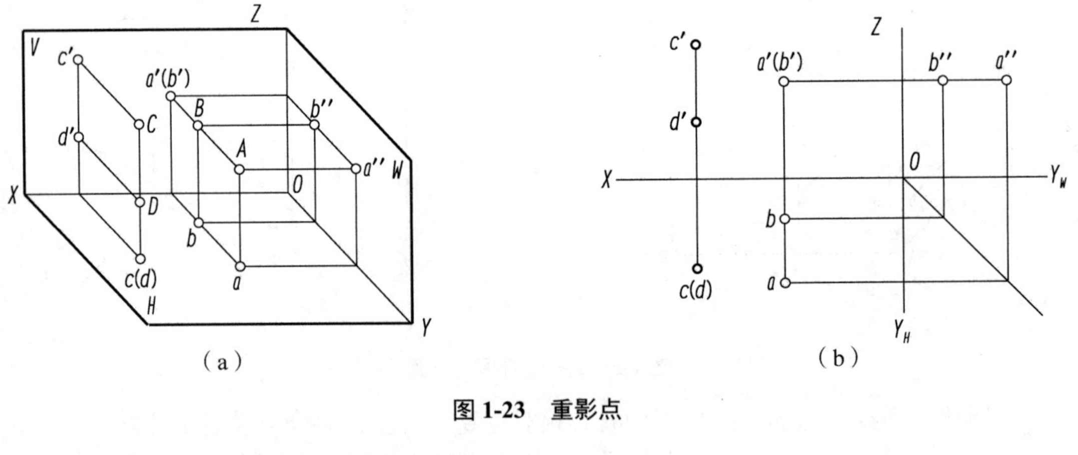


图 1-23　重影点

## 1.3　直线的投影(Projections of lines)

一般情况下，直线的投影仍为直线，其投影可由直线上任意两点的同面投影来确定。如图 1-24(b)所示，分别连接属于直线的两点 *A* 和 *B* 的同面投影，连线 *ab*、*a*′*b*′和 *a*″*b*″即得到直线 *AB* 的三面投影。直线的投影规定用粗实线绘制。

## 1.3.1　各种位置的直线(Straight lines in various positions)

直线在三投影面体系中，按其对投影面的相对位置可以分为 3 类：一般位置直线、投影面平行线和投影面垂直线，后两种直线又称为特殊位置直线。下面分别讨论这 3 类直线的投影特性。

### 1.3.1.1　一般位置直线

对各个投影面都倾斜的直线称为一般位置直线。如图 1-24 所示，一般位置直线 *AB* 与 3 个投影面都倾斜，它的 3 个投影都倾斜于投影轴。反之，若某一直线的 3 个投影都倾斜于投影轴，便可以断定该直线为一般位置直线。

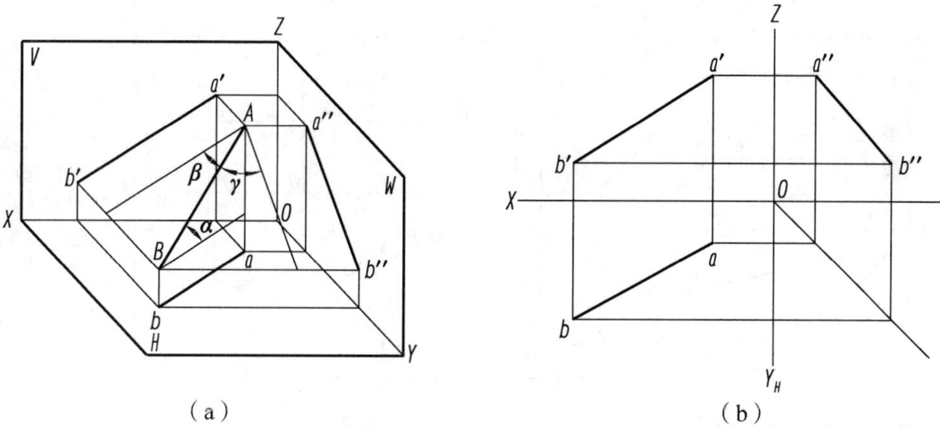


**图 1-24　一般位置直线的投影**

如图 1-24(a)所示，用$\alpha$、$\beta$、$\gamma$分别表示线段 *AB* 与 3 个投影面的倾角，则由初等几何定理可知：$ab=AB\cos\alpha$；$a'b'=AB\cos\beta$；$a''b''=AB\cos\gamma$。

由此可见，一般位置直线的投影特性为：3 个投影的长度都小于线段的实长(因为$\alpha$、$\beta$、$\gamma$都不等于零)；3 个投影与投影轴的夹角均不反映 3 个倾角$\alpha$、$\beta$、$\gamma$的真实大小[图 1-24(b)]。

### 1.3.1.2　投影面平行线

平行于一个投影面，倾斜于另外两个投影面的直线称为投影面平行线。投影面平行线有 3 种：正平线(// *V* 面)、水平线(// *H* 面)、侧平线(// *W* 面)。

表 1-1 给出了 3 种投影面平行线的投影及其特性。

现以正平线为例说明其投影特性。由于正平线平行于 *V* 面，所以正平线 *AB* 上的所有点到 *V* 面距离相等(即 *Y* 坐标相等)，因此，它的 *H*、*W* 面投影分别平行于相应的投影轴，即 $ab // OX$，$a''b'' // OZ$。正平线的 *V* 面投影反映线段的实长，即 $a'b'=AB$(因 $AB // V$，$\beta=0$)，且 $a'b'$与 *OX* 的夹角，反映该直线与 *H* 面的倾角$\alpha$；$a'b'$与 *OZ* 的夹角，反映该直线与 *W* 面的倾角$\gamma$。水平线和侧平线也有类似的投影特性，见表 1-1。

由此可以看出，投影面平行线具有如下投影特性：

(1) 直线在其所平行的投影面上的投影，反映该线段的实长，且其与投影轴的夹角，反映直线与其他两个投影面的倾角。

(2) 直线在另外两个投影面上的投影，分别平行于相应的投影轴。

表 1-1　投影面平行线的投影特性

| 直线 | 直观图 | 投影图 | 投影特性 |
|---|---|---|---|
| 正平线 | 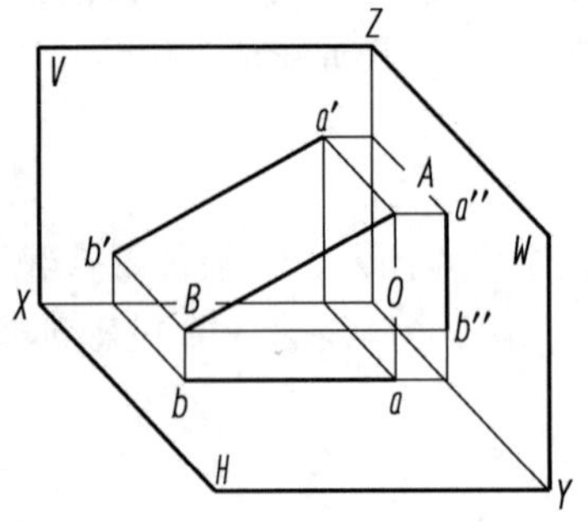  | 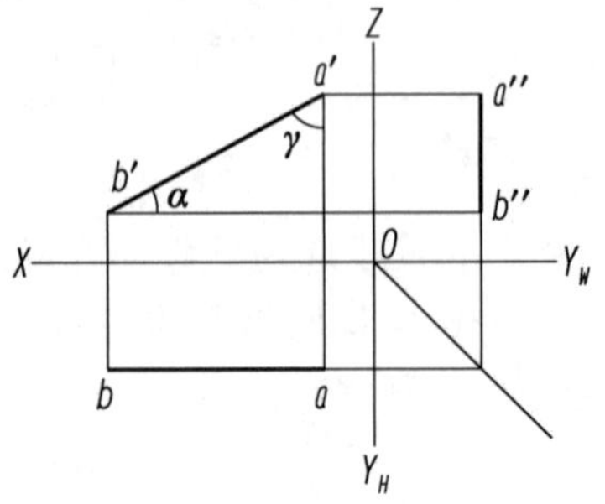  | (1)$ab \mathbin{/\!/} OX$，<br>$a''b'' \mathbin{/\!/} OZ$；<br>(2)$a'b'=AB$；<br>(3)反映夹角$\alpha$、$\gamma$真实大小 |
| 水平线 | 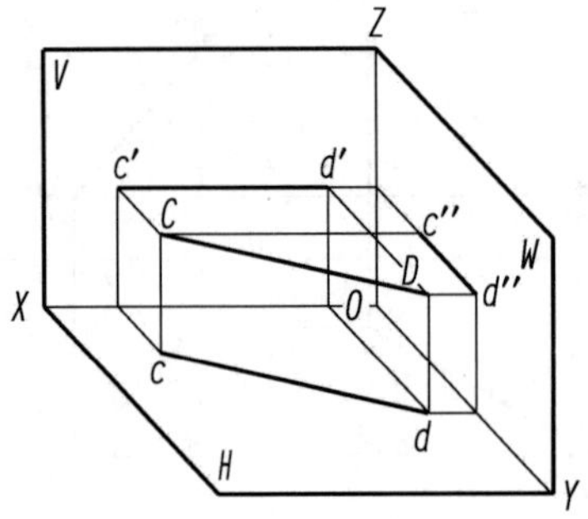  | 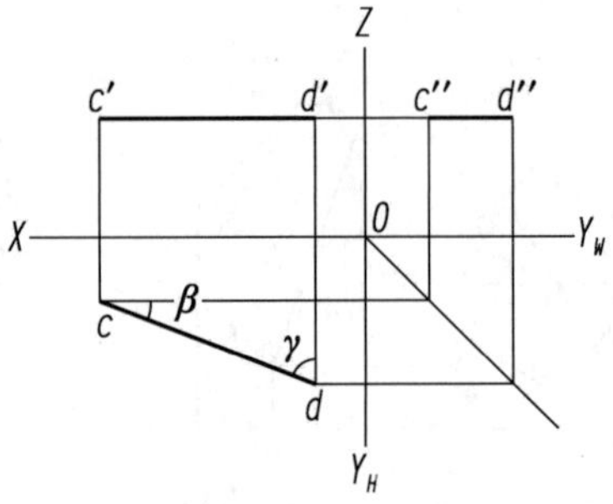  | (1)$c'd' \mathbin{/\!/} OX$，<br>$c''d'' \mathbin{/\!/} OY_W$；<br>(2)$cd=CD$；<br>(3)反映夹角$\beta$、$\gamma$真实大小 |
| 侧平线 | 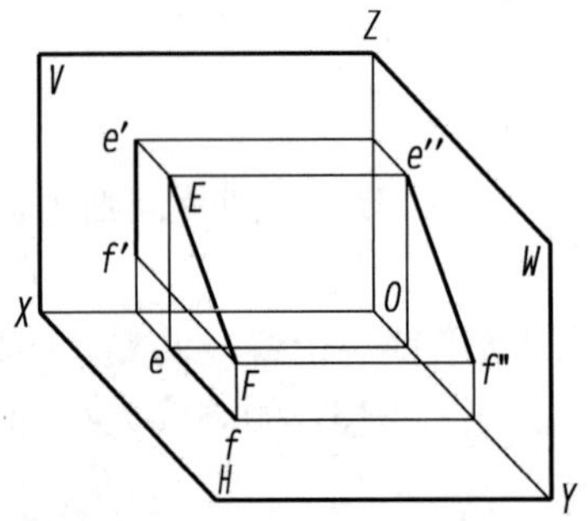  | 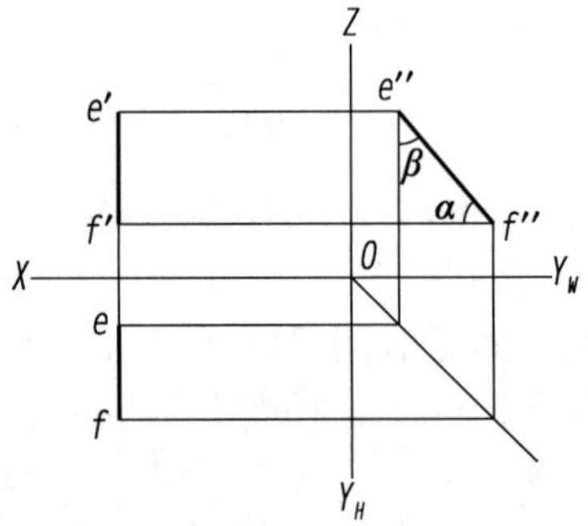  | (1)$ef \mathbin{/\!/} OY_H$，<br>$e'f' \mathbin{/\!/} OZ$；<br>(2)$e''f''=EF$；<br>(3)反映夹角$\alpha$、$\beta$真实大小 |

### 1.3.1.3　投影面垂直线

垂直于一个投影面的直线称为投影面垂直线。此时，它必定与其他两个投影面平行。投影面垂直线也可分为 3 种：正垂线($\perp V$ 面)、铅垂线($\perp H$ 面)、侧垂线($\perp W$ 面)。

表 1-2 给出了 3 种投影面垂直线的投影及其特性。现以正垂线为例说明其投影特性。由于正垂线垂直于 $V$ 面，则必平行于 $H$ 面和 $W$ 面，因此，$V$ 面投影积聚为一点，$H$、$W$ 面两投影分别垂直于相应的投影轴，即 $ab \perp OX$，$a''b'' \perp OZ$，且反映线段实长，$ab=a''b''=AB$。铅垂线和侧垂线也有类似的投影特性(表 1-2)。

由此可以看出，投影面垂直线具有如下投影特性：

(1) 直线在其所垂直的投影面上的投影积聚成一点。

(2) 直线在另外两个投影面上的投影，分别垂直于相应的投影轴，且反映线段的实长。

表 1-2 投影面垂直线的投影特性

| 直线 | 直观图 | 投影图 | 投影特性 |
|---|---|---|---|
| 正垂线 | 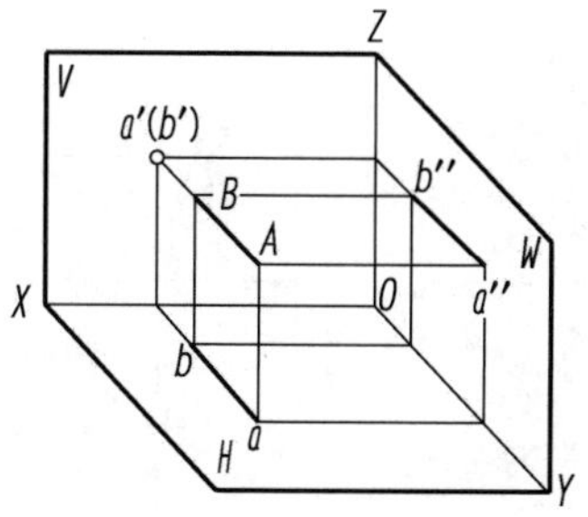  | 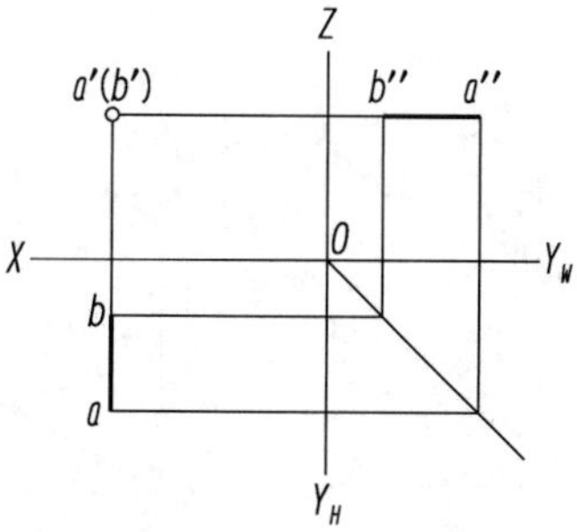  | (1)$a'b'$积聚性为一点；<br>(2)$ab\perp OX$，<br>$a''b''\perp OZ$；<br>(3)$ab=a''b''=AB$ |
| 铅垂线 | 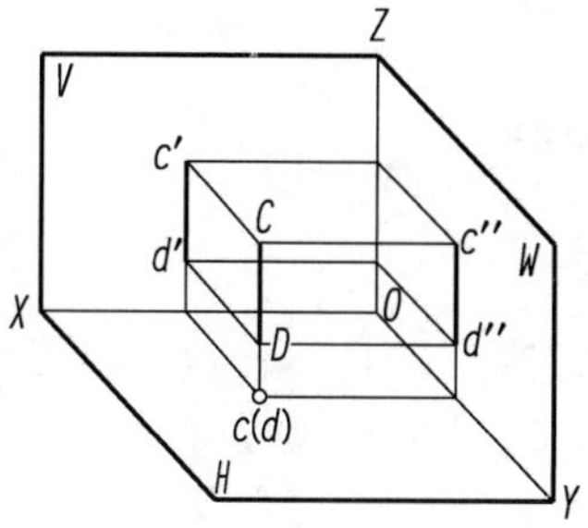  | 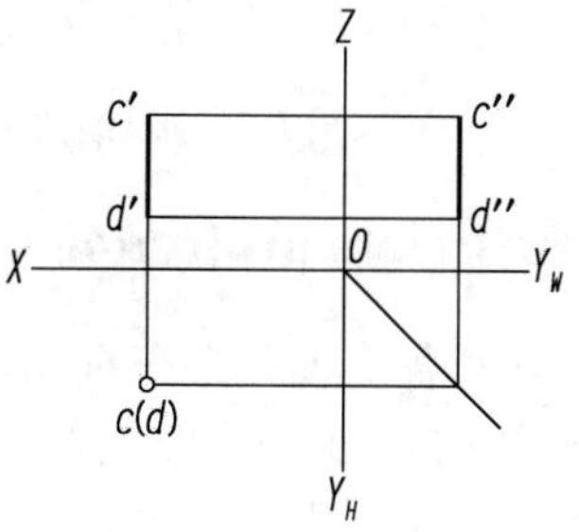  | (1)$cd$ 积聚为一点；<br>(2)$c'd'\perp OX$，<br>$c''d''\perp OY_W$；<br>(3)$c'd'=c''d''=CD$ |
| 侧垂线 | 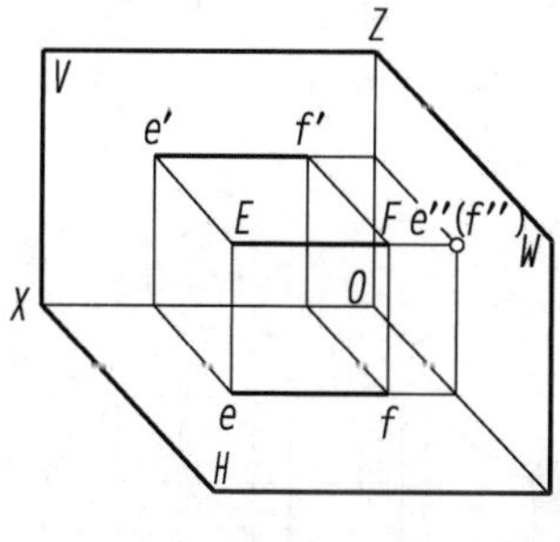  | 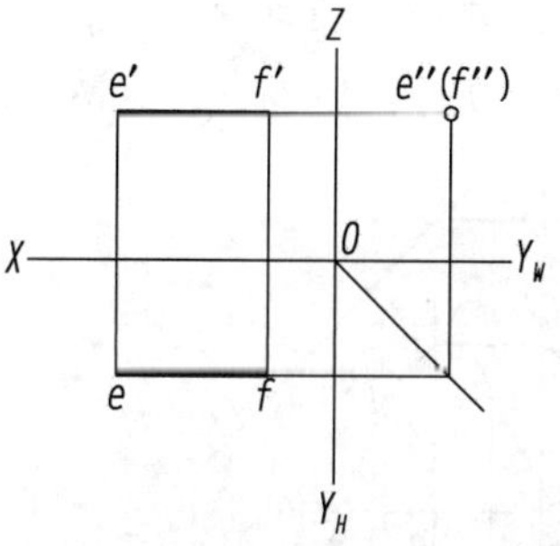  | (1)$e''f''$ 积聚为一点；<br>(2)$ef\perp OY_H$，<br>$e'f'\perp OZ$；<br>(3)$ef$–$e'f'$–$EF$ |

## 1.3.2 求一般位置直线的实长及其对投影面的倾角(True length and angle of line to projection plane)

如图 1-25(a)所示，过点 $C$ 作 $CE/\!/cd$，则 $CED$ 为一直角三角形。其中 $CE=cd$，$\angle DCE$ 等于线段 $CD$ 对 $H$ 面的倾角$\alpha$，$DE$ 等于点 $D$ 和点 $C$ 的 $z$ 坐标差$\Delta z$，即$\Delta z=z_D-z_C$。这些数值都可以从投影图上得到。亦即用线段的水平投影和两端点的 $Z$ 坐标差为两直角边，画出直角三角形 $CED$ 就可以求出线段 $CD$ 的实长和$\alpha$角。因此，求线段 $CD$ 的实长及其对投影面的倾角问题，可归结为求作直角三角形的问题。

按上述分析，在投影图中求线段的实长和与 $H$ 面的倾角的作图方法如下[图 1-25(b)]：

(1) 自点 $d$ 作直线 $dD$ 垂直 $cd$，并取 $dD=z_D-z_C$。

(2) 连 $cD$ 即得线段的实长 $CD$，此时$\angle dcD$ 即为$\alpha$角。

若欲求 $CD$ 线段对 $V$ 面的倾角$\beta$，则可利用正面投影 $c'd'$和两端点的 $Y$ 坐标差为两直角边，

构成直角三角形 $c'd'C$[图 1-25(c)]；同理，利用侧面投影和 $X$ 坐标差可求出 $CD$ 对 $W$ 面的倾角$\gamma$。直角三角形可以画在投影图上，也可以画在图外。

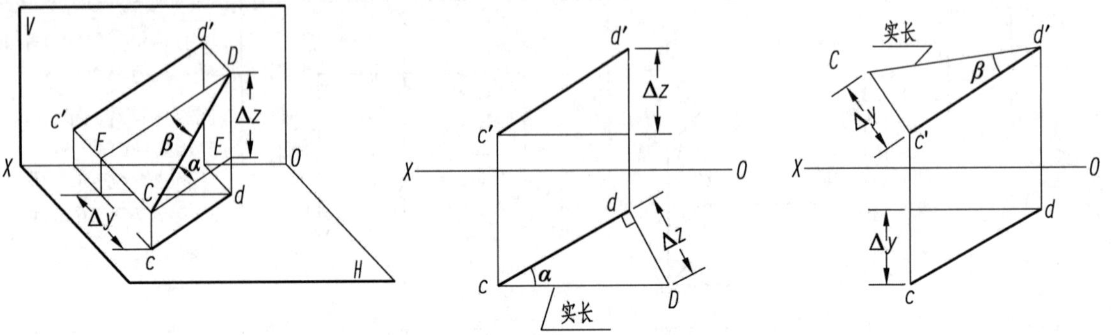


(a)　　(b)　　(c)

**图 1-25　求线段的实长及倾角**

### 1.3.3　直线上点的投影(Points projection on line)

(1) 若点在直线上，则其各个投影必在直线的同面投影上，且符合点的投影规律；反之，如果点的各个投影都在直线的同面投影上，且符合点的投影规律，则点必在该直线上。

(2) 直线上的点分线段之比，投影后依然保持不变。

如图 1-26(b)所示，若点 C 在直线 AB 上，则 $c'$必在 $a'b'$上，$c$ 必在 $ab$ 上，$c''$必在 $a''b''$上，且 $c'$、$c$、$c''$符合点的投影规律；则有 $AC:CB=ac:cb=a'c':c'b'=a''c'':c''b''$。

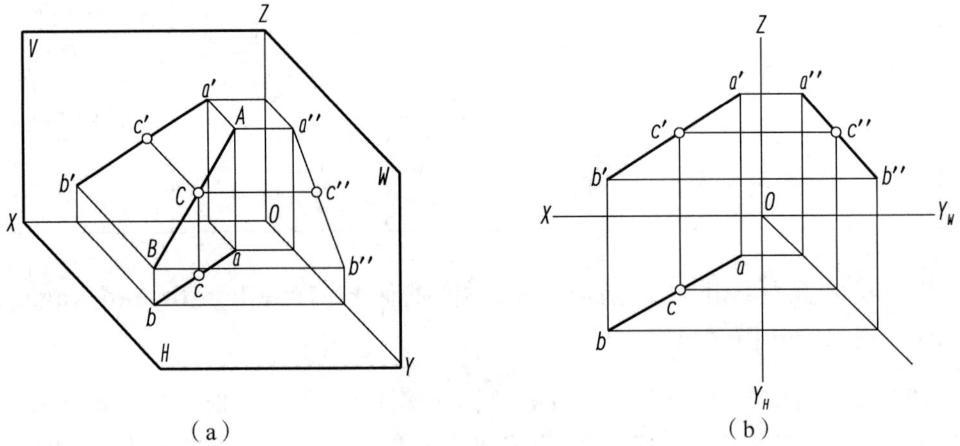


(a)　　(b)

**图 1-26　直线上的点**

**例 1.4**　已知线段 $AB$ 的投影，试在其上找一点 $C$，使 $AC:CB=1:2$，求点 $C$ 的投影[图 1-27(a)]。

**分析：**根据直线上点的投影特性，可先将直线的任一投影分成 1∶2，得到点 $C$ 的一个投影，再利用从属性，求出点 $C$ 的另一个投影。

**作图步骤**[图 1-27(b)]：

(1) 过 $a$(或 $b$)任意作一直线，并在其上量取 3 个单位长度。

(2) 连接 $3b$，过 $1$ 分点作 $3b$ 的平行线，交 $ab$ 于 $c$。

(3) 过 $c$ 作 $OX$ 轴的垂线，交 $a'b'$ 于 $c'$，$c$、$c'$ 即为点 $C$ 的投影。

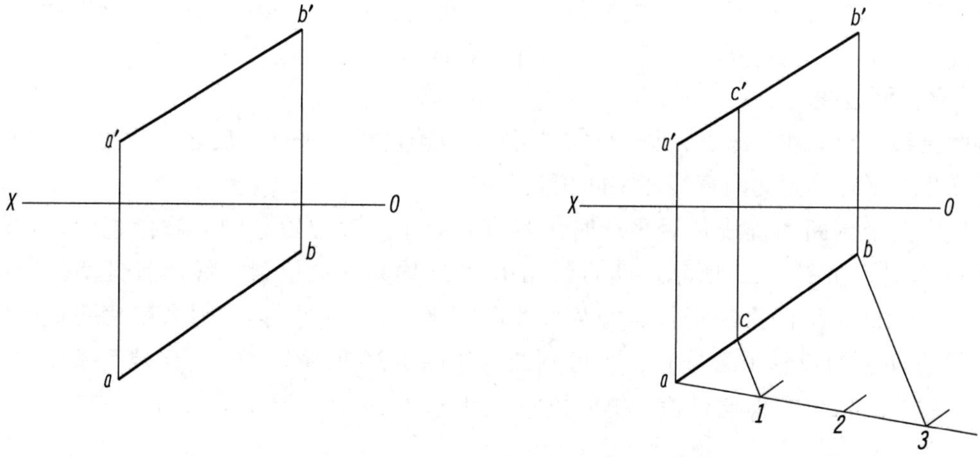


（a）　　　　（b）

**图 1-27　求点 $C$ 的投影**

**例 1.5**　已知线段 $AB$ 及点 $K$ 的投影，试判断点 $K$ 是否在直线 $AB$ 上(图 1-28)。

**分析**：线段 $AB$ 是侧平线，点 $K$ 的两个投影都在直线的同面投影上，但还需判断点 $K$ 分线段的投影是否符合定比性，用比例作图法判断[此题也可通过作出 $W$ 面投影判断，如图 1-28(b)所示]。

**作图步骤**[图 1-28(a)]：

(1) 在 $V$ 面投影上，过 $a'$(或 $b'$)任意作一直线 $a'B_1$。

(2) 在 $a'B_1$ 上取 $a'K_1=ak$，$K_1B_1=kb$。

(3) 连接 $B_1b'$，过 $K_1$ 作 $B_1b'$的平行线，交 $a'b'$于 $k_1'$，显然 $k_1'$与 $k'$不重合，因此点 $K$ 不在直线 $AB$ 上。

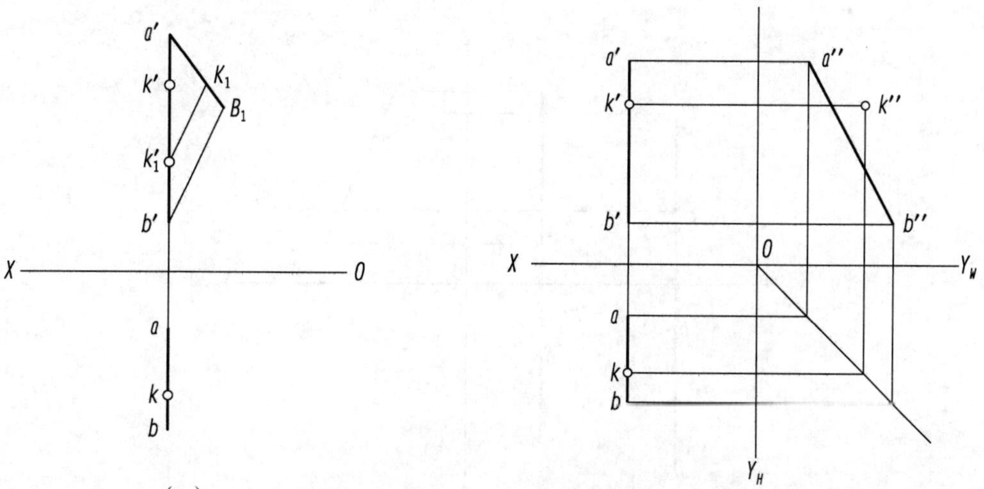


（a）　　　　（b）

**图 1-28　判断点 $K$ 是否在直线 $AB$ 上**

## 1.3.4 两直线的相对位置(Relevant position of line to line)

空间两直线的相对位置有 3 种情况：平行、相交、交叉。其中平行、相交的两直线称为共面直线，交叉两直线是既不平行又不相交的两直线，称为异面直线。

### 1.3.4.1 平行两直线

若两直线在空间相互平行，则两直线的同面投影仍相互平行。反之，若两直线的三面投影都分别相互平行，则此两直线在空间相互平行。

在投影图上判断两直线是否平行时，若直线处于一般位置，则只需检查两直线的两个投影便可确定。如图 1-29 所示，两直线 *AB*、*CD* 均为一般位置直线，且其两组同面投影平行，就可以断定这两直线平行。若两直线同时平行某一投影面，则需观察两直线所平行的那个投影面上的投影是否平行，才可判断。如图 1-30 所示，*AB*、*CD* 是两条侧平线，虽然 *ab* // *cd*，*a'b'* // *c'd'*，但通过检查侧面投影，因 *a''b''*与 *c''d''*不平行，故 *AB*、*CD* 是两条交叉直线。

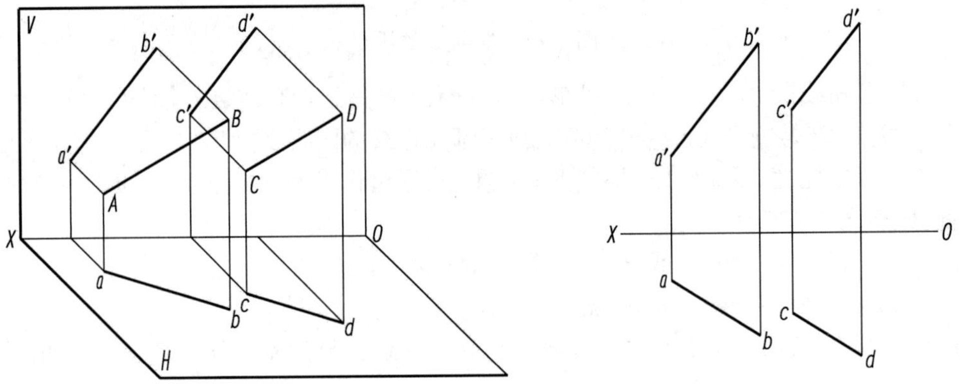


图 1-29 平行两直线

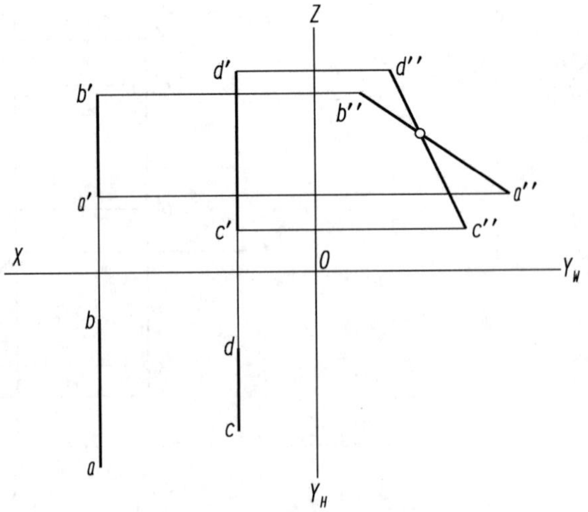


图 1-30 两侧平线不平行

#### 1.3.4.2　相交两直线

如图 1-31 所示，如果两直线在空间相交，则它们的各同面投影也一定相交，且交点符合点的投影规律。反之，如果两直线的各同面投影相交，且交点符合点的投影规律，则此两直线在空间一定相交。

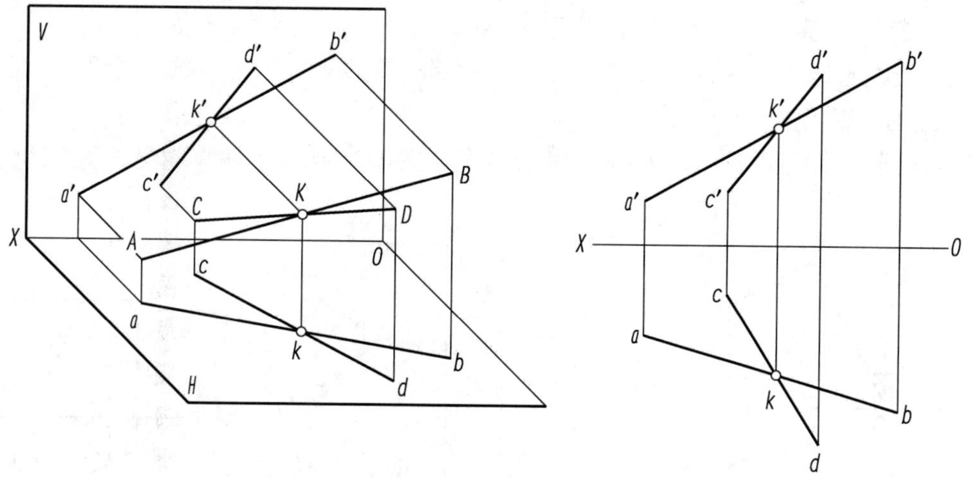


图 1-31　相交两直线

#### 1.3.4.3　交叉两直线

如图 1-32(a)所示，如果两直线的投影既不符合两平行直线的投影特性，又不符合两相交直线的投影特性，则可判断这两条直线为空间交叉两直线。

如图 1-32(b)所示，$a'b'$与 $c'd'$相交，$ab$ 与 $cd$ 也相交，但是交点不符合点的投影规律，因此，直线 $AB$ 与 $CD$ 为交叉两直线，$V$ 面和 $H$ 面投影的交点 $1'(2')$和 $3(4)$分别是 $AB$、$CD$ 对 $V$ 面和 $H$ 面的重影点，可根据重影点可见性的判别方法判别 Ⅰ Ⅱ和Ⅲ Ⅳ的可见性。

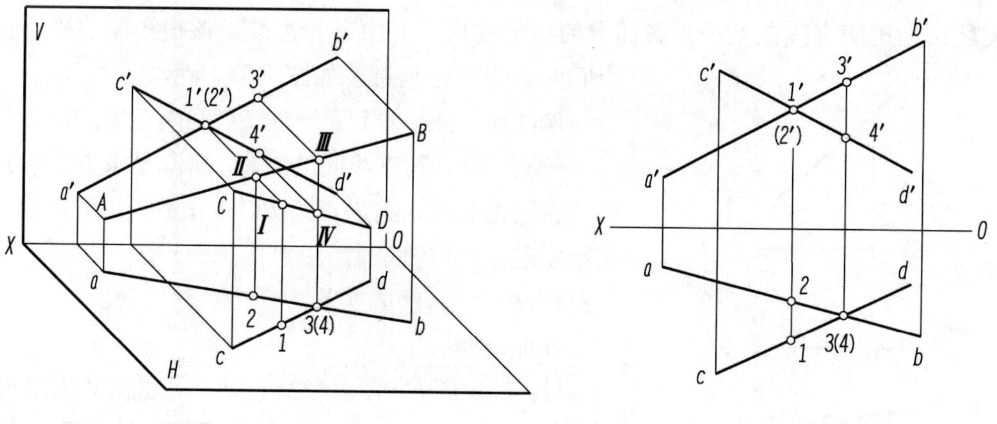


(a)　　　　(b)

图 1-32　交叉两直线

注意交叉两直线可能有 1 个或 2 个同面投影相互平行，但两直线的其余同面投影必定不平行；也可能有 1 个、2 个或 3 个投影面上的投影都相交，但交点不符合点的投影规律，这些点都是重影点。

### 1.3.5 直角投影定理(Theorem of right angle projection)

当互相垂直的两直线同时平行某一投影面时，在该投影面上的投影仍为直角；当互相垂直的两直线都不平行投影面时，投影不反映直角。

**定理：**若两直线相互垂直(相交或交叉)，其中有一直线平行于某一投影面时，则两直线在该投影面上的投影仍然垂直。

图 1-33 所示为两直线 $AB$、$BC$ 垂直相交情况；图 1-34 所示为两直线交叉垂直的情况。

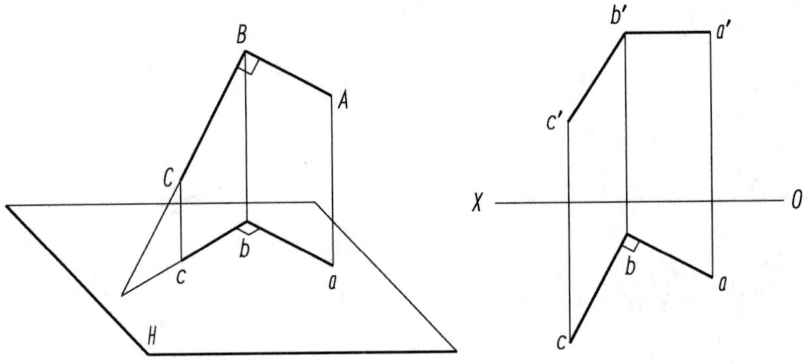


(a) (b)

**图 1-33 两直线垂直相交**

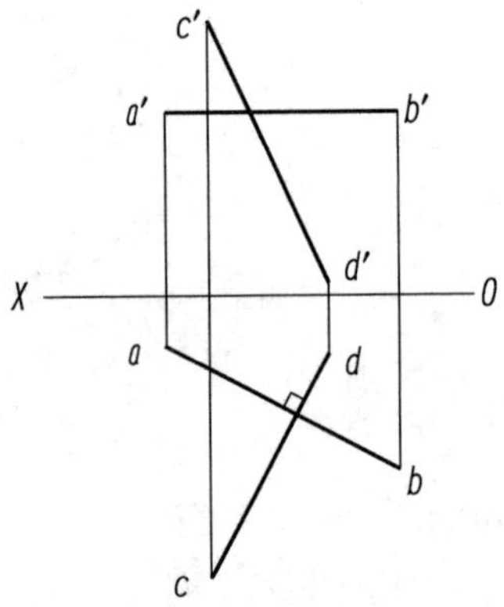


**图 1-34 两直线交叉垂直**

现以两直线 $AB$、$BC$ 垂直相交，其中以直线 $AB$ 是水平线情况为例证明。

**证明：**因为 $AB \perp BC$，$AB /\!/ H$ 面，而 $Bb \perp H$ 面，所以 $AB \perp$ 平面 $CBbc$；又因为 $AB /\!/ H$ 面，则 $AB /\!/ ab$，$ab \perp CBbc$，所以 $ab \perp bc$。

反之，如果两直线在某一投影面上的投影垂直，其中有一直线是该投影面的平行线，则空间两直线一定垂直，如图 1-34 所示。

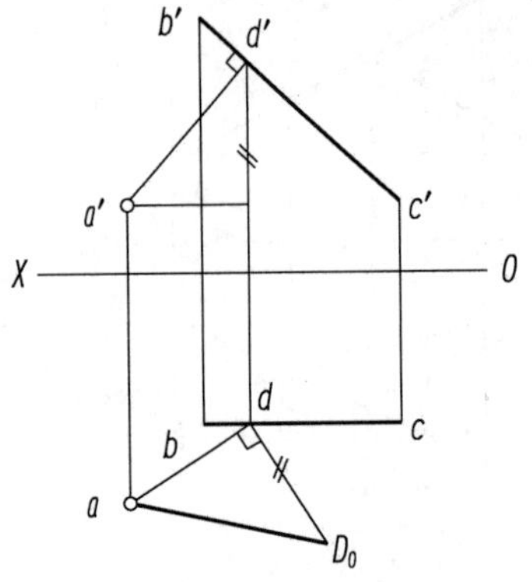


**图 1-35 求点到直线的距离**

**例 1.6** 求点 $A$ 到正平线 $BC$ 间的距离(图 1-35)。

**分析：**求点到直线间的距离，实际是求点到已知直线间垂直线的长度。因为直线 $BC$ 是正平线，所以根据直角投影定理，在 $V$ 面投影中直接进行作图，然后利用直角三角形法求出垂线的实长。

**作图步骤：**

(1) 过 $a'$ 向 $b'c'$ 作垂线交于 $d'$，并求出其水平投影 $d$。

(2) 连接 $ad$，$ad$ 和 $a'd'$ 即为垂线 $AD$ 的两面投影。

(3) 用直角三角形法求出 $AD$ 的实长($aD_0$)即为所求。

# 1.4　平面的投影(Projections of planes)

## 1.4.1　平面的表示方法(Representation of planes)

### 1.4.1.1　平面的几何元素表示法

由初等几何可知，可用下列任一组几何元素来确定(图 1-36)：

(1) 不在同一直线上的三点。

(2) 一直线和直线外的一点。

(3) 相交两直线。

(4) 平行两直线。

(5) 任意平面图形，如三角形、圆及其他封闭的平面图形。

上述各种表示方法是可以相互转化的，如图 1-36(a)中，连接 $a'$、$c'$和 $a$、$c$ 则转化成图 1-36(b)。平面经过转化，虽然表现的形式已经不同，但平面在空间的位置始终不变。

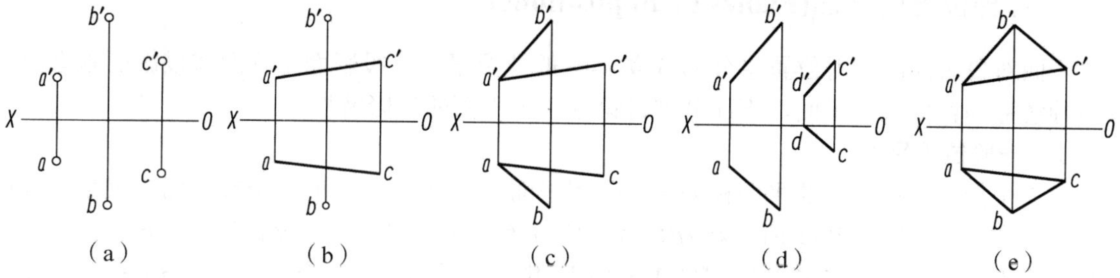


图 1-36　平面的几何元素表示法

### 1.4.1.2　平面的迹线表示法

空间的平面和投影面的交线，称为平面的迹线。平面与 $H$ 面的交线，称为水平迹线；平面与 $V$ 面的交线，称为正面迹线；平面与 $W$ 面的交线，称为侧面迹线。如图 1-37(a)所示，如果平面用 $P$ 标记，则其 3 条迹线分别用 $P_H$、$P_V$、$P_W$标记。

由于平面的迹线是投影面上的直线，所以它的一个投影和其本身重合，另外两个投影与相应的投影轴重合。如 $P_V$，其 $V$ 面投影 $P_V$与它本身重合，$H$、$W$ 面投影分别与 $OX$ 轴、$OY$ 轴重合。如图 1-37(b)所示，为了简化起见，在投影图上，通常只画出与迹线自身重合的那个投影，并进行标记，而和投影轴重合的投影不加标记。

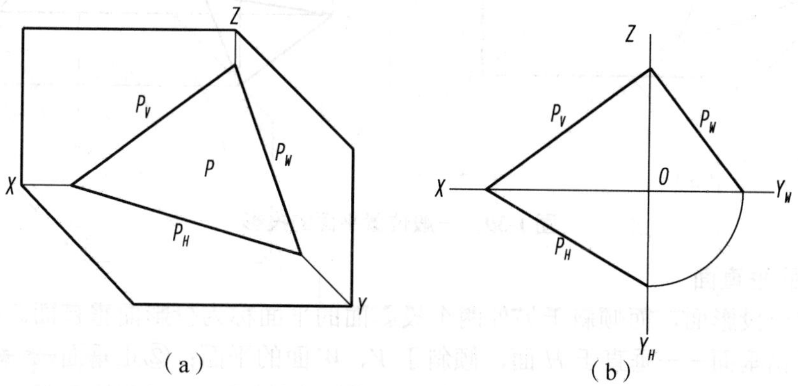


图 1-37　平面的迹线表示法(一)

平行面也可分为 3 种：①正平面——平行于 $V$面，垂直于 $H$、$W$ 面的平面；②水平面——平行于 $H$ 面，垂直于 $V$、$W$ 面的平面；③侧平面——平行于 $W$面，垂直于 $H$、$V$ 面的平面。

表 1-4 给出了 3 种投影面平行面(用四边形表示)的投影及其特性。

现以正平面为例说明其投影特性。正平面 $P$ 平行于 $V$ 面，垂直于 $H$ 和 $W$ 面，其正面投影 $p'$反映实形，水平投影 $p$ 和侧面投影 $p''$积聚成直线，且平行于相应的投影轴。水平面和侧平面有类似的投影特性。

由表 1-4 可知，投影面平行面具有如下投影特性：

(1) 平面在其平行的投影面上的投影反映实形。

(2) 平面在其他 2 个投影面上的投影均积聚成平行于相应投影轴的直线。

**表 1-4 投影面平行面的投影特性**

| 平面 | 直观图 | 投影图 | 投影特性 |
|---|---|---|---|
| 正平面 | 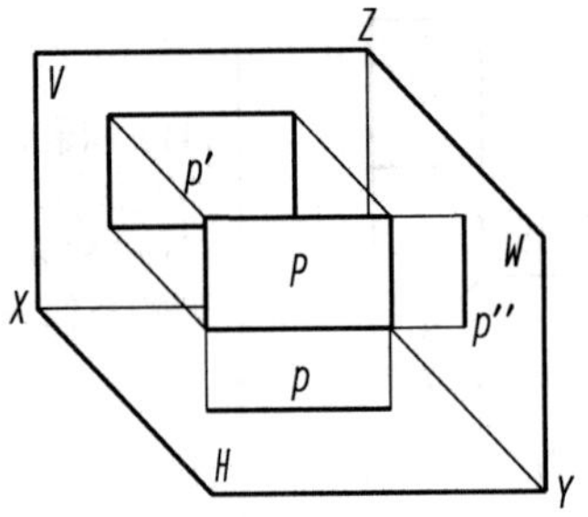 | 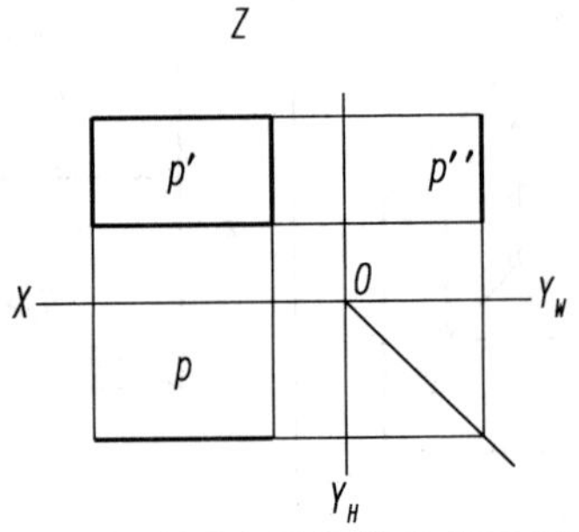 | (1) $p'$反映平面实形；<br>(2) $p$ 和 $p''$均具有积聚性，且 $p$ // $OX$ 轴，$p''$ // $OZ$ 轴 |
| 水平面 | 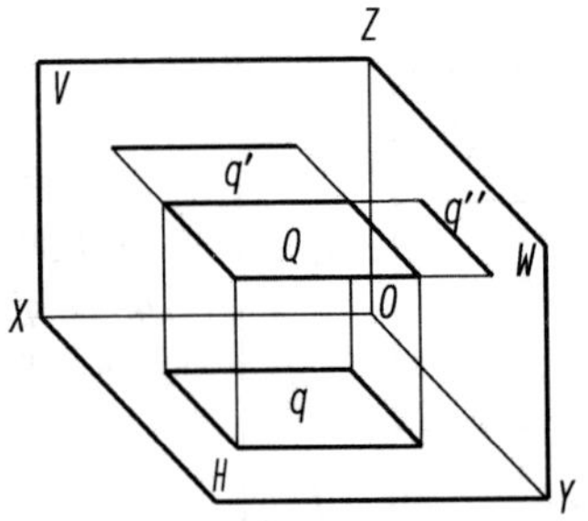 | 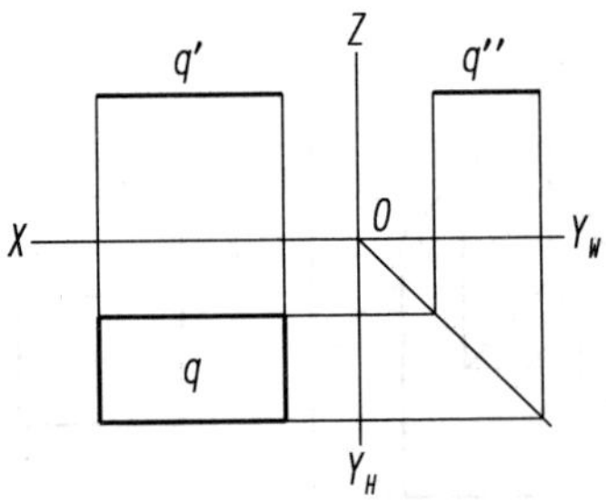 | (1) $q$ 反映平面实形；<br>(2) $q'$和 $q''$均具有积聚性，且 $q'$ // $OX$ 轴，$q''$ // $OY_W$ 轴 |
| 侧平面 | 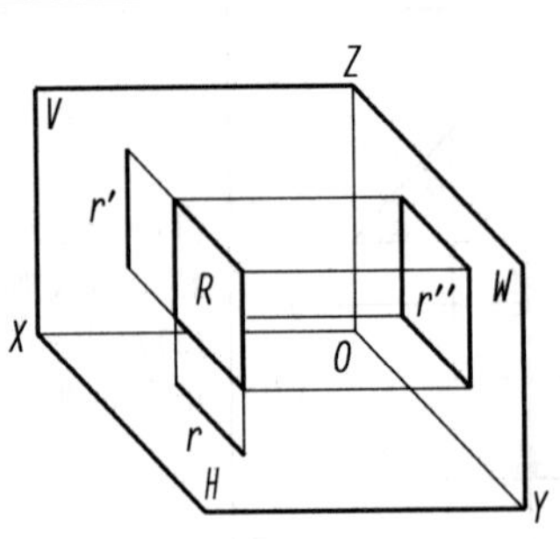 | 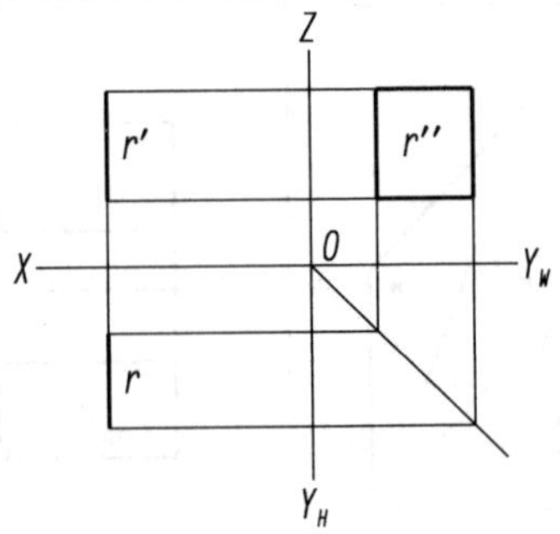 | (1) $r''$反映平面实形；<br>(2) $r'$和 $r$ 均具有积聚性，且 $r'$ // $OZ$ 轴，$r$ // $OY_H$ 轴 |

用迹线法表示的特殊位置平面见表 1-5。

**表 1-5 用迹线表示的特殊位置平面**

| | 投影面垂直面 | | |
|---|---|---|---|
| | 正垂面 | 铅垂面 | 侧垂面 |
| 直观图 | 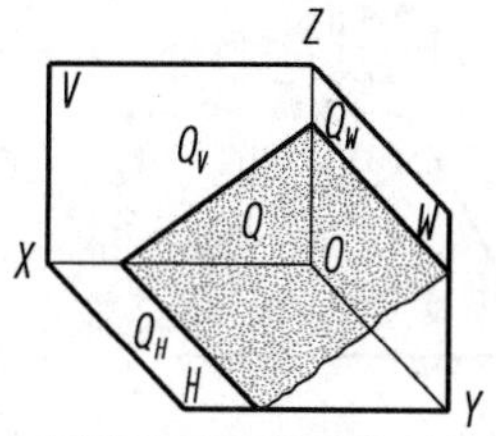 | 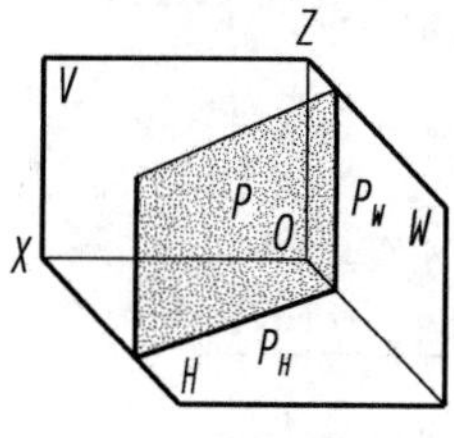 | 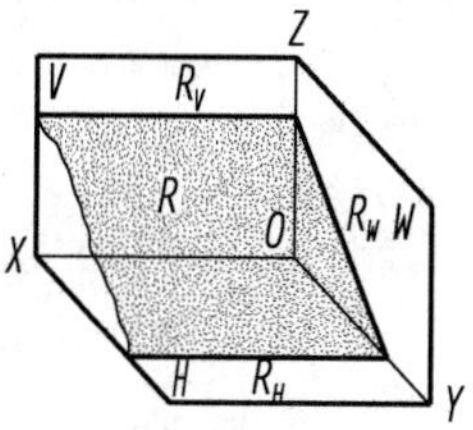 |
| 投影图 | 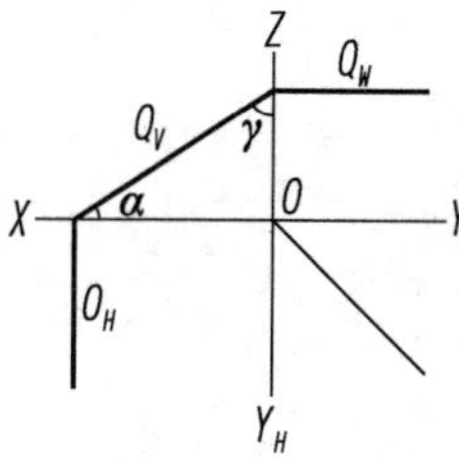 | 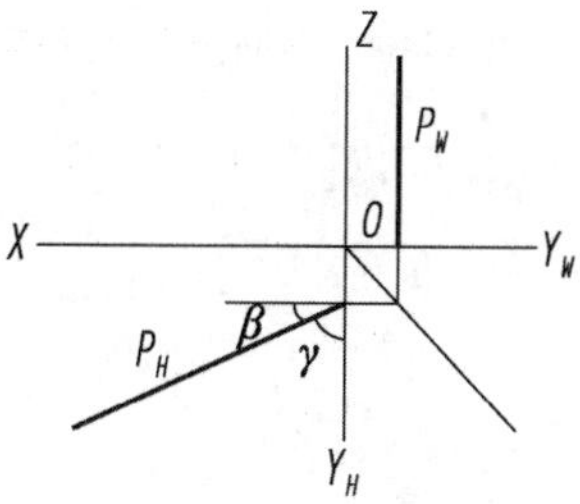 | 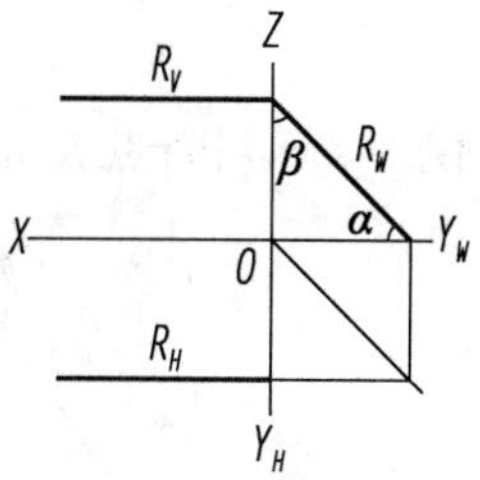 |
| | 投影面平行面 | | |
| | 正平面 | 水平面 | 侧平面 |
| 直观图 | 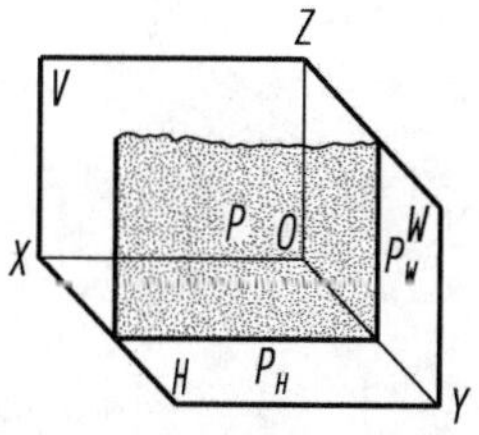 | 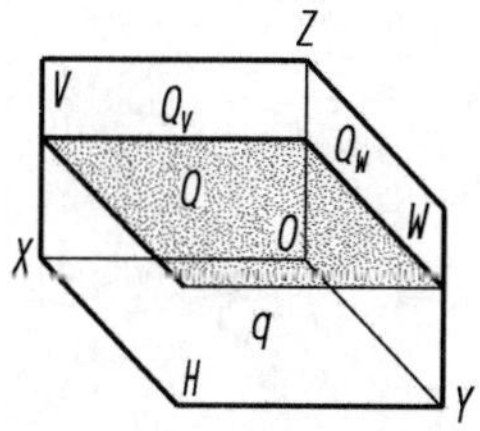 | 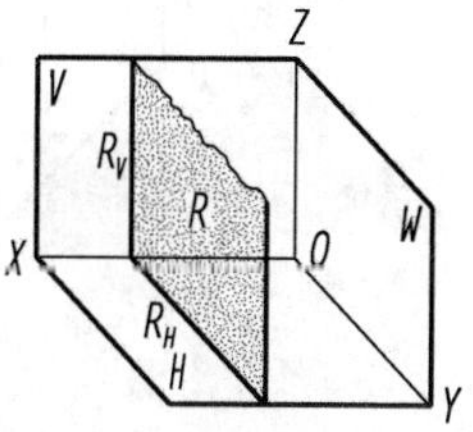 |
| 投影图 | 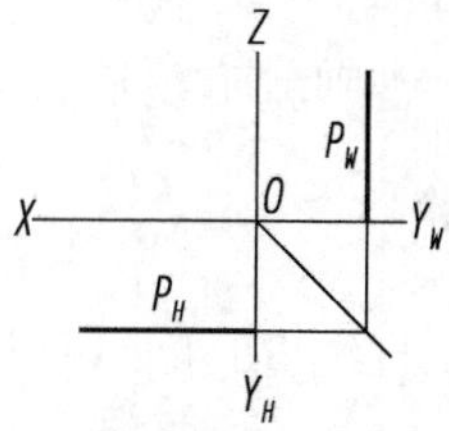 | 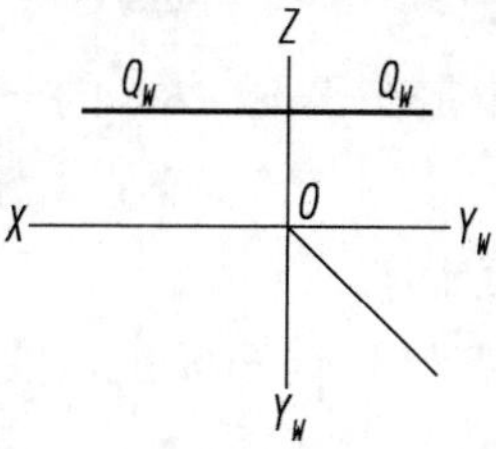 | 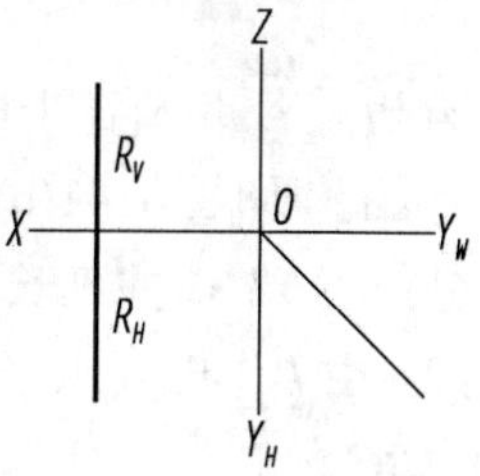 |

## 1.4.3 平面上的点和直线(Points and lines on plane)

### 1.4.3.1 平面上的点

由初等几何可知，点在平面上的几何条件是：若点在平面内一直线上，则该点必在平面上，反之亦然。如图 1-40(a)所示，点 $A$、$B$ 分别在平面 $P$ 内直线 $L_1$、$L_2$ 上，则点 $A$、$B$ 在平面 $P$ 上。

### 1.4.3.2 平面上的直线

直线在平面上的几何条件是：直线通过平面上的 2 个点，或通过平面上的 1 个点，且平行于平面上的一直线，反之亦然。如图 1-40(a)所示，点 *A*、*B* 在平面上，则通过 *A*、*B* 两点的直线 *MN* 在平面 *P* 上。又如图 1-40(b)所示，直线 *AB* 上有一点 *B* 在平面 *P* 上，且 *AB* 平行于平面 *P* 上的一条直线 $L_1$，故直线 *AB* 在平面 *P* 上。

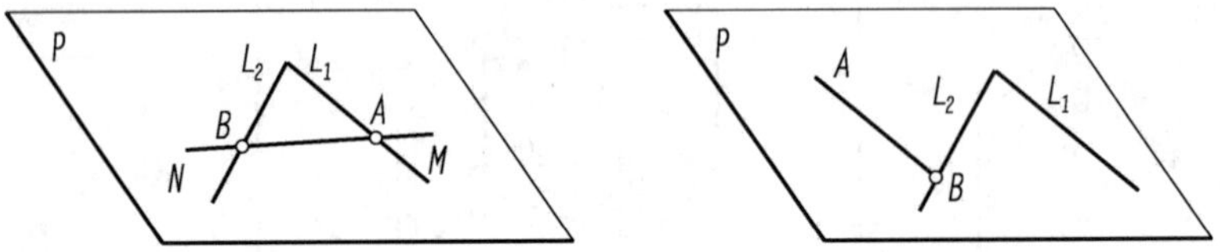


（a）　　　　（b）

**图 1-40　平面上的点和直线**

**例 1.7**　判断点 *K* 是否在平面 *ABC* 内[图 1-41(a)]。

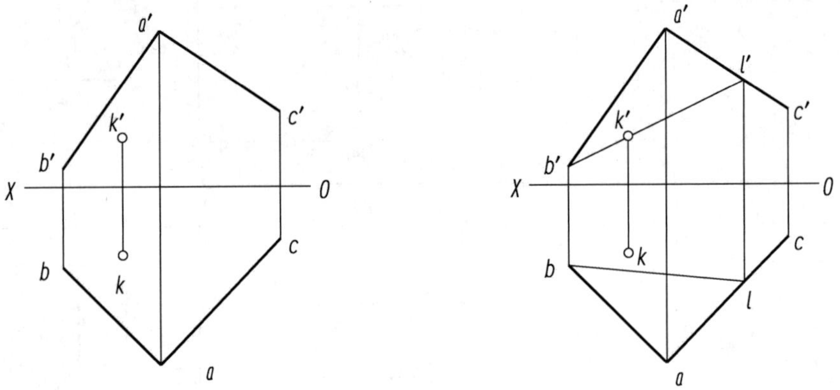


（a）　　　　（b）

**图 1-41　判断点是否在平面上**

**分析**：若点 *K* 在平面内，则一定在平面 *ABC* 的一条直线上，否则就不在平面 *ABC* 内。

**作图步骤**[图 1-41(b)]：

(1) 连 *b′k′*，并延长与 *a′c′*相交于 *l′*。

(2) 由 *l′*作出其水平投影 *l* 并连 *bl*,*k* 不在 *bl* 上，显然点 *K* 不在直线 *BL* 上，所以点 *K* 不在平面 *ABC* 内。

**例 1.8**　已知平面四边形 *ABCD* 的水平投影 *abcd* 和点 *A*、*B*、*D* 的正面投影 *a′b′d′*，试完成四边形的投影[图 1-42(a)]。

**分析**：*A*、*B*、*D* 三点确定一平面，它们的 *H*、*V* 面投影均已知，因此，完成平面四边形的投影问题，实际上就是求 *ABD* 平面内一点 *C* 的 *V* 面投影 *c′*的问题。

**作图步骤**[图 1-42(b)]：

(1) 连接 *bd* 和 *b′d′*；

(2) 连接 *ac* 和 *bd* 相交于 *e*，在 *b′d′*上求出 *e′*。

(3) 连接 $a'e'$，并过 $c$ 作 $OX$ 轴垂线，与 $a'e'$线段延长线相交，交点即为所求 $c'$。

(4) 连接 $b'c'd'$完成平面 $ABCD$ 的投影。

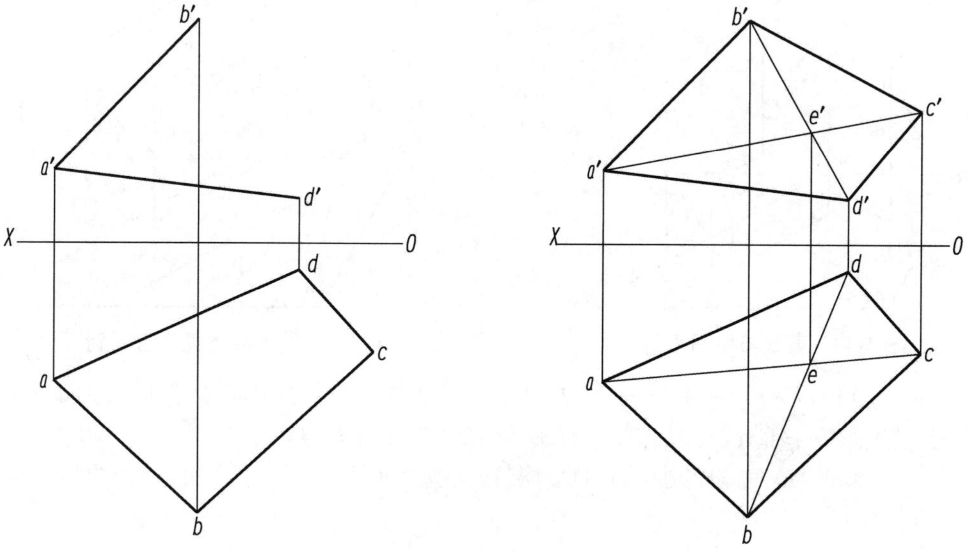


(a)　　(b)

**图 1-42　求平面 *ABCD* 的投影**

# 1.5　直线与平面以及两平面的相对位置(一) [Relevant position between a line and a plane or planes(particular)]

直线与平面以及两平面的相对位置，有平行和相交两种。在相交中包括一种特殊关系——垂直。本节只讨论当直线或平面垂直于投影面时，如何进行直线与平面以及两平面的相对位置判别和作图。

## 1.5.1　平行关系(Parallelism)

### 1.5.1.1　直线与平面平行

由立体几何可知：若直线平行于平面上的任一直线，则此直线必平行于该平面。如图 1-43 所示，直线与投影面垂直面 $P$ 相互平行的两种情况：①直线是该投影面垂直线，如直线 $CD$；②直线在该投影面上的投影必定与投影面垂直面 $P$ 具有积聚性的投影相互平行，如直线 $AB$。

由此可知：若直线与某一投影面垂直面相互平行，则在该投影面上直线的投影与此平面具有积聚性的投影相互平行或者都具有积聚性。

### 1.5.1.2　两平面平行

由立体几何可知：若一平面上的相交两直线对应地平行于另一平面上的相交两直线，则此两个平面相互平行。如图 1-44 所示，两个投影面垂直面 $P$ 和 $Q$ 相互平行，它们具有积聚性的 $H$ 面投影也相互平行。

由此可知：若两投影面垂直面相互平行，则它们具有积聚性的投影(迹线 $P_H$ 和 $Q_H$)必定相互平行。

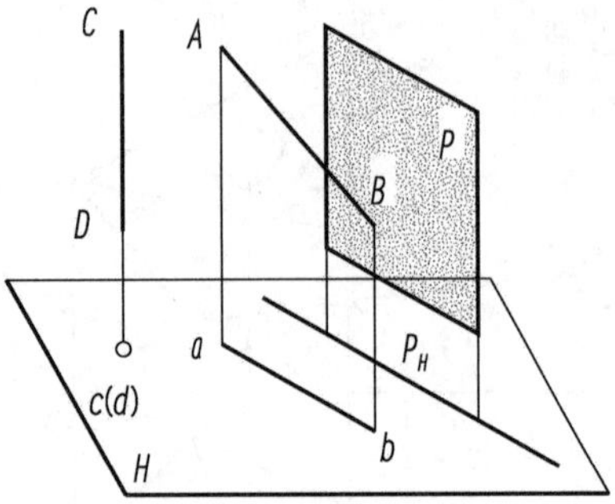


图 1-43　直线与平面平行

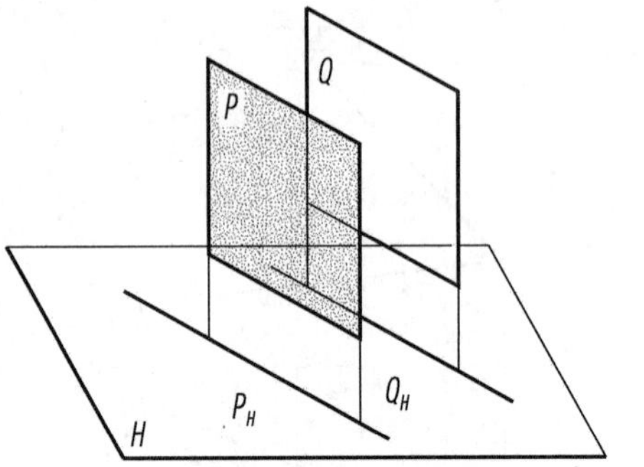


图 1-44　两平面平行

**例 1.9**　已知直线 *BC* 平行于平面 *KLMN*，并根据图 1-45(a)所给定的已知条件，求作：①*BC* 的水平投影 *bc*；②过点 *A* 作平行于矩形 *KLMN* 的平面 *P*。

**分析：**矩形 *KLMN* 为投影面垂直面，根据直线与平面平行、两平面平行的特殊位置情况投影特性直接作图。

**作图步骤**[如图 1-45(b)所示]：

(1) 由于直线 *BC*∥矩形 *KLMN*，直线 *BC* 的水平投影 *bc* 必定平行于矩形 *KLMN* 有积聚性的投影 *k*(*l*)*n*(*m*)，过 *b* 作 *bc*∥*k*(*l*)*n*(*m*)，与由 *c*′所引的投影连线交得 *c*，*bc* 即为所求。

(2) 由于矩形 *KLMN* 是铅垂面，过 *A* 点所作的与其平行的平面 *P* 也必为铅垂面，它们具有积聚性的 *H* 面投影互相平行，过 *a* 作 $P_H$∥*k*(*l*)*n*(m)，即为所求的平面 *P*(用迹线 $P_H$ 表示)的投影。

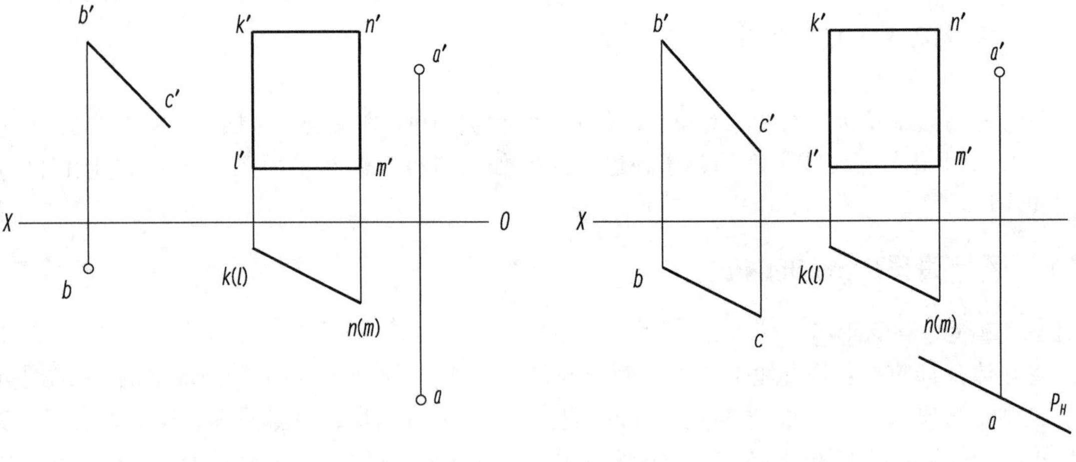


（a）　　　　　　　　（b）

图 1-45　平面垂直于投影面时的平行问题作图

## 1.5.2　相交关系(Intersection)

直线与平面相交，只有一个交点，它是直线与平面的共有点；两平面相交，交线为一条直线，它是两平面的共有线。当直线或平面在空间对投影面处于垂直位置时，在该投影面上其投影具有积聚性，而交点和交线都具有共有性，因此，可以直接找到交点或交线的一个投影，再通过平面上取点或线的方法及点线的从属性求得其他投影。

### 1.5.2.1　直线与平面相交

**例 1.10**　求正垂线 *AB* 与一般位置平面△*CDE* 的交点 *K*，并判别投影的可见性(图 1-46)。

**分析：** *AB* 是正垂线，正面投影具有积聚性；交点 *K* 是直线 *AB* 上的一个点，其正面投影 *k'* 与 *a'*(*b'*)重影；又因交点 *K* 也在平面△*CDE* 上，所以可通过平面上取点的方法，作出交点 *K* 的水平投影 *k*[图 1-46(a)]。

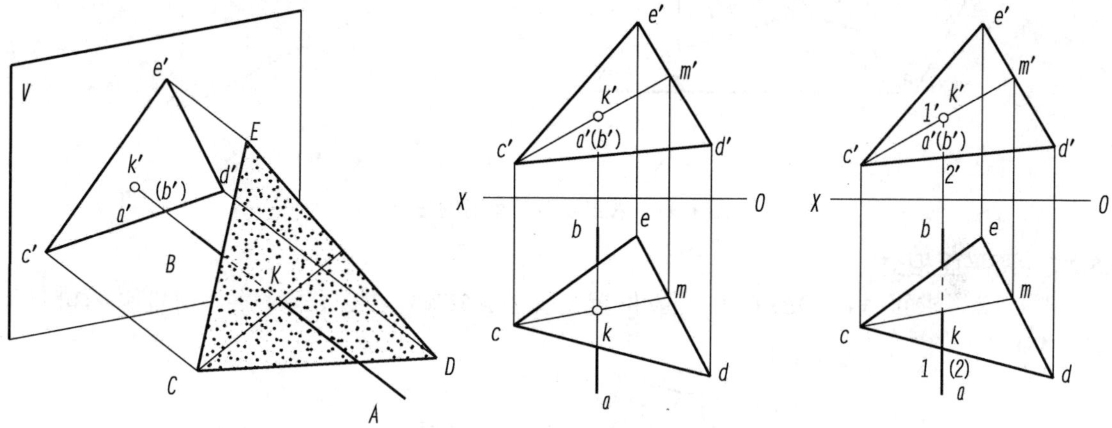

（a）　　（b）　　（c）

**图 1-46　求正垂线与一般位置平面的交点**

**作图：** 连接 *c'k'* 并延长与 *d'e'* 交于 *m'*，即过点 *K* 取直线 *CM*；求出平面△*CDE* 上 *CM* 的水平投影 *cm*，*cm* 与 *ab* 的交点 *k* 即为所求交点 *K* 的水平投影[图 1-46(b)]。

为了图示清晰，假定平面均是不透明的，因此在投影图中会产生平面遮挡直线的情况，直线被平面遮去的部分称为不可见部分，其投影要用虚线表示。这里交点 *K* 把直线分成两部分，而交点 *K* 就是直线可见部分和不可见部分的分界点。如图 1-46(c)所示，直线 *AB* 与 *CD* 的水平投影在 *1*(*2*)点处重影，即 *1*(*2*)点是重影点并非交点。假设 *I*(*1*，*1'*)点属于 *AB*、*II*(*2*，*2'*)点属于 *CD*，则从正面投影上可以看出 *I*、*II* 点 *Z* 坐标 $Z_{I}>Z_{II}$，即 *1'* 点高于 *2'* 点，因此直线 *AB* 上 *I* 点的水平投影是可见的，*CD* 上 *II* 点是不可见的，即将直线 *AK* 段的水平投影 *ak* 画成实线。而被平面遮住的另一段是不可见的，其投影画成虚线。正面投影上 *AB* 积聚为一点，故不需要判别可见性。

**例 1.11**　求直线 *AB* 与铅垂面 *EFGH* 的交点 *K*，并判别投影的可见性(图 1-47)。

**分析：** 铅垂面的水平投影 *e*(*f*)(*g*)*h* 具有积聚性，因而交点 *K* 的水平投影 *k* 点在 *e*(*f*)(*g*)*h* 上；又交点 *K* 也在直线 *AB* 上，因此，交点 *K* 的水平投影必是 *e*(*f*)(*g*)*h* 和 *ab* 的交点 *k*，由点线的从属性可求得点 *K* 的正面投影 *k'*。

**作图：** *e*(*f*)(*g*)*h* 和 *ab* 的交点 *k* 即交点 *K* 的水平投影；过点 *k* 的作 *OX* 轴的垂线与 *a'b'* 交于点 *k'*，即交点 *K* 的正面投影。

直线 *AB* 上 *I*(*1*，*1'*)点与直线 *EF* 上 *II*(*2*，*2'*)点的正面投影重合于 *1'*(*2'*)点，在水平投影上可以看出 *I*、*II* 点 *Y* 坐标 $Y_{I}>Y_{II}$。因此，从前面垂直向后看时，*I* 点是可见的，所以 *k'1'* 段画成实线，以 *k'* 为界被平面遮住的另一段画成虚线。在水平投影上由于四边形 *EFGH* 积聚为一直线 *e*(*f*)(*g*)*h*，故不需要判别可见性。

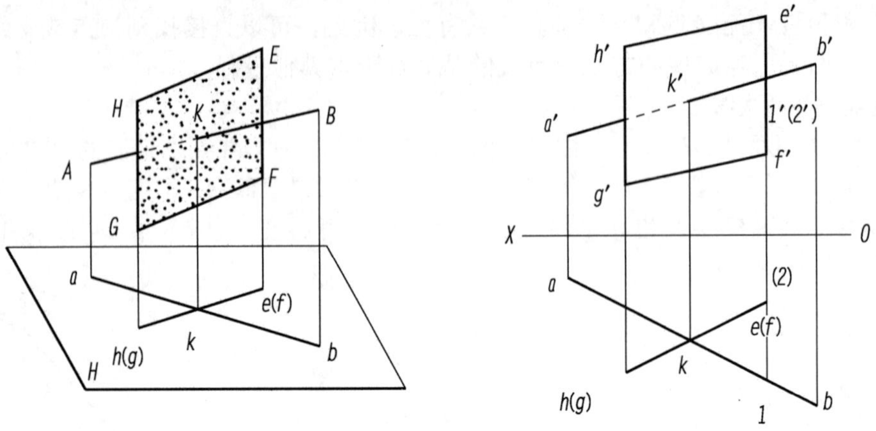


（a）　　　　　　（b）

**图 1-47　求直线与铅垂面的交点**

### 1.5.2.2　两平面相交

**例 1.12**　求正垂面 *DEFG* 与一般位置平面△*ABC* 的交线 *MN*，并判别投影的可见性(图 1-48)。

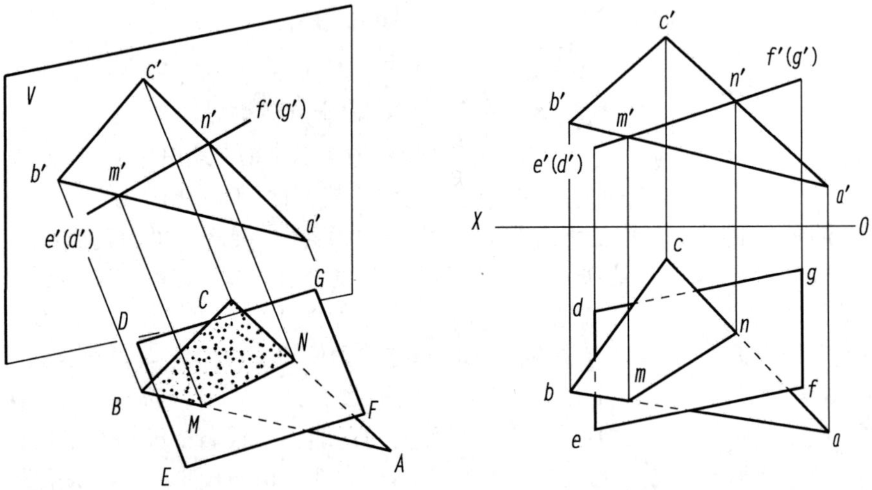


（a）　　　　　　（b）

**图 1-48　求正垂面与一般位置平面的交线**

**分析**：正垂面 *DEFG* 的正面投影 *e*′(*d*′)*f*′(*g*′)具有积聚性，交线 *MN* 的正面投影 *m*′*n*′必定在 *e*′(*d*′)*f*′(*g*′)上；又交线也在△*ABC* 上，通过平面上取线可作出交线的水平投影。

**作图**：用例 1.11 求线面交点的方法，分别求出△*ABC* 的 *AB*、*AC* 边与正垂面 *DEFG* 的交点 *M*(*m*,*m*′)和 *N*(*n*,*n*′)，连接 *MN* 即为所求两平面的交线。

从正面投影上明显看出△*ABC* 的 *BC* 边在正垂面 *DEFG* 的上方，因此，在水平投影上，交线 *mn* 是可见与不可见部分的分界线，△*abc* 的 *bcmn* 部分应画成实线，在 *defg* 轮廓线内的另一部分画成虚线。

**例 1.13**　求铅垂面 $P$ 与一般位置平面 $\triangle ABC$ 的交线 $DE$(图 1-49)。

分析与作图：$P$ 平面是迹线表示的铅垂面，水平迹线 $P_H$ 具有积聚性，所以 $P_H$ 与 $\triangle abc$ 相交所得的 $de$ 即为交线 $DE$ 的水平投影；通过平面上取线可作出交线的正面投影 $d'e'$。显然，平面 $\triangle ABC$ 的 $AC$ 边在 $P$ 平面的前方。在正面投影上以交线投影 $d'e'$ 为界 $d'a'c'e'$ 部分是可见的，画成实线；其余部分为虚线。

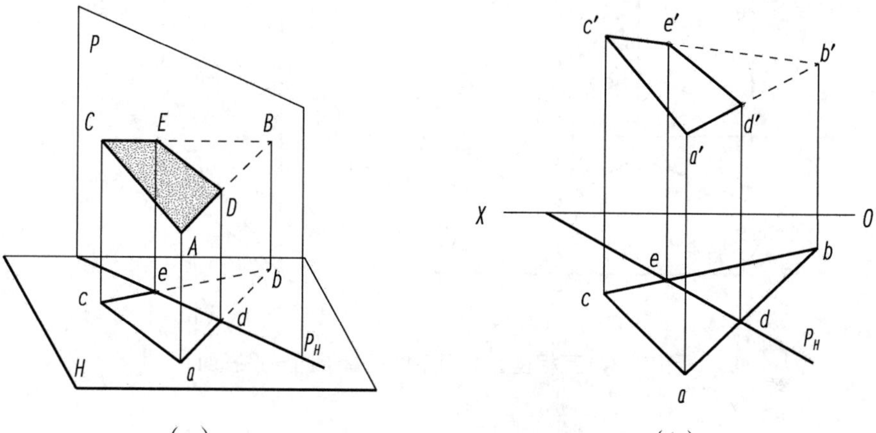


**图 1-49　求铅垂面与一般位置平面的交线**

## 1.5.3　垂直关系(Perpendicularity)

垂直关系是相交关系的特殊情况，当直线或平面在空间对投影面处于垂直位置时，可根据直角投影定理和立体几何有关垂直问题的知识，作图求解。

### 1.5.3.1　直线与平面垂直

当直线垂直于某一投影面垂直面时，这条直线平行于该投影面，且在该投影面上直线与平面的投影也互相垂直。如图 1-50(a)所示，平面 $P$ 是铅垂面，垂直于它的直线 $AK$ 一定是水平线；由于水平线 $AK$ 与平面 $P$ 内所有直线都垂直，因此它的水平投影 $ak$ 与平面 $P$ 的水平投影也应互相垂直，图 1-50(b)为投影图。

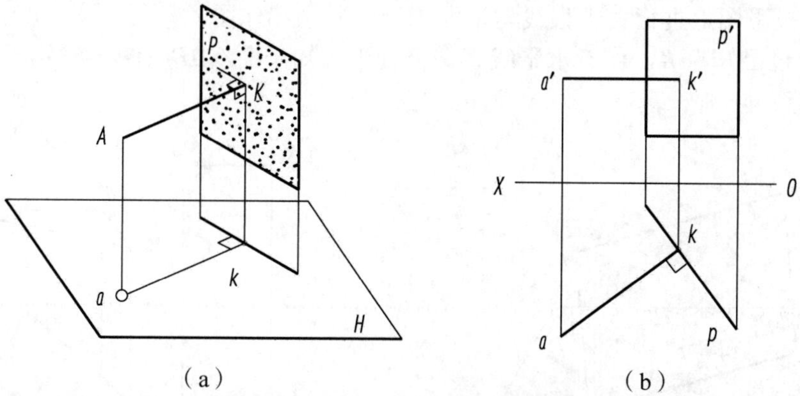


**图 1-50　直线与投影面垂直面垂直**

### 1.5.3.2　两平面垂直

相互垂直的两平面垂直于同一投影面时，它们在该投影面上的投影也相互垂直。如图 1-51(a)

所示，平面 $P$ 和 $Q$ 是相互垂直两铅垂面，由于平面 $P$ 内的水平线 $AB$ 垂直于 $P$ 和 $Q$ 的交线，则水平线 $AB$ 垂直于平面 $Q$。因此，这两个平面的水平投影也相互垂直，图 1-51(b)为投影图。

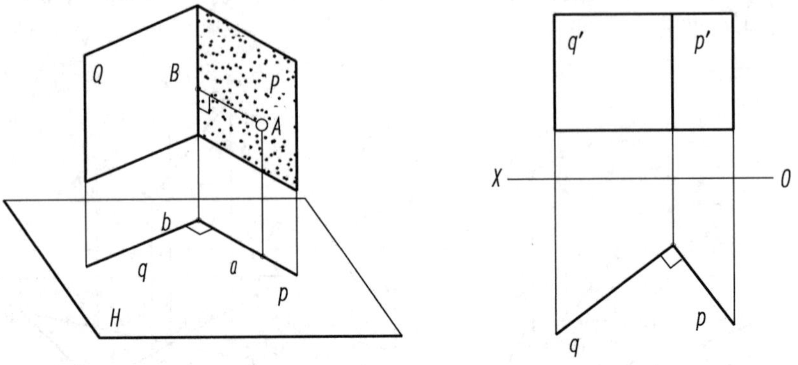


(a) (b)

图 1-51 互相垂直的两平面垂直于同一投影面

# 1.6 直线与平面以及两平面的相对位置(二)[Relevant position between a line and a plane or planes(general)]

本节主要讨论直线和平面均处于一般位置时，在投影图上如何进行直线与平面以及两平面的相对位置判别和作图。

## 1.6.1 平行关系(Parallelism)

### 1.6.1.1 直线与平面平行

如图 1-52 所示，直线与平面平行的几何条件是：若直线平行于平面上的任一直线，则此直线必平行于该平面。即：直线 $AB$ 平行于属于平面 $P$ 的直线 $CD$，则直线 $AB$ 必与平面 $P$ 平行。由此可在投影图上进行关于直线与平面平行的判别和作图。

**例 1.14** 过已知点 $K$，作一水平线 $KM$ 平行于已知平面△$ABC$(图 1-53)。

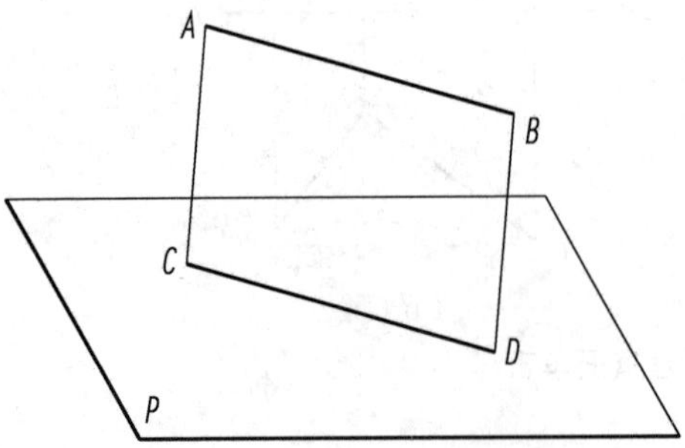


图 1-52 直线与平面平行

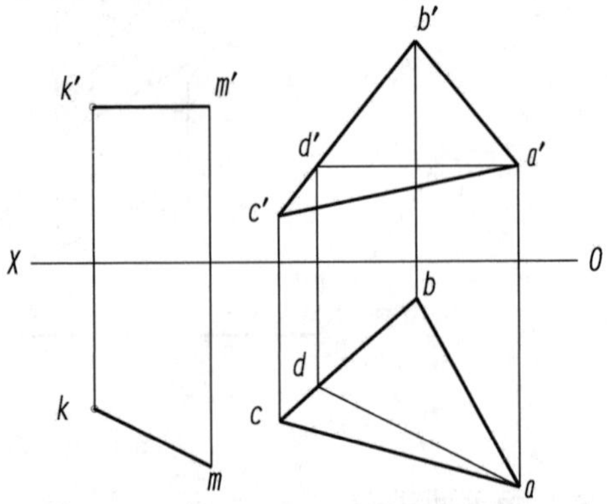


图 1-53 过点 $K$ 作水平线平行△$ABC$

**分析**：在△$ABC$ 上的水平线有无数条，其方向是固定不变的，所以过点 $K$ 平行于△$ABC$ 的水平线也是确定的。

**作图**：在△$ABC$ 上任作一水平线 $AD$，再过点 $K$ 作 $KM // AD$。即：作 $a'd' // OX$，通过平面上取线可得 $ad$；再作 $k'm' // a'd'$，$km // ad$，则 $KM$ 即为所求。

#### 1.6.1.2　两平面平行

如图 1-54 所示，两平面平行的几何条件是：若一平面上的相交两直线对应地平行于另一平面上的相交两直线，则此两个平面相互平行。如：相交两直线 $AB$、$CD$ 属于平面 $P$；相交两直线 $A_1B_1$、$C_1D_1$ 属于平面 $Q$，若 $AB // A_1B_1$，$CD // C_1D_1$，则平面 $P$ 必与平面 $Q$ 平行。据此就可在投影图上进行关于平面与平面平行的判别和作图。

**例 1.15**　已知平面△$ABC$ 和平面 $EFGH$，试判别两平面是否相互平行(图 1-55)。

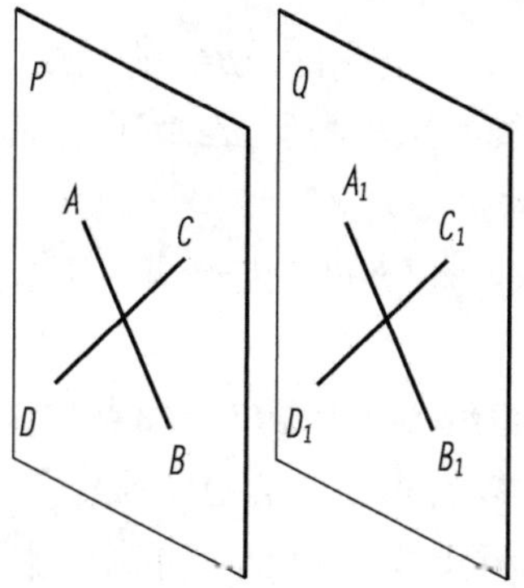


图 1-54　平面与平面平行

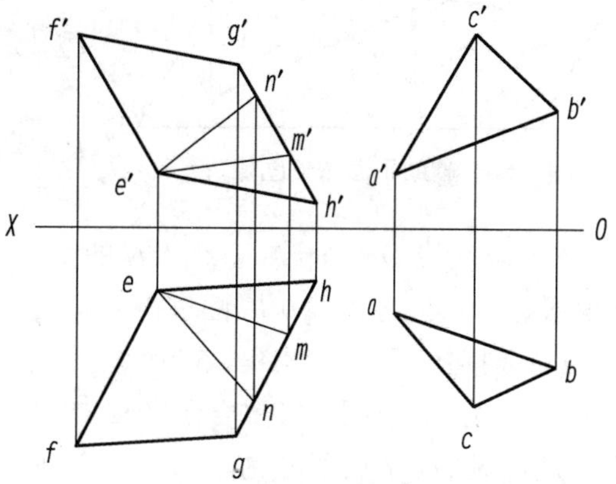


图 1-55　判别两平面是否相互平行

**分析**：先在其一平面上作相交两直线，若另一平面上有与此对应平行的相交两直线，则该两平面相互平行，否则不平行。

**作图**：在平面 $EFGH$ 上过点 $E$ 作相交两直线 $EM$、$EN$，对应地平行于△$ABC$ 上相交两直线 $AB$、$AC$，使 $em // ab$，$en // ac$；通过平面上取线作出 $e'm'$，$e'n'$。显然，$e'm'$ 与 $a'b'$、$e'n'$ 与 $a'c'$ 不平行，即 $EM$ 与 $AB$、$EN$ 与 $AC$ 不平行。由此可见平面△$ABC$ 与平面 $EFGH$ 不平行。

### 1.6.2　相交关系(Intersection)

当直线与平面都处于一般位置情况时，其投影在任何投影面上均无积聚性，因而不能利用积聚性直接求作交点或交线，可通过作辅助平面的方法来求得交点或交线。

#### 1.6.2.1　直线与平面相交

辅助平面法的作图原理如图 1-56 所示：设空间直线 $MN$ 与平面△$ABC$ 相交于 $K$ 点。过交点 $K$ 在平面△$ABC$ 上任作一直线 $ED$，$ED$ 与直线 $MN$ 构成一平面 $P$，称之为辅助平面。$ED$ 即为辅助平面 $P$ 与已知平面△$ABC$ 的交线，$DE$ 与 $MN$ 的交点，即为直线 $MN$ 与平面△$ABC$ 的交点 $K$。

根据上述分析，可归纳出用辅助平面法求直线与平面交点的作图步骤：

(1) 包含已知直线作一辅助平面。为了作图简便，一般选作投影面的垂直面(如包含 $MN$ 作铅垂面 $P_H$)。

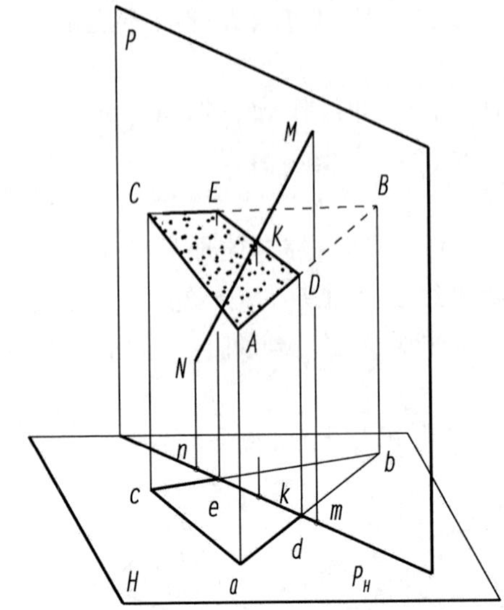

图 1-56 辅助平面法作图原理

(2) 求作辅助平面与已知平面的交线(如 $P_H$ 面与已知△*ABC* 的交线 *DE*)。

(3) 求交线与已知直线的交点，即为已知直线与平面的交点(如 *DE* 与 *MN* 的交点 *K*)。

**例 1.16** 求直线 *MN* 与平面△*ABC* 的交点 *K*，并判别可见性[图 1-57(a)]。

**分析**：已知直线与平面均处于一般位置，需用辅助平面法求交点。

**作图步骤**[图 1-57(b)]：

(1) 包含已知直线 *MN* 作铅垂面 *P*。即作水平迹线 $P_H$ 与 *MN* 的水平投影 *mn* 重合。

(2) 求作铅垂面 *P* 与已知△*ABC* 的交线 *DE*。由于 $P_H$ 具有积聚性，交线的水平投影 *de* 可直接确定，通过平面上取线求得正面投影 *d'e'*。

(3) 求交线 *DE* 与已知直线 *MN* 的交点。正面投影 *d'e'* 与 *m'n'* 的交点 *k'* 即为所求交点 *K* 的正面投影，再通过点线从属性求得 *k*。

(4) 判别可见性。如图 1-57(c)所示，在正面投影上，直线 *BC* 上 *I*(*1*，*1'*)点与直线 *MN* 上的 *II*(*2*，*2'*)点的正面投影重合于(*1'*)*2'* 点，在水平投影上可以看出 *I*、*II* 点 *Y* 坐标 $Y_I < Y_{II}$，故 *II* 点是可见的，*I* 点不可见。因此，正面投影 *k'2'* 段画成粗实线。同理，可判定水平投影 *3k* 段为虚线。

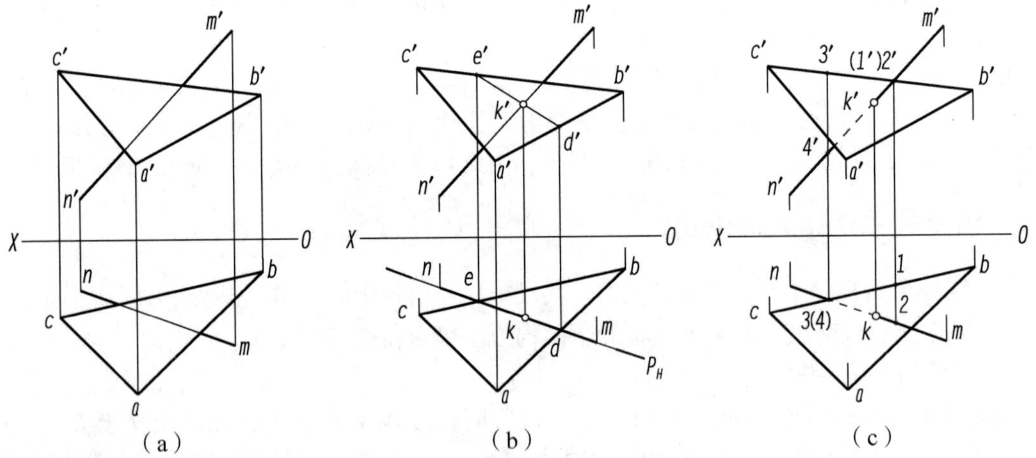

图 1-57 求一般位置直线与一般位置平面的交点

#### 1.6.2.2 两平面相交

将两平面相交问题转化为直线与平面相交问题。方法是：可在其中一平面上任取两直线，用辅助平面法分别求出两直线与另一平面的交点，这两个交点的连线即为所求两平面交线。

**例 1.17**　求平面△*ABC* 与平面 *DEFG* 交线 *MN*，并判别投影的可见性[图 1-58(a)]。

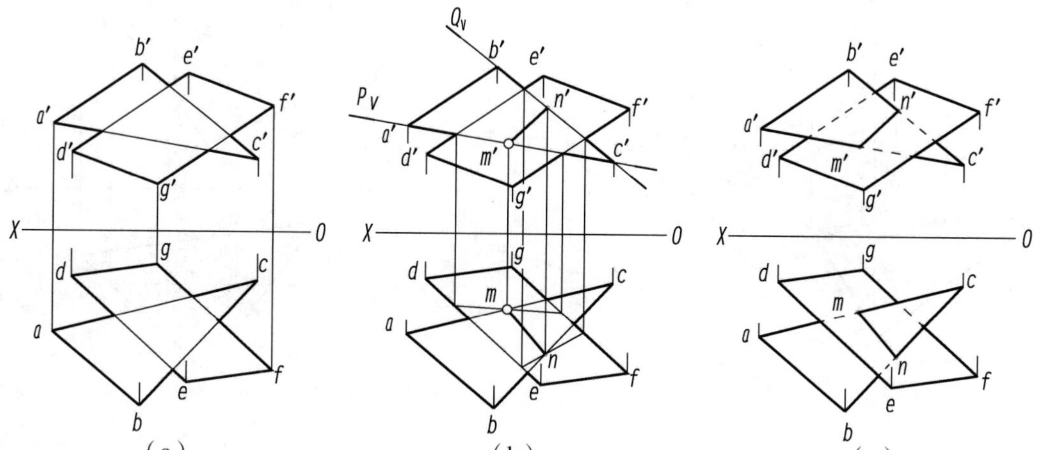


**图 1-58　求两一般位置平面的交线**

**分析**：两平面均为一般位置，可在平面△*ABC* 取两直线 *AC*、*BC*，用辅助平面法分别求出两直线与平面 *DEFG* 的交点，连接这两个交点即为所求两平面交线。

**作图步骤**[图 1-58(b)]：

(1) 用辅助平面法求直线 *AC* 与平面 *DEFG* 的交点 *M*，即包含直线 *AC* 作正垂面 *P*(也可作铅垂面)，$P_V$为 *P* 平面的正面迹线，可求得交点 *M*(*m*,*m*′)；

(2) 同理，包含 *BC* 作平面 *Q*，求出直线 *BC* 与平面 *DEFG* 的交点 *N*(*n*,*n*′)；

(3) 连接 *MN*，即分别连接 *mn*、*m*′*n*′；

(4) 判别可见性。作图结果，如图 1-58(c)所示。

## 1.6.3　垂直关系(Perpendicularity)

根据直角投影定理和立体几何有关垂直问题的知识，可以得出当直线或平面处于一般位置时，直线与平面垂直以及两平面垂直的投影特性。

### 1.6.3.1　直线与平面垂直

由立体几何可知：若一直线垂直于一平面，则直线必垂直于此平面上的任意直线；反之，若一直线垂直于一平面上的任意两条相交直线，则该直线垂直于此平面。如图 1-59 所示，已知直线 *MK* 垂直于平面△*ABC*(垂足为点 *K*)，若过 *K* 点作一水平线 *AD*，则 $MK \perp AD$，根据直角投影定理，则 $mk \perp ad$；再过 *K* 点作一正平线 *EF*，则 $MK \perp EF$，同理 $m'k' \perp e'f'$。

由此可知，直线与平面垂直的投影特性为：若一直线垂直于一平面，则直线的正面投影必定垂直于该平面上正平线的正面投影；直线的水平投影必定垂直于该平面上水平线的水平投影。反之，若直线的正面投影和水平投影分别垂直平面上正平线的正面投影和水平线的水平投影，则直线一定垂直于该平面。

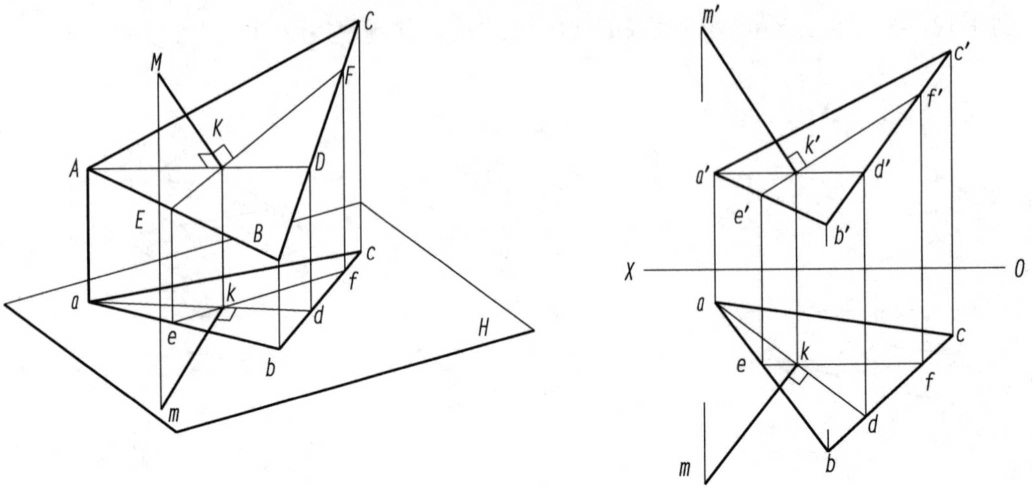


(a) (b)

**图 1-59 直线与平面垂直**

**例 1.18** 过点 *A* 作平面△*DBC* 的垂线，并求垂足 *K*[图 1-60(a)]。

**分析：**根据直线与平面垂直的投影特性作图，首先分别在平面内取水平线 *BE*、正平线 *DF*，然后作过点 *A* 的垂线的两面投影。

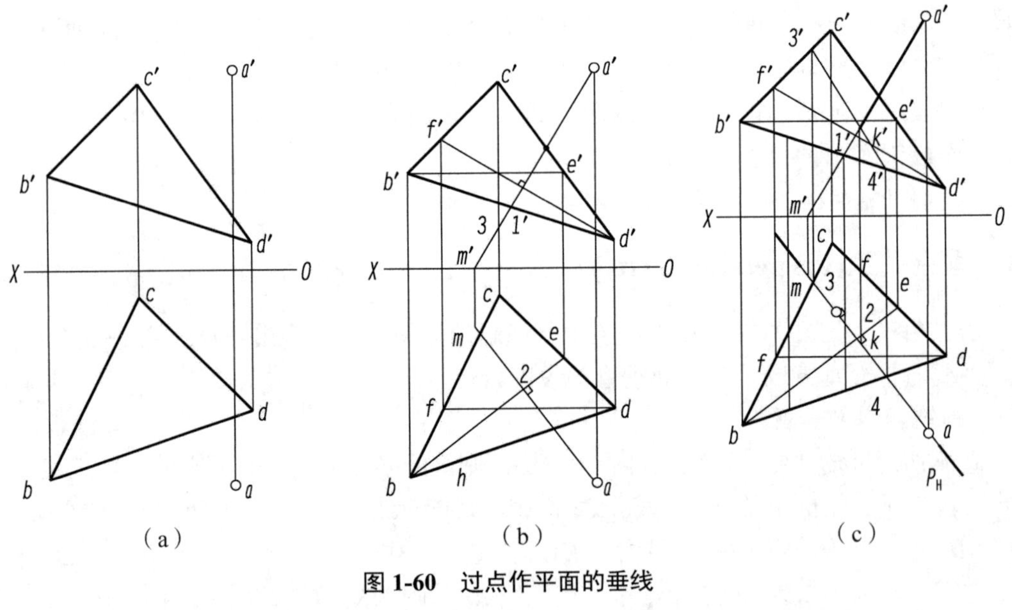


(a) (b) (c)

**图 1-60 过点作平面的垂线**

**作图步骤：**

(1) 在△*DBC* 平面内任取水平线 *BE*(*b′e′*、*be*)和正平线 *DF*(*b′f′*、*df*)[图 1-60(b)]。

(2) 过点 *A* 作直线 *AM*，使得其水平投影 *am* 垂直 *be*(*am*⊥*be*)、正面投影 *a′m′* 垂直 *b′f′*(*a′m′*⊥*d′f′*)，直线 *AM*(*am*, *a′m′*)即为△DBC 平面的垂线[图 1-60(b)]。

(3) 利用求直线与平面交点的方法，求出垂线 *AM* 与平面的交点 *K*(*k′*、*k*)，即为垂足，见图 1-60(c)。

**注意**：图 1-60(b)中垂线与两条平行线的两面垂直相交点($1'$、$2$)是重影点，不是垂足的投影，图 1-60(c)中直线*III IV*($3'4'$、$34$)为包含垂线所作的平面 *P* 与平面△*BDC* 平面的交线。

**例 1.19**　过点 *A* 作平面垂直于已知直线 *MN*[图 1-61(a)]。

**分析**：应用直线与平面垂直的投影特性作图，可分别过点 *A* 作正平线 *AB*、水平线 *AC* 并与已知直线 *MN* 垂直，此两相交直线所表示的平面即为所求。

**作图步骤**[图 1-61(b)]：

(1) 过点 *A* 作正平线 *AB* 垂直于直线 *MN*，即作 $a'b' \perp m'n'$；$ab /\!/ OX$。

(2) 过点 *A* 作水平线 *AC* 垂直于直线 *MN*，即作 $ac \perp mn$；$a'c' /\!/ OX$，相交两直线 *AB*、*AC* 组成的平面即为所求。

**1.6.3.2　两平面垂直**

由立体几何可知：若一直线垂直一平面，则包含此直线的一切平面都垂直于该平面。反之，若两平面互相垂直，则从第一平面上的任意一点向第二平面所作的垂线，必定在第一平面内。如图 1-62 所示，由于直线 *AK* 垂直 *P* 平面，则包含 *AK* 的 *Q* 平面和 *R* 平面都垂直 *P* 平面。若在 *Q* 平面上取一点 *B*，向 *P* 平面作垂线 *BE*，则 *BE* 一定在 *Q* 平面内。据此可解决有关两平面互相垂直的投影作图问题。

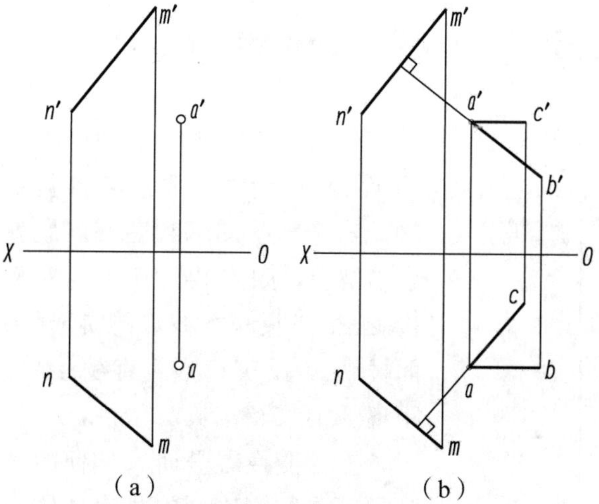


**图 1-61　过点作平面垂直于已知直线**

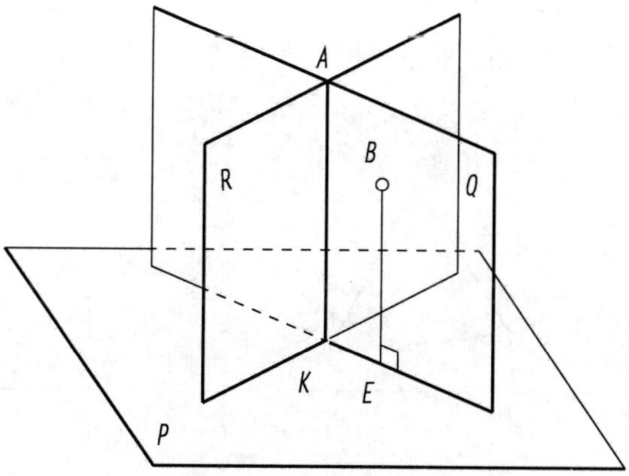


**图 1-62　两平面垂直**

**例 1.20**　通过直线 *MN* 作一平面垂直于已知平面△*ABC*[图 1-63(a)]。

**分析**：只要过直线 *MN* 上任一点 *M*，作一直线 *MK* 垂直于平面△*ABC*，则此两相交直线 *MN* 和 *MK* 所表示平面即为所求。

**作图步骤**[图 1-63(b)]：

(1) 在△*ABC* 上任取一水平线 *A I*，即作 $a'1' /\!/ OX$，由点线从属性求得 $a1$。

(2) 同理，在△*ABC* 任取一正平线 *A II*($a2$，$a'2'$)。

(3) 过点 *M* 作一直线 *MK* 垂直于平面△*ABC*，即过点 *m* 作 $mk \perp a1$；过点 $m'$ 作 $m'k' \perp a'2'$；相交两直线 *NMK* 即为所求。

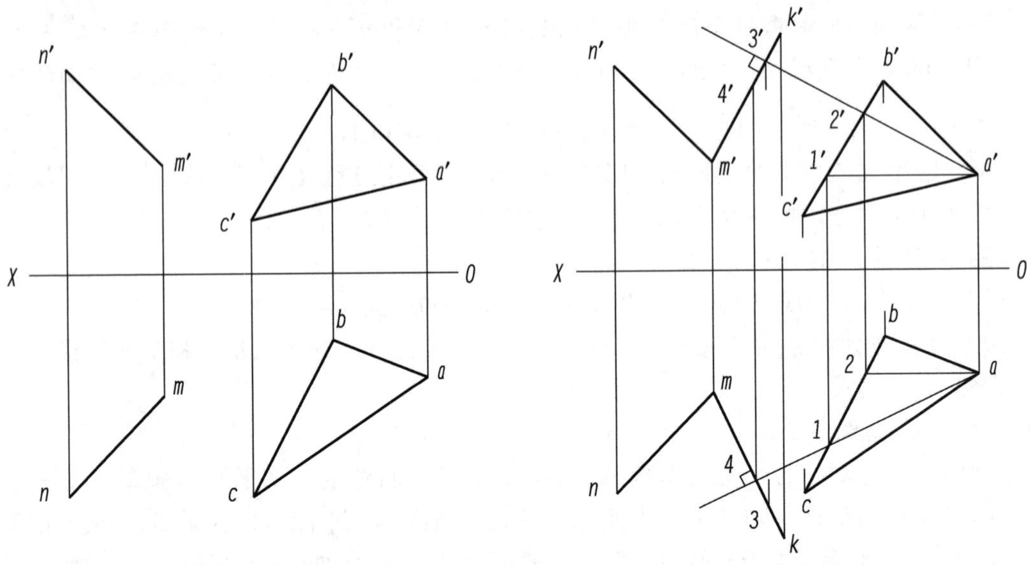


（a） （b）

**图 1-63 过直线作平面垂直于已知平面**

# 1.7 投影变换——换面法(Auxiliary projection method)

通过前面介绍投影理论可知，当直线或平面相对于投影面处于一般位置时，其投影不能反映它们真实大小和形状，并且不具有积聚性；而当直线或平面相对于投影面处于特殊位置时，对于一些图示和图解问题就容易解决。如图 1-64 所示，*V* 面投影△*abc* 反映△*ABC* 的实形；*H* 面投影 *ck* 反映 *C* 点到直线 *AB* 的距离(线段 *CK* 实长)。

（a） （b）

**图 1-64 直线或平面处于特殊位置的图示和图解**

投影变换就是研究如何改变几何元素与投影面的相对位置，在投影图上得到新投影(辅助投影)的方法。常用的投影变换方法有换面法和旋转法两种，本节只讨论换面法。

## 1.7.1 换面法概述(Introduction of auxiliary projection)

在两面投影体系中，用一个新的投影面替换原有的某一投影面，构成新的两投影面体系，以改变几何元素与投影面的相对位置，这种投影变换的方法称为换面法。如图 1-65 所示，铅垂面△*ABC* 的两面投影都不反映实形，如果选择一新的投影面 $V_1$，使它平行于△*ABC* 且与 *H*

面垂直，构成一新的两投影面体系，将△*ABC* 向新的投影面 $V_1$ 投影，这时在 $V_1$ 面上得到新投影△$a_1'b_1'c_1'$，反映△*ABC* 的实形。

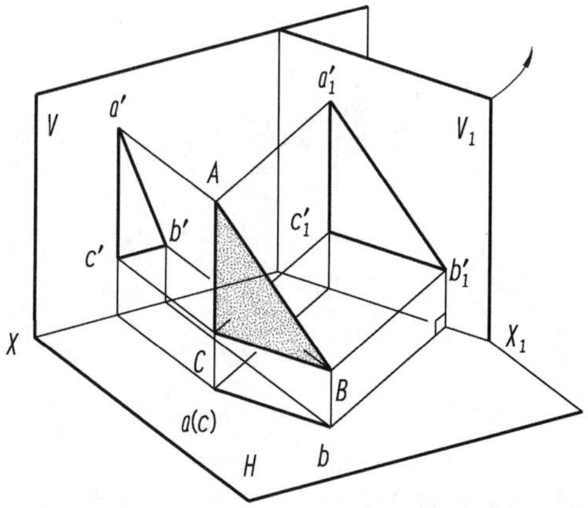


（a）

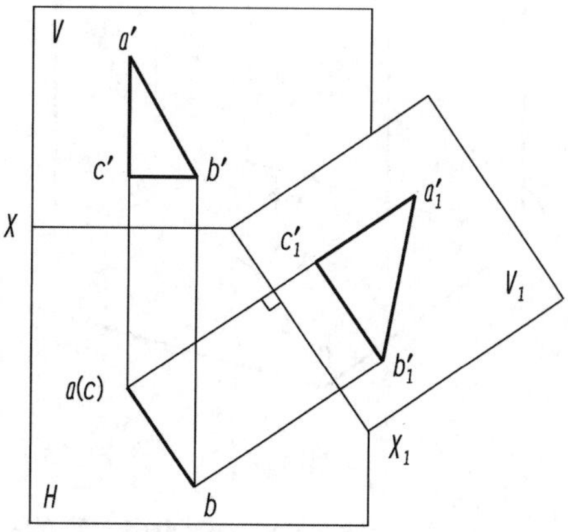


（b）

**图 1-65　换面法的基本概念**

### 1.7.1.1　新投影面的选择原则

选择新投影面必须符合下面 2 个原则：

(1) 新投影面必须垂直于原投影体系中的一个投影面。

(2) 新投影面必须与空间几何元素处于有利于解题的位置。

### 1.7.1.2　投影变换的基本规律

点是最基本的几何元素，它的变换规律是投影变换的基础。

**1．点的一次变换**

如图 1-66(a)所示，在两面投影体系 *V*/*H* 中，令 *H* 面不变，用一个新投影面 $V_1$ 替换原有投影面 *V*，则构成新的两投影面体系 $V_1/H$；$V_1$ 与 *H* 的交线 $X_1$ 称为新投影轴。过点 *A* 向新投影面 $V_1$ 作垂线可得到新投影 $a_1'$；这样 A 点在新投影体系 $V_1/H$ 的投影($a_1'$, *a*)，就代替了原投影体系 *V*/*H* 的投影(*a*′, *a*)(*H* 面投影 *a* 称为不变投影)。将新投影面 $V_1$ 绕新投影轴 $X_1$ 旋转到与 *H* 面重合，即可得到新投影图，如图 1-66(b)所示。

由此可得投影变换的基本规律：

① 投影 $a_1'$和不变投影 *a* 的连线垂直于新投影轴 $X_1$，即 $a_1'a\perp X_1$。

② 投影 $a_1'$到新投影轴 $X_1$ 的距离等于被替换的旧投影 *a*′ 到旧投影轴的距离，即 $a_1'a_{X1}=a'a_X$。

在两面投影体系 *V*/*H* 中，若用一个新投影面 $H_1$ 替换原有投影面 *H*，则构成一个新的两面投影体系 $V/H_1$，同理，*A* 点的新投影 $a_1$ 和原有投影 *a* 之间也存在同样关系，如图 1-67 所示。

**2．点的二次变换**

由于新投影面必须垂直于原有投影体系中的一个投影面，因此解决具体问题时，在进行一次换面还不能解决问题，必须依次进行二次(多次)换面。在二次(多次)换面时，选择的新投影面仍必须符合前述的两个原则。

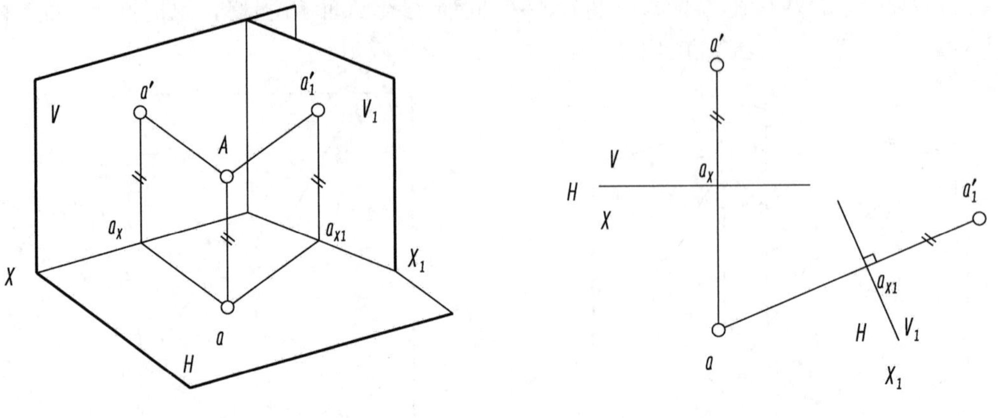


（a） （b）

**图 1-66 点的一次变换(用 $V_1$ 面替换 $V$ 面)**

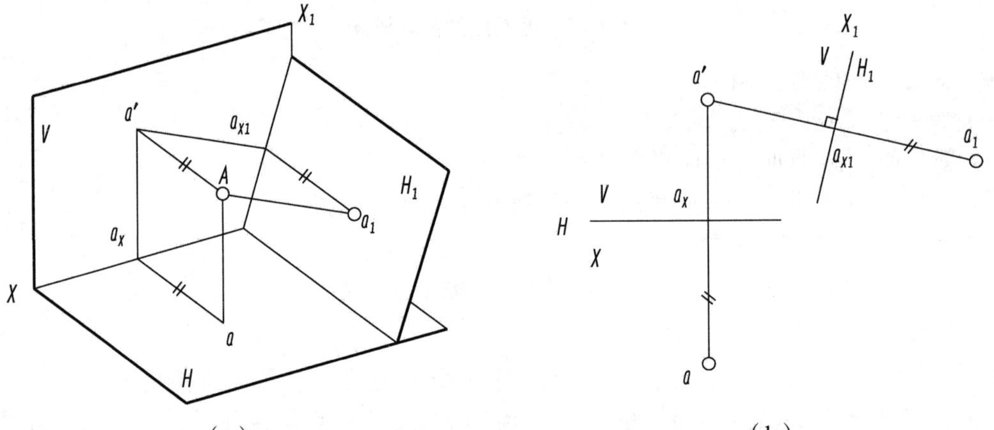


（a） （b）

**图 1-67 点的一次变换(用 $H_1$ 面替换 $H$ 面)**

点的二次变换的作图方法与一次变换的方法完全相同，只是将作图过程重复一次而已。图 1-68 所示为点的二次变换，其作图步骤如下：

(1) 进行一次变换。以 $V_1$ 面替换 $V$ 面，组成新投影体系 $V_1/H$。作图如下：在适当位置(依解题需要)作新投影轴 $X_1$；过 $a$ 点作 $aa_1'\perp X_1$ 轴，并使 $a_1'a_{X1}=a'a_X$，即求得新投影 $a_1'$；

(2) 进行二次变换。在 $V_1/H$ 投影体系中再作一次变换，用 $H_2$ 替换前一次变换中的不变投影面 $H$，构成 $V_1/H_2$ 投影体系。作图如下：在适当位置作新投影轴 $X_2$；过 $a_1'$点作 $a_1'a_2\perp X_2$ 轴，并使 $a_2a_{X2}=aa_{X1}$，即求得新投影 $a_2$；

需要注意的是：在换面时两个投影面必须交替变换，若第一次由 $V_1$ 面替换 $V$ 面构成 $V_1/H$ 投影体系；而第二次换面则应以 $H_2$ 面替换 $H$ 面，构成 $V_1/H_2$ 体系，即在新的两面投影体系中替换另一个还未被替换的投影面。

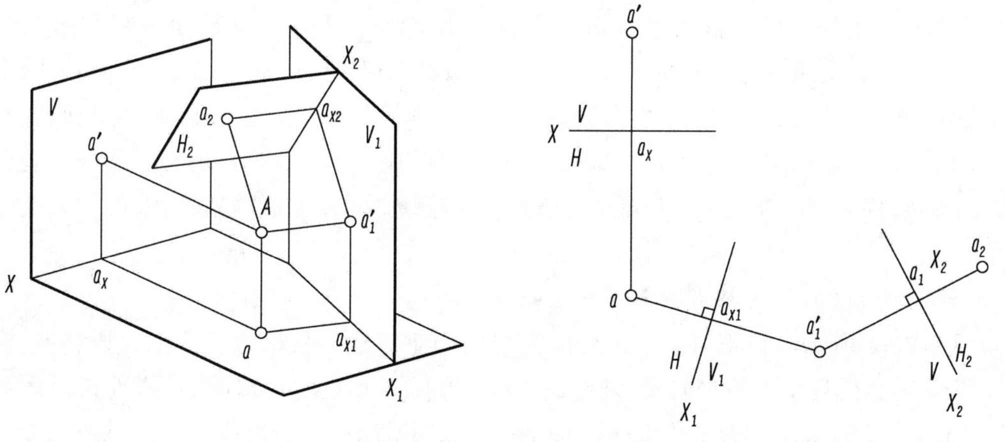


（a）　　（b）

图 1-68　点的二次变换

## 1.7.2　换面法的 4 个基本问题(Four basic problems of the auriliary projection method)

用换面法可求解的空间几何元素定位与度量问题是多种多样的，但从作图过程来看，可以归结为两类 4 个基本作图问题。

### 1.7.2.1　直线的变换

直线的投影变换，就是变换线段的 2 个端点，有下面 2 个基本作图问题：

**1．将一般位置直线变换为投影面平行线**

如图 1-69(a)所示，直线 $AB$ 为一般位置直线，现将 $AB$ 变换为投影面平行线。根据平行线的投影特性(直线的一个投影平行于投影轴)，选取一个与直线 $AB$ 平行且垂直于 $H$ 面的新投影面 $V_1$，替换原有投影面 $V$，则构成新投影体系 $V_1/H$。

作图过程如下[图 1-69(b)]：

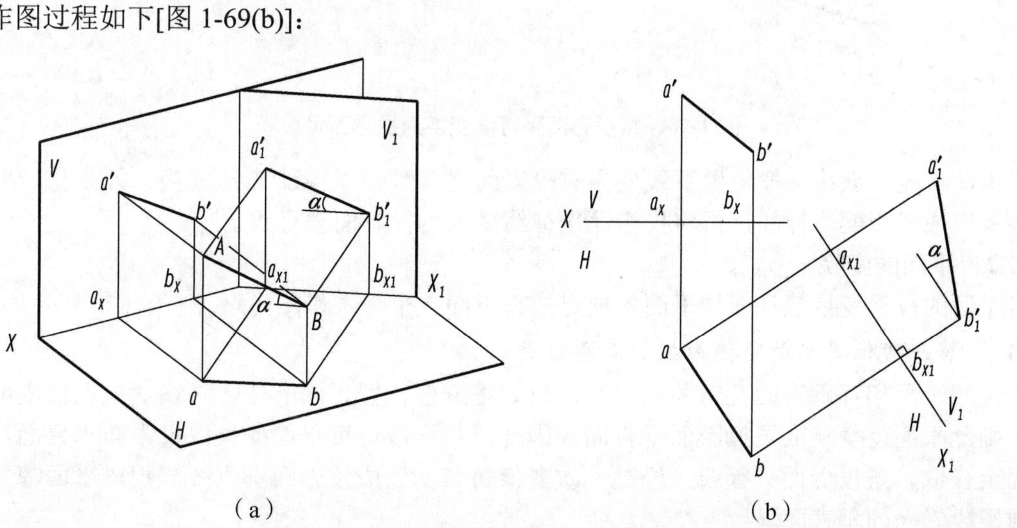


（a）　　（b）

图 1-69　将一般位置直线变换为投影面平行线

在水平投影上作出新投影轴 $X_1 // ab$，即反映 $V_1$ 面平行于直线 $AB$；再按投影变换的基本规律分别求出 $A$、$B$ 两点的新投影 $a_1'$、$b_1'$；连接 $a_1'$和 $b_1'$即可得到直线 $AB$ 在新投影面 $V_1$ 上投影。显然，在新投影体系 $V_1$/H 中，直线 $AB$ 是投影面平行线，新投影 $a_1'b_1'$反映实长，即 $a_1'b_1'=AB$；$a_1'b_1'$与 $X_1$ 轴的夹角即为直线 $AB$ 对 $H$ 面的倾角$\alpha$。这里，也可以选取正垂面作为新投影面 $H_1$ 替换 $H$ 面，将直线 $AB$ 变换为投影面平行线，同样可求得直线 $AB$ 的实长及对 $V$ 面的倾角$\beta$。

2．将投影面平行线变换成投影面垂直线

如图 1-70(a)所示，将正平线 $AB$ 变换为投影面垂直线。根据垂直线的投影特性(直线的一个投影反映实长且垂直投影轴)，只能选取与直线 $AB$ 垂直的正垂面 $H_1$ 作为新投影面替换 $H$ 面，构成新投影体系 $V/H_1$。作图过程如图 1-70(b)所示：在正面投影上，先作出新投影轴 $X_1 \perp a'b'$，即反映空间 $H_1$ 面垂直于直线 $AB$；再按投影变换的基本规律分别求出 $A$、$B$ 两点的新投影 $a_1$、$b_1$，它们的投影积聚为一点 $a_1(b_1)$。这样得到直线 $AB$ 在新投影面 $H_1$ 上的投影。显然，在新投影体系 $V/H_1$ 中，直线 $AB$ 是投影面垂直线。

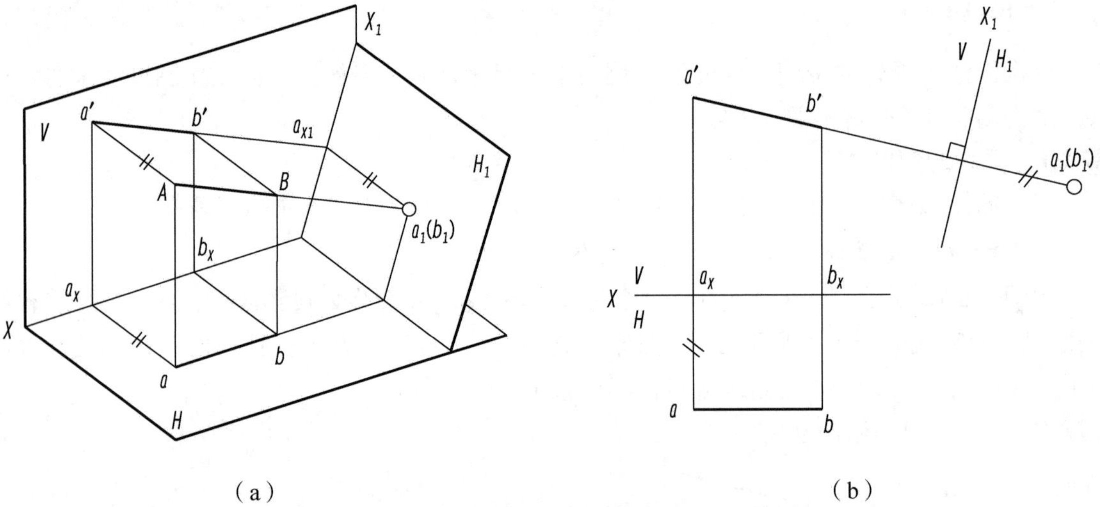


**图 1-70 将投影面平行线变换为投影面垂直线**

由此可见，欲将一般位置直线变换成投影面垂直线必须经过 2 次变换，即先将一般位置直线变换成投影面平行线，再将投影面平行线变换为投影面垂直线。

#### 1.7.2.2 平面的变换

平面的投影变换就是变换平面各顶点，有下面 2 个基本作图问题：

1．将一般位置平面变换为投影面垂直面

由两平面相互垂直的几何关系可知，只要将一般位置平面上任一直线变换为投影面垂直线，则此平面就变换成了投影面垂直面。因此，将一般位置平面变换成投影面垂直面，可在平面上任取一条投影面平行线，经过一次变换将其变换成投影面垂直线，则该平面随之就变换成了投影面的垂直面。

如图 1-71(a)所示，平面$\triangle ABC$ 是一般位置平面，欲将其变换为投影面垂直面，在平面上

取一条水平线 $AD$，选取一铅垂面 $V_1$ 为新投影面替换原有投影面 $V$，使其与水平线 $AD$ 垂直；则在新投影体系 $V_1/H$ 中，平面△$ABC$ 就变换为投影面垂直面。

作图步骤，如图 1-71(b)所示：

(1) 在平面△$ABC$ 内取一条水平线 $AD(ad$、$a'd')$；

(2) 在 $H$ 面上作新投影轴 $X_1 \perp ad$；

(3) 按投影变换的基本规律，在新投影面 $V_1$ 上分别求出 $A$、$B$、$C$ 各点的新投影 $a_1'$、$b_1'$、$c_1'$，并连接各点即为所求。

显然，在新投影面 $V_1$ 上，$a_1'b_1'c_1'$ 积聚为一直线。在新投影体系 $V_1/H$ 中，平面△$ABC$ 是投影垂直面，因而投影 $a_1'b_1'c_1'$ 与 $X_1$ 轴的夹角即反映平面△$ABC$ 与 $H$ 面的夹角 $\alpha$。

若在△$ABC$ 内取一正平线，用 $H_1$ 面(正垂面)作为新投影面替换 $H$ 面，同样也可将平面△$ABC$ 变换为投影面垂直面；新投影 $a_1b_1c_1$ 与 $X_1$ 轴的夹角反映的是平面△$ABC$ 与 $V$ 面的夹角 $\beta$。

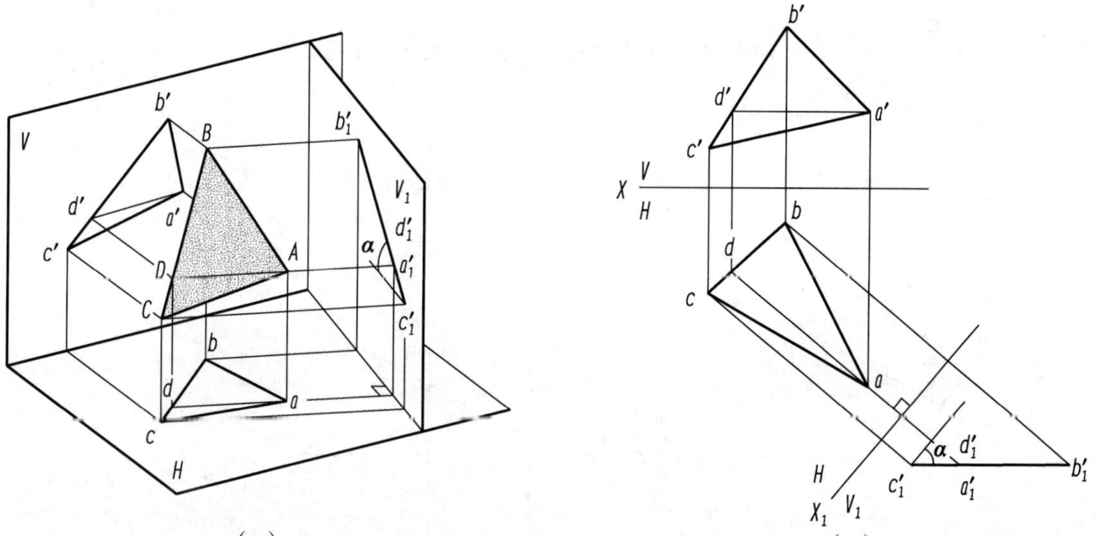


(a)　　(b)

**图 1-71　将一般位置平面变换为投影面垂直线**

### 2．将投影面垂直面变换成投影面平行面

如图 1-72(a)所示，将铅垂面△$ABC$ 变换为投影面平行面，根据投影面平行面的投影特性(一个投影积聚为一直线且平行投影轴，另一投影反映实形)，选取与平面△$ABC$ 平行的铅垂面 $V_1$ 作为新投影面替换 $V$ 面，构成新投影体系 $V_1/H$。作图过程如图 1-72(b)所示：在水平投影上，作出新投影轴 $X_1 /\!/ abc$，即反映 $V_1$ 面平行于△$ABC$，再按投影变换的基本规律分别求出△$ABC$ 各顶点的新投影 $a_1'$、$b_1'$、$c_1'$，并连接得到△$ABC$ 在新投影面 $V_1$ 上的投影△$a_1'b_1'c_1'$。显然，在新投影体系 $V_1/H$ 中，平面△$ABC$ 是投影面平行面，投影△$a_1'b_1'c_1'$ 反映实形。

由此可见，欲将一般位置直平面变换成投影面平行面必须经过两次变换，即先将一般位置平面变换成投影面垂直面，再将投影面垂直面变换为投影面平行面。

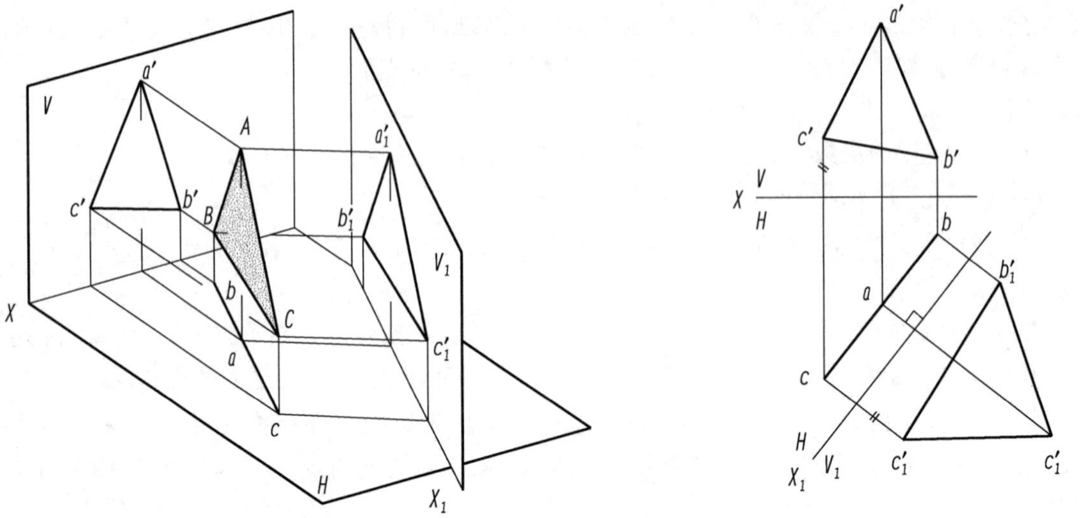


（a） （b）

图 1-72 将投影面垂直面变换为投影面的平行面

## 1.7.3 应用实例(Examples)

例 1.21 求直线 $MN$ 与平面△$ABC$ 的交点 $K$，并判别可见性[图 1-73(a)]。

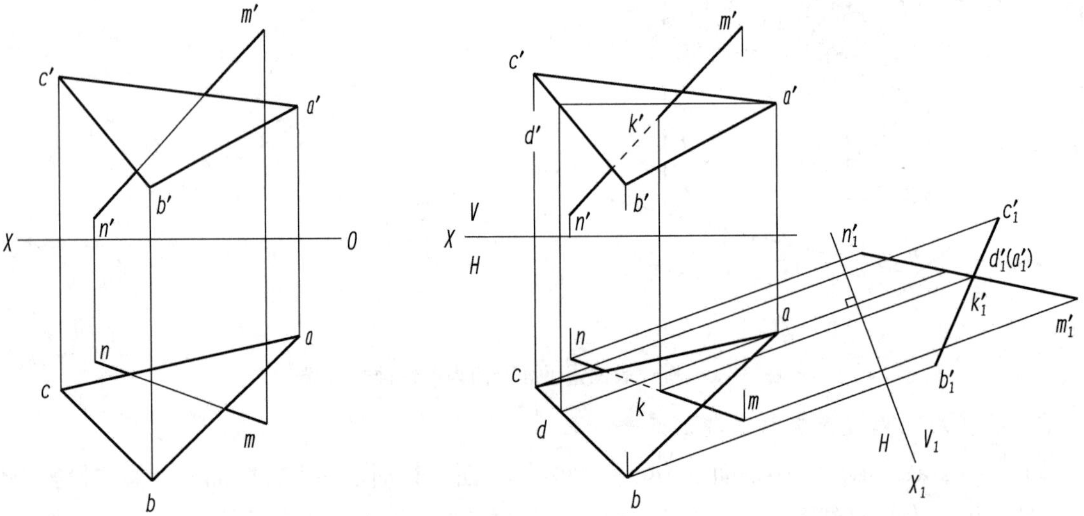


（a） （b）

图 1-73 求直线与平面的交点

**分析**：已知直线与平面均处于一般位置，可将平面△$ABC$ 变换为投影面垂直面，利用垂直面的积聚性求出交点 $K$。

**作图步骤**，如图 1-72(b)所示：

(1) 将平面△$ABC$ 变换为投影面垂直面△$a_1'b_1'c_1'$，为此，选择 $V_1$ 替换 $V$，先将△$ABC$ 上的水平线 $AD$ 变成投影面垂直线($ad \perp X_1$)；

(2) 将直线 $MN$ 同时变换为 $m_1'n_1'$；

(3) 在新投影体系 $V_1/H$ 中，新投影 $a_1'b_1'c_1'$具有积聚性，可直接得到交点 $K$ 的新投影 $k_1'$；通过点线从属性求得 $H$ 面投影 $k$，并返回得到 $V$ 面投影 $k'$；

(4) 判别可见性，具体过程略，完成作图，见图 1-73(b)。

**例 1.22**　求作平面△$ABC$ 与 $H$ 面的倾角$\alpha$及其实形[图 1-74(a)]。

**分析**：若将△$ABC$ 变换为投影面平行面，则可得到反映实形的投影。因此，必需将平面进行二次变换，即先将一般位置平面变换为投影面垂直面，然后再将投影面垂直面变换为投影面平行面。考虑求平面△$ABC$ 与 $H$ 面的倾角$\alpha$，因而第一次变换时 $H$ 面不能换，只能用 $V_1$ 面替换 $V$ 面。

**作图步骤**[图 1-74(b)]：

(1) 将平面△$ABC$ 变换为投影面垂直面。选择 $V_1$ 替换 $V$，先将△$ABC$ 上的水平线 $AD$ 变成投影面垂直线($ad \perp X_1$)；显然，在新投影面体系 $H/V_1$ 中，△$a_1'b_1'c_1'$必积聚为已知线段，该直线段与 $X_1$ 轴的夹角，即为△$ABC$ 对 $H$ 面的倾角$\alpha$；

(2) 将平面△$ABC$ 经第二次变换成为投影面平行面，选择 $H_2$ 替换 $H$，在新投影体系 $V_1/H_2$ 中，新投影△$a_2'b_2'c_2'$即为△$ABC$ 的实形。

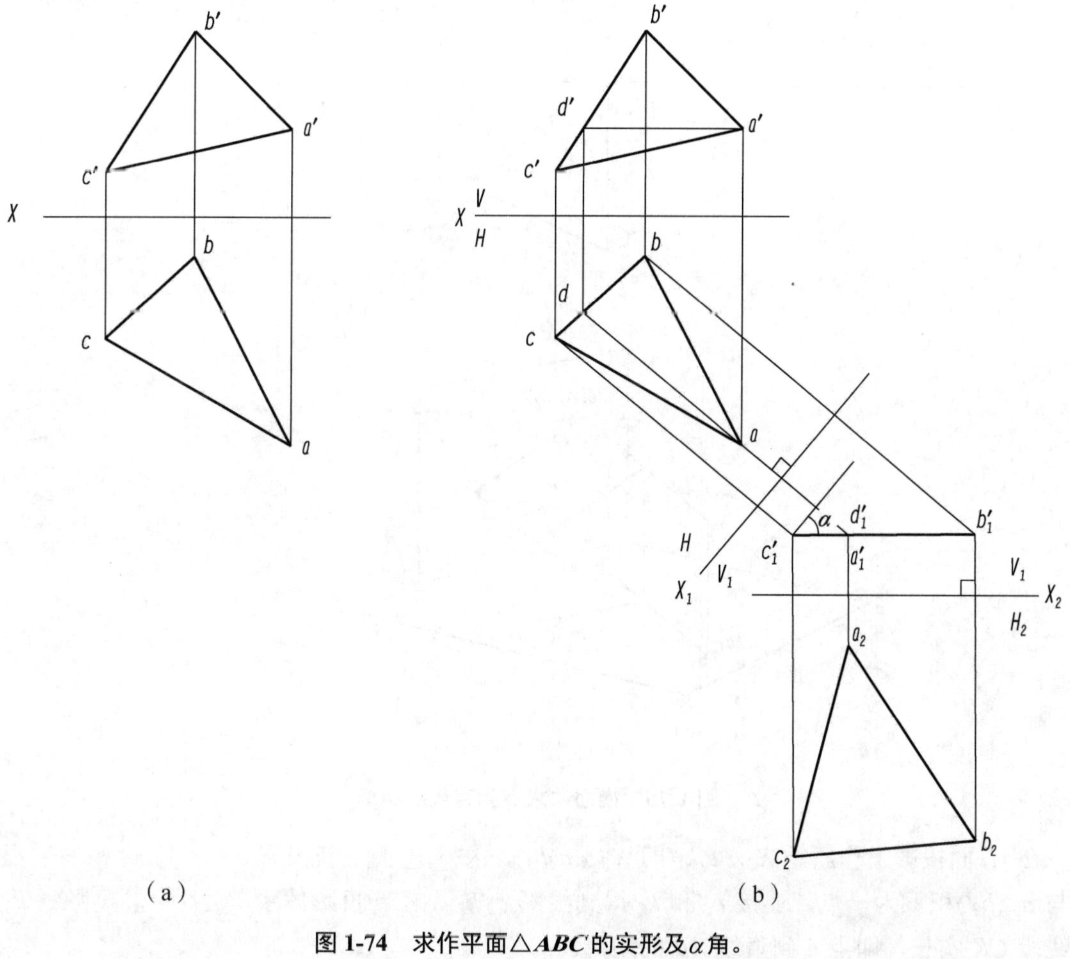


**图 1-74　求作平面△$ABC$ 的实形及$\alpha$角。**

**例 1.23** 求点 $C$ 到直线 $AB$ 的距离[图 1-75(a)]。

**分析**：如图 1-75(a)所示，点到直线的距离即点到直线的垂线实长。若直线 $AB$ 为投影面平行线，就可利用直角投影定理，过点 $C$ 作出其垂线。

**作图步骤**[图 1-75(b)、(c)]：

(1) 将直线 $AB$ 变换为 $H_1$ 面的平行线。在 $V$ 面投影上作新轴 $X_1 /\!/ a'b'$，求得 $H_1$ 面上新投影 $a_1b_1$ 和 $c_1$。

(2) 在新投影体系 $V/H_1$ 中，根据直角投影定理，过 $c_1$ 作 $c_1k_1 \perp a_1b_1$，求得垂足 $K$ 的投影 $k_1$，即得垂线 $CK$ 的新投影($c_1k_1$)。

(3) 将线段 $CK$ 变换为 $V_2$ 面的平行线，求出其实长。

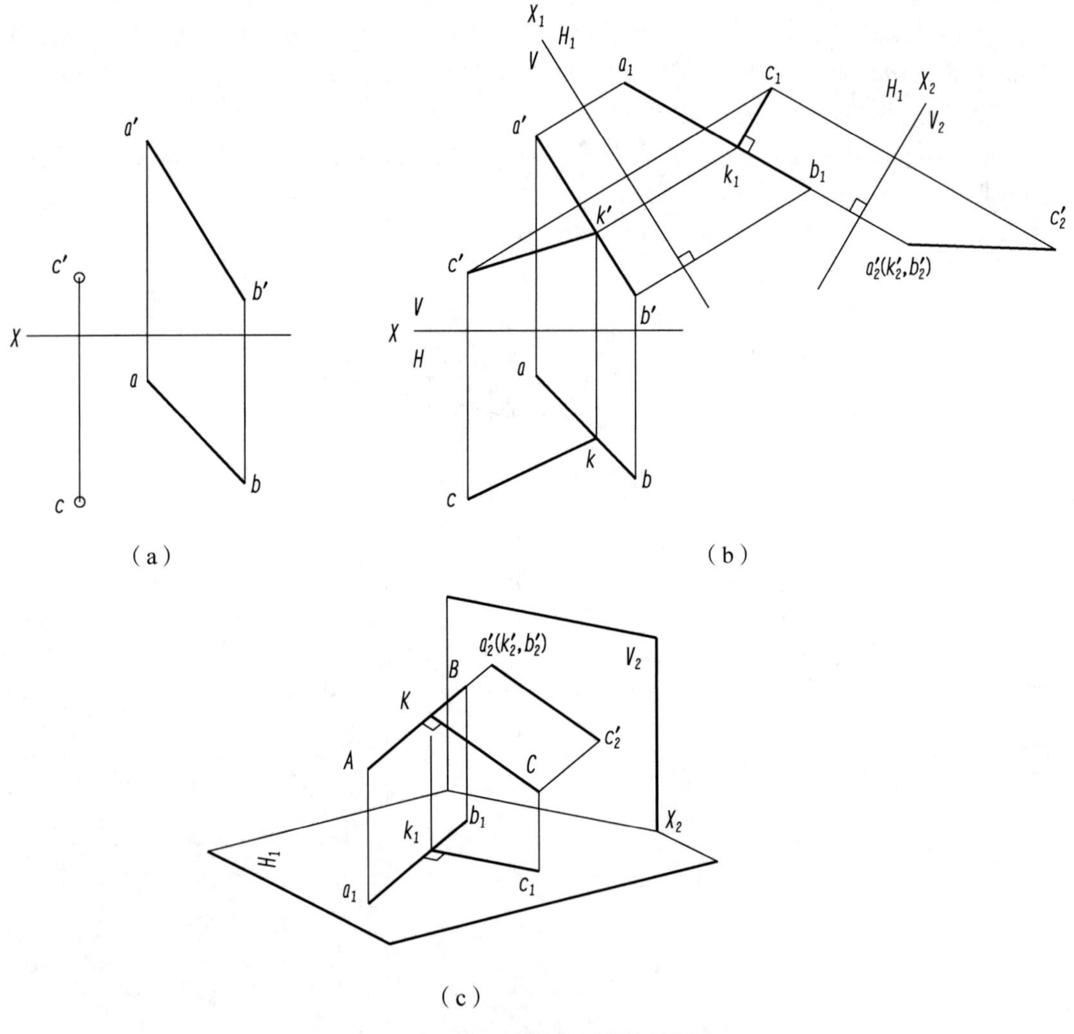


**图 1-75 换面法求点到直线的距离**

在 $H_1$ 面投影上作新轴 $X_2 /\!/ c_1k_1$(即 $X_2 \perp a_1b_1$)，求得 $V_2$ 面上新投影 $a_2'(b_2')$、$k_2'$ 和 $c_2'$；显然 $k_2'$ 与 $a_2'(b_2')$积聚为一点，连接 $c_2'$ 和 $k_2'$ 得到投影 $c_2'k_2'$。在新投影体系 $V_2/H_1$ 中，投影 $c_2'k_2'$ 反映线段 $CK$ 实长，即点 $C$ 到直线 $AB$ 的距离。

本例中，由于 $AB \perp CK$，将线段 $CK$ 变换为 $V_2$ 面的平行线的同时，直线 $AB$ 变换成了 $V_2$ 面的垂直线。因而同样作图过程可有另一解题思路：将直线 $AB$ 经二次变换为 $V_2$ 面的垂直线；在新投影体系 $V_2/H_1$ 中，由两直线垂直投影特性，求得垂线 $CK$ 的投影($c_2'k_2'$、$c_1k_1$)。若要求出 $V/H$ 体系中投影($c'k'$、$ck$)，可由投影($c_2'k_2'$、$c_1k_1$)返回。

## 复习思考题(Questions for review)

1．投影法分为哪两类？正投影是怎样形成的？

2．试述点、直线和平面在三投影面体系中投影规律。

3．两直线有哪三种相对位置？试分别叙述它们的投影特性。

4．怎样判断交叉两直线在投影图中的重影点的可见性？

5．在投影图上表示平面的方法有几种？它们相互之间有什么内在联系？

6．什么是平面的迹线？

7．试述平面上取点、线的基本方法。

8．当直线或平面对投影面处于特殊位置时，怎样求作直线与平面的交点，以及两平面的交线？怎样判断它们的同面投影重合处的可见性？

9．试述在换面法中新投影面的选择原则。

10．试述在更换投影面时点的新、旧投影的变换规律。

# 第 2 章　立体的投影

# Chapter 2　Progection of Solids

立体是由内外表面确定的实体。本章主要介绍常见立体的投影及其表面上取点和线、截切立体的投影、相贯立体的投影等作图方法。

本章重点掌握基本立体的投影及其表面上取点、线的作图方法。难点为截切立体和相贯立体的投影。通过本章的学习，能为进一步学习组合体的画图、读图打下良好的基础。

## 2.1　基本立体的投影(The projection of basic geometric solids)

任何复杂的立体都可以看成是由形状简单的立体经叠加、切割等方式组合而成的，这种简单的立体称为基本立体。根据基本立体表面的构成的不同，立体可分为平面立体和曲面立体。

### 2.1.1　平面立体的投影(Projection of plane surface solids)

平面立体是由若干平面围成的基本几何体。最常见的平面立体有棱柱、棱锥和棱台，其侧面称为棱面，端面称为底面，棱面间的交线称棱线，棱面与底面的交线为底边。

画平面立体的投影，就是画出各棱面和底面的投影，也可以说是画出各棱线及底边的投影，并区别可见性。

由于立体的投影主要是表达物体的形状，无须表达物体与投影面间的距离。因此在画投影图时，不必再象前面研究点、线、面的投影一样画出投影轴；为了使图形清晰，也不必画出投影之间的连线。但要注意立体的各投影之间要留有一定的距离。

#### 2.1.1.1　棱柱

**1．棱柱的投影**

棱柱由棱面及上下底面组成，各棱线互相平行。如图 2-1(a)所示为一正五棱柱，其上、下两个底面为全等且互相平行的正五边形，5 个棱面为全等的矩形且与底面垂直，五条棱线等长，是五棱柱的高，与底面垂直。

如图 2-1(b)所示为此五棱柱的投影。正五棱柱的上、下底面的水平投影，反映实形，且重合为一个正五边形；正面和侧面投影都积聚成水平方向的直段线。5 条棱线的水平投影都积聚在五边形的 5 个顶点上，其正面和侧面投影为反映棱柱高的直段线。在正面投影中，棱

线 $DD_1$ 被前边的棱面挡住不可见，画成虚线。在侧面投影中，棱线 $BB_1$、$CC_1$ 分别被棱线 $AA_1$、$EE_1$ 挡住，且投影重合，故不画虚线。

由此得出正棱柱的投影特性：在与底面平行的投影面上的投影反映形体特征，另外两面投影为与棱线平行的矩形框。

作图时可先作出正五棱柱水平投影的正五边形，再根据投影规律作出其他 2 个投影。

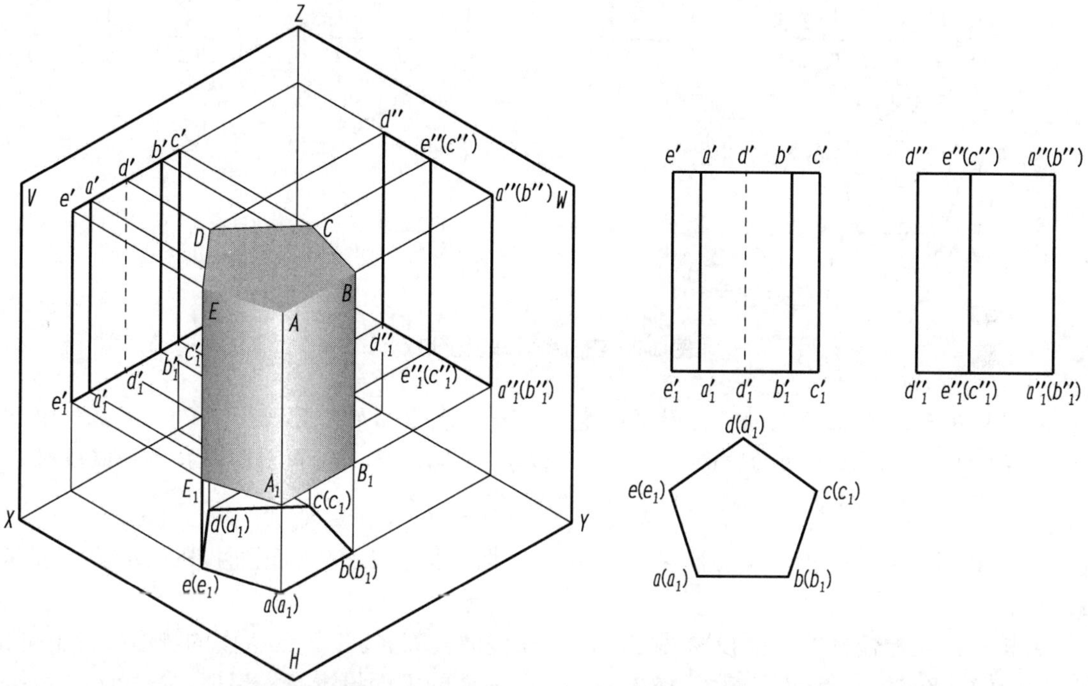


（a）立体图　　（b）投影图

**图 2-1　正五棱柱的投影**

## 2．棱柱表面上点和线的投影

在平面立体表面上取点和线，其原理和方法与平面上取点和线相同。对棱柱而言，当表面都处在特殊位置时，表面上点的投影可利用积聚性作图。

**例 2.1**　如图 2-2(a)所示，已知在正五棱柱表面上有点 $F$ 和 $G$ 的正面投影 $f'$、($g'$)，求其余两面投影。

**分析**：由正五棱柱的三面投影图可知，$f'$可见，故点 $F$ 在最前面棱面 $ABB_1A_1$ 上，此棱面为正平面；而($g'$)不可见，故点 $G$ 应在左后面的棱面 $EDD_1E_1$ 上，此棱面为铅垂面。

**作图步骤**：

(1) 分别过点 $f'$、($g'$)作竖直投影连线，交五边形水平投影的边上，分别为 $f$、$g$，$f$ 在前，$g$ 在后。

(2) 分别过点 $f'$、($g'$)作水平投影连线，由于棱面 $ABB_1A$ 的侧面投影于 $f''$；利用投影关系，在水平投影上量取 $y$ 坐标到侧面投影，即可得到 $g''$。

(3) 判别可见性。因点 $G$ 所在棱面 $EDD_1E_1$ 的侧面投影可见，故 $g''$可见。结果如图 2-2(b)所示。

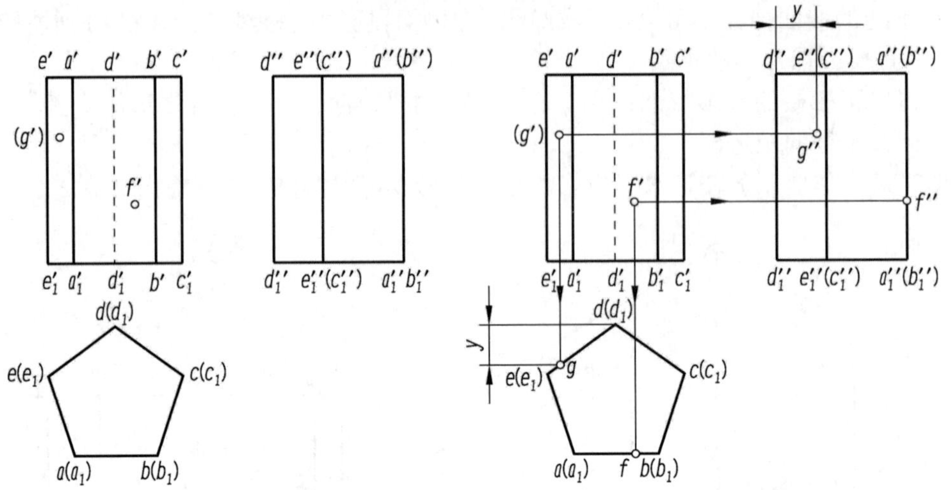


（a）已知条件　　　　（b）作图过程

**图 2-2　正五棱柱表面上取点**

**注意：** 立体表面上的点的可见性的判别，由点所在表面的可见性所确定。如本例中点 $G$ 在平面 $EDD_1E_1$ 上，该平面的侧面投影可见，故 $g''$ 可见。当点所在平面积聚为一线段时，则不需判别点在该投影中的可见性，如本例中的点 $f$、$g$、$f''$。

**例 2.2**　如图 2-3(a)所示，已知在正五棱柱表面上折线 $RMN$ 的正面投影 $r'm'n'$，求其另两面投影。

**分析：** 由正五棱柱的三面投影图知，点 $R$ 在棱面 $CBB_1C_1$ 上，此棱面的侧面投影不可见。点 $M$ 在棱线 $BB_1$ 上，点 $N$ 在棱面 $ABB_1A_1$ 上，此棱面的侧面投影有积聚性。线段 $RM$ 在棱面 $CBB_1C_1$ 上，故其侧面投影不可见。线段 $MN$ 在棱面 $ABB_1A_1$ 上，与该棱面的侧面投影重合。

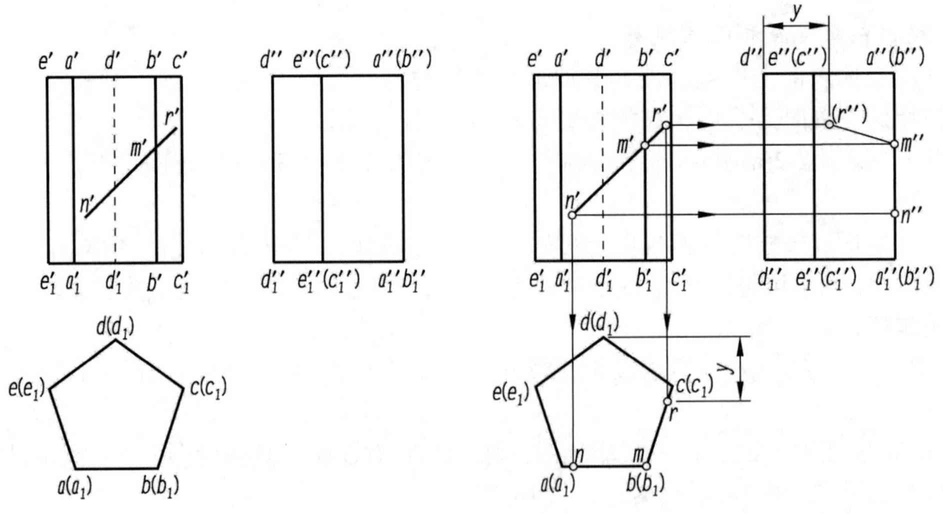


（a）已知条件　　　　（b）作图过程

**图 2-3　正五棱柱表面上取线**

**作图步骤：**

(1) 分别过点 $r'$、$m'$、$n'$作竖直投影线，交五棱柱的水平投影的边上为 $r$、$m$、$n$。

(2) 分别过点 $r'$、$m'$、$n'$作水平投影连线，交棱面 $ABB_1A$ 的侧面投影于 $m''$、$n''$，利用投影关系，在水平投影上量取 $y$ 坐标，即可得 $r''$。

(3) 判别可见性，并连线。折线 $RMN$ 的水平投影 $rmn$ 重合在棱面有积聚性的水平投影上，线段 $RM$ 的侧面投影$(r'')m''$不可见，画成虚线，线段 $MN$ 的侧面投影 $m''n''$与前棱面的侧面投影重合，结果如图 2-3(b)所示。

### 2.1.1.2　棱锥

**1．棱锥的投影**

底面为多边形，各棱面是有一个公共顶点的三角形组成的立体称为棱锥。如图 2-4(a)所示的三棱锥，底面△*ABC* 为水平面，棱面△*SAC* 为侧垂面，其余 2 个棱面为一般位置平面，其中 *AB*、*BC* 为水平线，*AC* 为侧垂线，棱线 *SA*、*SB*、*SC* 皆为一般位置直线。

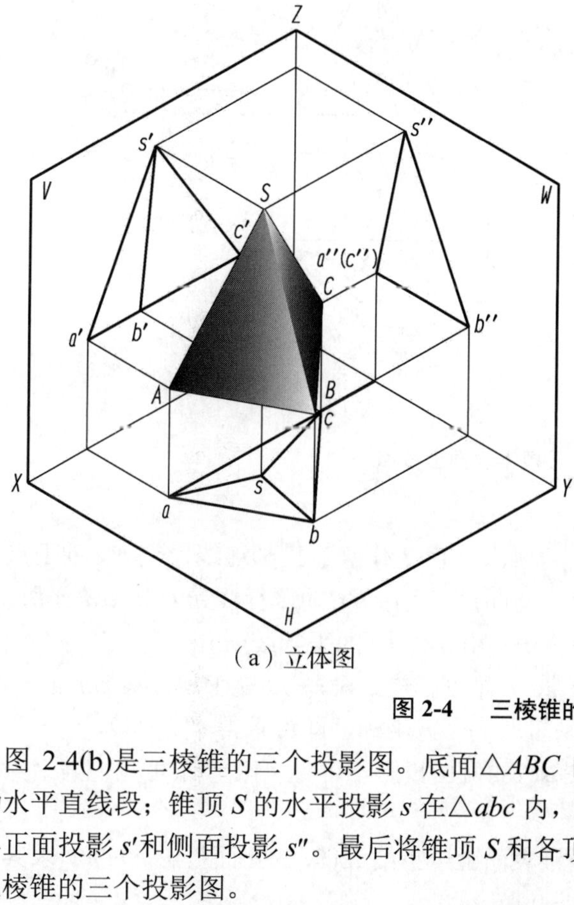


（a）立体图

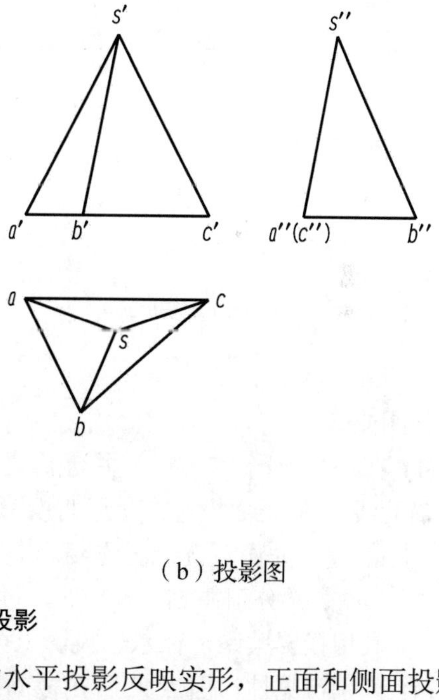


（b）投影图

**图 2-4　三棱锥的投影**

图 2-4(b)是三棱锥的三个投影图。底面△*ABC* 的水平投影反映实形，正面和侧面投影积聚为水平直线段；锥顶 *S* 的水平投影 *s* 在△*abc* 内，根据三棱锥的高度，对应水平投影 *s* 可作出其正面投影 $s'$和侧面投影 $s''$。最后将锥顶 *S* 和各顶点 *A*、*B*、*C* 的同面投影分别连线，即得该三棱锥的三个投影图。

在水平投影中，3 个棱面的水平投影均可见，底面被 3 个棱面挡住，投影不可见；在正面投影中，左、右两棱面△*SAB*、△*SBC* 的正面投影可见，后棱面△*SAC* 的正面投影不可见；在侧面投影中，左棱面△*SAB* 的侧面投影可见，右棱面△*SBC* 被左棱面△*SAB* 挡住，投影与之重合，后棱面积聚成直线。

由此得出三棱锥的投影特性：在和底面相平行的投影面上的投影反映形体特征，另外两面投影为多个三角形。

作图时先画出底面△*ABC* 的各个投影，再作出锥顶 *S* 的各个投影，然后连接各条棱线，即得三棱锥的三面投影。

2．**棱锥表面上点和线的投影**

在棱锥表面上取点，若表面无积聚性，需利用辅助线求解。

**例 2.3** 如图 2-5(a)所示，已知在三棱锥表面上点 *E* 的水平投影 *e*，点 *F* 的正面投影 *f′*，求作两点的其余两投影。

**分析**：从三面投影图上可知，*e*、*f′*可见，故点 *E* 在左棱面△*SAB* 上，点 *F* 在右棱面△*SBC* 上，两点均在一般位置平面上，需分别作辅助线求出它们的另两面投影。

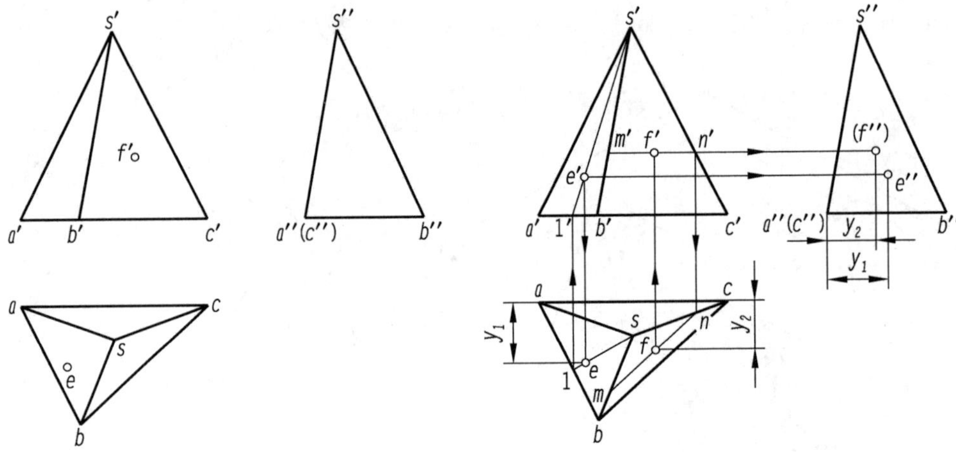


(a) 已知条件 (b) 作图过程

**图 2-5 三棱锥表面上取点**

**作图步骤：**

(1) 在水平投影上，连 *se* 并延长交 *ab* 于点 *1*，由 *1* 作竖直投影连线，交 *a′*、*b′*于点 *1′*，得到辅助线 *SI* 的正面投影；在正面投影上，过点 *f′*作底边 *b′c′*的平行线 *m′n′*(*m′*、*n′*分别在 *s′b′* 和 *s′c′*上)，过点 *n′*作竖直投影连线，交 *sc* 于 *n*，由 *n* 作 *bc* 的平行线 *mn*。

(2) 点 *E*、*F* 分别在 *SI*、*MN* 上，过点 *e*、*f′*作投影连线，与 *s′I′*交于 *e′*，与 *mn* 交于 *f*。

(3) 利用投影关系，在水平投影上分别量取 $y_1$、$y_2$ 坐标，即可求得 *e″*、*f″*。

(4) 判别可见性。因点 *F* 所在棱面△*SBC* 的侧面投影不可见，故 *f″*不可见，其余点均可见。结果如图 2-5(b)所示。

**例 2.4** 如图 2-6(a)所示，已知在三棱锥表面上一折线 *RMN* 的正面投影 *r′m′n′*，求其另两面投影。

**分析**：由三棱锥投影图知，点 *R* 在棱面△*SBC* 上，点 *M* 在棱线 *SB* 上，点 *N* 在棱面△*SAB* 上，故线段 *RM* 在棱面△*SBC* 上，线段 *MN* 在棱面△*SAB* 上。

**作图步骤：**

(1) 求 $r'$、$r''$。在正面投影上，过点 $r'$辅助线 $SI$ 的正面投影 $s'1'$，求出水平投影 $s1$，由 $r'$作投影连线得 $r$，量取 $y_1$ 坐标得 $r''$。

(2) 求 $m'$、$m''$。因点 $M$ 在棱线 $SB$ 上，则点 $M$ 的投影，必然在直线的同面投影上，因此，可直接由 $m'$求得水平投影 $m$、侧面投影 $m''$。

(3) 求 $n'$、$n''$。过点 $n'$作底边 $b'c'$的平行线 $k'l'$，求出 $KL$ 的水平投影 $kl$，过点 $n'$作竖直投影连线，交 $kl$ 于 $n$，量取 $y_2$ 坐标得 $n''$。

(4) 判别可见性，并连线。由于 3 个棱面水平投影均可见，所以水平投影 $rmn$ 可见，画粗实线。线段 $RM$ 在棱面△$SBC$ 上，该棱面的侧面投影不可见，故该线的侧面投影不可见，画成虚线。线段 $MN$ 在棱面△$SAB$ 上，该棱面的侧面投影可见，故该线的侧面投影可见，$m''n''$ 画成粗实线。结果如图 2-6(b)。

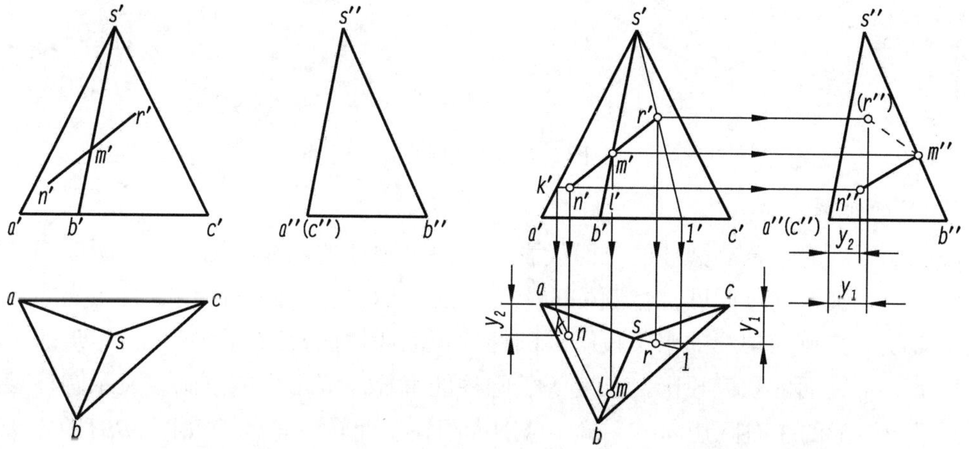


（a）已知条件　　（b）作图过程

**图 2-6　三棱锥表面上取线**

## 2.1.2　回转体的投影(The projection of rotary solids)

曲面立体是表面由曲面或曲面与平面包围而成的立体。工程上应用最多的是回转体，如圆柱、圆锥、圆球、圆环等。回转体是由回转曲面或回转曲面与平面围成的立体。回转曲面由运动的母线(直线或曲线)绕着固定的轴线(直线)做回转运动而形成；曲面上任一位置的母线称为素线。

画回转体的三面投影图时，应该先画出轴线的投影和圆的中心线。

### 2.1.2.1　圆柱体

**1．圆柱表面的形成**

如图 2-7(a)所示，一直母线 $AA_1$ 绕与其平行的轴线 $OO_1$ 旋转一周，所形成的曲面称为圆柱面；母线两端点 $A$、$A_1$ 旋转形成的上、下两个圆周称为上、下底圆。圆柱面上的所有素线都与轴线相互平行。

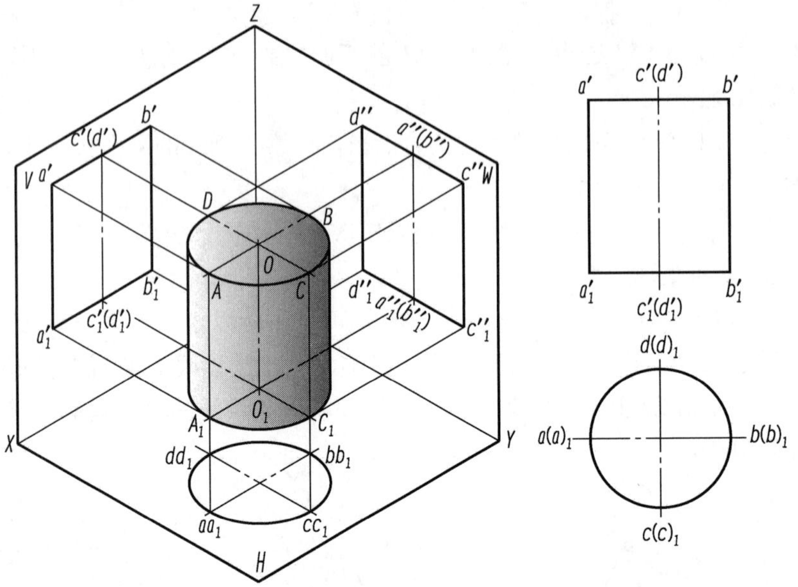


（a）立体图　　　　（b）投影图

**图 2-7　圆柱的投影**

### 2．圆柱的投影

图 2-7(b)所示为一直立圆柱的三面投影图。由于圆柱的轴线为铅垂线，所以圆柱面的水平投影积聚为一圆，同时此圆也是圆柱的上、下底圆的投影，画图时用垂直相交的点画线表示圆的中心线，交点为轴线的水平投影。圆柱的正面和侧面投影均为矩形，矩形的上、下两边为圆柱上、下底面的积聚投影，长度等于圆柱的直径。矩形中的点画线表示圆柱轴线的投影。正面投影矩形的左右两边 $a'a_1'$、$b'b_1'$分别为圆柱正面转向轮廓线 $AA_1$、$BB_1$ 的投影，它们把圆柱面分为前后两半，在正面投影中，前半圆柱面投影可见，后半圆柱面投影不可见。正面转向轮廓线的水平投影积聚在圆周上为最左、最右点 $a(a_1)$、$b(b_1)$，其侧面投影和圆柱轴线的侧面投影重合。

圆柱的侧面投影矩形的前后两边 $c''c_1''$、$d''d_1''$为圆柱面侧面转向轮廓线 $CC_1$、$DD_1$ 的投影，它们把圆柱面分为左右两半，在侧面投影中，左半圆柱面投影可见，右半圆柱面投影不可见。侧面转向轮廓线的水平投影积聚在圆周上为最前、最后点 $c(c_1)$、$d(d_1)$，其正面投影和和圆柱轴线的正面投影重合。

### 3．圆柱表面上点和线的投影

在圆柱表面上定点和线，可以直接利用圆柱表面投影的积聚性来作图。

**例 2.5**　如图 2-8(a)所示，已知圆柱面上点 $E$、$F$、$G$ 的正面投影为 $e'$、$(f')$、$g'$，求另两面投影。

**分析：**由圆柱的三面投影图知，$e'$、$g'$可见，故点 $E$ 在前半、左 1/4 圆柱面上，点 $G$ 在前边侧面转向线上，而 $f'$不可见，点 $F$ 在后右、后 1/4 圆柱面上，因此可先利用圆柱面水平投影的积聚性，作出点的水平投影，再求出其侧面投影。

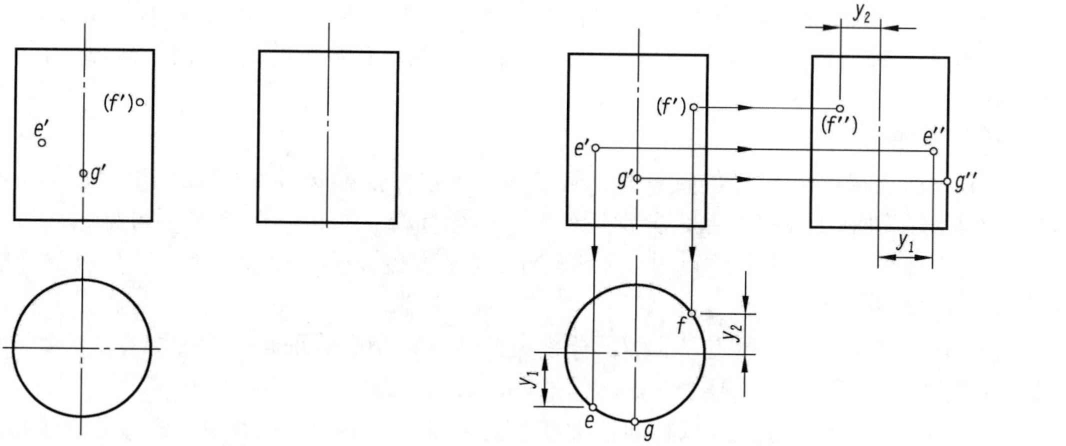


（a）已知条件　　　　（b）作图过程

**图 2-8　圆柱表面上取点**

**作图步骤：**

(1) 求 $E$、$F$ 的另两面投影。因点 $E$、$F$ 在圆柱面上，其水平投影必在圆柱面有积聚性的圆周上。分别过点 $e'$、$(f')$作竖直投影连线，交圆周于 $e$、$f$，$e$ 在前，$f$ 在后。过点 $e'$、$(f')$作水平投影连线，分别量取 $y_1$、$y_2$ 坐标即可得 $e''$、$f''$。因点 $F$ 在右半圆柱面上，故其侧面投影$(f'')$不可见。

(2) 求点 $G$ 的另两面投影。因点 $G$ 在侧面转向轮廓线上，即圆柱面最前素线上，所以过 $g'$分别向水平投影和侧面投影作投影连线，即可求得 $g$、$g''$。结果如图 2-8(b)所示。

**例 2.6**　如图 2-9(a)所示，已知圆柱表面上曲线 $ABC$ 的正面投影 $a'b'c'$，求其另两面投影。

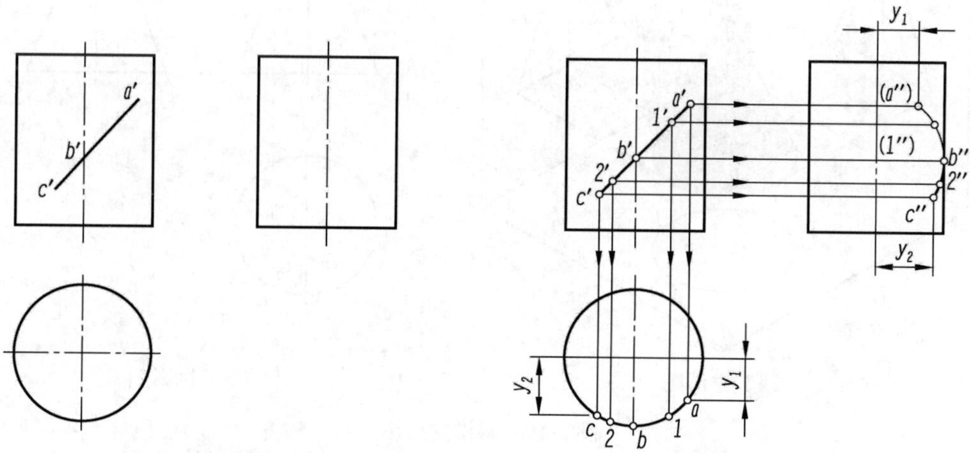


（a）已知条件　　　　（b）作图过程

**图 2-9　圆柱表面上取线**

**分析**：由圆柱的三面投影图知，曲线 $AB$ 在右半圆柱面上，其侧面投影不可见，曲线 $BC$ 在左半圆柱面上，其侧面投影可见。曲线 $ABC$ 的水平投影积聚在圆柱面水平投影的圆周上，求作其侧面投影时需先求出曲线上的特殊位置点，如极限点(曲线上最前、最后，最左、最右，最上、最下点)、转向轮廓线上的点，然后再取足够数量的一般位置点，最后判别可见性并连线。

**作图步骤:**

(1) 求曲线端点 *A* 和 *C* 的投影。*A* 和 *C* 两点的水平投影 *a*、*c* 积聚在圆周上，可作投影连线直接求出；再利用投影关系，分别量取 $y_1$、$y_2$ 坐标得 $a''$、$c''$，注意 $a''$不可见。

(2) 求曲线在转向线上的点 *B* 的投影。因点 *B* 在侧面转向轮廓线上，所以过 $b'$作投影连线，分别求得 *b*、$b''$。

(3) 求适当数量的一般点 *I*、*II*。分别在曲线 *AB*、*BC* 的正面投影中取点 $1'$、$2'$，然后求其水平投影 *1*、*2* 和侧面投影 $1''$、$2''$，作法同求 *A*、*C* 的投影。

(4) 判别可见性并连线。以转向轮廓线上的点 *B* 为分界点，曲线 *AB* 在右半圆柱面上，其侧面投影不可见，画成虚线。曲线 *BC* 在左半圆柱面上，其侧面投影可见，画成粗实线。曲线 *ABC* 的水平投影积聚在圆周上。结果如图 2-9(b)所示。

### 2.1.2.2 圆锥

**1．圆锥表面的形成**

如图 2-10(a)所示，一直母线 *SA* 绕与它相交的轴线 *SO* 旋转一周而形成的曲面称为圆锥面。圆锥面的所有素线均相交于顶点 *S*。

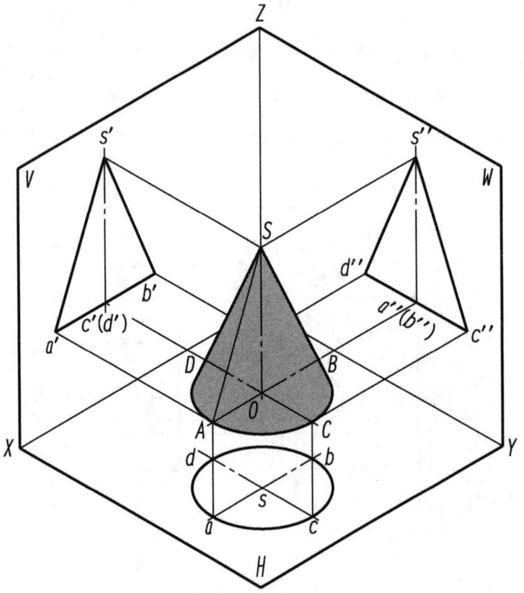


(a) 立体图

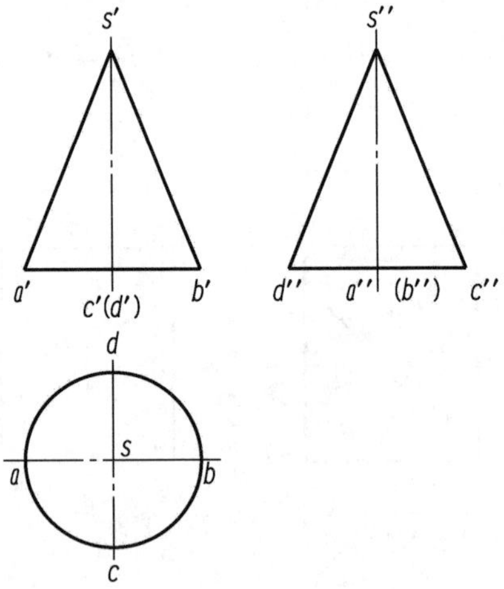


(b) 投影图

**图 2-10 圆锥的投影**

**2．圆锥的投影**

如图 2-10(b)所示为圆锥的三面投影图。因为圆锥轴线为铅垂线，所以圆锥的水平投影为一圆，这是圆锥面的投影，也是圆锥底面的投影。画图时用垂直相交的点画线表示圆的中心线，交点为锥顶的水平投影。

圆锥的正面和侧面投影均为等腰三角形，其底边是底圆的积聚投影，长度等于底圆的直径。正面投影三角形的两腰为圆锥正面转向轮廓线 *SA*、*SB* 的投影，为正平线，它们把圆锥面分为前半圆锥面和后半圆锥面。侧面投影三角形的两腰为圆锥侧面转向轮廓线 *SC*、*SD* 的投影，为侧平线，它们把圆锥面分为左半圆锥面和右半圆锥面。圆锥面在三个投影面上的投影都没有积聚性。

### 3．圆锥表面上点和线的投影

因圆锥面的 3 个投影都没有积聚性，所以，在圆锥表面上定点时，必须借助于其上的辅助线，常用的作图方法有素线法和辅助纬圆法。素线法指的是在圆锥表面上过已知点作一过锥顶的直线，即素线，先求出该素线的第二面投影，在其上求出点的第二面投影，并根据点的投影规律，最终求出点的第三面投影。纬圆法是指在圆锥表面上过已知点作一垂直于圆锥轴线的纬圆，先求出该辅助纬圆的投影，继而求出点的另两面投影。

**例 2.7** 如图 2-11(a)所示，已知圆锥表面上点 *K*、*M* 的正面投影为(*k*′)、*m*′，求其余二面投影。

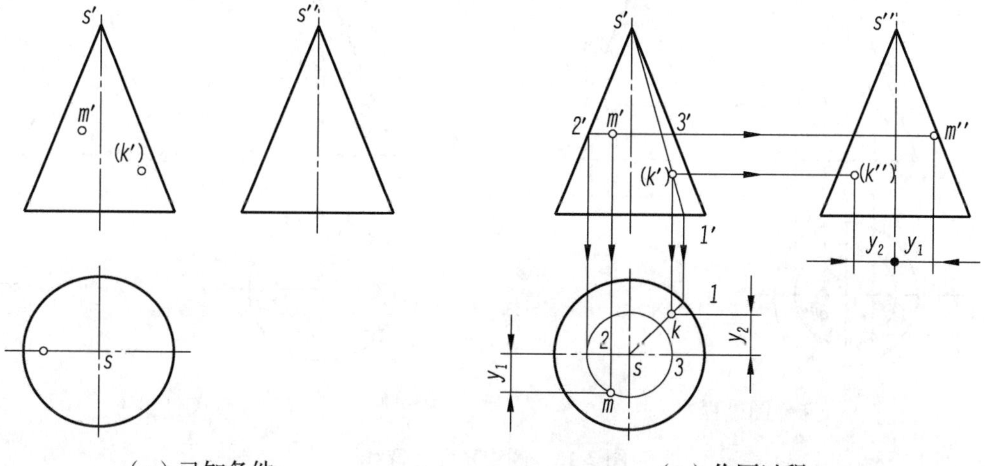


**图 2-11 圆锥表面上取点**

**分析：**由圆锥的三面投影图可知，(*k*′)不可见，故点 *K* 在右半、后半圆锥面上；*m*′可见，故点 *M* 在左、前 1/4 圆锥面上。可采用素线法或纬圆法作图求出点的另两面投影。

**作图步骤：**

(1) 素线法求点 *K* 的投影。过 *k*′作一过锥顶的素线 *s*′*1*′，即圆锥面素线 *SI* 的正面投影，再求出其水平投影，过 *k*′作投影连线，与 *s1* 相交得 *k*；量取 $y_2$ 坐标得 *k*″。因点 *K* 在右半圆锥面上，故 *k*″不可见。

(2) 辅助纬圆法求点 *M* 的投影：过 *m*′作一垂直于轴线的水平线段，交正面转向线的正面投影于 *2*′、*3*′点，即辅助纬圆的正面投影，以 *s* 为圆心，*2*′*3*′为直径画圆，即为此纬圆的水平投影；从 *m*′作垂直投影连线，交该纬圆的水平投影于 *m*；量取 $y_1$ 坐标得 *m*″。结果见图 2-11(b)。

**例 2.8** 如图 2-12(a)所示，已知圆锥表面上曲线 *ABC* 的正面投影 *a′b′c′*，求其另两面投影。

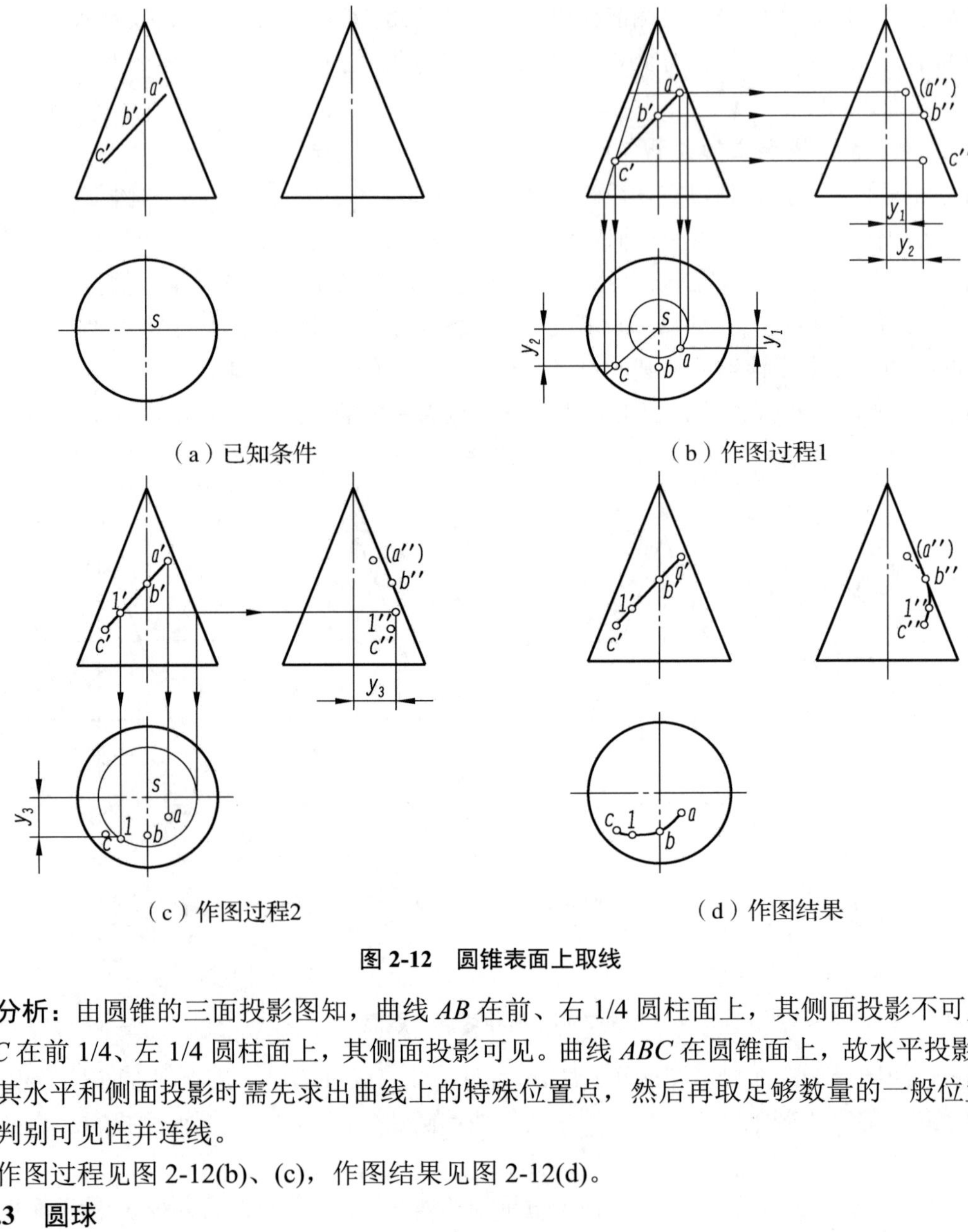


**图 2-12 圆锥表面上取线**

**分析：**由圆锥的三面投影图知，曲线 *AB* 在前、右 1/4 圆柱面上，其侧面投影不可见，曲线 *BC* 在前 1/4、左 1/4 圆柱面上，其侧面投影可见。曲线 *ABC* 在圆锥面上，故水平投影可见。求作其水平和侧面投影时需先求出曲线上的特殊位置点，然后再取足够数量的一般位置点，最后判别可见性并连线。

作图过程见图 2-12(b)、(c)，作图结果见图 2-12(d)。

### 2.1.2.3 圆球

#### 1．圆球表面的形成

以圆周为母线，以它的直径为轴线旋转一周而形成的曲面为圆球表面。母线上任意点运动的轨迹均为圆周，如图 2-13(a)所示。

#### 2．圆球的投影

图 2-13(b)为圆球的三面投影图。其投影为三个大小相等的圆，该圆的直径等于圆球的直径。其中圆 *a* 是圆球面上的水平面转向线 *A* 的水平投影，其正面投影 *a′*、侧面投影 *a″*分别与

水平中心线重合；圆 $b'$是圆球面上的正面转向轮廓线 $B$ 的正面投影，其水平投影 $b$ 与水平中心线重合，侧面投影 $b''$与竖直中心线重合。圆 $c''$是圆球面上的侧面转向线 $C$ 的侧面投影，其水平投影 $c$ 和正面投影 $c'$分别与竖直中心线重合。

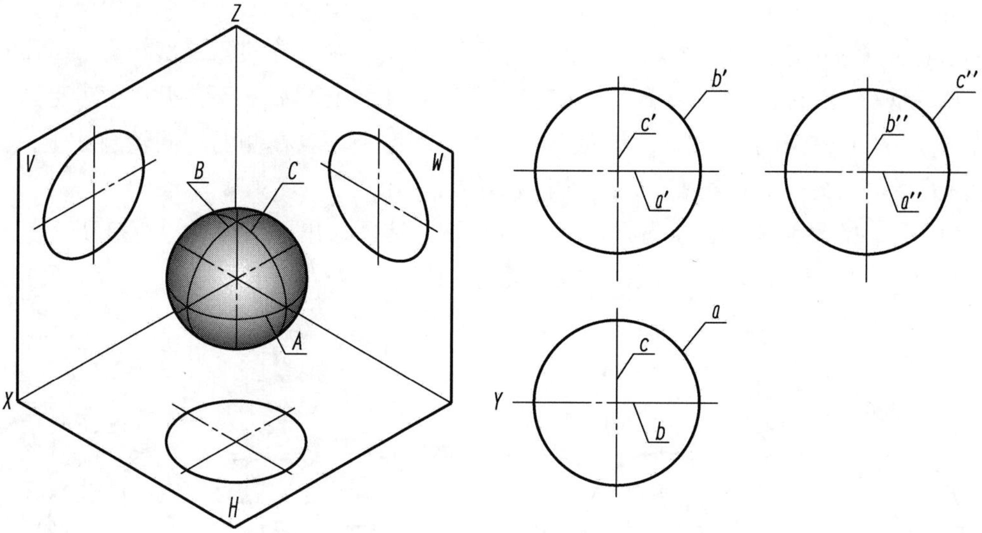


（a）立体图　　（b）投影图

**图 2-13　圆球的投影**

### 3．圆球表面上点和线的投影

圆球的 3 个投影均无积聚性，所以在圆球表面上定点，需采用纬圆法，即过该点作与各投影面平行的圆作为辅助圆。

**例 2.9**　如图 2-14(a)所示，已知圆球表面上点 $A$、$B$ 的一个投影 $a'$、$b''$，求作另两投影。

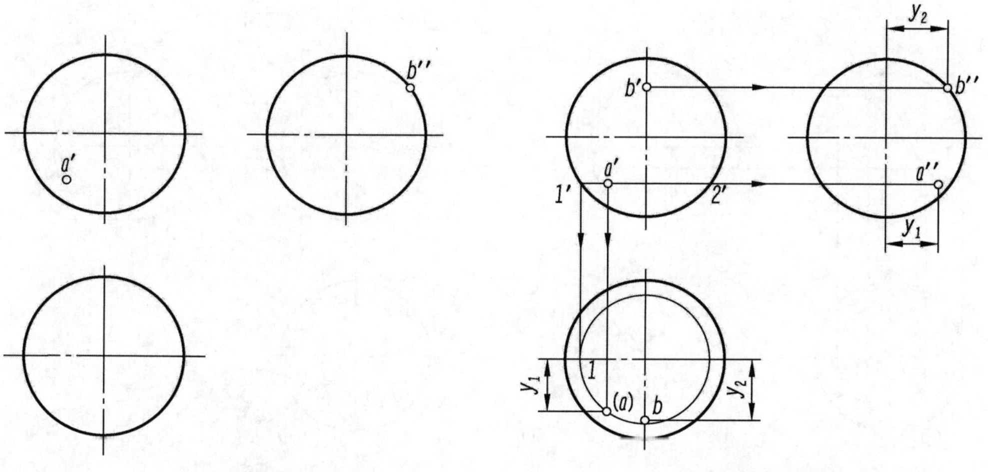


（a）已知条件　　（b）作图过程

**图 2-14　圆球表面上取点**

**分析**：根据 $a'$的位置和可见性，可知点 $A$ 在左、下、前半球面上，需采用纬圆法求出另两面投影；点 $B$ 在侧面转向线上，可直接根据从属性求出另两面投影。

**作图步骤**：

(1) 求点 $A$ 的另两面投影。过 $a'$作水平投影线，与正面投影的转向轮廓线相交于点 $1'$、$2'$，$1'2'$即为所作水平辅助圆的正面投影；求出其水平投影后，从 $a'$作投影连线，交该辅助圆的前半圆于 $a$；量取 $y_1$ 坐标得 $a''$。由于点 $A$ 在左半、下半球面上，故 $a$ 不可见，$a''$可见。

(2) 求点 $B$ 的另两面投影。点 $B$ 在上半、前半球面上，且在侧面转向轮廓线上，可直接根据投影关系求出另两面投影 $b$、$b''$。结果见图 2-14(b)。

本图中点 $A$ 的另两面投影也可通过作一侧平辅助纬圆求出，请读者自行分析。

**例 2.10** 如图 2-15(a)所示，已知圆球表面上曲线 $ABCD$ 的正面投影 $a'b'c'd'$，求其另两面投影。

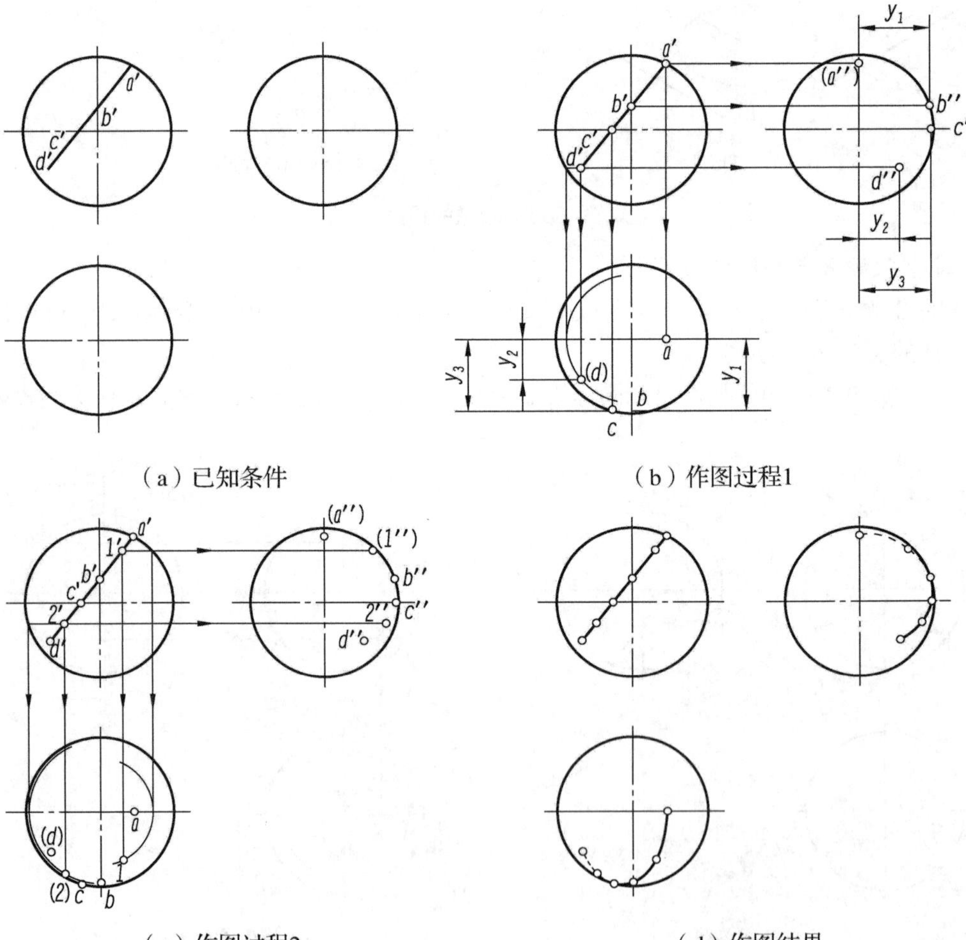


（a）已知条件 （b）作图过程1

（c）作图过程2 （d）作图结果

**图 2-15 圆球表面上取线**

**分析**：由圆球的三面投影图知，曲线 *AB* 在前半、右半、上半球面上，其水平投影可见，侧面投影不可见；曲线 *BC* 在前半、左半、上半球面上，其水平、侧面投影可见；曲线 *CD* 在前半、左半、下半球面上，其水平投影不可见，侧面投影可见。求作曲线的水平和侧面投影时需先求出曲线上的特殊位置点，然后再取足够数量的一般位置点，最后判别可见性并连线。

作图过程如图 2-15(b)、(c)所示，作图结果如图 2-15(d)所示。

#### 2.1.2.4　圆环

**1．圆环表面的形成**

以圆为母线，以圆平面上不与圆相交的直线为轴旋转一周而形成的曲面为圆环面。由圆母线外半圆绕轴旋转而成的回转面称为外环面，由圆母线内半圆绕轴旋转而成的回转面称为内环面，母线上任意点运动的轨迹均为圆周，见图 2-16(a)。

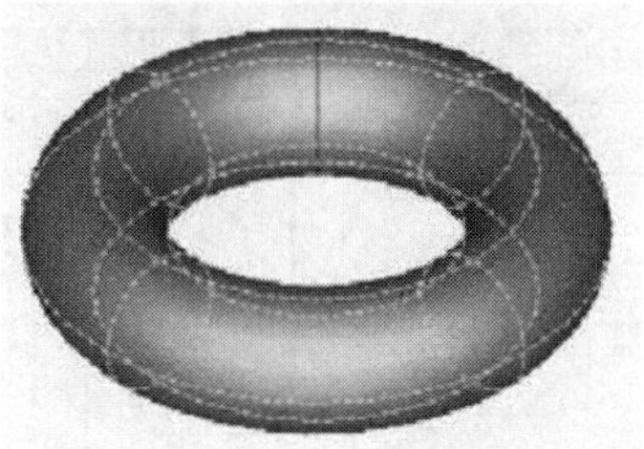

（a）立体图

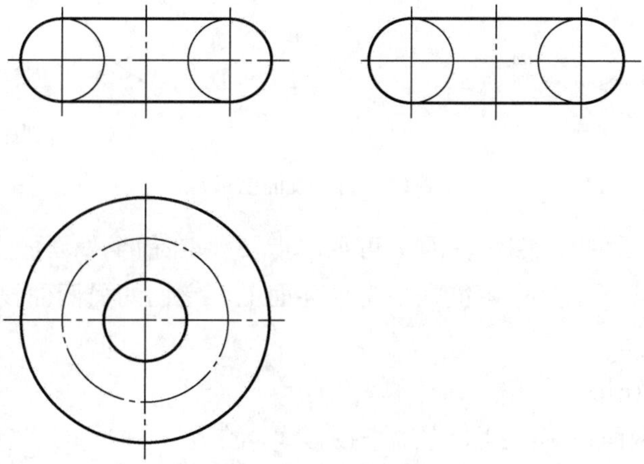

（b）投影图

**图 2-16　圆环的投影**

**2．圆环的投影**

如图 2-16(b)所示为轴线垂直于水平投影面的圆环的三面投影图。

水平投影中的最大圆和最小圆为圆环水平面转向线的水平投影，也是可见的上半环面与不可见的下半环面的分界线。点画线圆为圆母线圆心运动轨迹的水平投影，也是内、外环面水平投影的分界线，圆心则为轴线的积聚投影。

正面投影上的两个小圆和两圆的上下两条水平公切线，是圆环面正面转向轮廓线的投影，其中左、右两小圆是圆环面上最左、最右两素线圆的投影，实线半圆在外环面上，虚线半圆在内环面上，上、下两条水平公切线是内、外环面的分界圆的投影。在正面投影中，外环面投影的前一半可见，后一半投影不可见；内环面投影不可见。

侧面投影上的两个小圆和两圆的上下两条水平公切线，是圆环面侧面转向轮廓线的投影，其中前后两小圆是圆环面上最前、最后两素线圆的投影，实线半圆在外环面上，虚线半圆在内环面上，上、下两条水平公切线是内外环面的分界圆的投影。

**3．圆环表面上点和线的投影**

圆环表面上取点，可过点作垂直于轴线的辅助圆求得。

**例 2.11** 如图 2-17(a)已知圆环面上点 $E$、$F$ 的正面投影 $e'$、($f'$)，求它们的另两面投影。

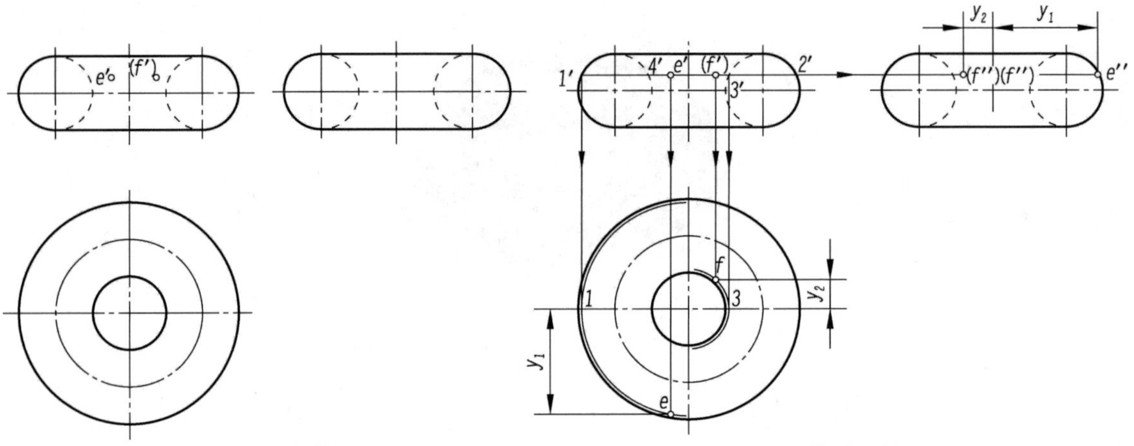


(a) 已知条件　　(b) 作图过程

**图 2-17　圆环表面上取点**

**分析**：由圆环的三面投影图知，因 $e'$可见，点 $E$ 应在前半外环面上，($f'$)不可见，点 $F$ 可能在前半、后半内环面上，也可能在后半外环面上，它们的另两面投影可借助于一水平辅助圆求得。

**作图步骤**[图 2-17(b)]：

(1) 求点 $E$ 的另两面投影：过 $e'$作水平投影线，交左、右两实线半圆于点 $1'$、$2'$，$1'2'$即为所作水平辅助圆的正面投影；以 $1'2'$为直径，以水平投影上的圆心为圆心作出此圆的水平投影，从 $e'$作投影连线，交该辅助圆的前半圆于 $e$；量取 $y_1$ 坐标得 $e''$。

(2) 求点 $F$ 的另两面投影：过($f'$)作一水平辅助圆(直径为 $III$、$IV$)，再作出此圆的水平投影，从 $f'$作投影连线，交该辅助圆于 $f$；量取 $y_2$ 坐标得 $f''$。因点 $F$ 在内环面上，故 $f''$不可见。结果如图 2-17(b)所示。

注意本图点 $F$ 的另两面投影共有三解，另两解请读者自行分析。

# 2.2　截切立体的投影(The projection of cutting solids)

立体被平面截切，该平面称为截平面，截切以后的形体称为截切立体。截平面与立体表面的交线称为截交线。画图时，为了清楚地表达零件的形状，必须正确地画出其交线的投影。

## 2.2.1　截切平面立体的投影(The projection of cutting plane solids)

平面立体被截平面切割后所得的截交线，是由直线段组成的平面多边形。多边形的各边是立体表面与截平面的交线，而多边形的各顶点是立体各棱线与截平面的交点。截交线既在立体表面上，又在截平面上，所以它是立体表面和截平面的共有线，截交线上的每一点都是共有点。因此，求截交线实际上是求截平面与平面立体各棱线的交点，或求截平面与平面立体各表面的交线。

下面举例说明求平面立体截交线的方法和步骤。

**例 2.12**　求作正六棱柱被正垂面 *P* 截切后的侧面投影(图 2-18)。

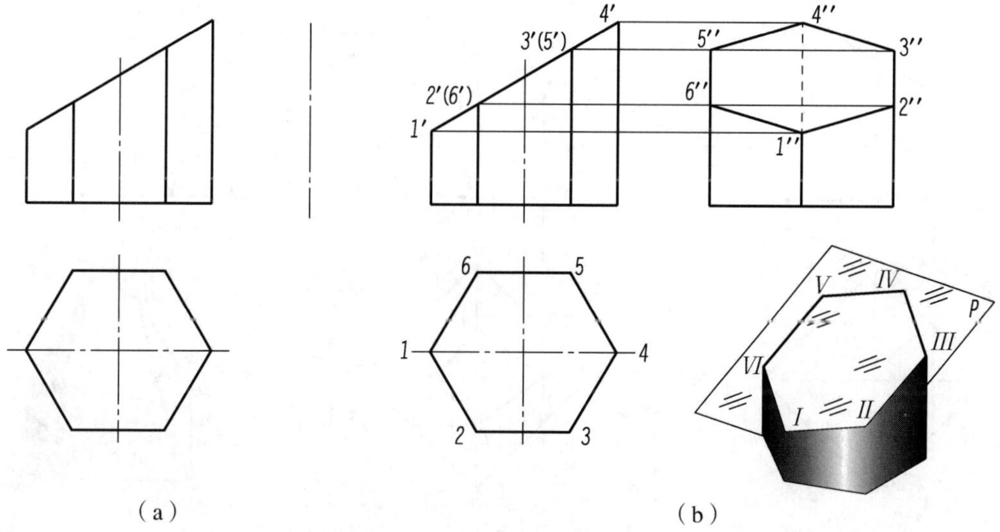


**图 2-18　截切六棱柱的投影**

**分析**：由图 2-18(a)可以看出，六棱柱的轴线是铅垂线，被一正垂面斜截去上面一部分，截交线是六边形，六边形的顶点是六棱柱各棱线与截平面的交点。截交线的正面投影积聚为一段直线，截交线的水平投影是正六边形。画斜截六棱柱的侧面投影时，既要画出截交线的侧面投影，又要画六棱柱各轮廓线的投影。

**作图步骤**[图 2-18(b)]：

(1) 画出完整六棱柱的侧面投影，见图 2-18(b)。

(2) 求截交线上各点的投影。先标出截交线上各顶点的水平投影 *1*、*2*、*3*、*4*、*5*、*6* 和正面投影 *1′*、*2′*、*3′*、*4′*、*5′*、*6′*，再在六棱柱侧面投影的各棱线上求出各点的侧面投影 *1″*、*2″*、*3″*、*4″*、*5″*、*6″*。

(3) 画出截交线的侧面投影。根据截交线上各顶点的水平投影的顺序，依次连接 *1″*、*2″*、*3″*、*4″*、*5″*、*6″*得截交线的侧面投影，它与截交线的水平投影成类似形。

(4) 画出各轮廓线的侧面投影，并判别可见性。

截交线的侧面投影均可见。各棱线的侧面投影依据其可见性，画至截平面为止。注意：最右边棱线 *1″4″*部分应画成虚线。

(5) 检查、加深图线、完成全图。

**例 2.13** 求作被正垂面 *P* 截切后的四棱锥的水平、侧面投影(图 2-19)。

**分析**：由图 2-19(a)可以看出，四棱锥被斜截去上面一部分，截平面是正垂面，与四棱锥的 4 个棱面都相交，所以截交线为四边形，四边形的顶点是四棱锥各棱线与截平面的交点。截交线的正面投影积聚为一段直线，而截交线的水平投影和正面投影均为类似形。画斜截四棱锥的水平投影和侧面投影时，既要画出截交线的侧面投影，又要画出四棱锥各轮廓线的投影。

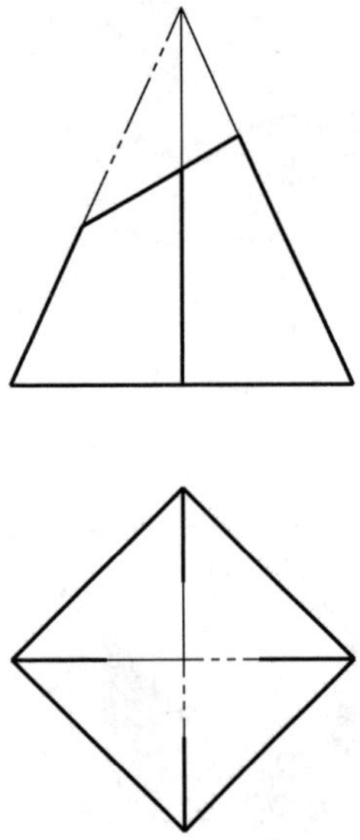

(a)

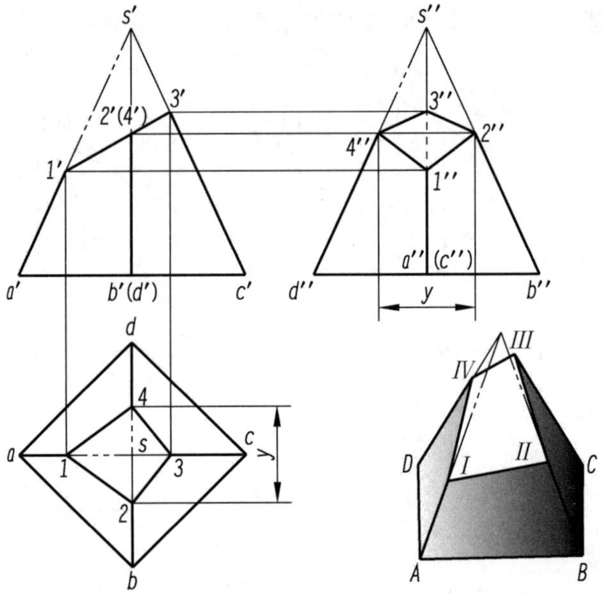


(b)

**图 2-19 截切四棱锥的投影**

**作图步骤**[图 2-19(b)]：

(1) 画出完整四棱锥的水平和侧面投影。

(2) 求截交线上各点的投影。先标出截交线上各顶点的正面投影 *1′*、*2′*、*3′*、*4′*，再在四棱锥水平投影和侧面投影的各棱线上分别求出各点的水平投影 *1*、*2*、*3*、*4* 和侧面投影 *1″*、*2″*、*3″*、*4″*。

(3) 画出截交线的水平投影和侧面投影。依截交线上各顶点的水平投影的顺序，连接 *1*、*2*、*3*、*4*，依截交线上各顶点的侧面投影的顺序，连接 *1″*、*2″*、*3″*、*4″*得截交线的侧面投影，它与截交线的水平投影成类似形。

(4) 画出各轮廓线的水平和侧面投影，并判别可见性。水平和侧面投影上截交线的投影均可见。各棱线的投影依据其可见性，画至截平面为止。

(5) 检查、加深图线、完成全图。

## 2.2.2　截切回转体的投影(The projection of cutting rotary solids)

回转体被截平面截切，所得截交线是截平面与回转立体表面的共有点的集合，一般情况下是封闭的平面曲线。但由于截平面与回转体相对位置的变化，也可能得到由直线与平面曲线组成的截交线，或者完全是由直线段组成的截交线。

求回转体截交线的一般步骤是：①根据回转体的形状及截平面与回转体轴线的相对位置，判断截交线的形状和投影特征；②在各投影面上确定截交线上的特殊点(如最高、最低、最左、最右、最前、最后点以及可见性分界点等)的投影；③求截交线上的一般点的三面投影，可以通过回转体表面上取素线或纬圆，作出素线或纬圆与截平面的交点来求得；④将一系列的交点按照顺序光滑地相连，并判断其可见性。

### 2.2.2.1　截切圆柱体的投影

圆柱体被平面截切，根据截平面对圆柱体轴线的相对位置不同，截交线有 3 种基本情况。当截平面与圆柱体轴线垂直时，截交线是一个圆；当截平面与圆柱体轴线平行时，截交线是一个矩形；当截平面与圆柱体轴线斜交时，截交线是一个椭圆。见表 2-1。

表 2-1　平面与圆柱相交的各种情况

| 截平面位置 | 垂直于轴线 | 平行于轴线 | 倾斜于轴线 |
|---|---|---|---|
| 截交线形状 | 矩形 | 圆 | 椭圆 |
| 立体图 | 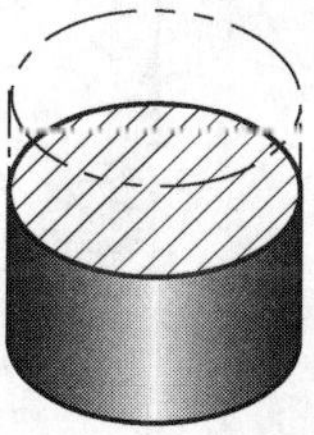 | 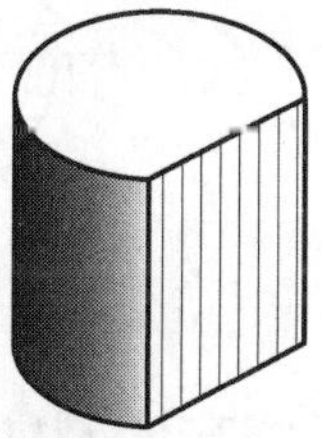 | 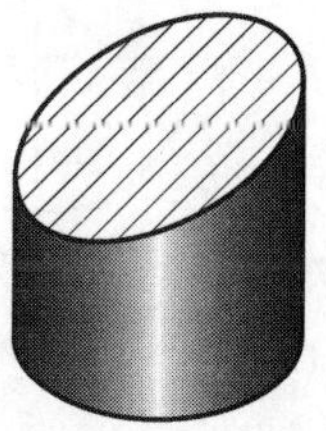 |
| 投影图 | 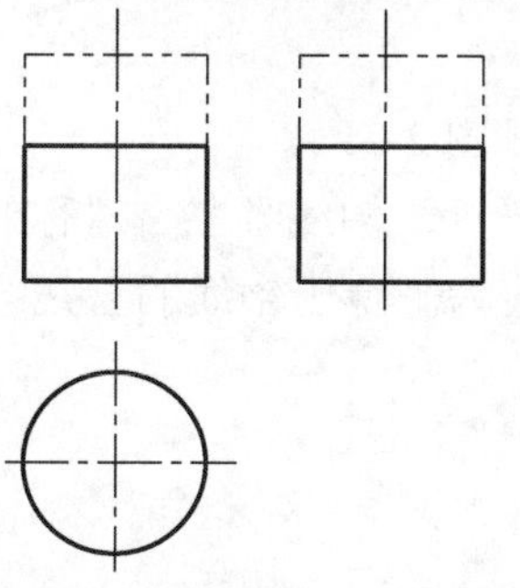 | 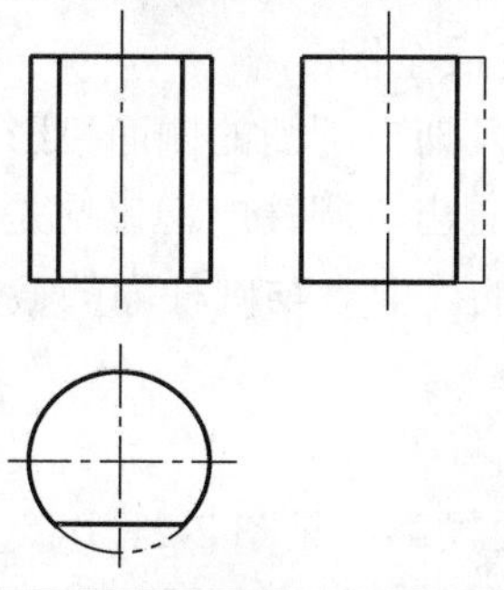 | 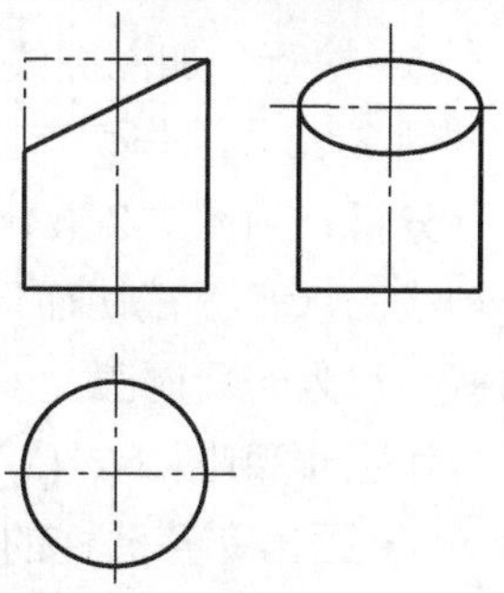 |

下面举例说明求截切圆柱体截交线的方法和步骤。

**例 2.14**　求作被一正垂面 $P$ 截切后的圆柱的侧面投影(图 2-20)。

**分析**：由图 2-20(a)可以看出，圆柱体的轴线是铅垂线，被一正垂面斜截去上面一部分，截交线是椭圆。截交线的正面投影积聚为一段直线，截交线的水平投影为圆，侧面投影投影为椭圆。

**作图步骤**[图 2-20(b)]：

(1) 画出完整圆柱的侧面投影。

(2) 求截交线上各点的投影。先标出截交线上特殊点的正面投影 $1'$、$2'$、$3'$、$4'$ 和水平投影 $1$、$2$、$3$、$4$，并求出这些点的侧面投影 $1''$、$2''$、$3''$、$4''$；再标出截交线上中间点的正面投影 $5'$、$6'$、$7'$、$8'$ 和水平投影 $5$、$6$、$7$、$8$，并求出这些点的侧面投影 $5''$、$6''$、$7''$、$8''$。

(3) 画出截交线的侧面投影。依截交线上各点水平投影的顺序，连接得截交线的侧面投影，截交线为椭圆。

(4) 画出截切圆柱体轮廓线的侧面投影，并判别可见性。截切圆柱体侧面投影的轮廓画至截平面上 $3''$、$4''$为止。侧面投影上所有图线均可见。

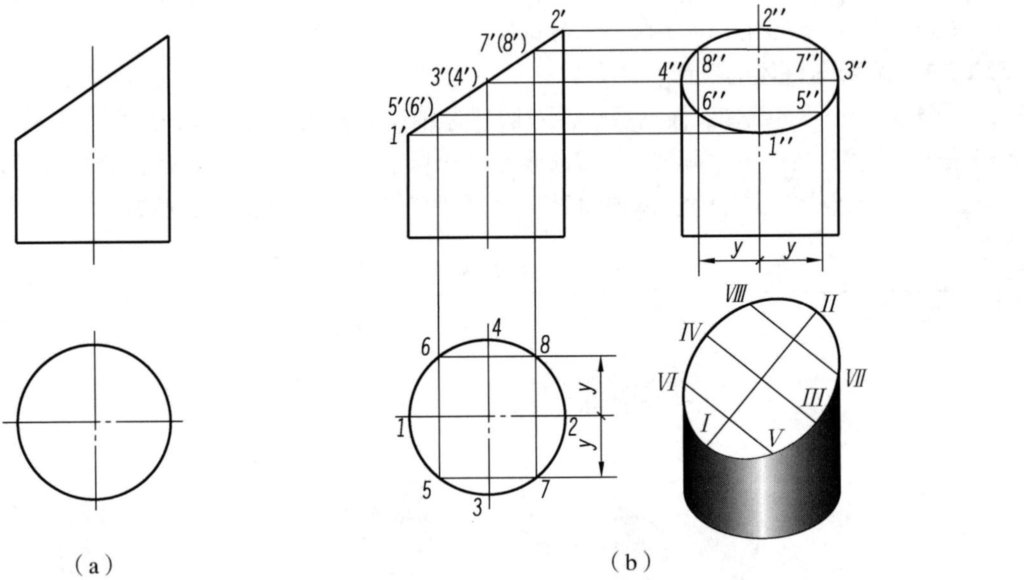


**图 2-20　截切圆柱体的投影**

(5) 检查、加深图线，完成全图。

**例 2.15**　求作切口圆柱及切口圆筒的侧面投影，见图 2-21。

**分析**：由图 2-21(a)可以看出，圆柱的切口均是由平行于轴线且左右对称的侧平面和垂直于轴线的水平面截切而形成的。前者与圆柱面的截交线为平行于轴线的直线；后者与圆柱面的截交线为一段圆弧。

**作图步骤**[图 2-21(a)]：

(1) 画出完整圆柱的侧面投影，见图 2-21(a)。

(2) 求各截平面与圆柱面的交线及各截平面交线的投影。

先求水平截平面与圆柱面交线的投影。水平截平面与圆柱面交线的正面投影为直线 $2'6'(4'8')$，而且它们的正面投影重合。然后按投影关系求出其水平投影和侧面投影。

再求两侧平截面与圆柱面交线的投影。两截平面与圆柱面交线的正面投影分别为直线 $1'2'(3'4')$和 $5'6'(7'8')$。然后按投影关系求出其水平投影和侧面投影。

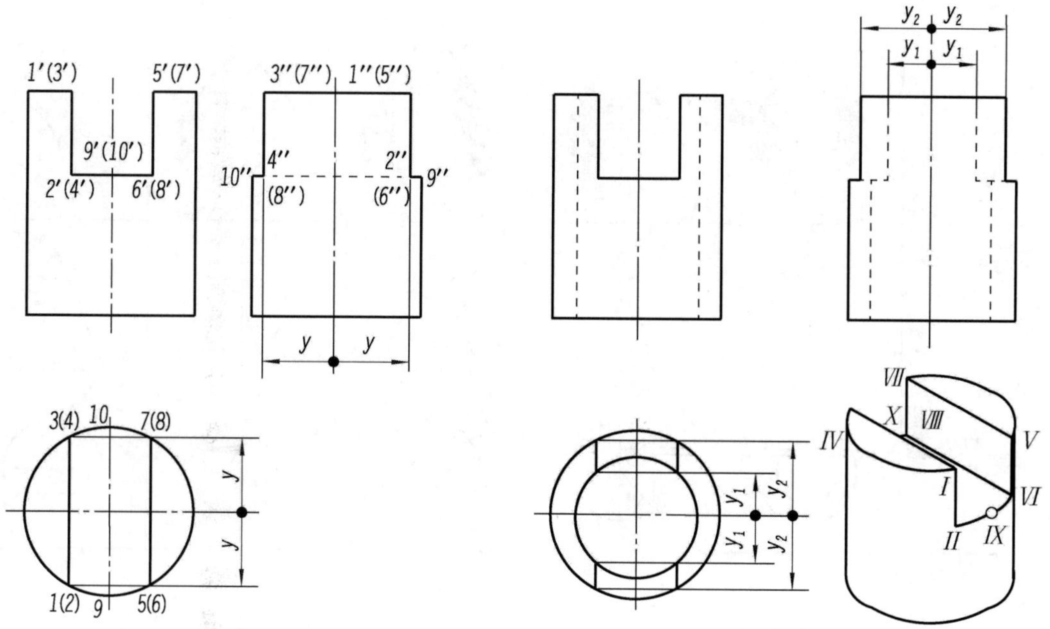


（a） （b）

**图 2-21 切口圆柱及切口圆筒的投影**

接着求两侧平截面与水平截平面交线的投影。两侧平截面与水平截平面交线的交线均为正垂线，其侧面投影重合，为直线 $2''4''(6''8'')$。

最后判别可见性。

(3) 画出截交线的侧面投影。侧面投影上交线 $2''4''(6''8'')$的投影被圆柱面的投影遮住，不可见，因此，画成虚线。

如果圆筒有切口，见图 2-21(b)，三个截平面与内外圆柱面均有交线，与内圆柱面交线的分析方法类似于外圆柱表面交线的分析方法。读者可自行分析。

#### 2.2.2.2 截切圆锥体的投影

圆锥体被平面截切，根据截平面圆锥体轴线相对位置的不同，截交线有 5 种不同的形状。当截平面与圆锥体轴线垂直时，截交线是一个圆；当截平面通过圆锥顶点时，截交线为等腰三角形；当截平面与圆锥轴线的夹角$\theta$大于锥顶角$\alpha$时，截交线为椭圆；$\theta=\alpha$时，截交线为抛物线加直线(与锥底面的交线)；当截平面与圆锥轴线平行时，截交线为双曲线加直线(与锥底面的交线)。见表 2-2。

**例 2.16** 求被一正垂面截切后的圆锥的水平投影和侧面投影。

**分析**：由图 2-22(a)可以看出，截平面与圆锥轴线倾斜，故其截交线为一椭圆。截交线的正面投影积聚成一直线，其他两投影仍为椭圆。

**表 2-2　平面与圆锥相交的各种情况**

| 截平面位置 | 垂直于轴线 | 倾斜于轴线 | | | 平行于轴线 |
|---|---|---|---|---|---|
| 截交线形状 | 圆 | 三角形 | 椭圆 | 抛物线与直线 | 双曲线和直线 |
| 立体图 | 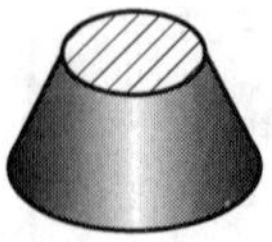 | 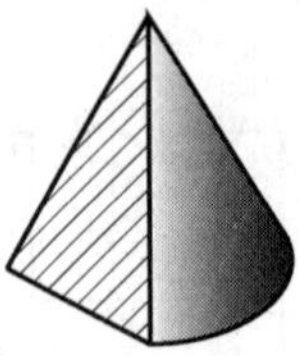 | 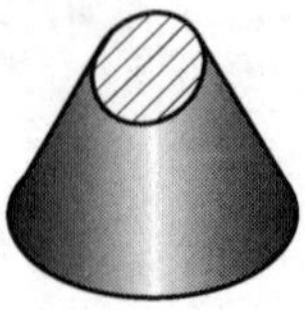 | 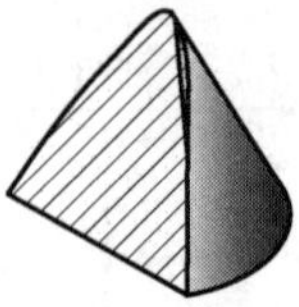 | 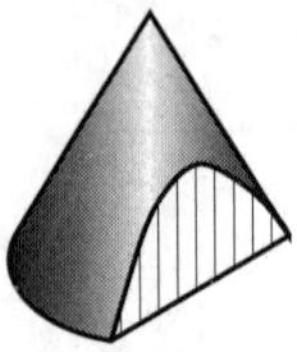 |
| 投影图 | 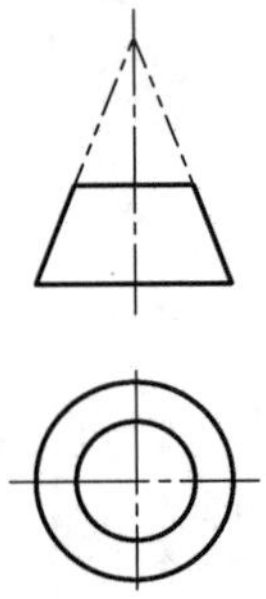 | 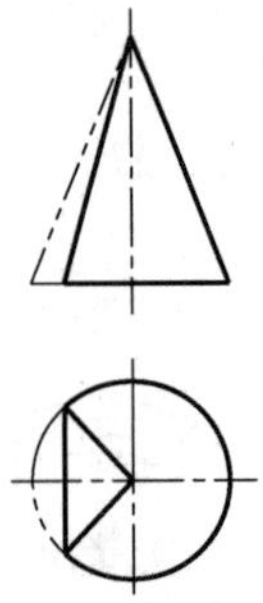 | 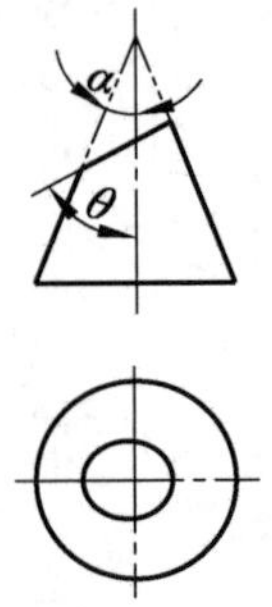 | 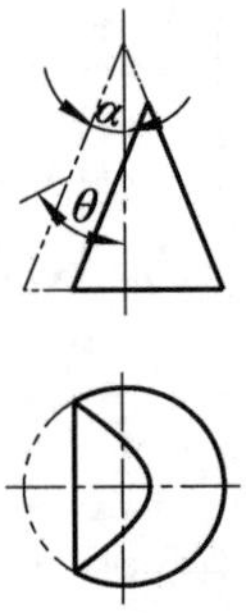 | 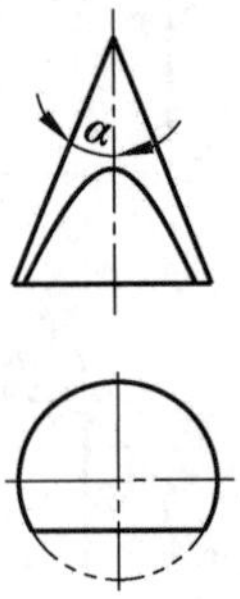 |

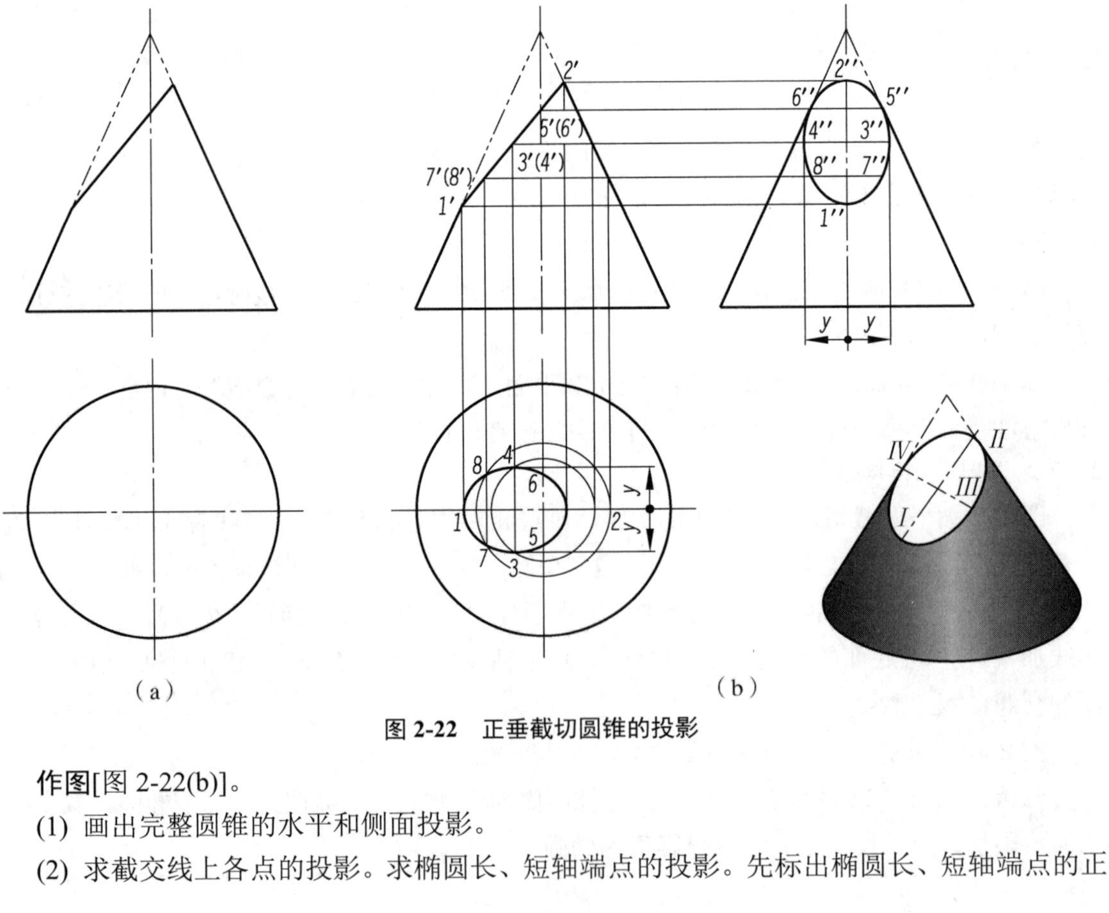


(a)　　　　(b)

**图 2-22　正垂截切圆锥的投影**

**作图**[图 2-22(b)]。

(1) 画出完整圆锥的水平和侧面投影。

(2) 求截交线上各点的投影。求椭圆长、短轴端点的投影。先标出椭圆长、短轴端点的正面投影 1′、2′、3′、4′，3′(4′)在 1′2′连线的中点上。再按投影关系，分别求出各点的水平投影 1、2、3、4 和侧面投影 1″、2″、3″、4″；求最前、最后素线上点的投影，先标出其正面投影 5′(6′)，再根据投影规律求出这两点的水平投影 5、6 和侧面投影 5″、6″；用纬圆法其他一般位置点的正面投影 7′(8′)、水平投影 7、8 和侧面投影 7″、8″。

(3) 画出截交线的水平投影和侧面投影。用曲线顺序光滑连接各点，即得椭圆的水平投影侧面投影。

(4) 画出侧面转向轮廓线的侧面投影，并判别可见性。轮廓线的侧面投影画至 5″、6″为止，且可见，用粗实线绘制。

(5) 检查、加深图线，完成全图。

**例 2.17**　求作被一侧平面截切后的圆锥的侧面投影(图 2-23)。

**分析**：由图 2-23(a)可以看出，截平面与圆锥轴线平行，故其截交线为一双曲线。截交线的正面投影和水平投影积聚成直线，其侧面投影为双曲线。

**作图步骤**[图 2-23(b)]。

(1) 画出完整圆锥的侧面投影。

(2) 求截交线上各点的投影。求截交线上特殊点的投影，先按投影关系求出截交线上最高和最低点的三面投影 1′、1、1″和 2′、2、2″及 3′、3、3″；用辅助纬圆法求其他一般位置点的正面投影 4′(5′)、水平投影 4、5 和侧面投影 4″、5″。

(3) 画出截交线的侧面投影。用曲线顺序光滑连接各点，即得双曲线的侧面投影。双曲线及轮廓线的侧面投影均可见。

(4) 检查、加深图线，完成全图。

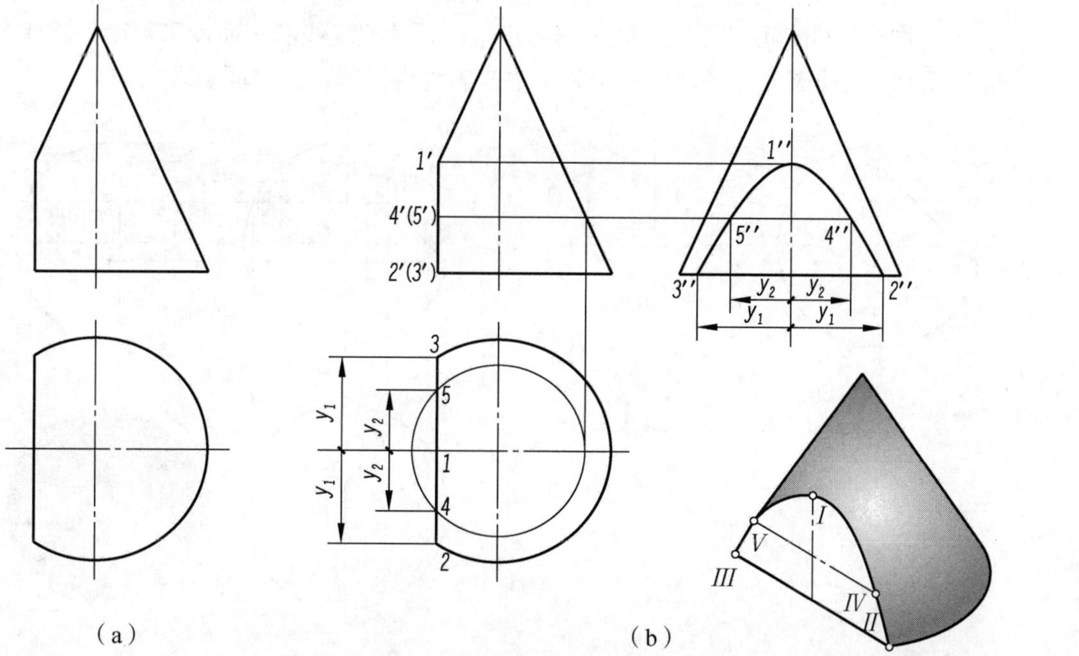


图 2-23　侧平截切圆锥的投影

#### 2.2.2.3 截切圆球体的投影

圆球体被平面截切，其截交线均为圆，该圆的直径大小取决于截平面到球心的距离。截平面离球心越远，圆的直径越小；当截平面通过球心时，圆的直径等于球的直径。

根据截平面与投影面相对位置的不同，截交线的投影也不相同。见表2-3。

**表2-3 截切球的3种投影形式**

| 截平面位置 | 截平面为正平面 | 截平面为水平面 | 截平面为正垂面 |
|---|---|---|---|
| 截交线形状 | 正面投影为圆 | 水平投影为圆 | 水平投影为椭圆 |
| 立体图 | 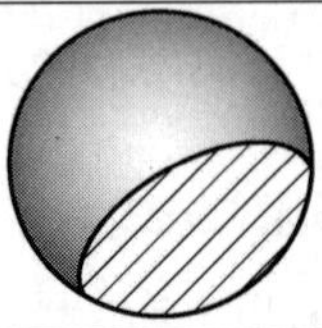 | 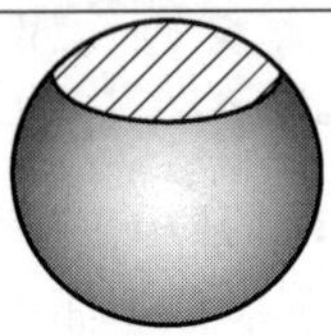 | 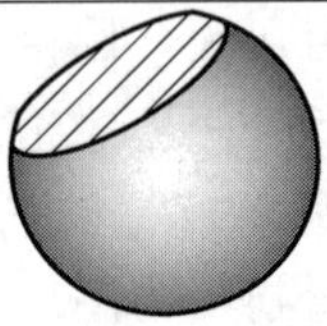 |
| 投影图 | 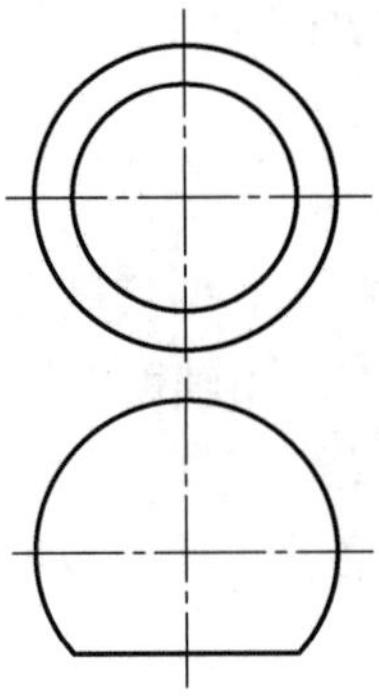 | 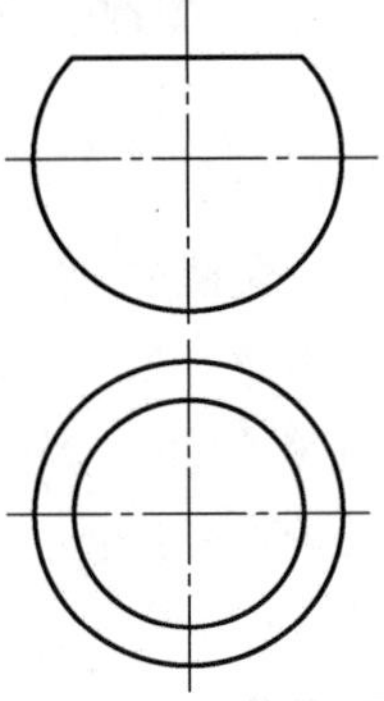 | 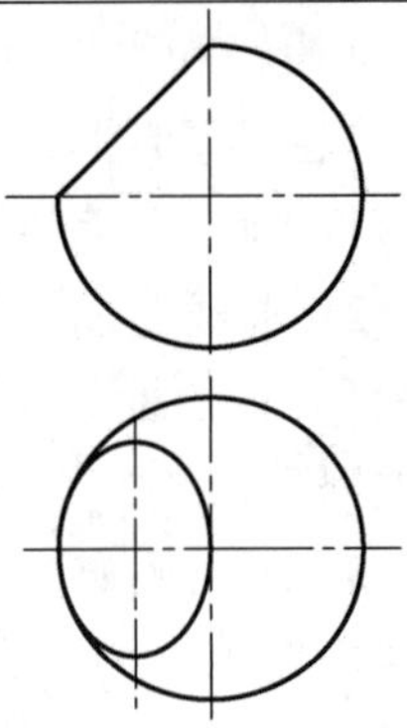 |

**例2.18** 求作被一正垂面截切后的圆球的投影(图2-24)。

**分析**：由图2-24(a)可以看出，截平面为正垂面，故截交线的正面投影积聚为直线，该直线的长度等于截交线圆的直径；其水平和侧面投影均为椭圆，需在图中求出。

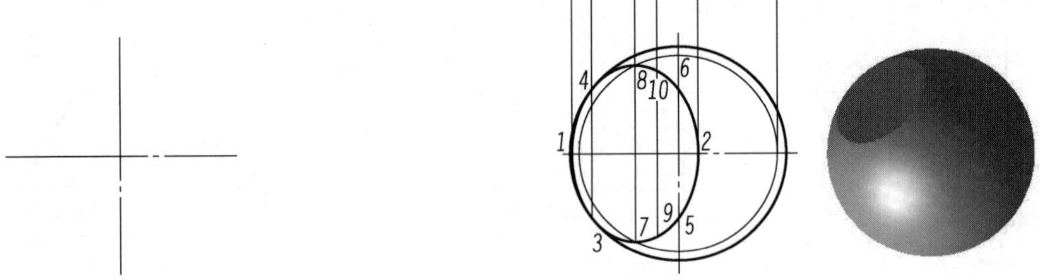


图2-24 侧平截切圆锥的投影

**作图步骤**[图 2-24(b)]。

(1) 画出完整圆球的水平投影和侧面投影。

(2) 求截交线的水平投影和侧面投影。

① 求特殊点的投影。先在截交线的正面投影上标出各转向轮廓线上点的投影，按投影关系求出截交线上最高和最低点的三面投影 *1′2′*、*12*、*1″2″*；求出椭圆短轴上两端点的正面投影 *7′*(*8′*)，它们为重影点，位于 *1′2′*连线的中点。

利用在球面轮廓线上取点的方法，由 *1′*、*2′*、*3′*、*4′*、*5′*、*6′*直接求得 *1*、*2*、*3*、*4*、*5*、*6* 和 *1″*、*2″*、*3″*、*4″*、*5″*、*6″*；由 *7′*、*8′*，利用辅助纬圆法即可求得 *7*、*8* 和 *7″*、*8″*。

② 求适当数量的中间点的投影。在特殊点之间的适当位置，选取截交线上点的正面投影，在用纬圆法，求其水平投影和侧面投影。如取 *9′*(*10′*)，可求得 *9*、*10* 和 *9″*、*10″*。

(3) 画出截交线的水平投影和侧面投影。依次光滑连接各点的水平投影和侧面投影，即得截交线的投影——椭圆。双曲线及轮廓线的侧面投影均可见。

(4) 整理水平投影和侧面投影的轮廓线，判别可见性，擦去不要的图线。水平投影上，球的轮廓线圆只画 34 线以左部分；侧面投影上，球的轮廓线圆只画 *5″6″*以下部分。

**例 2.19**　求截切半球的水平投影和侧面投影(图 2-25)。

**分析**：由图 2-25(a)可以看出，半球上部的通槽是由左右对称的 2 个侧平面和 1 个水平面截切而成，它们与球的截交线均为一段圆弧。由于截交线的正面投影有积聚性，只需求出它们的水平投影和侧面投影。

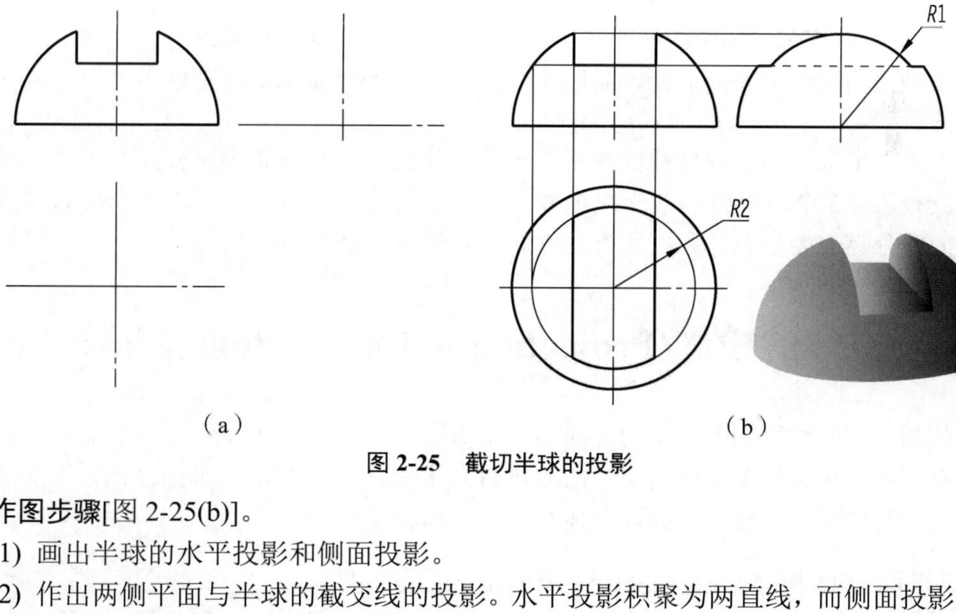


**图 2-25　截切半球的投影**

**作图步骤**[图 2-25(b)]。

(1) 画出半球的水平投影和侧面投影。

(2) 作出两侧平面与半球的截交线的投影。水平投影积聚为两直线，而侧面投影重合，是一段半径为 $R_1$ 的圆弧。

(3) 作出水平截平面与半球的截交线的投影，并判别可见性。水平投影为两段前后对称、半径为 $R_2$ 的圆弧。而侧面投影积聚为一条直线，其中被遮住的部分为虚线。

(4) 整理水平投影和侧面投影的轮廓线。水平投影上，球的轮廓线圆全部画出；侧面投影上，球的轮廓线圆在通槽处被切去，不画出。

#### 2.2.2.4 复合回转体的截交线

复合回转体是由一些基本回转体组合而成的。在求作其截交线时，应首先分析其是由哪些基本回转体组成，然后分别求出这些基本回转体的截交线，并依次将其连接，完成作图。

**例 2.20** 求作复合回转体截交线的投影(图 2-26)。

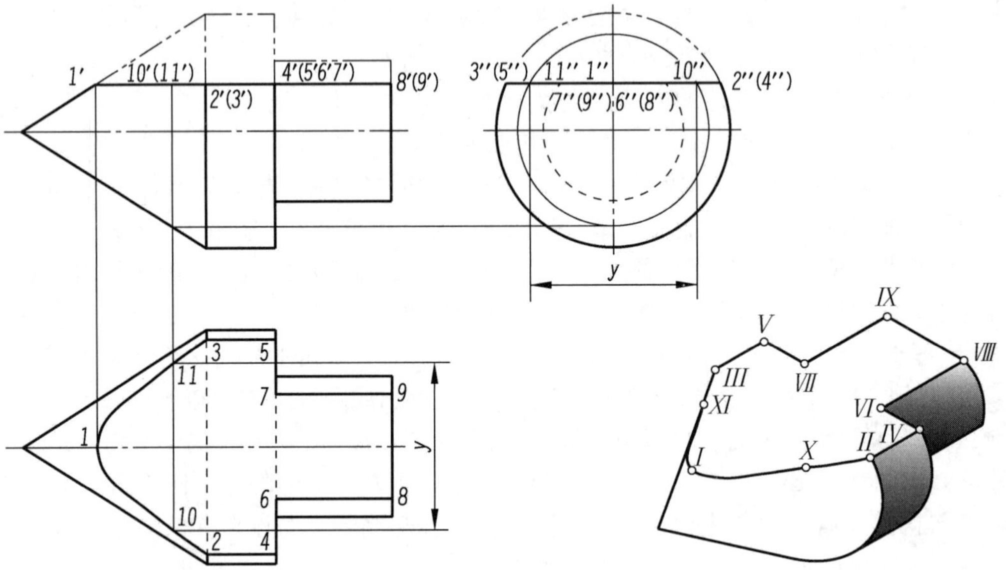


图 2-26 复合回转体截交线的投影

**分析**：该复合回转体是由同轴的一个圆锥和两个直径不同的圆柱体组合而成。3 个回转体被平行于轴线的同一水平面截切，其圆锥面上的交线为双曲线，两圆柱面上的交线都是平行于轴线的直线。

**作图**：先作出圆锥面上双曲线的投影，再分别作出大圆柱面和小圆柱面上平行于轴线的两条直线的投影，3 个回转体的截交线组成一个封闭的图形。最后补画出两个相邻回转体之间的分界面或分界线的投影，并判别可见性。结果如图 2-26 所示。

## 2.3 相贯立体的投影(Projection of intersection solids)

两立体相交在立体表面上产生的交线称为相贯线，两相交的立体称为相贯体。

立体有平面立体和曲面立体两类，故相贯两立体就有 3 种情况：平面立体与平面立体相贯、平面立体与曲面立体相贯及曲面立体与曲面立体相贯。

### 2.3.1 两平面立体相贯(Intersection of two plane solids)

两平面立体相贯，其相贯线或是一闭合的平面折线，或是一闭合的空间折线。折线的各转折点，为两平面体各棱线与各表面相互的交点。求得这些点并依次连接起来，即得两平面立体的相贯线。上述交点可用求直线与平面交点的方法求得。求相贯线的方法有积聚性法和辅助平面法，下面通过实例来说明。

#### 2.3.1.1　利用积聚性法求相贯线

**例 2.21**　求四棱柱与三棱柱的相贯线，见图 2-27。

**分析**：由图 2-27 可以看出，四棱柱的四条棱线均与三棱柱的一个侧面相交，由于该三棱柱侧面的侧面投影有积聚性，可直接求得相贯线上点的侧面投影。四棱柱各棱面的水平投影有积聚性，因此相贯线的水平投影与其重合。

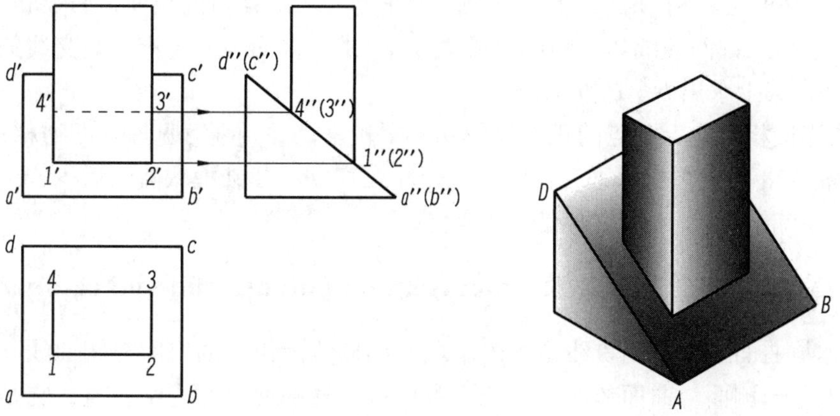


（a）已知条件和作图过程　　（b）立体图

图 2-27　四棱柱与三棱柱的相贯线

**作图步骤**：

(1) 在 *W* 面上，标出四棱柱的四条棱线与三棱柱的棱面 *ABCD* 投影的 4 个交点的侧面投影 *1″*(*2″*)、*4″*(*3″*)。

(2) 标出相贯线的水平投影 *1*、*2*、*3*、*4*。

(3) 在 *V* 面上，求出交点的正面投影 *1′*、*2′*、*3′*、*4′*，连接 *1′*、*2′*、*3′*、*4′*成一矩形，并判别可见性。即得相贯线的正面投影。

#### 2.3.1.2　利用辅助平面法求相贯线

**例 2.22**　求三棱柱与三棱锥的相贯线，见图 2-28。

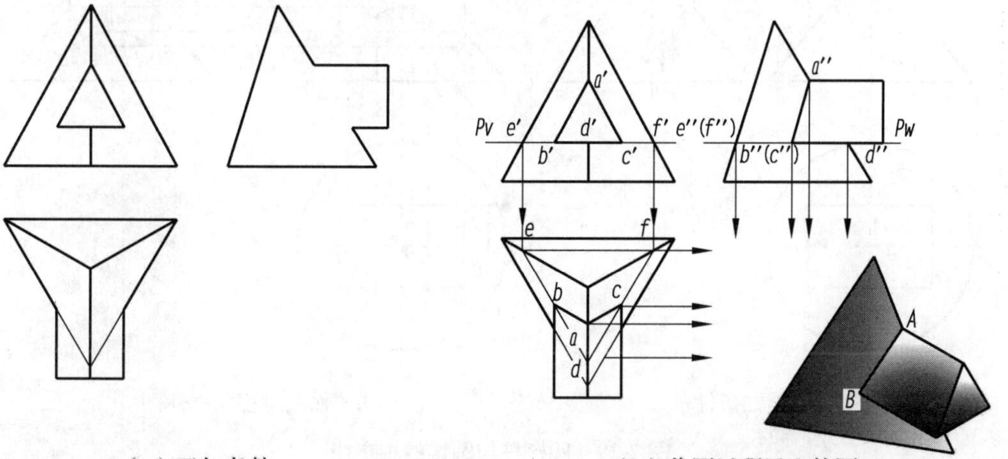


（a）已知条件　　（b）作图过程及立体图

图 2-28　三棱柱与三棱锥的相贯线

**分析：**由图 2-28(a)可以看出，三棱柱的侧面投影有积聚性，因此，相贯线的侧面投影与三棱柱的侧面投影重合。现在需要求出的是相贯线的侧面投影和水平投影。采用积聚性法和辅助平面法来作图。此相贯体的相贯线左、右对称。

**作图步骤：**

(1) 在 $W$ 面上，利用三棱柱投影的积聚性，标出相贯线的侧面投影 $a''b''c''$。

(2) 在 $V$、$H$ 面上，利用 $A$ 点在三棱锥的棱线上，求出 $A$ 点的正面投影 $a'$和水平投影 $a$。

(3) 过三棱柱上部两棱线作一辅助水平面 $P$w，求该平面与三棱锥的截交线的水平投影和侧面投影，并在其上求出 $b'$、$c'$和 $b$、$c$。

(4) 依次连接相贯线上各点的正面投影和水平投影，并判别可见性。即得相贯线的投影。

**思考：**图 2-28 中假想把水平三棱锥抽去，即在直立三棱锥中从前到后挖一个截面三角形的孔，形成一个新的立体，相贯线有什么变化？

## 2.3.2 平面立体与曲面立体相贯(Intersection of plane solid and camber solid)

平面立体与曲面立体的相贯线是由若干段平面曲线所组成的空间封闭曲线。每段平面曲线是平面体上某一侧面与曲面体的截交线。各段截交线的交点称为结合点，它是平面立体的棱线对曲面立体表面的贯穿点。因此，求平面立体和曲面立体的相贯线，可归结为求平面与曲面的截交线和棱线与曲面的贯穿点问题。

**例 2.23** 求四棱柱与圆锥的相贯线，见图 2-29。

**分析：**由图 2-29(a)可以看出，四棱柱的水平投影有积聚性，因此，相贯线的水平投影与四棱柱的水平投影重合。现在只需求出相贯线的正面投影和侧面投影。采用积聚性法来作图。

由于四棱柱的 4 个侧面都平行于圆锥的轴线，所以，相贯线是由 4 条双曲线组成的空间封闭曲线。4 条双曲线的结合点，就是四棱柱的 4 条棱线与锥面的贯穿点。

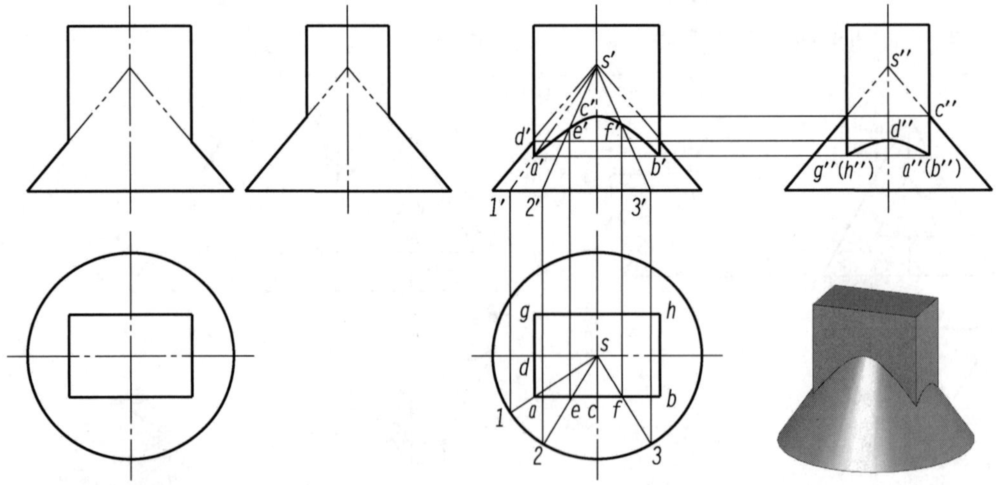


（a）已知条件　　　　（b）作图过程及立体图

**图 2-29　四棱柱与圆锥的相贯线**

**作图步骤：**

(1) 求特殊点

① 求作相贯线的结合点 $A$、$B$、$H$、$G$ 的投影。依据四棱柱水平投影的积聚性，标出相贯线上结合点的水平投影 $a$、$b$、$h$、$g$。过各点的水平投影作辅助素线，再根据各点从属于棱线的性质，可得各结合点的正面投影 $a'$、$b'$、$h'$、$g'$ 和侧面投影 $a''$、$b''$、$h''$、$g''$。

② 求作相贯线上的最高点 $C$、$D$ 的投影。依据四棱柱水平投影的积聚性，分别标出相贯线上最高点的水平投影 $c$、$d$。再根据该点从属于圆锥转向轮廓线的性质，可得该点的侧面投影 $c''$、$d''$和正面投影 $c'$、$d'$。

(2) 求一般点。用素线法求出相贯线上适当数量的一般点。图中，取两对称的一般点 $E$、$F$，通过在锥面上作辅助素线，求出其水平投影，再求其侧面投影。

(3) 依此连接相贯线上各点的正面投影和侧面投影，并判别可见性，即得相贯线的投影。

**思考：**图 2-29 中假想把长方体抽去，即在半球中挖一个方孔，形成一个新的立体，相贯线有什么变化？

### 2.3.3　两曲面立体相贯(Intersection of two camber solids)

两曲面立体相贯，其相贯线具有以下基本性质：

(1) 相贯线一般情况下是封闭的空间曲线，特殊情况下是平面曲线或直线。

(2) 相贯线是两回转体表面的共有线，相贯线上的点是两曲面立体表面的共有点。

(3) 相贯线的形状决定于曲面的形状、大小及两曲面之间的相对位置。

从以上相贯线的性质可以看出，求作两曲面立体的相贯线，实质上就是求两立体表面的一系列共有点的投影问题。先求出相贯线上的特殊点，即能够确定相贯线的形状和范围的点，如立体的转向轮廓线上的点、对称的相贯线在其对称平面上的点，以及最高、最低、最左、最右、最前、最后点等，然后按需要再求出相贯线上一些其他点，即一般点，从而较准确地画出相贯线的投影，并判别可见性。只有一段相贯线同时位于两个立体的可见表面上时，这段相贯线的投影才是可见的；否则不可见。下面通过实例介绍两种求相贯线的方法。

#### 2.3.3.1　利用积聚性求相贯线

当参与相交的两回转体表面有积聚性时，可采用积聚性法求解。

**1．两圆柱正交相贯**

**例 2.24**　求作正交相贯的两圆柱的相贯线，见图 2-30。

**分析：**两圆柱的轴线垂直相交，称为正交，其相贯线为一封闭的且前后、左右均对称的空间曲线。由于小圆柱面的水平投影积聚为圆，相贯线在该圆柱表面上，因此，相贯线的水平投影重合在小圆柱面的水平投影的圆上；同理，大圆柱面的侧面投影积聚为圆，相贯线的侧面投影重合在该圆的一段圆弧上，且左边和右边相贯线的侧面投影重合。故本题为已知相贯线的水平投影和侧面投影，求作其正面投影。

**作图步骤：**

(1) 求特殊点的投影。两圆柱正面投影的转向轮廓线交点 $A$、$B$ 是相贯线上的最高且最左、最右点；点 $C$、$D$ 是相贯线上的最低且最前、最后点。可先在相贯线的水平投影上，定出点 $A$、$B$、$C$、$D$ 的投影 $a$、$b$、$c$、$d$，再在相贯线的侧面投影上相应地作出 $a''$、$b''$、$c''$、$d''$。由 $a$、$b$、$c$、$d$ 和 $a''$、$b''$、$c''$、$d''$作出正面投影 $a'$、$b'$、$c'$、$d'$。

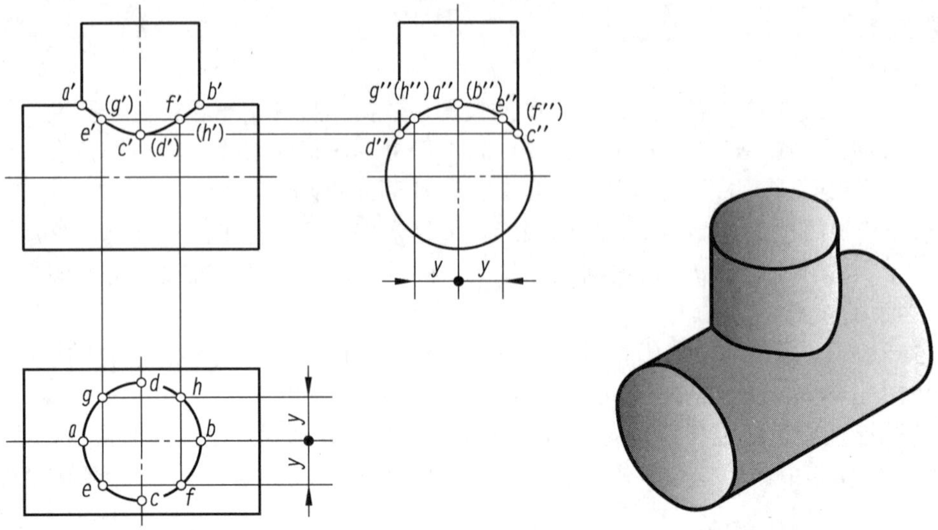


（a）已知条件和作图过程　　　　（b）立体图

**图 2-30　作两圆柱的相贯线的投影**

(2) 求一般点的投影。由于该立体左右、前后对称，因此可以找到 4 个对称点，如图中的 $E$、$F$、$G$、$H$ 4 个对称点，先在相贯线的水平投影上定出点 $E$、$F$、$G$、$H$ 的投影 $e$、$f$、$g$、$h$，然后再在相贯线的侧面投影上作出 $e''$、$f''$、$g''$、$h''$。由这 4 点的水平投影和侧面投影，即可作出其正面投影 $e'$、$f'$、$g'$、$h'$。

(3) 判别可见性，依次连接各点。相贯线的正面投影左右、前后对称，前半相贯线在两个圆柱的可见表面上，所以，其正面投影 $a'e'c'f'b'$ 可见；后半相贯线的正面投影 $a'g'd'h'b'$ 不可见，与前半相贯线的可见投影重合。因此，相贯线的正面投影可按相贯线水平投影所显示的诸点的顺序，光滑连接前面可见部分各点的投影，即可完成作图。

**2．两圆柱正交时相贯线的变化规律**

两圆柱正交，随着它们直径尺寸的变化，对相贯线的形状会产生影响，其变化规律如图 2-31 所示。

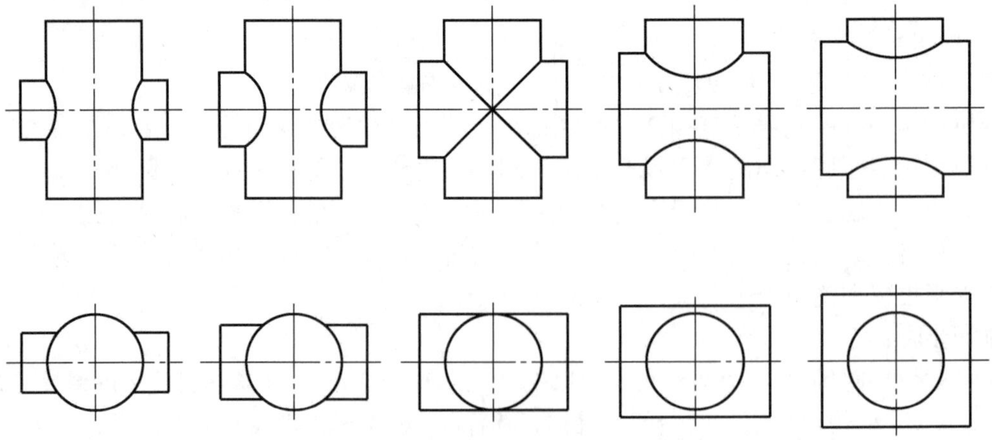

（a）　（b）　（c）　（d）　（e）

**图 2-31　两正交圆柱相贯线的变化规律**

从图 2-31 可知，当水平圆柱的直径小于直立圆柱时，相贯线呈现在左、右两端，见图 2-31(a)；当两圆柱直径逐渐接近时，两端的相贯线也逐渐接近，见图 2-31(b)；当两圆柱直径相等时，相贯线为两条平面曲线(椭圆)，其正面投影积聚为两相交直线，见图 2-31(c)；当水平圆柱的直径大于直立圆柱时，相贯线呈现在上、下两端，见图 2-31(d)；随着水平圆柱直径的继续增大，相贯线逐渐远离，见图 2-31(e)。

**3．两圆柱面正交相贯的 3 种情况**

两正交相贯的圆柱面，除了有外表面与外表面相贯，还有外表面与内表面相贯和两内表面相贯，如图 2-32 所示。这 3 种情况的相贯线的形状和作图方法相同。

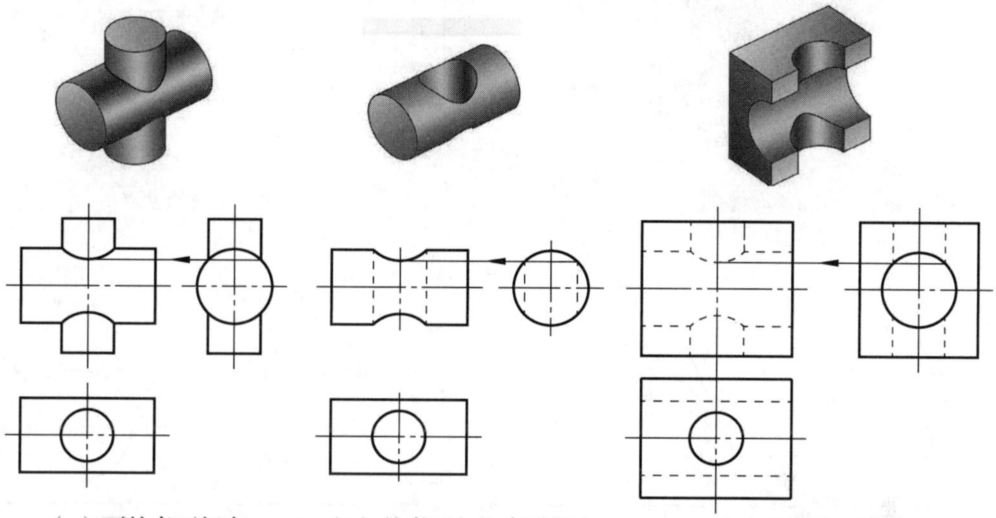

（a）两外表面相交　（b）外表面与内表面相交　（c）两内表面相交

图 2-32　两圆柱相交的三种形式

### 2.3.3.2　利用辅助平面求相贯线

当参与相交的两回转体表面之一无积聚性(或均无积聚性)时，可采用辅助平面法求相贯线。假想用一平面在适当的部位切割两相交回转体，分别求出辅助平面与两回转体的截交线，这两条截交线的交点，不仅是辅助截平面上的点，也是两回转体表面上的点，即为三面共有点，它就是相贯线上的点。同理，若作一系列辅助平面，便可求得相贯线上的一系列点，依次光滑连接各点的同面投影，即为所求的相贯线。

为作图简便，辅助平面的选择原则是：辅助平面与两回转体表面的交线的投影，应是简单易画的直线或圆。在应用辅助平面求相贯线时，要注意辅助平面必须在相贯线的范围内截切，否则求不出相贯线上的点。下面介绍用辅助平面求相贯线的实例。

**例 2.25**　求圆柱与圆锥相贯线的投影，见图 2-33。

**分析**：由投影图可知，圆柱与圆锥轴线垂直相交，相贯线为一条封闭的空间曲线，并且前后对称。由于圆柱的侧面投影为圆，所以相贯线的侧面投影也重合于该圆周上，故相贯线的投影只需求出它的正面投影和水平投影即可。

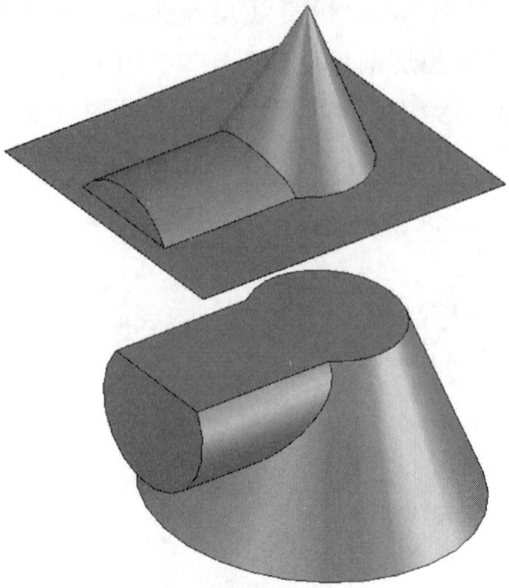

（a）立体图

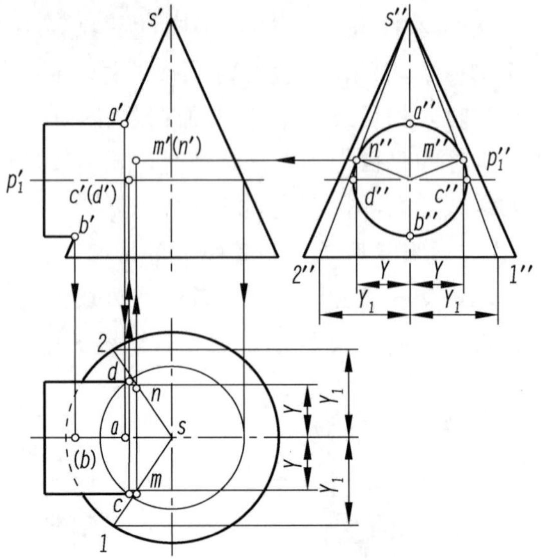


（b）求特殊点

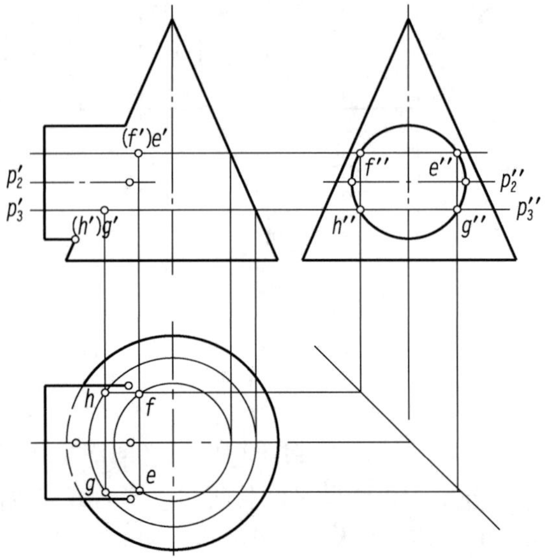


（c）求一般点

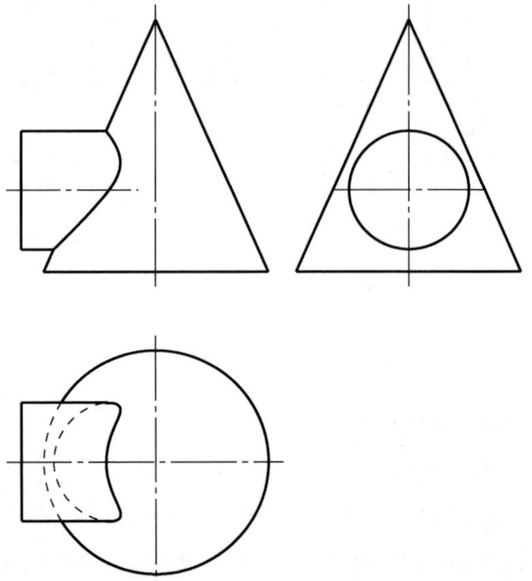

（d）判别可见性后连线

**图 2-33　圆柱与圆锥相交**

从两形体相交的位置来看，求一般点可采用辅助平面法，即作一系列与圆锥轴线垂直的水平面作为辅助平面，它与圆锥的交线是圆，与圆柱的交线是矩形，圆和直线都是简单易画的图线。

**作图步骤：**

(1) 求特殊点的投影[图 2-33(b)]。

① 两回转体正面投影转向轮廓线的交点 *A*、*B* 可直接求得，它们是相贯线的最高点和最低点；

② 过圆柱轴线作辅助平面 $P_1$(水平面)，$P_1$ 面与圆柱、圆锥分别相交，其截交线的交点 $C$、$D$ 是相贯线的最前点和最后点，由 $c$、$d$ 可求得 $c'$、$d'$，见图 2-33(b)。

③ 相贯线正面投影上的最右点 $M$、$N$ 位于圆锥面的两条素线 $S\,I$、$S\,II$上，该两条素线的侧面投影与圆柱面的侧面投影的圆相切，根据这一点即可作出 $m''$、$n''$，再根据 $Y$、$Y_1$，在 $s_1$、$s_2$ 上即可得到 $m$、$n$ 两投影，最后根据点的投影规律即可得到 $m'$、$n'$。

(2) 求一般点的投影。在特殊点之间的适当位置上作一系列水平辅助平面，如 $P_2$、$P_3$ 等。在侧立投影面上，由 $P_2''$和圆的交点定出一般点 $E$、$F$ 的侧面投影 $e''$、$f''$。在 $H$ 面上，平面 $P_2$ 与圆锥、圆柱面的截交线为圆和 2 条直线，它们的交点是 $E$、$F$ 的水平投影 $e$、$f$，由此可求出 $e'$、$f'$。同理求出点 $G$、$H$ 的投影 $g''$、$h''$，$g$、$h$，$g'$、$h'$。

(3) 判别可见性，依次光滑连接各点。当两回转体表面都可见时，其上的相贯线的投影才可见。按此原则，相贯线的正面投影前后对称，后一半相贯线的投影与前一半相贯线的投影重合，只需按顺序用粗实线光滑连接前面可见部分各点的投影；相贯线的水平投影以 $c$、$d$ 为分界点，分界点的上部分可见，用粗实线依次光滑连接；分界点的下部分不可见，用虚线依次光滑连接。

(4) 整理轮廓线。在水平投影中，圆柱的转向轮廓线应画到 $cd$ 为止。

**例 2.26** 求圆台与半球相贯线的投影，见图 2-34。

**分析：**由投影图可知，圆台从半球的左上方穿进，圆台的轴线不过球心，两回转体有公共的前后对称平面，因此，相贯线是一条前后对称的闭合空间曲线。由于这两个立体的三面投影均无积聚性，故相贯线的三面投影均需求出。

**作图步骤：**

(1) 求特殊点的投影。两回转体正面投影转向轮廓线的交点 $A$、$B$ 可直接求得，见图 2-34(b)，它们是相贯线的最高点和最低点；

过圆台轴线作辅助侧平面 $S$，$S$ 面与半球相交，其截交线为一半圆；$S$ 面与圆台相交，交线为圆台的侧面转向轮廓线；两交线的交点 $C$、$D$ 是相贯线的最前点和最后点。先定出特殊点 $C$、$D$ 的侧面投影 $c''$、$d''$，然后可在截平面上求出该两点的其余两投影：$c$、$d$ 和 $c'$、$d'$，如图 2-34(b)所示；

相贯线的最前点 $C$ 和最后点 $D$，也可以通过圆台轴线作辅助正平面 $Q$ 求得，读者自行分析。

(2) 求一般点的投影。在特殊点之间的适当位置作一水平辅助平面 $P$，它与圆台和球各相交于一圆，作出两圆水平投影的交点就是相贯线上两个一般点 $E$、$F$ 的水平投影 $e$、$f$，再根据投影规律，分别求出该两点的正面投影 $e'$、$f'$ 和侧面投影 $e''$、$f''$。同理可作一系列水平辅助平面，求出相贯线上的多个一般点。如图 2-34(c)所示。

(3) 判别可见性，依次光滑连接各点。当两回转体表面都可见时，其上的交线才可见。按此原则，相贯线的正面投影前后对称，后面的相贯线与前面的相贯线重合，只需按顺序用粗实线光滑连接前面可见部分各点的投影；相贯线的水平投影全部可见，用粗实线依次光滑连接各点即可；相贯线的侧面投影以 $C$、$D$ 为分界点，分界点的左半部分可见，用粗实线依次光滑连接，分界点的右半部分不可见，用虚线依次光滑连接。如图 2-34(d)所示。

(4) 整理轮廓线。在侧面投影中，圆台的转向轮廓线应画到 $c''d''$ 为止。

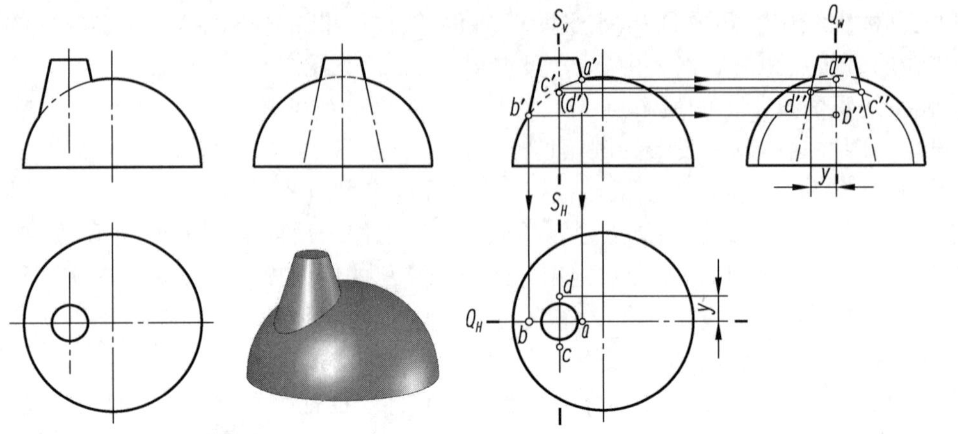


（a）已知条件　　（b）求特殊点

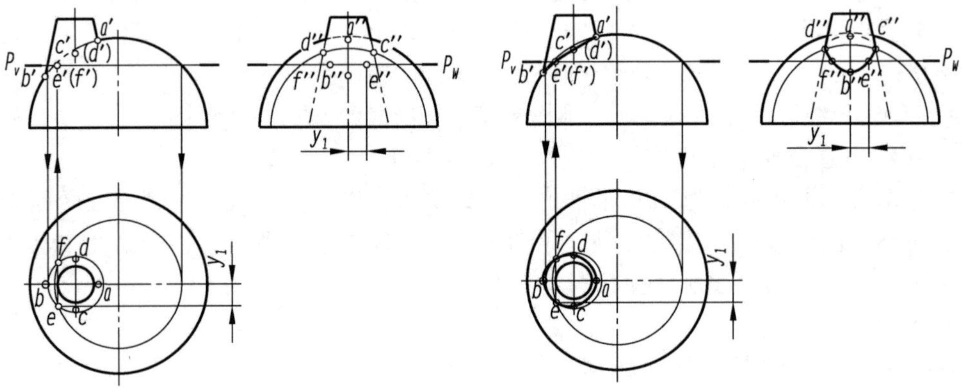


（c）求一般点　　（d）判别可见性后连线

**图 2-34　圆台与半球相交**

#### 2.3.3.3　相贯线的特殊形式

在一般情况下，两回转体的相贯线为封闭的空间曲线；但是，在某些特殊情况下，也可能是平面曲线或直线或不封闭，下面简单地介绍相贯线为平面曲线或直线的比较常见的特殊情况。

(1) 当两回转体轴线相交，且平行于同一投影面并公切于一球时，其相贯线为平面曲线——椭圆，在与两回转体轴线平行的投影面上，该椭圆的投影积聚成直线。

图 2-35 中的圆柱与圆柱、圆柱与圆锥的轴线都分别相交，且都平行于 $V$ 面，还可公切一个球，因此，它们的相贯线都是垂直于 $V$ 面的椭圆，只要连接它们的正面投影的转向轮廓线的交点，得两条相交直线，即相贯线(两个椭圆)的正面投影。图 2-35 分别画出了相贯体的正面投影和水平投影。

(2) 两个同轴回转体(轴线在同一直线上的两个回转体)的相贯线是垂直于公共轴线的圆，如图 2-36、图 2-37 所示。

(3) 轴线平行的两圆柱相交，其相贯线为不封闭的两平行直线，如图 2-38 所示；

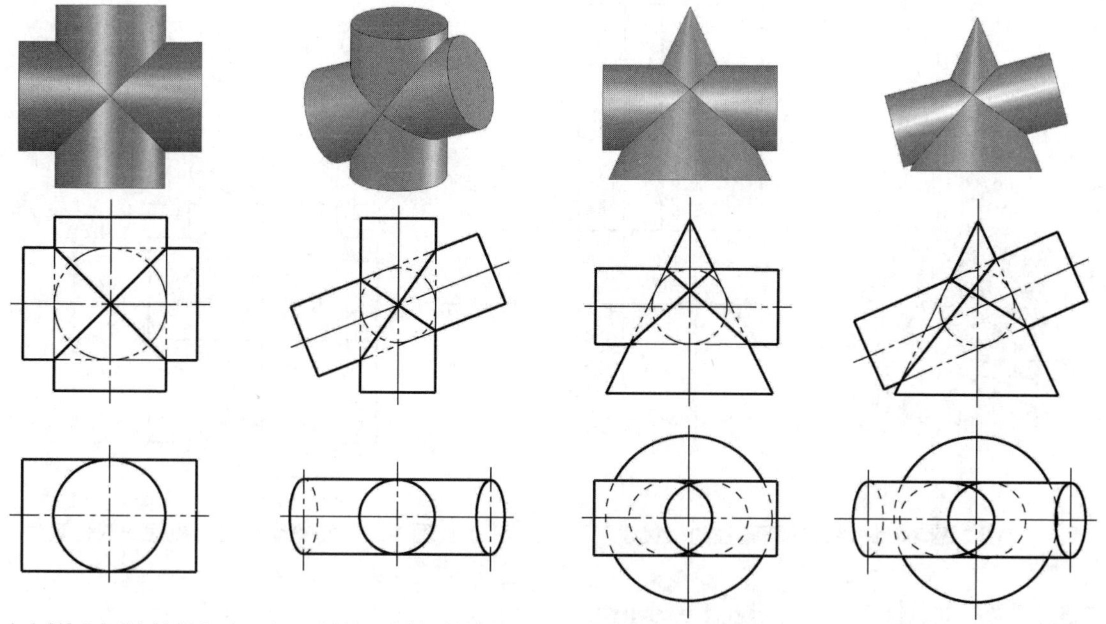

（a）圆柱与圆柱轴线相交　（b）圆柱与圆柱轴线斜交　（c）圆锥与圆锥轴线正交　（d）圆锥与圆锥轴线斜交

图 2-35　切于同一个球面的圆柱、圆锥的相贯线

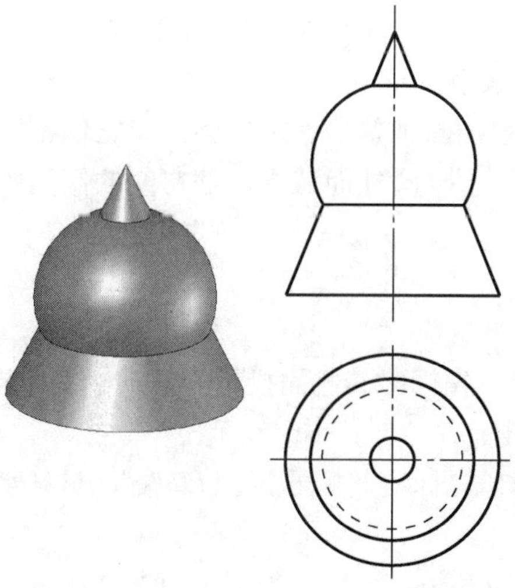

（a）立体图　（b）投影图

图 2-36　两个同轴回转体的相贯线

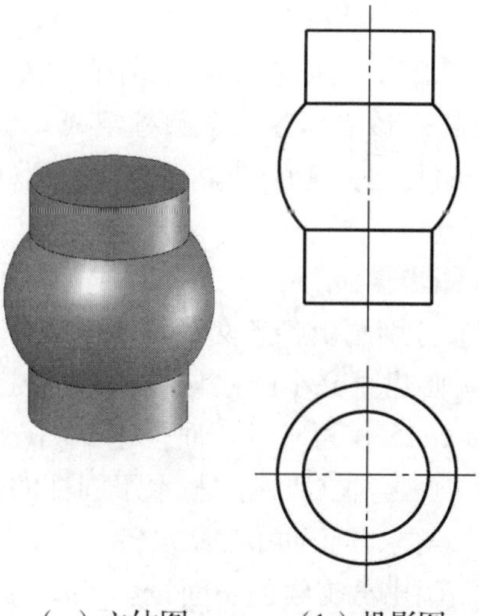

（a）立体图　（b）投影图

图 2-37　轴线平行的两圆柱的相贯线

#### 2.3.3.4　相贯线的简化画法

正交相贯的两圆柱相贯线的投影可用简化画法绘制，即用圆代替曲线绘制，如图 2-39 所示。以大圆柱半径为半径($R=D/2$)，在小圆柱的轴线上找到过 *1′*、*2′*的该圆弧的圆心，即可作出该圆弧。

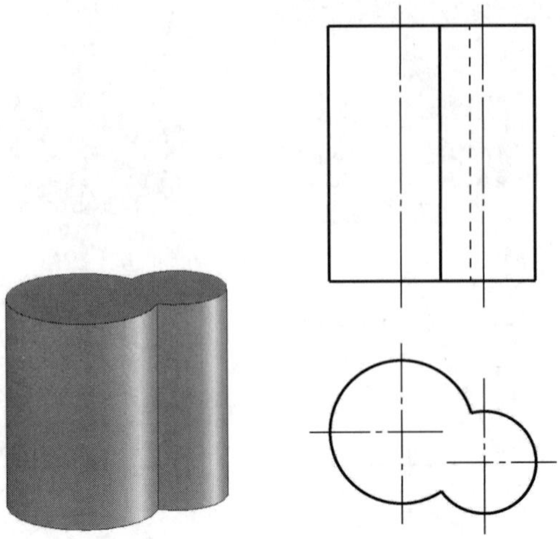

（a）立体图　　（b）投影图

**图 2-38　轴线平行的两圆柱的相贯线**

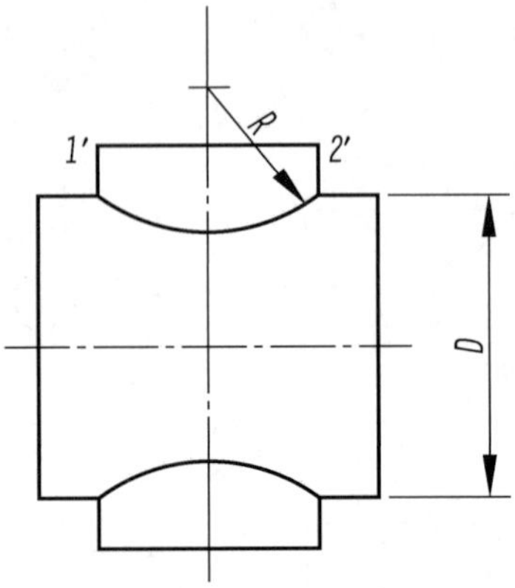


**图 2-39　正交两圆柱相贯线的简化画法**

## 2.3.4　综合举例(Synthesized example)

在实际生产中，经常会遇到 3 个或 3 个以上的立体相交在一起。它们的交线可能是相贯线，也可能是截交线。对于多个立体相交，必须进行形体类型、形体大小以及形体之间相对位置的分析，明确其相贯线、截交线的形状和投影特性。具体作图过程参看图 2-40。

**例 2.27**　完成图 2-40(a)所示立体的正面投影和水平投影。

**分析：**该立体由三个圆柱组成。直立的大、小圆柱同轴叠加，水平圆柱与它们都正交相贯，故相贯线的侧面投影已知。大圆柱面的上底面与水平圆柱面截交，截交线的侧面投影积聚为两点。

**作图步骤：**

(1) 分别画出各条交线的水平投影和正面投影：

① 画出直立小圆柱与水平圆柱的相贯线的投影。先标出其侧面投影 *d″b″a″c″e″*，求其水平投影 *dbace*，再求其正面投影 *d′b′a′c′e′*；

② 画出直立大圆柱与水平圆柱的相贯线的投影。先标出其侧面投影 *f″h″g″*，求其水平投影 *fhg*，再求其正面投影 *f′h′g′*；

③ 画出截交线的正面投影 *f′d′*、*g′e′*和水平投影 *fd*、*ge*。

(2) 判别各交线的可见性，依次光滑连接各点。立体前后对称，所以前半交线的正面投影可见，用粗实线光滑连接。后半交线的正面投影与前半重合。相贯线的水平投影积聚在相应的圆柱面上。截交线的水平投影 *fd*、*ge* 不可见，用虚线绘制。

(3) 整理轮廓线。在正面投影上，大圆柱上底面的投影左边画到 *f′* 为止。在水平投影上，水平圆柱的轮廓线右边画到 *b* 及 *c* 为止，大圆柱的轮廓线被水平圆柱挡住的部分不可见，画成虚线。

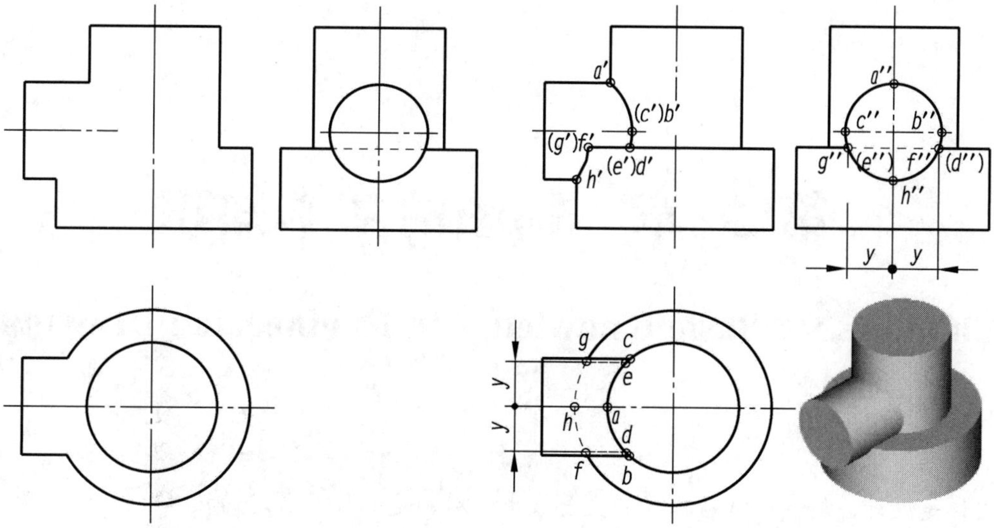


（a）已知条件　　（b）作图过程及立体图

**图 2-40　综合举例**

## 复习思考题(Questions for review)

1. 常见平面立体、曲面立体各有几种？它们的投影图各有何特点？
2. 在圆锥面上取点，有几种方法？
3. 简述求截切平面立体投影的方法。
4. 圆柱被平面截切，截交线有几种形式？
5. 圆锥被平面截切，截交线有几种形式？
6. 求相贯线时，辅助平面如何选择？
7. 两圆柱正交相贯，其相贯线有何变化规律？

# 第 3 章　制图的基本知识

# Chapter 3　Basic Knowledge in Engineering Drawings

图样是设计、制造与维修机器的主要技术资料，是工程界通用的技术“语言”。要正确地绘制机械图样，必须遵守国家标准的各项规定，学会正确地使用绘图工具，掌握合理的绘图方法和步骤。

本章主要介绍绘制工程图样所涉及的国家标准《技术制图》与《机械制图》的有关规定、常用绘图工具的使用方法以及绘制平面图形的基本方法和步骤。

## 3.1　国家标准《技术制图》与《机械制图》的有关规定(Relate regulation in national standard “technical drawings” and “mechanical drawings”)

为了适应生产和技术交流的需要，图样的格式和表示方法必须有统一的规定。我国制定并颁布了一系列国家标准，国家标准《技术制图》与《机械制图》是绘制、阅读技术图样的准则和依据，是直接为生产服务的，因此，每一个工程技术人员必须严格遵守。

国家标准简称“国标”，它包括强制性国家标准(代号“GB”)、推荐性国家标准(代号“GB/T”)和指导性国家标准(代号“GB/Z”)。本节仅介绍《技术制图》和《机械制图》中图纸幅面和格式、比例、字体、图线、尺寸注法等部分内容，其余有关内容将在以后章节中分别介绍。

### 3.1.1　图纸的幅面及格式(Size and layout of drawing sheets)

#### 3.1.1.1　图纸的幅面(GB/T 14689—2008)

国家标准规定了基本和加长两种图纸幅面。基本幅面代号有 A0、A1、A2、A3、A4 5 种，幅面尺寸如图 3-1 所示。绘制图样时，应优先采用表 3-1 所规定的基本幅面尺寸的图纸。图纸的基本幅面尺寸有一定规律，图纸短边与长边的尺寸关系为 $B:L=1:\sqrt{2}$，A0 图幅“841×1 189”的图幅面积为 1 $m^2$，各幅面面积公比为 2∶1。

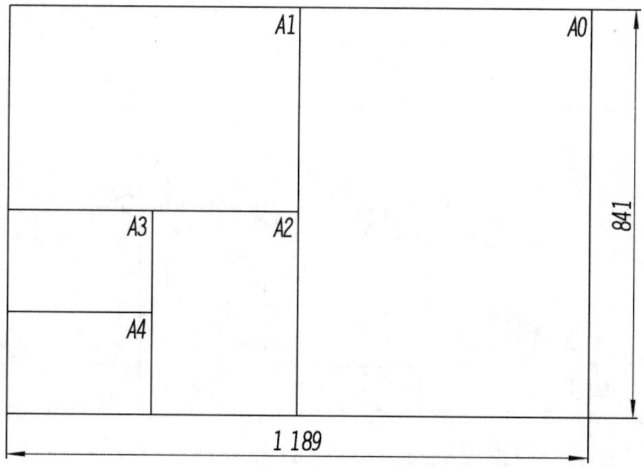


图 3-1　图纸的基本幅面

表 3-1　基本图纸幅面及图框的尺寸　mm

| 幅面代号 | A0 | A1 | A2 | A3 | A4 |
|---|---|---|---|---|---|
| $B\times L$ | 841×1 189 | 594×841 | 420×594 | 297×420 | 210×297 |
| $e$ | 20 | | 10 | | |
| $c$ | 10 | | | 5 | |
| $a$ | 25 | | | | |

“国标”规定必要时，幅面的尺寸也可由基本幅面的短边成整数倍增加。

### 3.1.1.2　图框格式

在图纸上必须用粗实线画出作为绘图区域的图框，其格式分为无装订边(图 3-2)和有装订边(图 3-3)的两种，其周边尺寸都应符合表 3-1 的规定。同一种产品的图样只能采用一种格式。

为了使图样复制和微缩摄影时定位方便，在图纸各边长的中点处分别画出对中符号。它是从周边画入图框内约 5 mm 的一段粗实线，线宽不小于 0.5 mm，如图 3-2(c)所示。

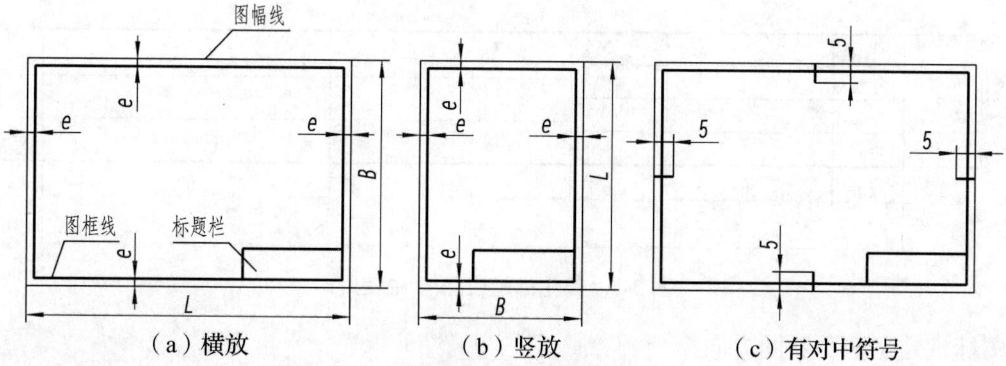


（a）横放　　（b）竖放　　（c）有对中符号

图 3-2　无装订边的图框格式

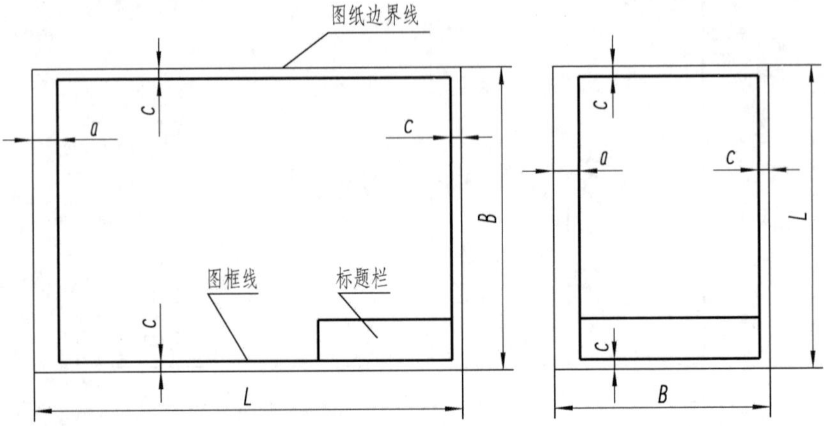


（a）横放　　（b）竖放

图 3-3　有装订边的图框格式

#### 3.1.1.3　标题栏(GB/T 10609.1—2008)

标题栏的格式，一般由更改区、签字区、其他区(材料、比例、重量等)、名称及代号区(单位名称、图样名称、图样代号等)组成(图 3-4)。标题栏内容较多、较复杂，教学中建议采用图 3-5 所示的简化标题栏。标题栏的位置应位于图纸的右下角，外框是粗实线，里边是细实线，其右边线和底边线应与图框线重合。

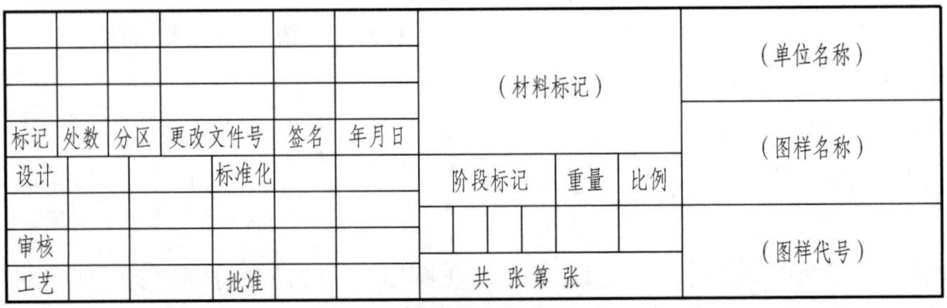


图 3-4　国家标准规定的标题栏

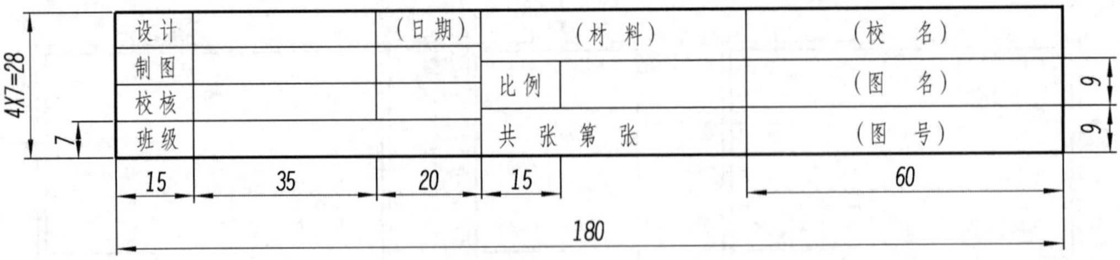


图 3-5　简化标题栏(教学中使用)

国标规定了两种看图方向：

(1) 标题栏中的文字方向为看图的方向。当 A4 图纸竖放，其他图纸横放，且标题栏均位于图纸的右下角，装订边位于图纸的左边时，按标题栏中的文字方向看图，如图 3-2、图 3-3 所示。

(2) 方向符号指示的方向为看图方向。为了利用预先印制好图框及标题栏的图纸画图，允许将 A4 图纸横放，其他图纸竖放，且标题栏均位于图纸的右上角，此时应在图纸的下边对中符号处画出方向符号，按方向符号指示的方向看图，如图 3-6 所示。方向符号是用细实线绘制的等边三角形，画法如图 3-6(a)所示。

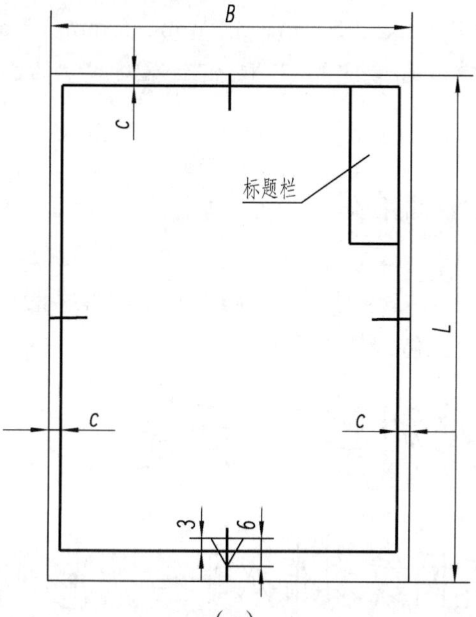


(a)

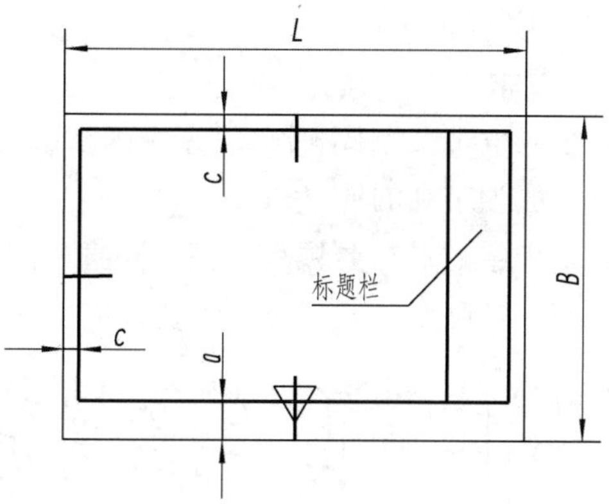


(b)

**图 3-6　按方向符号看图的图框格式**

### 3.1.2　比例(Scales)(GB/T 14690—1993)

比例是指图中图形与实物相应要素的线性尺寸之比。

绘制图样时，应尽可能按机件的实际大小(1∶1)画出，当机件太大或太小时，可根据需要选用表 3-2 中规定的缩小或放大比例绘制。

**表 3-2　GB/T 14690—1993 规定比例**

| 种类 | 优先选用 | | | 允许选用 | | | | |
|---|---|---|---|---|---|---|---|---|
| 原值比例 | 1∶1 | | | | | | | |
| 放大比例 | 5∶1<br>$5\times10^n$∶1 | 2∶1<br>$2\times10^n$∶1 | <br>$1\times10^n$∶1 | 4∶1<br>$4\times10^n$∶1 | 2.5∶1<br>$2.5\times10^n$∶1 | | | |
| 缩小比例 | 1∶2<br>1∶$2\times10^n$ | 1∶5<br>1∶$5\times10^n$ | 1∶10<br>1∶$1\times10^n$ | 1∶1.5<br>1∶$1.5\times10^n$ | 1∶2.5<br>1∶$2.5\times10^n$ | 1∶3<br>1∶$3\times10^n$ | 1∶4<br>1∶$4\times10^n$ | 1∶6<br>1∶$6\times10^n$ |

注：$n$ 为正整数。

绘制同一机件的各个视图一般采用相同的比例，并在标题栏的比例一栏中填写。若某个视图采用不同的比例时，则应在该视图的上方另行标注。必须指出，不管选取何种比例绘制图样，其尺寸一律按机件的实际大小标注。

## 3.1.3 字体(Lettering)(GB/T 14691—1993)

### 3.1.3.1 基本要求

图样中书写的汉字、数字、字母都必须做到：字体工整、笔画清楚、间隔均匀、排列整齐。字体高度(用 $h$ 表示)的公称尺寸系列为 1.8 mm、2.5 mm、3.5 mm、5 mm、7 mm、10 mm、14 mm、20 mm。如书写更大的字，其字体高度应按 $\sqrt{2}$ 的比率递增。字体高度代表字体号数。

### 3.1.3.2 汉字

汉字应写成长仿宋体字，并采用国家正式公布推行的简化字，汉字高度 $h$ 不应小于 3.5 mm，其字宽一般为字高的 $h/\sqrt{2}$ 。

长仿宋字的书写要领是：横平竖直，注意起落，结构匀称，填满方格。注意字的重心要稍微上提，笔画要一笔写成，不要勾描。图 3-7 为长仿宋体汉字示例。

字体端正 笔画清楚 排列整齐 间隔均匀

装配时作斜度深沉最大小球厚直网纹均布水平镀抛光研视图
向旋转前后表面展开两端中心孔锥销键

图 3-7 长仿宋体汉字示例

### 3.1.3.3 数字和字母

数字和字母分 A 型(笔画宽 $h$/14)和 B 型(笔画宽 $h$/10)两种，可书写成直体或斜体(字头向右倾斜，与水平成 75°角)。用作指数、分数、极限偏差、注脚等的数字及字母，一般采用小一号的字体。同一图样上，只允许选用一种形式的字体。图 3-8 为字母、数字的应用示例。

## 3.1.4 图线(Lines)(GB/T 4457.4—2002)

### 3.1.4.1 线型及应用

表 3-3 为常用的各种图线的名称、型式、线宽以及在图上的一般应用。

图线采用粗线和细线两种宽度，线宽 $d$ 应根据图样的类型和尺寸大小在下列数系中选择：0.13 mm、0.18 mm、0.25 mm、0.35 mm、0.5 mm、0.7 mm、1 mm、1.4 mm、2 mm。线宽 $d$ 数系的公比为 1∶$\sqrt{2}$ ，粗线和细线的宽度比率为 2∶1。图 3-9 为常用几种图线的应用举例。

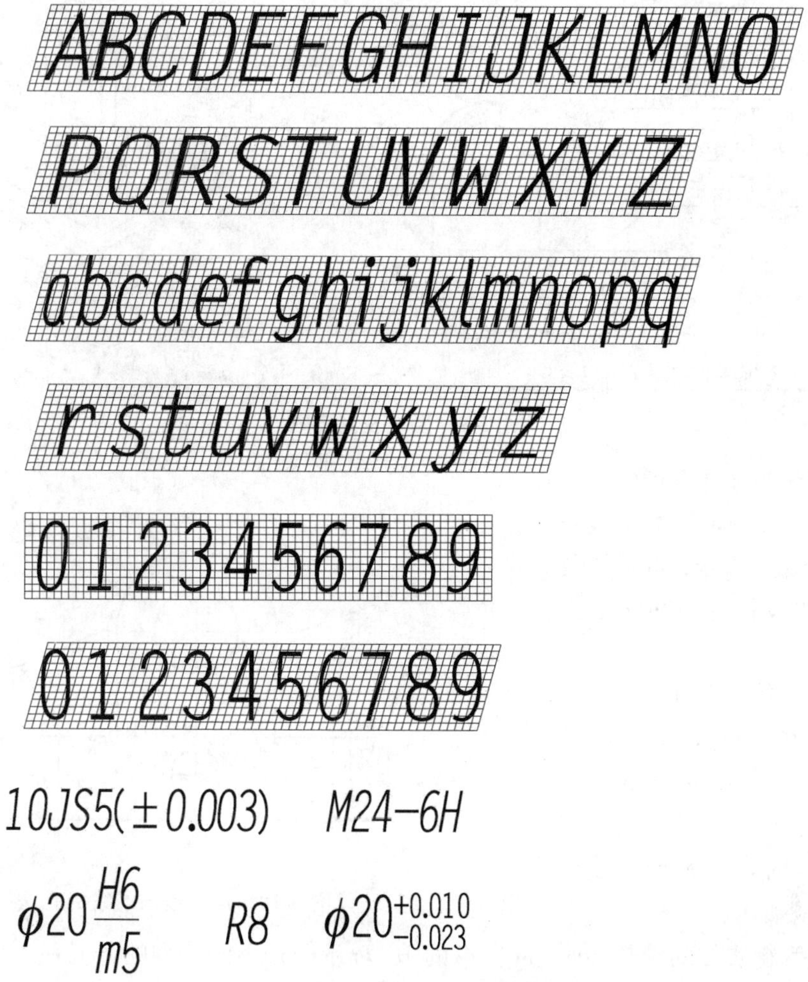


图 3-8　数字、字母的应用示例

表 3-3　图线型式及应用

<table>
<tr><th>名称</th><th>型式</th><th>宽度/mm</th><th colspan="2">主要用途及线素长度</th></tr>
<tr><td>粗实线</td><td></td><td>$d$</td><td colspan="2">表现可见轮廓线</td></tr>
<tr><td>细实线</td><td></td><td rowspan="5">$\frac{d}{2}$</td><td colspan="2">表示尺寸线、尺寸界线、通用剖面线、引出线、重合断面的轮廓线</td></tr>
<tr><td>波浪线</td><td></td><td colspan="2">表示断裂处的边界线、局部剖视的分界线</td></tr>
<tr><td>双折线</td><td></td><td colspan="2">表示断裂处的边界线</td></tr>
<tr><td>虚线</td><td></td><td colspan="2">表示不可见轮廓线。长 12$d$、短间隔长 3$d$</td></tr>
<tr><td>细点画线</td><td></td><td>表示轴线、图中心线、对称线、轨迹线</td><td rowspan="3">长画 24$d$、短间隔 3$d$、点长 0.5$d$。</td></tr>
<tr><td>粗点画线</td><td></td><td>$d$</td><td>表示限定范围表示线</td></tr>
<tr><td>双点线</td><td></td><td>$\frac{d}{2}$</td><td>表示假想轮廓线、断裂处的边界线</td></tr>
<tr><td>粗虚线</td><td></td><td>$d$</td><td colspan="2">表示允许表面处理的表示线。长 12$d$、短间隔长 3$d$</td></tr>
</table>

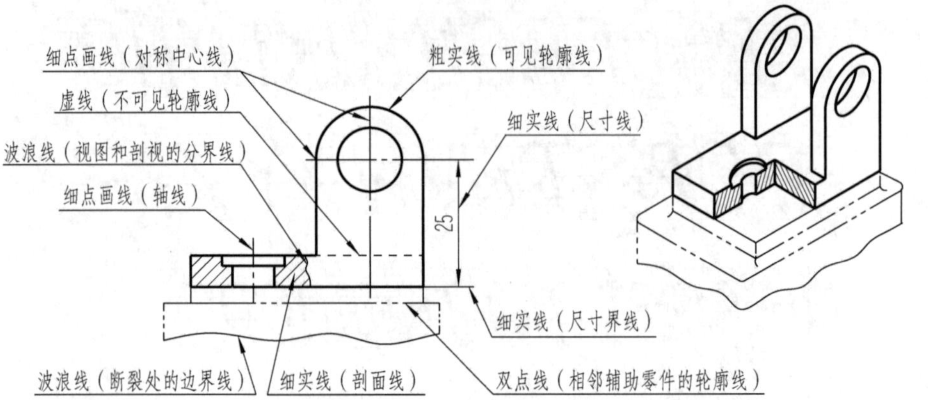


图 3-9 图线及其应用

### 3.1.4.2 画图时的注意事项(图 3-10)

(1) 同一图样中，同类图线的宽度应基本一致。虚线、点画线及双点画线的线段长度和间隔应大致相等。

(2) 绘制圆的对称中心线时，圆心应为长画的交点，首末应是线段，且应超出图形外 2～5 mm。在较小的图形上绘制点画线或双点画线有困难时，可用细实线代替，如图 3-10 所示。

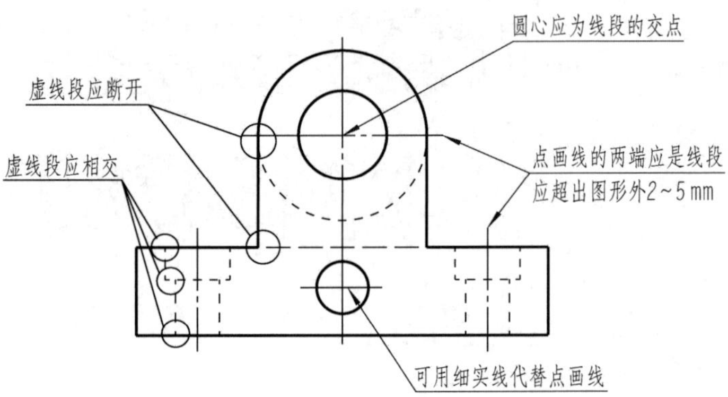


图 3-10 点画线与虚线的画法

(3) 虚线为粗实线的延长线时，应留有间隙，以示两种不同线型的分界线。当虚线与虚线，或虚线与粗实线相交时，应该是线段相交。

## 3.1.5 尺寸注法(Dimensioning)(GB/T 4458.4—2003)

### 3.1.5.1 基本规则

(1) 机件的真实大小应该以图样上所注的尺寸数值为依据，与图形的大小及绘图的准确度无关。

(2) 图样中所标注的尺寸，以毫米为单位时，不需标注计量单位的代号或名称。如采用其他单位，则必须注明计量单位的代号或名称，如 30°(度)、cm(厘米)、m(米)等。

(3) 机件的每一个尺寸，一般只标注一次，并应标注在反映该结构最清晰的图形上。

(4) 图样中所标注的尺寸，为该图样所示机件的最后完工尺寸，否则应另加说明。

### 3.1.5.2 尺寸的组成

一个完整的尺寸包括尺寸界线、尺寸线、尺寸线终端和尺寸数字四个要素(图 3-11)。

1．**尺寸线**

(1) 尺寸线用细实线单独绘制，不能用其他图线代替，一般也不得与其他图线重合或画在其延长线上。

(2) 相互平行的尺寸，应使较小的尺寸靠近图形，较大的尺寸依次向外分布，避免尺寸线与尺寸界线相交。

(3) 同一图样上，尺寸线与尺寸线、尺寸线与轮廓线之间应保持足够的距离，且应大致相等，一般不小于 5 mm，以 5～7 mm 为宜。

## 2．尺寸线终端

尺寸线终端有 2 种形式：箭头和 45°斜线(图 3-12)。

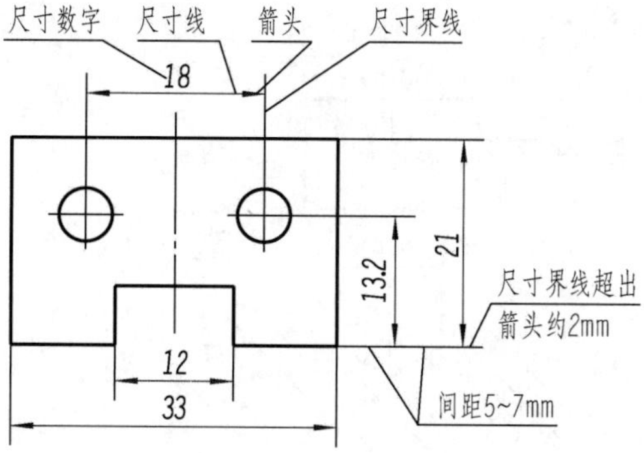


图 3-11　尺寸的组成

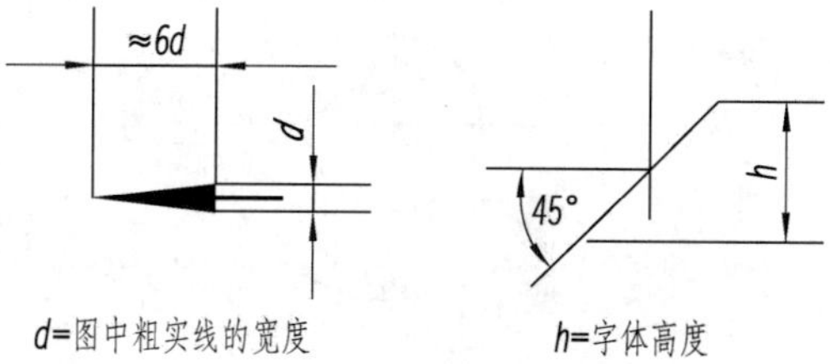


图 3-12　尺寸终端的画法

(1) 箭头形式适用于各种类型的图样，机械制图多用箭头。箭头尖端应与尺寸界线相接触，不得超出或离开。在位置不够的情况下，允许用圆点或斜线代替箭头。

(2) 斜线用细实线绘制，其中 $h$ 为字体高度。当终端采用斜线形式时，尺寸线与尺寸界线必须相互垂直。

应注意：同一图样中只能采用一种尺寸线终端形式。

## 3．尺寸界线

(1) 尺寸界线表示尺寸的起、止位置，用细实线绘制，并应由图形的轮廓线、轴线或对称中心线引出，也可以借用图形的轮廓线、轴线或对称中心线，如图 3-13(a)所示。

(2) 尺寸界线一般应与尺寸线垂直，并超出尺寸线终端 2～3 mm，必要时允许倾斜。在光滑过渡处标注尺寸时，必须用细实线将轮廓线延长，从它们的交点处引出尺寸界线，如图 3-13(b)所示。

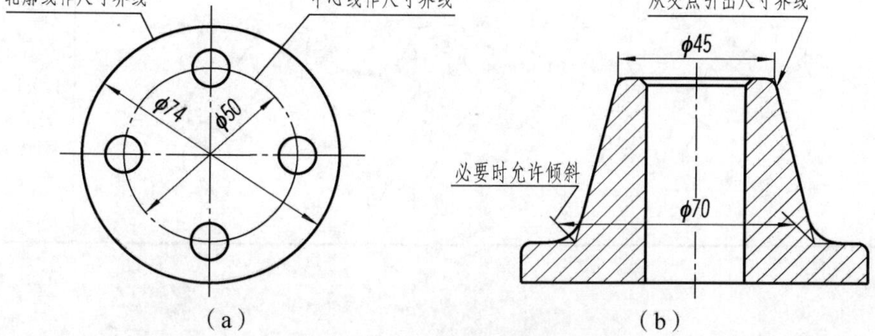


图 3-13　尺寸界线的画法

4．**尺寸数字**

(1) 线性尺寸数字一般应标注在尺寸线的上方，也允许标注在尺寸线的中断处，当位置不够时，也可引出标注。

(2) 尺寸数字按标准字体书写，同一张图上数字及箭头的大小应保持一致。

(3) 尺寸数字不可被任何图线所通过，当不可避免时，必须将图线断开，如图 3-14 所示。

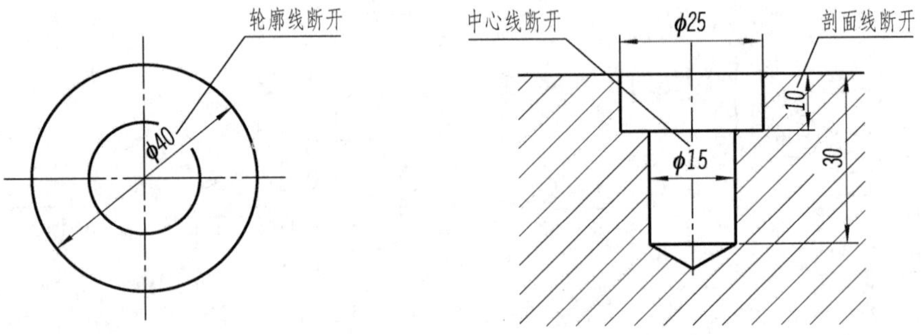


(a)　　(b)

图 3-14　尺寸数字的注法

### 3.1.5.3　各类尺寸注法

表 3-4 为各类尺寸注法的图例及说明。

表 3-4　各类尺寸注法

| 内容 | 图例 | 说明 |
| --- | --- | --- |
| 线性尺寸的注法 | 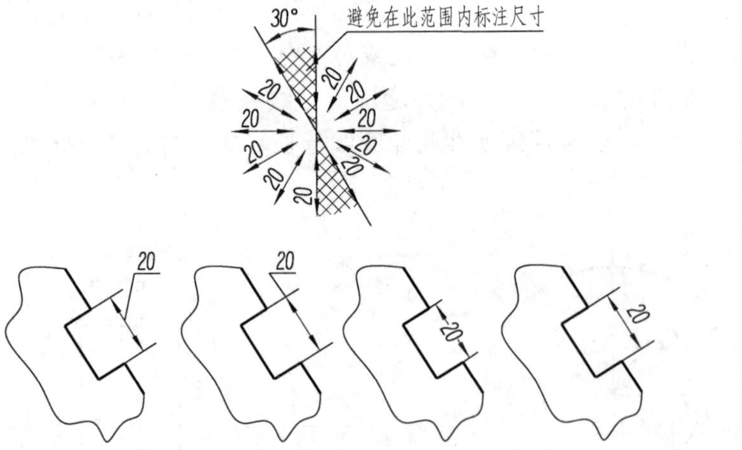 | (1)标注线性尺寸时，尺寸线必须与所标注的线段平行<br>(2)水平尺寸数字字头朝上，垂直尺寸数字字头朝左，倾斜方向的尺寸数字，保持字头向上的趋势<br>(3)应尽可能避免在图示 30°范围内标注尺寸，当无法避免时，可按图示方向标注 |

续表 3-4

| 内容 | 图例 | 说明 |
| --- | --- | --- |
| 圆及圆弧尺寸的注法 | 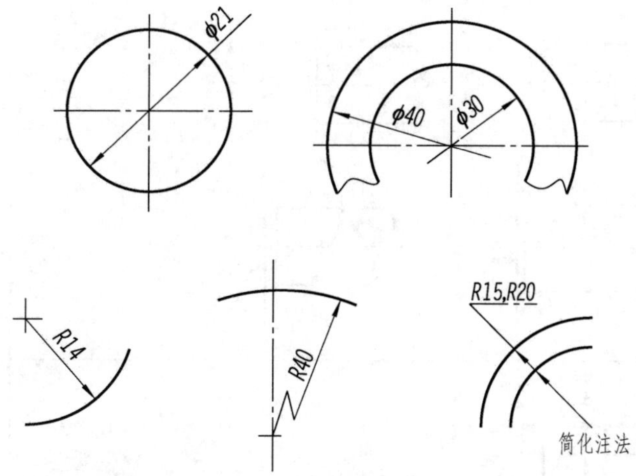 | (1) 圆及大于半圆的圆弧一般标注直径，并在数字前加注“$\phi$”<br>(2) 当尺寸线的一端无法画箭头时，尺寸线要超出圆心一段长度<br>(3) 半径尺寸数字前加注“$R$”，尺寸线一般应通过圆心 |
| 球面的注法 | 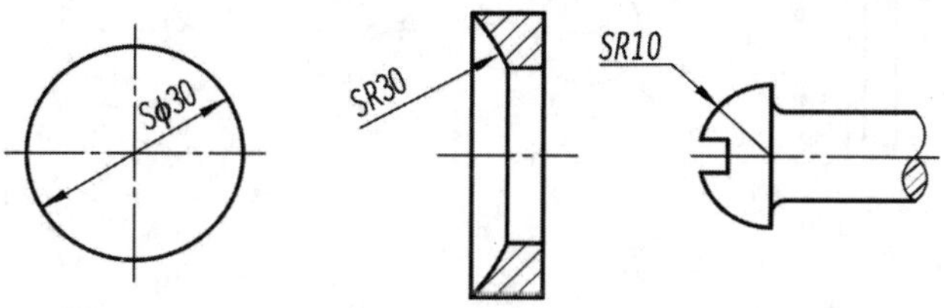 | 标注球面的直径或半径时，应在“$\phi$”或“$R$”前再加注符号“$S$”。尺寸数字的方向与线性尺寸的注法相同 |
| 角度和弧长及弦长的尺寸注法 | 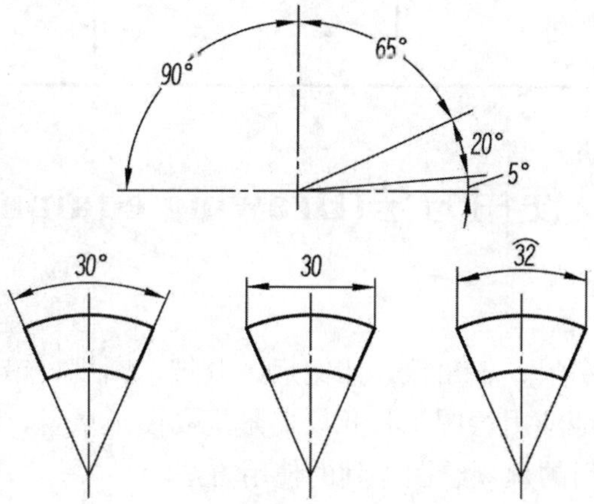 | (1) 角度的尺寸界线沿径向引出，尺寸线是以该角顶点为圆心的一段圆弧。尺寸数字一律水平书写<br>(2) 弧长及弦长的尺寸界线应平行于该弦的垂直平分线。标注弧长时，尺寸线用圆弧，并应在尺寸数字上前方加注符号“⌒” |

续表 3-4

| 内容 | 图例 | 说明 |
| --- | --- | --- |
| 倒角的注法 | 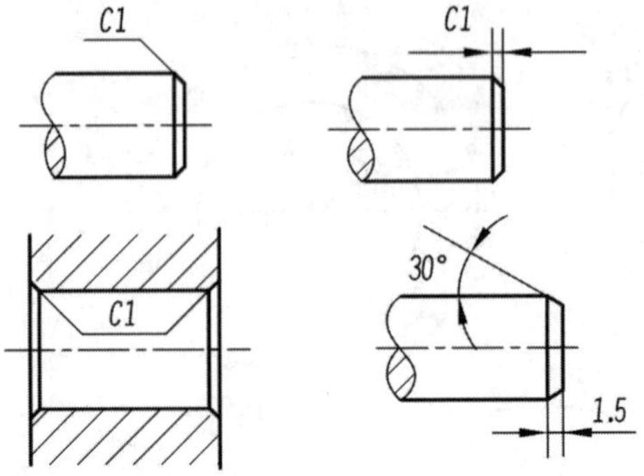 | 45°倒角用 C 表示，C 后的数字表示倒角的高度。非 45°倒角则需要分别注出角度和高度 |
| 小尺寸的注法 | 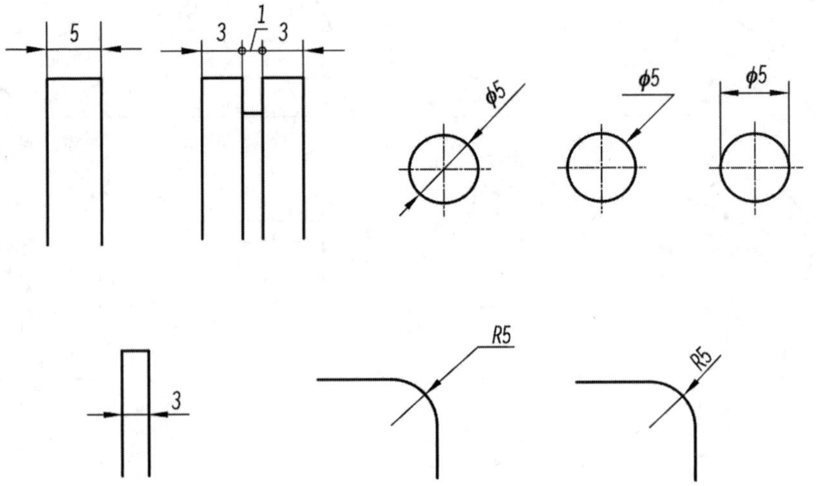 | 当尺寸线太短且没有足够的位置画箭头时，允许将箭头画在尺寸线外边，也可用圆点代替两个箭头；尺寸数字可写在尺寸界线外侧或引出标注 |

# 3.2 尺规绘图工具及使用方法(Drawing equipment and their use)

尺规绘图是指以图板、丁字尺、三角板、比例尺、分规、圆规、铅笔等为主要工具用手工绘制图样的绘图技术。正确地使用绘图工具和仪器是提高图纸质量，准确而又迅速地绘制图样的前提。下面介绍几种常用的尺规绘图工具的使用方法。

## 3.2.1 图板和丁字尺(Drawing board and T square)

图板供铺放、固定图纸用，绘图时图纸须用胶带固定在图板上(图 3-15)。图板板面必须平整、光滑，图板工作边应平直。使用时应注意保护板面和工作边不受损伤，并要防止受潮和暴晒。

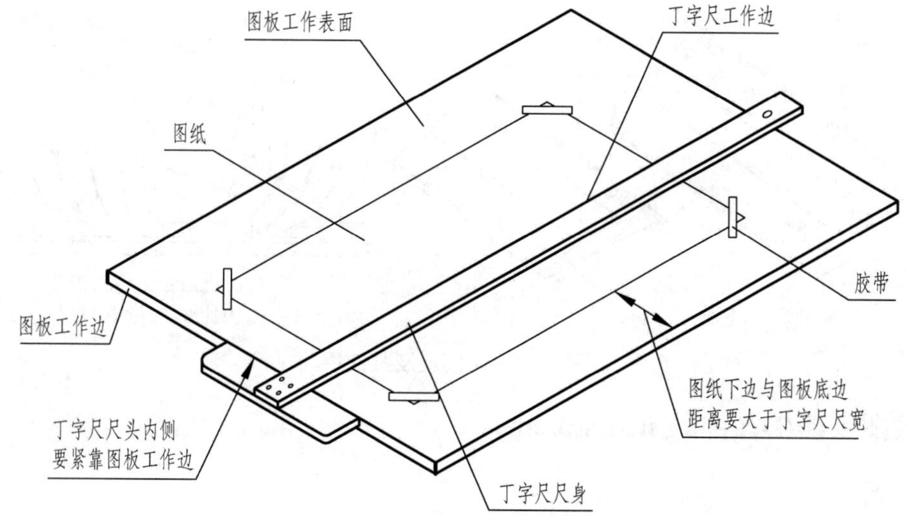


**图 3-15　图板、丁字尺与图纸**

丁字尺用来画水平线。丁字尺尺头的内侧面必须平直，使用时紧贴图板的工作边，用丁字尺的上边画线。

## 3.2.2　三角板(Set squares)

三角板一副有 45°和 30°/60°各一块，三角板与丁字尺配合使用，可画出垂直线和 15°倍角的倾斜线，用 2 个三角板可作任意倾斜角度直线的平行线和垂线。三角板的使用方法见图 3-16。

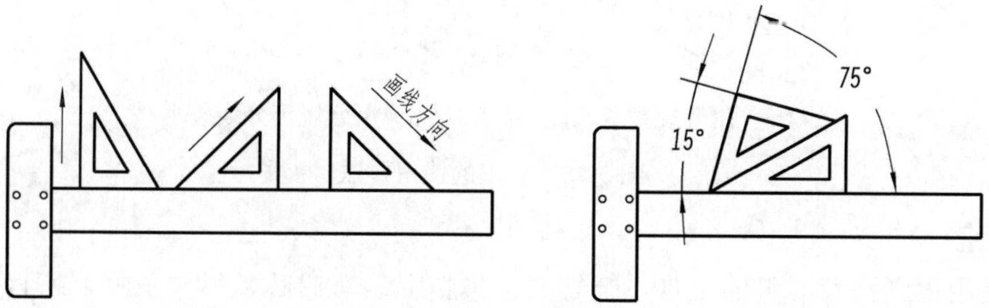


（a）画垂直线及45°等斜线　（b）画15°倍角的倾斜线

**图 3-16　三角板的使用**

## 3.2.3　比例尺(Scale)

比例尺形状有三棱式、板式两种(图 3-17)。在尺的 3 个棱面上分别刻有不同比例的刻度，在画不同比例的图形时，可在尺上直接量取尺寸，省去计算的麻烦。比例尺只用来量取尺寸，不可用来画线。

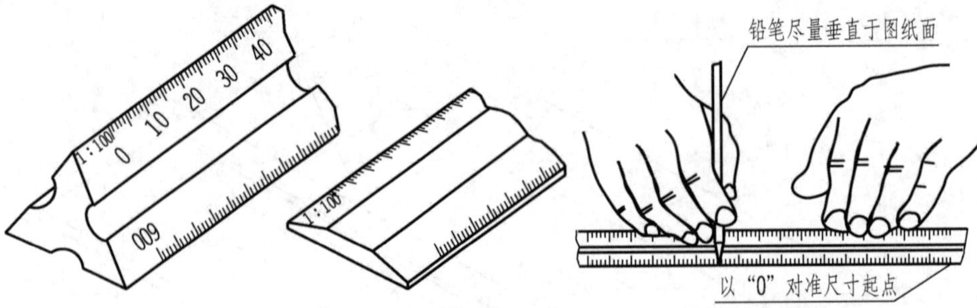


（a）三棱式 （b）板式 （c）用比例尺量取尺寸

**图 3-17 比例尺及其使用**

## 3.2.4 绘图仪器(Drawing instrument)

### 3.2.4.1 分规

分规是等分线段以及从尺上量取尺寸的工具。分规的两针尖应平齐。分规的使用方法见图 3-18。

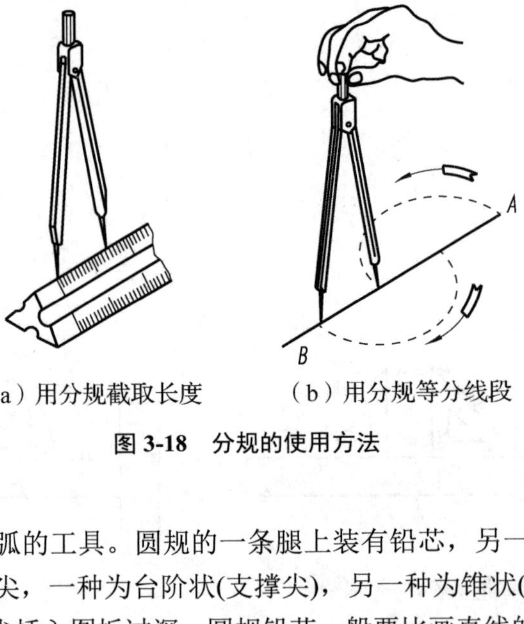


（a）用分规截取长度 （b）用分规等分线段

**图 3-18 分规的使用方法**

### 3.2.4.2 圆规

圆规是用来画圆及圆弧的工具。圆规的一条腿上装有铅芯，另一条腿上装有钢针。圆规的钢针有两种形状不同针尖，一种为台阶状(支撑尖)，另一种为锥状(普通尖)(图 3-19)。画圆时用台阶状一端，以免针尖插入图板过深。圆规铅芯一般要比画直线的铅芯软一号，画粗实线圆时铅芯应磨成矩形，画细线圆时铅芯应磨成锥状或铲状(图 3-20)。铅芯露出长度 5～6mm，并且要经常磨削。圆规的两腿合拢时，针尖应比铅芯的尖端稍长。画圆时应当匀速前进，圆规略向前进方向倾斜，以便用力均匀。

画小圆时最好使用弹簧圆规或点圆规。其用法如图 3-21、图 3-22 所示。若需画特大圆时可用加长杆来扩大所画圆的半径(图 3-23)，描深时，圆规的针脚和铅芯均应保持与纸面垂直。

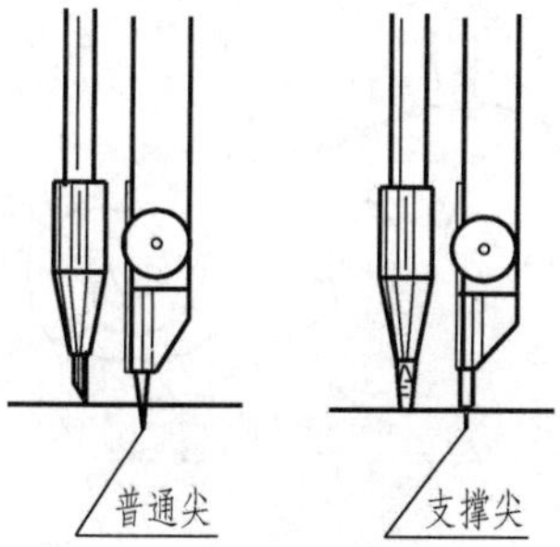


图 3-19　圆规的针尖

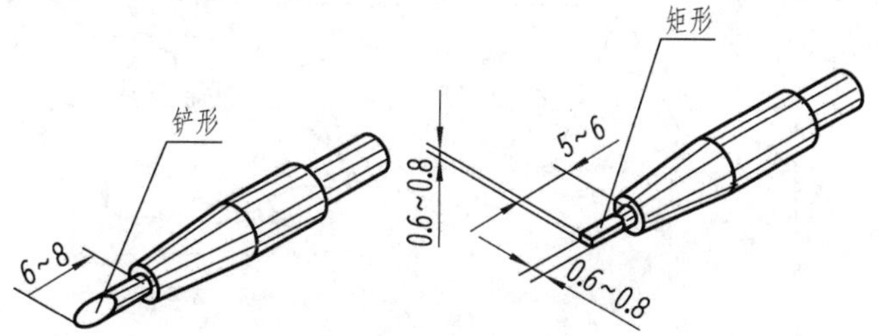


（a）铲形　（b）矩形

图 3-20　圆规的铅芯削法

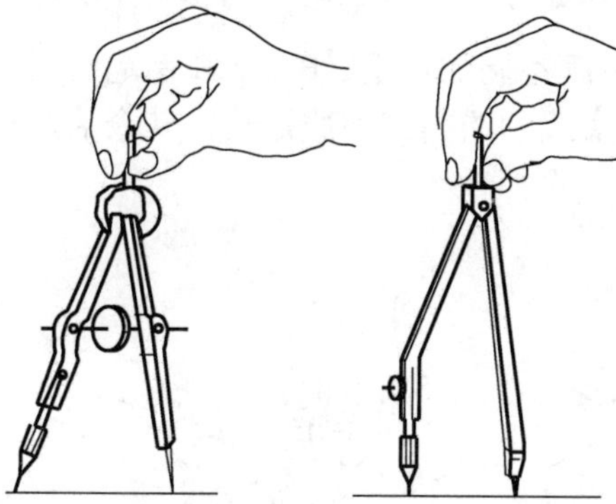

（a）画小圆　（b）画大圆

图 3-21　圆规的用法

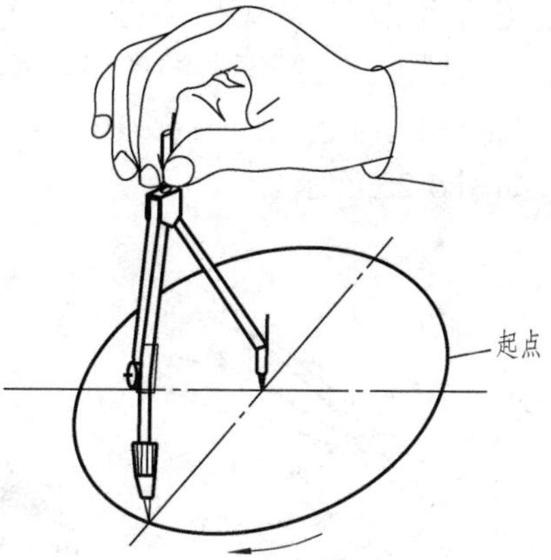


图 3-22　用圆规画圆的方法

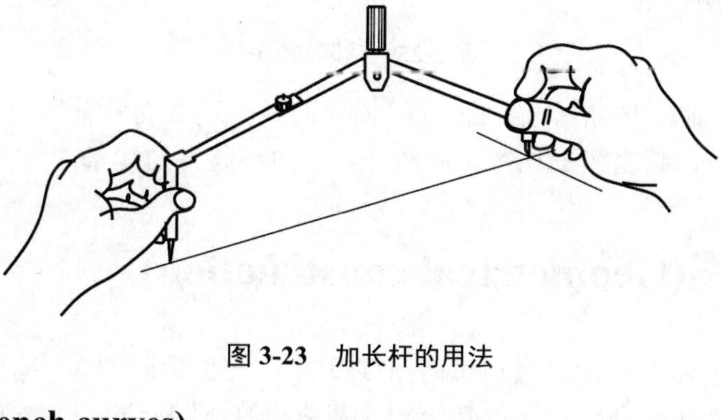

图 3-23　加长杆的用法

### 3.2.5　曲线板(French curves)

曲线板是用来画非圆曲线的工具，其轮廓线由多段不同曲率半径的曲线组成。画图时，先找出曲线上若干点，再徒手用铅笔轻轻地把各点连接起来。根据曲线的曲率大小及其变化趋势，选择曲线板上与所画曲线相吻合的部分从曲率半径小的一端开始逐步描深。为使所画的曲线光滑，最好每次要有 4 个点与曲线吻合，沿曲线板轮廓画出 1～3 点之间的曲线，留下 3～4 点之间的曲线不画，下一步再由 3 点开始找 4 个点，连 3 个点，如此重复直至画完，如图 3-24 所示。

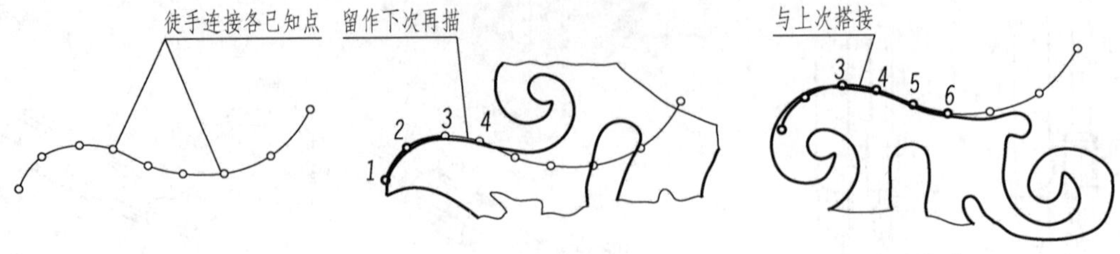


（a）　　（b）　　（c）

图 3-24　曲线板的使用

### 3.2.6　铅笔(Pencils)

绘图铅笔铅芯的软硬用字母 B 和 H 表示，B 前面的数字越大表示铅芯越软，H 前的数字越大则铅芯越硬。根据不同的使用要求，应准备几种硬度不同的铅笔。B 或 2B 铅笔画粗实线用；画细线和写字适宜用 H 或 HB 的铅笔。用于画粗实线的铅芯应磨成矩形，其余的磨成圆锥形，如图 3-25 所示。

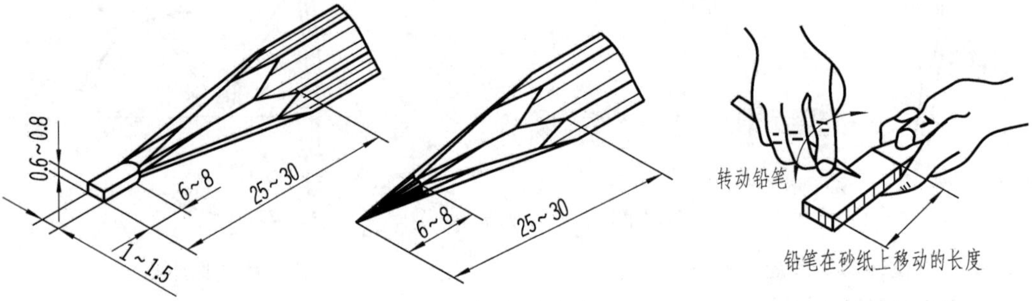


（a）磨成矩形　　（b）磨成锥形　　（c）铅笔的磨法

图 3-25　铅笔的磨削

画线时，铅笔在前后方向应与纸面垂直，而向画线前进方向倾斜约 30°，铅芯要靠紧尺边，用力均匀，匀速前进，画出粗细相等、深浅一致、边界整齐的线条。

## 3.3　几何作图(Geometrical construction)

在绘制图样的过程中，常会遇到作已知直线的平行线和垂直线、等分线段和圆周、作正多边形、画圆的公切线、圆弧连接以及绘制非圆曲线等作图问题。本节重点介绍几何图形的作图方法。

### 3.3.1　过点作已知直线的平行线或垂直线(Draw a line through point parallel or vertical to a given line)

用丁字尺过已知点可画出与已知水平线相平行的图线；用一副三角板配合可以画出与已知直线平行的图线。一般位置平行线的画法见图 3-26。

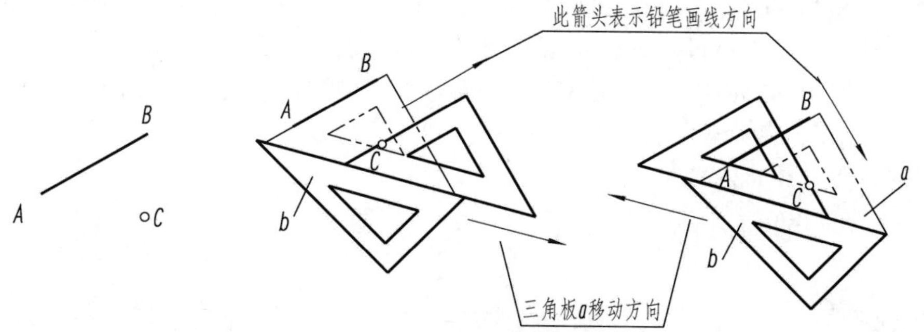


（a）已知直线AB和点C　（b）过C点作直线AB的平行线　（c）过C点作直线AB的垂直线

**图 3-26　过点作直线与已知直线平行或垂直**

## 3.3.2　等分直线段(Divide a line into any number of equal parts)

等分已知直线有两种方法：一种为作图法，另一种为试分法。

图 3-27 表示等分已知直线的一般作图法。欲将已知直线段 *AB* 五等分，则可过其一个端点 *A* 作任意直线 *AC*，用分规以任意相等的距离在 *AC* 上量得 1、2、3、4、5 个等分点，如图 3-27(a)所示，然后连接 *5B*，并过各等分点作 *5B* 的平行线，即得 *AB* 上的各等分点 1′、2′、3′、4′、5′，如图 3-27(b)所示。

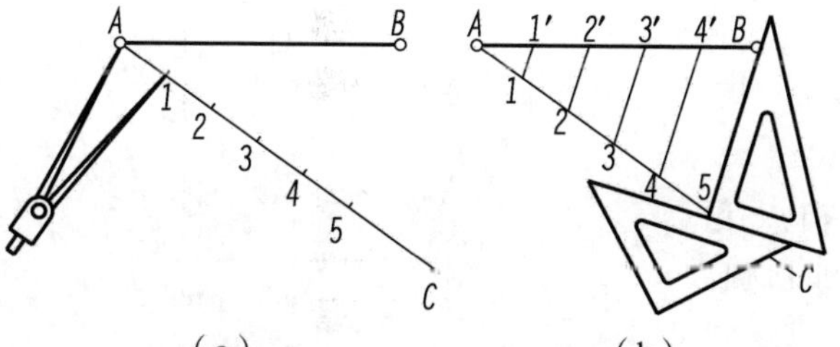


（a）　（b）

**图 3-27　作图法等分直线段**

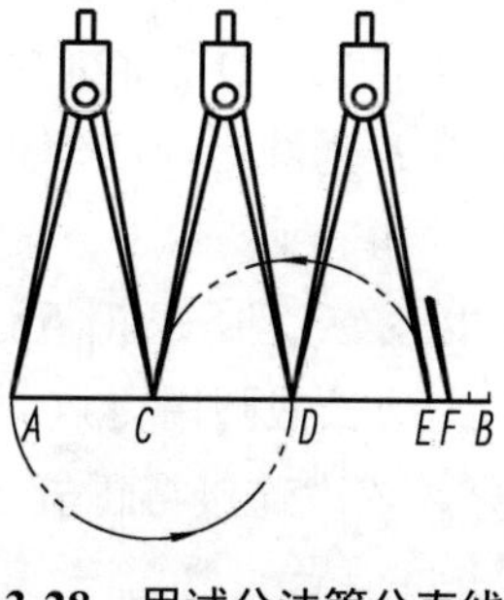


**图 3-28　用试分法等分直线段**

为了提高速度和避免较多的作图线，实际绘图时，常采用试分法等分线段。例如欲将已知直线 *AB* 进行三等分(图 3-28)，可先将分规两针脚张开到直线 *AB* 的 1/3 左右(用目测估计)，如 *AC*，然后在直线 *AB* 上试分。如试分的距离短了，分规针脚最后落到 *E* 点上，则可将分规过 *E* 点的一条腿张大到剩下距离的 1/3 左右，到 *F* 点上，再以 *DF* 长度重新试分直线。反之，如果试分的距离大了，则应将分规两针脚间距离缩小该差距的 1/3 后再试分直线。如第二次试分结果还不准确，则再重复上述操作。一般有经验后，只要试分 1～2 次即能迅速而准确地完成等分。

## 3.3.3　等分圆周和作正多边形(Divide the circle equally and make regular polygons)

### 3.3.3.1　六等分圆周和正六边形

在后面学习螺纹紧固件如螺栓、螺母时，经常需要画正六边形。六等分圆周和作六边形有两种方法。

方法一：如图 3-29(a)所示：已知外接圆，分别以 *A*、*B* 为圆心，以圆的半径截取圆周，即得圆周六等分，用三角板顺次连接 6 个等分点，就可得到正六边形。

方法二：如图 3-29(b)所示，用 30°三角板与丁字尺配合，过点 *A* 作圆的弦 *A1*，左移三角板过点 *B* 作弦 *B2*；旋转三角板作 *A3*、*B4* 弦，用该三角板的直角边将 *1* 与 *4*、*2* 与 *3* 连接，即完成圆周的六等分和正六边形。

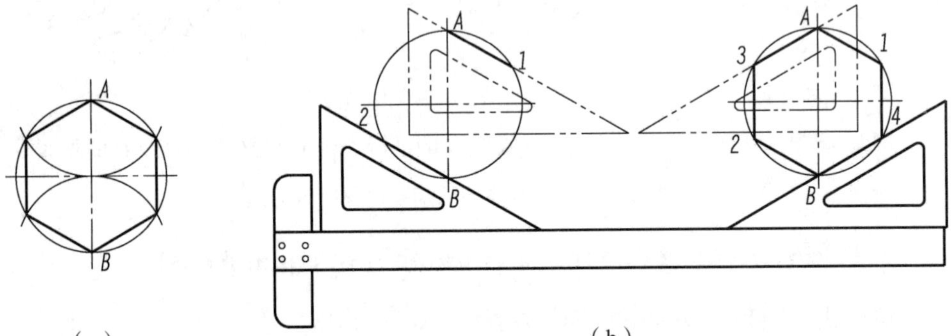


（a）　　　　（b）

**图 3-29　六等分圆周和正六边形画法**

#### 3.3.3.2　五等分圆周和正五边形

已知五边形外接圆，作图步骤如下(图 3-30)：

(1) 以点 *A* 为圆心，*OA* 为半径画圆弧得 *C*、*D* 两点，连接 *C*、*D* 得 *OA* 中点 *F*；

(2) 以 *F* 为圆心，*F1* 为半径画弧，交 *AB* 于点 *E*；

(3) 以 *1E* 为所求正五边形的边长，自点 *1* 起以 *1E* 为边长截圆周得点 *2*、*3*、*4*、*5*，即将圆周五等分，依次连接得正五边形。

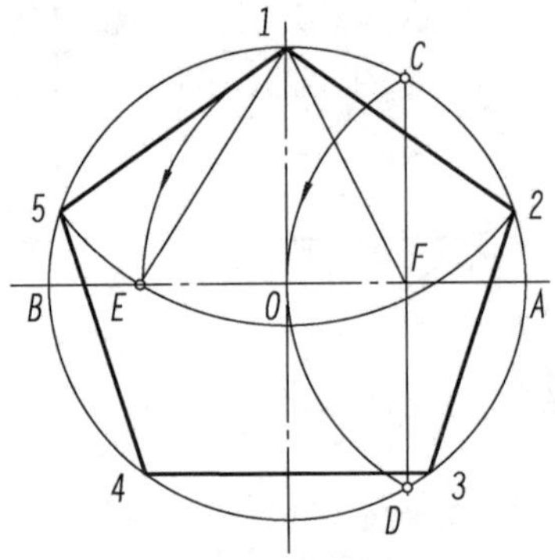


**图 3-30　五等分圆周和五边形的画法**

### 3.3.4　斜度和锥度的定义和画法(Defiuition and drawing method of slope and taper)

#### 3.3.4.1　斜度

斜度是指一直线(或平面)对另一直线(或平面)的倾斜程度。其大小为两直线(或平面)间夹角的正切值，如图 3-31(a)所示，即：

$$斜度=\frac{H}{L}=\tan\alpha$$

作图方法如图 3-31(b)所示，先按已知尺寸作出非倾斜部分的轮廓，再过点 *A* 作水平线，以一个单位长度 *AB* 用分规截取 *n* 等分得点 *C*(*AC*=*nAB*)；过点 *C* 作垂线，并取 *CD*=*AB*，连接 *AD* 即完成该斜面的投影。标注斜度时，一般用 *1*∶*n* 的形式来进行标注，斜度的符号画法如图 3-31(c)所示，标注时符号的斜线方向应与直线(或平面)倾斜方向一致。

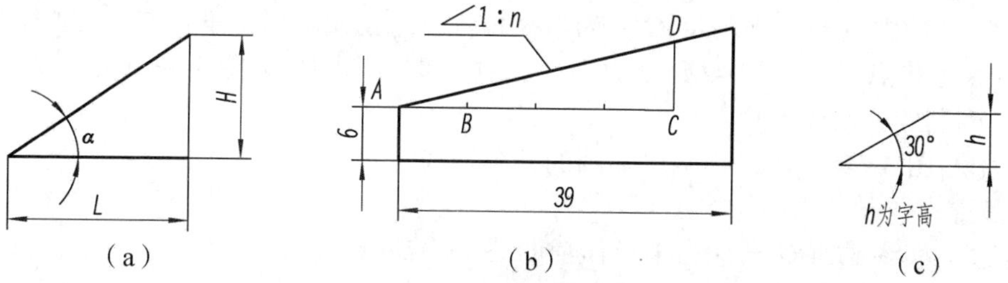


图 3-31　斜度及其画法

#### 3.3.4.2　锥度

如图 3-32(a)所示，锥度是指正圆锥底圆直径与圆锥高度之比；圆台的锥度为底圆直径与顶圆直径之差与圆台高度之比，即：

$$锥度=\frac{D}{L}=\frac{D-d}{l}=2\tan\alpha$$

标注锥度时一般也用 *1*∶*n* 的形式来表示。锥度的标注方法如图 3-32(b)所示，且锥度符号的方向应与锥度倾斜方向一致。锥度的画法及锥度符号的画法如图 3-32(c)、(d)所示。

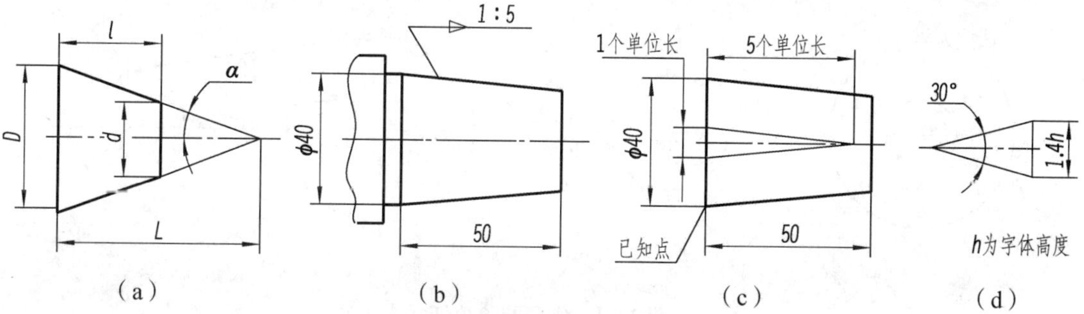


图 3-32　锥度

### 3.3.5　圆切线的画法(Drawing of circle laugehts)

圆的切线有 3 种情况，画法如下。

#### 3.3.5.1　过圆外一点作圆的切线

已知圆 *O* 和圆外一点 *A*，过点 *A* 作圆切线的画法如图 3-33 所示。

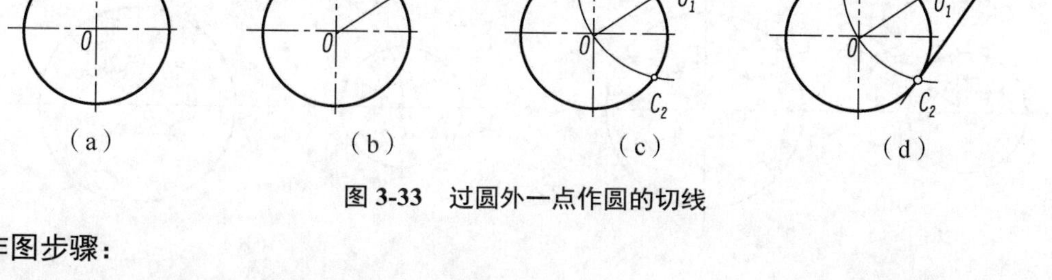


图 3-33　过圆外一点作圆的切线

**作图步骤：**

(1) 作点 *A* 与圆心 *O* 的连线[图 3-33(b)]；

(2) 以 $OA$ 的中点 $O_1$ 为圆心，$OO_1$ 为半径画弧，与已知圆相交于点 $C_1$、$C_2$[图 3-33(c)]；

(3) 分别连接点 $A$、$C_1$ 和点 $A$、$C_2$，$AC_1$、$AC_2$ 即为所求切线[图 3-33(d)]。

#### 3.3.5.2 作两圆外公切线

已知两圆[图 3-34(a)]，求作两已知圆的外公切线。

**作图步骤：**

(1) 以 $O_1$ 为圆心，$[R_1-R_2]$为半径作辅助圆[图 3-34(b)]；

(2) 过 $O_2$ 作辅助圆的切线 $O_2C$[图 3-34(c)]，作法同图 3-33；

(3) 连接 $O_1C$ 并延长，与 $O_1$ 圆交于点 $C_1$，作 $O_2C_2 /\!/ O_1C_1$，连接 $C_1C_2$ 即得所求公切线[图 3-34(d)]。

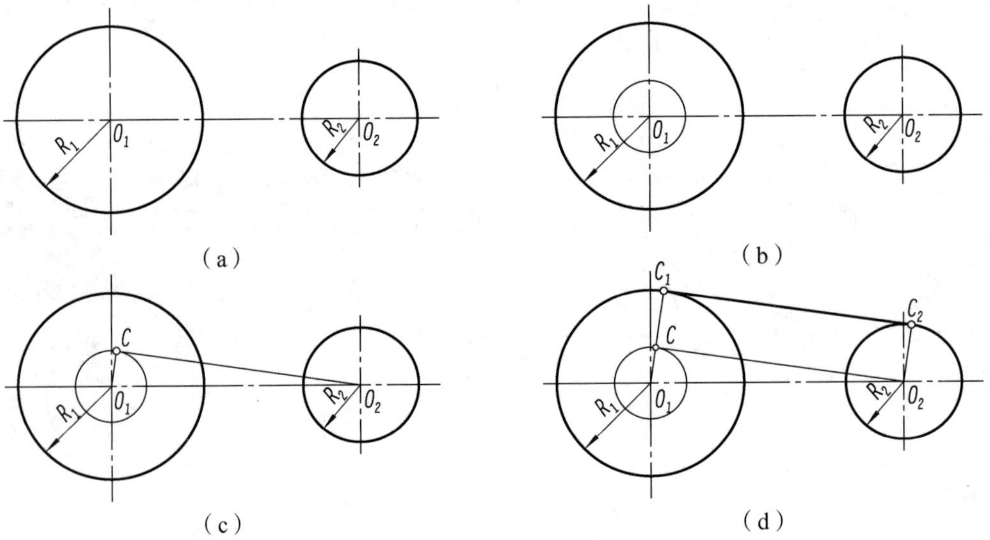


图 3-34 作两圆外公切线

#### 3.3.5.3 作两圆内公切线

已知两圆[图 3-35(a)]，求作两已知圆的内公切线。

**作图步骤：**

(1) 以 $O_1O_2$ 为直径，$O_1O_2$ 的中点为圆心作辅助圆弧，以 $O_2$ 为圆心，$R_1+R_2$ 为半径作弧，与辅助圆相交于点 $K$[图 3-35(b)]；

(2) 连接 $O_2K$ 与 $O_2$ 圆相交于 $C_2$[图 3-35(c)]；

(3) 作 $O_1C_1 /\!/ O_2C_2$，连接 $C_1C_2$ 即为所求得公切线[图 3-35(d)]。

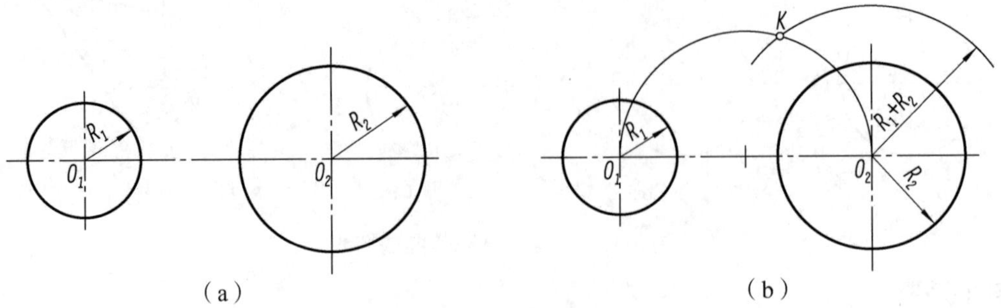


图 3-35 作两圆内公切线

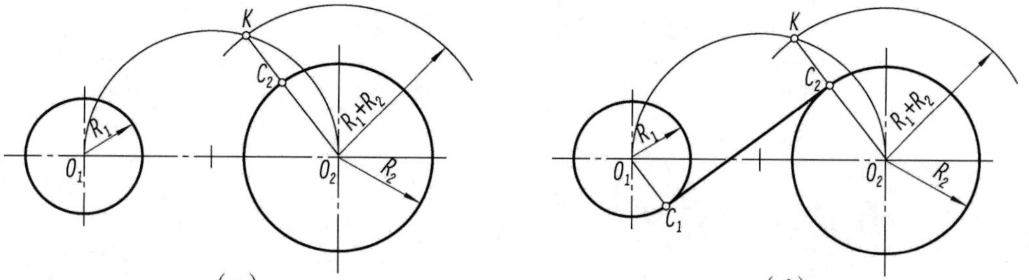


（c）　（d）

续图 3-35

### 3.3.6　圆弧连接(Arc connection)

绘制机械零件轮廓时，经常会遇到从一直线(或圆弧)光滑过渡到另一直线(或圆弧)的情况。圆弧连接是指使圆弧与直线、圆弧与圆弧在连接处相切，作图时必须准确地作出连接圆弧的圆心和连接点即切点。

1) 圆弧连接有 3 种情况：

(1) 用圆弧连接 2 条直线。

(2) 用圆弧连接 2 个圆弧。可分为 3 种情况：圆弧与两已知圆弧外切；圆弧与两已知圆弧内切；圆弧与一已知圆弧外切，与另一已知圆弧内切。

(3) 用圆弧连接一圆弧和一直线。

2) 圆弧连接作图的基本原理：

(1) 半径为 $R$ 的圆弧与已知直线相切，其圆心的轨迹是与已知直线平行且距离等于 $R$ 的直线，过圆心向已知直线作垂直线，垂足 $A$ 即为连接点(切点)，如图 3-36(a)所示。

(2) 半径为 $R$ 的圆弧与已知圆弧(圆心 $O_1$，半径 $R_1$)外切(或内切)，其圆心的轨迹为已知圆弧的同心圆，该圆的半径为两圆半径之和(外切)或两圆半径之差(内切)；两圆心 $OO_1$ 的连线与圆弧的交点 $A$ 为连接点(切点)，如图 3-36(b)、(c)所示。

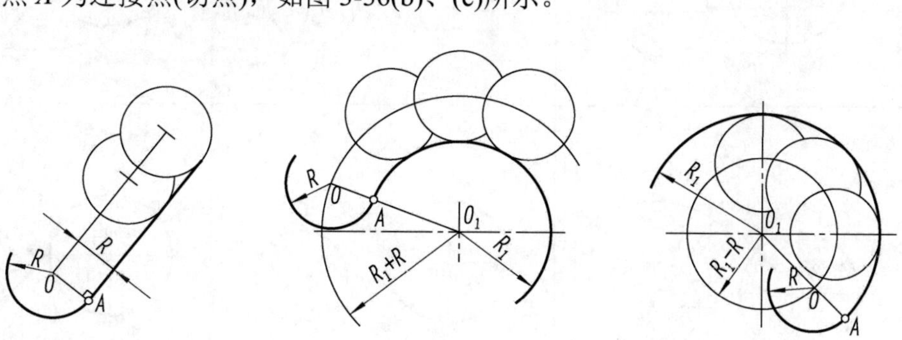


（a）　（b）　（c）

图 3-36　圆弧连接的作图原理

常见的圆弧连接方法见表 3-5，其中连接圆弧的半径为 $R$。

表 3-5　圆弧连接的方法和步骤

| 步骤 | 求圆心 $O$ | 求切点 $A$、$B$ | 画连接圆弧 |
|---|---|---|---|
| 用圆弧连接两条直线 | 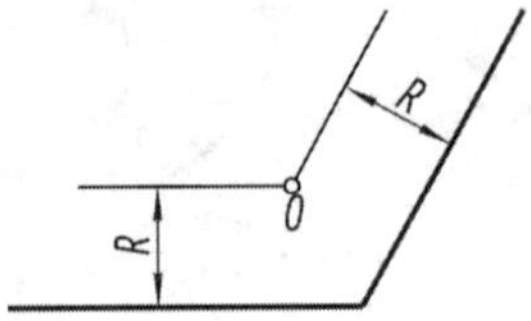 | 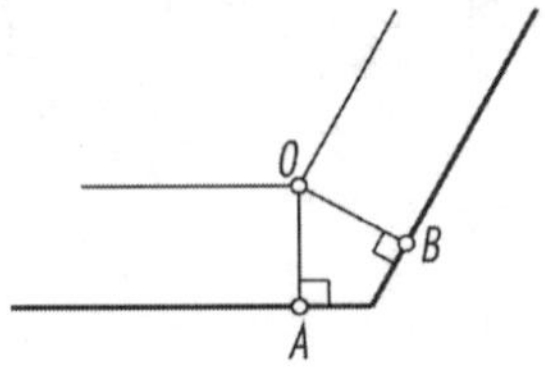 | 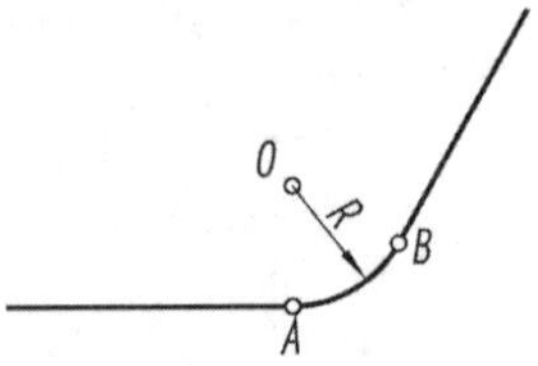 |
| 连接一直线和一圆弧 | 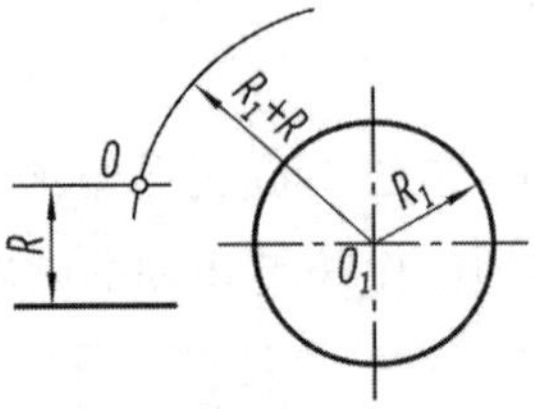 | 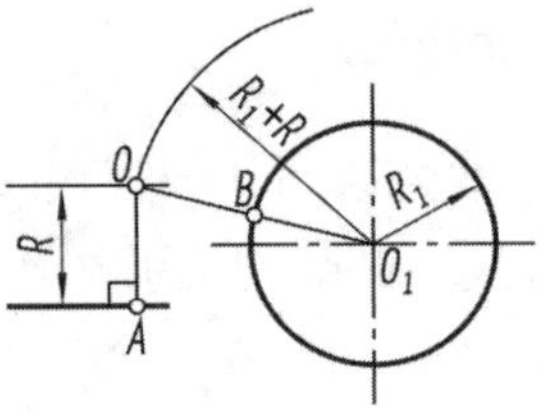 | 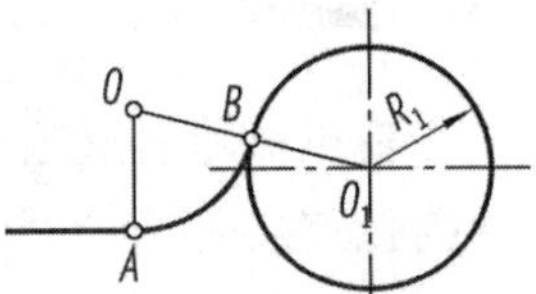 |
| 外接两圆弧 | 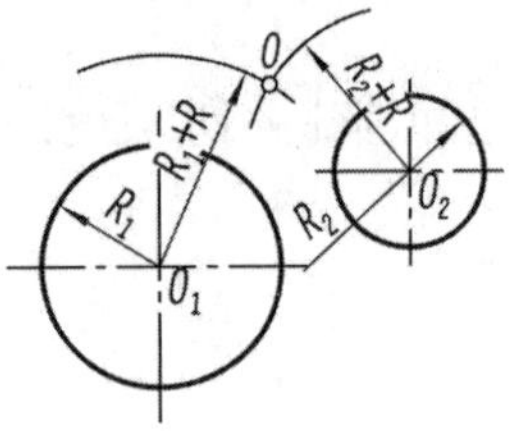 | 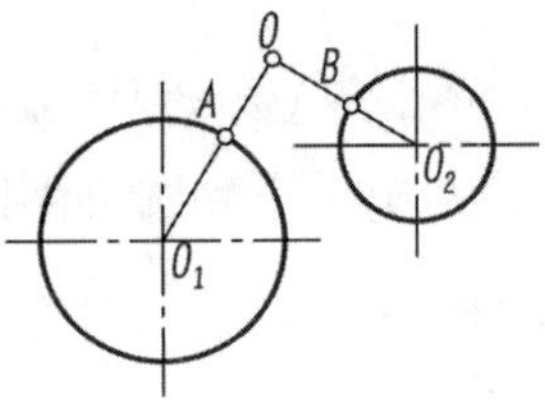 | 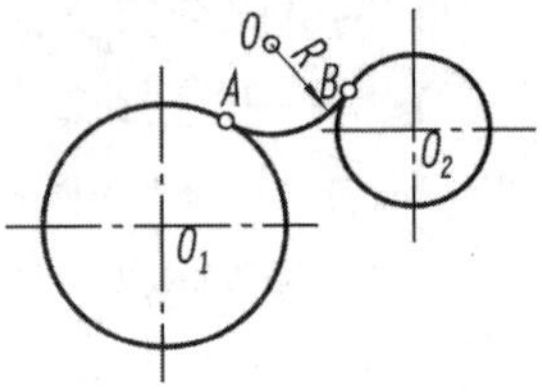 |
| 内接两圆弧 | 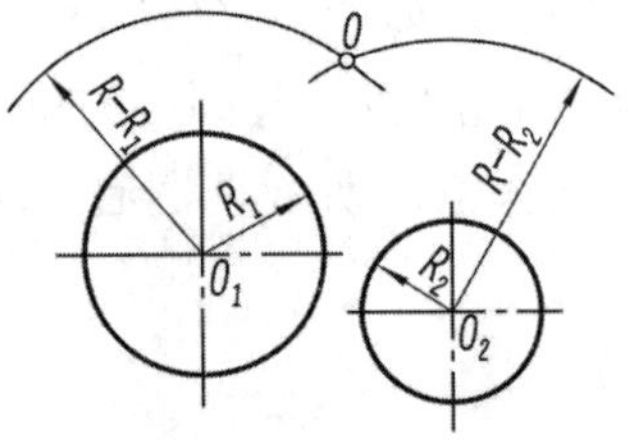 | 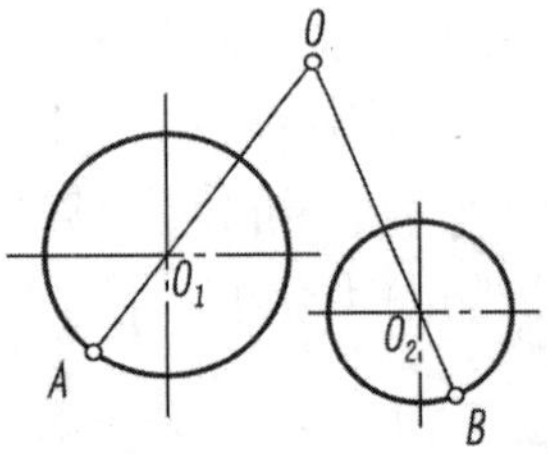 | 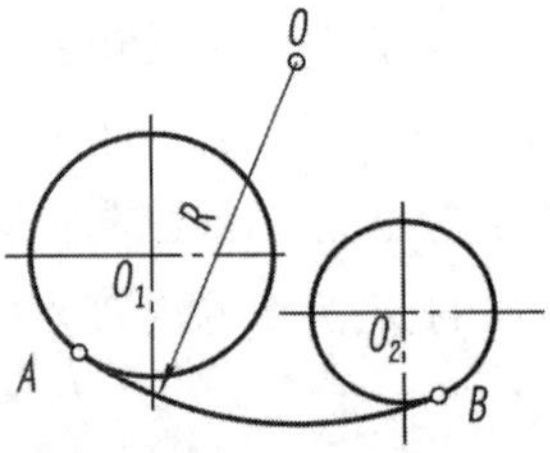 |
| 内外接两圆弧 | 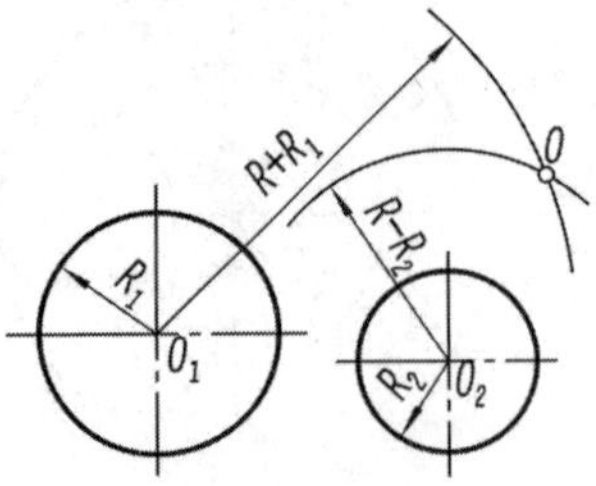 | 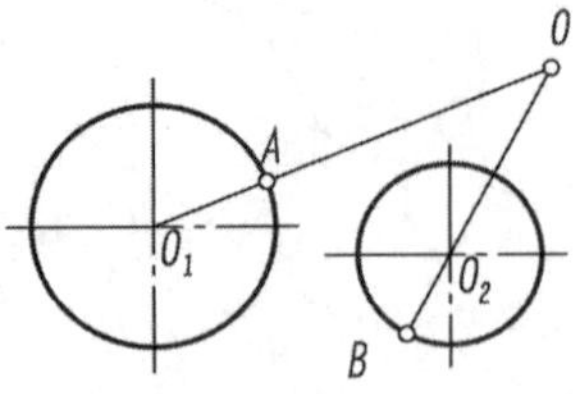 | 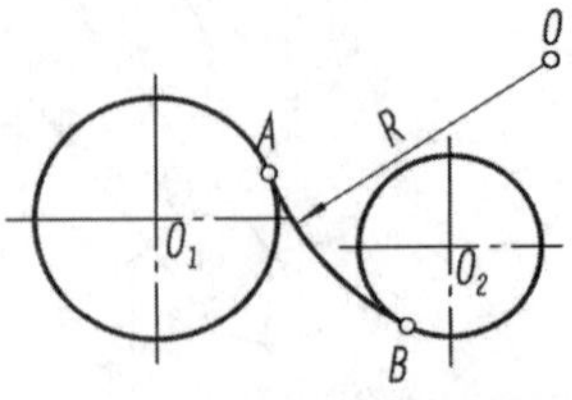 |

# 3.4　平面图形的分析及画法(Analysis and drawing methods of 2-D graphs)

平面图形通常由若干个部分所组成，各部分又由若干线段(直线、圆弧等)通过相交或相切所围成。平面图形的大小及其相对位置都由尺寸确定，画图的先后顺序也和尺寸有关。因此，绘制平面图形时，应先进行尺寸分析和线段分析，根据给定的尺寸和线段，确定画图步骤，逐个画出各个组成部分。

## 3.4.1　平面图形的尺寸分析(Dimension analyzing of 2-D graphs)

以图 3-37 所示图形为例，注写平面图形的尺寸时，首先要确定长度方向和高度方向的尺寸基准。然后将尺寸分为定形尺寸和定位尺寸两类进行标注。

(1) 尺寸基准：尺寸基准是尺寸标注的起点。平面图形常用的尺寸基准为对称图形的对称线、圆的中心线以及重要的轮廓线等。如图 3-37 中最左的铅垂线和$\phi 18$、$\phi 36$ 这两个圆共同的水平中心线作为左右和上下方向的尺寸基准。

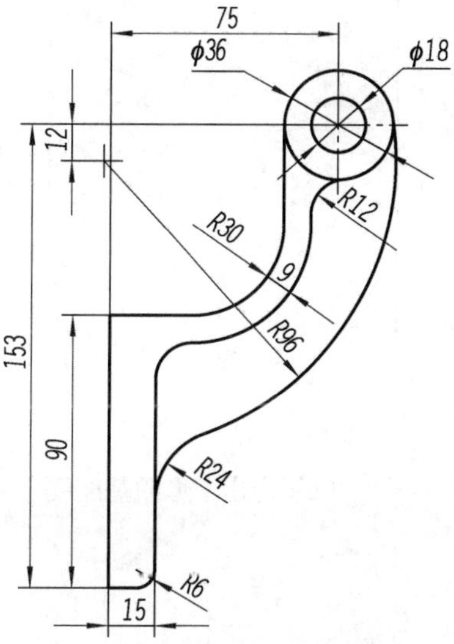


图 3-37　平面图形的线段分析和尺寸分析

(2) 定形尺寸：确定平面图形各部分形状大小的尺寸，例如直线的长度、圆弧的直径或半径、角度的大小等。如图 3-37 中直线段 *90* 和 *15*、圆直径尺寸$\phi 18$ 和$\phi 36$、圆弧半径尺寸 *R30*、*R12*、*R96*、*R24* 和 *R6* 等尺寸都是定形尺寸。

(3) 定位尺寸：确定平面图形各部分之间相对位置的尺寸。两个图形之间一般在两个方向上分别标注两个定位尺寸。如图 3-37 中 *75* 为两同心圆在水平方向的定位尺寸；*153* 为左边图形在竖直方向上的定位尺寸。

## 3.4.2　平面图形的线段分析(Line segment of 2-D graphs)

一般情况下，平面图形的线段可按其所标注的尺寸类型和数量将其分为 3 种。

(1) 已知线段：定形尺寸和定位尺寸齐全的线段称为已知线段。根据所给的尺寸就可直接把线段画出。如图 3-37 中的圆弧线段$\phi 18$、$\phi 36$、下端的直线段 *90* 和 *15* 等。

(2) 中间线段：有定形尺寸而定位尺寸不全的线段称为中间线段。作图时，必须依靠一端与其他已知线段之间的几何关系，才能由作图确定其位置。如图 3-37 中 *R96* 的圆弧有定形尺寸 *R96* 和圆心的一个定位尺寸 *12*，但圆心的定位尺寸还缺少一个，必须依靠一端与已知弧$\phi 36$ 的圆相切才能作出，属于中间线段。

(3) 连接线段：只有定形尺寸，没有定位尺寸的线段称为连接线段。作图时，要依靠两端与其相邻接的两线段之间的几何关系，用作图的方法将它们画出。如图 3-38 中，*R24*、*R12*、*R30*、*R6* 的圆弧就属于连接线段。

### 3.4.3 平面图形的画图步骤(Drawing process of 2-D graphs)

在画平面图形时，经过尺寸分析和线段分析后，应先画已知线段，再画中间线段，最后画连接线段。作图过程中应准确求出中间线段及连接线段的圆心和切点。

以图 3-37 为例，具体作图步骤如图 3-38 所示：

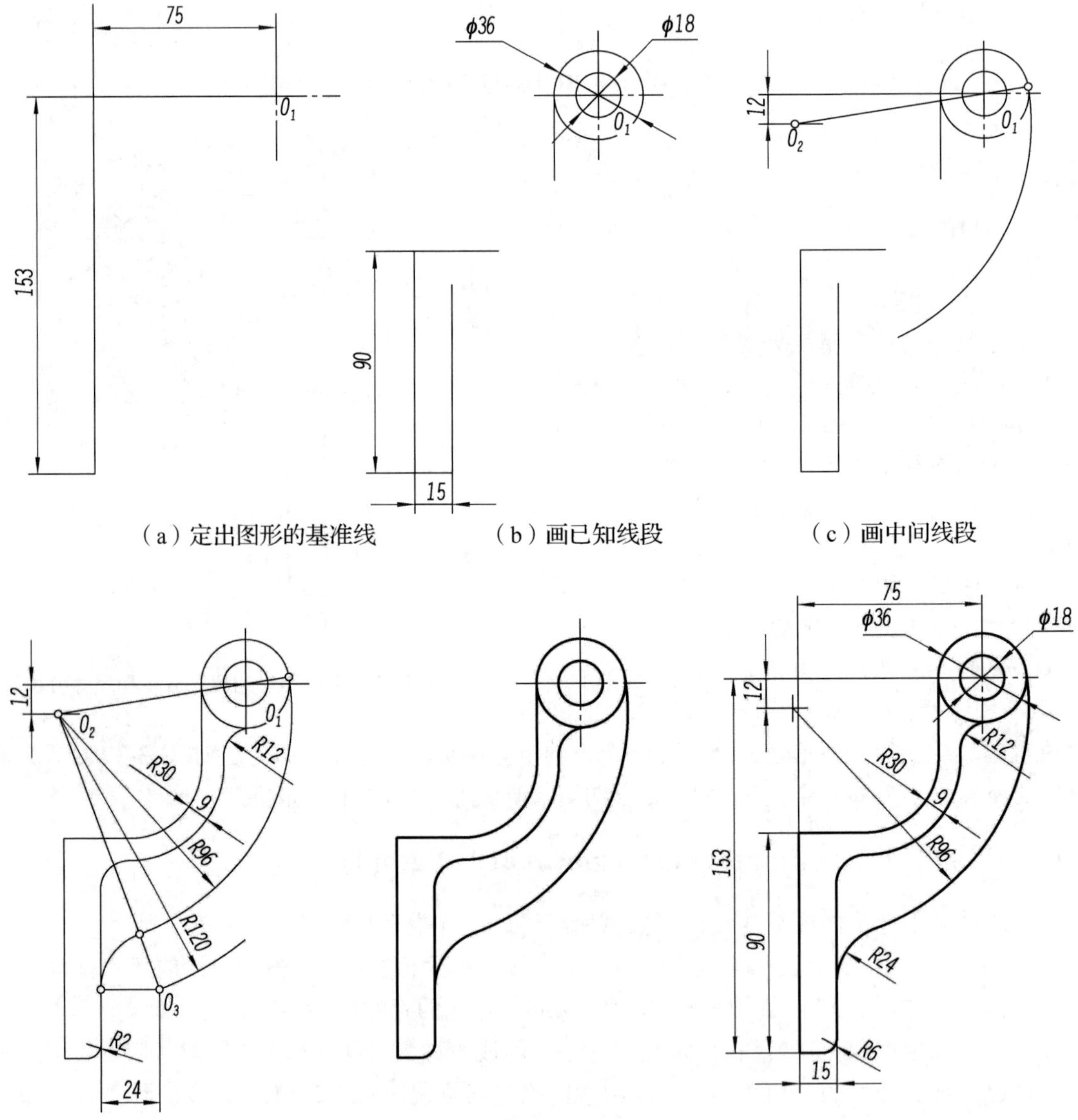


（a）定出图形的基准线　（b）画已知线段　（c）画中间线段

（d）画连接线段　（e）将图线描深　（f）标注尺寸完成全图

**图 3-38　平面图形的画图方法与步骤**

(1) 先定出图形的基准线[图 3-38(a)]；
(2) 画已知线段[图 3-38(b)]；
(3) 画中间线段[图 3-38(c)]；
(4) 画连接线段[图 3-38(d)]；
(5) 擦去多余的作图线，按线型要求加深图线[图 3-38(e)]；
(6) 标注尺寸，完成全图[图 3-38(f)]。

## 复习思考题(Questions for review)

1．A3 号图纸幅面多大？它与 A4、A2 幅面的比例关系如何？各种不同幅面代号的图纸的周边尺寸如何？
2．图样中比例的含义是什么？1∶2 和 2∶1 具体指什么？
3．在图样中书写的字体有哪些要求？什么是字体的号数？有哪几种号数？
4．常用线型有几种？有什么用处？宽度系列值为多少？各种图线如何画？
5．图样上尺寸由哪几部分组成？尺寸的单位是什么？各类尺寸标注的基本规则是什么？
6．什么是斜度和锥度？其画法和标注方法如何？
7．如何作两个已知圆的内公切线和外公切线？
8．什么是圆弧连接？怎样才能连接光滑？连接圆心和连接点的位置如何确定？
9．平面图形的尺寸有哪几类？标注尺寸的步骤如何？
10．平面图形的线段分成哪几类？分析平面图形线段的目的何在？

# 第 4 章　组合体的视图

# Chapter 4　Views of Composite Solids

组合体是由基本体经过一定的方式组合在一起的复杂形体，本章主要介绍组合体三视图的画法、尺寸注法及看组合体视图的方法。学习过程中，要善于运用点、直线、平面和立体的投影特性与基本作图原理，才能熟练掌握本章内容。

通过本章学习，将有助于提高对物体的构形分析能力和空间想象能力，为进一步学习机件的表达方法及零件图的绘制与阅读打下基础。本章的重点和难点是组合体的看图和尺寸标注。

## 4.1　组合体的三视图(Three views of composite solids)

任何一个物体，都可以看作是由一些基本立体按一定的方式组合而成的。因而这种由基本立体组合而成的物体称之为组合体。与机器零件不同的是：组合体不考虑材料、加工工艺和一些局部的细小工艺结构(如圆角、倒角和坑槽等)，只考虑其主体几何形状和结构。

### 4.1.1　三视图和三面投影(The fundamental projection rules of three views)

如图 4-1(a)所示，按照前面所学知识，若将一组合体置于三投影面体系中进行投射，可得到它的三面投影；而在国家标准 GB/T 4458.1—2002《机械制图　图样画法　视图》中规定：将机件(组合体等物体)向投影面投射所得的图形称为视图。因此，在表达较组合体时，我们将三面投影中的正面投影称为主视图，水平投影称为俯视图，侧面投影称为左视图，统称其为三视图，如图 4-1(b)所示。

由于三视图主要是表达物体的形状，无须表达物体与投影面间的距离。因此，在画三视图时，不必画出投影轴；为了使图形清晰，也不必画出投影之间的连线(视图之间的距离由绘图比例、尺寸标注及图幅大小等因素而定)。显然，三视图和三面投影相互对应，两者实质相同，各有侧重。三视图主要表达物体的整体形状；三面投影主要表达物体的几何元素。因此，在三投影面体系中讨论的各种投影规律、特性和方法，仍然适用于三视图。

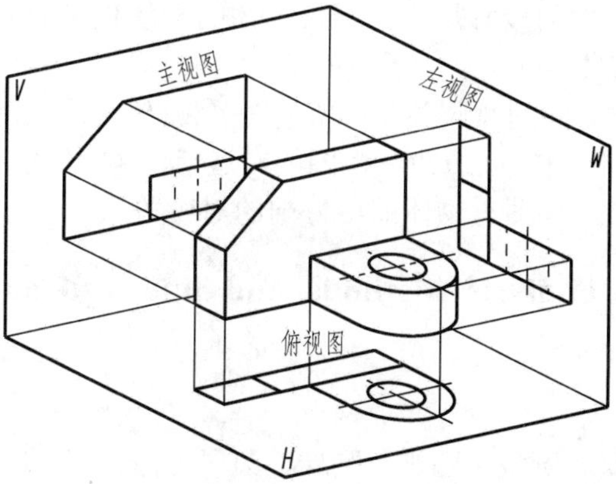


（a）

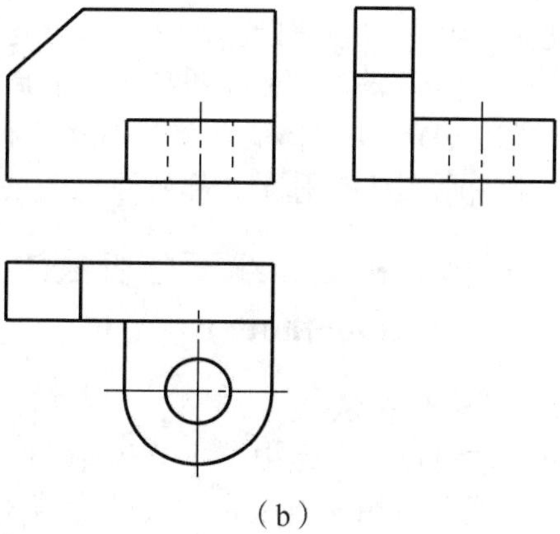

（b）

图 4-1　组合体的三视图

### 4.1.2　三视图的投影规律(The fundamental projection rules of three views)

物体有长、宽、高 3 个方向的尺寸。我们设定：物体上下间的距离为高；左右间的距离为长；前后间的距离为宽。如图 4-2 所示，主视图反映了物体的上下、左右的位置关系，即反映了物体的高度和长度；俯视图反映了物体的左右、前后的位置关系，即反映了物体的长度和宽度；左视图反映了物体的上下、前后的位置关系，即反映了物体的高度和宽度；把三视图的投影与位置关系归纳起来，可以得到如下投影规律：

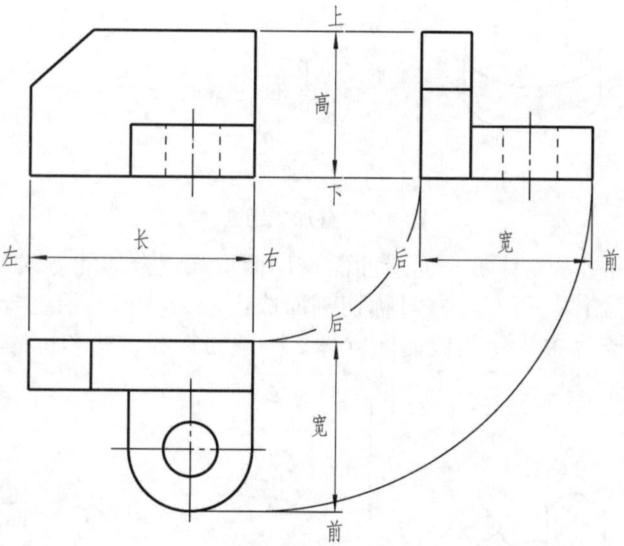


图 4-2　三视图的位置关系和投影规律

主、俯视图——长对正；
主、左视图——高平齐；
俯、左视图——宽相等。

由此可见，“长对正、高平齐、宽相等”实质上是三面投影体系中点的投影规律之具体运用，它是组合体画图和看图时必须遵循的最基本的投影规律。不仅物体的整体投影必须符合这条规律，物体的局部投影也必须符合这条规律。

这里还需强调俯、左视图和物体前后部位之间的对应关系：即视图外侧(俯视图的下边和左视图的右边)反映物体的前部；视图内侧(俯视图的后边和左视图的左边)反映物体的后部。因此，不论画图还是看图，都要注意俯视图、左视图与物体前后方向的对应关系。

## 4.1.3 形体分析法和线面分析法(Form analysis methods and line and surface analysis methods)

### 4.1.3.1 形体分析法

组合体可以看作是由基本立体(棱柱、棱锥、圆柱、圆锥、圆球、圆环等)组合而成的，形体分析法就是假想地将组合体分解为若干个基本立体，并确定各立体间的组合方式和相对位置及各表面间相互关系的一种分析方法。形体分析法是画图或看图的基本方法。

**1．组合方式分析**

组合体的组合方式可分为叠加、挖切、综合 3 种。

(1) 叠加：叠加是基本立体相互堆叠的组合方式，大多为实心立体之间叠加。图 4-3(a)所示的组合体是由一圆柱和四棱柱叠加而成；图 4-3(b)所示组合体是由 2 个四棱柱与 1 个三棱柱叠加而成的立体。

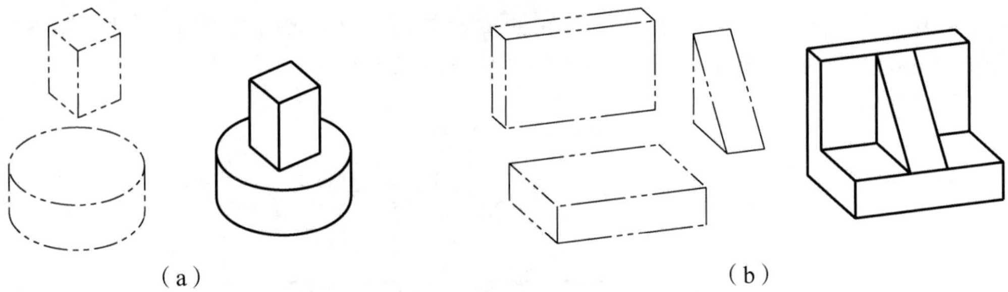

图 4-3 叠加式组合体

(2) 挖切：挖切指基本立体被平面或曲面挖切而形成组合体的方式。图 4-4(a)所示组合体是将圆柱体挖成空心立体，再左、右对称切割而成；图 4-4(b)所示组合体是由四棱柱经过切割而成的。挖切式组合体多为空心或内凹立体，一般带有孔、槽和坑等结构。

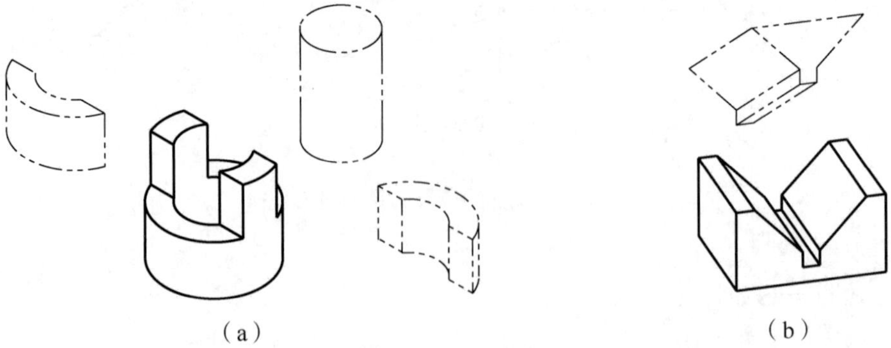

图 4-4 挖切式组合体

(3) 综合：综合是既有叠加又有挖切的组合方式。它是最常见的组合方式，如图 4-5 所示组合体(吊架)，它可以看作是由圆柱体和四棱柱分别被挖切后叠加而成的，而且四棱柱的左、右两平面与圆柱体外表面相切。

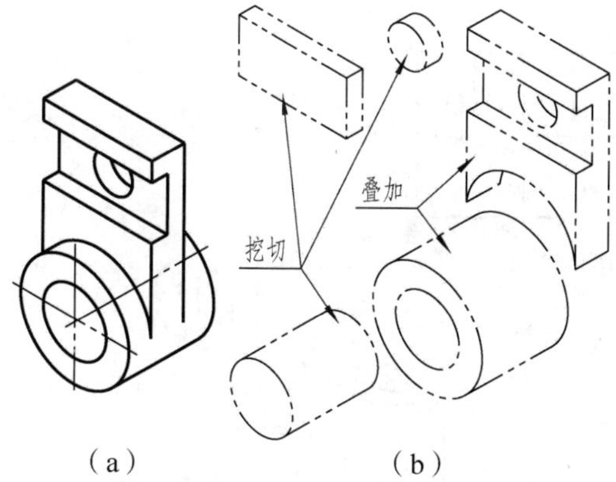


图 4-5　综合式组合体

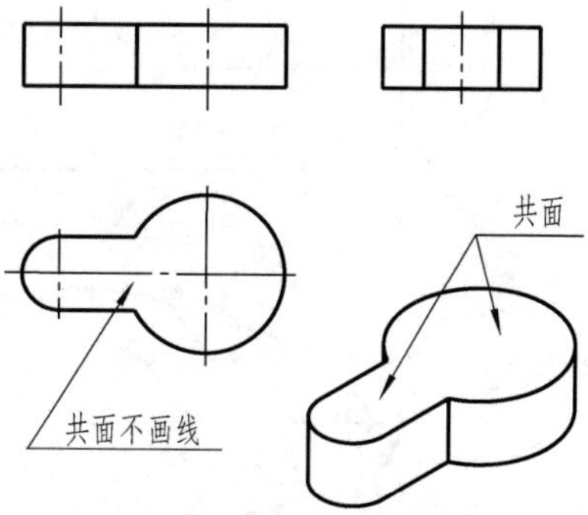


图 4-6　两立体表面共面

## 2．表面相互关系

组合体的表面相互关系可以分为共面、相切和相交 3 种。

(1) 共面：如图 4-6 所示，当两立体表面共面时，两立体是一个整体，立体的表面不存在交线。因此，两立体共面处不画线。

(2) 相切：如图 4-7 所示，当两立体表面相切(平面与曲面或两曲面相切)时，相切处是光滑过渡的，不存在交线，因此，相切处不画线。平面与圆柱面相切的情况较为常见，如图 4-9 所示。要注意正确画出切点的 3 个投影，作图时从反映相切关系的具有积聚性的投影画起，应先找出切点 *A*、*B* 的水平投影 *a*、*b*，然后按投影规律画出切点的另外两个投影 *a*′、*b*′和 *a*″、*b*″。

(3) 相交：如图 4-8 所示，两立体表面相交时，立体表面之间一定产生交线，应画出交线的投影。求交线的基本方法，请参见第 3 章立体的投影。

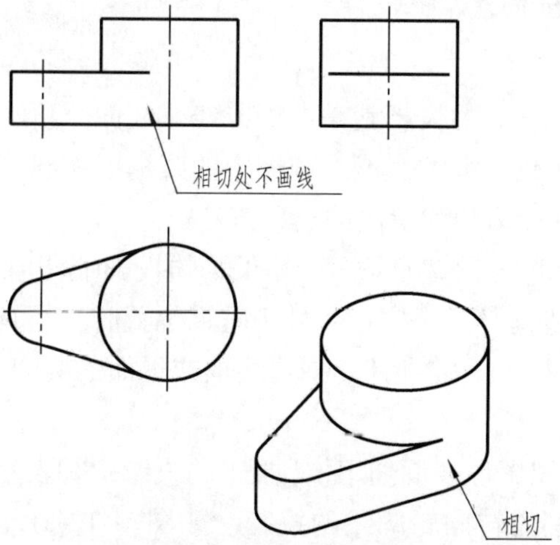


图 4-7　两立体表面相切

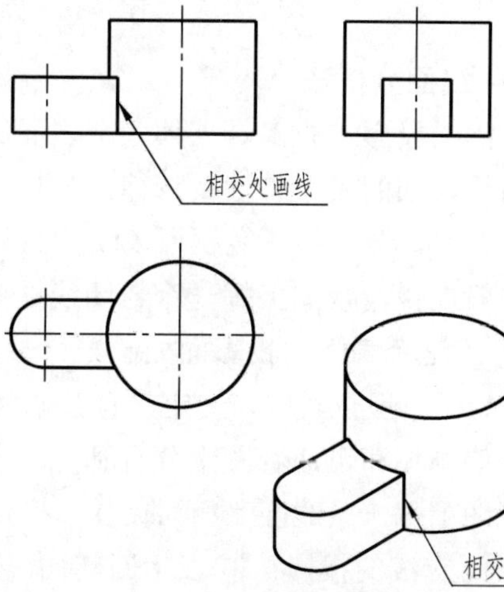


图 4-8　两立体表面相交

特别强调一点：运用形体分析法对于同一个组合体分析时，分解过程并不是唯一的。例如，如图 4-9 所示的组合体可以看成是由如图 4-10(a)、(b)、(c)所示的 3 种方式组合而成的。而对于一些常见的简单组合体，不必再作进一步分解。

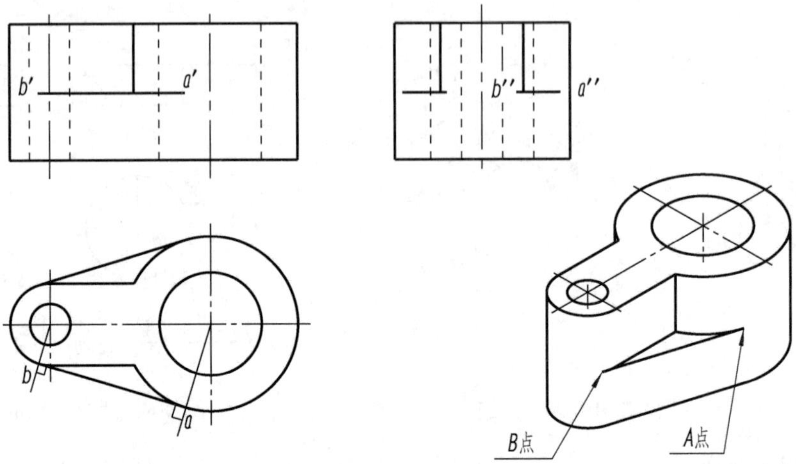


图 4-9 两立体表面相切处的投影方法

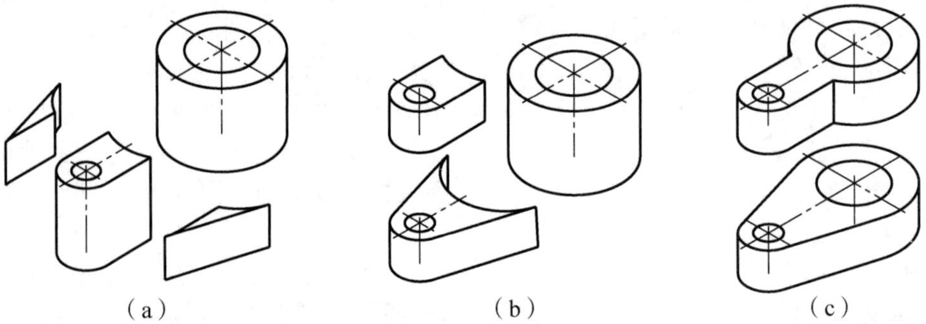

(a) (b) (c)

图 4-10 同一组合体的不同分解方式

#### 4.1.3.2 线面分析法

立体的投影实质上是立体各个表面的投影，而表面的投影就是线框或线。线面分析法就是运用线、面的投影特性及规律，分析立体的表面或表面的交线与视图中的线框或图线之间的对应关系，弄清线、线框所表示的具体含义，进行画图和看图的一种方法。

一般地说，视图上每一个封闭线框都表示立体的一个表面(平面或曲面)的投影(除相切情况外)。当这个表面与投影面处于平行位置时，该线框必反映实形；处于垂直位置时，具有积聚性；处于一般位置时，一定具有类似性，如图 4-11(a)、(b)所示。掌握线框或平面的类似性，对于正确画图和迅速看图十分有利。

视图上每一条线(直线或曲线)，表示：①具有积聚性表面(平面或曲面)的投影；②表示相邻两表面交线的投影；③表示回转面(含孔、坑等)的转向轮廓线的投影，如图 4-12(a)、(b)所示。

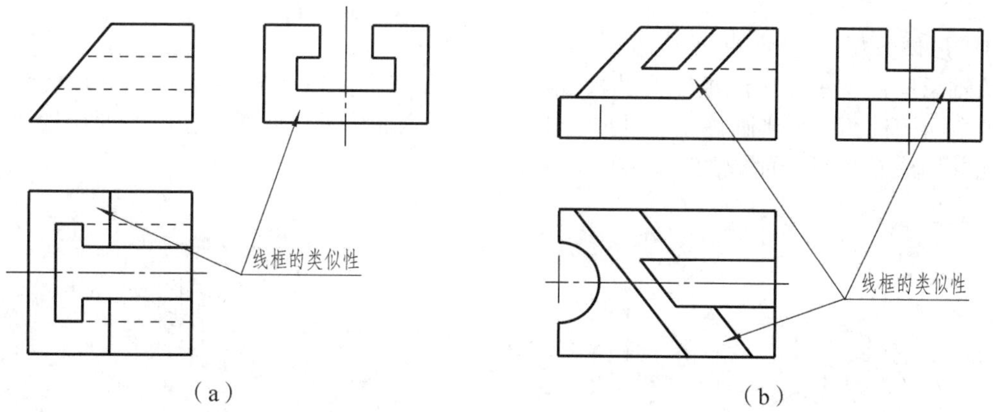


图 4-11　垂直面和一般位置面的投影特性

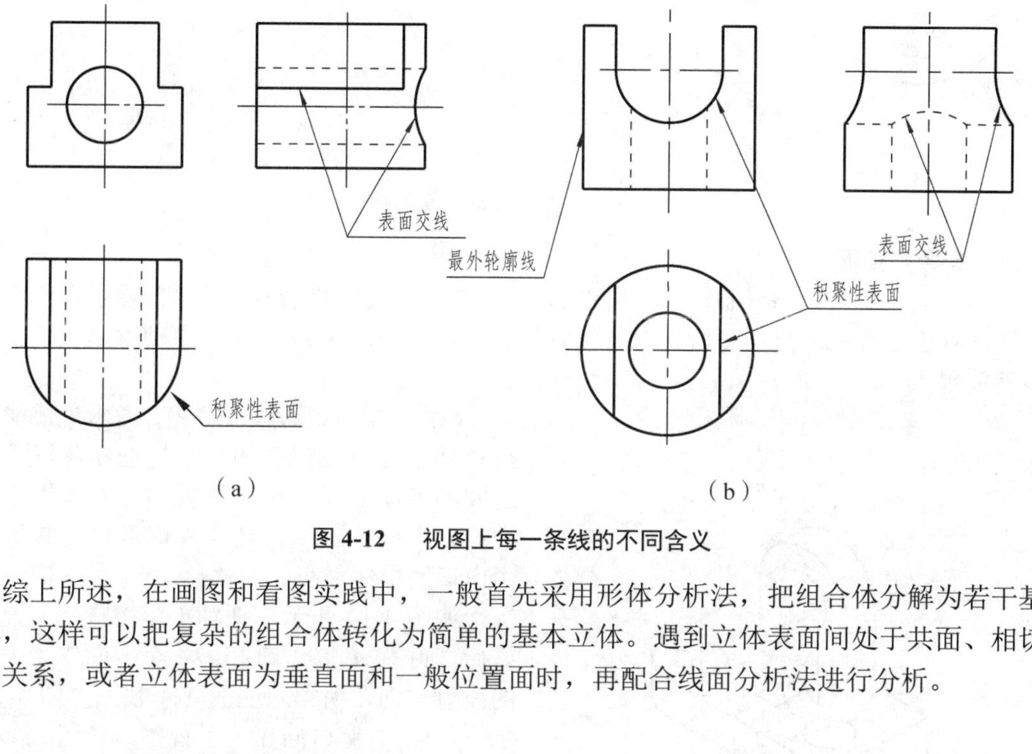


图 4-12　视图上每一条线的不同含义

综上所述，在画图和看图实践中，一般首先采用形体分析法，把组合体分解为若干基本立体，这样可以把复杂的组合体转化为简单的基本立体。遇到立体表面间处于共面、相切和相交关系，或者立体表面为垂直面和一般位置面时，再配合线面分析法进行分析。

## 4.2　组合体的画法(Drawing methods of composite solids)

按照三视图投影规律，将组合体(物体)的形状正确表达，并且运用形体分析法完整清晰地画出其三视图是学习图样画法和绘制机械图样的基础。

### 4.2.1　组合体的画图方法与步骤(Drawing methods and procedures of composite solids)

现以如图 4-13(a)所示轴承座为例，说明画组合体三视图的方法和步骤。

#### 4.2.1.1 形体分析

该轴承座由支承板、底板以及肋板 3 部分叠加而成，如图 4-13(b)所示。支承板可以认为是由 1 个四棱柱和 1 个半圆柱相切且挖去 1 圆柱孔组合而成的；底板是由 1 个四棱柱挖去 2 个圆柱孔并切成圆角组合而成的，如图 4-13(c)所示。

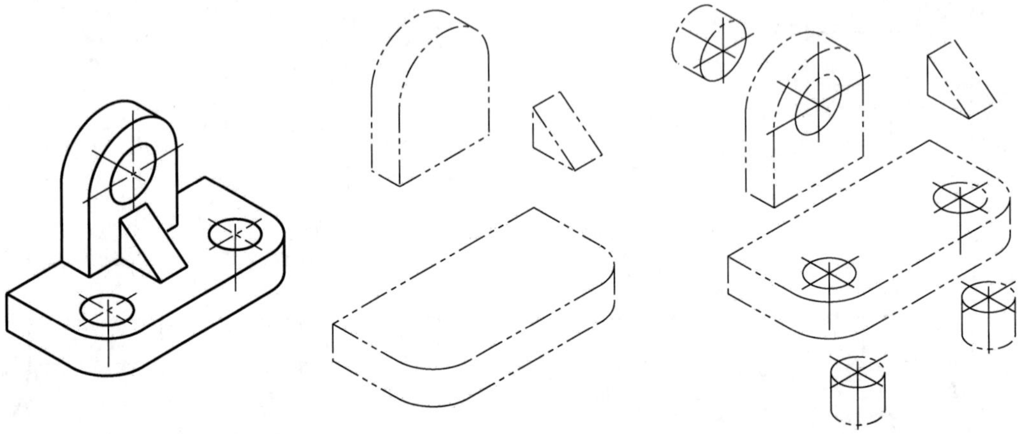

(a)　　(b)　　(c)

**图 4-13 轴承座的形体分析**

#### 4.2.1.2 选择主视图

(1) 组合体的放置。画组合体三视图时，一般按其自然位置摆放，且尽量使组合体的表面对投影面处于平行或垂直的位置，以方便画图和看图。如图 4-14 所示，将轴承座底板呈水平状自然放置。

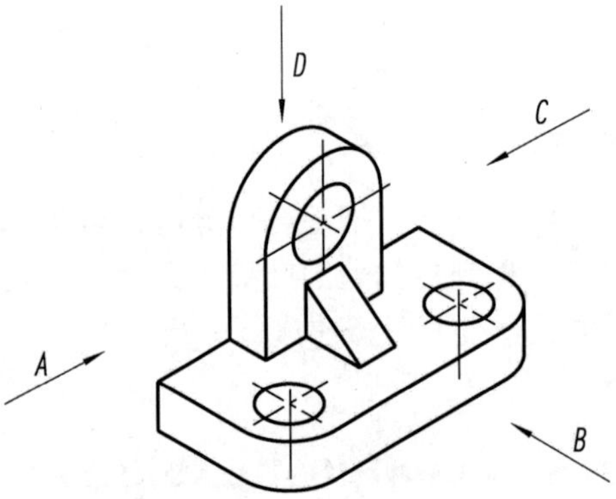


**图 4-14 轴承座的摆放位置和投射方向**

(2) 确定投射方向。首先，通常把最能反映组合体主要组成部分的形状特征和各组成部分之间的表面关系及相对位置的方向作为主视图的投射方向；其次，还应考虑尽量使其他视图中出现的虚线最少。

如图 4-14 所示，把轴承座按自然位置摆放好后，可有 *A*、*B*、*C* 和 *D* 4 个方向作为主视图的投射方向，所得对应的 4 个视图如图 4-15 所示。若以 *A* 或 *C* 向作为主视图，各组成部分之间的表面关系及相对位置清晰，但是不能够反映轴承座主要组成部分的形状特征，且左视图中会出现较多的虚线；若以 *D* 向作为主视图，也不能反映轴承座主要组成部分的形状特征，各组成部分之间的表面关系及相对位置不清晰，且俯视图中会出现较多的虚线；而以 *B* 向作为主视图，能够反映轴承座主要组成部分的形状特征，各组成部分之间的表面关系及相对位置较清晰，而且俯视图、左视图中出现的虚线最少。

经过综合比较，确定以 *B* 向作为主视图的投射方向。

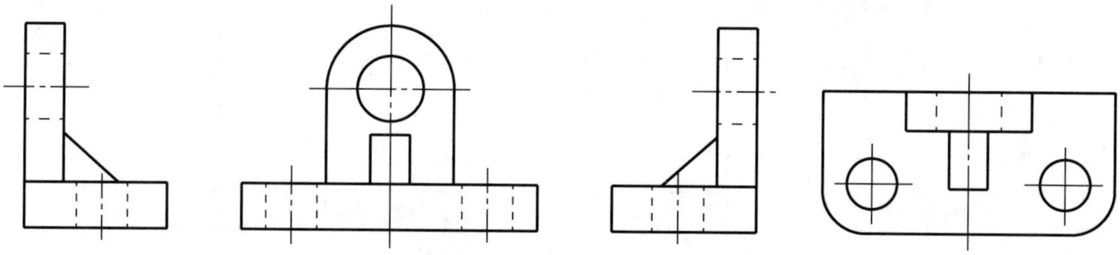

（a）A方向　（b）B方向　（c）C方向　（d）D方向

图 4-15　各投射方向对应的视图

#### 4.2.1.3　确定其他视图

完整、清晰地表达一个组合体一般需要 3 个视图，主视图确定以后，俯视图和左视图也随之而定。但是，一些形状简单的形体只需要 2 个视图；如果考虑标注尺寸，有的形体甚至只需一个视图。因而，视图数量在完整、清晰地表达组合体内外形状的前提下尽量要少。这里表达图 4-13(a)所示轴承座的内外形状选择 3 个视图，如图 4-16 所示。

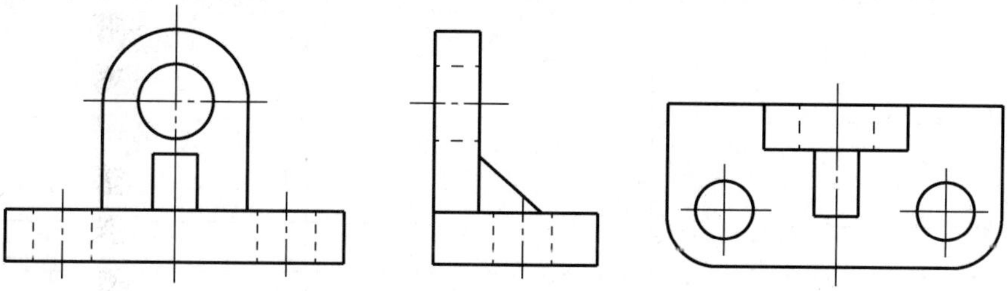

图 4-16　轴承座的三视图

#### 4.2.1.4　定比例、选图幅

按照所画组合体的大小和复杂程度，先确定绘图比例(优先选择 1∶1 的比例)，再选择合适的图幅。

#### 4.2.1.5　画图步骤

(1) 布置视图。画出各视图的对称中心线、回转轴线、定位线，如图 4-17(a)所示，应注意视图间不要太拥挤或太分散，还要留出标注尺寸的位置。

(2) 轻画底稿。按一定顺序，逐个作出各基本形体的三视图。一般先画大的、主要的轮廓，后画小的形体及细节部分；先画实心部分后画空心部分。画图时要注意，对每个基本形体应同时画出它的 3 个视图，这样既能保证各基本形体之间的相对位置和投影关系，又能提高绘图速度。

这里一定要注意，对称的形体要画出对称线；回转体要画出轴线；圆和大于或等于半圆弧要画上中心线；它们在视图中一律用细点画线表示。

(3) 检查、修改和加深。底稿完成后，还要仔细检查、修改，并擦去不需要的图线；经过检查校核无误后，将可见(实心)部分加深为粗实线；把不可见(空心)部分画成虚线；还要必须加深图中所有的点画线。一般先加深圆或圆弧线，再自上而下、由左向右加深粗实线，最后加深点画线等，结果如图 4-16 所示。具体作图步骤如图 4-17 所示。

需要指出的是，组合体三视图只表示了物体的形状，欲准确表示其大小还需要标注尺寸。为便于学习组合体尺寸注法将在后面 4.4 节中集中讨论。

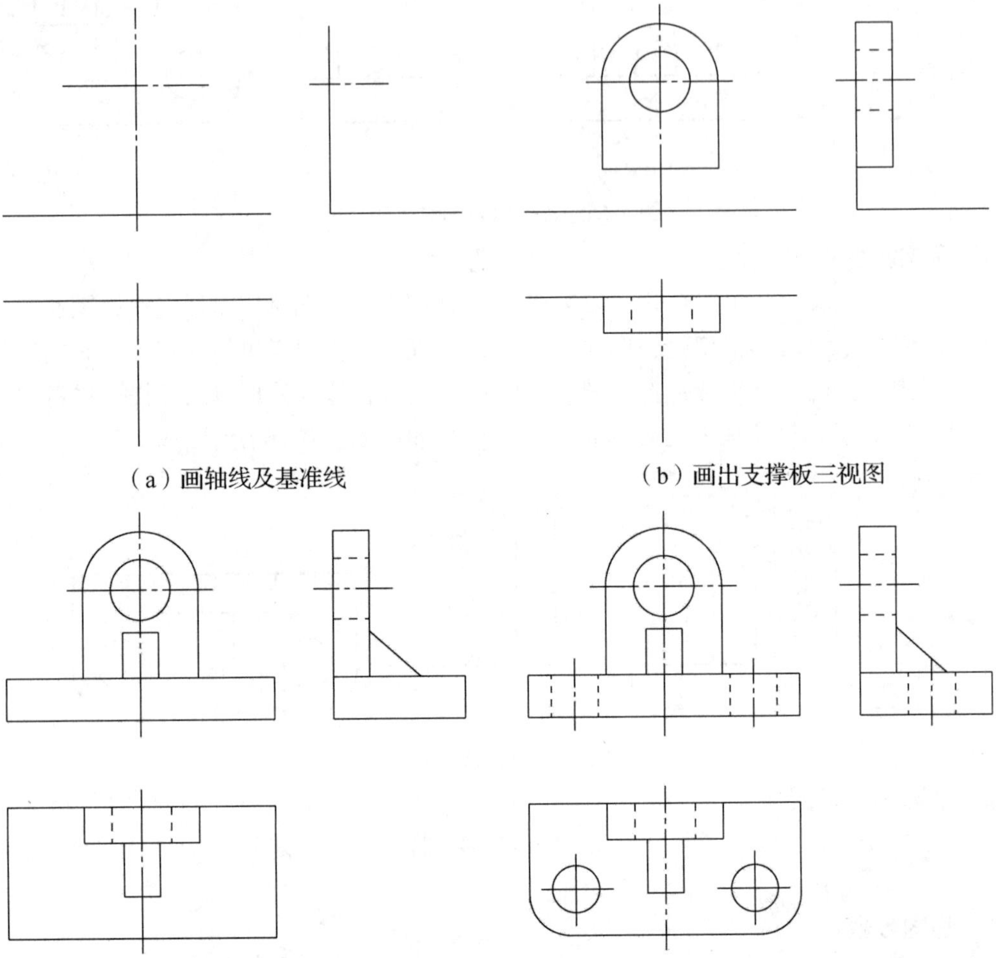

（a）画轴线及基准线　（b）画出支撑板三视图

（c）画底板和肋板三视图　（d）画底板上圆柱孔和圆角

**图 4-17　轴承座的画图步骤**

## 4.2.2　组合体画法举例(Examples of making a drawing of composite solids)

**例 4.1**　根据图 4-18 所示的组合体轴测图，画出其三视图(尺寸大小直接从图上按比例 1∶1 量取)。

**形体分析**：该组合体可以看作由圆柱体和四棱柱分别被挖切后叠加并相切而形成的(图 4-5)；从箭头 *A*、*B*、*C* 和 *D* 所示 4 个方向所得视图(图 4-19)中可以看出，选择 *A* 作为主视图投射方向较为合适，因而其余两个视图也随之确定，如图 4-20(e)所示。

作图步骤见图 4-20。

**例 4.2**　画出如图 4-21(a)轴测图所示组合体的三视图(尺寸大小直接从图上按比例 1∶1 量取)。

**形体分析**：如图 4-21(b)所示，该组合体可以看作由长方体被依次挖切掉 4 个基本立体而形成的；显然从箭头所示 *A* 方向作为主视图投射方向最合适；其他两个视图也随之确定，如图 4-22(f)所示。

画图步骤如图 4-22 所示。

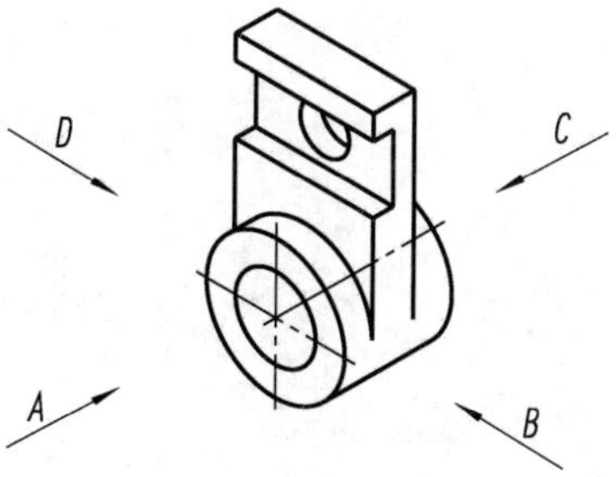


图 4-18　组合体轴测图

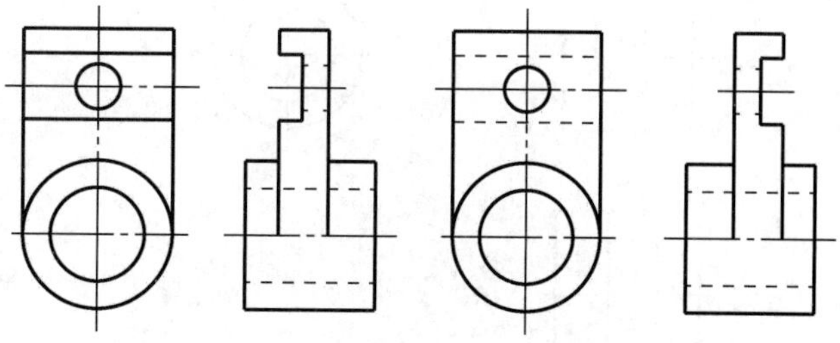

（a）*A*方向　（b）*B*方向　（c）*C*方向　（d）*D*方向

图 4-19　组合体的主视图选择

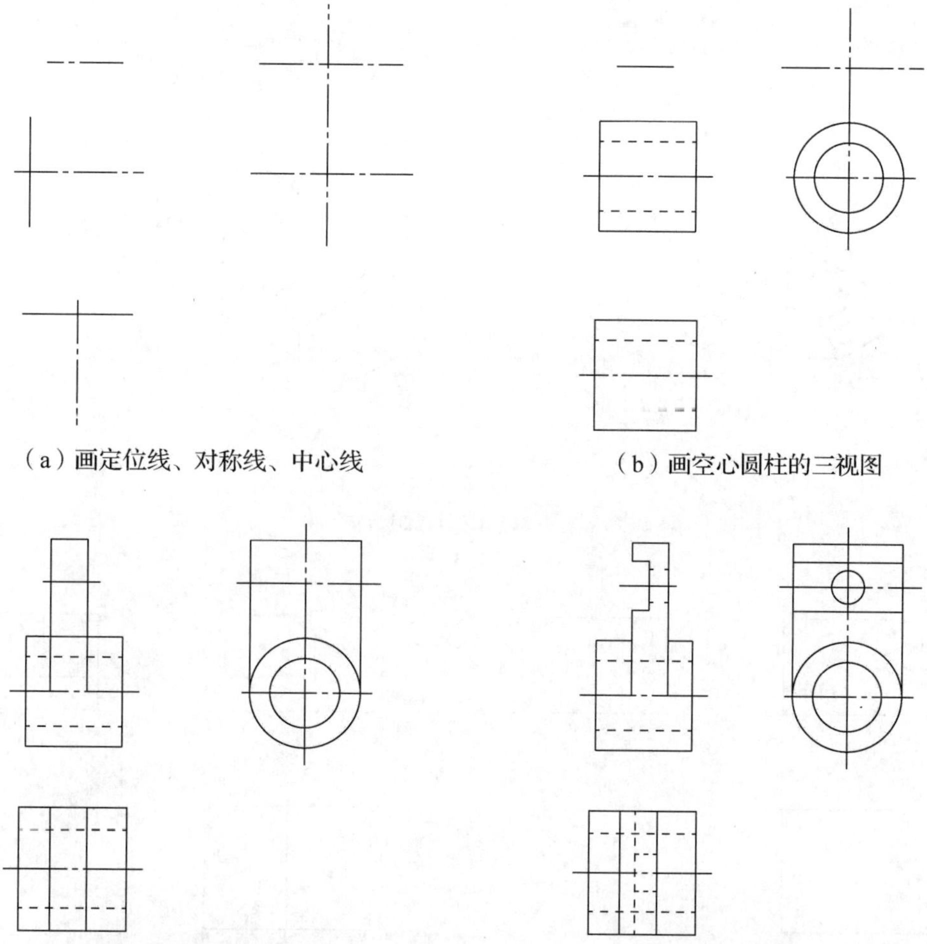

（a）画定位线、对称线、中心线

（b）画空心圆柱的三视图

（c）画相切四棱柱的三视图

（d）画凹槽和小孔

图 4-20　由轴测图画组合体三视图的作图步骤

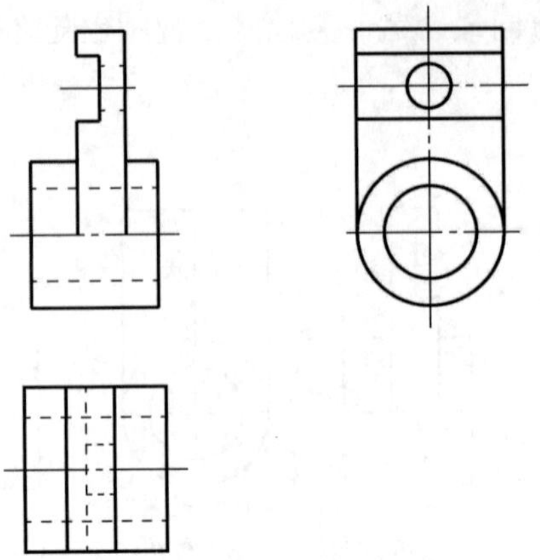

（e）检查底稿、加深图线

**续图 4-20**

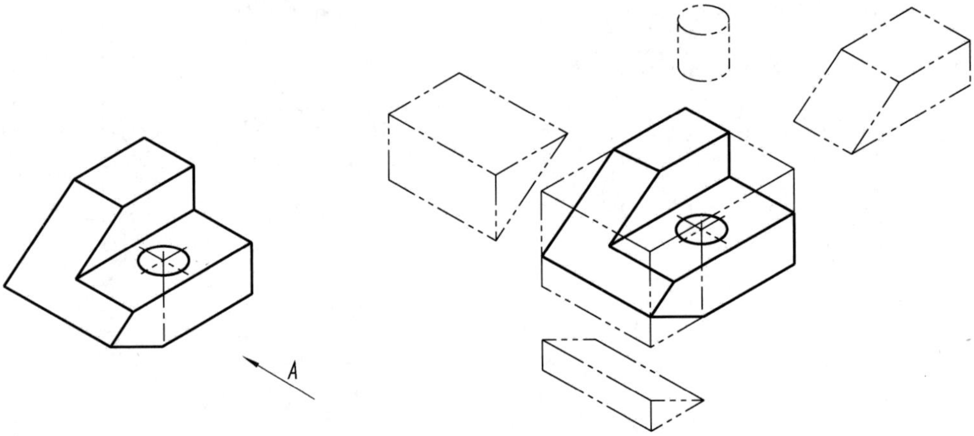


（a）　　（b）

**图 4-21　挖切式组合体**

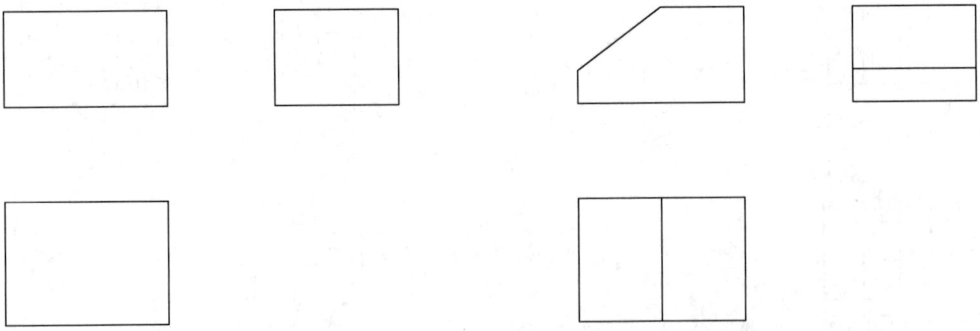

（a）画长方体的三视图　　（b）切去大三棱柱

**图 4-22　挖切式组合体的画图步骤**

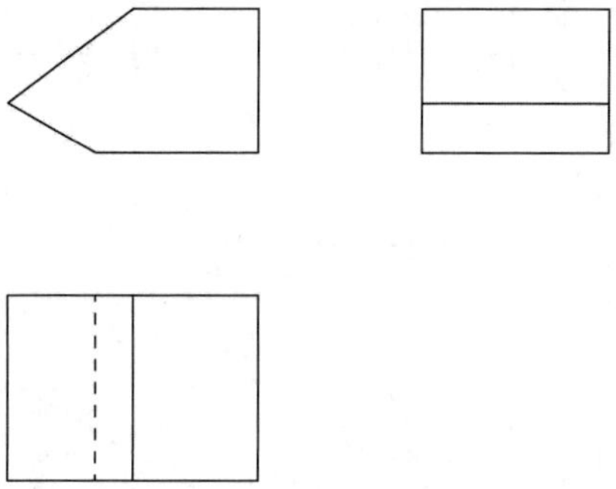

（c）切去小三棱柱

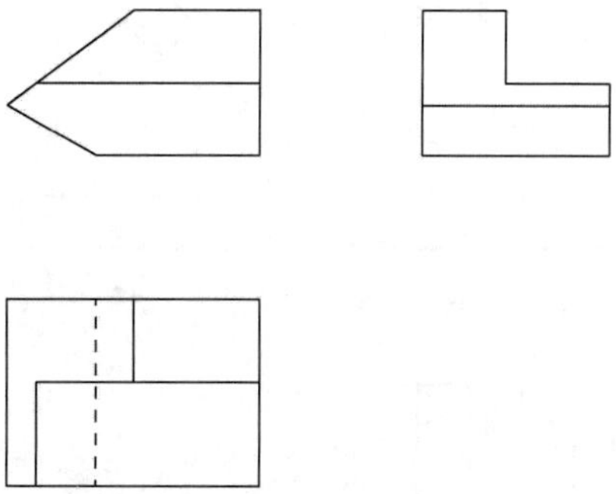

（d）再切去梯形

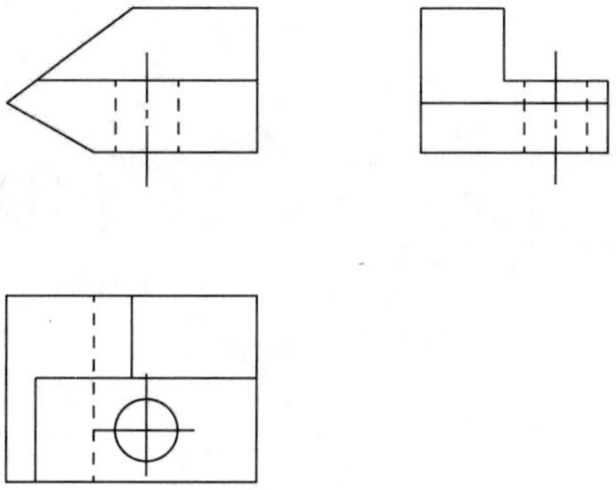

（e）开圆柱孔

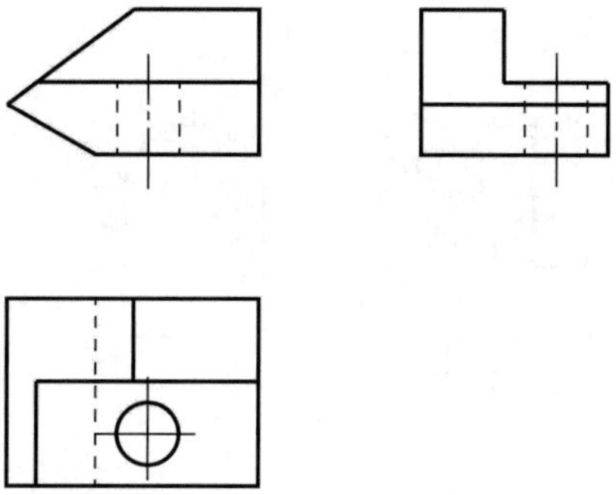

（f）检查并加深

**续图 4-22**

## 4.3　看组合体视图(Reading a drawing of a composite solids)

看图是画图的逆过程。它是根据所给三视图想象组合体形状的过程。正确、迅速地读懂组合体视图是重点掌握的基本技能，也是阅读机械图样的基础。

### 4.3.1　看图的一般方法和步骤(Methods and procedures of reading a drawing)

#### 4.3.1.1　划分线框，对照投影，识别形体

形体分析法是看图的基本方法，运用形体分析法看图的关键是划分线框。一般从主视图入手，将组合体大致分成几个部分，并在其他视图中找出其对应线框的投影；根据每部分的特征图想象出该部分的形状，并将各部分按其相对位置加以综合，即可想象出组合体的形状。

如图 4-23(a)所示支架的三视图，可以把主视图划分成的 $A$、$B$、$C$ 3 个封闭的线框，按照三视图投影规律，在其他视图中找出与其对应的线框投影；分别想象 $A$、$B$、$C$ 3 个线框的形状，如图 4-23(b)、(c)、(d)所示；再根据它们之间的位置关系可以想象出整体的形状，如图 4-24 所示。

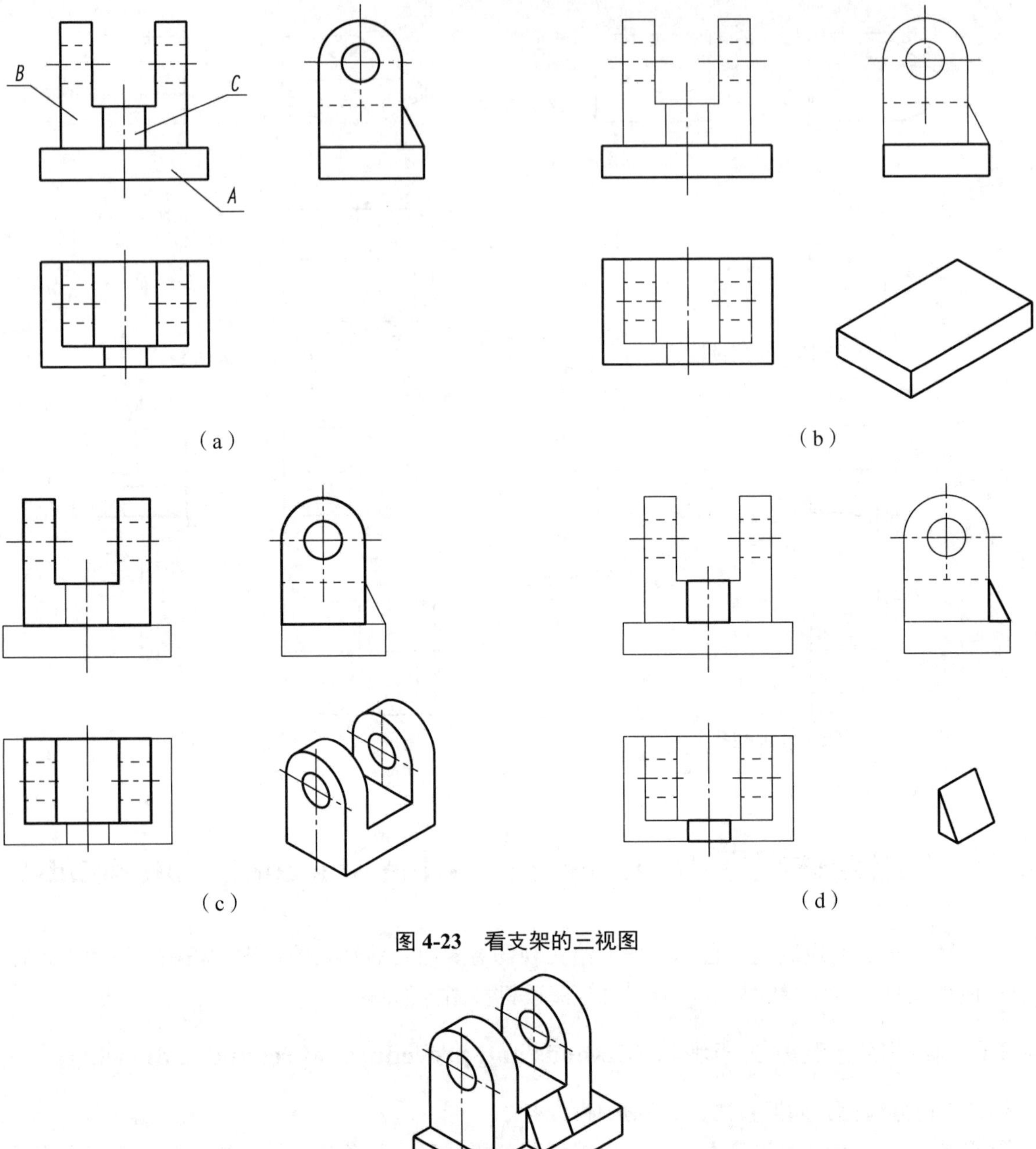


图 4-23 看支架的三视图

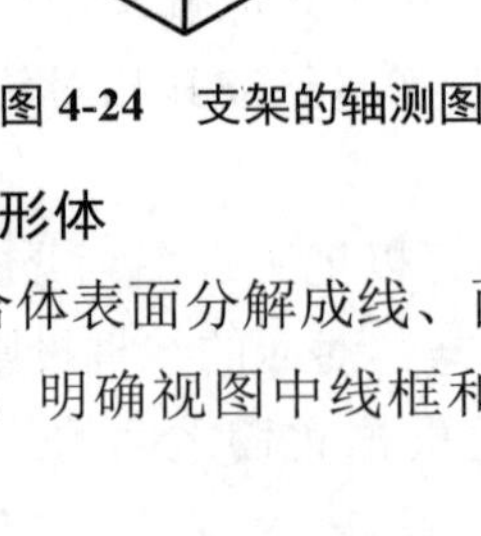

图 4-24 支架的轴测图

#### 4.3.1.2 线面分析，搞清含义，确认形体

用线面分析法看图，就是把组合体表面分解成线、面等几何元素，根据线、面的投影特性判断和确定它们空间位置、形状，明确视图中线框和图线的含义，进而想象出组合体的形状。

如图 4-25(a)所示组合体的三视图，主视图中的线框 *1′*，在俯视图、左视图中分别对应的

是两条直线 *1* 和 *1″*，故平面 *I* 是正平面；俯视图中的线框 *2*，在主视图中对应的是斜线 *2′*，左视图中对应的是类似线框 *2″*，故平面 *II* 为正垂面；平面 *III* 在主、俯视图中对应的是直线 *3′*、*3*，左视图中对应的是线框 *3″*，所以平面 *III* 为侧平面；同理可知平面 *IV* 为侧垂面。综合上述分析，可以想象出该组合体为如图 4-25(b)所示的挖切体。

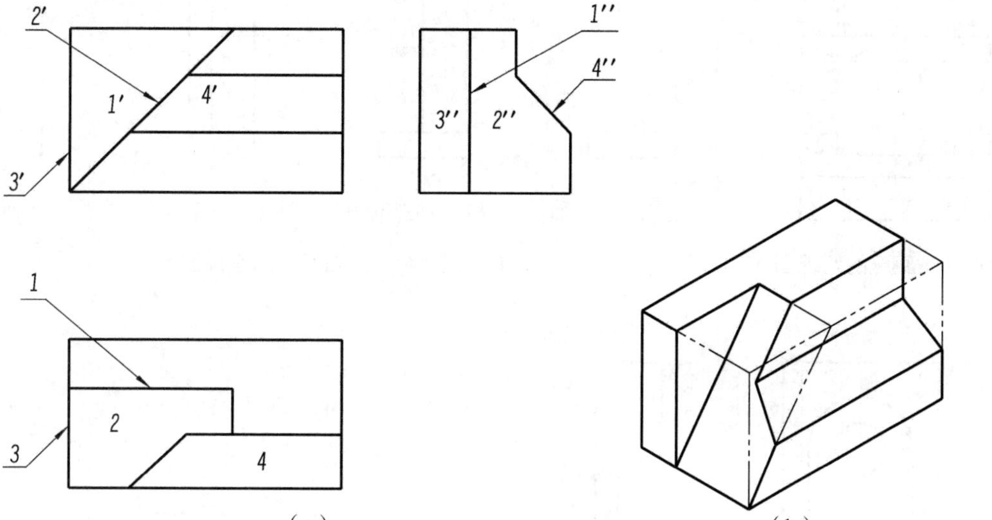


图 4-25　挖切式组合体三视图

#### 4.3.1.3　综合归纳，确定关系，想象整体

一般在看图过程中，在运用形体分析法的基础上，还要配合运用线面分析法。形体分析法是看图的基本方法，线面分析法常用于分析视图中局部投影比较复杂之处，将它作为形体分析法的补充。在分析挖切式组合体或有些带有倾斜面形体的视图时，主要运用线面分析法。要善于利用线、面的投影特性和线与线框之间的对应关系分析投影，逐步提高看图能力。

### 4.3.2　组合体看图举例(Examples of reading drawings of composite solids)

**例 4.3**　看懂图 4-26 所给底座的两视图，补画第三视图。

**分析：**

(1) 如图 4-26 所示，对照所给底座的主、俯视图，将主视图大致分成 *A*、*B*、*C* 3 个部分(线框)，与俯视图中对应的线框投影分别是凹字形、小矩形、最外轮廓。

(2) 根据每部分的特征图想象出该部分的形状。线框 *A* 为四棱柱；*B* 为 U 形棱柱(四棱柱和半圆柱相切)；*C* 为凹字形柱，如图 4-27(a)～(c)所示。

(3) 将各部分按其相对位置加以综合。所给底座由上述 3 部分叠加后，并且在 *B*、*C* 部分穿一圆柱孔，如图 4-27(d)所示。综合分析可以想象出该组合体的形状，如图 4-29 所示。

**作图：**根据三视图的投影规律补画其左视图，具体作图过程如图 4-27(a)～(d)所示，作图结果如图 4-28 所示。

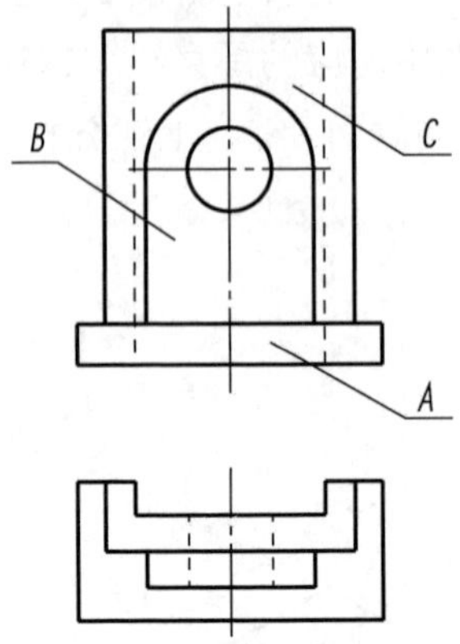


图 4-26　底座的两视图

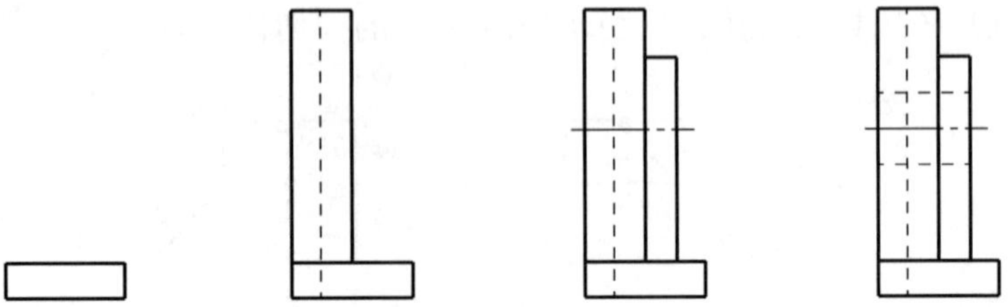

（a）画形体$A$　（b）画形体$B$　（c）画形体$C$　（d）画圆柱孔

图 4-27　画底座的左视图

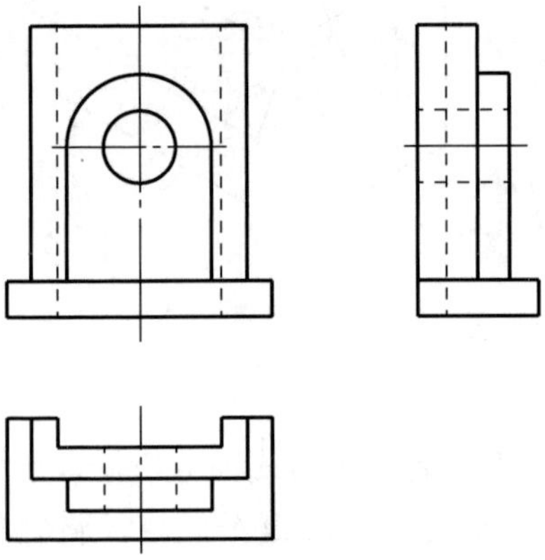

图 4-28　底座的三视图

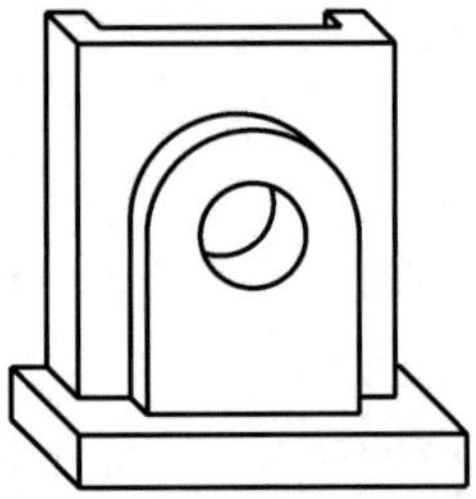

图 4-29　底座的轴测图

**例 4.4**　已知顶块的主、俯两视图(图 4-30)，补画其左视图。

**分析**：由于顶块两视图的基本轮廓均为矩形线框，可以判断其大致形状为四棱柱；又由俯视图可知，顶块是前后对称的形体。

根据三视图的投影规律，主视图中有两个封闭线框 $b'$、$f'$，对应俯视图中的直线 $b$ 和 $f$，可以看出，线框 $B$ 是铅垂面，而线框 $F$ 为正平面；俯视图中两个封闭线框 $a$ 和 $e$，对应主视图中两条直线 $a'$和 $e'$，而且 $a'$为一条倾斜的直线，$e'$为一条水平线，所以，线框 $A$ 为正垂面；$E$ 为水平面。

再由俯视图中前、后对称的两条直线 $b$ 和 $c$，可看出平面 $B$ 在前，$C$ 在后。同理，也可以分析出其他线面的位置关系。综上所述，可以想象出顶块是由四棱柱被正垂面 $A$ 及两个铅垂面 $B$ 和 $C$ 切割而成的，如图 4-31 所示。

**作图**：顶块左视图的作图过程如图 4-32 所示，作图时注意检查正垂面 $A$ 在主、左视图中的类似性。

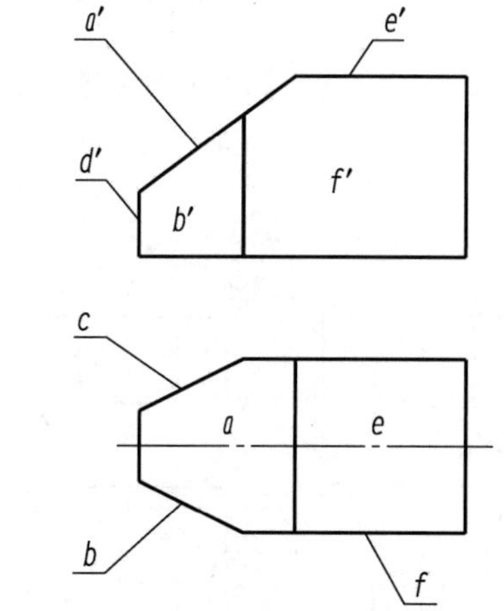


图 4-30　顶块的主视图、俯视图

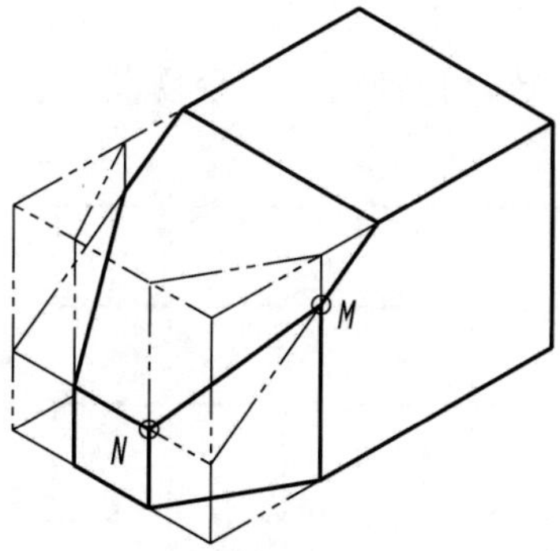


图 4-31　顶块轴测图

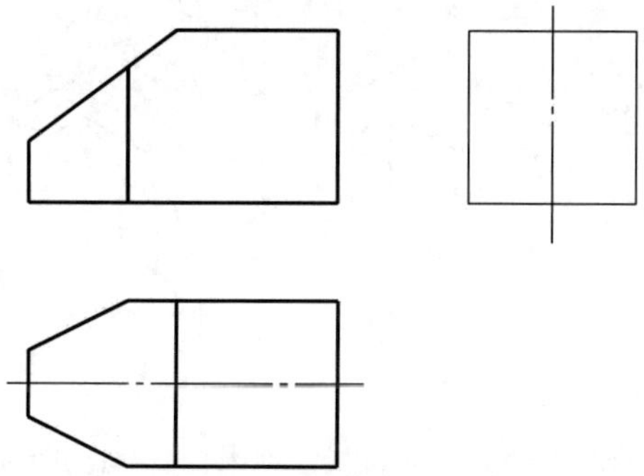

（a）画四棱柱轮廓

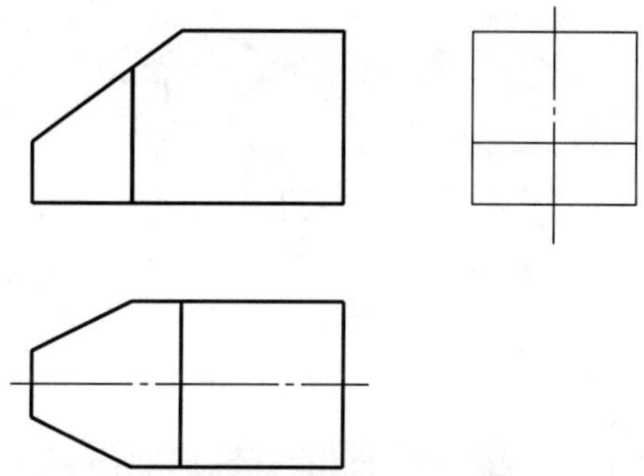

（b）画正垂面A的投影

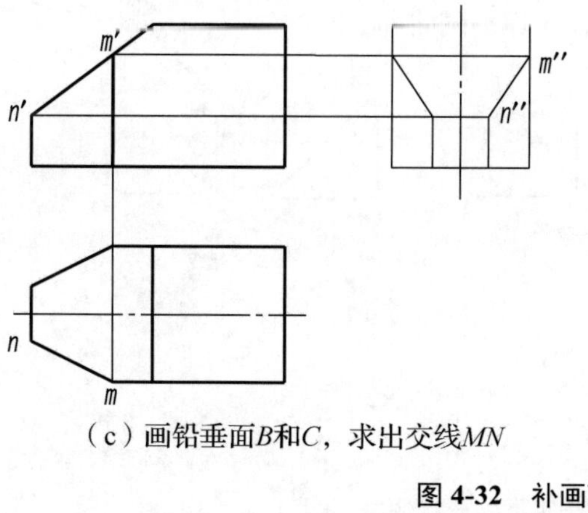


（c）画铅垂面B和C，求出交线MN

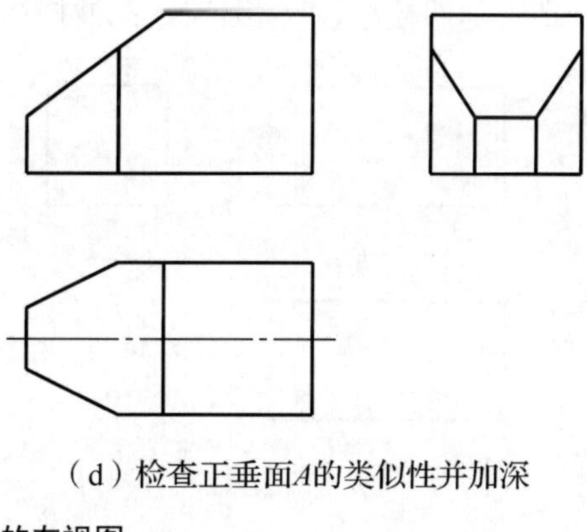

（d）检查正垂面A的类似性并加深

图 4-32　补画顶块的左视图

### 4.3.3　看图的基本要领(The essential for reading drawings of composite solids)

看图实质上就是经过反复分析、判断想象，在头脑中呈现物体结构形状的过程。因此，必须把由空间物体到平面图形和由平面图形到空间物体的相互转化关系弄清楚。它是一种正、逆向交叉的思维活动。

#### 4.3.3.1 要把三个视图联系起来看

看图时应从主视图入手，将所给视图联系起来看，尤其在没有标注尺寸的情况下，只看一个视图不能确定物体的形状。如图 4-33 所示，若主视图相同，而俯视图不同，则表示不同形状的物体；换言之，一个视图可以构思不同形状的物体。

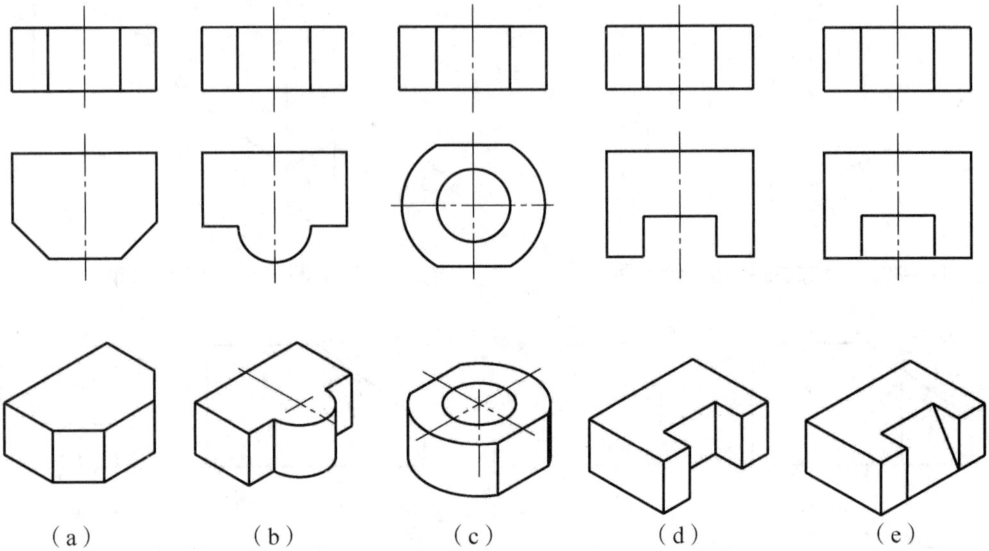


图 4-33 一个视图构思出不同形状物体

有时根据两个视图(若视图选取不当)也不能完全确定物体的形状。如图 4-34(a)所示，只看主、俯两个视图，物体的形状还不能确定；若给定不同左视图，如图 4-34(b)～(e)所示，则可以分别表示四棱柱、1/4 圆柱、三棱柱和 U 形柱等不同物体。

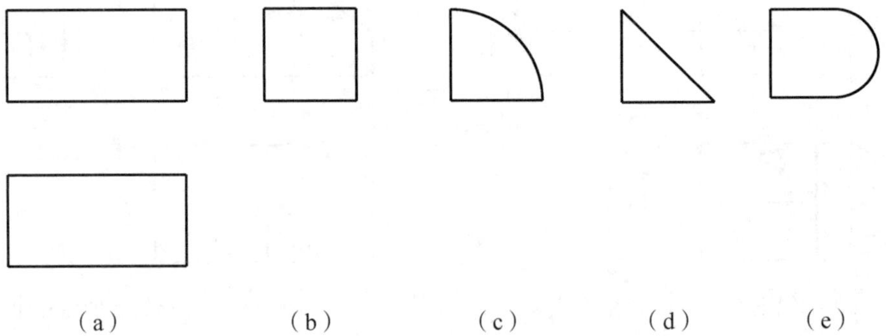


图 4-34 两个视图确定不同形状物体

由此可见，将所给的几个视图联系起来看，才能完全确定空间物体的形状。看图时必须把所给视图联系起来，互相对照并分析，从而想象出物体的形状。

#### 4.3.3.2 要善于抓住特征视图

在看图时，为了快速、准确地识别各基本形体，一般从反映组合体的形状特征的视图入手，联系其他视图进行分析。如图 4-35(a)所示组合体三视图，由主、俯视图可以确定 *I*、*II*

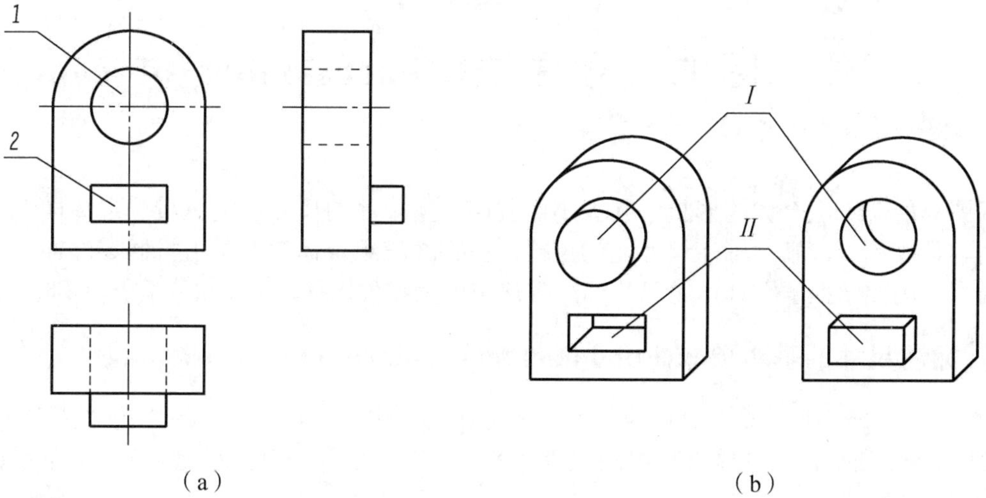


图 4-35　组合体的特征视图

形体的形状，但是无法确定 I、II 形体是凹进还是凸起，若结合主、左视图看， I、II 形体的形状以及它们的凸凹均能确定。可见，这里左视图比俯视图能更清晰地表达 I、II 形体间的位置关系，故左视图是特征视图。

必须说明的是，特征视图一般为主视图，但是对于组合体的局部某一部分特征，不一定全能集中在主视图上，因此，读图时必须依具体情况深入分析后确定。

#### 4.3.3.3　利用虚线、实线变化识别形体

对比图 4-36 所示物体的两组视图，可以发现它们的区别仅仅在于主视图中的虚线与实线的变化。图 4-36(a)主视图中部是实线，表示中间凸起，物体有一块三角形肋板；图 4-36(b)主视图中部为虚线，表示中间凹进，物体上一前一后有两块三角形肋板。

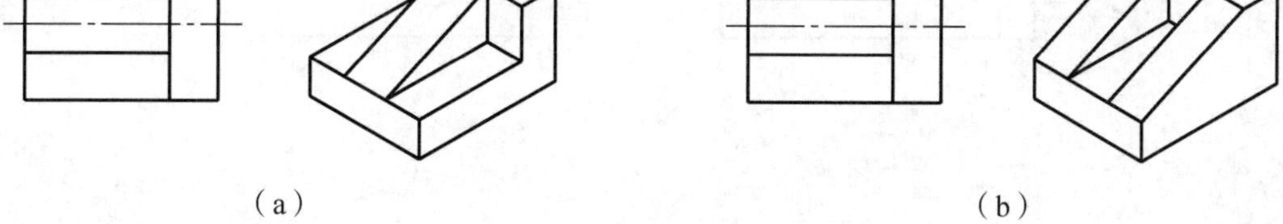


图 4-36　两组视图的区别

由此可见，看图时不仅要把所给视图联系起来，互相对照并进行分析，还应注意图线的虚、实，从而想象出物体的形状。一般可以先根据任意两个视图初步想象识别物体可能的空间形状，再通过其他视图加以验证。即由视图想象出“物体”，再由该“物体”对照视图，如此反复多次，最后确定物体的空间形状。此外，应注意不断培养构思物体形状的能力，进一步丰富空间想象能力，从而达到正确和迅速地读懂视图的目的。

# 4.4　组合体视图的尺寸注法(Dimensioning of composite solid's views)

视图只能表示组合体的形状，其大小由视图中所标注的尺寸确定。尺寸是图样中的一项重要内容，正确、清晰地标注尺寸尤为重要。我们知道组合体大多是由机器零件抽象而成的几何模型，因此掌握了组合体的尺寸标注方法也就为零件图的尺寸标注奠定了基础。

## 4.4.1　标注尺寸的基本要求(Fundamental standards of dimensioning)

(1) 正确：所注尺寸要符合国家标准《机械制图》中有关尺寸注法的规定(见第 3 章)。

(2) 完整：所标注尺寸能够把组成组合体各形体的大小及相对位置完全确定。不要遗漏尺寸，一般也不允许重复尺寸。

(3) 清晰：每个尺寸都必须标注在恰当的位置，以便于看图。

(4) 合理：标注尺寸要满足设计与工艺要求，还应考虑加工、测量方便。

本节主要讨论如何使尺寸标注得完整、清晰；对于合理性问题将在第 8 章中作适当介绍。

## 4.4.2　组合体尺寸的分类(Classification of dimensions)

### 4.4.2.1　尺寸分类

按照形体分析法及每个尺寸的具体作用，我们将组合体的尺寸分为定形尺寸、定位尺寸和总体尺寸 3 类。下面以图 4-37 为例来分析组合体的尺寸。

1．**定形尺寸**

即确定组合体中各个基本立体大小的尺寸，如图 4-37 所示。例如：

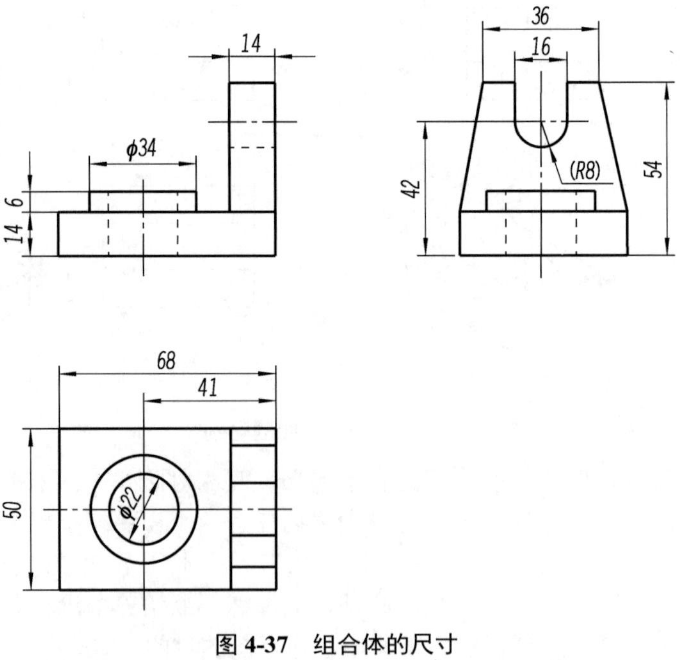


图 4-37　组合体的尺寸

(1) 四棱柱的尺寸：长 *68*、宽 *50*(与梯形板下端等宽)和高 *14*；

(2) 空心圆柱的尺寸：外径*ϕ34*、内径*ϕ22* 和高度 *6*；

(3) 梯形板的尺寸：厚 *14*、上宽 *36*、下端宽(与长方板相同)*50*。

在三维空间中，定形尺寸一般包括长、宽、高 3 个方向的尺寸。每一个基本立体的大小均由定形尺寸确定。根据各基本立体间的表面相互关系，基本立体的定形尺寸有些就无须标注，而有些不直接标出。如梯形板的下端尺寸 *50*，已由俯、左视图表明与四棱柱同宽，就不必重复标注了；梯形板高没有直接标出，而是标注了组合体总高尺寸 *54*(尺寸 *54* 和四棱柱高度 *14* 之差即为梯形板高 *40*)。

**2．定位尺寸**

即确定组合体中各基本立体之间相对位置的尺寸，如图 4-38(b)、(d)所示：

(1) 空心圆柱中心轴线距离四棱柱右端的尺寸 *41*；

(2) 梯形板上“U”形缺口半圆柱面中心高度的尺寸 *28*。

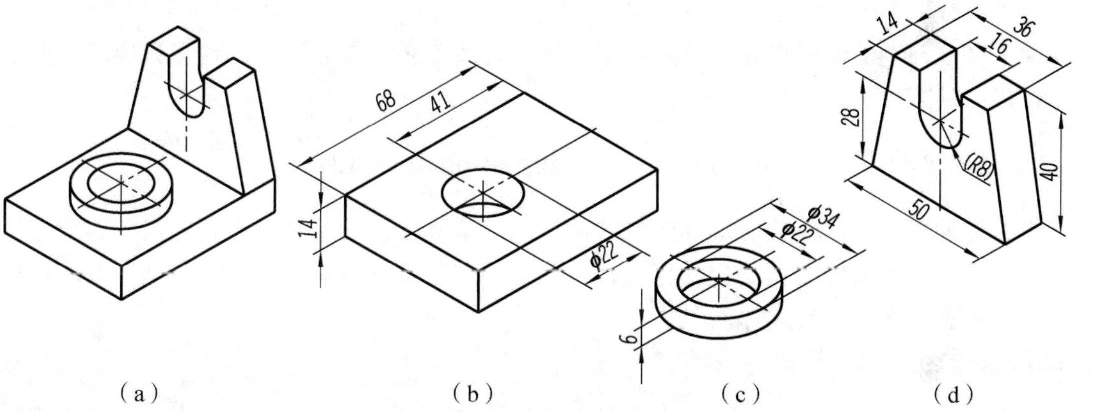


图 4-38　组合体的尺寸分析

每个基本立体的相对位置，在长、宽、高 3 个方向均需定位。两个基本立体之间一般应该有 3 个方向的定位尺寸。若两立体之间相对位置关系已由视图表明，则就省略一个定位尺寸。如图 4-37 中，空心圆柱中心轴线与梯形板上“U”形缺口均处于组合体的前后对称面上，因此，在前后方向无须再标注定位尺寸；梯形板右侧与四棱柱右侧共面，故在左、右方向无须标注定位尺寸。一般在某一方向两个基本立体之间处于对称、共面、同轴、叠加之一时，就可以省略这个方向的定位尺寸。

**3．总体尺寸**

即表示组合体所占空间大小的尺寸。即组合体的总长、总宽和总高 3 个尺寸，如图 4-37 中总长 *68*；总宽 *50*；总高 *54*。

总体尺寸有时兼有基本立体的定形尺寸或定位尺寸作用。如图 4-37 中的 *68* 和 *50* 既是四棱柱的长、宽定形尺寸，又是组合体的总长和总宽尺寸。

注意：标注总体尺寸或定位尺寸的同时，还需要调整相关尺寸。因为标注完定形尺寸和定位尺寸后尺寸数量已完整，若再标注总体尺寸就会出现多余尺寸，必须在同一方向减去一个尺寸。如图 4-37 所示，标注总高尺寸 *54* 后，应将梯形板的高度 *40* 或四棱柱的高度 *14* 去掉一个，请对照图 4-38(b)和图 4-38(d)(这里去掉了尺寸 *40*；为避免调整尺寸，也可先标注总体尺寸)。同理，如图 4-37 中标注定位尺寸 *42* 后，也应去掉一个该方向尺寸：“U”形缺口半圆柱面中心高度的尺寸 *28* 或四棱柱的高度 *14*，请对照图 4-38(b)和图 4-38(d)所示(图 4-37 去掉了尺寸 *28*，以组合体底面为基准定位)。

应当指出，将组合体尺寸分为定形尺寸、定位尺寸和总体尺寸只是标注尺寸的一种分析方法。实际上，具体某个尺寸的作用有时是双重或多重的，例如：定位尺寸兼有定形尺寸作用，定形尺寸兼有总体尺寸功能。

#### 4.4.2.2 尺寸基准

标注尺寸的起始点称为尺寸基准。一般选择组合体(或基本形体)的对称平面、轴线和重要的平面作为尺寸基准。例如：回转体的轴线、较大的端(侧)面、底面等常被选作尺寸基准。

在标注组合体定位尺寸时，应当明确空间长、宽、高 3 个方向的尺寸基准，以确定各基本形体间的相对位置。如图 4-37 所示组合体，显然其长(左右)、宽(前后)、高(上下)三个方向的尺寸基准分别为：右侧面、前后对称面、底平面。

关于基准问题的深入讨论，涉及机械设计和制造工艺等专业知识。这里只要求掌握组合体定位尺寸基准的选择。

### 4.4.3 基本形体的尺寸标注(Dimensioning of basic solids)

组合体的尺寸标注是按照形体分析法进行的，基本形体的尺寸是组合体尺寸的重要组成部分，因此，要掌握组合体的尺寸标注，必须先了解基本形体的尺寸标注方法。基本形体包括基本立体和截切、相贯立体。

#### 4.4.3.1 基本立体尺寸标注

由于基本立体的形状不同，因而定形尺寸的数量也各不相同。表 4-1、表 4-2 示出了常见基本形体的尺寸数量和标注方法。

**表 4-1 平面立体的尺寸注法**

| 项目 | 六棱柱 | 四棱柱 | 三棱柱 | 四棱台 |
| --- | --- | --- | --- | --- |
| 标注图例及说明 | 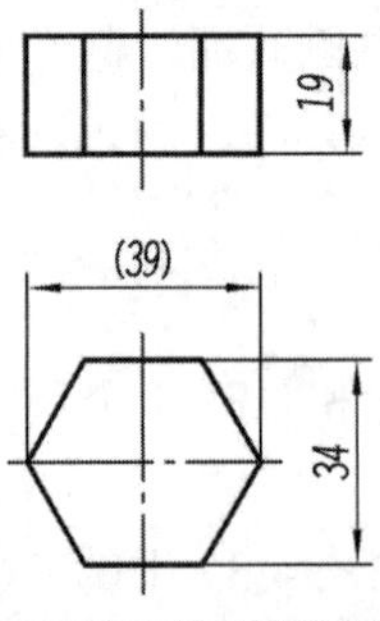 | 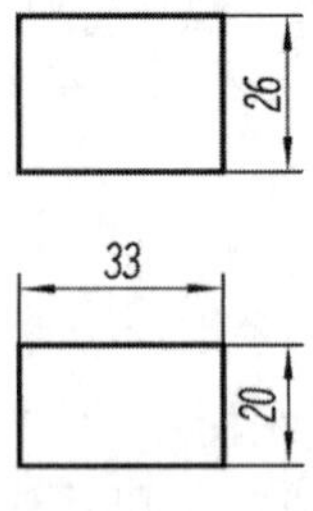 | 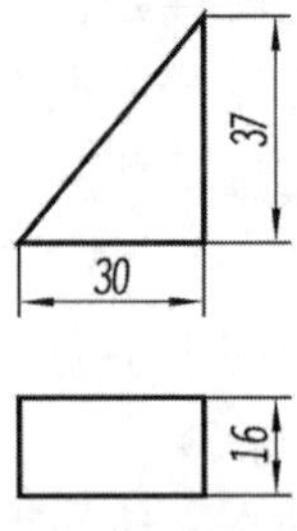 | 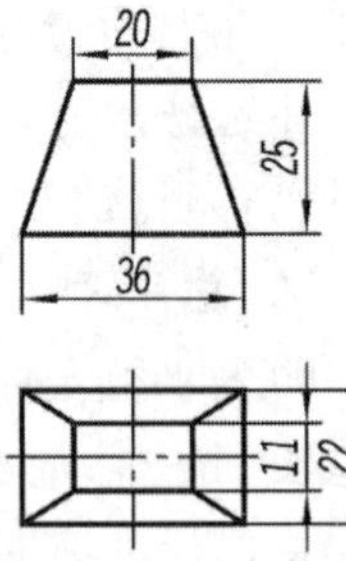 |
| | ( )内尺寸只作参考尺寸，可不标注 | 四棱柱的两视图 | 一般不标注斜边长 | |
| 尺寸数目 | 2 | 3 | 3 | 3 |

表 4-2　回转体的尺寸注法

| 项目 | 球体 | 圆柱 | 圆锥 | 圆台 |
| --- | --- | --- | --- | --- |
| 标注图例及说明 | 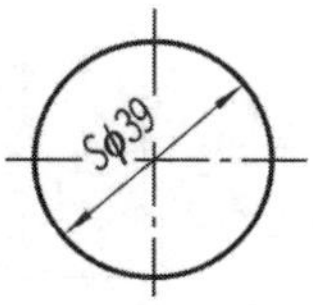 | 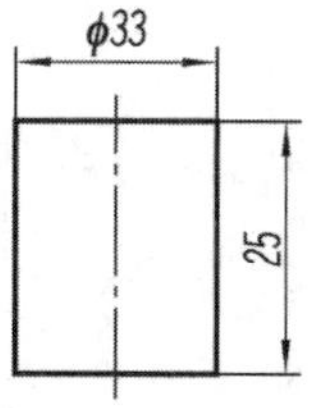 | 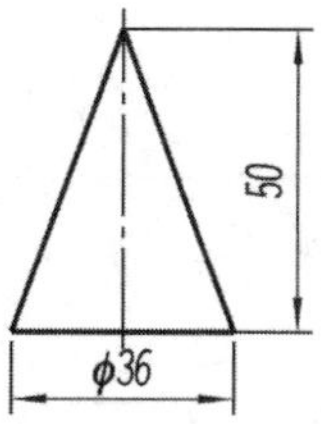 | 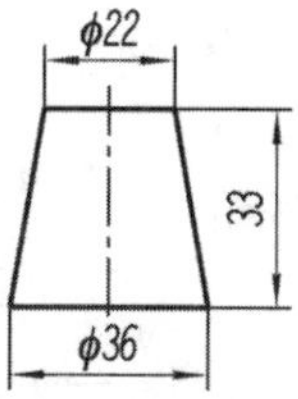 |
| | 完整的球和圆柱不能标注半径，要标注其直径 | | | 也可标注大端圆直径、高度和锥度或圆锥角 |
| 尺寸数目 | 1 | 2 | 2 | 3 |

#### 4.4.3.2　截切、相贯立体尺寸标注

通过前面的学习，我们已经知道，截交线的形状和大小由被截切立体的形状以及与截平面的相对位置来决定；相贯线由相交立体的形状以及立体之间的相对位置决定。

(1) 截切体的尺寸标注。图 4-39 为常见截切立体尺寸标注图例，对于带切口立体，只能标注被挖切前完整立体的尺寸和确定截平面位置的定位尺寸，而不能标注截交线尺寸。如图 4-39(a)、(c)中所示尺寸 *17*、*27* 和 *34* 都是截平面的定位尺寸；如图 4-39(b)、(d)所示，组合体上的长方槽由 3 个截平面组成，应看成一个形体来标注尺寸，尺寸 *14*、*15* 和 *11*、*12* 就是方槽截平面的两个定形、定位尺寸。

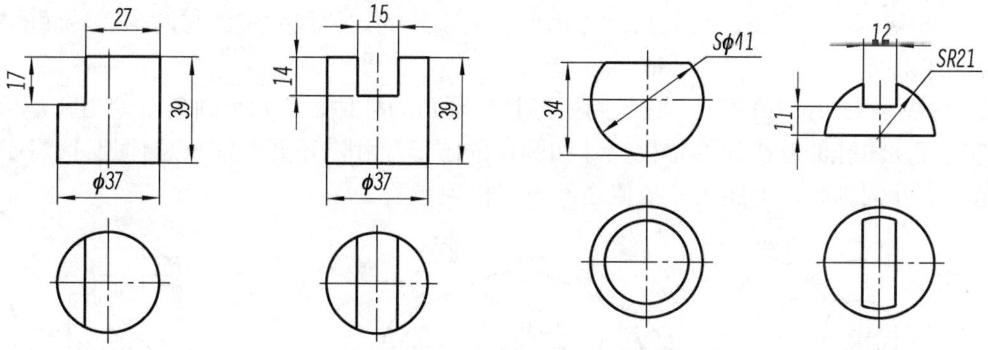


图 4-39　截切体的尺寸标注示例

(2) 相贯体的尺寸标注。对于相贯立体，必须注出相交两基本立体(或孔)的大小尺寸和定位尺寸，而不能对相贯线标注尺寸。如图 4-40(a)、(b)中，直接标注于相贯线上的半径尺寸和直接标注于截交线上的尺寸是错误的(图中带×的尺寸)。

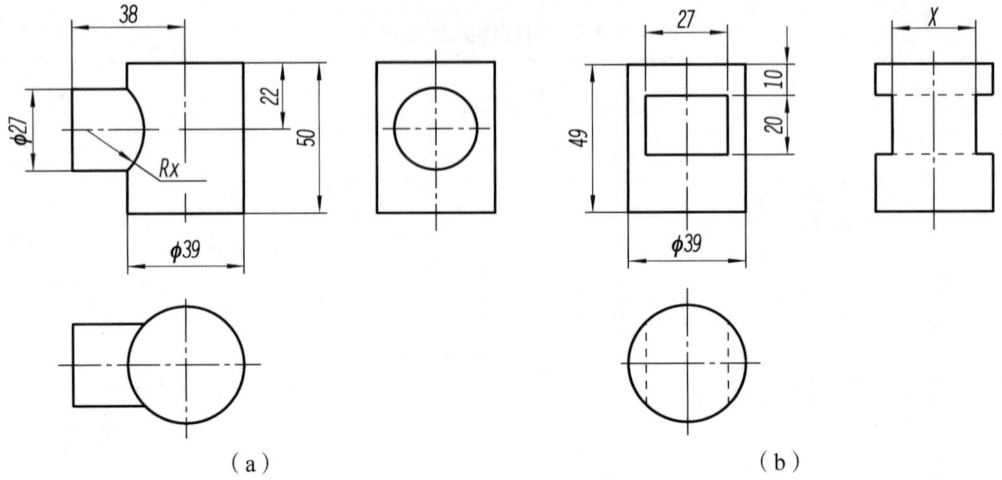


图 4-40 相贯体的尺寸标注示例

#### 4.4.3.3 常见结构形体尺寸标注

在机器零件上有一些组合形体经常遇见，称其为常见结构形体。图 4-41 给出了常见结构形体尺寸标注方法图例。源于加工工艺和习惯，其尺寸标注方法已经固定，一般都要“看图会意，细心模仿”，尤其要注意各种底面尺寸(包括定形尺寸和定位尺寸)的标注方法。

这里必须指出下面两点：

(1) 标注回转面的定位尺寸时，必须直接确定其轴线的位置。因而标注总体尺寸时，若遇到组合体端部是回转面时，一般不以最外轮廓线直接标注其总体尺寸，而是由回转面轴线的定位尺寸和回转面的定形尺寸(半径或直径)间接确定。如图 4-41(a)所示结构形体，其总高尺寸由回转面轴线的定位尺寸 *38* 与回转面的定形尺寸 *R28* 之和确定，总宽尺寸即 2 倍的 *R28*；而图 4-41(b)所示结构形体的总长尺寸，由回转面轴线的定位尺寸 *70* 与两个回转面的定形尺寸 *R14* 之和确定，总高尺寸即 $\phi 56$。

(2) 如图 4-41(e)、(g)所示，底面为矩形且有圆角的柱体，其四个圆角不论与孔是否同轴，一般都要标注出孔的轴线间的定位尺寸和圆角的定形尺寸，还要标注出总体尺寸。应当注意当圆角与小孔同轴时，上述尺寸数值之间不得出现矛盾。

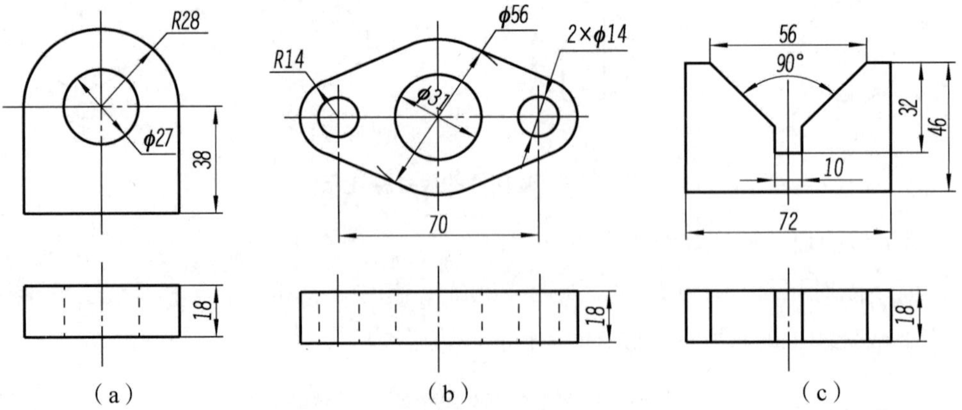


图 4-41 常见结构形体的尺寸标柱

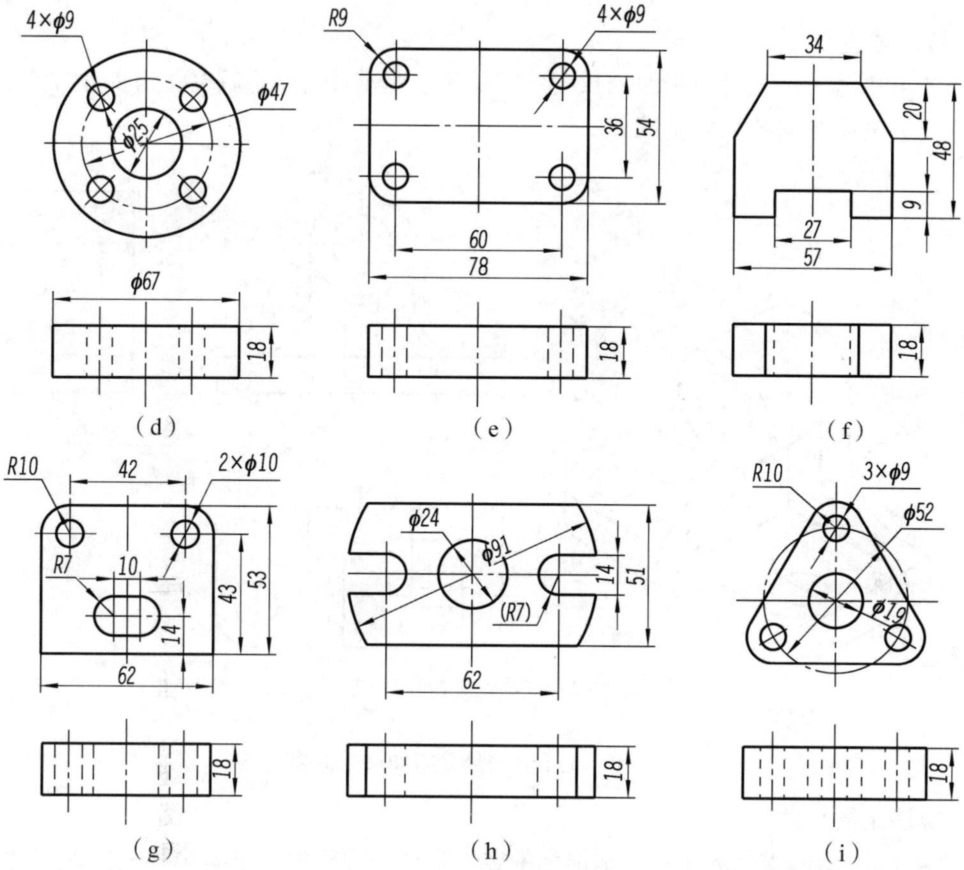


续图 4-41

(3) 以对称中心线为基准的定位尺寸或定形尺寸，一般不从对称中心线注起，而是直接标注互相对称的两要素之间的距离，如图 4-41(c)、(f)和(h)等所示。

## 4.4.4 组合体尺寸的标注方法和步骤(Methods and steps in dimensioning)

组合体尺寸标注的关键是确保所标注尺寸数量的完整。基本形体定形尺寸的数量是一定的，两形体间定位尺寸的数量也是一定的，所以组合体尺寸的数量必然是恒定的。

标注尺寸的一般步骤是：①对组合体进行形体分析；②选定三个方向的尺寸基准；③标注出各形体的定形尺寸和定位尺寸；④调整、注出总体尺寸；⑤检查。注意在标注各形体的定形尺寸和定位尺寸时有两种不同的顺序，可以逐个标出各形体的定形尺寸及其定位尺寸；也可以先逐个标出所有形体的定形尺寸之后，再逐个标注所有形体的定位尺寸。

现以图 4-42(a)所示组合体为例说明组合体视图尺寸标注的方法和步骤。

### 4.4.4.1 进行形体分析

如图 4-42(a)所示，该组合体由底板、支承板、肋板和圆筒 4 个基本形体组成，并且支承板与圆筒、底板表面均相切，底板上有 2 个小圆通孔，它们左、右对称。

#### 4.4.4.2 选尺寸基准

如图 4-42(b)所示，选对称平面为长度方向的尺寸基准，底板的后端面为宽度方向的基准，底板的底面为高度方向的尺寸基准。

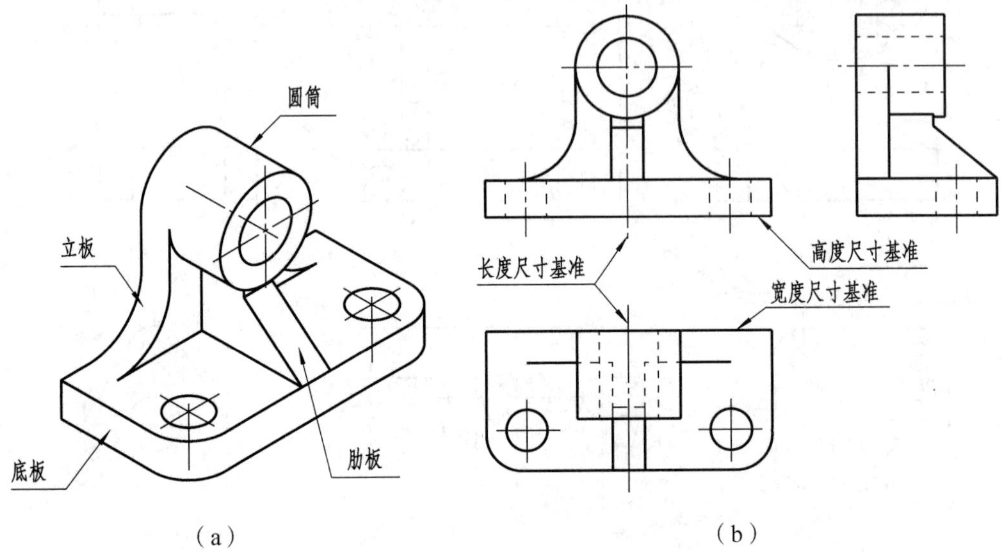


图 4-42 组合体形体分析和尺寸基准

#### 4.4.4.3 标注定形尺寸

如图 4-43 所示，逐个标注各基本形体的定形尺寸。由于每个基本形体的定形尺寸数量较少，这样比较容易考虑。至于这些尺寸标注在哪一个视图上，则要根据具体情况而定。具体标注步骤如下。

(1) 标注底板和支承板的定形尺寸：底板长 *94*、宽 *46*、高 *12* 及圆角半径 *R12*；底板上两个小圆通孔的定形尺寸：$2\times\phi 14$，支承板高 *38*、厚 *11*、圆弧半径 *R20*；其他尺寸由支承板与圆筒、底板表面的相切关系确定而无须标出，如图 4-43(a)所示；

(2) 标注圆筒和筋板的定形尺寸：如图 4-43(b)所示，圆筒内外直径$\phi 19$和$\phi 34$、圆筒长 *29*；肋板厚 *11* 及尺寸 *15*、*17*，其他尺寸由筋板与圆筒和底板的相邻表面关系确定而无须标出。

#### 4.4.4.4 标出定位尺寸

一般来说，对每一个形体在左右(长)、前后(宽)、上下(高)3 个方向一定要考虑是否有定位尺寸，不要遗漏。若基本形体之间相对位置视图上已明确(如肋板在圆筒和底板的上下之间，圆筒、支承板与底板共面叠加等)或具有公共对称面(如底板、立板、筋板和圆筒在左右方向对称)的情况下，在这些方向就不再需要定位尺寸了。

综上所述，对于该组合体只需要标注出圆筒与底板的高度定位尺寸 *50* 以及底板上两个小圆通孔的长度方向和宽度方向的定位尺寸：*70* 和 *34*，如图 4-43(c)所示。

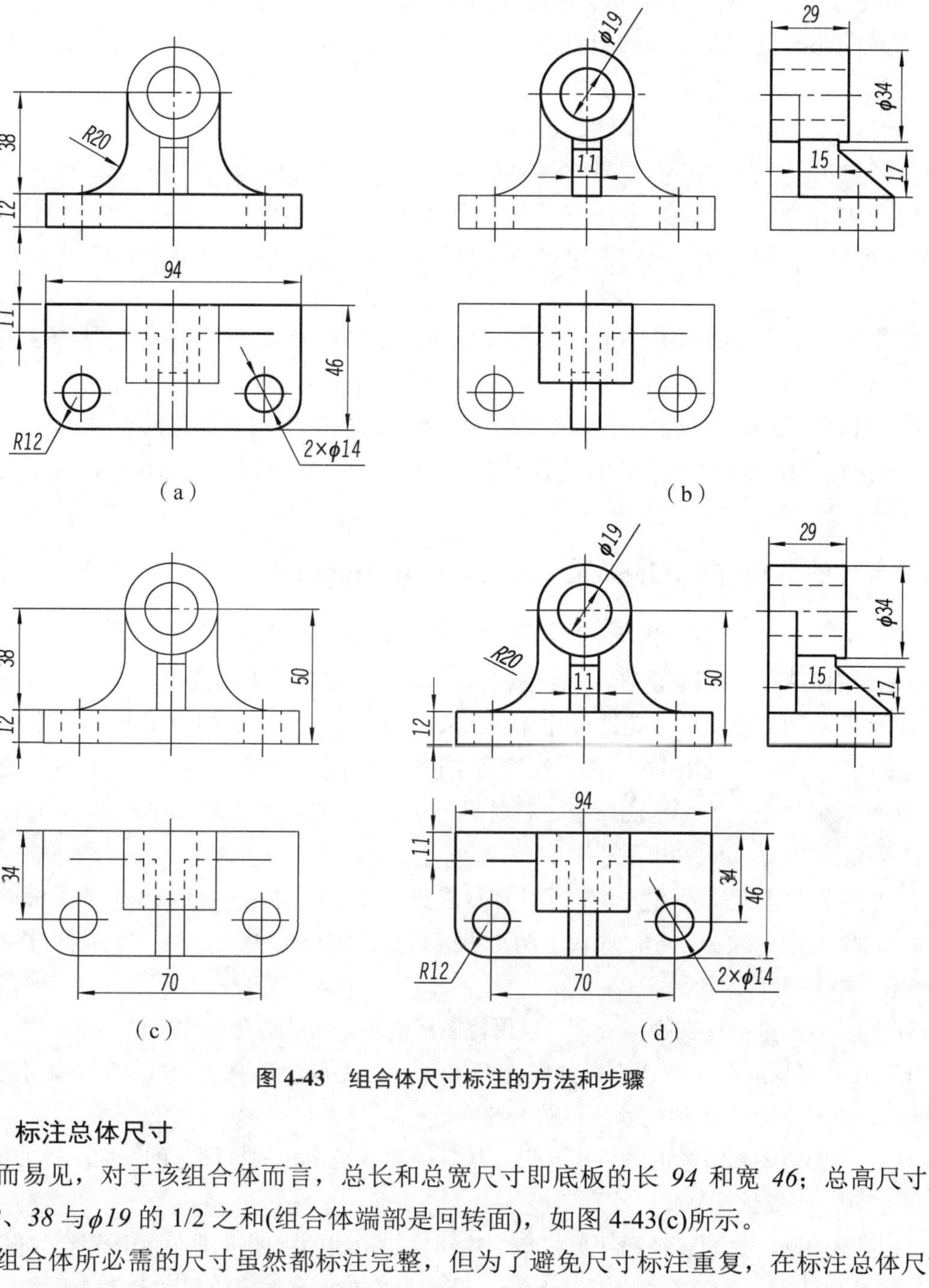


**图 4-43　组合体尺寸标注的方法和步骤**

### 4.4.4.5　标注总体尺寸

显而易见，对于该组合体而言，总长和总宽尺寸即底板的长 *94* 和宽 *46*；总高尺寸应为尺寸 *12*、*38* 与 $\phi 19$ 的 1/2 之和(组合体端部是回转面)，如图 4-43(c)所示。

该组合体所必需的尺寸虽然都标注完整，但为了避免尺寸标注重复，在标注总体尺寸之后，还应考虑对标注的尺寸做适当的调整。如图 4-43(c)所示，总高尺寸应为尺寸 *50* 与 $\phi 19$ 的 1/2 之和，其中 *50* 与 *12*、*38* 之和重复，因此剔除重复尺寸 *38*(保留重要尺寸)。调整后的最终尺寸标注如图 4-43(d)所示。

### 4.4.4.6　检查、调整尺寸

要按照形体分析法逐个检查各基本形体的定形尺寸、定位尺寸和总体尺寸，补齐遗漏、剔除重复尺寸，并对标注和排布不当的尺寸加以修改和调整。检查可以由上至下(或由下至上)，以形体为序，逐个进行检查。在检查数量的同时，也检查一下所标注的尺寸配置是否明显、集中和清晰。

特别强调，组合体的尺寸标注，还需注意下面两个问题。

(1) 不要出现“封闭尺寸”。如图 4-43(c)所示，总高尺寸应为尺寸 *50* 与 $\phi 34$ 的 1/2 之和，其中 *50* 与 *12*、*38* 之和重复。若不将重复尺寸 *38* 剔除，则形成“封闭尺寸”(封闭尺寸链)。若将此 3 个尺寸同时标出，一方面是不必要的重复；另一方面也是不合理的(其原因在第 8 章中分析)。

(2) 明确每个尺寸的作用。由于种种原因，初学者所注的尺寸往往出现不齐全、不符合形体分析原则等弊病，因此，标注尺寸时一定要弄清每个尺寸的作用，防止出现这种错误。从上述例子可知，组合体视图尺寸要确保标注完整，必须先对组合体进行形体分析，形体分析法是确保组合体尺寸标注完整的基本方法。这样，可以做到既不遗漏尺寸，也不重复标注尺寸。

### 4.4.5 尺寸的清晰排布(General rules in dimensioning)

所谓尺寸的清晰排布，就是标注尺寸在正确、完整的基础上，还应将某些尺寸的排列布置进行适当的调整，使图面清晰，以便于看图。为此，应注意下列几点。

(1) 为了看图方便，尽可能把尺寸标注在表示形状特征最明显的视图上。如图 4-43(d)所示的肋板高度尺寸 *17*，注在左视图上比注在主视图上为好；底板上两个小圆通孔的定位尺寸 *70* 和 *46* 注在俯视图上比分别注在主、左视图上为好；半径尺寸 *R20*、*R12* 一定要标注在反映圆弧的视图上。

(2) 同一形体的尺寸及有关联的尺寸应尽量集中标注。如图 4-43(d)中，将圆筒的定形尺寸 $\phi 34$ 和 *29* 集中标注在一起；底板上两个小圆通孔的定形尺寸 $2\times\phi 14$ 和定位尺寸 *70* 和 *34* 集中注在俯视图上，比较清晰。

(3) 尺寸应尽量标注在视图外部，以保持图形清晰。为了避免尺寸标注零乱，同一方向连续的几个尺寸尽量放在一条线上。如图 4-43(d)所示，将肋板的高度尺寸 *17* 与圆筒的定形尺寸 $\phi 34$ 标注在一条线上，使尺寸显得较为整齐。

(4) 在不影响图形清晰的条件下，尺寸尽量标注在两个相关视图之间。如图 4-43(d)所示，高度尺寸 *50*，底板长度 *94*。

(5) 完整的回转体的直径尺寸最好集中注在反映轴线的视图(即非圆视图)上。如图 4-43(d)所示，直径尺寸 $\phi 34$ 标注在左视图上为好；圆盘上均布小孔的定位尺寸和大小尺寸应集中注在反映它们的个数和分布位置最清楚的视图上，如图 4-41(d)、(i)所示。

(6) 尽量不要在虚线上标注尺寸。如图 4-43(d)所示，圆筒内径 $\phi 19$ 标注在主视图上，而没有标注在左视图上。

在标注尺寸时，若不能同时兼顾以上各点，必须在保证尺寸完整的前提下，统筹安排、合理布置。

## 复习思考题(Questions for review)

1．什么叫组合体？组合体有哪些组合形式？它们在视图表达上有哪些特点？
2．什么叫形体分析法、线面分析法？
3．组合体的尺寸标注要注意哪些问题？
4．什么是尺寸基准？为什么说物体的长、宽、高 3 个方向都必须有尺寸基准？
5．什么叫定形尺寸和定位尺寸？
6．看图的基本要领有哪些？

# 第 5 章　轴测投影图

# Chapter 5　Axonometric Projection

工程制图中一般采用多面正投影图表达物体形状和大小，如图 5-1 所示。但多面正投影图的直观性差，缺乏立体感。为了帮助看懂图样，在工程中经常采用三维立体感较强的轴测投影图来表达物体的结构形状、工作原理及使用说明，以弥补正投影图的不足。但是轴测投影图一般不易反映物体各表面的实形，且度量性差，作图较正投影图复杂，因此，在工程设计和工业生产中常作为辅助图样。

本章主要介绍轴测投影图的基本知识、轴测投影图的分类及轴测投影图的画法等内容。重点学习正等轴测投影图的画法，难点是立体表面交线的轴测投影画法。

## 5.1　轴测图的基本知识(Basic knowledge of axonometric projection)

### 5.1.1　轴测投影的形成(Formation of axonometric projection)

用平行投影法，沿不平行于任一坐标平面的投射方向 $S$，将物体及确定物体 $X$、$Y$、$Z$ 3 个方向的空间直角坐标系，投射到单一投影面 $P$ 上所得到的投影即是轴测投影，相应的图形称为轴测投影图，简称轴测图，$S$ 称为轴测投射方向，平面 $P$ 称为轴测投影面，如图 5-2 所示。

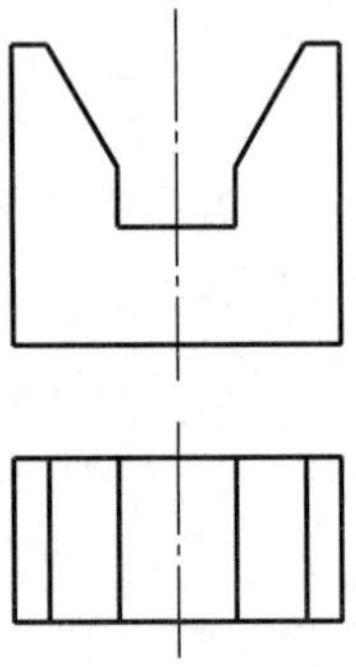

图 5-1　物体的三视图

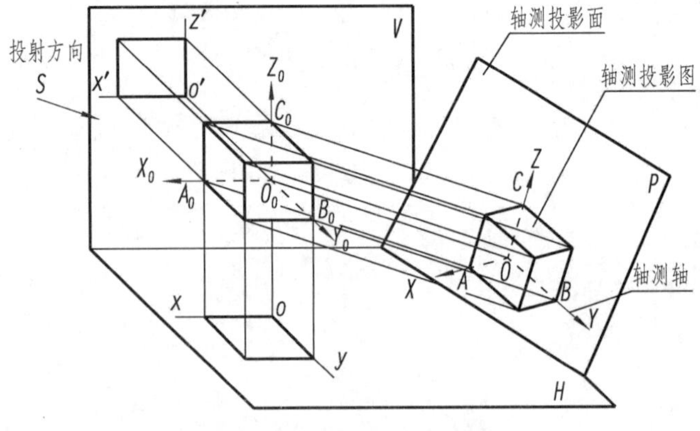


图 5-2　轴测图的形成

### 5.1.2　轴间角和轴向伸缩系数(Axes angle and coefficient of axial deformation)

如图 5-2 所示，在轴测投影图中，空间物体的 3 个坐标轴 $O_0X_0$、$O_0Y_0$、$O_0Z_0$ 在轴测投影面 $P$ 上的投影 $OX$、$OY$、$OZ$，称为轴测投影轴，简称轴测图。相邻 2 个轴测轴之间的夹角称为轴间角。轴测轴上的单位长度与相应直角坐标轴上的单位长度的比值，称为轴向伸缩系数。

如图 5-2 所示，在三个坐标轴 $O_0X_0$、$O_0Y_0$、$O_0Z_0$ 上各取单位长度线段 $O_0A_0$、$O_0B_0$、$O_0C_0$ 向轴测投影面 $P$ 投射得三段投影为 $OA$、$OB$、$OC$，其轴向伸缩系数为：

$P_1=OA/O_0A_0$——$OX$ 轴的轴向伸缩系数；

$q_1=OB/O_0B_0$——$OY$ 轴的轴向伸缩系数；

$r_1=OC/O_0C_0$——$OZ$ 轴的轴向伸缩系数。

### 5.1.3　轴测投影的分类(Classification of axonometric projection)

根据轴测投射方向和轴测投影面的相对位置不同，轴测投影图可分为两大类：

(1) 正轴测图，投射方向垂直于轴测投影面。

(2) 斜轴测图，投射方向倾斜于轴测投影面。

根据轴间角和轴向伸缩系数的不同，每类又可分为 3 种：

| | | |
|---|---|---|
| 正轴测图 | 正等轴测图(简称正等测) | $p_1=q_1=r_1$ |
| | 正二轴测图(简称正二测) | $p_1=r_1\neq q_1$、$p_1=q_1\neq r_1$、$p_1\neq q_1=r_1$ |
| | 正三轴测图(简称正三测) | $p_1\neq q_1\neq r_1$ |
| 斜轴测图 | 斜等轴测图(简称斜等测) | $p_1=q_1=r_1$ |
| | 斜二轴测图(简称斜二测) | $p_1=r_1\neq q_1$、$p_1=q_1\neq r_1$、$p_1\neq q_1=r_1$ |
| | 斜三轴测图(简称斜三测) | $p_1\neq q_1\neq r_1$ |

工程上一般常采用正等测和斜二测。

### 5.1.4　轴测图的投影规律(Projection rules of axonometric projection)

由于轴测投影是采用平行投影法形成的，因此，各类轴测投影同样都具有平行投影的规律，即：

(1) 直线的轴测投影通常仍为直线。

(2) 圆的轴测投影一般情况下为椭圆，特殊情况下为圆。

(3) 空间两平行直线，其轴测投影仍保持平行，与坐标轴平行的线段，其轴测投影仍平行相应的轴测轴。

(4) 曲线的切线的轴测投影为该曲线轴测投影的切线。

## 5.2　正等轴测图(Isometric projection)

### 5.2.1　轴间角和轴向伸缩系数(Axes angle and coefficient of axial deformation)

#### 5.2.1.1　轴间角

如图 5-3 所示，正等轴测图的 $Z$ 轴取为铅垂方向，$X$ 轴、$Y$ 轴与水平方向分别成 30°角。

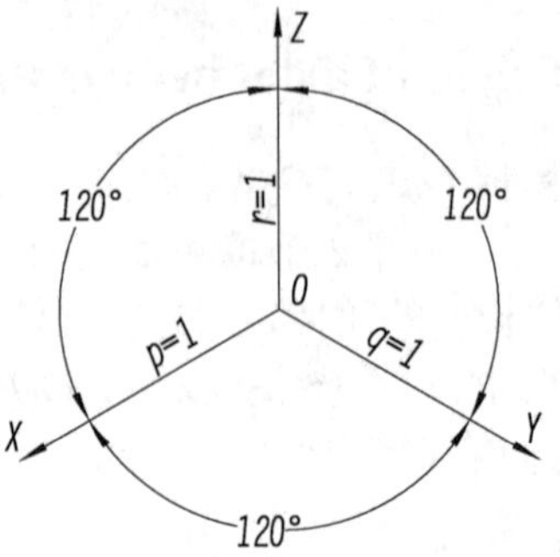


图 5-3 正等轴测图的轴间角和轴向伸缩系数

由于 X、Y、Z 轴与轴测投影面的夹角都相等，所以，各轴间∠XOY=∠YOZ=∠XOZ =120°。

#### 5.2.1.2 轴向伸缩系数

在正等测图中，各轴向伸缩系数都相等，理论上可以证明 $p_1= q_1= r_1=\cos 35°16'=0.82$。为了作图方便，可以根据 GB/T 14692—1993 中的规定，采用简化伸缩系数，取正等测图的轴向伸缩系数 $p=q=r=1$，如图 5-3 所示。

### 5.2.2 平面立体正等轴测图的画法(Drawing methods of isometric projection of plane solids)

画平面立体轴测图的基本方法是坐标法，即沿坐标轴测量，然后按坐标画出各顶点的轴测图。对不完整的形体，可先按完整形体画出，然后用切割的方法画出其不完整部分，此法称为切割法。对另一些平面立体则采用形体分析法，先将其分成若干基本形体，然后再逐个将形体组合在一起，此法称为叠加法。

**例 5.1** 画三棱锥的正等轴测图。

**分析**：如图 5-4(a)所示，由正投影图可知，三棱锥的底面为水平的三角形。在画轴测图时，选坐标原点 *O* 与 *B* 点重合，从底面画起，采用坐标法画出 *A*、*B*、*C* 各点及 *S* 点的水平投影 *s*，再沿 *Z* 轴方向向上求出 *S* 点，连接各顶点即可。

**作图步骤**：

(1) 画轴测轴。

(2) 在 *X* 轴上取 $AB=ab$，得 *A* 和 *B* 两点。

(3) 直接量取点 *C*、*S* 的 *x*、*y* 坐标，在轴测轴上求出 $x_c$、$y_c$ 及 $x_s$、$y_s$，过 $x_c$ 作直线平行 *OY* 轴，过 $y_c$ 作直线平行 *OX* 轴，两直线的交点即点 *C* 的轴测投影；用同样方法求得点 *S* 在底面的投影 *s*，如图 5-4(b)所示。

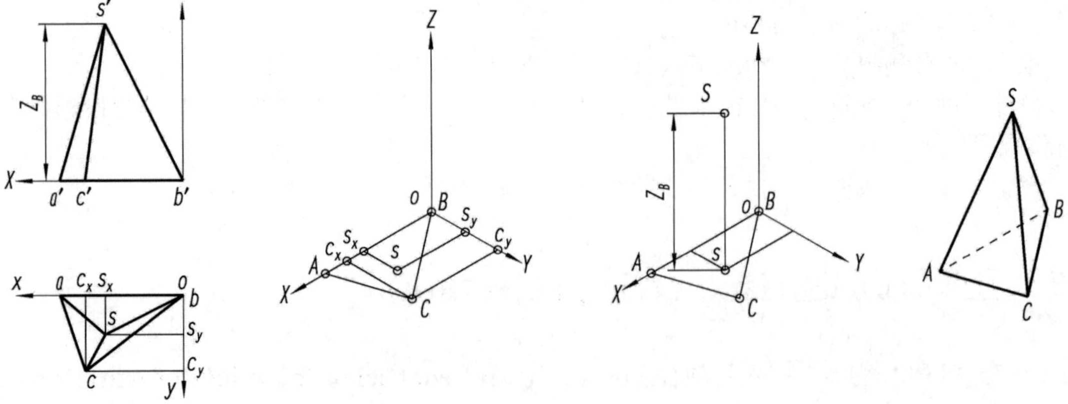


（a）（b）（c）（d）

图 5-4 三棱锥正等测图的画法

**例 5.2**　画六棱柱的正等轴测图。

**分析**：如图 5-5(a)所示，正六棱柱的顶面、底面均为水平的正六边形。在轴测图中，顶面可见，底面不可见，宜从顶面画起，使坐标原点与顶面正六边形中心重合，采用坐标法求出六边形的各顶点，再沿 $Z$ 轴方向向下平移，并连接各棱线即可。

**作图步骤**：

(1) 画轴测轴。

(2) 在 $X$ 轴上取 $OA=oa$，$OD=od$；在 $Y$ 轴上取 $OM=Om$，$ON=On$。

(3) 分别过 $M$、$N$ 点作直线 $BC /\!/ OX$，$EF /\!/ OX$，取 $MB=MC=NE=NF=mb$，然后连接各点得顶面的轴测图，如图 5-5(b)所示。

(4) 过 $F$、$A$、$B$、$C$ 向下作正六棱柱的棱线，它们都平行于 $Z$ 轴且长度等于 $H$，连接底面可见边的轮廓线，如图 5-4(c)所示。

(5) 擦去多余图线并描深，得到完整的六棱柱的正等轴测图，如图 5-4(d)所示。

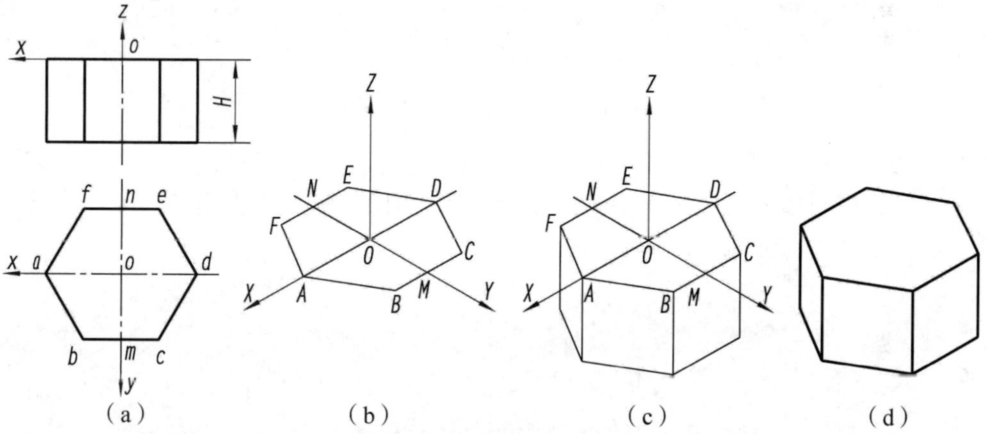


**图 5-5　六棱柱正等轴测图的画法**

**例 5.3**　求图 5-6(a)所示组合体的正等测图。

**分析**：通过形体分析和线面分析可知，该组合体可以看成是由一个四棱柱切割而成。左上方被一个正垂面切割，前上方被一个正平面和一个水平面切割而成。画图时可先画出完整的四棱柱，然后逐步进行切割。

**作图步骤**：

(1) 画轴测轴，然后画出完整的四棱柱的正等测图，如图 5-6(b)所示。

(2) 量尺寸 $a$、$b$，切去左上方的第 I 块，如图 5-6(c)所示。

(3) 量尺寸 $c$，平行 $XOY$ 面向后切；量尺寸 $d$，平行 $XOZ$ 面向下切，两平面相交切去第 II 块，如图 5-6(d)所示。

(4) 擦去多余图线并描深，得到四棱柱切割体的正等测图，如图 5-6(e)所示。

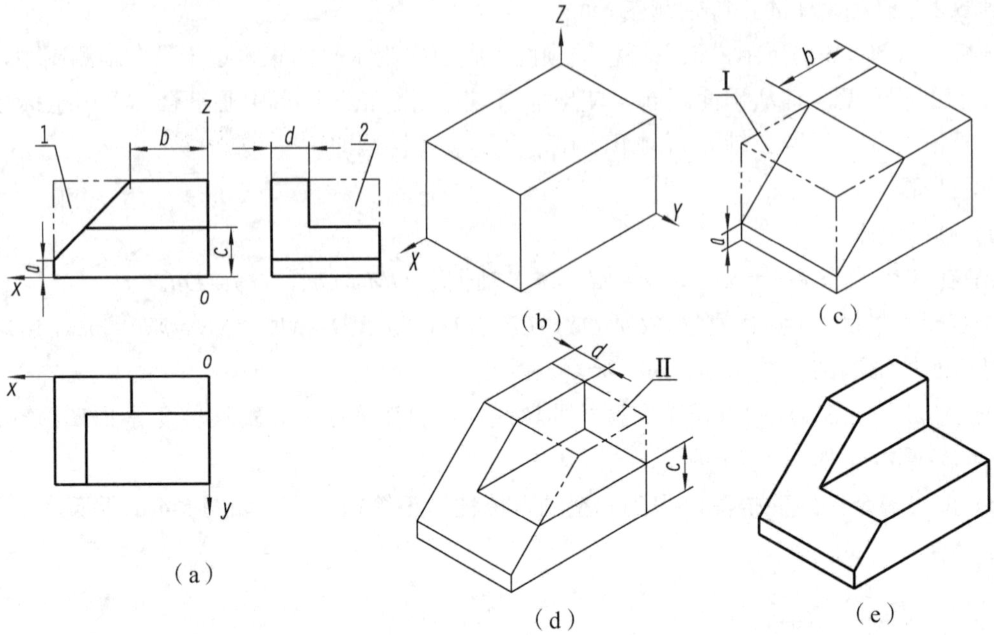


图 5-6　组合体正等测图的画法

**例 5.4**　求图 5-7(a)所示组合体的正等轴测图。

**分析**：可将组合体分解成三个基本形体(Ⅰ、Ⅱ、Ⅲ)，然后逐步画出各形体的正等测图，运用叠加法作图时，应注意各形体间的位置关系。

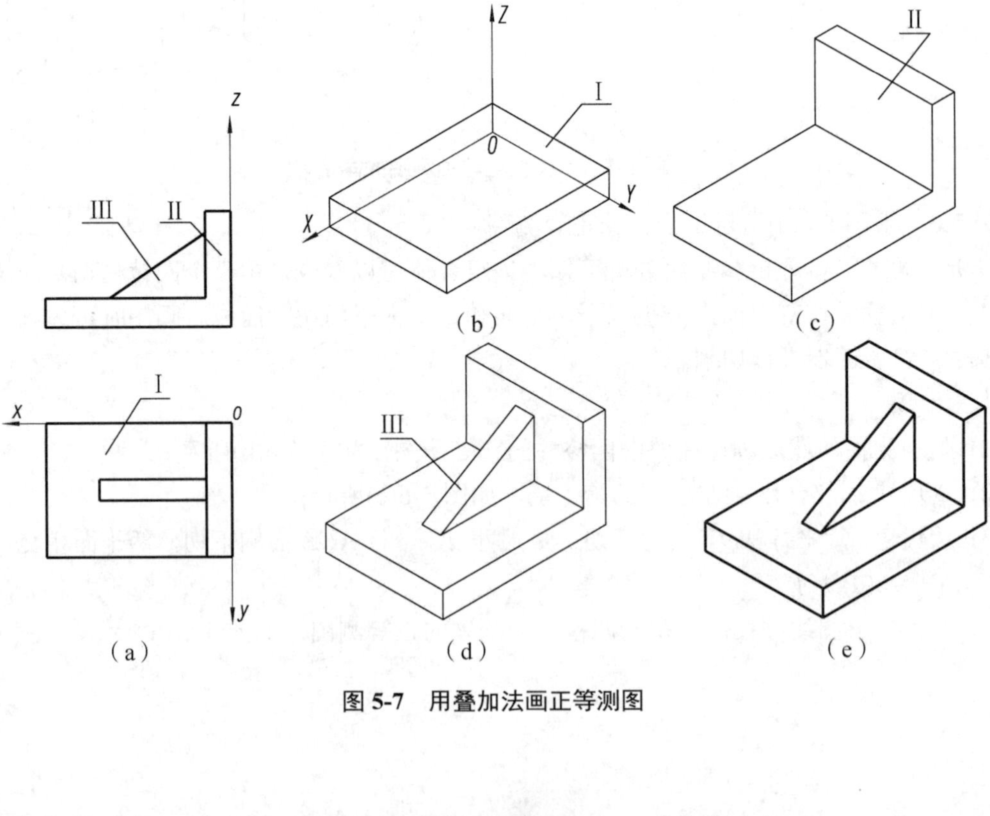


图 5-7　用叠加法画正等测图

作图步骤：

(1) 画轴测轴，然后画出形体Ⅰ，如图 5-7(b)所示。

(2) 形体Ⅱ与形体Ⅰ前、后和右面都共面，画出形体Ⅱ，如图 5-7(c)所示。

(3) 形体Ⅲ的下面与形体Ⅰ的上面共面，右面与形体Ⅱ的左面共面，画出形体Ⅲ，如图 5-7(d)所示。

(4) 擦去形体间不应有的交线和被遮挡住的线，然后描深，得到完整的正等测图，如图 5-7(e)所示。

## 5.2.3　曲面立体正等轴测图的画法(Drawing methods of isometric projection of rotary solids)

### 5.2.3.1　圆的正等测图的画法

在画圆柱、圆锥等回转体的轴测图时，关键是解决圆的轴测投影的画法。图 5-8 表示一个正立方体在正面、顶面和左侧面上分别画有内切圆的正等测图。由图可知，每个正方形都变成了菱形，而内切圆变为椭圆并与菱形相切，切点仍在各边的中点。由此可见，平行于坐标面的圆的正等测图都是椭圆，椭圆的短轴方向与相应菱形的短对角线重合，即与相应的轴测轴方向一致，该轴测轴就是垂直于圆所在平面的坐标轴的投影，长轴则与短轴相互垂直。如水平圆的投影椭圆的短轴与 $Z$ 轴方向一致，而长轴则垂直于短轴。若轴向伸缩系数采用简化系数，所得椭圆长轴约等于 1.22$d$，短轴约等于 0.7$d$。

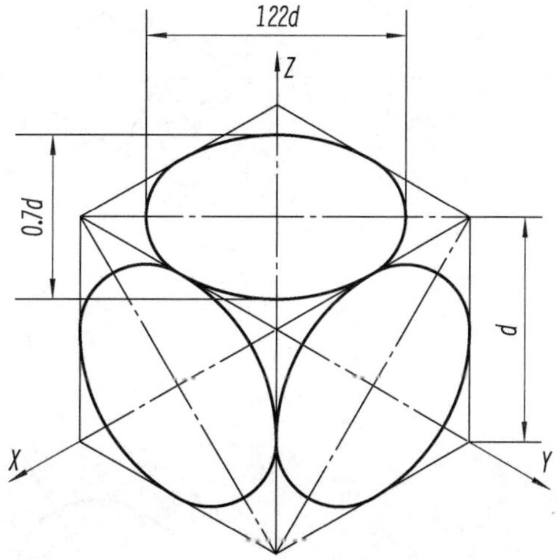


图 5-8　平行于坐标面的圆的正等测图

下面以直径为 $d$ 的水平圆为例，说明投影椭圆的近似画法：

(1) 过圆心 $O$ 作坐标轴；并作圆的外切正方形，切点为 $a$、$b$、$c$、$d$，如图 5-9(a)所示。

(2) 作轴测轴及切点的轴测投影，过切点 $A$、$B$、$C$、$D$ 分别作 $X$、$Y$ 轴的平行线，相交成菱形(即外切正方形的正等轴测图)；菱形的对角线分别为椭圆长、短轴的方向，如图 5-9(b)所示。

(3) 过切点 $A$、$B$、$C$、$D$ 分别作各边的垂线，得交点 $1$、$2$、$3$、$4$，如图 5-9(c)所示。

(4) 分别以 $1$、$2$ 为圆心，以 $1B$(或 $2A$)为半径画大圆弧 $BC$、$AD$；以 $3$、$4$ 为圆心，以 $3A$(或 $4B$)为半径画小圆弧 $AC$、$BD$，4 段圆弧光滑连接构成了近似椭圆，如图 5-9(d)所示。

作正平圆和侧平圆的轴测图，根据各坐标面的轴测轴作出菱形，其余作法与水平椭圆的正等测图的画法类似，如图 5-10 所示。

由此，当物体上具有平行于 2 个或 3 个坐标面方向均有圆时，因正等测椭圆的作图方法统一而又较为简便，故适宜选用正等测来绘制这类物体的轴测投影图。

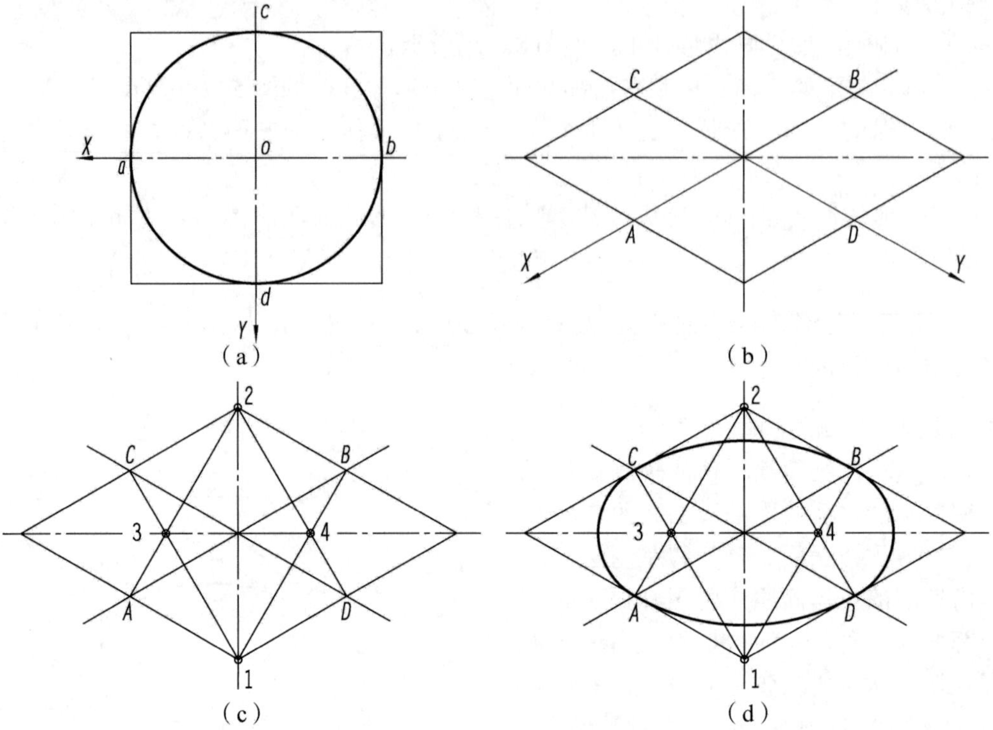


图 5-9 椭圆的近似画法

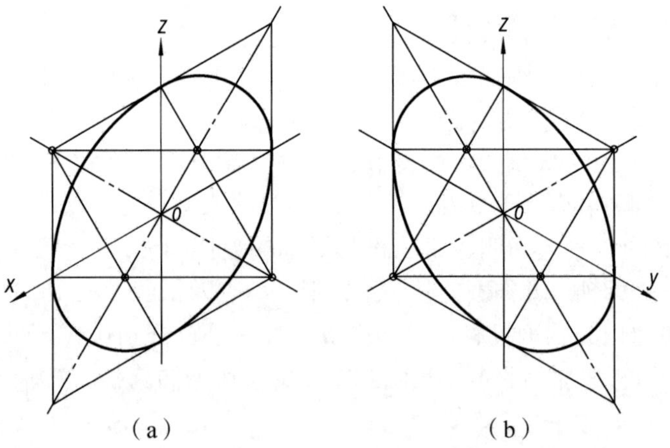


图 5-10 正平圆与侧平圆正等测图的画法

### 5.2.3.2 圆柱体的正等测图的画法

如图 5-11(a)所示，圆柱的轴线垂直于水平面，顶面和底面都是水平面，在圆柱的正等测图中，其顶面为可见，故取顶圆中心为坐标原点，使 $Z$ 轴与圆柱的轴线重合，其作图步骤如下：

(1) 作轴测轴，用近似画法画出圆柱顶面的近似椭圆，再把连接圆弧的圆心沿 $Z$ 轴方向向下移 $H$，以顶面相同的半径画弧，作底面近似椭圆的可见部分，如图 5-11(b)所示。

(2) 过两长轴的端点作两近似椭圆的公切线，即为圆柱面轴测投影的转向轮廓线，如图 5-11(c)。

(3) 擦去不应有的线，然后描深，得到完整的圆柱体的正等测图，如图 5-11(d)所示。

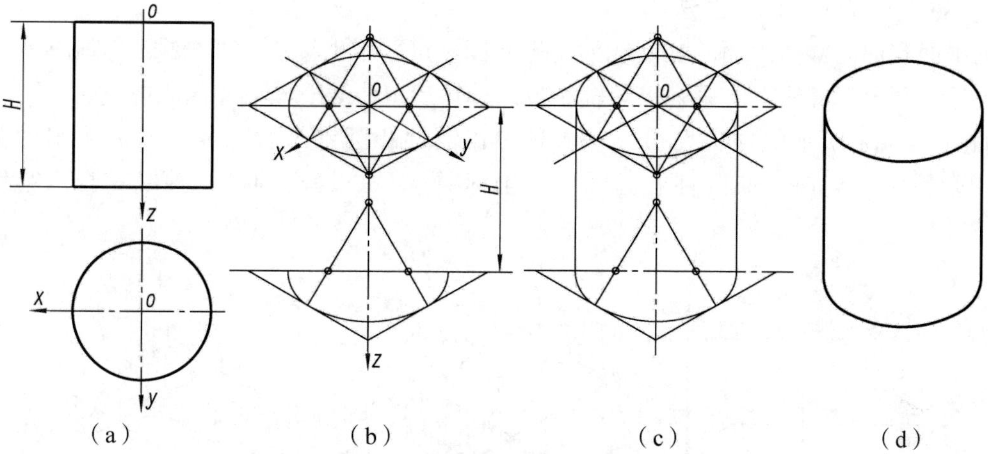


图 5-11　圆柱体正等测图的画法

#### 5.2.3.3　圆角的正等测图的画法

圆角通常是圆的 1/4，其正等测画法与圆的正等测画法相同，即作出对应的 1/4 菱形，画出近似圆弧。具体画法，是在作圆角的边线上量取圆角半径 $R$，自量得的点作边线的垂线。然后以两垂线交点为圆心，垂线长为半径画弧，所得弧即为轴测图上的圆角；对于底面圆角，只要将切点、圆心都沿 $Z$ 轴方向下移板厚距离 $H$，以顶面相同的半径画弧，即完成圆角的作图，其作图步骤如图 5-12 所示。注意:右面圆弧要画上两圆弧的公切线。

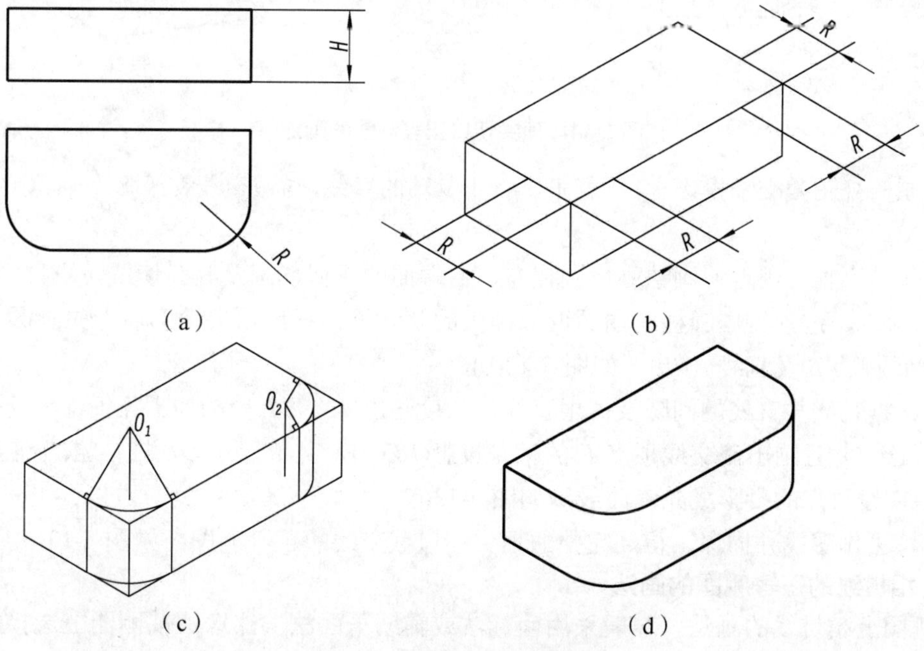


图 5-12　圆角的正等测图的画法

## 5.2.4 截交线、相贯线的正等测图的画法(Drawing methods of cutting and intersection line of isometric projection)

### 5.2.4.1 截交线正等测图的画法

画平面和曲面立体表面的截交线的正等测图，可采用坐标法，即根据三视图中截交线上点的坐标，画出截交线上一系列点的轴测投影，然后用曲线板光滑连接成曲线。

如图 5-13(a)所示的顶尖切口，基本体是由圆柱和圆锥组合而成，然后由水平面和侧平面切割得顶尖切口，取圆柱右面圆心为坐标原点，*X* 轴与圆柱的轴线重合，其作图步骤如下：

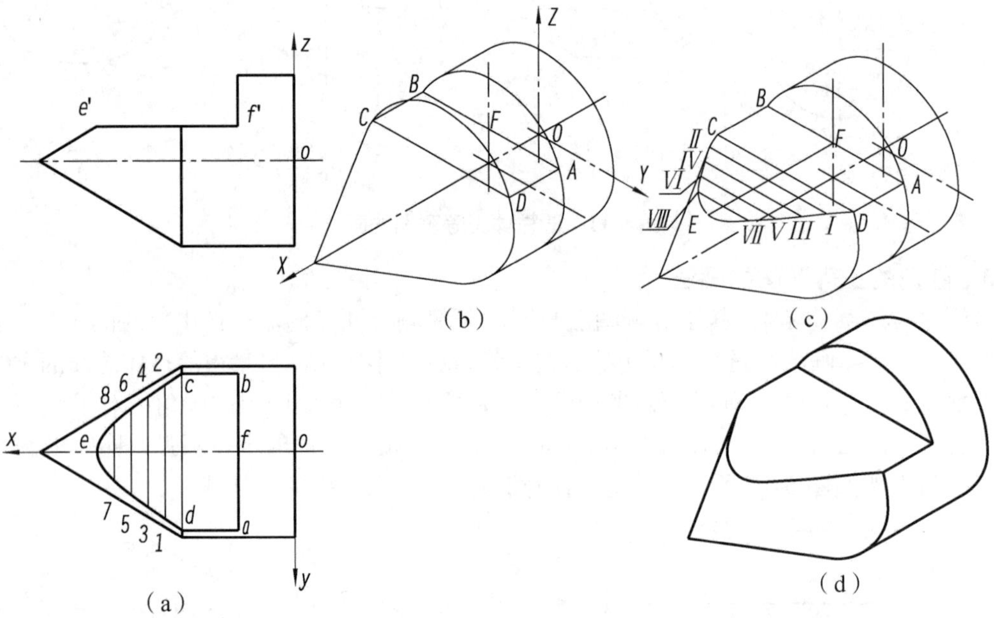


图 5-13 顶尖切口正等测图的画法

(1) 在俯视图截交线投影上，作若干平行于 *y* 轴的直线，与截交线交于 8 个点，如图 5-13(a)所示。

(2) 作轴测轴，用近似画法画出圆柱左、右端面的近似椭圆及其公切线，再在 *X* 轴上确定圆锥的顶点，过顶点作圆柱左端面近似椭圆的公切线；画出顶尖轮廓后，先画圆柱部分切口交线(椭圆弧 *AB* 及直线 *AFB*)，如图 5-13(b)。

(3) 根据直线与直线的间隔及每根直线的长度画出 *12*、*34*、*56*、*78* 各条直线及端点 *I*、*II*、…、*VIII*，并且画出截交线顶点 *E* 的轴测投影(*EF*=*ef*，且平行于 *OX* 轴)，依次连接各直线端点及截交线顶点的投影成光滑曲线，如图 5-13(c)。

(4) 擦去作图线并描深，得到完整的顶尖切口截交线的正等测图，如图 5-13(d)所示。

### 5.2.4.2 相贯线的正等测图的画法

轴测图上相贯线的画法，一般采用坐标法或辅助平面法。注意：轴测图上选择的辅助平面与回转体的交线只能是直线，否则会使作图复杂。

图 5-14 所示是采用坐标法和辅助平面法作相贯线的实例。

(1) 在视图上定出相贯线上的特殊点和几个普通点的坐标。

(2) 用坐标法画图的步骤为：三视图上的 *1*、*2*、*3*、*4*、*5* 点对应轴测图上轴向直径的端点和长短轴端点，是特殊位置点，只需沿轴量取 *Z* 坐标即得 *1*、*2*、*3*、*4*、*5* 各点；再沿轴量取 $x_1$、$z_1$ 得 *6* 点，沿轴量取 $y_2$、$z_2$ 即可得 *7* 点，再光滑连接各点成曲线，就得到了相贯线的正等轴测图，如图 5-14(b)所示。

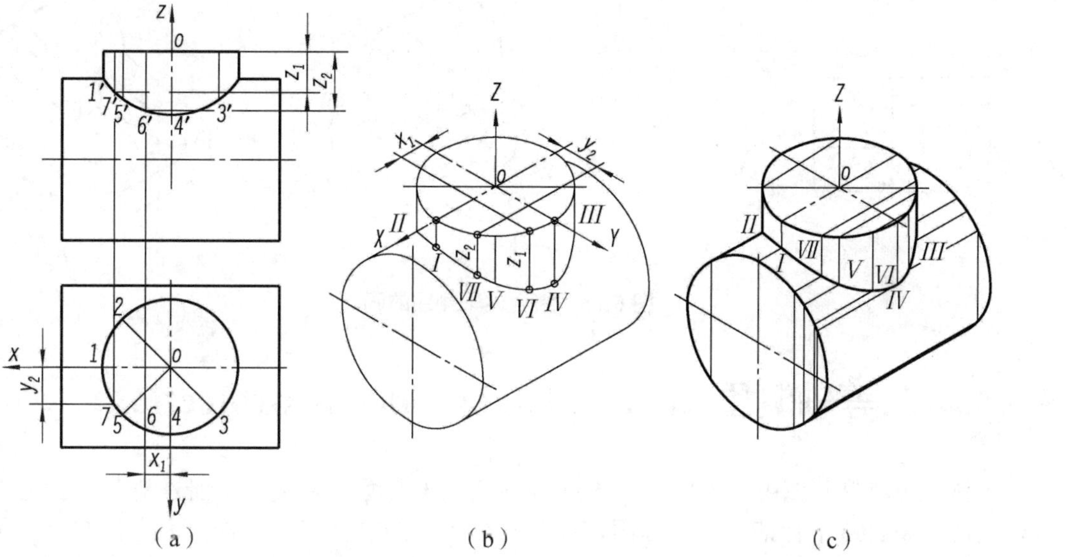


图 5-14　相贯线轴测图的画法

(3) 用辅助平面法画图的步骤为：选取一系列辅助平面截两圆柱，截交线交点 *1*、*2*、*3*、*4*、*5*、*6*、*7*，即相贯线上的点，然后用光滑曲线连接，如图 5-14(c)所示。

### 5.2.5　组合体正等测图的画法(Drawing methods of isometric projection of composite solids)

画组合体的轴测图是用叠加法，通过形体分析法，将组合体分解为几个简单(基本)形体，再将基本形体从上至下、从前至后、从左到右，按它们的相对位置一个一个地画出，最后擦去各形体之间不该有的交线和被遮挡的线。

如图 5-15 所示，根据该组合体的三视图，对其进行形体分析，该组合体是由 3 个简单形体叠加而成的，然后按组合形体依次画图，先画主要形体，再逐步画出形体的细节，如圆孔、圆角等。作图方法及步骤如下：

(1) 在正投影图上选定坐标轴，如图 5-15(a)所示。

(2) 画变形底板及其水平的圆角和小圆柱孔，如图 5-15(b)所示。

(3) 画右后方的 U 形柱，如图 5-15(c)所示。

(4) 画左后方的肋板，如图 5-15(d)所示。

(5) 擦去作图线，加深，得该组合体的正等测图，如图 5-15(e)所示。

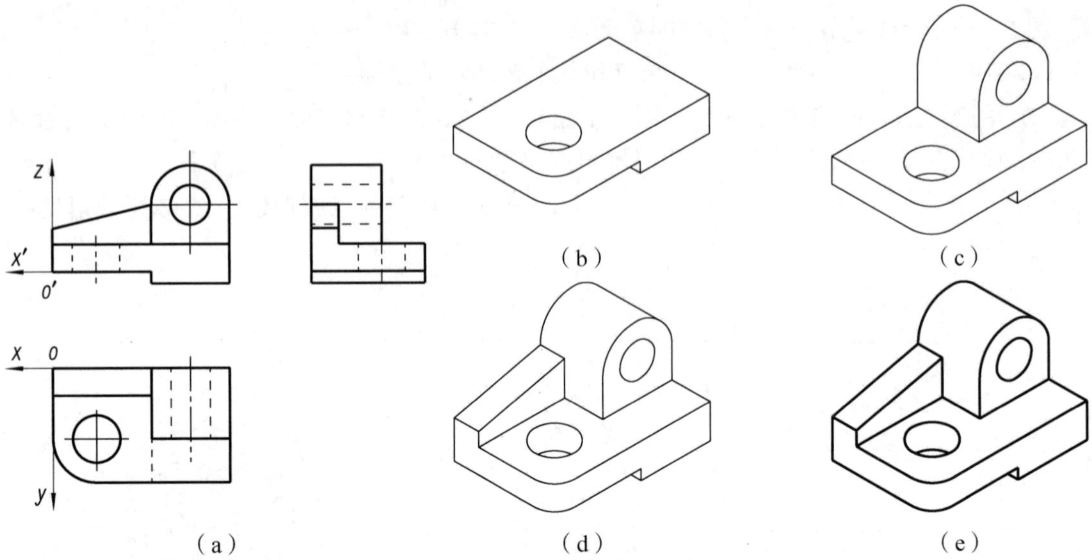


图 5-15 组合体轴测图的画法

# 5.3 斜二等轴测图(Inclined axonometric projection)

在斜二等测轴测图中，投射方向 *S* 必须与轴测投影面 *P* 斜交；而且在选择投射方向时，应避免使它垂直或平行某一个坐标面，以防有损图形的立体感。通常，为方便起见，常在轴测投影图中选择轴测投影面 *P* 平行于坐标面 *XOZ* 或坐标面 *XOY*。这样，就能使平行于该坐标面的图形的轴测投影反映出实形。当轴测投影面 *P* 平行于坐标 *XOZ* 时，这种投影称正面斜二轴测图；轴测投影面 *P* 平行于坐标面 *XOY* 时这种投影称水平斜二轴测图。在工程中，常采用正面斜轴测图。

## 5.3.1 轴间角和轴向伸缩系数(Axes angle and coefficient of axial deformation)

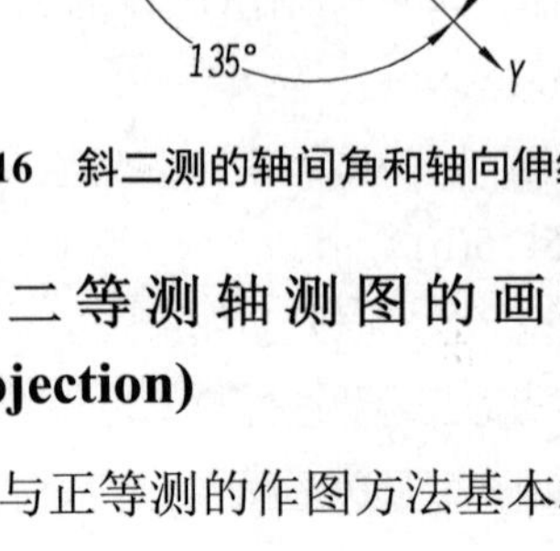


图 5-16 斜二测的轴间角和轴向伸缩系数

在正面斜二轴测图中，因 *XOZ* 坐标面平行于轴测投影面 *P*，故不论投射方向 *S* 的位置如何，*X* 轴和 *Z* 轴在平面 *P* 上的投影，其轴向伸缩系数总是等于 1，轴间角∠*XOZ* 等于 90°。实际作图时，常取 *Y* 轴的轴向伸缩系数为 $q=0.5$，取轴间角∠*XOY*=∠*YOZ*=135°，如图 5-16 所示。

## 5.3.2 斜二等测轴测图的画法举例(An example of inclined axonometric projection)

斜二测与正等测的作图方法基本相同，凡具有单向圆的零件，选用斜二测作图较简便。

其画法要点与正等测类似，仅仅是轴间角和轴向伸缩系数以及椭圆的作法不同而已。

**例 5.5**　作出如图 5-17(a)所示填料压盖的斜二测图。

**分析**：组合体由圆柱和底板叠加而成，并且组合体沿圆柱轴线上下、前后对称，取底板后面的中心为原点确定坐标轴。

**作图步骤**：

(1) 作轴测轴，并在 $Y$ 轴上按 $q$=0.5 确定底板前面的中心 $O_1$ 和圆柱最前面的圆心 $O_2$，以及底板两侧的圆柱面的圆心 $A$、$B$、$C$、$D$，如图 5-17(b)所示。

(2) 以 $O$、$O_1$ 为圆心作出底板中间的圆，以 $A$、$B$、$C$、$D$ 为圆心作出两侧圆柱面和圆孔，然后作它们的切线，完成底板的斜二测，如图 5-17(c)所示。

(3) 以 $O_1$、$O_2$ 为圆心，$\phi$ 为直径作圆，并作两圆的公切线，完成组合体前方圆柱的斜二测；以 $O$、$O_2$ 为圆心，$\phi_1$ 为直径作圆，作出组合体中间圆孔的斜二测，如图 5-17(d)所示。

(4) 擦去作图线，加深，作图结果如图 5-17(e)所示。

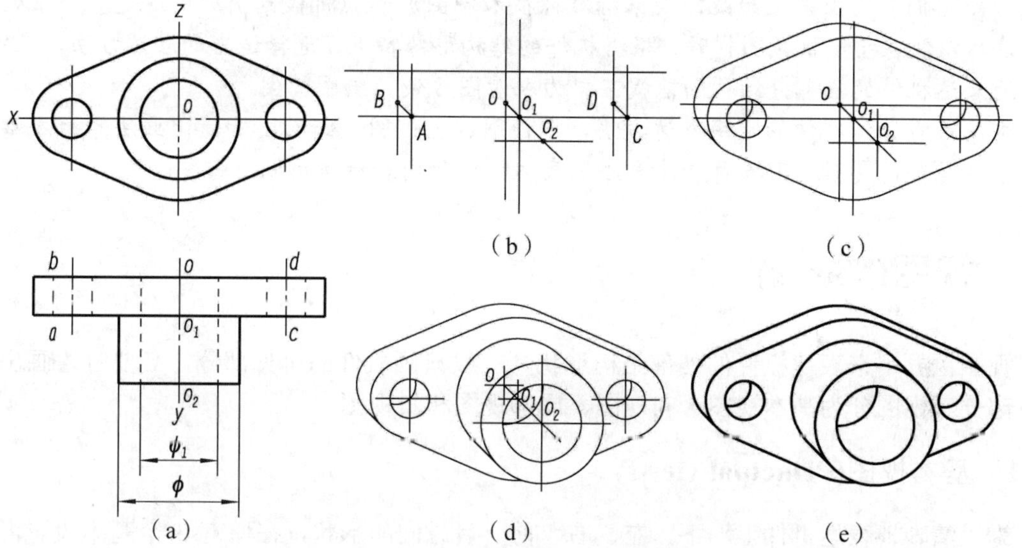


**图 5-17　填料压盖的斜二等测轴测图**

## 复习思考题(Questions for review)

1．什么是轴测投影？轴测图与正投影图有何区别？

2．轴测图分为哪两大类？是如何区分的？

3．画轴测图的基本方法是什么？

4．画带切口的平面立体常用什么画法？

5．当机件上只有平行于坐标平面 $XOZ$ 的圆或圆弧时，选用哪一种轴测图作图较方便？当机件上只有平行于坐标平面 $XOY$ 的圆或圆弧时，又选用哪一种轴测图作图较方便？

# 第 6 章　机件的表达方法

# Chapter 6　Representations of Machine Parts

在实际工作中，有些机件的形状和内外结构都比较复杂，如果仅用 3 个视图难以完整、清晰地把它们表达出来，为此，国家标准《技术制图》和《机械制图》中规定了一系列的表达方法，以便在绘制机械图样时，根据机件的结构形状特点，选择适当的表达方法，在完整、清晰地表达机件的各部分结构的前提下，力求看图方便、绘图简便。

本章着重介绍机件的常用表达方法，如视图、剖视图、断面图和简化画法等。本章的重点和难点是如何灵活运用各种表达方法来表达机件的内外结构形状。

## 6.1　视图(Views)

视图主要用来表达机件的外部结构形状，一般只画机件的可见部分，必要时才画出其不可见部分。视图分为基本视图、向视图、局部视图和斜视图。

### 6.1.1　基本视图(Principal views)

为了清晰地表达机件上、下、左、右、前、后方向的形状，在原有 3 个基本投影面的基础上再增加 3 个基本投影面，组成了一个正六面体，这 6 个投影面称为基本投影面。将机件置于其中，向各基本投影面投射所得的视图称为基本视图。6 个基本视图的名称及投射方向规定为：

主视图：由前向后投射所得的视图；

俯视图：由上向下投射所得的视图；

左视图：由左向右投射所得的视图；

右视图：由右向左投射所得的视图；

仰视图：由下向上投射所得的视图；

后视图：由后向前投射所得的视图。

6 个基本投影面按图 6-1 所示展开，其配置关系如图 6-2 所示。若视图画在同一张图纸内，且按图 6-2 所示位置配置时，一律不标注视图的名称。

画基本视图应注意：

(1) 6 个基本视图之间仍遵循“长对正、高平齐、宽相等”的投影规律。

(2) 每一个基本视图都能表达物体的 4 个方位，故考虑视图之间的度量关系时，应与视图上所表示物体的方位相对应。

(3) 6 个基本视图中，一般优先采用主、俯、左 3 个视图。任何机件都必须有主视图，其他视图的选择，应根据机件的结构特点和复杂程度而定。

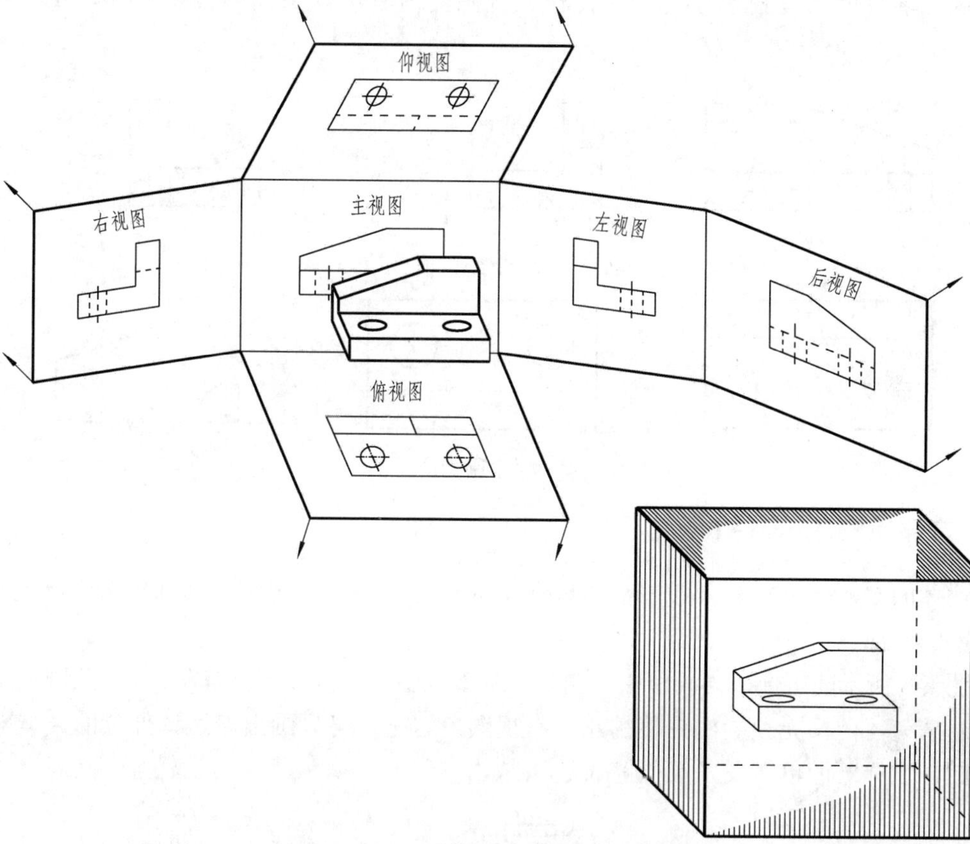


图 6-1　6 个基本视图的形成及其展开

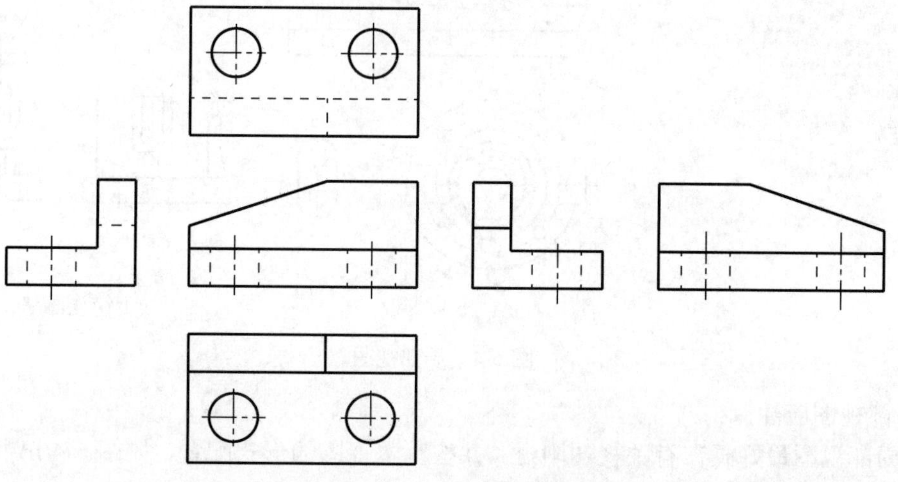

图 6-2　6 个基本视图的配置

## 6.1.2 向视图(Reference arrow views)

可自由配置的基本视图称为向视图。若 6 个基本视图中的某个视图不能按图 6-2 所示的位置配置，可按向视图绘制，如图 6-3 所示。向视图必须进行标注，应在该视图的上方标出表示该视图名称的大写拉丁字母，并在相应视图的附近用箭头指明投射方向，并标注相同字母。

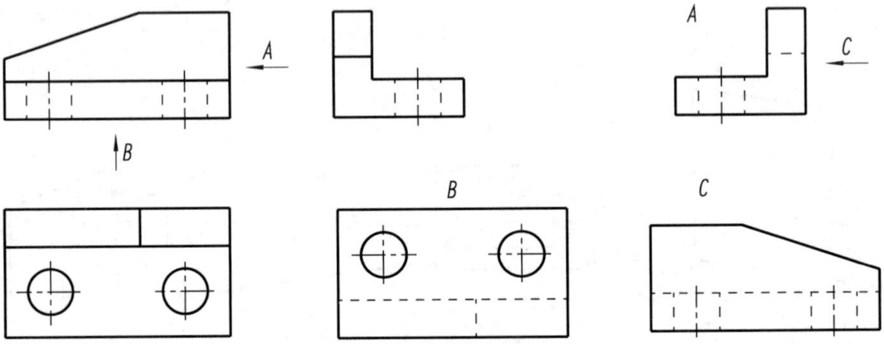


图 6-3 向视图

## 6.1.3 局部视图(Local views)

将物体的某一部分向基本投影面投射所得的视图叫作局部视图，局部视图实际上是某一基本视图的局部。

如图 6-4 所示的机件，当画出主、俯两个基本视图后，机件上仍有左、右两侧的凸台形状尚未表达清楚，但又无须画出完整的左、右视图，这时，可只画出表达该部分的 *A* 向和 *B* 向局部视图，这样既简单明了，又能够表达清楚。

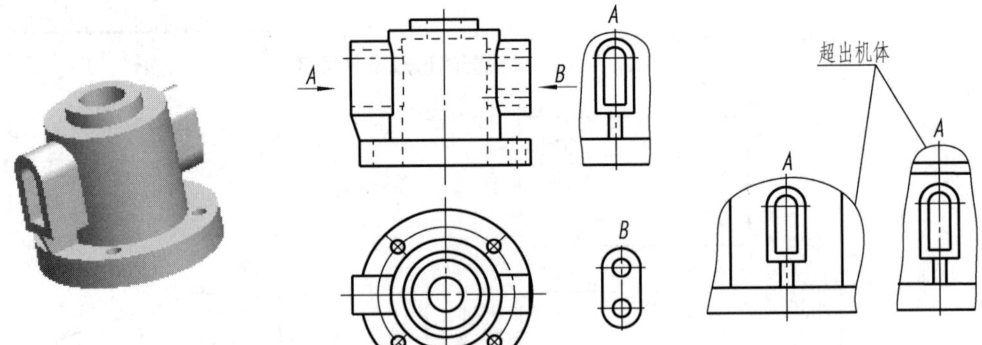


（a） （b） （c）错误画法

图 6-4 局部视图

画局部视图应注意：

(1) 局部视图最好画在有关视图附近，并按基本视图的形式配置，如图 6-4(b)中的 *A* 向视图，也可以画在图纸内的其他位置，如图 6-4(b)中的 *B* 向视图。

(2) 局部视图的断裂边界应用波浪线表示，如图 6-4(b)中的 *A* 向视图所示。当所表示的局部结构是完整的，且外轮廓线封闭时，波浪线可省略不画，如图 6-4(b)中的 *B* 向视图。

(3) 波浪线的绘制，应起止于机件的轮廓线，不得超出机件的机体。图 6-4(c)中的波浪线画法是错误的。

(4) 为简化作图，对称物体(或零件)的视图可只画 1/2 或 1/4，并在对称中心线的两端画出两条与其垂直的平行细实线(对称符号)，如图 6-5 所示。

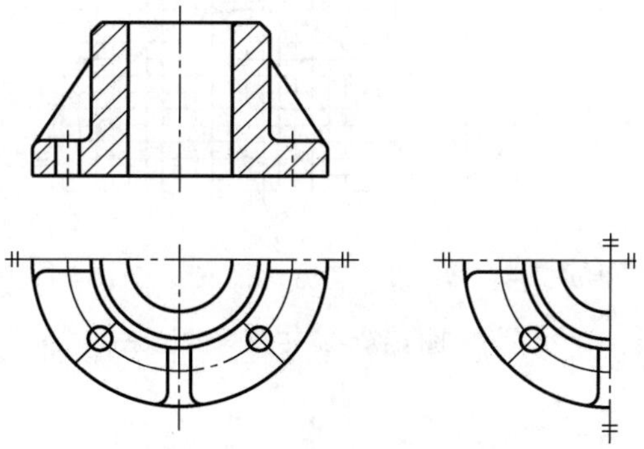

图 6-5　对称机件局部视图的画法

局部视图按向视图标注的形式标注。按基本视图配置的局部视图，若两个视图之间没有被其他的图形隔开，则可省略标注，如图 6-4 中的 *A* 向视图；否则必须标注。

### 6.1.4　斜视图(Inclined views)

将物体的倾斜部分向不平行于基本投影面的平面投射所得的视图叫作斜视图。如图 6-6(a)所示，机件的倾斜部分在基本投影面上的投影都不反映实形，这时可用换面法，增设一个与倾斜部分平行的辅助投影面，并在该投影面上作出反映倾斜部分实形的投影。

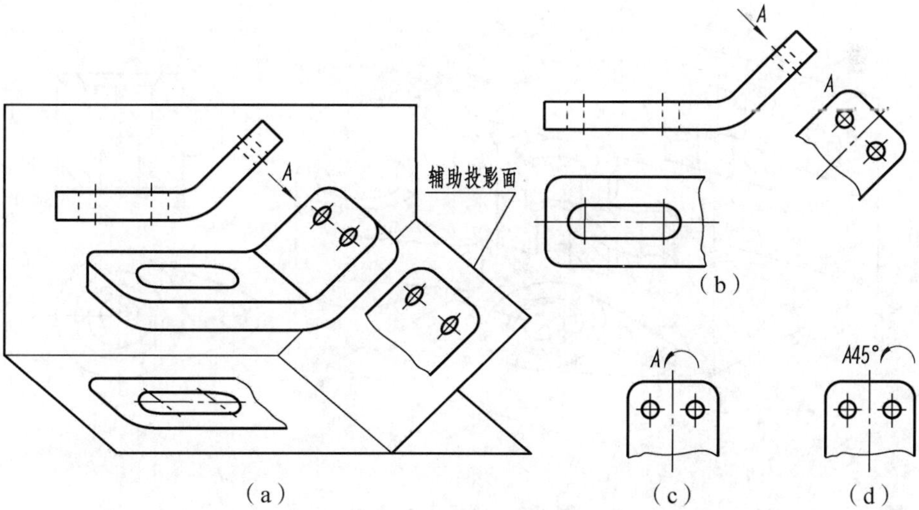


图 6-6　斜视图

画斜视图应注意：

(1) 斜视图必须标注，标注形式与向视图类同，但标注时，无论视图怎样倾斜，字母一律水平书写，表示投射方向的箭头要垂直指向倾斜部分，如图 6-6(b)所示。

(2) 斜视图尽可能配置在与基本视图直接保持投影关系的位置。必要时可以平移到其他适当位置，也允许将斜视图转平，但标注时需加注旋转符号，旋转符号的箭头表示旋转方向，表示该视图名称的大写拉丁字母应靠近旋转符号箭头端[图 6-6(c)]，当需要标注的图形旋转角度时，可将角度注写在字母之后[图 6-6(d)]。旋转符号的画法如图 6-7 所示。

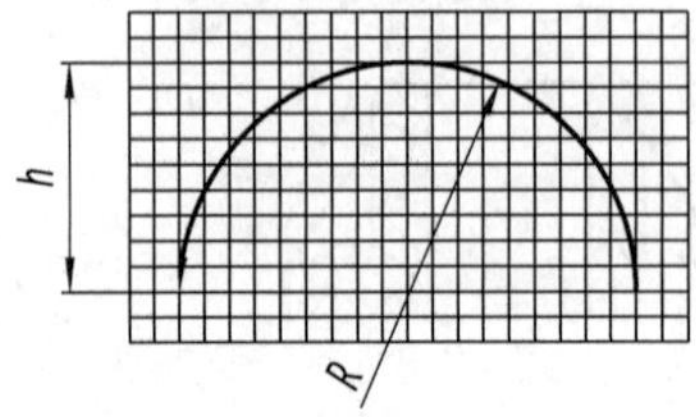


*R*=*h*　*h*=字体高度　符号笔画宽度=1/10 *h* 或 1/14 *h*

**图 6-7　旋转符号的画法**

(3) 斜视图一般只表达倾斜部分的局部形状，其余部分可用波浪线断开不画，以免出现失真投影。

# 6.2　剖视图(Sectional views)

## 6.2.1　剖视图的基本知识(Basic knowledge of sectional views)

用视图表达机件时，机件内部的结构形状都用虚线表示。如果图中的虚线过多，就会使图形不清晰，且标注尺寸也不方便。为此，表达机件内部结构，常用剖视图。

### 6.2.1.1　剖视图的形成

如图 6-8 所示，假想用一个剖切面，将机件剖开，移去观察者和剖切面之间的部分，而将其余部分向投影面投射所得的图形称为剖视图(简称剖视)。

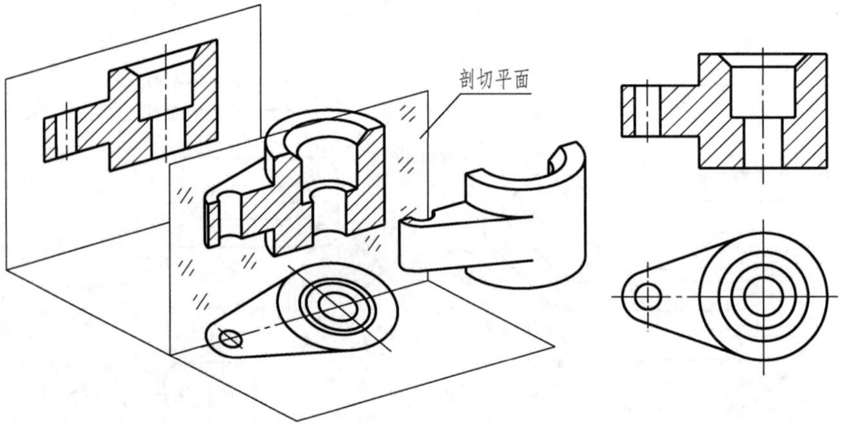


（a）　　（b）

**图 6-8　剖视图的形成**

### 6.2.1.2　剖视图的画法

现以 6-9(a)所示的机件为例，说明画剖视图的方法和步骤。

(1) 画出机件的视图如图 6-9(b)所示。

(2) 确定剖切平面的位置。为了在主视图上表达出机件的内部结构，选用平行于正立投影面且通过孔的轴线的剖切平面。

(3) 画剖面符号。在剖视图中，剖切面与机件接触的部分称为剖面区域。画剖视图时，先画出剖切平面与机件的截交线，得到断面图形(剖面区域)，并在其上画出剖面符号，如图 6-9(c)所示。不同的材料采用不同的剖面符号，表 6-1 中列出了部分材料的剖面符号。

金属材料的剖面符号宜画成与主要轮廓线或剖面区域的对称线成 45°方向且相互平行的细实线，剖面符号也称为剖面线。剖面线之间的间隔视剖面区域的大小而异，通常取 2～4mm。当同一机件有几个剖视图表达时，所有剖视图上的剖面线的倾斜方向和间隔均应相同。

(4) 画出剖切平面后面可见部分的投影。剖切平面后面的可见轮廓线要画出，对于断面后边的不可见部分，若在其他视图上已表达清楚，一般不再画出虚线；对于在其他视图上难以表达清楚的部分，必要时允许在剖视图上画出虚线，如图 6-9(d)所示。

(5) 校核，描深。

(6) 标注剖切符号和剖视图的名称，如图 6-9(d)所示。

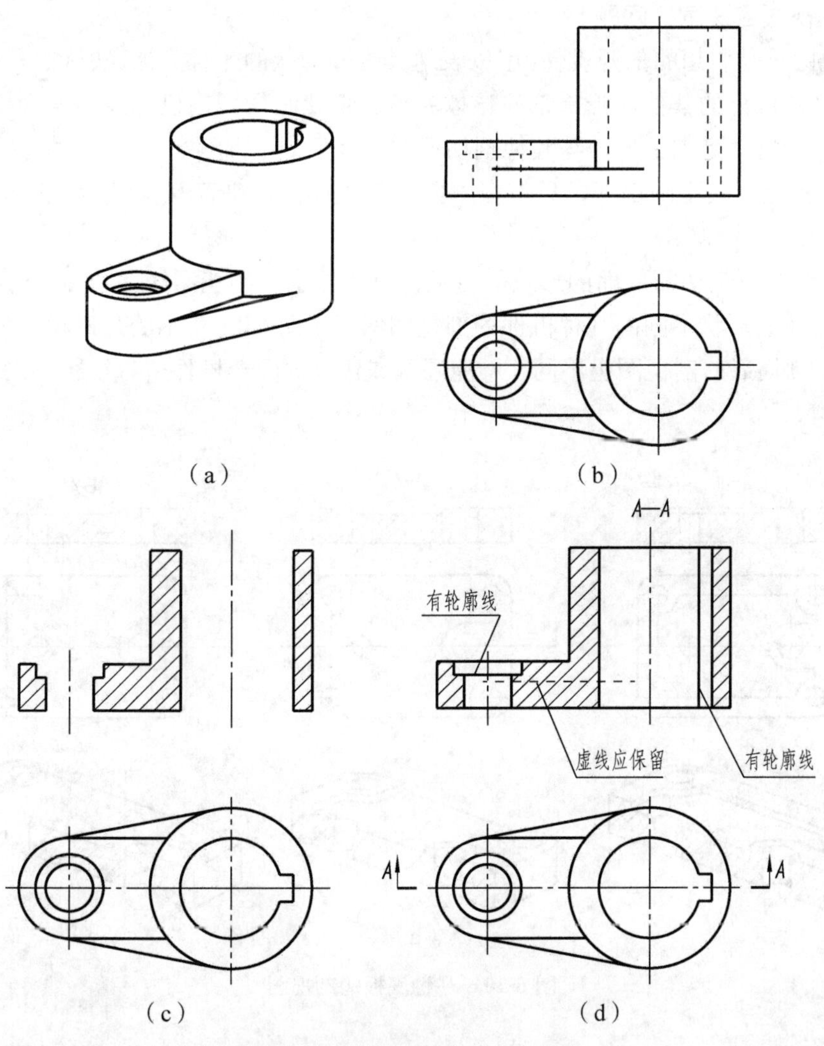


图 6-9　画剖视图的方法和步骤

表 6-1　剖面符号(摘自 GB/T 17453—2005)

| | | | | | |
|---|---|---|---|---|---|
| 金属材料(已有规定剖面符号者除外) | 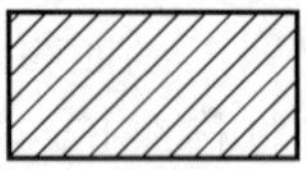 | 型砂、填沙、粉末冶金、砂轮、陶瓷刀片及硬质合金刀片等 |  | 木材纵剖面 |  |
| 非金属材料(已有规定剖面符号者除外) | 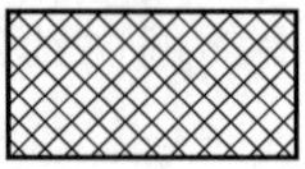 | 玻璃及观察用的其他透明材料 | 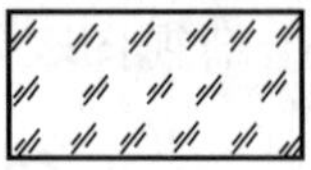 | 液体 | 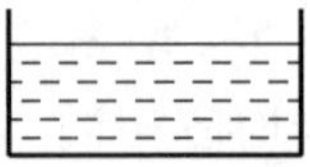 |
| 转子、电枢、变压器和电抗器等的叠钢片 | 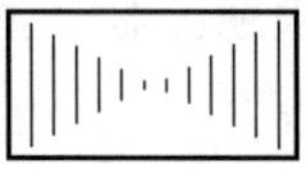 | 线圈绕组元件 | 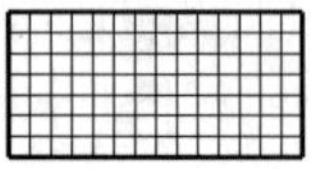 | 胶合板(不分层数) | 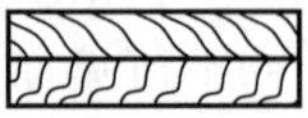 |
| | | | | 网格(筛网、过滤网等) |  |

### 6.2.1.3　画剖视图应注意的问题

(1) 剖视图只是假想的剖开机件，用以表达其内部形状的一种方法，实际上机件是完整的，因此，除剖视图以外的其他图形，都应该以完整的形状画出。当机件经多次剖切时，每次剖切前都应该认为机件是完整的，与其他剖切无关。

(2) 剖视图上一般不画虚线，只有在不影响剖视图的清晰而又能减少视图时，可画少量虚线。

(3) 要仔细分析剖切面后面的形状，可见部分要画出，不能漏线。图 6-10 是剖切区域相同而剖切面后面的形状不同的几种机件的剖视图例子。图 6-11 所示的几例说明机件的内部空腔形状不同，剖切后的剖视图也不同，不能漏画或错画。同一机件所有视图的剖面线的方向、间距应相同。

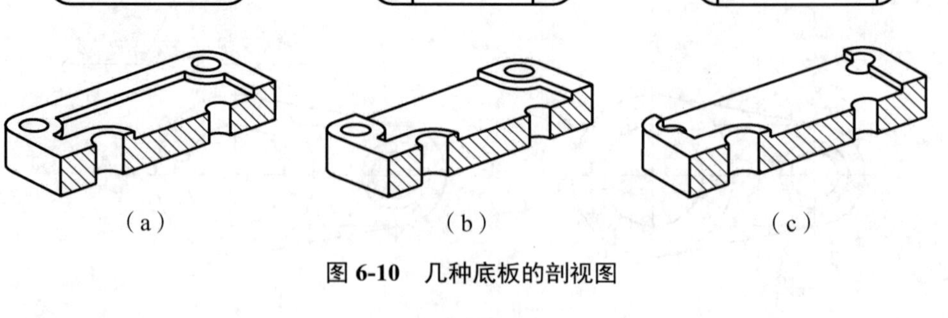


(a)　　(b)　　(c)

图 6-10　几种底板的剖视图

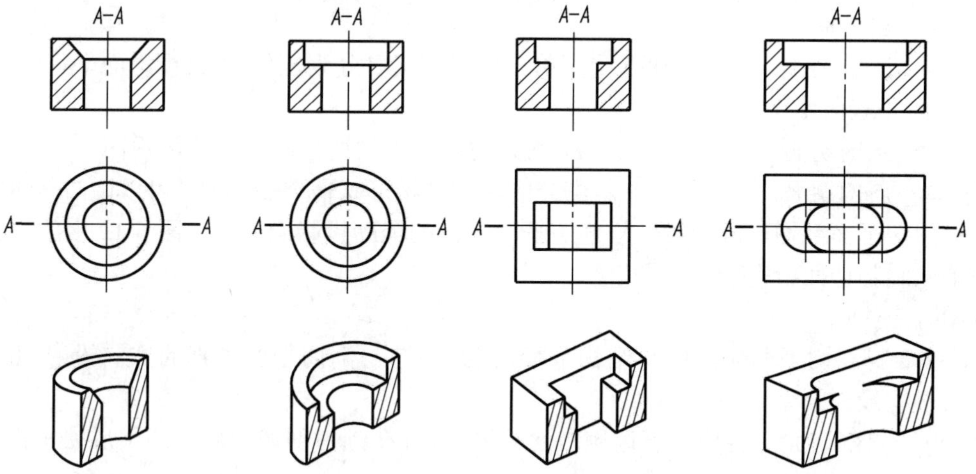


（a）　（b）　（c）　（d）

图 6-11　几种孔槽的剖视图

#### 6.2.1.4　剖视图的标注

为了便于判断剖切位置和剖切后的投射方向，以及剖视图和其他视图的对应关系，对剖视图应进行标注，如图 6-9(d)所示。

1．**标注内容**

(1) 剖切线。指示剖切面位置的线，用细点画线表示，也可以省略不画。

(2) 剖切符号。指示剖切面的起、止和转折位置(用短粗实线表示)及投射方向(用箭头表示)的符号，短粗实线线宽(1～1.5)$d$(粗实线宽)，长 5～10 mm。

字母：注写在剖视图的上方，用以表示剖视图名称的大写拉丁字母。

2．**剖视图的标注方法**

(1) 一般应在剖视图的上方用大写拉丁字母标出剖视图的名称“X-X”，在相应的视图上用剖切符号表示剖切位置(短粗实线)和投射方向(箭头)，并在剖切符号旁注上同样的字母。表示起止剖切位置的短粗实线尽可能不要与图形的轮廓线相交，箭头垂直画在其两外侧端。

如果在同一张图样上有几个剖视图，则其名称应该按字母顺序排列，不得重复。

(2) 当剖视图按投影关系配置，中间又没有其他图形隔开时，可以省略表示投射方向的箭头，如图 6-11 所示。

(3) 当单一剖切平面通过机件的对称或基本对称平面且剖视图按投影关系配置，中间又没有其他图形隔开时，可以省略标注，如图 6-8(b)、图 6-9 至图 6-11 均属于这种情形，实际画图时可省略标注。

### 6.2.2　剖切面的种类(Kinds of section plane)

画剖视图时，常要根据机件的不同形状和结构特点选用不同的剖切面和剖切方法。国家标准规定了剖切面的种类有单一剖切面、几个平行的剖切平面和几个相交的剖切面。其中单一剖切面和几个相交的剖切面包括剖切平面和剖切柱面。

#### 6.2.2.1 单一剖切面

根据剖切平面相对于投影面的位置，单一剖切面又可分为正剖切面(投影面平行面)和斜剖切面(投影面垂直面)。

(1) 单一正剖切面。图 6-8 至图 6-11 均为用单一正剖切平面剖切的剖视图。

(2) 单一斜剖切面。当机件上倾斜部分的内部结构形状需要表达时，可以用与基本投影面倾斜的斜剖切平面剖切，再投射到与剖切平面平行的辅助投影面上。如图 6-12 中的 *A-A* 剖视即为用单一斜剖切面所得的剖视图。

画图时应注意：

(1) 单一斜剖切平面应与倾斜结构平行，剖开后向与剖切平面垂直的方向投射，旋转 90°展开到与基本投影面重合后画出。

(2) 单一斜剖切面主要用于表达倾斜面的结构，凡在倾斜剖切面后面的不反映机件实形的投影，应避免画出，以免图形失真。

(3) 为看图方便，剖视图尽量按投影关系配置，如图 6-12(b)中 *A-A* 剖视；必要时(为了合理布置图幅)可将图形平移到图纸的其他地方，如图 6-12(c)；在不致引起误解的情况下，也允许将图形旋转放正画出，但必须加注旋转符号，如图 6-12(d)所示。

(4) 采用单一斜剖切面得到的剖视图必须标注。标注时字母一律水平书写，如图 6-12 所示。

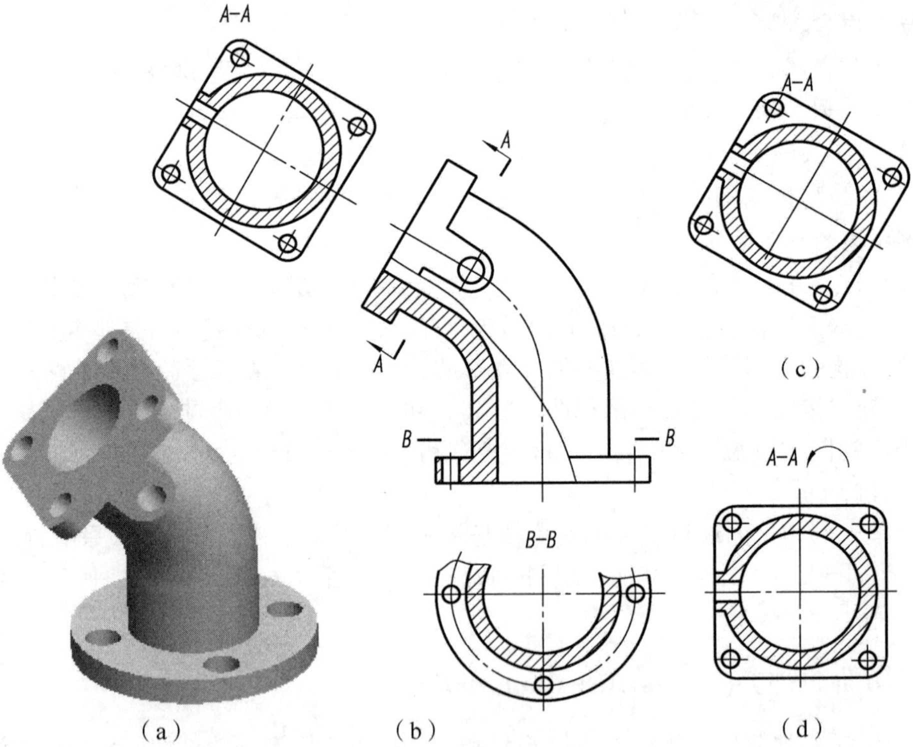


图 6-12 单一斜剖切平面剖得的剖视图

#### 6.2.2.2　几个平行的剖切平面

当机件有较多内部结构(孔、槽等)形状，且他们的轴线或对称面又处在两个或多个平行的平面上时，可用几个平行的剖切平面剖切机件，见图 6-13 中的 *A-A* 剖视图。

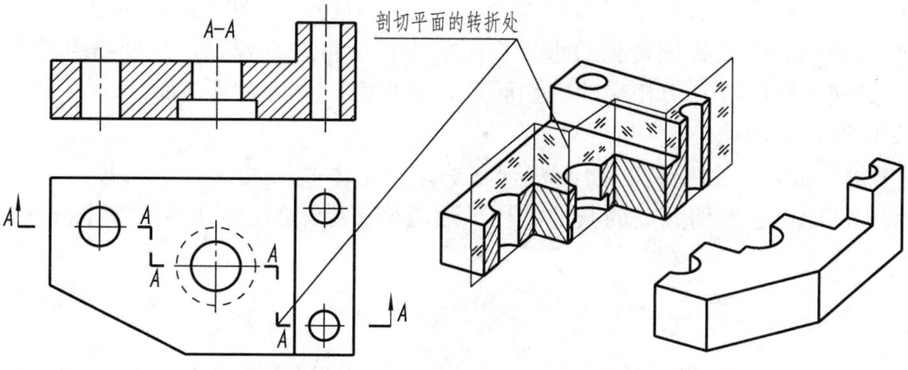


图 6-13　几个平行的剖切平面剖得的剖视图

画图时应注意：

(1) 由于剖切是假想的，两相邻剖切平面的转折处不应画出分界线，剖切符号的起止、转折处不应与图形轮廓线相交或重合，如图 6-14(a)所示。

(2) 要恰当选择剖切位置，避免在剖视图上出现不完整结构要素[图 6-14(a)]。只有当两个要素在图中具有公共对称中心线或轴线时，才允许各画一半，此时应以中心线或轴线为界，如图 6-14(b)所示。

(3) 标注：采用几个平行的剖切平面剖切必须标注，用粗短画表示剖切面的起、止和转折位置，箭头表示投射方向，在剖切面的起、止和转折处水平注写大写字母，并在剖视图的上方中间用相同的字母表示剖视名称，如图 6-13 所示。当转折处位置有限又不致引起误解时，允许省略字母；当剖视图按投影关系配置，中间没有其他图形隔开时，可以省略箭头，如图 6-14(b)所示。

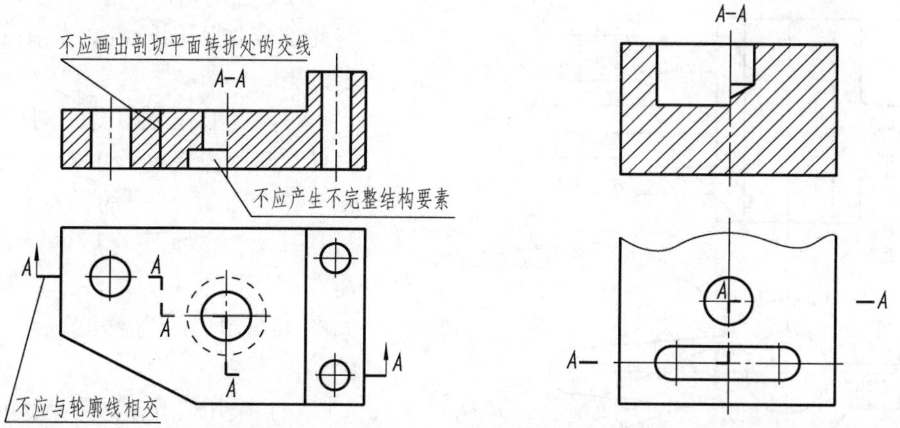


（a）错误画法　　（b）允许出现不完整要素的示例

图 6-14　画图时应注意的问题

#### 6.2.2.3 几个相交的剖切面

当机件具有回转轴，且回转轴垂直某一基本投影面时，可用几个相交的剖切面剖切机件，剖切平面的交线与回转轴重合。图 6-15 中的 *A-A* 剖视是用两个相交的剖切平面剖切得到的剖视图。该机件左半部分用水平面；右半部分用正垂面剖切，画图时将正垂面连同被剖开的结构一起绕两剖切平面的交线旋转到与水平投影面平行后再进行投射，这样得到的剖视图既能反映实形，又便于画图。几个相交的剖切面可以是平面，也可以是柱面。

画图时应注意的问题：

(1) 倾斜剖切面剖到的结构必须旋转到与选定的基本投影面平行后再投射，使被剖切的结构反映实形，而位于剖切面后的其他结构一般应该按原来的位置投射，如图 6-15 所示的小油孔。

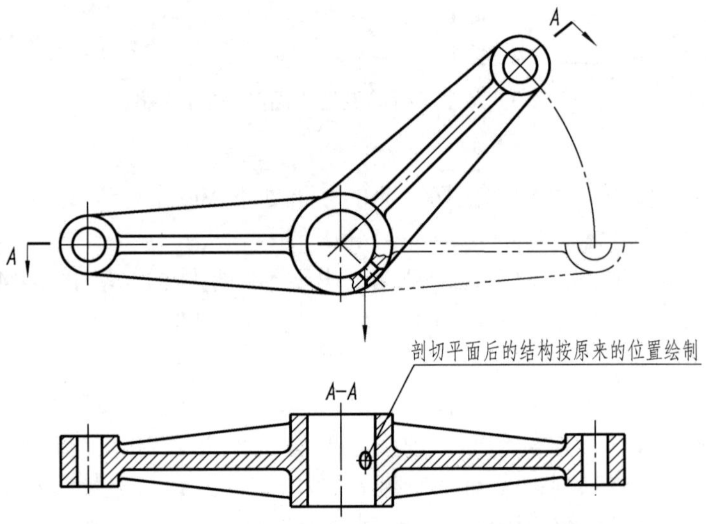


图 6-15　用两个相交的剖切平面剖切获得的剖视图(一)

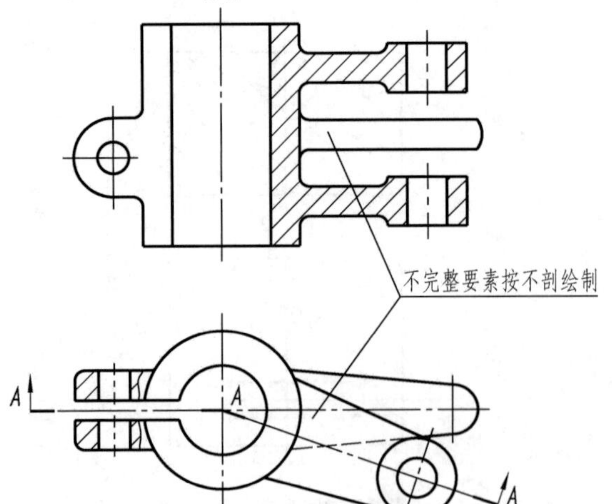


图 6-16　用两个相交的剖切平面剖切获得的剖视图(二)

(2) 当剖切后产生不完整要素时，应将此部分按不剖绘制，如图 6-16 中所示的臂。

(3) 当用几个相交的剖切平面剖切机件，向某投影面投射投影重叠时，须将各剖切平面剖得的结构依次旋转到与某基本投影面平行后再投射，此时，需在剖视图的上方加注“展开”2 字，如图 6-17 所示，展开前后，各轴线间的距离不变。

(4) 采用几个相交的剖切面剖切所得到的剖视图必须标注，标注形式与用几个平行面剖切相同，如图 6-15 至图 6-18 所示。

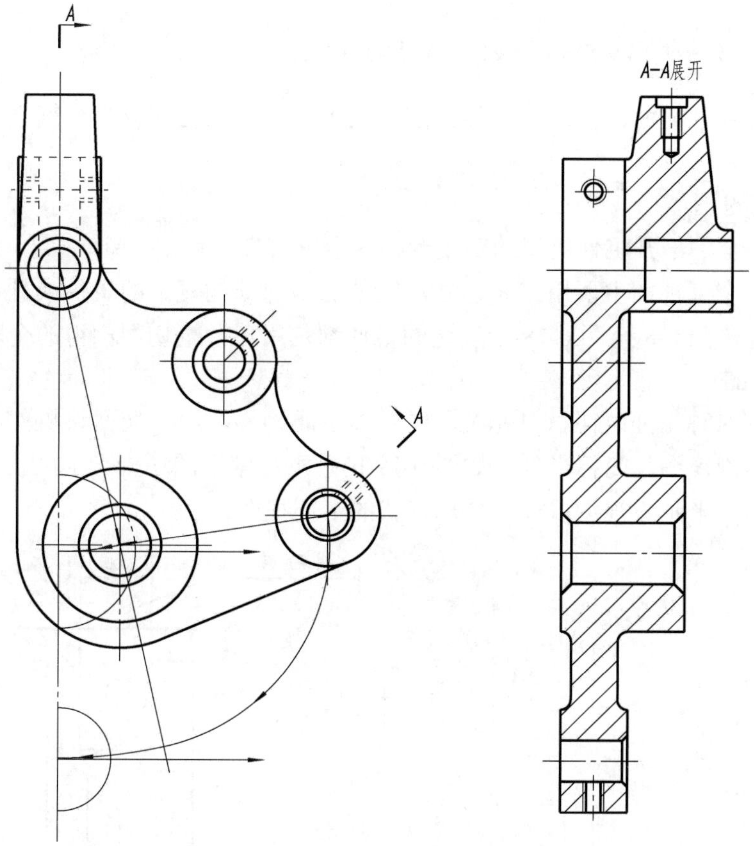


图 6-17　用几个相交的剖切平面剖切获得的剖视图(一)

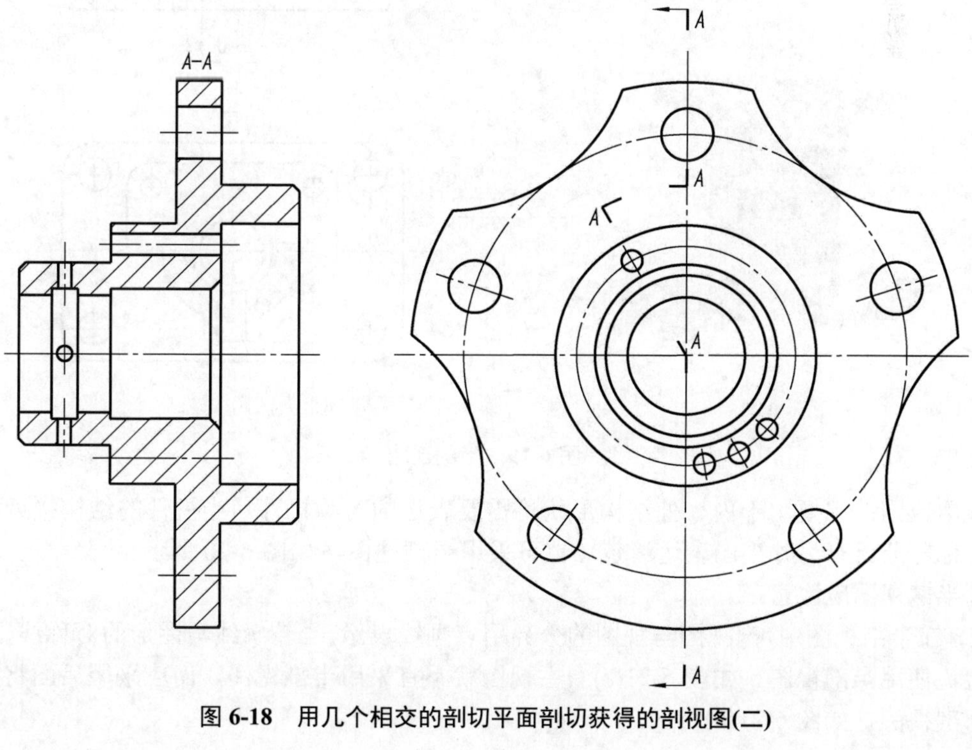


图 6-18　用几个相交的剖切平面剖切获得的剖视图(二)

### 6.2.3 剖视图的种类(Types of sectional views)

运用上述各种剖切面，按剖开机件范围的大小，可将剖视图分为全剖视图、半剖视图和局部剖视图。

#### 6.2.3.1 全剖视图

用剖切面完全的剖开机件所得的剖视图称为全剖视图。

适用范围：全剖视图主要用来表达外形简单而内部结构复杂的机件或外形已由其他视图表达清楚的机件。图 6-8 至图 6-18 所表达的机件都是用各种剖切面剖得的全剖视图。

#### 6.2.3.2 半剖视图

当机件具有对称平面时[图 6-19(a)]，以对称平面为界，用剖切面将机件剖开一半，所得的剖视图称为半剖视图，简称半剖。如图 6-19(b)中主、俯视图均为一半画成剖视图以表达内部结构形状，另一半画成视图以表达外部形状的半剖视图。

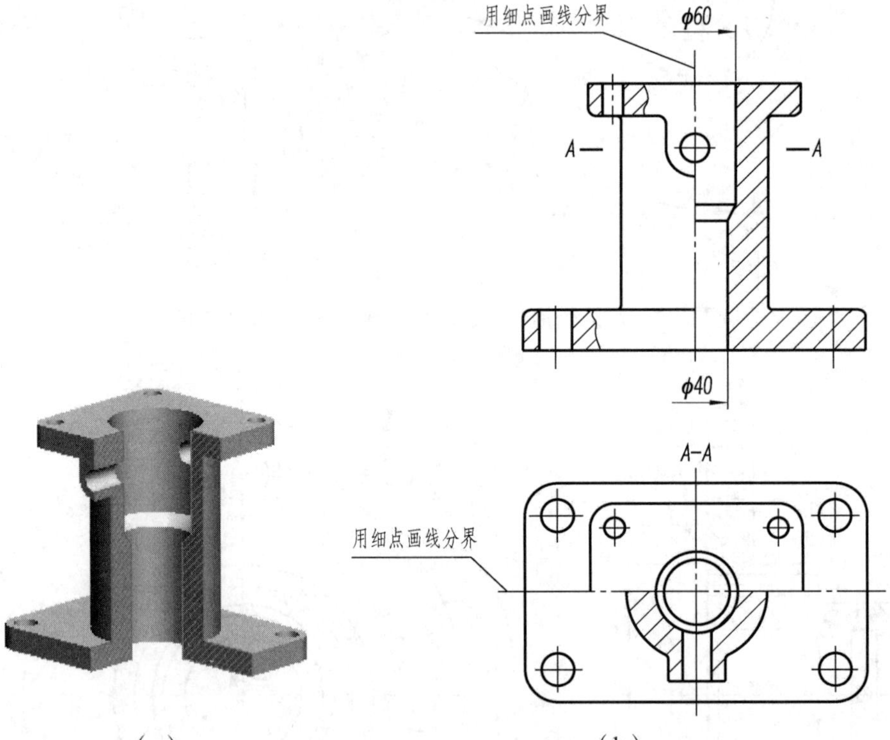


图 6-19 半剖视图

适用范围：主要用于内、外结构形状均需要表达的对称机件。当机件的结构接近对称，且不对称部分已有另外视图表达清楚，也可采用半剖视图，如图 6-20 所示。

画半剖视图应注意：

(1) 在半剖视图中，剖视图与视图的分界用点画线表示，当轮廓线与图形的对称线重合时，则应避免使用半剖视图。如图 6-21(a)中主视图就不宜采用半剖视图，而应采用后面将要介绍的局部剖视图，如图 6-21(b)所示。

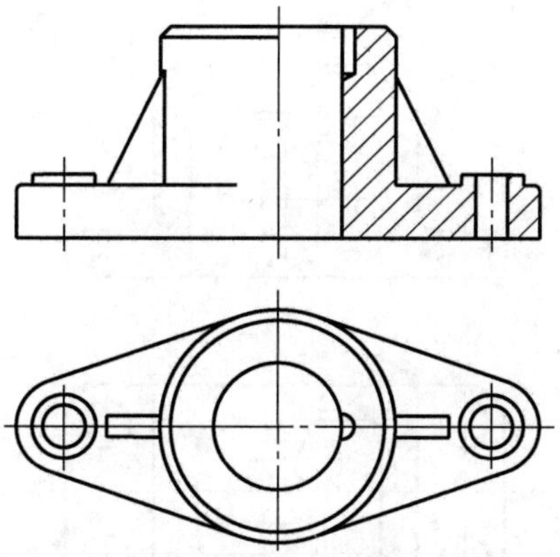

图 6-20　机件形状接近对称用半剖视图示例

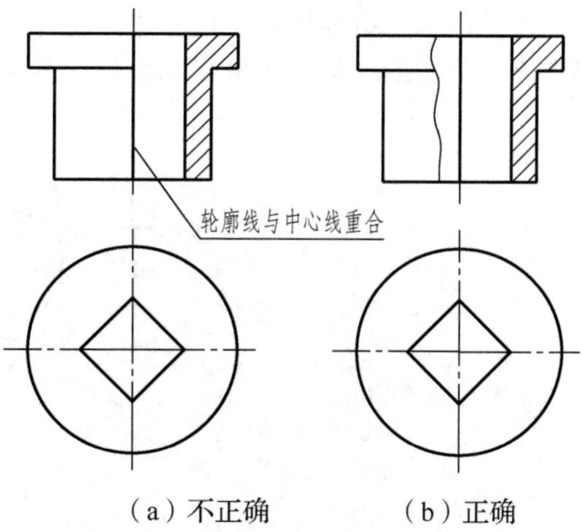


图 6-21　用局部视图表达对称机件

(2) 由于采用半剖的机件为对称机件，在剖开的一半视图中已表达清楚的内部形状，在另一半视图中其虚线不应画出。

(3) 在半剖视图中标注因半剖而出现的不完整结构要素的尺寸时，只在尺寸线一端画箭头，另一端应略超过对称中心线，但尺寸数字标注完整尺寸，不能只标注一半，如图 6-19(b) 所示(图中仅标出 2 个尺寸)。

(4) 半剖视图的标注与全剖视图相同。在图 6-19 中，因为主视图所取剖视的剖切平面与机件的前后对称平面重合，所以在图上可以不标注，而对俯视图来说，所取剖视的剖切面不是机件的上下对称平面，所以，在图上要标出剖切符号和剖视图的名称，但箭头可以省略。

图 6-22 为用相交和平行的剖切面剖切得到的半剖视图。

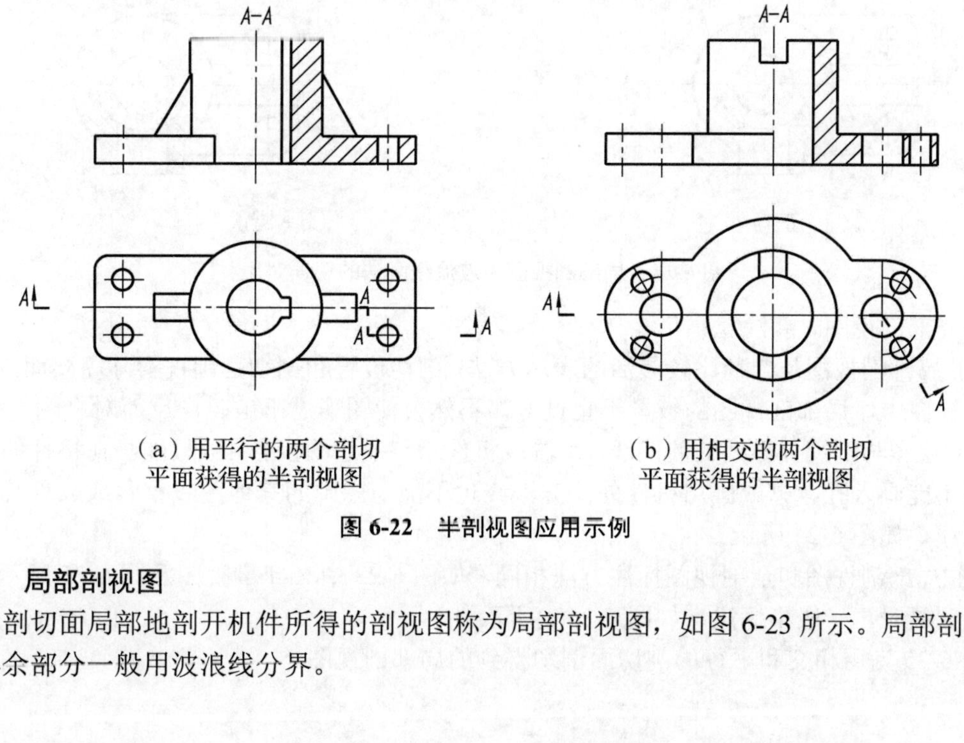


图 6-22　半剖视图应用示例

#### 6.2.3.3　局部剖视图

用剖切面局部地剖开机件所得的剖视图称为局部剖视图，如图 6-23 所示。局部剖视与未剖的其余部分一般用波浪线分界。

适用范围：主要用于不适宜采用全、半剖视，且内、外结构都需要表达的机件(图 6-23)，或需表达局部的内部结构形状的机件，如图 6-19(b)主视图中的孔。

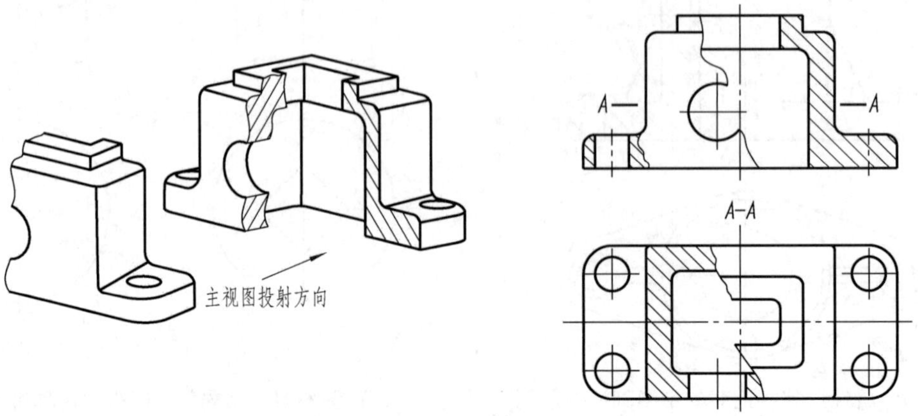


图 6-23 局部剖视图

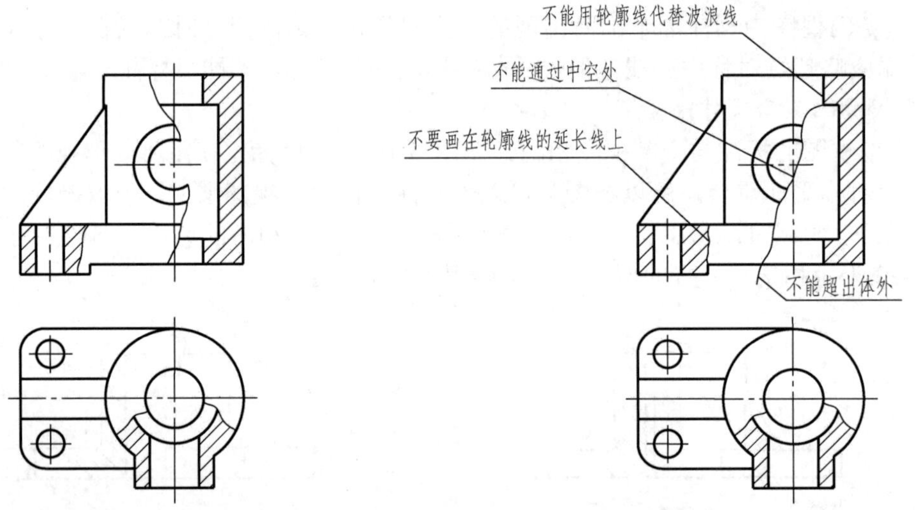


（a）正确　　（b）错误

图 6-24 局部剖视图中波浪线画法的正误对比

画局部剖视图时要注意：

(1) 局部剖视图是一种比较灵活的表达方法，剖切位置和剖切范围视实际需要而定，但在同一个视图中，局部剖视图的数量不宜过多，不然会使图形过于破碎，反而对看图不利。

(2) 视图与剖视分界处的波浪线，可看成机件断裂痕迹的投影，故只能画在机件的实体部分，而不能画入孔、槽或画出机件外。波浪线也不能与图中的其他图线重合或成为其他图线的延长线，如图 6-24 所示。

(3) 局部剖视图和全剖视图标注方法相同，如图 6-23 中 *A-A* 剖视图及图 6-25 所示。当剖切位置明显时，一般不标注，如图 6-24(a)所示。

图 6-25 为用相交和平行的剖切面剖切得到的局部剖视图。

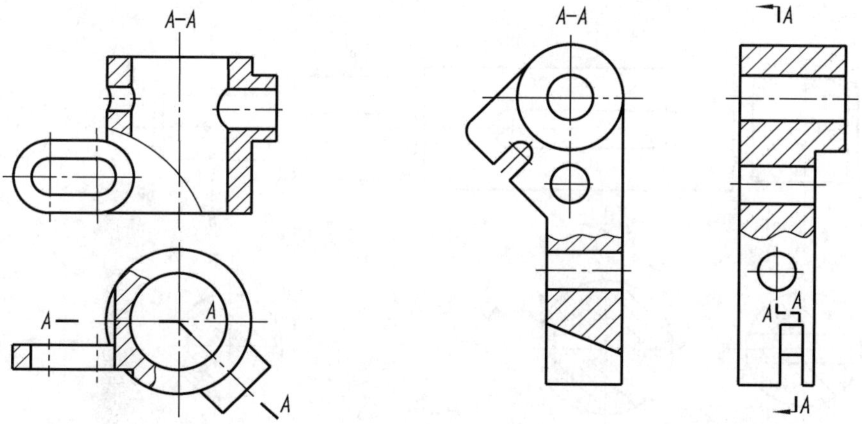


（a）用两个相交的剖切平面获得的局部剖视图　　（b）用两个平行的剖切平面获得的局部剖视图

**图 6-25　局部剖视图应用示例**

# 6.3　断面图(Cross-Section)

假想用剖切平面将机件的某处切断，仅画出剖切面与机件接触部分的图形，称为断面图，如图 6-26 所示。获得断面图的剖切面可以选用单一剖切面、几个平行的剖切面及几个相交的剖切面。

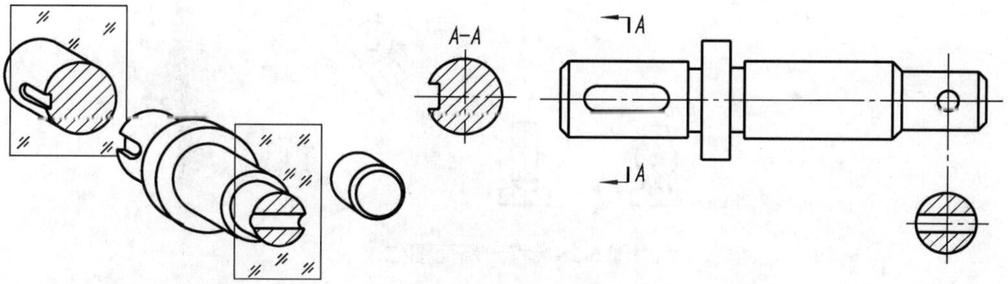


**图 6-26　轴的断面图**

断面图与剖视图的主要区别：断面图仅画出机件被剖切后的断面形状的投影(平面结构的投影)，而剖视图则是画出断面以及剖切面后面所有结构的投影(立体结构的投影)。断面图常用于表达机件某部分的断面形状，如机件上的肋、轮辐、键槽、杆件及型材的断面。

根据断面图在绘制时所配置的位置不同，断面可分为移出断面图和重合断面图两种。

## 6.3.1　移出断面图(Removed section)

画在视图之外的断面图称为移出断面图，轮廓线用粗实线绘制。

画移出断面图时应注意：

(1) 移出断面图应尽量配置在剖切线(表示剖切面位置的细点画线)的延长线上，如图 6-27(a)、(b)所示。

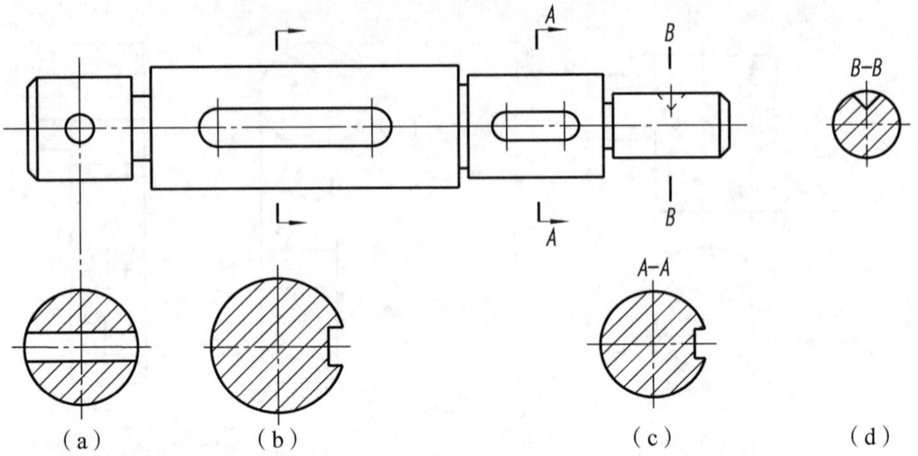


图 6-27　移出断面图(一)

(2) 移出断面图也可配置在其他适当位置[图 6-27(c)]，在不引起误解的情况下允许将图形旋转，但必须加注旋转符号，如图 6-28 中 *B-B*、*C-C* 断面图。

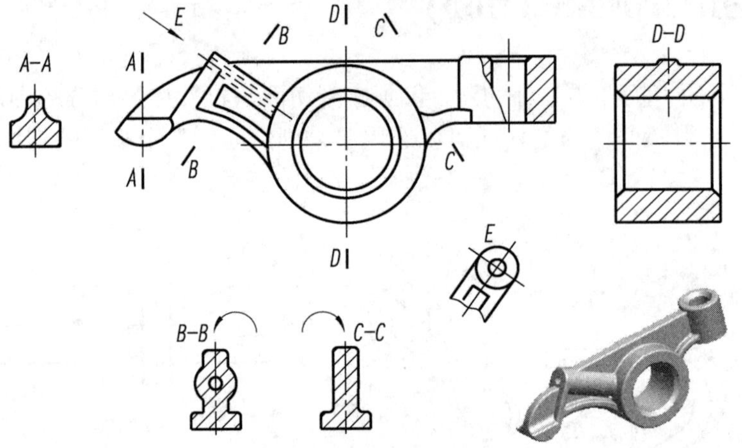


图 6-28　移出断面图(二)

(3) 剖切平面应与被剖切部分主要轮廓线垂直。若用一个剖切面不能满足垂直时，可用相交的 2 个或多个剖切面分别垂直于机件的轮廓线剖切，但断面图形中间应用波浪线隔开，如图 6-29 所示。

(4) 断面图的特殊情况有：

① 当剖切面通过由回转面形成的孔或凹坑的轴线时，这些结构应按剖视画出，如图 6-27(a)、(d)所示。

② 当按正常断面图画出会导致出现完全分离的两个断面时，这些结构应按剖视绘制，如图 6-30 所示。

(5) 移出断面图的标注与剖视的标注基本相同，一般应标出移出断面图的名称“X-X”(X 为大写拉丁字母)，在相应的视图上用剖切符号表示剖切位置和投射方向，并标注相同大写字母。

移出断面图的标注与图形的配置及图形的对称性有关，其配置与标注见表 6-2。

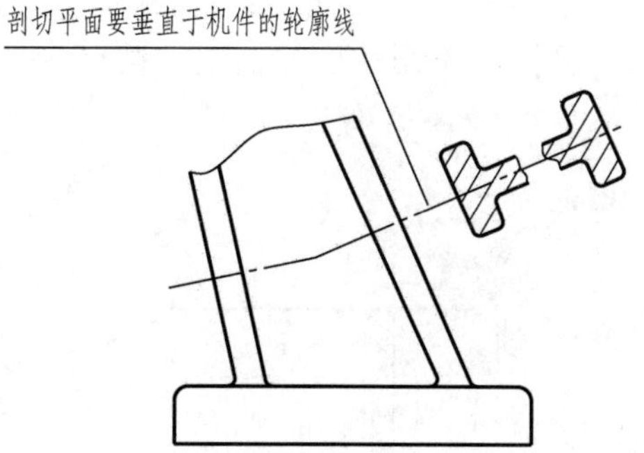


图 6-29　移出断面图(三)

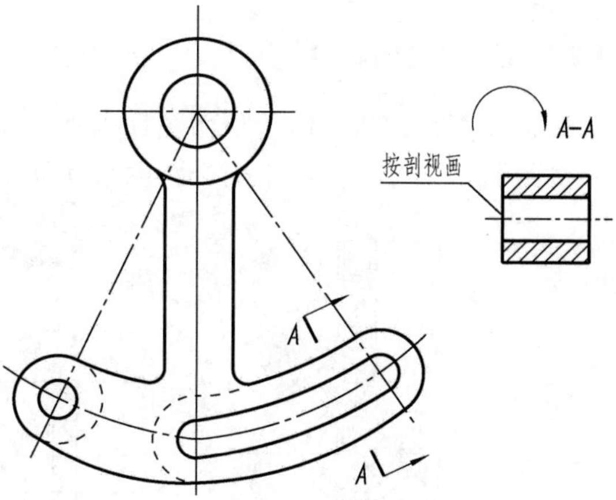


图 6-30　移出断面图(四)

表 6-2　移出断面图的配置与标注

| 配置 | 断面形状 | |
|---|---|---|
| | 对称的移出断面 | 不对称的移出断面 |
| 配置在剖切线或剖切符号的延长线上 | 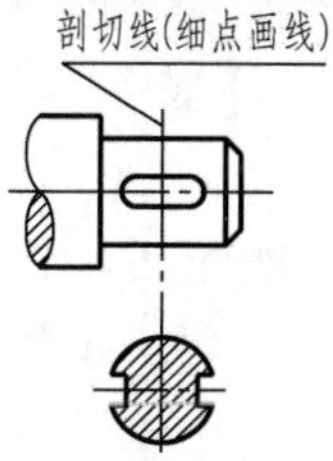  | 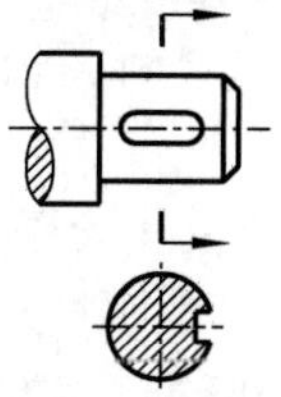 |
| | 不必标出剖切符号和字母 | 不必标出字母 |
| 按投影关系配置 | 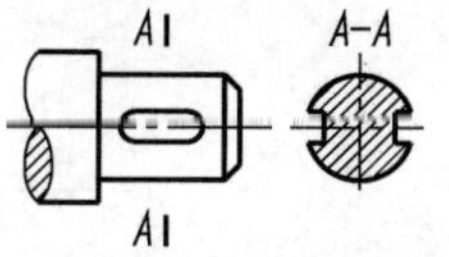  | 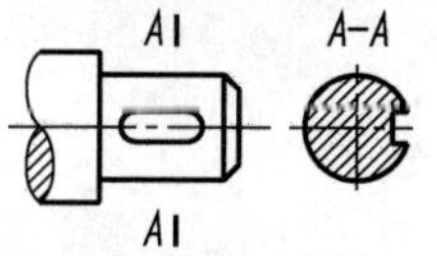  |
| | 不必标出箭头 | 不必标出箭头 |
| 配置在其他位置 | 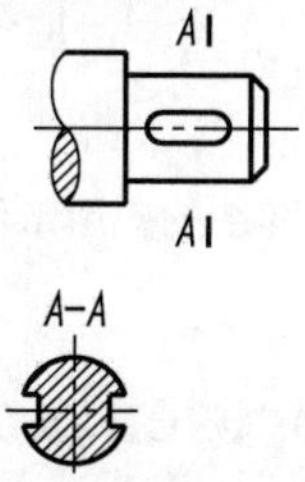  | 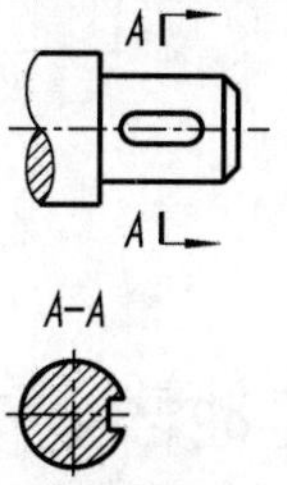  |
| | 不必标出箭头 | 应完整标注 |
| 配置在中断处 | 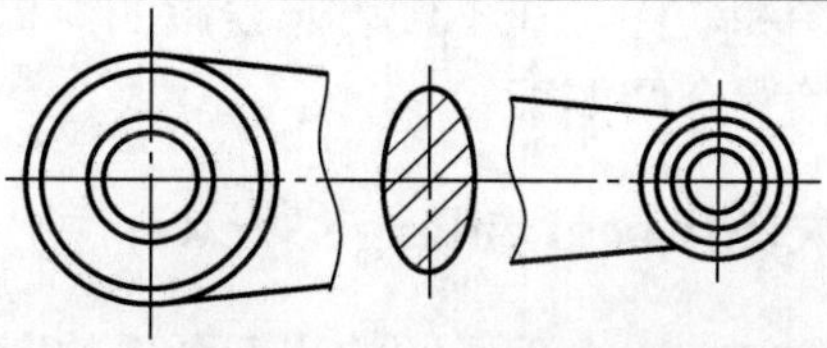 | |
| | 不必标注 | 图形不对称不得画在中断处 |

### 6.3.2 重合断面图

画在视图轮廓线之内的断面图称为重合断面图，如图 6-31 所示。重合断面图的轮廓线用细实线绘制。重合断面图常用于断面形状简单，且画在视图内不影响图形清晰的情况。

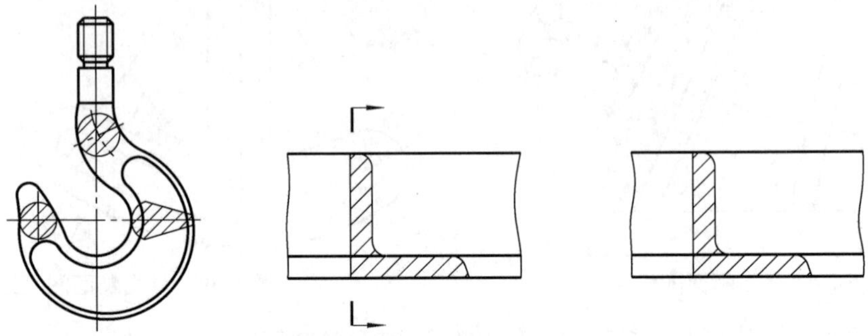

(a) (b) (c)

**图 6-31 重合断面图**

画重合断面图时应注意：

(1) 当重合断面轮廓线与视图中轮廓线重合时，仍按视图中的轮廓线画出，如图 6-31 所示。

(2) 对称的重合断面图，不需任何标注，如图 6-31(a)所示；不对称的重合断面图，可标注剖切符号以表明投影方向，如图 6-31(b)所示；对于投射方向很明显的情况，也可省略标注，如图 6-31(c)所示。

图 6-32 为断面图的应用示例。

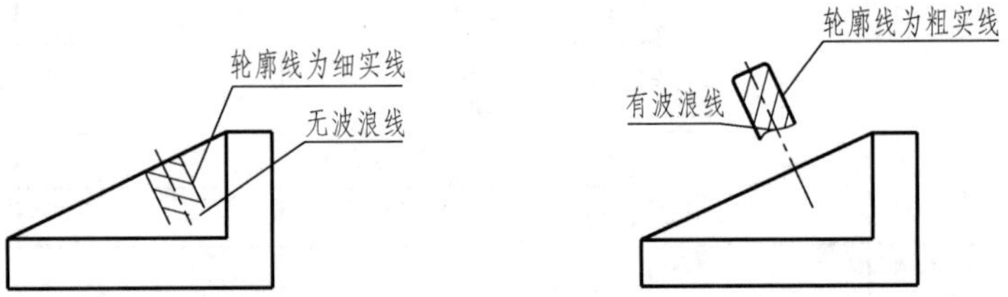


(a) (b)

**图 6-32 断面图的应用示例**

## 6.4 其他表达方法(Other representations)

为了便于画图和看图，在不致引起误解的前提下，可采用国家标准规定的简化画法和其他规定画法，现摘要介绍如下。

### 6.4.1 局部放大图(Local enlarge Views)

将机体上部分结构用大于原图的比例画出的图形，称为局部放大图，如图 6-33 所示。当机件上某些细小结构在原图上表达不清或不便于标注尺寸时，常采用局部放大图表示。

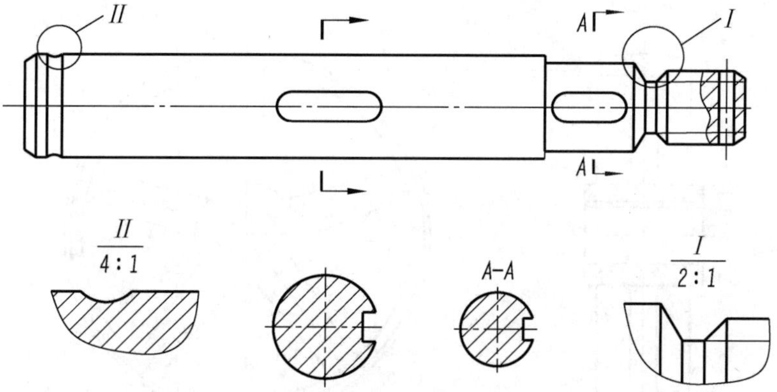


图 6-33　局部放大图

画局部放大图时应注意：

(1) 将机件需要放大的结构，用细实线圆(或长圆)圈出其部位，并在局部放大图的上方中间位置注出采用的比例。若机体上有几处需放大时，须将细实线圆用罗马数字依次编号，并在相应的局部放大图的上方中间注明相应的罗马数字和所采用的比例，如图 6-33 所示。

(2) 局部放大图应尽量配置在被放大部位的附近，放大图与整体的联系部分用波浪线断开。

(3) 局部放大图可画成视图、剖视图或断面图，它与被放大部位的表达方法无关。

## 6.4.2　简化画法(Conventions)

### 1．机体上的肋板、轮辐及薄壁的规定画法

(1) 对于机体上的肋(起支承和加固作用的薄板)、轮辐及薄壁等，如按纵向剖切(剖切面平行于肋和薄壁的主要平面)，这些结构都不画剖面符号，而用粗实线将它与其邻接部分分开。如图 6-34 左视图中前后两块肋板和图 6-35 主视图中的轮辐，剖切后均没有画剖面符号；但横向剖切时应画剖切符号，如图 6-34 的俯视图和左视图上中间的肋板以及图 6-35 左视图上轮辐的重合断面图。

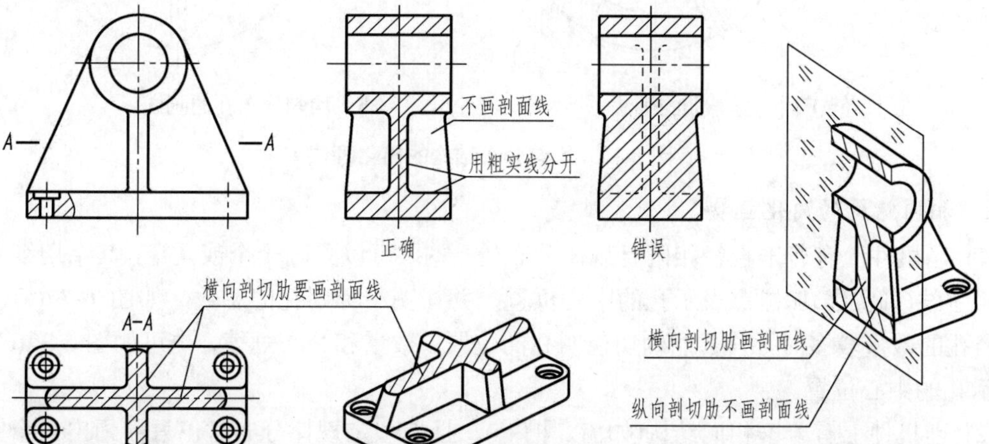


图 6-34　肋的剖切画法

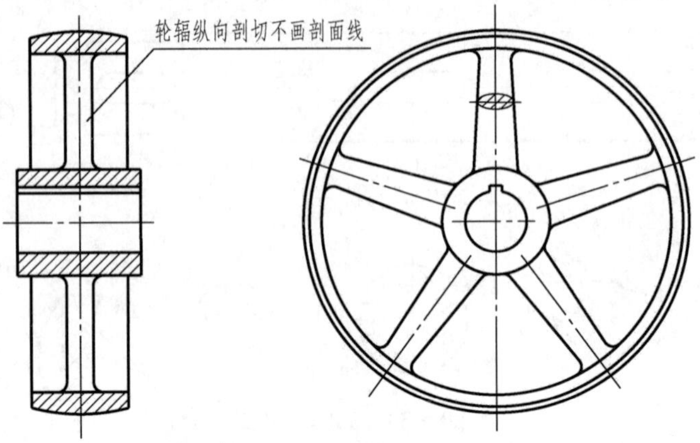


图 6-35 轮辐的剖切画法

(2) 当机件的回转体上均匀分布的肋、轮辐、孔等结构不处于剖切平面上时，可将这些结构旋转到剖切平面上，按对称形式画出且不加任何标注，如图 6-36 所示。

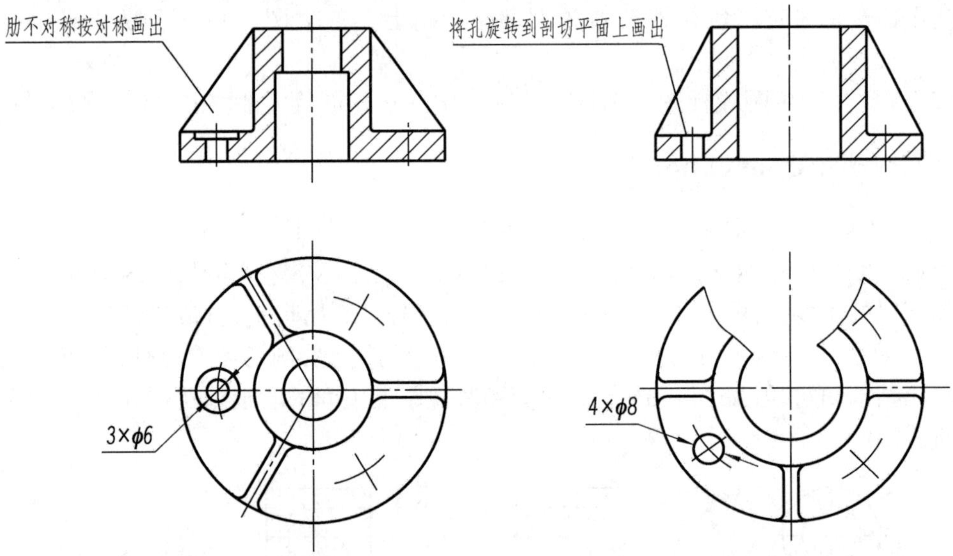


（a）均匀分布肋的画法　（b）均匀分布孔的画法

图 6-36 均匀分布结构的简化画法

**2．相同结构的简化画法**

(1) 当机件上有若干直径相同且规律分布的孔时，可以只画一个或几个，其余用细点画线或用十字线(细实线)加黑点表示孔的中心位置，并在图中标明孔的总数，如图 6-37(a)、(b)所示；当孔的数量较多时，只要能确切说明孔的位置、数量和分布规律，也可如图 6-37(c)所示，不表示孔的中心位置。

(2) 当机件上有若干相同结构(如齿、槽等)，且按一定规律分布时，只需画出几个完整的结构，其余用细实线连接，并在图中标明这个结构的总数，如图 6-38 所示。

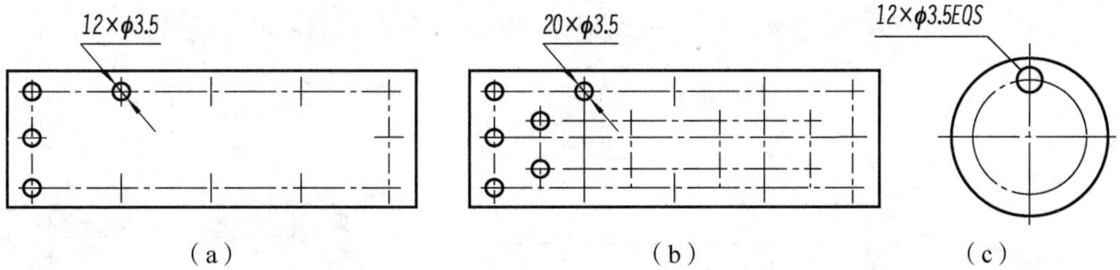


图 6-37　按规律分布的相同直径孔的画法

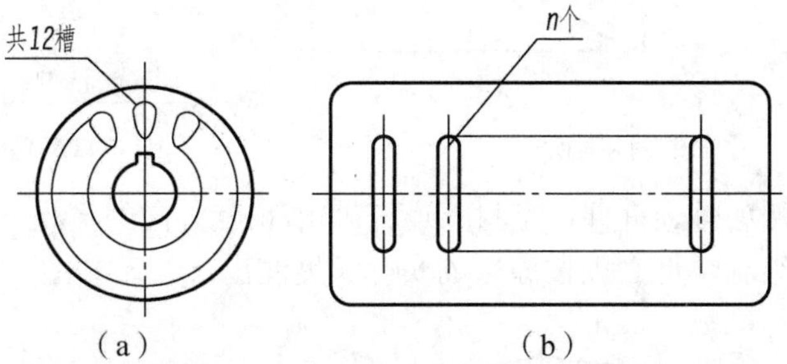


图 6-38　按规律分布齿、槽等结构的画法

**3．某些结构的简化画法**

(1) 在不致引起误解的前提下，图形中的相贯线、过渡线可以用圆弧或直线代替，如图 6-39(a)所示。

(2) 与投影面倾斜角度小于或等于 30°角的圆或圆弧，其投影可用圆或圆弧代替，如图 6-39(b)所示。

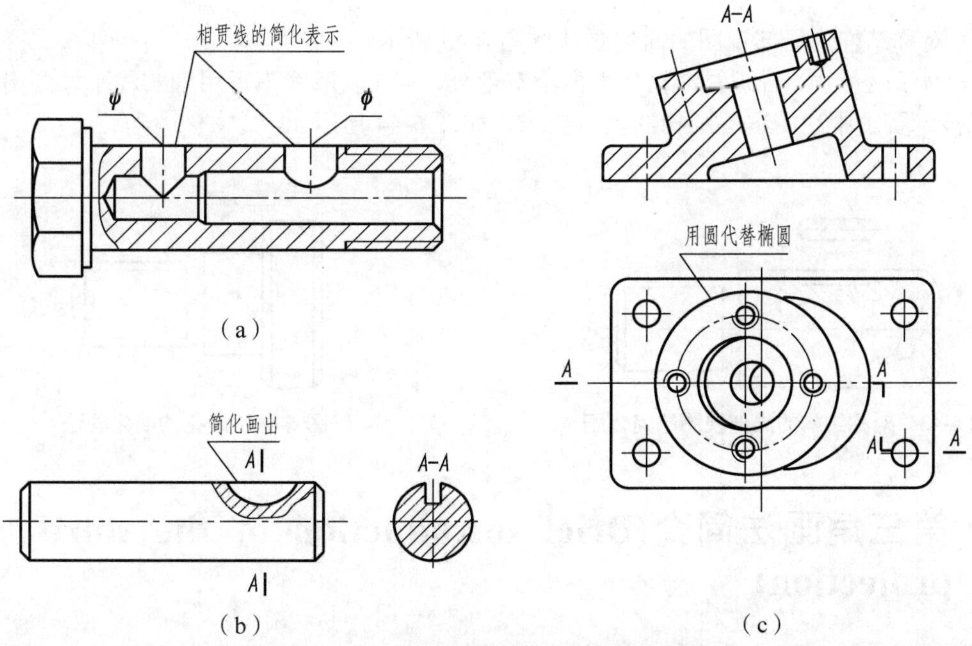


图 6-39　用直线、圆弧代替非圆曲线的画法

(3) 为了避免增加图形，机件上的平面可用细实线画出对角线表示，如图 6-40 所示。

(4) 圆柱形法兰和类似零件上沿圆周均匀分布的孔，允许按图 6-41 所示的方法表示。

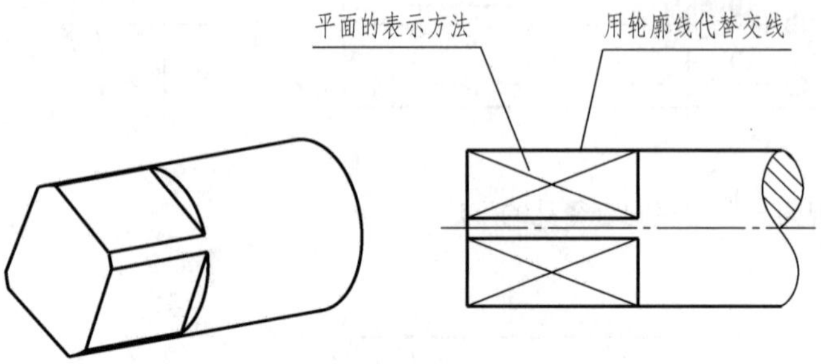


图 6-40 平面的简化画法

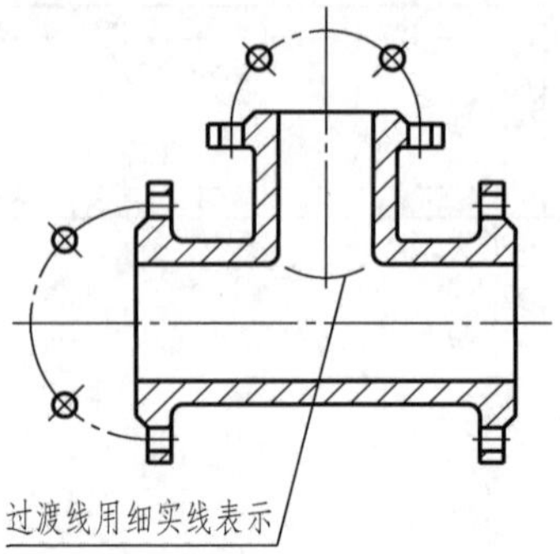


图 6-41 均匀分布的孔的画法

(5) 较长的机件(例如轴、杆件、型材、连杆等)沿长度方向的形状一致，或按一定规律变化时，可断开后缩短绘制，但必须按原来的实际长度注出尺寸，如图 6-42 所示。

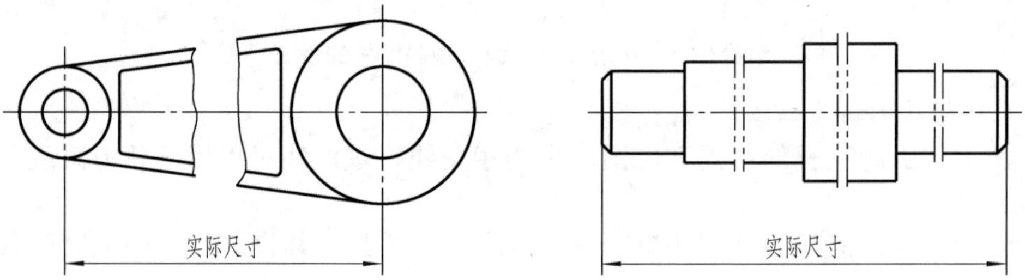


图 6-42 断开画法

(6) 对称结构的局部视图的简化画法如图 6-43 所示。

(7) 对于网状物、编织物或机件上的滚花部分，可在轮廓线附近用细实线示意画出，而在图上或技术要求中注明这些结构的具体要求，如图 6-44 所示。

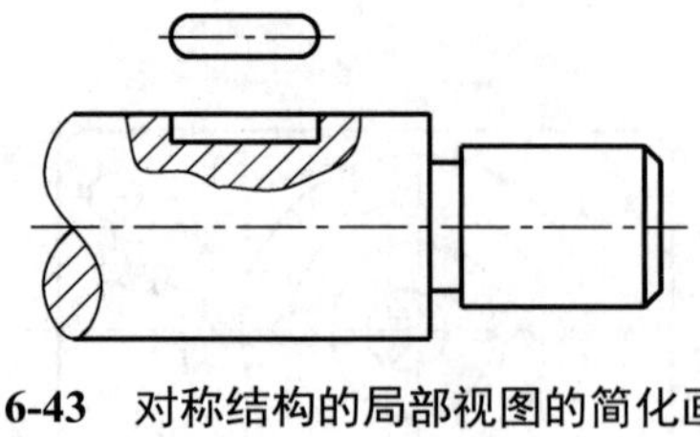

图 6-43 对称结构的局部视图的简化画法

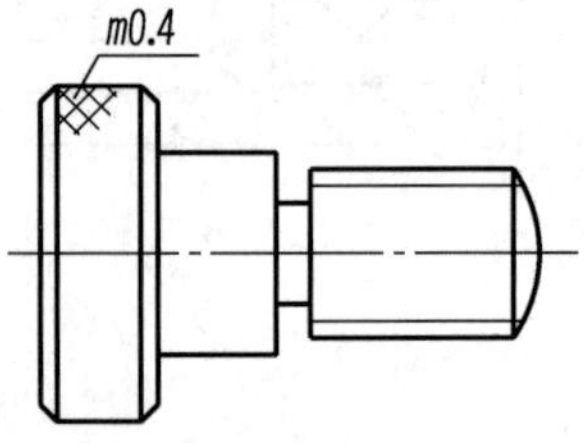


图 6-44 滚花的简化画法

## 6.5 第三角画法简介(Brief introduction of the third angle projection)

根据国家标准 GB/14692—1993 和 GB/17451—1998 规定：技术图样应采用正投影法绘制，并优先采用第一角画法，必要时允许采用第三角画法。目前，第一角画法和第三角画法不仅被同时列入国际制图标准中，而且许多采用第一角画法的国家也同时允许采用第三角画法。随着我国与世界各国的国际间技术交流的日益增多，常会遇到一些采用第三角投影画出的图样，本节对第三角画法作一简单介绍，以供读者在阅读国外图样、资料时参考。

### 6.5.1　基本概念(Basic concept)

互相垂直的两个投影面 *V*、*H* 把空间分成 4 个区域，每个区域称为一个分角，把机件放在第一分角内(即水平面之上、垂直面之前)进行投射作图，叫作第一角画法，我们前面所介绍的投影都属于这一种。把机件放在第三分角内(水平面之下、垂直面之后)进行投射作图，则称为第三角画法，如图 6-45 所示。

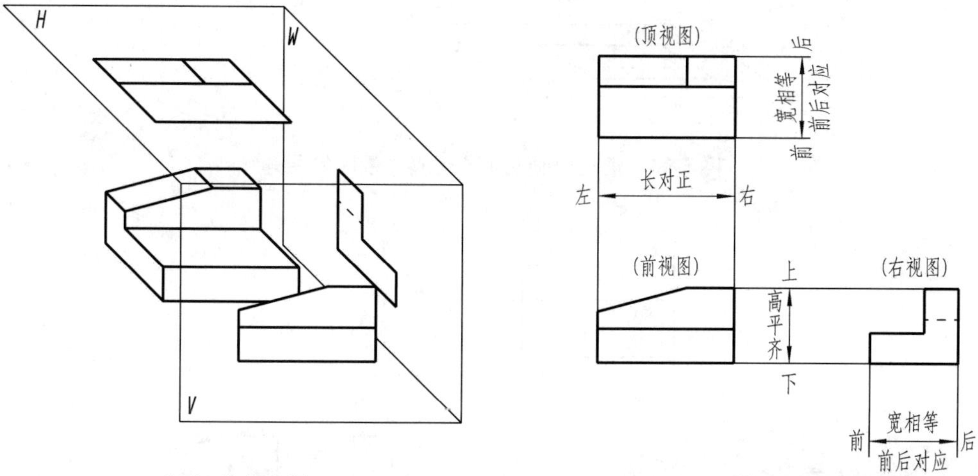


（a）形成过程　　（b）三视图及其投影特性

**图 6-45　第三角画法的形成及投影特性**

第三角画法与第一角画法的不同在于：第一角画法是将机件放在观察者和投影面之间，即保持人—物—面的相互位置关系；而第三角画法则是将机件放在投影面的后面，保持人—面—物的相互位置关系，利用这种方法画图，犹如隔着玻璃观察物体，而将看到的物体画在玻璃上一样。3 个视图的名称与第一角画法也不一样，分别称为前视图(从前向后投影)、顶视图(从上向下投影)和右视图(从右向左投影)。

第三角的画法仍然是用正投影，因而正投影的所有特性及对应关系，如“长对正、高平齐、宽相等”都同样适用，如图 6-45(b)所示。

### 6.5.2　视图的配置(Arrangement of views)

在第三角画法中，同样也有 6 个基本投影面，可以得到 6 个基本视图，它们分别是前视图、顶视图、右视图、左视图、底视图、后视图。投影面展开方法是：规定 *V* 面不动，其他各面按图 6-46 箭头所示的方向翻转到与 *V* 面同一平面上。展开后各视图的配置关系如图 6-47 所示。

图 6-48 是按第三角画法配置的局部视图。当局部视图按第三角画法配置在视图所表示局部结构的附近时，用细点画线将两者相连，无须另行标注。

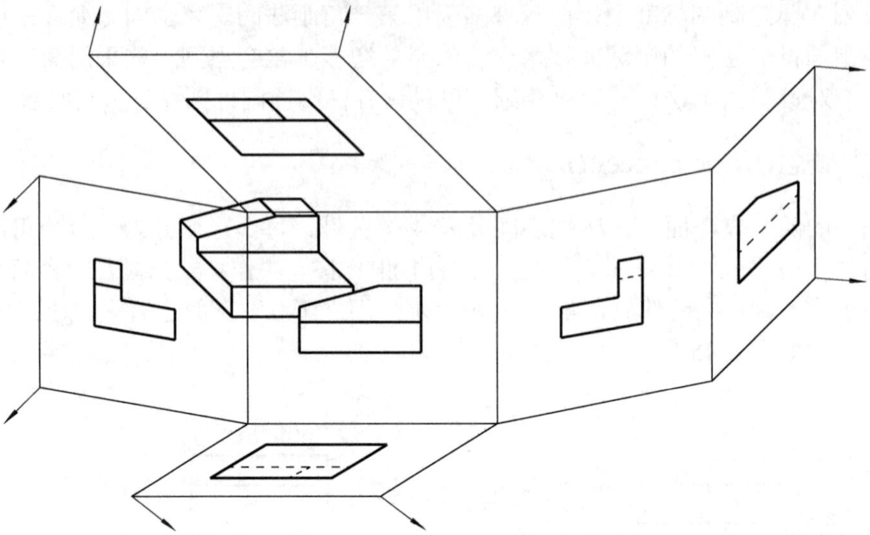

图 6-46　第三角画法中 6 个基本视图的展开

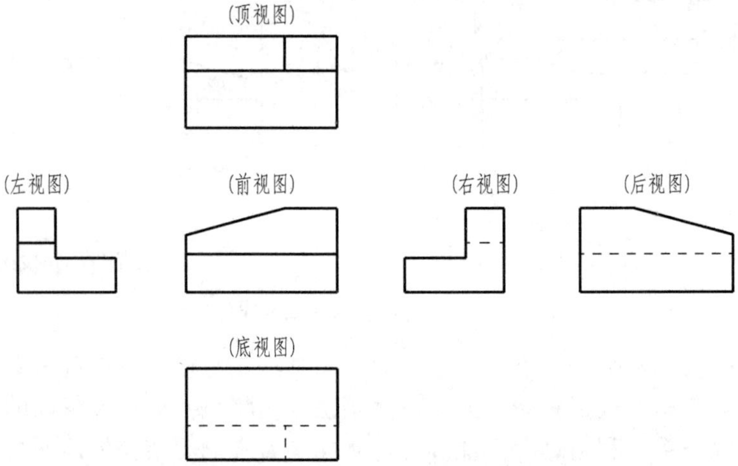


图 6-47　第三角画法中 6 个基本视图及其配置

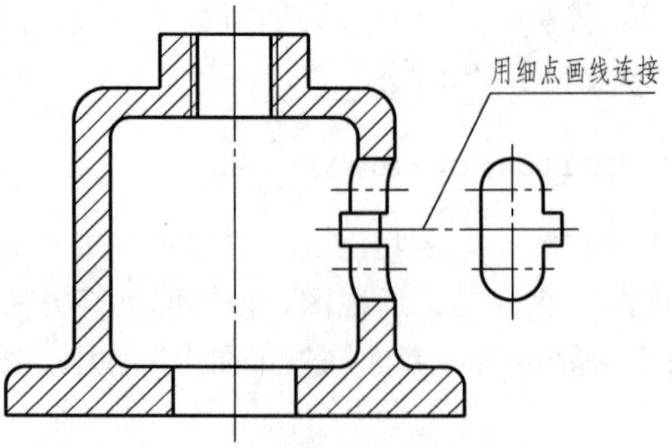


图 6-48　按第三角画法配置的局部视图

国家标准规定，当采用第三角画法时，要将 ISO 国际标准中规定的第三角画法标志符号画在标题栏附近。第三角画法和第一角画法标志符号如图 6-49 所示

（a）第三角　　（b）第一角

**图 6-49　第三角画法和第一角画法标志符号**

## 复习思考题(Questions for review)

1．视图的种类有哪些？
2．简述剖视图的概念、剖视图的画法、剖视图的标注、剖切面和剖视图的种类。
3．断面图和剖视图的区别是什么？断面图的种类有哪些？
4．机件上肋板在剖视图中如何表达？
5．第三角投影和第一角投影的区别是什么？

# 第7章　标准件与常用件

# Chapter 7　Standard Parts and Commonly Used Parts

在机器或部件的装配、安装中，广泛使用螺纹紧固件、键、销、滚动轴承等零件，这些零件的结构形式、尺寸大小等各方面都已标准化，称为标准件；同时，在机械的传动、支承、减震等方面，齿轮、弹簧等零件也被广泛使用，这些零件的部分重要参数已经标准化、系列化，称为常用件。

本章将主要介绍标准件和常用件的规定画法和规定标记。本章重点和难点是螺纹的规定画法及常用螺纹紧固件的装配画法。

## 7.1　螺纹的规定画法和标记(Conventional representation and designation of threads)

### 7.1.1　螺纹的形成和要素(Formation and elements of threads)

数字资源 7-1　螺纹

#### 7.1.1.1　螺纹的形成

螺纹是在圆柱或圆锥表面上沿着螺旋线所形成的、具有相同剖面形状的连续凸起和沟槽。在圆柱(或圆锥)外表面上所形成的螺纹称外螺纹；在圆柱(或圆锥)内表面上所形成的螺纹称内螺纹。

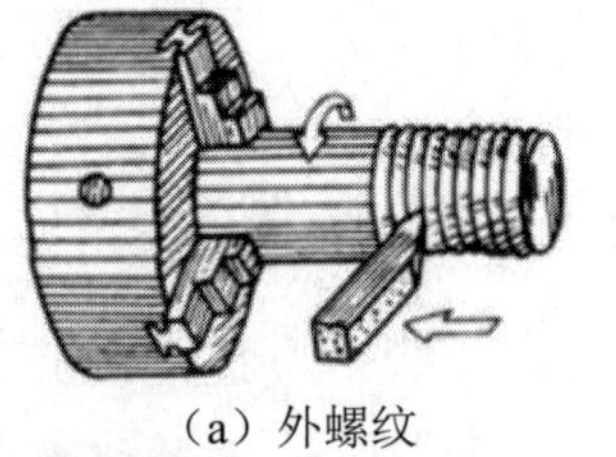

(a) 外螺纹

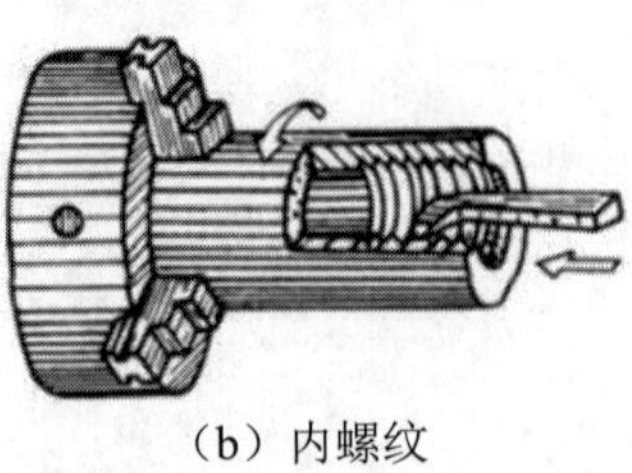

(b) 内螺纹

图 7-1　在车床上加工螺纹

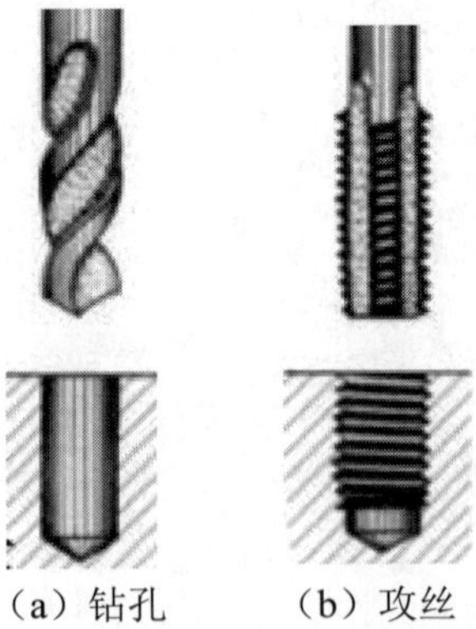

(a) 钻孔　　(b) 攻丝

图 7-2　在直径较小的孔内加工螺纹

车削加工是常见的螺纹加工方法，图 7-1 是在车床上加工外螺纹和内螺纹的情况，加工螺纹时将工件安装在与车床主轴相连的卡盘上，工件随主轴等速旋转，车刀沿径向进刀后，沿轴线方向作匀速移动，在工件外表面或内表面车削出螺纹。对于直径较小的螺孔，应先用钻头加工出光孔[图 7-2(a)]，再用丝锥攻丝，加工出内螺纹[图 7-2(b)]。

#### 7.1.1.2　螺纹的要素

螺纹的基本要素有以下 5 项：

(1) 牙型。经过螺纹轴线剖切时，螺纹剖面的形状称为牙型。由于螺纹用途不同，它们的牙型也不一样，常用螺纹的牙型有三角形、梯形、锯齿形和矩形，如图 7-3 所示。在工程图样中，螺纹的牙型用螺纹特征代号表示。

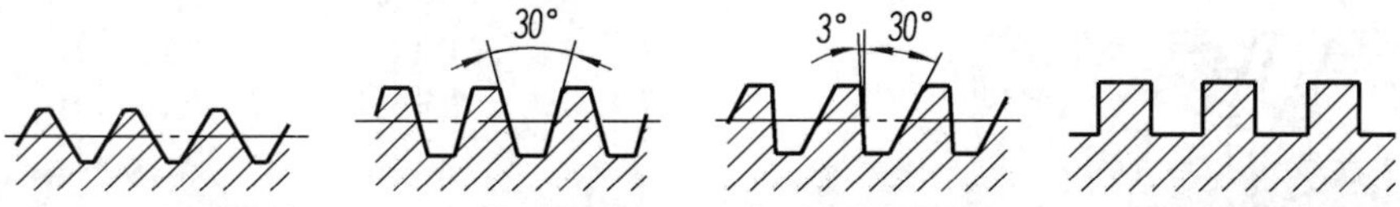


（a）三角形螺纹　（b）梯形螺纹　（c）锯齿形螺纹　（d）矩形螺纹

图 7-3　常用螺纹的牙型

(2) 公称直径。螺纹的直径有大径($d$、$D$)、小径($d_1$、$D_1$)和中径($d_2$、$D_2$)，外螺纹用小写字母表示；内螺纹用大写字母表示。公称直径也称为螺纹的大径，它是指与外螺纹牙顶或内螺纹牙底相重合的假想圆柱面的直径；螺纹的小径是指与外螺纹牙底或内螺纹牙顶相重合的假想圆柱面的直径；螺纹的中径是指母线通过螺纹牙型上沟槽和凸起宽度相等的地方的假想圆柱面的直径，如图 7-4 所示。

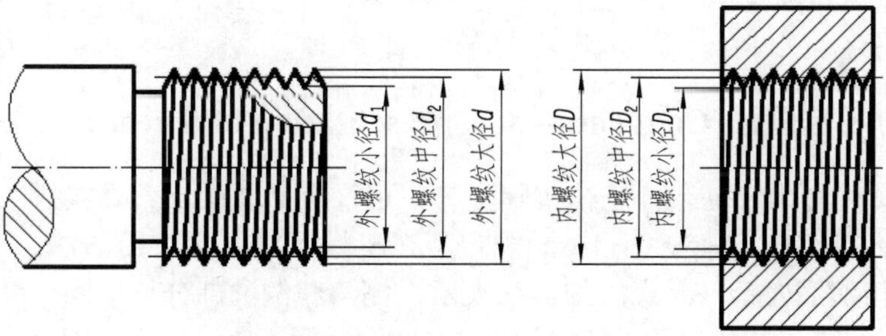


（a）外螺纹　（b）内螺纹

图 7-4　螺纹的直径

(3) 线数($n$)。沿一条螺旋线形成的螺纹，称为单线螺纹；沿着轴向等距分布的 2 条或 2 条以上螺旋线形成的螺纹，称为多线螺纹，如图 7-5 所示。

(4) 螺距($P$)和导程($S$)。相邻两牙在中径线上对应两点间的轴向距离，称为螺距；沿同一条螺旋线相邻两牙在中径线上对应两点间的轴向距离，称为导程。单线螺纹的导程等于螺距，即 $S=P$；多线螺纹的导程、螺距和线数之间的关系为 $S = n\,P$，如图 7-5 所示。

(5) 旋向。螺纹有右旋和左旋之分，顺时针方向旋转时旋入的螺纹，称为右旋螺纹；逆时针方向旋转时旋入的螺纹，称为左旋螺纹。可按图 7-6 所示的方法判断螺纹的旋向。

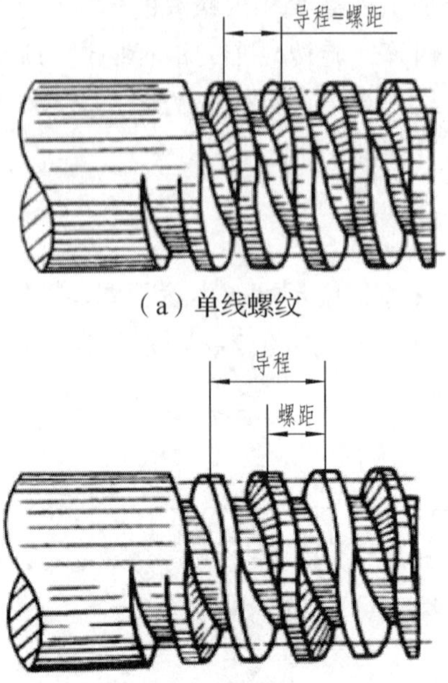


(a) 单线螺纹

(b) 双线螺纹图

图 7-5　螺纹的线数、导程和螺距

(a) 左旋　(b) 右旋

图 7-6　螺纹的旋向

国家标准对螺纹的牙型、大径和螺距作了统一规定，凡该 3 项要素符合国家标准的螺纹，称为标准螺纹；凡牙型符合标准，而大径、螺距不符合标准的螺纹，称为特殊螺纹；凡牙型不符合标准的螺纹，称为非标准螺纹。

内、外螺纹总是成对使用的，当上述 5 项基本要素完全相同时，内、外螺纹才能互相旋合，正常使用。

### 7.1.2　螺纹的规定画法(Conventional representation of thread)

螺纹的真实投影比较复杂，且在实际生产中也没有必要画出其真实投影，为此国家标准(GB/T 4459.1—1995)规定了在机械图样中螺纹的画法：螺纹的牙顶用粗实线表示，牙底用细实线表示，倒角和倒圆部分均应画出螺纹牙底线；在投影为圆的视图上，用约 3/4 圈细实线圆弧表示牙底；螺纹终止线用粗实线表示。

数字资源 7-2　螺纹的画法与标注

(1) 外螺纹的具体画法如图 7-7(a)所示，螺纹大径(即牙顶)用粗实线表示；螺纹小径(即牙底)用细实线表示，并画入端部倒角处；螺纹终止线用粗实线表示。左视图上用粗实线圆表示螺纹大径，用约 3/4 圈细实线圆弧表示螺纹小径，倒角圆省略不画。

(2) 当外螺纹加工在管子的外壁需要剖切时，表示方法如图 7-7(b)所示。

(3) 内螺纹的具体画法如图 7-8(a)所示，螺纹小径(即牙顶)用粗实线表示；螺纹大径(即牙底)用细实线表示，不画入端部倒角内；剖面线画至表示螺纹小径的粗实线处为止。左视图上用粗实线圆表示螺纹小径，用约 3/4 圈细实线圆弧表示螺纹大径，倒角圆省略不画。

(4) 在盲孔内加工螺纹的表示方法如图 7-8(b)所示，一般应将钻孔深度与螺纹深度分别画出，两个深度相差 *0.5D*(*D* 为螺纹孔的公称直径)，注意钻孔锥角按 *120°*画出。

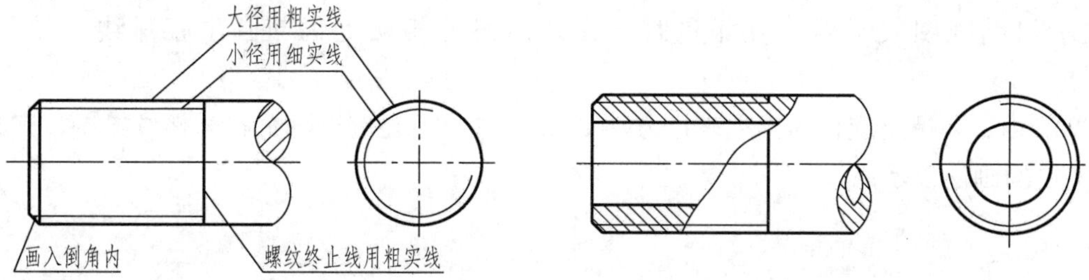


（a）　　　　（b）

图 7-7　外螺纹的画法

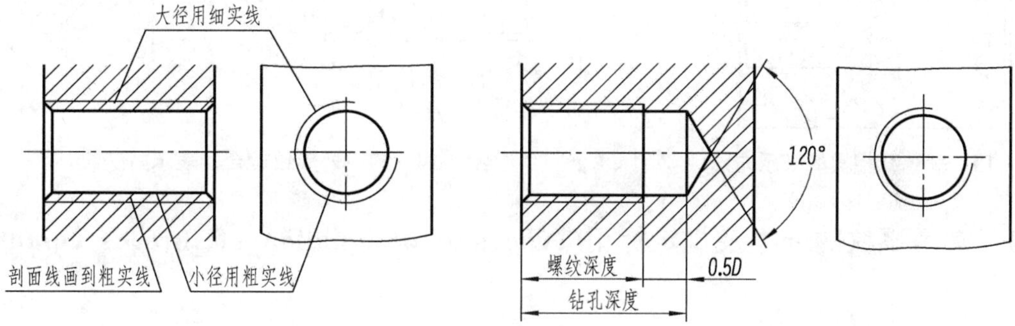


（a）　　　　（b）

图 7-8　内螺纹的画法

(5) 加工螺纹完成时，由于退刀形成螺纹沟槽渐浅的部分，称为螺尾，螺尾一般不需表达；当需要表示螺尾时，用与轴线成 30°的细实线表示螺尾处的牙底线，如图 7-9 所示。

(6) 不可见螺纹的所有图线用虚线绘制，如图 7-10 所示。

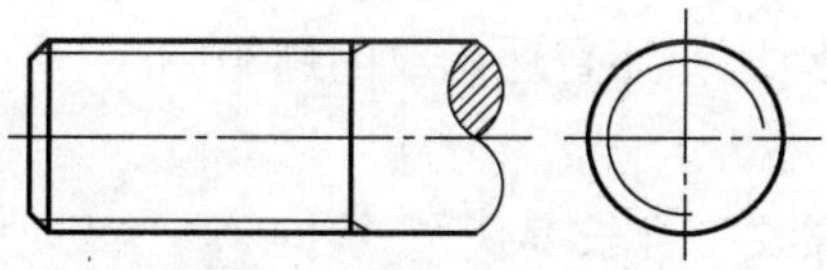

图 7-9　螺尾的表示方法

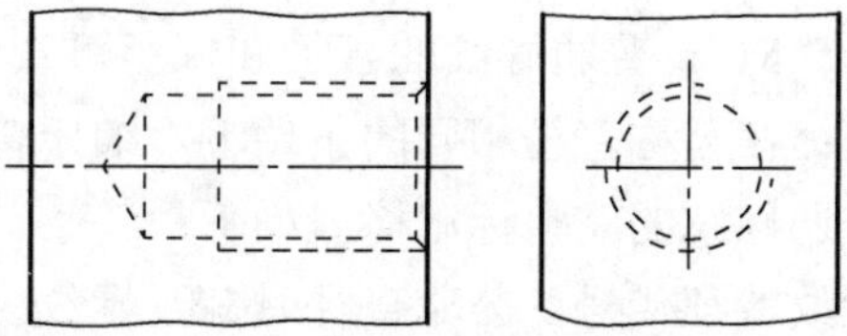

图 7-10　不可见螺纹的表示方法

(7) 锥管螺纹垂直于轴线的投影，按可见端螺纹画出，如图 7-11 中左视图按小端螺纹画出。

(8) 绘制非标准传动螺纹时，可用局部剖视或局部放大图表示出几个牙型，如图 7-12 所示。

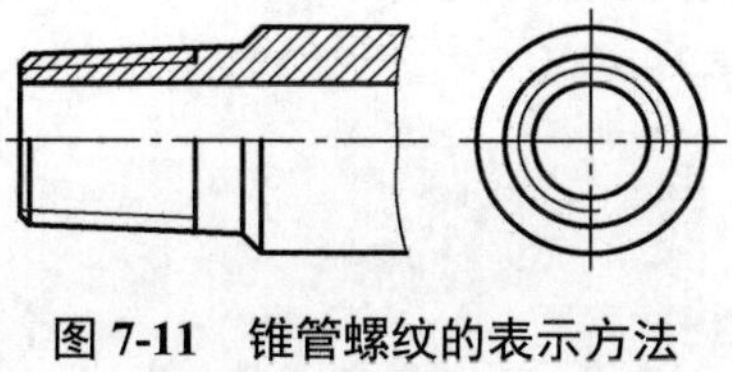

图 7-11　锥管螺纹的表示方法

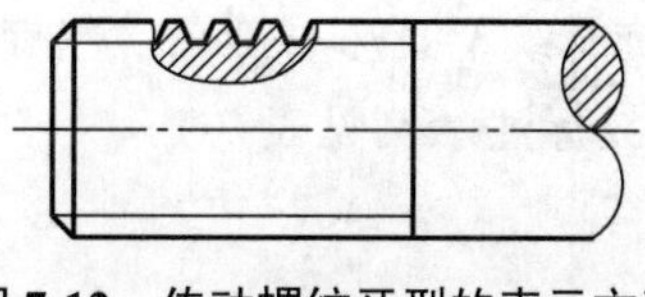

图 7-12　传动螺纹牙型的表示方法

(9) 用剖视图表示螺纹孔相贯时，在两内表面相交处仍应画出相贯线，如图 7-13 所示。

(10) 内、外螺纹旋合的剖视表达方法如图 7-14 所示。旋合部分按外螺纹绘制，其余部分仍按各自的画法表示。

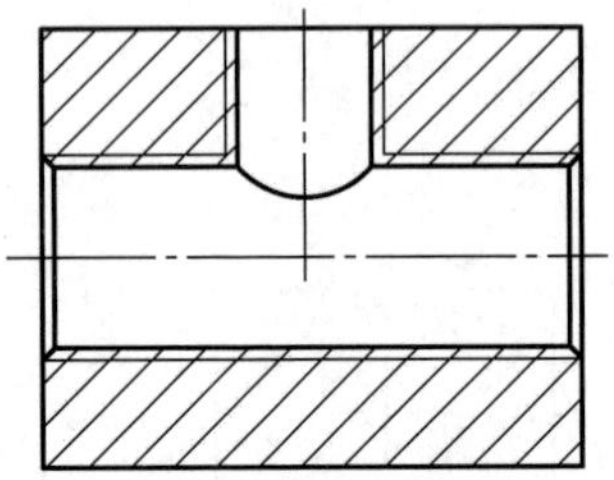

图 7-13 螺纹孔相贯的表示方法

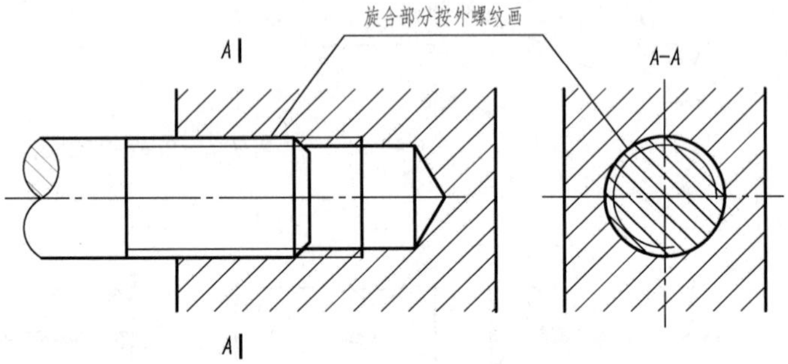


图 7-14 内、外螺纹旋合的表示方法

## 7.1.3 常用螺纹的分类及规定标记(Type and designation of threads commonly used)

螺纹按用途分为连接螺纹和传动螺纹两大类。连接螺纹起连接作用，用于将 2 个或多个零件连接起来；传动螺纹用于传递动力和运动。

常用的连接螺纹有普通螺纹和各类管螺纹；传动螺纹有梯形螺纹和锯齿形螺纹。

国家标准规定在螺纹按规定画法画出后，还要注写标记来说明。

### 7.1.3.1 普通螺纹

普通螺纹分为粗牙普通螺纹和细牙普通螺纹，牙型为三角形，牙型角为 60°，螺纹的特征代号为“M”。普通螺纹的直径和螺距可查附表 5、附表 6。细牙普通螺纹与粗牙普通螺纹的区别是：在公称直径相同的条件下，细牙普通螺纹的螺距比粗牙普通螺纹的螺距小。

普通螺纹的完整标记格式如下：

螺纹特征代号　公称直径×螺距-螺纹公差带代号-螺纹旋合长度代号-旋向

普通螺纹标记说明：

(1) 细牙普通螺纹需注写出螺距，普通粗牙螺纹不必注写螺距。

(2) 螺纹公差带代号包括螺纹中径和顶径的公差带代号，当中径和顶径的公差带代号相同时，只需注写一次。

(3) 螺纹旋合长度分为长、中、短 3 个等级，分别用字母 *L*、*N*、*S* 表示，当螺纹旋合长度为中等级时，不必注写；有特殊需要时，可直接注出旋合长度的数值。

(4) 右旋螺纹不必注写旋向，左旋螺纹的旋向用 *LH* 字符表示。

普通螺纹标注示例见表 7-1。

表 7-1　普通螺纹标注示例

| 标记示例 | 标注示例 | 标记说明 |
|---|---|---|
| *M10×1.25-5g6g-S* | 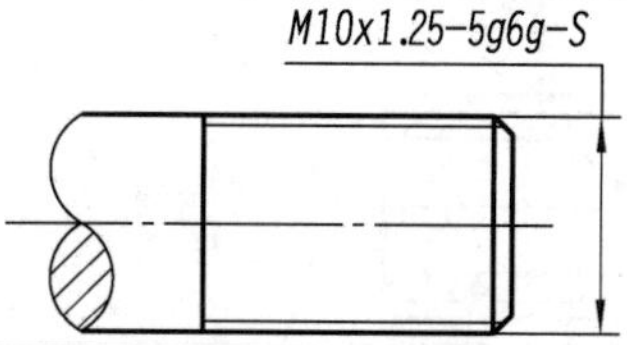 | 细牙普通螺纹，螺纹大径为 10，螺距为 1.25，右旋，中、顶径公差带代号分别为 5g、6g，旋合长度为短等级 |
| *M10-6H* | 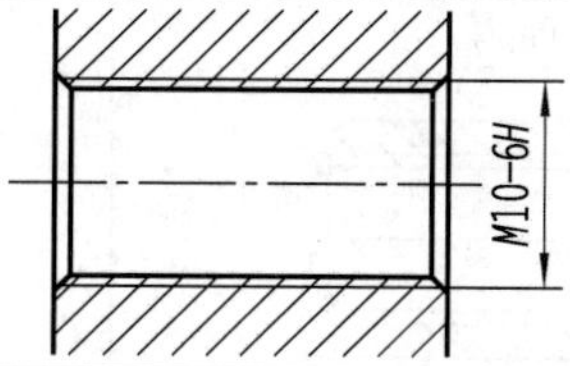 | 粗牙普通螺纹，螺纹大径为 10，右旋，中、顶径公差带代号相同为 6H，旋合长度为中等级 |
| *M10-7h-LH* | 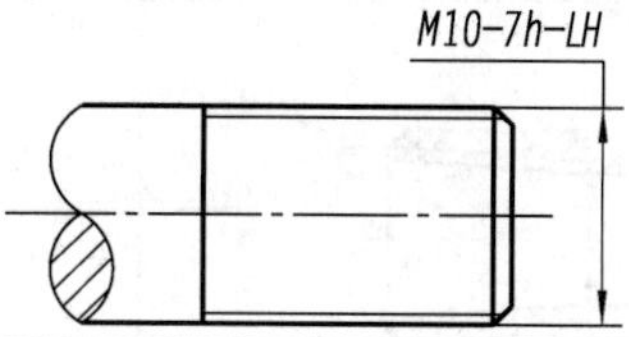 | 粗牙普通螺纹，螺纹大径为 10，左旋，中、顶径公差带代号相同为 7h，旋合长度为中等级 |
| *M10×1-7G6G-40* | 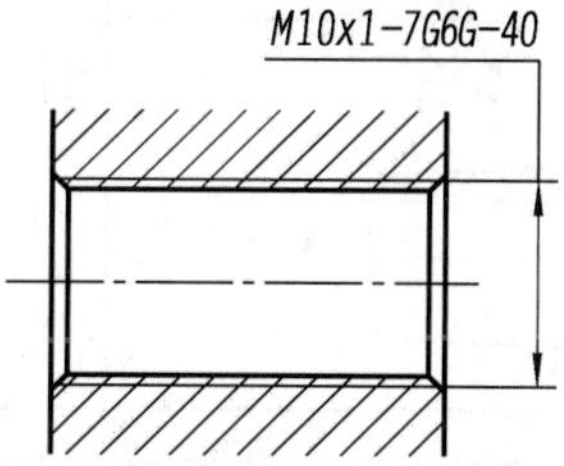 | 细牙普通螺纹，螺纹大径为 10，螺距为 1，右旋，中、顶径公差带代号分别为 7G、6G，旋合长度为 40 |

#### 7.1.3.2　管螺纹

如图 7-15 所示，管螺纹的牙型为等腰三角形，牙型角为 55°。管螺纹的螺距和螺纹高度较普通螺纹小，适用于管件连接和薄壁零件。螺纹密封的管螺纹一般用于密封性要求较高的水管、油管、煤气管等，非螺纹密封的管螺纹一般用于低压管路连接的旋塞等管件附件中。

管螺纹的规定标记由螺纹特征代号、尺寸代号和旋向组成。管螺纹的尺寸代号不是螺纹的大径，指管子的直径(英制)。管螺纹的标注采用斜向指引线标注法，指引线一端指向螺纹大径。管螺纹标注示例见表 7-2。

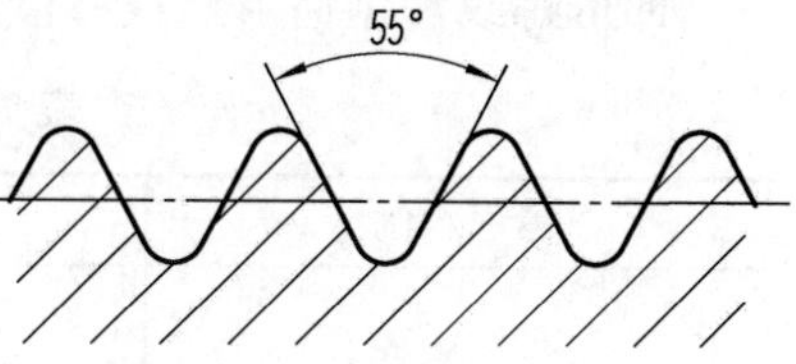


图 7-15　管螺纹的牙型

表 7-2　管螺纹标注示例

| 标记示例 | 标注示例 | 标记说明 |
|---|---|---|
| *G 3/4* | 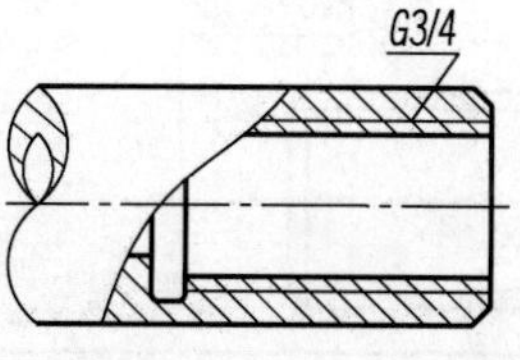 | 非螺纹密封的圆柱内管螺纹，尺寸代号为 3/4，右旋。内螺纹公差等级只有一种，省略不注 |

续表 7-2

| 标记示例 | 标注示例 | 标记说明 |
|---|---|---|
| *G3/4 A* | 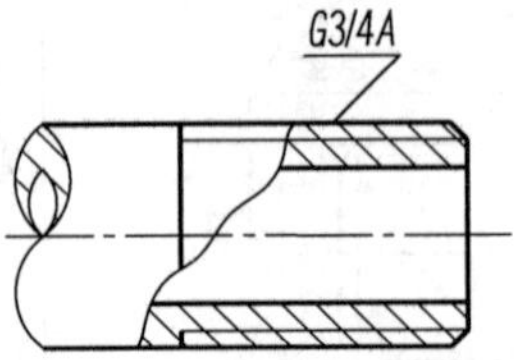  | 非螺纹密封的圆柱外管螺纹，尺寸代号为 *3/4*，公差等级为 A 级。(公差等级分为 A、B 两级) |
| *Rp 3/4* | 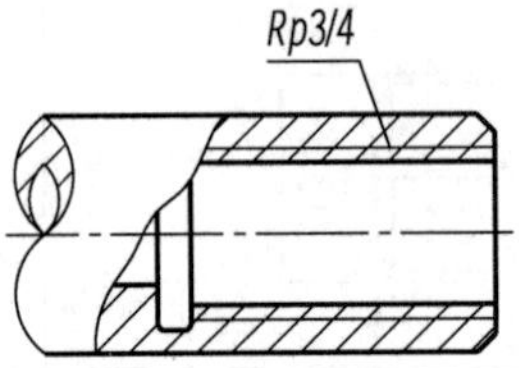  | 螺纹密封的圆柱内管螺纹，尺寸代号为 *3/4*。公差等级只有一种，省略不标注 |
| *Rc3/4LH* | 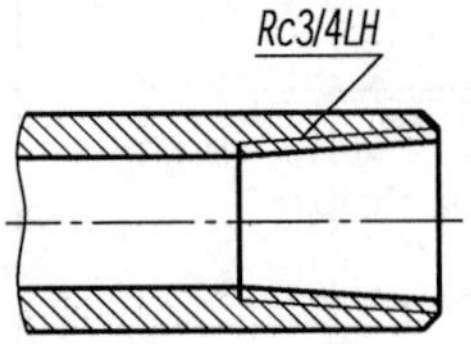  | 螺纹密封的圆锥内管螺纹，尺寸代号为 *3/4*，左旋。公差等级只有一种，省略不注 |
| $R_1$ *1/2* | 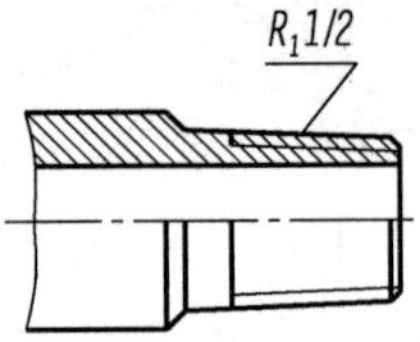  | 螺纹密封的圆锥外管螺纹，尺寸代号为 *1/2*，右旋。公差等级只有一种，省略不标注<br>$R_1$、$R_2$ 分别表示与圆柱内螺纹和圆锥内螺纹配合的圆锥外螺纹 |

#### 7.1.3.3 梯形螺纹和锯齿形螺纹

梯形螺纹和锯齿形螺纹常用于传递动力和运动的零件上，其规定标记与普通螺纹类同，但它们的标记中只标注中径公差带代号；旋合长度只有两种(*N*、*L*)，标注方法也与普通螺纹相同。

梯形螺纹和锯齿形螺纹标注示例见表 7-3。

**表 7-3 梯形螺纹和锯齿形螺纹标注示例**

| 标记示例 | 标注示例 | 标记说明 |
|---|---|---|
| *Tr 40×14(P7)-7e-LH* | 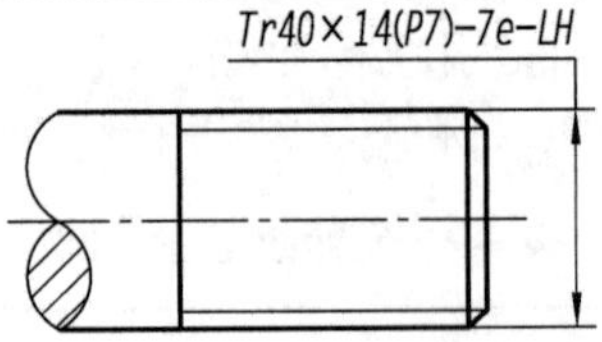  | 梯形螺纹，公称直径为 *40*，导程为 *14*，螺距为 *7*，双线，左旋，中径公差带代号 *7e*，中等旋合长度 |
| *B 40×7-8e* | 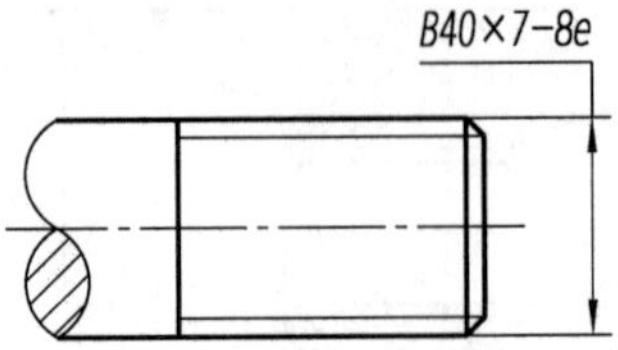  | 锯齿形螺纹，公称直径为 *40*，螺距为 *7*，单线，右旋，中径公差带代号 *8e*，中等旋合长度 |

# 7.2　常用螺纹紧固件的规定标记及其装配画法(Conventional designation and assemble representation of threaded fasteners commonly used)

数字资源 7-3　螺纹紧固件

## 7.2.1　常用螺纹紧固件的规定标记(designation of threaded fasteners commonly used)

常用螺纹紧固件有螺栓、双头螺柱、螺钉、螺母和垫圈等，它们的结构、尺寸(附录三)均已标准化，因此在应用这些螺纹紧固件时，只需在技术文件上注明其规定标记。表 7-4 列出了一些常用螺纹紧固件及其标记方法。

表 7-4　常用螺纹紧固件及其标记方法

| 名称及标准编号 | 图　例 | 规定标记及说明 |
|---|---|---|
| 开槽圆柱头螺钉<br>GB/T 65—2016 | 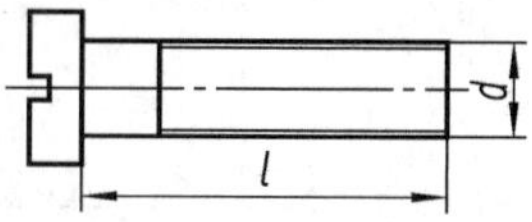 | 螺钉 GB/T 65 M10×60<br>开槽圆柱头螺钉，螺纹规格 *d*=Ml0，公称长度 *l*=60mm，精度等级 A，性能等级为 4.8 级，不经表面处理 |
| 开槽沉头螺钉<br>GB/T 68—2016 | 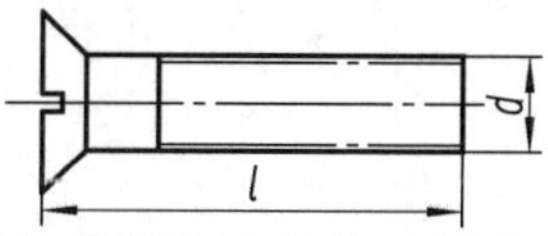 | 螺钉 GB/T 68 BM5×25<br>开槽沉头螺钉，螺纹规格 *d*=M5，公称长度 *l*=25mm，精度等级 B，性能等级为 4.8 级，不经表面处理 |
| 六角头螺栓<br>GB/T 5782—2016 | 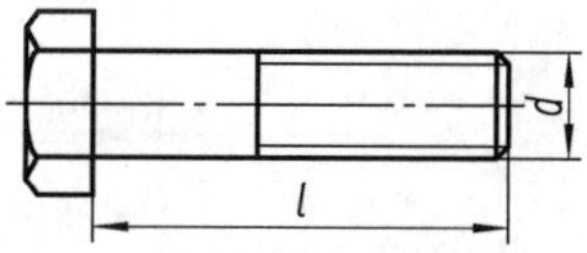 | 螺栓 GB/T 5782 M16×70<br>A 级六角头螺栓。螺纹规格 *d*=M16，公称长度 *l*=70mm，性能等级为 8.8 级，表面氧化处理 |
| 双头螺柱<br>($b_m$=1.25d)<br>GB/T 898—1988 | 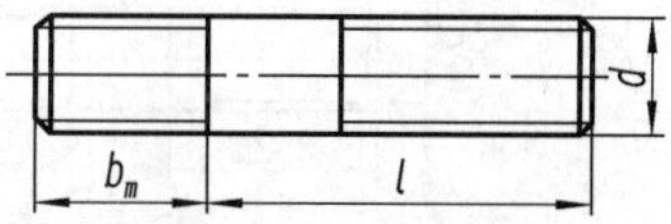 | 螺柱 GB/T 898 M12×50<br>牙普通螺紋，螺纹规格 *d*=M12，公称长度 *l*=50mm，A 型，旋入端 $b_m$=1.25*d*，性能等级为 4.8 级。不经过表面处理 |
| 开槽锥端<br>紧定螺钉<br>GB/T 71—2018 | 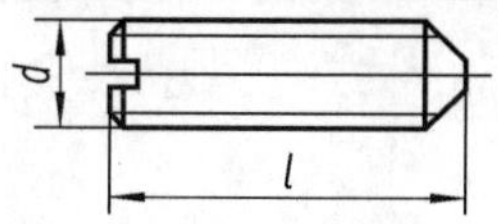 | 螺钉 GB/T 71 M5×25<br>开槽锥端紧定螺钉，螺纹规格 *d*=M5，公称长度 *l*=25mm |
| 1 型六角螺母<br>GB/T 6170—2015 | 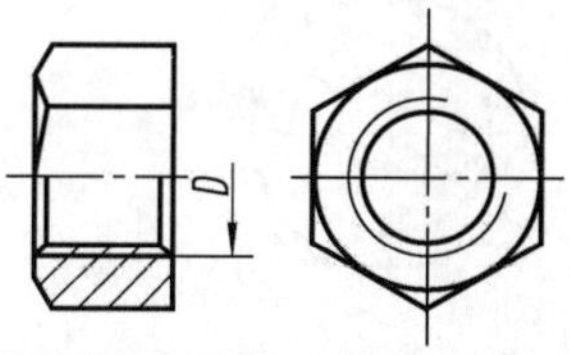 | 螺母 GB/T 6170 M16<br>A 级 1 型六角螺母，螺纹规格 *D*=M16，性能等级为 8 级，不经过表面处理 |
| 平垫圈 A 级<br>GB/T 97.1—2016 | 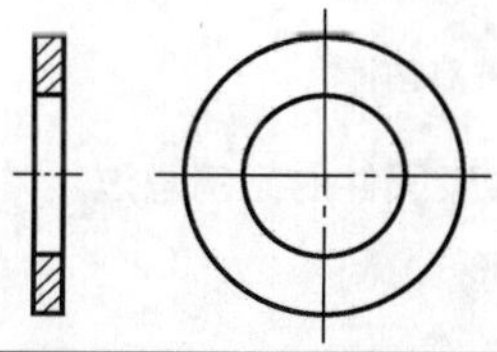 | 垫圈 GB/T 97.1 16<br>A 级平垫圈，公称尺寸(配套螺纹公称直径)*d*=16mm，性能等级为 140HV 级，不经表面处理 |

续表 7-4

| 名称及标准编号 | 图　例 | 规定标记及说明 |
|---|---|---|
| 标准型弹簧垫圈<br>GB/T 93—1987 | 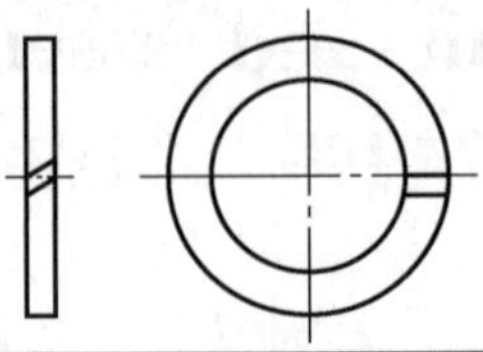 | 垫圈 GB/T 93　16<br>标准型弹簧垫圈，规格(配套螺纹公称直径)16mm，材料为 65Mn，表面氧化处理 |

### 7.2.2　常用螺纹紧固件的比例画法(Scale representation of threaded fasteners commonly used)

螺纹紧固件是标准件，其结构形式和各部分尺寸都已标准化，因此，画螺纹紧固件图的视图时，可从附录中查出国标规定的各部分参数绘制。为了提高绘图速度，也可将螺纹紧固件的各部分尺寸(公称长度除外)按与螺纹大径 $d(D)$的比例关系画出。工程中常用比例画法绘制螺纹紧固件装配图，常用螺纹紧固件的比例画法如图 7-16 所示。

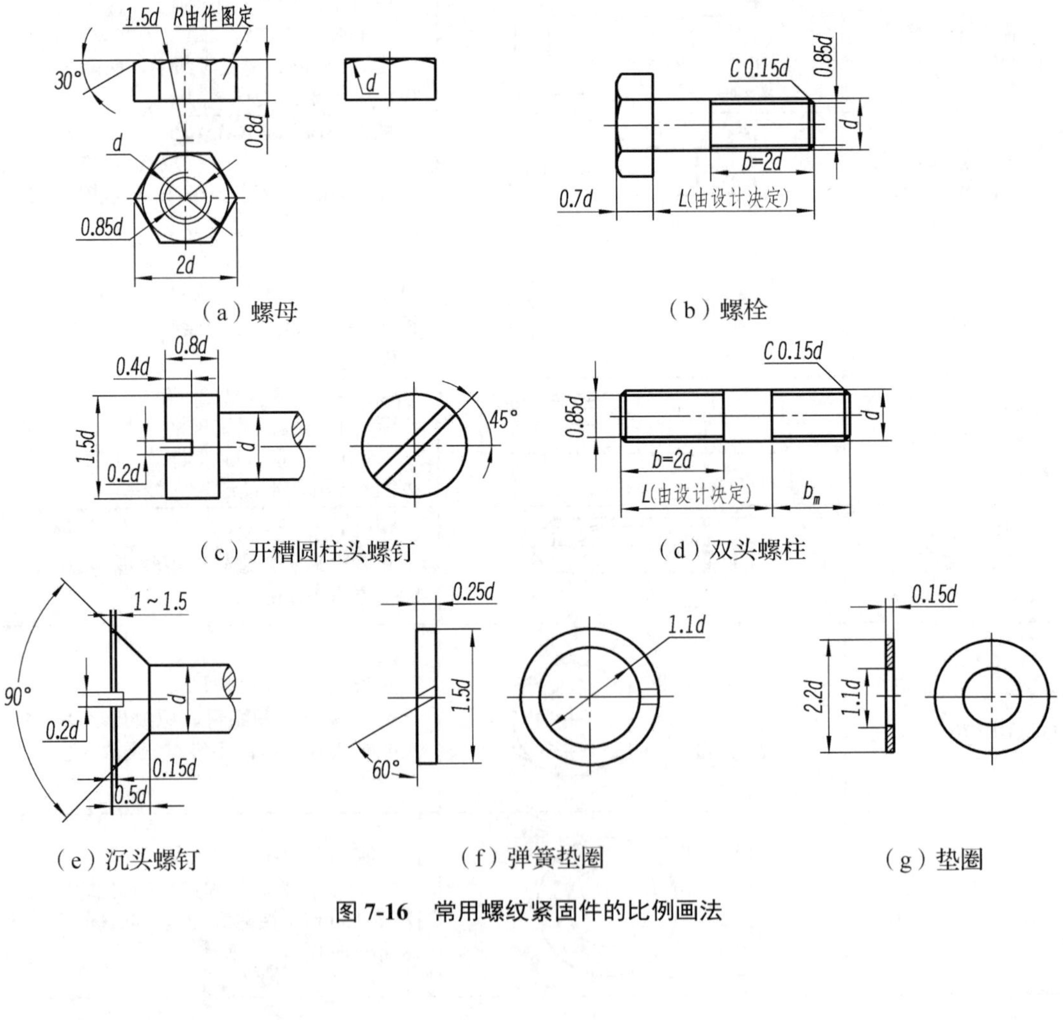


图 7-16　常用螺纹紧固件的比例画法

### 7.2.3　常用螺纹紧固件的装配画法(Assembly representation of threaded fasteners commonly used)

数字资源 7-4　螺纹紧固件连接的画法

#### 7.2.3.1　装配图的规定画法

(1) 两零件的接触表面只画一条粗实线。

(2) 在剖视图中，相邻的两个零件的剖面线应方向相反或方向相同、间隔应不同，而同一个零件在不同的剖视图中的剖面线方向和间隔必须相同。

(3) 当剖切平面沿实心零件或标准件(螺栓、螺柱、螺钉、螺母、垫圈等)的轴线(或对称线)剖切时，这些零件按不剖绘制，仍画其外形。

#### 7.2.3.2　螺纹紧固件的装配画法

**1．螺栓连接**

螺栓用于连接两个不太厚的零件，连接时将螺栓穿入两个被连接件的通孔内，并在螺栓上端套上垫圈，用螺母拧紧。

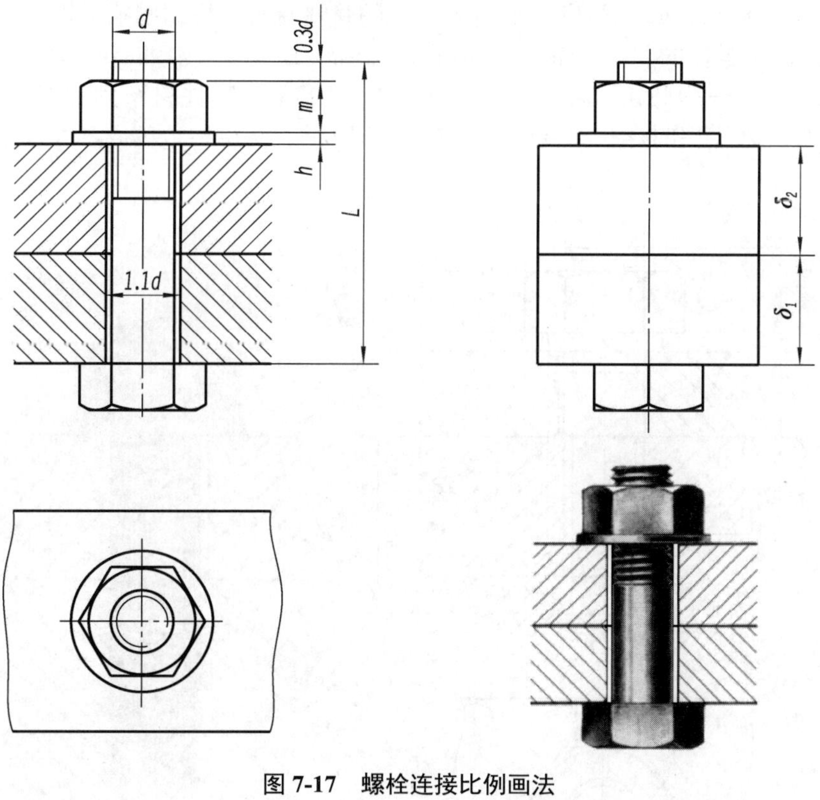


图 7-17　螺栓连接比例画法

图 7-17 为螺栓连接的比例画法。从图中可以看出，螺栓的公称长度：

$$l = \delta_1 + \delta_2 + h + m + 0.3d$$

根据计算的结果，从附表 11 螺栓公称长度 $L$ 系列值中查找，最终选取一个最接近的标准长度值。

在画图时应注意：

(1) 被连接件上的通孔直径约为螺纹大径的 1.1 倍，安装时孔内壁与螺栓杆部不接触，应分别画出各自的轮廓线。

(2) 螺栓上的螺纹终止线应低于被连接件顶面轮廓，以便拧紧螺母时有足够的螺纹长度。

### 2．螺柱连接

双头螺柱常用于两个被连接零件中一个较厚的、不能或不适于钻成通孔的连接。较厚的零件上加工有螺纹孔，另一个零件上加工有光孔，孔径约为螺纹大径的 1.1 倍。

用双头螺柱连接时，先将螺柱的旋入端 $b_m$ 全部旋入螺孔内，再套入较薄的有光孔的零件，加入垫圈后用螺母拧紧。

图 7-18 为双头螺柱连接的比例画法。从图中可以看出，螺柱的公称长度：

$$L \approx \delta+h+m+0.3d$$

根据计算结果，从附表 12 中选择与其相近的 $L$ 值。

画图时应注意：

(1) 双头螺柱的旋入端 $b_m$ 应全部旋入螺孔内，画图时螺纹终止线要与两被连接件接触面平齐，上半部分的画法与螺栓连接情况相同。

(2) 双头螺柱旋入端 $b_m$ 的长度与被旋入零件的材料有关，根据国家标准规定，$b_m$ 有 4 种长度规格：被旋入零件的材料为钢和青铜时，$b_m=d$(GB/T 897—1988)；零件材料为铸铁时 $b_m=1.25d$(GB/T 898—1988)或 $b_m=1.5d$(GB/T 899—1988)；零件材料为铝时，$b_m=2d$(GB/T 900—1988)。被旋入零件的螺孔深度一般为 $b_m+0.5d$，钻孔深度一般为 $b_m+d$，如图 7-18 所示。

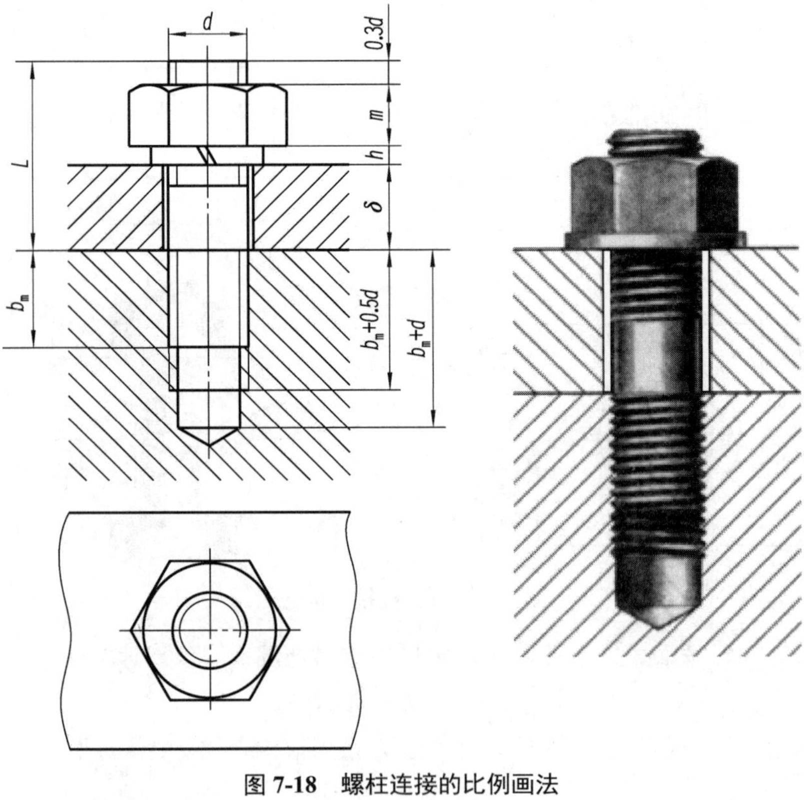


图 7-18　螺柱连接的比例画法

### 3．螺钉连接

螺钉多用于受力不大、不经常拆卸的连接。螺钉连接不用螺母和垫圈，直接将螺钉拧入较厚零件的螺纹孔中，靠螺钉头部压紧被连接件。

图 7-19 和图 7-20 是几种常用螺钉连接装配图的比例画法。从图中可看出螺钉的公称长度：

$$l=\delta+b_m$$

$b_m$ 需根据零件的材料而定。根据计算的结果，从附表 13～18 中选择与其相近的标准长度值。

画图时应注意下列几点：

(1) 较厚零件上加工有螺纹孔，为了使螺钉头部能压紧被连接件，螺钉的螺纹终止线应高于零件螺孔的端面轮廓线，如图 7-19(a)所示。

(2) 螺钉头部的一字槽或十字槽在投影为圆的视图上，按习惯画成与中心线成 45°方向，如图 7-19 所示。

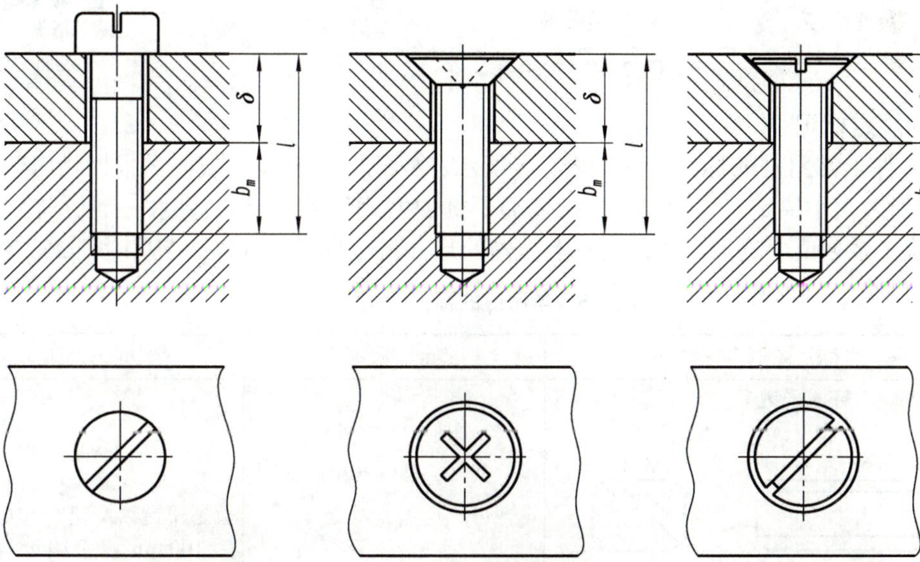


（a）开槽盘头螺钉　（b）十字槽沉头螺钉　（c）开槽沉头螺钉

图 7-19　螺钉连接比例画法

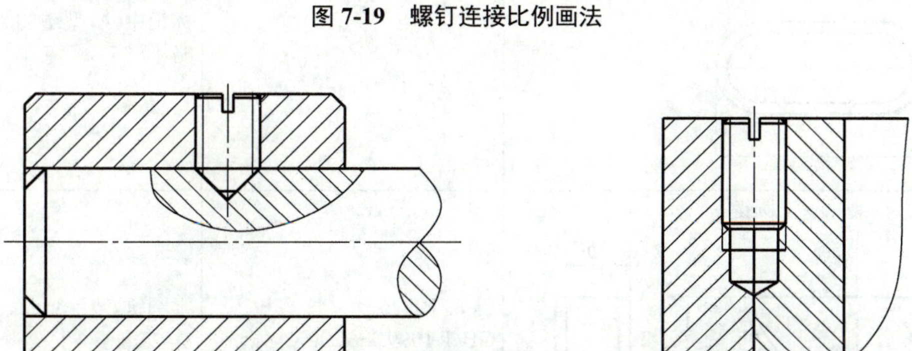

图 7-20　紧定螺钉连接画法

# 7.3 键和销(Keys and pins)

键和销是机器中广泛应用的标准件，也属于连接件。

## 7.3.1 键(Keys)

键通常用来连接轴及轴上的转动零件(如齿轮、皮带轮等)起传递扭矩的作用。常用的键有普通平键、半圆键和钩头楔键等，如图 7-21 所示。

（a）普通平键 （b）半圆键 （c）钩头楔键

图 7-21 常用键

数字资源 7-5 键及其连接

### 7.3.1.1 键的规定标记

键是标准件，常用键的标记方法如表 7-5 所示。标记中的 $b$ 和 $d$ 值，需根据相应轴(或轴孔)的直径和受力大小决定。附表 26 给出普通平键的型式尺寸，键的长度，应根据轮毂长度和受力大小在 $l$ 系列值中选取。轴和轮毂上键槽的尺寸可根据轴(孔)的直径从附表 25 中选取。

表 7-5 常用键的标记方法

| 名称及图例 | 标记示例 | 标记说明 |
| --- | --- | --- |
| 普通平键 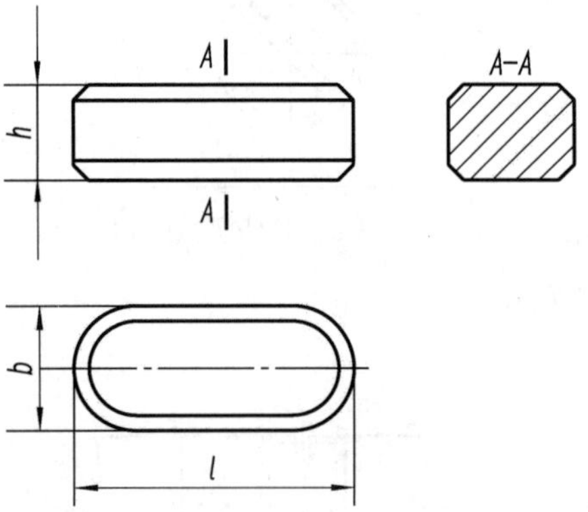  | 键 16×10×100<br>GB/T 1096—2003 | 普通平键，A 型 $b$=16mm、$l$=100mm、$h$=10mm。<br>注：普通平键有 A 型(圆头)、B 型(方头)和 C 型(单圆头)，标记中 A 型键的“A”字省略不注 |
| 半圆键 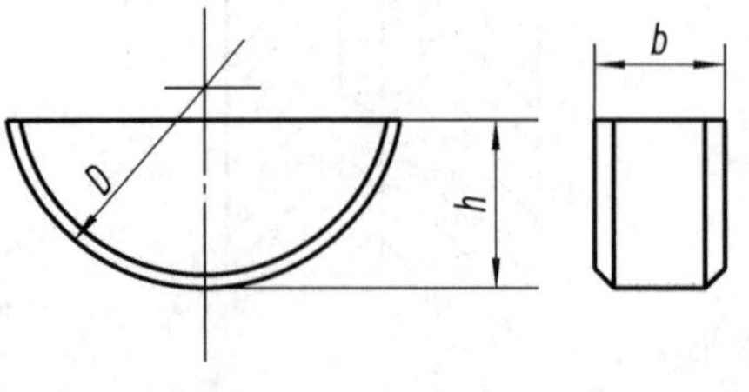  | 键 6×10×25<br>GB/T 1099.1—2003 | 半圆键，$b$=6mm、$h$=10mm、$D$=25mm |

续表 7-5

| 名称及图例 | 标记示例 | 标记说明 |
|---|---|---|
| 钩头楔键 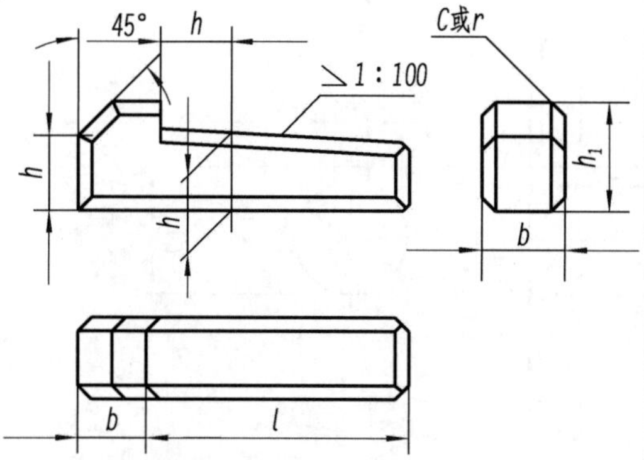  | 键 18×100<br>GB/T 1565—2003 | 钩头楔键，$b$＝18mm，$l$=100mm、$h$=11mm |

### 7.3.1.2　键连接的画法

普通平键和半圆键的连接原理相似，两侧面为工作表面，装配时，键的两侧面与键槽的侧面接触，工作时靠键的两侧面传递扭矩。绘制装配图时，键与键槽侧面之间无间隙，画一条线；键的顶面是非工作表面，与轮毂键槽的顶面不接触，应画出间隙，如图 7-22(a)、(b)所示。

钩头楔键的顶面有 1∶100 的斜度，安装时将键打入键槽，靠键与键槽顶面的压紧力使轴上的零件固定，因此，顶面是钩头楔键的工作表面。绘制装配图时，键与键槽顶面之间无间隙，画一条线；键的两侧面是非工作表面，与键槽的侧面不接触，应画出间隙，如图 7-22(c)所示。

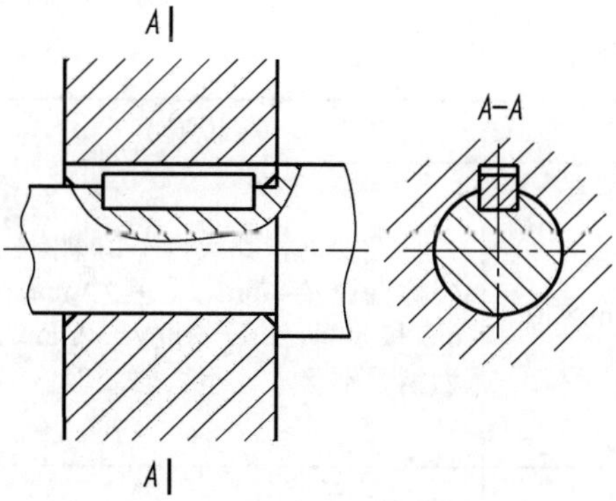


（a）普通平键连接

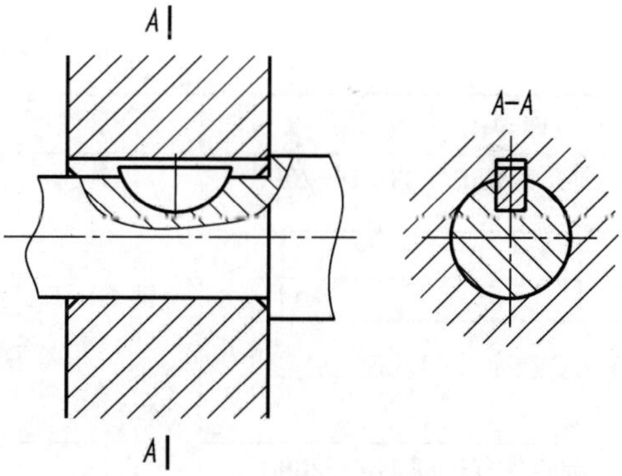


（b）半圆键连接

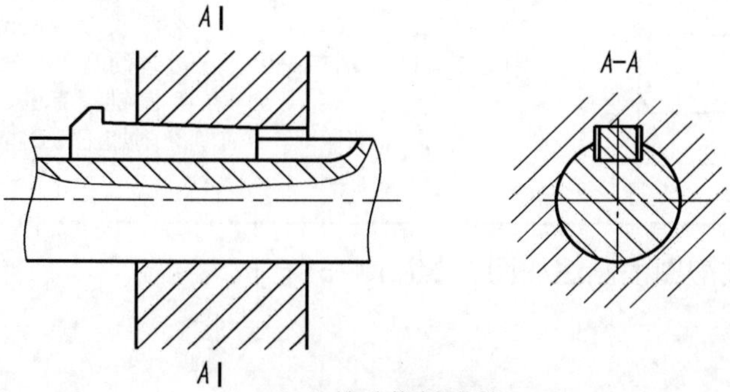


（c）钩头楔键连接

图 7-22　键连接的画法

图 7-23 是与普通平键连接的轴和轮毂上键槽的画法和尺寸注法。

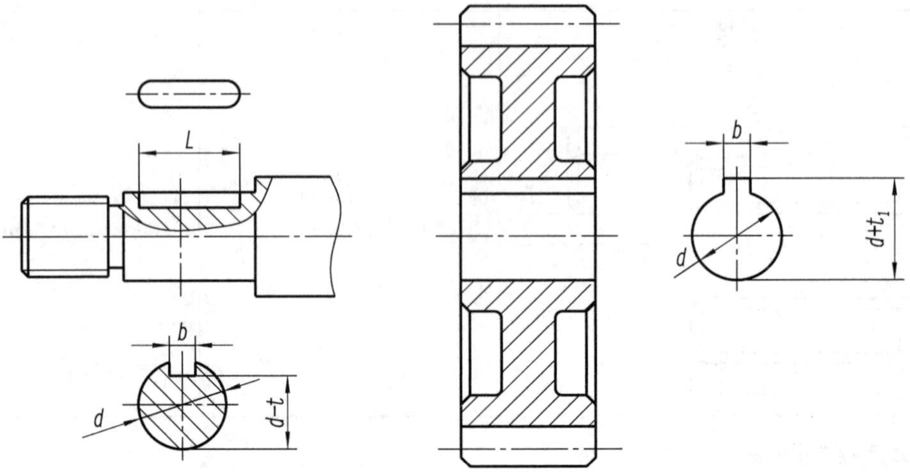


（a）轴上的键槽　　（b）轮毂上的键槽

**图 7-23　键槽的画法和尺寸注法**

## 7.3.2　销(Pins)

销常用于零件间的连接或定位，有时也作为安全装置的零件。销的型式和标记方法见表 7-6。

数字资源 7-6　销及其连接

**表 7-6　销的型式和标记方法**

| 名称、图例及标准 | 标记示例 | 说明 |
|---|---|---|
| 圆柱销　GB/T 119.1—2000<br> | 销 GB/T 119.1　8 m6×30 | 不淬硬钢和奥氏体不锈钢圆柱销，公称直径 $d$=8mm、公差为 m6(公差有 m6 和 h8 两种)、长度 $l$=30mm、材料为钢、不淬火、不表面处理 |
| 圆锥销　GB/T 117—2000<br>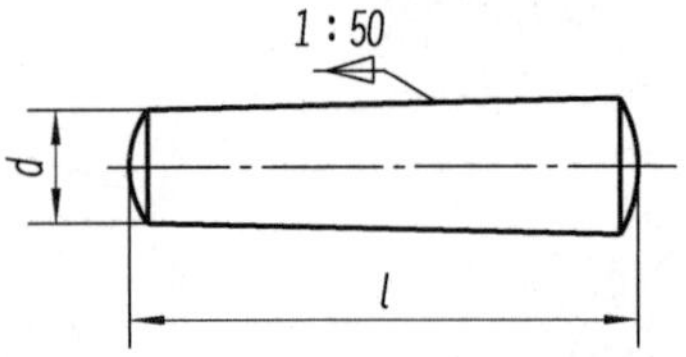 | 销 GB/T 117　A10×60 | A 型圆锥销，公称直径 $d$=10mm、公称长度 $l$=60mm、材料为 35 钢、热处理硬度 28～38HRC、表面氧化处理。<br>圆锥销有 A、B 两种型式，A 型为磨削加工，B 型为车削或冷镦加工 |

圆柱销和圆锥销装配图的画法如图 7-24(a)、(b)所示。

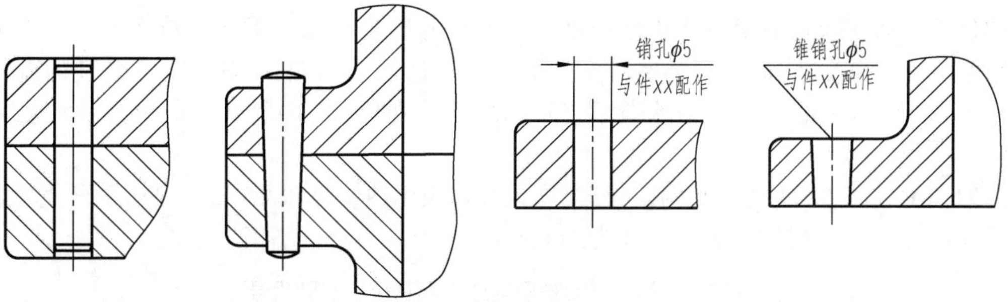


（a）圆柱销装配图　（b）圆锥销装配图　（c）圆柱销孔　（d）圆锥销孔

**图 7-24　销的装配图画法**

# 7.4　滚动轴承(Rolling bearings)

数字资源 7-7　滚动轴承

滚动轴承是用来支撑旋转轴并承受轴上载荷的组件，它的结构紧凑、摩擦阻力小，因此在机器中被广泛采用。

滚动轴承是标准部件，它的类型很多，按结构和承载情况不同，可分为向心轴承(主要承受径向力)、推力轴承(主要承受轴向力)、向心推力轴承(同时承受径向和轴向力)三大类，如图 7-25 所示。使用时应根据承载情况确定选用轴承的代号。在装配图中，可按标准规定，用简化画法或规定画法绘制滚动轴承。

滚动轴承一般由内圈、外圈、滚动体和保持架 4 个元件组成，安装时外圈装在机座的孔内，固定不动；内圈套在轴上，与轴产生过盈配合，随轴转动。

**图 7-25　常见的滚动轴承**

本节着重介绍滚动轴承的代号、规定画法和简化画法。

## 7.4.1　滚动轴承的代号(Rolling bearing code)

轴承的标记由名称、代号和标准编号组成，而轴承的代号是由基本代号、前置代号和后置代号 3 部分组成，其排列顺序如下：

| 前置代号 | 基本代号 | 后置代号 |
|---|---|---|

### 7.4.1.1　基本代号

滚动轴承的基本代号表示轴承的基本结构、尺寸、公差等级、技术性能等特征。基本代号由轴承类型代号、尺寸系列代号、内径代号 3 部分构成。类型代号由数字或字母表示；尺寸系列代号由轴承宽(高)度系列代号和直径系列代号组合而成，用 2 位数字表示，其中左边一位数字为宽(高)度系列代号(凡括号中的数值，在注写时省略)，右边一位数字为直径系列代号。表 7-7 列出了部分滚动轴承类型代号和尺寸系列代号。内径代号的意义及注写示例见表 7-8。

例如轴承代号 6208 的含义为：6—类型代号，表示深沟球轴承；2—尺寸系列代号，表示轻窄系列；08—内径代号，表示内径为 40mm。

**表 7-7 部分滚动轴承类型代号及尺寸系列代号**

| 轴承类型名称 | 类型代号 | 尺寸系列代号 | 标准编号 |
|---|---|---|---|
| 双列角接触球轴承 | 0 | 32<br>33 | GB/T 296—2015 |
| 调心球轴承 | 1 | 39 10 30<br>02 22 03 23 | GB/T 281—2013 |
| 调心滚子轴承 | 2 | 38 4839 49 30 40 31<br>41 22 32 03 23 12<br>30(带紧定套)<br>31(带紧定套)<br>22(带紧定套)<br>32(带紧定套)<br>03(带紧定套)<br>23(带紧定套) | GB/T 288—2013<br>GB/T 5859—2008 |
| 圆锥滚子轴承 | 3 | 29 20 30 31<br>02 22 32<br>03 13 23 | GB/T 297—2015 |
| 推力球轴承<br>双向推力球轴承 | 5 | 11 12 13 14<br>22 23 24 | GB/T 301—2015 |
| 深沟球轴承 | 6 | 17 37 18 19 00 10<br>02 03 04 | GB/T 276—2013 |
| 角接触球轴承 | 7 | 略 | GB/T 292—2007 |
| 双列圆柱滚子轴承 | NNU<br>NN | NNU49 NNU41<br>NN49 NN30 | GB/T 283—2007<br>GB/T 285—2013 |

**表 7-8 轴承内径代号**

| 轴承公称内径/mm | | 内径代号 | 标记示例及说明 |
|---|---|---|---|
| 0.6～10(非整数) | | 用公称内径(mm 为单位)直接表示，在其与尺寸系列代号之间用“/”分开 | 滚动轴承 618/2.5 GB/T 276—2013：类型代号 6，尺寸系列代号 18，内径 $d$=2.5mm |
| 1～9(整数) | | 用公称内径(mm 为单位)直接表示，对深沟及角接触球轴承 7、8、9 直径系列，内径与尺寸系列代号之间用“/”分开 | 滚动轴承 618/5 GB/T 276—2013：类型代号 6，尺寸系列代号 18，内径 $d$=5mm |
| 10～17 | 10<br>12<br>15<br>17 | 00<br>01<br>02<br>03 | 滚动轴承 6201 GB/T 276—2013：类型代号 6，尺寸系列代号 02，内径 $d$=12mm |

续表 7-8

| 轴承公称内径/mm | 内径代号 | 标记示例及说明 |
|---|---|---|
| 20～480<br>(22、28、32)除外 | 公称内径除以 5 的商数，商数只有一位数时，需在商数前加“0” | 滚动轴承 23208　GB/T 288—2013：<br>类型代号 2，尺寸系列代号 32，内径代号 08，则内径 $d$=5×8=40mm |
| ≥500 以及 22、28、32 | 用公称内径(mm 为单位)直接表示，在其与尺寸系列代号之间用“/”分开 | 滚动轴承 230/500　GB/T 288—2013：<br>类型代号 2，尺寸系列代号 30，内径 $d$=500mm |

**7.4.1.2　前置、后置代号**

前置、后置代号是轴承在结构形状、尺寸、公差、技术要求等有改变时，在其代号前、后添加的补充代号。

## 7.4.2　滚动轴承的画法(Representation of the rolling bearing)

滚动轴承是标准部件，一般不必画它的零件图，只需在装配图中根据给定的轴承代号，从轴承的标准中查出其外径 $D$、内径 $d$、宽度 $B(T)$等主要尺寸按规定画法或简化画法画出，常用轴承的具体画法见表 7-9。

**7.4.2.1　规定画法**

规定画法能较详细地表达轴承的主要结构形状。在装配图的剖视图中采用规定画法绘制滚动轴承时，一般只在轴的一侧用规定画法表达轴承的主要结构，在轴的另一侧按通用画法绘制；轴承的滚动体不画剖面线，各套圈的剖面线方向可画成方向一致、间隔相同；轴承的保持架及倒角等均省略不画。在不致引起误解时，还允许省略剖面线。在装配图的明细表中，必须按规定注出滚动轴承的代号。

**7.4.2.2　简化画法**

简化画法分为通用画法和特征画法，在同一张图样上，一般只采用其中的一种画法。

在装配图的剖视图中，若不需确切地表示滚动轴承的外形轮廓、载荷特性和结构特征时，也可采用特征画法和通用画法。通用画法是在轴的两侧用粗实线矩形线框及位于线框中央正立的十字形符号表示。

**表 7-9　常用滚动轴承的画法**

| 轴承名称及代号 | 深沟球轴承<br>GB/T 276—2013 | 圆锥滚子轴承<br>GB/T 297—2015 | 推力球轴承<br>GB/T 301—2015 |
|---|---|---|---|
| 规定画法 | 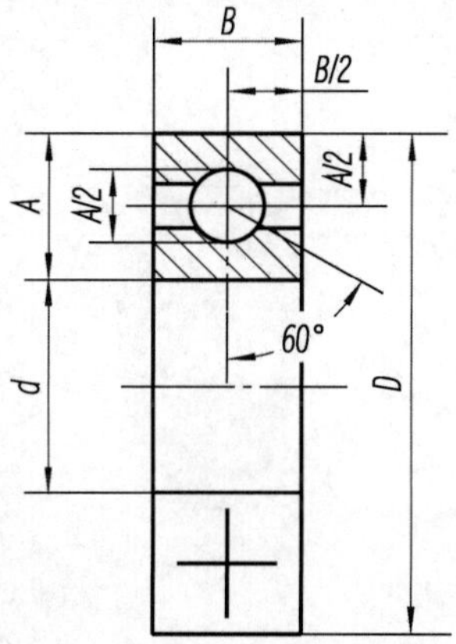 | 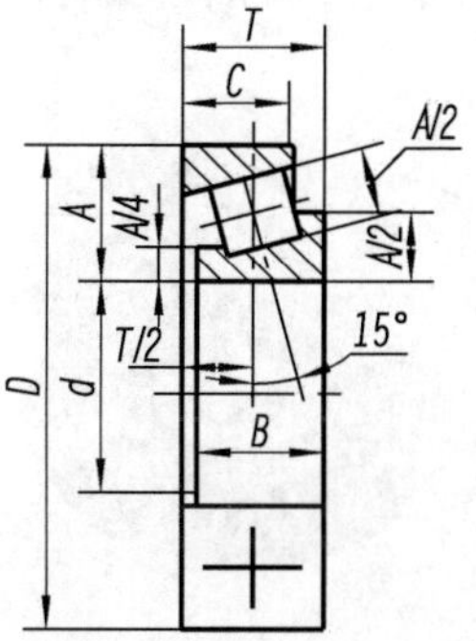 | 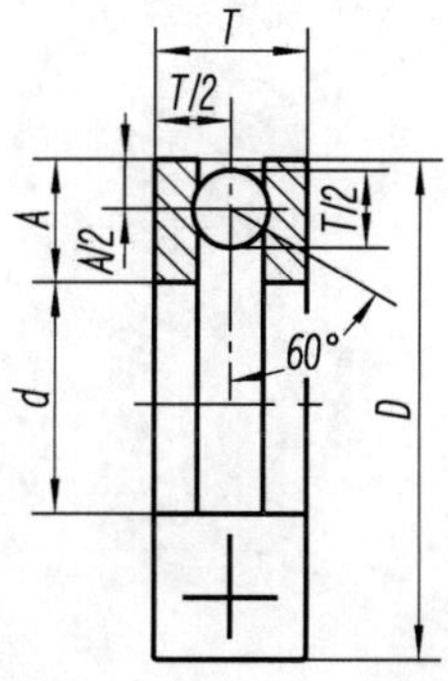 |

续表 7-9

| 轴承名称及代号 | 深沟球轴承 GB/T 276—2013 | 圆锥滚子轴承 GB/T 297—2015 | 推力球轴承 GB/T 301—2015 |
|---|---|---|---|
| 特征画法 | 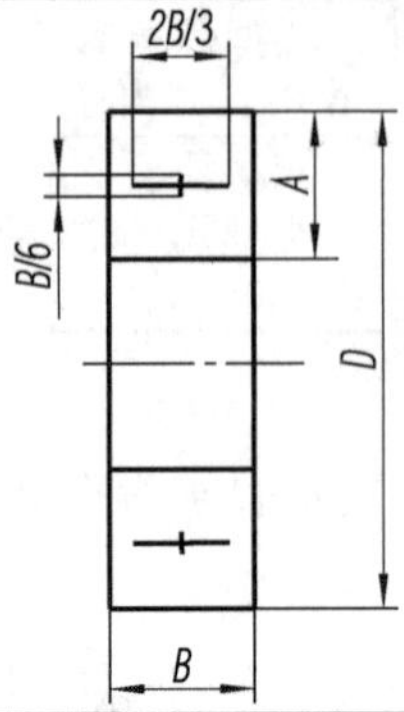  | 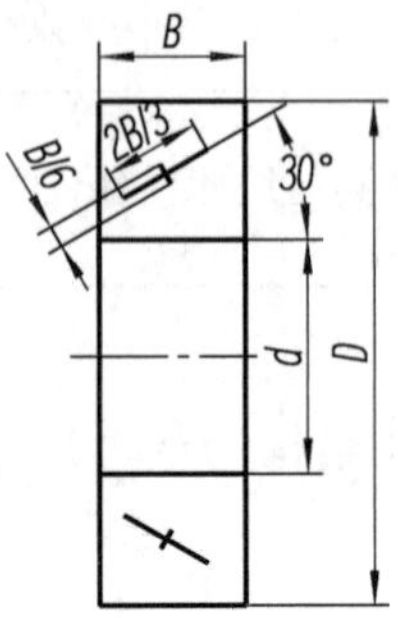  | 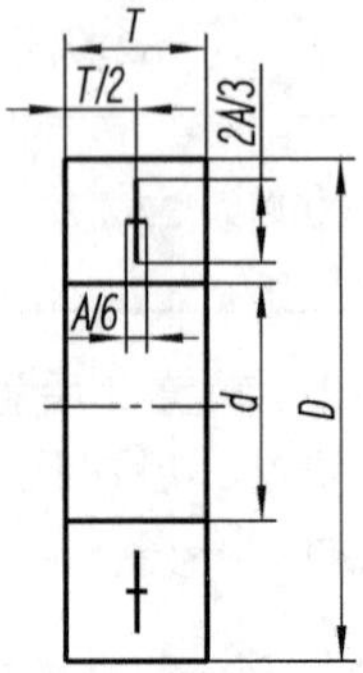  |
| 通用画法 | 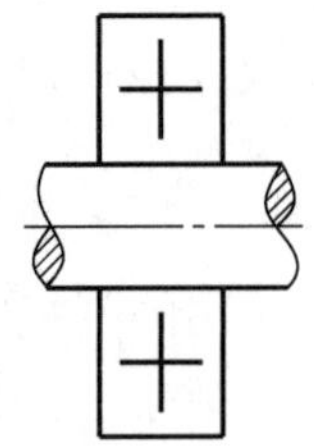 | 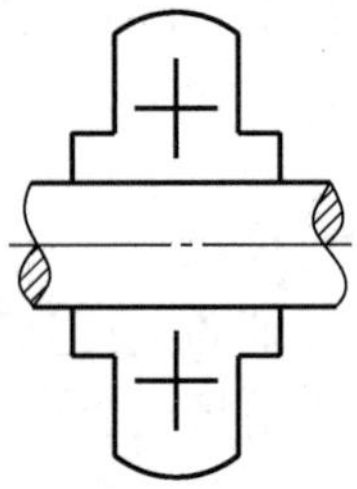 | 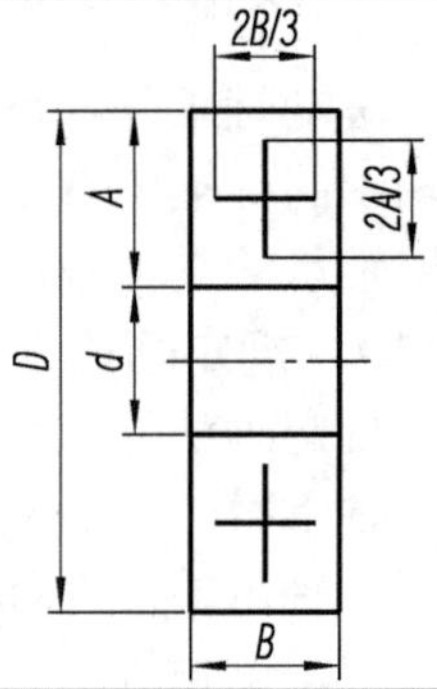  |

## 7.5 齿轮(Gears)

齿轮是机械传动中最常见的一种重要零件，主要用来传递动力和运动。通常以两个齿轮齿部啮合的形式，由一个齿轮的轴输入动力，通过啮合齿，传入另一个齿轮的轴，再输出动力，并在这个传递过程中起减速或增速的作用，另外还可改变轴旋转的方向。

根据传动情况，齿轮常见类型有：

(1) 圆柱齿轮，用于两轴平行时的传动[图 7-26(a)]。

(2) 圆锥齿轮，用于两轴相交时的传动[图 7-26(b)]。

(3) 蜗轮蜗杆，用于两轴交叉时的传动[图 7-26(c)]。

(a) (b) (c)

图 7-26 常见齿轮的传动形式

数字资源 7-8 齿轮

按轮齿齿廓曲线齿轮又可分为：渐开线齿轮、摆线齿轮、圆弧齿轮等，其中渐开线齿轮应用最广泛。

齿轮有标准齿轮和非标准齿轮之分，具有标准齿的齿轮称为标准齿轮。本节以渐开线标准齿轮为例介绍齿轮各部分的尺寸关系及规定画法。

## 7.5.1　圆柱齿轮(Cylindrical gears)

圆柱齿轮的齿分布在圆柱面上，轮齿的方向有直齿、斜齿及人字齿等。

### 7.5.1.1　标准直齿圆柱齿轮各部分的名称和尺寸关系(图 7-27)

标准直齿圆柱齿轮轮齿(正常齿)各部分代号含义见表 7-10。

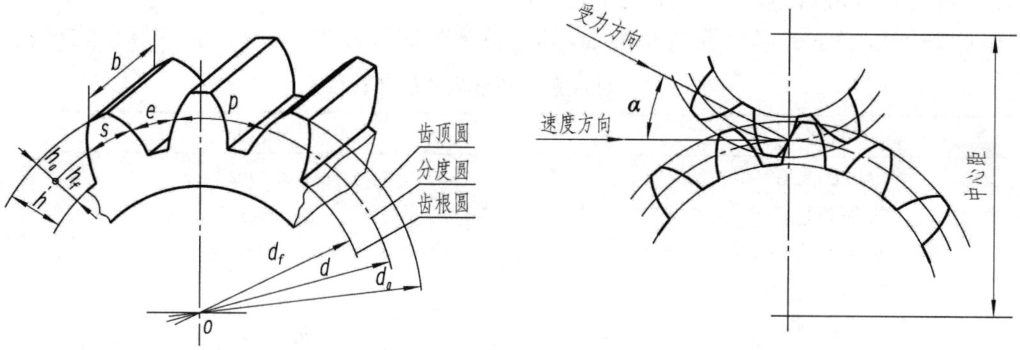


图 7-27　直齿圆柱齿轮各部分名称及尺寸代号

表 7-10　标准直齿圆柱齿轮轮齿各部分的代号含义

| 名　称 | 代号 | 含　　义 |
|---|---|---|
| 节圆直径 | $d'$ | 两齿轮啮合时，啮合点的轨迹圆的直径 |
| 分度圆直径 | $d$ | 加工齿轮时，作为齿轮轮齿分度(分齿)的圆的直径，对于标准齿轮，$d = d'$ |
| 齿顶圆直径 | $d_a$ | 通过齿轮顶部的圆的直径 |
| 齿根圆直径 | $d_f$ | 通过齿轮根部，即齿槽底的圆的直径 |
| 齿高 | $h$ | 齿顶圆与齿根圆之间的径向距离 |
| 齿顶高 | $h_a$ | 齿顶圆与分度圆之间的径向距离 |
| 齿根高 | $h_f$ | 分度圆与齿根圆之间的径向距离 |
| 齿厚 | $s$ | 轮齿在分度圆上的弧长 |
| 槽宽 | $e$ | 分度圆上齿槽与齿廓间的弧长，在标准齿轮中 $e=s$ |
| 齿距 | $p$ | 分度圆上相邻两齿对应点之间的弧长，在标准齿轮中 $p=e+s$ |

### 7.5.1.2　直齿圆柱齿轮的基本参数

(1) 齿数 $z$：为进行机构设计时由传动比计算确定。

(2) 模数 $m$：齿距与圆周率之比。若齿数 $z$ 已知，则有分度圆周长$=\pi d=pz$，由此可得：

$$d = \frac{p}{\pi} z \qquad 令\ m = \frac{p}{\pi} \qquad 则\ d = mz$$

由上述公式可见，在齿数一定的情况下，模数越大，分度圆直径越大，齿轮的齿厚也增大，则齿轮的承载能力随之增大。

加工不同模数的齿轮要用不同的刀具，为了减少加工齿轮刀具的数量，国家标准对齿轮模数作了统一规定，见表 7-11。

**表 7-11 标准模数(GB/T 1357—2008)**

| | |
|---|---|
| 第一系列 | 0.5, 0.6, 0.8, 1, 1.25, 1.5, 2, 2.5, 3, 4, 5, 6, 8, 10, 12, 16, 20, 25, 32, 40, 50 |
| 第二系列 | 0.9, 1.75, 2.25, 2.75,(3.25), 3.5,(3.75), 4.5, 5.5,(6.5), 7, 9,(11), 14, 18, 22, 28,(30), 36, 45 |

注：在选用模数时，应优先选用第一系列，括号内的模数尽可能不用。

(3) 啮合角$\alpha$：为两啮合齿轮齿廓在啮合点(节点)处的公法线与两分度圆的公切线之间的夹角，也称压力角。标准直齿圆柱齿轮的齿形角为 20°。

一对互相啮合的齿轮其模数、压力角必须相等。

凡模数符合标准规定的齿轮称为标准齿轮。

设计齿轮时，必须先确定模数和齿数，其他各部分的尺寸由计算得出。计算公式见表 7-12。

**表 7-12 标准直齿圆柱齿轮的计算公式**

| 名称 | 公式 |
|---|---|
| 分度圆直径 | $d = mz$ |
| 齿顶圆直径 | $d_a = m(z+2)$ |
| 齿根圆直径 | $d_f = m(z-2.5)$ |
| 齿顶高 | $h_a = m$ |
| 齿根高 | $h_f = 1.25m$ |
| 齿高 | $h = h_a + h_f = 2.25m$ |
| 齿距 | $p = \pi m$ |
| 齿厚 | $s = p/2$ |
| 中心距 | $a = (d_1+d_2)/2 = m(z_1+z_2)/2$ |

### 7.5.1.3 单个圆柱齿轮的规定画法

国家标准对单个齿轮的画法作了如下规定。

(1) 齿轮轮齿部分齿顶圆和齿顶线用粗实线绘制；分度圆和分度线用点画线绘制。在外形图中，齿根圆和齿根线用细实线绘制或省略不画[图 7-28(a)]；在剖视图中，轮齿部分按不剖处理，不画剖面线，齿根线用粗实线绘制[图 7-28(b)]。

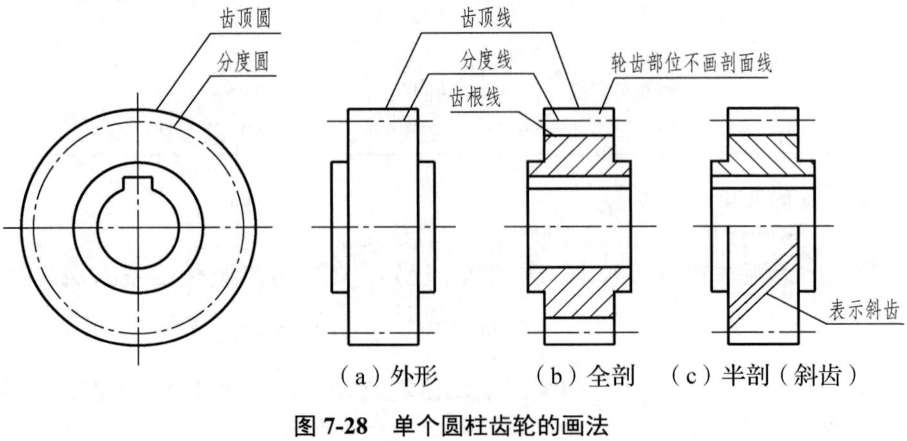


**图 7-28 单个圆柱齿轮的画法**

(2) 对于斜齿和人字齿，需在非圆外形图上画 3 条与齿形线方向一致的细实线，表示齿向和倾角[图 7-28(c)]。

### 7.5.1.4　圆柱齿轮啮合的规定画法

啮合部分的画法规定如下。

(1) 在投影为圆的视图中，两分度圆相切。齿顶圆和齿根圆的画法有两种：

① 啮合区的齿顶圆画粗实线，齿根圆画细实线(也可省略不画)，如图 7-29(a)左视图所示。

② 啮合区的齿顶圆省略不画，齿根圆亦可省略不画，如图 7-29(b)主视图所示。

(2) 在非圆投影的外形图中，啮合区的齿顶线和齿根线不必画出，分度线用粗实线画出，如图 7-29(b)左视图所示。图 7-29(c)为斜齿齿轮啮合的外形图。

(3) 在非圆投影的剖视图中，两齿轮分度线重合，用细点画线绘制；齿根线用粗实线绘制；两齿轮齿顶线其中一条画成粗实线，另一条画虚线或省略不画，如图 7-29(a)左视图所示。

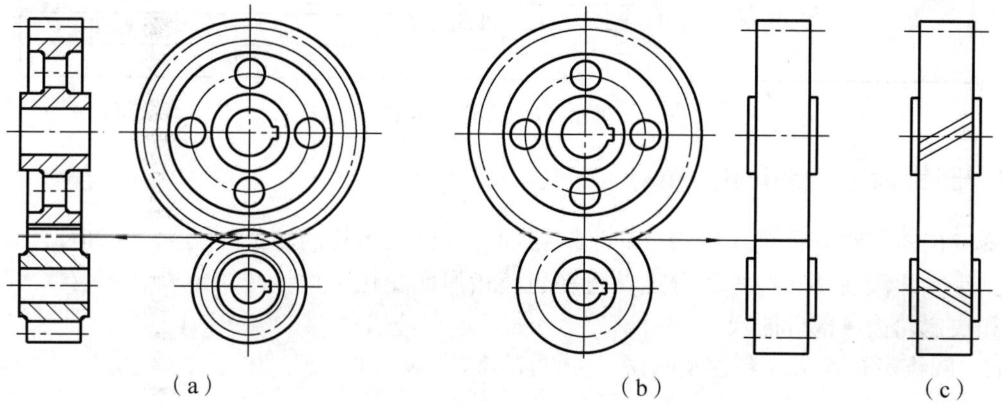

(a)　(b)　(c)

图 7-29　圆柱齿轮啮合的画法

图 7-30 为齿轮啮合区的画法。

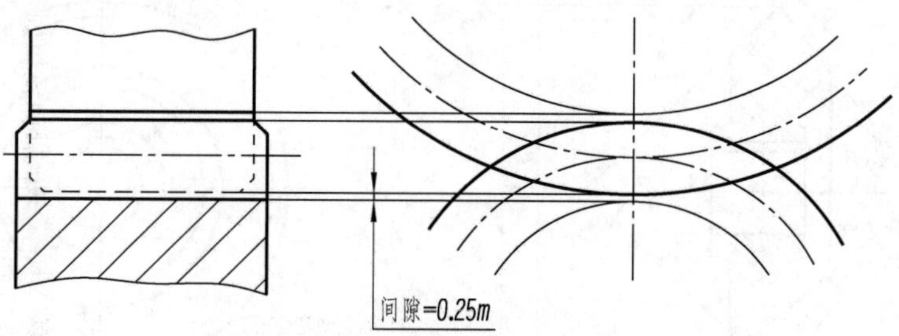


图 7-30　齿轮啮合区的画法

图 7-31 是齿轮零件图。画齿轮零件图，除图形、尺寸、技术要求之外，还需在图纸的右上角表格内注写出制造齿轮所需的基本参数。

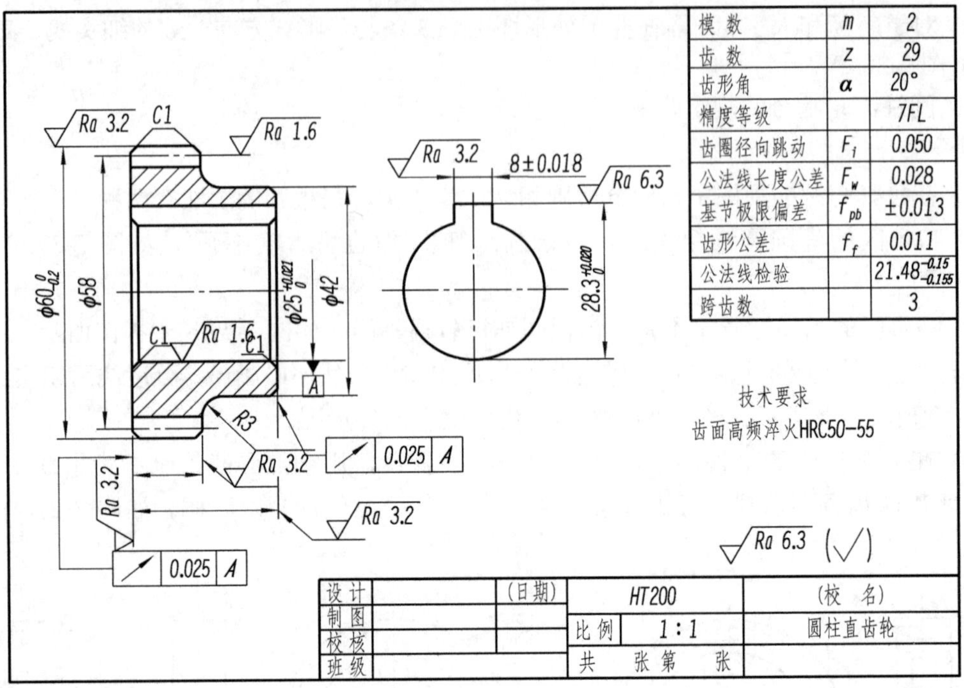


图 7-31 齿轮零件图

## 7.5.2 圆锥齿轮(Conical gears)

圆锥齿轮又称伞齿轮，轮齿分布于圆锥面上，圆锥齿轮的轮齿一端大一端小，齿厚亦由大端到小端逐渐变小，模数和分度圆直径也随齿厚而变化。设计时规定以大端模数为标准来计算和决定轮齿各部分的尺寸。

(1) 圆锥齿轮各部分名称及画法：如图 7-32 所示。

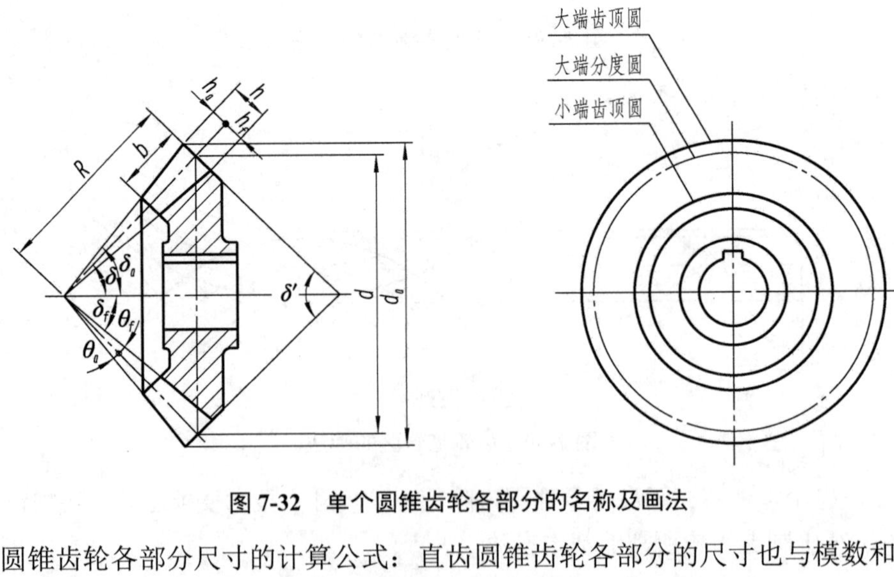


图 7-32 单个圆锥齿轮各部分的名称及画法

(2) 圆锥齿轮各部分尺寸的计算公式：直齿圆锥齿轮各部分的尺寸也与模数和齿数有关。两啮合齿轮轴线相交成 90°的直齿圆锥齿轮各部分尺寸的计算公式见表 7-13。

表 7-13　圆锥齿轮各部分尺寸的计算公式

| 基本参数：大端模数 $m$，齿数 $z$，分度圆锥角 $\delta$ | | |
|---|---|---|
| 名　称 | 代 号 | 公　　式 |
| 分度圆直径 | $d$ | $d=mz$ |
| 齿顶圆直径 | $d_a$ | $d_a=m(z+2\cos\delta)$ |
| 齿根圆直径 | $d_f$ | $d_f= m(z-2.4\cos\delta)$ |
| 齿顶高 | $h_a$ | $h_a=m$ |
| 齿根高 | $h_f$ | $h_f=1.2m$ |
| 齿高 | $h$ | $h= ha + h_f=2.2m$ |
| 齿顶角 | $\theta_a$ | $\tan\theta_a=\dfrac{2\sin\delta}{z}$ |
| 齿根角 | $\theta_f$ | $\tan\theta_f=\dfrac{2.4\sin\delta}{z}$ |
| 顶锥角 | $\delta_a$ | $\delta_a=\delta+\theta_a$ |
| 根锥角 | $\delta_f$ | $\delta_f= \delta-\theta_f$ |
| 外锥距 | $R$ | $R=\dfrac{mz}{2\sin\delta}$ |
| 齿宽 | $b$ | $b=R/3$ |

(3) 圆锥齿轮啮合的画法：圆锥齿轮啮合时，两分度圆锥相切，锥顶相交于一点。两锥齿轮轴线相交成 90°时的画法如图 7-33 所示。

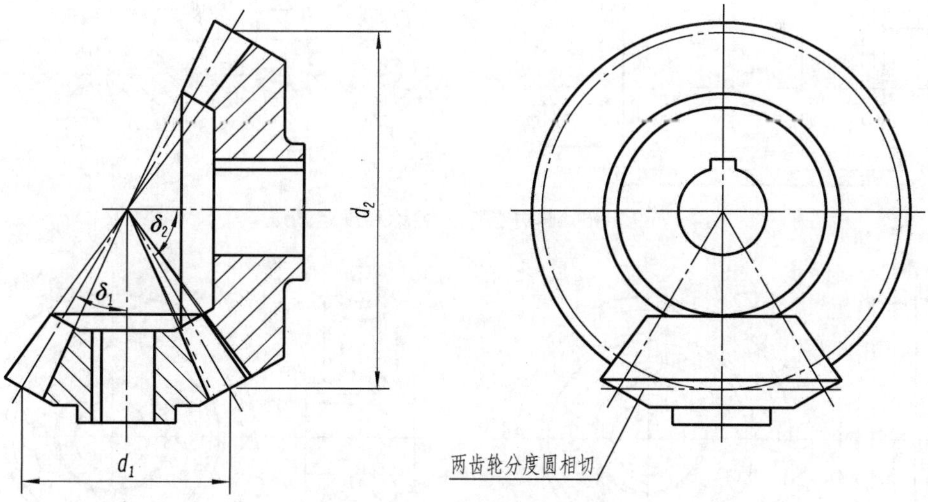


图 7-33　圆锥齿轮啮合的画法

### 7.5.3　蜗轮蜗杆(Wheel and worm)

蜗轮、蜗杆可传递较大的速比，一般蜗杆为主动件，蜗轮为从动件，广泛用于减速装置中。

实际上蜗轮和蜗杆均为斜齿圆柱齿轮。蜗杆外形与螺杆相似，蜗杆的齿数 $z$ 也称线数，常用的有单线或双线，对应的效果是：蜗杆转 1 圈，蜗轮转 1 个齿或 2 个齿。蜗轮的齿部常做成凹形，以增加与蜗杆的接触面，延长寿命。

蜗轮和蜗杆各部分的名称及规定画法如图 7-34、图 7-35 所示，其啮合画法如 7-36 所示。

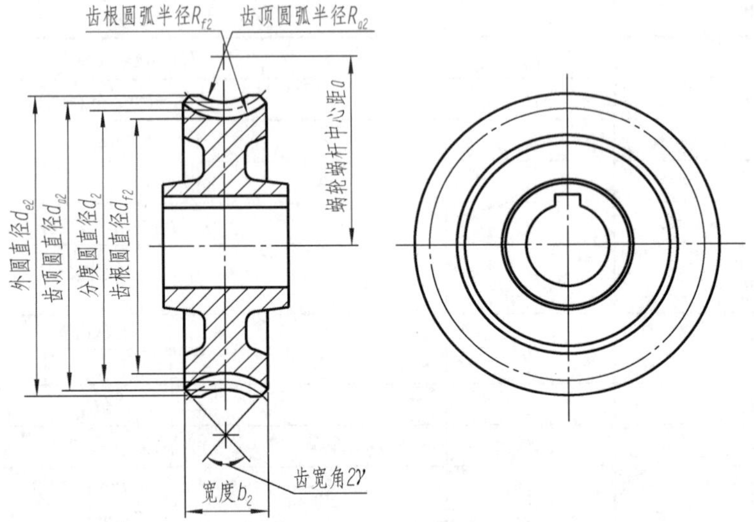


**图 7-34　蜗轮各部分名称和规定画法**

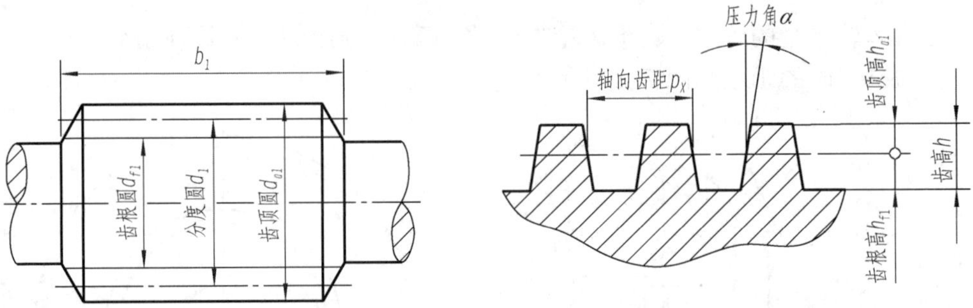


**图 7-35　蜗杆各部分名称和规定画法**

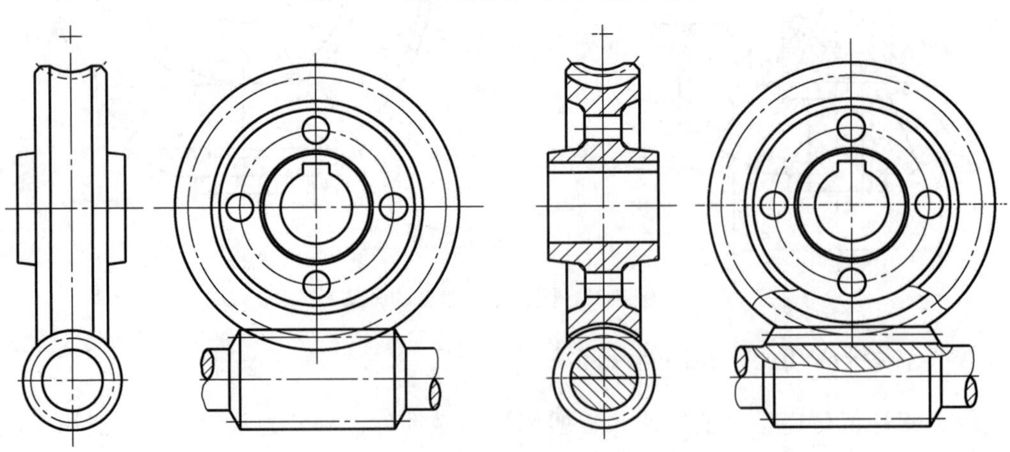

（a）外形　　（b）剖视

**图 7-36　蜗轮、蜗杆啮合的画法**

# 7.6　弹簧(Springs)

弹簧是一种储存能量的零件，根据它们不同的结构，可在机器或仪器中起减震、夹紧、测力、储能等作用。

弹簧的种类很多，有螺旋弹簧、涡卷弹簧、碟形弹簧等。根据弹簧的受力情况的不同，螺旋弹簧又分为压缩弹簧、拉伸弹簧、扭转弹簧等，如图 7-37 所示。

数字资源 7-9　弹簧

（a）压缩弹簧　（b）拉伸弹簧　（c）扭转弹簧

图 7-37　圆柱螺旋弹簧

本节重点介绍圆柱螺旋压力弹簧的基本知识及规定画法。

## 7.6.1　圆柱螺旋压缩弹簧各部分名称及代号(Terms and code of cylindrical helical compression springs)

圆柱螺旋弹簧各部分的名称及代号如图 7-38 所示。

(1) 线径 $d$：制造弹簧钢丝的直径。

(2) 弹簧内径 $D_1$：弹簧的内圈直径。

(3) 弹簧外径 $D_2$：弹簧的外圈直径。

(4) 弹簧中径 $D$：弹簧内径与外径的平均值，即 $D=(D_1+D_2)/2$。

(5) 弹簧的节距 $t$：除两端的支承圈外，相邻两圈的轴向距离。

(6) 支承圈数 $n_0$：为使弹簧工作平稳，受力均匀，弹簧的两端并紧磨平(或锻平)，工作时仅起支承作用。弹簧支承圈有 1. 5 圈、2 圈、2. 5 圈 3 种。

(7) 有效圈数 $n$：除支承圈外，其余保持节距相等并参加工作的圈，它是计算弹簧受力的主要依据。

(8) 总圈数 $n_1$：有效圈数与支承圈数之和，即 $n_1= n+n_0$

(9) 自由高度 $H_0$：弹簧在不受外力作用时的高度。

$$H_0= nt+(n_0-0.5)d$$

(10) 弹簧丝的展开长度 $L$：用于制造弹簧时的钢丝长度。

$$L = n_1\sqrt{(\pi D_2)^2 + t^2}$$

(11) 旋向：圆柱螺旋压缩弹簧分为左旋(LH)弹簧和右旋(RH)弹簧两种，其旋向的判别方法与螺纹相同。

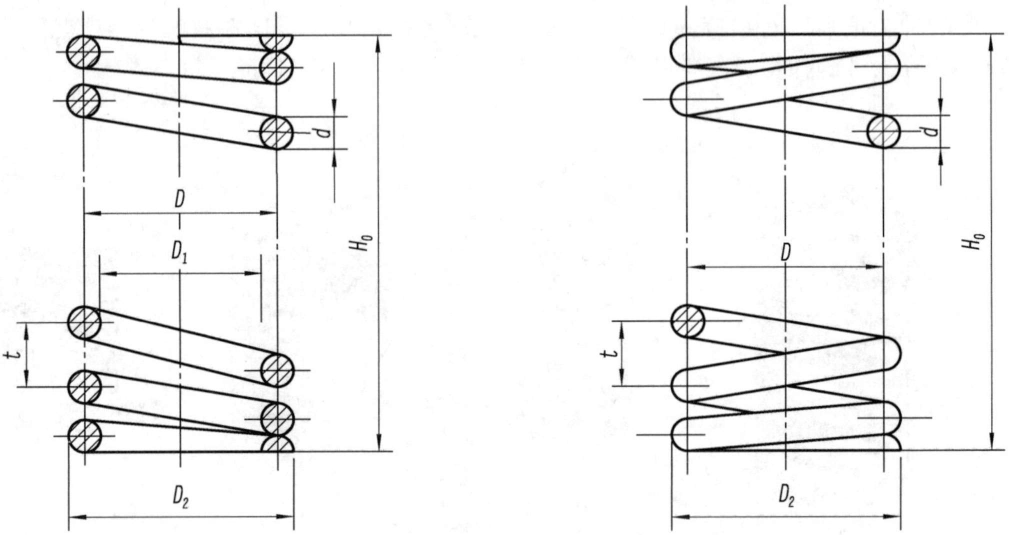


（a）剖视图　　（b）外形图

图 7-38　圆柱螺旋弹簧各部分的名称及代号

## 7.6.2　圆柱螺旋压缩弹簧的规定标记(Conventional designation of cylindrical helical compression springs)

国家标准规定圆柱螺旋弹簧的名称代号为 Y，弹簧在端圈型式上分为 A 型(两端圈并紧磨平)和 B 型(两端圈并紧锻平)两种，它的制造精度分为 2 级、3 级。由于 3 级精度的右旋弹簧使用最多，因此在标注时，3 级精度和右旋的代号可省略，左旋弹簧则需标注“LH”。在制造弹簧时，线径≤10mm 时采用冷卷工艺，一般使用 C 级碳素弹簧钢丝为弹簧材料；线径>10mm 时采用热卷工艺，一般使用 60si2MnA 为弹簧材料。使用上述材料可不标注，表面处理一般也不标注。

圆柱螺旋压缩弹簧规定标记如下：

<u>名称代号</u>　<u>型式代号</u> — $d \times D \times H_0$ — <u>精度代号</u> <u>旋向代号</u> <u>标准代号</u> <u>材料代号</u> — <u>表面处理</u>

例如，标记为　Y B 30×150×300-3　GB/T 2089—2009 的含义为：

B 型(两端圈并紧锻平)圆柱螺旋压缩弹簧，线径 $\phi$30mm，中径 $\phi$150mm、自由高度 300mm、制造精度 3 级、右旋、弹簧材料为 60si2MnA、表面涂漆处理。

标记为：Y A 1.2×8×40 -2 LH　GB/T 2089 —2009　B 级　的含义为：

A 型(两端圈并紧磨平)圆柱螺旋压缩弹簧，线径 $\phi$1.2mm，中径 $\phi$8mm、自由高度 40mm、制造精度 2 级、左旋、弹簧材料为 B 级碳素弹簧钢丝、表面镀锌处理。

## 7.6.3　圆柱螺旋压缩弹簧的画法 (Representation of cylindrical helical compression springs)

### 7.6.3.1　规定画法

(1) 在非圆投影视图上，各圈的螺旋线轮廓以直线代替。

(2) 无论是左旋或右旋，均可画成右旋弹簧，但左旋弹簧必须加注“LH”。

(3) 弹簧有效圈数大于 4 圈时，中间各圈可省略不画，用通过中径的点画线连接，且允许适当缩短图形长度。

(4) 弹簧两端的支承圈数不论多少，均可按 2. 5 圈的形式绘制。

(5) 在装配图中，弹簧后面的结构按不可见处理，可见轮廓只画到弹簧钢丝的剖面轮廓或中心线为止。线径等于或小于 2mm 的剖面，可用涂黑表示；小于 1mm 时，可示意画出，如图 7-39 所示。

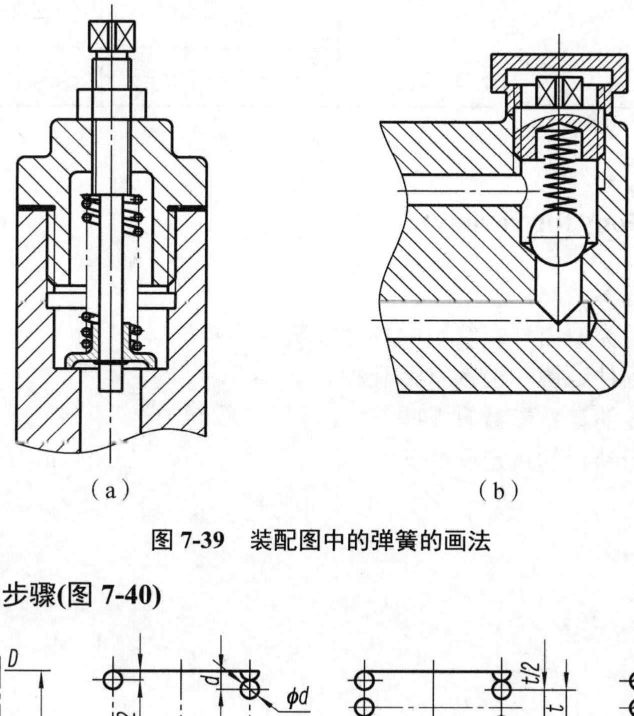

(a)　(b)

图 7-39　装配图中的弹簧的画法

### 7.6.3.2　弹簧的画图步骤(图 7-40)

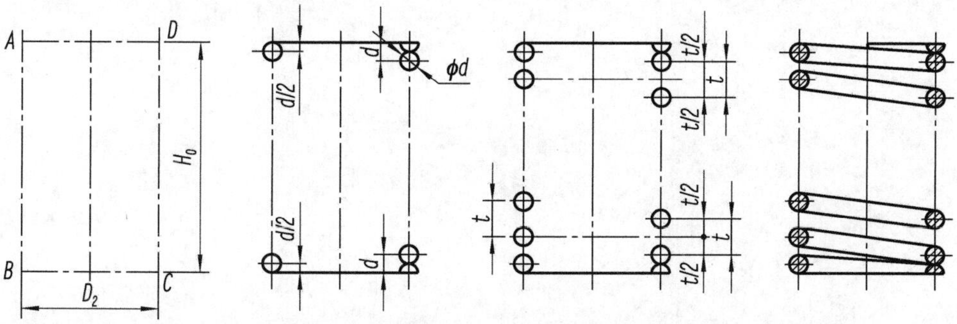


图 7-40　圆柱螺旋压力弹簧的画图步骤

弹簧的工作图如图 7-41 所示，图中用图解的方法表示出弹簧的载荷与自由高度之间的关系，其中 $P_1$ 为弹簧的预加载荷；$P_2$ 为弹簧的工作载荷；$P_j$ 为弹簧的允许极限载荷。

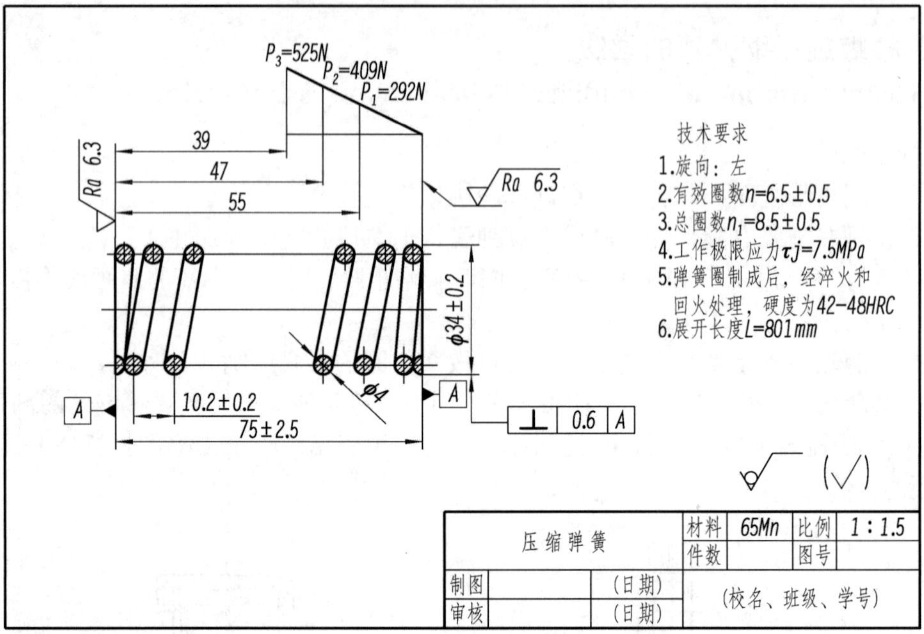


图 7-41 弹簧零件图

## 复习思考题(Questions for review)

1. 螺纹的要素有哪些？
2. 简述螺纹的种类、内外螺纹及内外螺纹旋合的画法。
3. 常用螺纹紧固件、键和销都有哪几种？
4. 直齿圆柱齿轮的基本参数有哪些？
5. 简述圆柱齿轮啮合的规定画法。

# 第 8 章　零　件　图

# Chapter 8　Part Drawing

在工程实践中，任何机器或设备的制造都必须先从零件的制造开始。用来表达零件形状、结构、大小和技术要求的图样叫作零件图。它是设计部门提交给生产部门的重要技术文件，是制造和检验零件的依据。零件图不仅要表达出机器(或部件)对零件的要求，同时还要考虑结构和制造的可能性和合理性。因此，要绘制出合格的零件图，必须具备一定的设计和工艺知识。

本章主要讨论零件图的内容、零件的结构分析、零件表达方案的选择、零件图中的尺寸的合理标注、零件图的技术要求及画零件图和看零件图的方法步骤等。重点和难点是零件图的视图表达、尺寸标注和读零件图。

## 8.1　零件图的内容(Contents of part drawing)

零件图是指导制造和检验零件的图样。因此，它必须包括制造和检验该零件时所需要的全部资料。零件图(以图 8-1 所示主传动轴零件图为例)应包含下列 4 项内容：

(1) 一组视图：用一组视图(包括在第 6 章机件的表达方法中所讲述的视图、剖视图、断面图、局部放大图等)，正确、完整、清晰、简便地表达出零件的内、外结构和形状。图 8-1 表示的零件图，表达方法采用了主视图、两个移出断面图以及 2 个局部放大图，并在主视图中采用了局部剖视。

(2) 完整的尺寸：用一组尺寸，正确、完整、清晰、合理地表达出零件的制造和检验所需要的全部尺寸。

(3) 技术要求：零件图中必须用一些规定的符号、数字、字母和文字注解，简明、准确地表示出零件在使用、制造、检验中应达到的一些要求。它包括表面结构、尺寸公差、形状和位置公差、表面处理及材料热处理要求等。

(4) 标题栏：在零件图右下角，用标题栏填写零件的名称、材料、数量、比例、图号以及责任人署名等内容(不同行业的填写内容有所不同)。

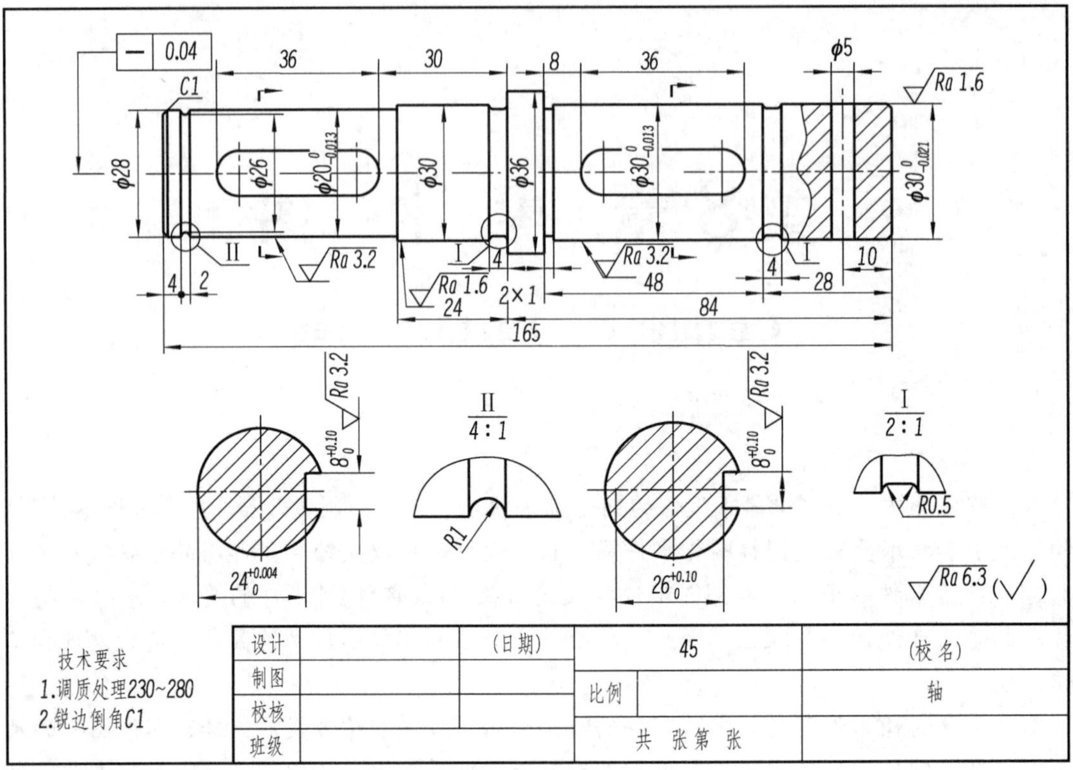


图 8-1 零件图

# 8.2 零件的视图选择及尺寸标注 (View selection and dimensions of part drawing)

本节将综合运用前面所学的知识，通过形体分析、线面分析以及结合对零件的结构分析，讨论零件图的视图选择和尺寸标注。

## 8.2.1 视图选择(View selection)

零件的形状多种多样，其表达方案的选择也各不相同，要选用适当的视图、剖视图、断面图等表达方法对其进行表达。所选表达方案都应在正确、完整、清晰地表达出零件各部分结构形状的前提下，力求制图简便。为此，一个比较好的表达方案应该是主视图选择合理，视图数量恰当，表达方法适宜。

### 8.2.1.1 主视图的选择

主视图是一组图形的核心，画图和看图时一般多从主视图开始。所以，主视图选择的合理与否，直接关系到画图和看图是否方便。选择主视图时，主要考虑以下 2 个方面的问题。

**1．主视图的投射方向**

主视图的投射方向应该能够反映出零件主要的形状特征，即在零件的主视图上能较清楚地和较多地表达出该零件的结构形状以及各结构形状之间的相互位置关系。

图 8-2、图 8-3 为轴承盖主视图的两种表达方案，图 8-2 能清楚地表达零件的主要结构形状及相对位置，而图 8-3 的主视图形状特征不明显。

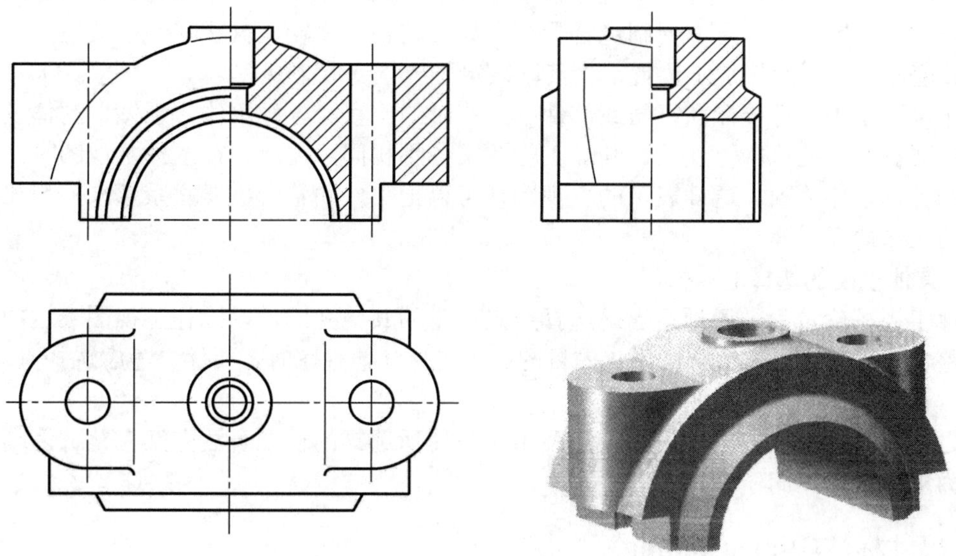

**图 8-2** 轴承盖主视图的选择之一

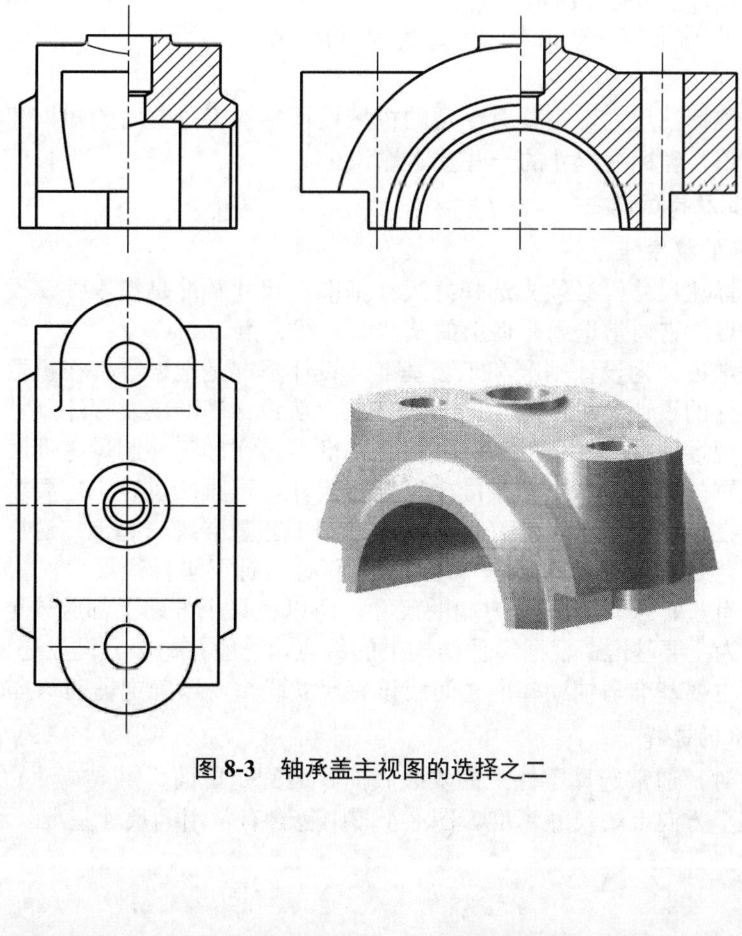

**图 8-3** 轴承盖主视图的选择之二

2．零件的安放位置

零件的安放位置一般有 2 种：加工位置或工作位置。

零件的加工位置是指零件在制造过程中，特别是在机械加工中，固定和夹紧时的位置。主视图与加工位置一致，可方便制造者看图。如传动轴、手轮、盘状零件，其主要加工工序是车削或磨削，故通常按加工位置，将其轴线水平放置选取主视图。

工作位置是指零件装配在机器或部件中工作时的位置。各种箱体、泵体、阀体及机座等零件，需要在不同的机床上加工，其加工位置又各不相同，因此，在选择主视图时，应尽量与零件的工作位置一致。这样表示的主视图，可以把零件和整台机器联系起来，想象出它在机器中的工作情况。

#### 8.2.1.2 其他视图的选择

零件主视图确定后，还须适当地选择一定数量的其他视图，以弥补主视图表达的不足，达到完整、清晰表达出零件结构形状的目的。在选择其他视图时，要优先考虑选择基本视图，并在基本视图上作剖视、断面等。

总之，选择视图要目的明确，重点突出，应使所选择的视图表达方案完整、清晰；数量恰当，力求做到作图简便，看图方便。

### 8.2.2 尺寸标注(Dimensioning)

零件图上的尺寸是制造零件时加工和检验的依据，因此，在零件图中所标注的尺寸不仅要求达到正确、完整、清晰，还需要做到合理。所谓“合理”，是指在零件图上所标注的尺寸既能符合设计要求(保证零件在机器中的工作要求)，又能符合工艺要求(便于零件的加工、测量和检验)。

要做到合理地标注尺寸，需要有一定的机械设计、加工等方面的知识和丰富的生产实践经验。下面仅介绍合理标注尺寸的一些基本知识。

#### 8.2.2.1 尺寸基准及其选择

1．尺寸基准的概念

要做到合理标注尺寸，必须先选择好尺寸基准。尺寸基准是指零件在设计、制造和检验时计量尺寸的起点。它通常选用零件上的某些面、线、点。

尺寸基准通常可分为设计基准和工艺基准。设计基准是根据零件在机器中的作用和结构特点，为保证零件的设计要求而选定的一些基准。从设计基准出发标注尺寸，可以直接反映设计要求，能体现零件在部件中的功能。工艺基准是指在加工和测量零件时，用来确定零件上被加工表面位置的基准。从工艺基准出发标注尺寸，可直接反映工艺要求，便于保证加工和测量的要求。在标注尺寸时，最好把设计基准和工艺基准统一起来。这样既能满足设计要求，又能满足工艺要求。两者不能统一时，应先保证设计要求标注尺寸。

每个零件均有长、宽、高 3 个方向的尺寸，所以在每个方向上都应该至少有一个标注尺寸的起点，称其为主要基准。根据零件结构上的特点，一般在每个方向上还要附加一些基准，称为辅助基准。主要基准与辅助基准之间应该有尺寸联系，以确定辅助基准的位置。

2．尺寸基准的选择

在标注尺寸时，通常选择零件上的安装底面、装配定位面、重要端面、对称面、主要孔的轴线等作为某个方向上的尺寸基准。图 8-4 图中包含有常用的尺寸基准。

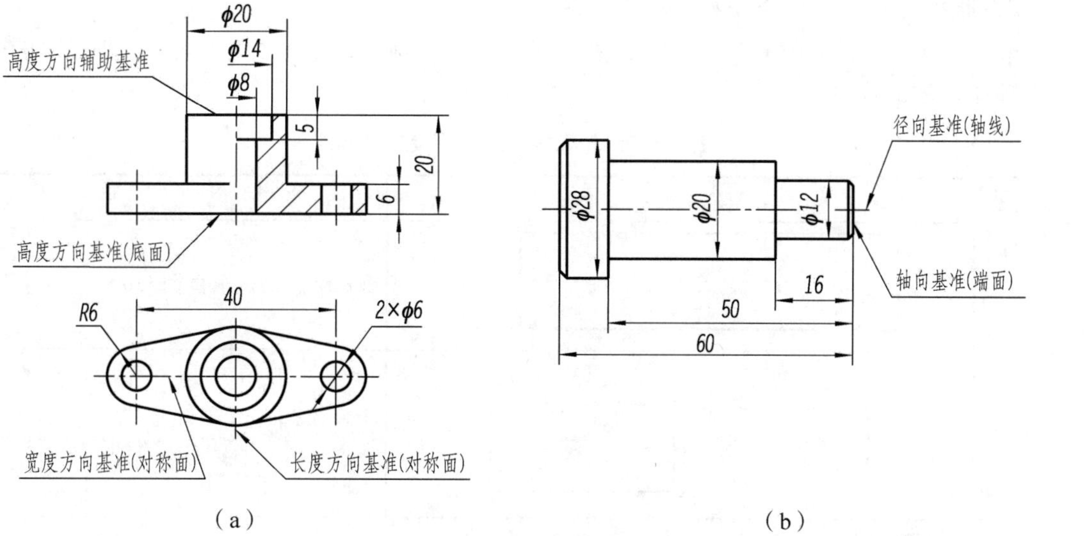


图 8-4　常见尺寸基准

这些平面、轴线和点在设计时要用来决定其他尺寸，在加工时要用来作为定位和测量的依据，在装配时也是装配的基准。

对于一个具体的零件，该如何选择尺寸基准，这就要根据零件的设计要求、加工情况和检验方法来定。

### 8.2.2.2　合理标注尺寸应注意的问题

**1．功能尺寸要直接标注**

为了保证设计要求，使零件能在机器或部件中正常工作，设计上必须保证的重要尺寸称为功能尺寸，功能尺寸在图上必须直接标出，以保证设计要求。如零件上反映该零件所属机器或部件规格的尺寸、零件间的配合尺寸、有安装要求的尺寸等，如图 8-5(a)所示轴承座，轴承孔的中心高是该零件的主要尺寸，应以底面为基准直接标注尺寸 *30*，而不应像图 8-5(b)所示那样注成尺寸 *24* 和 *6*。因为中心高 *30* 将受到尺寸 *24* 和尺寸 *6* 的加工误差的影响，造成误差累积，则不能满足设计要求或给加工造成困难。同理，轴承座上的两个安装孔的中心距 *40* 应按图 8-5(a)所示直接标注，不能按图 8-5(b)所示标注尺寸 *5*。

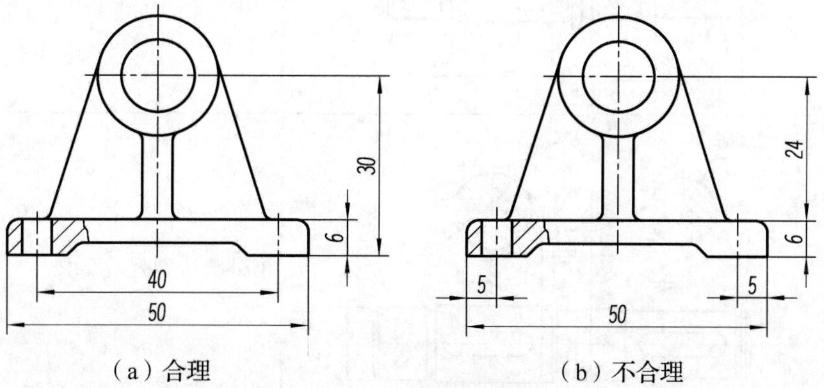


图 8-5　主要尺寸的标注

### 2．非功能尺寸尽量符合加工顺序标注

按加工顺序标注尺寸，符合加工过程，便于加工和测量。表 8-1 为凸轮轴的加工顺序及按加工顺序标注的尺寸。

表 8-1 凸轮轴的加工顺序及尺寸标注

| 序 号 | 图 例 | 说 明 |
|---|---|---|
| 1 | 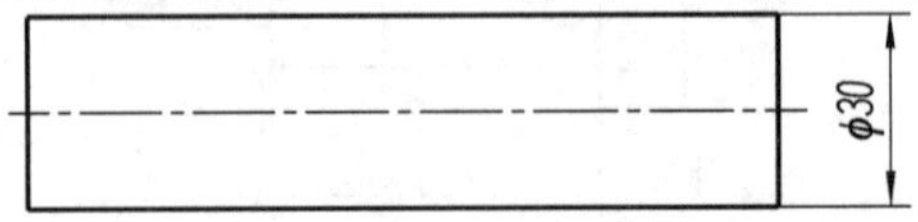 | 取$\phi 32$圆钢，车直径$\phi 30$ |
| 2 | 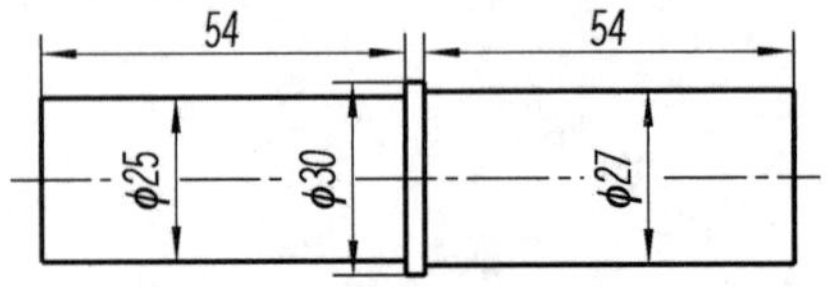 | 车直径$\phi 25$，长 54；<br>调头，车右端直径$\phi 27$，长 54 |
| 3 | 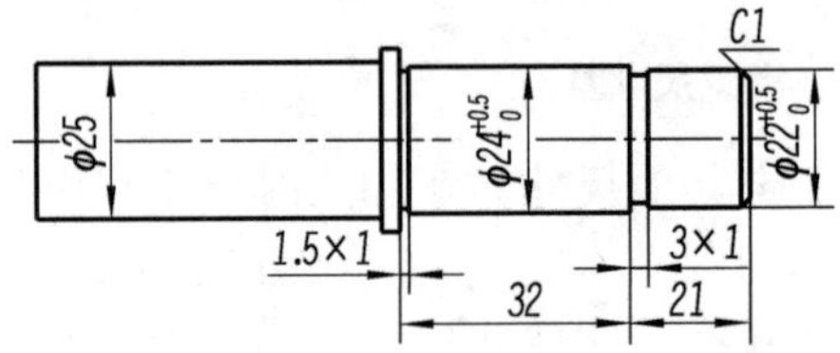 | 切退刀槽，精车右端直径$\phi 24^{+0.5}_{0}$、$\phi 22^{+0.5}_{0}$，留磨削余量，切倒角 |
| 4 | 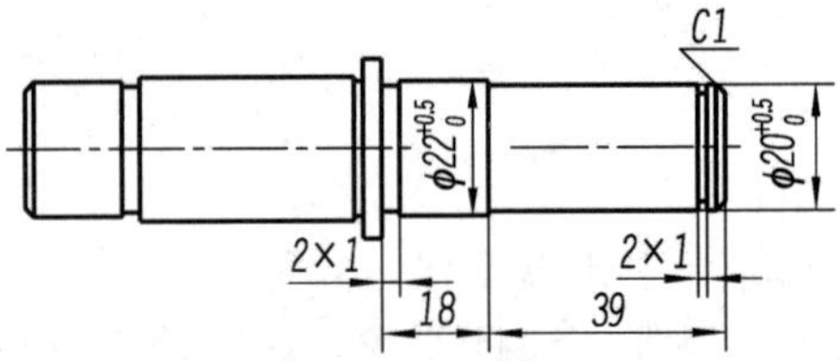 | 调头，切退刀槽，精车至左端直径$\phi 22^{+0.5}_{0}$、$\phi 20^{+0.5}_{0}$，留磨削余量，切倒角 |
| 5 | 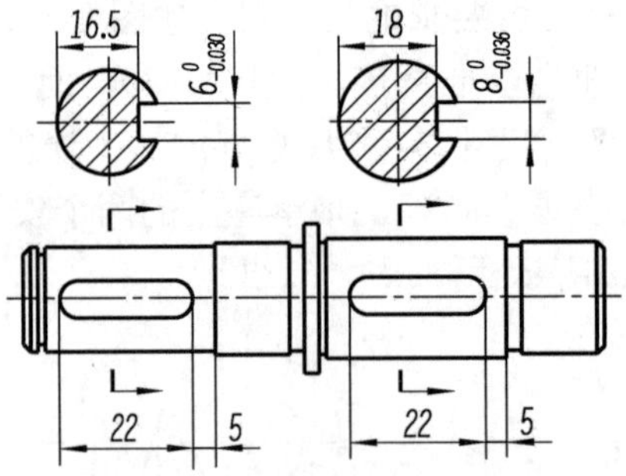 | 铣左、右两端键槽 |
| 6 | 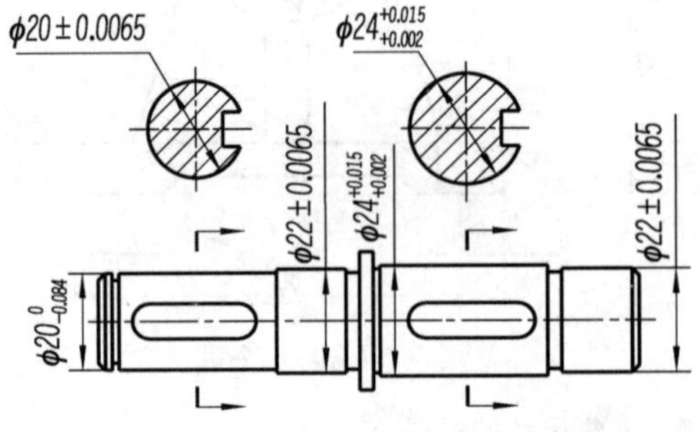 | 磨外圆达到公差要求 |

续表 8-1

| 序　号 | 图　　　例 | 说　　　明 |
|---|---|---|
| 7 | 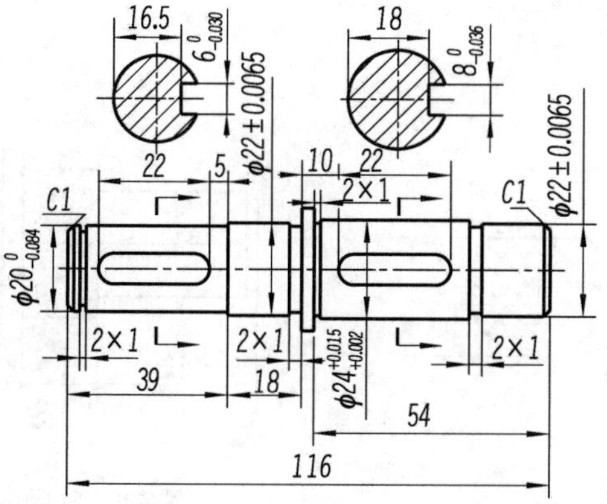 | 完整的尺寸标注 |

3．**按不同的加工方法尽量集中标注尺寸**

一个零件，一般不只用一种方法加工，而是要综合应用几种加工方法(如车、刨、铣、钻、磨等)才能制成。标注尺寸时，最好将不同加工方法的有关尺寸集中标注。如图 8-6 所示，轴上的键槽是在铣床上加工的，因此，这部分尺寸集中在轴两处(*3*、*44* 和 *10*、*30*)标注，看图就比较方便。

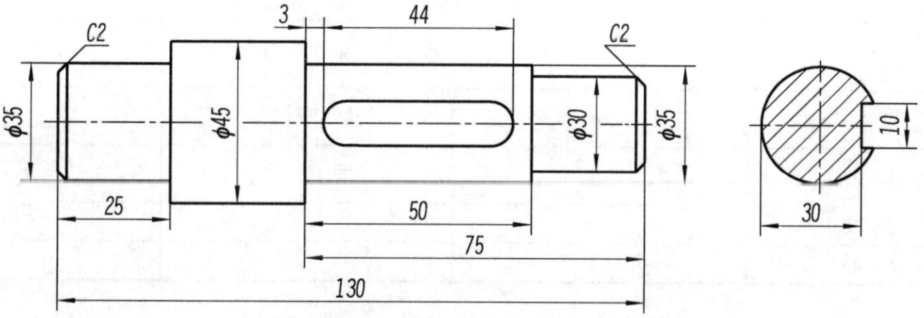


**图 8-6　轴**

4．**要便于测量**

图 8-7(a)所示的一些图例，由设计基准注出中心至某面的尺寸，直接测量比较困难。因此，在标注尺寸时，要考虑测量方便，如图 8-7(b)所示。

5．**不能注成封闭的尺寸链**

图 8-8 所示为封闭的尺寸链形式。所谓封闭尺寸链是指同一方向的尺寸头尾相接，组成一整圈的一组尺寸。若每个尺寸为尺寸链中的一环，则封闭尺寸链的任一环的尺寸公差，都将受其他各环尺寸误差的影响，这样在加工时就很难同时保证各环的尺寸精度。因此，在零件图上不允许将尺寸注成封闭尺寸链形式。通常在尺寸链中选一个不重要的一段尺寸如图 8-8 中的 2 空出不注，称为开口环。这样其他各环的尺寸误差就都积累在开口环上，从而保证了零件的设计要求和加工上的方便。

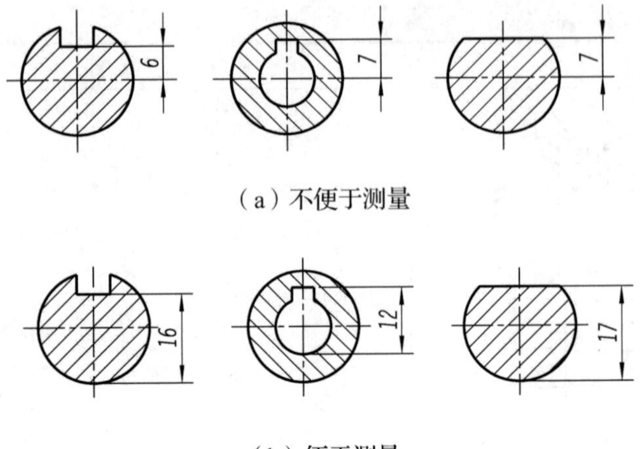


（a）不便于测量

（b）便于测量

图 8-7　便于测量的尺寸标注

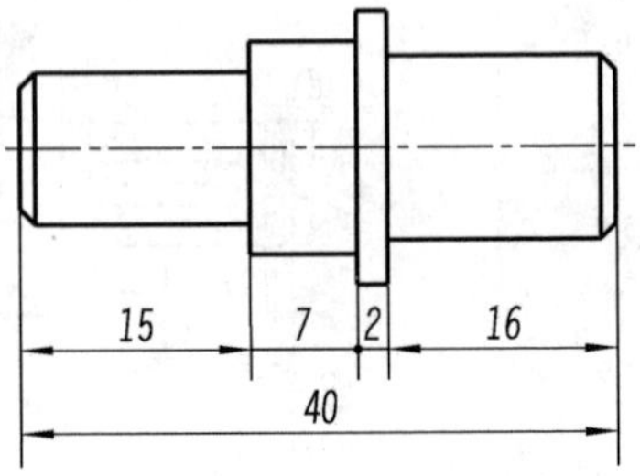


图 8-8　封闭的尺寸链

### 6．零件上工艺结构的尺寸应查阅有关设计手册来取值标注

标注尺寸时，应尽可能使用符号和缩写词，常用的符号和缩写词见表 8-2。零件上常见螺孔、销孔、沉孔的尺寸注法见表 8-3，其他典型结构的尺寸注法见表 8-4。所用符号的比例见图 8-9。

表 8-2　尺寸标注中常用的符号和缩写词

| 名　　称 | 符号或缩写词 | 名　　称 | 符号或缩写词 |
|---|---|---|---|
| 直　　径 | $\phi$ | 45°倒角 | C |
| 半　　径 | $R$ | 深　　度 | ↧ |
| 球 直 径 | $S\phi$ | 沉孔或锪平 | ⊔ |
| 球 半 径 | $SR$ | 埋 头 孔 | ∨ |
| 厚　　度 | $t$ | 均　　布 | $EQS$ |
| 正 方 形 | □ | | |

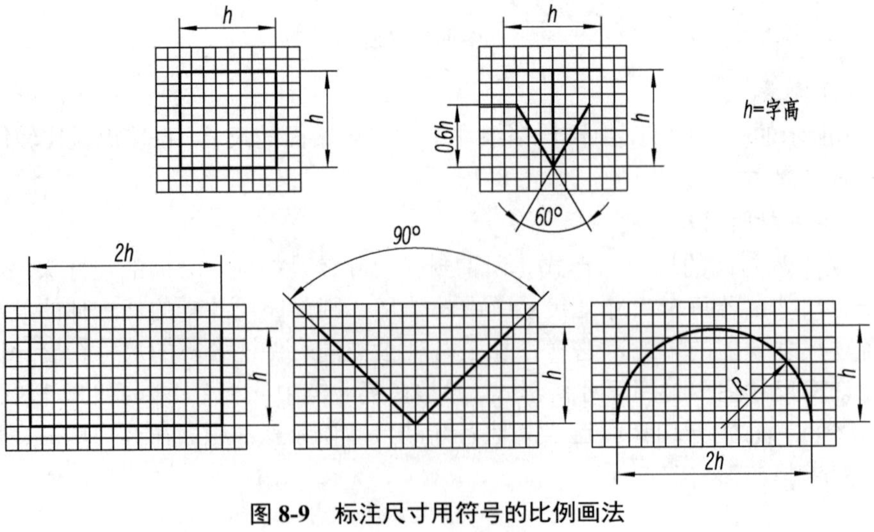


图 8-9　标注尺寸用符号的比例画法

表 8-3　零件上常见孔的尺寸注法

| 序号 | 类型 | 旁注法 | | 普通注法 |
|---|---|---|---|---|
| 1 | 光孔 | 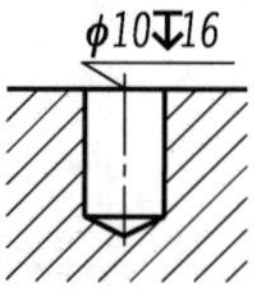 | 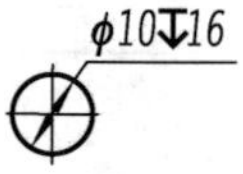 | 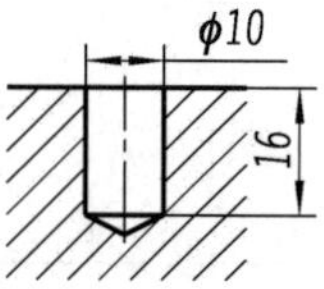 |
| 2 | | 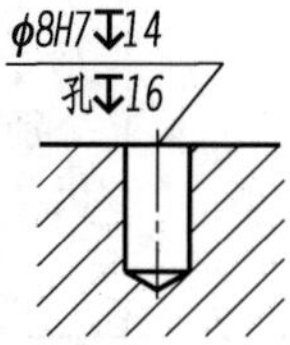 | 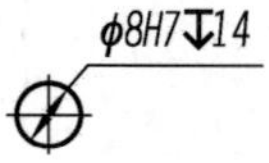 | 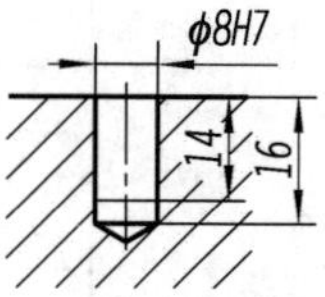 |
| 3 | 螺孔 | 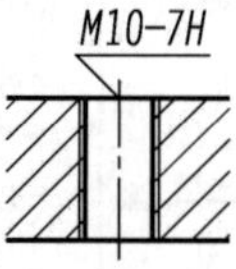 | 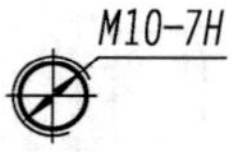 | 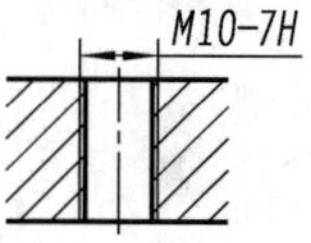 |
| 4 | | 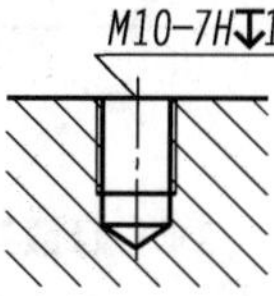 | 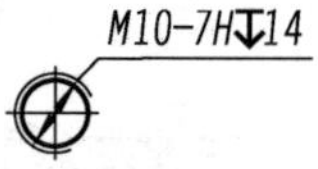 | 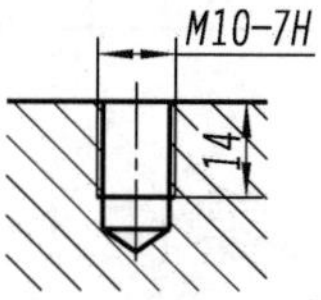 |
| 5 | | 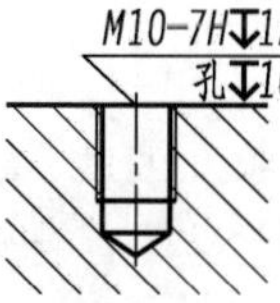 | 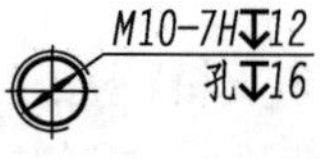 | 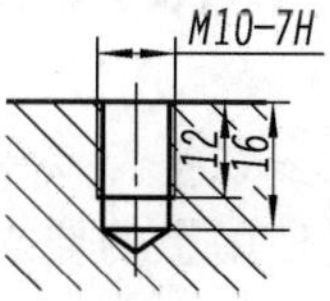 |
| 6 | 沉孔 | 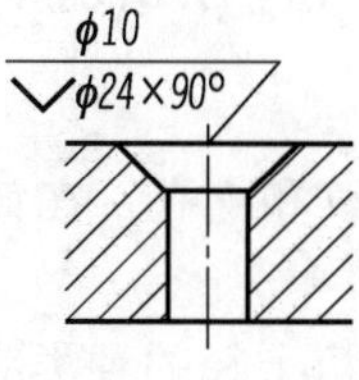 | 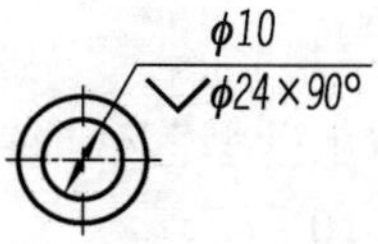 | 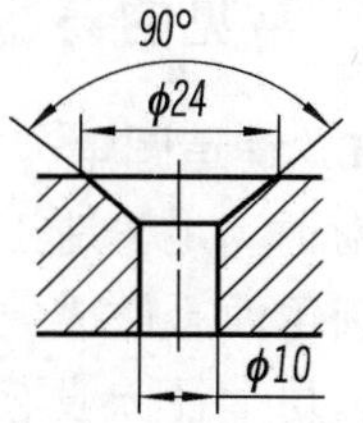 |
| 7 | | 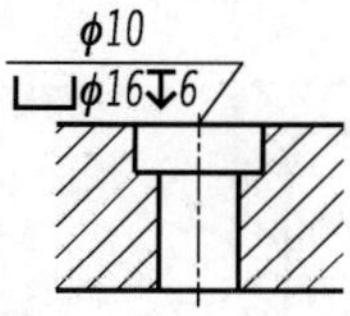 | 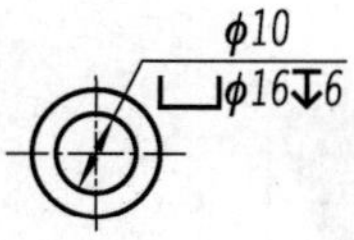 | 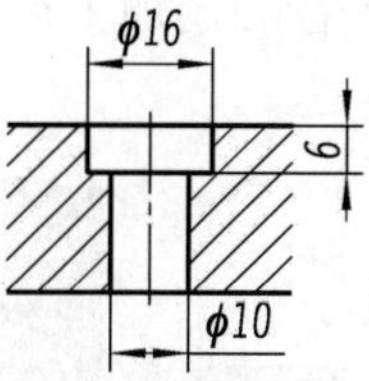 |
| 8 | | 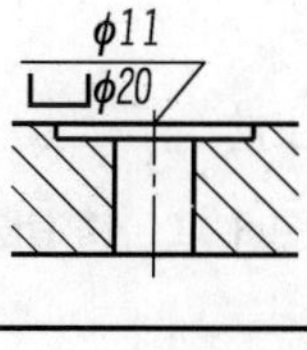 | 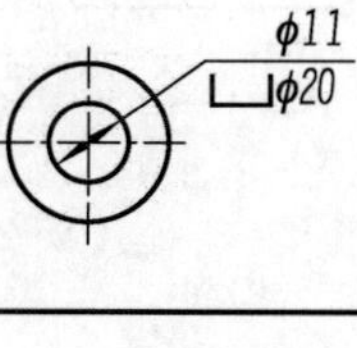 | 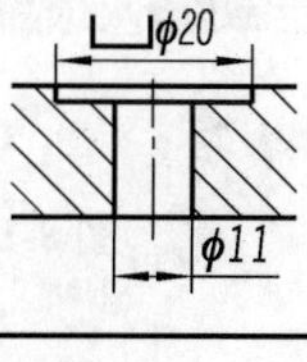 |

表 8-4 零件上常用典型结构尺寸注法

| | | | |
|---|---|---|---|
| 倒角 | 45°<br>倒角<br>注法 | 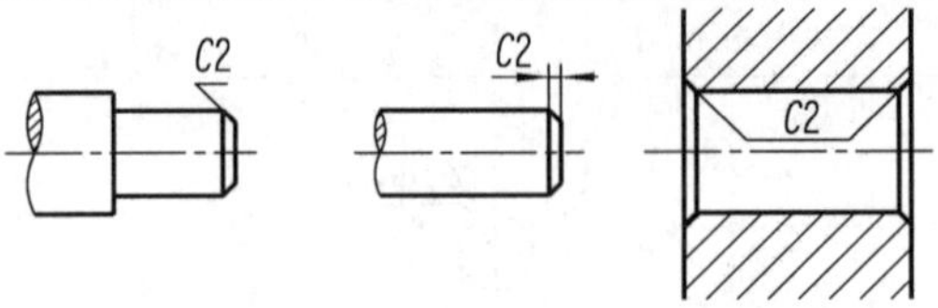 | 45°倒角用 C 表示，C 后的数字表示倒角的轴向尺寸 |
| | 30°<br>倒角<br>注法 | 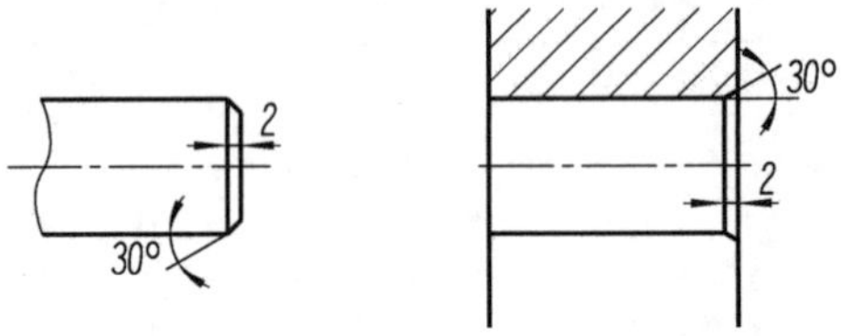 | 30°、60°及非 45°倒角则需要分别注出角度及倒角的轴向尺寸 |
| 退刀槽、<br>越程槽注法 | | 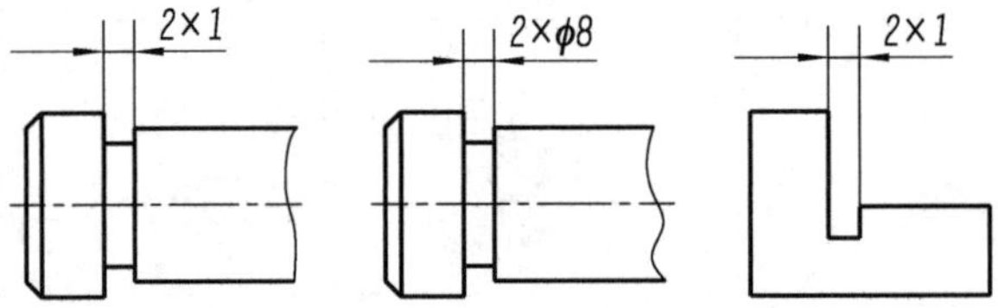 | 一般退刀槽可按“槽宽×直径”或“槽宽×槽深”的形式标注 |

# 8.3 零件上常见的工艺结构(Common technical structure and related dimensions on parts)

大多数零件要经过铸造或锻造及机械加工等过程加工出来，因此，零件的结构形状除了应满足使用上的要求之外，还应满足制造工艺的要求，也就是应具有合理的工艺结构。

## 8.3.1 常见的铸造工艺结构(Common feature of casting processes)

### 8.3.1.1 铸造圆角

为了满足铸造工艺要求，防止砂型落砂或铸件产生裂纹和缩孔，在铸件各表面相交处都做成圆角而不做成尖角，如图 8-10 所示。

圆角半径一般取壁厚的 0.2～0.4 倍。在同一铸件上圆角半径的种类应尽可能减少。铸造圆角进行切削加工后，圆角被切成尖角。如图 8-11 所示。

（a）裂缝 （b）缩孔 （c）好

图 8-10 铸造圆角

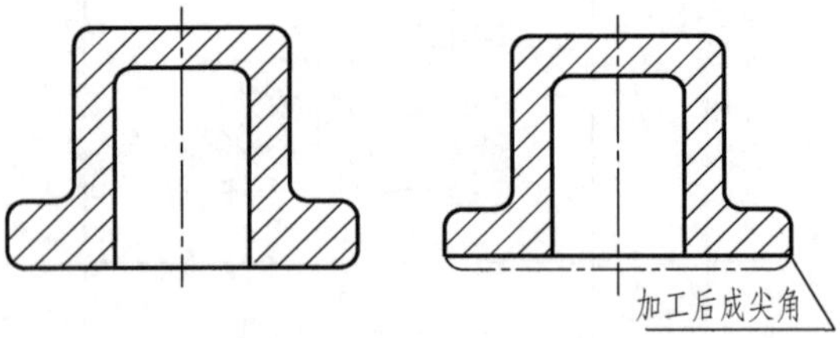


（a）加工前 （b）加工后

图 8-11 铸造圆角的表达

#### 8.3.1.2 拔模斜度

为了在铸造时便于将木模从砂型中取出，在铸件的内外壁上常设计出拔模斜度，如图 8-12(a)所示。有时拔模斜度在图上可以不画，而在图形外用文字说明，如图 8-12(b)。

拔模斜度的大小：木模常为 1°～3°；金属模用手工造型时为 1°～2°，用机械造型时为 0.5°～1°。

在图上表达拔模斜度较小的零件时，如在一个视图中已表达清楚，其他视图允许只按小端画出，如图 8-13。

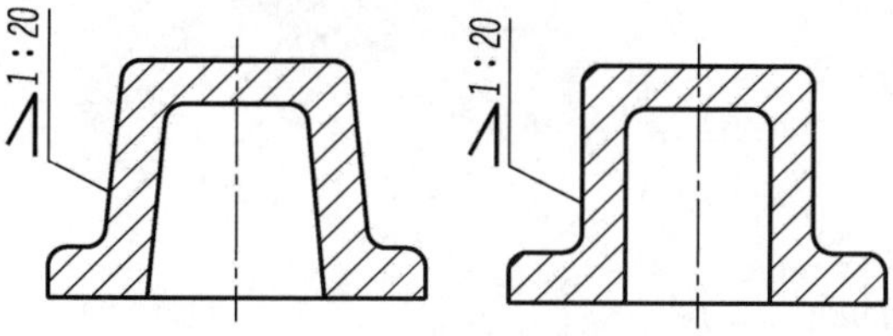


（a）　（b）

图 8-12　铸件的拔摸斜度

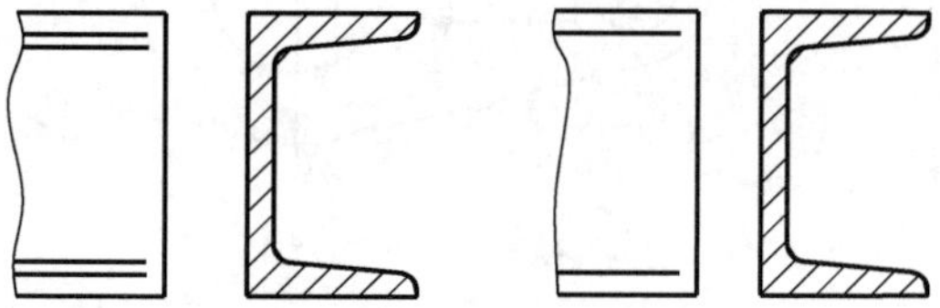

（a）不好　（b）好

图 8-13　拔摸斜度的表达

#### 8.3.1.3 铸件的壁厚

如果铸件的壁厚不均匀，浇铸时金属冷却速度不同，将会产生缩孔和裂纹。因此，铸件壁厚要均匀，要避免突然改变壁厚和局部肥大现象；当必须采用不同壁厚连接时，可采用逐渐过渡的方式，如图 8-14 所示。

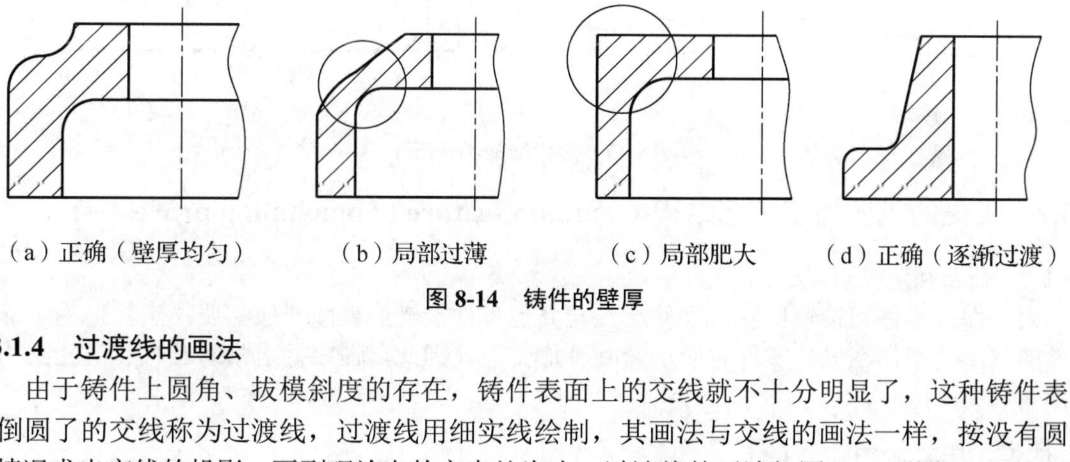

（a）正确（壁厚均匀）　（b）局部过薄　（c）局部肥大　（d）正确（逐渐过渡）

图 8-14　铸件的壁厚

#### 8.3.1.4 过渡线的画法

由于铸件上圆角、拔模斜度的存在，铸件表面上的交线就不十分明显了，这种铸件表面被倒圆了的交线称为过渡线，过渡线用细实线绘制，其画法与交线的画法一样，按没有圆角的情况求出交线的投影，画到理论上的交点处为止，过渡线的画法如图 8-15 至图 8-17 所示。

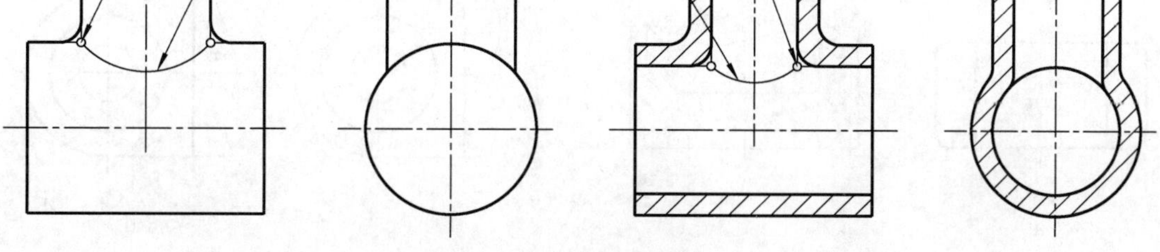


图 8-15　过渡线的画法(一)

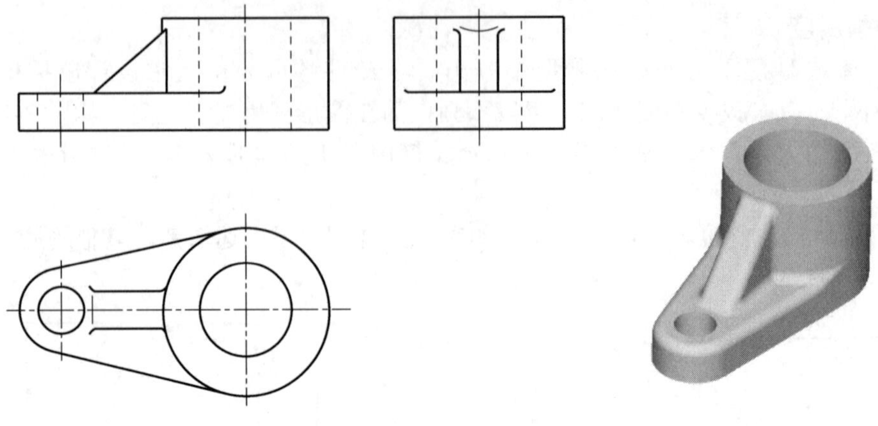

（a） （b）

图 8-16 过渡线的画法(二)

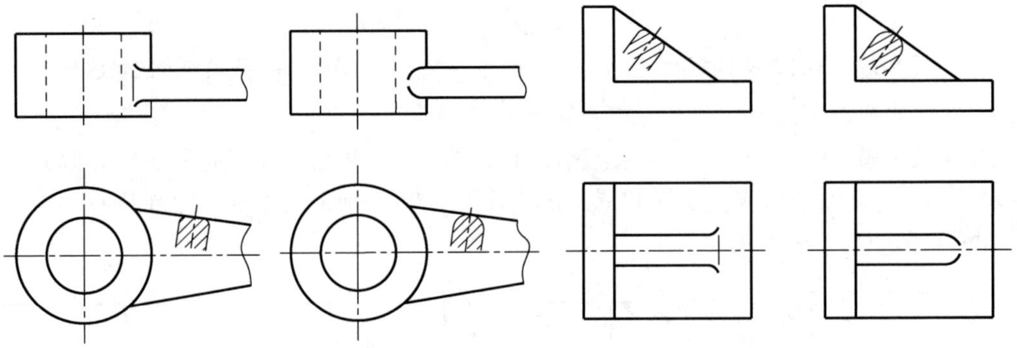

（a） （b） （c） （d）

图 8-17 过渡线的画法(三)

## 8.3.2 常见的机械加工工艺结构(Common feature of machining processes)

### 8.3.2.1 凸台和沉孔

为了保证零件间接触良好，零件上凡与其他零件接触的表面一般都要加工。但为了降低零件的制造费用，在设计零件时应尽量减少加工面。因此，在零件上常有凸台和沉孔结构，如图 8-18 所示。

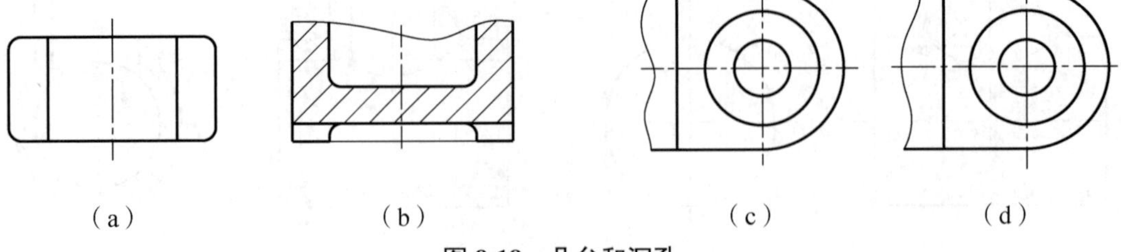

（a） （b） （c） （d）

图 8-18 凸台和沉孔

#### 8.3.2.2　倒角和倒圆

为了便于装配和保护装配面，轴和孔的端部一般做成倒角；为了避免在轴肩处因应力集中而产生裂纹，常在轴肩处加工出倒圆，如图 8-19 所示。

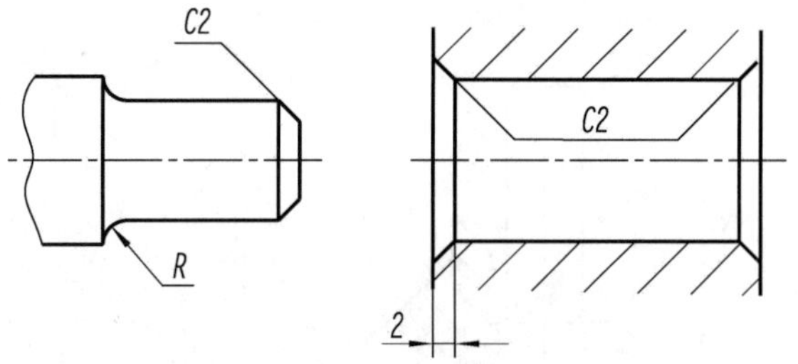


图 8-19　倒角和倒圆

#### 8.3.2.3　砂轮越程槽和退刀槽

在切削加工时为了不致使刀具损坏，并容易退出刀具以及在装配时与相邻零件保证靠紧，常在加工表面的台肩处预先加工出退刀槽；在磨削加工零件表面时，为了使表面加工完整，砂轮需稍稍超出加工面，因此常在零件表面上预先加工出砂轮越程槽，如图 8-20 所示。砂轮越程槽及螺纹退刀槽的尺寸大小可查附表 3 和附表 4。

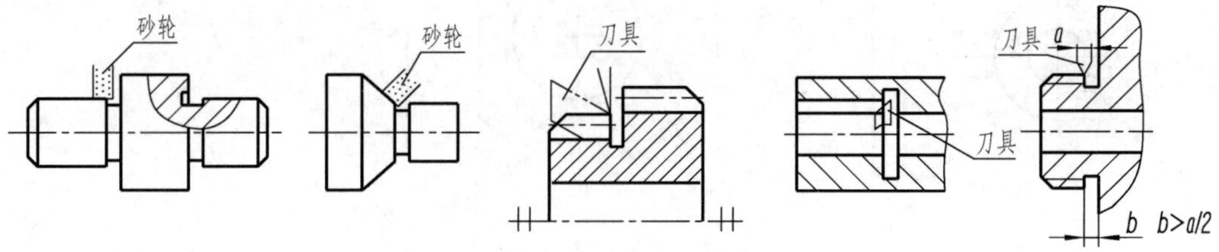


图 8-20　砂轮越程槽和退刀槽

#### 8.3.2.4　钻孔结构

用钻头钻出的不通孔，底部有一个钻尖的锥坑，它的顶角一般画成 120°。钻孔深度不包括锥坑，锥坑部分不注尺寸，如图 8-21(a)所示。在阶梯形钻孔的过渡处，也存在着锥坑台阶，其锥角也画成 120°，其画法和尺寸注法如图 8-21(b)所示。

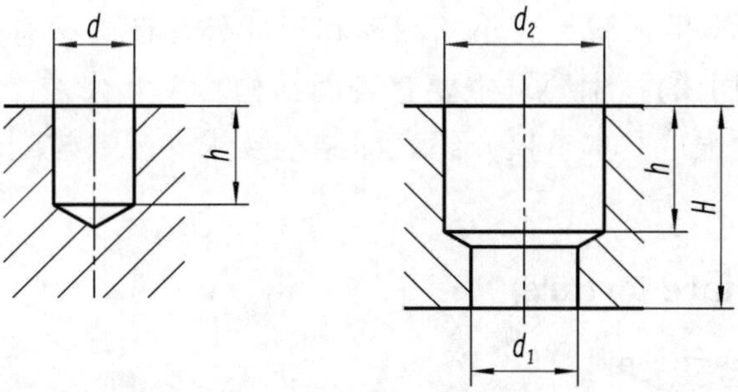


（a）不通孔　　（b）阶梯孔

图 8-21　钻孔结构

钻头钻孔时，要求钻头轴线尽量垂直于被钻孔表面，以保证钻孔准确且避免钻头折断，如图 8-22 所示。

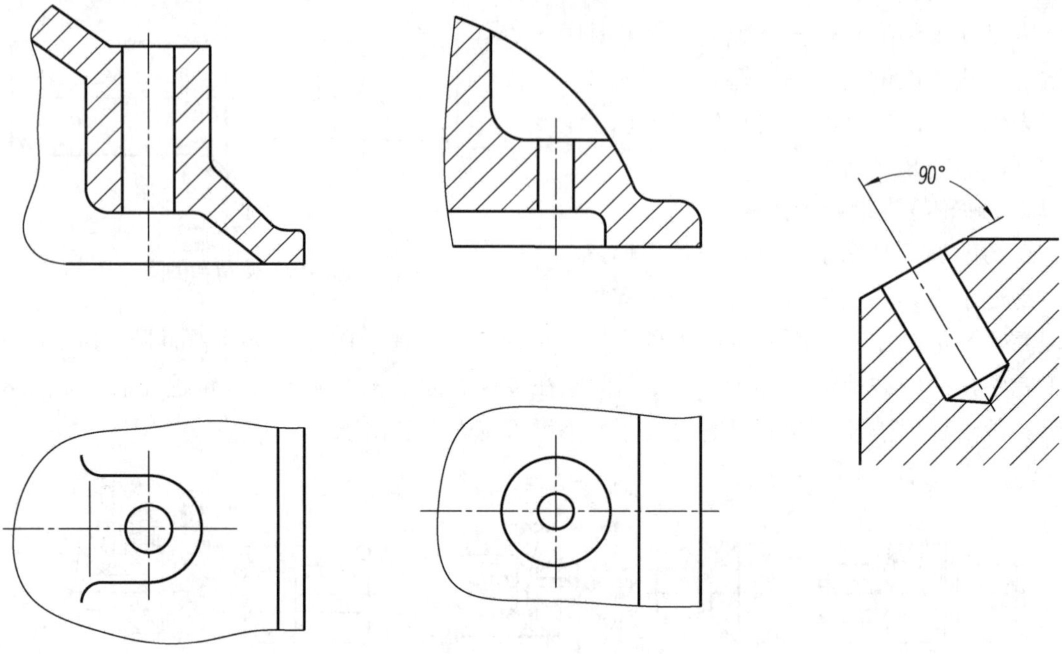


（a）凸台　　（b）凹坑　　（c）斜面

图 8-22　钻孔的端面

# 8.4　零件图上的技术要求(Technological requirements on part drawing)

零件图除了有表达零件形状、大小的图形和尺寸外，还必须有制造和检验时应达到的各项技术要求。零件图上的技术要求主要有表面结构、尺寸公差、几何公差等。由于技术要求涉及的专业知识面很广，本节仅介绍表面结构要求、极限与配合以及几何公差的基本知识。

## 8.4.1　表面结构(Surface texture)

### 8.4.1.1　表面结构的概念及选用

**1．表面结构的基本概念**

为保证零件在机器中的使用性能，在机械图样中需要标注出对零件的各项表面结构要求。表面结构是表面粗糙度、表面波纹度、表面缺陷、表面纹理和表面几何形状的总称，其在机械图样上的表示方法在 GB/T 131—2006 中有详细的规定。

对零件表面结构的要求，常用表面粗糙度来表达。如图 8-23 所示，零件表面上具有的较小间距和峰谷所组成的微观几何形状特征称为表面粗糙度。零件表面的凹凸不平是由于刀具与工件表面的摩擦、机床的震动及材料硬度不均匀等因素的影响，零件加工后，表面留有的加工痕迹。表面粗糙度是衡量零件表面质量的重要标志之一，它对零件的配合、耐磨性、抗腐蚀性、接触刚度、抗疲劳强度、密封性及外观等都有影响。

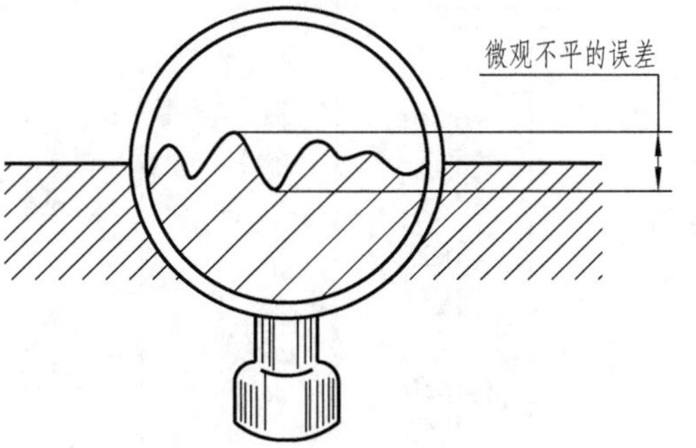


数字资源 8-1　表面结构

图 8-23　零件表面微观不平程度

国家标准 GB/T 3505—2006 规定了表面粗糙度的常用术语、评定零件表面粗糙度的各种参数及其数值系列等。

**2．表面粗糙度的常用术语(图 8–24)**

(1) 实际表面：物体与周围介质分离的表面。

(2) 表面轮廓：平面与实际表面相交所得的轮廓。

(3) 中线：具有几何轮廓形状并划分轮廓的基准线。

(4) 取样长度：用于判别被评定轮廓的不规则特征的 *X* 轴向上的长度。

**3．表面粗糙度的评定参数**

国家标准 GB/T 3505—2000 规定了评定零件表面粗糙度的各种参数及其数值系列等。评定零件表面粗糙度的参数有：轮廓的算术平均偏差(*Ra*)、轮廓的最大高度(*Rz*)，使用时宜优先选用 *Ra*。

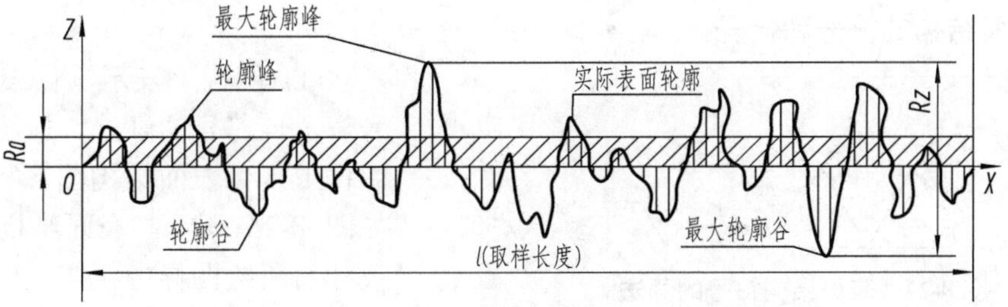


图 8-24　表面粗糙度的常用术语

(1) 轮廓的算术平均偏差 *Ra*。*Ra* 是指在零件表面的一段取样长度 *l* 内，轮廓上的点到 *X* 轴(中线)的纵坐标值 *Zx* 绝对值的算术平均值，见图 8-24，其公式为：

$$Ra = \frac{1}{l}\int_0^l \left|Z(x)\mathrm{d}x\right| \approx \frac{1}{n}\sum_{i=1}^{n}\left|Z_i\right|$$

零件表面的算术平均偏差是用电动轮廓仪测量，并由仪器自动完成运算过程。*Ra* 的数值见表 8-5。

表 8-5 轮廓算术平均偏差 ***Ra*** 的数值 μm

| 第一系列 | 第二系列 | 第一系列 | 第二系列 | 第一系列 | 第二系列 | 第一系列 | 第二系列 |
|---|---|---|---|---|---|---|---|
| | 0.008 | | | | | | |
| | 0.010 | | | | | | |
| 0.012 | | | 0.125 | | 1.25 | 12.5 | |
| | | | 0.160 | | | | 16 |
| | 0.016 | | | | | | |
| | | | | 1.60 | 2.0 | | 20 |
| | 0.020 | 0.20 | | | | | |
| 0.025 | | | 0.25 | | 2.5 | 25 | |
| | | | 0.32 | | | | 32 |
| | 0.032 | | | | | | |
| | | | | 3.2 | 4.0 | | 40 |
| | 0.040 | 0.40 | | | | | |
| 0.050 | | | 0.50 | | 5.0 | 50 | |
| | | | 0.63 | | | | 63 |
| | 0.063 | | | | | | |
| | | | | 6.3 | 8.0 | | 80 |
| | 0.080 | 0.80 | | | | | |
| 0.10 | | | 1.00 | | 10.0 | 100 | |

(2) 轮廓最大高度 *Rz*。如图 8-24 所示，*Rz* 是指在取样长度内，轮廓最大峰高和轮廓最大谷深之间的距离，它在评定某些不允许出现较大的加工痕迹的零件表面时有实用意义。

**4．表面粗糙度的选用**

零件表面粗糙度参数值的选用，既要满足零件表面的功用要求，又要考虑产品的生产成本。在保证机器性能的前提下，应根据零件的作用，选用恰当的加工方法，尽量降低生产成本。具体选用时，可参照生产中的实例，用类比法确定，同时注意下列问题：

(1) 在满足功用的前提下，尽量选用较大的表面粗糙度参数值，以降低生产成本。

(2) 在同一零件上，工作表面的粗糙度参数值应小于非工作表面的粗糙度参数值。

(3) 配合性质相同时，零件尺寸小的比尺寸大的表面粗糙度参数值要小；同一公差等级，小尺寸比大尺寸、轴比孔的表面粗糙度参数值要小。

(4) 一般地说，尺寸和表面形状要求精确程度高的面，表面粗糙度参数值小。

### 8.4.1.2 表面结构的符号和代号

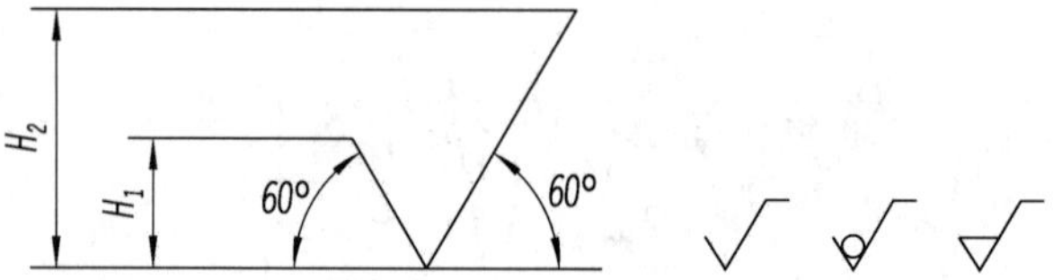


图 8-25 表面结构符号的画法

(1) 图样上表示零件表面结构用符号表示，符号的画法，如图 8-25 所示。图样上零件表面结构图形符号的画法，如图 8-25 所示。表面结构图形符号的尺寸与所绘图样中粗实线的宽度有关，图 8-25 中的 $H_1$、$H_2$ 的尺寸见表 8-6。

表 8-6 表面结构符号尺寸 mm

| 轮廓线的线宽 | 0.35 | 0.5 | 0.7 | 1 | 1.4 | 2 | 2.8 |
|---|---|---|---|---|---|---|---|
| 数字与字母的高度 *h* | 2.5 | 3.5 | 5 | 7 | 10 | 14 | 20 |
| 符号的线宽 *d'*<br>数字和字母的笔画宽度 *d* | 0.25 | 0.35 | 0.5 | 0.7 | 1 | 1.4 | 2 |
| 高度 $H_1$ | 3.5 | 5 | 7 | 10 | 14 | 20 | 28 |
| 高度 $H_2$ | 8 | 11 | 15 | 21 | 30 | 42 | 60 |

(2) 表面结构的图形符号及其含义(表 8-7)

**表 8-7　表面结构符号及其含义**

| 符号名称 | 符号 | 意　义　及　说　明 |
| --- | --- | --- |
| 基本图形符号 |  | 基本图形符号仅适用于简化代号的标注，没有补充说明时不能单独使用 |
| 扩展图形符号 |  | 在基本符号加一短画，表示表面使用去除材料的方法获得。例如，车、铣、钻、磨、剪切、抛光、腐蚀、电火花加工、气割等 |
| |  | 在基本符号加一小圈，表示表面是用不去除材料的方法获得。例如铸、锻、冲压变形、热轧、冷轧、粉末冶金等。或者是用于保持上道工序状况的表面 |
| 完整图形符号 |  | |

(3) 表面结构完整图形符号的组成。为了明确表面结构要求，除了标注表面结构参数和数值外，必要时应标注补充要求，包括传输带、取样长度、加工工艺、表面纹理及方向、加工余量等。这些要求在符号中的注写位置见图 8-26。

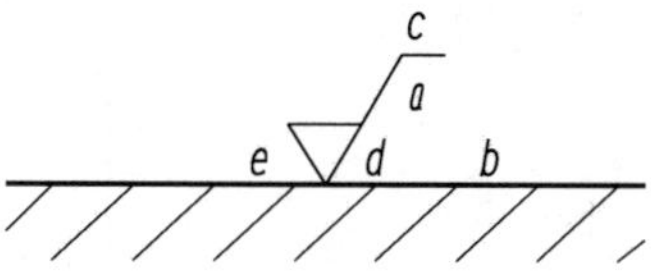


位置 *a*——注写表面结构单一要求；
位置 *a* 和 *b*——位置 *a* 注写第一表面结构要求，位置 *b* 注写第二表面结构要求；
位置 *c*——注写加工方法、表面处理、涂层等工艺要求，如车、磨、镀等；
位置 *d*——注写要求的表面纹理和纹理方向符号；
位置 *e*——加工余量(mm)；

**图 8-26　表面结构要求的注写位置**

(4) 表面结构代号示例(表 8-8)。

**表 8-8　表面结构代号示例**

| 序号 | 代号 | 含义/解释 |
| --- | --- | --- |
| 1 | Ra 3.2 | 表示去除材料，单向上限值(默认)，默认传输带，*R* 轮廓，粗糙度算术平均偏差极限值 3.2$\mu$m，评定长度为 5 个取样长度(默认)，“%16 规则”(默认)；表面纹理没有要求 |
| 2 | Ra 3 3.2 | 表示去除材料，评定长度为 3 个取样长度，其余元素的含义与序号 1 代号相同 |
| 3 | -0.8/Ra 3 3.2 | 表示去除材料，单向上限值，取样长度(等于传输带的长波长度)为 0.8mm，传输带的短波波长为默认值(0.002 5mm)，其余元素的含义与序号 2 代号相同 |
| 4 | 0.008~0.8/Ra 3 3.2 | 表示去除材料，单向上限值(默认)，传输带 0.008～0.8mm，*R* 轮廓，粗糙度算术平均偏差极限值 3.2$\mu$m，其余元素均采用默认定义 |
| 5 | Rzmax 6.3 | 表示去除材料，单向上限值，默认传输带，*R* 轮廓，粗糙度最大高度的最大值为 6.3$\mu$m，评定长度为 5 个取样长度(默认)，“%16 规则”(默认) |

续表 8-8

| 序号 | 代号 | 含义/解释 |
|---|---|---|
| 6 | URamax 3.2 LRa0.8 | 表示去除材料，双向极限值，上限值 *Rz* 0.8，下限值为 *Ra* 0.2，极限值都是“%16”规则 |

### 8.4.1.3 表面结构代(符)号在图样上的标注方法

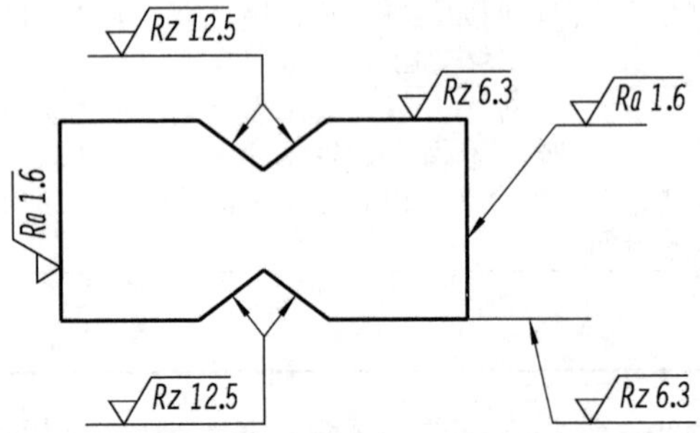


**图 8-27 表面结构要求的注写方向及位置**

(1) 表面结构要求对每一表面一般只标注一次，并尽可能注在相应的尺寸及其公差的同一视图上。除非另有说明，所标注的表面结构要求是对完工零件表面的要求。

(2) 表面结构的注写和读取方向与尺寸的注写和读取方向一致。表面结构要求可标注在轮廓线上，其符号应从材料外指向并接触表面，如图 8-27 所示。必要时表面结构也可用带箭头或黑点的指引线引出标注，如图 8-27、图 8-28 所示。

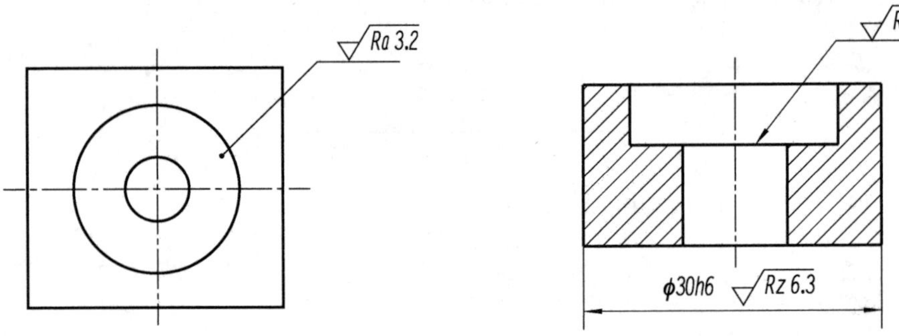


(a) (b)

**图 8-28 用指引线引出标注**

(3) 在不致引起误解时，表面结构要求可标注在给定的尺寸线上，如图 8-28(b)、图 8-29 所示。

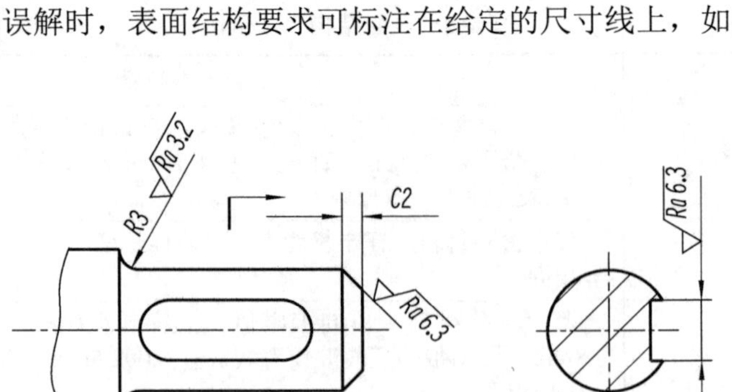


**图 8-29 表面结构要求标注在尺寸线上**

(4) 有相同表面结构要求的注法。如果工件的全部和多数表面有相同的表面结构要求，则其表面结构要求可统一标注在图样标题栏附近。此时(除全部表面有相同要求的情况外)表面结构要求的代号后面应有：

① 在圆括号内给出无任何其他标注的基本符号，如图 8-30(a)所示。

② 在圆括号内给出不同的表面结构要求，如图 8-30(b)所示。

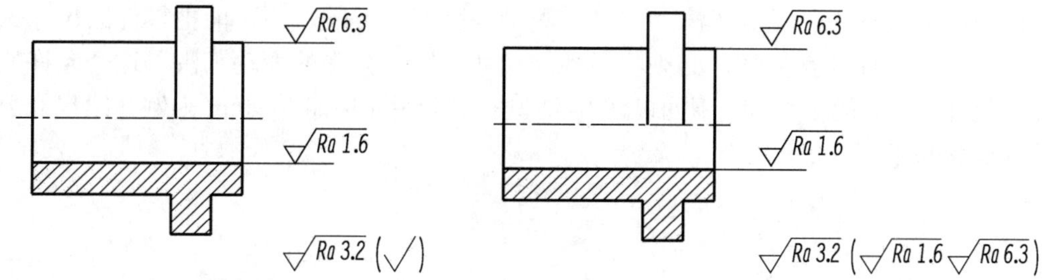


（a）注法一　　（b）注法二

**图 8-30　大多数表面有相同表面结构要求的注法标注**

(5) 多个表面有共同要求的注法。当多个表面具有相同的表面结构要求或图纸空间有限时，可以采用简化注法。可用带字母的完整符号，以等式的形式，在图形或标题栏附近，对有相同表面结构要求的表面进行简化标注，如图 8-31 所示。

(6) 两种或多种工艺获得的同一表面的注法。由几种不同的工艺方法获得的同一表面，当需要明确每种工艺方法的表面结构要求时，可在国家标准规定的图线上标注相应的表面结构代号。图 8-32 表示同时给出涂镀前后的表面结构要求的注法。

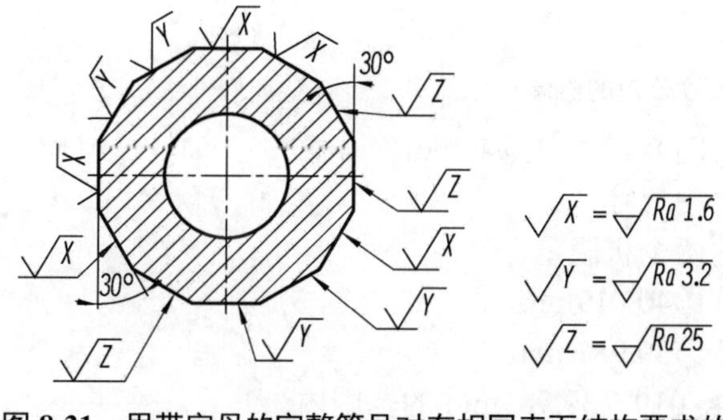


**图 8-31　用带字母的完整符号对有相同表面结构要求的表面采用简化注法**

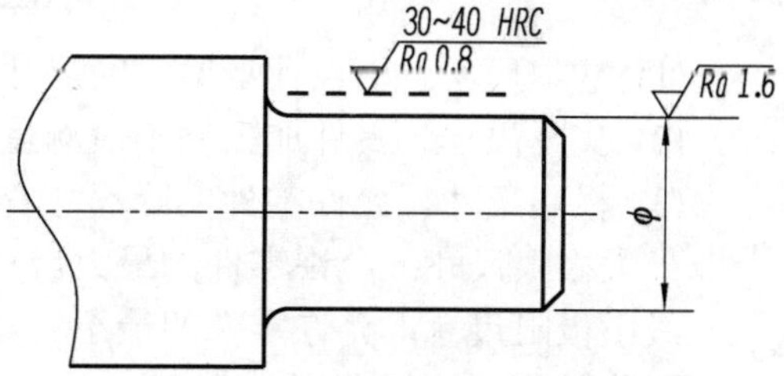


**图 8-32　同时给出涂镀前后的表面结构要求的注法**

## 8.4.2　极限与配合(Limit and match)

极限与配合是零件图和装配图中的一项重要的技术要求，也是检验产品质量的重要的技术指标。

数字资源 8-2　极限与配合

### 8.4.2.1　极限与配合的概念

1．**互换性**

从一批相同的零件或部件中，任取其中一件，不经任何选择和修配就能装到机器上去并能保证使用要求。像这样一批零件或部件具有的这种性质称为互换性。

零件具有互换性，不但便于机器的装配和修理，而且在生产中可以采用专用刀具、量具和先进工艺，进行大规模生产，提高劳动生产率，降低产品成本。极限与配合制度是实现互换性的重要基础。

**2．极限的有关术语及定义**(GB/T 1800—2020)

零件在制造过程中，受到机床、刀具、测量等因素的影响，不可能把零件的尺寸做得绝对准确。为保证零件的互换性，必须将零件的尺寸控制在允许的变动范围，这个允许的变动量就称为尺寸公差，简称公差。下面以图 8-33 圆柱孔尺寸$\phi$40±0.019mm 为例介绍尺寸公差的一些基本概念和术语。

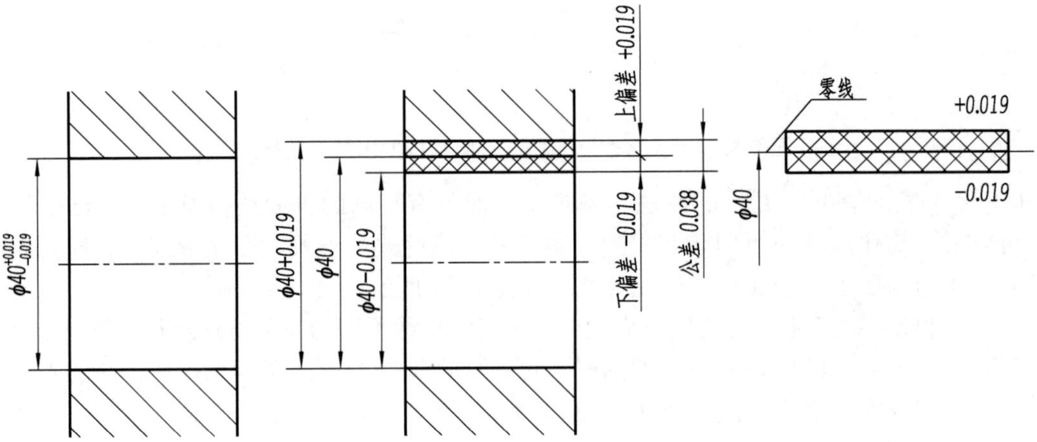


（a）　　（b）　　（c）

**图 8-33　尺寸公差的概念**

(1) 基本尺寸。由设计者给定的尺寸，如图 8-33 中的$\phi$40mm。

(2) 实际尺寸。零件加工完毕后测量所得的尺寸。

(3) 极限尺寸。允许零件实际尺寸变化的两个极限值。

最大极限尺寸：允许零件的最大尺寸，如$\phi$40.019mm。

最小极限尺寸：允许零件的最小尺寸，如$\phi$39.981mm。

因此，图 8-33 中孔的实际尺寸允许在$\phi$40.019～39.981mm 的范围内。

(4) 尺寸偏差(简称偏差)。某一尺寸(实际尺寸、极限尺寸等)减其基本尺寸所得的代数差。

极限偏差是极限尺寸与基本尺寸的代数差。因为极限尺寸有 2 个，所以极限偏差分为上偏差、下偏差。

$$\text{上偏差} = \text{最大极限尺寸} - \text{基本尺寸}$$

$$\text{下偏差} = \text{最小极限尺寸} - \text{基本尺寸}$$

极限偏差其值可以为正、负或零。国家标准规定：上偏差用 $ES(es)$表示、下偏差用 $EI(ei)$表示，其中大写为孔的极限偏差，小写为轴的极限偏差。图 8-33 中孔的上、下偏差为：

$$ES = (40.019 - 40)\text{mm} = +0.019\text{mm};$$

$$EI = (39.981 - 40)\text{mm} = -0.019\text{mm}。$$

实际偏差是实际尺寸与基本尺寸的代数差。

(5) 尺寸公差(简称公差)。允许零件实际尺寸的变动量。

公差 = 最大极限尺寸 − 最小极限尺寸；

或 公差 = 上偏差 − 下偏差。

图 8-33 中孔的公差 = (40.019 − 39.981)mm = [0.019 − ( − 0.019)]mm=0.038mm。

(6) 零线。在极限与配合图解中，零线是表示基本尺寸的一条直线，以其为基准确定偏差和公差，即偏差值为 0 的一条基准直线。位于零线之上的偏差值为正，位于零线之下的偏差值为负。

(7) 尺寸公差带。由代表上、下偏差值的两条直线所限定的一个区域。公差带与零线构成的图形称为公差带图，如图 8-33(c)所示。公差带图能形象地表示出公差带大小及其相对于零线的位置。

#### 8.4.2.2 标准公差与基本偏差

(1) 标准公差。用以确定公差带大小的公差。

标准公差在基本尺寸至 500mm 内分为 20 个等级，即 IT01、IT0、ITl、IT2、…、ITl8。IT 代表标准公差，数字代表公差等级。公差等级确定尺寸精确程度，数字越小，表示公差等级越高。同一基本尺寸，公差等级越高，则公差值越小，尺寸的精确程度越高。在基本尺寸在 500～3 150mm 内规定了 IT01～IT18 共 20 个标准公差等级。标准公差的数值见附表 31。

选用公差等级的原则是：在满足机器使用要求的前提下尽量采用较低等级，以降低制造成本。通常：

IT01～IT1——用于精密量块和计量器具等的尺寸公差。

IT2～IT5——用于精密零件的尺寸公差。

IT5～IT12——用于有配合要求的一般机器零件的尺寸公差。

IT12～IT18——用于不重要或没有配合要求的零件的尺寸公差

(2) 基本偏差。用以确定公差带相对于零线位置的上偏差或下偏差。

在极限与配合制中，标准公差确定公差带大小，但不能确定公差带相对于零线的位置，如再知道任一极限偏差，公差带图就能唯一确定。因此，将在公差带图中距离零线最近的那个极限偏差称为“基本偏差”，以用来确定公差带相对于零线的位置。当公差带在零线的上方时，基本偏差为下偏差；反之则为上偏差，如图 8-34 所示。

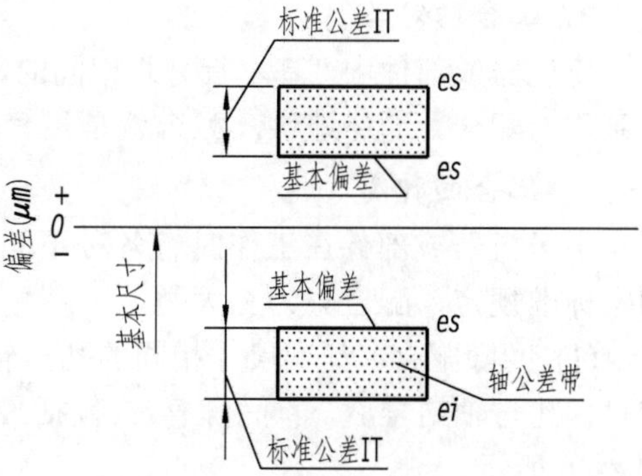


图 8-34 公差大小及位置

公差带不同的位置就形成不同的基本偏差。根据机器中零件间结合关系的要求不同，国家标准规定了 28 种基本偏差，这 28 种基本偏差就构成了基本偏差系列，每种基本偏差都规定了相应的基本偏差代号。28 个基本偏差代号由 26 个拉丁字母去掉了容易相混的 I、L、O、Q、W 5 个字母，加入 CD、EF、FG、JS、ZA、ZB、ZC 7 种组成。其中大写字母表示孔，小写字母表示轴，如图 8-35 所示，图中未封口端表示公差值未定。

(3) 公差带代号。公差带代号由“基本偏差代号”和“公差等级”组成，例如：$\phi$30H8 中 H8 所表示的是孔的公差带代号，H 为基本偏差代号；8 为公差等级代号；$\phi$50h7 中 h7 所表示的是轴的公差带代号，h 为基本偏差代号；7 为公差等级代号。

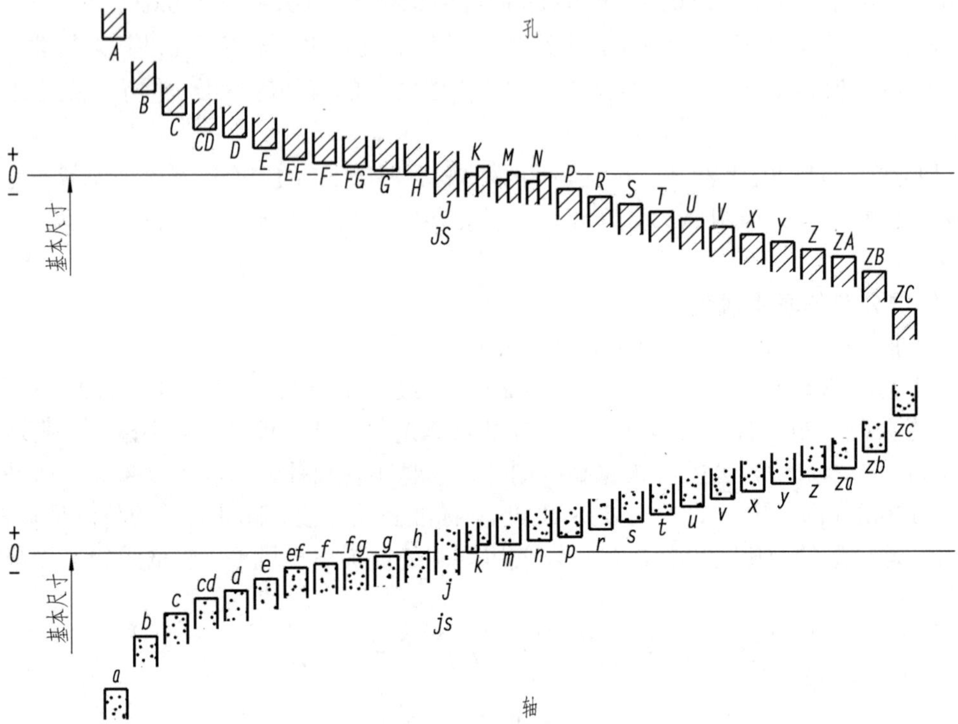


图 8-35　基本偏差系列

### 8.4.2.3　配合

**1．配合的定义**

将机器或部件中“基本尺寸”相同的、相互结合的孔与轴(也包括非圆表面)公差带之间的关系称为配合。通俗地讲，配合就是指“基本尺寸”相同的孔与轴结合后的松紧程度。

**2．配合的种类**

由于机器或部件在工作时有各种不同的要求，因此，零件间配合的松紧程度也不一样。国家标准规定，配合分为三大类。

(1) 间隙配合。基本尺寸相同的孔与轴结合时，孔的公差带位于轴的公差带上方。它的特点是：孔与轴结合后，有间隙存在(包括最小间隙为零)，二者可作相对运动，属可动结合，如图 8-36 所示。

(2) 过盈配合。基本尺寸相同的孔与轴结合时，轴的公差带位于孔的公差带上方。它的特点是：孔与轴结合后，有过盈存在(包括最小过盈为零)，二者不能相对运动，属刚性结合，如图 8-37 所示。

(3) 过渡配合。基本尺寸相同的孔与轴结合时，孔、轴公差带互相交叠，任取一对孔和轴配合，可能具有间隙，也可能具有过盈，它的特点是：孔的实际尺寸可能大于、也可能小于轴的实际尺寸，如图 8-38 所示。

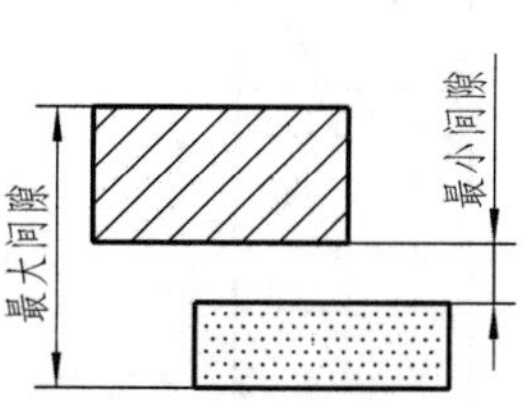


图 8-36 间隙配合

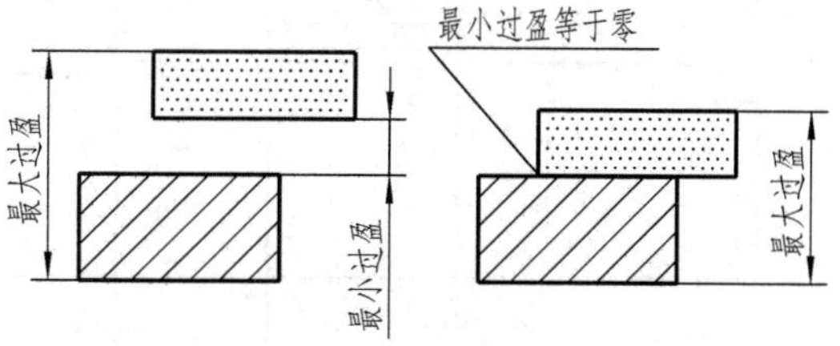


图 8-37 过盈配合

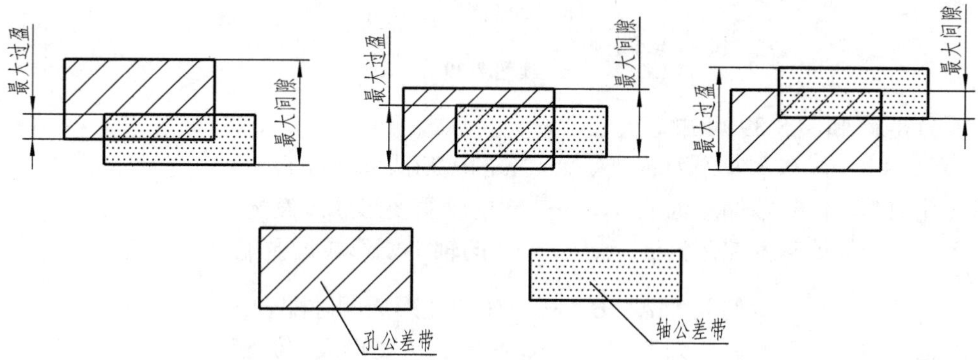


图 8-38 过渡配合

### 3. 配合的基准制

国家标准规定了 28 种基本偏差和 20 个等级的标准公差，任取一对孔、轴的公差带都能形成一定性质的配合，如果任意选配，情况变化极多。这样，不便于零件的设计与制造。为此，根据生产实际的需要，国家标准规定了两种基准制。

(1) 基孔制。基本偏差为一定值的孔的公差带与不同基本偏差的轴的公差带形成各种配合的一种制度，即将孔的公差带位置固定，通过变动轴的公差带位置，得到各种不同的配合，如图 8-39(a)所示。基孔制的孔称为基准孔，其基本偏差代号为“H”，基准孔的下偏差为 0。

(2) 基轴制。基本偏差为一定值的轴的公差带与不同基本偏差的孔的公差带形成各种配合的一种制度，即将轴的公差带位置固定，通过变动孔的公差带位置，得到各种不同的配合，如图 8-39(b)所示。基轴制的轴称为基准轴，其基本偏差代号为“h”，基准轴的上偏差为 0。

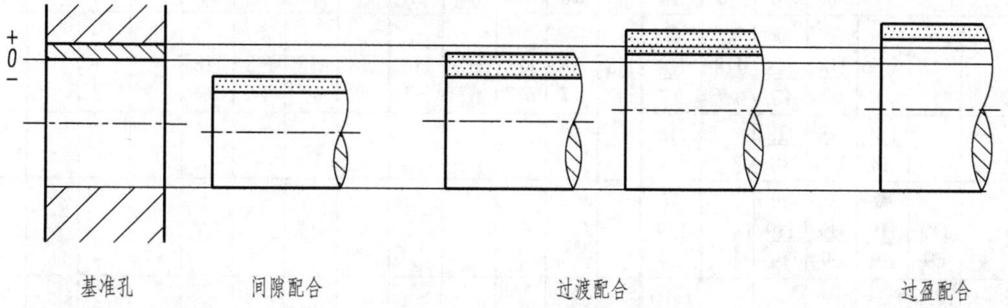


（a）基孔制配合

图 8-39 基孔制与基轴制

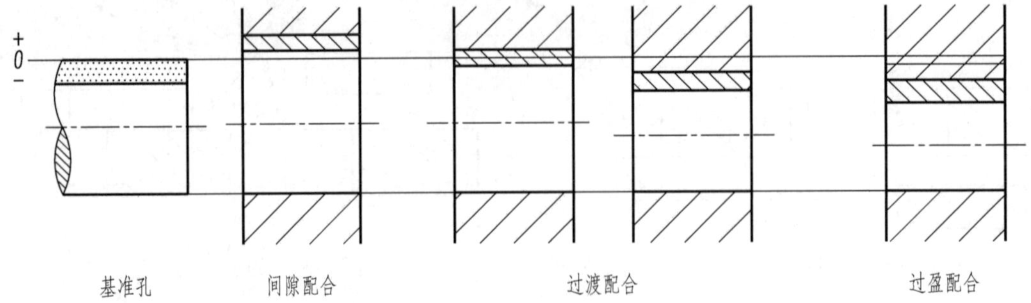


（b）基轴制配合

**续图 8-39**

分析图 8-35 和图 8-39 可知：

基准孔 H 与
- 基本偏差为 a、b、…、h 的轴形成间隙配合
- 基本偏差为 j、js、…、n 的轴主要形成过渡配合
- 基本偏差为 p、r、…、zc 的轴主要形成过盈配合

基准轴 h 与
- 基本偏差为 A、B、…、H 的孔形成间隙配合
- 基本偏差为 J、Js、…、N 的孔主要形成过渡配合
- 基本偏差为 P、R、…、ZC 的孔主要形成过盈配合

(3) 优先和常用配合。国家标准根据机械工业产品生产和使用的需要，考虑到各类产品的不同特点，制定了优先和常用配合。在设计零件时，应尽量选用优先和常用配合，表 8-9、表 8-10 为优先和常用的配合。

**表 8-9　基本尺寸至 500mm 基孔制优先、常用配合**

| 基准孔 | 轴 | | | | | | | | | | | | | | | | | | | | |
|---|---|---|---|---|---|---|---|---|---|---|---|---|---|---|---|---|---|---|---|---|---|
| | a | b | c | d | e | f | g | h | js | k | m | n | p | r | s | t | u | v | x | y | z |
| | 间隙配合 | | | | | | | | 过渡配合 | | | 过盈配合 | | | | | | | | | |
| H6 | | | | | | H6/f5 | H6/g5 | H6/h5 | H6/Js5 | H6/k5 | H6/m5 | H6/n5 | H6/p5 | H6/r5 | H6/s5 | H6/t5 | | | | | |
| H7 | | | | | | H7/f6 | ● **H7/g6** | ● **H7/h6** | H7/js6 | ● **H7/k6** | H7/m6 | ● **H7/n6** | ● **H7/p6** | H7/r6 | ● **H7/s6** | H7/t6 | ● **H7/u6** | H7 v6 | H7 x6 | H7 y6 | H7 z6 |
| H8 | | | | | H8/e7 | ● **H8/f7** | H8/g7 | ● **H8/h7** | H8/js7 | H8/k7 | H8 m7 | H8 n7 | H8 p7 | H8 r7 | H8 s7 | H8 t7 | H8 u7 | | | | |
| | | | | H8/d8 | H8/e8 | H8/f8 | | H8/h8 | | | | | | | | | | | | | |
| H9 | | | H9/c9 | ● **H9/d9** | H9/e9 | H9/f9 | | ● **H9/h9** | | | | | | | | | | | | | |
| H10 | | | H10/c10 | H10/d10 | | | | H10/h10 | | | | | | | | | | | | | |

续表 8-9

| 基准孔 | 轴 | | | | | | | | | | | | | | | | | | | |
|---|---|---|---|---|---|---|---|---|---|---|---|---|---|---|---|---|---|---|---|---|
| | a | b | c | d | e | f | g | h | js | k | m | n | p | r | s | t | u | v | x | y | z |
| | 间隙配合 | | | | | | | | 过渡配合 | | | 过盈配合 | | | | | | | | | |
| H11 | H11/a11 | H11/b11 | ● **H11/c11** | H11/d11 | | | | ● **H11/h11** | | | | | | | | | | | | | |
| H12 | | H12/b12 | | | | | | H12/h12 | 注：①H6/n5、H7/p6 在基本尺寸小于或等于 3mm 和 H8/r7 在小于或等于 100mm 时，为过渡配合。②标有“●”的代号为优先配合。 | | | | | | | | | | | | |

**表 8-10　基本尺寸至 500mm 基轴制优先、常用配合**

| 基准轴 | 孔 | | | | | | | | | | | | | | | | | | | | |
|---|---|---|---|---|---|---|---|---|---|---|---|---|---|---|---|---|---|---|---|---|---|
| | A | B | C | D | E | F | G | H | Js | K | M | N | P | R | S | T | U | V | X | Y | Z |
| | 间隙配合 | | | | | | | | 过渡配合 | | | 过盈配合 | | | | | | | | | |
| h5 | | | | | | F6/h5 | G6/h5 | H6/h5 | JS6/h5 | K6/h5 | M6/h5 | N6/h5 | P6/h5 | R6/h5 | S6/h5 | T6/h5 | | | | | |
| h6 | | | | | | F7/h6 | ● **G7/h6** | ● **H7/h6** | JS7/h6 | ● **K7/h6** | M7/h6 | ● **N7/h6** | ● **P7/h6** | R7/h6 | ● **S7/h6** | T7/h6 | ● **U7/h6** | | | | |
| h7 | | | | | E8/h7 | ● **F8/h7** | | ● **H8/h7** | JS8/h7 | K8/h7 | M8/h7 | N8/h7 | | | | | | | | | |
| h8 | | | | D8/h8 | E8/h8 | F8/h8 | | H8/h8 | | | | | | | | | | | | | |
| h9 | | | | ● **D9/h9** | D9/h9 | D9/h9 | | ● **D9/h9** | | | | | | | | | | | | | |
| h10 | | | | D10/h10 | | | | D10/h10 | | | | | | | | | | | | | |
| h11 | A11/h11 | B11/h11 | ● **C11/h11** | D11/h11 | | | | ● **H11/h11** | | | | | | | | | | | | | |
| h12 | | B12/h12 | | | | | | H12/h12 | 注：标有“●”的代号为优先配合。 | | | | | | | | | | | | |

### 8.4.2.4　极限与配合的标注(GB/T 4458.5—2003)

**1．在零件图上的标注方法**

常见的标注方法有下列 3 种形式。

(1) 在基本尺寸后面注公差带代号，如$\phi$30K6。这种注法适用于大批量生产(由该代号查相应国家标准可得该尺寸的极限偏差值)，如图 8-40(a)所示。

(2) 在基本尺寸后面注极限偏差，如图 8-40(b)所示，这种注法适用于小批量生产。上偏差写在基本尺寸的右上方，下偏差与基本尺寸注在同一底线上；偏差数值的字高应比基本尺寸数字的字高小一号。上、下偏差必须注出正、负号，上、下偏差的小数点必须对齐，小数点后的数位也必须相同；当上偏差(或下偏差)为“零”时，用数字“0”标出，并与下偏差(或上偏差)的小数点前的个位数对齐。

(3) 在基本尺寸后面同时标出公差带代号和上、下偏差，这时上、下偏差必须加括号，如图 8-40(c)所示。如上、下偏差数绝对值相同时，数值的字高与基本尺寸相同。

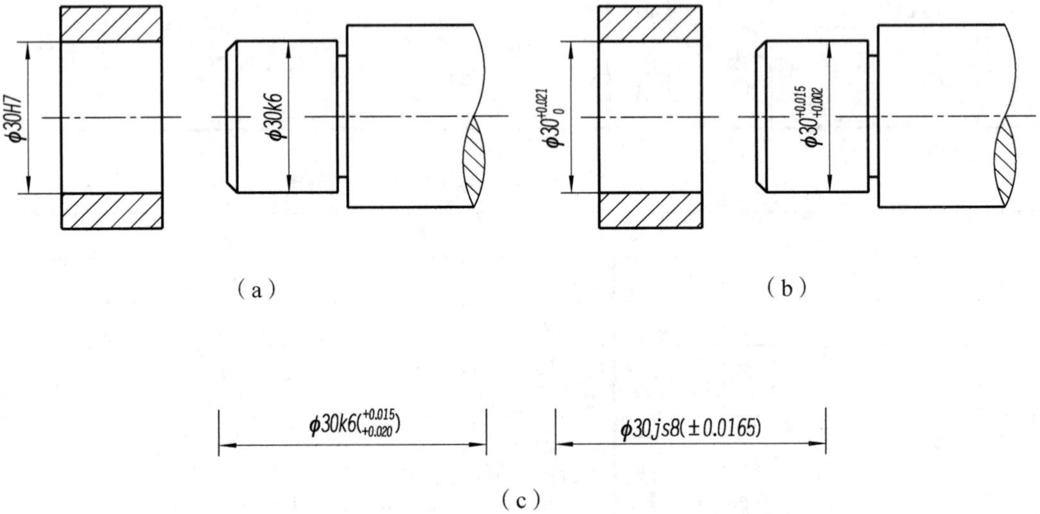


图 8-40 零件图中的标注方法

图样上有些尺寸虽未注公差，但仍有公差要求，只不过公差等级较低(一般在 IT12 以下)，公差数值较大，易于保证而已，这样的偏差也可查 GB/T 1800.1—2009 确定。

### 2．在装配图中的标注方法

配合代号由孔与轴的公差带代号组成，写成分数形式，分子为孔的公差带代号，分母为轴的公差带代号。通常分子中含有 $H$ 的为基孔制；分母中含有 $h$ 的为基轴制。标注的通式如下：

$$\text{基本尺寸}\frac{\text{孔的公差带代号}}{\text{轴的公差带代号}}$$

具体标注形式如图 8-41 所示。

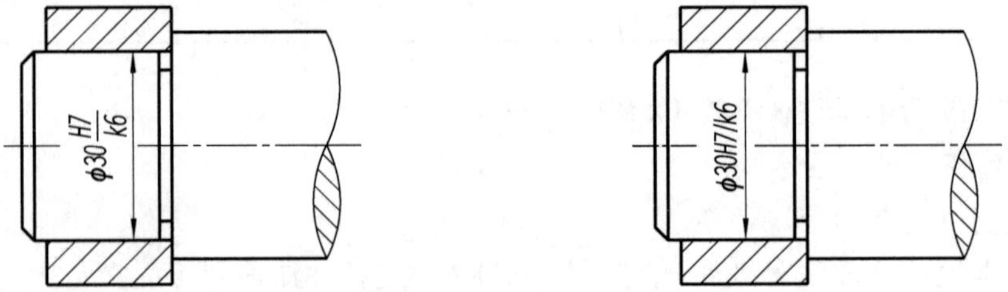


图 8-41 装配图中的标注方法

**例 8.1**　查表写出$\phi$30H7/f6 和$\phi$18P7/h6 的偏差数值，并说明其配合的含义。

解：(1)由附表 32、附表 33 中查得：

$\phi$30H7 的上偏差 $ES$=+0.021；下偏差 $EI$=0，即$\phi 30^{+0.020}_{0}$

$\phi$30f6 的上偏差 $es$=−0.020；下偏差 $ei$ =0，即$\phi 30^{-0.020}_{0}$

$\phi$30H7/f6 含义：该配合为基孔制的间隙配合，基本尺寸为$\phi$30，基准孔的公差带代号为 H7，其中 H 为基本偏差，公差等级为 7 级；f6 为轴的公差带代号，其中 f 为基本偏差，公差等级为 6 级。图 8-42(a)为该配合的公差带图。

(2) 由附表 32、附表 33 中查得：

$\phi$18P7 的上偏差 $ES$= −0.011；下偏差 $EI$= −0.029，即$\phi 18^{-0.011}_{-0.029}$

$\phi$18h6 的上偏差 $es$ = 0；下偏差 $ei$ = −0.011，即$\phi 18^{0}_{-0.011}$

$\phi$18P7/h6 含义：该配合为基轴制的过盈配合，基本尺寸为$\phi$18，基准轴的公差带代号为 h6，其中 h 为基本偏差，公差等级为 6 级；P7 为轴的公差带代号，其中 P 为基本偏差，公差等级为 7 级。图 8-46(b)为该配合的公差带图。

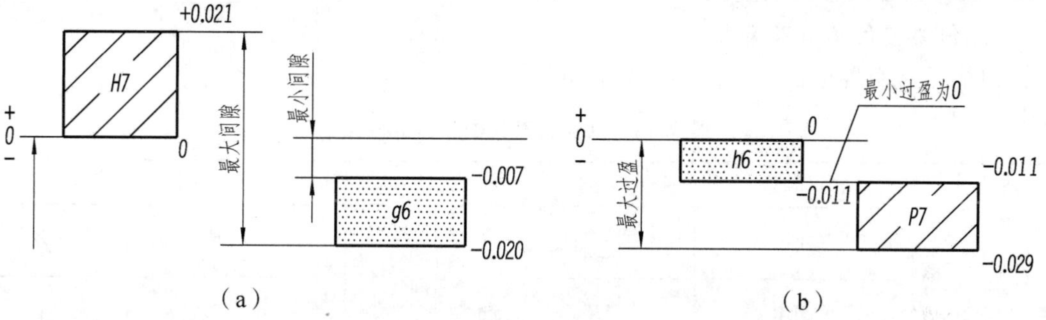


**图 8-42　公差带**

国家标准根据机械工业产品生产和使用的需要，考虑到各类产品的不同特点，制定了优先和常用配合。在设计零件时，应尽量选用优先和常用配合，表 8-9、表 8-10 为优先和常用的配合。

## 8.4.3　几何公差(Geometric tolerances)

在零件的加工过程中，不仅会产生尺寸公差，还会产生几何误差。这些误差不但降低了零件的精度，也会影响零件的使用性能。因此，GB/T 1182—2018 中规定了零件几何公差标注的基本要求和方法。

数字资源 8-3　几何公差

### 8.4.3.1　几何公差的基本概念

**1．几何要素的基本术语和定义**

(1) 要素。构成零件几何特征的点、线和面。

(2) 理想要素。技术图样上确定的理论正确要素。

(3) 实际要素。零件上实际存在的要素。

(4) 被测要素。有几何公差要求的要素。

(5) 基准要素。用来确定被测要素方向或(和)位置的要素。一般也是零件上的轮廓线、轴线、面及中心平面等。

**2．几何公差的类型**

几何公差分为形状公差、位置公差、方向公差和跳动公差 4 种类型，每类中又包含了多个几何特征项目。下面是有关概念。

(1) 形状公差。零件上单一实际要素的几何形状相对于理想要素的几何形状所允许的变动量，包括直线度、平面度、圆度、圆柱度、线轮廓度、面轮廓度 6 个几何特征项目。

(2) 位置公差。零件上关联实际要素的位置相对基准要素的位置所允许的变动量，包括位置度、同心度、同轴度、对称度、线轮廓度、面轮廓度 6 个几何特征项目。

(3) 方向公差。零件上关联实际要素的形状在指定方向上相对于基准要素所允许的变动全量，包括平行度、垂直度、倾斜度、线轮廓度、面轮廓度 5 个几何特征项目。

(4) 跳动公差。零件上关联实际要素的形状在指定方向上相对于基准要素所允许的变动全量，包括圆跳动和全跳动 2 个几何特征项目。

### 8.4.3.2 几何公差代号、基准代号

**1．几何公差的项目及符号**

几何公差常用各项目与符号如表 8-11 所示。

表 8-11 几何公差类型及特征符号

<table>
<tr><th colspan="2">公差</th><th>项目名称</th><th>符 号</th><th colspan="2">公差</th><th>项目名称</th><th>符 号</th></tr>
<tr><td rowspan="4">形状公差</td><td rowspan="4">形状</td><td>直线度</td><td>—</td><td rowspan="9">位置公差</td><td rowspan="3">定向</td><td>平行度</td><td>//</td></tr>
<tr><td>平面度</td><td>▱</td><td>垂直度</td><td>⊥</td></tr>
<tr><td>圆度</td><td>○</td><td>倾斜度</td><td>∠</td></tr>
<tr><td>圆柱度</td><td>⌭</td><td rowspan="3">定位</td><td>同轴度</td><td>◎</td></tr>
<tr><td rowspan="5">形状或位置</td><td rowspan="5">轮廓</td><td rowspan="2">线轮廓度</td><td rowspan="2">⌒</td><td>对称度</td><td>⌯</td></tr>
<tr><td>位置度</td><td>⌖</td></tr>
<tr><td rowspan="3">面轮廓度</td><td rowspan="3">⌓</td><td rowspan="3">跳动</td><td>圆跳动</td><td>↗</td></tr>
<tr><td>全跳动</td><td>⌰</td></tr>
</table>

**2．几何公差代号、基准代号的绘制**

(1) 几何公差代号。几何公差代号由框格和带指示箭头的指引线组成。框格用细实线画出，高为 2$h$($h$ 为字体高度)。框格中第一格长度与高相等，后面其他格的长度视需要而定。框格可分成两格或多格，在图样上只能水平或垂直放置。第一格填写形位公差符号，第二

格填写公差数值及有关公差带符号，第三格填写基准代号及其他符号。指引线用细实线绘制，指引线的箭头指向被测要素，一般是垂直于被测表面的可见轮廓线或其延长线，见图 8-43 所示。

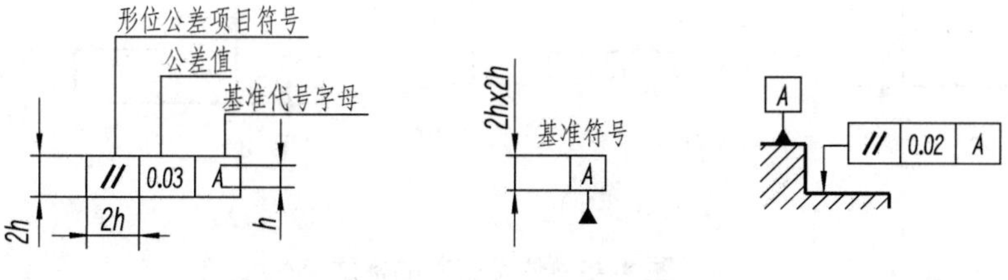


（a）几何公差代号　　（b）基准代号　　（c）标注举例

**图 8-43　几何公差符号的画法**

(2) 基准代号。对有方向公差、位置公差、跳动公差要求的零件，在标注公差的同时，应标注基准代号，如图 8-43 所示。基准代号由基准符号方框、连线、黑三角与基准字母组成。连线为细实线。字母用大写的拉丁字母水平书写，字母高度应与图样中的字体相同。

### 8.4.3.3 几何公差的标注

**1．被测要素的标注**

用带箭头的指引线将被测要素与公差框格相连，指引线的箭头指向应与公差带宽度方向一致，见图 8-44。

(1) 当被测要素是零件表面上的线或面时，指引线箭头应指向轮廓线或其延长线上，并明显地与该要素的尺寸线错开，如图 8-44(a)所示。

(2) 当被测要素是零件的轴线、球心或中心平面时，指引线箭头应指向轮廓线或其延长线上，并明显地与该要素的尺寸线对齐，如图 8-44(b)所示。

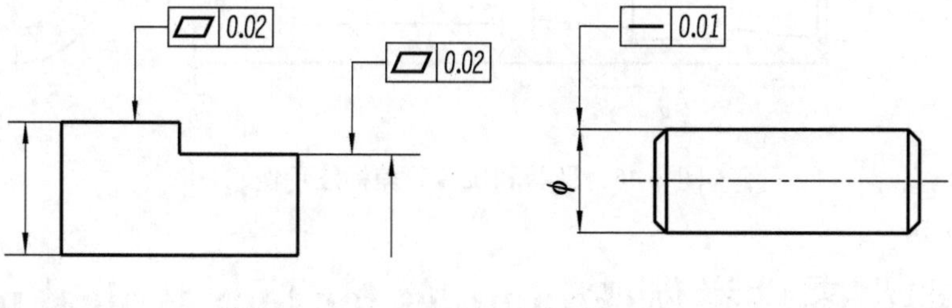


（a）　　（b）

**图 8-44　形状公差的标注**

**2．基准要素的标注**

基准要素要用基准代号标注。通常在几何公差代号框格的第三格标出基准要素代号的字母(要用大写字母)，并在基准要素处画出基准代号与之对应。基准代号由基准符号、方块、连线和字母组成。基准符号用加粗的短画线表示，方块和连线用细实线绘制，连线必须与基准要素垂直(图 8-43)。基准符号的标注位置规定如下：

(1) 当基准要素为零件表面上的线或面时，基准符号应靠近基准要素的轮廓线或其延长线，并应明显地与该要素的尺寸线错开，如图 8-45(a)所示。

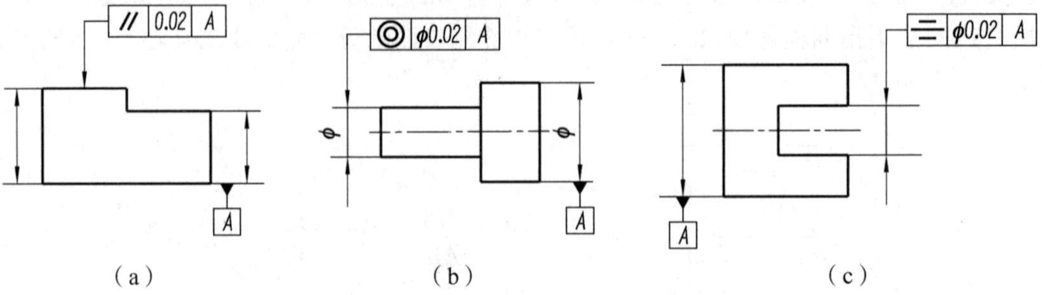


图 8-45 位置公差的标注

(2) 当基准要素为零件的轴线、球心或中心平面时，基准符号应与该要素的尺寸线对齐。

3．几何公差标注示例

图 8-46 中各项形状和位置公差的含义如下：

(1) 锥孔对$\phi$85h7 的圆跳动公差为 0.01mm，在距离轴端 300mm 处测为 0.005mm。

(2) $\phi$85h7 圆柱面的圆柱度公差为 0.01mm。

(3) 两长圆孔的中心平面对轴线对$\phi$85h7 轴线的对称度公差为 0.2mm。

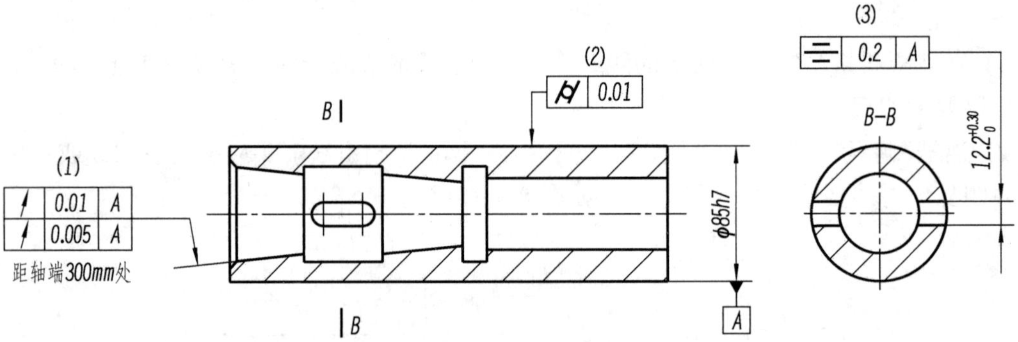


图 8-46 形状和位置公差标注示例

## 8.5 四类典型零件举例(Examples for four typical parts)

依据零件的结构形状，可将其分为 4 类，即轴套类零件、轮盘类、叉架类零件和箱体类零件。每一类零件应根据其结构特点来确定它的表达方法。

图 8-47 是铣刀头的装配图，它包括了轴套、轮盘和箱体类零件。现就以铣刀头中的典型零件以及另一个机器中的叉架类零件为例，从其用途、表达方案、尺寸标注等方面进行一些重点分析。

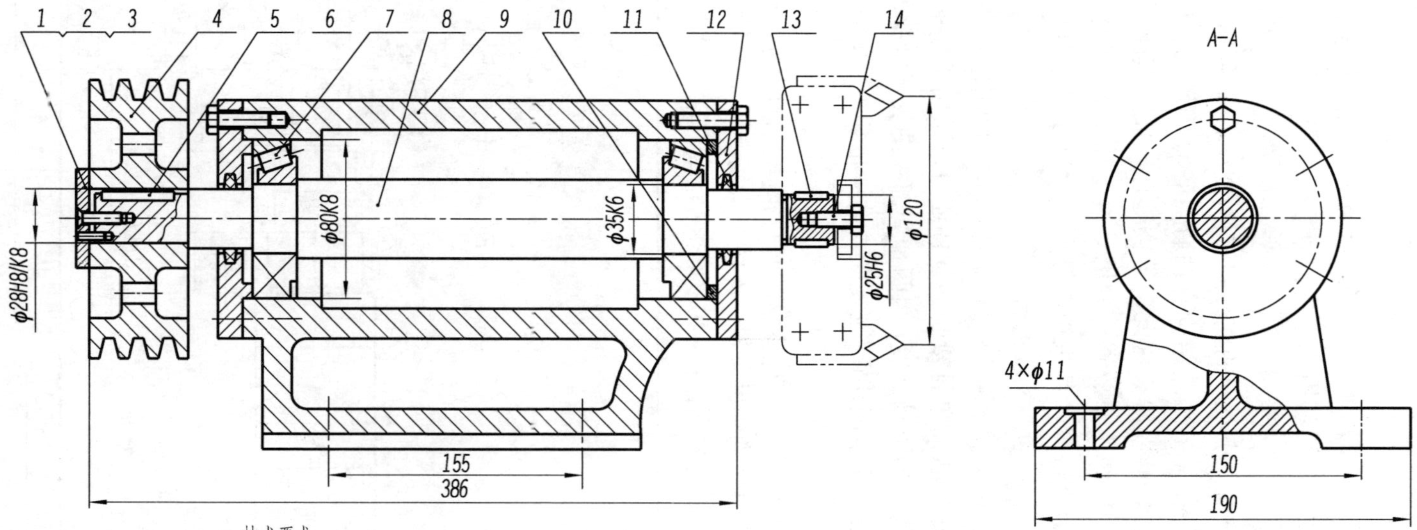


技术要求

1.主轴轴线对底面的不平行度不大于0.04/100。

2.刀攀定位轴径的径向跳动不大于0.02。

3.铣刀轴端的轴向跳动不大于0.01。

| 序号 | 代号 | 名称 | 数量 | 材料 | 备注 |
|---|---|---|---|---|---|
| 14 | GB/T5783-2000 | 螺栓M6×16 | 1 | 45 | |
| 13 | GB/T1096-2003 | 键8×20 | 2 | A4 | |
| 12 | GB/T297-1994 | 端盖 | 1 | HT200 | |
| 11 | | 毡圈 | 2 | | |
| 10 | | 调整垫片 | 1 | | |
| 9 | | 座体 | 1 | HT250 | |
| 8 | | 轴 | 1 | 35 | |
| 7 | | 轴承7307E | 2 | 45 | |
| 6 | GB/T5783-2000 | 螺栓M8×22 | 12 | Q235A | |
| 5 | GB/T1096-2003 | 键8×40 | 1 | 45 | |
| 4 | A型 | 带轮 | 1 | HT250 | |
| 3 | GB/T119.2—2000 | 销m6×12 | 1 | 35 | |
| 2 | GB/T 68—2000 | 螺钉M6×16 | 1 | A4 | |
| 1 | | 档圈 | 1 | 35 | |

| | | | | |
|---|---|---|---|---|
| 设计 | | (日期) | 材料 | (校名) |
| 制图 | | | 比例 | 铣刀头 |
| 校核 | | | | |
| 班级 | | | 共 张第 张 | |

图 8-47 铣刀头装配

## 8.5.1 轴套类零件(Parts shaft and bush group)

### 8.5.1.1 用途

轴一般用来支承传动零件(如齿轮、带轮等)和传递动力；套一般装在轴上或机体孔中，起着轴向定位、支承、导向、保护传动零件或联结等作用。

### 8.5.1.2 表达方案

轴套类零件的结构形状比较简单，一般由大小不同的同轴回转体(圆柱、圆锥等)组成，具有轴向尺寸大于径向尺寸的特点。轴类零件常见的工艺结构有轴肩、键槽、螺纹退刀槽、砂轮越程槽、圆角和倒角、轴端螺孔、中心孔、螺纹等。因此，这类零件一般在车床上加工，所以应按形状特征和加工位置确定主视图，轴线水平放置，并用垂直于轴线的方向作为主视图的投射方向，以显示轴的形体特征。对于空心套，其主视图需要用全剖或半剖视图来表达它的内、外结构形状。

轴套类零件的其他结构形状，如键槽、退刀槽、越程槽和中心孔等可以用剖视图、断面图、局部视图和局部放大图等加以补充。对形状简单且较长的零件还可以采用折断的方法来表示。如图 8-52 用两个移出断面来表达轴两端的键槽深度，用两个局部视图表示键槽的形状，用 *C* 向视图表示轴左端孔的位置，在主视图上用两个局部剖视图表达键槽和小孔。

### 8.5.1.3 尺寸标注

(1) 轴类零件的径向(即宽度方向和高度方向)的主要基准是回转轴线，轴向(即长度方向)一般以起定位作用的轴肩为主要基准，两端面作为辅助基准。如图 8-48 所示，对于径向尺寸，都以其轴线为基准，标注各段轴的直径。在长度方向，将$\phi$40 的左端面(或右端面)作为长度方

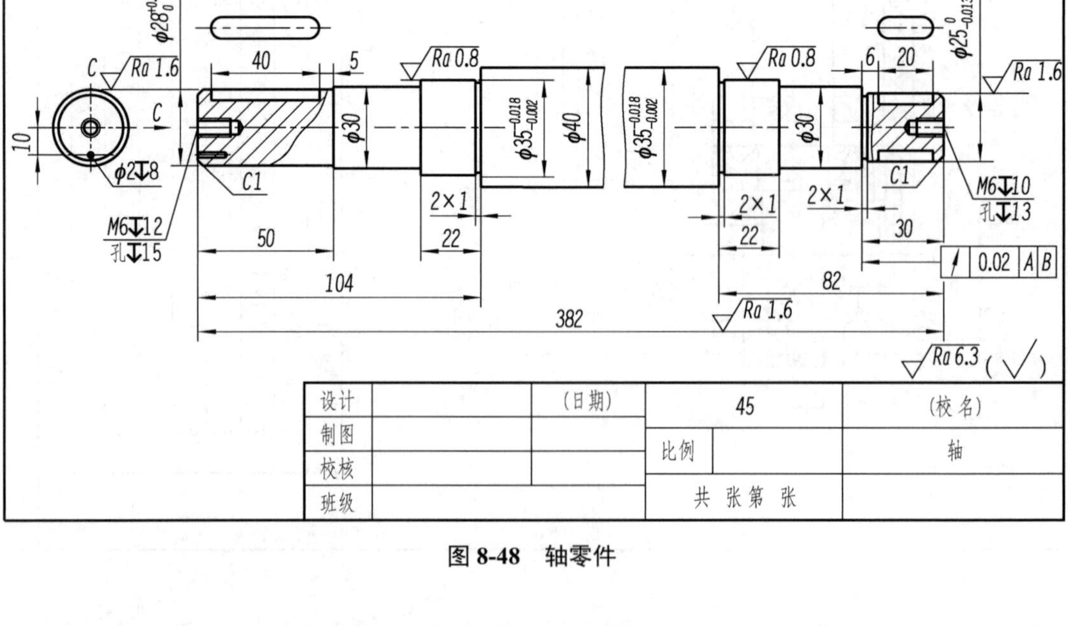


| 设计 | | (日期) | 45 | | (校名) |
|---|---|---|---|---|---|
| 制图 | | | 比例 | | 轴 |
| 校核 | | | | | |
| 班级 | | | 共 张第 张 | | |

图 8-48 轴零件

向的主要基准，标注尺寸 22、104 和 50。将轴的左端面(或右端)面作为长度方向的辅助基准，再以尺寸 382 为联系，得到轴的右端面为长度方向的辅助基准，标注尺寸 30、82 和 22。

(2) 有设计要求的重要尺寸必须直接标注出来，如长度方向尺寸 22。

(3) 对于不同工种的尺寸要分开标注，如图 8-48 所示，键槽在铣床上加工，有关键槽的一些尺寸标在主视图的上方。

(4) 零件上的标准结构(倒角、退刀槽、越程槽、键槽)较多，应查附表 1～4 和附表 25，按该结构的标准尺寸标注。

## 8.5.2　轮盘类零件(Parts of sprocket group)

### 8.5.2.1　用途

轮盘类零件可包括齿轮、皮带轴、链轮、手轮、胶带轮、端盖等。轮一般用键或销与轴联结，用以传递动力和扭矩；盘类零件主要起支承、轴向定位以及密封等作用。

### 8.5.2.2　表达方案

轮盘类零件的结构特点是轴向尺寸较小，径向尺寸较大。零件的主体多数是由同轴回转体构成，并在径向分布有螺孔、光孔、销孔、轮辐等结构。

轮盘类零件主要是在车床上加工，所以应按形状和加工位置选择主视图，一般轴线水平放置。

轮盘类零件一般需要两个视图。主视图一般是轴向剖视图以表达其内部结构；左视图表达沿圆周均匀分布的螺孔、光孔、销孔、轮辐等结构；对于零件上一些结构，可选取局部视图、剖视图、断面图或局部放大图来表示。如图 8-49 所示的带轮零件图，主视图采用了全剖视，左视图主要表达具有键槽的轮毂及孔的分布，这样一组图形及尺寸，即可将带轮的内、外结构形状表达清楚。

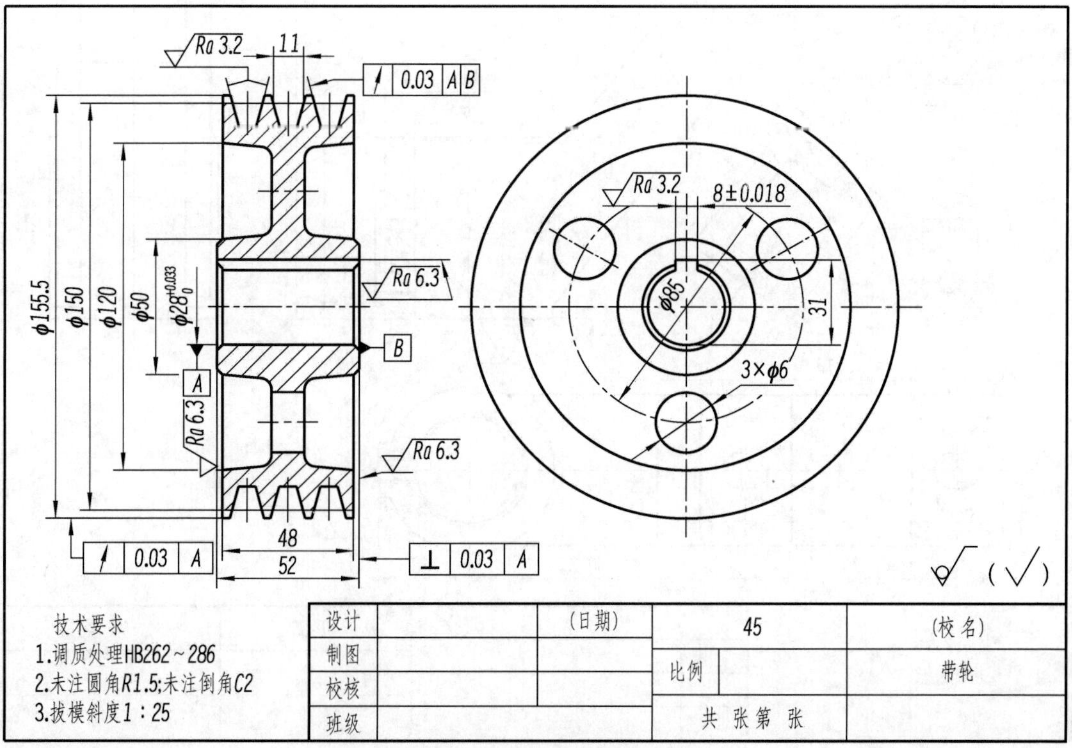


图 8-49　带轮零件

### 8.5.2.3 尺寸标注

(1) 轮盘类零件径向(宽度和高度方向)的主要基准也是回转轴线，所有的径向尺寸都以此为基准注出，如图 8-49 所示。长度方向的主要基准是经过加工的大端面，选择轮毂的右端面。

(2) 定形尺寸和定位尺寸都比较明显，用形体分析法逐个注出，尤其是在圆周上分布的小孔的定位圆直径如图 8-49 中$\phi$85 是这类零件的典型定位尺寸。

(3) 内外结构形状仍应分开标注。

## 8.5.3 叉架类零件(Parts of fork group)

### 8.5.3.1 用途

叉架类零件包括各种用途的拨叉和支架。拨叉主要用在机床、内燃机等各种机器上的操纵机构上，操纵机器、调节速度；支架主要起支承和连接的作用。

### 8.5.3.2 表达方案

叉架类零件一般是铸件或锻件毛坯，毛坯形状较为复杂，需经不同的机械加工。所以，在选主视图时，主要按形状特征和工作位置(或自然位置)确定。

叉架类零件的结构形状较为复杂，一般需要 2 个以上的视图表达。由于它的某些结构形状不平行于基本投影面，因此常常用单一斜剖切面剖切机件或用斜视图、断面图来表达。对零件上的一些内部结构形状可采用局部剖视图；对某些较小的结构，也可采用局部放大图。中间连接部分(肋板)的结构往往采用断面图来表达，如图 8-50 所示，用移出断面来表示肋的断面形状。

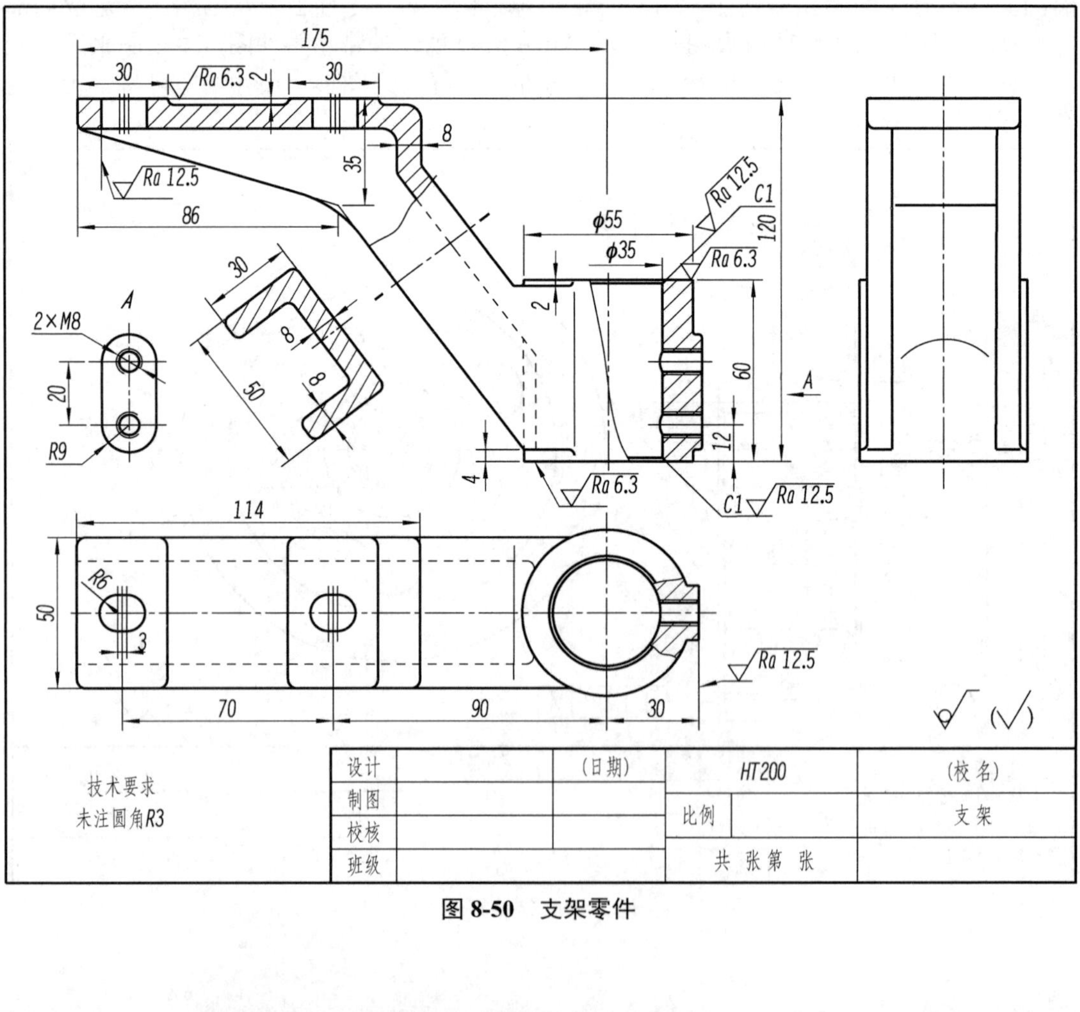


图 8-50 支架零件

#### 8.5.3.3 尺寸标注

(1) 常采用安装面、对称面、孔的轴线等作为主要基准。如图 8-50 所示，选择右端$\phi$55圆柱的轴线作为长度方向的基准；选择该孔的下端面作为高度方向的基准；选择该机件的前后对称平面作为宽度方向的尺寸基准。

(2) 定位尺寸较多，要注意能否保证定位的精度。一般要标注出孔与孔中心线(轴线)间的距离，或孔中心线(轴线)到平面的距离，或平面到平面的距离。

(3) 定形尺寸一般采用形体分析法标注，便于木模的制作。

### 8.5.4 箱体类零件(Parts of case-housing group)

#### 8.5.4.1 用途

箱体类零件主要用作支承、容纳其他零件以及定位和密封等作用，如各种箱体、壳体、泵体等。这类零件多为机器或部件的主体件，外部和内部结构都比较复杂，毛坯一般为铸造件。

#### 8.5.4.2 表达方案

箱体类零件多数经过较多工序制造而成，各工序的加工位置不尽相同，而且箱体类零件一般都较复杂，常需用 3 个以上的视图。主视图常按工作位置安放，选择最能显示零件形状特征的方向作为投射方向。选择其他视图时，应根据具体结构，适当采用剖视、断面、局部视图等多种表达方法，以清晰地表达零件的内外形状。

图 8-51 所示铣刀头的座体，属于箱体类零件。该零件由于其内部结构相对复杂，外部结构形状较简单，所以主视图采用了全剖视图，以表达圆筒内部结构，并反映左(右)支承板和底板的关系。左视图主要表达了座体上左(右)端面螺孔的分布、左(右)支承板的形状；中间肋板和底板的结构关系以及底板上安装孔的结构，用局部剖视图来表达。另外，还用了一个 *A* 向视图反映箱体的底部结构。

#### 8.5.4.3 尺寸标注

(1) 箱体类零件长度方向、宽度方向、高度方向的主要基准采用孔的中心线、轴线、对称平面和较大的加工平面。如图 8-51 所示，用轴孔的中心线作为高度方向的主要基准，直接注出轴孔的轴线至底面的高 *118*，这样就确定了底板下表面的位置；以左端面作为长度方向的主要基准，可以确定轴承孔的长度尺寸 *40*、左支承侧板长度方向的位置，用总长 *262* 来确定圆筒右端面的位置，再以右端面为长度方向的辅助基准，确定右端轴承孔的长度尺寸 *40*；宽度方向以该座体的前后对称平面作为主要尺寸基准，以尺寸 *190*、*150* 分别确定座体的宽度和底板安装孔的中心位置。

(2) 箱体类零件的定位尺寸较多，各孔中心线(或轴线)间的距离一定要直接标注出来。

(3) 所有定形尺寸用形体分析法标注。

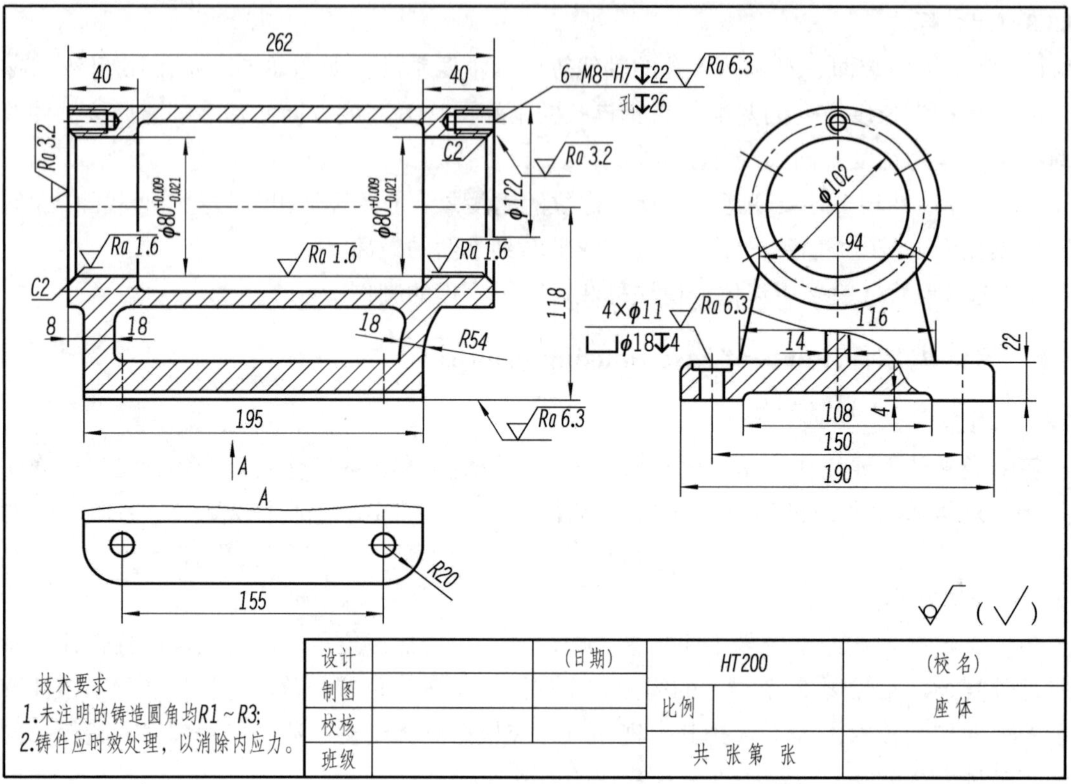


图 8-51 箱体类零件

## 8.6 读零件图(Reading part drawing)

在生产实践中经常需要看零件图。设计时，参照原有的或同类机器中零件的图样进行研究、改进，以设计出更为合理、先进的零件；制造时，按照图样为零件拟订合理的制造工艺方案，以保证产品的质量，降低制造成本。在进行技术交流等活动中，也必须会看零件图。因此，掌握看零件图的要求和方法是很重要的。

### 8.6.1 读零件图的要求(Requirement of reading detail drawing)

(1) 了解零件的名称、材料和用途。

(2) 了解零件各部分结构的形状、功用以及他们之间的相对位置。

(3) 了解零件的制造方法和技术要求。

### 8.6.2 读零件图的方法和步骤(Method and procedure of reading detail drawings)

#### 8.6.2.1 概括了解

看一张零件图，先从标题栏入手，了解零件的名称、数量、材料、比例等，根据其名称、材料等了解属于哪类零件，分析该零件在机器或部件中的作用及制造方法。

图 8-52 顶针座是起支承作用的零件，属于箱体类零件，上面的内孔$\phi 35^{+0.025}_{0}$安装顶尖，材料为 *HT200*(灰口铸铁)，因此，它具有铸件的各种特点。

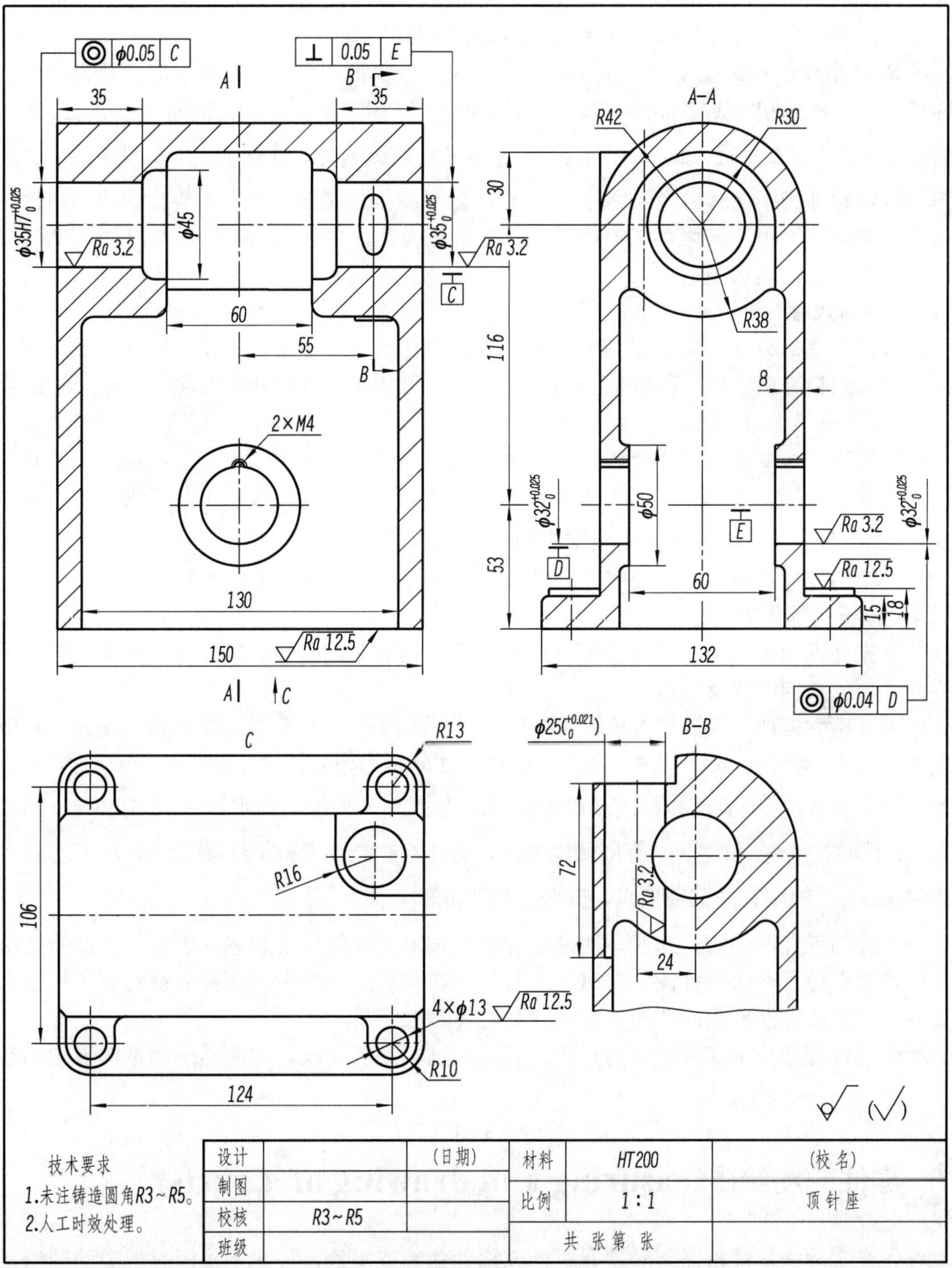


图 8-52　顶针座

#### 8.6.2.2 分析视图，想象形状

根据给出的视图，首先找到主视图，分析各视图之间的投影关系及表达方法，如选用视图和剖视图的意图、剖切面的位置及投射方向等；然后，按照形体分析法、线面分析法，分析、想象出零件内、外部的结构形状及各部分结构的功用。

图8-52所示的顶针座零件图采用四个图形表达，主视图采用全剖视，清楚地表示出了主轴孔长度方向的形状。从局部剖视图*B-B*的剖切位置，可了解到右侧后面有一立孔$\phi 25^{+0.021}_{0}$与主轴孔$\phi 35^{+0.025}_{0}$交叉垂直，此垂直孔的作用是为了安放锁紧柱，以便于顶尖与机座固定。从俯视图上可以看到底座上有4个安装孔的位置，为了减少加工面，4个安装孔处均有凸台。该顶尖座的外形较简单，其内部结构相对比较复杂，因此，主视图与左视图都采用了全剖视，用于表达内部结构形状。

#### 8.6.2.3 分析尺寸

分析长、宽、高3个方向的尺寸基准，根据设计要求了解零件的功能尺寸，综合运用形体分析法和结构分析方法了解各部分的定形、定位尺寸和总体尺寸，并注意标注尺寸是否完整、合理。

该顶针座在长度方向以主要结构的对称平面为其设计基准，它也是主要基准。以此基准标注的尺寸有*60*、*55*、*130*、*124*。高度方向的主要基准则为$\phi 35^{+0.025}_{0}$孔的轴线，标注的尺寸有*116*、*30*。宽度方向的基准是主要结构的对称平面，标注的尺寸有*24*、*60*、*106*。然后按形体分析、结构分析读懂零件结构中定形尺寸、定位尺寸及总体尺寸。

#### 8.6.2.4 分析技术要求

分析零件表面粗糙度、尺寸公差、形位公差、热处理及表面处理等技术要求，进一步了解零件各部分结构形状及功用。

该顶针座为铸件，需进行人工时效处理，以消除内应力。铸造圆角*R=3*～5mm，视图中有小圆角过渡的表面，表明均为不加工表面，尺寸分别为$\phi 35^{+0.025}_{0}$、$\phi 32^{+0.025}_{0}$、$\phi 25^{+0.021}_{0}$的5个孔均采用基孔制，因而表面粗糙度要求较高，Ra为*3.2*。其他加工面则均为*12.5*。两个$\phi 35^{+0.025}_{0}$轴孔、2个$\phi 32^{+0.025}_{0}$轴孔均分别有同轴度要求，其公差值前者为$\phi 0.05$，后者为$\phi 0.04$。$\phi 35^{+0.025}_{0}$轴线对$\phi 32^{+0.025}_{0}$轴线有垂直度要求，其公差值为*0.05*。

将读懂的零件的结构、形状、所注尺寸以及技术要求等综合起来，想象出零件的完整形象，这样就看懂了一张零件图。有时为了看懂比较复杂的零件图，还需要参看有关的技术文件资料，包括读零件所在部件的装配图以及相关的零件图。

看图的过程是一个深入理解的过程，只有通过不断的实践，才能熟练地掌握看图的基本方法。

## 8.7 零件的测绘(Measuring and drawing of a parts)

在生产实际中，经常需要对现有机器或部件仿制或维修，如果手头没有现成的图纸，就需要对该机器的零、部件进行测绘，画出图纸。根据现有机器或部件画出其装配图和零件图

的过程，称为机器或部件测绘。依据现有零件画出其零件图的过程称为零件测绘。零件测绘是机器或部件测绘的基础。

测绘工作常在零件拆卸现场进行，一般先画出零件草图，然后根据草图画成零件工作图。作为一个工程技术人员，掌握测绘技能是非常必要的。

### 8.7.1　画零件草图的基本要求(Basical requirements of making a part sketch)

一般来说草图是徒手画出的图样。它具有零件工作图所应包含的全部内容。必须指出的是，画草图是以目测来估计图形与实物的比例，并按一定画法要求徒手绘制的图形，因此绘图时切不可随意潦草，在绘制时必须认真仔细。

画草图时要求：

(1) 线型粗细分明，图样清晰符合投影规律。

(2) 图形正确，并保持零件各部分的比例关系。

(3) 尺寸标注完整、无遗漏，字体工整。

(4) 遵守有关国家标准。

### 8.7.2　草图的绘制方法(Technique of making a part sketch)

开始练习画草图时，可使用方格纸练习。横线、竖线尽可能沿着格子线画出，这样画出的线条较直，且易控制图形的大小、方向及投影关系。经过若干数量的练习后，应逐渐培养脱离方格纸，在空白图纸上徒手画出线条平直、比例匀称、图面工整的图样。

要掌握徒手作图的技能，必须先掌握徒手绘制各种线条的基本手法。

画较短的直线段，用手腕动作。画较长的直线段，应用小臂动作，也可先分作几段画，然后把几段连接起来。画图时，小手指稍微接触纸面，眼睛要看着线段的终点。画草图时可以转动图纸，使所画的线条处于顺手的方向，以适应手臂的运笔，如图 8-53 所示。

图 8-53　徒手画直线

画一些特殊角度时，可根据斜度比例关系近似画出，如图 8-54 所示。

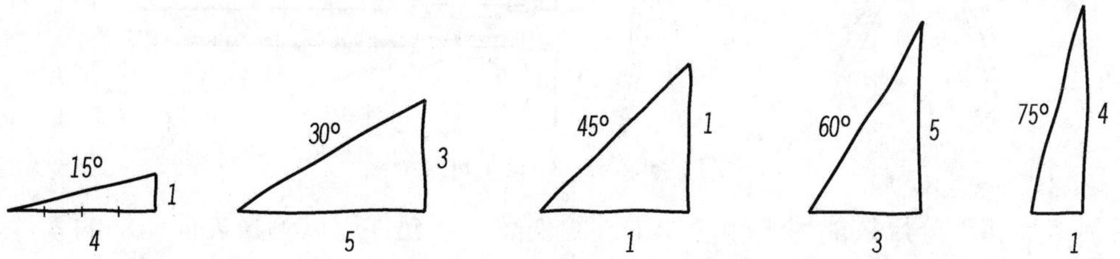


图 8-54　角度近似画法

画圆时，先确定圆心位置，过圆心作中心线，再根据半径大小用目测方法在中心线上定出 4 点，最后徒手将这 4 个点勾画出圆，如图 8-55 所示。

当圆的直径较大时，可通过圆心多画几条等分角线，并在其上确定半径端点再连接成圆，如图 8-56 所示。

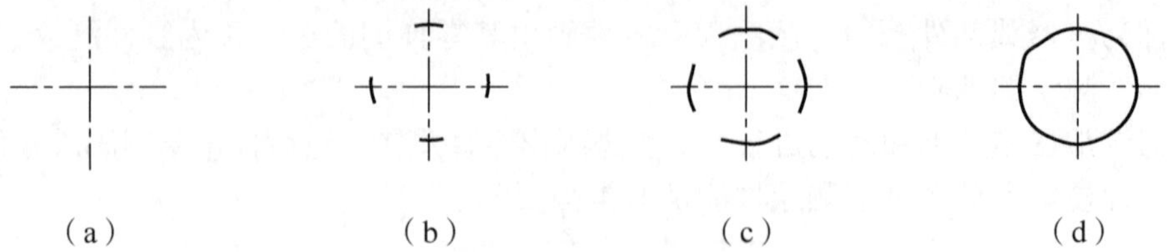


图 8-55 徒手画小圆

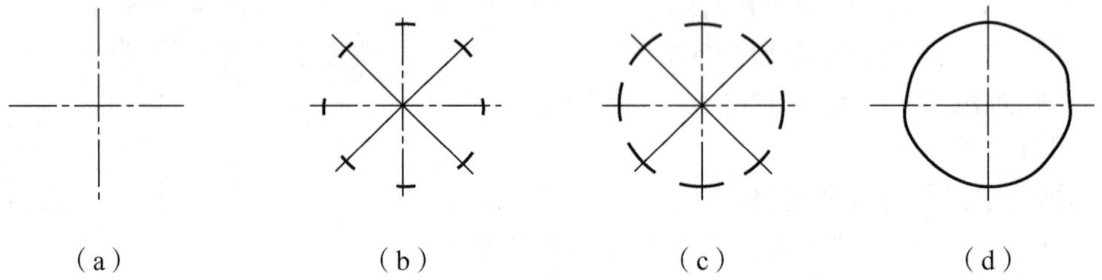


图 8-56 徒手画大圆

徒手绘图时，应认真仔细目测所绘物体各部分的大小和相对位置，使画出的图形比例匀称，符合物体实际形状。

## 8.7.3 测量工具及使用方法 (Measurement tools and methods of taking measurement)

### 8.7.3.1 测量工具

测量尺寸所使用的基本工具有钢尺、外卡钳和内卡钳。若是度量较精密的尺寸时，就应使用游标卡尺或千分尺，上述量具如图 8-57 所示。

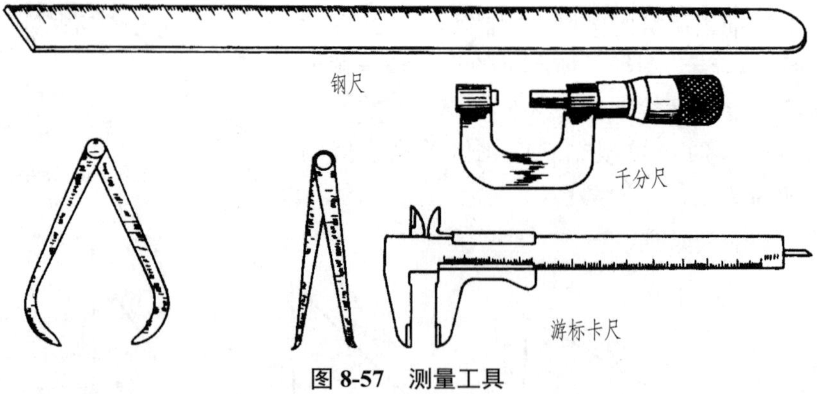


图 8-57 测量工具

游标卡尺和千分尺只能用于测量加工过的表面，不允许用以测量表面粗糙的零件，以免磨损。用内、外卡钳进行测量时，需与钢尺结合读出数值。

当度量形状较复杂的零件或测量工具较缺乏时，就要进行思考，设法量得所欲测量的尺寸。

### 8.7.3.2 常用的测量方法

(1) 测量线性尺寸(长、宽、高)。一般的线性尺寸用钢尺直接量得。

(2) 测量回转面的直径。外圆柱面直径用外卡钳测量，如图 8-58 所示；圆孔的直径用内卡钳测量，如图 8-59 所示。

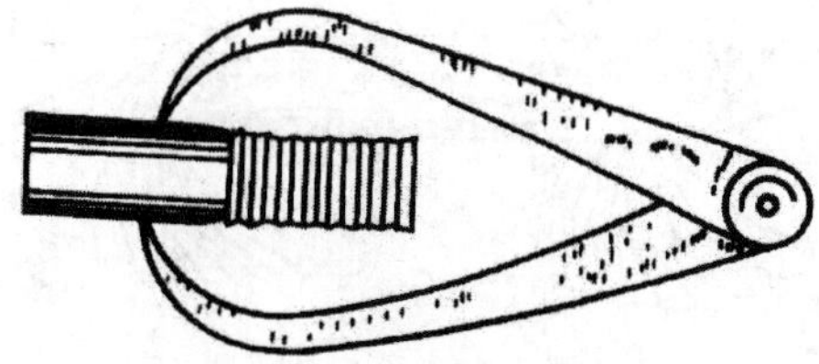

图 8-58 测量外圆尺寸

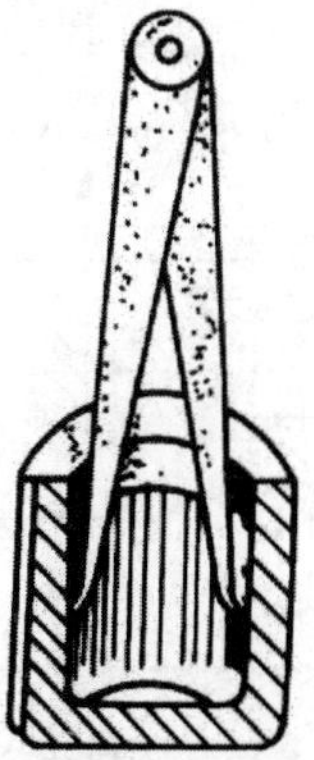

图 8-59 测量内圆尺寸

(3) 测量壁厚。一般可用直尺测量。若孔径较小时，可用带测量深度的游标卡尺测量；有时也会遇到用直尺和游标卡尺都无法测量的壁厚，这时则需要用卡钳间接测量，经计算得出壁厚尺寸，如图 8-60 所示。

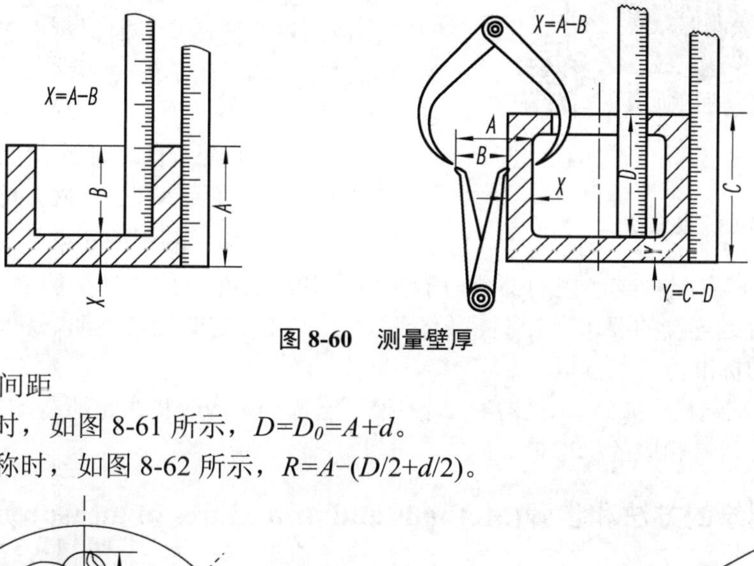


图 8-60 测量壁厚

(4) 测量孔间距

① 孔对称时，如图 8-61 所示，$D=D_0=A+d$。

② 孔不对称时，如图 8-62 所示，$R=A-(D/2+d/2)$。

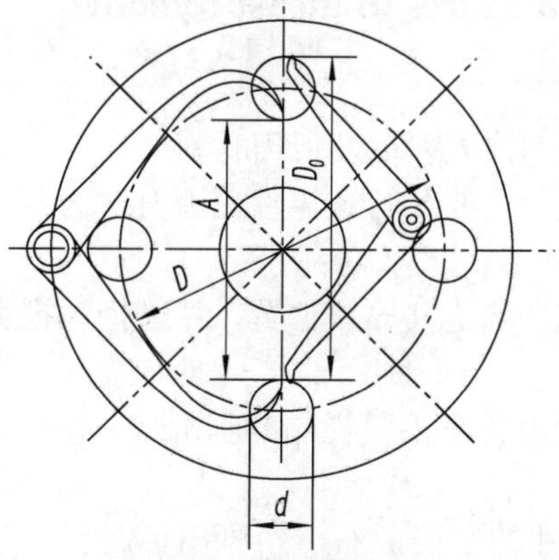


图 8-61 测量孔距(一)

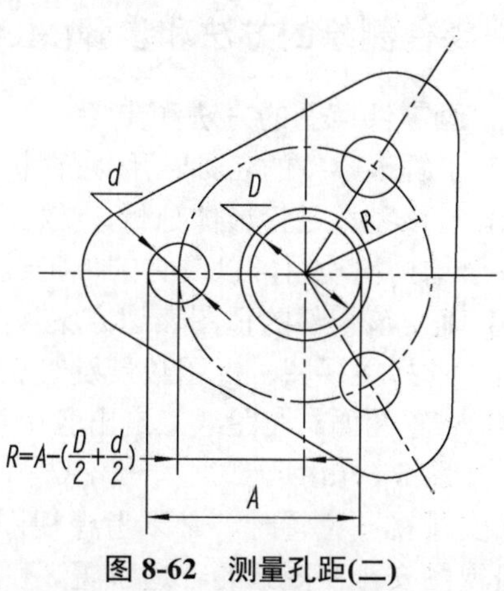


图 8-62 测量孔距(二)

(5) 测量孔的中心高。一般可用直尺和卡钳或游标卡尺测量，如图 8-67 所示，中心高 $H=A+D/2$。

(6) 测量圆角。测量圆角用圆角规，如图 8-63 所示。测量时，只要在圆角规中找出与被测部分完全吻合的一片，从片上的数值可知圆角半径的大小。

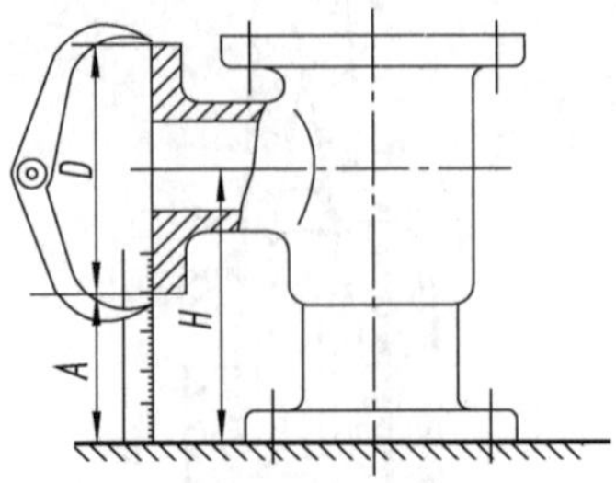


图 8-63　测量中心距

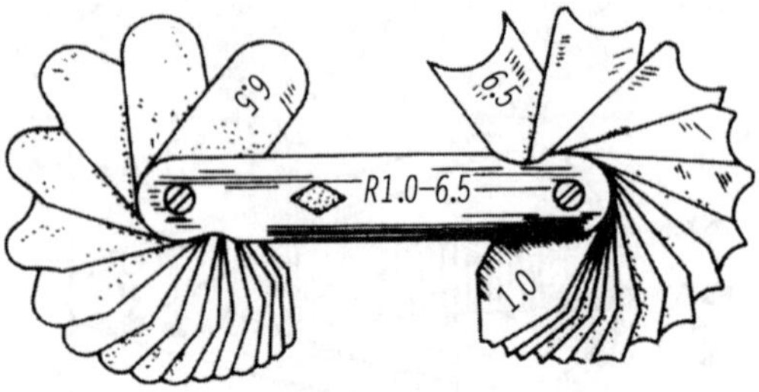


图 8-64　圆角规

图 8-65　拓印法

(7) 测量曲线或曲面。常采用拓印法测量曲线或曲面，如图 8-65 所示。用纸拓印其轮廓，得到真实的曲线形状，再找曲率半径。

#### 8.7.3.3　测量数值的处理

在使用量具测量尺寸时，对实际测得的数据有时需要进行处理，而不能按实际测量所得直接标注在图上。

(1) 零件上非配合面、非连接面或不重要的表面，在测量所得的尺寸有小数时，应圆整为整数，并尽可能选取标准系列中的相近数值。

(2) 零件上具有配合或连接的部分，测量时应和与其配合的或连接的零件共同确定其尺寸，以保证配合或连接的要求。在测量配合尺寸后，应确定其配合性质、精度等级，查有关手册取其相应的标准值。

(3) 对于标准结构，如螺纹、倒角、退刀槽、键槽等，均应将测量所得的尺寸数值对应有关手册查找，并取其相应的标准值。

### 8.7.4　零件测绘的方法和步骤(Methods and procedures of measurement)

#### 8.7.4.1　画零件草图的方法和步骤

(1) 了解该零件的名称、用途(在机器中的作用和工作位置)以及所用材料。

(2) 对该零件进行形体分析、结构分析和工艺分析。由此了解该零件由哪几部分组成，零件上各个结构的功用，以及它的加工过程与制造方法。

(3) 确定该零件的视图表达方案。根据零件的特点，确定其安放位置，并选择主视图的投射方向，选择主视图、视图数量及其表达方法。

(4) 布置图面。在图纸上定出各个视图的位置，画出各个主要视图的基准线、中心线、对称线，如图 8-66(a)所示。

在安排视图位置时，必须考虑视图之间留有注尺寸的空档，右下角画出标题栏，且尽量把一组视图安排在图纸的合适位置。

(5) 画出各主要视图。按零件的形体、结构，逐步画出零件的外部和内部的结构形状，如图 8-66(b)所示。

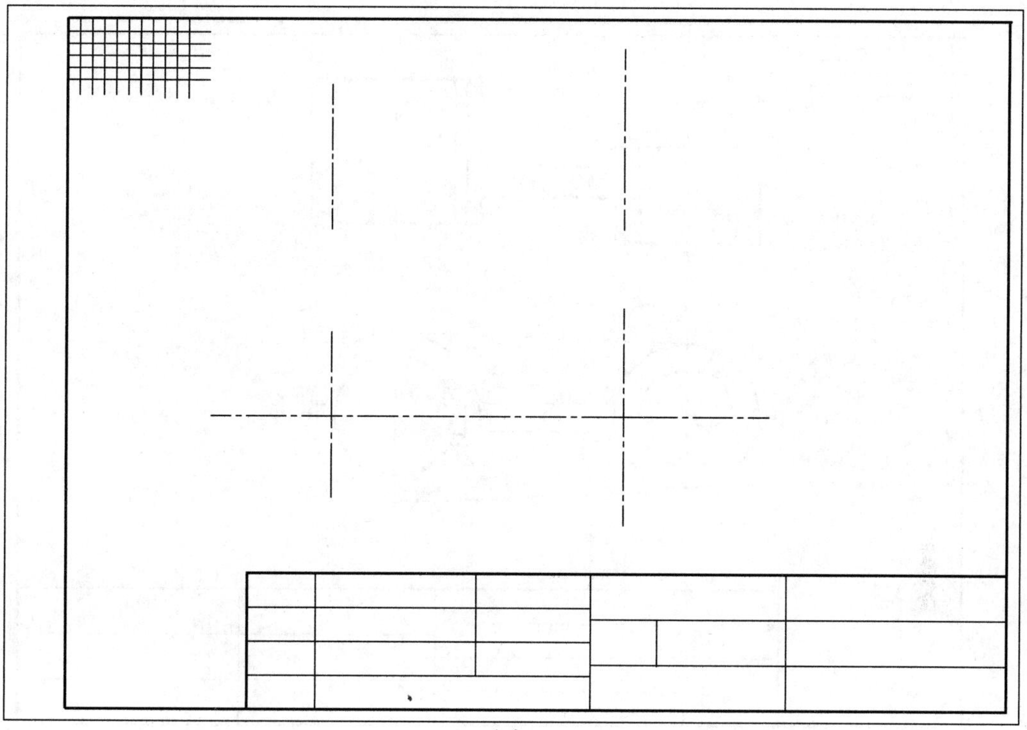

（a）

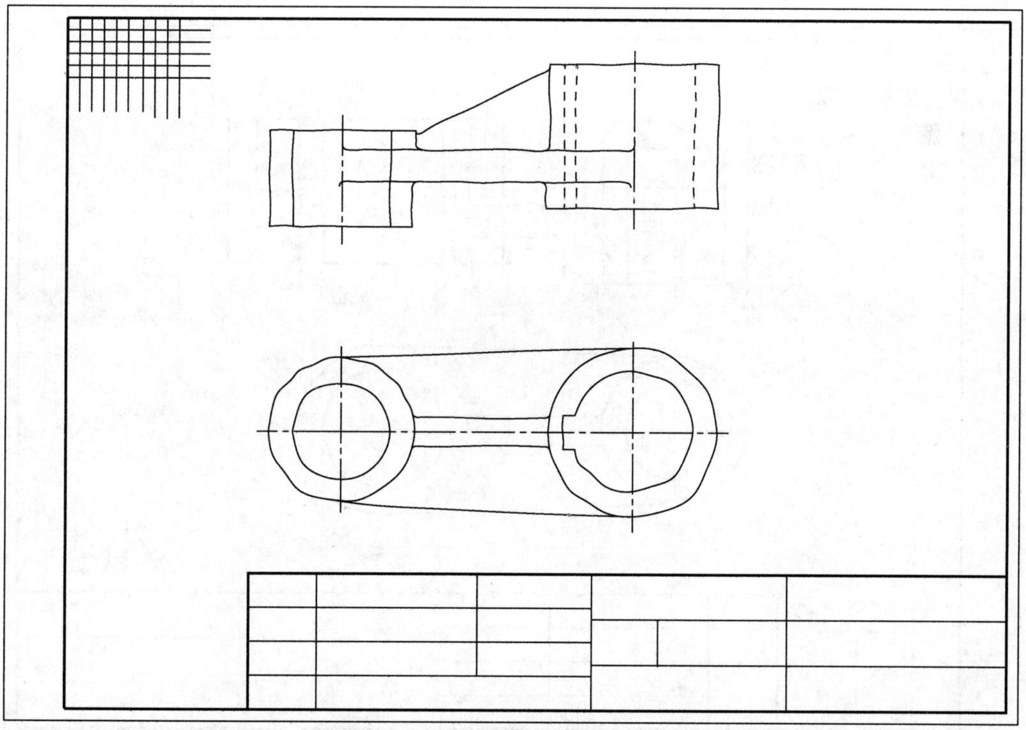

（b）

图 8-66 画零件草图的方法和步骤

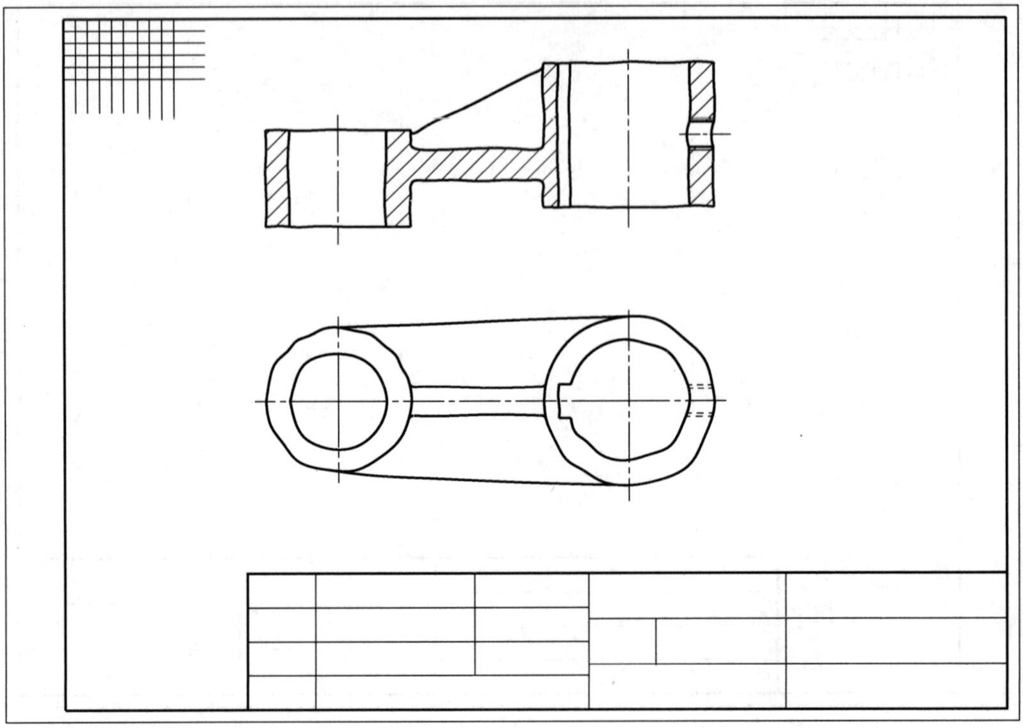

（c）

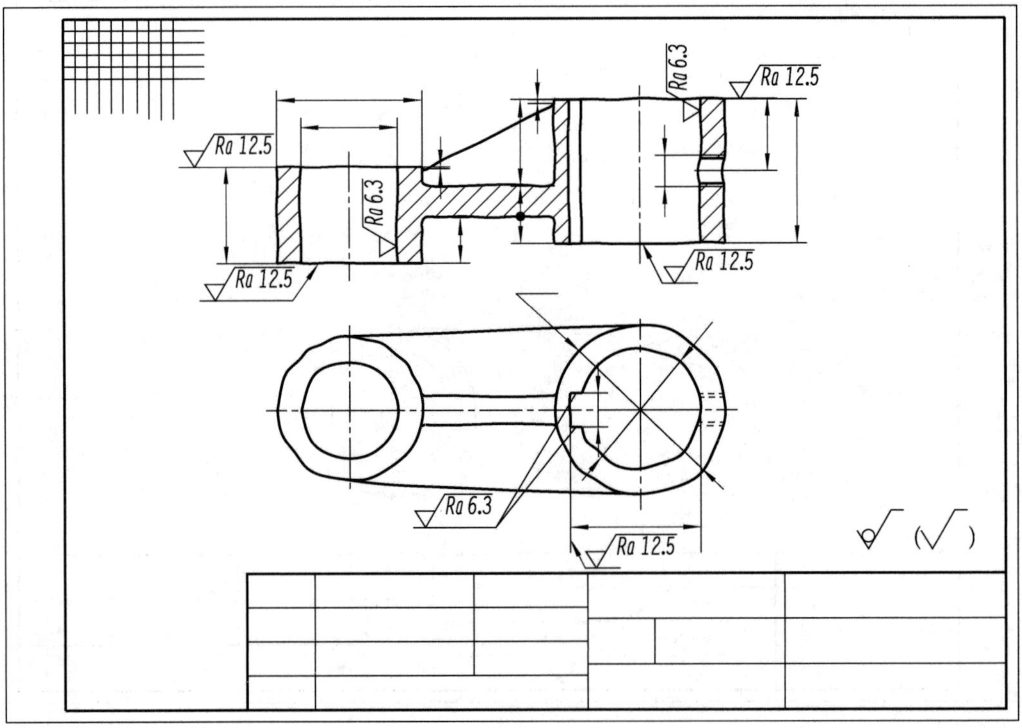


（d）

续图 8-66

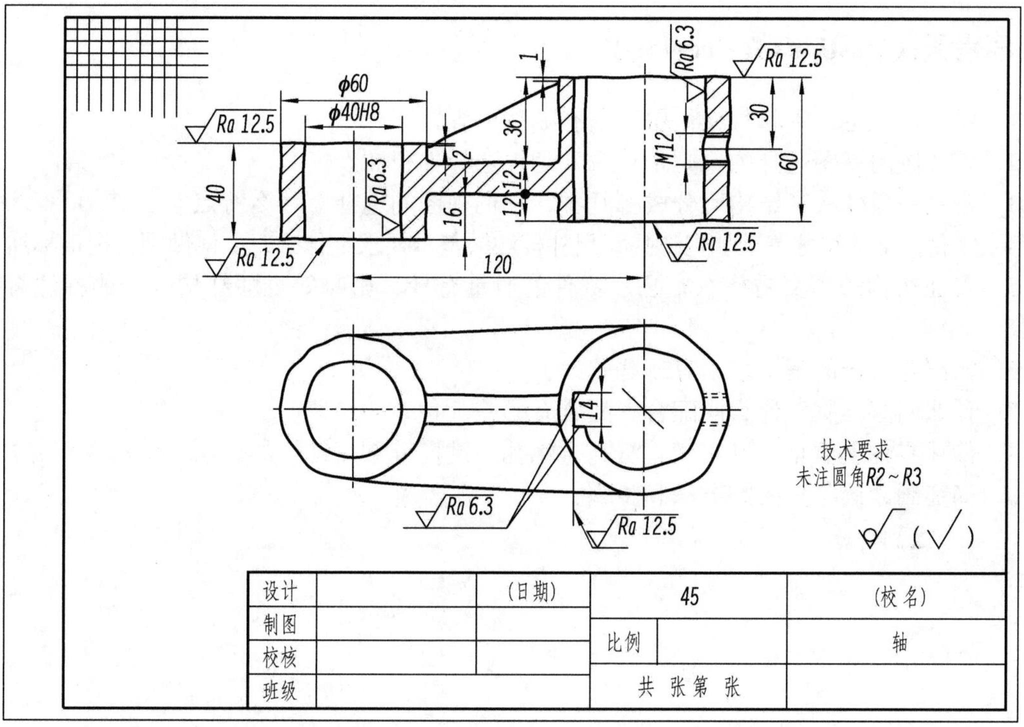


（e）

**续图 8-66**

应注意零件上的疵病和缺陷，如缩孔、加工错误、磨损、损坏等不应画在图上。

零件上的工艺结构，如铸造圆角、倒角、圆角、退刀槽、凸台、凹坑等都必须画出，并画出剖面线，如图 8-66(c)所示。

(6) 选择基准，画出所有尺寸的尺寸界线、尺寸线及箭头，并画出表面结构代号。仔细检查尺寸是否遗漏或重复，相互关联的零件尺寸是否协调，如图 8-66(d)所示。

(7) 对全图仔细校核后，描深。

(8) 测量尺寸，并将尺寸数字逐一填入图中。应将零件上全部尺寸集中一起测量，以提高效率，且避免遗漏尺寸，如图 8-66(e)所示。

(9) 标注表面结构代号和注写其他技术要求。应根据零件的作用和装配关系来确定。

(10) 全面检查草图，填写标题栏。完成后的零件草图见图 8-66(e)所示。

#### 8.7.4.2 画零件工作图

零件草图一般是在测绘现场绘制的，由于受到场地、时间等因素的影响，表达不一定很完善，因此，在绘制零件工作图时，需要对零件草图的表达方案的选择、尺寸的标注、技术要求的制定等方面进行审查校核，经过补充、修改后，选定图幅、比例，画出其零件工作图。

## 复习思考题(Questions for review)

1．零件图在生产中起什么作用？它有哪些内容？

2．零件图的视图选择的原则是什么？怎样选择主视图？

3．常见的零件按其结构可分成哪几类？它们视图的选择有什么特点？

4．零件图上的尺寸基准如何选择？尺寸标注的基本要求是什么？如何做到合理地标注？

5．表面结构的含义是什么？它对零件的质量有什么影响？表面结构代号的标注有哪些规定？

6．极限与配合的基本术语有哪些？

7．什么叫基准制？什么叫配合？配合有哪些几种？

8．简述零件上倒角、退刀槽、沉孔、螺孔、键槽等常见结构的作用、画法和尺寸标注。

9．简述画、读零件图的方法和步骤。

# 第9章 装 配 图

# Chapter 9 Assembly Drawings

一台机器或一个部件，都是由若干个零件按一定的装配关系和技术要求装配起来的，如图 9-1 表示的滑动轴承。表达机器或部件的图样，称为装配图。其中表示部件的图样，称为部件装配图；表达一台完整机器的图样，称为总装配图或总图。

本章将讨论装配图的内容、装配图的特殊表达方法、装配图的画法和尺寸标注、部件的测绘以及装配图的读图和由装配图拆画零件图的方法等内容。本章重点和难点是装配图的画法、尺寸标注及读装配图。

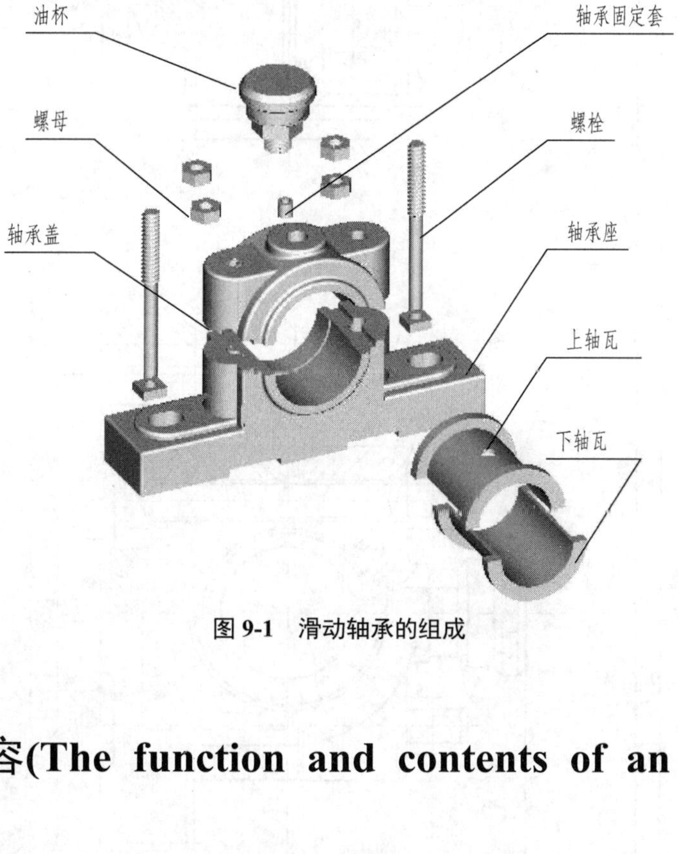

图 9-1　滑动轴承的组成

## 9.1　装配图的作用与内容(The function and contents of an assembly drawing)

### 9.1.1　装配图的作用(The function and an assembly drawing )

装配图(图 9-2)主要表达机器或部件的结构形状、装配关系、工作原理和技术要求等，是设计、制造、使用、维修以及进行技术交流的重要技术文件。设计时，一般先画出装配图，根据装配图绘制零件图；装配时，则根据装配图把零件装配成部件或机器；同时，装配图又是安装、调试、操作和检修机器或部件的重要参考资料。由此可见，装配图在生产中起着非常重要的作用。

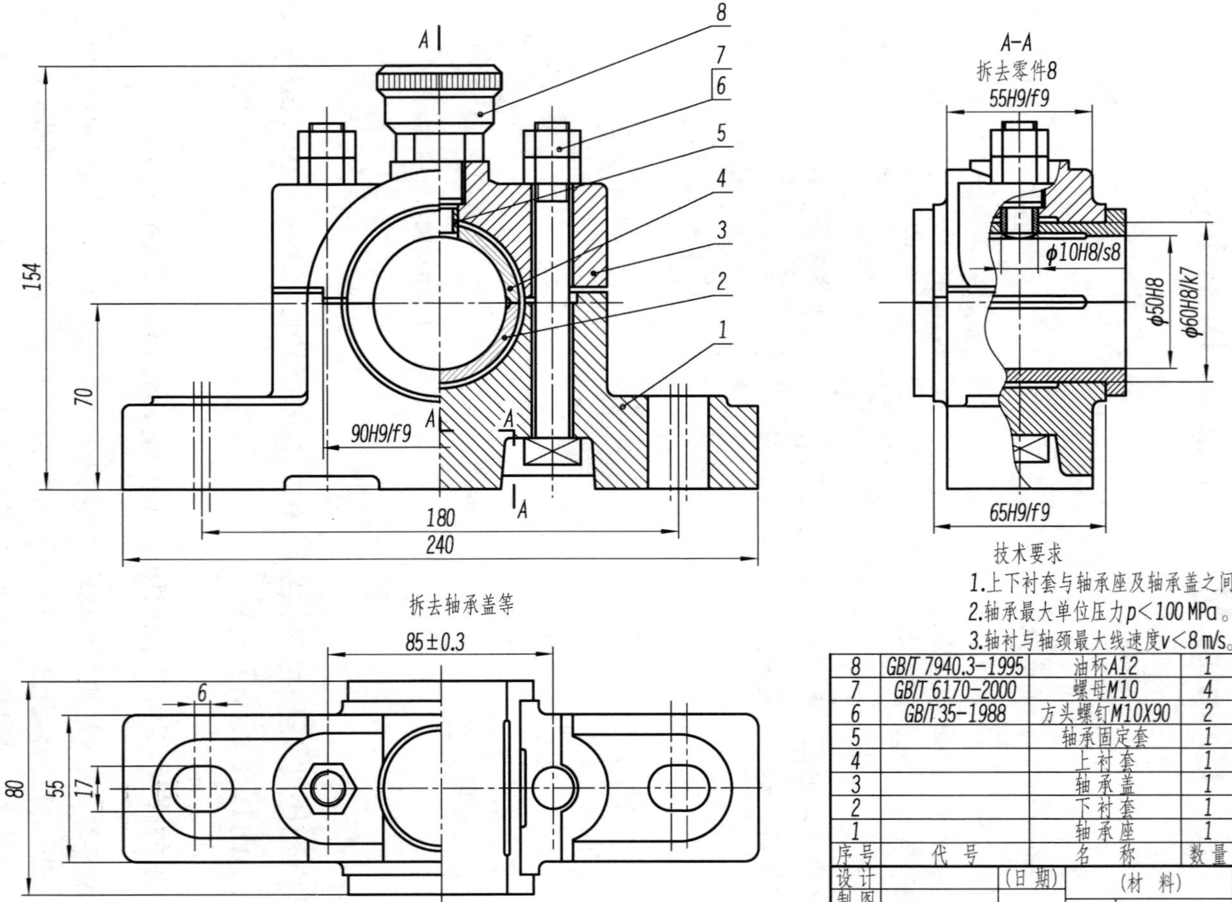


技术要求

1.上下衬套与轴承座及轴承盖之间应保持接触良好。

2.轴承最大单位压力$p<100$ MPa。

3.轴衬与轴颈最大线速度$v<8$ m/s。

| 序号 | 代号 | 名称 | 数量 | 材料 | 备注 |
|---|---|---|---|---|---|
| 8 | GB/T 7940.3—1995 | 油杯A12 | 1 | Q235 | |
| 7 | GB/T 6170—2000 | 螺母M10 | 4 | Q235 | |
| 6 | GB/T35—1988 | 方头螺钉M10X90 | 2 | Q235 | |
| 5 | | 轴承固定套 | 1 | Q235 | |
| 4 | | 上衬套 | 1 | ZCuAL9Mn2 | |
| 3 | | 轴承盖 | 1 | HT150 | |
| 2 | | 下衬套 | 1 | ZCuAL9Mn2 | |
| 1 | | 轴承座 | 1 | HT150 | |

| | | | | |
|---|---|---|---|---|
| 设计 | | (日期) | (材料) | (校名) |
| 制图 | | | 比例 1:1 | 滑动轴承 |
| 校核 | | | | |
| 班级 | | | 共 张 第 张 | (图号或存储代号) |

图 9-2 滑动轴承装配图

### 9.1.2 装配图的内容(The contents of an assembly drawing)

根据装配图的作用，由图 9-2 所示的装配图可以看出，一张完整的装配图应包括以下的内容。

(1) 一组图形。用各种常用的表达方法和特殊画法，选用一组恰当的图形正确、完整、清晰、简便地表达出机器或部件的工作原理、零件之间的装配、连接关系和零件的主要形状结构等。

(2) 几类尺寸。装配图中的尺寸包括机器或部件的规格(性能)尺寸、装配尺寸、安装尺寸、总体尺寸等。

(3) 技术要求。用文字或符号说明机器或部件的性能、装配、检验、调试和使用等方面的要求。

(4) 零件序号、明细栏和标题栏。根据生产组织和管理工作的需要，在装配图中将不同的零、部件按一定的格式编号，并在明细栏中依次填写零件的序号、代号、名称、数量、材料等内容。标题栏内容包括机器或部件的名称、代号、比例、主要责任人等。

## 9.2 机器(或部件)的表达方法(Representations of machine or component)

第 6 章介绍了机件的各种表达方法，这些表达方法，对表达机器或部件也同样适用。但是，零件图所表达的是单个零件，而装配图所表达的则是由若干零件所组成的部件。由于两种图样的要求不同，所以表达的侧重面也就不同。装配图主要表达机器或部件的工作原理和装配、连接关系，以及主要零件的结构形状。因此，除了前面所讨论的各种表达方法外，装配图还有一些特殊表达方法和规定画法。

### 9.2.1 规定画法(Specified conventions)

#### 9.2.1.1 零件间接触面和配合面的画法

装配图中，零件间的接触面和两零件的配合表面 (如轴与轴承孔的配合面等) 都只画一条线。非接触或非配合的表面(如螺栓与穿螺栓的通孔等)，即使间隙很小，也应画成两条线。

#### 9.2.1.2 剖面符号的画法

GB/T 17453—2005 中规定了装配图中剖面符号的画法。

(1) 为了区别不同零件，在装配图中，相邻两零件的剖面线倾斜方向应相反；当 3 个零件相邻时，其中有两个零件的剖面线倾斜方向一致，但间隔不应相等。

(2) 在装配图中，同一零件的剖面线倾斜方向和间隔必须一致。

(3) 窄剖面区域可全部涂黑表示(如图 9-3 中垫片的画法)，涂黑表示的相邻两个窄剖面区域之间，必须留有不小于 0.7mm 的间隙。

#### 9.2.1.3 剖视图中紧固件和实心零件的画法

在装配图中，对于标准件和实心的轴、连杆、拉杆、球等零件，若剖切平面通过其对称中心线或轴线时，这些零件均按不剖画出(如图 9-3 中的轴)；若需要特别表明这些零件的局部结构，如凹槽、键槽、销孔等则用局部剖视表示；如果剖切平面垂直上述零件的轴线，则应不画剖面线(如图 9-3 的 *A*–*A* 剖视图中泵轴和 3 个螺钉的画法)。

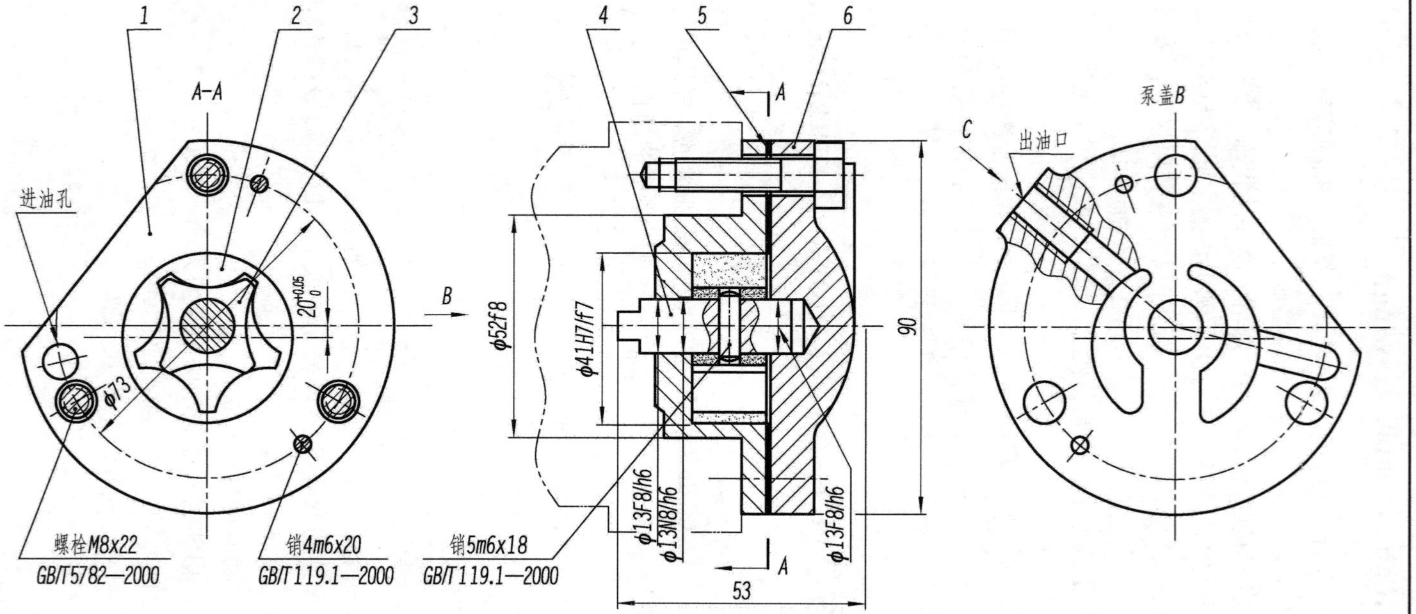


技术要求

1.装配后内外转子应转动灵活。

2.以1000 r/min，油压为0.8 MPa，历时5min不得有渗漏现象。

3.调整零件5垫片厚度，以便保证端面间隙为0.04~0.08 mm。

4.内转子齿面曲线为圆的共轭曲线。

| 序号 | 代号 | 名称 | 数量 | 材料 | 备注 |
|---|---|---|---|---|---|
| 6 | | 泵盖 | 1 | HT62 | |
| 5 | | 垫片 | 1 | 碳素弹簧钢Ⅱ | |
| 4 | | 泵轴 | 1 | HT62 | |
| 3 | | 内转子 | 1 | HT62 | |
| 2 | | 外转子 | 1 | HT62 | |
| 1 | | 泵体 | 1 | HT200 | |

| | | | | | |
|---|---|---|---|---|---|
| 设计 | | (日期) | (材料) | | (校名) |
| 制图 | | | 比例 | 1:1 | 转子泵 |
| 校核 | | | | | |
| 班级 | | | 共 张 第 张 | | (图号或存储代号) |

图 9-3　转子油泵装配图

### 9.2.2 特殊画法(Special methods)

#### 9.2.2.1 沿零件间的结合面剖切与拆卸画法

为了清楚地表达部件的内部结构，可假想沿某些零件的结合面剖切，这时，零件的结合面不画剖面线，但被剖到的其他零件一般都应画剖面线，如图 9-3 中 *A-A* 剖视图即为沿泵体与泵盖的结合面剖切的，这些零件的结合面都不画剖面线，但被剖切的螺栓则按规定画出剖面线。

当需要表达部件中被遮盖部分的结构，或者为了减少不必要的画图工作时，有的视图可以假想将某一个或几个零件拆卸后绘制，为了便于看图而需要说明时，可加标注“拆去××等”，这种画法称为拆卸画法，如图 9-2 中 *A-A* 剖视所示。

#### 9.2.2.2 单独表示某个零件

在装配图中，当某个零件的形状未表达清楚而又对理解装配关系有影响时，可以单独画出某一零件的视图，且在所画视图的上方注出该零件的视图名称，在相应视图的附近用箭头指明投射方向，并注上同样的字母。如图 9-3 泵盖 *B* 所示。

#### 9.2.2.3 夸大画法

在装配图中，对于薄片零件、细丝弹簧、微小间隙等，若无法按实际尺寸表示，均可适当夸大画出，如图 9-3 中垫片的画法。

#### 9.2.2.4 假想画法

在装配图中，用双点画线画出某些零件的外形，以表示：

(1) 机器(或部件)中某些运动零件的运动范围或极限位置，如图 9-4 中双点画线表示摇柄等的另一个极限位置。

(2) 不属于本部件，但能表明部件的作用或安装情况的有关零件的投影，如图 9-3 所示。

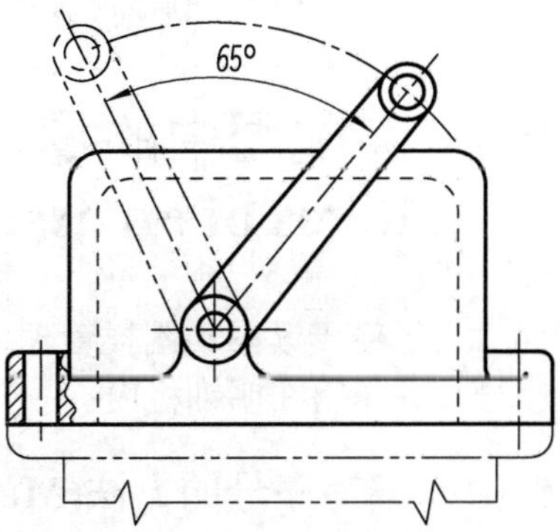


图 9-4 假想画法

#### 9.2.2.5 简化画法

(1) 在装配图中，零件的工艺结构，如铸造圆角、倒角、退刀槽等可以不画。

(2) 装配图中的螺纹紧固件等若干相同的零件组或零件，允许只详细画出其中一处，其余只需表示其装配位置(用螺栓、螺钉的轴线或对称中心线表示，如图 9-3 主视图中的螺栓)。

## 9.3 装配图中的尺寸标注和技术要求(The dimensioning and technological of an assembly drawing)

### 9.3.1 装配图中的尺寸标注(The dimensions of an assembly drawing)

装配图与零件图的作用不同，对尺寸标注的要求也不同，装配图中不需注出零件的全部尺寸，只需标注下列几种尺寸：

(1) 性能(规格)尺寸。表示机器(或部件)的性能或规格的尺寸，它是设计和用户选用产品的主要根据，如图 9-2 中轴瓦的孔径 $\phi 50H8$。

(2) 装配尺寸。表示机器或部件内部零件间装配关系的尺寸，主要包括：

① 配合尺寸。表示零件间有配合要求的尺寸，如图 9-2 中的 *90H9/f9*、$\phi$*60H8/k7* 等。它是由基本尺寸和孔与轴的公差代号所组成，是拆画零件图时确定零件尺寸偏差的依据。

② 相对位置尺寸。表示装配机器或部件时，需要保证的零件间相对位置的尺寸，如图 9-3 中的$\phi$*73*。

(3) 外形尺寸。表示机器或部件的总长、总宽和总高尺寸。外形尺寸表明了机器或部件所占的空间大小，供包装、运输和安装时参考，如图 9-2 中的尺寸 *240*、*80* 和 *154*。

(4) 安装尺寸。将机器或部件安装在地基上或与其他机器安装所需要的尺寸，如图 9-2 中轴承座底板上的尺寸 *180*、*6* 和 *17*。

(5) 其他重要尺寸。包括设计时经过计算确定的尺寸但又未包括在上述 4 种尺寸中。

必须指出：不是每一张装配图都具有上述各种尺寸。在学习装配图的尺寸标注时，要根据装配图的作用，真正领会标注上述几种尺寸的意义，从而做到合理地标注尺寸。

### 9.3.2 装配图中的技术要求(Technological requirements of an assembly drawing)

在装配图中有些信息无法在图中表达清楚，需要用文字在技术要求中加以说明。例如：

(1) 机器(或部件)的功能、性能、安装、使用和维护的要求。

(2) 机器(或部件)的制造、检验等方面的要求。

(3) 机器(或部件)对润滑及密封等方面的要求。

## 9.4 装配图中的零、部件序号和明细栏(Item number and list items of an assembly drawing)

为了便于读图和图样管理，以及做好生产准备工作，装配图中所有零、部件都必须编写序号，并填写在明细栏内。

### 9.4.1 编写序号的方法(Method of compiling item number)

(1) 编写序号的常见形式如下：在所指的零、部件的可见轮廓内画一圆点，然后从圆点开始画指引线(细实线)，在指引线的另一端画一水平线或圆(细实线)，在水平线上或圆内注写序号，序号的字高应比尺寸数字大一号或两号，如图 9-5(a)所示；也可以不画水平线或圆，直接在指引线另一端附近注写序号，如图 9-5(b)所示；对很薄的零件或涂黑的剖面，可在指引线末端画出箭头，并指向该部分的轮廓，如图 9-5(c)所示。

(2) 指引线相互不能相交；当它通过有剖面线的区域时，不应与剖面线平行；必要时，指引线可以画成折线，但只允许曲折一次，如图 9-5(d)所示。

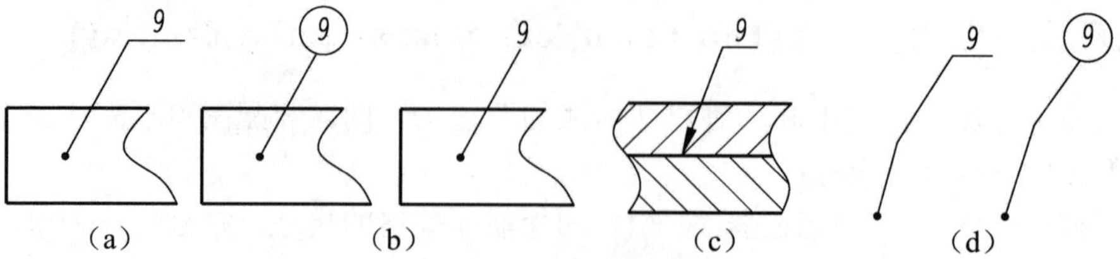


图 9-5 零件序号的编写形式

(3) 一组紧固件以及装配关系清楚的零件组，可采用公共指引线，如图 9-6 所示。

(4) 装配图中的标准化组件(如油杯、滚动轴承、电动机等)看作为一个整体，只编写一个序号。

(5) 零、部件序号应沿水平或垂直方向按顺时针(或逆时针)方向顺次排列整齐，并尽可能均匀分布，如图 9-2 所示。

(6) 部件中的标准件，可以如图 9-2 所示，与非标准零件一起按顺序编写序号；也可以不编写序号，而将标准件的数量与规格直接用指引线标明在图中，如图 9-3 所示。

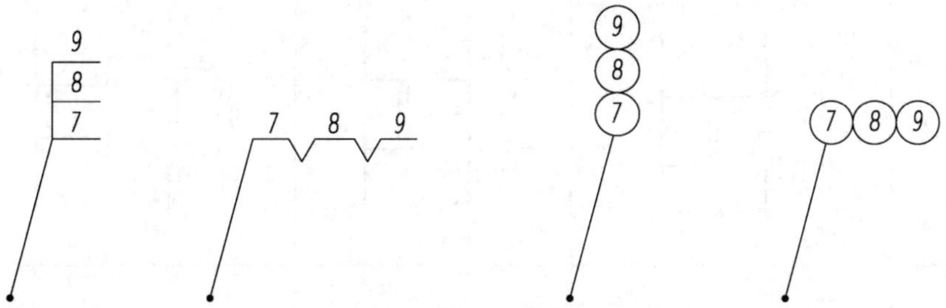


图 9-6　零件组的编号形式

### 9.4.2　明细栏(List of the items)

明细栏是机器或部件中全部零、部件的详细目录，图 9-7 为明细栏的内容、格式和尺寸。

明细栏应画在标题栏的上方，零、部件序号应自下而上填写，以便增加零件时，可以继续向上填写。假如位置不够，可将明细栏分段画在标题栏的左方。在特殊的情况下，明细栏也可作为装配图的续页，单独编写在另一张纸上。

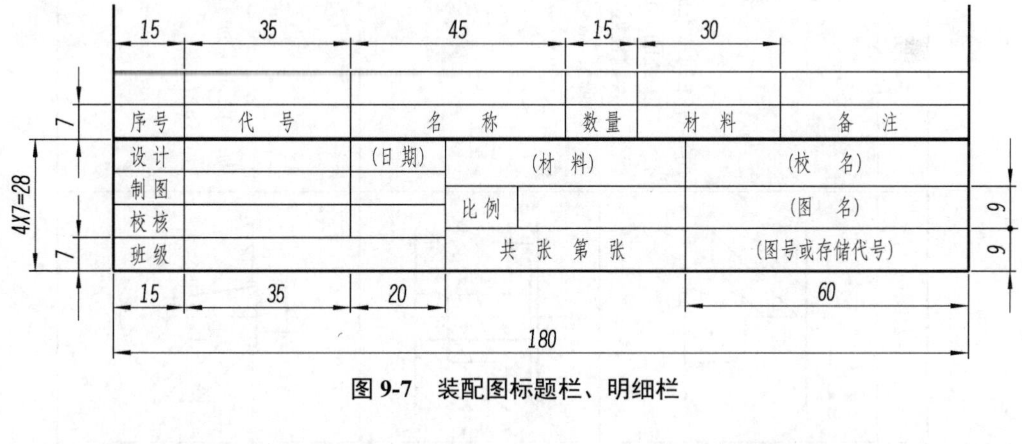


图 9-7　装配图标题栏、明细栏

## 9.5　常见的装配结构(Common features of assemble processes)

为保证零件装配成机器(或部件)后能达到规定的性能要求，并考虑到拆装方便，在设计和测绘装配图时，要考虑到装配结构的合理性。表 9-1 中以正误对比的方式表达了常见的装配结构。

**表 9-1　常见的装配结构**

| 正确图例 | 错误图例 | 说明 | 正确图例 | 错误图例 | 说明 |
|---|---|---|---|---|---|
| 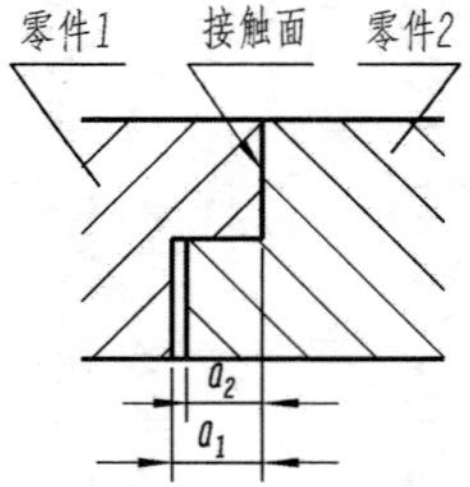  |  | 两零件在同一方向只能有一对接触面，这样既保证了接触良好，又降低了加工要求，如图中 $a_1>a_2$ | 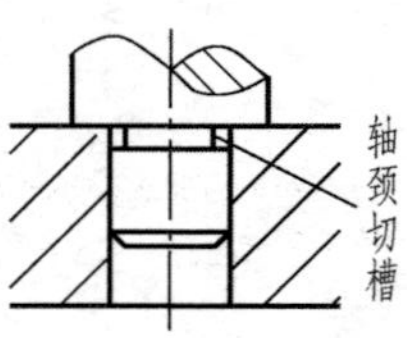  | 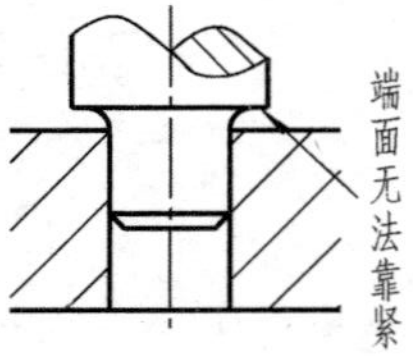  | 为保证两零件接触良好，在接触面的交角处不应都做成尖角或相同的圆角 |
| 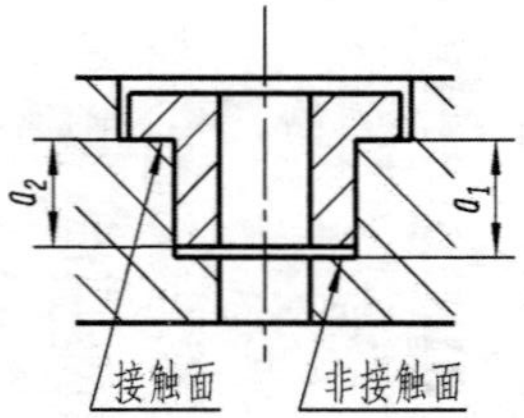  | 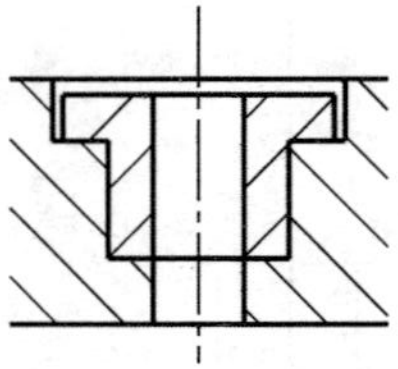 | | 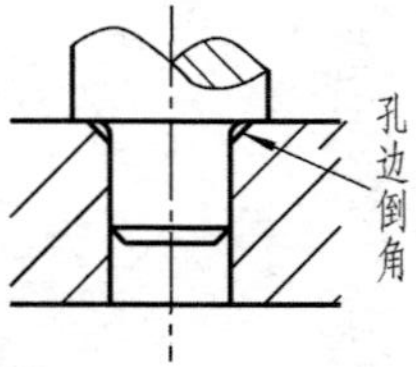  | 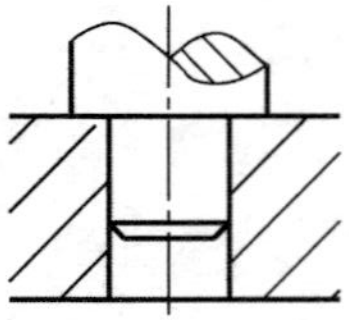 | |
| 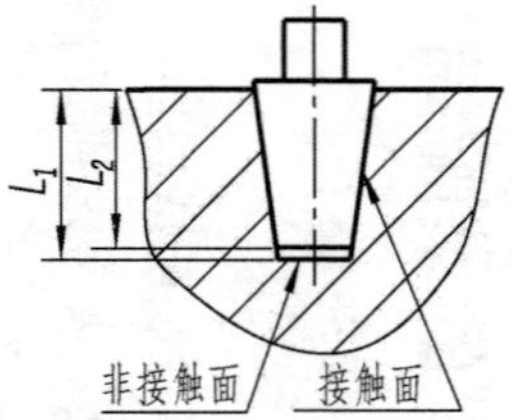  | 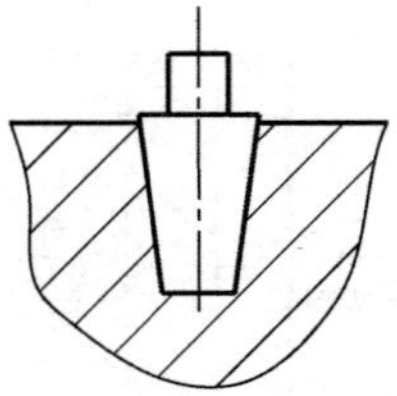 | 为了保证锥面接触良好，$L_1>L_2$ | 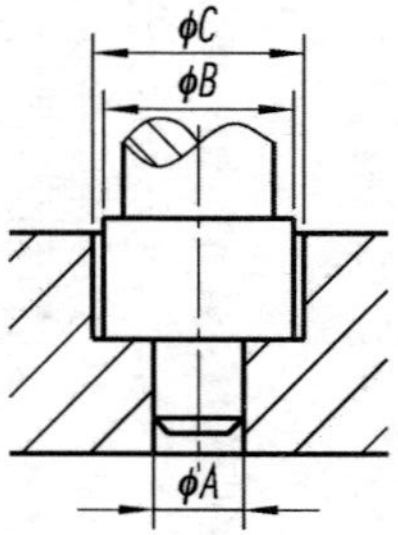  | 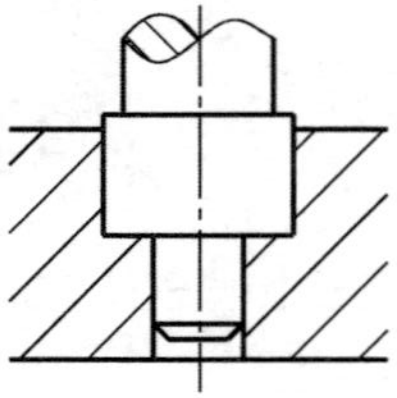 | 同轴的轴径与孔只能有一对配合，如图中 $\phi A$ 已形成配合，$\phi B$ 和 $\phi C$ 就不应该再形成配合，即 $\phi C>\phi B$ |

续表 9-1

| 正确图例 | 错误图例 | 说明 | 正确图例 | 错误图例 | 说明 |
|---|---|---|---|---|---|
| 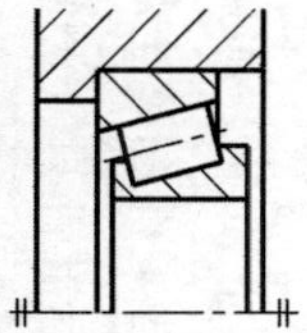 | 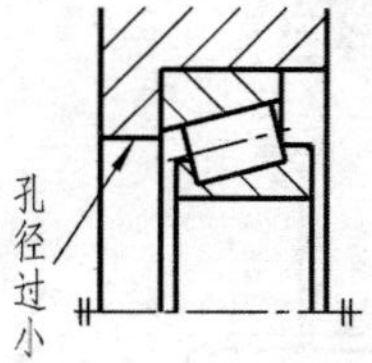 | 为便于拆装和维修,滚动轴承的内外圈应能方便地从轴肩和孔内拆出。对于螺栓应留出拆、装的空间 | 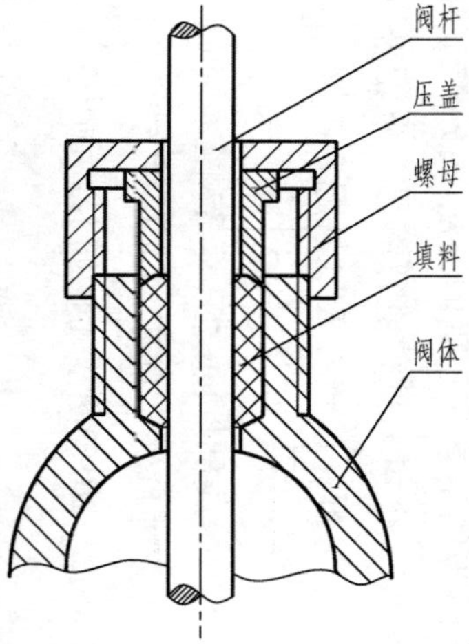 | 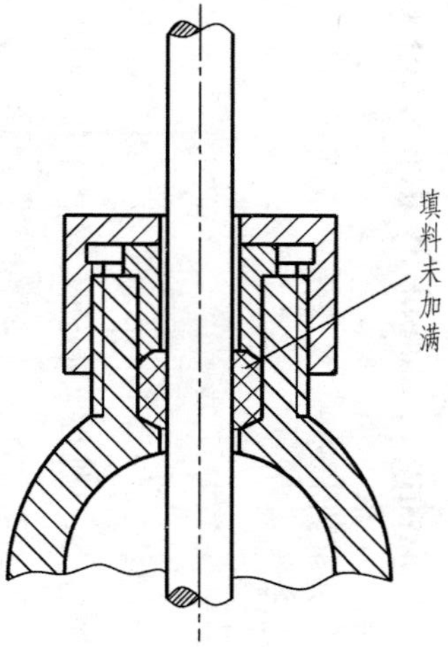 | 为防止内部液体外漏,同时防止外部灰尘、杂质侵入,要采取防漏措施。压盖要画在开始压填料的位置,表示填料刚刚填满 |
| 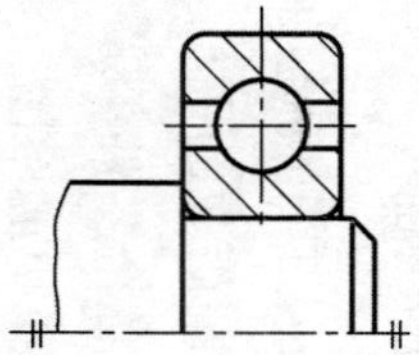 | 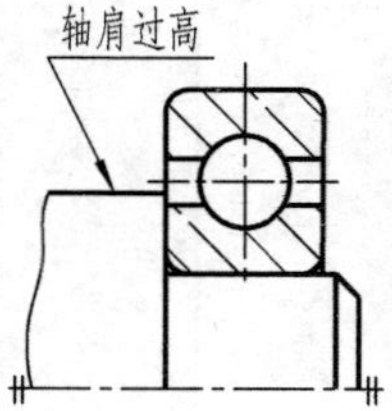 | | 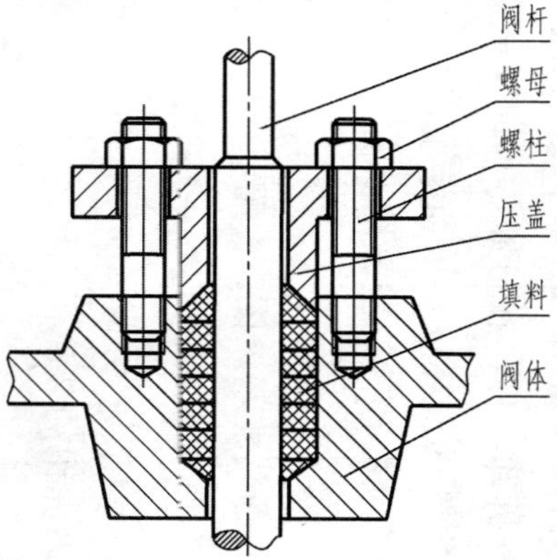 | 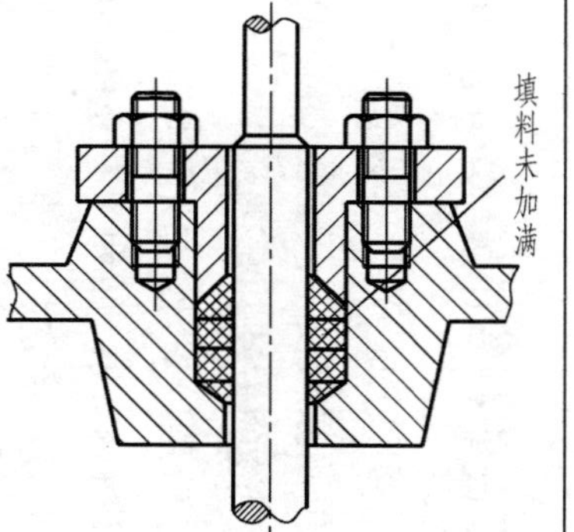 | |
| 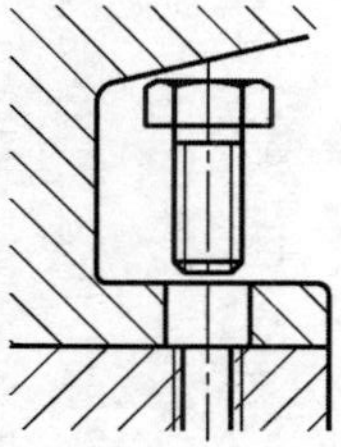 | 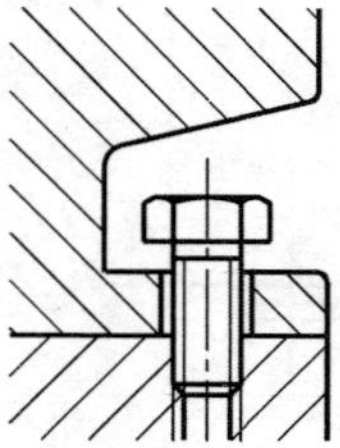 | | | | |

# 9.6 部件的测绘和装配图的画法(Component measurement and the drawing method of assembly drawing)

## 9.6.1 部件的测绘(Measuring and the drawing of assembly drawing)

在生产实践中，为了对原有机器或部件进行维修和技术改造，或者为设计新产品提供参考图样及仿照原有设备，往往要对部件进行测绘。

部件测绘的方法和步骤如下：

(1) 了解测绘对象。首先要明确测绘部件的任务和目的。如为了设计新产品提供参考图样，测绘时可进行修改；如为了补充图样或制作备件，则必须准确无误，不能修改。其次，通过阅读说明书及有关资料，对部件进行详细的观察和研究，了解部件的用途、工作原理、结构特点、零件间的装配关系和大致的配合性质等，为下一步拆装和测绘工作打下基础。

(2) 拆卸零件。在拆卸零件时，要使用适当的工具和正确的方法，按一定顺序依次拆卸。为避免零件的损坏以便重新装配，拆卸时对每一个零、部件进行编号、登记并妥善保管。对有配合关系的零件，应弄清其配合性质，对不可拆卸的连接及过盈配合的零件，尽量不拆，以免损坏零件。

(3) 画装配示意图。装配示意图主要表达机器或部件的装配关系和工作原理，作为重新装配部件和画装配图时的参考。装配示意图是通过目测，徒手用简单的图线，采用国家标准《机械制图》中“机构运动简图符号”(GB 4460—2013)所规定的符号，画出零件的大致轮廓。图 9-8 为虎钳的装配示意图。

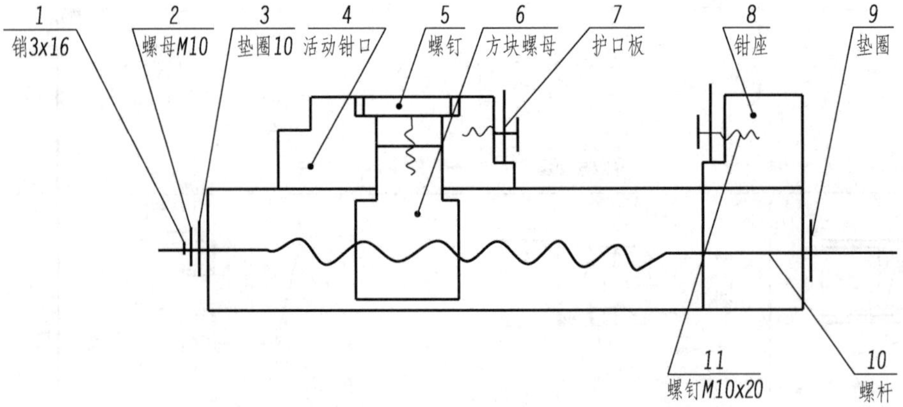


数字资源 9-1 虎钳

**图 9-8 虎钳的装配示意图**

(4) 画零件草图。测绘工作往往受时间及工作场地的限制，因此，必须徒手绘制零件草图。零件草图是根据零件用目测比例、徒手绘制而成的图样，其内容与零件图完全相同，它是画装配图和零件工作图的重要依据。要画出各个零件的草图，对于标准件只需测量尺寸后查阅标准，核对并写出规定标记，不画零件草图和工作图。零件草图的画法及要求见第 8 章。

(5) 画装配图。根据零件草图和装配示意图画出装配图。画装配图时，要及时改正草图中的错误，零件的尺寸要画得准确，装配关系不能搞错，必须认真仔细。

(6) 拆画零件工作图。根据画好的装配图和零件草图画零件工作图。

## 9.6.2 装配图的画法(The drawing of an assembly drawing)

在对部件进行仔细的分析、了解其工作原理及各零件间的装配关系的前提下，再根据零件草图和装配示意图画装配图。现以图 9-9 所示虎钳为例，说明画装配图的方法步骤。

### 9.6.2.1 拟定表达方案

(1) 选择主视图。主视图一般选择部件的工作位置，并能够较多地表达其工作原理、装配关系及主要零件的结构形状特征。一般在机器或部件中，将装配在同一轴线上装配关系密切的一组零件称为装配干线。为了清楚表达部件内部的装配关系，主视图常通过主要装配干线的轴线剖切，如图 9-9(e)所示虎钳的主视图，即是沿螺杆(零件 10)的轴线将部件剖开，清楚地表达了虎钳的工作原理和主要装配干线的装配关系。

(2) 确定视图数量及表达方法。 主视图确定后，还要根据机器或部件的结构形状特征，确定其他视图和表达方法。图 9-9(e)所示虎钳左视图采用 *A*–*A* 全剖视，补充表达了虎钳的工作原理及某些零件的形状。俯视图主要表达了活动钳口与钳座的外部形状。

### 9.6.2.2 画装配图

(1) 确定比例、图幅，画出图框。根据拟订的表达方案以及部件的大小与复杂程度，确定适当的比例，选择标准图幅，画好图框、明细栏及标题栏，如图 9-9(a)所示。

(2) 合理布图，画出基准线。根据表达方案，合理地布置各个视图。为便于画图和看图，各视图间的位置应尽量符合投影关系。视图间及视图与边框间应留出一定位置，以便注写尺寸和零件序号。画出各视图的主要基准线。整个图样的布局应匀称、美观，如图 9-9(a)所示。

(3) 画装配图底稿。画图时，一般由主视图画起，几个视图配合起来画。可以从机器或部件的机体出发，逐次由外向内画出各个零件；也可以从主要装配干线出发，由内逐次向外扩展。在画图时，可根据机器或部件的结构及表达方案灵活选用或综合运用上述两种方法。

如图 9-9(b)所示虎钳装配图，先画出钳座(零件 8)主要轮廓的三视图，再画出螺杆(零件 10)的主、左视图，而零件 10 的俯视图只画出钳体外面的部分。这样既便于确定其他零件的位置，也避免多画被挡住零件的轮廓线。

图 9-9(c)、(d)为在图 9-9(b)的基础上，再逐个画出活动钳口(零件 4)、螺钉(零件 5)、方块螺母(零件 6)，以及护口板(零件 7)、螺钉(零件 11)、垫圈(零件 3)、螺母(零件 2)、销(零件 1)和垫圈(零件 9)的三视图，最后画出零部件序号的指引线及各零件的剖面线。需要注意：同一零件的剖面线在各个视图中的方向、间隔必须一致，而相邻两零件的剖面线则必须有所不同。

(4) 标注尺寸。标注出虎钳的尺寸，如性能尺寸(规格尺寸)：*0～65*；配合尺寸：$\phi 20H8/f9$、$\phi 18H8/f9$、$\phi H8/f9$；外形尺寸：*208*、*95* 及安装尺寸：2×$\phi 11$、*114* 等。

(5) 编序号、填写明细栏、标题栏和技术要求。

(6) 检查、描深，完成全图，如图 9-9(e)所示。

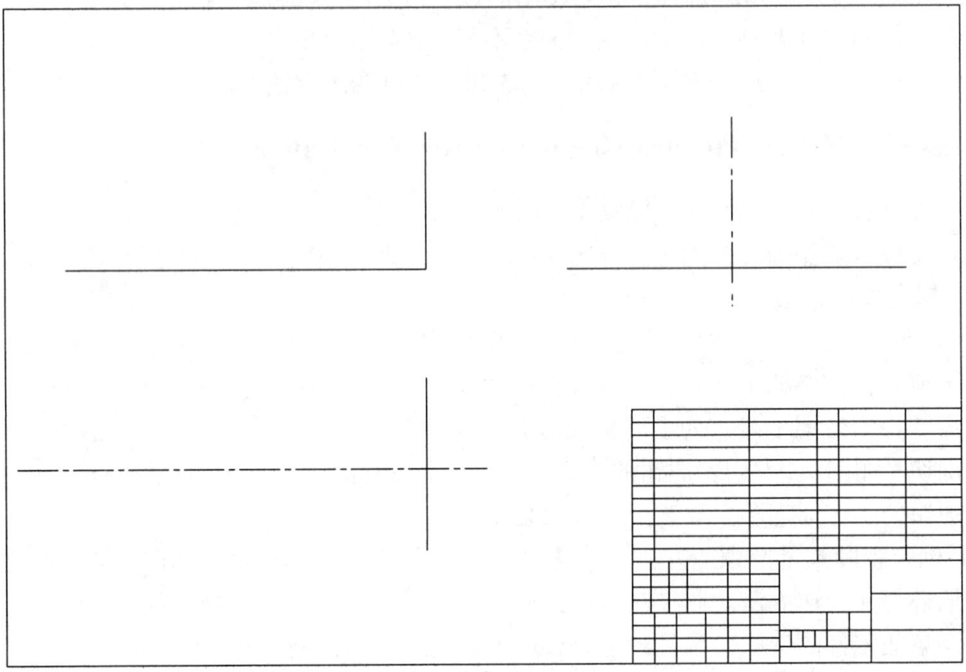

（a）

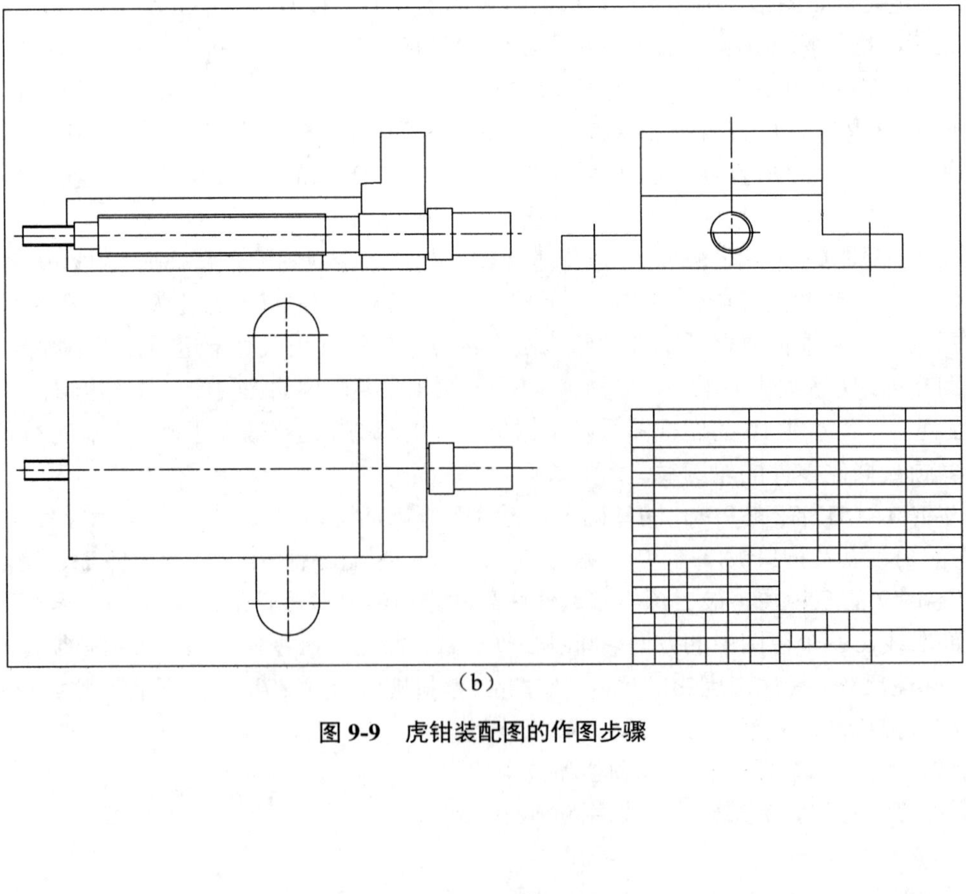

（b）

图 9-9　虎钳装配图的作图步骤

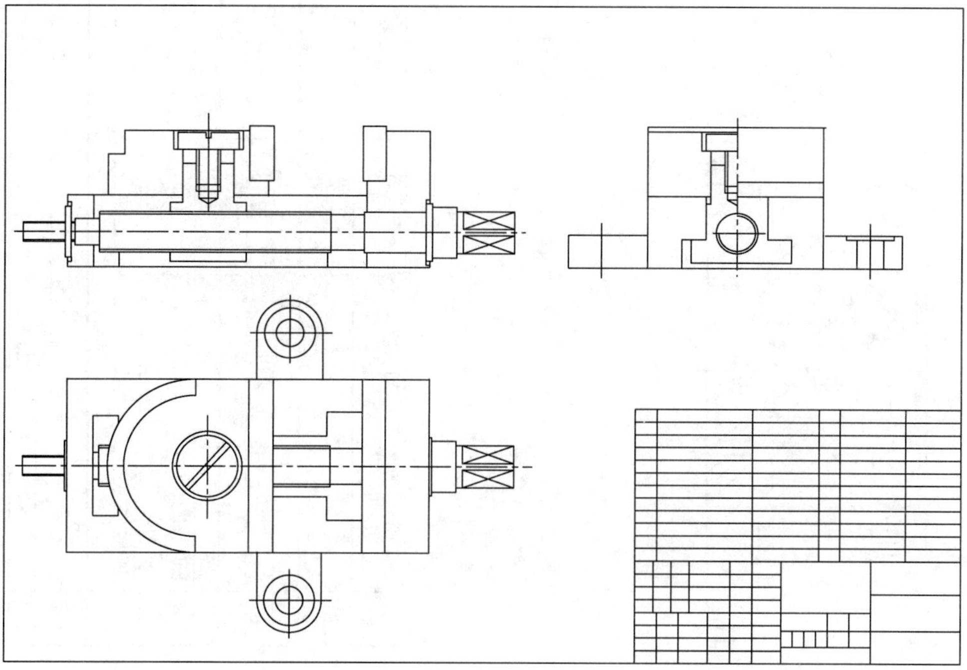

（c）

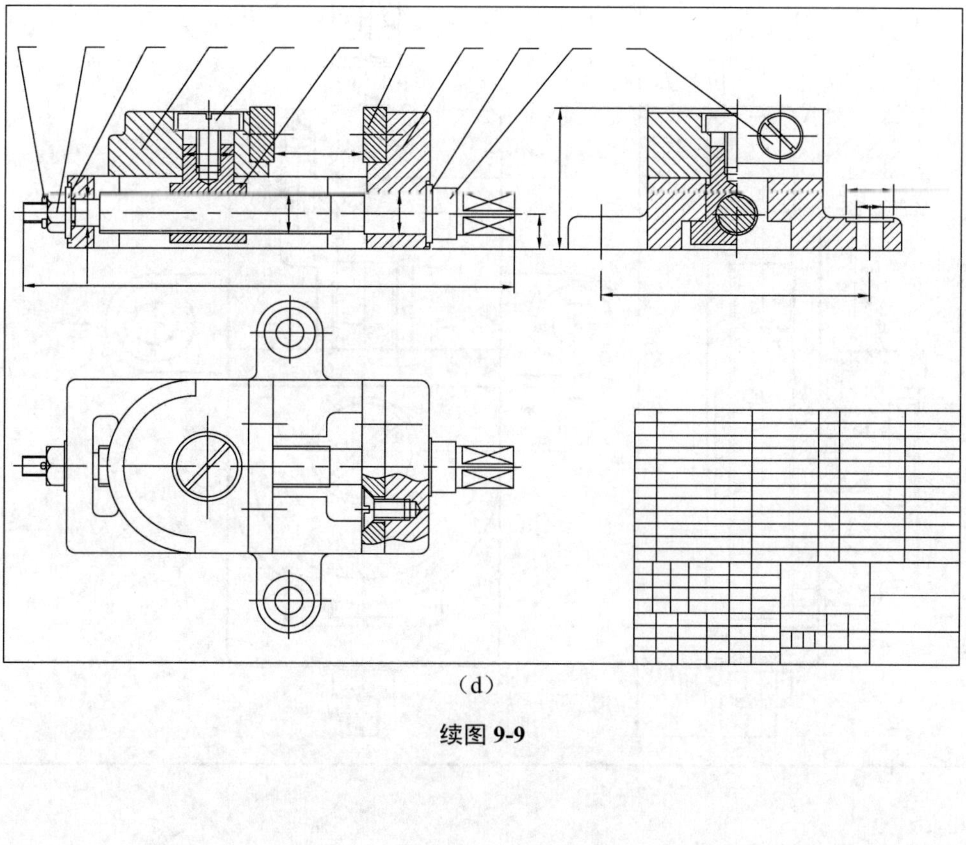

（d）

续图 9-9

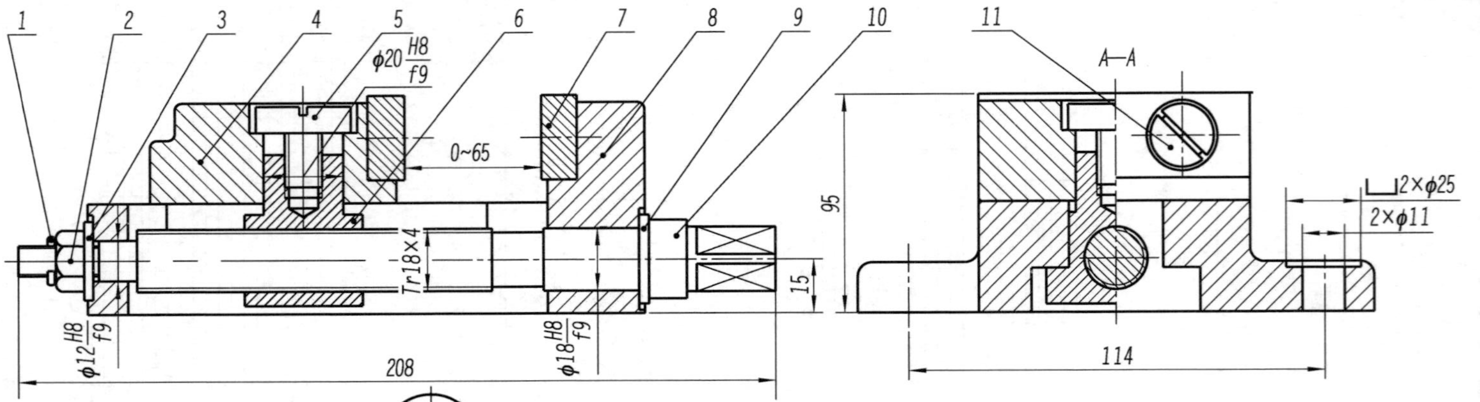


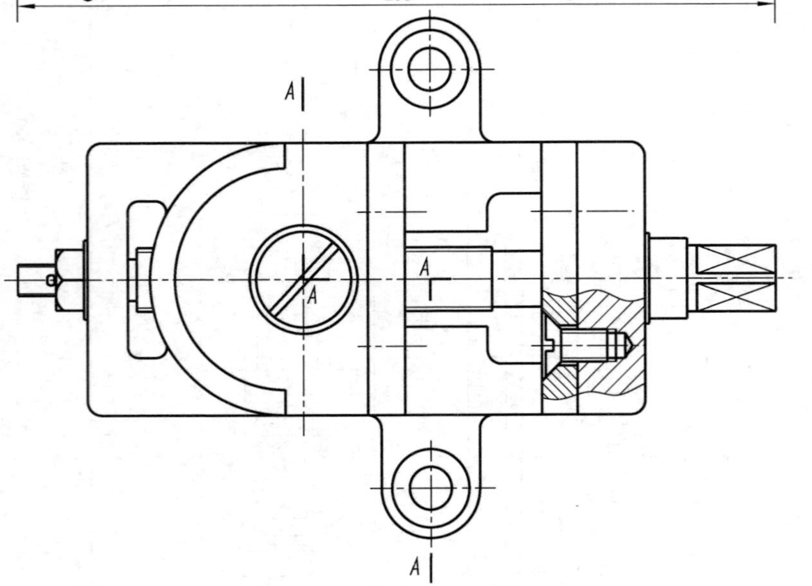


技术要求

钳座要很好地固定在工作台上，才能够使用。

| 序号 | 代号 | 名称 | 数量 | 材料 | 备注 |
|---|---|---|---|---|---|
| 11 | GB/T68—2000 | 螺钉M10X20 | 4 | Q235 | |
| 10 | | 螺杆 | 1 | 45 | |
| 9 | | 垫圈 | 1 | Q275 | |
| 8 | | 钳座 | 1 | HT200 | |
| 7 | | 护口板 | 2 | 45 | |
| 6 | | 方块螺母 | 1 | Q275 | |
| 5 | | 螺钉 | 1 | Q235 | |
| 4 | | 活动钳口 | 1 | HT200 | |
| 3 | GB/T 97.2—2002 | 垫圈10 | 1 | Q235 | |
| 2 | GB/T 6170—2000 | 螺母M10 | 1 | Q235 | |
| 1 | GB/T 91—2000 | 销3x16 | 1 | Q235 | |

| | | | | |
|---|---|---|---|---|
| 设计 | | (日期) | (材料) | (校名) |
| 制图 | | | 比例 | 虎钳 |
| 校核 | | | | |
| 班级 | | | 共 张 第 张 | (图号或存储代号) |

(e)

续图 9-9

# 9.7 看装配图及由装配图拆画零件图(Reading assembly drawings and dismantle and drawing detail drawings)

在机器的设计、制造、装配、检验、使用、维修以及技术交流等生产活动中，都要用到装配图。因此工程技术人员必须具备熟练看装配图的能力。

## 9.7.1 读装配图的方法和步骤(The method and procedures of reading assembly drawings)

### 9.7.1.1 看装配图要了解的内容

(1) 了解机器或部件的名称、用途、性能和工作原理。

(2) 了解各零件间的装配关系。

(3) 了解各零件的主要结构形状和作用。

(4) 了解机器或部件的技术要求、使用方法等。

### 9.7.1.2 读装配图的方法步骤

现以图 9-10 所示齿轮油泵为例，说明看装配图的方法步骤。

**1．概括了解**

(1) 阅读有关资料。首先通过阅读有关说明书、装配图中的标题栏及明细栏等，了解机器或部件的用途、性能和工作原理，以及零件的数量、材料、规格等。

齿轮油泵是机器中用来输送润滑油的一个部件。它是由泵体、左端盖、右端盖、齿轮、齿轮轴、密封零件以及标准件等 17 种零件组成。

数字资源 9-2 齿轮油泵

(2) 分析视图。阅读装配图时，应分析全图采用了哪些表达方法？为什么采用它们？并找出各视图之间的投影关系。

齿轮油泵采用两个视图表达。主视图沿着主要装配干线剖切，采用了全剖视，该图反映了各零件之间的装配关系。左视图采用了沿结合面剖切的特殊表达方法，*B*–*B* 半剖视既反映了齿轮油泵的外形，又表达了齿轮啮合的情况及油泵的工作原理，在左视图中还采用了局部剖视表达吸油口及压油口的结构形状。

**2．深入了解**

在概括了解的基础上，还需进一步仔细阅读装配图，分析各条装配干线，弄清各零件间相互配合的要求，以及零件间的定位、连接方式、密封等问题。深入了解机器或部件的工作原理和装配关系。一般方法如下：

(1) 从主视图入手，根据“同一零件在不同视图中剖面线的方向与间隔必须一致”的原则，对照零件在各视图中的投影关系，分清零件轮廓的范围。

(2) 由装配图上所标注的配合代号，了解零件间的配合关系。

(3) 利用一般的零件结构常具有对称性的特点和利用相互连接两零件的接触面形状应大致相同的特点，帮助想象零件的结构形状。

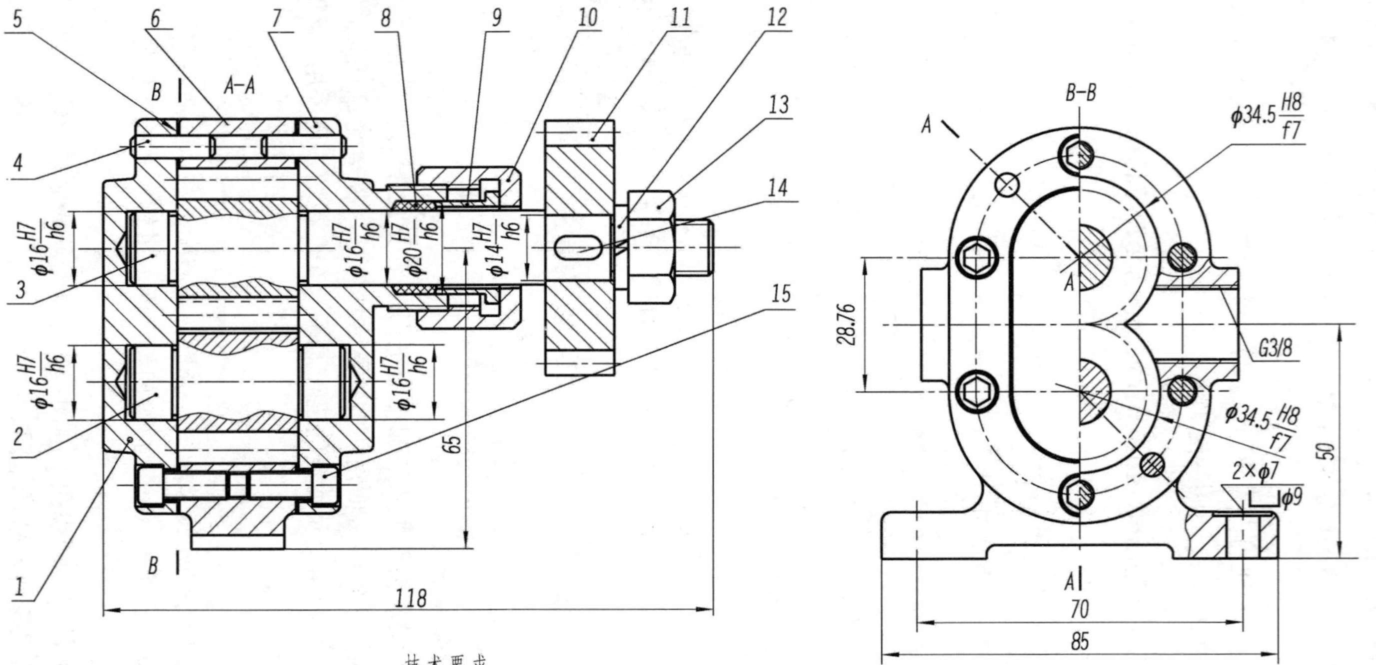


技术要求

1.齿轮安装后，用手转动传动齿轮时，应灵活旋转。

2.两齿轮轮齿的啮合面占齿长的3/4以上。

| | | | | | | | | | | | |
|---|---|---|---|---|---|---|---|---|---|---|---|
| 15 | 04-01-15 | 螺钉M6×16 | 12 | 35 | GB 70-1985 | 5 | 04-01-05 | 垫片 | 2 | 纸 | |
| 14 | 04-01-14 | 键5×10 | 1 | 45 | GB 1096-79 | 4 | 04-01-04 | 销A5×18 | 4 | 45 | GB 119-1986 |
| 13 | 04-01-13 | 螺母M12×15 | 1 | 35 | GB 6171-1986 | 3 | 04-01-03 | 传动齿轮轴 | 1 | 45 | m=3, z=9 |
| 12 | 04-01-12 | 垫圈12 | 1 | 65Mn | GB 859-1987 | 2 | 04-01-02 | 齿轮轴 | 1 | 45 | m=3, z=9 |
| 11 | 04-01-11 | 传动齿轮 | 1 | 45 | m=2.5, z=20 | 1 | 04-01-01 | 左端盖 | 1 | HT200 | |
| 10 | 04-01-10 | 压紧螺母 | 1 | 35 | | 序号 | 代号 | 名称 | 数量 | 材料 | 备注 |
| 9 | 04-01-09 | 轴套 | 1 | ZCuSn5Pb5Zn5 | | 设计 | | (日期) | (材料) | | (校名) |
| 8 | 04-01-08 | 密封圈 | 1 | 橡胶 | | 制图 | | | 比例 | | 齿轮油泵 |
| 7 | 04-01-07 | 右端盖 | 1 | HT200 | | 校核 | | | 共 张 第 张 | | (图号或存储代号) |
| 6 | 04-01-06 | 泵体 | 1 | HT200 | | 班级 | | | | | |

图 9-10 齿轮油泵装配图

齿轮油泵的工作原理从其装配图中可知：运动从传动齿轮(零件 11)传入，当它按逆时针方向转动，通过键(零件 14)将扭矩传递给传动齿轮轴(零件 3)，经过齿轮啮合带动齿轮轴(零件 2)按顺时针方向转动。如图 9-11 所示，当一对齿轮在泵体内作啮合传动时，啮合区内右边空间的压力降低而产生局部真空，油池内的油在大气压力的作用下，进入油泵低压区内的吸油口，随着齿轮的转动，齿槽内的油不断沿箭头方向被带至左边的压油口把油压出，送至机器中需要润滑的部分。为了防止漏油，在泵体(零件 6)和左、右端盖(零件 1、零件 7)结合面处用垫片(零件 5)密封；传动齿轮轴(零件 3)伸出端，用密封圈(零件 8)、轴套(零件 9)、压紧螺母(零件 10)密封。

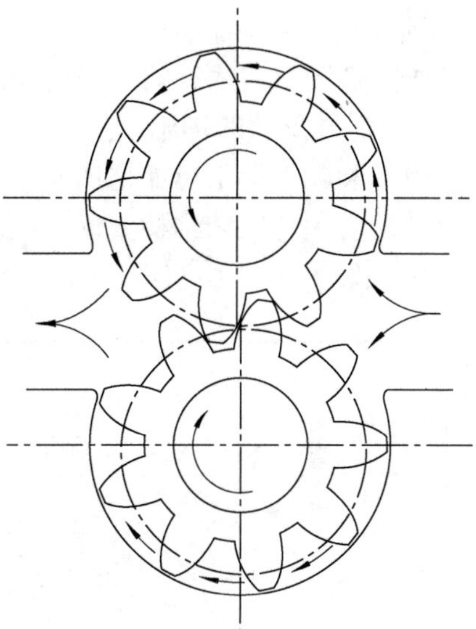

图 9-11　齿轮油泵工作原理图

从装配图中配合尺寸可知：两齿轮轴的齿顶圆与泵体内腔的配合尺寸 $\phi 34.5\ H8/f7$、两齿轮轴与左、右端盖的配合尺寸 $\phi 16\ \ H7/h6$ 以及填料压盖与右端盖的配合尺寸 $\phi 20\ \ H7/h6$ 都是间隙配合，而传动齿轮与传动齿轮轴之间的配合尺寸是 $\phi 14\ H7/k6$，它属于基孔制的优先过渡配合。两啮合齿轮的中心距尺寸是 $28.76 \pm 0.016$，这个尺寸的准确与否，将会直接影响齿轮的啮合传动。其他尺寸请读者自行分析。

3．**分析零件**

随着对装配图的逐步深入了解，还要对各零件进行认真分析，弄清每个零件的结构形状及各零件间的装配关系。分析零件一般从主要零件入手，运用上面介绍的一般方法，确定零件的范围、结构、形状、功用和装配关系。

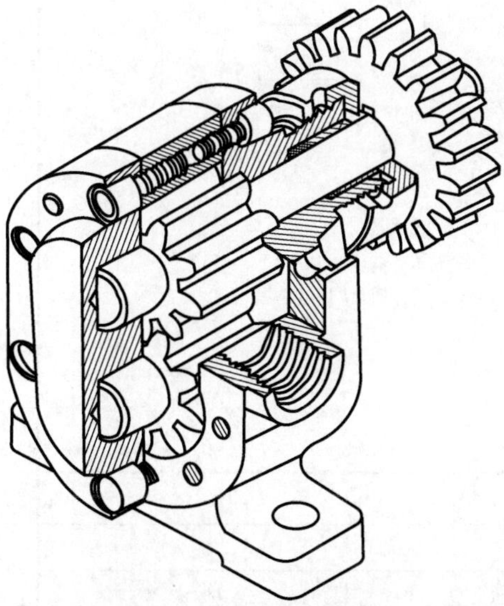

图 9-12　齿轮油泵轴测图

齿轮油泵的泵体(零件 6)是主要零件之一，它的内腔容纳一对用来吸油和压油的齿轮。根据装配图并利用该零件结构对称的特点，想象出泵体的形状。泵体的底板形状在装配图中未表达清楚，可根据其功用及零件 16、零件 17 的规格、数量构思其合理的结构形状，图 9-13 为泵体的零件工作图。

4．**归纳总结**

在对装配图进行上述各项分析后，对该机器或部件已有了一定的了解。为了对装配图有全面的认识，还需从标注的尺寸、技术要求、安装、使用等方面进行综合考虑并通过归纳总结，进一步了解机器或部件的设计意图和装配工艺，从而对整台机器或部件有一个完整的概念，为下一步拆画零件图打下基础。

图 9-12 为齿轮油泵的轴测图。

### 9.7.2 由装配图拆画零件图(Dismantling and drawing detail drawings from assembly drawings)

由装配图拆画零件图是设计过程中的重要环节。拆画零件图必须在全面读懂装配图的基础上进行。对于零件图的作用、要求及画法，在第 8 章中已作了研究，这里着重叙述由装配图拆画零件图时应注意的几个问题。

#### 9.7.2.1 零件形状的构思

由于装配图上不可能把所有零件形状都完全表达清楚，因此，在拆画零件图时，必须根据零件的功用和工艺结构要求，并参考同类产品或有关资料，把零件上未表达清楚的部分确定下来，如图 9-13 中泵体底板的形状。

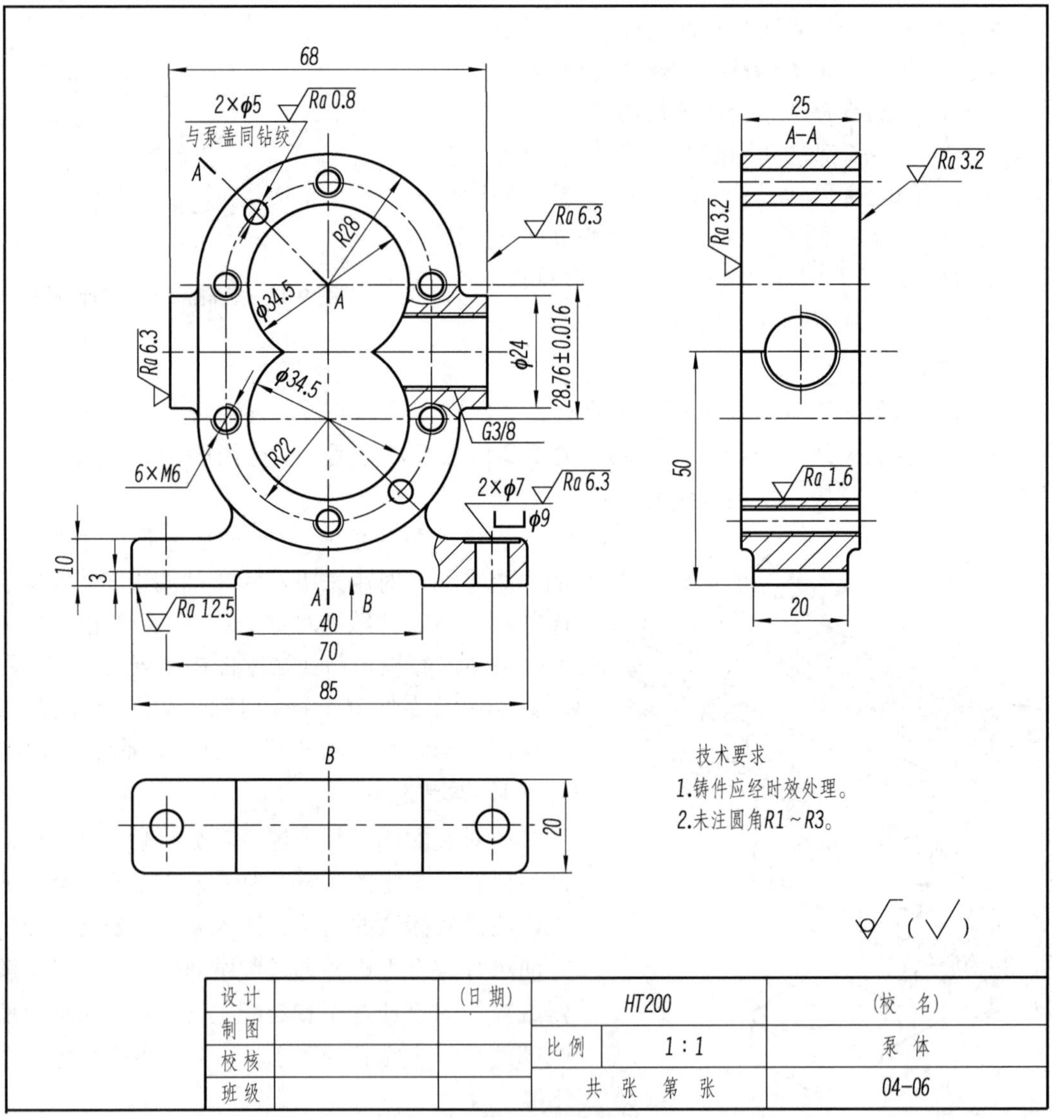


图 9-13 泵体零件图

### 9.7.2.2　零件的视图选择

由装配图拆画零件图时，零件在装配图上的表达方案可作为参考，不要机械地照搬。零件的表达方案要根据其结构形状特点考虑，对于轴套类零件，一般按加工位置选取主视图，而箱体类零件主视图的位置，可以与装配图一致。

如拆画图 9-10 所示齿轮油泵的右端盖(零件 7)，首先根据零件的序号和剖面符号，在装配图各视图中找到右端盖的视图轮廓，由于在装配图的主视图中，右端盖的一部分轮廓线被其他零件遮挡，因此它是一幅不完整的图形，如图 9-14(a)所示，根据该零件的作用及装配关系，补全所缺的轮廓线，并根据其结构特征，按主要加工位置放置，如图 9-14(b)所示。右端盖为盘盖类零件，一般可用两个视图表达。图 9-15 为根据右端盖的形状特征，调整位置后的零件工作图。

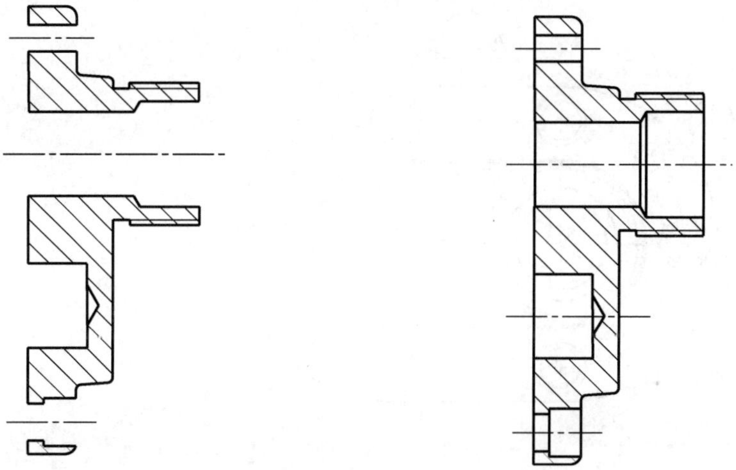

（a）　　　　（b）

**图 9-14　由装配图拆画零件图**

在拆画零件图时还应注意：对于装配图中可省略的工艺结构，如倒角、退刀槽、铸造圆角等，在零件图上都要补画出来。如零件上某部分结构需要与其他零件装配时一起加工，应在零件图上注明，如图 9-13 及图 9-15 中尺寸 $2\times\phi5$ 与泵盖(泵体)同钻铰。

### 9.7.2.3　零件的尺寸处理

装配图中零件的各部分尺寸并未标注完整，而只标注了五大类尺寸。在拆画零件图时，其尺寸必须根据不同情况分别处理。

(1) 抄。凡在装配图上已注出的尺寸，在零件图上应直接注出。对于配合尺寸及相对位置尺寸，要注出偏差数值或注出公差代号，如图 9-13 中尺寸 $28.76\pm016$、$\phi20H7$ 等。

(2) 查。凡与标准件相连接或配合的有关尺寸，如螺纹的有关尺寸、销孔直径等，以及有标准规定的结构尺寸，如倒角、退刀槽、砂轮越程槽等，要从相应的标准中查取，如图 9-13 中尺寸 $M27\times1.5$、$2\times\phi5$ 等。

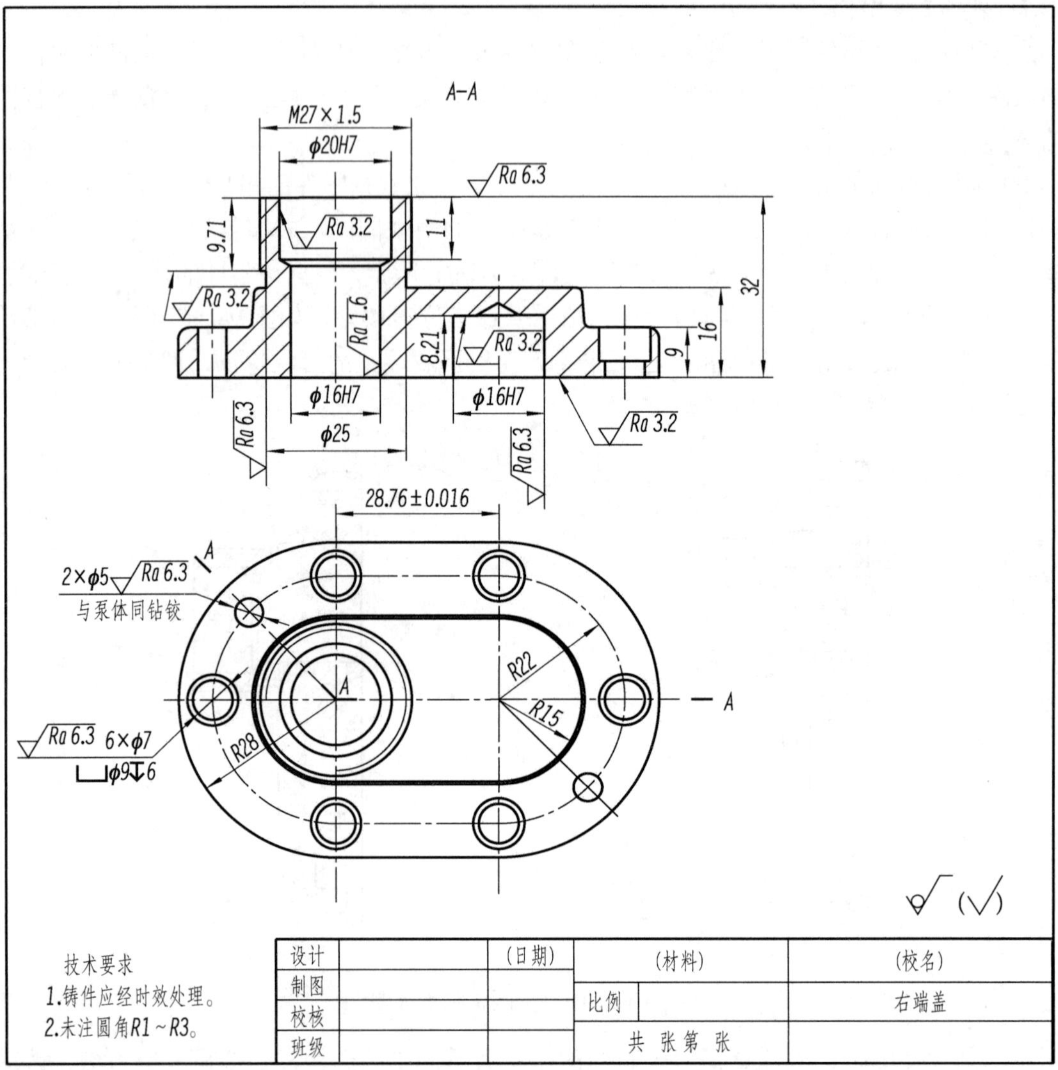


图 9-15 右端盖零件图

(3) 算。需要根据明细栏中所给的数据进行计算的尺寸，如齿轮的齿顶圆、分度圆直径等，要经过计算再注出。

(4) 量。其他尺寸均从装配图中直接量取标注。但要注意尺寸数字的圆整和取标准化数值。对于零件间有配合、有连接关系的尺寸，应注意协调一致，以保证正确装配。

#### 9.7.2.4 零件的表面粗糙度及其他技术要求

零件上各表面的粗糙度是根据其作用和要求确定的。零件表面粗糙度数值的选用见第 8 章。

技术要求在零件图中占重要地位，它直接影响零件的加工质量。但是正确制定技术要求涉及许多专业知识，需进一步了解者，请读者参考有关资料。

## 复习思考题(Questions for review)

1．装配图有哪些规定画法？

2．装配图有哪些特殊画法？

3．装配图中应标注哪几类尺寸？

4．由装配图拆画零件图时，对零件未表达清楚的结构形状如何处理？对零件的尺寸如何处理？

# 第 10 章　AutoCAD 二维绘图

## Chapter 10　AutoCAD 2D Drawing

本章学习如何利用 AutoCAD 2022 计算机绘图软件绘制工程图样，主要内容包括利用 AutoCAD 绘制平面图形，利用 AutoCAD 绘制组合体的三视图；利用 AutoCAD 绘制工程图样，包括零件图与装配图的绘制。本章的重点和难点在于工程图的绘制，学习中应注意计算机绘图与工程制图相关知识的有机结合。

## 10.1　AutoCAD 简介(Introduction to AutoCAD software)

AutoCAD 是由美国 Autodesk 公司研究开发的通用计算机辅助绘图和设计软件，20 世纪 80 年代推出，现已成为世界上流行的计算机辅助设计与绘图工具，广泛应用于机械、建筑、电气等领域。AutoCAD 作为最流行的二维绘图软件，拥有广泛的用户群。AutoCAD 有强大的二维功能，如绘图、编辑、剖面线和图案绘制、尺寸标注以及二次开发等，同时具有三维功能。AutoCAD 提供 AutoLISP、ADS、ARX 作为二次开发的工具。在许多实际应用领域(如机械、建筑、电子)中，一些软件开发商在 AutoCAD 的基础上已开发出许多符合实际应用的软件。

AutoCAD 的发展过程可分为初级阶段、发展阶段、高级发展阶段、完善阶段和持续发展阶段 5 个阶段。

1) 在初级阶段里，AutoCAD 更新了 5 个版本。由 1982 年的 AutoCAD 1.0 版本发展到 1984 年的 AutoCAD 2.0 版本。

2) 在发展阶段里，AutoCAD 更新了几个版本。由 1985 年的 AutoCAD 2.17 版本发展到 1987 年的 AutoCAD 9.0 版本和 9.03 版本。

3) 在高级发展阶段里，AutoCAD 经历了 3 个版本，使 AutoCAD 的高级协助设计功能逐步完善。1988 年 8 月推出了 AutoCAD 10.0 版本，1990 年推出了 11.0 版本，1992 年推出的 12.0 版本。

4) 在完善阶段中，AutoCAD 经历了 4 个版本，逐步由 DOS 平台转向 Windows 平台。从 1996 年的 AutoCAD R13 版本，到 1998 年的 AutoCAD R14 版本，1999 年的 AutoCAD 2000 版本，以后的 AutoCAD 2005 和 AutoCAD 2012 共 8 个版本。这个阶段 AutoCAD 做了不少改进，主要包括：

(1) 可以帮助用户更快地创建设计数据，更轻松地共享设计数据，更有效地管理软件。动态块的操作是它的一大亮点；提供了功能极为强大的互联网工具，可以让设计师与设计师、设计师与用户、设计师与商家通过网络直接地在 AutoCAD 内部进行交流，并在互联网和企业内部网中进行设计。

(2) 整合了制图和可视化，加快了任务的执行，可以轻松而快速地进行外观图形的创作和修改，提供了创建、展示、记录和共享构想所需的所有功能。

(3) 将惯用的 AutoCAD 命令和熟悉的用户界面与更新的设计环境结合起来，整合了制图和可视化，加快了任务的执行。

(4) 自由形式的设计工具，参数化绘图，并加强 PDF 格式的支持。

(5) AutoCAD 2012 版本涵盖一系列功能强大的行业客制化设计工具，支持建筑师、工程师等专业人士发掘创意、记录设计，并藉由可靠的 DWG 技术进行协作；此外，新版本可与 AutoCAD WS 网络和行动应用程序直接连接

5) 在持续发展阶段，至今已有 AutoCAD 2022 版本，每年推出一版。

AutoCAD 2013 能够连接和简化您的设计和文档编制工作流程。通过新的工具连接 Autodesk 360 云支持的服务，从几乎任何地点访问和协作处理。

AutoCAD 2014 是系列的软件套件，包括建筑、产品、工厂、工程、建筑以及数字娱乐创作等。

AutoCAD 2015 支持 32 位和 64 位操作系统，具有广泛的适应性。

AutoCAD 2016 添加了许多新功能，使 2D 和 3D 设计、文档编制和协同工作流程更加迅捷，同时赋予了用户更为丰富的屏幕体验、能够创造出想象中的任何图。

AutoCAD 2017 提供了强大的新工具，用于创建和编辑中心线与中心标记。可以从“注释”功能区选项卡访问“中心标记”和“中心线”工具；并提供了一个新的三维图形子系统，稳定性和性能都得到了改善。

AutoCAD 2019 新版图标全新设计，具有全新的共享视图功能、DWG 文件比较功能；打开及保存图形文件实现了跨设备访问；修复了诸多潜在的安全漏洞，软件二维图形和三维图形增强功能也有显著提高。

AutoCAD 2020 包括 Architecture、Electrical Design、Map 3D、Mechanical Design、MEP(机械、电气和管道)、Plant 3D 和 Raster Design 等内容；新增了 AutoCAD 网页应用、AutoCAD 移动应用、集成工作流、云存储连接等功能。

AutoCAD 2021 软件包括行业专业化工具组合，跨桌面、Web 和移动设备的改进工作流以及图形历史记录等新功能。

## 10.2　AutoCAD 绘制平面图形(Draw plane graphics by using AutoCAD)

任何工程图样，实际上是由各种几何图形组合而成的，因此，掌握基本几何图形的画法，可以提高图样绘制的准确度和工作效率，可以保障图样的质量，使用 AutoCAD 可以方便地绘制各种平面图形。

### 10.2.1 图形初始化及图线练习(Graphic initialization and line exercises)

工程图样绘制过程中，由于所绘制的对象不同，其形状尺寸不同，使用的比例和图幅也不同，在利用 AutoCAD 软件绘制工程图样的过程中，与手工绘制也存在着诸多不同的地方，如何使得绘制的工程图样符合机械制图和计算机绘图国家标准的要求，在对所绘制图形进行分析的基础上，正确设置图幅、绘图比例、图层及图层属性，达到绘制工程图样的要求，同时能够正确绘制图框和标题栏等图形初始化内容，是工程技术人员必须掌握的内容。

#### 10.2.1.1 AutoCAD 基本操作

要掌握 AutoCAD 并能绘制工程图样，首先应熟悉软件的窗口界面，了解软件窗口的每一部分功能，其次学会怎样与绘图软件对话，即如何下达命令以及产生错误后怎么处理等。

**1．AutoCAD 的启动与退出**

1) AutoCAD 的启动方式

✧ 单击桌面上的【开始】按钮，选择“程序”菜单下 AutoCAD 中的执行程序；

✧ 双击桌面上的 AutoCAD 快捷方式。

AutoCAD 启动后，屏幕显示如图 10-1 所示对话窗口，即为启动成功。

2) AutoCAD 的退出方式

✧ 单击 AutoCAD 工作界面右上角按钮“✕”；

✧ 单击菜单[文件]-[退出(×)]；

✧ 命令： EXIT 或 QUIT。

**2．AutoCAD 的用户界面**

AutoCAD 的用户界面主要由标题栏、菜单栏、工具栏、绘图区、十字光标、坐标系图标、命令行窗口、状态栏、导航栏等组成。如图 10-1 所示。

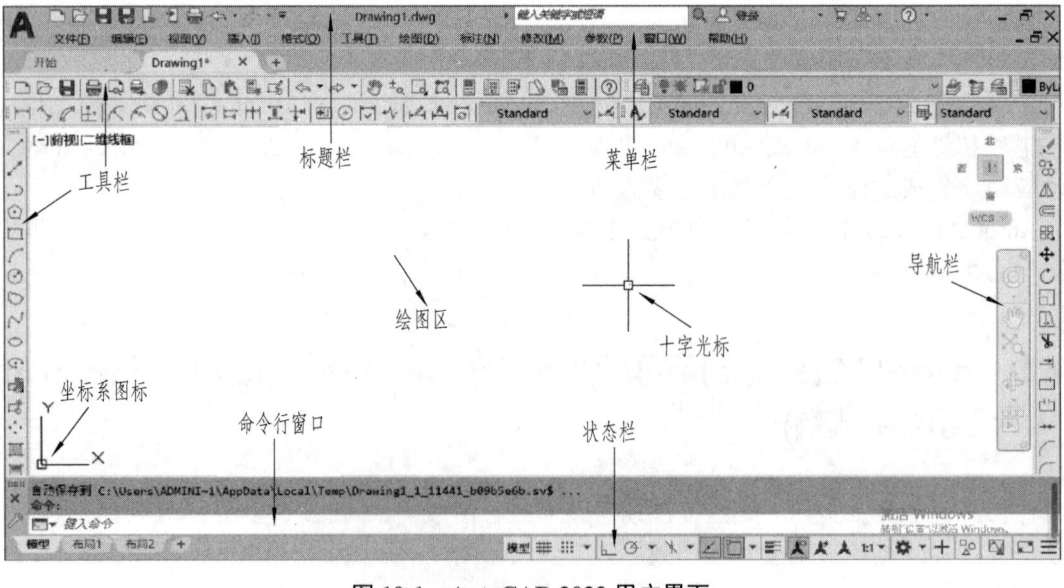


图 10-1　AutoCAD 2022 用户界面

### 3．命令的输入方式

在图形编辑状态，要进行任何一项操作，都必须选择输入 AutoCAD 的命令。AutoCAD 提供了键盘输入、工具条、下拉菜单、快捷菜单等多种方式输入命令的方法。下面介绍几种常用的输入命令的方式。

(1) 工具条输入命令：工具条是选择某一条命令最方便的方法，也是初学者常用的方式。AutoCAD 的每一条命令都对应一个图标，用户可以直接点取相应的图标输入命令。AutoCAD 中有许多工具条，在缺省状态下只打开常用的几个。使用过程中用户可根据需要随时打开或关闭某个工具条。单击“[视图]—[工具栏]”菜单项，或用鼠标右键单击某一工具条，都可选择所需要打开的工具条，即可在屏幕上看到打开的工具条。将箭头光标移动到工具条上的某一工具时，在工具的旁边会出现简短的工具提示。

(2) 键盘输入命令：用户如果对 AutoCAD 命令较熟悉，可以在命令提示符下直接从键盘输入命令，按回车键 Enter 或空格键 Spacebar，命令即被执行。

(3) 下拉式菜单输入命令：AutoCAD 命令的输入还可以用鼠标点取 AutoCAD 的下拉式菜单输入命令。当将光标移入 AutoCAD 屏幕上方下拉式菜单的任一项时，即在该项下弹出一个菜单，称为弹出式菜单，然后可以在上面点取输入命令。

(4) 功能键：Auto CAD 将 11 个功能键赋予不同功能，见表 10-1。

**表 10-1　AutoCAD 功能键**

| 控制键 | 功能 | 控制键 | 功能 | 控制键 | 功能 |
|---|---|---|---|---|---|
| F1 | 获取帮助 | F5 | 等轴测平面切换 | F9 | 栅格捕捉模式切换开关 |
| F2 | 切换作图窗口、文本窗口 | F6 | 控制状态栏坐标显示方式 | F10 | 极轴模式控制 |
| F3 | 对象的自动捕捉切换 | F7 | 栅格显示切换开关 | F11 | 对象追踪模式切换开关 |
| F4 | 数字化仪控制 | F8 | 正交模式切换开关 | | |

(5) 几点注意

✧ 命令的取消：用户可用 Esc 键取消正在执行的命令。

✧ 重复上一条命令：按回车键或单击鼠标右键来重复执行一条刚执行过的命令。

✧ 用键盘输入命令前，一定要确认在命令提示区出现“命令：”提示符。如果没有此提示符，应先按 Esc 键进入“命令：”状态。

### 4．AutoCAD 数据的输入

当调用一条命令时，通常还需要提供某些附加信息，指明执行动作的方式、位置和对象等。例如，实体绘制命令需要知道实体出现的位置。某些实体还需要知道它的高度或宽度等。

(1) 数值的输入：许多提示要求输入数值。从键盘上输入这些值时，可以使用下列字符：

+ - 0 1 2 3 4 5 6 7 8 9 E /

从键盘上输入的数值可以是整数、实数和以科学记数法及分数形式表示的数。下面这些数值都是合法的，表 10-2 列出了常见的数值输入方式。

10，6.002，-35.7，1.2E+5，1/2

**表 10-2 常见的数值输入方式**

| 数值的含义 | 系统提示符 | 输入方式 |
| --- | --- | --- |
| 长度或距离 | Height(高度)/Width(宽度)/Radius(半径)/Diameter(直径)/Row Distance(行距)/Column Distance(列距) | 1．通过键盘直接输入距离的数值<br>2．通过定标器指定的两点来输入距离 |
| 角度 | Angle(角度) | 1．通过键盘直接输入角度的数值<br>2．通过定标器指定的两点来输入角度 |
| 位移量 | Displacement(位移量)/Base point or Displacement(基点或位移) | 1．用键盘输入数值<br>2．用定标器指定的两点来输入位移量 |

(2) 点坐标的输入：点坐标是相对坐标系而言的，AutoCAD 的坐标系统有世界坐标系(WCS)、用户坐标系(UCS)和实体坐标系(OCS)，缺省的是世界坐标系，坐标原点在屏幕的左下角。当 AutoCAD 中出现提示符 Point：时，表示要求输入某一点的坐标，表 10-3 列出了点坐标的输入方式(本节讨论的是 *Z* 坐标等于零的平面坐标)。

**表 10-3 点坐标的输入方式**

| 方　式 | 表示方法 | | 输入格式 | 说　明 |
| --- | --- | --- | --- | --- |
| 键盘输入 | 绝对坐标 | 直角坐标 | x,y | 通过键盘输入 x,y 2 个数值所指定的点位置，数值之间用“，”分开 |
| | | 极坐标 | l<α | l：表示点距离坐标原点的距离；<br>α：表示该点与坐标原点连线同 X 轴夹角 |
| | 相对坐标 | 直角坐标 | @x,y | @表示相对坐标，相对坐标是指当前点相对于前一个作图点的坐标增量。重复输入上一次的坐标，这时可以输入@符号本身，这相当于输入相对坐标“@0，0” |
| | | 极坐标 | @l<α | |
| 用定标设备在屏幕上拾取点 | 一般位置点 | | 直接拾取光标点 | 常用的定标设备是鼠标，当不需要准确定位时，用鼠标移动光标到所需位置，按下左键就将十字光标所在位置的点的坐标输入计算机中；用户还可以通过键盘来移动屏幕光标实现定标。当需要精确确定某点的位置时，需要用目标捕捉功能捕捉当前图形中的特征点，如直线的端点、中点、圆或弧的圆心 |
| | 特殊位置点或具有某种特征的点 | | 利用目标捕捉功能 | |

(3) 角度：角度的单位一般为度，但用户也可以选择梯度、弧度、度/分/秒等来规定角度。角度以逆时针方向为正，正东方向为 0°。

#### 10.2.1.2 图形文件管理

**1．图形文件的新建**

新建图形文件可使用下列方法：命令：NEW /[文件]-[新建]/ 

执行后出现【选择模板】对话框，用户在该对话框中选择一个样板文件，即进入新的工作界面。

**2．图形文件的保存**

✧ 快速存盘：如当前图形文件已命名，则以原名保存，如尚未命名，提示输入文件名。

命令：QSAVE /[文件]-[保存]/ 

✧ 换名存盘：此方式存盘时，用户可以选择文件的保存位置，并且可以提供新的名称。输入命令后 AutoCAD 弹出 Windows 标准存盘对话框。在“文件类型”下拉列表中可以选择其他格式保存；在“工具”下拉菜单中选择 “安全选项”，可以对文件进行加密保存。

命令：SAVE/ SAVEas/[文件]-[另存为]

3．打开已有图形文件

命令：OPEN/[文件→打开]/ 

输入命令后 AutoCAD 弹出 WINDOWS 标准【打开文件】对话框。另外 AutoCAD 有“打开”“以只读方式打开”“局部打开”“以只读方式局部打开”，并允许一次打开多个图形文件。如果以后两种方式打开图形时，AutoCAD 将打开“局部打开”对话框。

#### 10.2.1.3　AutoCAD 命令的执行过程

AutoCAD 的命令往往提供许多选择项(命令参数)，用户可以根据不同的需要选择不同的命令操作方式。这些选择项通常是在输入某个命令之后，以显示关键字提示的形式提供给用户，用户可从关键字中选择一个来响应命令提示。显示的关键字提示中常用斜杠“/”把各个有效的关键字隔开，显示在中括号内。在该提示后键入选中的关键字，然后回车或按空格键，则可以选中该选择项。

有的提示会把某选项的当前值显示在尖括号中，如果用户想接受该值，则直接按回车，否则应输入一个选项或数值。以 CIRCLE 画圆命令为例说明其执行过程：

命令：CIRCLE 或 C/[绘图]-[圆]/ 

指定圆的圆心或[三点(3P)/两点(2P)/相切、相切、半径(T)]:

(1) 输入一个点，则以该点为圆心画圆，其后续提示：

指定圆的半径或[直径(D)]:　　{半径值或 D 选项}

(2) 输入 3P，则以三点方式画圆，其后续提示：

指定圆上的第一个点：{确定圆上第一个点}

指定圆上的第二个点：{确定圆上第二个点}

指定圆上的第三个点：{确定圆上第三个点}

(3) 输入 2P，则以两点方式画圆，其后续提示：

指定圆直径的第一个端点：{确定圆的直径上第一个端点}

指定圆直径的第二个端点：{确定圆的直径上第二个端点}

(4) 输入 T，则绘制与两实体相切的圆，其后续提示：

指定对象与圆的第一个切点：{确定第一个相切对象上的一点}

指定对象与圆的第二个切点：{确定第二个相切对象上的一点}

指定圆的半径 <默认值>：{确定圆的半径}

由画圆命令可以看出，AutoCAD 命令的执行过程是：先启动一条命令，命令依次以提示的形式提供一系列选项或者提示输入数值。根据选取的选项，可以获得另一组选项或者提示输入数值，因此在使用命令过程中一定要按照提示进行操作。

#### 10.2.1.4　AutoCAD 绘图过程

以绘制图 10-2 所示图形为例，了解用 AutoCAD 绘图的基本过程。

(1) 启动 AutoCAD。

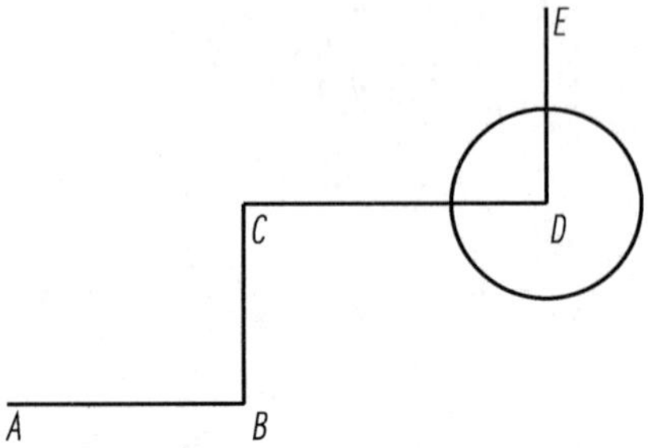


**图 10-2　绘图过程**

(2) 单击【绘图】工具栏上【直线】命令按钮，AutoCAD 提示：

命令：_line 指定第一点：

指定下一点或 [放弃(U)]：{依次确定 A、B、C、D、E}

(3) 在“命令”提示符下，输入画圆命令 CIRCLE 或简化命令 C，AutoCAD 提示：

指定圆的圆心或 [三点(3P)/两点(2P)/相切、相切、半径(T)]：{鼠标移到 D 点附近，AutoCAD 自动捕捉到 D 点，再单击左键确认}

指定圆的半径或 [直径(D)]：　{输入半径值 100}

(4) 单击【标准】工具栏的【放弃】按钮，圆消失，再次单击此按钮，直线 DE 也消失。单击【重做】按钮，直线 DE 恢复，再次单击此按钮，圆恢复。

(5) 单击【标准】工具栏的带有【放大镜】的按钮，对图形进行放大和缩小等显示操作。

(6) 保存文件。

#### 10.2.1.5　图层的设置

图层是用户管理图样的有效的工具。对于复杂的机械零件图、装配图而言，如果合理地划分图层，则图形信息更清晰、有序，方便图形的修改、观察、打印。

**1．图层操作**

AutoCAD 图层(Layer)相当于传统图纸绘图中使用的重叠图纸，它就如同一张张透明的图纸，整个 AutoCAD 文档就是由若干透明图纸上下叠加的结果。用户可以根据不同的特征、类别或用途，将图形对象分类组织到不同的图层中。同一个图层中的图形对象具有许多相同的外观属性，如线型、颜色、线宽等。

**2．图层控制**

在 AutoCAD 中，图层控制包括创建和删除图层、设置当前层、设置颜色和线型、控制图层状态等内容。

命令：　LAYER/LA/[格式]-[图层]/

启动 Layer 命令后，AutoCAD 将打开如图 10-3 所示的【图层特性管理器】对话框，用户在对话框中可完成对图层所有操作。

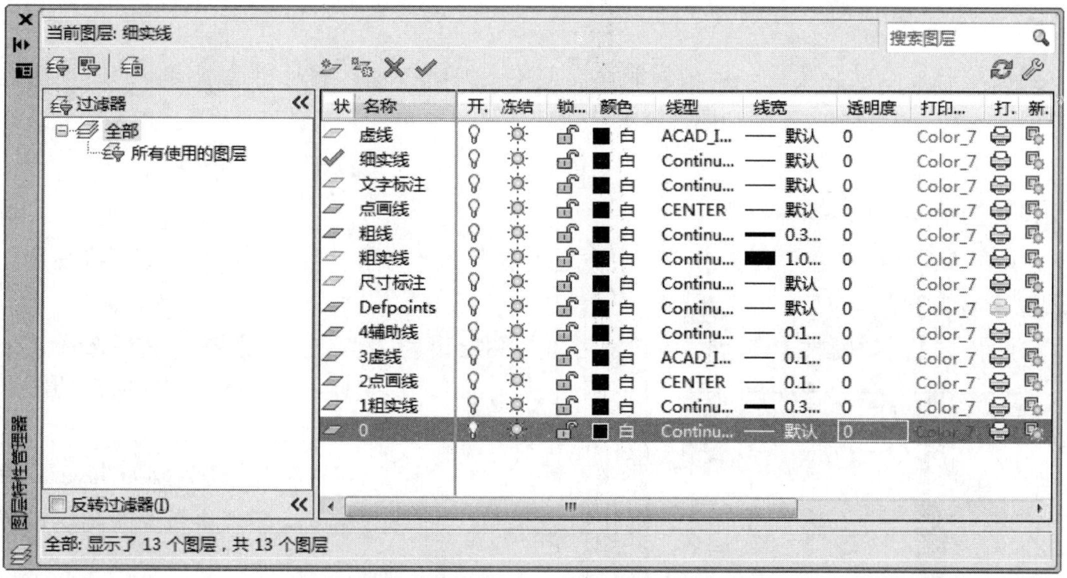

图 10-3 【图层特性管理器】对话框

3．新建图层

在绘图过程中，用户可随时创建新图层，操作步骤如下：

(1) 在【图层特性管理器】对话框中单击【新建】按钮，AutoCAD 将自动生成一个名叫：“图层××”的图层。其中“××”是数字，表明它是所创建的第几个图层。用户可以将其更改为所需要的图层名称。

(2) 在对话框内单击【确定】按钮，则结束创建图层操作，并自动关闭【图层特性管理器】对话框。

有几点问题应值得注意：

✧ 图层名最长可达 255 个字符，可以是数字(0～9)、字母(大小写均可)或其他未被 Microsoft Windows 或 AutoCAD 使用的字符并支持中文图层名称。

✧ 在当前图形文件中，图层名称必须是唯一的，不能和其他任何图层重名。

4．过滤图层

图层的过滤就是指按照图层的颜色、线型、线宽等特性，过滤出一类相同特性的图层，方便查看与选择。

5．删除图层

在绘图过程中，用户可随时删除一些不用的图层。操作步骤如下：

(1) 在【图层特性管理器】对话框的【图层】列表框中单击【删除】按钮✕。此时该图层名称呈高亮度显示，表明该图层已被选择。

(2) 单击【删除】按钮，层名前面出现叉号标记，单击【确定】按钮，即可删除所选择的图层。利用 Ctrl 键和鼠标左键单击可选择多个图层；利用 Shift 键和鼠标单击可选择连续的多个图层。

**注意：**当前层和含有实体的图层；0 层和定义点层；外部引用依赖层不能被删除。

6．设置当前层

当前层就是当前绘图层，用户只能在当前层上绘制图形，而且所绘制实体的属性将继承当前层的属性。当前层的层名和属性状态都显示在【对象特性】工具栏上。AutoCAD 默认 0 层为当前层。

设置当前层有以下 4 种方法：

(1) 在【图层特性管理器】对话框中，选择用户所需的图层名称，使其呈高亮度显示，然后单击【当前】按钮。

(2) 单击【对象特性】工具栏上的将对象的图层设为【当前】按钮，然后选择某个图形实体，即可将该实体所在的图层设置为当前层。

(3) 在命令行输入 Clayer，输入图层名称，即可将所选的图层设置为当前层。

(4) 在【对象特性】工具栏的图层控制下拉列表中(图 10-4)，将高亮度光条移至所需的图层名上，单击鼠标左键。此时新选的当前层就出现在图层控制区内。

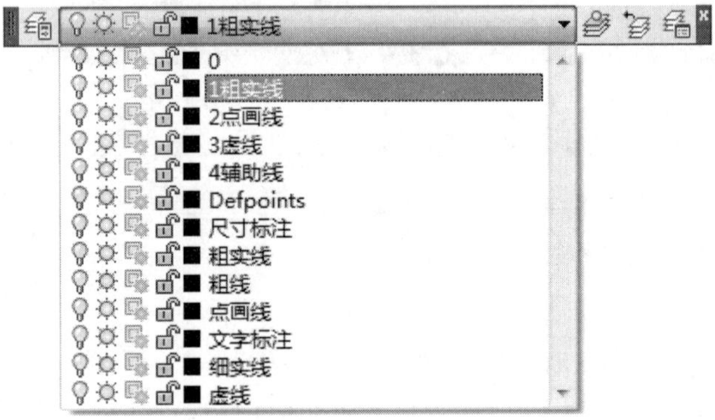


图 10-4　图层控制下拉列表

7．图层状态控制

AutoCAD 提供了一组状态开关，用以控制图层状态属性。现将这些状态开关简介如下。

- 打开 / 关闭：单击图标，关闭图层后，该层上的实体不能在屏幕上显示或由绘图仪输出。重新生成图形时，层上的实体仍将重新生成。
- 冻结 / 解冻：单击图标，冻结图层后，该层上的实体不能在屏幕上显示或由绘图仪输出。在重新生成图形时，冻结层上的实体将不被重新生成。
- 上锁 / 解锁：单击图标，图层加锁后，用户只能观察该层上的实体，不能对其进行编辑和修改，但实体仍可以显示和输出。

8．图层特性设置

每个图层都有与其相关联的颜色、线型及线宽等特性信息，用户可以通过【图层特性管理器】、【特性】选项板进行修改。

(1) 指定图层颜色。所谓层的颜色，就是层上所绘实体的颜色。操作步骤如下：

- 在【图层特性管理器】对话框【图层列表】框中选择所需的图层。
- 在图层名称后的【颜色图标】按钮上单击，弹出【选择颜色】对话框，从对话框中我们可以选择标准的 7 种颜色或其他 255 种颜色的任何一种，单击【确定】按钮。
- 在【图层特性管理器】对话框中单击【确定】按钮。

(2) 图层线型设置。AutoCAD 允许用户为每个图层分配一种线型。在默认情况下，线型为连续实线(Continuous)。用户可以根据需要为图层设置不同的线型。具体操作步骤如下：

✧ 在【图层特性管理器】对话框中选定一个图层，单击该图层的初始线型名称，弹出【选择线型】对话框(图 10-5)。在对话框中选择【加载】按钮，弹出【加载或重载线型】对话框(图 10-6)，在对话框中选择线型加载，可以按住 Ctrl 和 Shift 键，一次加载几个需要的线型，再单击【确定】按钮。
✧ 在【选择线型】对话框中单击需要的线型后，单击【确定】按钮。
✧ 在【图层特性管理器】对话框中单击【确定】按钮，结束线型设置操作。

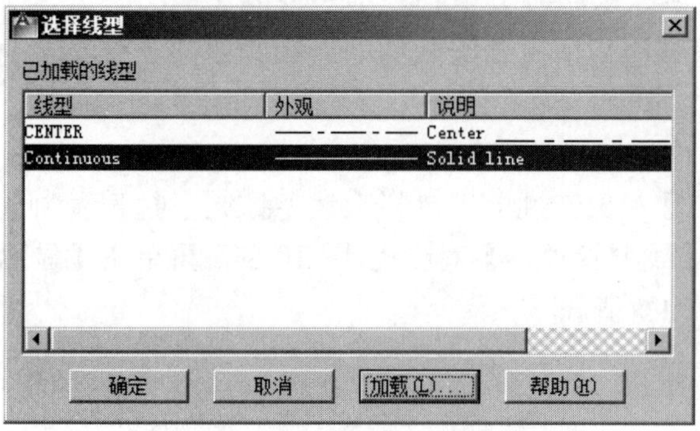


图 10-5　【选择线型】对话框

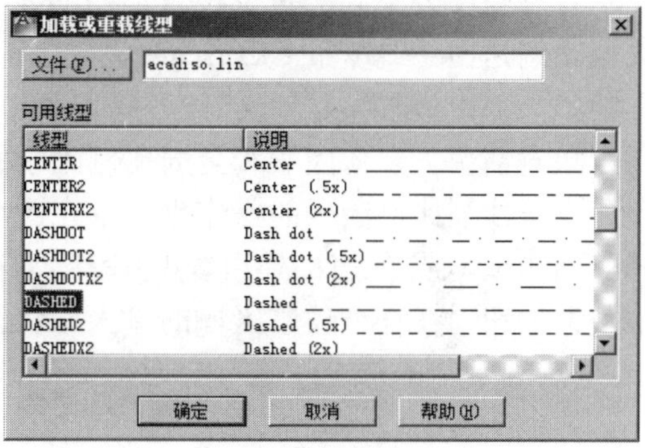


图 10-6　【加载或重载线型】对话框

(3) 图线宽度。在 AutoCAD 中，用户可为每个图层的线条定制实际线宽，从而使图形中的线条在经过打印输出或不同软件之间的输出后，仍然各自保持其固有的宽度。

设定实际线宽可在【图层特性管理器】对话框中进行。在对话框中的图层列表框内单击图层的线宽项，从【线宽】对话框选择某一线宽，单击【确定】按钮，即可将宽度赋予所选图层。

(4) 图层打印开关。AutoCAD 允许用户单独控制某一图层是否打印出来，在【图层特性管理器】对话框中的图层列表框内，最右侧的一列便是打印切换开关，用户只需用鼠标在它上面单击便可切换。其初始状态为开启。

**9．对象颜色、线型和线宽设置**

用户通过【对象特性】工具栏可以方便地修改对象颜色、线型和线宽等信息，缺省的情况下，该工具栏的【颜色控制】【线型控制]和【线宽控制】下拉列表中显示“Bylayer”，如图 10-7 所示。

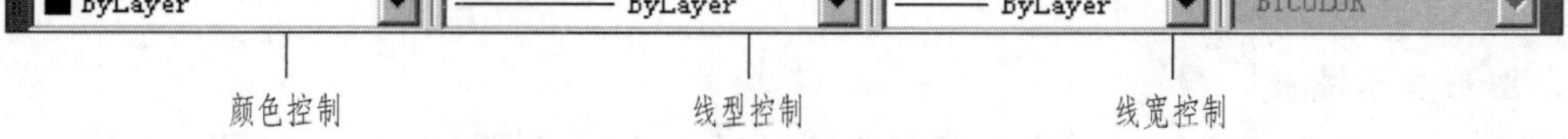


图 10-7　【对象特性】工具栏

“随层(ByLayer)”是指所绘对象的颜色、线型和线框等属性与当前层设定的相同。具体设置方法很简单，由于篇幅有限，不做详细讨论，建议初学者别轻易修改。

### 10.2.1.6　线型比例

AutoCAD 非连续的线型由一系列的短线和空格构成的重复图案。图案中短线长度和空格大小是由线型比例控制的。用户绘图时常会遇到这样一种情况，本想画点画线或虚线，但实际显示的却是连续的线，出现这种现象的原因是线型比例相对屏幕设置的太大或太小。用户可以采用下列任何一种方法来设置线型比例。

**1．全局比例因子**

系统变量 Ltscale 是控制线型的全局比例因子，它影响图样中所有非连续线型的显示，值增加时，将使非连续线型中短画线和空格加长，否则缩短。

**2．当前对象线型比例**

有时需要为不同的对象设置不同的线型比例，这时需要单独控制对象的比例因子。当前线型比例是由系统变量 CELtscale 设定的，调整该值后所有新绘制的非连续的线都会受到它的影响。

缺省情况下，该因子和全局比例因子同时作用在线型对象上。

设置线型比例因子的操作步骤：在图 10-7【对象特性】工具栏上线型控制下拉列表中选择其他选项，或单击[格式]-[线型]命令，打开【线型管理器】对话框(图 10-8)，再单击【显示细节】按钮，在详细信息区域的输入比例因子的新值。

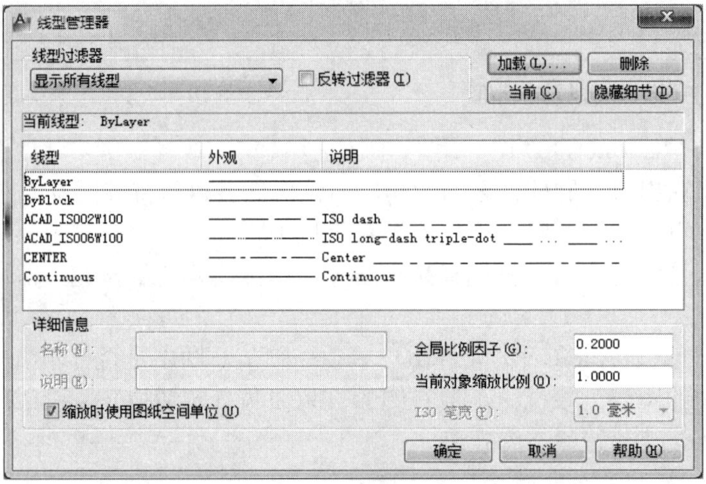


**图 10-8 【线型管理器】对话框**

### 10.2.1.7 显示控制

用户在绘图过程中，常常需要观察图形的整体或某一部位，这便要求对图形整体或局部的显示内容进行放大、缩小或平移等操作。利用 ZOOM、PAN 等功能，可以灵活方便地执行对图形缩放或平移操作。

**1．图形显示缩放**

功能：放大或缩小屏幕上图形对象的视觉尺寸，而对象的实际尺寸保持不变。

命令：ZOOM /[View]-[Zoom]

指定窗口角点，输入比例因子 (nX 或 nXP)，或[全部(A)/中心点(C)/动态(D)/范围(E)/上一个(P)/比例(S)/窗口(W)] <实时>: {指定点、比例因子数值或选项}；

如果直接确定窗口的角点，即在绘图区域内确定一点，命令行提示：

指定对角点：{确定点位置}

AutoCAD 会把这两个角点确定的矩形窗口区域尽量放大，以占满显示屏幕。此外，用户可以输入比例因子，如果输入的比例因子是具体的数，图形将按输入的比例值绝对缩放；如果在比例因子后面加 X，图形将实现相对缩放；如果在比例因子后面加 XP，图形将相对于图纸空间进行缩放。

其余各选项的含义如下：

✧ 全部(A)/：将全部的图形显示在屏幕上。如果各图形均没有超过用 LIMITS 命令设置的绘图范围，则会按图纸边界显示；如果有图形边界画到图纸边界之外，显示的范围则被扩大，将超出边界的部分也显示在屏幕上。

✧ 中心点(C)/：重设图形的显示中心和放大倍数。执行该选项，命令行提示：

指定中心点 {确定新的显示中心}

输入比例或高度 S: {输入缩放比例或高度值}

✧ 范围(E)/：执行该选项，AutoCAD 尽可能地显示整个图形，此时与图纸的边界无关。

✧ 上一个(P)/：恢复上一次显示的图形。可连续执行该选项恢复前 10 次显示过的图形。

✧ 比例(S)/：指定缩放比例实现缩放。执行该选项，命令行提示：

输入比例因子 (nX 或 nXP): {输入数值}

在此提示下输入比例值即可。而缩放的效果与输入的比例因子的形式的不同而不同。

✧ 窗口(W)/：该选项允许用户通过确定作为观察区域的矩形窗口实现图形放大。

✧ 动态(D)/：动态缩放。执行该选项，屏幕上会出现如图 10-9 所示的动态缩放特殊屏幕模式。

图 10-9 中有 3 个方框，各框的作用如下：

外端的虚线框，一般为绿色，表示当前屏幕区，即在当前屏幕上显示的区域；

内部虚线框，一般为蓝色，表示图纸范围，该范围是用 LIMITS 命令设置的边界或者是图形实际占据的区域；

实线框为选取视图框。框的中心处有一小叉，用于在作图区域上选取下一次在屏幕上显示的图形区域。具体操作步骤如下：

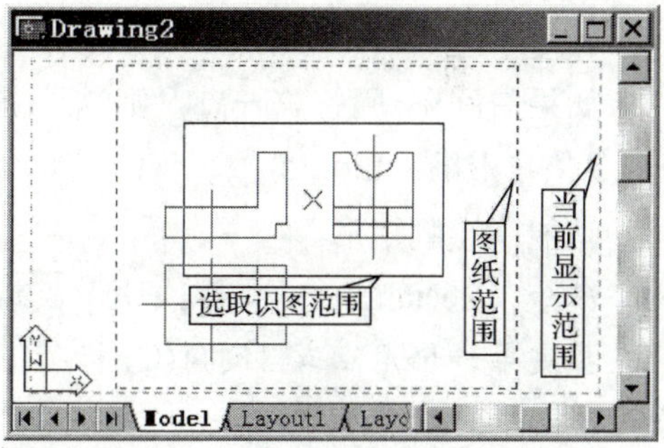


**图 10-9　动态缩放时的屏幕模式**

首先通过鼠标移动该框，实线的左边线与欲显示区域的左边线重合，然后按拾取键，此时框内的叉消失，同时出现一个指向该框右边线的箭头，此时可以通过拖动鼠标的方式改变选取视图框的大小以确定新的显示区域。选好要显示的区域后，按 Enter 键。则按该框确定的区域在屏幕上显示图形。

✧ 〈实时〉/：实时缩放。在执行 ZOOM 命令时，出现各种显示方式的提示下直接按回车}键，则会在屏幕上出现类似于放大镜的标记，在此方式下，拖动鼠标可实现动态的缩放；若按 Esc 键，则退出操作；若单击鼠标右键，则会弹出一快捷的光标菜单，供用户进行平移、其他缩放方式或退出操作的选择。

除使用 ZOOM 命令进行缩放，AutoCAD 还提供了缩放工具栏，如图 10-10 所示。

图 10-10 缩放工具栏

2．**图形移动**

功能：移动图形，改变图形在屏幕中的显示位置，使图纸的特定部位显示在当前屏幕中。

命令：PAN /[视图]-[平移]/ 

执行图形移动命令，光标在屏幕上变成一手状图标，此时按 Esc 键或 Enter 键会退出操作；拖动鼠标可以移动整个图形的观察位置；按鼠标右键弹出一快捷的光标菜单，用户可以在平移、缩放及退出等各种方式间进行选择。

3．**图形重新生成**(REGEN)

功能：重生成图形并刷新当前视口。该命令的执行将对目前所有图形对象重新生成一次，并刷新视图窗口显示。

命令：REGEN/[视图]-[重新生成]

### 10.2.1.8 绘图命令

1．**直线**(LINE)

功能：绘制直线。

命令：LINE / [绘图]-[直线] / 

指定第一点：{确定第一个点}

指定下一点或 [放弃(U)]：{确定下一个点或结束命令}

指定下一点或 [闭合(C)/放弃(U)]：{确定下一个点，或按回车}结束命令，或输入 C 闭合}；如果空回车}回答第一点，则继承上次直线或圆弧的终点。

2．**矩形**(Rectangle)

功能：绘制矩形。

命令：Rectangle /[绘图]-[矩形]/ 

指定第一个角点或 [倒角(C)/标高(E)/圆角(F)/厚度(T)/宽度(W)]：{指定矩形第一个角点，或选择[ ]中的某个选项}

✧ 缺省选项：确定矩形的第一个角点，然后会提示确定矩形的第二个角点，以此方式确定矩形；

指定另一个角点或 [面积(A)/尺寸(D)/旋转(R)]：{指定点 (2) 或输入选项 另一角点}

使用指定的点作为对角点创建矩形。矩形的边与当前 UCS 的 X 或 Y 轴平行。

✧ 尺寸：

使用长和宽创建矩形。第二个指定点将矩形定位在与第一角点相关的四个位置之一内。

指定矩形的长度 <默认值>：{输入矩形的长度 }

指定矩形的宽度 <默认值>：{输入矩形的宽度 }

指定另一角点或“尺寸(D)”指定一个点；移动光标以显示矩形可能的四个位置之一并单击需要的一个位置。

- ✧ 面积：按矩形的面积画矩形，选择该项后，接着提示
  输入以当前单位计算的矩形面积 <默认值>：{输入矩形的面积}
  计算矩形标注时依据 [长度(L)/宽度(W)] <长度>：{输入选项}
  输入矩形长度 <默认值>：{输入矩形的长度}
- ✧ 选转：确定矩形的旋转角度，选择该项后，接着提示
  指定旋转角度或 [拾取点(P)] <默认值>：{输入角度值或选项 P，如果选择 P，则提示用户输入过哪个点来确定矩形的旋转角度}
- ✧ C：确定矩形的倒角，选择该项后，接着提示
  指定矩形的第一个倒角距离<默认值>：{确定 X 轴方向的倒角距离}
  指定矩形的第二个倒角距离<默认值>：{确定 Y 轴方向的倒角距离}

其余步骤同上。

- ✧ E：确定矩形离水平面的高度，用于三维作图。选择该项后，接着提示
  指定矩形的标高<默认值>：{确定矩形的高度}；
- ✧ F：确定矩形的倒圆角，选择该项后，接着提示
  指定矩形的圆角半径<默认值>：{确定矩形的圆角}；
- ✧ T：确定矩形在三维方向升起的厚度，用于三维作图。选择该项后，接着提示
  指定矩形的厚度<默认值>：{确定矩形的厚度}
- ✧ W：确定矩形的宽度(线条宽度)，选择该项后，接着提示
  指定矩形的线宽<默认值>：{确定矩形边的宽度}

画矩形示例见图 10-11。

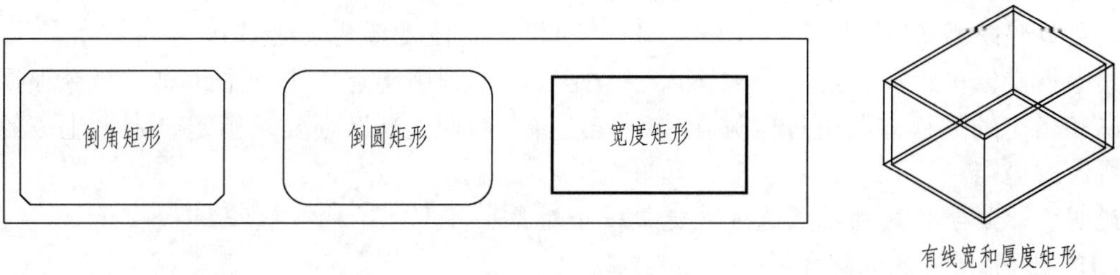


**图 10-11　矩形画法**

### 10.2.1.9　图形修改命令

**1．对象选择**

当用户输入一个编辑命令以后，AutoCAD 就要求选择对象。AutoCAD 提供了多种灵活的对象选择方法，选中的对象构成了选中集，有些命令的选中集可以包含多个对象，有些命令的选中集只能包含一个特定的对象。选中集合中对象以虚线形式显示。

(1) 直接点选方式：这是一种缺省的对象选择方式。操作过程为：将鼠标移动拾取框压在所要选择的对象上，单击鼠标器左键，对象被选中，点选方式一次只能选中一个对象。

(2) 全部方式：如果以 ALL 响应“选择对象”提示，则图形窗口中的所有对象便被选中。

(3) 缺省窗口方式：如果直接通过鼠标器输入的两点(或拖动一个窗口)响应“选择对象”提示，则为以两点为顶点窗口的缺省窗口选择方式。如果第一点在左侧，第二点在右侧，则为窗口选择方式；如果第一点在右侧，第二点在左侧，则为交叉窗口选择方式，如图 10-12 所示。

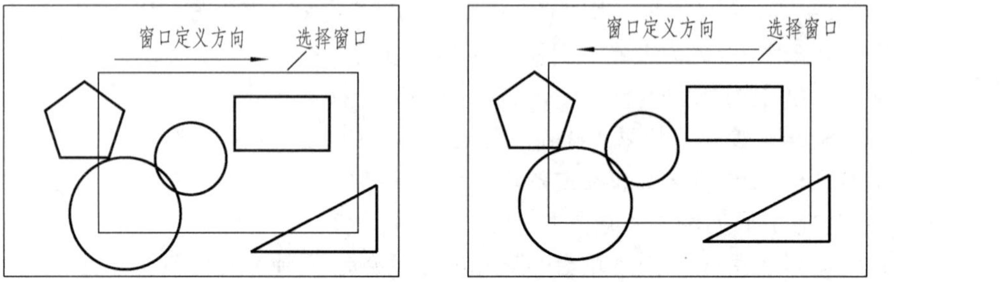


**图 10-12　用缺省窗口方式拾取对象**

(4) 移除模式：正常选择模式为向选择集中加入对象的模式，AutoCAD 也提供了从选中集合中移出对象的处理模式。在“选择对象：”提示下，回答 R(Remove)，即可进入移出对象模式，此时 AutoCAD 提示“移出对象：”。在移出模式下，如果选中了选中集合中的对象，则对象被移出选中集。如果以 A(Add)响应“移出对象 t：”提示，则退出移出模式，回到加入对象模式。

另外，AutoCAD 还提供了其他构造选择集的方法，详细内容可参阅其他参考书。

**2．图形修改**

偏移

功能：创建同心圆、平行线和等距曲线。

命令：OFFSET / [修改]-[偏移] / 

指定偏移距离或[通过( T)] < 1.0000 > :　　{指定偏移距离或通过( T)}

其中指定偏移距离提示，要求输入一个距离，或利用两点确定一个距离，命令根据指定的距离和指定的偏移方向进行偏移操作。若选择“T(通过) ”则要求指定一点，生成的偏移对象将通过这点。

说明：此命令只能利用点选方式选择一个对象。

**10.2.1.10　图形模板的创建**

图形模板的创建主要包括如下步骤：

(1) 根据国家标准《技术制图》《机械制图》关于图幅和比例的有关规定，根据零件的形状和大小选择合适图幅和比例。

(2) 已知图幅和比例，设置图幅及绘图环境，绘制图框，创建标准图幅。

**例 10.1**　创建 A3 图幅模板

**分析**：利用图层特性管理器选项板、图层的基本操作以及图层特性的设置、矩形或直线命令，创建 A 3 图幅 420×297 及相应的绘图环境，最后以图形样板文件格式保存。

**作图步骤**：

1) 新建文件：双击桌面上的 AutoCAD 快捷图标，启动软件，将工作空间切换为【AutoCAD 经典】选项，进入 AutoCAD 用户界面(图 10-1)。

2) 设置绘图环境：设置图层、线型、线宽及颜色

命令：LAYER/LA/[格式]-[图层]/

打开【图层特性管理器】选项板。新建轮廓线、虚线、中心线、双点画线、细实线图层，并设置图层线型、线宽、颜色特性值，如图 10-13 所示。

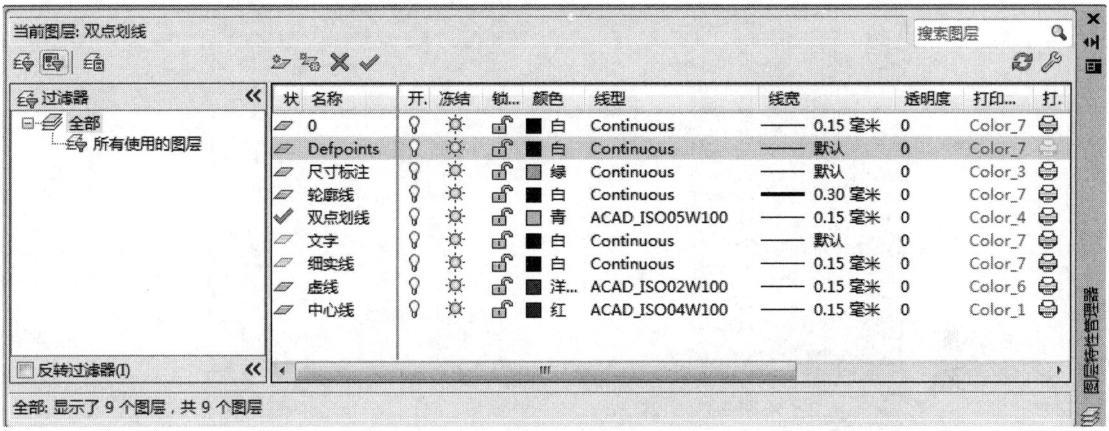


图 10-13　新建图层及特性设置

3) 绘制图形

(1) 使用矩形命令(Rectangle)绘制外图框。将细实线层设定为当前图层，指定矩形左下角点(0，0)，右上角点为(420，297)，如图 10-14 所示。

(2) 使用矩形命令(Rectangle)绘制内图框。当前图层切换到轮廓线层，调用矩形命令。命令行输入 FRO，系统提示确定基点，单击外框线矩形左下角点，系统提示输入内框矩形左下角点和右上角点，输入相对坐标(@25,5)，(@390,287)，则内框线绘制完成。如图 10-14 所示。

(3) 绘制标题栏外框。

整体效果图，如图 10-14 所示。

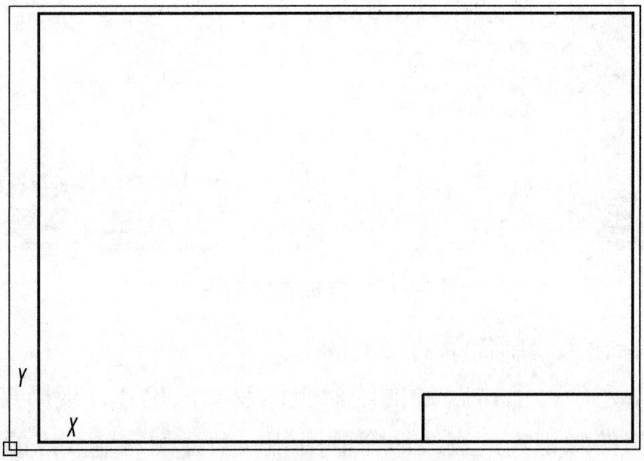


图 10-14　矩形命令绘制图框

4) 保存文件

命令： SAVE/ SAVEas/ [文件]-[另存为]

也可点击【另存为快速访问】按钮，文件命名为 A3 模板，如图 10-15 所示。

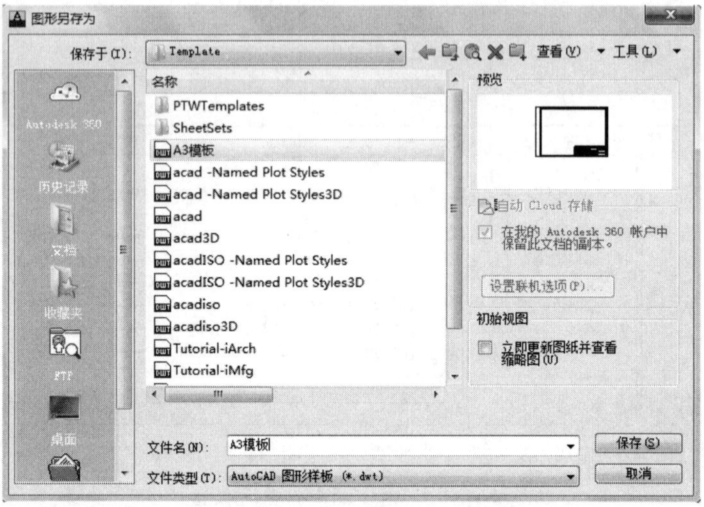


图 10-15 样板文件命名 1

5) 图形样板的应用：新建文件，在【新建】中选择 A3 模板。则可应用新创建的样板文件，如图 10-16 所示。

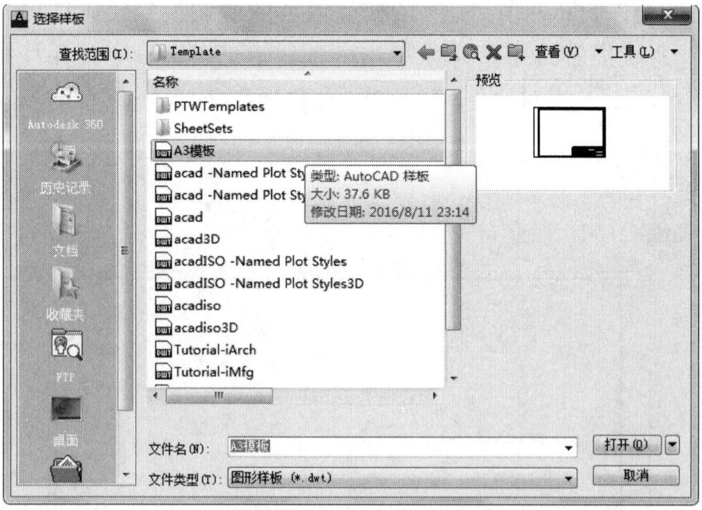


图 10-16 样板文件命名 2

**例 10.2** 利用坐标输入绘制简单的平面图形

**分析**：如图 10-17 所示，已知点 *A* 的绝对坐标及图形尺寸，现用直线命令和坐标输入方法绘制图形。需要运用的知识点：直线命令的用法，学会如何输入点的坐标。

**作图步骤：**

1) 创建图形文件：利用[新建]命令，创建一个新的图形文件。

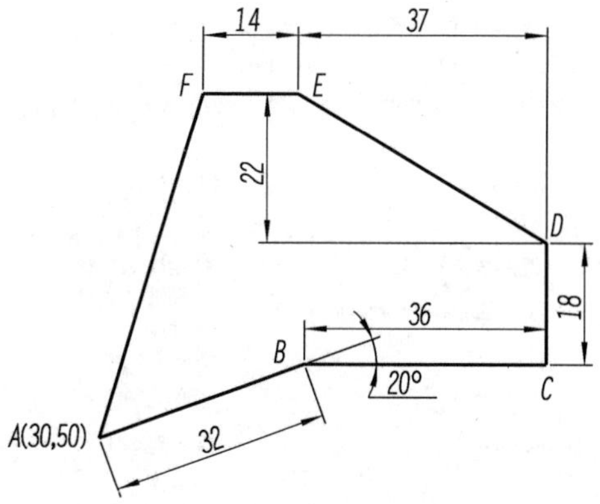


图 10-17　画线练习

2) 设置绘图环境

✧ 绘图环境设置包括系统设置和基本绘图设置。系统环境设置是根据需要对【工具】选项中的各个选项进行设置，本例中采用默认设置。基本绘图设置如下：

✧ 设置图形界限为 A4 图纸幅面(210×297)；

✧ 图层设置为:【粗实线】层，颜色为黑色，线型为 Continuous，线宽为 0.5mm；

✧ 将【对象捕捉】设置为启用状态，并选用【端点】等对象捕捉模式，将【DYN】和【极轴】设置为【开】。

**提示**：可以使用 A3 样板图。

3) 绘制图形：启动画线命令以后，AutoCAD 提示用户指定线段的端点，指定线段端点的方法之一就是输入点的坐标值。下面介绍如何输入点坐标值。

命令：Line / [绘图]-[直线] / 

Line 指定第一点：{输入 30，50　回车}　　//输入 A 点的绝对坐标

【指定下一点或[放弃(U)]】: {输入@32<20 回车}　　//输入 B 点的相对极坐标

【指定下一点或[放弃(U)]】: {输入@36,0　回车}　　//输入 C 点的相对直角坐标

【指定下一点或[闭合(C)/放弃(U)]】: {输入@0,18 回车}　　//输入 D 点的相对直角坐标

【指定下一点或[闭合(C)/放弃(U)]】: {输入@-37,22 回车}　　//输入 E 点的相对直角坐标

【指定下一点或[闭合(C)/放弃(U)]】: {输入@-14,0 回车}　　//输入 F 点的相对直角坐标

【指定下一点或[闭合(C)/放弃(U)]】: {输入 C　回车}　//输入 C，按 Enter 键，连接 A 点

4) 保存图形。

## 10.2.2　绘制平面图形(drawing plane graphics)

平面图形的特点由直线和圆弧、多边形、圆弧连接等几何图形组成，AutoCAD 提供很多画图和修改命令来完成图形的绘制。另外，在绘图过程中，通过设置栅格、捕捉、正交方法，极轴和对象追踪、对象捕捉等功能，实现利用鼠标器拾取精确点，如不借助辅助工具，很难准确拾取这些点。因此熟练掌握这些辅助工具能够有效提高效率。

### 10.2.2.1　辅助绘图工具

AutoCAD 提供了一些绘图的辅助工具，利用这些工具可以绘制出更精确的图形。主要介绍：栅格、正交模式；点的捕捉功能；显示控制功能。

**1．草图设置**

AutoCAD 中，有关点的定位的辅助功能设置，集中在一个窗口中进行，调用窗口命令为：

命令：DSETTINGS/[工具]-[绘图设置]

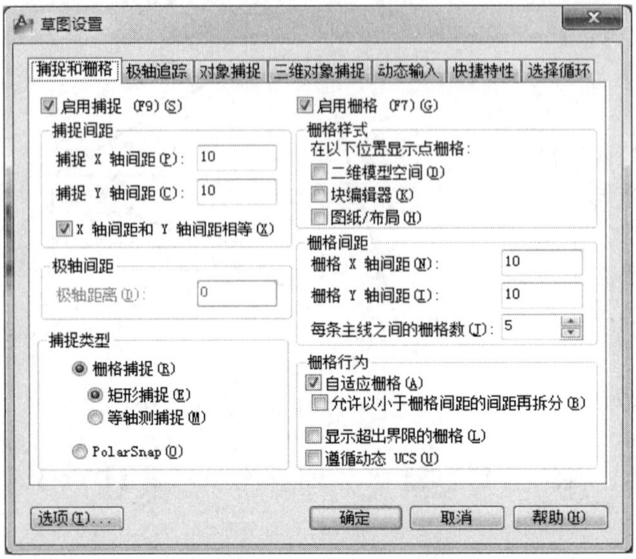


**图 10-18 草图设置——捕捉和栅格对话框**

命令执行，弹出如图 10-18 所示的【草图设置】对话框。其中包括捕捉和栅格、极轴追踪和对象捕捉及动态输入 4 个选项卡。下面介绍如何设置和实现相应的设置。

1) 栅格和捕捉设置：捕捉和栅格选项卡用来设置 AutoCAD 的栅格捕捉与栅格显示等功能，具体内容如图 10-18 所示。

(1) 捕捉启用。打开或关闭栅格捕捉功能。所谓栅格捕捉功能，是 AutoCAD 可以生成一个隐含分布在屏幕上的栅格，这些栅格能够捕捉光标，使得光标只能落到其中的一个栅格点上。还可以使用功能键 F9 或单击状态栏上的【捕捉】按钮实现栅格捕捉功能的打开与关闭。

(2) 捕捉设定。其中“捕捉 X 轴间距”与“捕捉 Y 轴间距”文本框用来设置捕捉栅格在 X、Y 方向上的间距。“角度”框确定捕捉栅格旋转角度，X 基点、Y 基点框用来设定捕捉的原点。

(3) 栅格(Grid)设定。用来打开或关闭及设置栅格功能。显示栅格的间距可与捕捉栅格的间距设置为相等，也可设置为不等。用户可通过图 10-18 的【草图设置】对话框中的“捕捉和栅格”选项来设置栅格在 X、Y 方向上的轴间距(默认为 10)。可用功能键 F7 或单击状态栏上的 Grid 按钮实现打开与关闭栅格功能。

(4) 捕捉类型和样式设定。用户可将捕捉模式设置成栅格捕捉模式。在栅格捕捉模式下，有两种选择：矩形捕捉，即沿水平或垂直方向捕捉；等轴测捕捉，即正等测捕捉模式，在绘制正等测图环境下用此选项。极轴捕捉模式下，光标的捕捉将从极轴追踪起始点并沿着在“极轴模式”选项中设置的角增量方向捕捉。此时应通过“极轴间距”框中的“极轴距离”设置捕捉距离。

2) 极轴追踪设置：极轴追踪选项卡用来进行极轴自动追踪设置，如图 10-19 所示，主要功能如下：

(1) 启用极轴追踪。启用或关闭极轴追踪，利用 F10 键或单击状态栏上的【极轴】按钮可以实现相同的操作。启用极轴追踪功能，用户在绘图中确定追踪起始点后，光标将锁定用户设定的方向及倍角方向移动。

(2) 极轴角设置。设置极轴追踪的角度增量；“附加角”确定极轴追踪时是否采用附加的角度增量，可通过【新建】和【删除】按钮增、删附加角度。

(3) 对象捕捉追踪设置。设定对象捕捉追踪模式，用户可以进行“仅正交模式”和“用所有极轴角设置追踪”之间进行选择。

(4) 极轴角测量。设定是采用绝对角度测量，还是相对于上一对象进行测量。

使用自动追踪，必须打开对象捕捉，AutoCAD 首先捕捉一个几何点作为追踪的参考点，然后按照水平、垂直或设定的极轴方向追踪。

3) 对象捕捉设置：通过“对象捕捉”选项卡启用对象自动捕捉和对象自动捕捉追踪功能。相应设置对话框如图 10-20 所示。

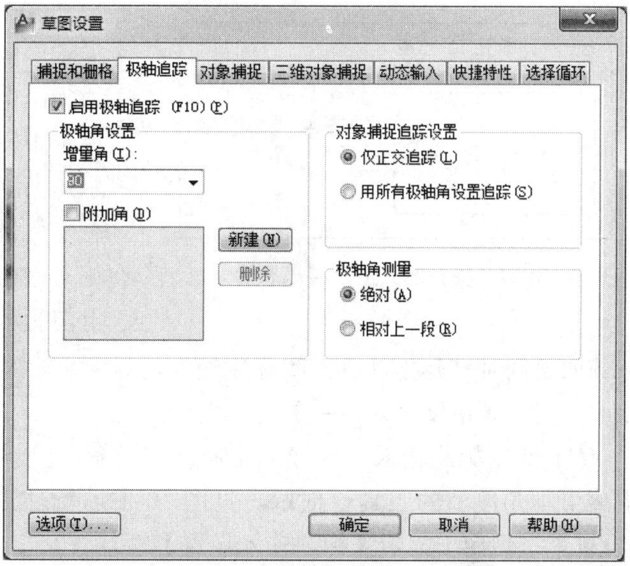


图 10-19　极轴追踪设置对话框

(1) 启用对象捕捉。确定是否启用对象自动捕捉功能，利用 F3 键或状态栏上的【对象捕捉】按钮可以实现该设置。启用对象自动捕捉功能后绘图时能自动捕捉到在“对象捕捉模式”框中设置的相应性质的点。

(2) 启用对象捕捉追踪。确定是否启用对象自动捕捉追踪功能，利用功能键 F10 或单击工具栏上的【对象追踪】按钮可以实现该设置。启用此项功能，绘图时提示用户确定一点时，便会基于指定的捕捉点沿指定的方向追踪。

(3) 对象捕捉模式。确定对象自动捕捉的模式，用户可从相应的框中选择相应性质的点。如果全选可用按钮全部选择，刷新用按钮全部清除。

4) 动态输入设置：通过“动态输入”选项卡可以控制指针输入、标注输入、动态提示以及绘图工具栏提示的外观，相应设置对话框如图 10-21 所示。

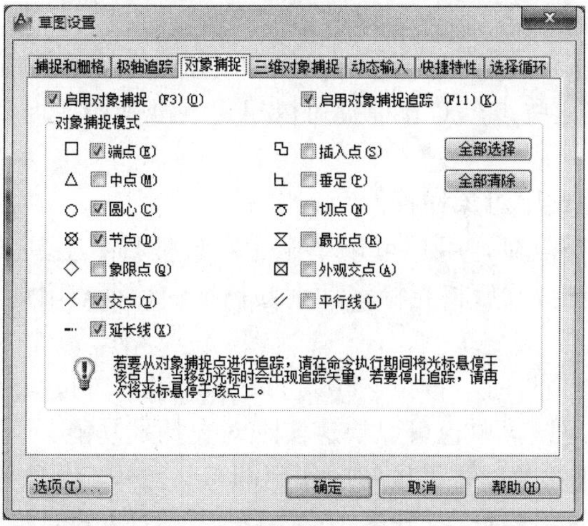


图 10-20　对象捕捉设置对话框

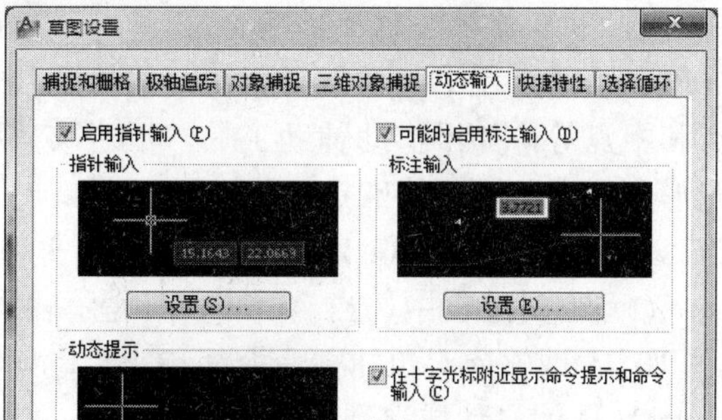


图 10-21　动态输入设置对话框

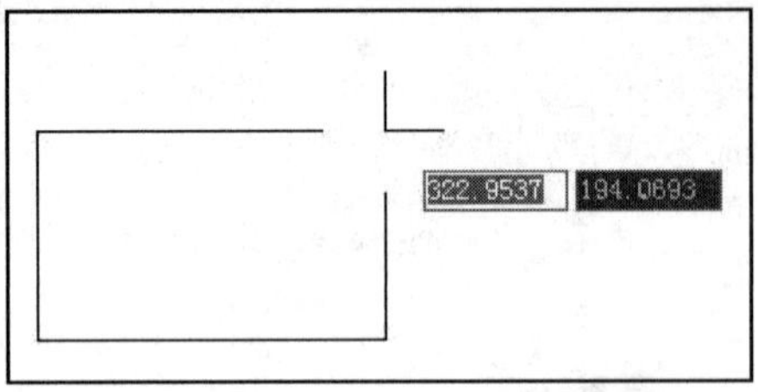


图 10-22　指针输入工具栏动态提示

(1) 启用指针输入。打开指针输入。工具栏提示中的十字光标位置的坐标值将显示在光标旁边(图 10-22)。命令提示输入点时，可以在工具栏提示中输入坐标值(Tab 键切换到下一个工具栏提示)，而不用在命令行上输入。在指定点时，第一个坐标是绝对坐标，第二个或第一个点的格式是相对极坐标。如果需要输入绝对值，请在前面加上前缀#。

如果同时打开指针输入和标注输入，则标注输入在可用时，将取代指针输入。【设置】按钮用于显示【指针输入设置】对话框。

(2) 启用标注输入。打开标注输入。当命令提示输入第二个点或距离时，将显示标注的距离值与角度值的工具栏提示，见图 10-23。标注工具栏提示中的值将随光标移动而更改。【设置】按钮用于显示【标注输入设置】对话框。

(3) 动态提示。需要时将在光标旁边显示工具栏提示中的提示，以完成命令，见图 10-24。可以在工具栏提示中输入值，而不用在命令行上输入值。

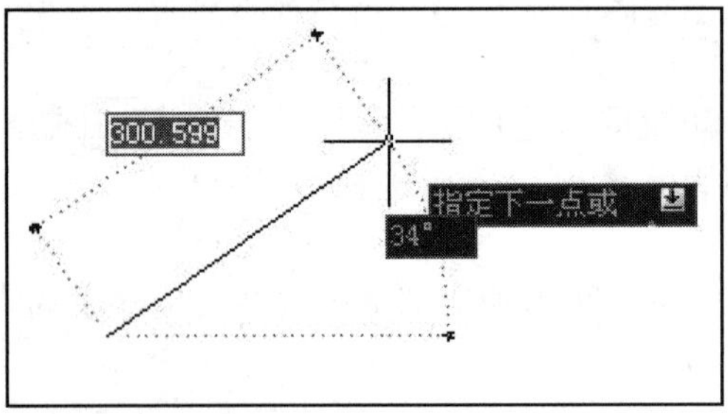


图 10-23　标注输入工具栏动态提示

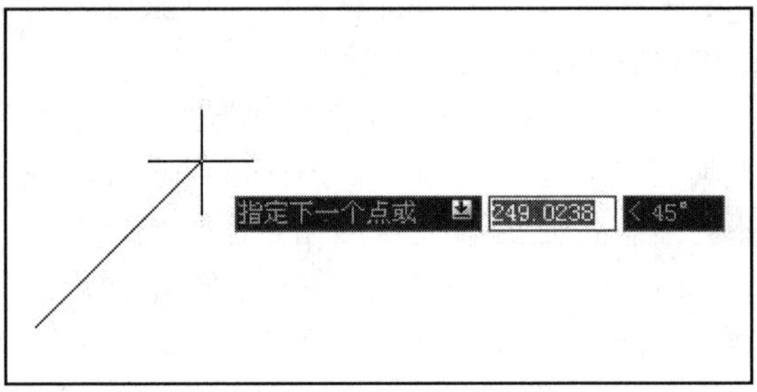


图 10-24　工具栏动态提示

**2．对象捕捉**

在绘图过程中，常常需要在一些特殊几何点间连线，例如，过已知圆的圆心，线段的端点和中点等，如不借助辅助工具，很难准确拾取这些点。对象捕捉可以迅速、准确地捕捉到图形实体上的这些特殊点。

1) 对象捕捉模式：用户可以用以下 3 种方法调用对象捕捉。

(1) 绘图过程中，当 AutoCAD 提示输入一个点时，用户可以单击【对象捕捉】工具条(图 10-25)或输入对象捕捉命令简称来启动对象捕捉，然后将光标移动到要捕捉的特征点附近，AutoCAD 就自动捕捉到该点。

(2) 利用光标菜单，当 AutoCAD 提示输入一个点时，按下 Shift 键或 Ctrl 键同时按鼠标右键，便会弹出如图 10-26 所示的光标菜单，利用该菜单也可以快速实现对象捕捉功能。

(3) 采用自动捕捉方式定位点，在状态栏的【对象捕捉】按钮起作用即可。另外，对象捕捉的设置。右键单击【对象捕捉】按钮，选择[设置]选项，打开图 10-25【草图设置】对话框，在对话框中设置所需的捕捉方式。

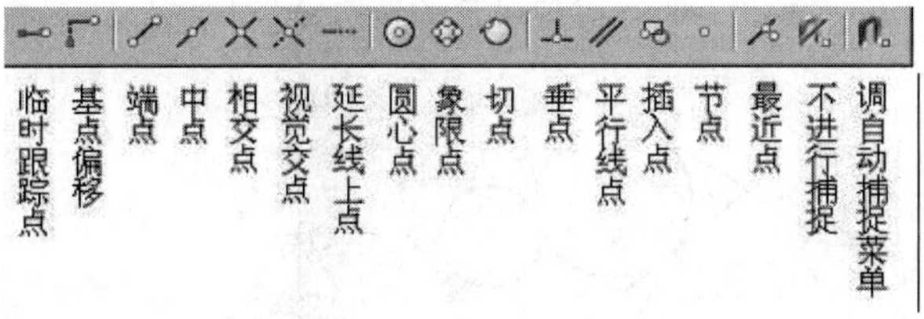


图 10-25 对象捕捉工具栏

图 10-26 对象捕捉快捷菜单

**提示**：前面两种捕捉方式只对当前操作有效，命令结束后，捕捉模式自动关闭，这种捕捉模式称为覆盖捕捉方式。

2) 点过滤：AutoCAD 提供了一种点过滤器功能。在作图时，有时用户需要得到某个拾取点的 X 坐标或 Y 坐标，就可以利用点位过滤器。点位过滤器有“.X”“.Y”“.Z”“.XY”“.XZ”“.YZ”分别得到拾取点的 X、Y、Z、XY、XZ、和 YZ 坐标。如果在提示输入点时，以“.X”回应，则系统提示输入 X 坐标，接着系统提示需要 YZ 坐标，再拾取另一点得到 YZ 坐标，这样，通过一点的 X 坐标和另一点的 YZ 坐标得到了新的点。可以在 AutoCAD 提示点的任何时候激活点过滤器，方法是在要过滤的坐标名(X、Y、Z 或其组合)前加点。

3) 对象捕捉的应用：在绘图过程中，当 AutoCAD 提示用户输入一点时，利用对象捕捉功能准确地捕捉到上指定点，这在绘图过程中是十分重要的。

4) 正交功能打开与关闭

功能：控制是否以正交方式绘图。在正交方式下，用户可以方便地绘制出与当前栅格轴平行或垂直的线段。

命令：ORTHO / 正交 / F8

输入模式 [开(ON) / 关(OFF)] <开>:

设定正交方式是否有效，也可以通过状态条上的【正交】按钮或利用功能键 F8 进行设置。

#### 10.2.2.2 绘图命令

1．**圆**(Circle)

功能：绘制圆。

命令：CIRCLE /[绘图]-[圆]/

操作过程见命令的执行过程。另外在菜单中还有一种画圆方式【相切、相切、相切】，用户可以通过该方式绘制一个与三个对象相切的圆。操作方式如下：

选择下拉菜单：[绘图]-[圆]-[相切、相切、相切]；命令行提示如下：

命令：_circle 指定圆的圆心或 [三点(3P)/两点(2P)/相切、相切、半径(T)]： _3p

指定圆上的第一个点： _tan 到{选择第一个相切对象上的一点(tan1)}；

指定圆上的第二个点： _tan 到{选择第一个相切对象上的一点(tan2)}；

指定圆上的第三个点：_tan 到{选择第一个相切对象上的一点(tan3)}；

说明：屏幕上必须有三个图形实体(图中的三条线)。

画圆示例见图 10-27。

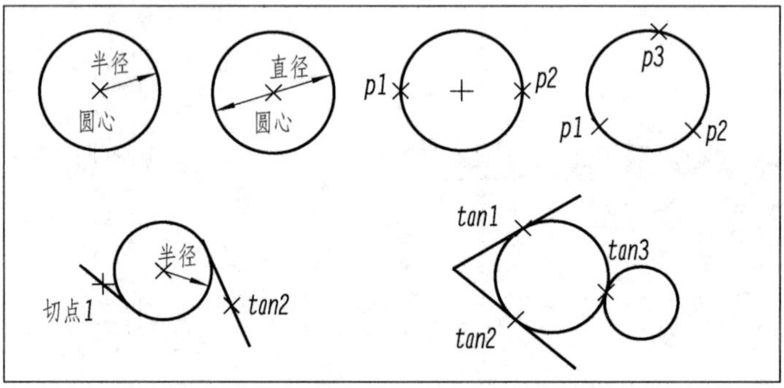


**图 10-27 圆的绘制方法**

2．**椭圆**(Ellipse)

功能：绘制椭圆

命令：ELLIPSE / [绘图]-[椭圆]/

指定椭圆的轴端点或 [圆弧(A)/中心点(C)]： {确定椭圆轴的一个端点(1)}

✧ 直接输入一点，确定椭圆轴的一个端点，接着提示：

指定轴的另一个端点：{确定椭圆轴的另一个端点(2)}

指定另一条半轴长度或 [旋转(R)]： {确定另一轴的半长(3)或选择“R”}

此时可以直接输入椭圆另一轴的半长，通过确定长、短轴绘制椭圆，如果选择“R”则通过绕第一条轴将圆旋转一定角度(范围为 0～89.4°)，使其投影为椭圆。选择“R”后，接着提示：

指定绕长轴旋转的角度：{确定绕主轴旋转的角度，点(3)}

✧ A：圆弧选项，用来绘制椭圆弧。选择该项后，计算机先完成椭圆的绘制，接着提示

指定起始角度或 [参数(P)]： {确定起点角度 4 或[参数]}

指定终止角度或 [参数(P)/包含角度(I)]： {确定起点角度 5 或[参数]}

确定椭圆弧大小有两种方式，一种方式是给定开始角度、终止角度，另一种方式为参数方式。

✧ C：用中心点画椭圆，选择后接着提示

指定椭圆的轴端点或 [圆弧(A)/中心点(C)]： C

指定椭圆的中心点：{确定椭圆的中心 1}

指定轴的端点：{确定椭圆轴的端点 2}

指定另一条半轴长度或 [旋转(R)]： {确定另一椭圆轴的半轴长 3 或选择“R”项}

画椭圆示例见图 10-28。

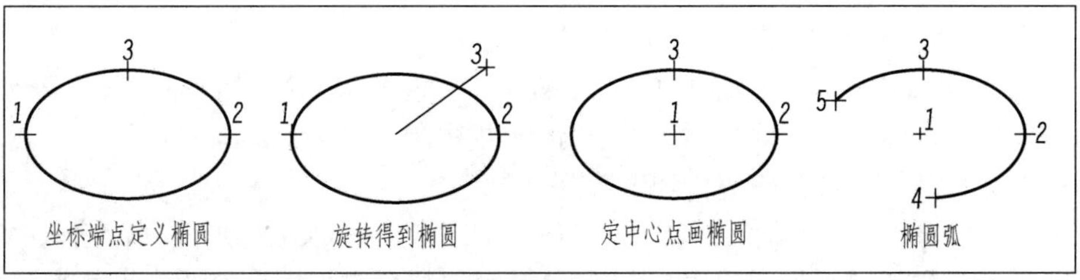


图 10-28 椭圆画法

3．**多边形**(Polygon)

功能：绘制正多边形

命令：POLYGON / [绘图]-[多边形]/

POLYGON 输入边的数目<缺省值>：{确定多边形边数}

指定正多边形的中心点或 [边(E)]：{输入多边形的中心或以定边的方式绘制正多边形}

✧ 直接确定中心，确定中心后，接着提示：

输入选项 [内接于圆(I)/外切于圆(C)] <I> ：{输入多边形绘制方式，“I” 内切 “C” 为外接}

选择后接着提示：

指定圆的半径：{确定圆的半径}

✧ E：通过定义多边形的边来确定，选择后提示：

指定边的第一个端点：{确定边上的一个端点(1)}

指定边的第二个端点：{确定边上的另一个端点(2)}

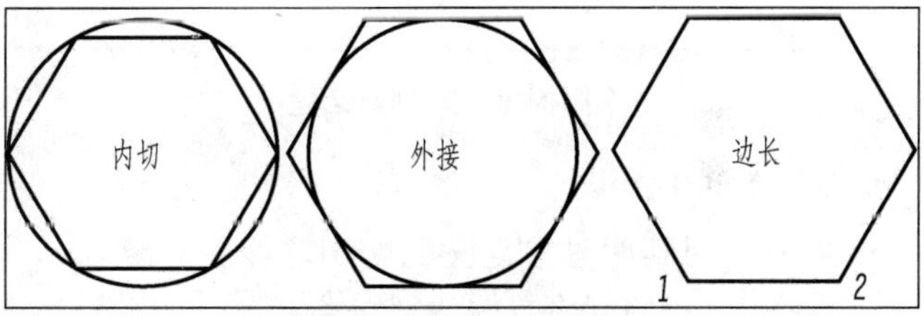


图 10-29 多边形画法

绘制正多边形的示例见图 10-29。

#### 10.2.2.3 图形编辑命令

1．**删除对象**(Erase)

功能：从图形中删除指定对象

命令：E(Erase) / [修改]-[删除]/

选择对象：{选择要删除的对象}

选择对象：{回车或空格，也可继续选择对象}

2．**阵列**(Array)

功能：创建按指定方式排列的多个对象副本

命令：ARRAY / [修改]-[ 阵列]/

输入命令后 AutoCAD 会弹出如图 10-30 所示【阵列】对话框，用户通过对话框非常简便直观地进行矩形阵列和环形阵列操作。

在高版本的 AutoCAD 中，输入命令后不会弹出对话框，先提示选择对象，并且矩形阵列和环形阵列分别输入命令，需要按照提示操作或在“阵列”上下文功能区中输入修改值，具体如下。

命令：ARRAYRECT / [修改]-[ 矩形阵列] /

输入命令后 AutoCAD 提示选择对象，按 Enter 键将显示默认的矩形阵列，在阵列预览中，拖动夹点以调整间距以及行数和列数，操作示例如图 10-31 所示。

命令：ARRAYPOLAR / [修改]-[环形阵列]/

输入命令后 AutoCAD 提示选择对象，按 Enter 键将显示预览环形阵列，输入“i(项目)”后输入阵列数量，输入“a(角度)”后输入要填充的角度，也可以拖动箭头夹点来调整填充角度，操作示例如图 10-31 所示。

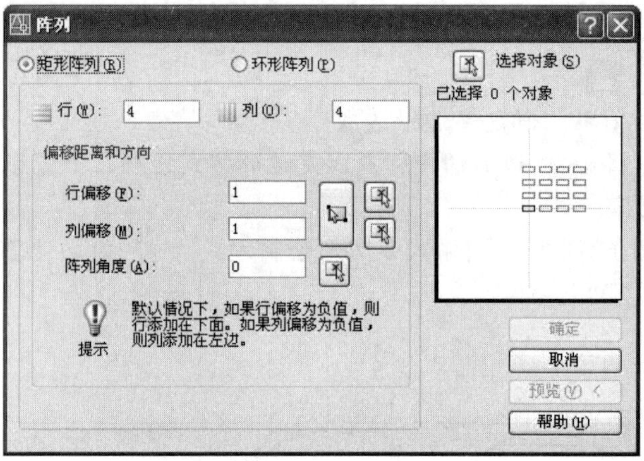


图 10-30 阵列对话框

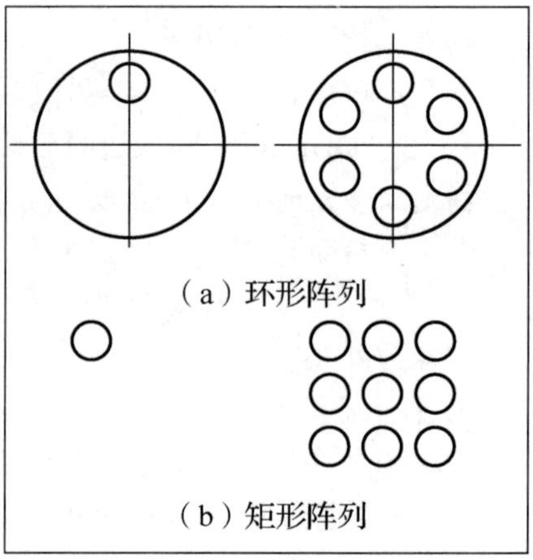


图 10-31 阵列示例图

3．**修剪**(Trim)

功能：用其他对象定义的剪切边修剪对象。

命令：TRIM /[修改]-[修剪] /

当前设置：投影=UCS，边=无

选择剪切边...

选择对象或 <全部选择>：{选择一个或多个对象并按 Enter 键，或者按 Enter 键选择所有显示的对象}

选择要修剪的对象，或按住 Shift 键选择要延伸的对象，或

[栏选(F)/窗交(C)/投影(P)/边(E)/删除(R)/放弃(U)]：{选择要剪切的对象，按住 Shift 键选择要延伸的对象，或输入选项}：

各选项含义如下，请参阅帮助或其他参考书。

**提示：**某些要修剪的对象的交叉选择不确定时，TRIM 将沿着矩形交叉窗口从第一个点以顺时针方向选择遇到的第一个对象。

4．**镜像**(Mirror)

功能：创建对象的镜像图像副本。

命令： MIRROR /[修改]- 镜像]/

选择对象：{选择要镜像的对象}

指定镜像线的第一点：指定镜像线的第二点：

是否删除源对象？[是〔Y〕/ 否〔N〕] <N>：

若直接回车，即执行缺省项，镜像复制源对象的同时，保留原来的对象；若回应“是〈Y〉”，则在镜像复制的同时，还要删除源对象。

5．**旋转**(Rotate)

功能：绕基点旋转对象。

命令：ROTATE / [修改]-[旋转]/

选择对象：{选择要旋转的对象}

指定基点：{确定旋转的基点}

指定旋转角度或[复制(C)/参照(R)] <默认值>：{输入角度数值、第二点或选项关键字 C 或 R}

如果直接指定旋转角度，将对象绕基点旋转该角度，逆时针为正，顺时针为负；若选择[C]选项，则保留原来的图形；若选择[R]选项，则以参考方式旋转对象，执行该选项，命令行提示：

指定参考角〔0〕：{指定当前的绝对旋转角度和所需的新旋转角度}

指定新角度：{指定新绝对角度}

执行结果：对象先假想绕基点旋转在指定参考角的角度，转动的方向与系统变量 ANGDIR 确定的方向相反，然后再旋转相对于参考方向的角度，即实际旋转的角度是：相对于参考方向的角度(新角度)减去参考角度。

6．**延伸**(Extend)

功能：将对象延伸到另一对象。

命令：EXTEND / [修改]-[延伸]/

当前设置：投影=无，边=延伸，　选择边界边…

选择对象<全部选择>：{选择作为延伸边的对象，或按 Enter 键选择所有对象作为可能的延伸边界}

选择要延伸的对象，或按住 Shift 键选择要修剪的对象，或[栏选(F)/窗交(C)/投影(P)/边(E)/放弃(U)]：{选择要延伸的对象，或按住 Shift 键选择要修剪的对象，或输入选项}{操作与修剪命令相同}

延伸和剪切两命令可互相切换：在执行 TRIM 命令过程中，如果在选择需要修整的对象的同时按住 Shift 键，就可以转换成执行 EXTEND 命令，即延伸所选择的对象。反之亦然，如图 10-32 所示。

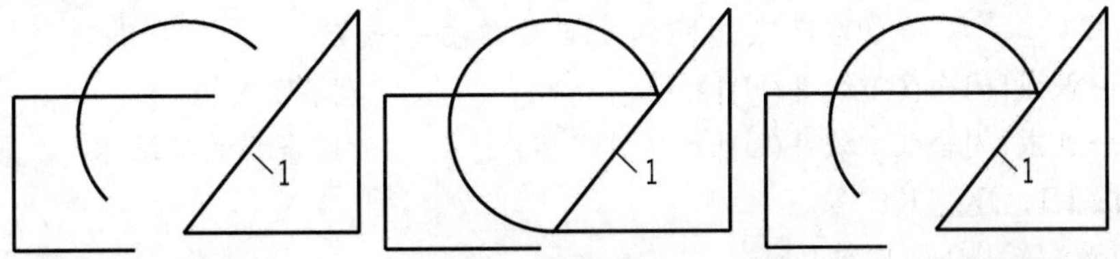


(a) 原图　　(b) 延伸边界1　　(c) 不延伸边界1

图 10-32　延伸示例图

#### 10.2.2.4　平面图形的绘制

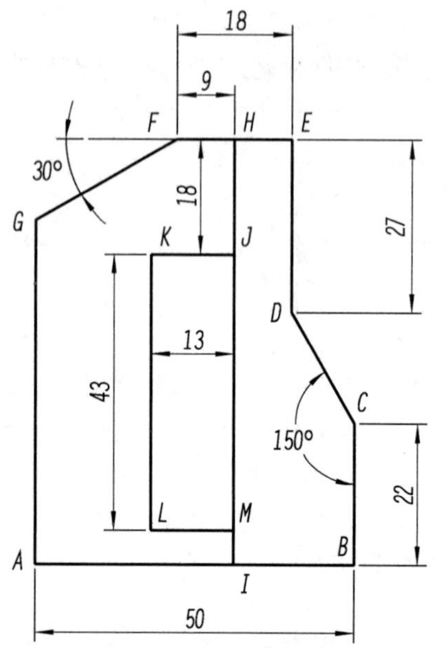


图 10-33　画线练习

平面图形的绘制主要包括以下几个步骤。

1) 图形分析：尺寸分析，线段分析，明确图幅大小、绘图比例。

2) 绘图环境设置：图层及图层特性。

3) 图形绘制：图形的绘制与修改，明确命令使用方法。

4) 图形保存。

**例 10.3**　精确绘制简单平面图形

本例题主要应用直线命令，点的坐标输入，对象捕捉、极轴追踪、自动追踪等工具的设置方法与应用进行快速、精确的绘制平面图形。

分析：图 10-33 所示图形的特点直线组成，用直线命令就可完成画图，通过正确设置对象追踪、极轴和对象捕捉能够快速绘制该图形。

**作图步骤：**

(1) 创建图形文件。利用【新建】命令，创建一个新的图形文件。

(2) 设置绘图环境。绘图环境设置包括系统设置和基本绘图设置。系统环境设置采用默认设置，基本绘图设置可以直接调用例 10.1 的设置。

(3) 绘制图形

① 画线段 AB、BC、CD 等。

命令：Line / [绘图]-[直线]/

Line 指定第一点：{(单击任一点 A)，回车}　　//单击 A 点
【指定下一点或[放弃(U)]】:{输入 50 回车}　　//从 A 点向右追踪并输入追踪距离
【指定下一点或[放弃(U)]】: {输入 22 回车}　　//从 B 点向上追踪并输入追踪距离
【指定下一点或[闭合(C)/放弃(U)]】: {输入 20 回车}　　//从 C 点沿 120°方向追踪并输距离
【指定下一点或[闭合(C)/放弃(U)]】: {输入 27 回车}　　//从 D 点向上追踪并输追踪距离
【指定下一点或[闭合(C)/放弃(U)]】: {输入 18 回车}　　//从 E 点向左追踪并输追踪距离
//从 A 点向上移动光标，系统显示竖直追踪线
//当光标移动到某一位置时，系统显示 210° 方向追踪
【指定下一点或[闭合(C)/放弃(U)]】: {(单击交点 G)，回车}
//在两条追踪线交点处单击一点 G
【指定下一点或[闭合(C)/放弃(U)]】:　　//捕捉 A 点
【指定下一点或[闭合(C)/放弃(U)]】:　{回车}　　//按 Enter 键结束

② 画线段 HI、JK、KL 等。

命令：Line / [绘图]-[ 直线]/

Line 指定第一点：{输入 9 回车}　　//从 F 点向右追踪并输追踪距离
【指定下一点或[放弃(U)]】:　　//从 H 点向下追踪并捕捉交点 I

【指定下一点或[放弃(U)]】:{回车}　　//按 Enter 键结束
Line 指定第一点：输入 18 回车}　　//从 H 点向下追踪并输入追踪距离
【指定下一点或[放弃(U)]】：输入 13 回车}　　//从 J 点向左追踪并输入追踪距离
【指定下一点或[放弃(U)]】：输入 43 回车}　　//从 K 点向下追踪并输入追踪距离
【指定下一点或[放弃(U)]】:　　//从 L 点向右追踪并捕捉交点 M
【指定下一点或[放弃(U)]】：{回车}　　//按 Enter 键结束

(4) 图形保存。

**例 10.4**　绘制复杂平面图形 1

本例题应用圆命令的各种功能，对象捕捉切点的设置、圆切线画法，用修剪命令、阵列命令(环形阵列、圆形阵列)、偏移命令、延伸命令、删除命令进行绘制如图 10-34 的复杂平面图形。

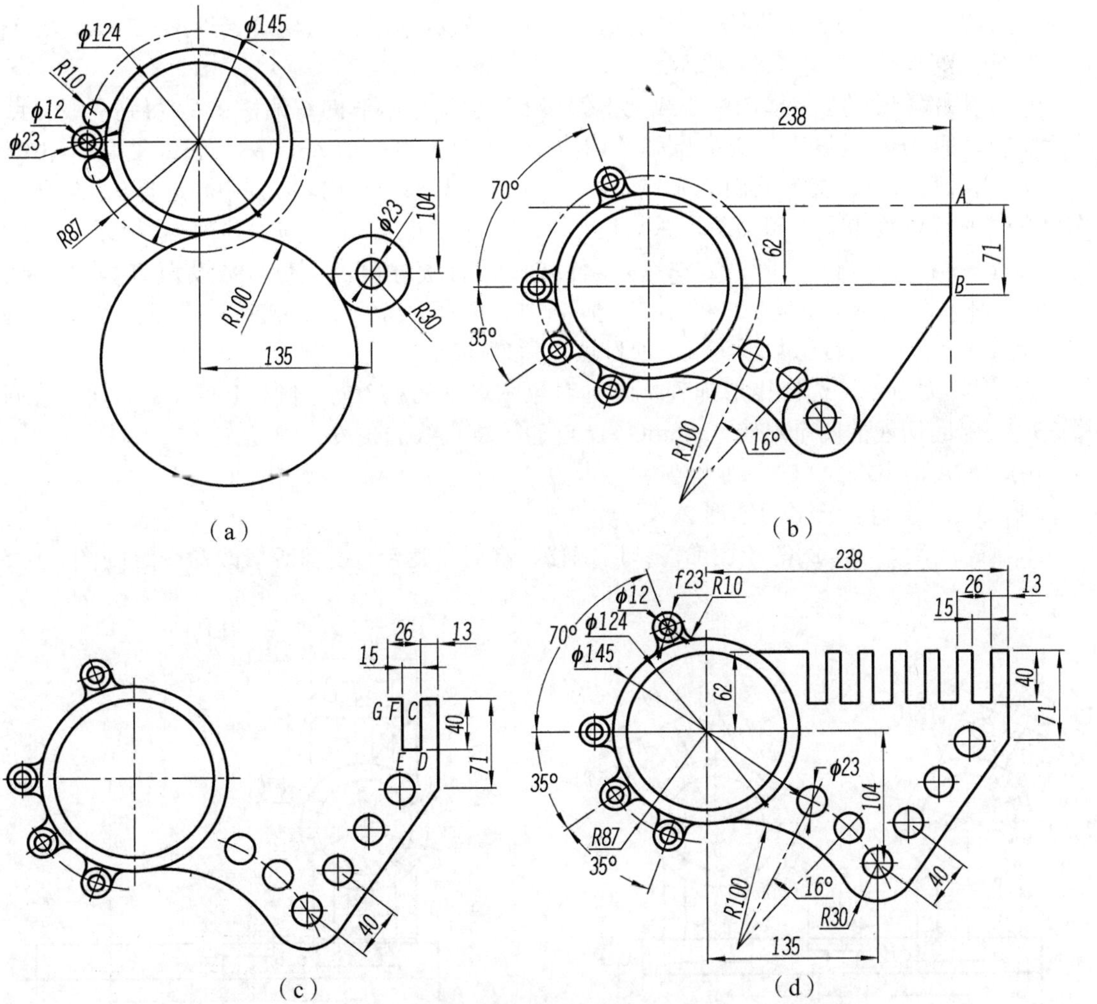


图 10-34　复杂平面图形 1 绘图步骤

**分析**：图 10-34 所示图形的特点由直线、圆和连接弧组成，用直线、圆、阵列和修剪命令即可绘制该图形。

**作图步骤**：

(1) 创建图形文件并设置绘图环境。绘图环境设置包括系统设置和基本绘图设置。系统环境设置采用默认设置，基本绘图设置使用例 10.1 的设置，直接调用。

将对象捕捉设置为端点、圆心、交点和延伸交点，并打开对象捕捉。

(2) 绘制图形

① 将当前图层设置为中心线层。

② 用画线命令绘制图 10-34(a)所示的$\phi 124$ 的中心线，用画圆命令绘制$\phi 124$ 圆、$\phi 145$ 圆、*R87* 中心线圆、$\phi$23 圆和$\phi$12 圆。

③ 用画线命令绘制$\phi$23 圆的上下水平切线。

④ 选择下拉菜单[绘图]–[圆]–[相切、相切、半径]方式画圆，选择相切对象为$\phi 145$ 圆和$\phi$23 圆的切线，半径 *10*，用同样方式绘制图形下面 *R100* 圆弧，相切对象为$\phi 145$ 圆和 *R30* 圆。

⑤ 用修剪命令，裁剪多余圆弧。

⑥ 使用偏移命令，将横向中心线向上偏移 *62*，竖直中心线向右偏移 *238*，得到两线交点 *A*，然后绘制直线 *AB*，过 *B* 点做 *R30* 圆弧的切线，用修剪命令裁剪 *R30* 多余圆弧[图 10-34(b)]。

⑦ 用阵列命令，选择环形阵列，阵列对象左侧小圆部分结构，阵列中心选择$\phi 145$ 的圆心，阵列方法项目总数和项目间夹角，总数设为 *3*，项目间夹角 *35*°；向上阵列小圆部分结构，阵列中心选择$\phi 145$ 的圆心，阵列方法选择项目总数和填充角度，项目总数设为 *2*，项目填充角度-*70*°；环形阵列图形下面$\phi 23$ 的小圆，阵列中心选择 *R100* 圆弧的圆心，阵列方法选择项目总数和填充角度，项目总数设为 *3*，项目填充角度 *32*°。

⑧ 用阵列命令，选择矩形阵列，阵列对象图形下面$\phi$23 的小圆，1 行 4 列，阵列角度选择 *R30* 圆弧的切线的两个端点，AutoCAD 自动计算直线的角度。

(4) 保存图形文件。

**例 10.5** 绘制复杂平面图形 2

本例题应用直线、圆等绘图命令；用偏移、修剪、旋转、镜像等修改命令绘制图 10-35(a)所示的平面图形。

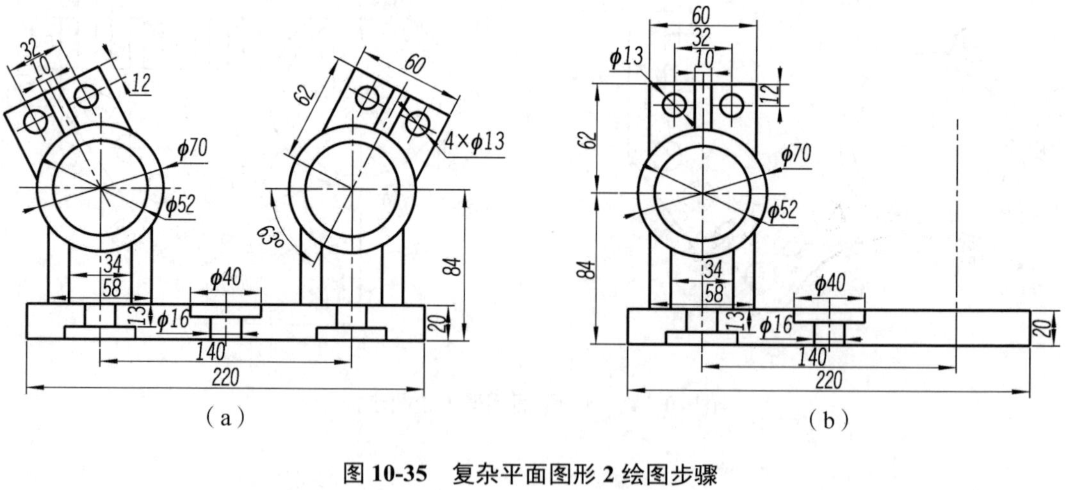


图 10-35 复杂平面图形 2 绘图步骤

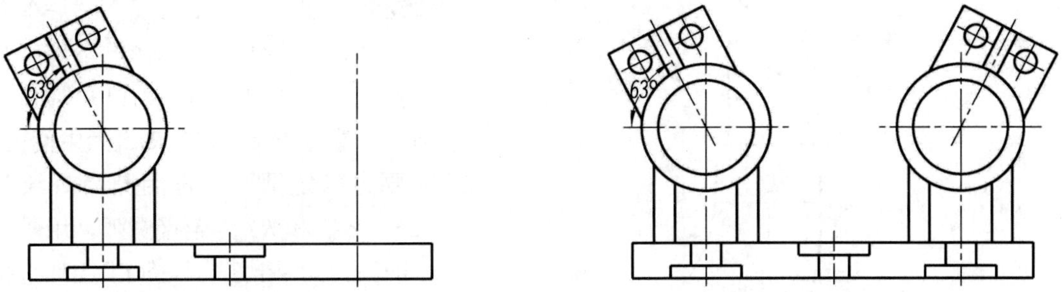


（c）　　　　　　　　　　（d）

**续图 10-35**

**分析**：图 10-35 所示图形的特点有倾斜结构，左右对称，画完图形以后用旋转命令绘制出倾斜图形，用镜像命令完成图形的绘制。

**作图步骤**：

(1) 创建图形文件。

(2) 设置绘图环境

① 以零层为基础新建 3 个新图层。

层名为轮廓线，线宽为 0.5，其余属性为默认；

层名为中心线，线型为 Center，其余属性为默认；

层名为标注，其余属性为默认。

② 将对象捕捉设置为端点、圆心和交点，并打开对象捕捉和正交模式。

(3) 绘制图形

① 按照尺寸使用直线、圆、偏移以及修剪命令绘制图 10-35(b)所示图形。

② 使用旋转命令，将图 10-35(b)变成图 10-35(c)所示图形。

命令：ROTATE / [修改]-[ 旋转] /

选择对象：{选择图 10-35(b)中 $\phi 52$ 圆上面的结构}

指定基点：{选择 $\phi 52$ 圆的圆心}

指定旋转角度或[复制(C)/参照(R)] <默认值>：{输入 63°}

③ 使用镜像命令，将图 10-35(c)变成图 10-35(d)所示图形。

命令：MIRROR /[修改]-[ 镜像]/

选择对象：{选择图 10-35(c)中镜像的对象}

指定镜像线的第一点：指定镜像线的第二点：{选择图 10-37(c)中 $\phi 40$ 轴线的两个端点}

是否删除源对象？[是〔Y〕/ 否〔N〕] ＜N＞：{回车}

(4) 保存图形文件。

**例 10.6　绘制吊钩**

本例题应用平面图形的尺寸分析、线段分析、已知线段、中间弧、连接弧的画法绘制图 10-36 所示的吊钩。

分析：图 10-36 所示的吊钩顶部是直线构成，并且为已知线段，可以用直线命令输入数

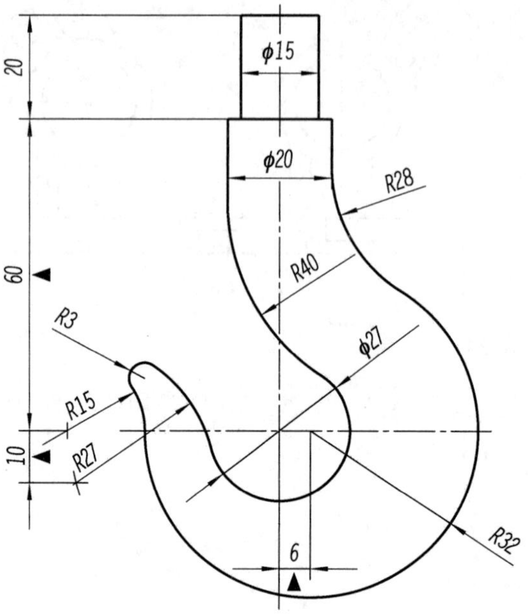


图 10-36 吊钩

值绘制，也可偏移中心线，然后多余的线用剪切命令绘制。图形的下部都是由圆弧构成，*ϕ27*、*R32* 为已知圆弧，用圆命令直接绘制；*R27*、*R15* 为中间圆弧，需要先确定圆心，再用圆命令绘制；*R28*、*R40* 和 *R3* 为连接圆弧，用画圆命令的[相切、相切、半径(T)]选项直接绘制即可。

**作图步骤：**

(1) 创建图形文件。

(2) 设置绘图环境

① 以零层为基础新建 3 个新图层。

层名为轮廓线，线宽为 0.5，其余属性为默认；

层名为中心线，线型为 Center，其余属性为默认；

层名为标注，其余属性为默认。

② 将对象捕捉设置为端点、圆心和交点，并打开对象捕捉和正交模式。

(3) 绘制图形

① 启动画线命令，画出直线 *AB* 和 *CD*[图 10-37(a)]。

② 将直线 *CD* 向上偏移 *80* 和 *60*，得两条水平线；将直线 *AB* 分别向左和向右偏移，画出ϕ15 和ϕ20 四条竖直线[图 10-37(a)]。

③ 剪切多余的线段，如图 10-37(b)所示。

④ 启动画圆命令，以 E 为圆心画出*ϕ27* 圆[图 10-37(b)]。

⑤ 将直线 *AB* 向右偏移 *6*，得一直线与 *CD* 相交于 *F* 点[图 10-37(b)]。

⑥ 以 *F* 为圆心画出 *R32* 的圆[图 10-37(b)]。

⑦ 将直线 *CD* 向下偏移 *10*，得直线 *GH*[图 10-37(b)]。

⑧ 确定 *R27* 弧的圆心。以 *E* 为圆心，以(*27+13.5*)为半径画圆与直线 *GH* 相交于一点 *M*，则 *M* 为 *R27* 弧的圆心[图 10-37(b)]。

⑨ 画出 *R27* 的圆，删除 *R*(*27+13.5*)的圆[图 10-37(c)]。

⑩ 确定 *R15* 弧的圆心。以 *F* 为圆心，以(*32+15*)为半径画圆与直线 *CD* 相交于一点 *N*，则 *N* 为 *R15* 弧的圆心[图 10-37(c)]。

⑪ 画出 *R15* 的圆，删除 *R*(*32+15*)的圆[图 10-37(c)]。

⑫ 启动画圆命令，选择[相切、相切、半径(T)]选项，画出 *R28* 和 *R40* 两圆弧[图 10-37(d)]。

⑬ 用修剪命令将多余的线段剪掉[图 10-37(e)]。

⑭ 同理画出 *R3* 圆弧[图 10-37(f)]，并将多余的线段剪掉(图 10-37)。

(4) 图形文件保存。

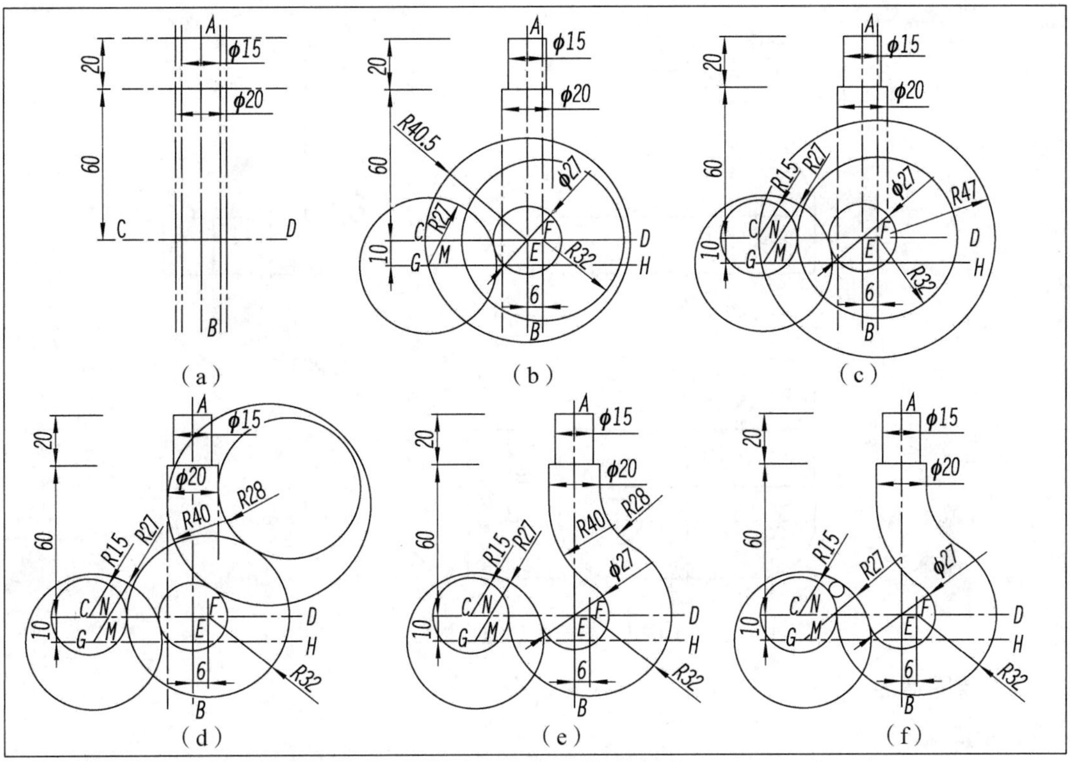


图 10-37　吊钩的作图步骤

# 10.3　AutoCAD 绘制组合体的三视图(Draw three views of the assembly by using AutoCAD)

三视图是工程图样的基础，无论立体简单与复杂，三视图都是由不同形状的平面图形组成，按照 10.2.2.4 的平面图形的绘制方法，并且保证三视图长对正、高平齐、宽相等的投影规律；在绘制图形的过程中，正确运用图形分析方法，并正确绘制截交线和相贯线。AutoCAD 绘制三视图有以下 3 种方法。

(1) 辅助线法。利用构造线作为辅助线，确保视图之间的“三等”关系，并结合图形进行必要的编辑，完成图形。

(2) 对象捕捉追踪法。利用对象捕捉追踪、正交等辅助工具，保证视图之间的“三等”关系，并进行必要的编辑，完成图形。

(3) 用偏移(offset)命令，给出宽度距离或选择两点计算宽度俯视图和左视图“宽相等”。

## 10.3.1　绘制简单组合体的三视图(Draw three views of the Simple assembly)

图 10-38 所示简单叠加组合体由基本几何体经叠加组合而成，三视图是有简单的几何图形组成，该类组合体的画法就是如何保证三视图长对正、高平齐、宽相等的投影规律，从而正确地绘制三视图。

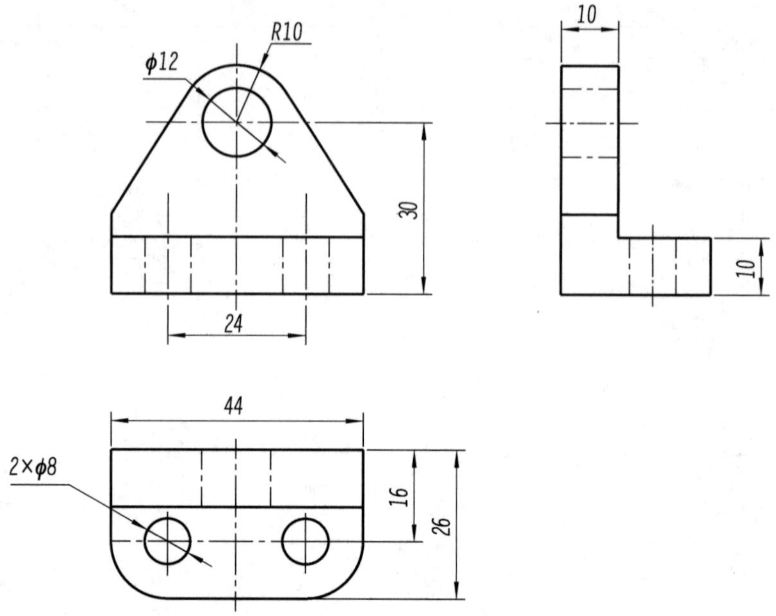


图 10-38　简单叠加组合体三视图

### 10.3.1.1　绘图命令

**1．绘点**

功能：按预先选定的样式绘制点。

命令：POINT/[绘图]-[点]-[单点]或[多点]/

指定点：{确定一个点}

指定点：{确定另一个点或回车结束}

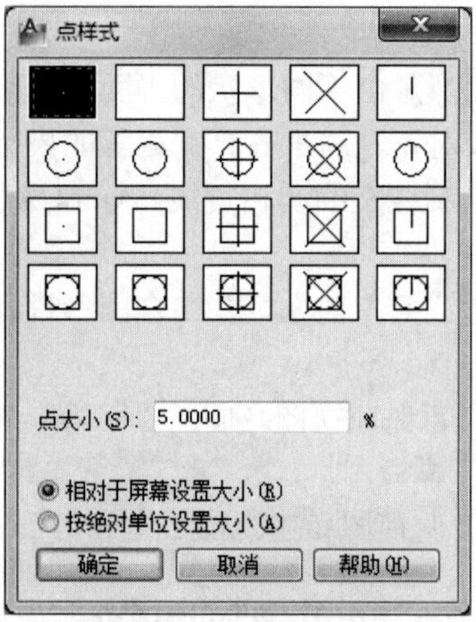


图 10-39　设置点的样式

说明：

(1) 如用户对默认的点的样式及显示的大小不满意，可以通过下列命令进行修改。

命令：DDPTYPE / [格式]-[点样式]

命令执行后出现【点样式】对话框，如图 10-39 所示，用户可在对话框中进行点样式设置。

(2) 也可由系统变量 PDMODE、PDSIZE 的值来确定。

**2．等分点**

功能：在指定对象上绘等分点或在等分点处插入块。

命令： DIVIDE/[绘图]-[点]-[定数等分]/

选择要定数等分的对象：{选择要等分的对象}；

输入线段数目或 [块(B)]：{输入等分数量}；

若在“输入线段数目或 [块(B)]”提示下用“B”响应，表示在等分点处插入块。提示如下：(关于块，参见 BLOCK)。

输入要插入的块名：{输入块的名字}

是否对齐块和对象？[是(Y)/否(N)]：｛Y(或 N)｝
输入线段数目：｛输入要插入块数量｝

3．**绘测量点**

功能：在指定对象上按指定的长度在分点处用点做标记或插入块。
命令：MEASURE [绘图]-[点]-[定距等分]/
选择要定距等分的对象：｛选择要等分的对象｝↓
指定线段长度或 [块(B)]：｛输入等分长度值｝
关于“BLOCK”选项，与“DIVIDE”中的类似。

#### 10.3.1.2　图形编辑命令

1．**复制**

功能：将指定对象按照指定的位置复制一个或多个。
命令：　COPY/ [修改]-[复制对象]/
选择对象：｛选择要复制的对象｝
指定基点或 [位移(D)] <位移>：｛指定点或选择 D 项｝
指定第二个点或 <使用第一个点作为位移>：
指定第二个点或 [退出(E)/放弃(U)] <退出>：

(1) 基点或位移。在“指定基点或[位移(D)]：”提示下直接确定一点，即以此点为基准点进行复制，接下来命令行提示：

指定位移的第二点或〈用第一点作位移〉：｛指定点或按 Enter 键｝

如果指定两个点，AutoCAD 使用第一个点作为基点并相对于该基点放置单个副本。指定的两个点定义了一个位移矢量，它确定选定对象的移动距离和移动方向。

如果在“指定位移的第二个点”的提示下按 Enter 键，则第一个点被当作相对于 X,Y,Z 的位移。例如，如果指定基点为 2,3 并在下一个提示下按 Enter 键，则该对象从它当前的位置开始在 X 方向上移动 2 个单位，在 Y 方向上移动 3 个单位。这种情况下，第一个点通常从键盘输入。

(2) 位移。在“指定基点或[位移(D)]：”提示下输入 D，接下来命令行提示：

指定位移 <上一个值>：｛输入表示矢量的坐标｝

输入的坐标值指定相对距离和方向。

2．**移动**

功能：将指定对象在指定方向上平移指定的距离。
命令：MOVE / [修改]-[移动] /

与复制命令基本相同，区别在于复制保留原对象，移动不保留原对象，并且移动没有[重复(M)]选项。

3．**缩放**

功能：在 X、Y 和 Z 方向上放大或缩小对象。
命令：SCALE /[修改]-[缩放]/
选择对象：｛选择要缩放的对象｝
指定基点：｛确定基点｝

指定比例因子或[复制(C)/参照(R)]:

如果直接指定比例因子，则将选定的对象根据该比例因子相对于基点缩放，比例因子小于 1 时缩小对象，比例因子大于 1 时放大对象。若选择[C]选项，则保留原来的图形；

如果选择[R]，则以参照的方式进行缩放。执行该选项，命令行提示：

指定参考长度 < 1 >：{指定两点或长度值}

指定新的长度值：{指定两点或长度值}

执行结果：AutoCAD 根据参考长度与新长度的值自动计算比例因子(比例因子＝新长度值 / 参考长度值)，然后进行相应的缩放。

**4．拉伸**

功能：移动或拉伸对象。

命令：STRETCH / [修改]-[拉伸]/

以交叉窗口或交叉多边形选择要拉伸的对象…

选择对象：{选择要拉伸的对象}

指定基点或 [位移(D)] <位移> ：{确定基点或输入位移坐标}

指定位移的第二点或〈用第一点作位移〉：{指定第二点，或按 Enter 键使用以前的坐标作为位移}(操作与 COPY 命令相同)

AutoCAD 可拉伸与选择窗口相交的圆弧、椭圆弧、直线、多段线、二维实体、射线、宽线和样条曲线。STRETCH 移动窗口内的端点，而不改变窗口外的端点。STRETCH 还移动窗口内的宽线和二维实体的顶点，而不改变窗口外的宽线和二维实体的顶点。多段线的每一段都被当作简单的直线或圆弧分开处理。对于圆，圆心在窗口内移动，否则不动。

如将图 10-40(a)中用虚线围起来的部分按 *P*1、*P*2 两点确定的移动量拉伸，其执行结果如图 10-40(b)所示。

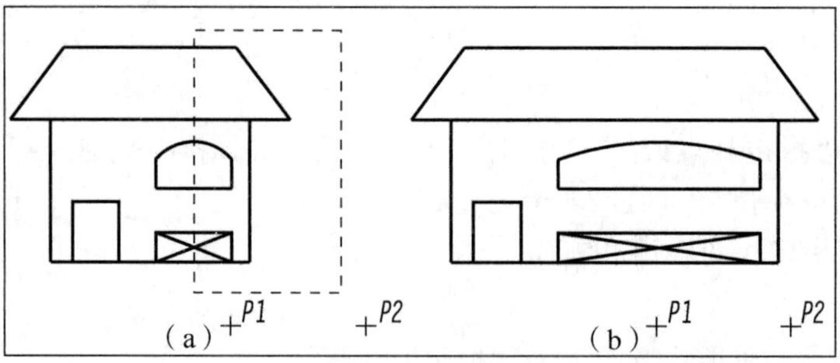


**图 10-40　拉伸示例图**

**5．分解**

AutoCAD 中一些对象是由多个基本实体组合而成的，如多边形、多义线、块等。在编辑时有时需要修改其中一部分，如删除。这种情况下需将组合的对象分解多个基本对象，才能对单个实体进行编辑，这种功能在 AutoCAD 中叫“分解”。

功能：将复合对象分解为部件对象

命令：EXPLODE / [修改]-[分解]/

选择对象：{选择被炸开的对象}

命令执行后，选择的组合对象被炸开成多个基本对象。

6．**倒角**

功能：用来在两个对象间加一个倒角。可以用该命令裁剪两条线段相交所形成的角，在两线段间按预定的角度加一段线段，形成倒角。

命令：CHAMFER / [修改]-[倒角] / 

(“修剪”模式) 当前倒角距离 1=3.1-0000 ，距离 2=3.1-0000 {提示当前参数}

选择第一条直线或 [放弃(U)/多段线(P)/距离(D)/角度(A)/修剪(T)/方式(E)/多个(M)]: 使用对象选择方式或输入选项：D{设倒角距离}

指定第一个倒角距离 <默认值>: {输入数值}

指定第二个倒角距离 <默认值>: {输入数值}

✧ 如果选择一条线段回答“选择第一条直线”提示，则系统接着提示选择第二条线：

选择第二条直线:

在该提示下选择相应的另一条直线，则按相应的倒角设置对此两条直线进行倒角处理；

(1) 多线段(P)。对整条多义线倒角。

(2) 放弃(U)。恢复在命令中执行的上一个操作。

(3) 角度(A)。根据倒角距离和角度进行倒角。执行改选项，命令行提示：

指定第一条直线的倒角长度

指定第一条直线的倒角角度

(4) 用户依次输入倒角长度和倒角角度后，将会按照相应输入的信息执行命令。倒角长度与倒角角度的含义如图 10-41 所示。

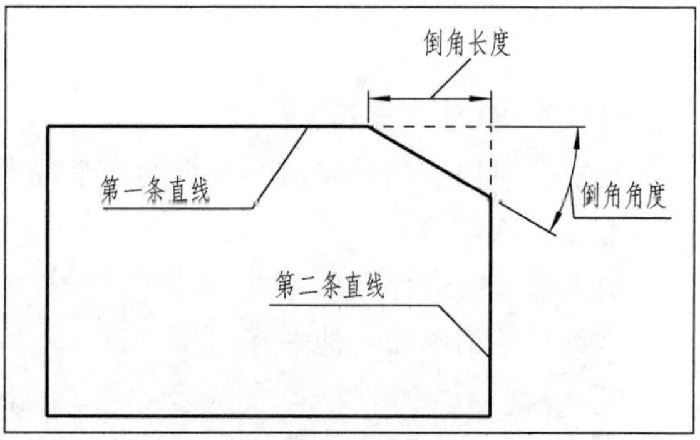


图 10-41 倒角长度与倒角角度示例图

(5) 修剪 T。则确定倒角后是否对相应的倒角边进行修剪。执行该选项，命令行提示：

输入修剪模式选项[修剪(T)/不修剪(N)] < 修剪 >: {选择 T 或 N}

✧ “修剪 T”表示倒角后对倒角边进行修剪；

✧ “不修剪(N)”表示不进行修剪。修剪与否的效果如图 10-42 所示。

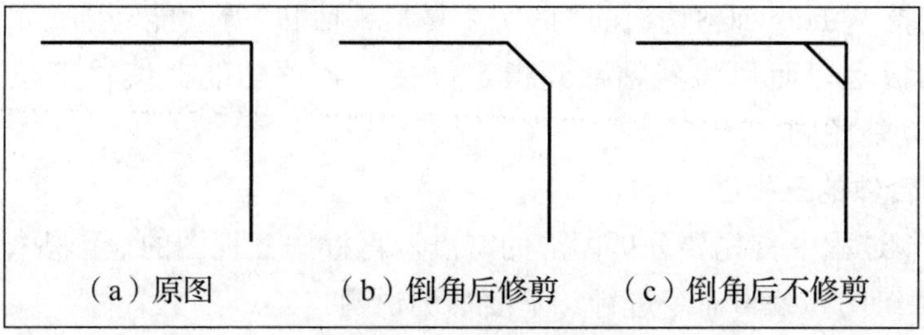


图 10-42 倒直角示例图

(6) 方式(E)。则确定按什么方法倒角。执行时，可选择按距离或按角度倒角。

(7) 多个(M)。为多组对象的边倒角。将重复显示主提示和“选择第二个对象”提示，直到用户按 Enter 键结束命令。

**7．倒圆角**

功能：用于在两个对象间修圆角，若两对象不相交，该命令可连接两个对象。

命令：FILLET / [修改]-[倒圆角]/

操作方法与倒直角相同。另外 AutoCAD 有零倒角和倒圆的功能，非常灵活，可以同时自动剪切或延伸两条直线。

**提示：**AutoCAD 的倒角和到圆角命令，都可以使用“多个(M)”选项为多组直线添加倒角或圆角，而不必重新启动命令，此时也可以使用“放弃(U)”选项。按住“Shift”键并选择两条直线，可以快速创建零距离倒角或零半径倒圆。

**8．放弃**

功能：在进行各种绘图、编辑以及其他操作时，如果操作有误，用户可以取消已进行的操作。通过 U 或 UNDO 命令执行放弃操作。

(1) 用命令 U 放弃操作。

功能：依次反次序取消前面所进行的操作。

命令：U /[编辑]-[放弃]/ Ctrl+Z /

执行结果：一次放弃，则最后进行的操作被取消，连续执行放弃，则反次序取消各种操作。

(2) UNDO 放弃操作

功能：可以一次放弃前面进行的一个或多个操作。

命令：UNDO

输入要放弃的操作数目或[自动(A)/控制(C)/开始(BE)/结束(E)/标记(M)/后退(B)]:

详细说明请参阅其他书籍

**9．重做**

功能：恢复刚刚用 U 或 UNDO 命令所放弃的操作。

命令：　REDO/[编辑]-[重做]/ Ctrl +Y /

此命令必须在 U 命令或 UNDO 命令执行结束后立即执行方能生效。

AutoCAD 支持 Windows 剪切板的“剪切 / 复制 / 粘贴”等功能。用户可以利用这些功能，将对象放到剪贴板上，而后将其粘贴到指定位置。各项功能在编辑下拉菜单，与其他的 Windows 剪切板功能相同。

#### 10.3.1.3　绘制组合体的三视图

三视图的绘制过程中首先要分析图形的特点，再根据三视图的投影规律和绘制方法，利用 AutoCAD 软件绘图和编辑命令进行，下面举例说明。

**例 10.7**　绘制截交立体三视图

**分析**：图 10-43 所示为六棱柱上面叠加截切的圆柱体，应用多边形、圆、椭圆、偏移、修剪等命令以及利用极轴追踪的设置，截交线特殊点的求法等完成图形绘制。

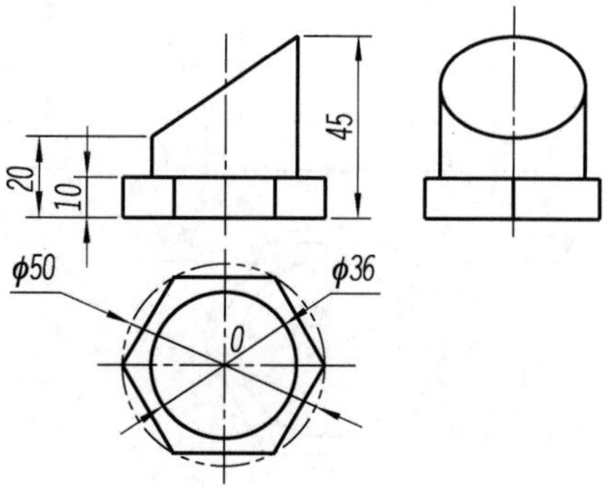


**图 10-43　截交线椭圆画法**

**作图步骤**：

(1) 创建图形文件。

(2) 设置绘图环境。绘图环境设置包括系统设置和基本绘图设置。系统环境设置采用默认设置，基本绘图设置使用例 10.1 设置，直接调用。

将对象捕捉设置为端点、圆心和交点，并打开对象捕捉和正交模式。

(3) 绘制图形

① 图形分析：六棱柱上面叠加斜截切圆柱体。

② 布图：用画线命令绘制图 10-44(a)所示图形的作图基准线。

③ 绘制俯视图：用画圆命令和多边形命令绘制俯视图。

④ 绘制主视图：利用极轴追踪和对象捕捉功能，保证长对正(或利用尺寸直接绘制)，启动画线命令，绘制主视图。

⑤ 绘制左视图：

OFFSET / [修改]-[偏移]/

指定偏移距离或[通过(T)] < 1.0000 >；{选择 O、M 两点，计算机自动计算两点距离}

选择左视图的中心线进行偏移。

然后利用画线和修剪命令完成图 10-44(a)所示左视图。

⑥ 绘制截交线椭圆

设置点的样式：[格式]-[点样式]；　　{在对话框中，选择 1 行 4 列的点样式}

设置对象捕捉为节点

绘制截交线的特殊点：Point / [绘图]-[点]-[单点]/ ；　{绘制 10-44(b)ABCD 四个点的三面投影} [图 10-44(b)]

绘制截交线的椭圆：Ellipse / [绘图]-[椭圆] -[轴、端点] / ：{选择 a″、b″、d″三个点} [图 10-44(c)]

⑦ 利用修剪命令，修剪多余的图线，完成作图[图 10-44(d)]

(4) 保存图形。

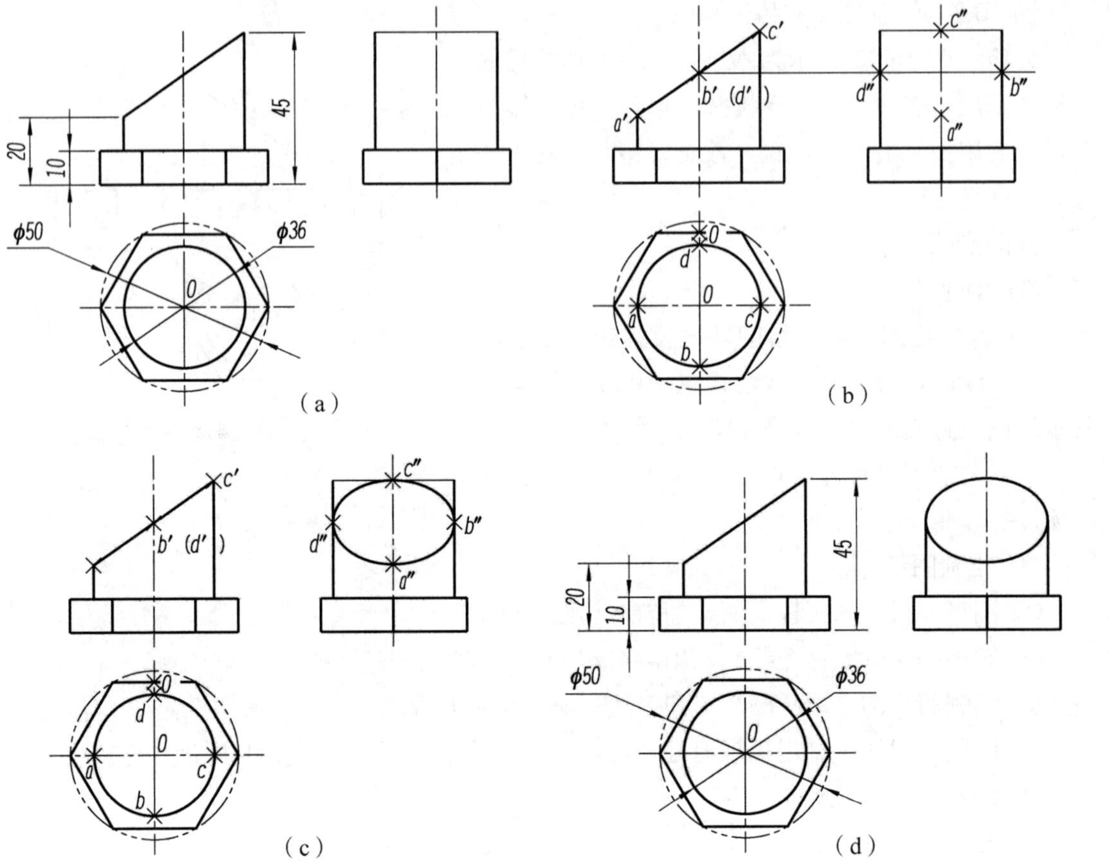


图 10-44 截交立体三视图的画图步骤

例 10.8 绘制相贯立体三视图

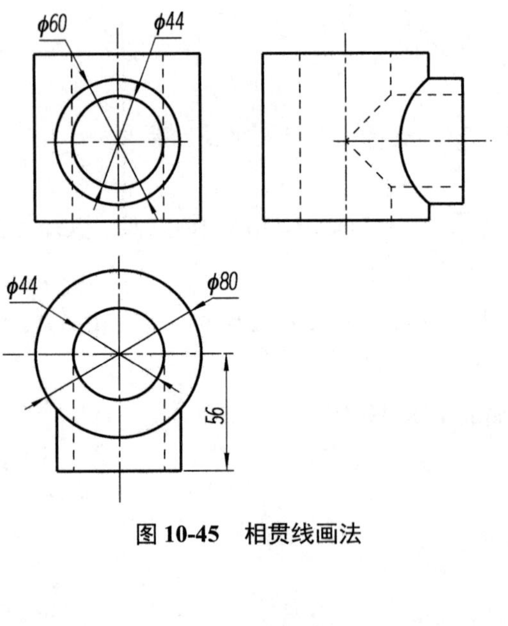


图 10-45 相贯线画法

**分析**：图 10-45 所示为两圆柱相贯，根据三视图的画法、曲面立体相贯线画法，应用圆、偏移、修剪等命令，利用极轴追踪的设置，截交线特殊点的求法等完成图形绘制。

**作图步骤**：

(1) 创建图形文件。

(2) 设置绘图环境。绘图环境设置包括系统设置和基本绘图设置。系统环境设置采用默认设置，基本绘图设置使用例 10.1 的设置，直接调用。

将对象捕捉设置为端点、圆心和交点，并打开对象捕捉和正交模式。

(3) 绘制图形

① 图形分析：三个基本体组成，组合方式有叠加、挖切，表面关系有相交。

② 布图：用画线命令绘制图 10-46(a)所示作图基准线和图形。

③ 绘制图 10-46(b)所示左视图

绘制 10-46(b)所示左视图的直线 MN、DM、NF

OFFSET / [修改]-[偏移] /

指定偏移距离或[通过( T)] < 1.0000 > : {输入 60}

选择左视图的竖直中心线向右偏移，得到直线 MN。 {回车结束命令}

OFFSET / [修改]-[偏移] /

指定偏移距离或[通过( T)] < 1.0000 > : {输入 30}

选择左视图的水平中心线进行上、下偏移，得到直线 DM、NF。{回车结束命令}

④ 绘制 10-46(b)左视图所示的相贯线

Arc / [绘图]-[圆弧] /

指定圆弧的起点或 [圆心(C)]: {选择图 10-46 所示左视图 D}

指定圆弧的第二个点或 [圆心(C)/端点(E)]: {选择图 10-46 所示左视图 E}

指定圆弧的端点: {选择图 10-46 所示左视图 F}

然后利用修剪命令完成图 10-46(c)所示图形。

⑤ 绘制 10-46(d)左视图所示的内相贯线。

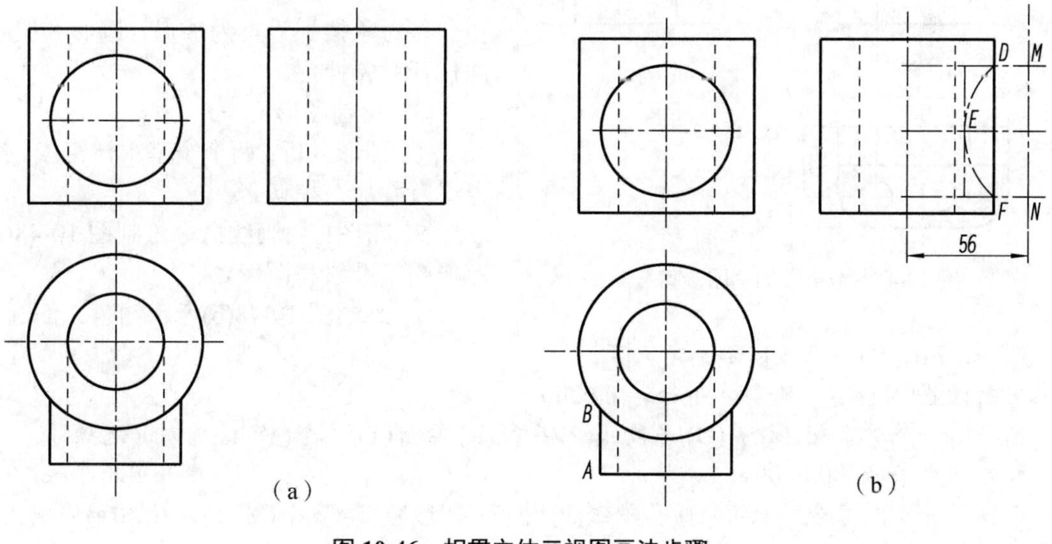


图 10-46 相贯立体三视图画法步骤

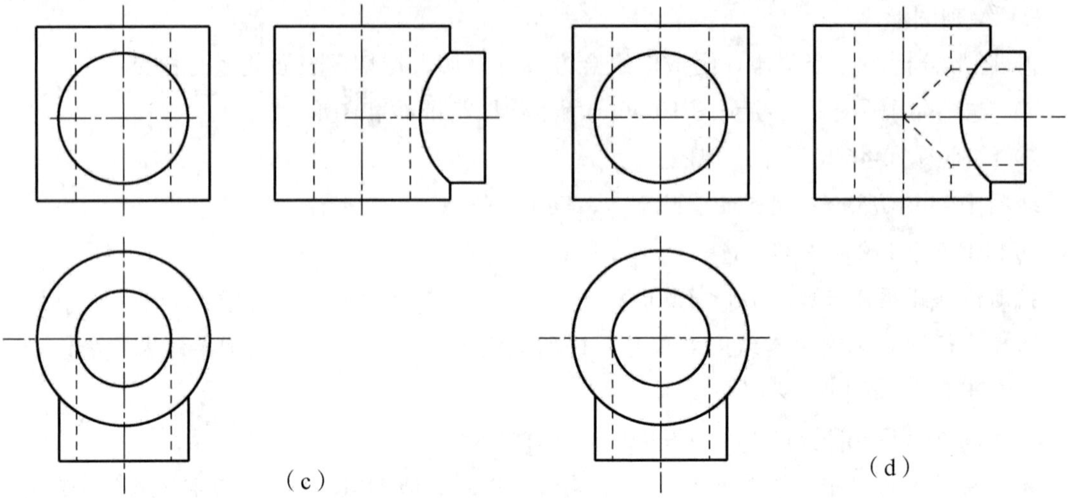

（c）　（d）

续图 10-46

**例 10.9** 绘制组合体三视图

**分析**：图 10-47 为平面立体的切割题，应用三视图的画法、倒角、倒圆画法完成图形绘制。

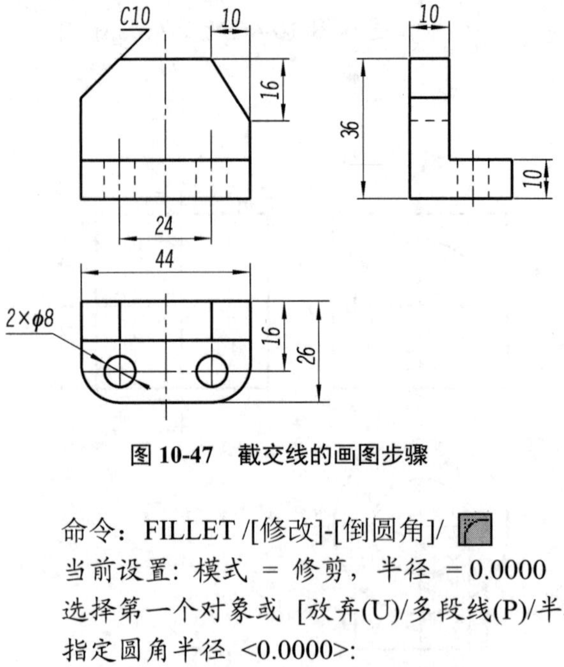


图 10-47 截交线的画图步骤

**作图步骤**：

(1) 创建图形文件。

(2) 设置绘图环境。绘图环境设置包括系统设置和基本绘图设置。基本绘图设置使用例 10.1 的设置，直接调用。

将对象捕捉设置为端点、圆心和交点，并打开对象捕捉。

(3) 绘制图形

① 图形分析：两个个基本体组成，组合方式有叠加、挖切。

② 布图：用画线命令绘制图 10-48(a)所示作图基准线和图形。

③ 绘制图 10-48(b)所示倒角、倒圆。

命令：FILLET /[修改]-[倒圆角]/

当前设置: 模式 = 修剪，半径 = 0.0000

选择第一个对象或 [放弃(U)/多段线(P)/半径(R)/修剪(T)/多个(M)]: {输入 R 选项}

指定圆角半径 <0.0000>: {输入圆角半径 10 }

选择第一个对象或 [放弃(U)/多段线(P)/半径(R)/修剪(T)/多个(M)]:{选择图(a)俯视图 AB 直线}

选择第二个对: {选择图(a)俯视图 BC 直线}

同理完成直线 BC 和 CD 的圆角。

命令：CHAMFER / [修改]-[倒角] /

(“修剪”模式) 当前倒角距离 1=0.0000，距离 2=0.0000 {提示当前参数}

选择第一条直线或 [放弃(U)/多段线(P)/距离(D)/角度(A)/修剪(T)/方式(E)/多个(M)]: 使用对象选择方式或输入选项: {输入 D 选项，设倒角距离}

指定第一个倒角距离 <默认值>: {输入数值 10}

指定第二个倒角距离 <默认值>: {输入数值 10 或者直接回车}

选择第一条直线或 [放弃(U)/多段线(P)/距离(D)/角度(A)/修剪(T)/方式(E)/多个(M)]: {选择图(a)主视图 EF 直线}

选择第二条直线:{选择图(a)主视图 FM 直线}

上述步骤完成主视图左侧倒角。

命令：CHAMFER / [修改]-[倒角]/

(“修剪”模式) 当前倒角距离 1=3.1-0000 ，距离 2=3.1-0000 {提示当前参数}

选择第一条直线或 [放弃(U)/多段线(P)/距离(D)/角度(A)/修剪(T)/方式(E)/多个(M)]: 使用对象选择方式或输入选项: {输入 D 选项，设倒角距离}

指定第一个倒角距离 <默认值>: {输入数值 10}

指定第二个倒角距离 <默认值>: {输入数值 16 }

选择第一条直线或 [放弃(U)/多段线(P)/距离(D)/角度(A)/修剪(T)/方式(E)/多个(M)]: {选择图(a)主视图 FM 直线}

选择第二条直线:{选择图(a)主视图 MN 直线}

上述步骤完成主视图右侧倒角。

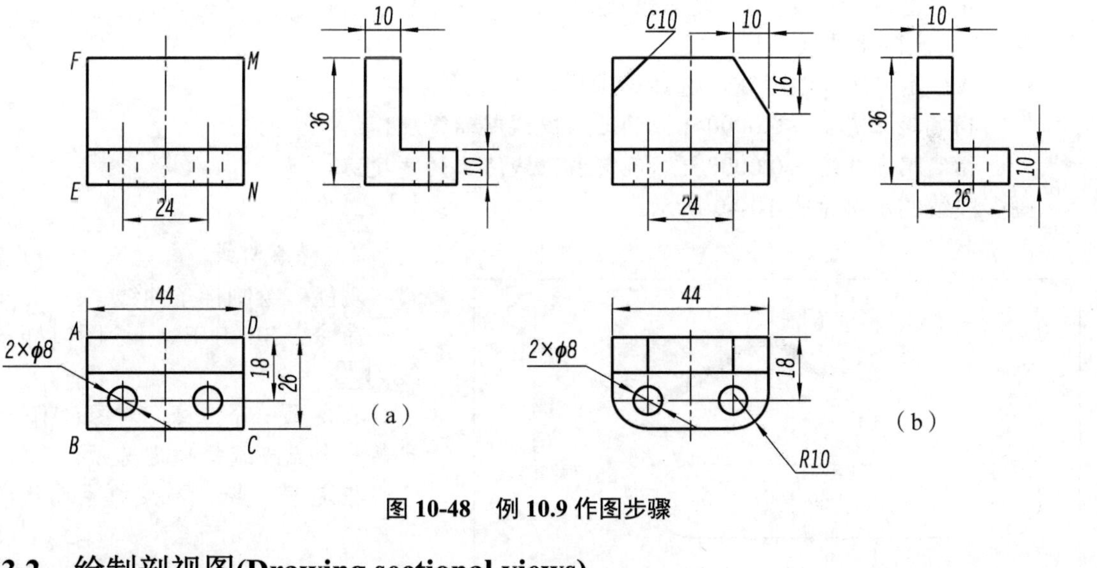


图 10-48 例 10.9 作图步骤

## 10.3.2 绘制剖视图(Drawing sectional views)

在实际工作中，有些机件的形状和内外结构都比较复杂，在绘制机械图样时，根据机件的结构形状特点，选择视图、剖视图、断面图和简化画法等适当的表达方法，完整、清晰地来表达机件的内外结构形状，并利用 AutoCAD 软件的各项绘图与编辑功能绘制投影制图。

#### 10.3.2.1　绘图命令

1．**多段线**

功能：绘制多段线，多段线是由直线段和弧线段组成的一个整体。

命令：PLINE / [绘图]-[多段线]/

指定起点：{确定起点}

当前线宽为 0.0000：{提示用户多段线当前宽度}。

指定下一点或 [圆弧(A)/半宽(H)/长度(L)/放弃(U)/宽度(W)]：{确定下一点或选择各选项}

✧　直接输入点：以当前默认线宽绘制多段线。

✧　A：从画线状态转到画圆弧状态。选择该项后，接着提示

指定圆弧的端点或[角度(A)/圆心(CE)/闭合(CL)/方向(D)/半宽(H)/直线(L)/半径(R)/第二个点(S)/放弃(U)/ 宽度(W)]：{确定圆弧的终点或选择[ ]中各选项}。

其中：[半宽(H)和宽度(W)] 为确定线宽，[直线(L)]为转到画线方式，其他均为画圆弧的方式。

✧　C：将多段线的起点与终点闭合，同时结束多段线的绘制。

✧　H：定义多段线的半宽，选择该项后，接着提示

　　指定起点半宽 <0.0000>：{确定多段线起点的半宽值}

　　指定端点半宽 <0.0000>：{确定多段线终点的半宽值}

✧　L：在最近绘制的多段线方向上延长指定线长，选择该项后，接着提示

　　指定直线的长度：{确定多段线长度}

✧　U：删除多段线最后一段。

✧　W：定义多段线全宽，选择该项后，接着提示

　　指定起点宽度 <0.0000>：{确定多段线起始宽度}

　　指定端点宽度 <0.0000>：{确定多段线终止的宽度}

画多段线的示例见图 10-49 所示。

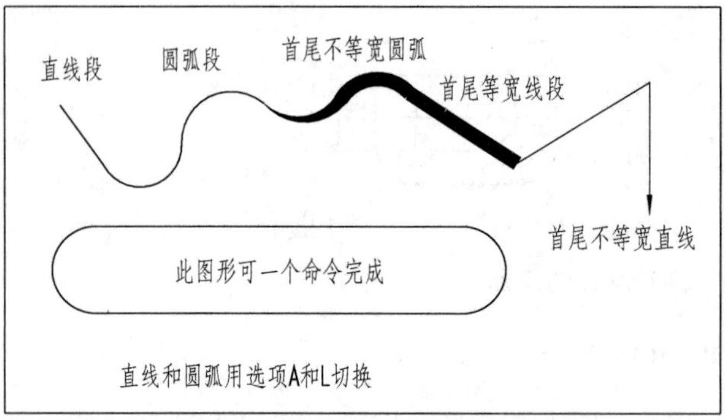


**图 10-49　多段线**

2．**样条曲线**

功能：绘制样条曲线。

命令：SPLINE / [绘图]-[样条曲线]/

指定第一个点或 [对象(O)]：{确定第一个点或选择缺省选项}

指定下一点：{确定样条曲线的下一点}

指定下一点或 [闭合(C)/拟合公差(F)] <起点切向>：{确定样条曲线的下一点或选择[ ]中各选项，或直接回车选择缺省选项 }

✧　直接输入一点：定义样条曲线的下一点。

✧　闭合(C) ：将样条曲线起点和终点闭合；选择该项后，接着提示

　　指定切向：{确定样条曲线起点的切线方向}

✧ 拟合公差(F)：设定样条曲线的拟合公差。拟合公差越大，样条曲线越光滑。拟合公差有“0”和非“0”之分，如为“0”，选定点必在曲线上。

✧ 缺省选项：表示样条曲线的点已输入完毕，开始确定样条曲线的切线方向；选择该项后，提示

指定起点切向：{给点坐标确定起点切线方向或回车}

指定终点切向：{给点坐标确定终点切线方向或回车}

**3．打断**

功能：在一点或两点之间打断选定的对象。

命令：BREAK /【修改】-【打断】/

选择对象：{使用一种对象选择方式或指定对象上的第一个断点}

指定第二打断点[或第一点(F)]：{指定第二个断点或输入 F 重新选择要打断的第一点}

AutoCAD 删除对象在两个指定点之间的部分。如果第二个点不在对象上，则 AutoCAD 选择对象上与之最接近的点，因此，要删除直线、圆弧或多段线的一端，请在要删除的一端以外指定第二个打断点。

要将对象一分为二并且不删除某个部分，输入的第一个点和第二个点应相同。通过输入 @ 指定第二个点即可实现此过程。

直线、圆弧、圆、多段线、椭圆、样条曲线、圆环以及其他几种对象类型都可以拆分为两个对象或将其中的一端删除。

AutoCAD 按逆时针方向删除圆上第一个打断点到第二个打断点之间的部分，从而将圆转换成圆弧。示例：如图 10-50 所示。

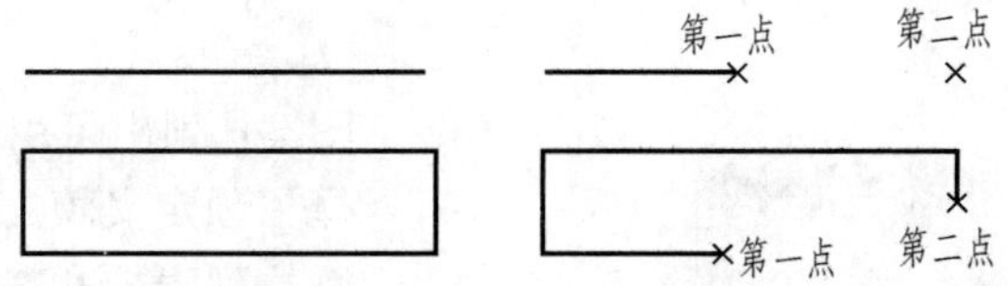


（a）原图　　（b）打断之后图形

**图 10-50 打断示例图**

### 10.3.2.2 图案填充

在绘制剖视图时，用不同的剖面符号来区分不同的零件，AutoCAD 采用 Hatch(BHatch) 图案填充命令来进行剖面线的填充。

命令：BHATCH/HATCH/H/BH /【绘图】-【图案填充】/

启动 BHatch 命令后，AutoCAD 将打开【图案填充和渐变色】对话框，如图 10-51 所示。有图案填充和渐变色 2 个选项卡以及其他选项，其中 2 个选项卡的内容基本一致，本节只对图案填充选项卡作以介绍。

图 10-51　图案填充和渐变色对话框

1. **图案填充选项卡**

在该选项卡中，可以对图案和类型、 角度和比例及图案填充原点等进行设置。下面详细介绍各部分的功能。

1) 类型和图案

✧ 类型：在进行图案填充之前，必须选择将要采用何种类型的图案进行填充操作。AutoCAD 允许用户使用以下 3 种填充类型：系统预定义图案、用户自定义图案和定制图案。

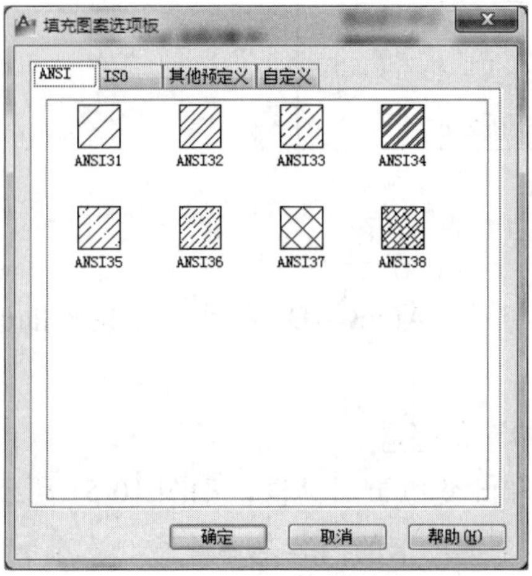


图 10-52　填充图案选项版对话框

✧ 图案：列出可用的预定义图案。只有当选择了预定义填充类型后，才允许使用图案下拉列表框和按钮。

✧ 【...】按钮：单击此按钮，显示【填充图案选项版】对话框，如图 10-52 所示，允许用户在其中选择所需的预定义图案。该对话框中有 4 个选项卡，分别表示当前 ACAD.PAT 和 ACADISO.PAT 中已定义的 4 类图案，即 ANSI 类图案、ISO 类图案、其他类图案和某些定制图案。

✧ 样例：显示选定图案的预览图像。

✧ 自定义图案：列出可用的自定义图案。

2) 角度和比例：指定选定填充图案的角度和比例。

3) 图案填充原点：控制填充图案生成的起始位置。某些图案填充(例如砖块图案)需要与图案填充边界上的一点对齐。默认情况下，所有图案填充原点都对应于当前的 UCS 原点。

(1) 使用当前原点。使用存储在 HPORIGINMODE 系统变量中的设置。默认情况下，原点设置为 0,0。

(2) 指定的原点。指定新的图案填充原点。单击此选项可使以下选项可用。

✧ 单击以设置新原点：直接指定新的图案填充原点。
✧ 默认为边界范围：基于图案填充的矩形范围计算出新原点。可以选择该范围的 4 个角点及其中心。
✧ 存储为默认原点：将新图案填充原点的值存储在 HPORIGIN 系统变量中。

(3) 原点预览。显示原点的当前位置。

**2．其他选项**

通常，AutoCAD 对图形中的每个实体进行检测，以判断其是否属于用户所确定的边界。当图形较复杂时，检测实体必将花费较长时间。为提高效率、简化边界检测过程，AutoCAD 提供了其他选项来定义边界。

(1) 孤岛：此选项指定在最外层边界内填充对象的方法。如果不存在内部边界，则指定孤岛检测样式没有意义。

孤岛检测：控制是否检测内部闭合边界(称为孤岛)。

AutoCAD 允许用户采用以下 3 种孤岛检测方式。

✧ 普通方式：AutoCAD 从最外层边界开始由外向内进行图案填充，碰到第一个边界时就终止图案填充。然后再从下一个边界(即第二个边界)开始，由外向内进行图案填充，依次类推。这种图案填充方式最简单，是 AutoCAD 的默认填充方式。
✧ 最外层方式：AutoCAD 从最外层边界开始由外向内进行图案填充，碰到下一个边界就终止图案填充操作，而且也不继续进行边界判断和图案填充。
✧ 忽略方式：用户采用忽略方式进行图案填充。AutoCAD 将从最外层边界开始由外向内全部进行图案填充，忽略其他边界的存在。

**提示：**作为边界的实体必须全部显示在当前视窗区域内。

(2) 边界保留：指定是否将边界保留为对象，并确定应用于这些对象的对象类型。

✧ 保留边界：根据临时图案填充边界创建边界对象，并将它们添加到图形中。
✧ 对象类型：控制新边界对象的类型。结果边界对象可以是面域或多段线对象。仅当选中“保留边界”时，此选项才可用。

(3) 边界集：边界就是直接由图形实体组成的封闭区域。当用户采用拾取内点方式设置图案填充边界时，AutoCAD 将自动分析当前图形文件中可见的各个实体组成边界。

(4) 允许的间隙：此选项设置将对象用作图案填充边界时可以忽略的最大间隙(从 0 到 5000)。默认值为 0，此值指定对象必须封闭区域而没有间隙。

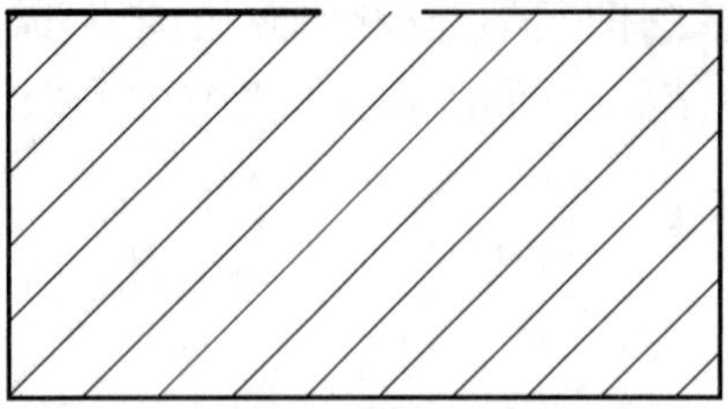

图 10-53　有间隙的边界填充

提示：AutoCAD 允许用户填充不封闭的区域，当要填充的区域不封闭，存在间隙，若该值小于或等于允许间隙的设定值，则 AutoCAD 忽略此间隙，认为边界时闭合(图 10-53)。

5) 继承特性：使用【继承特性】创建图案填充时，这些设置将控制图案填充原点的位置。

✧　使用当前原点：使用当前的图案填充原点设置。

✧　使用源图案填充的原点：使用源图案填充的图案填充原点。

3．**填充操作**

(1) 添加：拾取点。图案填充实际上就是在由边界围成的区域内填充图案。因此边界定义对图案填充至关重要。AutoCAD 提供了【拾取内点】的方法，内点就是指封闭区域内的点。AutoCAD 将自动搜索到包含该内点的封闭区域的边界。

单击【拾取点】按钮，AutoCAD 将暂时隐藏边界图案填充对话框，返回主界面，并在命令行给出如下操作提示：

选择内部点：{要求用户在预填充图案的区域内拾取一点}

图 10-54(a)、(b)、(c)分别表明拾取内点进行图案填充的操作过程，拾取内点如图 10-54(a)所示；AutoCAD 分析判断包含内点的边界如图 10-54(b)所示；最终图案填充结果如图 10-54(c)所示。

(2) 添加：单击【添加】按钮可选择组成封闭区域边界的实体，但如果所选择的实体有部分重叠或交叉，图案填充后将出现有些图形超出边界的现象。因此建议用户最好少用该功能来选择边界。

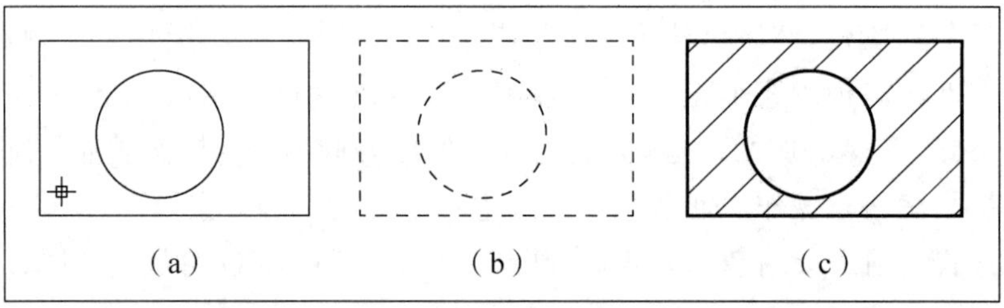


图 10-54　拾取内点的操作过程

(3) 选项：控制几个常用的图案填充或填充选项。

✧　关联：控制图案填充或填充的关联。创建独立的图案填充。
　　控制当用户指定了几个独立的闭合边界时，创建单个还是多个图案填充对象。

✧　绘图次序：为图案填充或填充指定绘图次序。图案填充可以放在所有其他对象之后或之前和图案填充边界之后或之前。

(4) 继承特性：AutoCAD 允许用户利用当前图形文件中已有的区域填充图案来设置新的图案，即新图案继承原图案的特征参数，包括图案名称、旋转角度、填充比例、间隔距离、ISO 笔宽等。这对于绘制复杂图形中多个相同类别图形区域的填充十分有利。例如，在机械工程中，一般要求同一个零部件在不同视图中的剖面线(即填充图案样)要间隔相同，方向一致。采用该功能就能方便地保证这种要求。

单击【图案填充和渐变色】对话框中的【继承特征】按钮，AutoCAD 将隐藏该对话框返回主界面，并将十字光标转换成继承特性的图标，同时在命令行提示如下：

选择关联填充对象：{要求用户选择原填充图案}

选择完毕后，AutoCAD 将自动返回图案填充对话框。

(5) 预览填充：单击【图案填充】对话框中【边界】选项卡的【预览】按钮，可以实现区域图案填充预览。结束预览后直接按回车就可回到边界图案填充对话框中。

**4．图案填充编辑**

图案填充完成以后，如果不合适，可以进行修改。

命令：HATCHedit/ [修改]-[对象]-[图案填充]/

快捷菜单：选择要编辑的图案填充对象，在绘图区域单击鼠标右键并选择“图案填充编辑”，或双击鼠标左键都可进入图案填充编辑对话框，操作方法与填充相同，这里不再重复。

### 10.3.2.3　投影制图的绘制

投影制图绘制举例是在绘制三视图的基础上，掌握如何选择合适的剖切方法，并根据图形的特点，选择合适剖视图的种类，如何进行剖面线的填充，绘制剖视图。

**例 10.10**　绘制投影视图(一)

分析：图 10-55 所示的投影图为叠加体，主、左两视图都为全剖视，主视图沿前后对称面剖开，左视图过耳板的中心的侧平面剖开，在绘制三视图的基础上，应用图案填充命令、图案填充修改完成图形绘制。

**作图步骤：**

(1) 创建图形文件。

(2) 设置绘图环境。

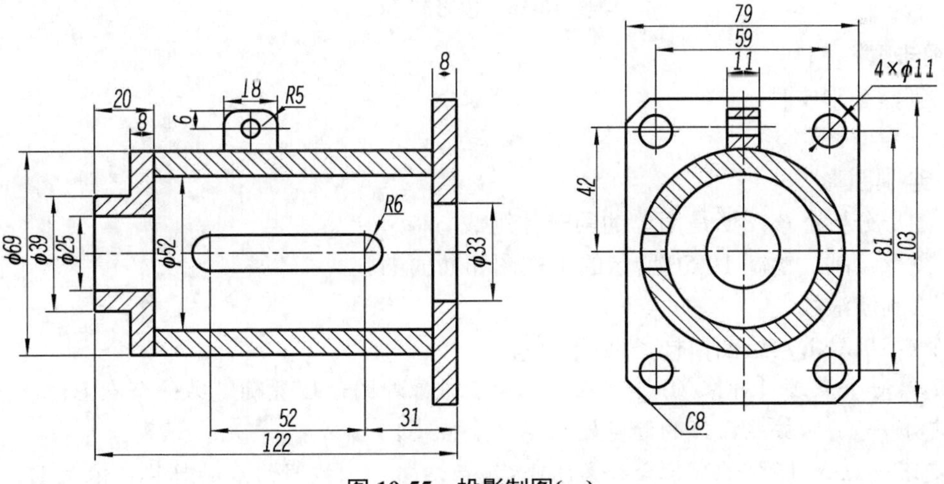


**图 10-55　投影制图(一)**

(3) 绘制图形。

① 图形分析：该图形由四个基本体焊接而成。

② 绘制图形：绘制 10-55 所示的主、左两视图。

③ 绘制剖面线。

✧　启动【图案填充】命令，AutoCAD 显示【图案填充和渐变色】对话框。

✧ 在【图案填充和渐变色】对话框中，单击【添加：拾取点】。

✧ 在图形中，在要填充的每个区域内指定一点，并按键盘 Enter 键，此点称为内部点。

✧ 在对话框的【图案填充】选项卡选择图案 ANSI31。

✧ 在【角度和比例】栏里按照需要选择合适的角度和比例。

✧ 单击【确定】按钮。

(4) 图形文件保存。

**例 10.11** 绘制投影视图(二)

**分析**：图 10-56 所示的投影图为轴类零件，右侧轴上孔做了局部剖视，在绘制三视图的基础上，应用波浪线、多段线的使用方法完成局部剖视的绘制。

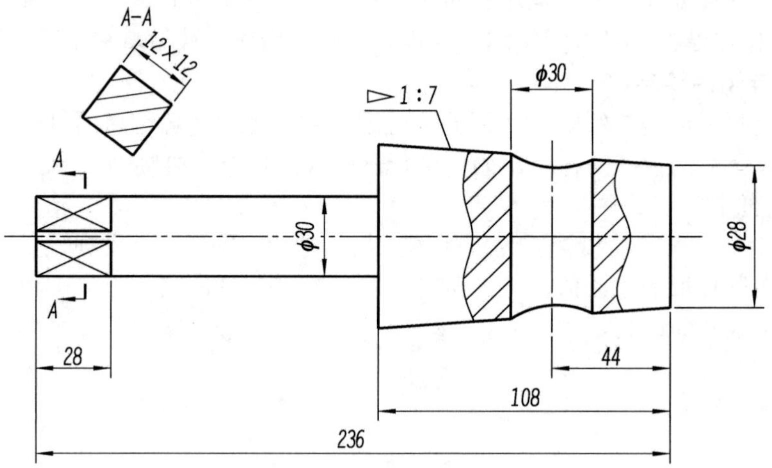


**图 10-56 投影制图(二)**

**作图步骤：**

(1) 创建图形文件。

(2) 设置绘图环境。

(3) 绘制图形

① 图形分析：该图形是简单的回转体组成。

② 图形绘制：绘制 10-56 所示的主视图和断面图。

③ 绘制波浪线。

命令：SPLINE / [绘图]-[样条曲线]/

指定第一个点或 [对象(O)]：{在图 10-57 轮廓外图示位置确定第一个点 B}

指定下一点：{按照曲线的趋势输入第二个点 C}

指定下一点或 [闭合(C)/拟合公差(F)] <起点切向>：{按照曲线的趋势在依次 D、E、F}

指定下一点或 [闭合(C)/拟合公差(F)] <终点切向>：{直接回车}

指定起点切向：{直接回车}

指定端点切向：{直接回车}

**提示**：波浪线可以画在轮廓线外面一部分，然后修剪命令把多余的部分修剪掉。

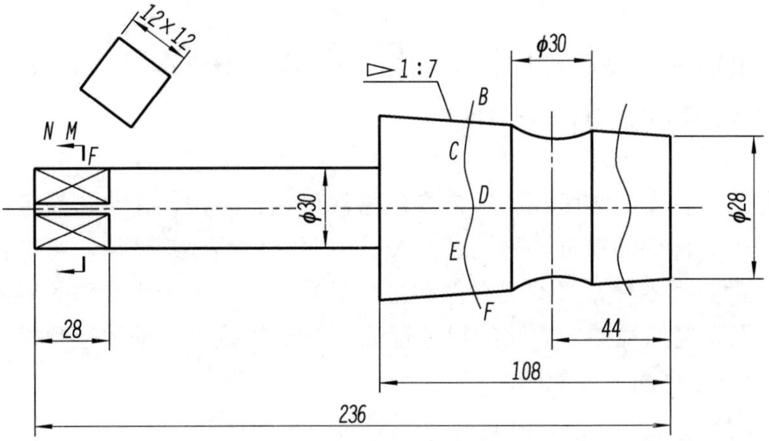


图 10-57　投影制图(二)作图步骤

④ 绘制剖切符号和箭头。

命令：Pline / [绘图]-[多段线] / 

绘制 GH 段粗实线。

指定起点：{输入起点 G}

当前线宽为 0.0000：{提示用户多段线当前宽度}。

指定下一点或 [圆弧(A)/半宽(H)/长度(L)/放弃(U)/宽度(W)]：{输入 W 切换线宽选项}

指定起点宽度 <0.00>: {输入线宽 0.5}

指定端点宽度 <0.50>:{输入线宽 0.5 或直接回车等于起点宽度}

指定下一个点或 [圆弧(A)/半宽(H)/长度(L)/放弃(U)/宽度(W)]: {输入点 H}

绘制 HM 段细实线，命令不结束。

指定下一点或 [圆弧(A)/闭合(C)/半宽(H)/长度(L)/放弃(U)/宽度(W)]: {输入 W 切换线宽选项}

指定起点宽度 <0.50>:{输入线宽 0}

指定端点宽度 <0.00>:{输入线宽 0 或直接回车等于起点宽度}

指定下一点或 [圆弧(A)/闭合(C)/半宽(H)/长度(L)/放弃(U)/宽度(W)]: {输入点 M}

绘制 MN 段箭头，命令不结束，首尾宽不同。

指定下一点或 [圆弧(A)/闭合(C)/半宽(H)/长度(L)/放弃(U)/宽度(W)]: {输入 W 切换线宽选项}

指定起点宽度 <0.00>:{输入线宽 0.5}

指定端点宽度 <0.50>: {输入线宽 0}

指定下一点或 [圆弧(A)/闭合(C)/半宽(H)/长度(L)/放弃(U)/宽度(W)]: {输入点 N}

指定下一点或 [圆弧(A)/闭合(C)/半宽(H)/长度(L)/放弃(U)/宽度(W)]: {回车}

**提示**：另一侧剖切符号用镜像命令绘制即可。

⑤ 绘制剖面线(同上)。

(4) 图形文件保存。

# 10.4 AutoCAD 绘制工程图样(AutoCAD draw drawing engineering drawings)

工程图样包括零件图和装配图。用来表达零件形状、结构、大小和技术要求的图样叫作零件图。表达机器或部件的图样，称为装配图。按照零件的成组理论，可以将零件分为四大类：轴类零件、盘盖类零件、叉架类零件和箱体类零件。对于一张完整的零件图而言，包含 4 部分内容：一组完整的视图、完整的尺寸标注、必要的技术要求和标题栏。本节学习利用 AutoCAD 工具绘制零件图和装配图。

## 10.4.1 绘制零件图(Drawing part drawings)

根据零件图的 4 部分内容，要采用“长对正、宽相等、高平齐”的投影规律进行图形绘制，对于几大类典型零件而言，根据零件的特点，采用对象捕捉和对象追踪，以及前面所学的二维绘图命令、修改命令绘制出完整的一组视图；利用尺寸标注命令进行尺寸标注并标注表面粗糙度和尺寸公差与形位公差等技术要求，最后填写标题栏。

### 10.4.1.1 文本标注与编辑

很多工程图样需要对图形进行文字说明，另外，在图形中还经常出现诸如直径符号($\phi$)，角度符号(°)等特殊符号。AutoCAD 可以实现各种形式文本的标注，同时还可以对于已标注的文本进行编辑。本节重点介绍如何在图样中进行文本标注。

1. **定义字体样式**

标注文本之前，需要先给文本字体定义一种样式(Style)，字体样式是所用字体文件、字体大小、宽度系数等参数的综合。

在 AutoCAD 中，定义字体样式的命令为 Style,命令格式：

命令：STYLE/ST/[格式]-[文本样式]

启动 Style 命令后，AutoCAD 在屏幕上出现如图 10-58 所示的【文字样式】对话框，在该对话框中用户可以进行字体样式的设置。下面简单介绍文本样式对话框中各部分的作用。

(1) 样式(S)选项：在这个选项组中，有一个下拉列表框，其中列出了当前图形文件中所有曾定义过的字体样式。若用户还未定义过字体样式，则 AutoCAD 默认 Standard 字体样式为当前字体样式。下拉列表框的右边，水平排列着 3 个按钮。【新建】按钮用来创建新的字体样式；【置为当前】按钮用来将建好的文字样式处于激活状态；【删除】按钮用来删除所选择的字体样式。

(2) 字体选项，字体设置区就是选择定义字体的文件，这些字体决定了文字最终显示的形式。下面对字体选项组中的各项内容进行介绍：

✧ 字体下拉列表框，在此下拉列表中罗列了所有字体的清单。带有双“T”标志的字体是 Window 系统提供的“TrueType”字体，其他字体是 AutoCAD 自己的字体其中“gbenor.shx”和“gbeitc.shx”字体是符合国标的工程字体。

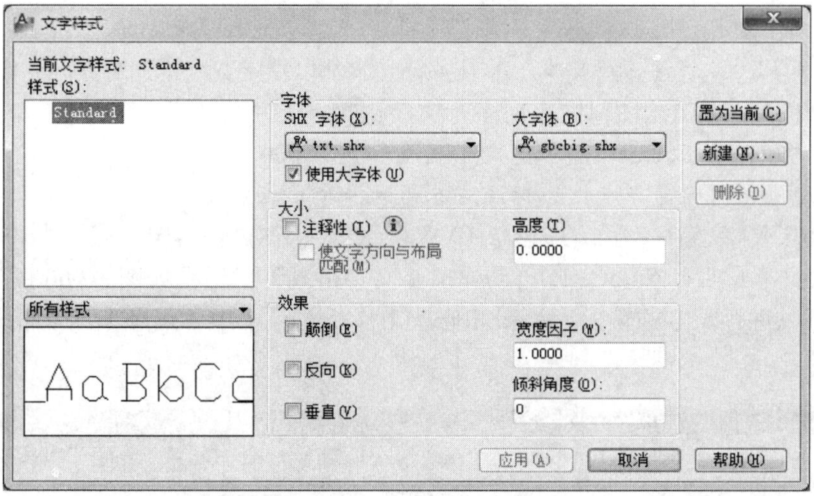


图 10-58　文本样式对话框

✧　高度文本框，在此框中可以设置标注文字的高度。默认值为 0，若取默认值，则在使用 Text 或 DText 两种标注命令进行标注时，需重新进行设置。

✧　使用大字体复选框。大字体是指专为亚洲设计的文字字体。其中“gbcbig.shx”字体是符合国标的工程汉字字体，该文字文件还包括一些常用的特殊符号。由于“gbcbig.shx”中不包含西文字体定义，因而使用时可将其与“gbenor.shx”“gbenitc.shx”字体配合使用。

(3) 效果选项组，设定字体的具体特征。颠倒复选框确定是否将文本文字旋转 180°；反向复选框确定是否将文字以镜像方式标注；垂直复选框控制文本是水平标注还是垂直标注；宽度比例文本框用来设定文字的宽度系数；倾斜角度文本框确定文本的倾斜角度。

(4) 预览区，效果预览。在该区用户可通过预览窗口观察所设置的字体样式是否满足自己需要。用户可根据绘图习惯和需要，设置最常用的几种字体样式，需要时只需从这些字体样式中进行选择，而不需要每次都重新设置，以便提高绘图效率。

例如，如果文字样式名称为“汉字”，字体为“仿宋”，操作步骤如下：

✧　打开格式菜单，单击文本样式命令，启动 Style 命令。

✧　在【文本样式】对话框中，单击样式名选项组中的【新建】按钮，打开【新建文本样式】对话框，如图 10-59 所示。

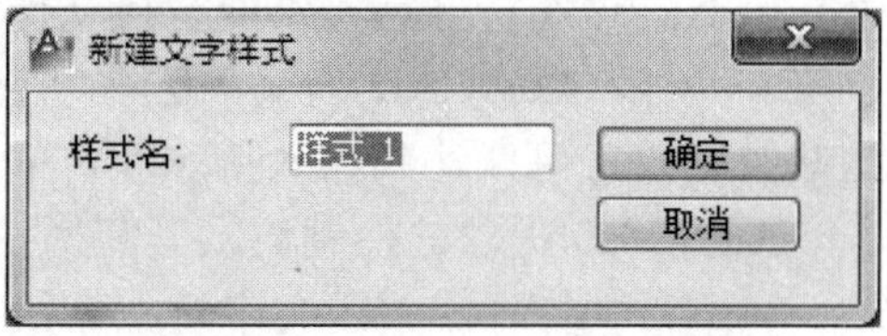


图 10-59　新建文字样式对话框

✧　在【新建文本样式】对话框样式名文本框中，输入“汉字”并单击【确定】按钮。

✧　打开字体名下拉列表框，选择“仿宋”字体文件。

✧　打开字体样式下拉列表框，选择其中的【常规】选项。

✧　在高度文本框中输入“4”。

✧　在效果选项组中的宽度比例文本框中输入“0.7”(变成长仿宋字)。

✧　单击【应用】按钮，完成字体样式的设置。再单击【关闭】按钮，关闭对话框。

**2．标注多行文本**

多行文本可以一次标注多行文本，并且各行文本都以指定宽度排列对齐，并作为一个实体。

命令：MTEXT/MT/[绘图]-[文字]-[多行文字]/ A

当前文字样式：　Standard　当前文字高度：　2.5000

指定第一角点：{确定一点作为标注文本框的一个角点}

指定对角点或[高度(H)/对正(J)/行距(L)/旋转(R)/样式(S)/宽度(W)]:

确定标注文本框后，AutoCAD 自动弹出【文字格式】对话框如图 10-60 所示，在该对话框中，用户可以进行文本的输入、编辑和修改工作。对话框中各选项卡的功能与其他文本编辑器基本相同。

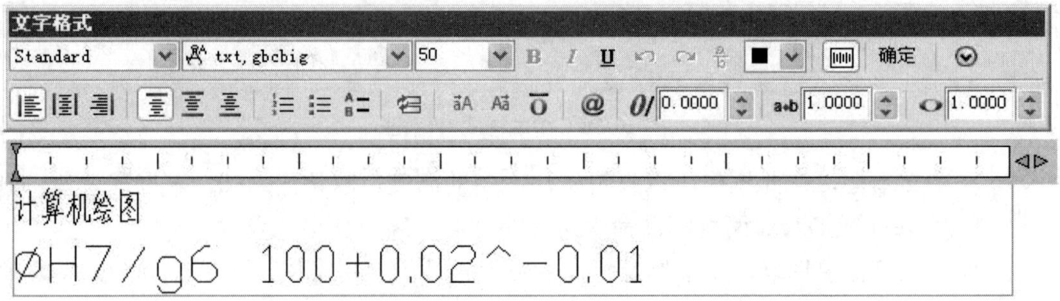


图 10-60　多行文字编辑器对话框

例如，创建分数即公差形式的文字步骤如下。

(1) 打开[多行文本编辑器]，输入多行文本，如图 10-60 所示。

(2) 选择文字“H7/g6”，然后单击 按钮，则文字变成配合符号。

(3) 选择文字 100+0.02^-0.01，然后单击 按钮，则文字上下偏差形式。

(4) 单击【确定】按钮。

**提示**：通过堆叠文字的方法可创建文字的上标和下标，例如，输入 82^，选中“2^”，单击 按钮，结果为 $8^2$。

**3．特殊字符的输入**

在工程绘图中，经常需要标注一些特殊字符，如表示直径的“$\phi$”、表示地平面的正负号(±)等。这些特殊字符不能直接从键盘上输入。在图 10-60 的“@”选项里直接选择特殊字符，另外，AutoCAD 为输入这些字符还提供了一些简捷的控制码，通过从键盘上直接输入这些控制码，可以达到输入特殊字符的目的。

AutoCAD 提供的控制码及其相对应的特殊字符如下：

%%O　打开或关闭文字的上划线；

%%U　打开或关闭文字的下划线；

%%D　标注度“°”符号；

%%P　标注“正负公差”符号(±)；

%%C　标注“直径”符号($\phi$)。

AutoCAD 提供的控制码，均由两个百分号(%)和一个字母组成。输入这些控制码后，屏幕上不会立即显示它们所代表的特殊符号，只有在回车之后，控制码才会变成相应的特殊字符。%%O 与%%U 是两个切换开关控制符，在文本中第一次输入此符号，表明打开上划线或下划线，第二次输入，则关闭上划线或下划线。

4．**文本编辑**

已标注的文本，有时需对其属性或文字本身进行修改，AutoCAD 提供了两个文本基本编辑方法，方便用户快速便捷地编辑所需的文本。这两种方法是：【DDEdit】命令和【特性管理器】。

(1) 利用【DDEdit】命令编辑文本：【DDEdit】命令是文本的一种快速编辑方法，该命令既可编辑用【DText】命令标注的单行文本，也可编辑用【MText】命令标注的多行文本。当用【DDEdit】命令编辑单行文本时，它只编辑文字字符的内容，不能编辑文本的其他属性，如字高、倾斜角度等。如当利用【DDEdit】编辑多行文本时，不仅可以编辑多行文本的文字内容，而且还可修改多行文本的其他如字高、倾斜角度、行间距、字体样式、对齐方式等属性。

命令：　DDEDIT/ED/[修改]-[对象]-[文字]/双击文本/

选择注释对象或 [放弃(U)]: {选取要修改的文本}

- ✧ 若选取的文本是用 DText 命令标注的单行文本，在文字文本框内显示出了所选择的文本内容，可直接对文字本身进行修改。
- ✧ 若选择的文本是用 MText 命令标注的多行文本，则弹出【多行文字编辑器】对话框，如图 10-60 所示。

DDEdit 命令的[放弃(U)]选项，可以取消上次所进行的文本编辑操作，若上次没有进行文本修改，则此选项是无效的。

(2) 利用特性管理器编辑文本：特性管理器(Properties 命令)，可以编辑 AutoCAD 中所有的实体，因此也同样可以对文本进行编辑。

先选择文本，再进入特性编辑功能，就可利用特性管理器对文本的所有特性进行编辑。

在用特性管理器命令编辑图形实体时，允许一次选择多个文本实体；而用【DDEdit】命令编辑文本实体时，每次只能选择一个文本实体，且 AutoCAD 不允许采用窗口(W)或交叉窗口(CW)方式选择实体目标，若未选择文本实体，AutoCAD 将反复提示上述信息，直到选择到文本实体或退出操作为止。

**提示：**直接用鼠标双击文本对象即可进行文本修改。

### 10.4.1.2　创建表格

在 AutoCAD 中，用户可以生成表格对象。创建表格时，系统生成一个空白表格，随后可以在该表格中填入文字或块的信息。表格的宽度、高度及表中文字信息可以很方便地进行修改，还可按行、列方式删除表格单元或是合并表中相邻单元。

1．**表格样式**

表格对象的外观由表格样式控制，用户可以根据需要设置当前表格样式，以及创建、修改和删除表格样式。

命令：　Tablestyle/[格式]-[表格样式]/

启动[表格样式]命令后，AutoCAD 将打开【表格样式】对话框，如图 10-61 所示。缺省的表格样式“Standard”，第一行是标题行，第二行是列标题行，其他是数据行。单击【新建】按钮，显示【创建新的表格样式】对话框，如图 10-62 所示。

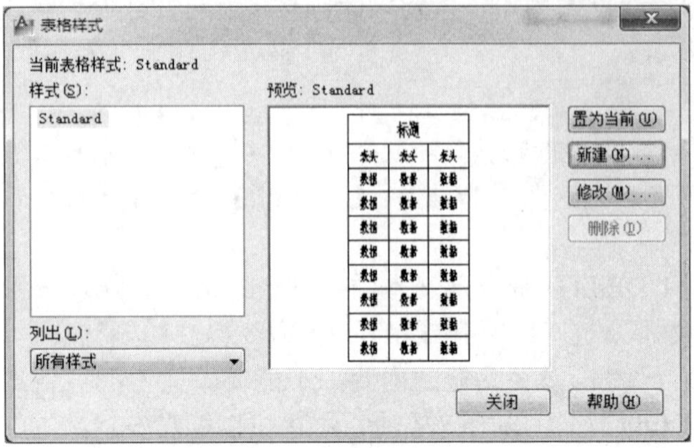


图 10-61 【表格样式】对话框

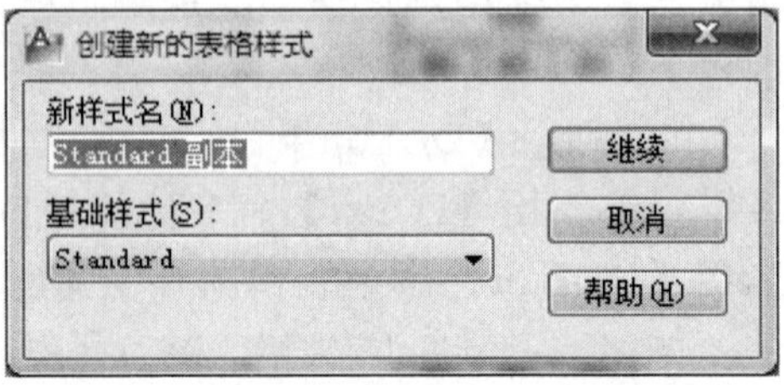


图 10-62 【创建新的表格样式】对话框

在【创建新的表格样式】对话框中，单击【继续】按钮，显示【新建表格样式】对话框，如图 10-63 所示。该对话框中包含 3 个选项卡：数据、列标题和标题，每个选项卡上都有单元特性、边框特性、表格方向及单元边距 4 部分组成。

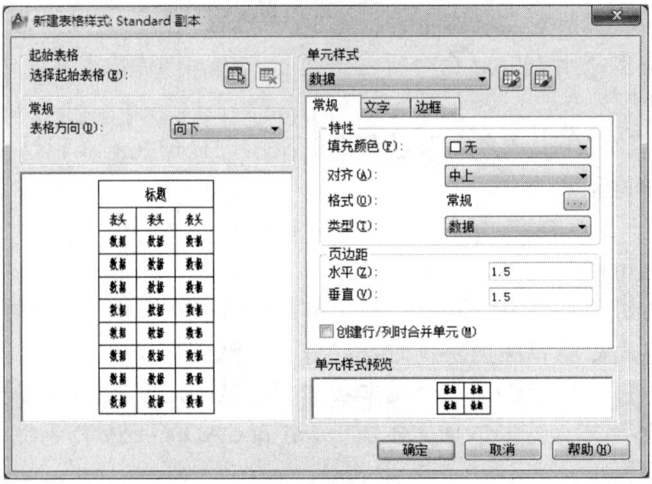


图 10-63 【新建表格样式】对话框

(1) 单元特性。设置数据单元、列标题和表格标题的外观，具体取决于当前所用的选项卡：“数据”选项卡、“列标题”选项卡或“标题”选项卡。

✧ 用于所有数据行：(仅限于“数据”选项卡)将设置应用于所有数据行。

✧ 包含页眉/标题行：确定表格具有标题行(仅限于“标题”选项卡)还是列标题行。

✧ (仅限于“列标题”选项卡)。如果清除此选项，将不能选取单元特性设置。

✧ 文字样式：列出图形中的所有文字样式。单击【...】按钮将显示【文字样式】对话框，从中可以创建新的文字样式。

✧ 文字高度：设置文字高度。数据和列标题单元的默认文字高度为“0.1800”。表标题的默认文字高度为“0.25”。

✧ 文字颜色：指定文字颜色。

✧　填充颜色：指定单元的背景色。默认值为“无”。

✧　对齐：设置表格单元中文字的对正和对齐方式。

(2) 边框特性。控制单元边界的外观。边框特性包括栅格线的线宽和颜色。

按钮：将边界特性设置应用于所有单元。

按钮：将边界特性设置应用于所有单元的外部边界卡。

按钮：将边界特性设置应用于所有单元的内部边界卡。

按钮：隐藏单元的边界。

按钮：将边界特性设置应用单元的底边界。

✧　栅格线宽：指定表格单元边界的线宽。

✧　栅格颜色：指定表格单元边界的颜色。

✧　表格方向：设置表格方向。

✧　向下：创建由上而下读取的表格。标题行和列标题行位于表格的顶部。

✧　向上：创建由下而上读取的表格。标题行和列标题行位于表格的底部。

✧　单元边距：控制单元边界和单元内容之间的间距。

✧　水平：设置单元中的文字或块与左右单元边界之间的距离。

✧　垂直：设置单元中的文字或块与上下单元边界之间的距离

### 2．创建表格

命令：TABLE/[绘图]-[表格]/

输入命令后，AutoCAD 将显示【插入表格】对话框，如图 10-64 所示。在此对话框中用户可选择表格样式，并指定表的行、列数目及相关尺寸创建表格。

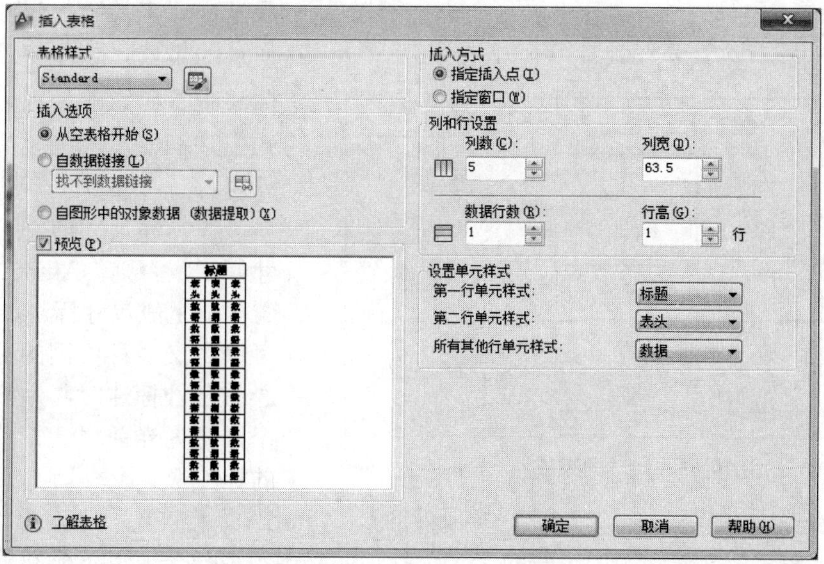


图 10-64　插入表格对话框

### 3．在表格中添加文字

表格单元中可以填写文字或块信息。用 TABLE 命令创建表格后，AutoCAD 会亮显表格的每一个单元，同时打开【文字格式】工具栏，此时就可以输入文字；此外，双击某一个单元将其激活后填写文字。当要移动到相邻的下一个单元是，按 Tab 键，或使用箭头键上、下、左、右移动。

4．**修改表格**

操作步骤如下：

(1) 选择表格单元。在要修改的表格单元单击，按住 Shift 键并在另一个单元内单击可以同时选中这两个单元以及它们之间的所有单元。

(2) 选择方式修改。修改表格可以通过以下几种方式：

- ✧ 使用夹点编辑。
- ✧ 使用“特性”选项板修改表格，单击[工具]/[表格]。
- ✧ 选择表格单元后，单击鼠标右键，可以对表格进行插入、删除、添加文字及合并单元格等操作。

### 10.4.1.3　尺寸标注

尺寸标注是工程图样中不可缺少的基本要素。AutoCAD 提供了多种尺寸标注功能，可以方便、快捷地完成图纸的尺寸标注，本节重点介绍：

- ✧ 尺寸标注样式及其设置。
- ✧ 尺寸标注具体操作方法。
- ✧ 尺寸标注的编辑。

1．**概述**

AutoCAD 尺寸标注是一个复合体，它以块的形式存储在图形中，其组成部分包括尺寸线，尺寸界线，标注文字、尺寸线的终端及符号等组成(图 10-65)。所有这些组成部分的格式都由尺寸样式来控制。尺寸样式是尺寸变量的集合，这些变量决定了尺寸标注中各元素的外观，只要调整样式中某些变量就能灵活地变动标注外观。

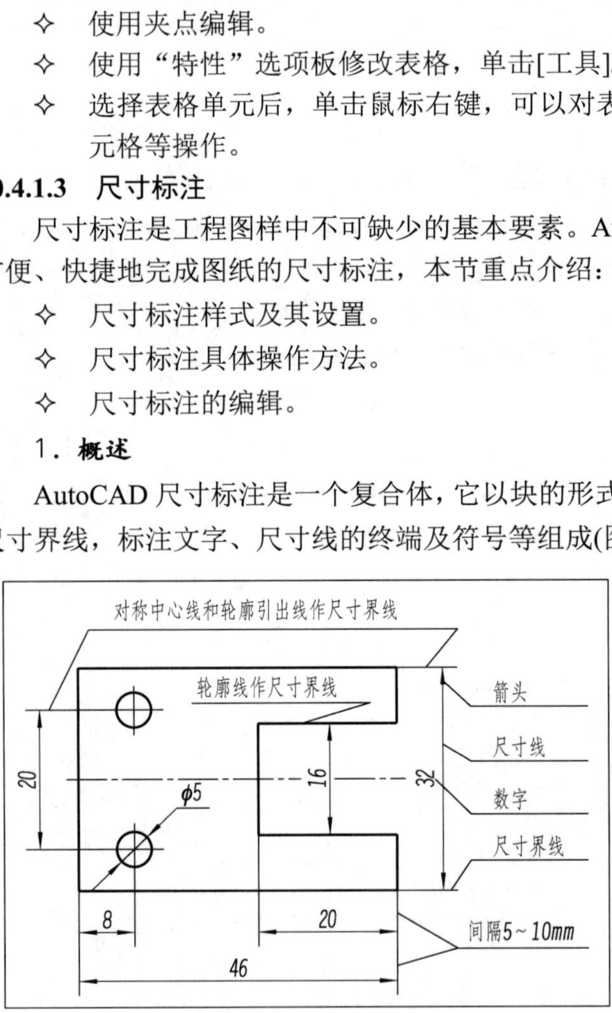


**图 10-65　尺寸的组成**

在标注尺寸前，一般要创建尺寸样式，否则，AutoCAD 将使用缺省样式生成尺寸标注。AutoCAD 中可以定义多种不同的标注样式并为之命名，标注时，用户只需指定某个样式为当前样式，就能创建相应的标注形式。

(1) 尺寸标注的组成元素。当创建一个标注时，AutoCAD 会产生一个对象，这个对象以块的形式存储在图形文件中。图中给出了尺寸标注的基本组成部分，以下分别进行说明。

- ✧ 尺寸界线：尺寸界线表明尺寸的界限，由图样中的轮廓线、轴线或对称中心线引出。标注时，尺寸界线由 AutoCAD 从对象上自动延伸出来，它的端点与对象接近但并不连接到图样上。

✧　第一尺寸界线：第一尺寸界线位于首先指定的界线端点一边，否则将为第二个尺寸界线。

✧　尺寸线：尺寸线表明尺寸长短并指明标注方向，一般情况下它是直线，而对于角度标注，尺寸线将是圆弧。

✧　第一尺寸线：以标注文字为界，靠近第一尺寸界线的尺寸线。

✧　箭头：也称为终止符号，它被添加在尺寸线末尾。在 AutoCAD 中已预定义了一些箭头的形式，可根据国标进行选择，也可利用块创建其他的终止符号。

✧　第一箭头：尺寸界线的次序决定了箭头的次序。

✧　尺寸文本是一个文本实体，可以是基本尺寸，也可以是极限尺寸或带公差的尺寸。

(2) 尺寸标注的类型。AutoCAD 将尺寸标注分为线性型尺寸标注、径向型尺寸标注、角度型尺寸标注、指引型尺寸标注、坐标型尺寸标注和中心尺寸标注六大类型，如图 10-66 所示。

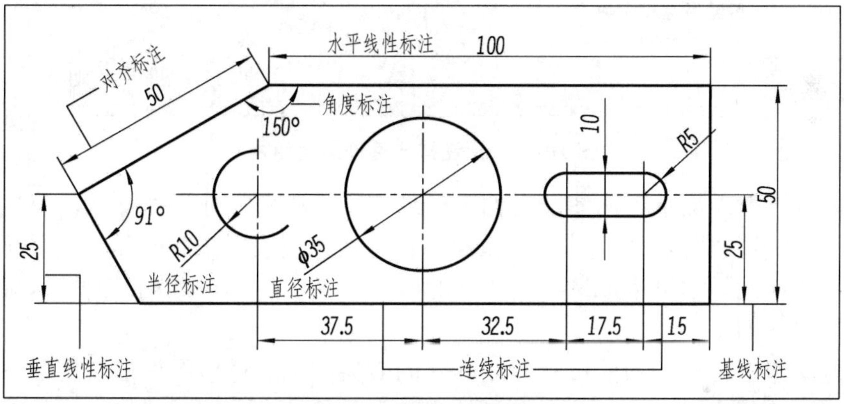


**图 10-66　尺寸标注的类型**

线性型尺寸标注包括水平标注、垂直标注、对齐标注、旋转标注、连续标注和基线标注 6 种类型。

径向型尺寸标注包括半径型和直径型标注。

中心尺寸标注包括圆心标注和圆心线标注。

### 2．尺寸标注样式

设置尺寸标注样式的目的是为了保证标注在图形实体上的各个尺寸形式相同、风格一致，并且符合有关绘图标准要求。AutoCAD 中的尺寸标注样式主要对以下内容进行定义：

✧　尺寸线、尺寸界线、箭头和圆心标记的格式和位置。

✧　标注文字的外观、位置和形状。

✧　文字和尺寸线的管理规则。

✧　全局标注比例因子。

✧　主单位、换算单位和角度标注单位的格式和精度。

✧　公差值的格式和精度。

(1) 尺寸标注样式管理器。为了使尺寸标注的形式和风格符合有关的国家标准，在标注尺寸之前必须创建符合国家标准的标注样式。创建或修改尺寸标注样式的命令如下：

命令：DIMSTYLE/[尺寸标注]-[样式]/

启动 DIMSTYLE 命令后，AutoCAD 将打开图 10-67 的【标注样式管理器】对话框。操作该对话框可编辑或建立尺寸标注样式。

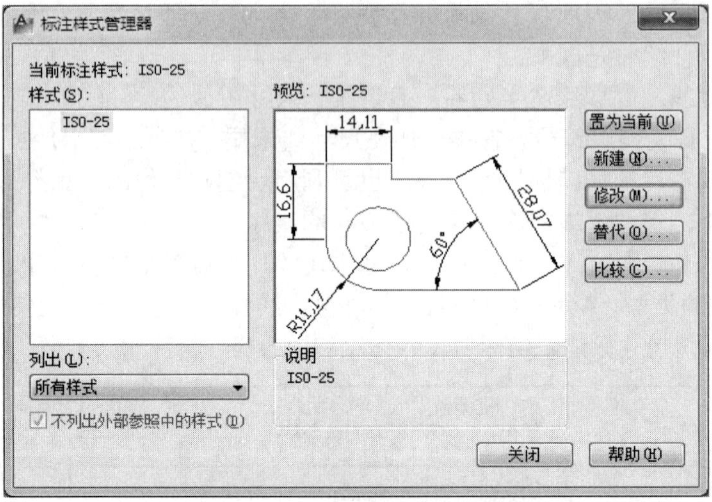


**图 10-67　标注样式管理器对话框**

- ✧ 样式列表框：显示当前图形文件中已经定义的所有尺寸标注样式。每次打开【尺寸标注样式管理器】对话框时，AutoCAD 都在该列表框高亮度显示当前正在使用的尺寸标注样式。如果用户没有设置新的标注样式，则 AutoCAD 的默认标注样式只有 ISO-25 一种。
- ✧ 预览图像框：显示当前尺寸标注样式的效果图。通过该图像框，用户可以即时了解各种尺寸标注样式是否符合自己的需要。如果不是，可进行修改，修改完成后，该图像框中将实时反映出修改后的效果图。
- ✧ 列出下拉列表框：可以选择是显示正在使用的尺寸样式还是显示图中的所有样式。
- ✧ 说明框架：显示选择的尺寸标注样式与默认的样式的不同之处。
- ✧ 按钮：【置为当前】按钮是将在 Styles 列表框中选中的尺寸标注样式设置为当前样式；【新建】按钮为创建新的尺寸标注样式；【修改】按钮是修改现有的尺寸标注样式；【替代】按钮是替换部分尺寸标注样式设置；【比较】按钮将显示【比较标注样式】对话框，比较任何两种尺寸标注样式的不同。

(2) 创建新尺寸标注样式。在【标注样式管理器】中单击【新建】按钮后，弹出如图 10-68 所示的【创建新标注样式】对话框，在对话框中选择新建标注样式名称，选择好基础样式，确定好应用范围选项之后，单击【继续】按钮进入如图 10-69 所示的【新标注样式】对话框。在该对话框中，进行新标注样式的形式和风格的设置，这是创建新标注样式的关键步骤，下面进行逐一介绍。

- ✧ 直线选项卡：设置尺寸线、尺寸界线、箭头和圆心标记的格式和特性。
- ✧ 符号和箭头选项卡：设置箭头、圆心标记、弧长符号和折弯半径标注的格式和位置。
- ✧ 文字选项卡：设置标注文字的格式、放置和对齐。
- ✧ 调整选项卡：控制标注文字、箭头、引线和尺寸线的放置。

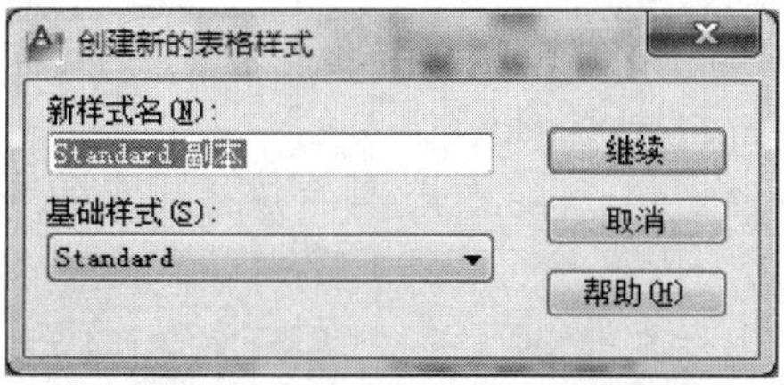


图 10-68　创建新标注样式对话框

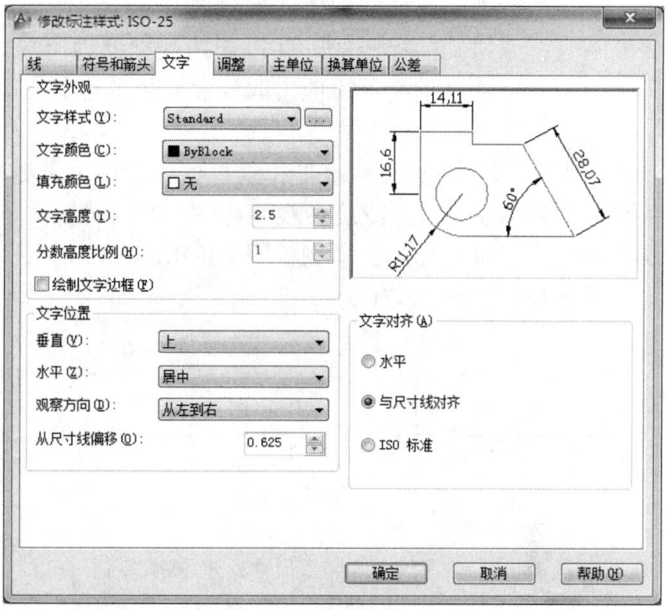


图 10-69　新标注样式对话框的直线和箭头选项卡

✧　主单位选项卡：设置主标注单位的格式和精度，并设置标注文字的前缀和后缀。

✧　换算单位选项卡：指定标注测量值中换算单位的显示并设置其格式和精度。

✧　公差选项卡：控制标注文字中公差的格式及显示。

**提示：**修改尺寸标注样式与创建步骤相同，请读者自行练习，这里不再阐述。

(3) 标注样式的覆盖方法。创建或修改标注样式后，AutoCAD 将改变所有与此样式关联的标注。但有时我们想创建个别特殊形式的尺寸标注，也不必再创建新样式，只需采用当前样式的覆盖方法进行标注，要建立当前尺寸样式的覆盖形式，操作步骤如下：

① 打开图 10-67 所示的【标注样式管理器】对话框。

② 单击对话框中【替代】按钮，打开图 10-69 所示的【修改标注样式】对话框，然后修改尺寸变量。

③ 单击【关闭】按钮，返回 AutoCAD 主窗口。

④ 创建尺寸标注，AutoCAD 暂时使用新的尺寸变量控制尺寸外观。

⑤ 再次进入【标注样式管理器】对话框，把该样式置为当前，此时 AutoCAD 打开一个【AutoCAD 警告】提示对话框，如图 10-70 所示，单击【确定】按钮，AutoCAD 就忽略用户对样式的修改。

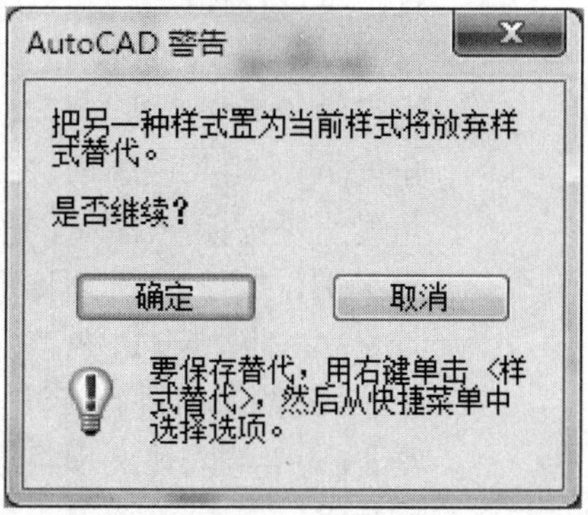


图 10-70　标注样式替代警告框

3. **尺寸标注**

尺寸标注样式设置好后，就可以进行尺寸标注。尺寸标注可以使用多个方法，这取决于用户的经验、个人偏好或设计任务。在标注图样尺寸前完成以下工作。

✧　为所有尺寸标注建立单独的图层，通过该图层就能很容易地将尺寸标注与图形其他对象区分开来，因而这一步是非常必要的。

✧ 专门为尺寸文字创建文本样式。

✧ 打开自动捕捉模式，并设定捕捉类型为“端点”“圆心”“中心”等，这样在创建尺寸标注时就能更快地拾取标注对象的点。

✧ 创建新的尺寸样式。

1) 水平和垂直标注：水平和垂直标注命令用于测量和标注两点间的直线距离，包含的选项可以创建水平、垂直或旋转线性标注。标注时有两种方法：一是指定直线起止点进行标注，二是指定直线进行标注。举例说明 DIMLINEAR 命令。

方法一：如图 10-71(a)

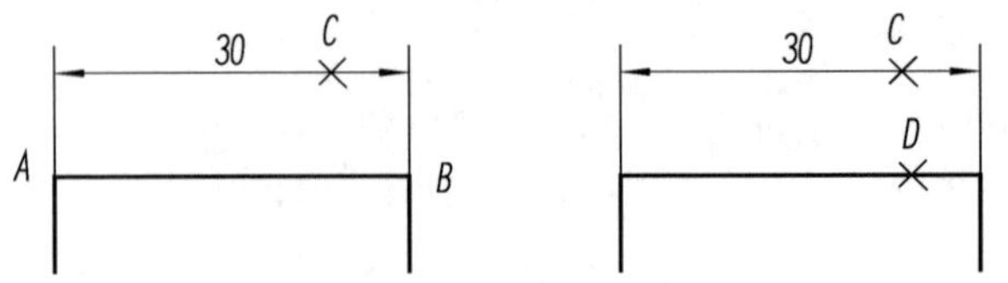


(a)　　　　(b)

**图 10-71　水平尺寸和竖直尺寸标注示例**

命令：DIMLINEAR/ [标注]-[线性]/

指定第一条尺寸界线原点或 <选择对象>: {选择点 A}

指定第二条尺寸界线原点: {选择点 B}

指定尺寸线位置或[多行文字(M)/文字(T)/角度(A)/水平(H)/垂直(V)/旋转(R)]: {选择点 C}

方法二：如图 10-71(b)

命令：DIMLINEAR/[标注]-[线性标注]/

指定第一条尺寸界线原点或 <选择对象>: {回车}

选择标注对象: {选择直线 D}

指定尺寸线位置或[多行文字(M)/文字(T)/角度(A)/水平(H)/垂直(V)/旋转(R)]: {选择点 C}

各选项说明：

✧ 多行文字(M)：输入该选项，将弹出【多行文本编辑器】对话框，将以用户录入的多行文本进行标注。

✧ 文字(T)：输入该选项，命令区提示：“输入标注文字 <测量值>:”用户可输入任意内容的一行文本进行标注。

✧ 角度(A)：输入该选项，命令区提示：“确定尺寸数字的旋转角度：”用户可输入任意角度值进行标注(注：该角度值只控制尺寸文本的方位)。

✧ 水平(H)：输入该选项将进行水平尺寸标注，命令区提示：“确定尺寸线的位置或[多行文字(M)/文字(T)/角度(A)]:”此时输入一点，确定尺寸线位置，AutoCAD 自动以 A、B 间测量值进行标注。

✧ 垂直(V)：输入该选项将进行垂直尺寸标注，命令区提示及含义与水平标注项相同。

✧ 旋转(R)：输入该选项，将进行倾斜标注。命令区将提示输入尺寸线角度。

上述各选项操作完成后仍将返回，命令行有如下提示：

指定尺寸线位置或[多行文字(M)/文字(T)/角度(A)/水平(H)/垂直(V)/旋转(R)]: {选择点 C}

2) 基线标注：基线标注用于创建一系列由相同的标注原点测量出来的标注。AutoCAD 让每个新的尺寸线偏离一段距离，以避免与前一条尺寸线重合。尺寸线增量值由【标注样式】对话框的【直线和箭头】选项卡上的基线间距中指定。基线标注需要先进行一个线性标注，然后再击活基线标注命令，如图 10-72(a)所示。

命令：DIMBASELINE / [尺寸标注]-[基线标注]/

指定第二条尺寸界线原点或 [放弃(U)/选择(S)] <选择>：{拾取点 A}

指定第二条尺寸界线原点或 [放弃(U)/选择(S)] <选择>：{拾取点 B}

指定第二条尺寸界线原点或 [放弃(U)/选择(S)] <选择>：{回车}

3) 连续标注：连续标注命令用于创建一系列端对端放置的标注，每个连续标注都从前一个标注的第二个尺寸界线处开始。与基线标注类似，连续标注也需要先进行一个线性标注，然后再击活连续标注命令，如图 10-72(b)所示。

命令：DIMCONTINUE /[尺寸标注]-[连续] /

指定第二条尺寸界线原点或 [放弃(U)/选择(S)] <选择>：{拾取点 A}

指定第二条尺寸界线原点或 [放弃(U)/选择(S)] <选择>：{拾取点 B}

指定第二条尺寸界线原点或 [放弃(U)/选择(S)] <选择>：{回车}

4) 倾斜标注：倾斜标注命令用来创建一个尺寸线与被标注斜线平行的线性标注。标注方法与水平标注基本相同，如图 10-73 所示。

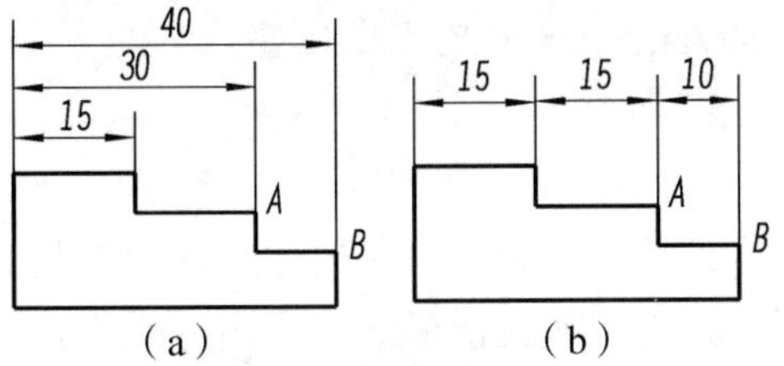


图 10-72　基线标注及连续标注

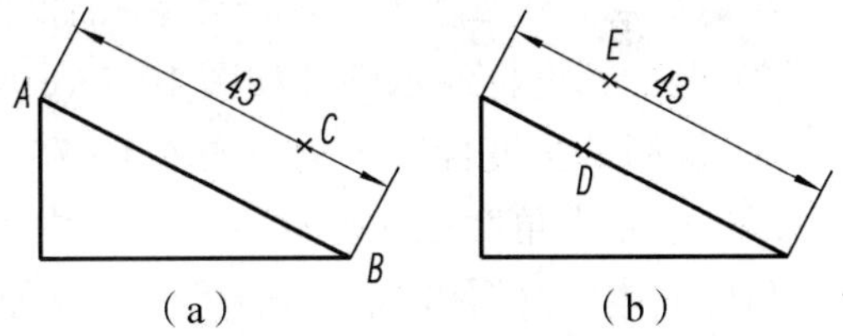


图 10-73　对齐标注示例

5) 直径标注：利用直径标注命令可以根据圆和圆弧的大小、标注样式的选项以及光标的位置来绘制不同类型的直径标注。下面举例说明用法，如图 10-74(a)所示。

命令：DIMDIAMETER / [尺寸标注]-[直径]/

选择圆弧或圆：{选择待标注的圆}

指定尺寸线位置或 [多行文字(M)/文字(T)/角度(A)]：{确定尺寸线位置}

6) 半径标注：半径标注由一条具有指向圆或圆弧的箭头的半径尺寸线组成。DIMRADIUS 命令根据圆或圆弧的大小，标注的选项以及光标位置绘制不同类型的半径标注，如图 10-74(b)所示。

命令：DIMRADIUS / [尺寸标注]-[半径]/

选择圆弧或圆：{选择待标注半径}

指定尺寸线位置或 [多行文字(M)/文字(T)/角度(A)]：{确定尺寸线位置}

7) 角度标注：角度标注命令可以标注圆和圆弧的角度、两条直线间的角度、三点间的角度。

(1) 两线间角度标注示例，如图 10-75(a)所示。

命令：DIMANGULAR / [尺寸标注]-[角度] /

选择圆弧、圆、直线或 <指定顶点>：{在点 *A* 拾取第一条直线}

选择第二条直线：{在点 *B* 拾取第二条直线}

指定标注弧线位置或 [多行文字(M)/文字(T)/角度(A)]：{确定尺寸线位置}

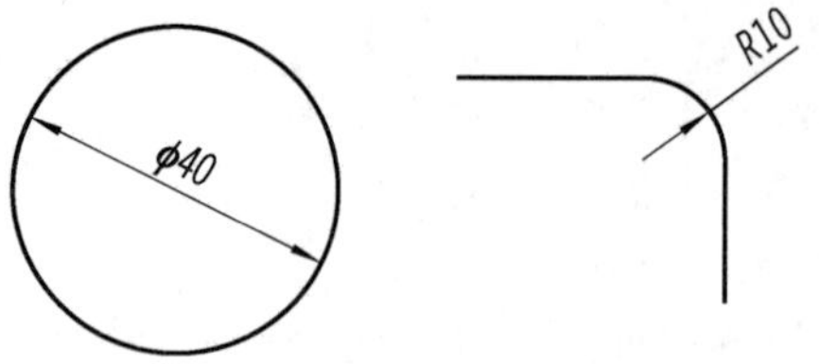


（a）　（b）

图 10-74　直径标注和半径标注

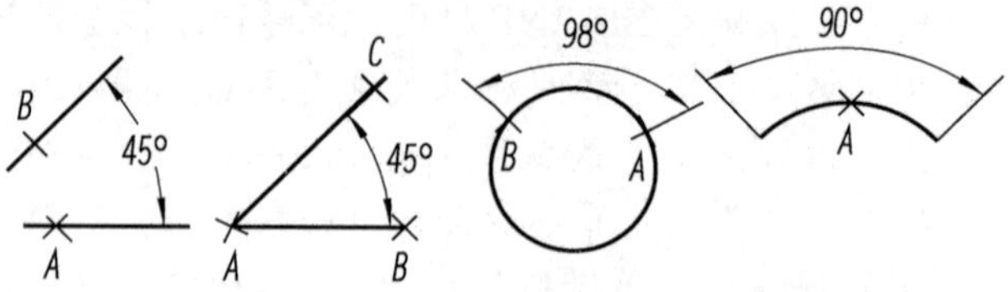


（a）　（b）　（c）　（d）

图 10-75　角度标注

(2) 三点间的角度标注示例，如图 10-75(b)所示。

命令：DIMANGULAR / [尺寸标注]-[角度]/

选择圆弧、圆、直线或 <指定顶点>：{回车}

指定角的顶点：{拾取角的顶点 *A*}

指定角的第一个端点：{拾取第一角端点 *C*}

指定角的第二个端点：{拾取第二角端点 *D*}

指定标注弧线位置或 [多行文字(M)/文字(T)/角度(A)]：{确定尺寸线位置}

(3) 圆的角度标注示例，如图 10-75(c)所示。

(4) 圆弧的角度标注示例，如图 10-75(d)所示。

国标中对于角度标注有规定，角度数字一律水平书写，一般注写在尺寸线的中断处。因此，角度文本的注写方式与线性尺寸文本不同。为使角度文本放置形式符合国标规定，用户可采用以下 2 种方式标注角度。

✧　利用尺寸标注样式覆盖方式标注角度，方法同上节阐述。

✧　利用角度尺寸样式簇标注角度，步骤如下：

(1) 打开图 10-76 的【创建新标注样式】对话框，在用于下拉列表中选择角度标注。

(2) 单击【继续】按钮，在图 10-69 的【标注样式】的【文字选项卡】中的文字对齐区域选中【水平】，单击【确定】按钮。

8) 引线标注和形位公差标注

使用 QLEADER 命令可以快速创建引线和引线注释，包括形位公差的标注。下面举例说明如何用 QLEADER 命令进行引线标注，如图 10-77(a)所示。

命令：QLEADER / [尺寸标注]-[引线标注]/

指定第一个引线点或 [设置(S)] <设置>：{回车}

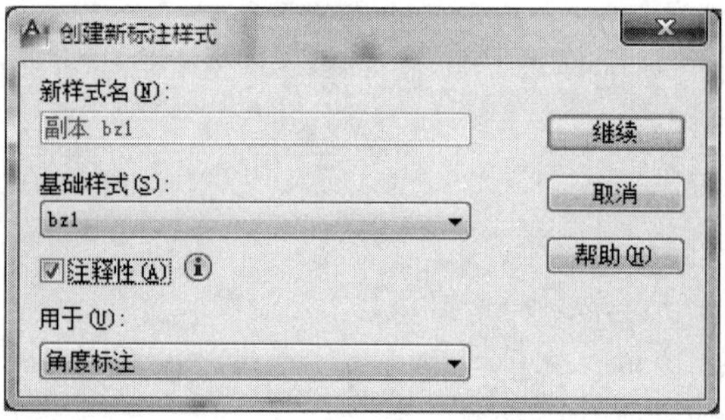


图 10-76　角度尺寸样式簇

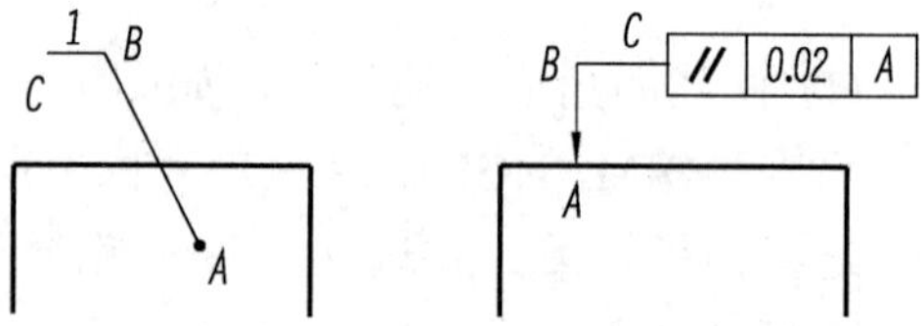


（a）　（b）

图 10-77　引线标注示例

打开【引线设置】对话框(图 10-78)，在【注释】选项卡中，注释类型选多行文字；多行文字选“提示输入宽度”；重复使用注释选“无”。在【引线和箭头】选项卡中，引线选“直线”；箭头选“实心点”，点数选 3；角度约束选“任意角度”。在【附着】选项卡中，选文字位置。单击【确定】按钮退出对话框，系统继续提示：

指定第一个引线点或 [设置(S)] <设置>：{单击点 A 处}

指定下一点：{单击点 B 处}

指定下一点：{单击点 C 处}

指定文字宽度 <0>：5

输入注释文字的第一行 <多行文字(M)>：1

输入注释文字的下一行：{回车}

下面举例说明用 QLEADER 命令进行形位公差标注，如图 10-77(b)所示。

命令：QLEADER /

指定第一个引线点或 [设置(S)] <设置>：<回车>　{进入设置对话框}

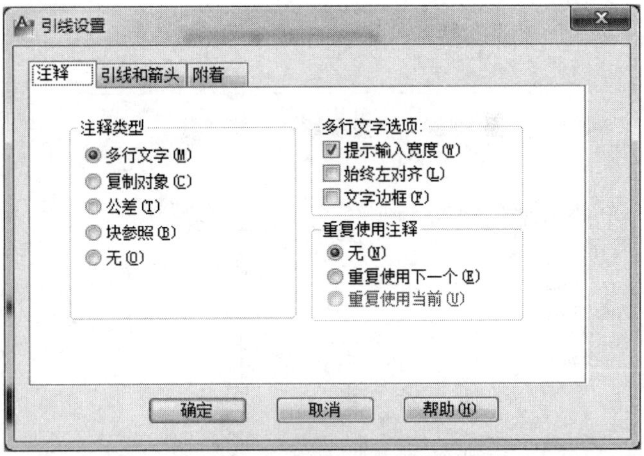


图 10-78　引线设置对话框

打开图 10-78【引线设置】对话框，在【注释】选项卡中，注释类型选公差；重复使用注释选“无”。在【引线和箭头】选项卡中，引线选“直线”；箭头选“实心闭合”，点数选 3；角度约束选“任意角度”。单击【确定】按钮退出对话框，系统继续提示：

指定第一个引线点或 [设置(S)] <设置>：{单击点 A 处}

指定下一点：{单击点 *B* 处}

指定下一点：{单击点 *C* 处}

弹出【形位公差】对话框，如图 10-79 所示，在【符号】选项组中输入形位公差符号，在【公差】选项组中输入公差值及前后缀，在【基准】选项组中输入基准代号。设置完成后，单击【确定】按钮结束操作。

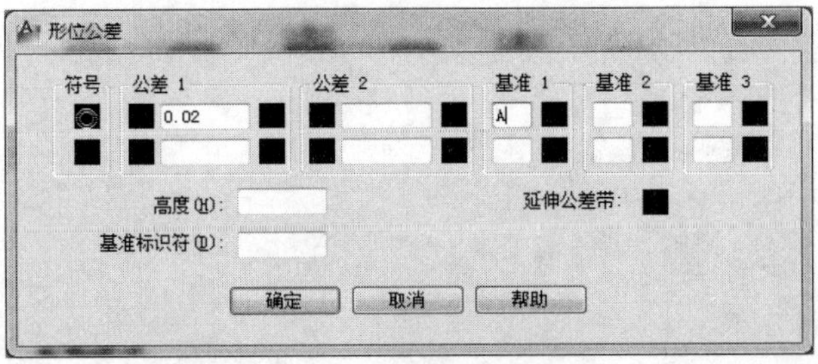


图 10-79　形位公差对话框

9) 多重引线标注

命令：MLEADER(MLD)/[尺寸标注]-[多重引线]/

多重引线标注有其单独的样式，在不同的情况下，可以设置不同的标注样式。创建新的多重引线样式方法如下：

命令：MLEADERSTYLE(MLS)/[格式]-[多重引线样式]

(1) 按照前面提到的任意一种方法执行“多重引线样式命令”，在弹出的【多重引线样式管理器】对话框中(图 10-80)单击【新建】按钮，弹出【创建新多重引线样式】对话框，在“新样式名”框输入“倒角引线标注”，然后单击【继续】按钮。如图 10-81 所示。

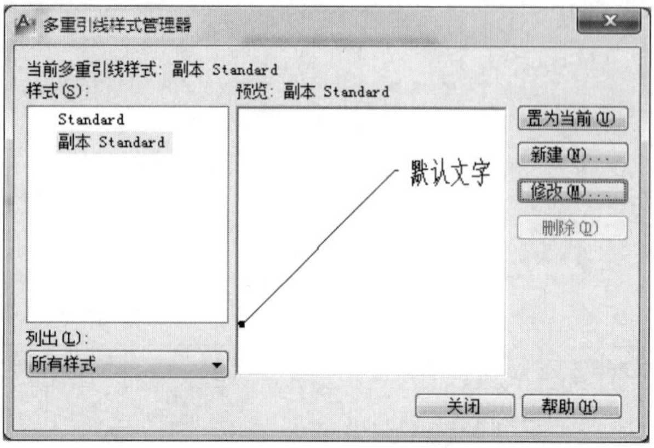


图 10-80　多重引线样式管理器

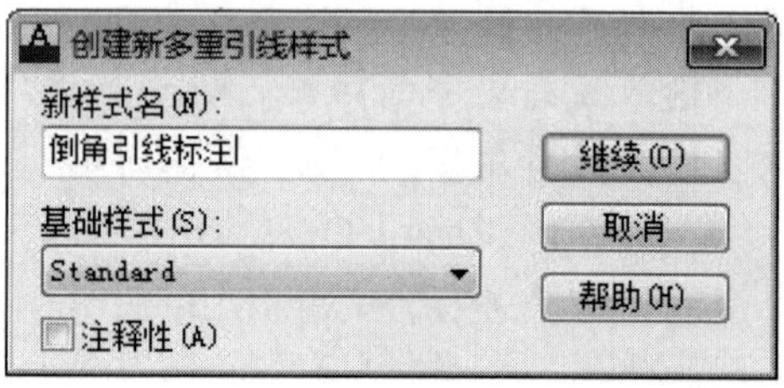


图 10-81　创建新多重引线样式

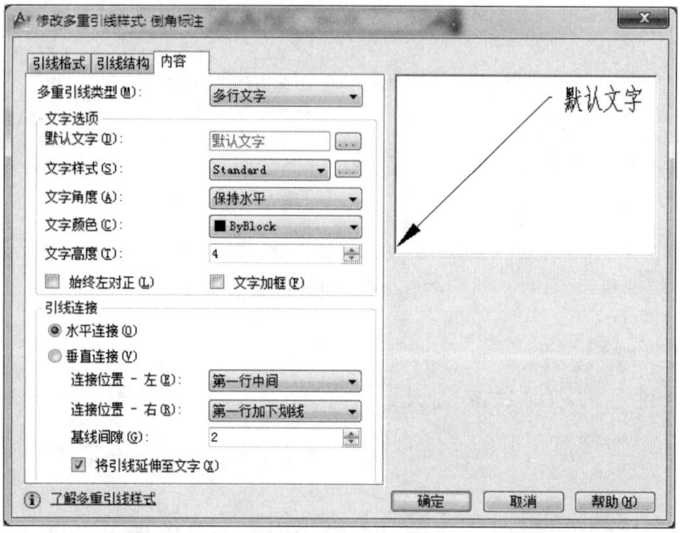


图 10-82　修改多重引线样式：倒角引线标注对话框

(2) 在弹出的【修改多重引线样式：倒角标注】对话框中(图 10-82)，“符号”下拉列表下选择“无”。切换到“内容”选项卡，在“连接位置－左”和“连接位置－右”下拉列表中选择“最后一行加下划线”选项，然后单击【确定】按钮。

(3) 返回【多重引线样式管理器】对话框，选择“倒角引线标注”样式，然后单击【置为当前】按钮，最后关闭对话框。

10) 弧长标注

命令：DIMARC / [标注]-[弧长标注]/ 

选择弧线段或多段线弧线段: {单击点 A 处}

指定弧长标注位置或 [多行文字(M)/文字(T)/角度(A)/部分(P)/]: {单击点 B 处或输入选项}

各选项与其他标注基本相同，这里不作详述。

示例如图 10-83 所示。

11) 折弯标注

命令：DIMJOGGED /[尺寸标注]-[折弯标注]/ 

选择圆弧或圆: {单击点 *A* 处}

指定中心位置替代: {单击点 *B* 处}

指定尺寸线位置或 [多行文字(M)/文字(T)/角度(A)]: {单击点 *C* 处}

指定折弯位置: {单击点 $D$ 处}

示例如图 10-84 所示。

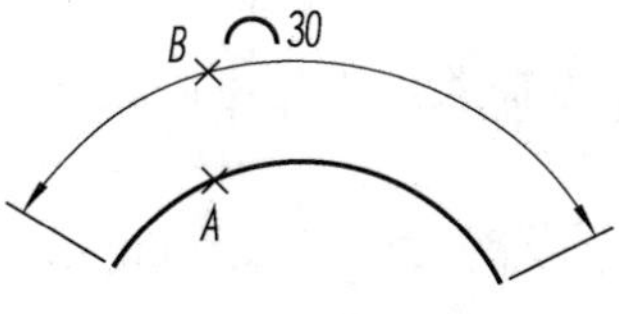


图 10-83　弧长标注示例

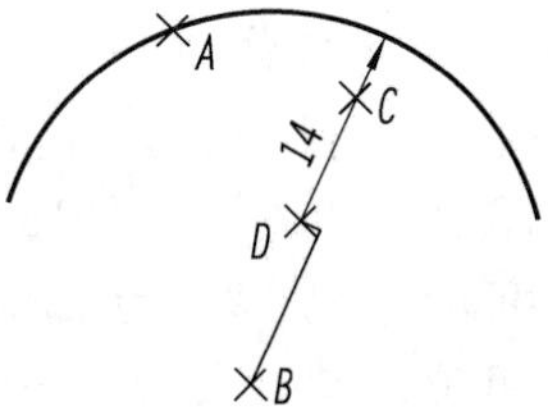


图 10-84　折弯标注示例

12) 快速标注：利用 QDIM 命令，可以创建系列基线、连续、坐标、直径和半径型等多种类型标注，在这个命令中，可以一次选择多个标注对象，AutoCAD 将自动完成多个对象的标注。

命令：QDIM /[尺寸标注]-[快速标注]/

**4．尺寸编辑**

AutoCAD 提供了的多种方法用于编辑尺寸标注。利用 DIMEDIT 命令可以编辑尺寸标注；利用 DIMTEDIT 命令可以改变尺寸文本的位置；通过“特性”窗口可以修改尺寸标注的内容和标注样式；利用“标注样式管理器”可以修改尺寸标注的样式；当选中某个标注单击右键时，AutoCAD 显示一个快捷菜单，快捷菜单上也有编辑命令可进行尺寸标注编辑。

1) 利用 DIMEDIT 命令编辑尺寸标注：DIMEDIT 命令有多个选项，其中默认(Home)、新建(New)、旋转(Rotate)等选项影响标注文字，倾斜(Oblique)选项影响尺寸界线。DIMEDIT 可以同时对多个标注对象操作。

命令：DIMEDIT/

输入标注编辑类型 [默认(H)/新建(N)/旋转(R)/倾斜(O)] <默认>: {选择相应的编辑选项}

选择对象: {选择待编辑的尺寸};

各选项说明：[默认(H)]选项使选中的标注文字移回到由标注样式指定的缺省位置和旋转角；[新建(N)]选项将打开多行文字编辑器修改标注文字；[旋转(R)]选项旋转标注文字，执行该选项后，AutoCAD 会提示用户输入旋转角度；[倾斜(O)]选项调整线性标注尺寸界线的倾斜角度，执行该选项后，AutoCAD 会提示用户输入角度。

2) 编辑尺寸文本位置(DIMTEDIT)：DIMTEDIT 命令用来移动和旋转标注文字。

命令：DIMTEDIT/ [尺寸标注]-[对齐文字] /

选择标注: {选择尺寸}

指定标注文字的新位置或 [左(L)/右(R)/中心(C)/默认(H)/角度(A)]:

{拖动尺寸到新位置，回车结束命令}

选项说明：缺省选项是用来移动尺寸线和尺寸文本；[左(L)]选项将沿尺寸线左移标注文字；[右(R)]选项将沿尺寸线右移标注文字；[中心(C)]选项将把标注文字放在尺寸线的中心；[默认(H)]选项将标注文字移回缺省位置；[角度(A)]选项将修改标注文字的角度。

### 10.4.1.4　块与属性

工程制图中，常会遇到一些反复使用的图形，如表面粗糙度、螺栓、螺母、建筑标高等，这些图例在 AutoCAD 中可以由用户定义为图块，使用户在多个绘图文件中简单而高效地重复它们。如果需要的话，还可创建或存入符号库中，成为永久的符号。而属性是与块有关的信息项，用于描述块的某些特征，本节简要介绍：块的定义与操作；属性的定义与编辑。

**1．块的定义与操作**

1) 基本概念：块是由若干个单个实体组合成的复杂实体。定义成块的复杂实体可被AutoCAD 当作单一的对象来处理，可以在图形中的任何地方插入，同时可以改变块的比例因子和旋转角度。并且，块一经定义，可多次引用。

2) 块的建立：要定义一个图块，首先绘制组成图块的实体，然后用 BLOCK 命令定义图块的插入点，并选择构成该图块的实体。

命令：BLOCK /[绘图]-[块]/

启动 BLOCK 命令后，弹出图 10-85【块定义】对话框，对话框中各部分的功能如下：

**图 10-85　块定义对话框**

✧ [名称]：输入图块名。

✧ [基点]选项组：确定插入点位置。单击【拾取点】按钮，可用十字光标在绘图区直接点取。也可以在 X、Y、Z 文本框中输入插入点的具体坐标参数值。

✧ [对象]选项组：选择构成图块的实体。【保留】按钮，用户创建图块后，保留构成图块的原有实体，并把它们当作一个个单独实体；【转换为块】按钮，用户创建图块后，将构成图块的原有实体转化为一个图块；【删除】按钮，用户创建图块后，删除构成图块的原有实体。

说明：用块命令定义的图块，只能在图块所在的当前图形文件中使用，而不能被其他图形引用。若定义的图块能被其他图形引用，需进行块存盘。

3) 块的插入：定义好的块，可以插入当前图形中的任何位置上，这就是所谓的块的引用。在插入图块时，用户必须确定 4 组特征参数，即要插入的图块名、插入点的位置、插入比例系数和图块的旋转角度。

命令：INSERT/[插入]-[块]/

该命令执行后，将显示图 10-86 所示【插入】对话框。对话框中各部分的功能介绍如下：

✧ [名称]下拉列表框：用户输入或选择所需要的图块名。

✧ [浏览]按钮：用来选择要插入的图形文件。

图 10-86　块插入对话框

✧　[插入点]选项组：可在绘图区点取或在 X、Y、Z 三个文本框中输入坐标值以确定图块的插入点位置。

✧　[缩放比例]选项组：确定图块的插入比例系数。其中的复选框，表示用户可在命令行输入 X、Y、Z 轴方向的插入比例系数值。

✧　[旋转]选项组：确定图块的旋转角度。各复选框的含义同上。

✧　[分解]复选框：表示 AutoCAD 在插入图块的同时，把该图块炸开使其成为各单独的图形实体，否则插入后的图块将作为一个整体。

4) 块编辑器

可以编辑和创建动态块。

命令：BEDIT/ [工具]-[块编辑器]/

启动块编辑器后，显示图 10-87 所示【编辑块定义】对话框，在对话框中可以从图形中保存的块定义列表中选择要在块编辑器中编辑的块定义，也可以输入要在块编辑器中创建的新块定义的名称。

单击【确定】按钮，对话框关闭，并显示块编辑器。

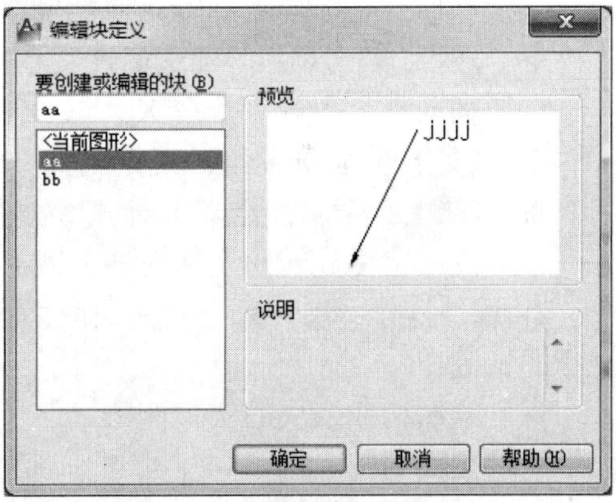


图 10-87　编辑块定义对话框

✧　如果列表中选择了某个块定义，该块定义将显示在块编辑器中且可以编辑。

✧　如果输入新块定义的名称，将显示块编辑器，可向该块定义中添加对象。

另外还可以在块编辑器中向块定义中添加动态元素。

**2．属性的定义与编辑**

属性是存储在块定义中的文本信息，用于描述块的某些特征。属性就像货物上的纸标签，它们的内容可以包括各种文字信息，如数量、型号、原料、种类、电话号码等。属性中所包含的信息就是属性值。

1) 属性的定义

命令：ATTDEF/[绘图]-[块]-[定义属性…]

启动 Attdef 命令后，屏幕出现图 10-88 所示【属性定义】对话框。对话框中各部分的功能介绍如下：

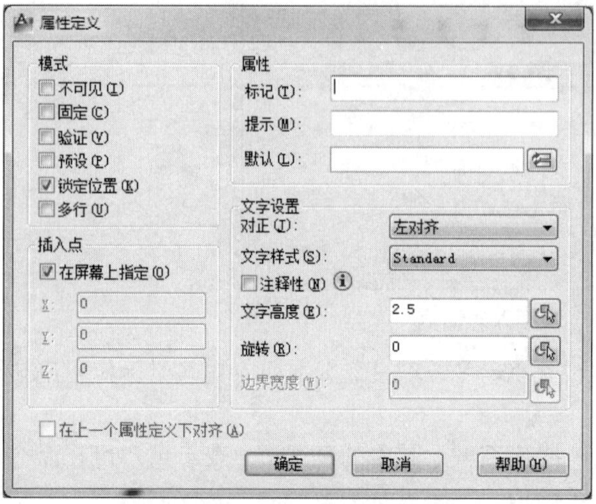


**图 10-88 属性定义对话框**

✧ [模式]选项组：设置属性模式。选择[不可见]复选框，表示插入带有属性的图块后，属性值在图中显示出来。反之，属性值在图中不显示出来；选择[固定]复选框，确定属性值是否为常量，若为常量，在插入图块时，该属性值将保持不变；选择[验证]复选框，确定用户是否验证属性值的正确性；选择[预置]复选框，表示在定义属性时，是否为用户指定一个初始的默认值。

✧ [属性]选项组：设置属性参数。包括标记、提示和默认值。在“标记”文本框中输入属性标记，用户必须输入属性标记，不允许空缺；“提示”文本框可给出属性提示，以便引导用户正确输入属性值；“默认值”文本框，用户可输入默认属性值。

✧ [插入点]选项组：确定属性文本插入点。用户可在绘图区内选择一点作为属性文本的插入点，也可直接在 X、Y、Z 文本框中输入插入点的坐标值。

✧ [文本选项]选项组：确定属性文本的样式及文本书写的对齐方式。

✧ [在上一个属性定义下对齐]复选框：表示当前属性将继承上一属性的部分参数，如字高、字体旋转角度和对齐方式。

2) 属性操作：属性只有和图块联系在一起才有用处，单独的属性毫无意义，属性的处理过程通常为：

✧ 绘制构成图块的实体图形。

✧ 定义属性。

✧ 创建块，把属性和图形组成块。

✧ 插入块，块插入之后可做属性编辑。

✧ 属性的显示与提取。

图 10-89 为定义带有属性的表面粗糙度符号，图 10-90 为插入带有属性数值的表面粗糙度符号，具体步骤如下：

a) 应用直线命令绘制表面粗糙度的符号(图 10-89)。

b) 应用 ATTDEF 命令定义属性，属性标志为 CCD，属性提示为“表面粗糙度”。

c) 应用 BLOCK 命令将包含属性的表面粗糙度符号创建为图块。

d) 应用插入命令插入图块，带属性的图块定义和插入过程与前面所述不带属性图块的定义和插入基本相同，图块多次插入时，可输入不同的属性值(如 *12.5*、*6.3*、*3.2*)，如图 10-90 所示。

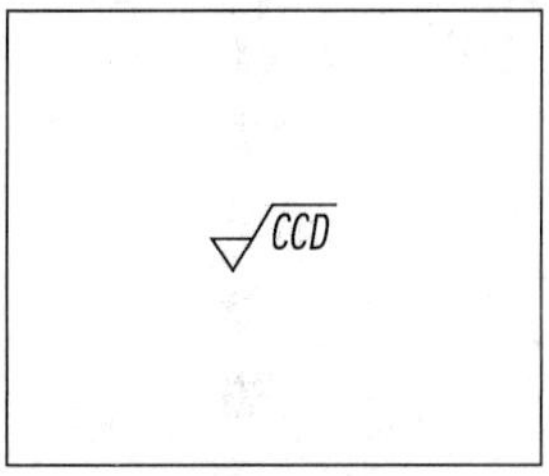


图 10-89 粗糙度图块及属性

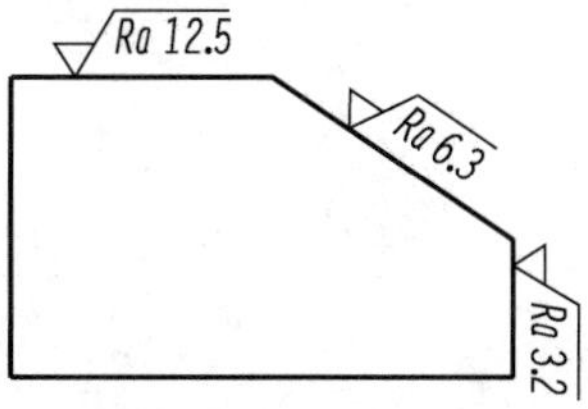


图 10-90 具有属性值的表面粗糙度

3) 属性的编辑

命令：EATTEDIT/

选择块：{选择带属性的块}

选择后，AutoCAD 将打开图 10-91 所示的【块属性管理器】对话框。在该对话框中，用户可按要求在[属性][文字选项][特性]三个选项卡中对属性值、字体、字高、对齐方式、位置等参数和特性等进行编辑。

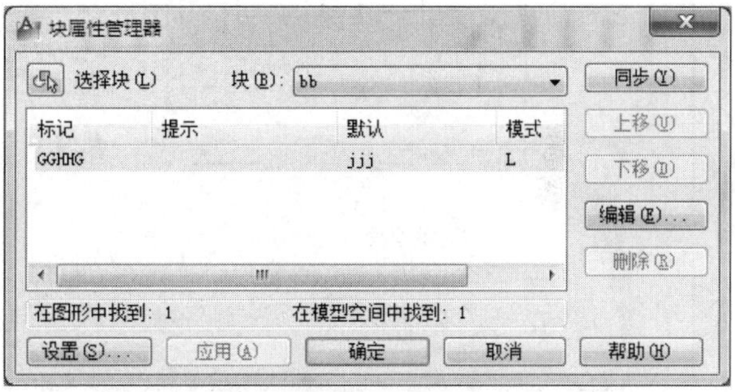


图 10-91 属性编辑对话框

用 AutoCAD 绘制工程图样的基本步骤如下：

- ✧ 打开已经绘制好的模板，也就是带标题栏的图框，并在标题栏中输入合适的内容。
- ✧ 设置绘图环境，包括图形界限的设置、图层设置和线型比例的设置。
- ✧ 运用尺寸标注命令标注出全部的尺寸，包括形位公差和尺寸公差的标注。
- ✧ 运用多行文字命令写出零件图中的技术要求。
- ✧ 检查图形。

#### 10.4.1.5 AutoCAD 绘制零件图举例

AutoCAD 绘制零件图遵循零件图绘制的基本方法，利用 AutoCAD 软件命令完成图形的绘制，主要内容如下。

1．图形绘制：首先设置绘图环境，然后进行图形分析，并选用合适的表达方法，采用 AutoCAD 的绘图和编辑命令绘制图形。

2．运用尺寸标注命令，按照正确、完整、清晰和合理的要求进行尺寸标注。

3．标注尺寸公差、形位公差和表面粗糙度等技术要求。

4．填写标题栏。

**例 10.12** 轴套类零件的绘制

**分析**：轴套类零件包括各种轴、丝杠、套筒等。轴类零件是用来支承传动零件和传递动力的；套类零件通常装在轴上，起轴向定位、传动或连接等作用。其结构特点为：一般是由同一轴线、不同直径的数段回转体组成。这类零件的表达方案：一个轴向主视图，根据轴上结构，配合主视图绘制断面图、局部放大等图形。在 CAD 中应用尺寸标注与修改、文本输入与编辑，块、属性的定义与修改等命令，进行图 10-92 所示零件图绘制。

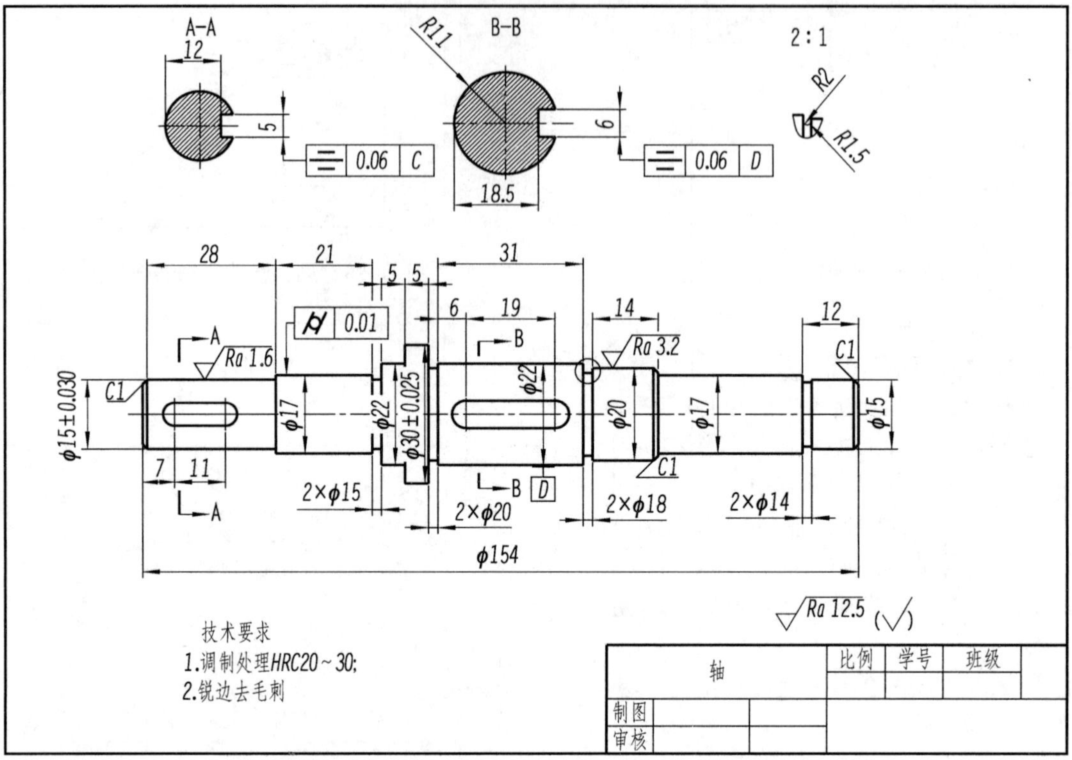


图 10-92 轴零件图

**作图步骤：**

(1) 新建图形文件，设置绘图环境或调用已经绘制好的模板。

(2) 根据图形大小计算图幅为 A4，出图比例采用 1:1，并设置好图层(可以设置中心线层、粗实线层、剖面线层、标注图层、文字图层，对于图层的颜色和线宽按题目需要进行设置)和线型比例。

(3) 绘制轴的对称中心线。利用直线、圆、偏移、修剪、倒角命令绘制如图 10-93 所示的图形。

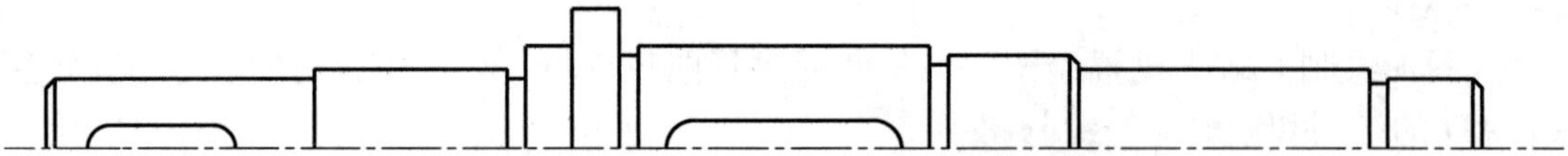

图 10-93 利用直线、圆、偏移、修剪、倒角命令绘制的图形

(4) 通过镜像命令绘制如图 10-94 所示的图形。

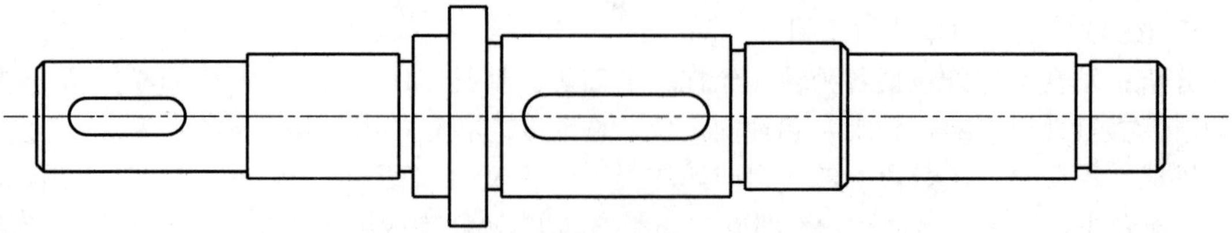

图 10-94 通过镜像命令绘制的图形

(5) 绘制 A-A、B-B 断面图和局部放大图。

(6) 标注尺寸，注意公差尺寸的标注。

(7) 将表面粗糙度和基准代号制作成带属性的图块。

(8) 在相应的地方插入表面粗糙度和基准代号。

(9) 利用创建多行文字命令输入零件图的技术要求。

(10) 检查图形，保存图形文件。

**例 10.13**　盘盖类零件的绘制

分析：盘盖类零件一般包括法兰盘、端盖、压盖和各种轮子等。这类零件在机器中主要起轴向定位、防尘、密封及传递扭矩等作用。其结构特点为：主体一般为同轴线不同直径的回转体。这类零件一般常用主、左(或右)两个视图来表达。利用 AutoCAD 相关命令完成图 10-95 所示皮带轮零件图得绘制。

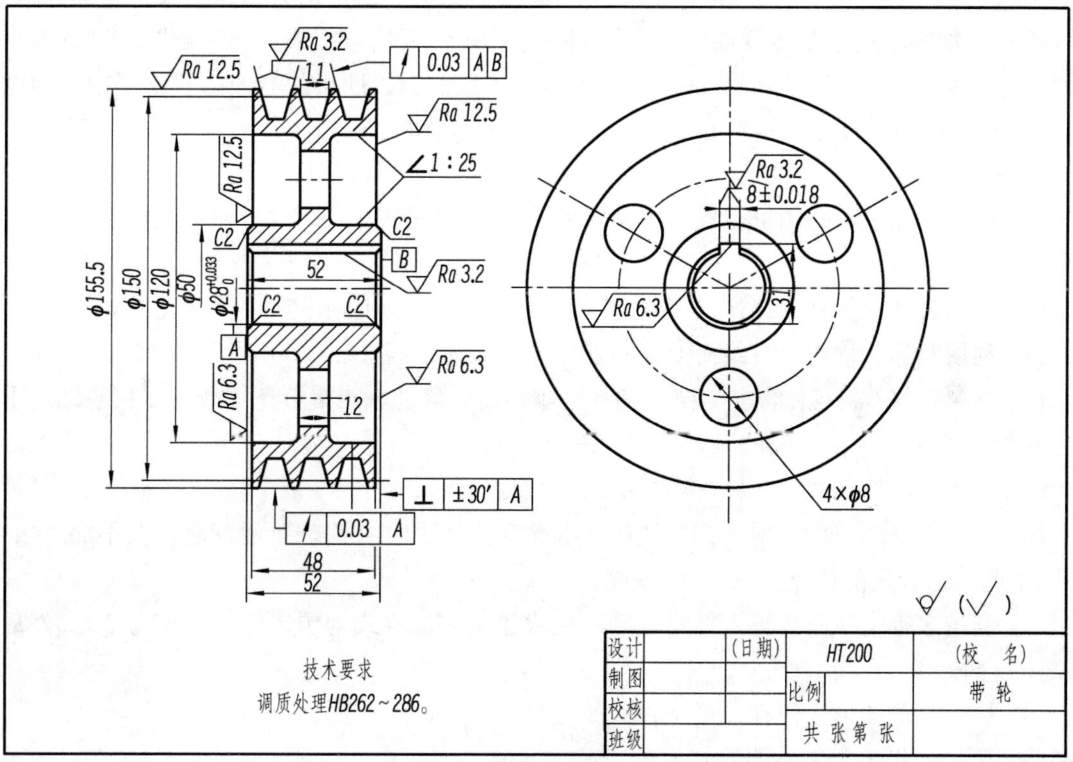


**图 10-95　皮带轮零件图**

**作图步骤：**

(1) 选择样板文件或按照例 10.1 的步骤进行设置。

(2) 画图框和标题栏。

(3) 对图形进行形体分析。

(4) 画中心线，布图。

(5) 按长对正、高平齐、宽相等的投影规律画出各视图。

(6) 标注尺寸；先建立不同的尺寸标注样式，如一般线性标注、角度标注、直径标注、公差标注样式；然后依次在适当的位置上标注上尺寸。

(7) 技术要求，将制作好的带属性的外部图块—粗糙度符号，在合适的位置插入；利用多行文字命令输入方式书写文字技术要求。

(8) 检查整理图形。

(9) 填写标题栏。

(10) 保存图形文件。

**例 10.14 叉架类零件的绘制**

叉架类零件是机器操纵装置中常用的一种零件，用来支承轴类零件，如拨叉、连杆、杠杆、轴承座、支架、吊架等。其结构特点为：由支承部分、工作部分和连接部分三部分组成。这类零件一般需要两个基本视图。为表达内部结构，常采用全剖或局部剖视图。对倾斜部分结构，往往采用斜视图或斜剖切面剖切来表达。连接部分、肋板的断面形状常采用断面图来表达，应用 AutoCAD 相关命令完成图 10-96 支架零件图的绘制。

**作图步骤：**

(1) 打开带标题栏的图框模板，并设置好图层(可以设置中心线层、粗实线层、剖面线层、标注图层、文字图层)。

(2) 利用直线、偏移、镜像、极轴追踪命令在中心线层上画出定位基准线。

(3) 利用圆形、修剪、直线命令在粗实线层上画出左视图。

(4) 利用直线、镜像、倒角、倒圆角、对象追踪、修剪、图案填充等命令在相应图层上画出主视图，注意三视图之间的三等规律。

(5) 设置标注样式，并在标注图层上进行尺寸标注。

(6) 将制作好的带属性的外部图块——粗糙度符号(加“—”表示没问题，要不加“括号”表示也可)，在合适的位置插入。

(7) 利用多行文字命令输入技术说明。先设置文字的样式为仿宋体，字高为 3.5，然后输入技术说明。

(8) 检查整理图形，保存图形文件。

**例 10.15 箱体类零件的绘制**

箱体类零件用来支承、包容、保护运动零件或其他零件，也起定位和密封作用。如各种机床的主轴箱箱体，减速器箱体，油泵泵体，车、铣床尾座体等。其结构特点是：结构比较复杂，常有内腔、轴承孔、凸台或凹坑、肋板、螺孔与螺栓通孔等结构。表达这类零件，一般需要 3 个以上的视图，主视图一般用剖视表达。

对于这类零件的绘制方法参考盘盖类零件，这里不再叙述。

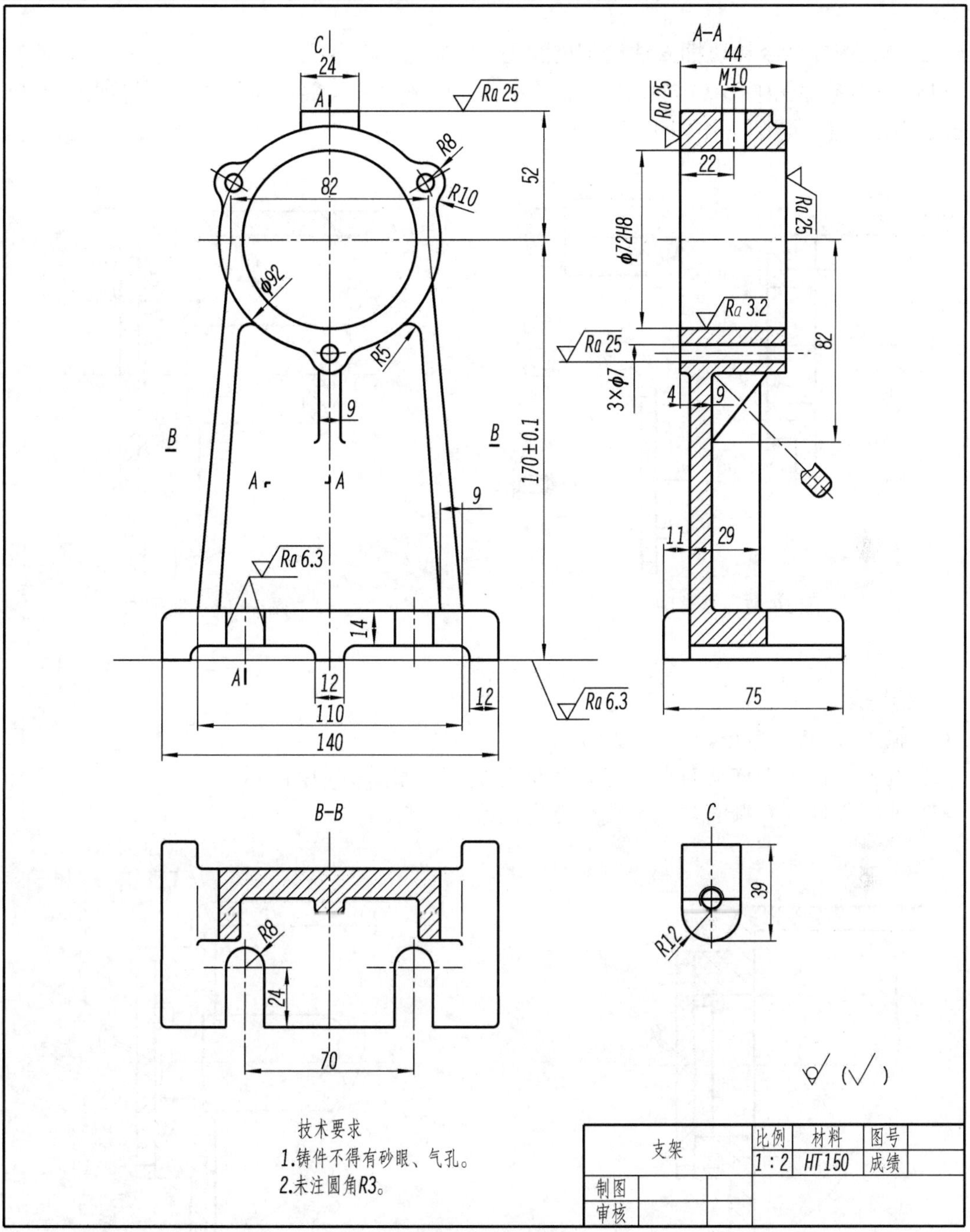


图 10-96　支架

## 10.4.2　装配图的绘制(Draw assembly drawing by using AutoCAD)

装配图是用来表达机器(或部件)的工作原理、装配关系的图样。完整的装配图是由一组视图、尺寸标注、技术要求、零件序号、明细栏和标题栏组成。利用 AutoCAD 经常绘制装配图时，通常将零件、部件、标准件和专业符号等做成图库，在绘制装配图时采用块插入的方法插入装配图中，然后删除或修剪不需要的线条，再对其进行填充，最后进行标注、零件编号即可；也可以打开已有零件图，从中选择可用零件组成所需装配图。

#### 10.4.2.1 MOVE 命令和块插入法绘制装配图

以箱盖类零件图(图 10-97)绘制装配图为例，将零件 *1* 与零件 *4* 相结合，得到图 10-98 所示的装配图。进行装配，作图步骤如下：

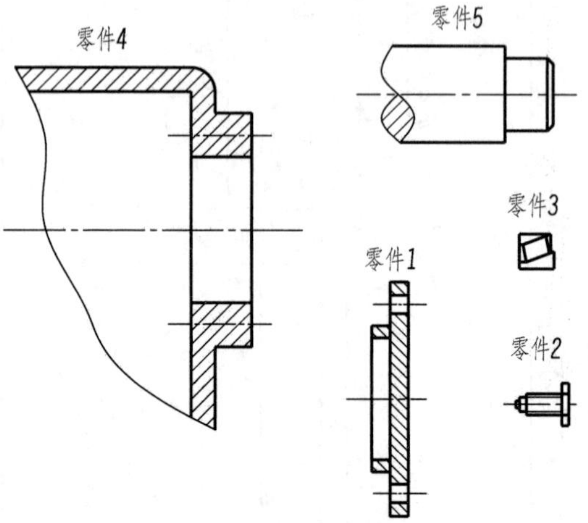


图 10-97 零件图

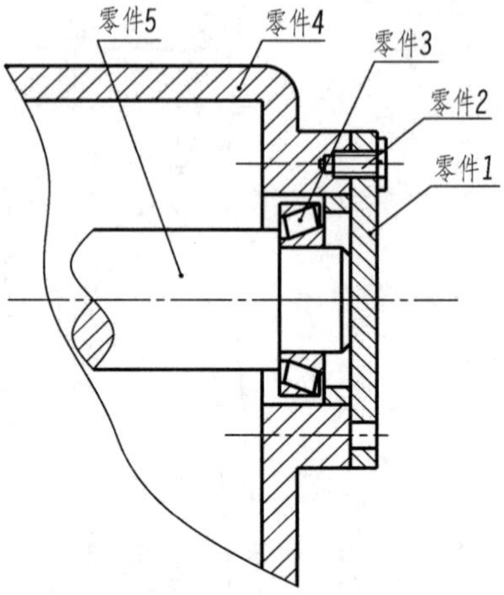


图 10-98 装配图

1. **装配零件**

**作图步骤：**

(1) 输入 MOVE 命令。

(2) 选择零件 *1* 为移动对象，点 *A* 为移动基点，如图 10-99 所示。

(3) 捕捉零件 *4* 右端面与水平线交点为位移第二点。

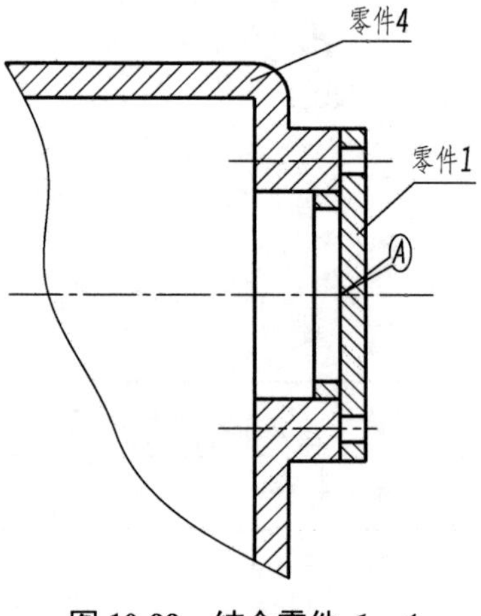


图 10-99 结合零件 *1*、*4*

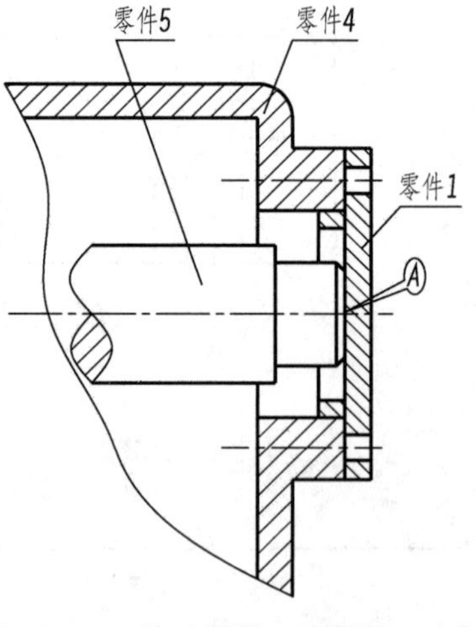


图 10-100 移动零件 *5* 至零件 *4* 内部

(4) 同理，用 MOVE 命令将零件 *5* 移至零件 *4* 右侧圆孔内，使它们轴线交点重合，效果如图 10-100 所示。

(5) 用同样的方法分别将零件 *2*、零件 *3* 移至所需位置，如图 10-101 所示。

(6) 用修剪命令将装配后会被挡住的部分以遮挡物的轮廓线为裁剪边界进行修剪，再将多余的线条删除得到如图 10-102 所示的效果。

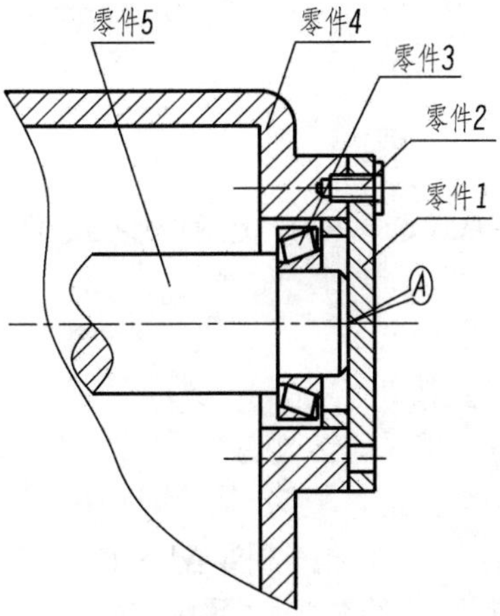


图 10-101 移动零件 *2*、*3* 至所需位置

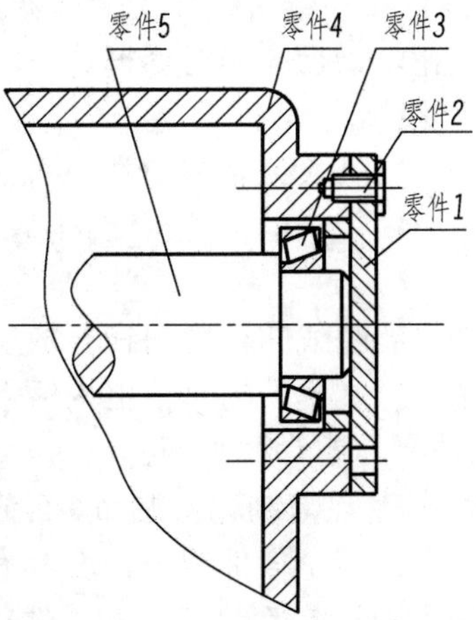


图 10-102 修剪或删除多余的图线

(7) 标注尺寸。按照装配图的要求标注尺寸，配合尺寸标注参考上、下偏差的标注方法；

## 2. 标注零件序号

用快速引线命令编注零件序号，命令操作如下：

1) 设置多重引线样式

命令：MLEADERSTYLE(MLS)／[格式]-[多重引线样式]。

在弹出的【多重引线样式管理器】对话框中单击【新建】按钮，弹出【创建新多重引线样式】对话框，在“新样式名”框中输入“零件序号”，然后单击【继续】按钮。

a) 在弹出的【修改多重引线样式：倒角引线标注】对话框中，“符号”下拉列表下选择“小点”。切换到“内容”选项卡，在“连接位置－左”和“连接位置－右”下拉列表中选择“最后一行加下划线”选项，然后单击【确定】按钮。如图 10-103 所示。

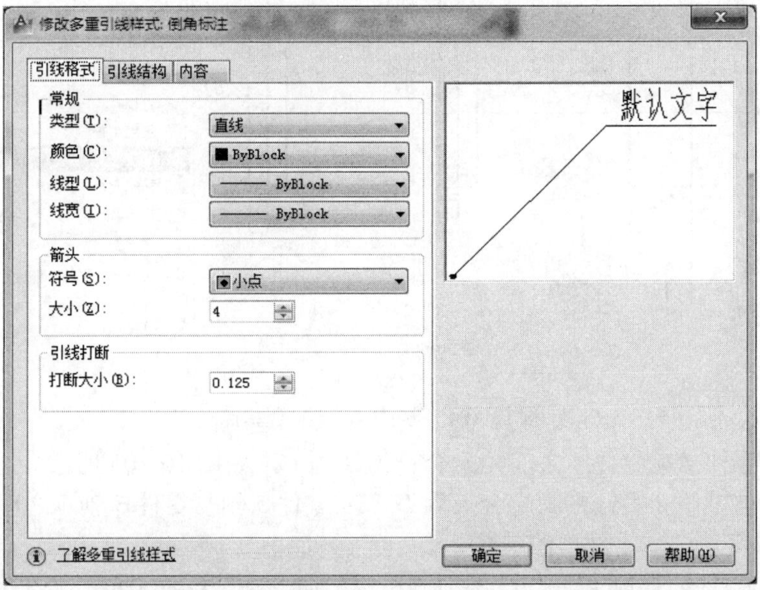


图 10-103 修改多重引线样式：零件序号引线标注

b) 返回【多重引线样式管理器】对话框，选择“倒角引线标注”样式，然后单击【置为当前】按钮，最后关闭对话框。

2) 引线标注

命令：MLEADER(MLD)/ [标注]- [多重引线]/

指定引线箭头的位置或[引线基线优先(L)/内容优先(C)/选项(O)]<选项>:{在零件内部拾取一点}

指定引线基线的位置: {在要放置零件序号的位置拾取一点}

在【多行文本】的对话框内输入序号，单击【确定】按钮。

3．填写标题栏和明细栏。

### 10.4.2.2　带基点复制和粘贴命令绘制装配图

装配图由多个零件组成，在具有每个零件的零件图的基础上绘制装配图时，可以打开已有零件图，以主要零件(较大的零件)为装配初图，针对零件间的装配关系找到配合点采用带基点复制的方法对零件进行复制，然后粘贴到装配图中，再删除或修剪不需要的线条，对其进行填充，最后进行标注、零件编号即可组成所需装配图。

以上例箱盖类零件图(图 10-97)绘制装配图为例，将零件 *1* 与零件 *4* 相结合，得到图 10-99 所示的装配图。

**作图步骤：**

(1) 选择零件 *4* 为主要零件进行装配，点 *A*、点 *B* 分别为与零件 *4*、零件 *1* 之间的配合基点，如图 10-104(a)所示。

(2) 在零件 *1* 图中右键打开快捷菜单选择带基点复制，如图 10-104(b)所示，选择 *B* 点进行复制。

(3) 在零件 *4* 图中执行粘贴命令，选择 *A* 点即完成零件 *4*、*1* 之间的装配。

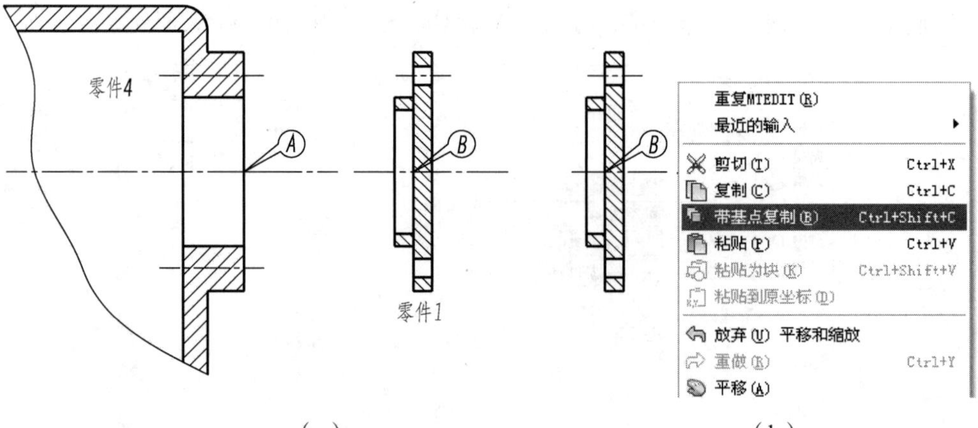


(a)　　　　　　　　(b)

**图 10-104　零件 *1*、*4* 配合基点**

(4) 同理，零件 *4* 与零件 *5* 之间的配合点为 *A* 与 *C*，如图 10-105 所示。

(5) 零件 *1* 与零件 *2* 螺钉之间配合点为 *D*、*E*；零件 *5* 轴与零件 *3* 轴承之间的配合点为 *F*、*G* 点，即可完成零件 *2* 与零件 *3* 的装配。

(6) 用镜像完成零件 *3* 的上部分，然后利用修剪命令将装配后会被挡住的部分以遮挡物的轮廓线为裁剪边界进行修剪，再将多余的线条删除后得到如图 10-102 所示的效果。

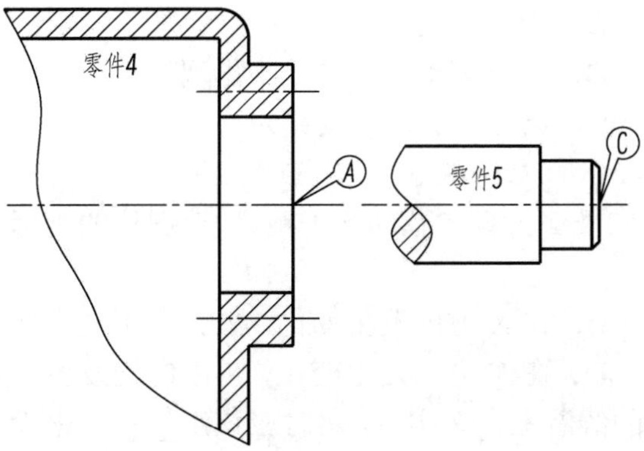


图 10-105　零件 *4*、*5* 之间装配

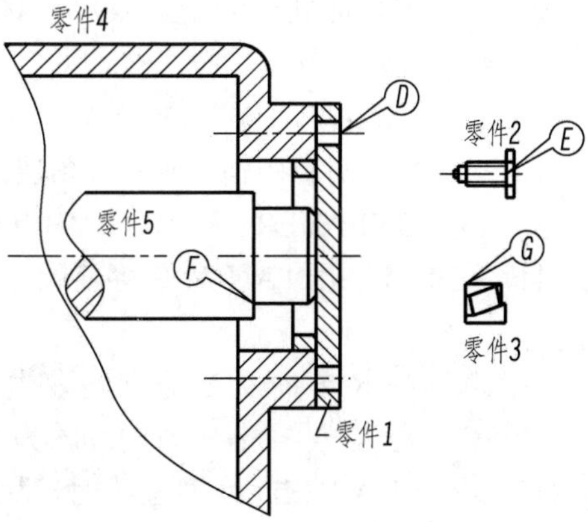


图 10-106　零件 *2*、*3* 的装配

## 复习思考题(Questions for review)

1．AutoCAD **初级认证考试练习题**

1) 单选题：

(1) 画完一幅图后，在保存该图形文件时用_______作为扩展名。

A．cfg　　B．dwt　　C．bmp　　D．dwg

(2) 在启动向导中，AutoCAD 使用的样板图形文件的扩展名是什么？

A．dwg　　B．dwt　　C．dwk　　D．tem

E．wiz

(3) 文件扩展名.BAK 代表：

A．备份文件　　B．二元文件　　C．二元属性文件

D．图形文件　　E．B 和 C 都是

(4) 极坐标是基于下列哪点的距离？

A．球坐标原点　　B．给定角度的上一指定点

C．显示中心　　D．以上都是

(5) 要从键盘上输入命令，只需在“命令：”提示下输入下列何种形式的命令名？

A．用小写字母　　B．用大写字母

C．或 a 或 b 或两者相结合　　D．不能通过键盘输入命令

(6) 作为默认设置，用度数指定角度时，正数代表什么方向？

A．顺时针　　B．逆时针

C．当用度数指定角度时无影响　　D．以上都不是

(7) 当一对象从图形中被删除时，使用下述哪一个命令恢复该对象？

A．OOPS　　B．RESTO R E　　C．REPLACE　　D．CANCEL

(8) 要取消 AutoCAD 命令，应按下：

A．Ctrl+A　　B．Ctrl+X　　C．Alt+A　　D．Esc

E．Ctrl+Enter

(9) 在十字光标处被调用的菜单，称为：

A．鼠标菜单 B．十字交叉线菜单

C．光标菜单 D．以上都不是，此处不出现菜单

(10) 要始终保持物体的颜色与图层的颜色一致，物体的颜色应设置为______。

A．BYLAYER B．BYBLOCK C．COLOR D．RED

(11) 在屏幕上用 PAN 命令将某图形沿 *X* 方向及 *Y* 方向各移动若干距离，该图形的坐标将______。

A．在 X 方向及 Y 方向均发生变化 B．在 X 方向发生变化，Y 方向不发生变化

C．在 X 方向及 Y 方向均不发生变化 D．在 Y 方向发生变化，X 方向均发生变化

(12) 当用 DASHED 线型画线时，发现所画的线看上去像实线，这时应该用______来设置线型的比例因子。

A．LINETYPE B．LTYPE C．FACTOR D．LTSCALE

(13) 用 LINE 命令画出一个矩形，该矩形中有______图元实体。

A．1 个 B．4 个 C．不一定 D．5 个

(14) 用“两点”选项绘制圆时，两点之间的距离等于：

A．圆周 B．周长 C．最短弦 D．半径

E．直径

(15) LAYER 命令用于：

A．指定颜色 B．指定线型 C．列出前面创建的图层

D．选择打开及关闭图层 E．以上都是

(16) 当图层打开和解冻时：

A．在显示器上，可看到该图层中的对象

B．在显示器上，看不到该图层中的对象

C．在图形重新生成时，将忽略该图层中的对象

D．减少了图形重画的时间

E．该图层对象不能被选取

(17) 哪一个“对象捕捉”选项用于选取块对象所处的位置？

A．端点 B．中点 C．圆心 D．插入点

E．垂足

(18) 用 STRETCH 命令中的窗口方式完全将物体选中，则该操作与采用_____命令相同。

A．PAN B．MOVE C．SCALE D．COPY

(19) 在 Select objects 操作中，若想选择最近生成的对象，应键入______。

A．W B．P C．L D．ALL

(20) 在执行 FILLET 命令时，先应设置______。

A．圆弧半径 R B．距离 D C．角度值 D．内部块 Block

(21) 在执行了 WBLOCK 命令后，物体消失，用_______命令可恢复被删的物体，又不至于让刚才使用的 WBLOCK 命令失效。

A．UNDO(撤销) B．REDO(重做)

C．ERASE(删除) D．OOPS(删除取消)

(22) 用 TEXT 命令书写直径符号时应使用______。

A. %%D　　B. %%P　　C. %%C　　D. %%U

(23) 剪切物体需用______命令。

A. Trim　　B. Extend　　C. Stretch　　D. Chamfe

(24) 当使用 LINE 命令封闭多边形时，最快的方法是______。

A. 输入 C 回车　　B. 输入 B 回车

C. 输入 PLOT 回车　　D. 输入 DRAW 回车

(25) 改变长度命令是______。

A. LINETYPE　　B. LENGTHEN　　C. LTSCALE　　D. LAYER

(26) 使用哪个命令可以删除或移去对象的一部分：

A. ERASE　　B. REMOVE　　C. BREAK　　D. EDIT

E. PARERASE

(27) 创建一个圆与已知圆同心，可以使用哪个命令？

A. ARRAY　　B. COPY　　C. OFFSET　　D. MIRROR

(28) 一个块最多可被插入到图形中多少次？

A. 25　　B. 50　　C. 100　　D. 没有限制

(29) 使用 BHACH 命令绘制已命名的填充图案，可以修改。

A. 图案的颜色和比例　　B. 图案的角度和比例

C. 图案的角度和线型　　D. 图案的颜色和线型

E. 图案的颜色和角度

(30) AutoCAD 中包括的尺寸标注类型有：

A. LINEAR(线性)　　B. ANGULAR(角度)

C. DIAMETER(直径)　　D. RADIUS(半径)

E. 以上都是

2) 多选题：

(1) 采用 Quadrant 捕捉方法能捕捉圆上哪些象限点______。

A. 0°　　B. 30°　　C. 90°　　D. 270°

E. 300°

(2) 以下含有复制功能的编辑命令有______。

A. COPY　　B. OFFSET　　C. ARRAY　　D. MIRROR

(3) AutoCAD 中使用图案填充命令时可用下列哪些方法选择填充区域______。

A. PICK POINTS　　B. SELECT OBJECT

C. REGEN　　D. RECTANG

(4) 执行 FILL 命令后，再输入 OFF 参数，这将对下列哪些命令产生影响______。

A. SOLID(绘制实多边形)　　B. POLYGON(绘制正多边形)

C. DONUT(绘制圆环)　　D. RECTANG(绘制矩形)

(5) 对"0"层的正确描述是______。

A．是每个绘图文件中必须有的

B．不能被删除，也不能被重命名

C．它总是用实线绘制位于其上且线型为 BYLAYER 的图元

D．是 AutoCAD 自动建立的

3) 是非题：

(1) 在绘图时，一旦打开正交方式 ORTHO 后，屏幕上只能画水平线和垂直线。______

(2) 特殊点一定要在执行绘图命令和编辑命令等后才能捕捉。______

(3) 所有的图层都能被删除。______

(4) 用 LTSCALE 命令可调整中心线、虚线等不连续线型在屏幕上显示的间隙大小。______

(5) 执行 REDRAW 和 REGEN 命令的结果是一样。______

(6) 执行 ZOOM 命令后，图形在屏幕上放大、缩小的结果和执行 SCALE 命令结果一样。______

(7) MIRROR，OFFSET，ARRAY 命令实际上都是广义的物体复制命令。______

(8) 对于物体颜色和线型均为 BYLAYER 特性的 0 层块，无论其被插入到哪一层，其颜色和线型特性都使用插入时当前层的颜色和线型。______

(9) 在同一张图纸上不能同时存在不同字体的文字。______

(10) 图块在插入到图中时可调整图块中图形的大小和角度。______

(11) LENGTHEN 命令不能改变圆弧的长度。______

(12) 用 MLINE 命令只能同时绘制两条线。______

(13) 在执行 PAN 命令将物体移动位置后，其坐标保持不变。______

(14) RECTANG 命令可在屏幕上绘出带有一定线宽和圆角的实体。______

(15) 除 0 层外，用户自定义的图层均可被冻结。______

**2．简答题**

(1) 简述 AutoCAD 中直角坐标系和极坐标系中坐标的输入方法相对与绝对坐标的区别。

(2) AutoCAD 中虚线和点画线的长短画的长度如何设置？

(3) AutoCAD 中极轴追踪、自动追踪、对象捕捉、动态输入等功能是如何打开与关闭的？

(4) AutoCAD 中对象捕捉的特征点有哪些？如何使用？

(5) AutoCAD 中如何设置不同的捕捉点、对象追踪的角度？

(6) 简述用 AutoCAD 软件绘制零件图时，表面粗糙度、尺寸公差和形位公差的标注方法。

(7) 简述用 AutoCAD 软件绘制装配图时的图形画法。

(8) 简述用 AutoCAD 软件绘制装配图时零件序号标注方法。

(9) 简述 AutoCAD 软件绘制装配图时配合尺寸标注方法。

# 第 11 章　SolidWorks 三维建模

# Chapter 11　SolidWorks 3D Modeling

SolidWorks 软件是世界上第一个基于 Windows 开发的三维 CAD 系统，具有功能强大、易学易用和技术创新三大特点，这使得 SolidWorks 成为领先的、主流的三维 CAD 解决方案。

本章主要介绍 SolidWorks 2021 机械设计软件及其操作的基础知识，草图绘制、拉伸特征、旋转特征、附加特征的操作，以及三维建模举例、工程图绘制和装配体操作，AutoCAD 文件与 SolidWorks 2021 文件的转换等内容。

## 11.1　SolidWorks 基础知识(Basic knowledge about SolidWorks)

### 11.1.1　启动 SolidWorks 2021(Start the SolidWorks 2021)

可以通过下面 2 种方法启动 SolidWorks 2021。

**1．快捷方式**

在安装了 SolidWorks 2021 之后，Windows 桌面上会自动生成一个 SOLIDWORKS 2021 的快捷方式图标，双击该图标即可启动 SolidWorks 2021。

**2．菜单方式**

“开始”→“所有程序”：单击 Windows 桌面左下角的“开始”按钮，在弹出的“开始”菜单中的“所有程序”组下选择“SOLIDWORKS 2021”中选择“SOLIDWORKS 2021”。

### 11.1.2　SolidWorks 2021 的工作界面(SolidWorks 2021 working interface)

启动 SOLIDWORKS 2021 后，即可进入 SolidWorks 的界面，如图 11-1 所示，单击【新建】按钮，在弹出的【新建 SOLIDWORKS 文件】对话框中，选择模版的 gb_part 文件，单击【确定】按钮，进入 SolidWorks 2021 的主工作界面，如图 11-2 所示；界面主要包括菜单栏、快速访问工具栏、工具栏、视图控制工具栏、设计树等。

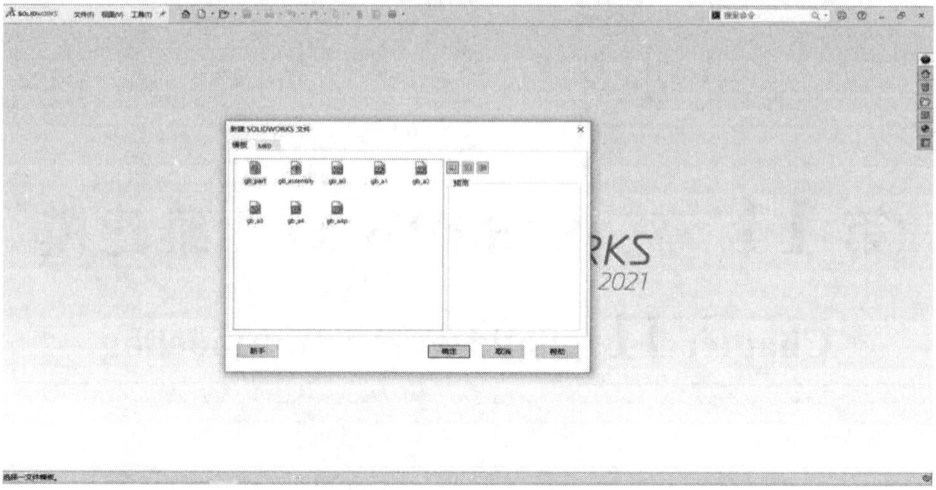

图 11-1　SolidWorks 2021 界面

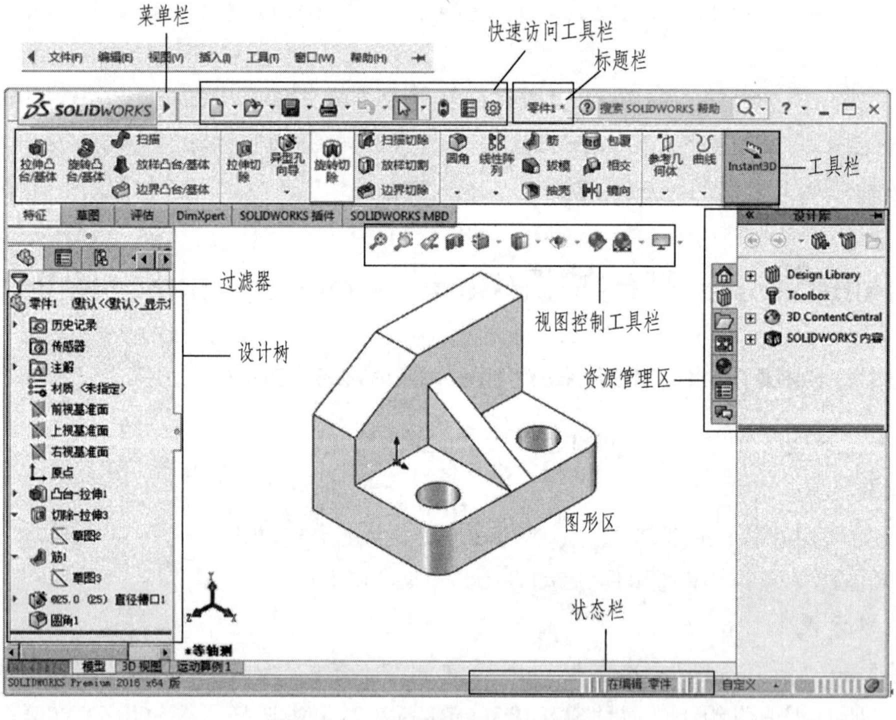


图 11-2　SolidWorks 用户界面

### 11.1.3　文件操作(File operations)

文件操作主要包括建立新文件、打开文件、保存文件和关闭文件，这些操作可以通过【文件】下拉菜单或者快速访问工具栏来完成。

1．**新建文件**

(1) 选择【文件】→【新建】命令或单击快速访问工具栏上的【新建】按钮，出现【新建 SOLIDWORKS 文件】对话框，如图 11-3 所示。

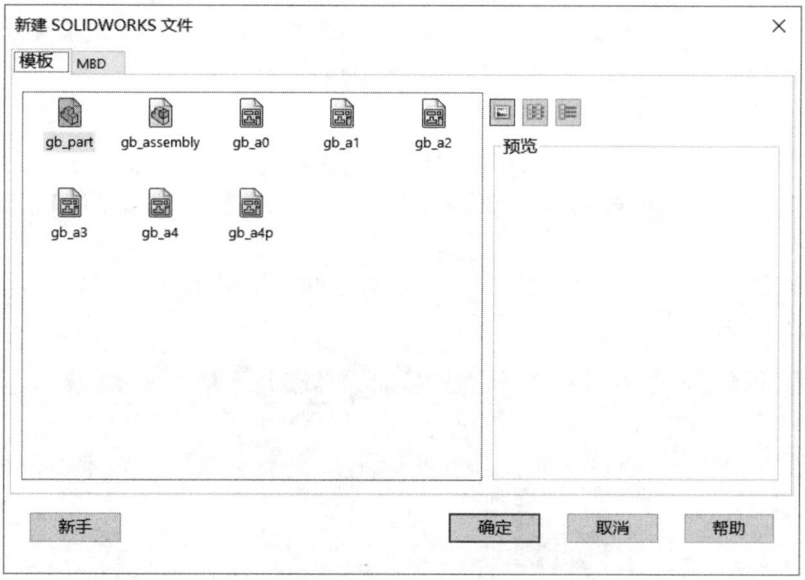


图 11-3　【新建 SOLIDWORKS 文件】对话框

(2) 在【文件新建】对话框中，选择所需模板，单击【确定】按钮，将进入 SolidWorks 零件设计环境中。

**2. 打开文件**

(1) 选择【文件】→【打开】命令或单击快速访问工具栏上【打开】按钮，出现【打开】对话框，如图 11-4 所示。

图 11-4　【打开】对话框

(2)【打开】对话框显示所选部件文件的预览图像。使用该对话框来查看部件文件，而不用先在 SolidWorks 会话中打开它们，以免打开错误的部件文件。双击要打开的文件或从文件列表框中选择文件并单击【打开】按钮。

(3) 如果知道文件名，在【文件名】文本框输入部件名称，然后单击【打开】按钮。如果SolidWorks不能找到该部件名称，则会显示一条出错消息。

**3. 保存文件**

保存文件时，既可以保存当前文件，也可以另存文件。

(1) 选择【文件】|【保存】命令或单击快速访问工具栏上的【保存】按钮，直接对文件进行保存。

(2) 初次保存文件，程序会出现【另存为】对话框，如图11-5所示，可以更改文件名，也可以沿用原有名称。

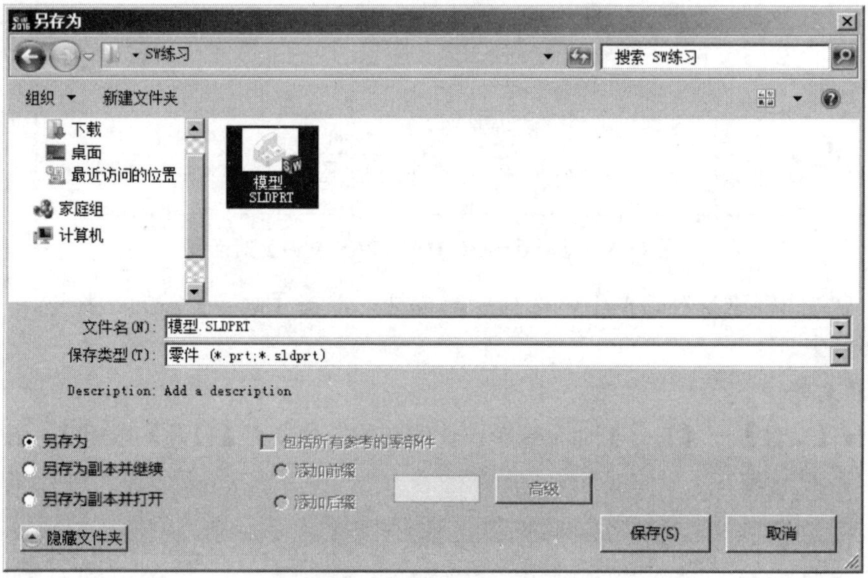


图11-5 【另存为】对话框

SolidWorks文件分为3类：

零件文件，是机械设计中单独零件的文件，文件后缀为“.sldprt”；

装配体文件，是机械设计中用于虚拟装配的文件，后缀为“.sldasm”；

工程图文件，用标准图纸形式描述零件和装配的文件，后缀为“.slddrw”。

**4. 关闭文件**

完成建模工作以后，需要将文件关闭，以保证所做工作不会被系统意外修改。选择【文件】→【关闭】命令下的命令可以关闭文件。

### 11.1.4 视图控制(View control)

控制屏幕上图形显示样式，以利于操作者观察图形和方便作图。

**1. 旋转视图**

(1) 鼠标模式，如图11-6所示。在图形窗口按住鼠标中键出现，以鼠标中键按钮拖动，即可旋转模型，此时的旋转中心为视图中心。也可以在图形窗口以鼠标中键单击顶点、边线或面，然后以鼠标中键拖动指针，即可围绕所选顶点、边线或面旋转模型。

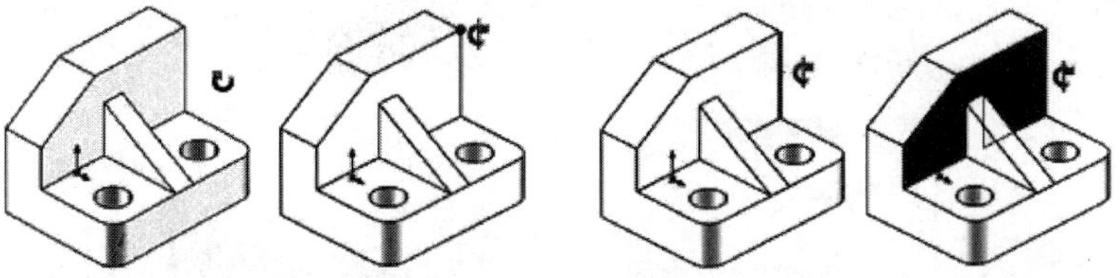

旋转中心为视图中心　围绕所选顶点旋转模型　围绕所选边线旋转模型　围绕所选面旋转模型

图 11-6　使用鼠标中键旋转模型

(2) 旋转模式。从图形区域右键快捷菜单中选择【旋转视图】命令，进入旋转模式，光标变成，按住鼠标左键并拖动。

**2．平移视图**

(1) 鼠标模式。按住键盘上的 Ctrl 键，在图形窗口中按住鼠标中键出现，以鼠标中键按钮拖动，即可平移模型。

(2) 平移模式。从图形区域右键快捷菜单中选择【平移】命令，进入平移模式，光标变成，按住鼠标左键并拖动。

**3．缩放视图**

(1) 使用鼠标。在图形窗口滚动鼠标中键滚轮。或按住 Shift 键，在图形窗口按住鼠标中键上下拖动。

(2) 使用缩放模式。从图形区域右键快捷菜单中选择【放大或缩小】命令，进入缩放模式，光标变成，按住鼠标左键并拖动。

(3) 局部放大模式从图形区域右键快捷菜单中选择【局部放大】命令，进入缩放模式，光标变成，按住鼠标左键并拖动，将需放大部位拖动成一个框。

单击【视图控制】工具栏上的【局部放大】按钮，进入缩放模式，光标变成，可以进行同样操作。

**4．整屏显示全图**

单击【视图控制】工具栏上的【整屏显示全图】按钮；或从图形区域右键快捷菜单中选择【整屏显示全图】命令；或按 F 键，系统就会调整视图直至适合当前窗口的大小。

**5．视图定向**

在【视图(前导)】工具条中，单击【视图定向】按钮右边的下三角按钮，出现【视图显示】下拉列表，如图 11-7 所示。

利用其中【俯视图】【前视图】【仰视图】【左视图】【右视图】和【后视图】的命令可分别得到 6 个基本视图方向的视觉效果。同时其右上方【左右二等角轴测】下拉列表可以选择轴测图类型。

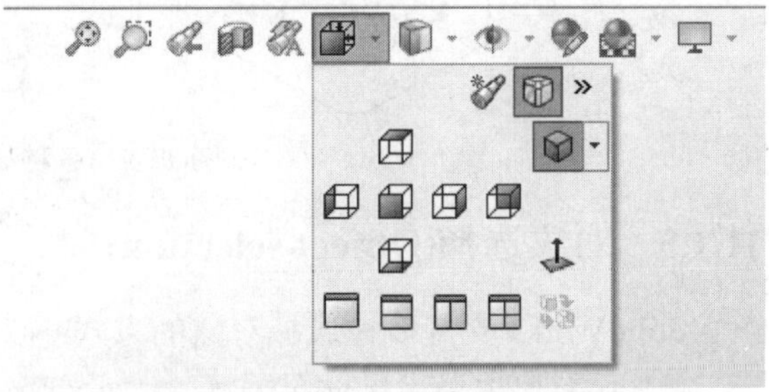

图 11-7　【视图显视】下拉列表

**6．剖面视图**

剖面视图是指显示剖切视图，从而可以观察到部件的内部结构。

单击【视图控制】工具栏上的【剖面视图】按钮，出现【剖面视图】对话框，选择剖面，单击【确定】按钮，如图 11-8 所示。

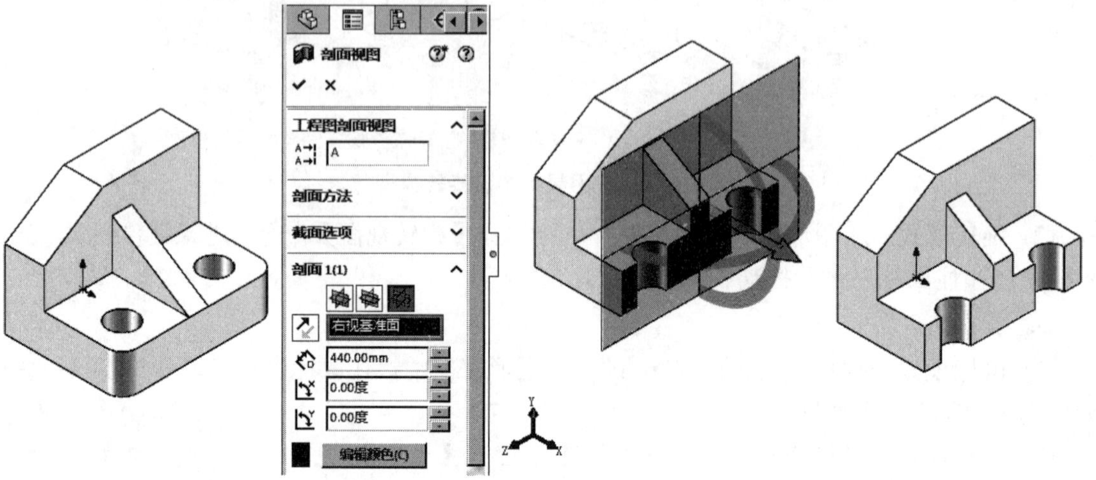


图 11-8　剖面视图

7．**模型的显示方式**

单击【视图控制】工具栏上的【显示样式】按钮，按钮右边的下三角按钮，出现【显示样式】下拉菜单，各种常用着色的效果图，如图 11-9 所示。

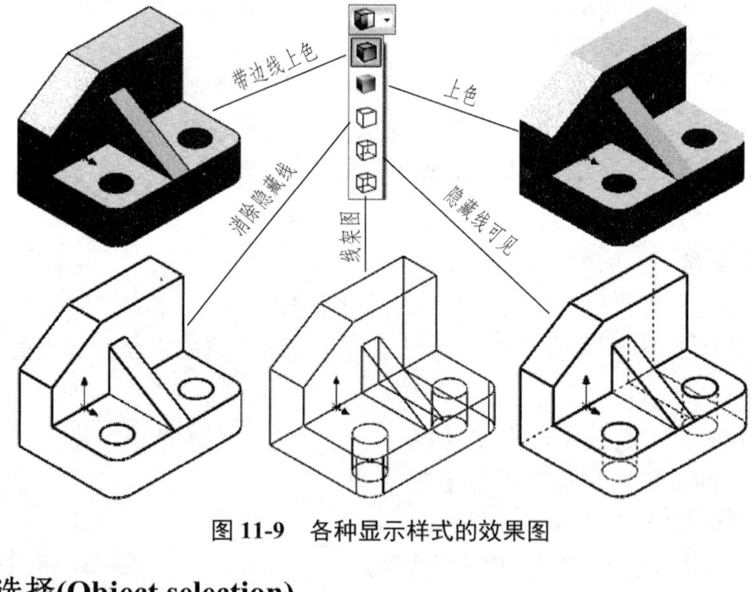


图 11-9　各种显示样式的效果图

## 11.1.5　对象选择(Object selection)

SolidWorks 支持多种选择对象的方式：

(1) 在对象上单击鼠标左键选择一个对象。

(2) 按住 Ctrl 键依次单击对象，可以同时选择多个对象。

(3) 可以在 FeatureManager 设计树中先选择第一个对象，然后按住 Shift 键选择另一个对象，则可以选择两个对象之间的所有项目。

(4) 使用窗口选择，窗口选择是指针从左到右拖动，完全包含在矩形窗口中项目被选择。

(5) 使用交叉选择，交叉选择是指针从右到左拖动，只要在矩形窗口内的对象，不管是不是全部在，都被选中。

(6) 逆转选择，如果需要选择的元素比较多，可以利用“逆转选择”的方法实现，即选中被排除选择的项目，然后使用“逆转选择”命令。

(7) 取消选择。再次选择对象取消选择；或在未打开对话框时，按 Esc 键取消所有选中的对象；或在 PropertyManager 属性管理器中已经选中的列表框中右击已经选择的对象，从快捷菜单中确定删除，删除一个对象；确定消除选择，则取消全部选择。

# 11.2　草图绘制(Sketching)

## 11.2.1　草图绘制(Schematic drawing)

建立特征前必须先绘制草图，进入草图绘制有以下 2 种方式。

1．***方式一：***

在右侧设计树中三个基准面根据需要选择其中一个作为绘制草图的平面，单击【草图】工具栏上的【草图绘制】按钮

，此按钮变为【退出草图】按钮

，在图形区的右上角产生一个进入草图的符号，开始一幅新的草图。

2．***方式二：***

(1) 单击【草图】工具栏上的【草图绘制】按钮

，系统提示选择基准面。

(2) 选择基准面后，如图 11-10 所示。

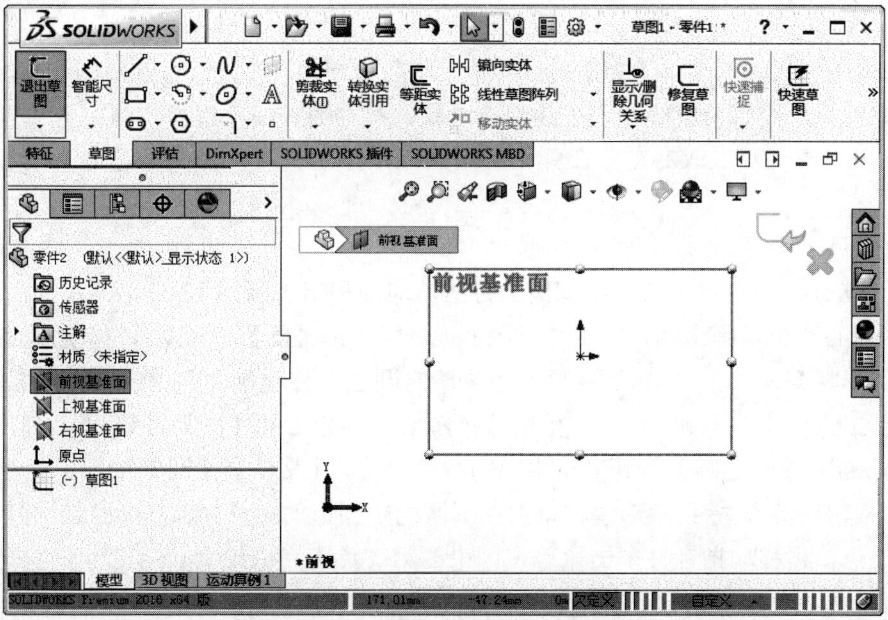


图 11-10　进入草图绘制状态

### 11.2.2 退出草图绘制(Exit sketch drawing)

一般可采用以下几种方法退出绘制草图。

(1) 单击【草图】工具栏中的【退出草图】按钮。

(2) 单击图形区右上角的“草图确认区”。

(3) 没有任何绘图工具选择时，在图形区中右击，在弹出的快捷菜单中上方最右侧选择【退出草图】按钮。

(4) 确定建立特征后，自动退出草图绘制。

(5) 单击【重建模型】按钮，可以退出草图绘制。

### 11.2.3 草图绘制实体(Sketch drawing entity)

SolidWorks 的草图工具基本能操作同 AutoCAD 操作相似，部分命令的使用介绍如下。

**1．绘制直线**

利用直线工具可以在草图中绘制直线，绘制过程中可以通过查看绘图过程中光标的不同形状来绘制水平线或竖直线。绘制直线的操作过程如下。

(1)“单击－单击”模式绘制。单击【草图】工具栏上的【直线】按钮，移动鼠标到图形区，鼠标指针的形状变成，在图形区中单击，松开并移动鼠标，此时系统给出相应的反馈。水平移动时，鼠标指针带有形状，说明绘制的是水平线，系统会自动添加【水平】几何关系。右上角的数值不断变化，提示绘制直线的长度。向上移动鼠标，形状消失。继续移动鼠标，到大约垂直的位置后鼠标指针带有形状，说明绘制的是竖直线。单击鼠标左键确定直线终点。如果要继续画线，继续在线段的端点单击并松开鼠标。

(2) 使用“单击－拖动”模式绘制。与“单击－单击”模式的不同之处在于，在第 1 点单击以后，需要拖动鼠标到第 2 点。

(3) 继续绘制直线，图中出现虚线，这是系统的推理线，它可以推理绘制的直线和前一条直线的约束关系，绘制的斜线与水平线中点对齐，与右侧斜线垂直。

(4) 按 Esc 键、双击或右击，在弹出的快捷菜单中选择【结束链】命令，退出绘制直线命令。

**2．绘制圆**

在 SolidWorks 中提供了 2 种绘制圆的方法，即圆和周边圆。

(1) 由圆心和半径确定圆，单击【草图】工具栏上的【圆】按钮，移动鼠标到图形区，鼠标指针的形状变成，单击图形区一点来确定圆心，移动指针并单击来设定圆的半径。

(2) 周边圆。即由三点确定圆，单击【草图】工具栏上的【圆】按钮，弹出【圆】属性管理器，选中【周边圆】按钮，如图 11-11 所示，(或单击【圆】按钮下拉列表，选择【周边圆】按钮)移动鼠标到图形区，单击图形区确定圆上的第 1 点，移动指针并单击来确定圆上的第 2 点，再移动指针并单击来确定圆上的第 3 点，完成绘制。

### 3．绘制圆弧

在 SolidWorks 中提供了 3 种绘制圆弧的方法，即圆心/起点/终点画弧、切线弧和 3 点圆弧。单击【草图】工具栏上的【圆弧】按钮，在【圆弧】属性管理器中，选择相应绘制圆弧方式，然后在图形区确定各种绘制方式的各个点，完成绘制。

### 4．绘制多边形

在【草图】工具栏上【多边形】按钮，弹出【多边形】属性管理器，根据要求主要选择多边形边数和内切/外接圆方式，其余在图形区确定，如图 11-12 所示；移动鼠标到图形区，单击图形区确定多边形中心，然后拖动多边形，此时，在光标右侧显示出光标与中心点的距离及旋转角度，再次单击鼠标确定多边形；单击【确定】按钮完成绘制操作(可连续绘制多个大小多边形)。

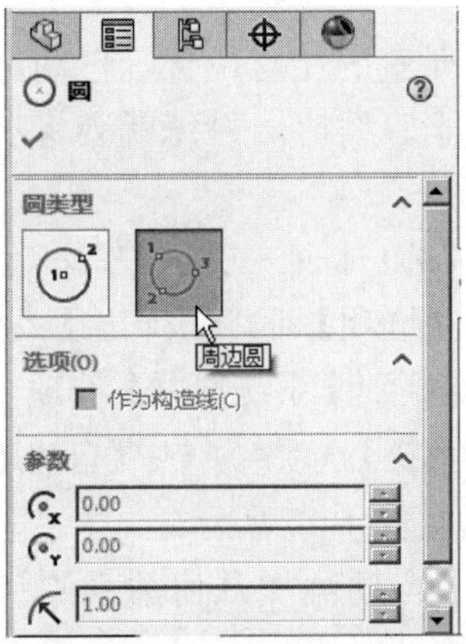


图 11-11　【圆】属性管理器

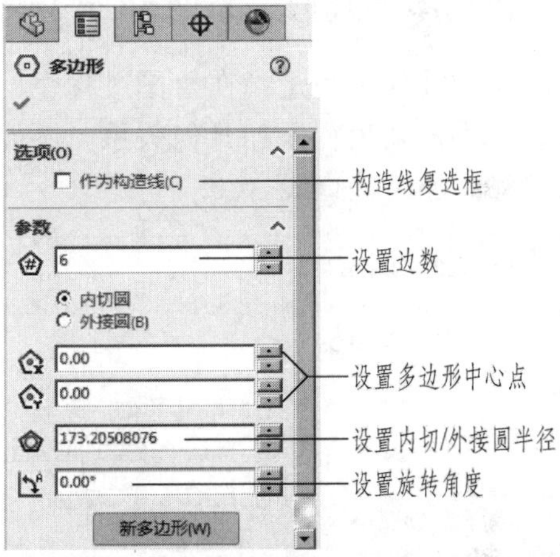


图 11-12　【多边形】属性管理器

### 5．绘制中心线

绘制中心线主要用来作为尺寸参考、镜像基准线等，不会影响模型建模的形状。中心线又称构造线，绘制方法与直线相同。

### 6．样条曲线

样条曲线实体类型最适合创建自由形状的曲线。单击【草图】工具栏上的【样条曲线】按钮，在图形区单击鼠标确定样条曲线的起始位置，移动鼠标拖出样条曲线的第 1 段，单击鼠标确定曲线的第 2 点，拖出曲线的第 2 段，依次单击鼠标确定其余各段；按 Esc 键完成绘制。

### 7．文字

可以在零件的表面上添加文字以及拉伸和切除文字。文字可以添加在任何连续曲线或边线组中，包括由直线、圆弧或样条曲线组成的圆或轮廓。单击【草图】工具栏上的【文字】按钮，弹出【草图文字】属性管理器，在【曲线】选项组是用来确定要添加草图文字的曲线的，可选取一条边线或一个草图轮廓，所选项目的名称会显示在曲线的选项列表中；在【文字】选项卡中键入要显示的文字，键入时，文字将出现在图形区中，其下面的按钮可以对文字进行编辑；单击【确定】按钮，完成操作。

### 11.2.4 草图绘制工具(Sketch drawing tool)

草图绘制工具包括圆角、倒角、镜向、等距、剪裁、延伸、线性草图阵列、圆周草图阵列、转换实体引用等方法，其操作方法与 AutoCAD 类似。

## 11.3 草图的几何关系(Geometric relations of sketches)

几何关系是指各几何元素之间或几何元素与基准面、轴线、边线或端点之间的相对位置关系。

### 11.3.1 自动添加几何关系(Add geometric relationships automatically)

自动添加几何关系是指在绘图过程中，系统会根据几何元素的相对位置，自动对其赋予几何意义，不需要另行添加几何关系。例如，在绘制一条水平直线时，系统就会将水平的几何关系自动添加给该直线。

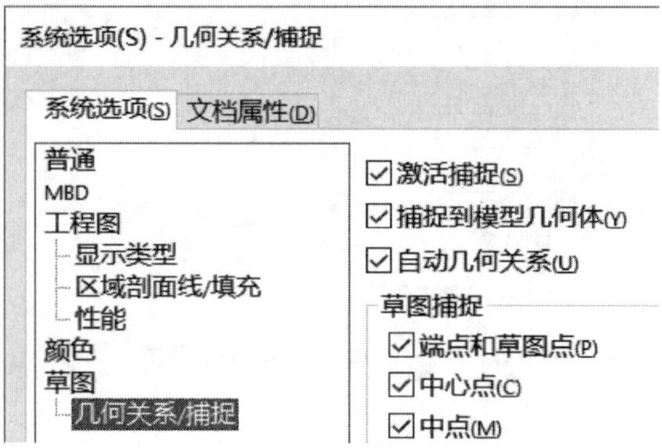


图 11-13 【系统选项】对话框

自动添加几何关系的方法是：选择【工具】|【选项】命令，弹出【系统选项】对话框，切换到【系统选项】选项卡，选择【几何关系/捕捉】选项，并选中【自动几何关系】复选框，如图 11-13 所示。

当处于自动添加几何关系的状态时，系统会将绘图时光标提示的几何关系自动添加给所绘制的图形，绘制结束后【线条属性】管理器自动显示添加几何关系，如图 11-14 所示。

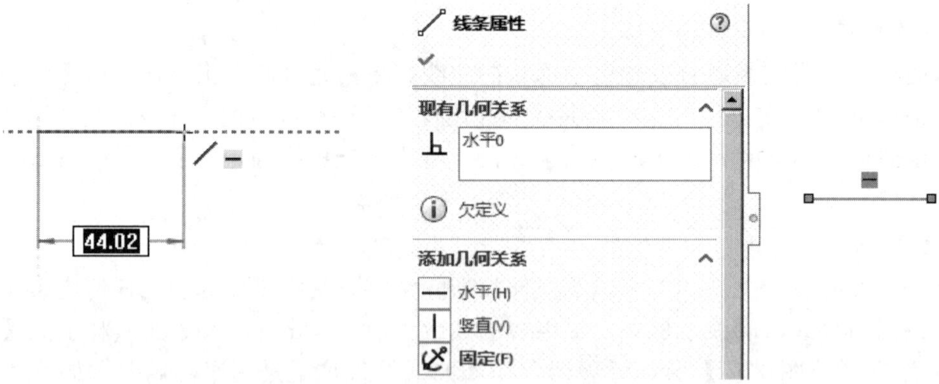


图 11-14 绘制直线——自动添加几何关系

## 11.3.2　添加几何关系(Add geometric relationships)

添加几何关系命令用于为草图实体之间添加如平行或共线之类的几何关系。

在绘制草图时，单击工具栏上的【显示/删除几何关系】按钮

下拉列表的【添加几何关系】按钮

(或选取多个实体对象)，弹出【添加几何关系】属性管理器，如图 11-15 所示，可进行几何关系设定。

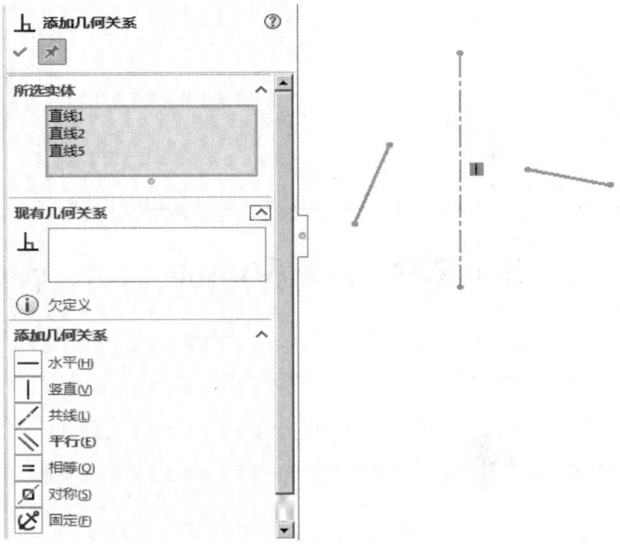


图 11-15　【添加几何关系】属性管理器

在建立几何关系时，直线的几何关系是无限长的直线，圆弧段或椭圆段的几何关系是整圆或椭圆。当使用等距实体及转换实体引用时，其几何关系会自动生成。表 11-1 为常用草图几何关系说明。

表 11-1　常用草图几何关系说明

| 几何关系 | 要选择的实体 | 所产生的几何关系 |
|---|---|---|
| 水平或竖直 | 一条或多条直线，或两个或多个点 | 直线会变成水平或竖直(由当前草图的空间定义)，而点会水平或竖直对齐 |
| 共线 | 两条或多条直线 | 直线位于同一条无限长的直线上 |
| 全等 | 两个或多个圆弧 | 圆弧会共用相同的圆心和半径 |
| 垂直 | 两条直线 | 两条直线相互垂直 |
| 平行 | 两条或多条直线 | 直线相互平行 |
|  | 3D 草图中一条直线和一基准面(或平面) | 直线平行于所选基准面 |
| 相切 | 圆弧、椭圆、样条曲线与一直线或圆弧 | 两个项目保持相切 |
| 同心 | 两个或多个圆弧，或一个点和一个圆弧 | 圆弧共用同一圆心 |
| 中点 | 两条直线或一个点和一直线 | 点保持位于线段的中点 |
| 交点 | 两条直线和一个点 | 点保持于直线的交叉点处 |
| 重合 | 一个点和一直线、圆弧或椭圆 | 点位于直线、圆弧或椭圆上 |
| 等距 | 两条或多条直线，或两个或多个圆弧 | 直线长度或圆弧半径保持相等 |
| 对称 | 一条中心线和两个点、直线、圆弧或椭圆 | 项目保持与中心线相等距离，并位于一条与中心线垂直的直线上 |
| 固定 | 任何实体 | 实体的大小和位置被固定，但固定直线的端点可以自由地沿其下无限长的直线移动，且圆弧或椭圆段的端点可以随意沿基本全圆或椭圆移动 |

续表 11-1

| 几何关系 | 要选择的实体 | 所产生的几何关系 |
| --- | --- | --- |
| 穿透 | 一个草图点和一个基准轴、边线、直线或样条曲线 | 草图点与基准轴、边线或曲线在草图基准面上穿透的位置重合。穿透几何关系用于使用引导线扫描 |
| 合并点 | 两个草图点或端点 | 两个点合并成一个点 |
| 在边线上 | 实体的边线 | 使用转换实体引用工具将实体的边线投影到草图基准面 |
| 在平面上 | 在平面上绘制实体 | 草图实体位于平面上 |

## 11.3.3 显示/删除几何关系(Display/delete geometry)

一般通过以下 3 种方法显示/删除所选实体的几何关系。

第一种方法是单击需要显示几何关系的实体，在【线条属性】管理器中的【现有几何关系】列表中显示实体对应的几何关系，可右击【现有几何关系】列表中的相应几何关系，在弹出的快捷菜单中选择【删除】命令，即可删除，如图 11-16 所示。

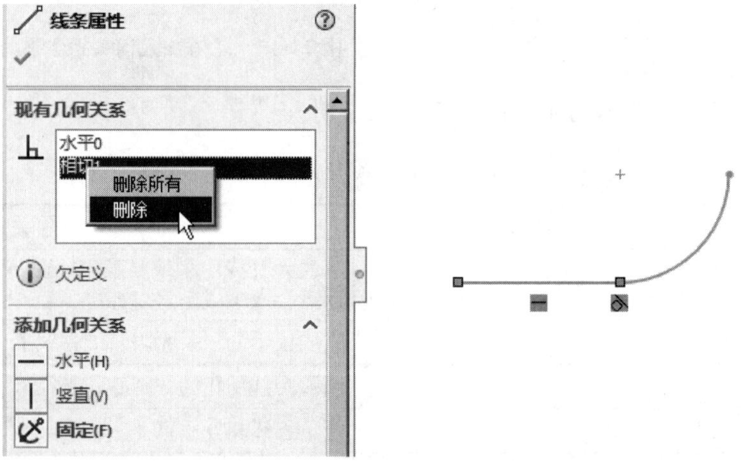


**图 11-16 删除几何关系**

第二种方法是单击工具栏上的【显示/删除几何关系】按钮，弹出【显示/删除几何关系】属性管理器，当草图中没有实体被选中时，则管理器中的【过滤器】下拉列表框为【全部在此草图中】选项，即显示草图中所有的几何关系，如图 11-17(a)所示；选择需要显示或删除几何关系的实体，则在【现有几何关系】列表中会显示该实体的所有几何关系，如图 11-17(b)所示；单击各个几何关系，图形区将以绿色显示对应关系的实体，如果需要删除几何关系，右击【现有几何关系】列表中的相应几何关系，在弹出的快捷菜单中选择【删除】命令，即可删除；如果需要删除所有的几何关系，选择快捷菜单中的【删除所有】命令即可。

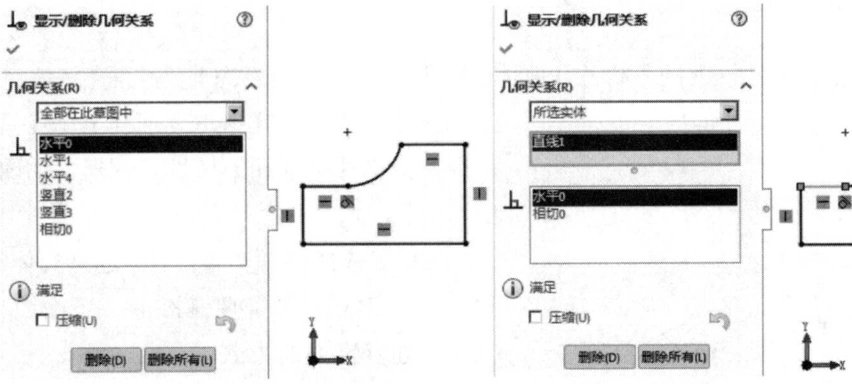


（a）显示全部几何关系　　（b）显示选择实体几何关系

**图 11-17　【显示/删除几何关系】属性管理器**

第三种方法是选择要删除几何关系符号后，按键盘的 Delete 键，即可删除此几何关系。

# 11.4　草图的参考几何体(Reference geometry for the sketch)

## 11.4.1　基准面(Reference plane)

SolidWorks 2D 草图可以使用以下几种绘制平面作为草图基准面：

(1) 三个默认的基准面(前视基准面、右视基准面或上视基准面)，如图 11-18(a)所示。

(2) 用户建立的参考基准面，如图 11-18(b)所示。

(3) 模型中的平面表面，如图 11-18(c)所示。

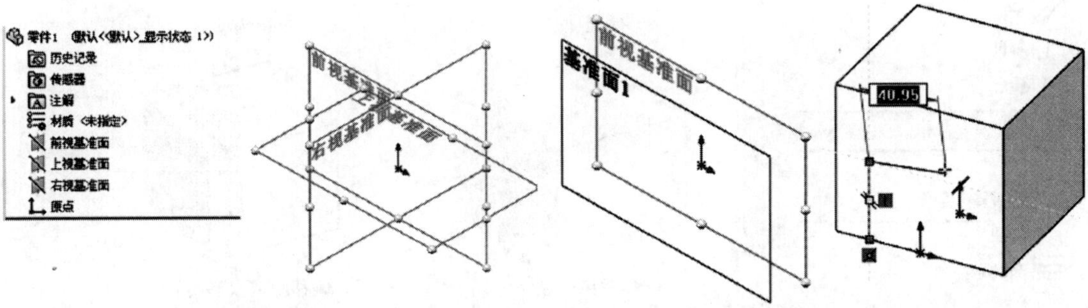


（a）默认基准面　　（b）自建基准面　　（c）模型表面

**图 11-18　草图基准面**

一般情况下，在这 3 个默认基准面上绘制草图，然后生成各种特征。但是有一些特殊的特征却需要在更多的基准面上创建的草图，因此需要创建基准面。

创建基准面的操作方法如下。

(1) 单击【特征】工具栏上的【参考几何体】按钮下拉列表的【基准面】按钮，或选择【插入】|【参考几何体】|【基准面】命令，弹出【基准面】属性管理器，如图 11-19 所示。

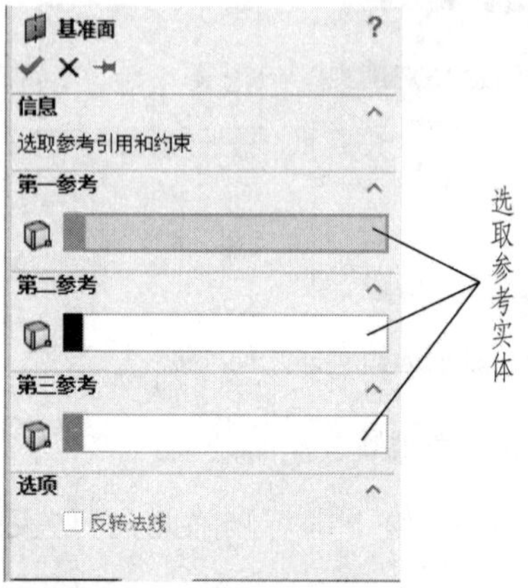


图 11-19 【基准面】属性管理器

(2) 在选择参考实体，根据选择实体的类型和数目，建立各种需要基准面，下面简单介绍几种创建基准面的方式。

① 选择边线、轴线、草图线与点实体或通过 3 点的生成 1 个基准面。

② 选择点和平面两个实体，生成 1 个平行于面并通过面上 1 点的基准面。

③ 选择 2 个平面，生成一个 2 平面中间对称的基准面。

④ 选择一个平面实体，生成一个平行或垂直于参考面的基准面，如图 11-20 所示。

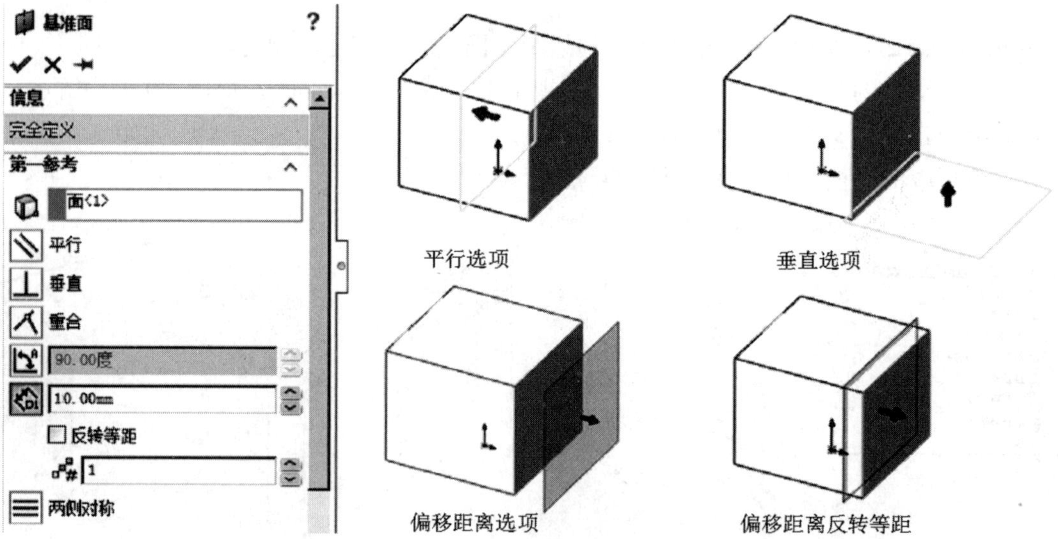


图 11-20 选择平面实体的【基准面】属性管理器

⑤ 选择一个平面实体和一条直线，生成一个参考面绕参考线旋转一定角度的基准面，如图 11-21 所示。

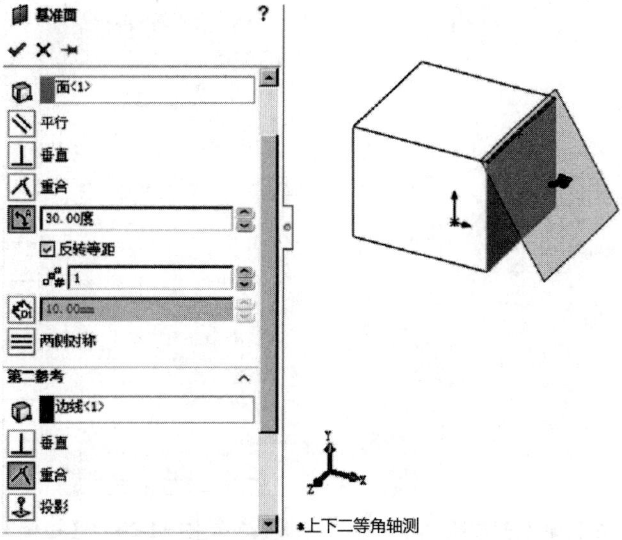


图 11-21　选择平面和直线实体的【基准面】属性管理器

## 11.4.2　基准轴(Reference axis)

基准轴用于创建特征的基准，在创建基准面、圆周阵列或同轴装配中常使用基准轴。

1．**显示临时轴**

每一个圆柱和圆锥体都有一条轴线是临时轴。临时轴是由模型中的圆锥和圆柱隐含生成的，可以设置默认为隐藏或显示所有临时轴。

要显示临时轴可以选择【视图】→【隐藏/显示】→【临时轴】命令，显示结果如图 11-22 所示。

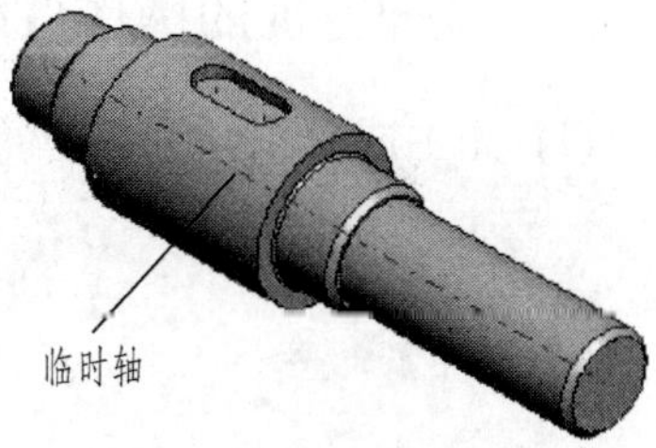


图 11-22　显示临时轴

2．**创建基准轴**

创建基准轴的操作方法如下。

(1) 单击【特征】工具栏上的【参考几何体】按钮下拉列表的【基准轴】按钮，或选择【插入】|【参考几何体】|【基准轴】命令，弹出【基准轴】属性管理器，如图 11-23 所示。

(2) 在【选择】选项组中，设置要生成的基准轴类型及参数来生成基准轴。

【一直线/边线/轴】：选择一条草图直线、边线或轴，生成基准轴。

【两平面】：选择两个平面，其交线生成基准轴。

【两点/顶点】：选择两个顶点、点或中点，生成基准轴。

【圆柱/圆锥面】：选择一个圆柱或圆锥面，其轴线生成基准轴。

【点和面/基准面】：选择一个曲面或基准面及顶点或中点，所产生的轴通过所选的点并且垂直于所选曲面或基准面。

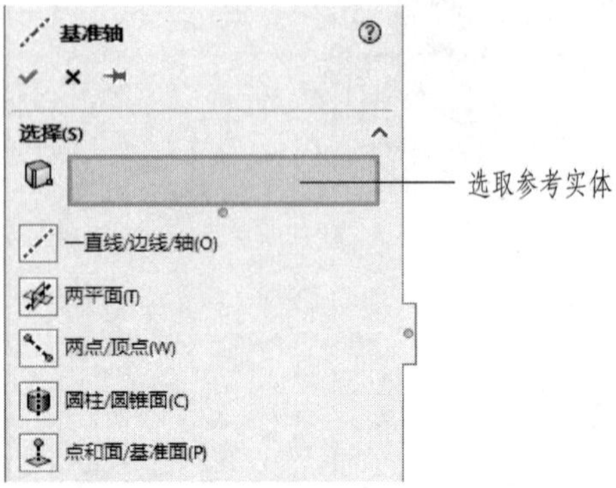


图 11-23 【基准轴】属性管理器

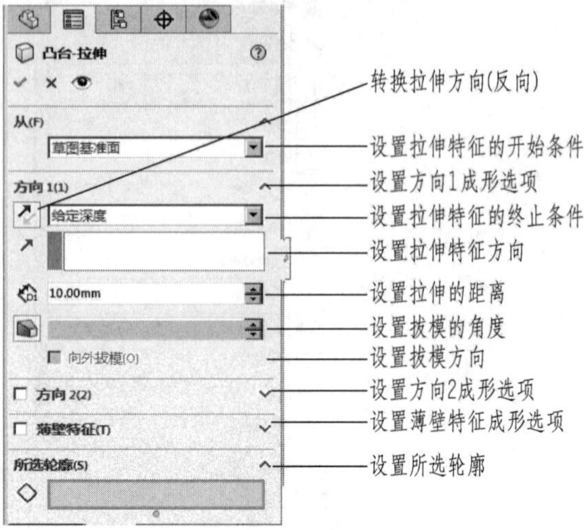


图 11-24 【拉伸】属性管理器

# 11.5 拉伸特征(Tensile characteristics)

拉伸特征是 SolidWorks 模型中最常用的建模特征。

## 11.5.1 拉伸特征的操作(The operation of tensile characteristics)

(1) 先生成草图，然后执行如下操作：

单击【特征】工具栏上的【拉伸凸台/基体】按钮，或选择菜单【插入】|【凸台/基体】|【拉伸】命令；

单击【特征】工具栏上的【拉伸切除】按钮，或选择【插入】|【切除】|【拉伸】命令；

选择【插入】|【曲面】|【拉伸曲面】命令。

(2) 弹出【拉伸】属性管理器，如图 11-24 所示，设定以下选项，然后单击【确定】按钮，完成操作。

## 11.5.2 设置拉伸特征(Set extrusion feature)

1．**反向**

在【拉伸】属性管理器中，单击【反向】按钮，生成与预览中所示方向相反的方向延伸特征。

2．**拉伸方向**

在【拉伸】属性管理器中，单击【拉伸方向】，在图形区域中选择方向向量拉伸草图。

### 3．设定拉伸特征的开始条件

拉伸特征有 4 种不同形式的开始类型，其生成实体种类如图 11-25 所示。

【草图基准面】：从草图所在的基准面开始拉伸。

【曲面/面/基准面】：从这些实体之一开始拉伸，为【曲面/面/基准面】选择有效的实体。

【顶点】：从选择的顶点开始拉伸。

【等距】：从与当前草图基准面等距的基准面上开始拉伸，在【输入等距值】中设定等距距离。

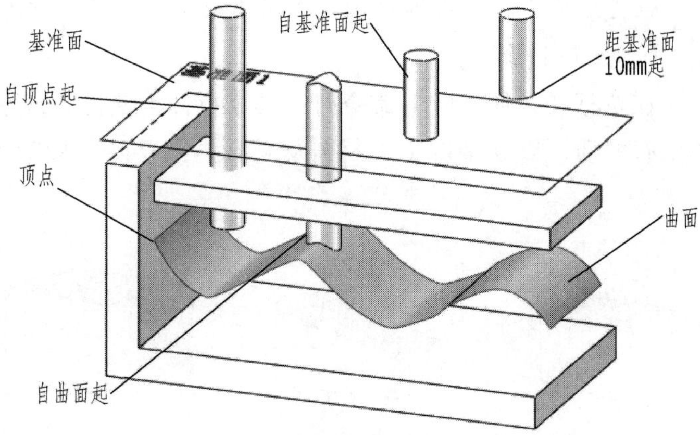


**图 11-25　各种开始条件生成实体**

### 4．设定拉伸特征的终止条件

SolidWorks 拉伸特征的终止条件有 8 种不同的形式，如图 11-26 所示。

【给定深度】：从草图的基准面拉伸特征到指定的距离。

【完全贯穿】：从草图的基准面拉伸特征直到贯穿所有现有的几何体。

【成形到下一面】：从草图的基准面拉伸特征到相邻的下一面。

【成形到一顶点】：从草图的基准面拉伸特征到一个与草图基准面平行，且穿过指定顶点的平面。

【成形到一面】：从草图的基准面拉伸特征到一个要拉伸到的面或基准面。

【到离指定面指定的距离】：从草图的基准面拉伸特征到一个面或基准面指定距离平移处。

【成形到实体】：从草图的基准面拉伸特征到指定的实体。

【两侧对称】：从草图的基准面开始，沿正、负两个方向拉伸特征。

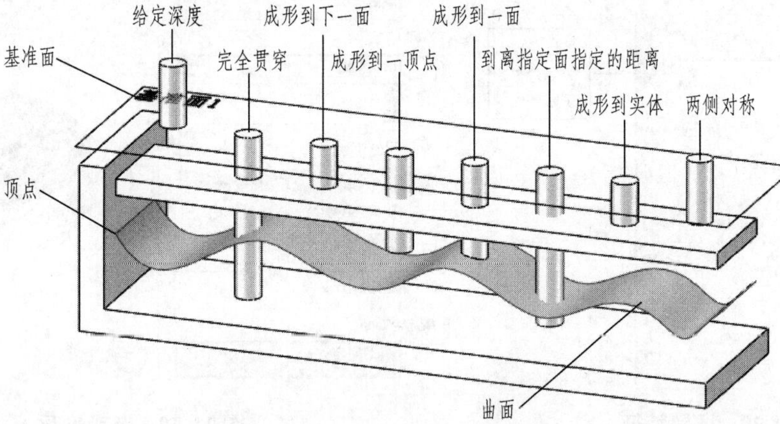


**图 11-26　各种终止条件及其结果**

5．拔模

在【拉伸】属性管理器中，单击【拔模开/关】按钮，设定拔模角度，如图 11-27 所示。

6．反侧切除

在执行【拉伸切除】命令时，其【拉伸】属性管理器中，选择【反侧切除】，移除轮廓外的所有材质。默认情况下，材料从轮廓内部移除，如图 11-28 所示。

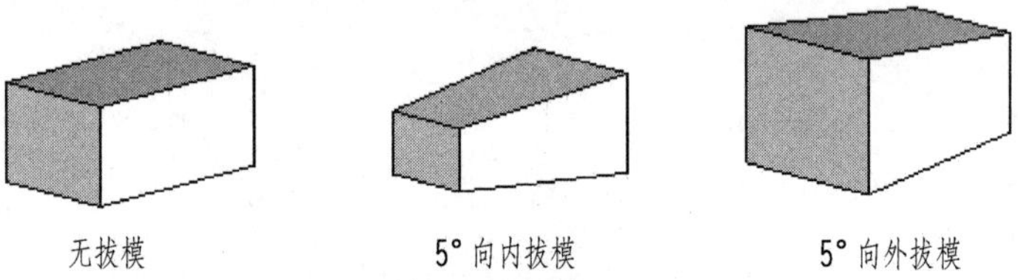


图 11-27　拔模

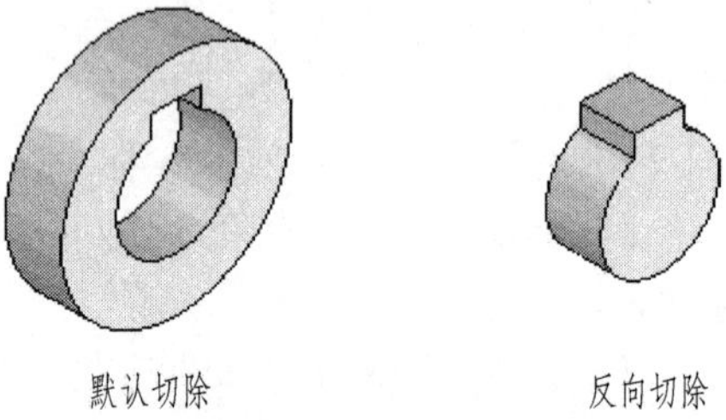


图 11-28　反侧切除

7．薄壁特征

在【拉伸】属性管理器中，选择【薄壁特征】复选框，其属性管理器如图 11-29 所示，则拉伸得到的是薄壁体，在薄壁特征中，可以选择薄壁特征厚度对于草图拉伸方向的类型。

【单向】设定从草图以一个方向(向外)拉伸的【厚度】。

【两侧对称】设定同时以两个方向从草图拉伸的【厚度】。

【双向】设定不同的拉伸厚度，【方向 1 厚度】和【方向 2 厚度】。

8．所选轮廓

在【拉伸】属性管理器中，激活【所选轮廓】列表框。允许使用部分草图来生成拉伸特征。在图形区域中选择草图轮廓和模型边线，如图 11-30 所示。

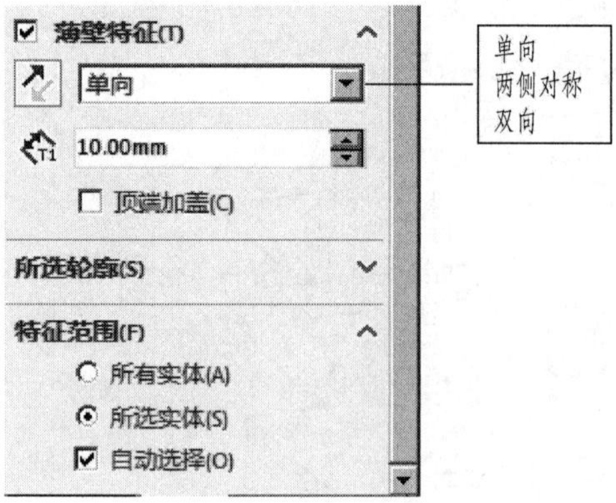


图 11-29　薄壁特征

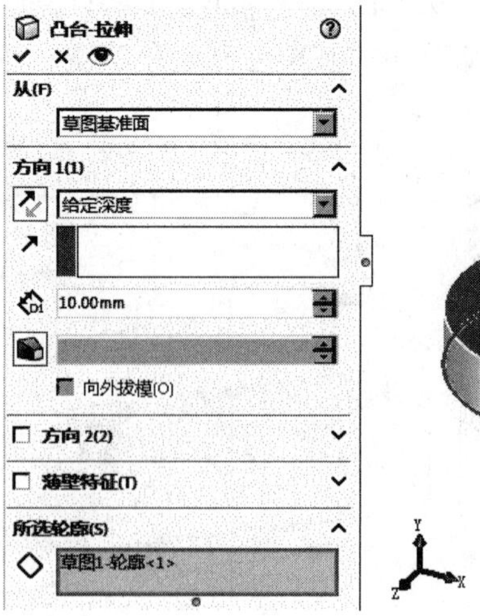


图 11-30　选择轮廓

### 11.5.3　修改拉伸特征(Modification of tensile characteristics)

在设计树单击要编辑实体特征，则弹出工具栏，如图 11-31(a)所示，或者在图形区单击要编辑实体，同样弹出工具栏，如图 11-31(b)所示，此时图形区选择实体出现标注尺寸，单击尺寸数字，即可修改实体大小；同时也可以单击弹出工具栏的【编辑特征】按钮，会出现【拉伸】特性管理器，可以编辑特征；或者单击【编辑草图】按钮，进行草图的编辑。也可右击这 2 项，弹出快捷菜单和工具栏两项，选择项目进行编辑。

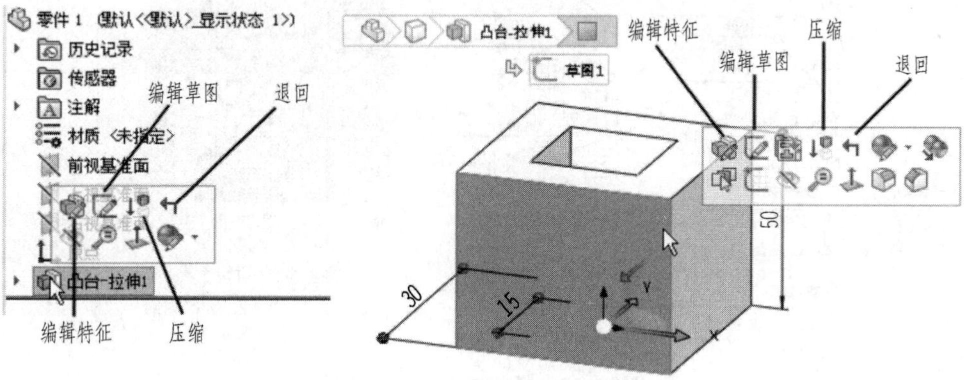


（a）设计树　　　　　　（b）图形区

**图 11-31　选定实体编辑**

## 11.6　旋转特征(Rotation features)

旋转特征是轮廓围绕一个轴旋转一定角度而得到的特征。旋转特征的草图中包含一条构造线，草图轮廓以该构造线为轴旋转，即可建立旋转特征。

### 11.6.1　旋转特征的操作(The operation of rotation features)

旋转特征起源于机械加工中的车削加工，大多数轴盘类零件可以使用旋转特征来建立。设计中常用旋转特征来完成球或含有球面的零件、有多个台阶的轴和盘类零件、O 形密封圈、侧轮廓复杂的轮毂类零件等的建模。

建立旋转特征的操作方法如下：

(1) 生成一个草图，包含一个或多个轮廓和一条中心线、直线或边线作为特征旋转所绕的轴。

(2) 单击【特征】工具栏上的【旋转凸台/基体】按钮
，或选择【插入】|【凸台/基体】|【旋转】命令。

(3) 单击【特征】工具栏上的【旋转切除】按钮，或选择【插入】|【切除】|【旋转】命令。

(4) 选择【插入】|【曲面】|【旋转】命令。

(5) 弹出【旋转】属性管理器，如图 11-32 所示，设定选项后，单击【确定】按钮，完成操作。

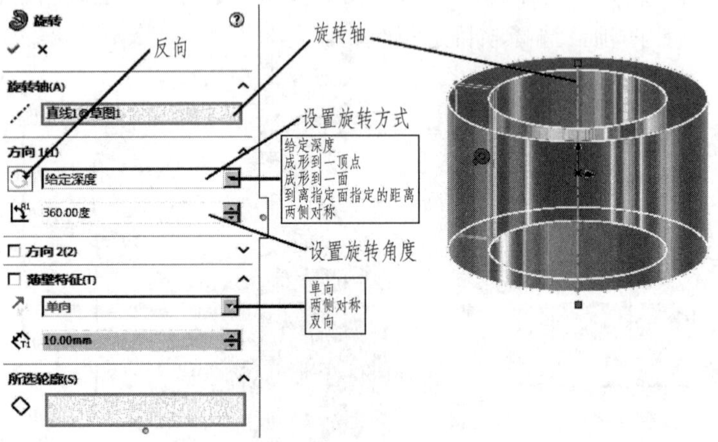


图 11-32 【旋转】属性管理器

## 11.6.2 设置旋转特征(Setting the rotation feature)

根据旋转特征的类型设定属性管理器选项。

1．**旋转参数**

(1)【旋转轴】：选择一个进行特征旋转所绕的轴，根据所生成的旋转特征的类型，此轴可为中心线、直线或边线。

(2)【旋转类型】：设定旋转特征的终止条件。单击【反向】按钮反转旋转方向。

给定深度：从草图以单一方向生成旋转，可设定由旋转所包容的角度。

成形到一顶点：从草图基准面生成旋转到所指定的顶点。

成形到一面：从草图基准面生成旋转到所指定的曲面。

到离指定面指定的距离：从草图基准面生成旋转到所指定曲面的距离。在等距距离中设定等距。

两侧对称：从草图基准面以顺时针和逆时针方向生成旋转。

(3)【角度】：定义旋转角度。默认的角度为 360°，角度以顺时针从所选草图开始测量。

2．**薄壁特征**

(1)【类型】：下拉列表框定义厚度的方向，可以选择以下选项之一。

(2)【单向】：从草图开始以单一方向添加薄壁特征。

(3)【两侧对称】：以草图为中心，在草图两侧均等应用薄壁特征。

(4)【双向】：在草图两侧添加薄壁特征。

3．**所选轮廓**

当使用多轮廓生成旋转特征时使用此选项。

【所选轮廓】：在图形区域中选择轮廓来生成旋转。

### 11.6.3　修改旋转特征(Modify rotation feature)

修改方式同拉伸特征。

## 11.7　附加特征(Additional features)

### 11.7.1　圆角特征(The rounded feature)

圆角用于在零件上生成一个内圆角或外圆角面，还可以为一个面的所有边线、所选的多组面、所选的边线或边线环生成圆角。

1．**圆角特征的操作**

(1) 单击【特征】工具栏上的【圆角】按钮，或选择【插入】|【特征】|【圆角】命令，弹出【圆角】属性管理器，如图 11-33 所示。

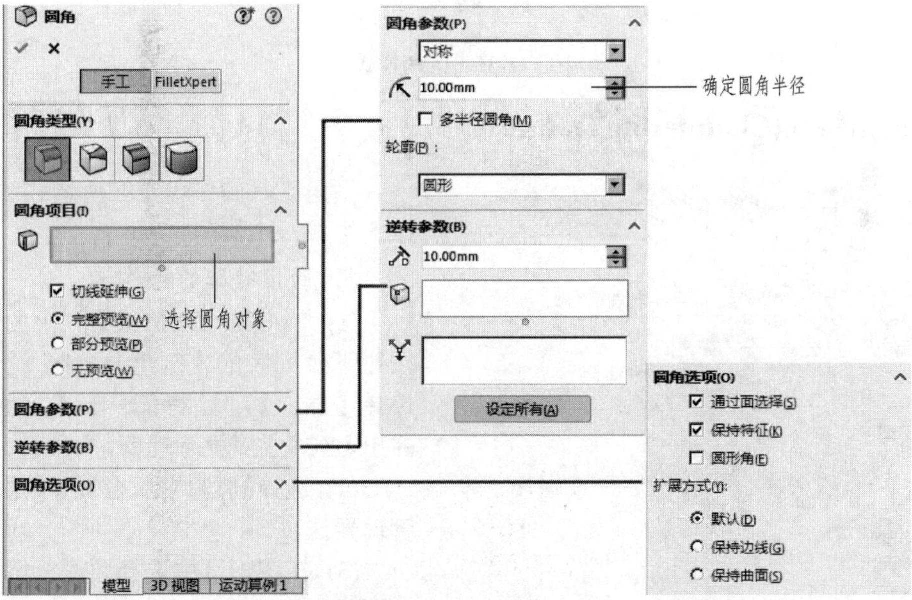


图 11-33　【圆角】属性管理器

(2) 在【圆角类型】选项组中选择圆角类型，然后设定其他属性管理器选项。

(3) 选择要进行圆角的对象(通常是边线)。

(4) 单击【确定】按钮，生成圆角。

2．**【圆角】应用**

选择的实体边线都是相同的半径圆角。其操作过程如图 11-34 所示。

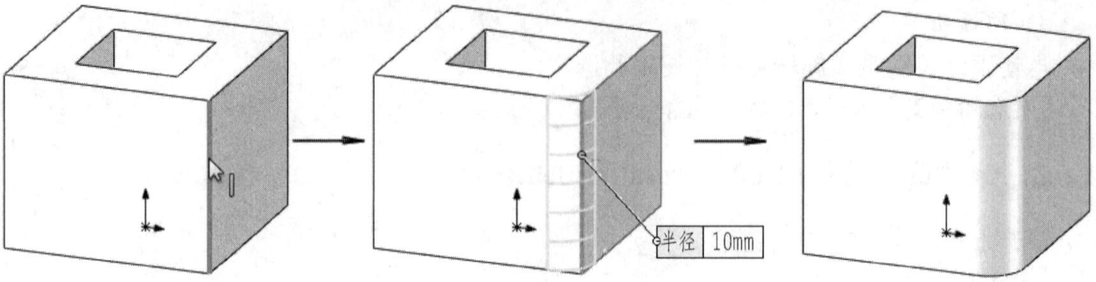


图 11-34 圆角操作过程

其部分等半径圆角样式如图 11-35 所示。

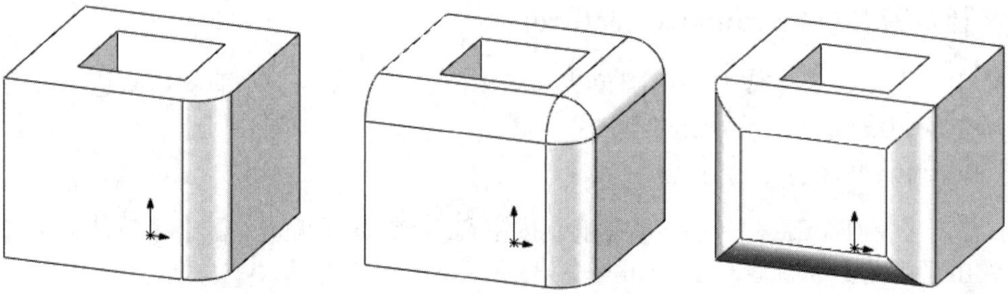

单一边线圆角　　多边线圆角　　面圆角

图 11-35 圆角样式

## 11.7.2 倒角特征(Chamfering feature)

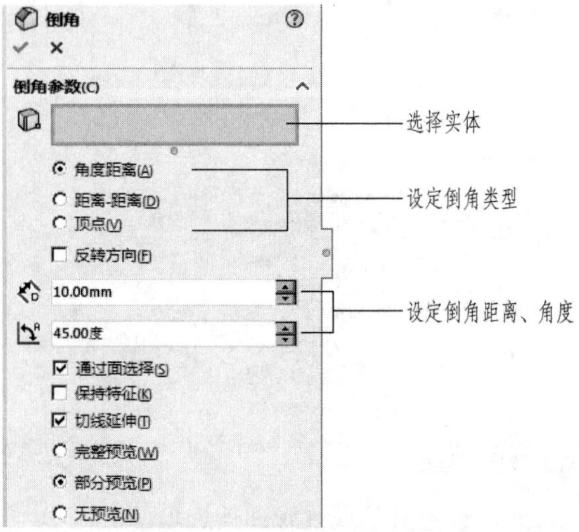


图 11-36 【倒角】属性管理器

倒角工具的作用是在所选边线、面或顶点上生成一个倾斜特征。

**1. 圆角特征的操作**

(1) 单击【特征】工具栏上的【圆角】按钮下拉列表的【倒角】按钮，或选择【插入】|【特征】|【倒角】命令，弹出【倒角】属性管理器，如图 11-36 所示。

(2) 选择倒角类型，然后设定其他属性管理器选项。

(3) 在图形区中选择要进行倒角的对象(通常是边线)。

(4) 单击【确定】按钮，生成倒角。

**2.【倒角】应用**

(1) 角度距离倒角。在【倒角】属性管理器中，选中【角度距离】单选按钮，在图形区中选择实体的单一边线，在【距离】文本框内输入 10.00mm，在【角度】文本框内输入 30 度，其操作过程如图 11-37 所示。其部分角度距离角样式如图 11-38 所示。

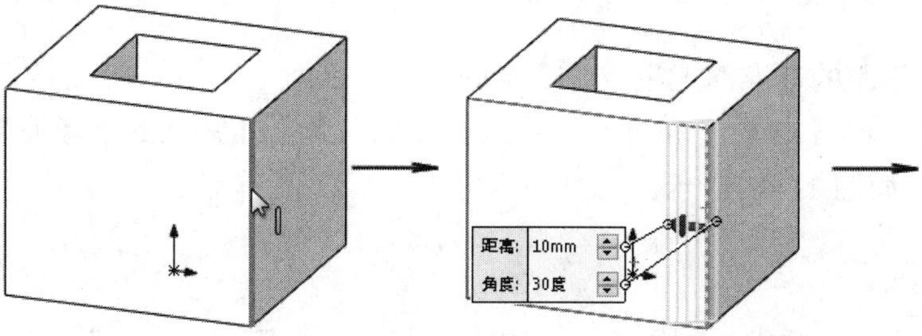


图 11-37　倒角操作过程

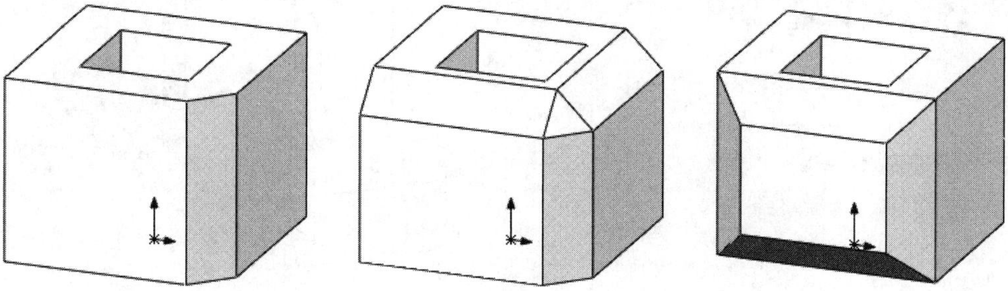

单一边线倒角　　多边线倒角　　面倒角

图 11-38　倒角样式

(2) 距离-距离倒角。在【倒角】属性管理器中，选中【距离-距离】单选按钮，设定属性管理器的其他选项来生成不同倒角类型，具体方式同角度距离。

(3) 顶点。在【倒角】属性管理器中，选中【顶点】单选按钮，可选中【相等距离】复选框(也可分别输入各边距离)，在图形区中选择实体的顶点，如图 11-39 所示，单击【确定】按钮，生成倒角。

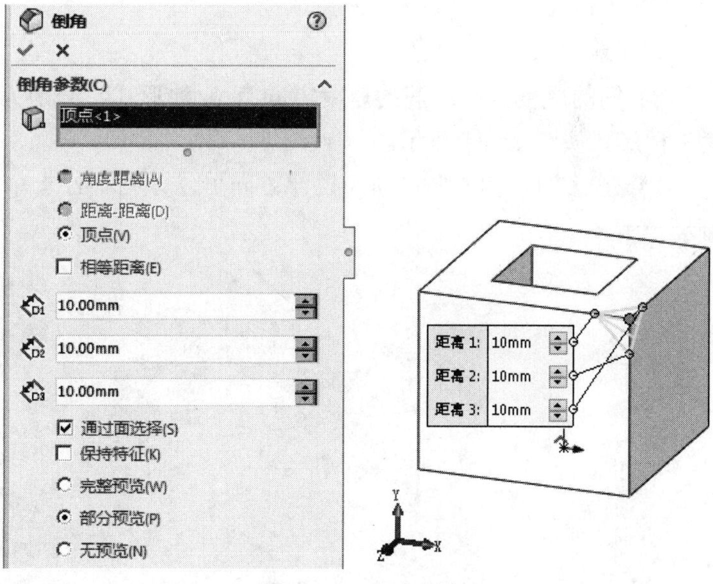


图 11-39　顶点倒角

## 11.7.3　筋特征(Muscle feature)

所谓筋即指在零件上增加强度的部分。生成筋特征前，必须先绘制一个与零件相交的草图，该草图既可以是开环的也可以是闭环的。

1．**筋特征的操作**

(1) 在与基体零件基准面等距的基准面上生成一个草图。

(2) 单击【特征】工具栏上的【筋】按钮，或选择【插入】|【特征】|【筋】命令，弹出【筋】属性管理器，如图11-40所示。

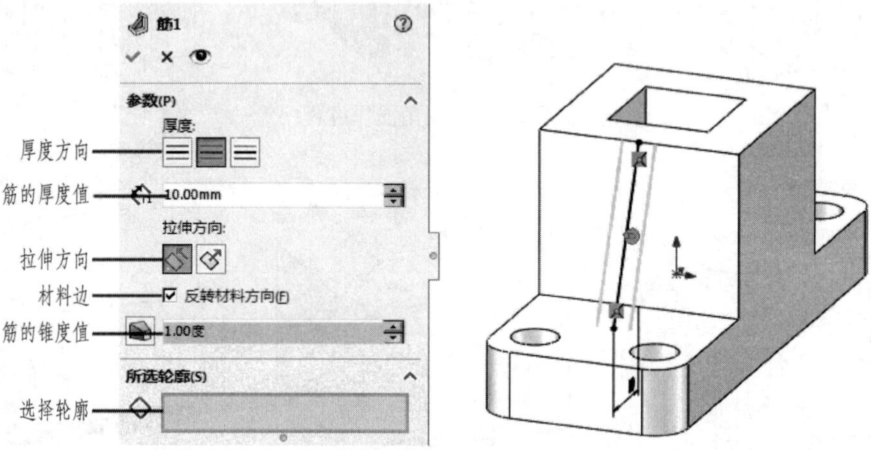


**图11-40　【筋】属性管理器**

(3) 在【筋】属性管理器中，设定属性管理器选项。

(4) 单击【确定】按钮，生成筋。

2．**【筋】应用**

(1) 筋的厚度方向：筋的厚度方向有3种形式，分别为第一边、两边和第二边。其三种形式如图11-41所示。

(2)【筋】的拉伸方向：筋的拉伸方向可以分为平行于草图及垂直于草图两种，如图11-42所示。

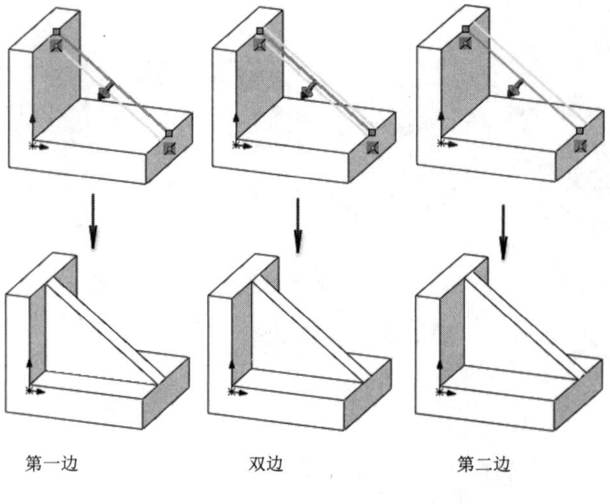


**图11-41　【筋】的厚度方向的3种形式**

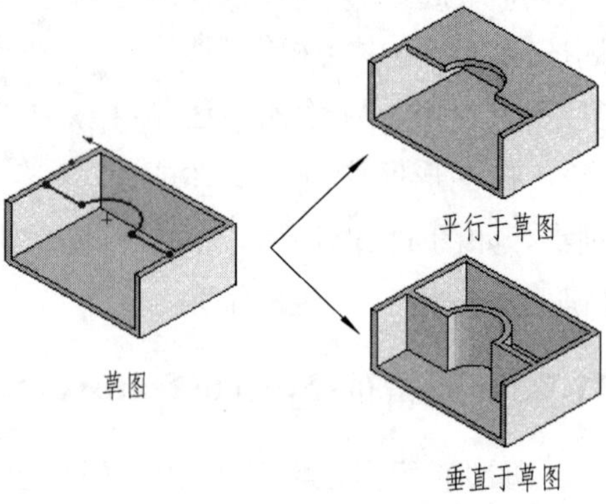


**图11-42　【筋】的拉伸方向**

## 11.7.4　抽壳特征(Shell features)

抽壳工具会使所选择的面敞开，并在剩余的面上生成薄壁特征。如果没有选择模型上的任何面，可抽壳一个实体零件，生成一闭合的空腔。所建成的空心实体可分为等厚度及不等厚度两种。

**1.【抽壳】特征的操作**

(1) 单击【特征】工具栏上的【抽壳】按钮[抽壳]，或选择【插入】|【特征】|【抽壳】命令，弹出【抽壳】属性管理器，如图 11-43 所示。

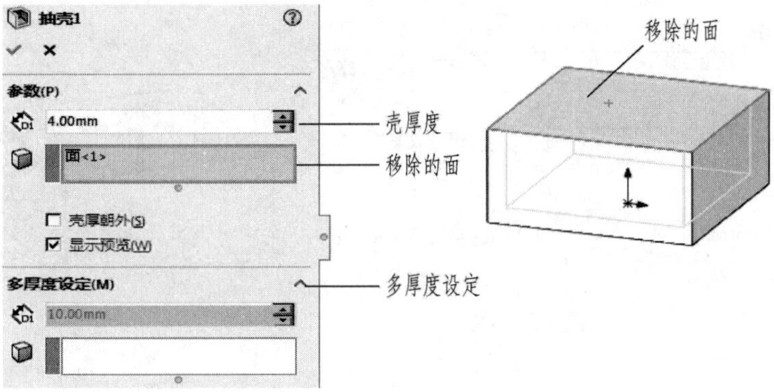


图 11-43　【抽壳】属性管理器

(2) 在【抽壳】属性管理器中，设定属性管理器选项。

(3) 单击【确定】按钮[✓]，生成抽壳特征。

**2.【抽壳】特征的应用**

抽壳有等厚度和多厚度的样式，且可以移除多个面，其生成实体如图 11-44 所示。

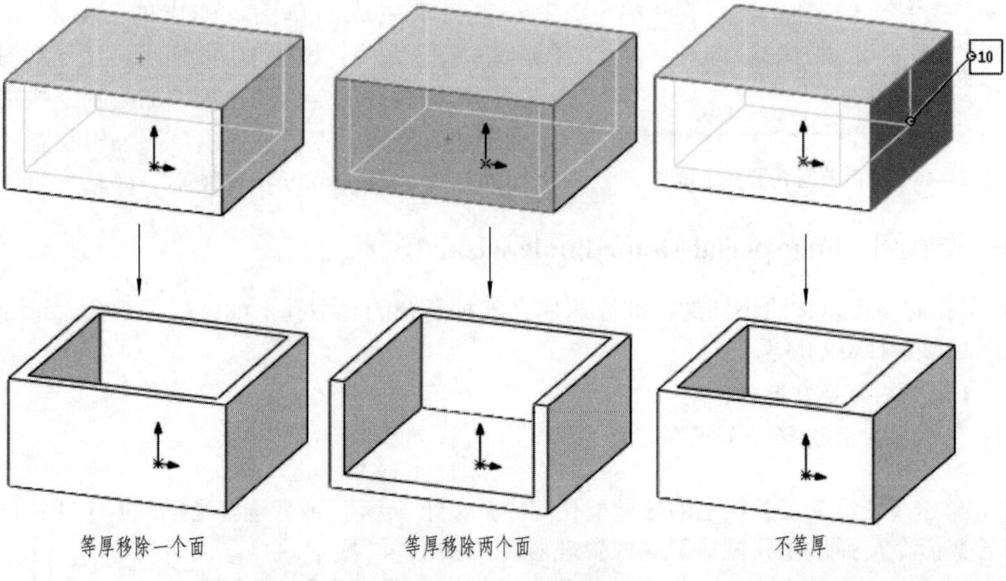


图 11-44　【抽壳】应用

## 11.7.5 简单直孔(Simple straight hole)

利用简单直孔特征可以直接在所选平面上打孔。

**1．简单直孔的操作**

(1) 选择要生成孔的平面。

(2) 选择【插入】|【特征】|【钻孔】|【简单直孔】命令，弹出【孔】属性管理器，如图 11-45 所示。

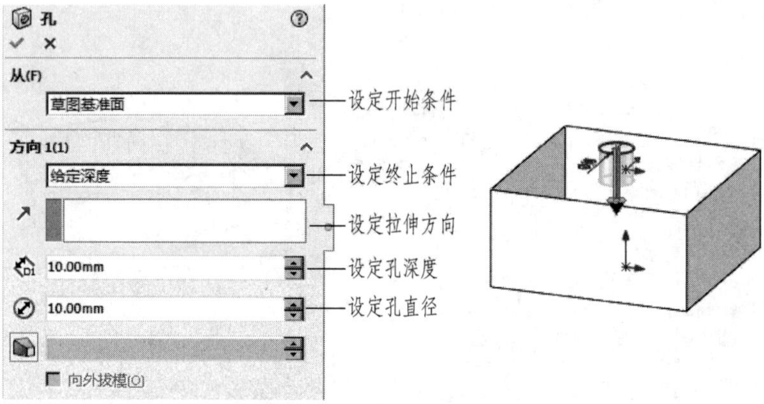


图 11-45 【孔】属性管理器

(3) 在【孔】属性管理器中，设定属性管理器选项。

(4) 单击【确定】按钮，生成简单直孔。

**2．【简单直孔】的编辑**

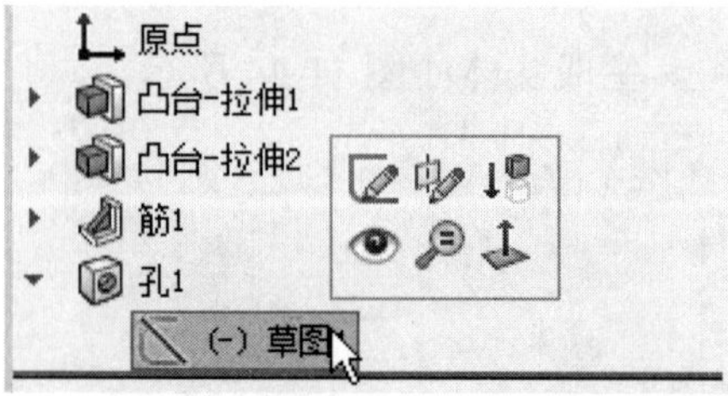


图 11-46 【简单直孔】孔定位

在 FeatureManager 设计树中右击刚建立的孔特征，从弹出的工具栏中选择【编辑草图】命令，或者右击自动生成的草图，弹出的工具栏中选择【编辑草图】命令，如图 11-46 所示，打开草图进行编辑，可完成孔的定位；也可增加绘制一些圆，并且确定相对位置，完成后退出草图编辑状态，即增加相同深度的孔，可以孔直径不一样。

## 11.7.6 异型孔向导(Special-shaped hole wizard)

异型孔向导可以按照不同的标准快速建立各种复杂的异型孔，如柱形沉头孔、锥形沉头孔、螺纹孔或管螺纹孔等。

**1．【异型孔向导】操作**

(1) 生成零件并选择一个平面。

(2) 单击【特征】工具栏上的【异型孔向导】按钮

，或者选择【插入】|【特征】|【孔向导】命令，弹出【孔规格】属性管理器，如图 11-47 所示。

(3) 在【类型】选项卡，设置【孔规格】、【标准】、【类型】、等参数。

(4) 在【位置】选项卡，在图形区中选择孔的插入点。

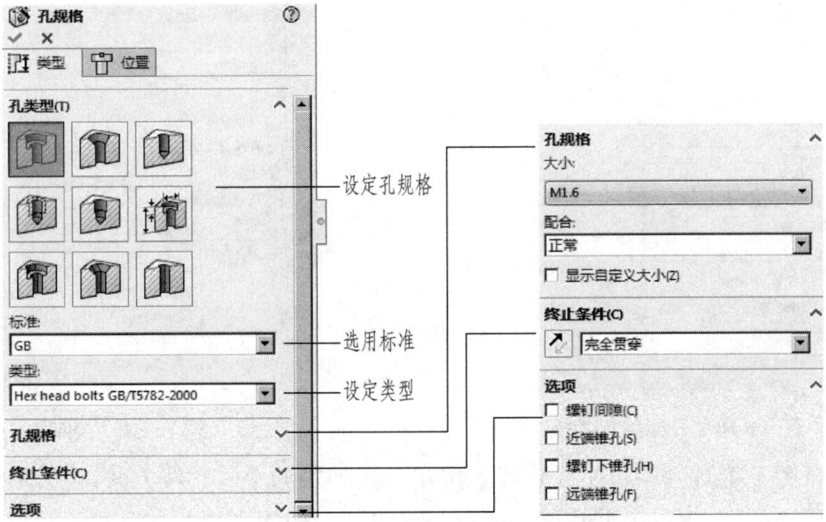


图 11-47　【孔规格】属性管理器

(5) 单击【确定】按钮，完成操作。

**2.【异型孔向导】编辑**

在 FeatureManager 设计树中，单击新建【打孔尺寸】特征前面的 ▸ 符号，展开特征包含的定义，如图 11-48 所示；选择其第 1 个草图，这是异形孔的定位草图，单击第 1 个草图，从弹出的工具栏中选择【编辑草图】命令，或右击，弹出工具栏和快捷菜单，同样选择【编辑草图】命令，可完成孔的定位；也可增加绘制一些点，并且确定相对位置，可以增加相同的孔。同样第 2 个草图为孔结构大小尺寸，可以编辑尺寸，完成孔结构。

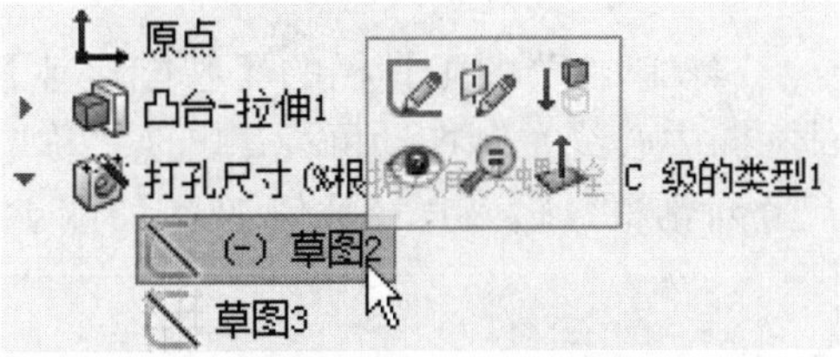


图 11-48　【异形孔向导】编辑

# 11.8　建模举例(Modeling examples)

## 11.8.1　箱盖零件(Box cover parts)

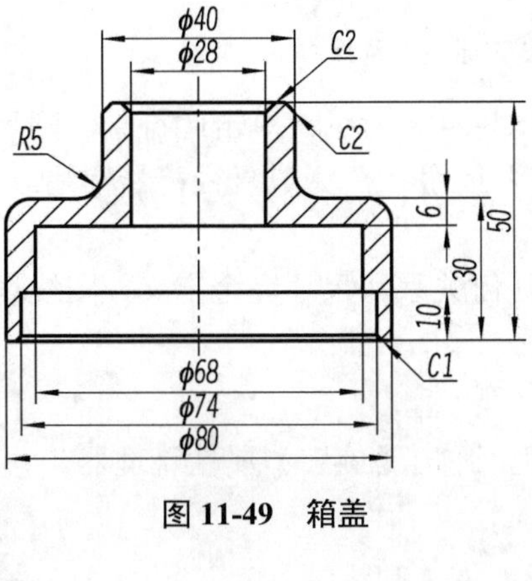


图 11-49　箱盖

建立如图 11-49 所示箱盖零件模型。建模分析：此零件有回转体组成，且壁厚基本相同，可以建立回转体后进行抽壳，然后将底部进行拉伸切除，最后进行圆角和倒角，即可建立模型。参考建模步骤如下：

**1．新建箱盖零件，保存名称为：箱盖。**

**2．绘制草图**

(1) 在 FeatureManager 设计树中右击前视基准面，在弹出工具栏中单击【草图绘制】工具按钮，如图 11-50 所示。

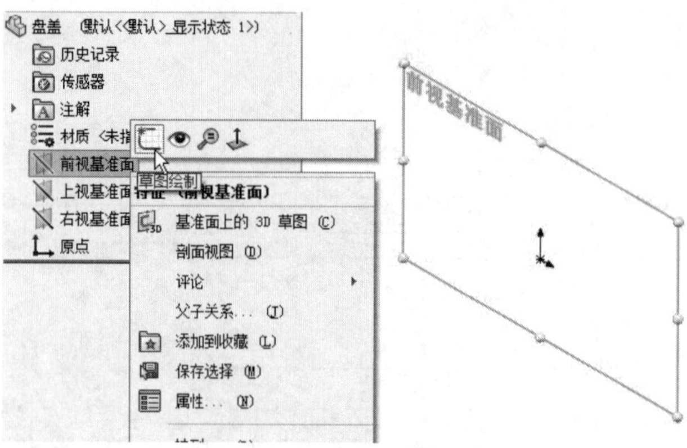


图 11-50 开始绘制草图

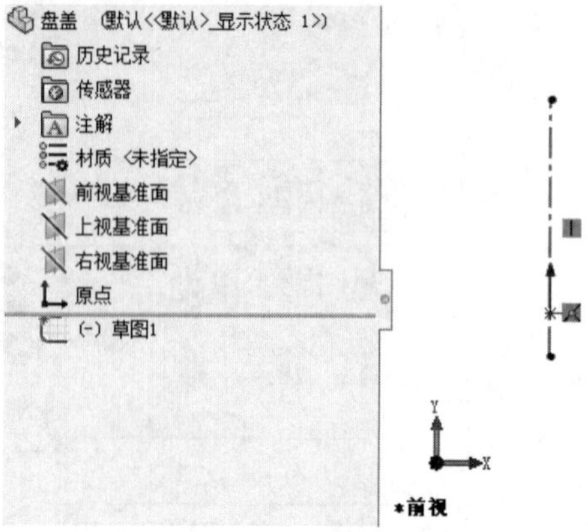


图 11-51 绘制中心线

(2) 在【草图】工具栏中单击【直线】按钮下拉列表的【中心线】按钮 中心线(N)，绘制和原点重合的竖直中心线，按 Esc 键完成中心线绘制，如图 11-51 所示。

(3) 在【草图】工具栏中单击【直线】按钮，从原点开始向左绘制直线，绘制图线的长度要接近实际长度(注意草图几何关系)，连续绘制，按 Esc 键完成轮廓线的绘制，如图 11-52 所示。

(4) 单击草图工具栏的【智能尺寸】按钮 智能尺寸，然后分别点击轮廓线右侧竖直线和中心线，向中心线右侧拖动鼠标，出现对称中心标注，如图 11-53(a)所示；单击鼠标，弹出【修改】尺寸对话框，输入直径数值 28，如图 11-53(b)所示，单击【确定】按钮，完成标注。

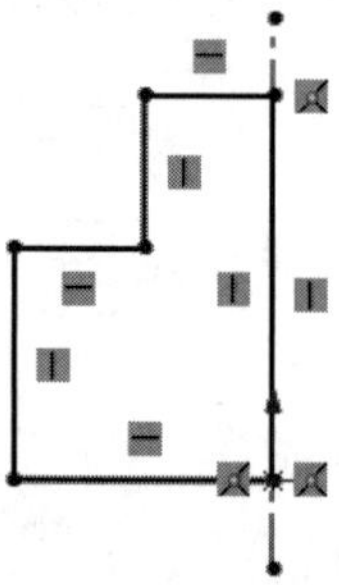

图 11-52 绘制草图轮廓线

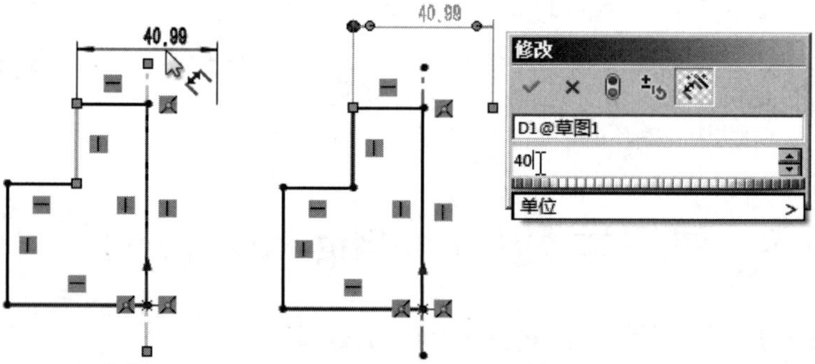


(a) (b)

图 11-53 标注对称尺寸

(5) 在设计树【主要值】选项下方有直径符号，如图 11-54(a)所示；单击此符号，则尺寸数字前添加了直径符号，如图 11-54(b)所示，单击【确定】按钮，完成直径符号标注。

(6) 同样方式完成另一直径尺寸标注。

(7) 标注其高度尺寸，如图 11-55 所示；此时图线由几何关系和尺寸完全定义，图线均为黑色，其右下角的状态栏显示完全定义。

### 3．建立旋转特征

(1) 单击【特征】工具栏上的【旋转凸台/基体】按钮，弹出【旋转】属性管理器。

(2) 设置【旋转】属性管理器，如图 11-56 所示。

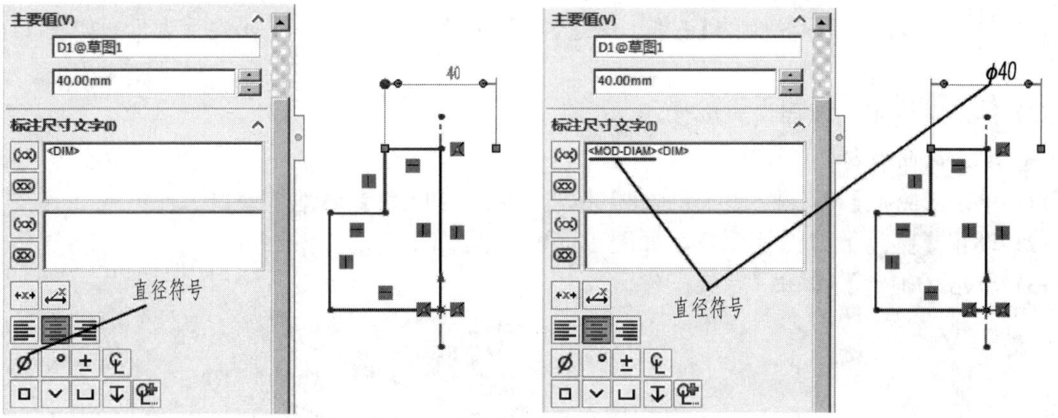


图 11-54 标注直径符号

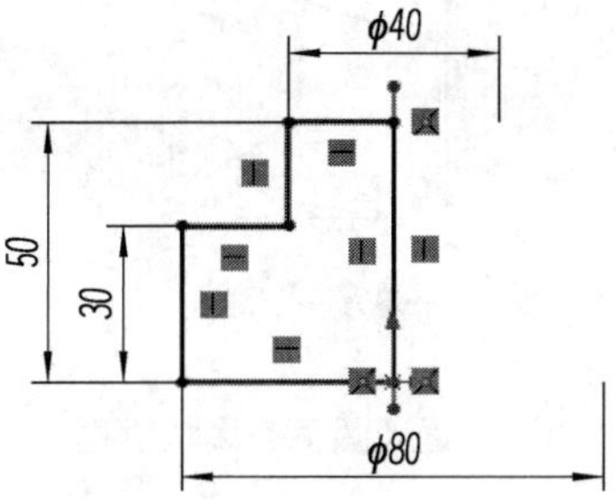


图 11-55 标注高度尺寸

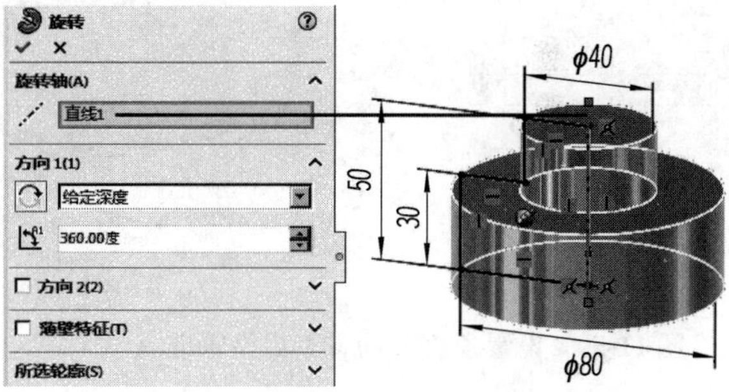


图 11-56 设置【旋转】属性管理器

(3) 单击【确定】按钮✓，完成操作。

4. 立抽壳特征

(1) 单击【特征】工具栏上的【抽壳】按钮，弹出【抽壳】属性管理器。

(2) 设置【抽壳】属性管理器，如图 11-57 所示。

(3) 单击【确定】按钮✓，完成操作。

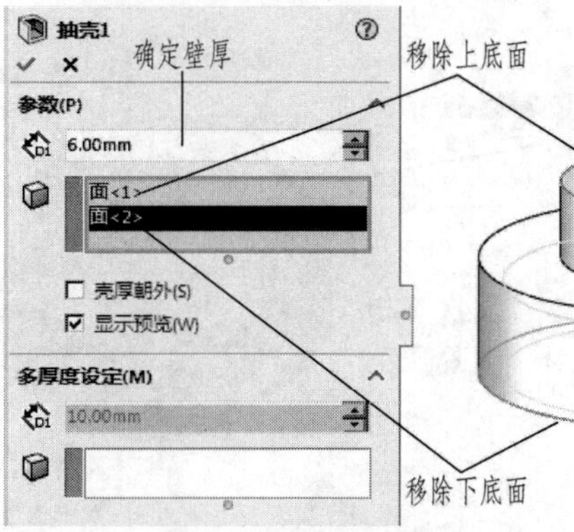


图 11-57 设置【抽壳】属性管理器

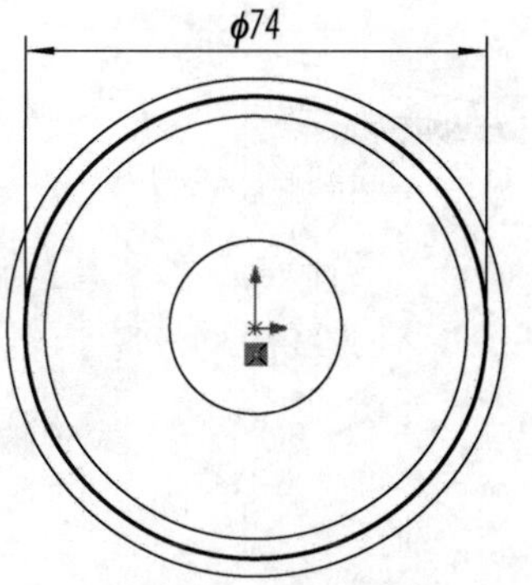


图 11-58 绘制草图

5. 建立拉伸切除特征

(1) 选择零件底面，绘制草图，如图 11-58 所示。

(2) 单击【特征】工具栏上的【拉伸切除】按钮，设置【切除-拉伸】属性管理器，如图 11-59 所示。

(3) 单击【确定】按钮，完成操作。

**6. 建立圆角特征**

(1) 单击【特征】工具栏上的【圆角】按钮，弹出【圆角】属性管理器。

(2) 设置【圆角】属性管理器，如图 11-60 所示。

(3) 单击【确定】按钮，完成操作。

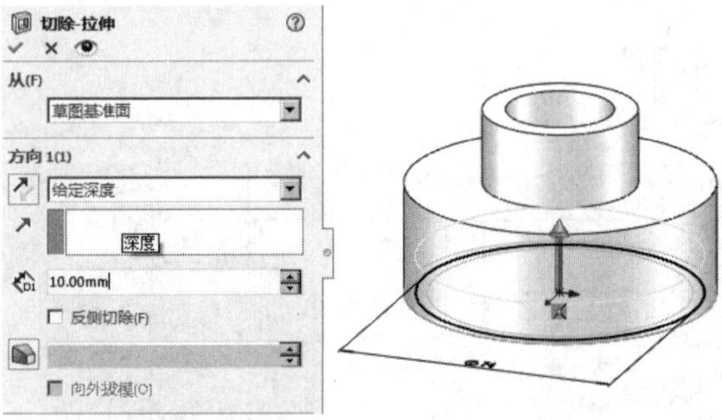


图 11-59 设置【切除-拉伸】属性管理器

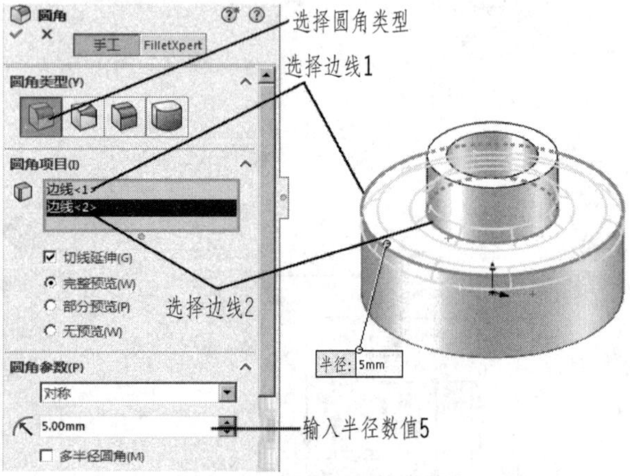


图 11-60 设置【圆角】属性管理器

**7. 建立 C2 圆角特征**

(1) 单击【特征】工具栏上的【倒角】按钮，弹出【倒角】属性管理器。

(2) 设置【倒角】属性管理器，如图 11-61 所示。

(3) 单击【确定】按钮，完成操作。

**8. 建立 C1 圆角特征**

按照中键向上移动，旋转图形显示，同样方式建立 C1 倒角，如图 11-62 所示。

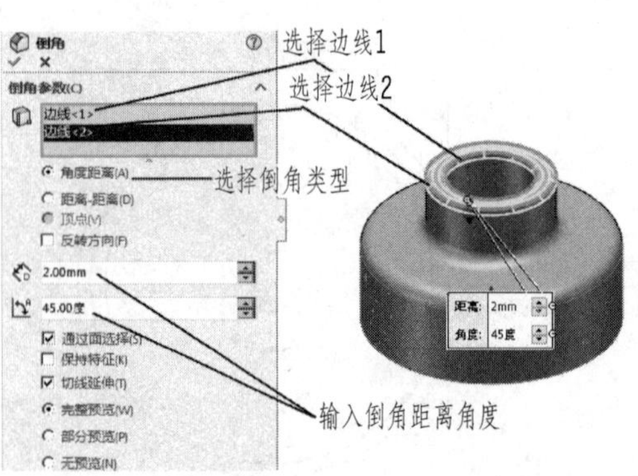


图 11-61 设置【倒角】属性管理器

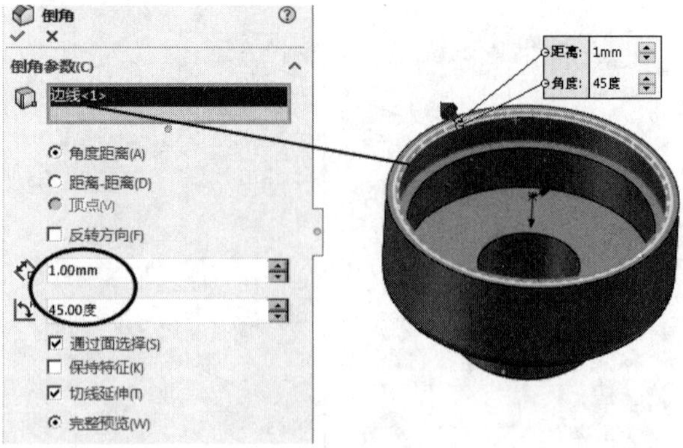


图 11-62 建立倒角 C1

**9. 等轴测放置，完成建模**

在【视图定向】按钮下拉列表中选择【左右二等角轴测】按钮，在剖面视图中选择前视基准面剖切，如图 11-63 所示；将显示模型进行检测。

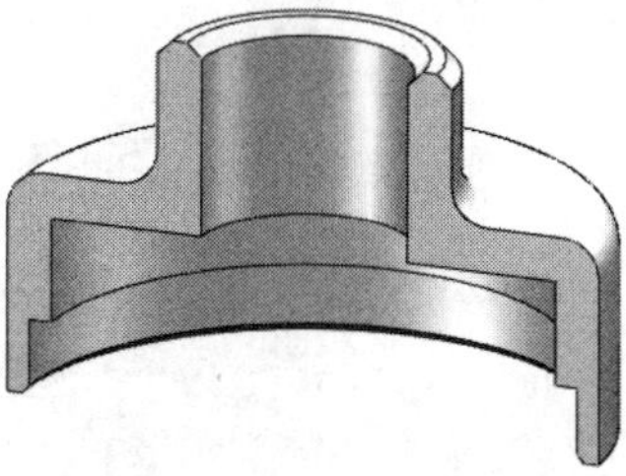

图 11-63　剖视检测

## 11.8.2　箱体零件(Box-base parts)

建立如图 11-64 所示箱座零件模型。

建模分析：可将零件分成底板、圆筒和肋板 3 部分，因此其建模可以按照底板→圆筒→肋板步骤建模。参考建模步骤如下：

**1．新建箱座零件**

新建一个零件，保存名称为：箱座。

**2．底板建模**

(1) 在 FeatureManager 设计树中选择上视基准面，绘制草图，注意几何关系，先绘制矩形，注意矩形中心在原点，然后执行圆角命令，圆角半径为 10mm，最后标注尺寸，如图 11-65 所示。

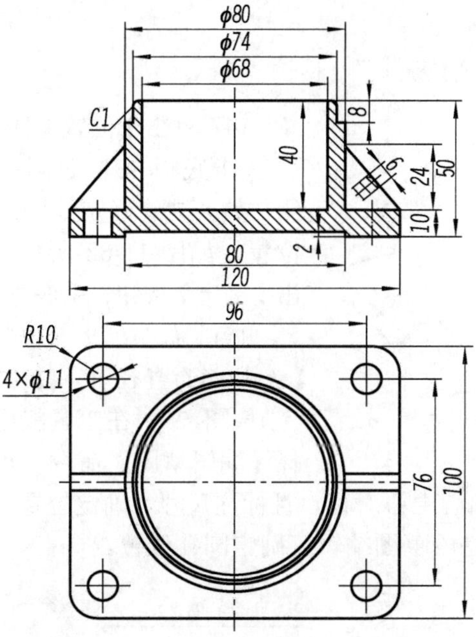


图 11-64　箱座

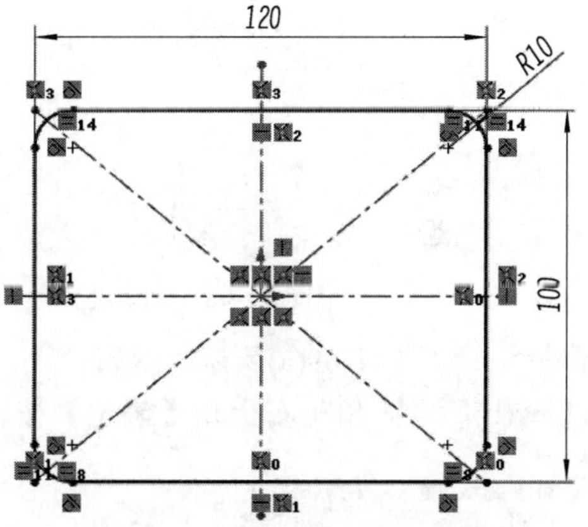


图 11-65　绘制草图 1

(2) 执行拉伸命令，设置拉伸高度为 10mm，如图 11-66 所示。

(3) 选择底板上表面，单击【特征】工具栏的【异形孔向导】按钮，在弹出的【孔规格】属性管理器中设置其【类型】标签，选项结果如图 11-67 所示。

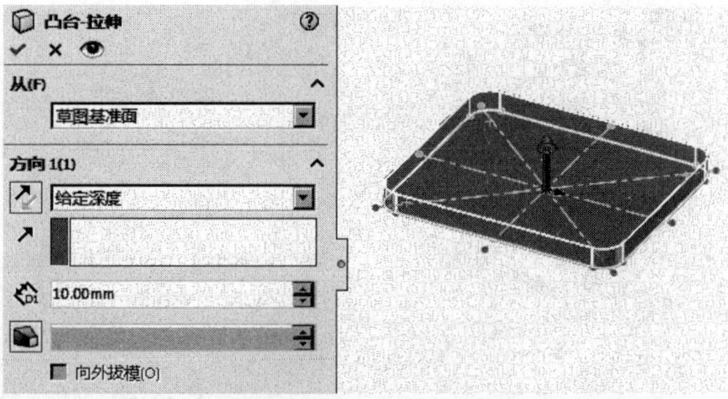


图 11-66　凸台-拉伸 1

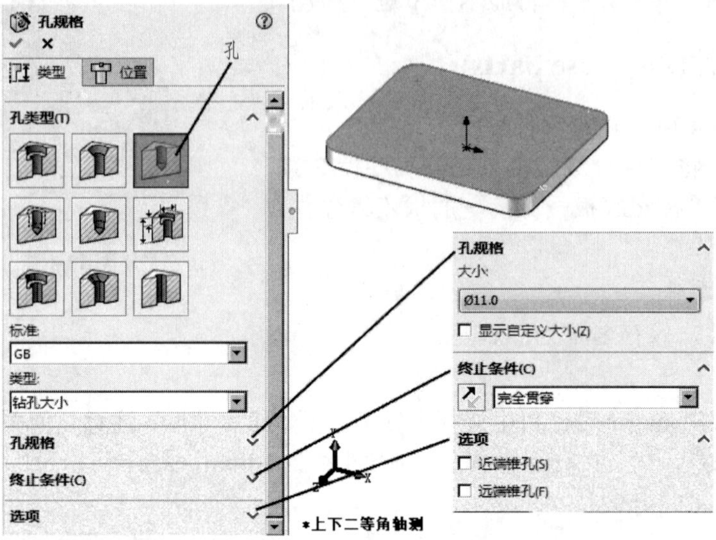


图 11-67 设置【类型】标签

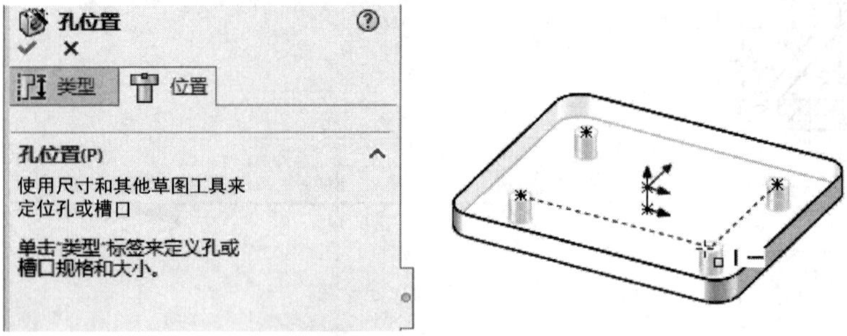


图 11-68 确定孔位置

(4) 单击【位置】标签，可以在底板上表面圆孔大约位置点击，确定孔圆心点位置，如图 11-68 所示。单击【确定】按钮，完成操作。

(5) 右击设计树的【$\phi$11.0(11)直径孔 1】中的“(-)草图 2”，在工具栏中选择【编辑草图】命令，可以编辑草图，如图 11-69(a)所示；编辑草图，使圆孔圆心中心对称，且标注尺寸，确定位置，如图 11-69(b)所示。单击右上角【确定】按钮，完成草图编辑，确定圆孔位置。

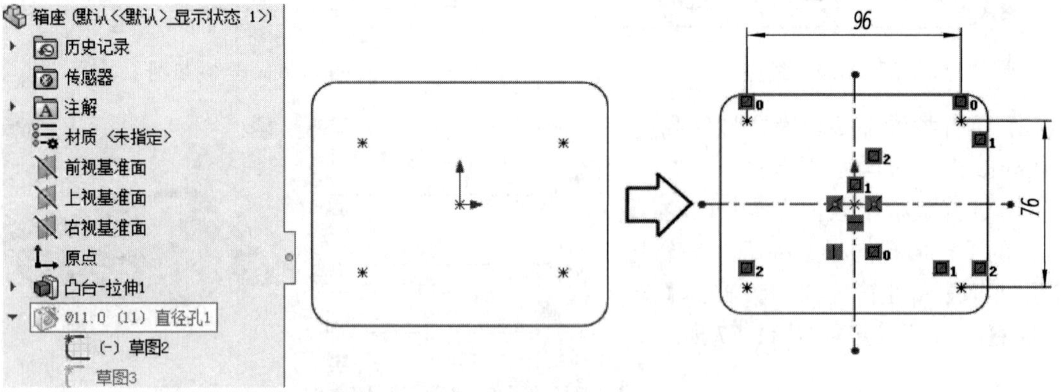


(a) (b)

图 11-69 编辑草图 2

(6) 选择底板前面作为基准面绘制草图，如图 11-70(a)所示；执行【拉伸切除】命令，完全贯穿方式，完成底板切槽，如图 11-70(b)所示。

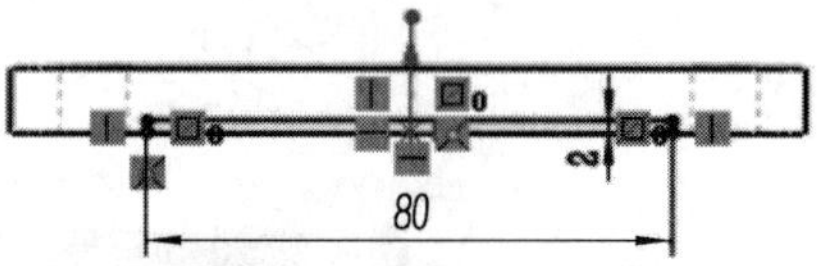


(a)

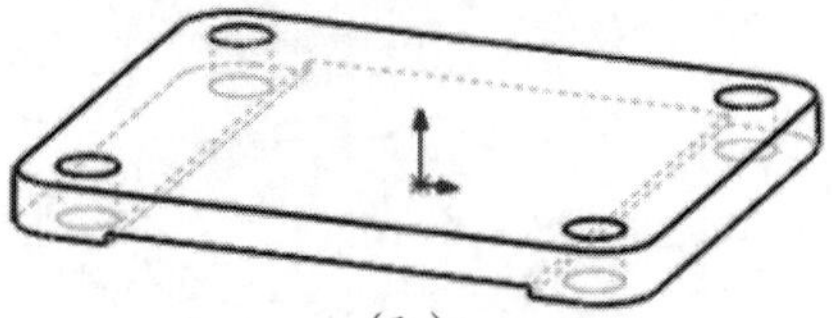

(b)

图 11-70　底板切槽

### 3．圆筒建模

(1) 选择底板上表面，绘制草图，如图 11-71(a)所示；执行【拉伸凸台/基体】命令，选项结果如图 11-71(b)所示。

(2) 选择圆筒上底面，绘制草图，如图 11-72(a)所示；执行【拉伸切除】命令，将给定深度输入 8mm，勾选【反侧切除】，如图 11-72(b)所示，单击【确定】按钮，完成圆筒凸缘制作。

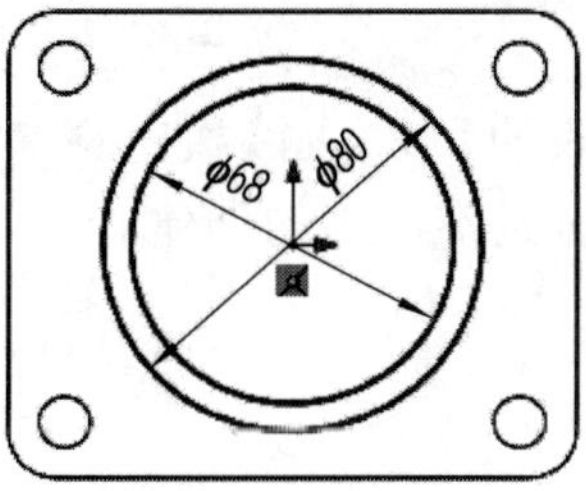


(a)

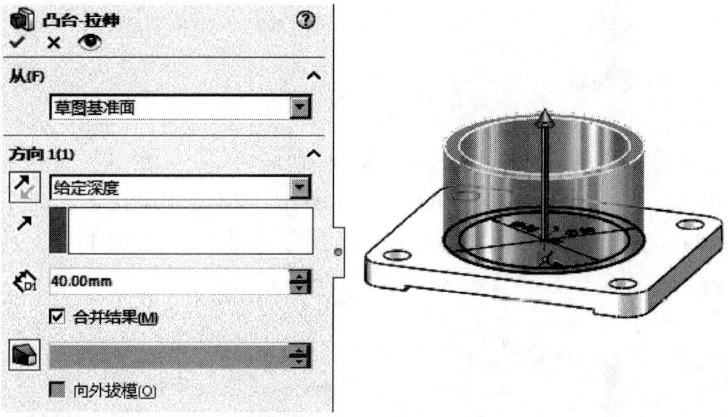


(b)

图 11-71　圆筒建模

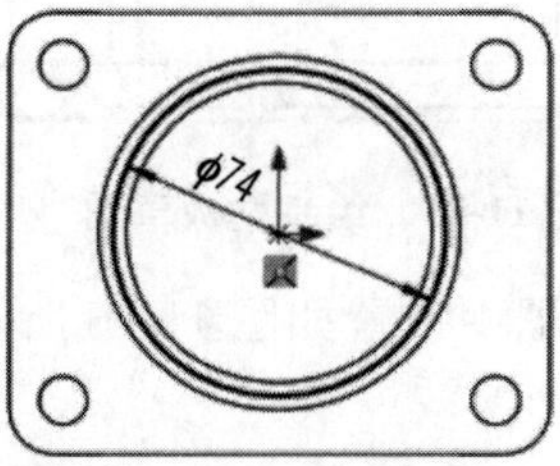


(a)

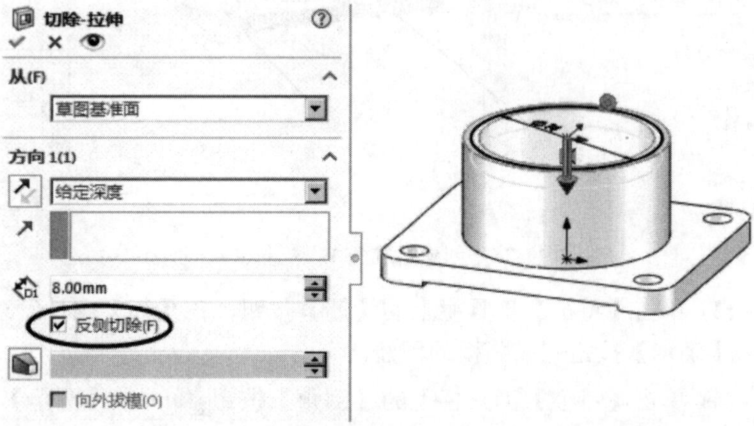


(b)

图 11-72　制作圆筒凸缘

(3) 选择圆筒凸缘外侧边线，建立C1圆角特征，如图11-73所示。

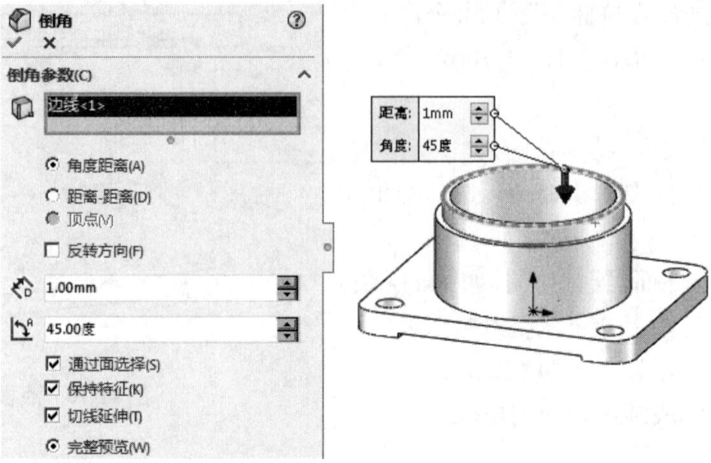


图11-73　建立倒角C1

## 4．创建肋板

(1) 单击【特征】工具栏上的【参考几何体】按钮 参考几何体 下拉列表的【基准面】按钮 基准面，选择底板前、后两个面，如图11-74所示，单击【确定】按钮完成基准面1的创建。

(2) 选择基准面1绘制草图，正视于草图后，如图11-75所示。

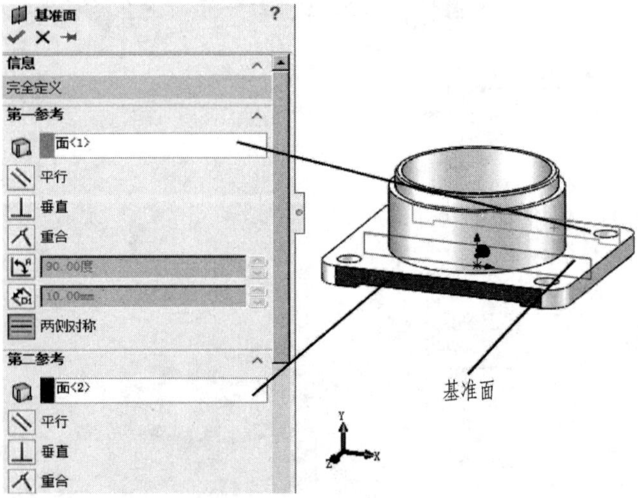


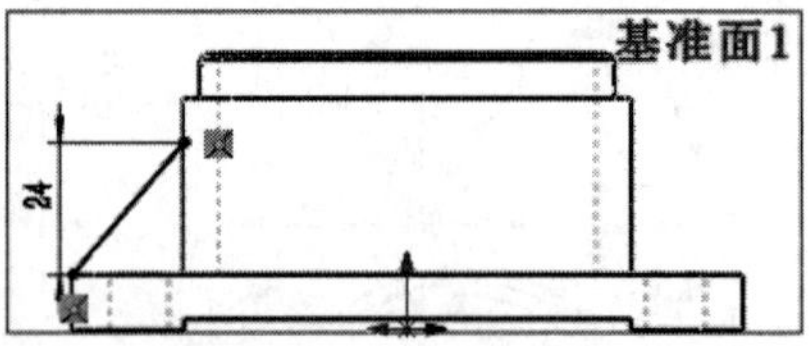


图11-74　创建基准面1　　　　图11-75　绘制肋板草图

(3) 单击【特征】工具栏上的【筋】按钮，在【筋】属性管理器中设置如图11-76所示，单击【确定】按钮完成肋板的创建。

(4) 单击【特征】工具栏上的【圆角】按钮 圆角，在【圆角】属性管理器中，选择类型为【完整圆角】，面1为肋板的上表面，面2、面3为肋板的前后侧面，如图11-77所示，单击【确定】按钮完成圆角特征。

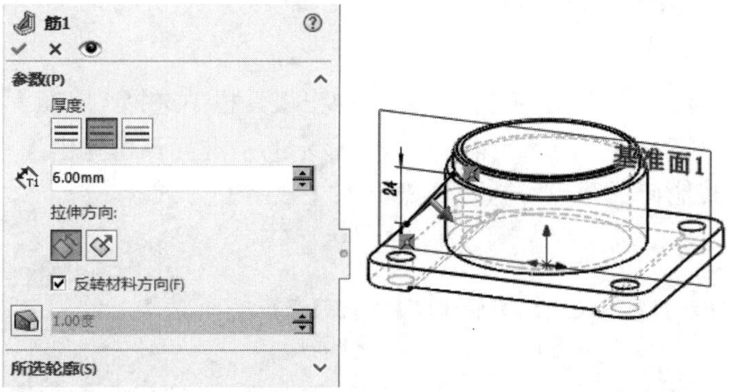


图 11-76　建立筋特征

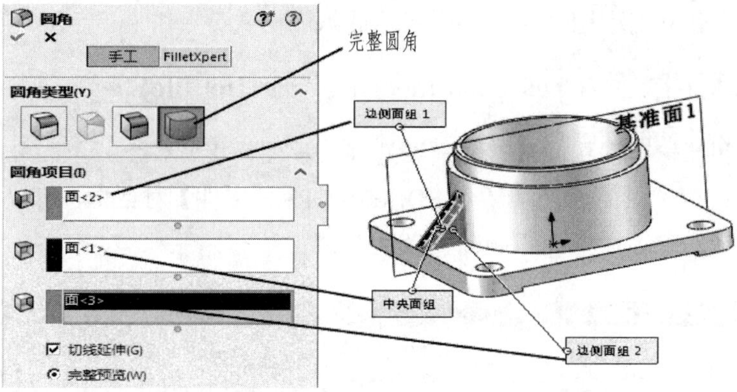


图 11-77　创建圆角特征

(5) 执行创建【基准面】命令，选择底板左右两个端面，如图 11-78 所示，单击【确定】按钮完成基准面 2 的创建。

(6) 单击【特征】工具栏上的【镜向】按钮镜向，在【镜向】属性管理器中，设置各个选项，如图 11-79 所示，单击【确定】按钮完成肋板的镜向。

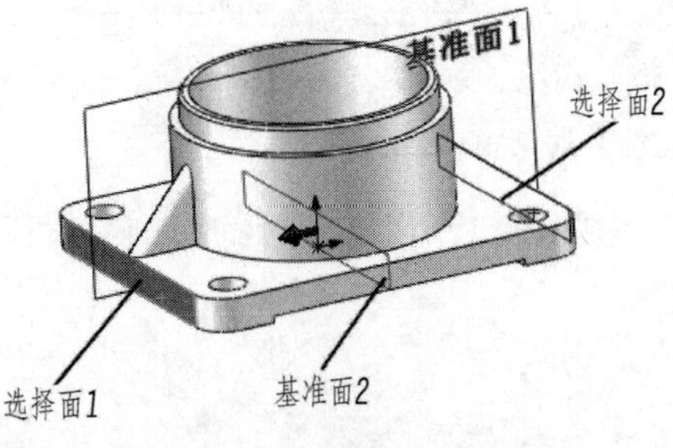


图 11-78　创建基准面 2

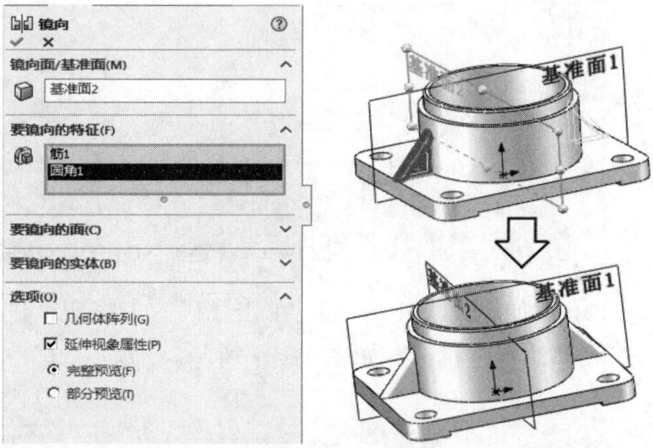


图 11-79　镜向筋

5. **整理**

基准面在模型上显示，可以在基准面右击，弹出工具栏中选择【隐藏】按钮，在此基准面即可隐藏；若需要显示，可在设计树中右击要显示的基准面，在弹出工具栏中选择【显示】按钮即可。同样其他特征等也可执行【隐藏】、【显示】方式。

# 11.9 工程图(Engineering drawing)

SolidWorks 的工程图文件由相对独立的两部分组成，即图纸格式文件和工程图内容。图纸格式文件包括工程图的图幅大小、标题栏设置、零件明细表定位点等，这些内容在工程图中保持相对稳定，建立工程图文件时要先指定图纸的格式。

## 11.9.1 建立工程图文件(Create engineering drawing file)

新建工程图和新建零件相同，首先需要选择工程图模板文件。

(1) 执行【新建】命令，弹出【新建 SOLIDWORKS 文件】对话框，可以在给定的 A0~A4 六种工程图图纸格式中选择一种，如图 11-80 所示。

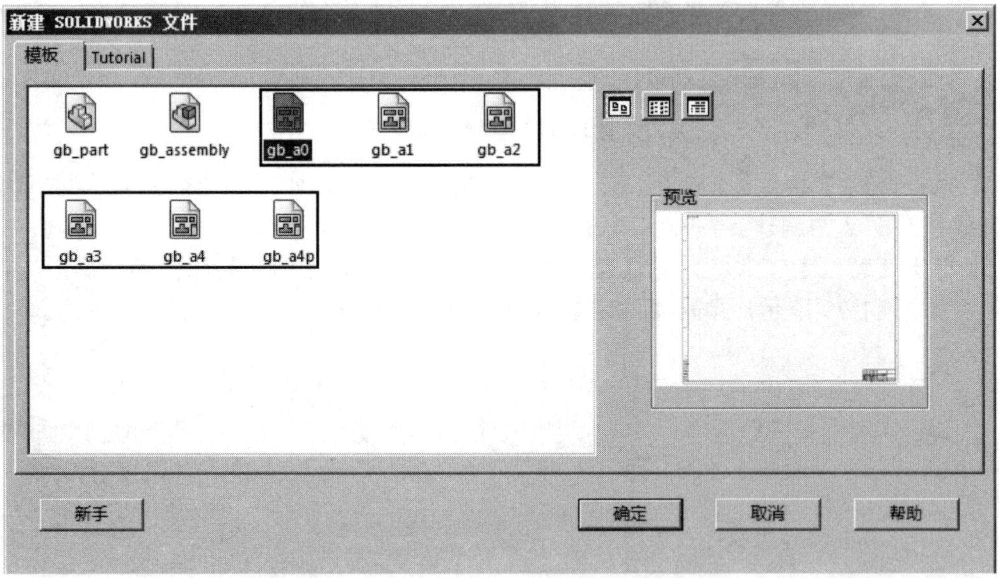


图 11-80 【新建 SOLIDWORKS 文件】对话框

(2) 例如选择【gb_a4p】，单击【确定】按钮，进入工程图窗口，当前图纸的比例显示在窗口底部的状态栏中，如图 11-81 所示。

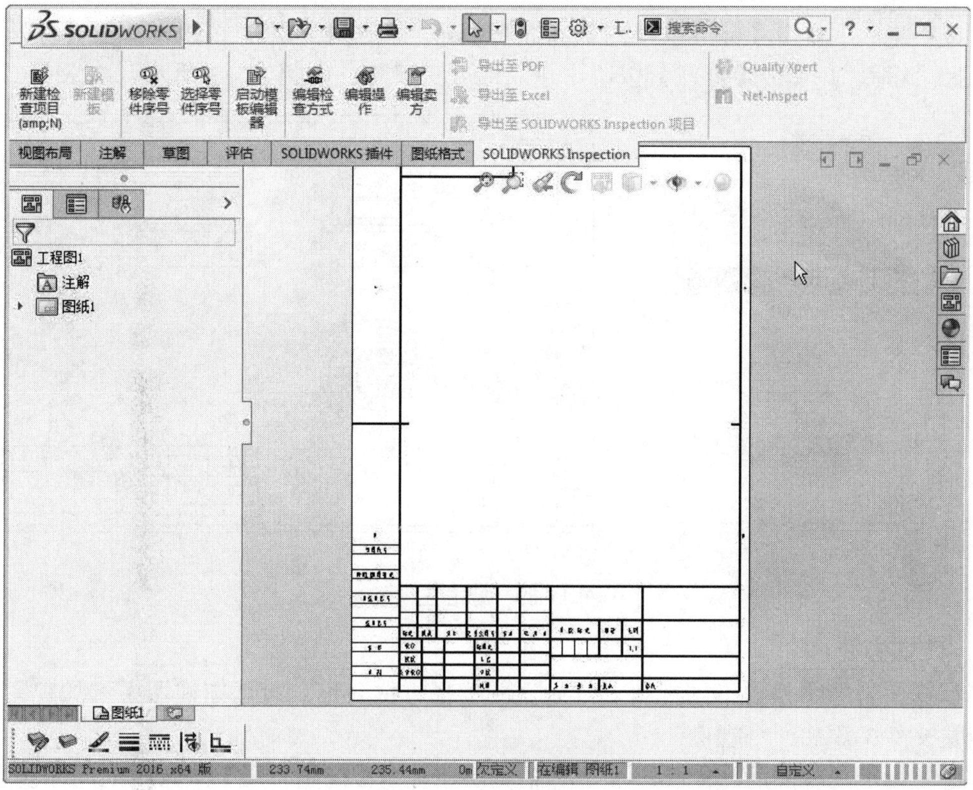


图 11-81 工程图窗口

## 11.9.2 建立多张工程图(Create multiple engineering drawings)

在需要的情况下，可以在一个工程图文件中建立多张工程图纸。

在图纸的空白处右击，从弹出的快捷菜单中选择【添加图纸】命令，在文件中新增加一张图纸；或者右击设计树下方的【图纸 1】标签，在弹出的快捷菜单中选择【添加图纸】命令，如图 11-82 所示。

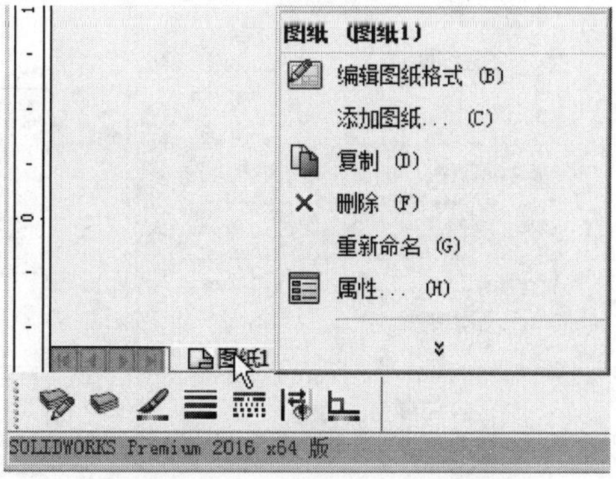


图 11-82 【添加图纸】快捷菜单

## 11.9.3 生成视图方式(The way of generating views)

根据表达需要，需要采用各种表达方式，下面简单介绍各种视图生成的方式。

**1. 标准三视图**

利用标准三视图可以为模型同时生成 3 个默认的正交视图，即主视图、俯视图和左视图。主视图是模型的“前视”视图，俯视图和左视图分别是模型在相应位置的投影。

选择 gb_a3 工程图模板文件，新建工程图文件，单击【视图布局】工具栏上的【标准三视图】按钮，弹出【标准三视图】属性管理器，单击【浏览】按钮，弹出【打开】对话框，选择“箱盖”，单击【打开】按钮，建立标准三视图，如图 11-83 所示。

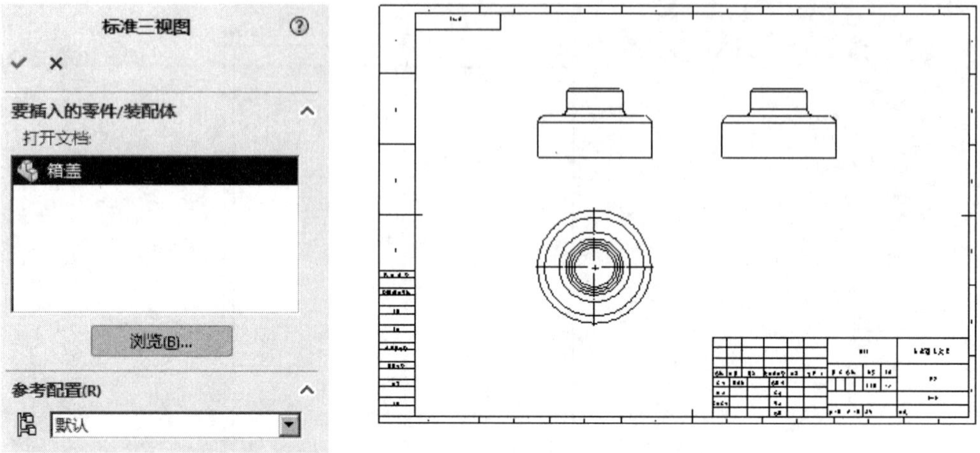


图 11-83　标准三视图

2．**模型视图**

模型视图是从零件的不同视角方位为视图选择方位名称。可以在视图中增加视图，也可以在新建文件中添加一个视图。

如建立标准三视图后，需要添加一个轴测图，单击【视图布局】工具栏上的【模型视图】按钮，弹出【模型视图】属性管理器，选择“箱盖”，单击【打开】按钮，在图纸区域俯视图下方放置，单击【确定】按钮，选定模型视图，在【工程图视图】管理器的【方向】选项中，单击【等轴测】按钮，建立等轴测视图，如图 11-84 所示。

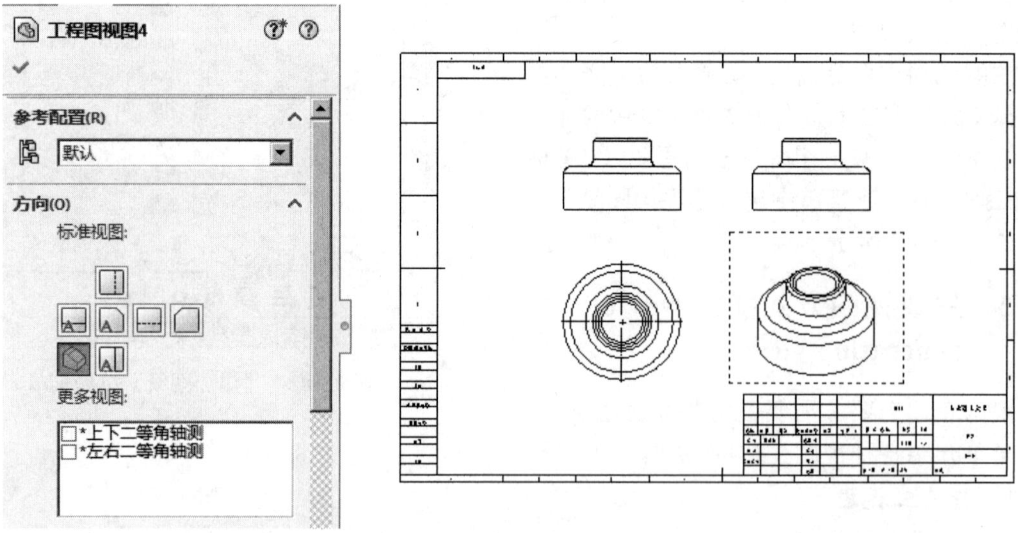


图 11-84　等轴测视图

**提示**：可以根据需要，选择不同视图按钮，构建不同的视图。

### 3．投影视图

投影视图是根据已有视图，通过正交投影生成的视图。

打开生成箱盖的三视图、轴测图文件，选择主视图，单击【视图布局】工具栏的【投影视图】按钮，指针变成形状，并显示视图预览框，将指针移到主视图左侧，单击作出右视图；将指针移到主视图上方，单击作出仰视图。选择左视图，单击【投影视图】按钮，指针移到左视图右侧，单击作出后视图。生成的视图，如图 11-85 所示。

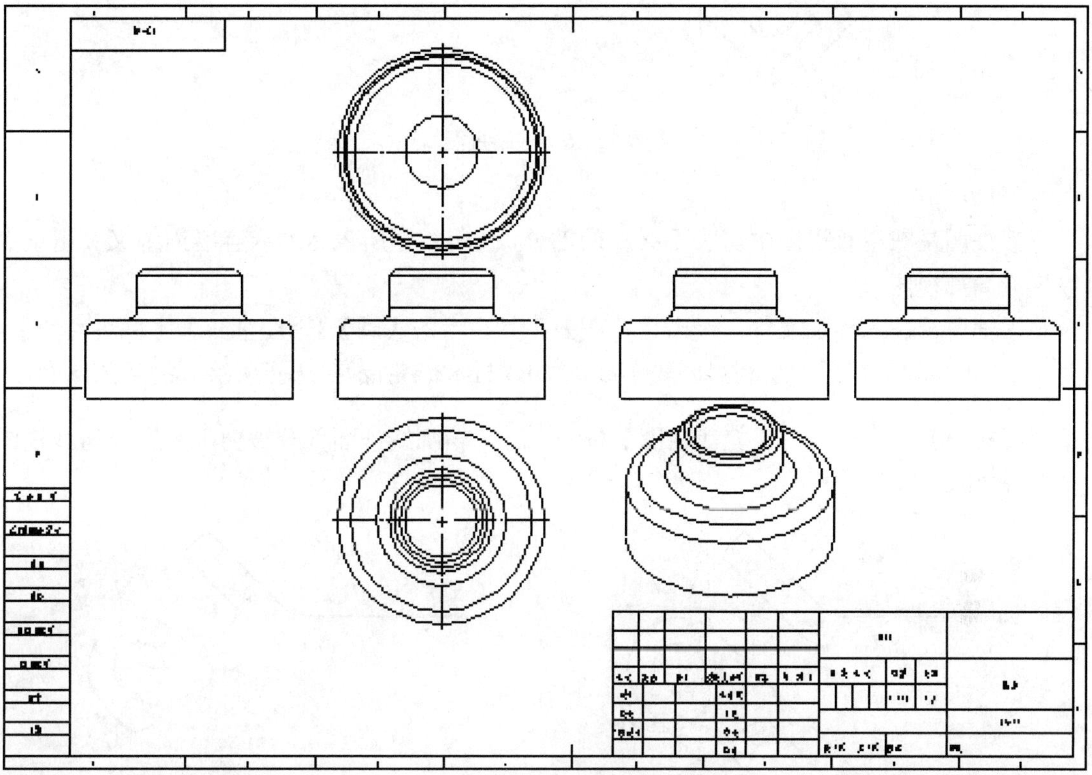

图 11-85　投影视图

**提示：**可以根据布局需要，选择一个视图右键菜单，选择【视图对齐】→【解除对齐关系】命令，指针放至虚线框附近变成形状，按住左键可以将此视图移动到其他位置。

### 4．辅助视图

辅助视图常用于绘制机械制图中的斜视图，用来表达机体倾斜结构，也可以用来绘制局部视图。

在打开的工程图中，若有倾斜结构，可选择视图中的斜边线(局部视图可以选择水平或垂直线)，单击【视图布局】工具栏上的【辅助视图】按钮，指针变成形状，并显示视图预览框，指针移到所需位置，单击放置视图，可以得到斜视图，如图 11-86(a)所示；若旋转放正，可以选择视图右键菜单【对齐工程图视图】→【顺时针水平对齐】或【逆时针水平对齐】，将斜视图旋转放正，如图 11-86(b)所示。

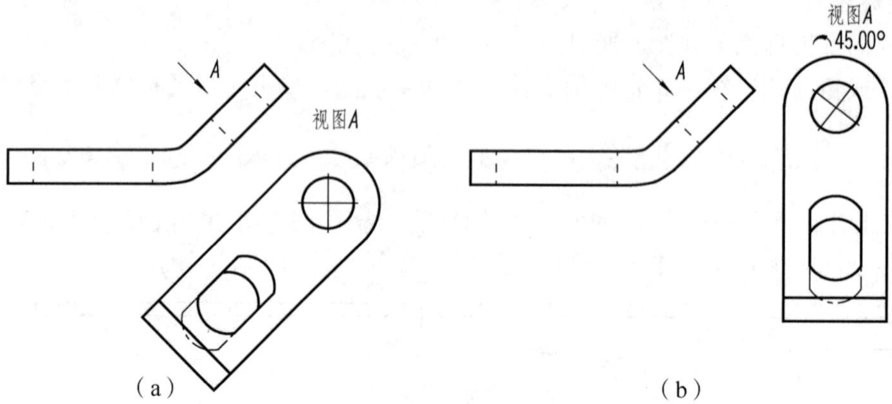


（a）　　　　（b）

图 11-86　辅助视图

5．**剪裁视图**

剪裁视图是在现有视图中剪去不必要的部分，使得视图所表达的内容既简练又突出重点，可以生成局部视图。

利用辅助视图工程图文件，单击【草图】工具栏上的【圆】按钮或者【样条曲线】按钮，在 A 向辅助视图中绘制封闭轮廓线，如图 11-87(a)所示；选择所绘制的封闭轮廓，单击【视图布局】工具栏上的【剪裁视图】按钮，轮廓线外面部分被剪掉，完成剪裁视图，如图 11-87(b)所示。

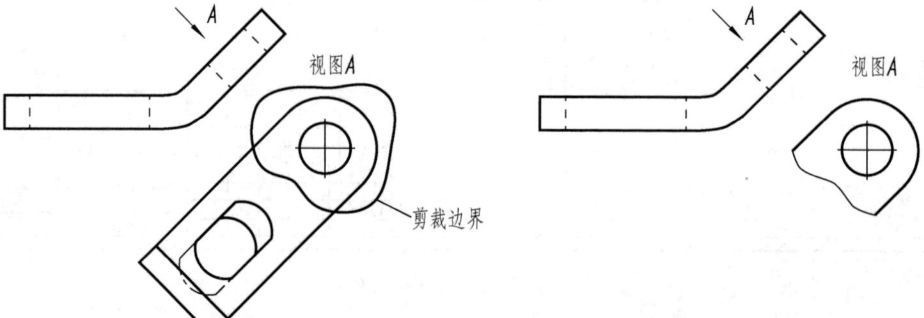


（a）　　　　（b）

图 11-87　剪裁视图

右击剪裁视图，从弹出的快捷菜单中选择【剪裁视图】→【编辑剪裁视图】菜单命令，进行编辑。或选择【剪裁视图】→【移除剪裁视图】菜单命令，选择封闭轮廓线，按 Delete 键，删除剪裁视图。

6．**局部视图**

局部视图用来显示现有视图某一局部的形状，常用放大的比例来显示。

例如，绘制一轴的某部局部放大图，在打开轴的工程图后，单击【草图】工具栏上的【圆】按钮或者【样条曲线】按钮，在放大部位绘制封闭轮廓线，选择所绘制的封闭轮廓，单击【视图布局】工具栏上的【剪裁视图】按钮，轮廓线外面部分被剪掉，完成剪裁视图，在合适位置放置，如图 11-88 所示。

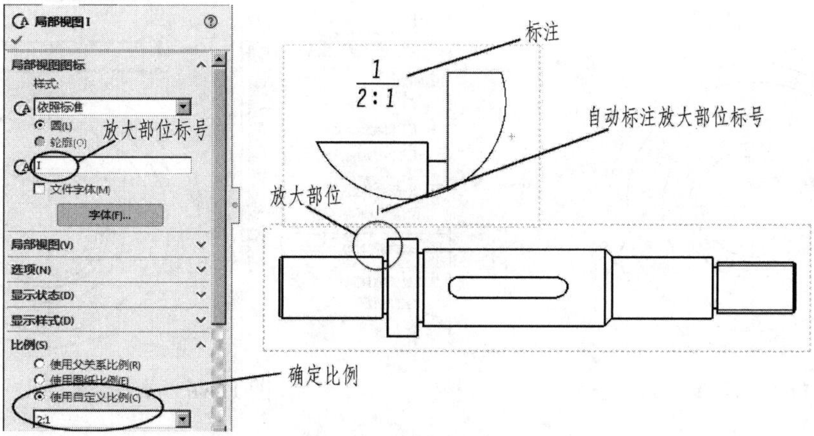


图 11-88 局部视图

### 11.9.4 剖视图——剖切面种类(Sectional view——type of Section plane)

剖视图用来表达机体的内部结构。先在工程图中绘出适当的剖切路径，再执行剖面视图命令，系统依照指定的剖切路径，生成对应的剖视图。所绘制的路径可以是一条直线段、相互平行或相交的线段，也可以是圆弧。

**1．绘制单一剖切面视图**

(1) 新建一个 A4 工程图文件，选择【模型视图】命令，弹出【模型视图】属性管理器，选择“箱盖”，单击【打开】按钮，在图纸区域俯视图放置，单击【确定】按钮，选定模型视图，在【工程图视图】管理器的【方向】选项中，单击【俯视图】按钮，生成俯视图；单击【草图】工具栏上的【直线】按钮，绘制直线，如图 11-89 所示。

**提示：**要求直线通过圆心，且要超过视图中的几何边线。可用添加几何关系将直线中点与圆同心来保证直线通过圆心。

(2) 选择所绘制的直线，单击【视图布局】工具栏上的【剖面视图】按钮，出现生成剖面视图提示，指针移到所需位置，单击放置视图，弹出【剖面视图】属性管理器，单击【确定】按钮，单一剖视图如图 11-90 所示。

**2．绘制相互平行剖切面视图——阶梯剖视图**

绘制如图 11-91 所示阶梯剖视图。

(1) 先根据图 11-91 建立阶梯剖模型，再新建一个 A4 工程图文件，执行【模型视图】命令，弹出【模型视图】属性管理器，选择“阶梯剖”模型，单击【打开】按钮，在图纸区域俯视图放置，单击【确定】按钮，选定模型视图，在【工程图视图】管理器的【方向】选项中，单击【俯视图】按钮，生成俯视图，如图 11-92 所示。

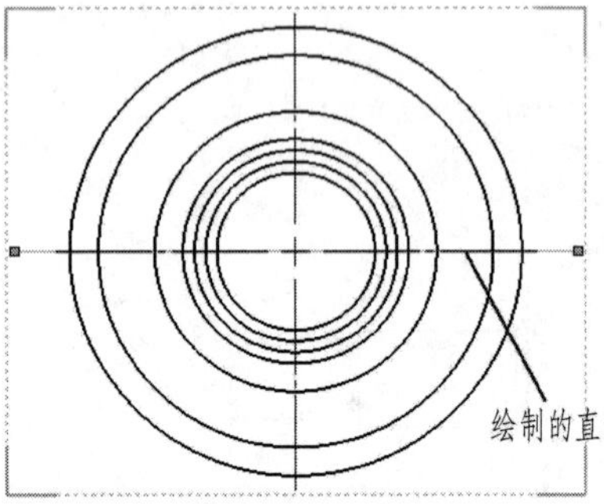


图 11-89　绘制直线

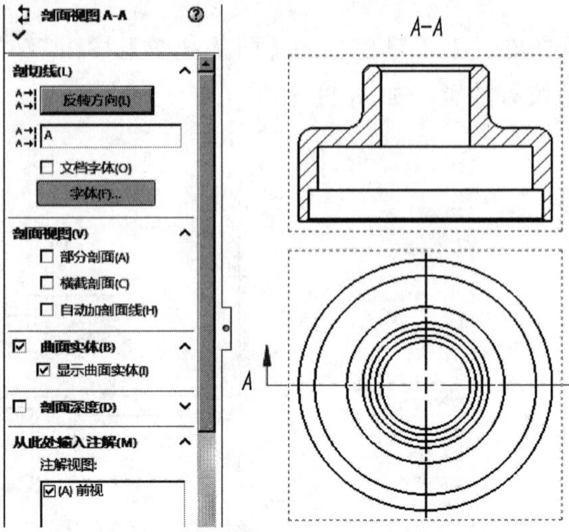


图 11-90　单一剖视图

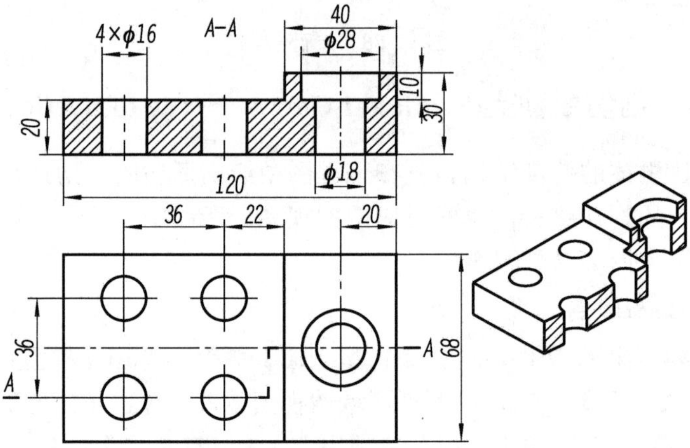


图 11-91　阶梯剖视原图

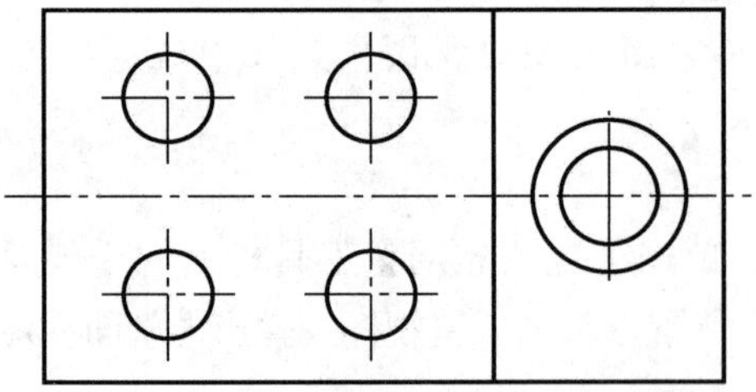

图 11-92　阶梯剖俯视图

(2) 单击【视图布局】工具栏上的【剖面视图】按钮，出现【剖面视图辅助】，单击【切割线】*A* 处水平按钮，然后在俯视图圆心 *B* 处单击，出现水平切割线，如图 11-93 所示。

(3) 在出现快捷工具栏选择 *C* 处【单偏移】按钮，然后在中心线 *D* 点上单击，最后在圆心 *E* 点上单击，如图 11-94 所示。

(4) 在【剖面视图辅助】管理器中单击【确定】按钮，出现【剖面视图 *A*-*A*】，可以设置方向、隐藏切割线肩、样式等要求，如图 11-95 所示。

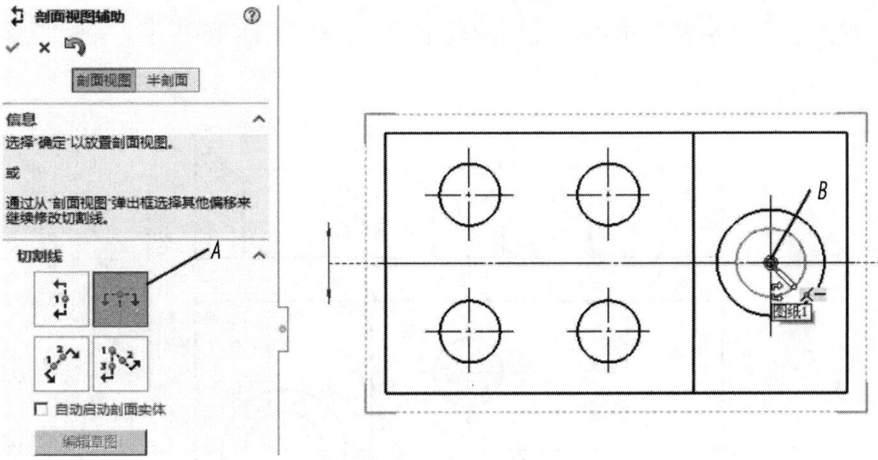


图 11-93　水平切割线

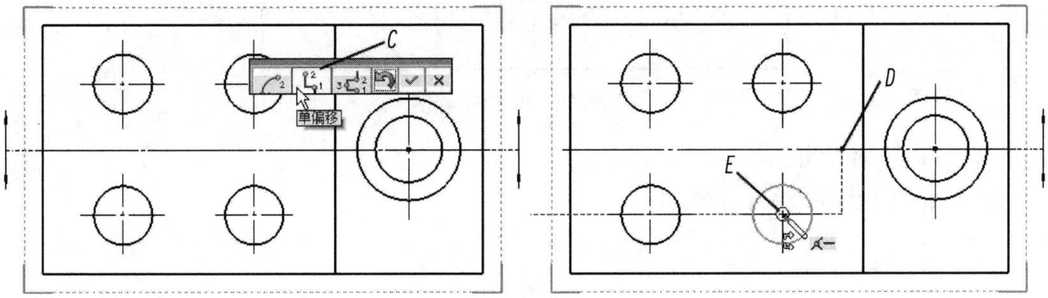


图 11-94　确定剖切位置

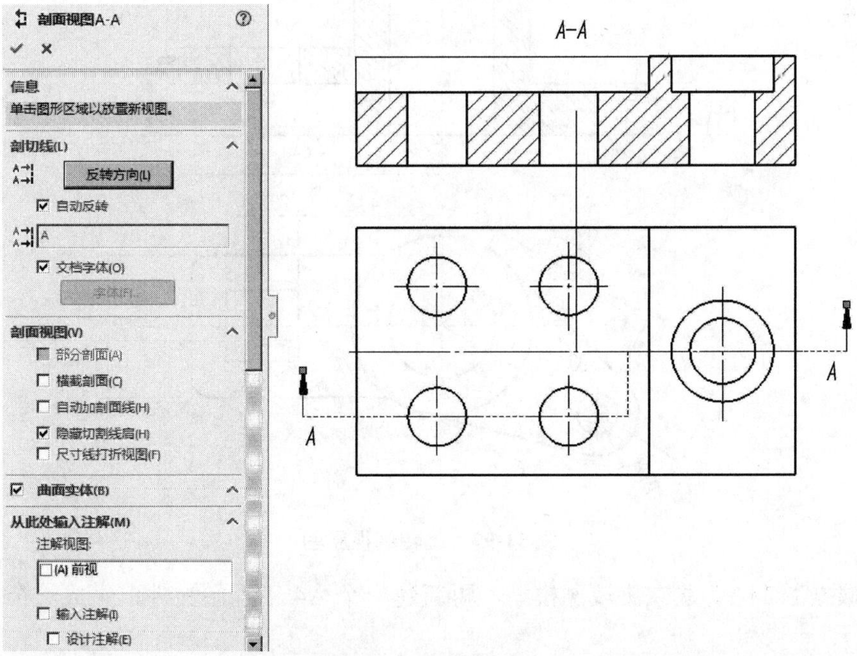


图 11-95　设置剖视要求

(5) 在俯视图上方合适位置单击，确定阶梯剖视图，如图 11-96 所示。

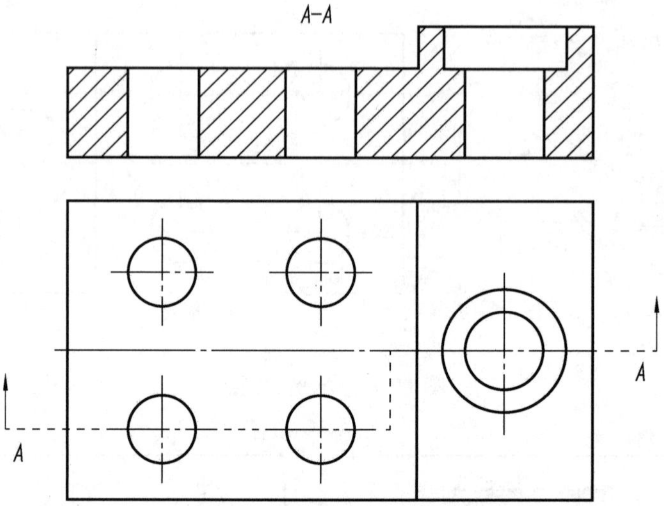


图 11-96　阶梯剖视图

3．**绘制旋转剖视图**。

绘制如图 11-97 所示旋转剖视图。

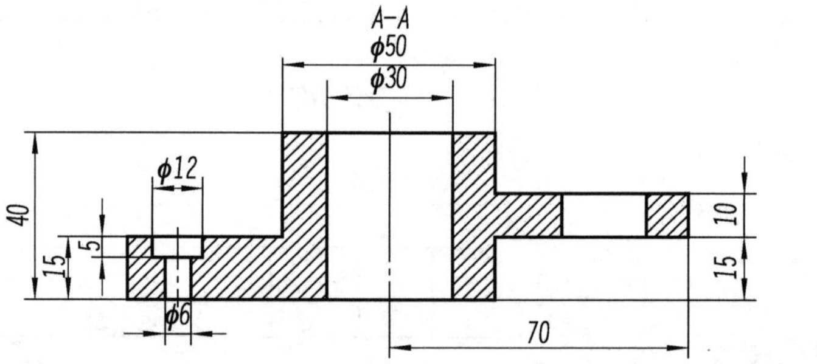


图 11-97　旋转剖视原图

(1) 先根据图 11-97 建立旋转剖模型，再新建一个 A4 工程图文件，生成一个俯视图，如图 11-98 所示。

(2) 单击【视图布局】工具栏上的【剖面视图】按钮，出现【剖面视图辅助】，选择【切割线】*A* 处对齐按钮，然后依次在俯视图圆心点 *B* 处、圆心点 *C* 处、交点 *D* 处单击，确定切割线，如图 11-99 所示。

(3) 单击图 11-99 交点 *D* 处后，自动弹出【剖面视图 *A-A*】，可以设置方向、隐藏切割线肩、样式等要求，如图 11-100 所示。

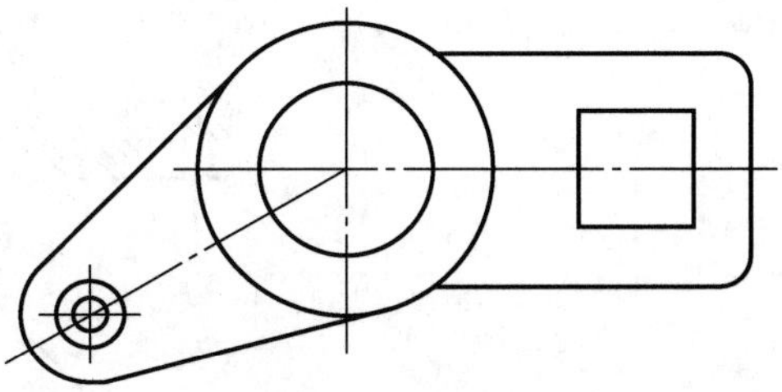

图 11-98　旋转剖俯视图

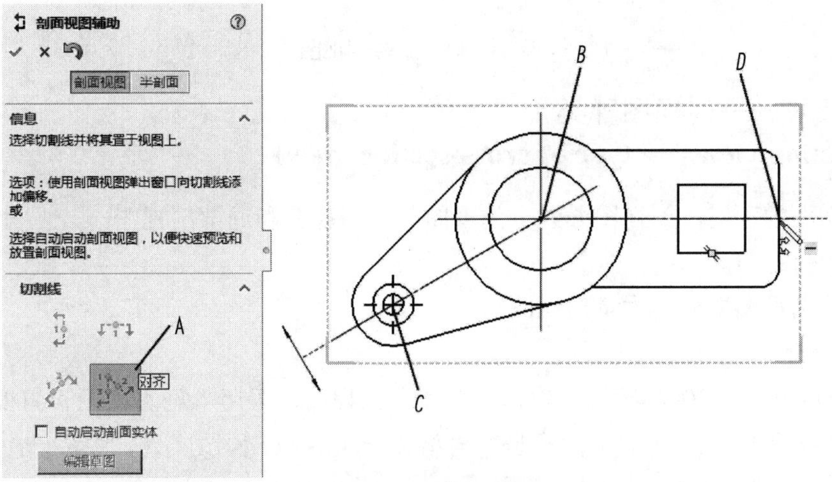


图 11-99　确定切割线

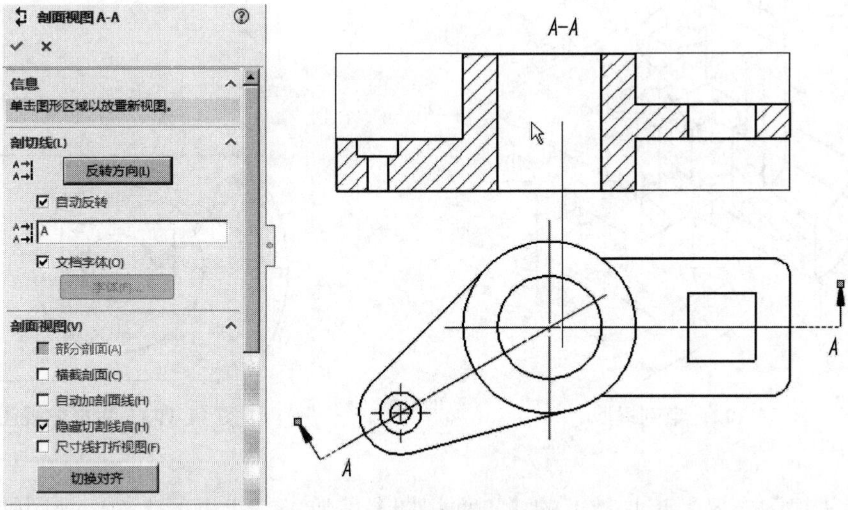


图 11-100　设置剖视要求

(4) 在俯视图上方合适位置单击，确定旋转剖视图，如图 11-101 所示。

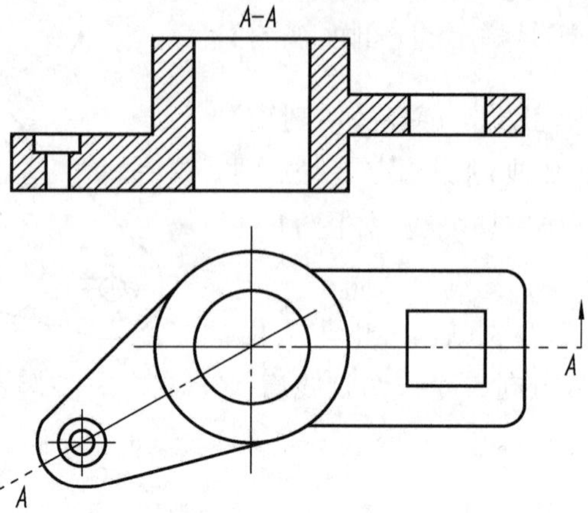


图 11-101　旋转剖视图

## 11.9.5　剖视图——剖视图种类 (Section view——type of cross-section view)

根据剖切面的种类，剖视图分为全剖视图、半剖视图和局部剖视图。

**1．全剖视图**

前面讲述剖视图生成的为全剖视图。

**2．半剖视图**

根据图 11-102 所示轴测图进行建模，并建立工程图，采用半剖主视图和俯视图。

(1) 先根据图 11-102 建立半剖模型，再新建一个 A4 工程图文件，生成一个俯视图，如图 11-103 所示。

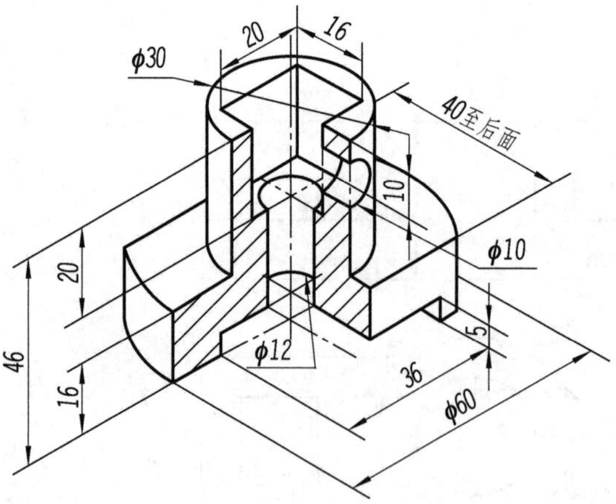


图 11-102　半剖模型

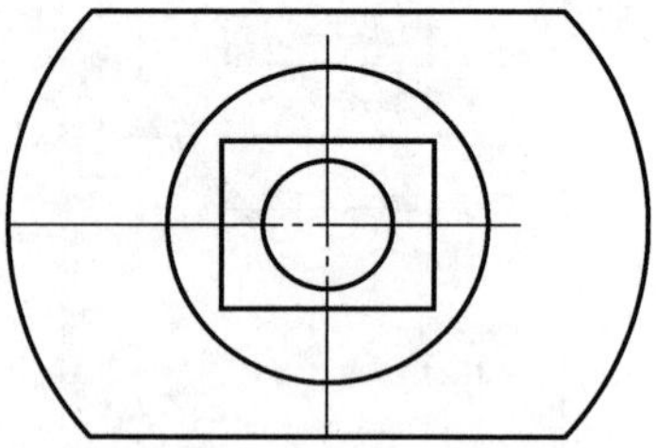

图 11-103　生成俯视图

(2) 单击【视图布局】工具栏上的【剖面视图】按钮

，出现【剖面视图辅助】，选择 *A* 处【半剖面】标签，选择【半剖面】*B* 处【左侧向上】按钮，然后在俯视图圆心点 *C* 处单击，确定切割线，如图 11-104 所示。

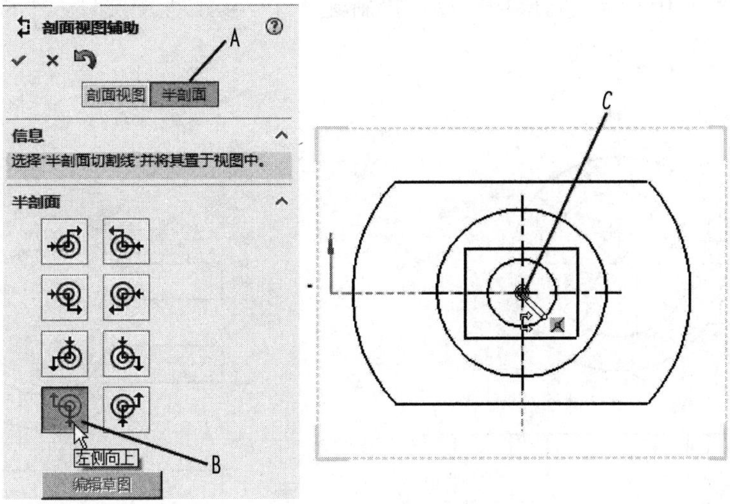


图 11-104　确定切割线

(3) 单击图 11-104 交点 *C* 处后，自动弹出【剖面视图 *A-A*】，可以设置方向、隐藏切割线肩、样式等要求，如图 11-105 所示。

(4) 在俯视图上方合适位置单击，确定旋转剖视图，如图 11-106 所示。

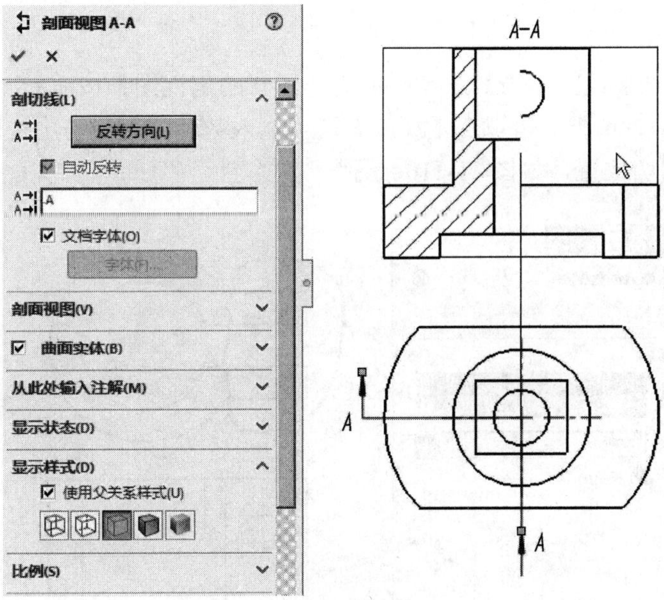


图 11-105　设置剖视要求

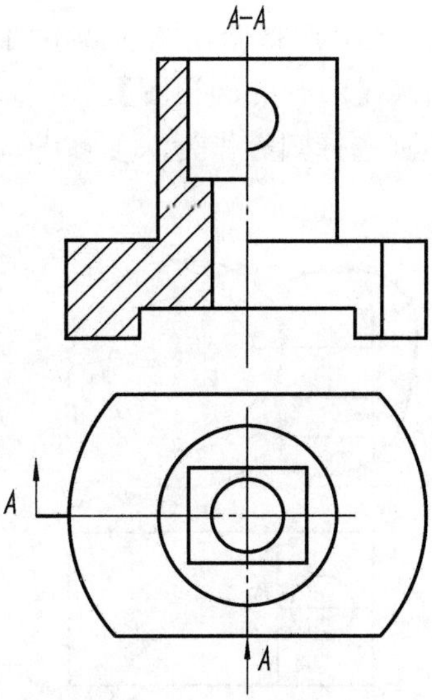


图 11-106　半剖视图

3．**局部剖视图**

利用不规则曲线剖切机件一定的深度，将产生局部剖视图。

根据图 11-107 所示图形进行建模，并建立图示工程图。

(1) 先根据图 11-107 建立局部剖模型，再新建一个 A4 工程图文件，生成主、俯视图，如图 11-108 所示。

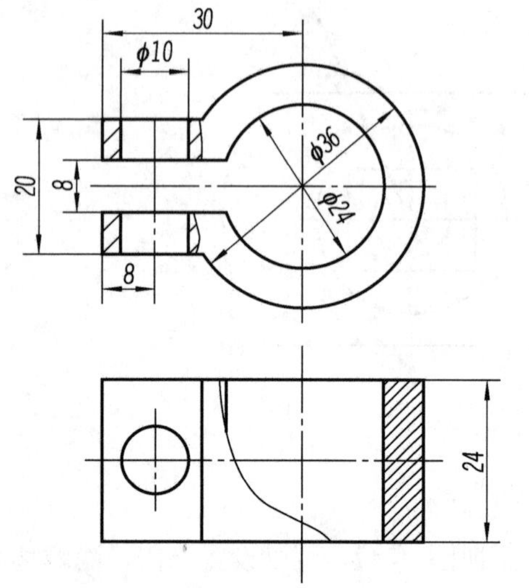


图 11-107　局部剖视图

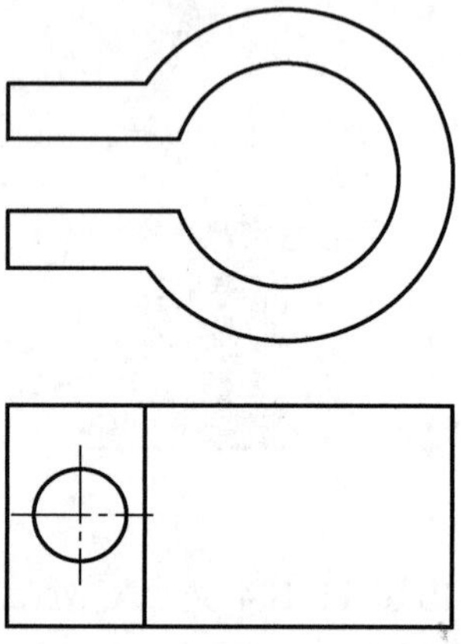

图 11-108　局部剖视图的主、俯视图

(2) 单击【草图】工具栏上的【样条曲线】按钮，绘制 2 条封闭曲线，如图 11-109 所示。

(3) 选择俯视图的样条曲线，单击【视图布局】工具栏上的【断开的剖视图】按钮，出现【断开的剖视图】，勾选【预览】单选框，可以在【深度】选项输入数值或者单击主视图的圆选择圆心作为深度参考，确定剖切位置，如图 11-110 所示。

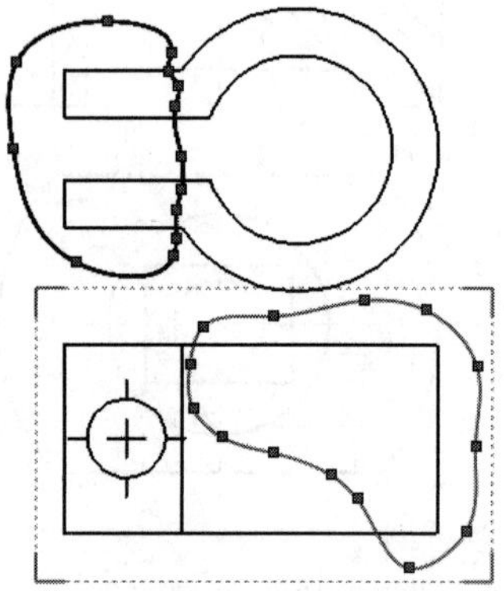

图 11-109　确定切割线

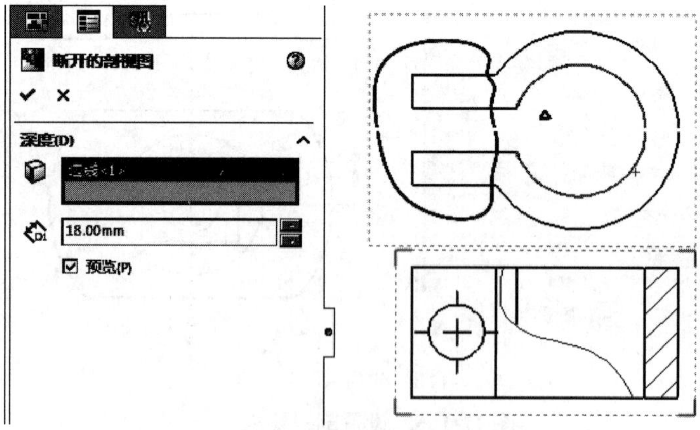


图 11-110　绘制俯视图的局部剖视图

(4) 同样方式，作出主视图的局部剖视图，选择俯视图圆的圆心作为深度参考，如图 11-111 所示。

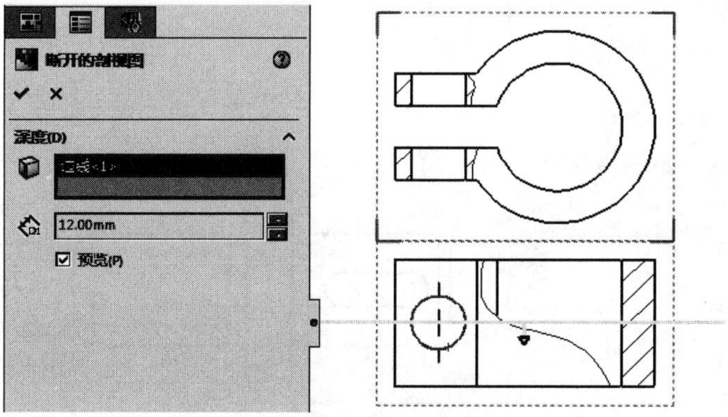


图 11-111　绘制主视图的局部剖视图

## 11.9.6　断面图(Cross-section drawing)

根据图 11-112 所示图形进行建模，并建立图示工程图。

(1) 先根据图 11-112 建立轴断面模型，再新建一个 A4 工程图文件，生成主视图，如图 11-113 所示。

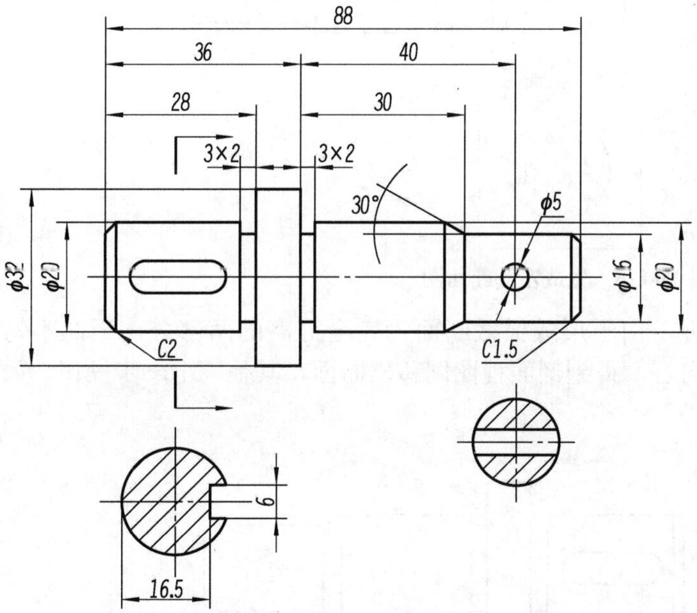


图 11-112　轴断面图

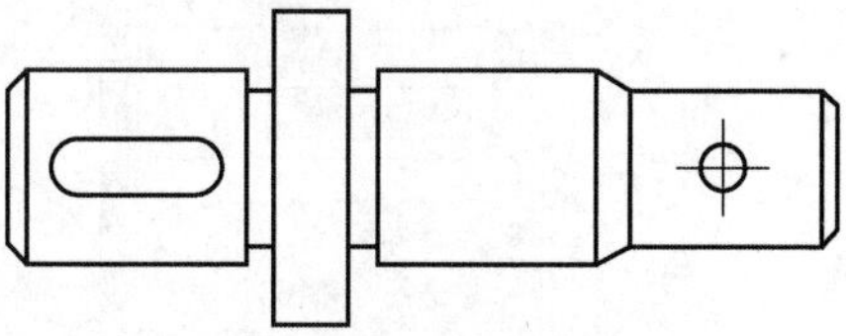

图 11-113　轴断面主视图

(2) 单击【视图布局】工具栏上的【剖面视图】按钮

，出现【剖面视图辅助】，单击【切割线】*A* 处竖直按钮，然后在 *B* 处附近单击，如图 11-114 所示。

(3) 将 *A* 处标号字母去掉，勾选 *B* 处【横截剖面】单选框，按住 Ctrl 键，指针移到所需位置，单击放置视图，如图 11-115 所示。

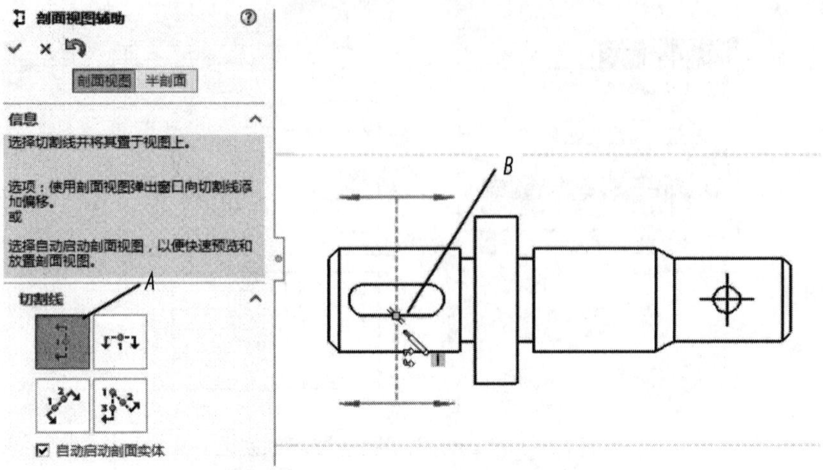


图 11-114　确定切割线位置

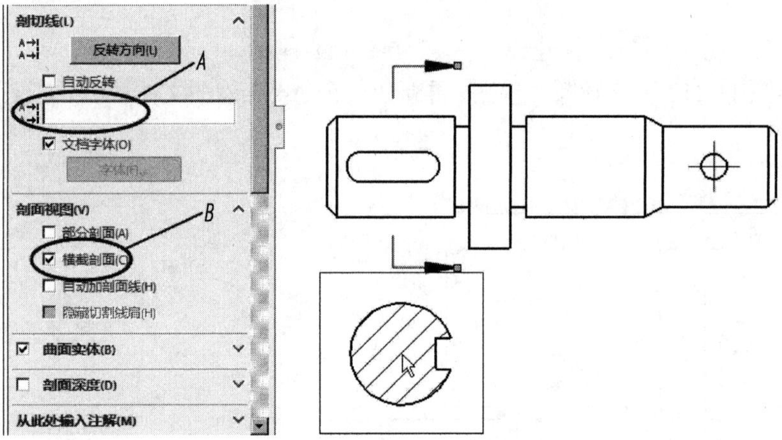


图 11-115　生成左侧断面图

(4) 选择小圆的圆心为剖切位置，由于形成横截断面为完全分离的两部分，因此不勾选【横截断面】单选框，方向选择向右，得到剖面视图同移出断面，其他同上一步操作，如图 11-116 所示。

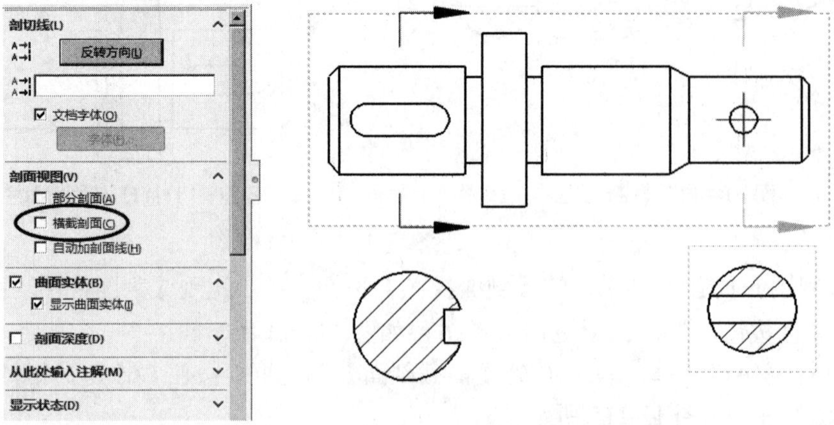


图 11-116　生成右侧断面图

(5) 右击生成视图，在弹出快捷菜单选择【隐藏切割线】，如图 11-117 所示，隐藏剖切位置和方向。

**提示：** 重合断面作图方法一样，先将图形放外侧，然后点击 Ctrl 键，选择边界粗实线，在线型工具栏中选择细实线线宽，如图 11-118 所示，最后将图移到合适位置。

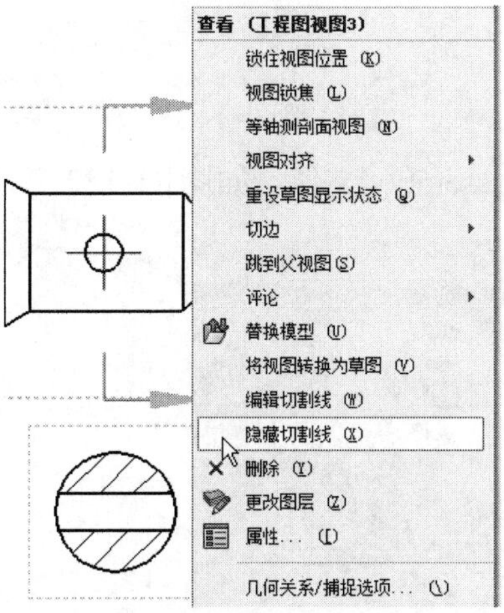


图 11-117 右侧断面图

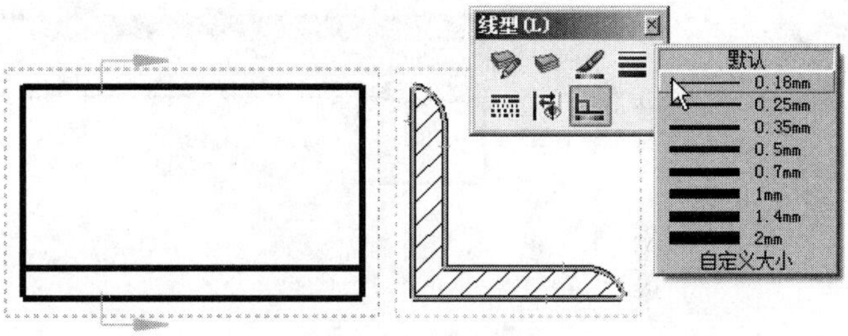


图 11-118 重合断面

## 11.9.7 筋特征剖视图(Section view of tendon features)

当模型中含有筋特征时，剖视图中的筋特征可以不被剖切。

(1) 新建工程图文件，将本书 11.8 部分中建立的“箱座”模型生成俯视图，如图 11-119 所示。

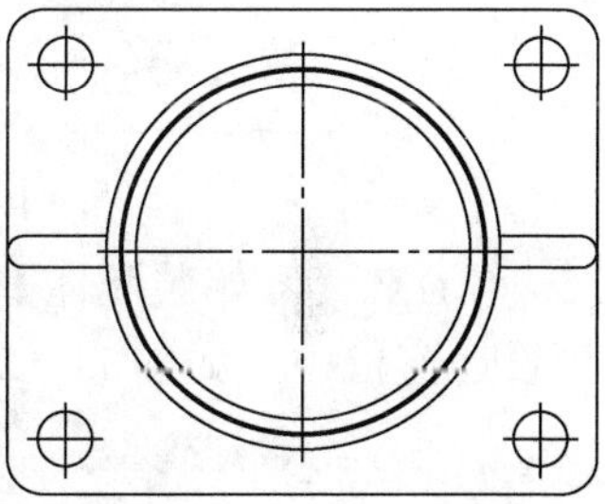

图 11-119 生成俯视图

(2) 单击【剖面视图】按钮，绘制水平剖面视图，选择俯视图中心为水平剖面视图切割线位置，弹出【剖面视图】对话框，展开左侧设计树【工程视图 1→箱座<1>】，单击【筋 1】和【镜向 1】，进入【剖面视图】对话框的【筋特征】选框内，如图 11-120 所示；单击【确定】按钮，将图放置合适位置，隐藏切割线，完成不剖筋的剖视图，如图 11-121 所示。

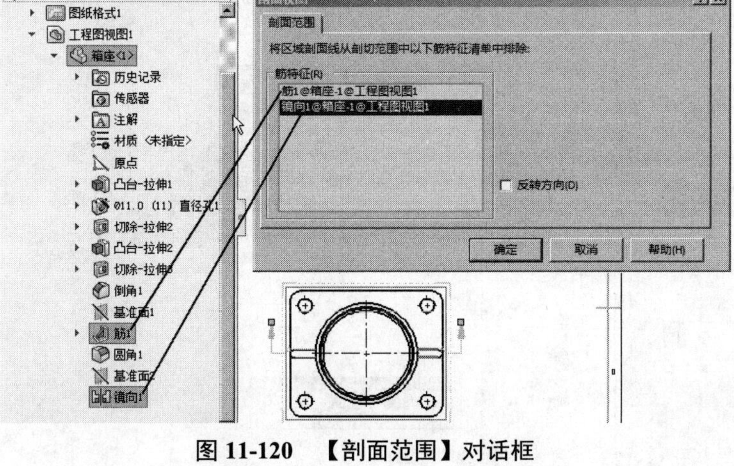


图 11-120 【剖面范围】对话框

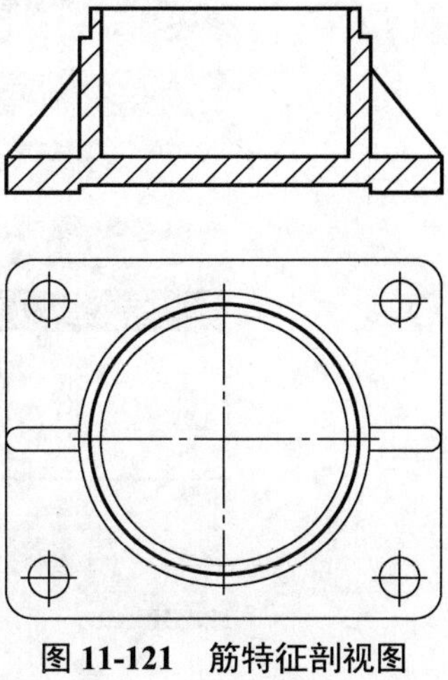

图 11-121 筋特征剖视图

# 11.10 装配体操作(Assembly operation)

本节以本书 11.8 部分中建立的箱盖和箱座模型进行装配过程，简单介绍一下自底向上的装配方法。

## 11.10.1 装配设计(Assembly design)

(1) 启动 SolidWorks 2021，新建文件，选择模版的 gb_assembly 文件，如图 11-122 所示，点击【确定】按钮，进入零件装配模式工作界面。

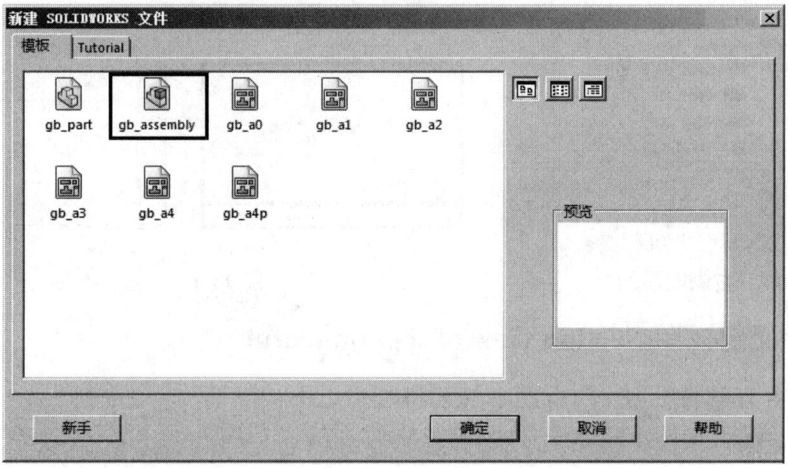


图 11-122 【新建 SOLIDWORKS 文件】对话框

(2) 在【开始装配体】属性管理器中，单击【浏览】按钮，调入装配的主体零件“箱座”到设计窗口中，如图 11-123 所示；在窗口点击后固定箱座的位置。

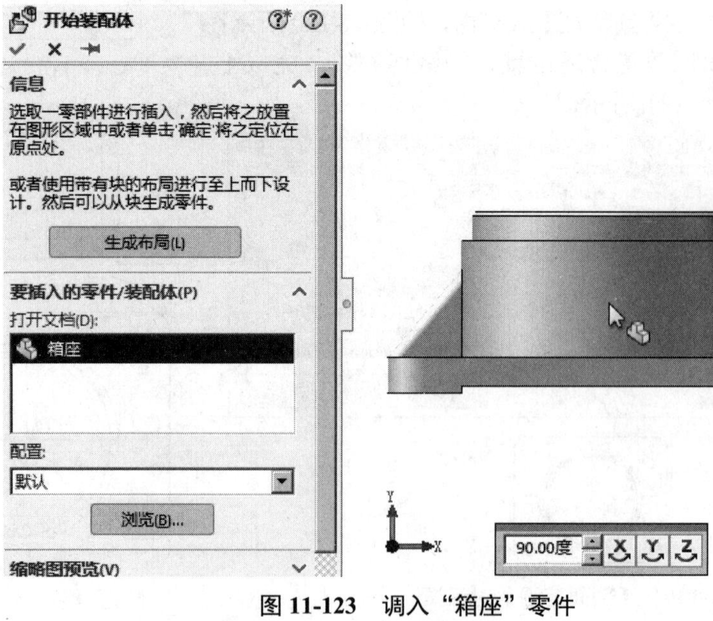


图 11-123 调入“箱座”零件

(3) 单击【装配体】工具栏的【插入零部件】按钮，在【插入零部件】属性管理器中，单击【浏览】按钮，调入装配的零件“箱盖”到设计窗口中，如图 11-124 所示；在窗口点击后确定其位置。

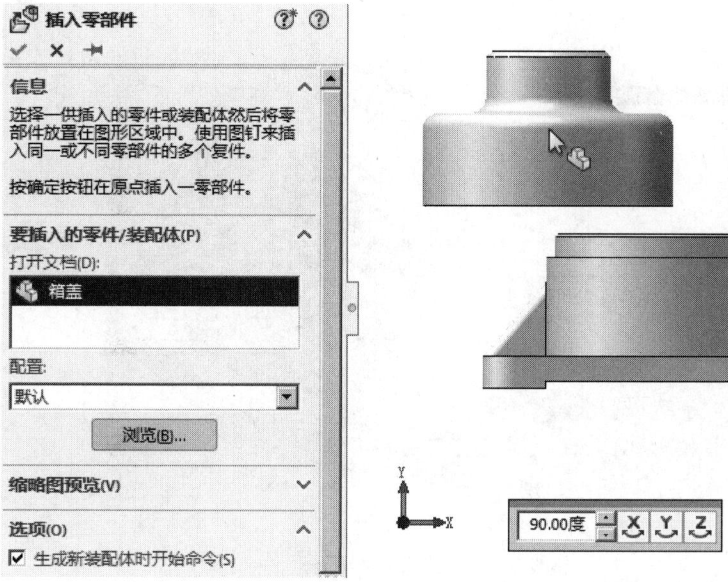


图 11-124　调入“箱盖”零件

(4) 单击【装配体】工具栏的【配合】按钮，弹出【配合】属性管理器，旋转调入箱盖和箱体的显示方向，选择箱盖内圆柱面为面<1>和箱座的外圆柱面为面<2>，则弹出快捷【配合】工具栏，提示可能存在的配合，提示“同轴心”配合，再次执行(2)和(3)，如图 11-125 所示，单击快捷【配合】工具栏【确定】按钮。

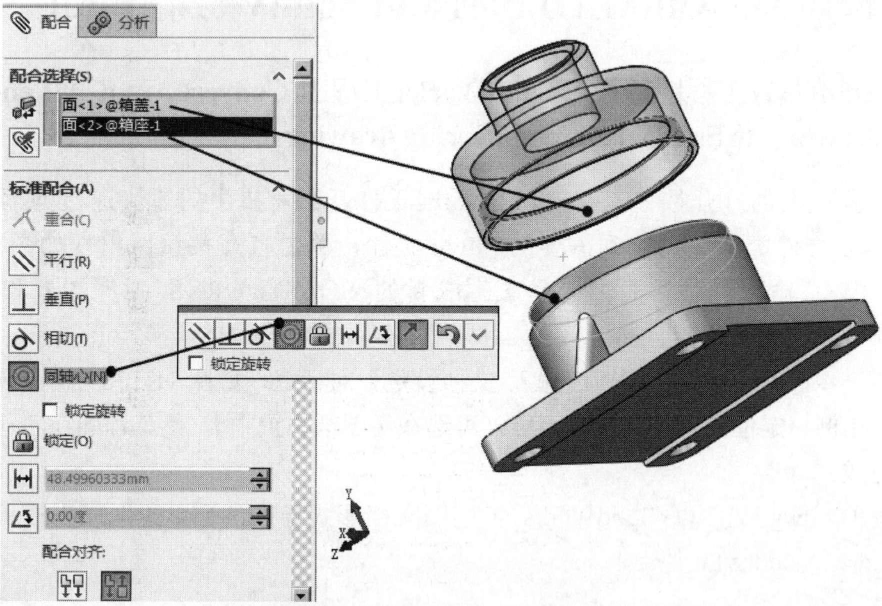


图 11-125　“同轴心”配合

(5) 再次选择箱盖下底面为面<3>和箱座的外侧上底面为面<4>，在弹出快捷【配合】工具栏，提示“重合”配合，如图 11-126 所示，单击快捷【配合】工具栏【确定】按钮。

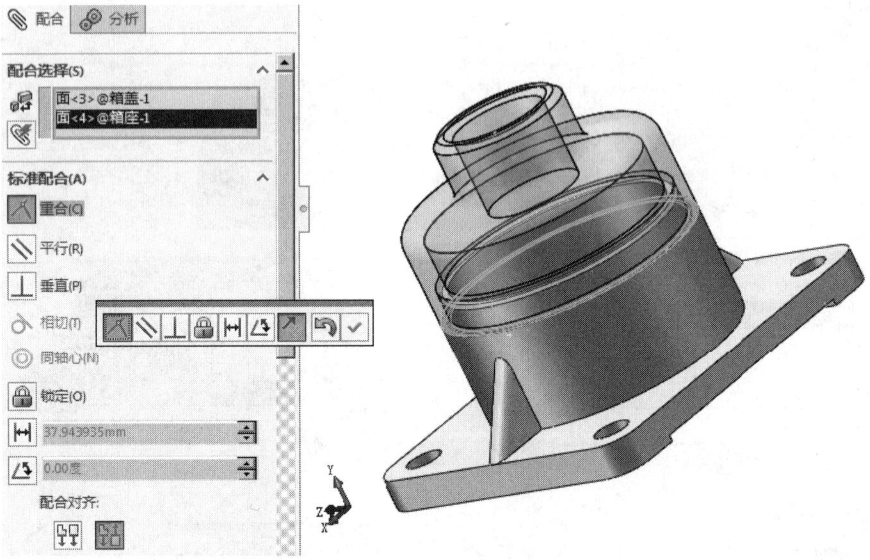


图 11-126　“重合”配合

(6) 单击【配合】属性管理器【确定】按钮，选择等轴测视图，完成装配。如果装配满意，则存盘退出；如果不满意，则对装配关系进行修改操作。

## 11.11　AutoCAD 文件与 SolidWorks 文件的转换(Conversion between AutoCAD files and SolidWorks files)

### 11.11.1　AutoCAD 工程图转换为 SolidWorks 工程图(Convert AutoCAD engineering drawings to SolidWorks engineering drawings)

单击工具栏上的打开按钮，在 SolidWorks【打开】窗口中的【快速过滤器】中选择 DWG (*.dwg)文件类型，浏览到需要的*.dwg 文件，单击打开按钮，出现如图 11-127 所示【DXF/DWG 输入】对话框。选择【生成新的 SOLIDWORKS 工程图】和【转换到 SOLIDWORKS 实体】。

单击下一步，弹出【DXF/DWG 输入-文档设定】对话框，如图 11-128 所示，确定单位、图纸幅面、比例、定位等，其几何体定位，可选在【图纸中置中】，使工程图在工程图纸上置中；单击完成。

此打开的*.dwg 文件以 SolidWorks 工程图文档形式导入，可更改图层属性等，保存为 Drawing (*.drw;*.slddrw)文件。

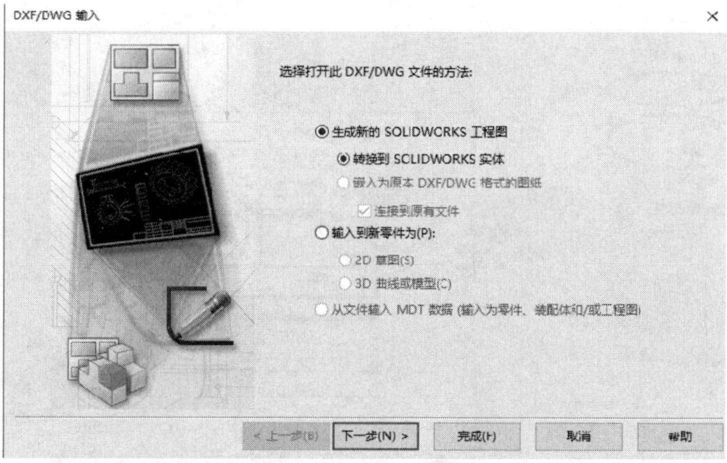


图 11-127　【DXF/DWG 输入】对话框

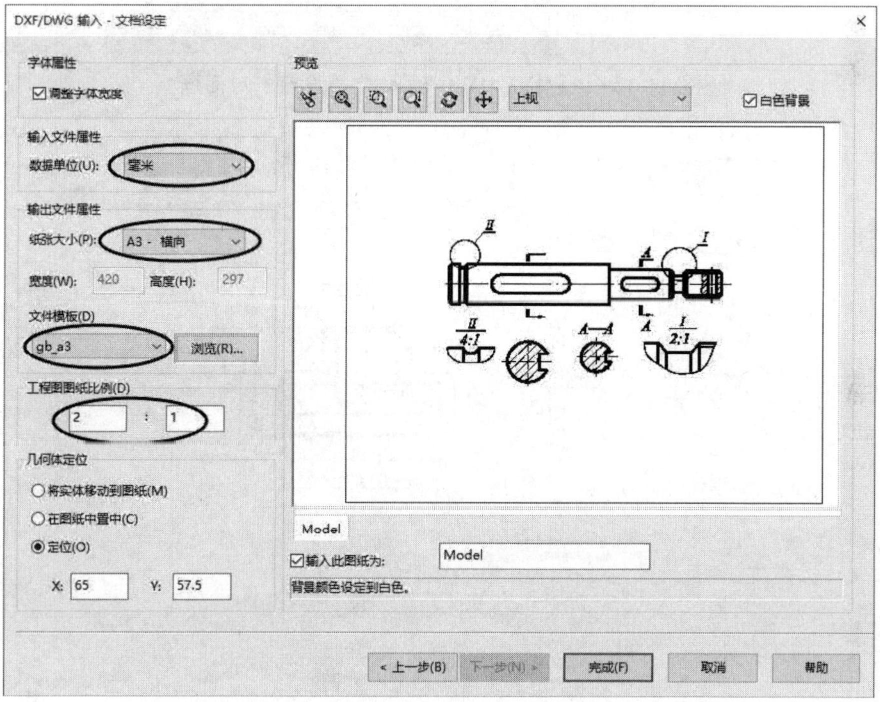


图 11-128　【DXF/DWG 输入-文档设定】对话框

## 11.11.2　AutoCAD 工程图转换为 SolidWorks 草图(Convert AutoCAD engineering drawing to SolidWorks sketch)

同样方式打开 DWG (*.dwg)文件类型，在图 11-129【DXF/DWG 输入】对话框中，选择了【输入到新零件为】和【2D 草图】。

单击下一步，弹出【DXF/DWG 输入-文档设定】对话框，如图 11-129 所示。

单击下一步，弹出【DXF/DWG 输入-工程图图层映射】对话框，如图 11-130 所示，消除选取【合并近于此项的点】。

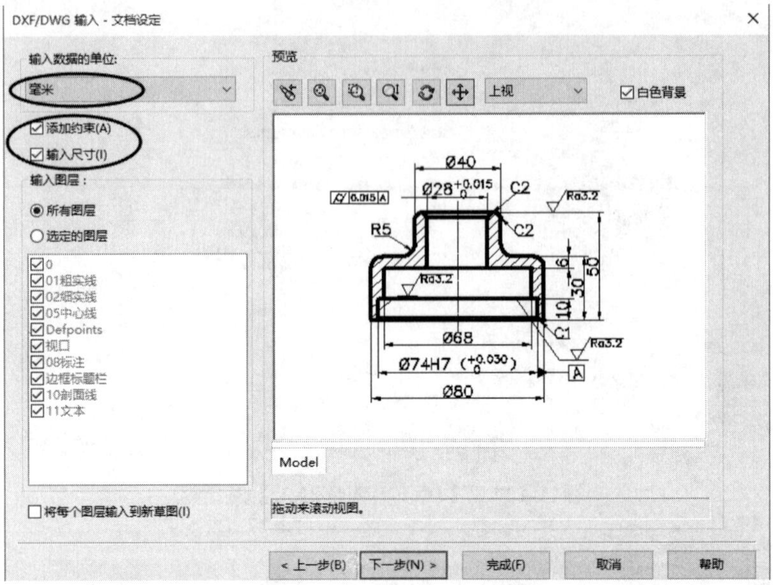


图 11-129 【DXF/DWG 输入-文档设定】对话框

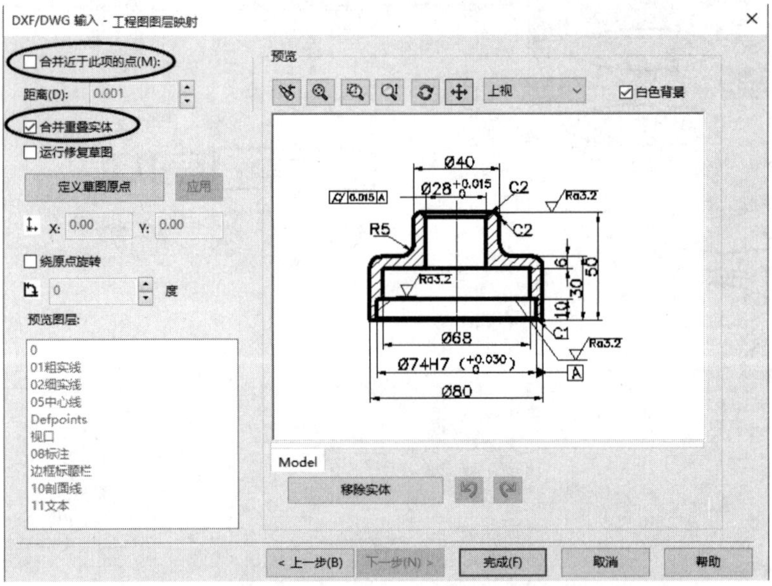


图 11-130 【DXF/DWG 输入-工程图图层映射】对话框

**注意**：如果程序提示选取模板，单击【确定】按钮。

单击【完成】按钮，DWG 图形变为 SolidWorks 零件的草图；然后重新编辑草图，标注尺寸、添加约束和完全定义草图，所有实体现在变成黑色，表示草图已完全定义。

最后利用各种特征命令，建立零件模型。

### 11.11.3 SolidWorks 文件转换为 AutoCAD 图形(Conver SolidWorks file converted to AutoCAD drawings)

将 SolidWorks 文件在保存的时候，在【另存为】对话框中，将【保存类型】选择为：

DWG(*.dwg)，然后根据提示进行，保存文件为 AutoCAD 图形。

不但是 SolidWorks 工程图文件可以转换的文件，而且其 SolidWorks Part Document (.SLDPRT)或其只是绘制的草图文件也可以保存为 AutoCAD 图形，并可以根据需要，在设计树中【要输出的视图】中，选择需要的方向视图，如图 11-131 行保存。

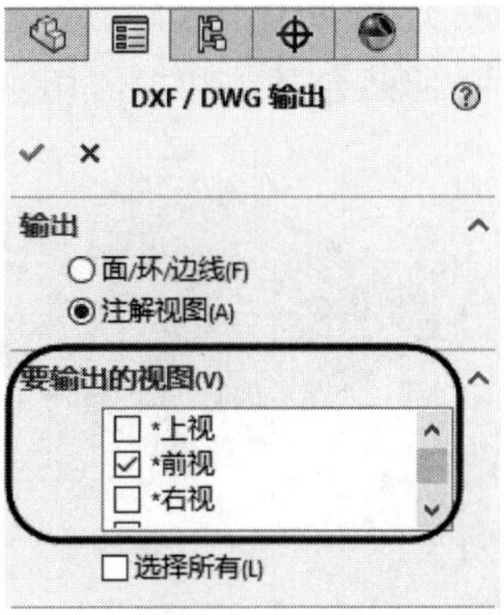


图 11-131　【DXF/DWG 输出】设计树

在 AutoCAD 中打开文件，选择全部图形对象，进行复制(Ctrl+C)对象，利用 AutoCAD 中建立的样板文件，新建一个文件(SolidWorks 转换的 dwg 文件在 AutoCAD 中打开其所有图线的图层均默认为 0 层)，执行粘贴(Ctrl+V)命令，然后可以选择同类图线的一条，查看其特性，根据其线宽快速选择同类图线，建立选择集，将其图线改为在 AutoCAD 中的图层；并且需要选择全部图线，将其线宽、颜色均改为 ByLayer；然后标注尺寸和技术要求及填写标题栏。

## 11.11.4　建模绘图实例(Modeling drawing examples)

建立图 11-132 示箱盖的模型并在 AutoCAD 中绘制零件图。

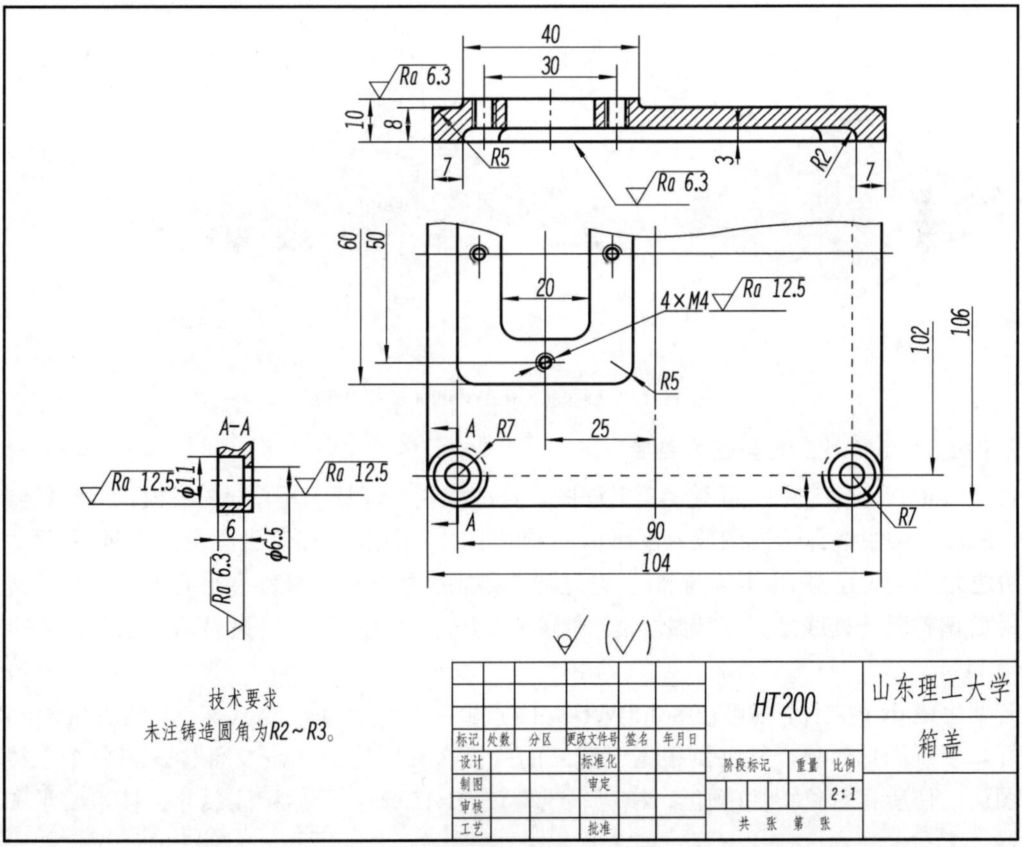


图 11-132　箱盖

### 1. 在 SolidWorks 中建立模型

打开 SolidWorks 软件，建立箱盖模型，建模步骤如图 11-133 示。其过程就是绘制草图，进行拉伸凸台基体和拉伸切除，其中柱形沉头孔和螺纹孔采用异形孔方式生成。

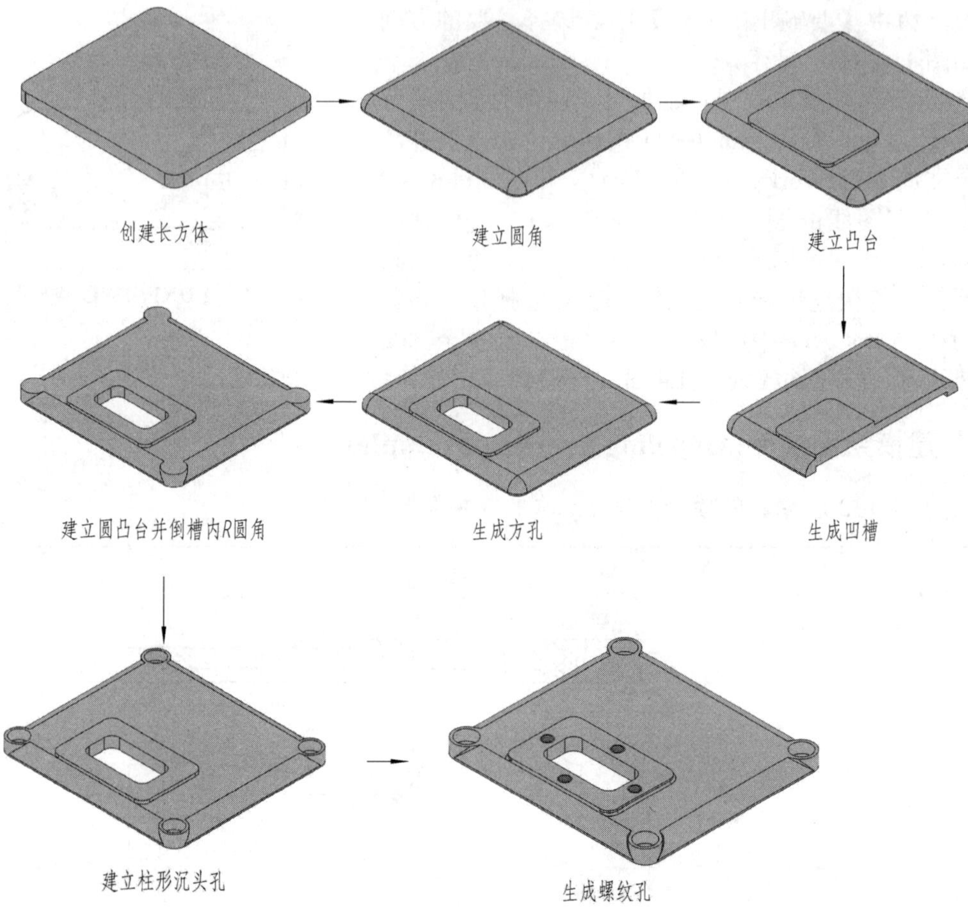


**图 11-133 箱盖 SolidWorks 建模步骤**

### 2. 在 SolidWorks 中生成工程图

打开 SolidWorks 软件，新建 A3 工程图，其过程就是选择工程图 A3 模板，浏览找到箱盖模型，在设计树中选择俯视图放入图纸内，采用 1∶1 的比例，然后生成全剖主视图(隐藏切割线，切边为不可见)，做出 *A-A* 局部剖(先过圆心绘制一段竖线，只剖柱形孔部分，执行剖面视图，最后调整断开处线型)，在俯视图绘制样条曲线，并进行剪裁，只显示一部分，其步骤如图 11-134 示。

若要生成 dwg 文件，则可在 SolidWorks 工程图中另存为*.dwg 格式文件，然后在 AutoCAD 中打开，复制图形对象，粘贴到根据已建立的样板文件新建的 dwg 文件中，将各个图线对象转换图层，使所有对象特性(颜色、线宽、线型)都 ByLayer，最后标注尺寸、技术要求和填写标题栏。

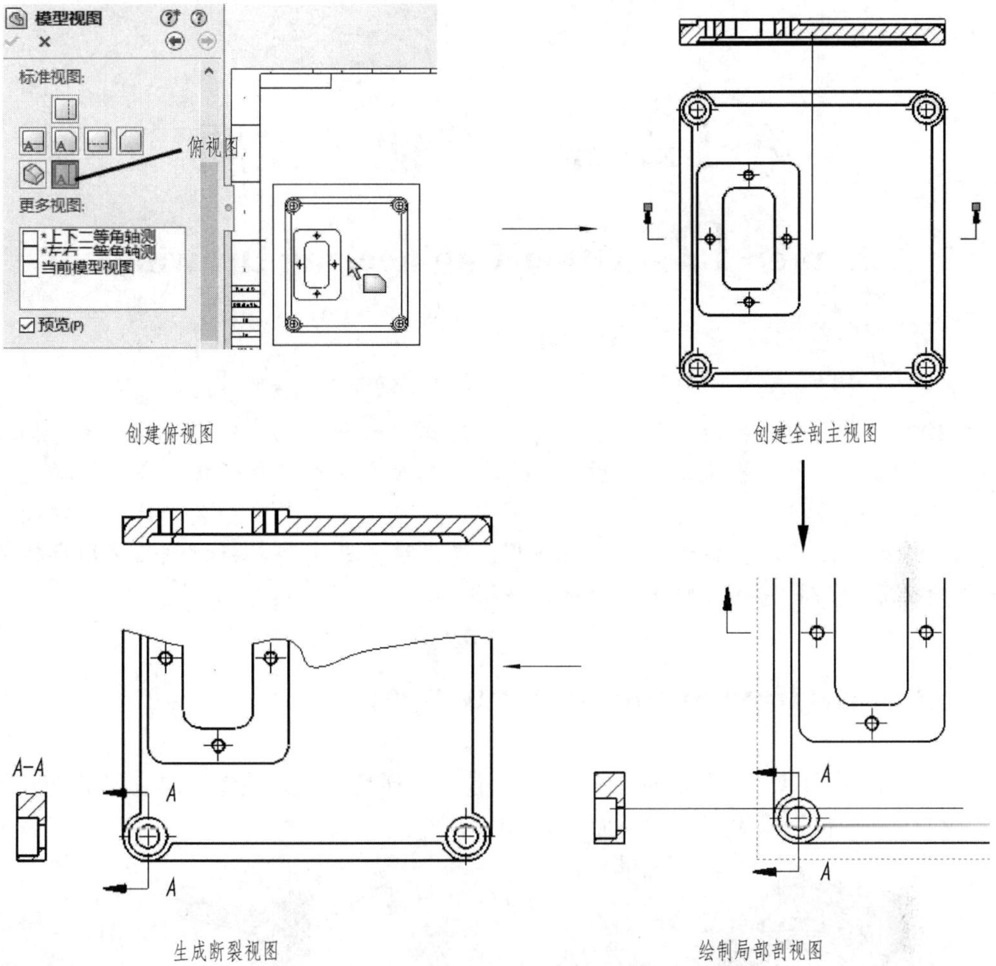


**图 11-134　箱盖 SolidWorks 工程图步骤**

若要生成 slddrw 文件，则可在 SolidWorks 工程图中保存为默认格式，单击【注解】工具栏上的【模型项目】按钮，标注建模设计的尺寸，可拖动尺寸文本，移动尺寸调整到合适位置；若按住 Shift 键拖动尺寸，可将尺寸从一个视图移动到另一个视图中；在拖动尺寸时按住 Ctrl 键，可将尺寸从一个视图复制到另一个视图中；也可按 Delete 键删除尺寸；同时可以选择【注解】工具栏上的【智能尺寸】按钮，标注从动尺寸。标注尺寸公差时，可选定尺寸，在设计树中【公差/精度】标注公差；选择【注解】工具栏上的【形位公差】 形位公差 和【基准特征】 基准特征 按钮，标注几何公差。

## 复习思考题(Questions for review)

1. 三维建模的主流软件有哪些？各自的特点是什么？
2. 在进行三维建模时，建模原点如何正确应用？
3. 在进行三维建模时，基准点、基准线、基准面的构建方式有哪些？
4. 在进行三维建模时，扫描特征建模失败的原因有哪些？
5. 在进行三维装配设计时，装配过程的思路是什么？

# 第 12 章　其他工程图

# Chapter 12　Other Engineering Drawings

在工业生产中，金属板材制件很多，为了制造这种板材制品，一般需要画出它们的表面展开图，以便按图下料。在生产过程中，常需要将两个或多个零件连接起来，焊接就是一种较常用的不可拆的连接方法。焊接具有工艺简单、连接可靠、节省金属等优点，因此，在机械、化工、造船、建筑及其他工业中广泛应用。工业生产中大多数板材制品采用焊接方法。本章主要介绍展开图和焊接图的基本知识和画法。

## 12.1　展开图(Development drawings)

图 12-1 为两种由薄板材料制成的部件。制造这些制品时，必须先画出它们的展开图，然后再经下料、弯卷和焊接等工序加工而成。

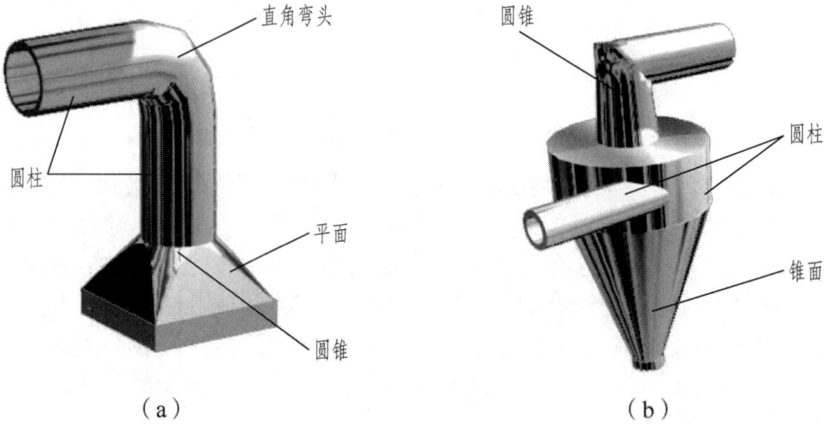


图 12-1　板材制品

把立体的表面，按其实际形状和大小，依次连续地摊平在一个平面上，称为立体的表面展开。展开所得的图形，称为展开图。

立体的表面可分为平面和曲面，曲面又可分可展曲面和不可展曲面。

### 12.1.1　平面立体的展开(Development of plane surfaces)

画平面立体表面的展开图，只要求出立体棱线的实长和所有表面的实形，即可顺次展平在一个平面上。

**例 12.1**　求图 12-2(a)所示正三棱锥的表面展开图。

**分析：** 欲求三棱锥 *S-ABC* 的展开图，只要把它的各个棱面三角形和底面的实形依次画在一个平面上就可得到。这里，底面 *ABC* 是一个水平面，因此，*ab*、*bc*、*ca* 反映了底面各底边的实长，△*abc* 反映了底面的实形，而棱 *SA* 为正平线，*s'a'* 反映 *SA* 的实长，还需求出 *SB* 和 *SC* 两棱的实长，才能与有关底边组合，画出三个棱面的实形。

**作图步骤：**

(1) 用直角三角形法求棱 *SB*、*SC* 的实长。先作 $S_0S_x$(即 $s'b'$、$s'c'$ 的 $Z$ 坐标差$\Delta Z$)为一条直角边，在另一条直角边上取 $S_xB_0=sb$，$S_xC_0=sc$，连接 $S_0B_0$ 和 $S_0C_0$，即 $S_0B_0=SB$、$S_0C_0=SC$ 为所求两棱的实长。

(2) 从任意选定的一条棱开始，例如从 *SA* 开始，按已知 3 条棱及各底边的实长依次画出各棱面△*SAB*、△*SBC*、△*SCA* 和底面 *ABC*，即得到如图 11-2(b)所示的展开图。

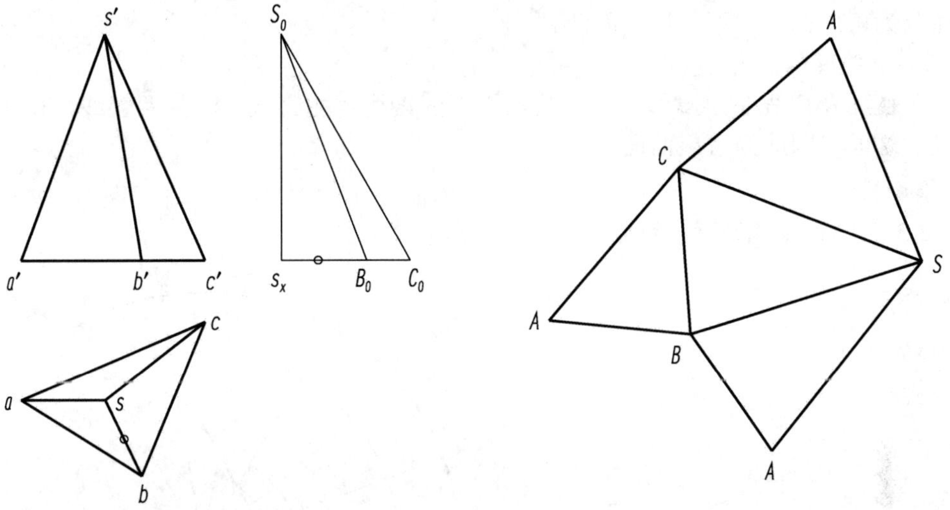


(a)　　　　(b)

**图 12-2　三棱锥的表面展开**

**例 12.2**　图 12-3(a)所示是一漏斗，求空心四棱锥台的表面展开图。

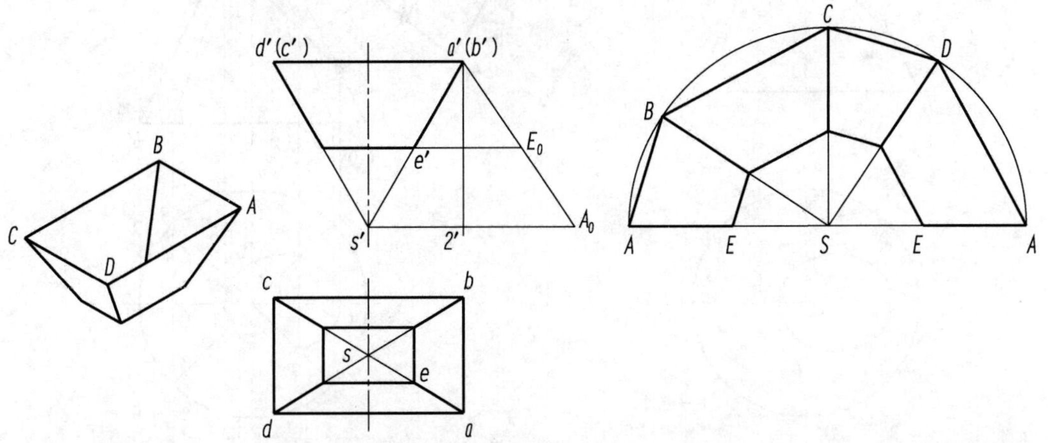


(a)　　　　(b)　　　　(c)

**图 12-3　四棱锥的表面展开**

**分析**：如图 12-3(b)所示，先延长四棱锥的棱线，求出锥顶，这样就可得出完整的四棱锥。然后用直角三角形法求出棱线的实长(4 根棱线长度相同)，即可求出各棱面的实形。

**作图步骤**：

(1) 作 $SA=a'A_0$。以 $S$ 为圆心，$SA$ 为半径作一圆弧。

(2) 因矩形 $abcd$ 反映实形，其各边反映实长。在圆弧上依次截取弦长 $AB=ab$，$BC=bc$，$CD=cd$、$DA=da$，得 $A$、$B$、$C$、$D$ 各个交点，再与 $S$ 相连，即完整四棱锥的展开图。

(3) 漏斗的一棱线 $AE$ 的实长，可由 $e'$ 作水平线与 $a'A_0$ 相交于 $E_0$，$a'E_0$ 便是 $AE$ 的实长，在 $SA$ 上取 $AE=a'E_0$。过点 $E$ 分别作与 $AB$、$AD$ 底边平行的线段，并与 $SB$、$SD$ 相交，再分别过这两交点作与 $BC$、$CD$ 底边平行的线段，所截出的部分即得漏斗四棱锥台部分的展开图[图 12-3(c)]。

## 12.1.2 曲面立体表面展开(Development of solids bounded by curved surfaces)

曲面分为可展曲面和不可展曲面两种。

### 12.1.2.1 可展曲面的展开

锥面、柱面及切线曲面属单曲面，其上相邻两素线为相交或平行的两直线，由于相邻两素线构成一平面，因此为可展曲面。

**1．锥面展开**

**例 12.3** 求图 12-4(a)所示斜截正圆锥面的展开图。

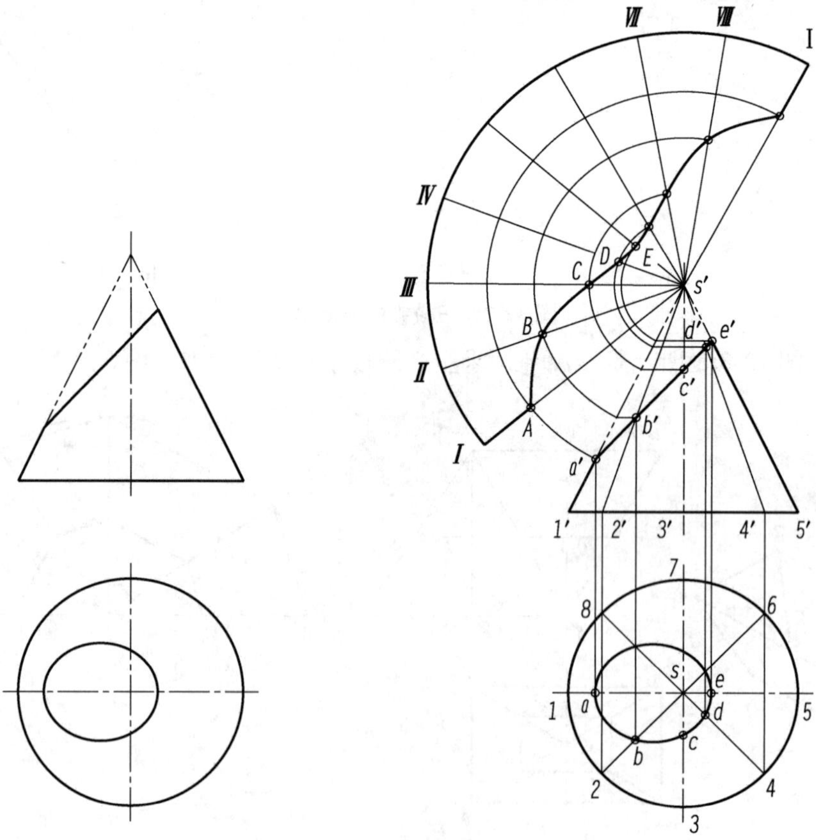


(a) (b)

**图 12-4 斜截正圆锥面的展开**

**分析**：在圆锥面上均匀地取若干素线，求出各条素线的实长，再依次将各条素线展开，即得斜截正圆锥面的展开图。

**作图步骤**：

(1) 将底圆 8 等分，得 *I*、*II*、*III*、…、*VII*、*VIII*点；连接 *S I*、*S II*、*S III*、…、*S VII*、*S VIII*。

(2) 除 *s′1′*、*s′5′*为素线实长外，用旋转法求其他素线的实长。

(3) 画完整正圆锥面的展开图。以 *s′*(*S*)为圆心，*s′1′* 为半径画圆弧，圆弧长度为底圆周长，并将所画弧 8 等分得 *I*、*II*、*III*、…、*VII*、*VIII* 点，把所得各点与 *S* 连接起来。

(4) 在展开图的每一素线上截取切口以上相应素线的实长，得 *A*、*B*、*C*、…点；将所求各点顺序光滑连接即得斜截正圆锥面的展开图，见图 12-4(b)。

**2．柱面展开**

将柱面展开时，先在柱面上引若干条相互平行的素线，然后将相邻两素线间的表面近似地作为一个平行四边形来画展开图，最后将各素线的端点连成光滑的曲线。

**例 12.4**　求图 12-5(a)所示截头圆柱面的展开图。

**分析**：从图 12-5(a)可以看出：圆柱面的上、下底不平行，上底被平面斜截为椭圆，下底为圆。若将相邻两素线当作一平面图形，则该平面图形应是直角梯形，它的上、下底为两素线。在正面投影上反映实长，其一腰垂直于上、下底，长度为两素线间的底圆的弧长，可在水平投影图上量出。

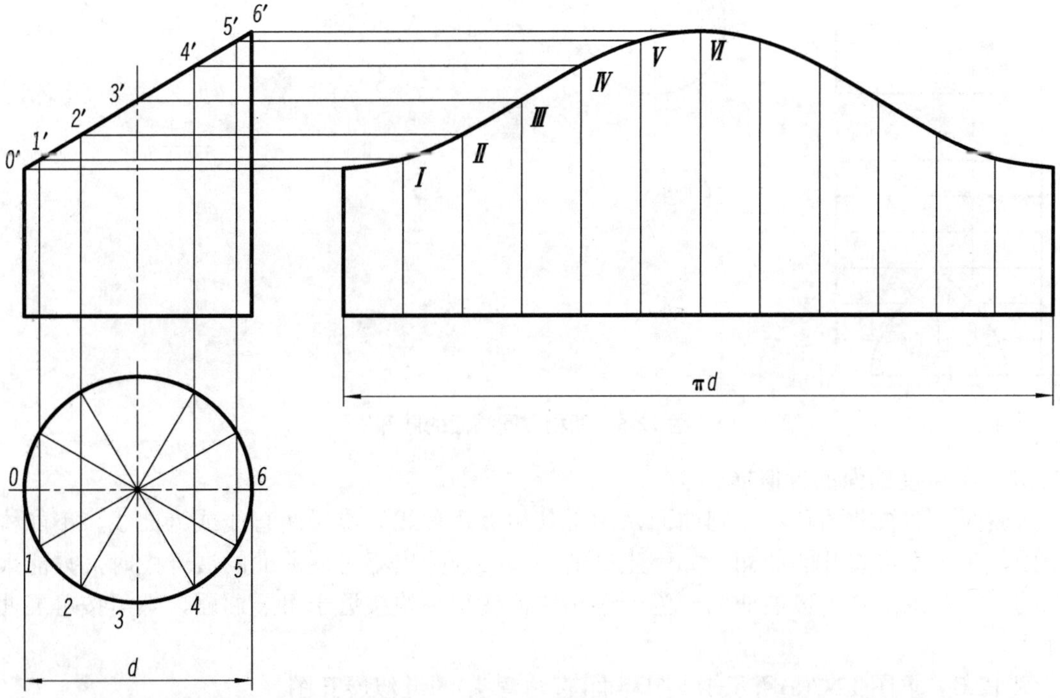


(a)　　　　(b)

图 12-5　斜截正圆柱面的展开

**作图步骤：**

(1) 将底圆分为 12 等份，并自各点引素线的正面投影。

(2) 将底圆展成直线，取*III* =12(弦长)，量取 12 次。也可先画直线，量取圆周长$\pi d$，再等分为 12 份[图 12-5(b)]。后一种方法作图较准确。

(3) 自各分点引垂线，并量取相应的素线长，得端点 *A*、*B*、*C*、…。将各端点连成光滑曲线，即得所求的展开图，见图 12-5(b)。

3．**相贯体的表面展开**

**例 12.5** 求图 12-6 所示两相贯圆柱面的展开图。

**分析：**两立体相贯时，欲求其展开图，应先在投影图上准确地求出相贯线，依据相贯线区分两曲面，然后分别画出两曲面的展开图。

**作图步骤：**

(1) 求相贯线。等径三通管的相贯线为与圆柱轴线成 45°的椭圆，它的正面投影为两相交直线。

(2) 作柱面的展开图。图中圆柱的素线都是正平线，因而可按图 12-5 的展开画法画图。画法如图 12-6 所示。例如，画展开图上的点 *A* 时，先在投影图上分别找出 *a′*、*a″*，并画出素线，然后在圆柱的展开线上求出相应素线所在的位置，并画垂线；在垂线上即可求出点 *A*。

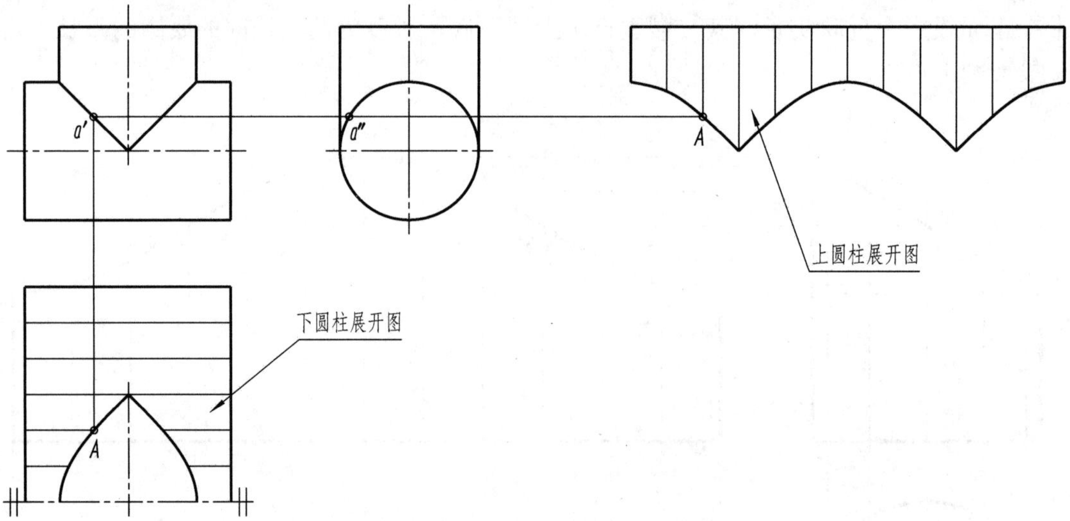


**图 12-6 两相贯圆柱面的展开**

### 12.1.2.2 不可展曲面的近似展开

扭曲面、曲纹曲面和不规则曲面，由于其相邻两素线为交叉两直线或为曲线，不能构成一平面，故为不可展开的曲面。如因生产需要，必须画出不可展曲面的展开图时，只能采用近似的方法作图，将不可展曲面分为若干小块，使每小块接近于可展曲面，然后按可展曲面展开。

**例 12.6** 求图 12-7(a)所示 1/4 圆环面(直角弯头)的近似展开图。

**分析：**圆环面是不可展曲面，作图时将圆环面截成若干段，把每小段当作一个近似的柱面来展开。由于是等分，各小段圆柱形状相同。

**作图步骤：**

(1) 将圆环面分成若干小段，图 12-7(b)将直角弯头共分为 5 段，头、尾两段为中间各段的 1/2。这样，图 12-7(b)中所示的$\alpha$角大小，可按下列公式计算：

$$\alpha=\frac{\theta}{2N-2}$$

式中：$N$ 为所分段数；$\theta$ 此处为 90°。

本例可算出：
$$\alpha=\frac{90°}{10-2}=11.25°$$

(2) 各段近似柱面的取法。如图 12-7(b)所示，把首尾两段沿圆弧作切线，得两小段 $A$、$E$。这两小段各对应圆心角 11.25°；中间各段，分别由呈对称形状的两小段所组成，每段所对应圆心角为 22.5°，图中标明为 $B$、$C$、$D$。

(3) 圆柱面 $A$ 的展开图如图 12-7(d)最下一块所示。其展开图画法与图 12-5 相同。如果将 $B$、$D$ 两段绕本身轴线转 180°，然后叠置在一起，即成图 12-7(c)所示的正圆柱面。这样再画出展开图，可以有效地利用材料。图 12-7(d)为直角弯管的展开图。

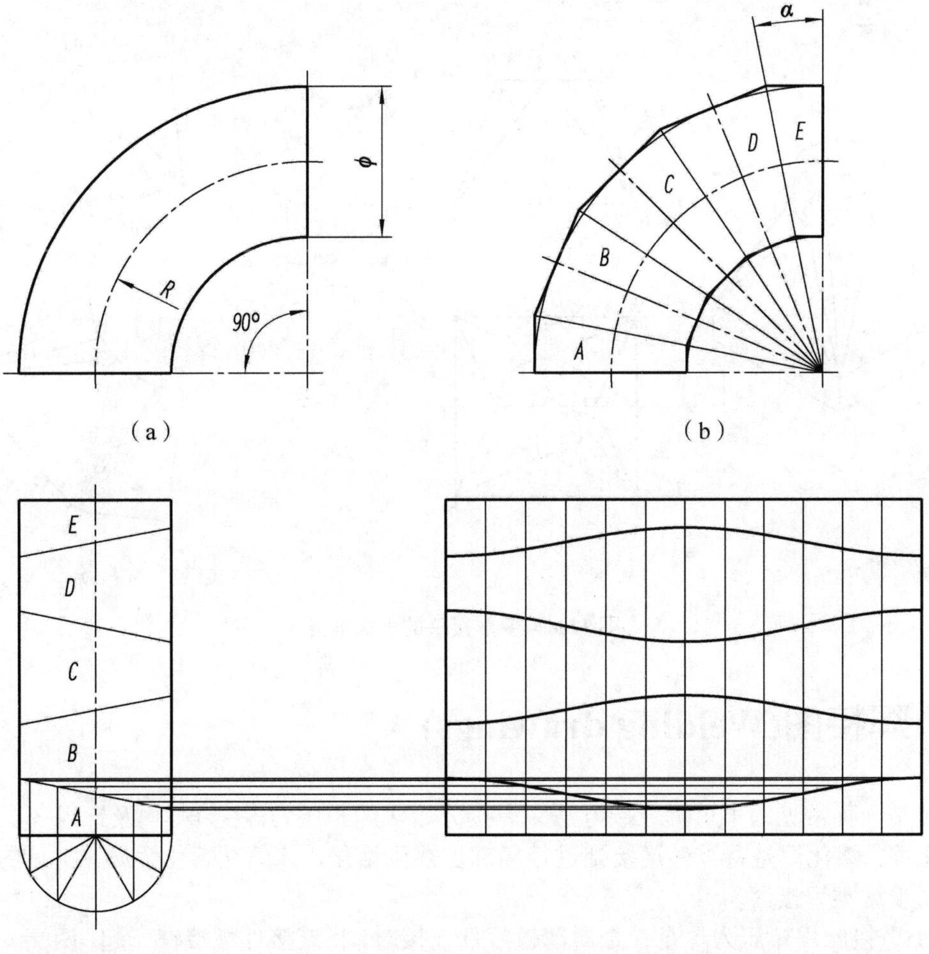


图 12-7　圆环面的近似展开

### 12.1.3 变形接头的表面展开(Surface development of deformed joints)

为了画出各种变形接头的表面展开图，就需要根据具体形状把它们划分成许多平面及可展面(锥面或柱面)，然后依次画出其展开图，即可得整个变形接头的展开图。

为了准确地画出变形接头的展开图，必须正确地分析其表面形成。遵守的原则是：

(1) 把变形接头表面分解成为由一些简单的表面(平面或可展曲面)所组成的。

(2) 应尽量使组成变形接头的各表面之间保持光滑过渡。

**例 12.7** 求图 12-8(a)所示变形接头的展开图。

**分析**：按已知条件[图 12-8(a)]：顶面为圆，一定由曲面包围该圆；底面为矩形，一定由平面图形与矩形各边相连接。于是，可将其整个表面分解为由 4 个锥面和 4 个三角形平面所组成。

**作图步骤**：作展开图时，可先根据各边实长画出△*AOI*，然后依次求*II*、*III*、*IV*各点，画出一部分锥面的展开图。再次画出其他各三角形及锥面，便可得到整个变形接头表面的展开图(图中实长都是用直角三角形法求出)，如图 12-8 所示。

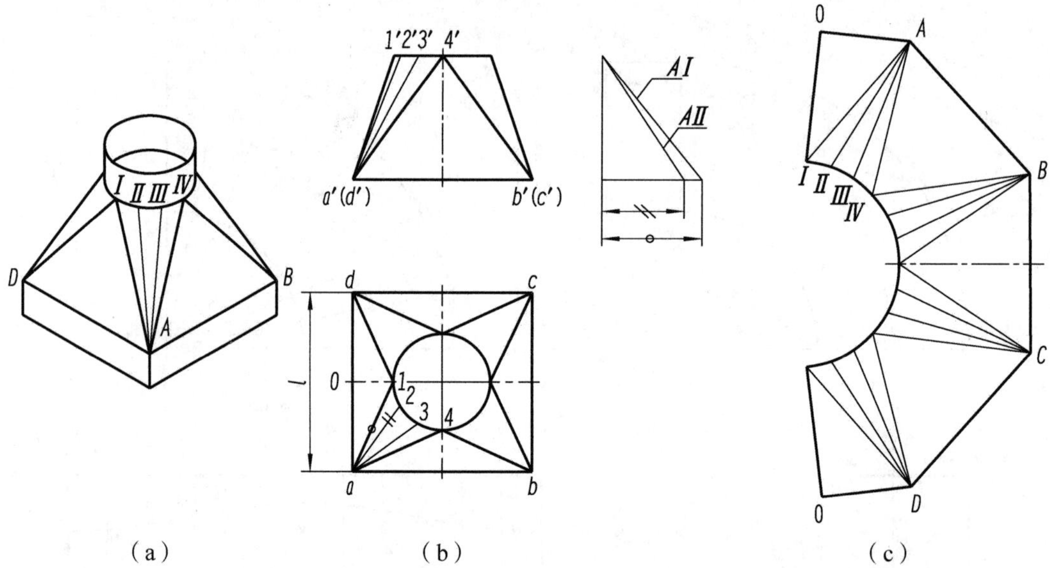


图 12-8 变形接头的表面展开

## 12.2 焊接图(Welding drawings)

焊接是一种常见的不可拆连接方法。焊接分熔化焊、压力焊(接触焊)及钎焊 3 类。

熔化焊：熔化焊是将零件连接处进行局部加热到熔化，并填充熔化金属。常见的电弧焊、气焊是属于这类焊接。

压力焊(接触焊)：压力焊是在金属薄板零件连接时，将连接件搭接在一起，两端安上电极，并通以大电流，由于材料接触处的电阻作用，使其局部产生高温，当材料处于半熔化状态时，加压把零件连接起来，加压焊常见的有点焊、缝焊。

钎焊：钎焊是用易熔金属(如铅锡合金)作为焊料，利用熔融钎焊料的黏着力或熔合力把焊件表面黏合地连接。

本节主要介绍常用的焊缝符号、画法和标记方法。

## 12.2.1　图样中焊缝的表达方法(Representations of welding in drawings)

两零件焊接的结合处称为焊缝。在绘制技术图样的图形时，无论焊缝的横截面形状及坡口等情况如何，一般均可将接触面的投影画成一条轮廓线(不画出焊缝)，然后按 GB 324—1988 规定的焊缝符号标注，以表示焊缝，如图 12-9(a)所示。

若是点焊缝，则在图形的相应位置画出焊点的中心线或轴线后，按 GB 324—1988 规定的点焊缝符号标注，如图 12-9(b)所示。

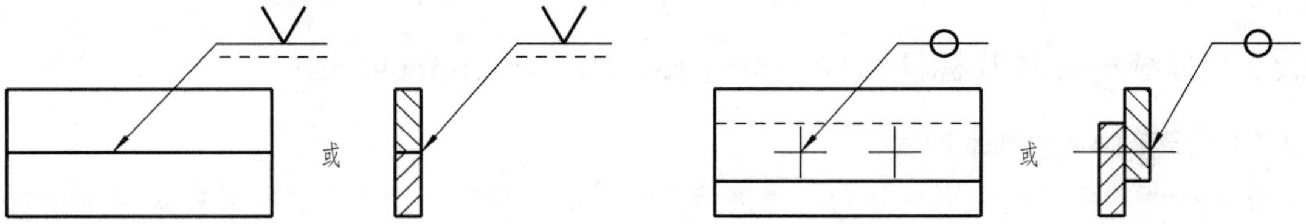


（a）　（b）

**图 12-9　焊缝表示法(一)**

当图样中需要简易地绘制焊缝时，可根据 GB 1221—1990 中规定的图示法表示，既可以用视图、剖视图或断面图表示，也可以用轴测图示意地表示。

焊缝的视图、剖视图或断面图的画法，如图 12-10 所示。表示焊缝的一系列细实线段允许徒手绘制。可见焊缝通常用与轮廓线相垂直的细实线段(不可见焊缝用虚线段)表示。

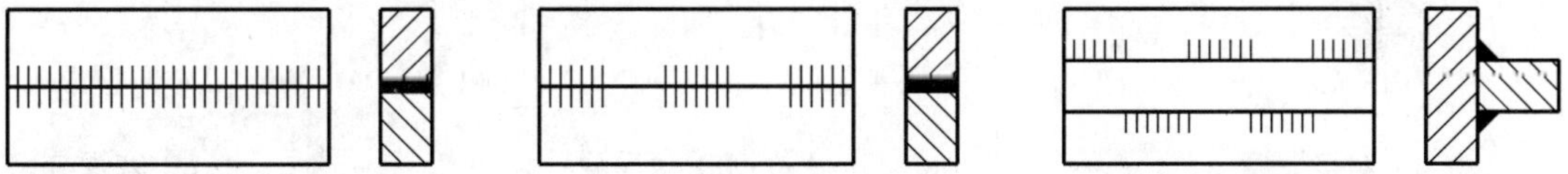

（a）连续 I 型焊缝　（b）断续 I 型焊缝　（c）断续交错角焊缝

**图 12-10　焊缝表示法(二)**

视图中的焊缝也允许采用宽度为粗实线的 2～3 倍的粗实线表示，如图 12-11 所示。

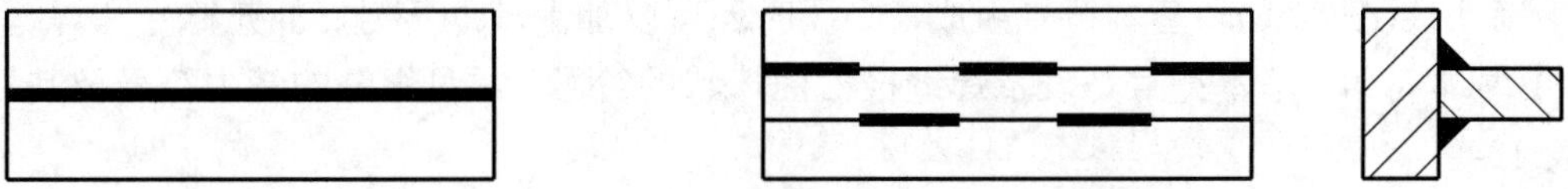

（a）　（b）

**图 12-11　焊缝表示法(三)**

但在同一张图样上，焊缝的表示法只允许采用一种方法表示。

在剖视图或断面图上，焊缝的金属熔焊区一般应涂黑表示，如图 12-12(a)所示。

当剖视图或断面图上同时需要表示坡口等形状时，熔焊区部分也可以用粗实线画出焊缝的轮廓形状，再用细实线画出焊接前的坡口形状，如图 12-12(b)所示。

用轴测图示意地表示焊缝的画法，如图 12-12(c)所示。

**注意**：当图样上已采用上述各种图示法表示焊缝时，一般仍应标注焊缝符号，以便明确具体要求。

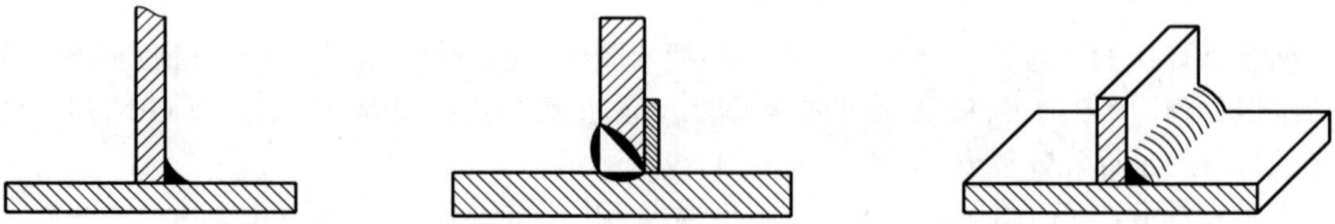

(a)　　(b)　　(c)

**图 12-12　焊缝表示法(四)**

## 12.2.2　焊缝符号及其标注法(Welding seam's and dimensions)

### 12.2.2.1　焊接接头的基本形式

被连接两零件的接头形式分为：对接接头、T 形接头、角接接头、搭接接头 4 种。按焊缝结合形式可分为对接焊缝、角焊缝及塞焊缝 3 种。如图 12-13 所示。

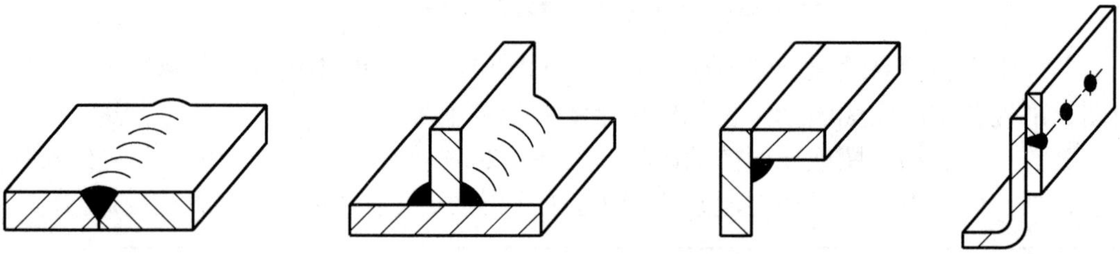

对接接头　　T形接头　　角接接头　　搭接接头

(a) 对接焊缝　　(b) 角焊缝　　(c) 塞焊缝

**图 12-13　常用的焊缝形式及接头形式**

### 12.2.2.2　焊接符号

国家标准(GB 324—2008)规定，焊缝符号一般由基准线(两条相互平行的细实线和虚线、实线)、箭头线(细实线)和基本符号组成，必要时还可以加上辅助符号、补充符号和焊缝尺寸。

(1) 基本符号。基本符号是表示焊缝横截面形状的符号，常见焊缝的基本符号及其标注示例见表 12-1。

**表 12-1　常见焊缝的基本符号及其标注示例**

| 名称 | 焊接形式 | 基本符号 | 标注示例 |
| --- | --- | --- | --- |
| I 形焊缝 | 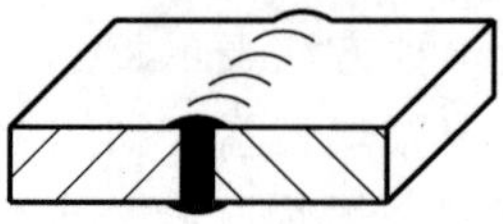 | 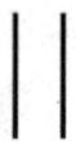 | 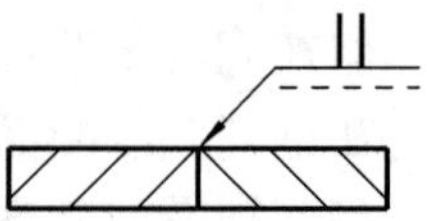 |

续表 12-1

| 名称 | 焊接形式 | 基本符号 | 标注示例 |
|---|---|---|---|
| V 形焊缝 | 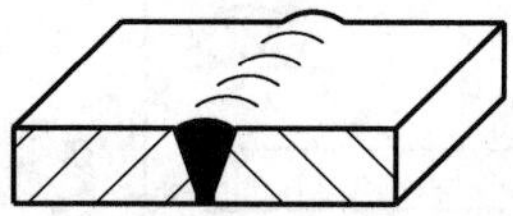 |  | 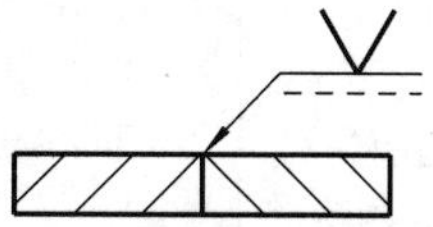 |
| 单边 V 形焊缝 | 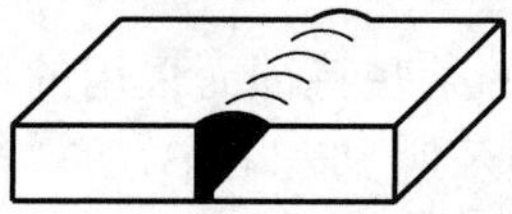 |  | 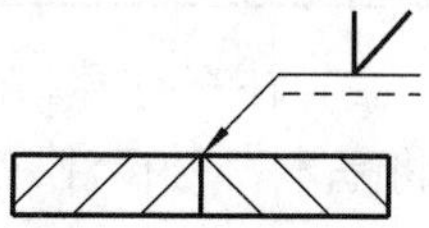 |
| 角焊缝 | 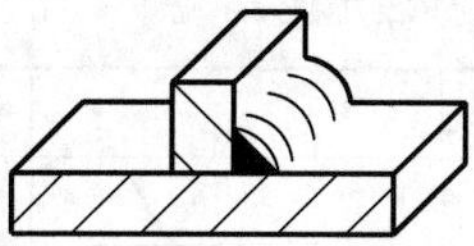 | 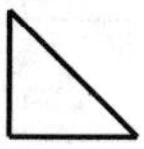 | 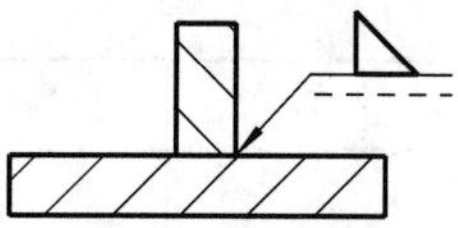 |
| 带钝边 U 形焊缝 | 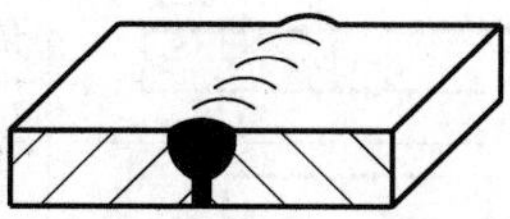 |  | 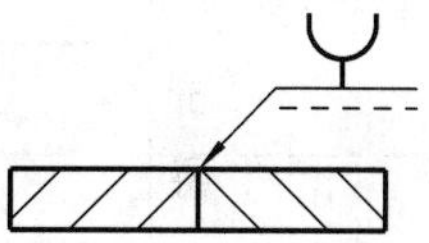 |
| 封底焊缝 | 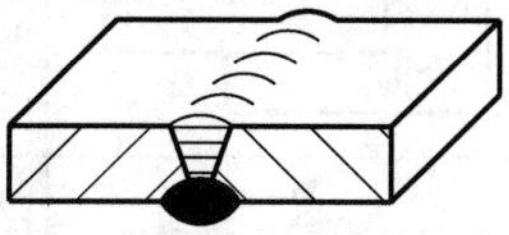 |  | 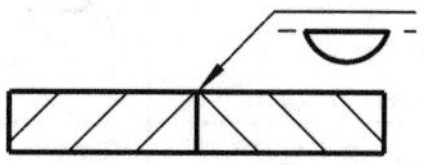 |
| 点焊缝 | 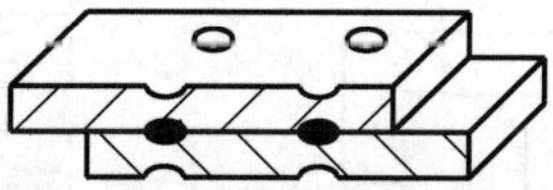 |  | 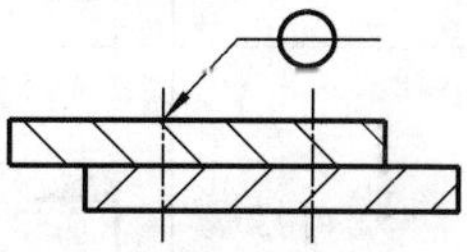 |
| 塞焊缝 | 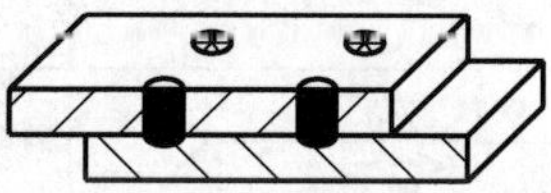 |  | 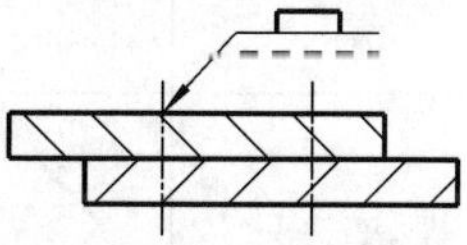 |

(2) 辅助符号。辅助符号是表示焊缝表面形状特征的符号。不需要确切地说明焊缝的表面形状时，可以不用辅助符号。辅助符号及标注示例见表 12-2。

**表 12-2　辅助符号及标注示例**

| 名称 | 符号 | 形式及标注示例 | | 说明 |
|---|---|---|---|---|
| 平面符号 | — | 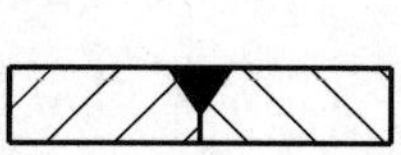 | 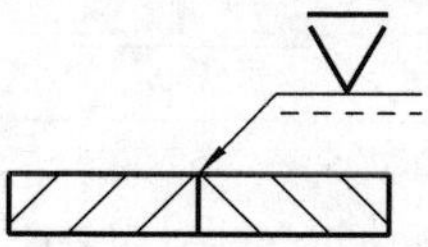 | 表示 V 形对接焊缝表面对齐 |
| 凹面符号 |  | 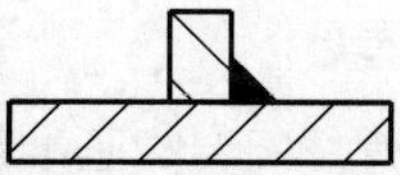 | 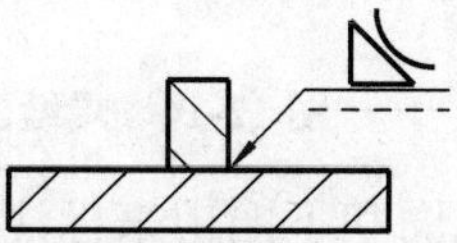 | 表示角焊缝表面凹陷 |

续表 12-2

| 名称 | 符号 | 形式及标注示例 | 说明 |
|---|---|---|---|
| 凸面符号 |  |  | 表示 X 形对接焊缝表面凸起 |

(3) 补充符号。补充符号是为了补充说明焊缝的某些特征而采用的符号，如果需要，可同时将基本符号标注在相应位置上，补充符号及标注示例见表 12-3。

**表 12-3　补充符号及标注示例**

| 名称 | 符号 | 形式及标注示例 | 说明 |
|---|---|---|---|
| 带垫板符号 | 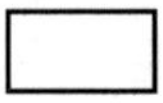 | 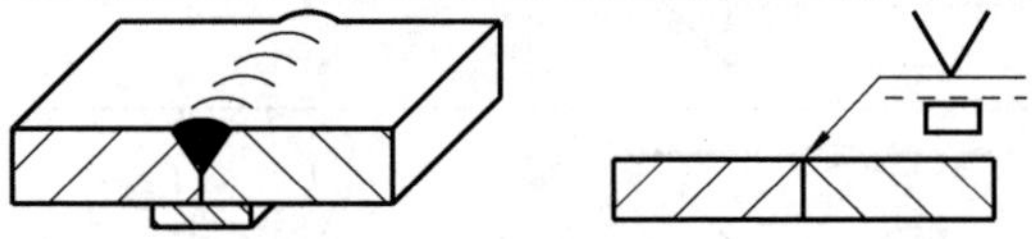 | 表示 V 形焊缝的背面底部有垫板 |
| 三面焊缝符号 | 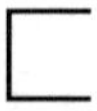 |  | 工件三面施焊，开口方向与实际方向一致 |
| 周边焊缝符号 | 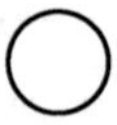 | 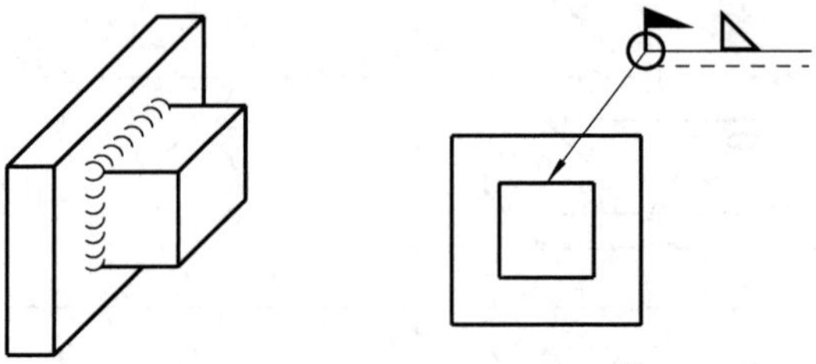 | 表示环绕工作周围施焊 |
| 现场符号 |  | | 表示在现场或工场施焊 |
| 尾部符号 |  | 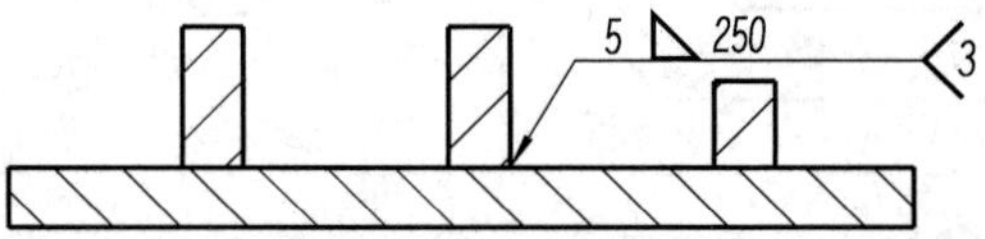 | 在该符号后面，可标注焊接工艺方法以及焊缝条数等内容 |

(4) 指引线。指引线一般由箭头线和两条基准线两部分组成，如图 12-14(a)所示。

① 箭头线：用来将整个符号指到图样上的有关焊缝处。必要时，箭头线可弯折一次，如图 12-14(b)所示。

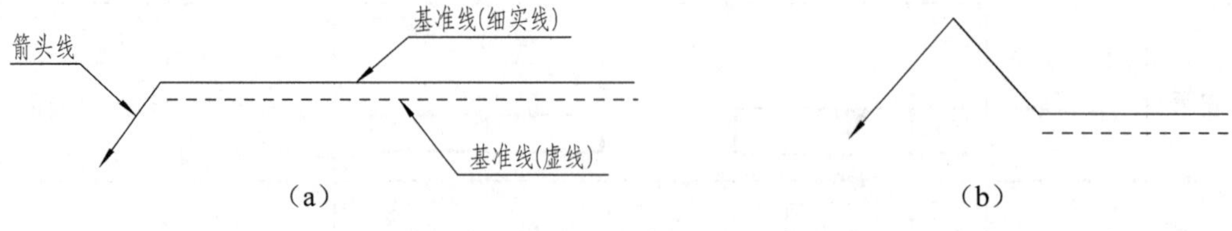


**图 12-14　焊缝的标注符号(一)**

② 基准线：基准线的上面和下面用来标注有关的焊缝符号。基准线的虚线既可画在基准线实线的上侧，也可画在下侧。基准线一般应与图样的底边平行。

(5) 焊缝符号相对于基准线的位置

① 在标注焊缝符号时，如果箭头指向焊缝的施焊面，则焊缝符号标注在基准线的实线一侧，如图 12-15(a)所示。

② 如果箭头指向焊缝的施焊背面，则将焊缝符号标注在基准线的虚线一侧，如图 12-15(b)所示。

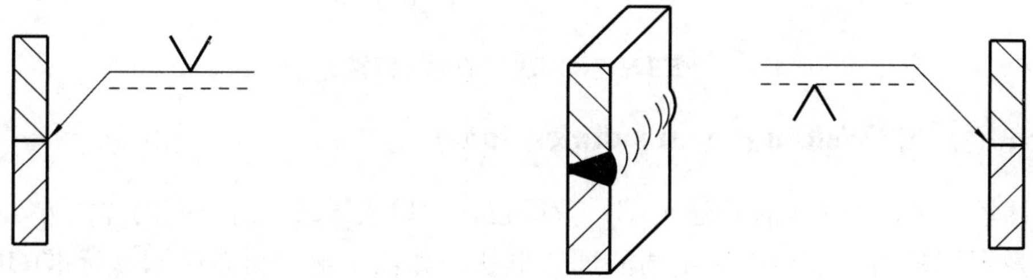

（a）　　　　（b）

**图 12-15　焊缝的标注符号(二)**

③ 标注对称焊缝及双面焊缝时，基准线的虚线可省略不画，如图 12-16 所示。

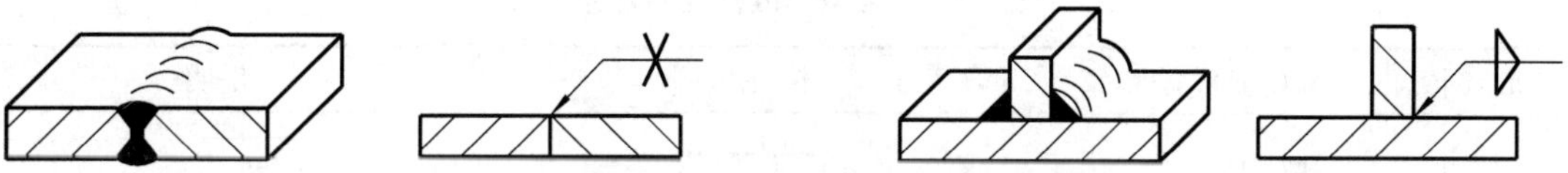

**图 12-16　焊缝的标注符号(三)**

(6) 焊缝尺寸符号及其标注方法。焊缝尺寸在需要时才标注。标注时，随基本符号标注在规定的位置上。常用的焊缝尺寸符号如表 12-4 所示。

**表 12-4　常用的焊缝尺寸符号**

| 名称 | 符号 | 示意图 | 名称 | 符号 | 示意图 |
|---|---|---|---|---|---|
| 工件厚度 | $\delta$ | 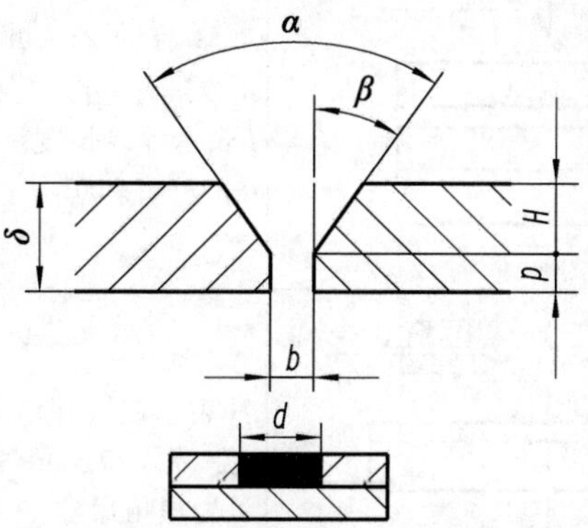 | 焊缝段数 | $n$ | 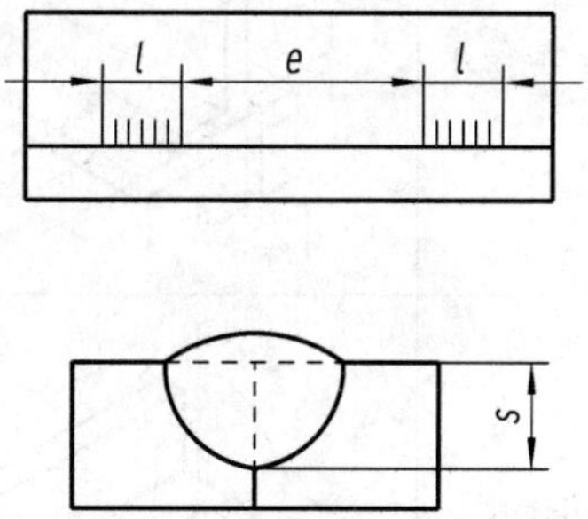 |
| 坡口角度 | $\alpha$ | | 焊缝间距 | $e$ | |
| 根部间隙 | $b$ | | 焊缝长度 | $l$ | |
| 钝边高度 | $p$ | | 焊角尺寸 | $k$ | |
| 坡口深度 | $H$ | | 相同焊缝数量符号 | $N$ | |
| 溶核直径 | $d$ | | 焊缝有效厚度 | $s$ | |
| 坡口面角度 | $\beta$ | | | | |

焊缝尺寸标注位置规定如图 12-17 所示。

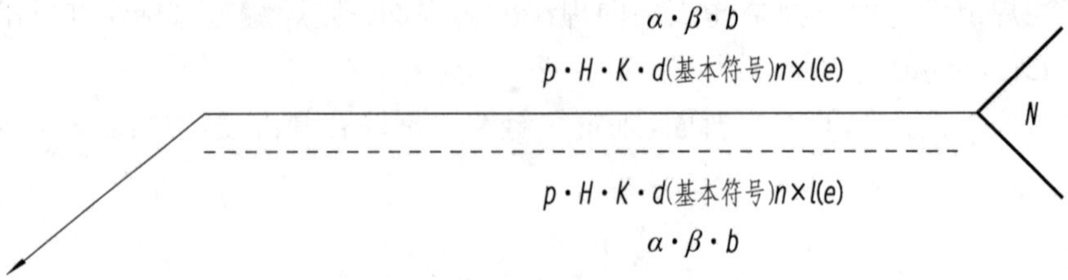


图 12-17　焊尺寸的标注位置

### 12.2.3　焊缝尺寸(Welding seam’s dimensions)

当焊件较厚时，为了保证焊透根部，获得较好的焊接质量，对不同的焊接方法，不同的焊件厚度及不同的材质需要选用不同的坡口形状。如需了解，可查阅国家标准(GB 985.1—2008、GB 985.2—2008)。

### 12.2.4　常见焊缝标注方法示例(Regular example of welding)

表 12-5 列出了常见焊缝标注方法示例。

表 12-5　常见焊缝标注方法示例

| 焊接形式 | 焊缝形式 | 标注示例 | 说明 |
|---|---|---|---|
| 对接接头 | 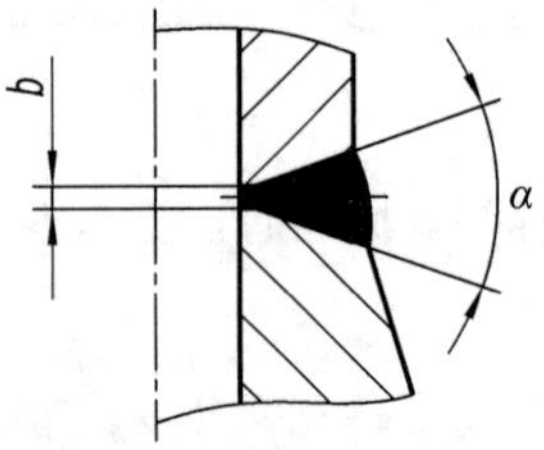 | 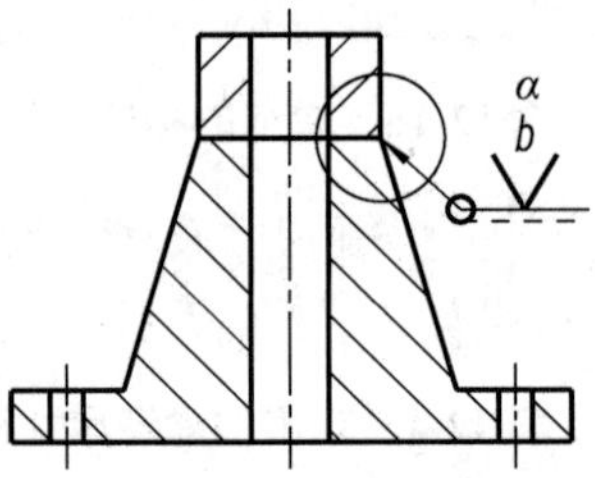 | V 形焊缝；<br>坡口角度为 $\alpha$；<br>根部间隙为 $b$；<br>○表示环绕工作周围施焊 |
| T 形接头 | 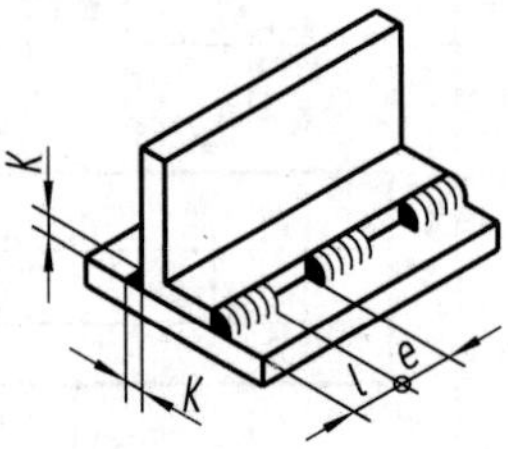 | 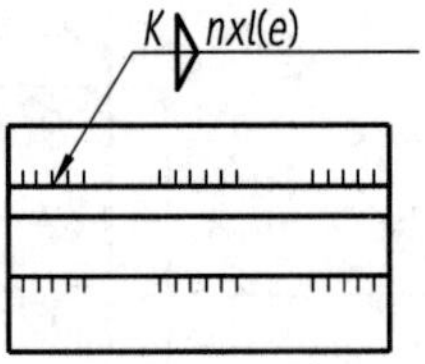 |  表示双面角焊缝；<br>$n$ 表示有 $n$ 段焊缝；<br>$l$ 表示焊缝长度；<br>$e$ 为焊缝间距 |
| 角接接头 | 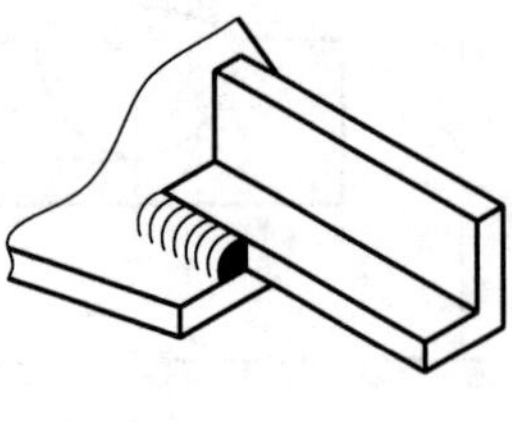 | 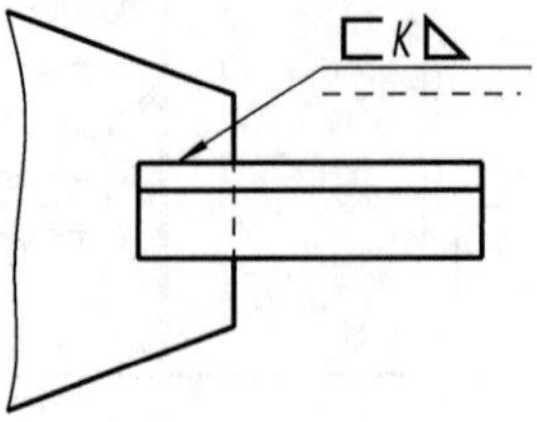 | 表示在按开口方向三面焊缝；<br> 表示单面角焊缝；<br>$K$ 为焊角尺寸 |

续表 12-5

| 焊接形式 | 焊缝形式 | 标注示例 | 说明 |
|---|---|---|---|
| 搭接接头 | 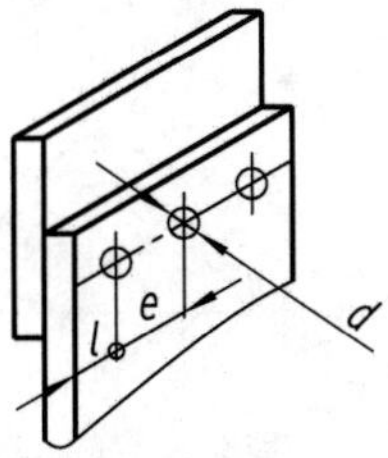 | 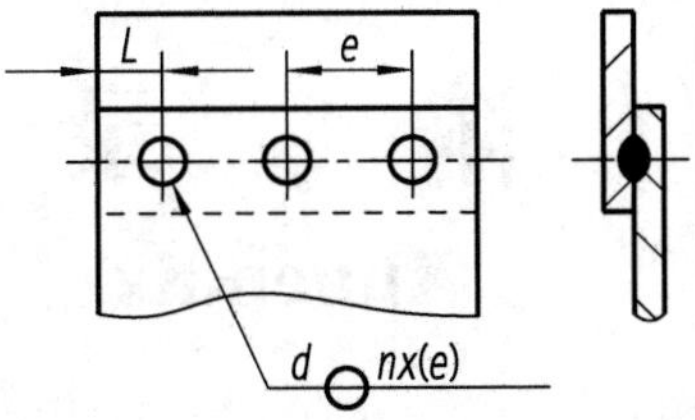 | *d* 为熔核直径；<br>⊖表示点焊缝；<br>*e* 为焊点间距；<br>*n* 表示 *n* 个焊点<br>*L* 为焊点与板边的距 |

## 复习思考题(Questions for review)

1．什么叫立体表面的展开和展开图？
2．如何区分可展曲面和不可展曲面？
3．焊接分为哪几类？
4．焊缝的表示法有几种？同一张图样上，焊缝的表示法可采用几种方法表示？

# 附　　录

# Appendix

## 一、常用零件结构要素(Ⅰ　Common structural elements of parts)

### (一) 零件倒圆与倒角(摘自 GB/T 6403.4—2008)

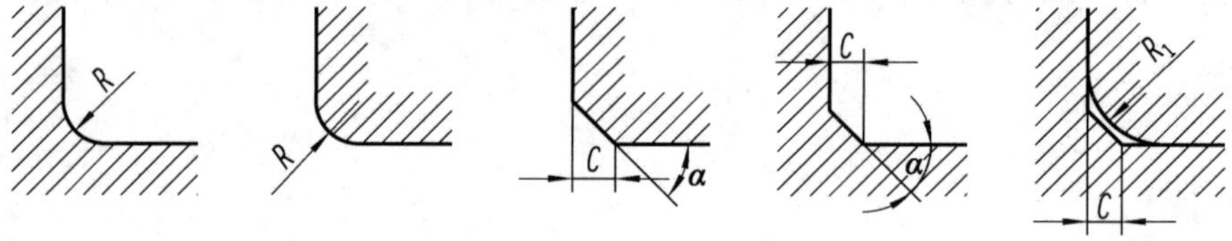


α一般采用 45°，也可以采用 30°或 60°

**附表 1　与直径φ相应的倒角 *C*、倒圆 *R* 的推荐值**　　mm

| φ | ～3 | >3～6 | >6～10 | >10～18 | >18～30 | >30～50 | >50～80 | >80～120 | >120～180 |
|---|---|---|---|---|---|---|---|---|---|
| *C* 或 *R* | 0.2 | 0.4 | 0.6 | 0.8 | 1.0 | 1.6 | 2.0 | 2.5 | 3.0 |

**附表 2　内角倒角、外角倒圆时 *C* 的最大值 $C_{max}$ 与 $R_1$ 的关系**　　mm

| $R_1$ | 0.3 | 0.4 | 0.5 | 0.6 | 0.8 | 1.0 | 1.2 | 1.6 | 2.0 | 2.5 | 3.0 | 4.0 |
|---|---|---|---|---|---|---|---|---|---|---|---|---|
| $C_{max}$ | 0.1 | 0.2 | 0.2 | 0.3 | 0.4 | 0.5 | 0.6 | 0.8 | 1.0 | 1.2 | 1.6 | 2.0 |

说明：表中“*C*”为倒角在轴线方向的长度，与倒角注法中符号 *C* 的含义不同。

### (二) 砂轮越程槽(GB/T 6403.5—2008)

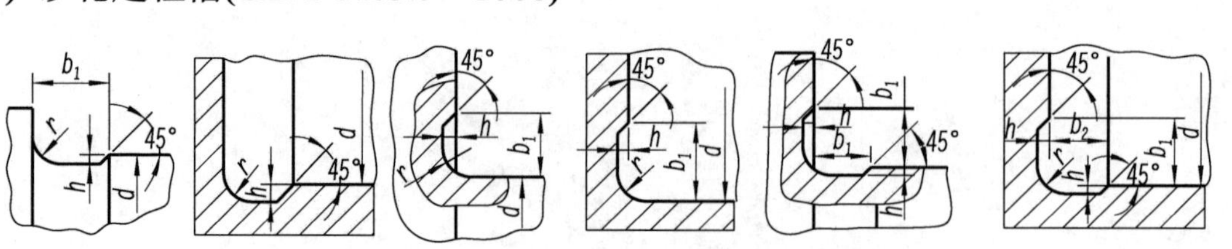


（a）磨外圆　（b）磨内圆　（c）磨外端面　（d）磨内端面　（e）磨外圆及端面　（f）磨内圆及端面

附表 3　回转面及端面砂轮越程槽的尺寸　mm

| $b_1$ | 0.6 | 1.0 | 1.6 | 2.0 | 3.0 | 4.0 | 5.0 | 8.0 | 10 |
|---|---|---|---|---|---|---|---|---|---|
| $b_2$ | 2.0 | 3.0 | | 4.0 | | 5.0 | | 8.0 | 10 |
| $h$ | 0.1 | 0.2 | | 0.3 | 0.4 | | 0.6 | 0.8 | 1.2 |
| $r$ | 0.2 | 0.5 | | 0.8 | 1.0 | | 1.6 | 2.0 | 3.0 |
| $d$ | ～10 | | | >10～50 | | >50～100 | | >100 | |

注：(1) 越程槽内二直线相交处，不允许产生尖角。

(2) 越程槽深度 $h$ 与圆弧半径 $r$，要满足 $r \leqslant 3h$。

## (三) 普通螺纹退刀槽

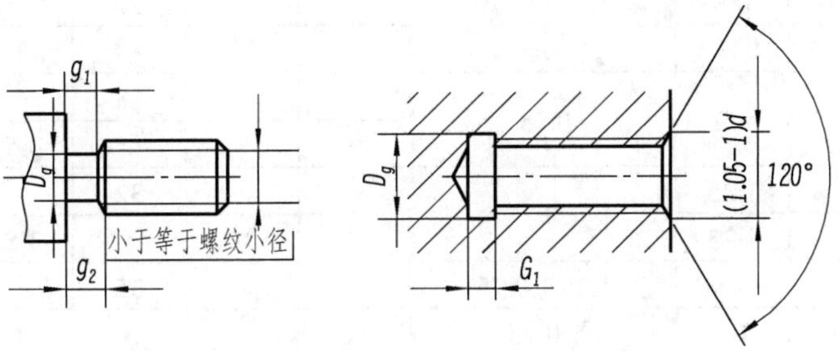


附表 4　普通螺纹退刀槽尺寸(摘自 GB/T 3—1997)　mm

| 螺距 | 外螺纹 | | | 内螺纹 | | 螺距 | 外螺纹 | | | 内螺纹 | |
|---|---|---|---|---|---|---|---|---|---|---|---|
| | $g_{2max}$ | $g_{1min}$ | $d_g$ | $G_1$ | $D_g$ | | $g_{2max}$ | $g_{1min}$ | $d_g$ | $G_1$ | $D_g$ |
| 0.5 | 1.5 | 0.8 | $d$−0.8 | 2 | $D$+0.3 | 1.75 | 5.25 | 3 | $d$−2.6 | 7 | $D$+0.5 |
| 0.7 | 2.1 | 1.1 | $d$−1.1 | 2.8 | | 2 | 6 | 3.4 | $d$−3 | 8 | |
| 0.8 | 2.4 | 1.3 | $d$−1.3 | 3.2 | | 2.5 | 7.5 | 4.4 | $d$−3.6 | 10 | |
| 1 | 3 | 1.6 | $d$−1.6 | 4 | $D$+0.5 | 3 | 9 | 5.2 | $d$−4.4 | 12 | |
| 1.25 | 3.75 | 2 | $d$−2 | 5 | | 3.5 | 10.5 | 6.2 | $d$−5 | 14 | |
| 1.5 | 4.5 | 2.5 | $d$−2.5 | 6 | | 4 | 12 | 7 | $d$−5.7 | 16 | |

# 二、螺纹(Ⅱ　Thread)

## (一) 普通螺纹

标记示例

粗牙普通螺纹，公称直径 10 mm，右旋，中径公差带代号 5g，顶径公差带代号 6g，短旋合长度的外螺纹，其标记为：M10-5g6g-S。

细牙普通螺纹，公称直径 10 mm，螺距 1 mm，左旋，中径和顶径公差带代号都是 6H，中等旋合长度的内螺纹，其标记为：M10-6H。

1) 普通螺纹直径与螺距系列(摘自 GB/T 193—2003)见附表 5。

**附表 5　直径与螺距系列(摘自 GB/T 193—2003)** mm

| 公称直径 $D$、$d$ | | | 螺距 $p$ | | 公称直径 $D$、$d$ | | | 螺距 $p$ | |
|---|---|---|---|---|---|---|---|---|---|
| 第一系列 | 第二系列 | 第三系列 | 粗牙 | 细牙 | 第一系列 | 第二系列 | 第三系列 | 粗牙 | 细牙 |
| 2 | | | 0.4 | 0.25 | 16 | | | 2 | 1.5,1 |
| | 2.2 | | 0.45 | | | | 17 | | |
| 2.5 | | | | 0.35 | | 18 | | 2.5 | 2,1.5,1 |
| 3 | | | 0.5 | | 20 | | | | |
| | 3.5 | | 0.6 | | | 22 | | | |
| 4 | | | 0.7 | 0.5 | 24 | | | 3 | 2,1.5,1 |
| | 4.5 | | 0.75 | | | | 25 | | 2,1.5 |
| 5 | | | 0.8 | | | | 26 | | 1.5 |
| | | 5.5 | | | | 27 | | 3 | 2,1.5,1 |
| 6 | | | 1 | 0.75 | | | 28 | | |
| | | 7 | | | 30 | | | 3.5 | (3),2,1.5,1 |
| 8 | | | 1.25 | 1,0.75 | | | 32 | | 2,1.5 |
| | | 9 | 1.25 | | | 33 | | 3.5 | (3),2,1.5 |
| 10 | | | 1.5 | 1.25,1,0.75 | | | 35 | | 1.5 |
| | | 11 | 1.5 | 1,0.75 | 36 | | | 4 | 3,2,1.5 |
| 12 | | | 1.75 | 1.25,1 | | | 38 | | 1.5 |
| | 14 | | 2 | 1.5,1.25,1 | | 39 | | 4 | 3,2,1.5 |
| | | 15 | | 1.5,1 | | | 40 | | |

注：(1) 优先选用第一系列，其次是第二系列，第三系列尽可能不用。
(2) 括号内的螺距尽可能不用。
(3) M14×1.25 仅用于火花塞。
(4) M35×1.5 仅用于滚动轴承锁紧螺母。

2) 普通螺纹　基本尺寸(摘自 GB/T 196—2003)

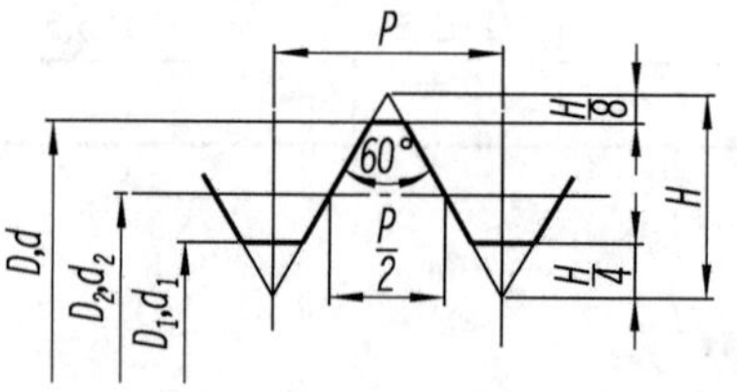


附表 6 内的螺纹中径和螺纹小径是按下列公式计算的，计算数值需圆整到小数点后的第三位。

$$D_2 = D - 2 \times \frac{3}{8} H = D - 0.649\,5P$$

$$d_2 = d - 2 \times \frac{3}{8} H = d - 0.649\,5P$$

$$D_1 = D - 2 \times \frac{5}{8} H = D - 1.082\,5P$$

$$d_1 = d - 2 \times \frac{5}{8} H = d - 1.082\,5P$$

其中：$H = \frac{\sqrt{3}}{2} P = 0.866\,025\,404P$

**附表 6　普通螺纹基本尺寸**　mm

| 公称直径(大径) $D$、$d$ | 螺距 $P$ | 中径 $D_2$ 或 $d_2$ | 小径 $D_1$ 或 $d_1$ |
|---|---|---|---|
| 1 | 0.25 | 0.838 | 0.729 |
| | 0.2 | 0.870 | 0.783 |
| 1.1 | 0.25 | 0.938 | 0.829 |
| | 0.2 | 0.970 | 0.883 |
| 1.2 | 0.25 | 1.038 | 0.929 |
| | 0.2 | 1.070 | 0.983 |
| 1.4 | 0.3 | 1.205 | 1.075 |
| | 0.2 | 1.27 | 1.183 |
| 1.6 | 0.35 | 1.373 | 1.221 |
| | 0.2 | 1.470 | 1.383 |
| 1.8 | 0.35 | 1.573 | 1.421 |
| | 0.2 | 1.670 | 1.583 |
| 2 | 0.4 | 1.740 | 1.567 |
| | 0.25 | 1.838 | 1.729 |
| 2.2 | 0.45 | 1.908 | 1.713 |
| | 0.25 | 2.038 | 1.929 |
| 2.5 | 0.45 | 2.208 | 2.013 |
| | 0.35 | 2.273 | 2.121 |
| 3 | 0.5 | 2.675 | 2.459 |
| | 0.35 | 2.773 | 2.621 |
| 3.5 | 0.6 | 3.110 | 2.850 |
| | 0.35 | 3.273 | 3.121 |
| 4 | 0.7 | 3.545 | 3.242 |
| | 0.5 | 3.675 | 3.459 |
| 4.5 | 0.75 | 4.013 | 3.688 |
| | 0.5 | 4.175 | 3.959 |
| 5 | 0.8 | 4.480 | 4.134 |
| | 0.5 | 4.675 | 4.459 |
| 5.5 | 0.5 | 5.175 | 4.595 |
| 6 | 1 | 5.350 | 4.917 |
| | 0.75 | 5.513 | 5.188 |
| 7 | 1 | 6.350 | 5.917 |
| | 0.75 | 6.513 | 6.188 |
| 8 | 1.25 | 7.188 | 6.647 |
| | 1 | 7.350 | 6.917 |
| | 0.75 | 7.513 | 7.188 |

| 公称直径(大径) $D$、$d$ | 螺距 $P$ | 中径 $D_2$ 或 $d_2$ | 小径 $D_1$ 或 $d_1$ |
|---|---|---|---|
| 9 | 1.25 | 8.188 | 0.729 |
| | 1 | 8.350 | 0.783 |
| | 0.75 | 8.513 | 0.829 |
| 10 | 1.5 | 9.026 | 0.883 |
| | 1.25 | 9.188 | 0.929 |
| | 1 | 9.350 | 0.983 |
| | 0.75 | 9.513 | 1.075 |
| 11 | 1.5 | 10.026 | 1.567 |
| | 1 | 10.350 | 1.729 |
| | 0.75 | 10.513 | 1.713 |
| 12 | 1.75 | 10.863 | 1.929 |
| | 1.5 | 11.026 | 2.013 |
| | 1.25 | 11.188 | 2.121 |
| | 1 | 11.350 | |
| 14 | 2 | 12.701 | 2.459 |
| | 1.5 | 13.026 | 2.621 |
| | 1.25 | 13.188 | 2.850 |
| | 1 | 13.350 | 3.121 |
| 15 | 1.5 | 14.026 | 3.242 |
| | 1 | 14.350 | 3.459 |
| 16 | 2 | 14.701 | 13.835 |
| | 1.5 | 15.026 | 14.376 |
| | 1 | 15.350 | 14.917 |
| 17 | 1.5 | 16.026 | 15.376 |
| | 1 | 16.350 | 15.917 |
| 18 | 2.5 | 16.376 | 15.294 |
| | 2 | 16.701 | 15.835 |
| | 1.5 | 17.026 | 16.376 |
| | 1 | 17.350 | 16.917 |
| 20 | 2.5 | 18.376 | 17.294 |
| | 2 | 18.701 | 17.835 |
| | 1.5 | 19.026 | 18.376 |
| | 1 | 19.350 | 18.917 |
| 22 | 2.5 | 20.376 | 19.294 |
| | 2 | 20.701 | 19.835 |
| | 1.5 | 21.026 | 20.376 |
| | 1 | 21.350 | 20.917 |

## (二) 非螺纹密封的管螺纹(摘自 GB/T 7307—2001)

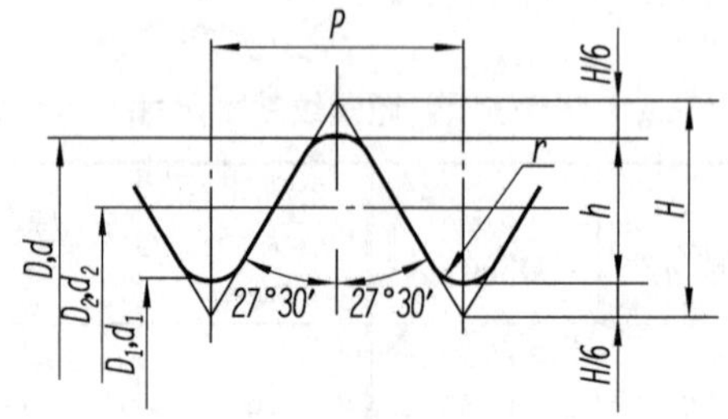


### 标记示例

管子尺寸代号为 3/4 左旋螺纹：G3/4—LH (右旋不标)

管子尺寸代号为 1/2A 级外螺纹：G1/2A

管子尺寸代号为 1/2B 级外螺纹：G1/2B

附表 7 非螺纹密封的管螺纹基本尺寸(摘自 GB/T 7307—2001) mm

| 尺寸代号 | 每 25.4 mm 内的牙数 $n$ | 螺距 $P$/mm | 牙高 $h$/mm | 圆弧半径 $r$/mm | 基本直径/mm | | |
|---|---|---|---|---|---|---|---|
| | | | | | 大径 $D$、$d$ | 中径 $D$、$d_2$ | 小径 $D_1$、$d_1$ |
| 1/16 | 28 | 0.907 | 0.581 | 0.125 | 7.723 | 7.142 | 6.561 |
| 1/8 | 28 | 0.907 | 0.581 | 0.125 | 9.728 | 9.147 | 8.566 |
| 1/4 | 19 | 1.337 | 0.856 | 0.184 | 13.157 | 12.301 | 11.445 |
| 3/8 | 19 | 1.337 | 0.856 | 0.184 | 16.662 | 15.806 | 14.950 |
| 1/2 | 14 | 1.814 | 1.162 | 0.249 | 20.955 | 19.793 | 18.631 |
| 3/4 | 14 | 1.814 | 1.162 | 0.249 | 26.441 | 25.279 | 24.117 |
| 1 | 11 | 2.309 | 1.479 | 0.317 | 33.249 | 31.770 | 30.291 |
| $1\frac{1}{4}$ | 11 | 2.309 | 1.479 | 0.317 | 41.910 | 40.431 | 38.952 |
| $1\frac{1}{2}$ | 11 | 2.309 | 1.479 | 0.317 | 47.803 | 46.324 | 44.845 |
| 2 | 11 | 2.309 | 1.479 | 0.317 | 59.614 | 58.135 | 56.656 |
| $2\frac{1}{2}$ | 11 | 2.309 | 1.479 | 0.317 | 75.184 | 73.705 | 72.226 |
| 3 | 11 | 2.309 | 1.479 | 0.317 | 87.884 | 86.405 | 84.926 |
| 4 | 11 | 2.309 | 1.479 | 0.317 | 113.030 | 111.551 | 110.072 |
| 5 | 11 | 2.309 | 1.479 | 0.317 | 138.430 | 136.951 | 135.472 |
| 6 | 11 | 2.309 | 1.479 | 0.317 | 163.830 | 162.351 | 160.872 |

## (三) 梯形螺纹

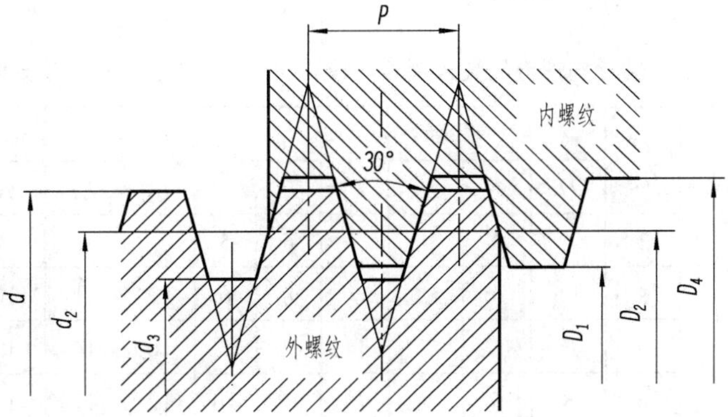


### 标记示例

单线梯形螺纹，公称直径 40 mm，螺距 7 mm，右旋，其代号为：Tr40×7

多线梯形螺纹，公称直径 40 mm，导程 14 mm，螺距 7mm，左旋，其代号为：Tr40×14(P7)LH

**附表 8　直径与螺距系列、基本尺寸(摘自 GB/T 5796.1～5796.3—2005)**　　mm

| 公称直径 $d$ 第一系列 | 公称直径 $d$ 第二系列 | 螺距 $P$ | 中径 $d_2=D_2$ | 大径 $D_4$ | 小径 $d_3$ | 小径 $D_1$ |
|---|---|---|---|---|---|---|
| 8 | | 1.5 | 7.25 | 8.30 | 6.20 | 6.50 |
| | 9 | 1.5 | 8.25 | 9.30 | 7.20 | 7.50 |
| | | 2 | 8.00 | 9.50 | 6.50 | 7.00 |
| 10 | | 1.5 | 9.25 | 10.30 | 8.20 | 8.50 |
| | | 2 | 9.00 | 10.50 | 7.50 | 8.00 |
| | 11 | 2 | 10.00 | 11.50 | 8.50 | 9.00 |
| | | 3 | 9.50 | 11.50 | 7.50 | 8.00 |
| 12 | | 2 | 11.00 | 12.50 | 9.50 | 10.00 |
| | | 3 | 10.50 | 12.50 | 8.50 | 9.00 |
| | 14 | 2 | 13.00 | 14.50 | 11.50 | 12.00 |
| | | 3 | 12.50 | 14.50 | 10.50 | 11.00 |
| 16 | | 2 | 15.00 | 16.50 | 13.50 | 14.00 |
| | | 4 | 14.00 | 16.50 | 11.50 | 12.00 |
| | 18 | 2 | 17.00 | 18.50 | 15.50 | 16.00 |
| | | 4 | 16.00 | 18.50 | 13.50 | 14.00 |
| 20 | | 2 | 19.00 | 20.50 | 17.50 | 18.00 |
| | | 4 | 18.00 | 20.50 | 15.50 | 16.00 |
| | 22 | 3 | 20.50 | 22.50 | 18.50 | 19.00 |
| | | 5 | 19.50 | 22.50 | 16.50 | 17.00 |
| | | 8 | 18.00 | 23.00 | 13.00 | 14.00 |
| 24 | | 3 | 22.50 | 24.50 | 20.50 | 21.00 |
| | | 5 | 21.50 | 24.50 | 18.50 | 19.00 |
| | | 8 | 20.00 | 25.00 | 15.00 | 16.00 |

| 公称直径 $d$ 第一系列 | 公称直径 $d$ 第二系列 | 螺距 $P$ | 中径 $d_2=D_2$ | 大径 $D_4$ | 小径 $D_i$ | 小径 $D_1$ |
|---|---|---|---|---|---|---|
| | 26 | 3 | 24.50 | 26.50 | 22.50 | 23.00 |
| | | 5 | 23.50 | 26.50 | 20.50 | 21.00 |
| | | 8 | 22.00 | 27.00 | 17.00 | 18.00 |
| 28 | | 3 | 26.50 | 28.50 | 24.50 | 25.00 |
| | | 5 | 25.50 | 28.50 | 22.50 | 23.00 |
| | | 8 | 24.00 | 29.00 | 19.00 | 20.00 |
| | 30 | 3 | 28.50 | 30.50 | 26.50 | 27.00 |
| | | 6 | 27.00 | 31.00 | 23.00 | 24.00 |
| | | 10 | 25.00 | 31.00 | 19.00 | 20.00 |
| 32 | | 3 | 30.50 | 32.50 | 28.50 | 29.00 |
| | | 6 | 29.00 | 33.00 | 25.00 | 26.00 |
| | | 10 | 27.00 | 33.00 | 21.00 | 22.00 |
| | 34 | 3 | 32.50 | 34.50 | 30.50 | 31.00 |
| | | 6 | 31.00 | 35.00 | 27.00 | 28.00 |
| | | 10 | 29.00 | 35.00 | 23.00 | 24.00 |
| 36 | | 3 | 34.50 | 36.50 | 32.50 | 33.00 |
| | | 6 | 33.00 | 37.00 | 29.00 | 30.00 |
| | | 10 | 31.00 | 37.00 | 25.00 | 26.00 |
| | 38 | 3 | 36.50 | 38.50 | 34.50 | 35.00 |
| | | 7 | 34.50 | 39.00 | 30.00 | 31.00 |
| | | 10 | 33.00 | 39.00 | 27.00 | 28.00 |
| 40 | | 3 | 38.50 | 40.50 | 36.50 | 37.00 |
| | | 7 | 36.50 | 41.00 | 32.00 | 33.00 |
| | | 10 | 35.00 | 41.00 | 29.00 | 30.00 |

注：请优先选择第一系列的直径。

## (四) 螺孔，螺栓、螺钉通孔和沉头座

附表 9 粗牙螺栓与螺钉的拧入深度、螺孔深度和钻孔深度(JB/GQ 0126—1980) mm

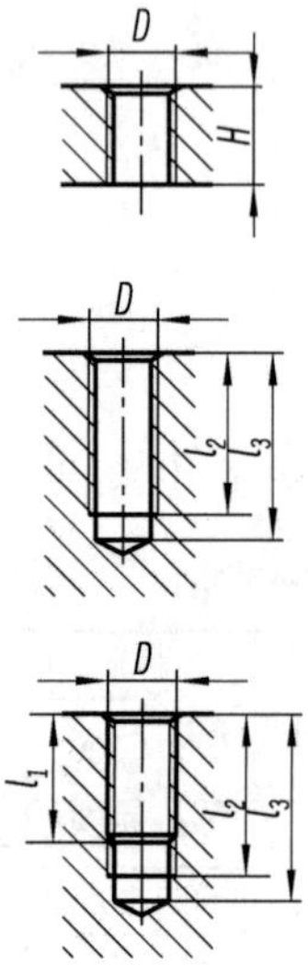


| D (d) | 用于钢或青铜 | | | | 用于铸铁 | | | | 用于铝 | | | |
|---|---|---|---|---|---|---|---|---|---|---|---|---|
| | $H$ | $L_1$ | $L_2$ | $L_3$ | $H$ | $L_1$ | $L_2$ | $L_3$ | $H$ | $L_1$ | $L_2$ | $L_3$ |
| 3 | 4 | 3 | 4 | 7 | 6 | 5 | 6 | 9 | 8 | 6 | 7 | 10 |
| 4 | 5.5 | 4 | 5.5 | 9 | 8 | 6 | 7.5 | 11 | 10 | 8 | 10 | 14 |
| 5 | 7 | 5 | 7 | 11 | 10 | 8 | 10 | 14 | 12 | 10 | 12 | 16 |
| 6 | 8 | 6 | 8 | 13 | 12 | 10 | 12 | 17 | 15 | 12 | 15 | 20 |
| 8 | 10 | 8 | 10 | 16 | 15 | 12 | 14 | 20 | 20 | 16 | 18 | 24 |
| 10 | 12 | 10 | 13 | 20 | 18 | 15 | 18 | 25 | 24 | 20 | 23 | 30 |
| 12 | 15 | 12 | 15 | 24 | 22 | 18 | 21 | 30 | 28 | 24 | 27 | 36 |
| 16 | 20 | 16 | 20 | 30 | 28 | 24 | 28 | 38 | 36 | 32 | 36 | 46 |
| 20 | 25 | 20 | 24 | 36 | 35 | 30 | 35 | 47 | 45 | 40 | 45 | 57 |
| 24 | 30 | 24 | 30 | 44 | 42 | 35 | 42 | 55 | 65 | 48 | 54 | 68 |
| 30 | 36 | 30 | 36 | 52 | 50 | 45 | 52 | 68 | 70 | 60 | 67 | 84 |
| 36 | 45 | 36 | 44 | 62 | 65 | 55 | 64 | 82 | 80 | 72 | 80 | 98 |
| 42 | 50 | 42 | 50 | 72 | 75 | 65 | 74 | 95 | 95 | 85 | 94 | 115 |
| 48 | 60 | 48 | 58 | 82 | 85 | 75 | 85 | 108 | 105 | 95 | 105 | 128 |

附表 10 紧固件通孔(摘自 GB/T 5286—2001)及沉头座尺寸(摘自 GB/T 152.2～152.4—1988) mm

| 螺纹规格 $d$ | | | | 2 | 2.5 | 3 | 4 | 5 | 6 | 8 | 10 | 12 | 14 | 16 | 18 | 20 | 22 | 24 |
|---|---|---|---|---|---|---|---|---|---|---|---|---|---|---|---|---|---|---|
| 通孔直径 | | 精装配 | | 2.2 | 2.7 | 3.2 | 4.3 | 5.3 | 6.4 | 8.4 | 10.5 | 13 | 15 | 17 | 19 | 21 | 23 | 25 |
| | | 中等装配 | | 2.4 | 2.9 | 3.4 | 4.5 | 5.5 | 6.6 | 9 | 11 | 13.5 | 15.5 | 17.5 | 20 | 22 | 24 | 26 |
| | | 粗装配 | | 2.6 | 3.1 | 3.6 | 4.8 | 5.8 | 7 | 10 | 12 | 14.5 | 16.5 | 18.5 | 21 | 24 | 26 | 28 |
| 六角头螺栓和螺母用沉孔 | 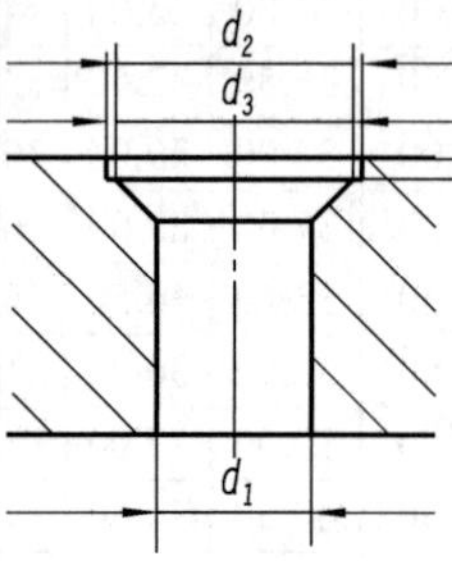 | 用于标准对边宽度六角头螺栓及六角螺母 | $d_2$ (H15) | 6 | 8 | 9 | 10 | 11 | 13 | 18 | 22 | 26 | 30 | 33 | 36 | 40 | 43 | 48 |
| | | | $d_3$ | — | — | — | — | — | — | — | — | 16 | 18 | 20 | 22 | 24 | 26 | 28 |
| | | | $d_1$ (H13) | 2.4 | 2.9 | 3.4 | 4.5 | 5.5 | 6.6 | 9 | 11 | 13.5 | 15.5 | 17.5 | 20 | 22 | 24 | 26 |

续附表 10

| 螺纹规格 $d$ | | | | 2 | 2.5 | 3 | 4 | 5 | 6 | 8 | 10 | 12 | 14 | 16 | 18 | 20 | 22 | 24 |
|---|---|---|---|---|---|---|---|---|---|---|---|---|---|---|---|---|---|---|
| 通孔直径 | | 精装配 | | 2.2 | 2.7 | 3.2 | 4.3 | 5.3 | 6.4 | 8.4 | 10.5 | 13 | 15 | 17 | 19 | 21 | 23 | 25 |
| | | 中等装配 | | 2.4 | 2.9 | 3.4 | 4.5 | 5.5 | 6.6 | 9 | 11 | 13.5 | 15.5 | 17.5 | 20 | 22 | 24 | 26 |
| | | 粗装配 | | 2.6 | 3.1 | 3.6 | 4.8 | 5.8 | 7 | 10 | 12 | 14.5 | 16.5 | 18.5 | 21 | 24 | 26 | 28 |
| 圆柱头用沉孔 | 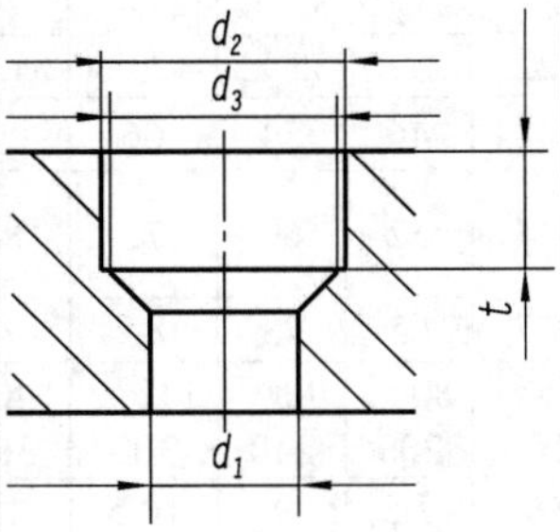 | 用于 GB/T 70 | $d_2$ (H13) | 44.3 | 5.0 | 6.0 | 8.0 | 10 | 11 | 15 | 18 | 20 | 24 | 26 | — | 33 | — | 40 |
| | | | $t$(H13) | 2.3 | 2.9 | 3.4 | 4.6 | 5.7 | 6.8 | 9 | 11 | 13 | 15 | 17.5 | — | 21.5 | — | 25.5 |
| | | | $d_3$ | — | — | — | — | — | — | — | — | 16 | 18 | 20 | — | 24 | — | 28 |
| | | | $d_1$ (H13) | 2.4 | 2.9 | 3.4 | 4.5 | 5.5 | 6.6 | 9 | 11 | 13.5 | 15.5 | 17.5 | — | 22 | — | 26 |
| | | 用于 GB/T67 及 GB/T65 | $d_2$ (H13) | — | — | — | 8 | 10 | 11 | 15 | 18 | 20 | 24 | 26 | — | 33 | — | — |
| | | | $t$(H13) | — | — | — | 3.2 | 4 | 4.7 | 6 | 7 | 8 | 9 | 10.5 | — | 12.5 | — | — |
| | | | $d_3$ | — | — | — | — | — | — | — | — | 16 | 18 | 20 | — | 24 | — | — |
| | | | $d_1$ (H13) | — | — | — | 4.5 | 5.5 | 6.6 | 9 | 11 | 13.5 | 15.5 | 17.5 | — | 22 | — | — |
| 沉头用沉孔 | 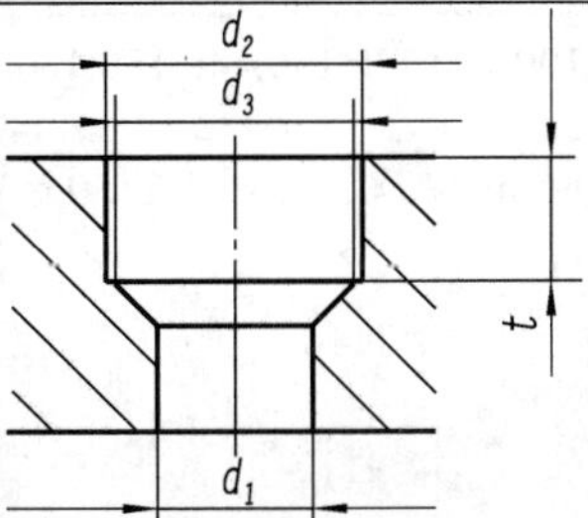 | 用于沉头及半沉头螺钉 | $d_2$ (H13) | 4.5 | 5.6 | 6.4 | 9.6 | 10.6 | 12.8 | 17.6 | 20.3 | 24.4 | 28.4 | 32.4 | | 40.4 | | |
| | | | $t\approx$ | 1.2 | 1.5 | 1.6 | 2.7 | 2.7 | 3.3 | 4.6 | 5 | 6 | 7 | 8 | — | 10 | | |
| | | | $d_1$ (H13) | 2.4 | 2.9 | 3.4 | 4.5 | 5.5 | 6.6 | 9 | 11 | 13.5 | 15.5 | 17.5 | — | 22 | | |

注：尺寸带括弧的为基公差带。

## 三、常用的标准件(Ⅲ　Common standard parts)

### (一) 六角头螺栓(A 级和 B 级，摘自 GB/T 5782—2016)、六角头螺栓[全螺纹，A 级和 B 级(摘自 GB/T 5782—2016)]

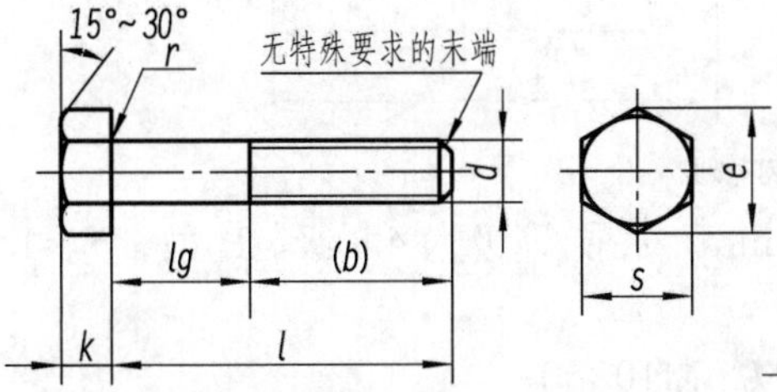


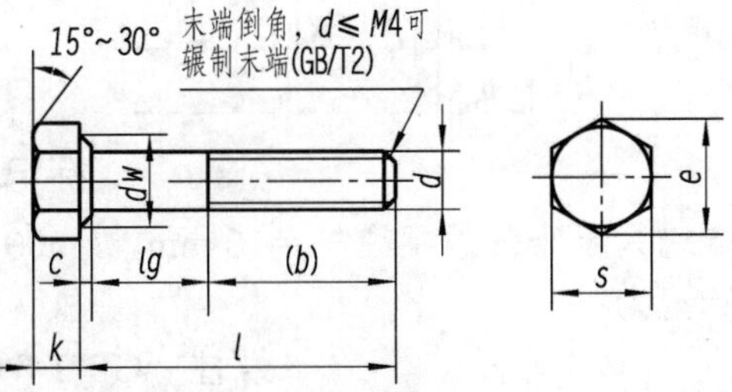


标记示例

螺纹规格 $d$=M12，公称长度 $l$=80，性能等级为 8.8 级，表面氧化，A 级的六角头螺栓：

螺栓　GB/T 5782　M12×80

**附表 11　六角头螺栓各部分尺寸** mm

| 螺纹规格 $d$ | | | M3 | M4 | M5 | M6 | M8 | M10 | M12 | M16 | M20 | M24 | M30 | M36 |
|---|---|---|---|---|---|---|---|---|---|---|---|---|---|---|
| $e$ min | 产品等级 | A | 6.01 | 7.66 | 8.78 | 11.05 | 14.38 | 17.77 | 20.03 | 26.75 | 33.53 | 39.98 | — | — |
| | | B | 5.88 | 7.5 | 8.63 | 10.89 | 14.20 | 17.59 | 19.85 | 26.17 | 32.95 | 39.55 | 50.85 | 60.79 |
| $s$ 公称=max | | | 5.5 | 7 | 8 | 10 | 13 | 16 | 18 | 24 | 30 | 36 | 46 | 55 |
| $k$ 公称 | | | 2 | 2.8 | 3.5 | 4 | 5.3 | 6.4 | 7.5 | 10 | 12.5 | 15 | 18.7 | 22.5 |
| $C$ | max | | 0.4 | 0.4 | 0.5 | 0.5 | 0.6 | 0.6 | 0.6 | 0.8 | 0.8 | 0.8 | 0.8 | 0.8 |
| | min | | 0.15 | 0.15 | 0.15 | 0.15 | 0.15 | 0.15 | 0.15 | 0.2 | 0.2 | 0.2 | 0.2 | 0.2 |
| $dw$ min | 产品等级 | A | 4.57 | 5.88 | 6.88 | 8.88 | 11.63 | 14.63 | 16.63 | 22.49 | 28.19 | 33.61 | — | — |
| | | B | 4.45 | 5.74 | 6.74 | 8.74 | 11.47 | 14.47 | 16.47 | 22 | 27.7 | 33.25 | 42.75 | 51.11 |
| GB/T 5782—2016 | $b$ 参考 | $l_{公称}\leqslant 125$ | 12 | 14 | 16 | 18 | 22 | 26 | 30 | 38 | 46 | 54 | 66 | — |
| | | $125<l_{公称}\leqslant 200$ | 18 | 20 | 22 | 24 | 28 | 32 | 36 | 44 | 52 | 60 | 72 | 84 |
| | | $l_{公称}>200$ | 31 | 33 | 35 | 37 | 41 | 45 | 49 | 57 | 65 | 73 | 85 | 97 |
| | $l_{公称}$ | | 20～30 | 25～40 | 25～50 | 30～60 | 40～80 | 45～100 | 50～120 | 65～160 | 80～200 | 90～240 | 110～300 | 140～360 |
| | $a$ | max | 1.5 | 2.1 | 2.4 | 3 | 4 | 4.5 | 5.3 | 6 | 7.5 | 9 | 10.5 | 12 |
| | | min | 0.5 | 0.7 | 0.8 | 1 | 1.25 | 1.5 | 1.75 | 2 | 2.5 | 3 | 3.5 | 4 |
| | $l_{公称}$ | | 20～30 | 25～40 | 25～50 | 30～60 | 40～80 | 45～100 | 50～120 | 65～160 | 80～200 | 90～240 | 110～300 | 140～360 |

注：1．螺栓系列长度 $l$ 为：12,16,20,25,30,35,40,45,50,55,60,65,70,80,90,100,110,120,130,140,150,160,180,200,220,240,260,280,300,320,340,360,380,400,420,440,460,480,500。

2．产品等级 A、B 是根据公差取值而定，A 级公差小，用于 $d\leqslant 24$ mm 和 $l\leqslant 10d$ 或 $l\leqslant 150$ mm 的螺栓；B 级用于 $d>24$ mm 和 $l>10d$ 或 $l>150$ mm 的螺栓。

## (二) 双头螺柱

双头螺柱：$b_m=1d$(GB/T 897—1988)

双头螺柱：$b_m=1.25d$(GB/T 898—1988)

双头螺柱：$b_m=1.5d$(GB/T 899—1988)

双头螺柱：$b_m=2d$(GB/T 900—1988)

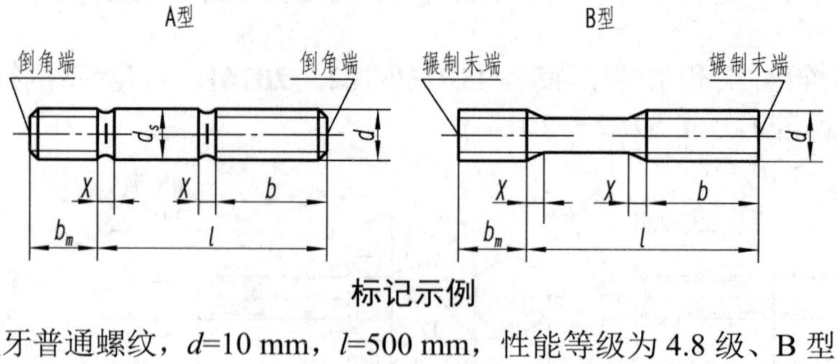


**标记示例**

两端均为粗牙普通螺纹，$d$=10 mm，$l$=500 mm，性能等级为 4.8 级、B 型、$b_m=1d$ 的双头螺柱的标记为：

螺柱　GB/T 897　M10×50

旋入机体一端为粗牙普通螺纹，旋螺母一端为螺距 $P$=1 mm 的细牙普通螺纹，$d$=10 mm，$l$=50 mm，性能等级为 8.8 级、镀锌钝化、B 型、$b_m=1d$ 的双头螺柱的标记为：

螺柱　GB/T 897　GM10—M10×50－8.8－Zn・D

附表 12 双头螺柱基本尺寸

mm

| 螺纹规格 $d$ | | M5 | M6 | M8 | M10 | M12 | M16 | M20 | M24 | M30 | M36 | M42 |
|---|---|---|---|---|---|---|---|---|---|---|---|---|
| $b_m$ | GB/T 897—1988 | 5 | 6 | 8 | 10 | 12 | 16 | 20 | 24 | 30 | 36 | 42 |
| | GB/T 898—1988 | 6 | 8 | 10 | 12 | 15 | 20 | 25 | 30 | 36 | 45 | 52 |
| | GB/T 899—1988 | 8 | 10 | 12 | 15 | 18 | 24 | 30 | 36 | 45 | 54 | 65 |
| | GB/T 900—1988 | 10 | 12 | 15 | 18 | 24 | 32 | 40 | 48 | 60 | 72 | 84 |
| $d_s$ | | 5 | 6 | 8 | 10 | 12 | 16 | 20 | 24 | 30 | 36 | 42 |
| $x$ | | 1.5$P$ | 1.5$P$ | 1.5$P$ | 1.5$P$ | 1.5$P$ | 1.5$P$ | 1.5$P$ | 1.5$P$ | 1.5$P$ | 1.5$P$ | 1.5$P$ |
| $\frac{l}{b}$ | | $\frac{16\sim12}{10}$ | $\frac{20\sim22}{10}$ | $\frac{20\sim22}{10}$ | $\frac{25\sim28}{14}$ | $\frac{25\sim30}{16}$ | $\frac{30\sim38}{20}$ | $\frac{35\sim40}{25}$ | $\frac{45\sim50}{30}$ | $\frac{60\sim65}{40}$ | $\frac{65\sim75}{45}$ | $\frac{65\sim80}{50}$ |
| | | $\frac{25\sim50}{16}$ | $\frac{25\sim30}{16}$ | $\frac{25\sim30}{16}$ | $\frac{30\sim38}{16}$ | $\frac{32\sim40}{20}$ | $\frac{40\sim45}{30}$ | $\frac{45\sim65}{35}$ | $\frac{55\sim75}{45}$ | $\frac{70\sim90}{50}$ | $\frac{80\sim110}{60}$ | $\frac{85\sim110}{70}$ |
| | | | $\frac{32\sim75}{18}$ | $\frac{32\sim90}{22}$ | $\frac{40\sim120}{26}$ | $\frac{45\sim120}{30}$ | $\frac{60\sim180}{38}$ | $\frac{70\sim120}{46}$ | $\frac{80\sim120}{54}$ | $\frac{95\sim120}{60}$ | $\frac{120}{78}$ | $\frac{120}{90}$ |
| | | | | | $\frac{130}{32}$ | $\frac{130\sim180}{36}$ | $\frac{130\sim200}{44}$ | $\frac{130\sim200}{52}$ | $\frac{130\sim200}{60}$ | $\frac{130\sim200}{72}$ | $\frac{130\sim200}{84}$ | $\frac{130\sim200}{96}$ |
| | | | | | | | | | | $\frac{210\sim250}{85}$ | $\frac{210\sim300}{91}$ | $\frac{210\sim300}{109}$ |
| $l$ 系列 | | 16,(18),20,(22),25,(28),30,(32),35,(38),40,45,50,(55),60,(65),70,(75),80,(85),90,(95),100,110,120,130,140,150,160,170,180,190,200,210,220,230,240,250,260,280,300 | | | | | | | | | | |

注：$P$ 是粗牙螺纹的螺距。

## (三) 开槽圆柱头螺钉(摘自 GB/T 65—2016)

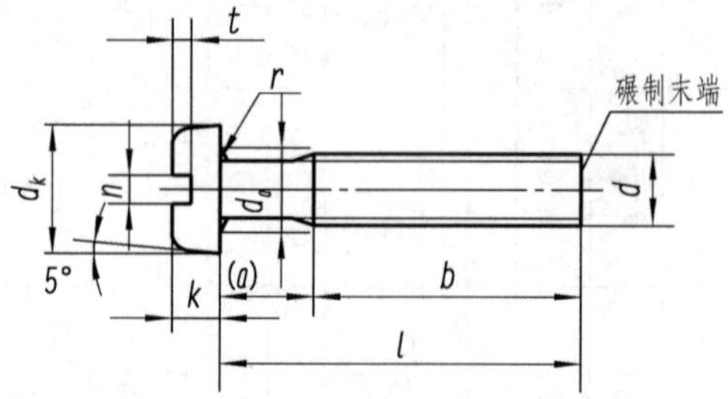


### 标记示例

螺纹规格 $d$=M6、公称长度 $l$=20 mm、性能等级为 4.8 级、不经表面处理的 A 级开槽圆柱头螺钉：

螺钉 GB/T 65 M6×20

**附表 13 开槽圆柱头螺钉各部分尺寸** mm

| 螺纹规格 $d$ | | | M3 | M4 | M5 | M6 | M8 | M10 |
|---|---|---|---|---|---|---|---|---|
| $A$ | | max | 1 | 1.4 | 1.6 | 2 | 2.5 | 3 |
| $b$ | | min | 25 | 38 | 38 | 38 | 38 | 38 |
| $x$ | | max | 1.25 | 1.75 | 2 | 2.5 | 3.2 | 3.8 |
| $n$ 公称 | | | 0.8 | 1.2 | 1.2 | 1.6 | 2 | 2.5 |
| GB/T 65—2016 | $d_k$ | 公称=max | 5.5 | 7 | 8.5 | 10 | 13 | 16 |
| | | min | 5.32 | 6.78 | 8.28 | 9.78 | 12.73 | 15.73 |
| | $k$ | 公称=max | 2 | 2.6 | 3.3 | 3.9 | 5 | 6 |
| | | min | 1.86 | 2.46 | 3.1 | 3.6 | 4.7 | 5.7 |
| | $r$ | min | 0.85 | 1.1 | 1.3 | 1.6 | 2 | 2.4 |
| | $t$ | min | 0.1 | 0.2 | 0.2 | 0.25 | 0.4 | 0.4 |
| | $\frac{l}{b}$ | | $\frac{4\sim30}{l-a}$ | $\frac{5\sim40}{l-a}$ | $\frac{6\sim40}{l-a}$ $\frac{45\sim50}{b}$ | $\frac{8\sim40}{l-a}$ $\frac{45\sim60}{b}$ | $\frac{10\sim40}{l-a}$ $\frac{45\sim80}{b}$ | $\frac{12\sim40}{l-a}$ $\frac{45\sim80}{b}$ |
| 公称长度 $l$ | $d_k$ | 公称=max | 5.5 | 8.4 | 9.3 | 11.3 | 15.8 | 18.3 |
| | | min | 5.2 | 8.04 | 8.94 | 10.87 | 15.37 | 17.78 |
| | $k$ | 公称=max | 1.65 | 2.7 | 2.7 | 3.3 | 4.65 | 5 |
| | $t$ | max | 0.85 | 1.3 | 1.4 | 1.6 | 2.3 | 2.6 |
| | | min | 0.6 | 1 | 1.1 | 1.2 | 1.8 | 2 |
| | $r$ | max | 0.8 | 1 | 1.3 | 1.5 | 2 | 2.5 |
| | $\frac{l}{b}$ | | $\frac{5\sim30}{l-(k+a)}$ | $\frac{6\sim40}{l-(k+a)}$ | $\frac{8\sim45}{l-(k+a)}$ $\frac{50}{b}$ | $\frac{8\sim45}{l-(k+a)}$ $\frac{50\sim60}{b}$ | $\frac{10\sim45}{l-(k+a)}$ $\frac{50\sim80}{b}$ | $\frac{12\sim45}{l-(k+a)}$ $\frac{50\sim80}{b}$ |

注：1．螺钉的长度系列 $l$：4,5,6,8,10,12,(14),16,20,25,30,35,40,45,50,(55),60,(65),70,(75),80,尽可能不采用括号内的规格。

2．当表中的 $l/b$ 的 $b=l-a$ 或 $b=l-(k+a)$时，表示全螺纹。

3．$d_a$ 表示过渡圆直径。

4．无螺纹部分杆径约等于螺纹中径或螺纹大径。

5．螺钉性能 4.8、5.8 等级有级，其中 4.8 级为常用。

## (四) 开槽沉头螺钉(摘自 GB/T 68—2000)

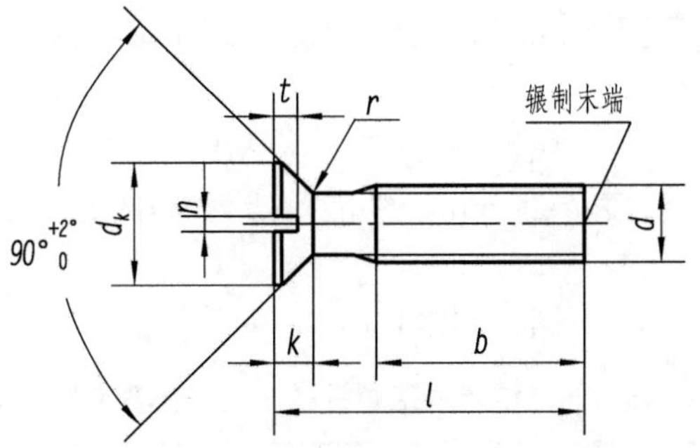


标记示例

螺纹规格　d＝M5、公称长度 l=20 mm、性能等级为 4.8 级、不经表面处理的 A 级开槽沉头螺钉：

螺钉　GB/T 68　M5×20

附表 14　开槽沉头螺钉　mm

| 螺纹规格 d | M1.6 | M2 | M2.5 | M3 | M4 | M5 | M6 | M8 | M10 |
|---|---|---|---|---|---|---|---|---|---|
| P(螺距) | 0.35 | 0.4 | 0.45 | 0.5 | 0.7 | 0.8 | 1 | 1.25 | 1.5 |
| b | 25 | 25 | 25 | 25 | 38 | 38 | 38 | 38 | 38 |
| $d_k$ | 3.6 | 4.4 | 5.5 | 6.3 | 9.4 | 10.4 | 12.6 | 17.3 | 20 |
| k | 1 | 1.2 | 1.5 | 1.65 | 2.7 | 2.7 | 3.3 | 4.65 | 5 |
| n | 0.4 | 0.5 | 0.6 | 0.8 | 1.2 | 1.2 | 1.6 | 2 | 2.5 |
| r | 0.4 | 0.5 | 0.6 | 0.8 | 1 | 1.3 | 1.5 | 2 | 2.5 |
| t | 0.5 | 0.6 | 0.75 | 0.85 | 1.3 | 1.4 | 1.6 | 2.3 | 2.6 |
| 公称长度 l | 2.5～16 | 3～20 | 4～25 | 5～30 | 6～40 | 8～50 | 8～60 | 10～80 | 12～80 |
| l 系列 | 2.5,3,4,5,6,8,10,12,(14),16,20,25,30,35,40,45,50,(55),60,(65),70,(75),80 | | | | | | | | |

注：1．括号中的规格尽可能不采用。
2．M1.6～M10 的螺钉、公称长度 l≤30 mm 的，制出全螺纹。
3．M4～M10 的螺钉、公称长度 l≤45 mm 的，制出全螺纹。

## (五) 开槽紧定螺钉

锥端 (GB/T 71—2018)　平端 (GB/T 73—2017)　凹端 (GB/T 74—2018)　长圆柱端 (GB/T 75—2018)

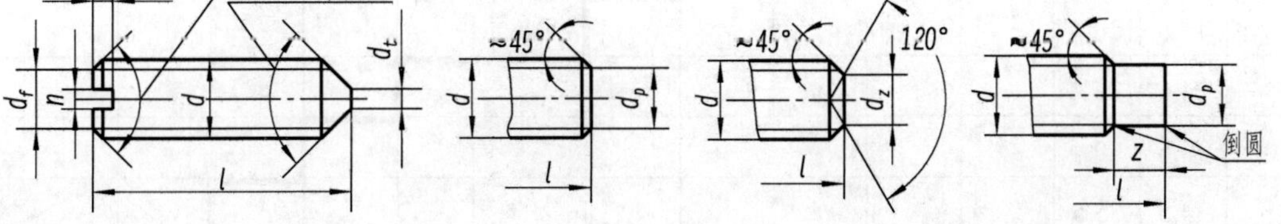

## 标记示例

螺纹规格 $d$=M5、公称度 $l$=12 mm、性能等级为 14H 级、表面氧化的开槽锥端紧定螺钉，其标记为：

螺钉 GB/T 71　　M5×12

螺纹规格 $d$=M8、公称长度 $l$=20 mm、性能等级为 14H 级、表面氧化的开槽长圆柱端紧定螺钉，其标记为：

螺钉 GB/T 75　　M8×20

**附表 15　开槽锥端紧定螺钉基本尺寸(GB/T 71—2018)**　　mm

| 螺纹规格 $d$ | | | M1.2 | M1.6 | M2 | M2.5 | M3 | (M3.5)[a] | M4 | M5 | M6 | M8 | M10 | M12 |
|---|---|---|---|---|---|---|---|---|---|---|---|---|---|---|
| $p^b$ | | | 0.25 | 0.35 | 0.4 | 0.45 | 0.5 | 0.6 | 0.7 | 0.8 | 1 | 1.25 | 1.5 | 1.75 |
| $d_f$ | ≈ | | 螺纹小径 | | | | | | | | | | | |
| $d_t$ | min | | — | — | — | — | — | — | — | — | — | — | — | — |
| | max | | 0.12 | 0.16 | 0.2 | 0.25 | 0.3 | 0.35 | 0.4 | 0.5 | 1.5 | 2 | 2.5 | 3 |
| $n$ | 公称 | | 0.2 | 0.25 | 0.25 | 0.4 | 0.4 | 0.5 | 0.6 | 0.8 | 1 | 1.2 | 1.6 | 2 |
| | min | | 0.26 | 0.31 | 0.31 | 0.46 | 0.46 | 0.56 | 0.66 | 0.86 | 1.06 | 1.26 | 1.66 | 2.06 |
| | max | | 0.4 | 0.45 | 0.45 | 0.6 | 0.6 | 0.7 | 0.8 | 1 | 1.2 | 1.51 | 1.91 | 2.31 |
| $t$ | min | | 0.4 | 0.56 | 0.64 | 0.72 | 0.8 | 0.96 | 1.12 | 1.28 | 1.6 | 2 | 2.4 | 2.8 |
| | max | | 0.52 | 0.74 | 0.84 | 0.95 | 1.05 | 1.21 | 1.42 | 1.63 | 2 | 2.5 | 3 | 3.6 |
| $l$ | | | | | | | | | | | | | | |
| 公称 | min | max | | | | | | | | | | | | |
| 2 | 1.8 | 2.2 | | | | | | | | | | | | |
| 2.5 | 2.3 | 2.7 | | | | | | | | | | | | |
| 3 | 2.8 | 3.2 | | | | | | | | | | | | |
| 4 | 3.7 | 4.3 | | | | | | | | | | | | |
| 5 | 4.7 | 5.3 | | | | | | | | | | | | |
| 6 | 5.7 | 6.3 | | | | | | | | | | | | |
| 8 | 7.7 | 8.3 | | | | | | | | | | | | |
| 10 | 9.7 | 10.3 | | | | | | | | | | | | |
| 12 | 11.6 | 12.4 | | | | | | | | | | | | |
| (14)* | 13.6 | 14.4 | | | | | | | | | | | | |
| 16 | 15.6 | 16.4 | | | | | | | | | | | | |
| 20 | 19.6 | 20.4 | | | | | | | | | | | | |
| 25 | 24.6 | 25.4 | | | | | | | | | | | | |
| 30 | 29.6 | 30.4 | | | | | | | | | | | | |
| 35 | 34.5 | 35.5 | | | | | | | | | | | | |

续附表 15

| 螺纹规格 $d$ | | | M1.2 | M1.6 | M2 | M2.5 | M3 | (M3.5)[a] | M4 | M5 | M6 | M8 | M10 | M12 |
|---|---|---|---|---|---|---|---|---|---|---|---|---|---|---|
| $P^{b}$ | | | 0.25 | 0.35 | 0.4 | 0.45 | 0.5 | 0.6 | 0.7 | 0.8 | 1 | 1.25 | 1.5 | 1.75 |
| $l$ | | | | | | | | | | | | | | |
| 公称 | min | max | | | | | | | | | | | | |
| 40 | 39.5 | 40.5 | | | | | | | | | | | | |
| 45 | 44.5 | 45.5 | | | | | | | | | | | | |
| 50 | 49.5 | 50.5 | | | | | | | | | | | | |
| 55 | 54.4 | 55.6 | | | | | | | | | | | | |
| 60 | 59.4 | 60.6 | | | | | | | | | | | | |

注：阶梯实线间为优选长度范围。

a) 尽可能不采用括号内的规格；公称长度在虚阶梯线以上的短螺钉应制成 120°。

b) $P$——螺距；公称长度在虚阶梯线以下的长螺钉应制成 90°；虚阶梯线以上的短螺钉应制成 120°；90° 或 120° 近用于螺纹小径以内的末端部分。

c) ≤M5 的螺钉不要求锥端平面部分尺寸($d_t$)，可以倒圆。

**附表 16　开槽平端紧定螺钉基本尺寸(GB/T 73—2017)**　　mm

| 螺纹规格 | | | M1.2 | M1.6 | M2 | M2.5 | M3 | (M3.5)[a] | M4 | M5 | M6 | M8 | M10 | M12 |
|---|---|---|---|---|---|---|---|---|---|---|---|---|---|---|
| $P^{b}$ | | | 0.25 | 0.35 | 0.40 | 0.45 | 0.5 | 0.6 | 0.7 | 0.8 | 1 | 1.25 | 1.5 | 1.75 |
| $d_t$ | max | | 螺纹小径 | | | | | | | | | | | |
| $d_p$ | min | | 0.35 | 0.55 | 0.75 | 1.25 | 1.75 | 1.95 | 2.25 | 3.20 | 3.70 | 5.20 | 6.64 | 8.14 |
| | max | | 0.60 | 0.80 | 1.00 | 1.50 | 2.00 | 2.20 | 2.50 | 3.50 | 4.00 | 5.50 | 7.00 | 8.50 |
| $n$ | 公称 | | 0.20 | 0.50 | 0.25 | 0.40 | 0.40 | 0.50 | 0.60 | 0.80 | 1.00 | 1.20 | 1.60 | 2.00 |
| | min | | 0.26 | 0.31 | 0.31 | 0.46 | 0.46 | 0.56 | 0.66 | 0.86 | 1.06 | 1.26 | 1.66 | 2.06 |
| | max | | 0.40 | 0.45 | 0.45 | 0.60 | 0.60 | 0.70 | 0.80 | 1.00 | 1.20 | 1.51 | 1.91 | 2.31 |
| $t$ | min | | 0.40 | 0.56 | 0.64 | 0.72 | 0.80 | 0.96 | 1.12 | 1.28 | 1.60 | 2.00 | 2.40 | 2.80 |
| | max | | 0.52 | 0.74 | 0.84 | 0.95 | 1.05 | 1.21 | 1.42 | 1.63 | 2.00 | 2.50 | 3.00 | 3.60 |
| $l^{c}$ | | | | | | | | | | | | | | |
| 公称 | min | max | | | | | | | | | | | | |
| 2 | 1.8 | 2.2 | | | | | | | | | | | | |
| 2.5 | 2.3 | 2.7 | | | | | | | | | | | | |
| 3 | 2.8 | 3.2 | | | | | | | | | | | | |
| 4 | 3.7 | 4.3 | | | | | | | | | | | | |
| 5 | 4.7 | 5.3 | | | | | | | | | | | | |
| 6 | 5.7 | 6.3 | | | | | | | | | | | | |
| 8 | 7.7 | 8.3 | | | | | | | | | | | | |
| 10 | 9.7 | 10.3 | | | | | | | | | | | | |
| 12 | 11.6 | 12.4 | | | | | | | | | | | | |

续附表 16

| 螺纹规格 | | | M1.2 | M1.6 | M2 | M2.5 | M3 | (M3.5)[a] | M4 | M5 | M6 | M8 | M10 | M12 |
|---|---|---|---|---|---|---|---|---|---|---|---|---|---|---|
| $P^{b}$ | | | 0.25 | 0.35 | 0.40 | 0.45 | 0.5 | 0.6 | 0.7 | 0.8 | 1 | 1.25 | 1.5 | 1.75 |
| $l^{c}$ | | | | | | | | | | | | | | |
| 公称 | min | max | | | | | | | | | | | | |
| (14)* | 13.6 | 14.4 | | | | | | | | | | | | |
| 16 | 15.6 | 16.4 | | | | | | | | | | | | |
| 20 | 19.6 | 20.4 | | | | | | | | | | | | |
| 25 | 24.6 | 25.4 | | | | | | | | | | | | |
| 30 | 29.6 | 30.4 | | | | | | | | | | | | |
| 35 | 34.5 | 35.5 | | | | | | | | | | | | |
| 40 | 39.5 | 40.5 | | | | | | | | | | | | |
| 45 | 44.5 | 45.5 | | | | | | | | | | | | |
| 50 | 49.5 | 50.5 | | | | | | | | | | | | |
| 55 | 54.4 | 55.6 | | | | | | | | | | | | |
| 60 | 59.4 | 60.6 | | | | | | | | | | | | |

注：阶梯实线间为优选长度范围。

a) 尽可能不采用括号内的规格。

b) $P$——螺距；45° 仅用于螺纹小径以内的末端部分。

c) 最小和最大值按 GB/T 3103.1 规定，并圆整到小数点后 1 位。虚阶梯线以上的短螺钉应制成 120°。

**附表 17 开槽凹端紧定螺钉基本尺寸(GB/T 74—2018)** mm

| 螺纹规格 $d$ | | | M1.6 | M2 | M2.5 | M3 | (M3.5)[a] | M4 | M5 | M6 | M8 | M10 | M12 |
|---|---|---|---|---|---|---|---|---|---|---|---|---|---|
| $P^{b}$ | | | 0.35 | 0.4 | 0.45 | 0.5 | 0.6 | 0.7 | 0.8 | 1 | 1.25 | 1.5 | 1.75 |
| $d_f$ | ≈ | | 螺纹小径 | | | | | | | | | | |
| $d_z$ | | min | 0.55 | 0.75 | 0.95 | 1.15 | 1.45 | 1.75 | 2.25 | 2.75 | 4.7 | 5.7 | 7.7 |
| | | max | 0.8 | 1 | 1.2 | 1.4 | 1.7 | 2 | 2.5 | 3 | 5 | 6 | 8 |
| $n$ | 公称 | | 0.25 | 0.25 | 0.4 | 0.4 | 0.5 | 0.6 | 0.8 | 1 | 1.2 | 1.6 | 2 |
| | min | | 0.31 | 0.31 | 0.46 | 0.46 | 0.56 | 0.66 | 0.86 | 1.06 | 1.26 | 1.66 | 2.06 |
| | max | | 0.45 | 0.45 | 0.6 | 0.6 | 0.7 | 0.8 | 1 | 1.2 | 1.51 | 1.91 | 2.31 |
| $t$ | min | | 0.55 | 0.64 | 0.72 | 0.8 | 0.96 | 1.12 | 1.28 | 1.6 | 2 | 2.4 | 2.8 |
| | max | | 0.74 | 0.84 | 0.95 | 1.05 | 1.21 | 1.42 | 1.63 | 2 | 2.5 | 3 | 3.6 |

续附表 17

| 螺纹规格 *d* | | | M1.6 | M2 | M2.5 | M3 | (M3.5)[a] | M4 | M5 | M6 | M8 | M10 | M12 |
|---|---|---|---|---|---|---|---|---|---|---|---|---|---|
| $P^{b}$ | | | 0.35 | 0.4 | 0.45 | 0.5 | 0.6 | 0.7 | 0.8 | 1 | 1.25 | 1.5 | 1.75 |
| *l* | | | | | | | | | | | | | |
| 公称 | min | max | | | | | | | | | | | |
| 2 | 1.8 | 2.2 | | | | | | | | | | | |
| 2.5 | 2.3 | 2.7 | | | | | | | | | | | |
| 3 | 2.8 | 3.2 | | | | | | | | | | | |
| 4 | 3.7 | 4.3 | | | | | | | | | | | |
| 5 | 4.7 | 5.3 | | | | | | | | | | | |
| 6 | 5.7 | 6.3 | | | | | | | | | | | |
| 8 | 7.7 | 8.3 | | | | | | | | | | | |
| 10 | 9.7 | 10.3 | | | | | | | | | | | |
| 12 | 11.6 | 12.4 | | | | | | | | | | | |
| (14)[a] | 13.6 | 14.4 | | | | | | | | | | | |
| 16 | 15.6 | 16.4 | | | | | | | | | | | |
| 20 | 19.6 | 20.4 | | | | | | | | | | | |
| 25 | 24.6 | 25.4 | | | | | | | | | | | |
| 30 | 29.6 | 30.4 | | | | | | | | | | | |
| 35 | 34.5 | 35.5 | | | | | | | | | | | |
| 40 | 39.5 | 40.5 | | | | | | | | | | | |
| 45 | 44.5 | 45.5 | | | | | | | | | | | |
| 50 | 49.5 | 50.6 | | | | | | | | | | | |
| 55 | 54.4 | 55.6 | | | | | | | | | | | |
| 60 | 59.4 | 60.6 | | | | | | | | | | | |

注：阶梯实线为优选长度范围。

a) 尽可能不采用括号内的规格；公称长度在虚阶梯线以上的短螺钉应制成 120°。

b) *P*≈螺距；45° 仅用于螺纹小径以内的末端部分。

**附表 18　开槽长圆柱端紧定螺钉(GB/T 75—2018)**　　mm

| 螺纹规格 *d* | | M1.6 | M2 | M2.5 | M3 | (M3.5)[a] | M4 | M5 | M6 | M8 | M10 | M12 |
|---|---|---|---|---|---|---|---|---|---|---|---|---|
| $P^{b}$ | | 0.35 | 0.4 | 0.45 | 0.5 | 0.6 | 0.7 | 0.8 | 1 | 1.25 | 1.5 | 1.75 |
| $d_t$ | ≈ | 螺纹小径 | | | | | | | | | | |
| $d_p$ | min | 0.55 | 0.75 | 1.25 | 1.75 | 1.95 | 2.25 | 3.20 | 3.70 | 5.20 | 6.64 | 8.14 |
| | max | 0.80 | 1.00 | 1.50 | 2.00 | 2.20 | 2.50 | 3.50 | 4.00 | 5.50 | 7.00 | 8.50 |

续附表 18

| 螺纹规格 *d* | | | M1.6 | M2 | M2.5 | M3 | (M3.5)[a] | M4 | M5 | M6 | M8 | M10 | M12 |
|---|---|---|---|---|---|---|---|---|---|---|---|---|---|
| $P^{b}$ | | | 0.35 | 0.4 | 0.45 | 0.5 | 0.6 | 0.7 | 0.8 | 1 | 1.25 | 1.5 | 1.75 |
| *n* | 公称 | | 0.25 | 0.25 | 0.40 | 0.40 | 0.50 | 0.60 | 0.80 | 1.00 | 1.20 | 1.60 | 2.00 |
| | min | | 0.31 | 0.31 | 0.46 | 0.46 | 0.56 | 0.66 | 0.86 | 1.06 | 1.26 | 1.66 | 2.06 |
| | max | | 0.45 | 0.45 | 0.60 | 0.60 | 0.70 | 0.80 | 1.00 | 1.20 | 1.51 | 1.91 | 2.31 |
| *t* | min | | 0.56 | 0.64 | 0.72 | 0.80 | 0.96 | 1.12 | 1.28 | 1.60 | 2.00 | 2.40 | 2.80 |
| | max | | 0.74 | 0.84 | 0.95 | 1.05 | 1.21 | 1.42 | 1.63 | 2.00 | 2.50 | 3.00 | 3.60 |
| *z* | min | | 0.80 | 1.00 | 1.25 | 1.50 | 1.75 | 2.00 | 2.50 | 3.00 | 4.00 | 5.00 | 6.00 |
| | max | | 1.05 | 1.25 | 1.50 | 1.75 | 2.00 | 2.25 | 2.75 | 3.25 | 4.30 | 5.30 | 6.30 |
| *l* | | | | | | | | | | | | | |
| 公称 | min | max | | | | | | | | | | | |
| 2 | 1.8 | 2.2 | | | | | | | | | | | |
| 2.5 | 2.3 | 2.7 | | | | | | | | | | | |
| 3 | 2.8 | 3.2 | | | | | | | | | | | |
| 4 | 3.7 | 4.3 | | | | | | | | | | | |
| 5 | 4.7 | 5.3 | | | | | | | | | | | |
| 6 | 5.7 | 6.3 | | | | | | | | | | | |
| 8 | 7.7 | 8.3 | | | | | | | | | | | |
| 10 | 9.7 | 10.3 | | | | | | | | | | | |
| 12 | 11.6 | 12.4 | | | | | | | | | | | |
| (14)* | 13.6 | 14.4 | | | | | | | | | | | |
| 16 | 15.6 | 16.4 | | | | | | | | | | | |
| 20 | 19.6 | 20.4 | | | | | | | | | | | |
| 25 | 24.6 | 25.4 | | | | | | | | | | | |
| 30 | 29.6 | 30.4 | | | | | | | | | | | |
| 35 | 34.5 | 35.5 | | | | | | | | | | | |
| 40 | 39.5 | 40.5 | | | | | | | | | | | |
| 45 | 44.5 | 45.5 | | | | | | | | | | | |
| 50 | 49.5 | 50.5 | | | | | | | | | | | |
| 55 | 54.4 | 55.6 | | | | | | | | | | | |
| 60 | 59.4 | 60.6 | | | | | | | | | | | |

注：阶梯实线间为优选长度范围。

a) 尽可能不采用括号内的规格；公称长度在虚阶梯线以上的短螺钉应制成 120°。

b) *P*——螺距；45°仅用于螺纹小径以内的末端部分。

## (六) 螺母

Ⅰ型六角螺母—A 级和 B 级
(GB/T 6170—2015)

Ⅱ型六角薄螺母
(GB/T 6175—2016)

六角薄螺母
(GB/T 6172.1—2016)

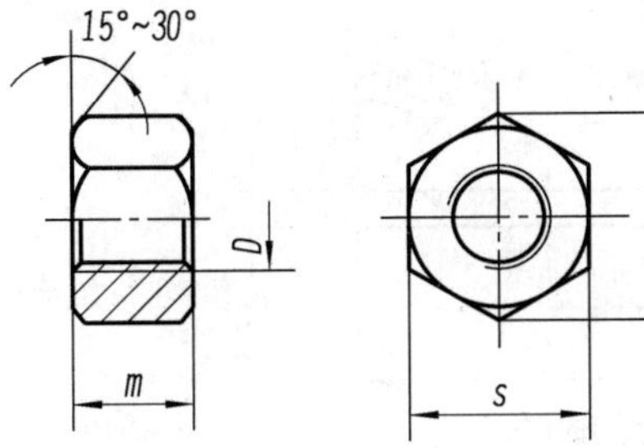


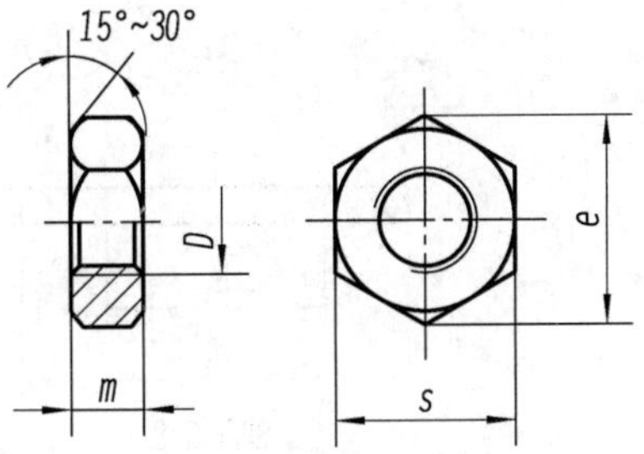


### 标记示例

螺纹规格 $D$=M12、性能等级为 8 级、不经表面处理、A 级的Ⅰ型六角螺母：

螺母　GB/T 6170　M12

螺纹规格 $D$=M12、性能等级为 9 级、表面氧化、A 级的Ⅱ型六角螺母：

螺母　GB/T 6175　M12

螺纹规格 $D$=M12、性能等级为 04 级、表面不经处理、A 级的六角薄螺母：

螺母　GB/T 6172.1　M12

**附表 19　螺母各部分尺寸**　mm

| 螺纹规格 $d$ | | | M3 | M4 | M5 | M6 | M8 | M10 | M12 | M16 | M20 | M24 | M30 | M36 |
|---|---|---|---|---|---|---|---|---|---|---|---|---|---|---|
| $e$ min | | | 6.01 | 7.66 | 8.79 | 11.05 | 14.38 | 17.77 | 20.03 | 26.75 | 32.95 | 39.55 | 50.85 | 60.79 |
| $s$ | 公称=max | | 5.5 | 7 | 8 | 10 | 13 | 16 | 18 | 24 | 30 | 36 | 46 | 55 |
| | min | | 5.32 | 6.78 | 7.78 | 9.78 | 12.73 | 15.73 | 17.73 | 23.67 | 29.16 | 35 | 45 | 53.8 |
| $c$ | max | | 0.4 | 0.4 | 0.5 | 0.5 | 0.6 | 0.6 | 0.6 | 0.8 | 0.8 | 0.8 | 0.8 | 0.8 |
| $d_w$ | min | | 4.6 | 5.9 | 6.9 | 8.9 | 11.6 | 14.6 | 16.6 | 22.5 | 27.7 | 33.2 | 42.8 | 51.1 |
| $d_a$ | max | | 3.45 | 4.6 | 5.75 | 6.75 | 8.75 | 10.8 | 13 | 17.3 | 21.6 | 25.9 | 32.4 | 38.9 |
| $m$ | GB/T 6170—2015 | max | 2.4 | 3.2 | 4.7 | 5.2 | 6.8 | 8.4 | 10.8 | 14.8 | 18 | 21.5 | 25.6 | 31 |
| | | min | 2.15 | 2.9 | 4.4 | 4.9 | 6.44 | 8.04 | 10.37 | 14.1 | 16.9 | 20.2 | 24.3 | 29.4 |
| | GB/T 6175—2016 | max | — | — | 5.1 | 5.7 | 7.5 | 9.3 | 12 | 16.4 | 20.3 | 23.9 | 28.6 | 34.7 |
| | | min | — | — | 4.8 | 5.4 | 7.14 | 8.94 | 11.57 | 15.7 | 19 | 22.6 | 27.3 | 33.1 |
| | GB/T 6172.1—2016 | max | 1.8 | 2.2 | 2.7 | 3.2 | 4 | 5 | 6 | 8 | 10 | 12 | 15 | 18 |
| | | min | 1.55 | 1.95 | 2.45 | 2.9 | 3.7 | 4.7 | 5.7 | 7.42 | 9.10 | 10.9 | 13.9 | 16.9 |

注：产品等级 A、B 是由公差取值大小决定的，A 级公差值小。A 级用于 $D$≤16 的螺母；B 级用于 $D$>16 的螺母。

## (七) 平垫圈

小垫圈－A 级(GB/T 848—2002) 平垫圈 倒角型－A 级(GB/T 97.2—2002)
平垫圈－A 级(GB/T 97.1—2002)

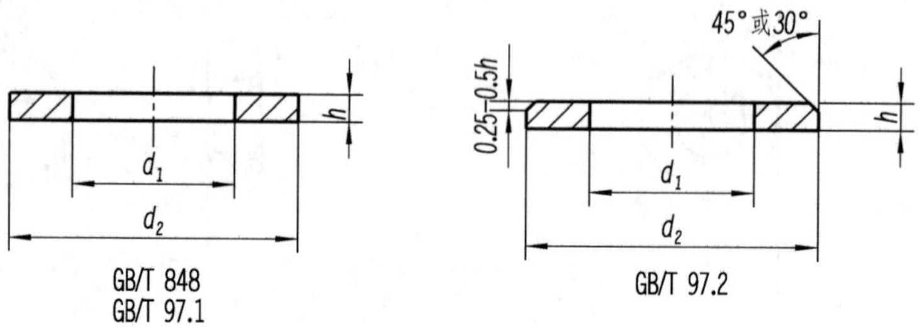


**标记示例**

标准系列、公称尺寸 8 mm、由钢制造的硬度等级为 200 HV 级，不经表面处理、产品等级为 A 级的平垫圈：

垫圈 GB/T 97.1 8

**附表 20 垫圈各部分尺寸**

mm

| 公称尺寸(螺纹规格 $d$) | | 1.6 | 2 | 2.5 | 3 | 4 | 5 | 6 | 8 | 10 | 12 | 16 | 20 | 24 | 30 | 36 |
|---|---|---|---|---|---|---|---|---|---|---|---|---|---|---|---|---|
| $d_1$ | GB/T 848 | 1.7 | 2.2 | 2.7 | 3.2 | 4.3 | 5.3 | 6.4 | 8.4 | 10.5 | 13 | 17 | 21 | 25 | 31 | 37 |
| | GB/T 97.1 | 1.7 | 2.2 | 2.7 | 3.2 | 4.3 | 5.3 | 6.4 | 8.4 | 10.5 | 13 | 17 | 21 | 25 | 31 | 37 |
| | GB/T 97.2 | — | — | — | — | — | 5.3 | 6.4 | 8.4 | 10.5 | 13 | 17 | 21 | 25 | 31 | 37 |
| $d_2$ | GB/T 848 | 3.5 | 4.5 | 5 | 6 | 8 | 9 | 11 | 15 | 18 | 20 | 28 | 34 | 39 | 50 | 60 |
| | GB/T 97.1 | 4 | 5 | 6 | 7 | 9 | 10 | 12 | 16 | 20 | 24 | 30 | 37 | 44 | 56 | 66 |
| | GB/T 97.2 | — | — | — | — | — | 10 | 12 | 16 | 20 | 24 | 30 | 37 | 44 | 56 | 66 |
| $h$ | GB/T 848 | 0.3 | 0.3 | 0.5 | 0.5 | 0.5 | 1 | 1.6 | 1.6 | 1.6 | 2 | 2.5 | 3 | 4 | 4 | 5 |
| | GB/T 97.1 | 0.3 | 0.3 | 0.5 | 0.5 | 0.5 | 1 | 1.6 | 1.6 | 2 | 2.5 | 2.5 | 3 | 4 | 4 | 5 |
| | GB/T 97.2 | — | — | — | — | — | 1 | 1.6 | 1.6 | 2 | 2.5 | 2.5 | 3 | 4 | 4 | 5 |

注：1．硬度等级有 200HV、300HV 级；材料有钢和不锈钢 2 种。

2．$d$ 的范围：GB/T 848 为 1.6～36 mm，GB/T 97.1 为 1.6～64 mm，GB/T 97.2 为 5～64 mm。表中所列的仅为 $d$≤36 mm 的优选尺寸；$d$>36 mm 的优选尺寸和非优选尺寸，可查阅这 3 个标准。

## (八) 弹簧垫圈

标准型弹簧垫圈(GB/T 93—1987)、轻型弹簧垫圈(GB/T 859—1987)

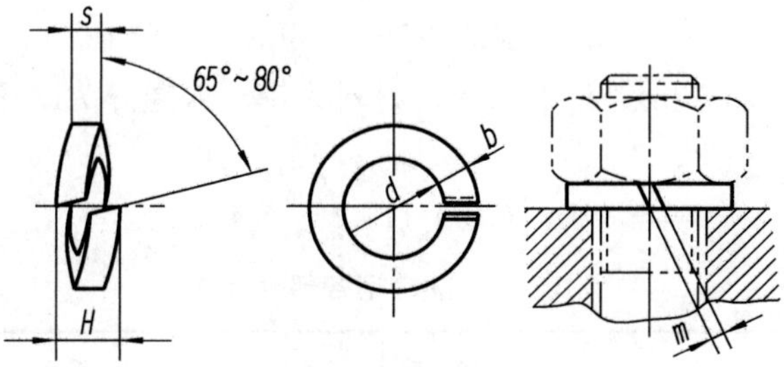


**标记示例**

规格 16 mm、材料为 65Mn、表面氧化的标准型弹簧垫圈：

垫圈　GB/T 93　16

**附表 21　弹簧垫圈各部分尺寸**　mm

| 规格(螺纹大径) | | 3 | 4 | 5 | 6 | 8 | 10 | 12 | (14) | 16 | (18) | 20 | (22) | 24 | (27) | 30 |
|---|---|---|---|---|---|---|---|---|---|---|---|---|---|---|---|---|
| *d* | | 3.1 | 4.1 | 5.1 | 6.1 | 8.1 | 10.1 | 12.2 | 14.2 | 16.2 | 18.2 | 20.2 | 22.5 | 24.5 | 27.5 | 30.5 |
| *H* | GB/T 93 | 1.6 | 2.2 | 2.6 | 3.2 | 4.2 | 5.2 | 6.2 | 7.2 | 8.2 | 9 | 10 | 11 | 12 | 13.6 | 15 |
| | GB/T 859 | 1.2 | 1.6 | 2.2 | 2.6 | 3.2 | 4 | 5 | 6.4 | 7.2 | 8 | 9 | 10 | 11 | 10 | 12 |
| *S(b)* | GB/T 93 | 0.8 | 1.1 | 1.3 | 1.6 | 2.1 | 2.6 | 3.1 | 3.6 | 4.1 | 4.5 | 5 | 5.5 | 6 | 6.8 | 7.5 |
| *s* | GB/T 859 | 0.6 | 0.8 | 1.1 | 1.3 | 1.6 | 2 | 2.5 | 3 | 3.2 | 3.6 | 4 | 4.5 | 5 | 5.5 | 6 |
| *m*≤ | GB/T 93 | 0.4 | 0.55 | 0.65 | 0.8 | 1.05 | 1.3 | 1.55 | 1.8 | 2.05 | 2.25 | 2.5 | 2.75 | 3 | 3.4 | 3.75 |
| | GB/T 859 | 0.3 | 0.4 | 0.55 | 0.65 | 0.8 | 1 | 1.25 | 1.5 | 1.6 | 1.8 | 2 | 2.25 | 2.5 | 2.75 | 3 |
| *b* | GB/T 859 | 1 | 1.2 | 1.2 | 2 | 2.5 | 3 | 3.5 | 4 | 4.5 | 5 | 5.5 | 6 | 7 | 8 | 9 |

注：1. 括号中的规格尽可能不采用。
　　2. *m* 应大于零。

## (九) 圆柱销——不淬硬钢和奥氏体不锈钢(GB/T 119.1—2000)

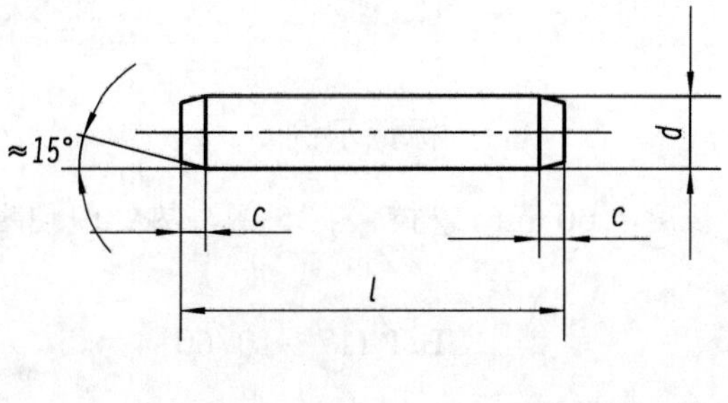

### 标记示例

公称直径 $d$=8 mm，公差为 m6，公称长度 $L$=30 mm，材料为钢，不经淬火，不经表面处理的圆柱销：

销　GB/T 119.1　8m6×30

公称直径 $d$=8 mm，公称长度 $L$=30 mm，材料为钢，普通淬火(A 型)、表面氧化处理的圆柱销：

销　GB/T 119.2　8×30

**附表 22　圆柱销各部分尺寸**　　mm

| 公称直径 $d$ | 0.6 | 0.8 | 1 | 1.2 | 1.5 | 2 | 2.5 | 3 | 4 | 5 |
|---|---|---|---|---|---|---|---|---|---|---|
| $c$≈ | 0.12 | 0.16 | 0.20 | 0.25 | 0.30 | 0.35 | 0.40 | 0.50 | 0.63 | 0.80 |
| $l$(商品规格范围公称长度) | 2～6 | 2～8 | 4～10 | 4～12 | 4～10 | 6～20 | 6～24 | 8～30 | 8～40 | 10～50 |
| 公称直径 $d$ | 6 | 8 | 10 | 12 | 16 | 20 | 25 | 30 | 40 | 50 |
| $c$≈ | 1.2 | 1.6 | 2 | 2.5 | 3.0 | 3.5 | 4.0 | 5.0 | 6.3 | 8.0 |
| $l$(商品规格范围公称长度) | 12～60 | 14～80 | 18～95 | 22～140 | 26～180 | 35～200 | 50～200 | 60～200 | 80～200 | 95～200 |
| $l$ 系列 | 2,3,4,5,6,8,10,12,14,16,18,20,22,24,26,28,30,32,35,40,45,50,55,60,65,70,75,80,85,90,95,100,120,140 | | | | | | | | | |

注：1．GB/T 119.1—2000 规定圆柱销的公称直径 $d$=0.6～50 mm。公称长度 $l$=2～200 mm，公差有 m6 和 h8。

2．GB/T 119.2—2000 规定圆柱销的公称直径 $d$=1～20 mm。公称长度 $l$=3～100 mm，公差仅有 m6.

3．当圆柱销公差为 m6 时，表面粗糙度 $Ra$≤0.8 μm；当圆柱销公差为 h8 时，表面粗糙度 $Ra$≤1.6 μm。

## (十) 圆锥销(GB/T 117—2000)

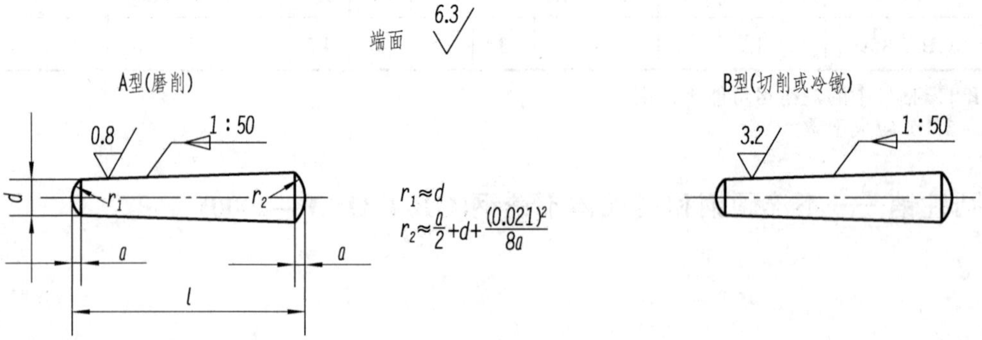


### 标记示例

公称直径 $d$=10 mm，长度 $l$=60 mm，材料为 35 钢，热处理硬度 28～38 HRC，表面氧化处理的 A 型圆锥销：

销　GB/T 117　10×60

附表 23　圆锥销各部分尺寸　mm

| 公称直径 d | 0.6 | 0.8 | 1 | 1.2 | 1.5 | 2 | 2.5 | 3 | 4 | 5 |
|---|---|---|---|---|---|---|---|---|---|---|
| a≈ | 0.08 | 0.1 | 0.12 | 0.16 | 0.2 | 0.25 | 0.3 | 0.4 | 0.5 | 0.63 |
| l(商品规格范围公称长度) | 4～8 | 5～12 | 6～16 | 6～20 | 8～24 | 10～35 | 10～35 | 12～45 | 14～55 | 18～60 |
| 公称直径 d | 6 | 8 | 10 | 12 | 16 | 20 | 25 | 30 | 40 | 50 |
| a≈ | 0.8 | 1 | 1.2 | 1.6 | 2 | 2.5 | 3 | 4 | 5 | 6.3 |
| l(商品规格范围公称长度) | 22～90 | 22～120 | 26～160 | 32～180 | 40～200 | 45～200 | 50～200 | 55～200 | 60～200 | 65～200 |
| l 系列 | 2,3,4,5,6,8,10,12,14,16,18,20,22,24,26,28,30,32,35,40,45,50,55,60,65,70,75,80,85,90,100,120,140,160,180,200 | | | | | | | | | |

## (十一) 开口销(GB/T 91—2000)

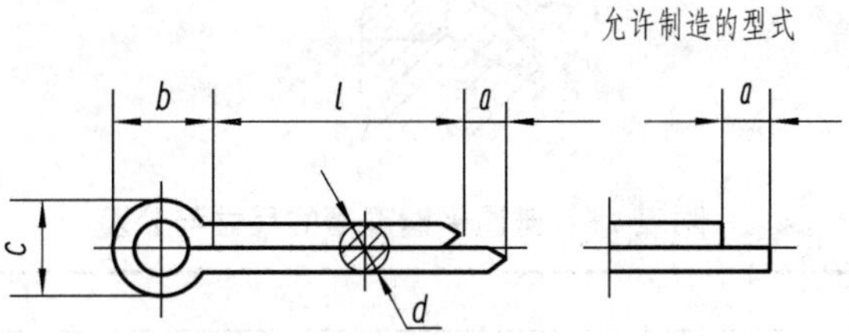


标记示例

公称直径 $d$=5 mm、长度 $l$=50 mm、材料为低碳钢，不经表面处理的开口销：

销 GB/T 91 5×50

附表 24　开口销各部分尺寸　mm

| 公称规格 | | 0.6 | 0.8 | 1 | 1.2 | 1.6 | 2 | 2.5 | 3.2 | 4 | 5 | 6.3 | 8 | 10 | 13 |
|---|---|---|---|---|---|---|---|---|---|---|---|---|---|---|---|
| d | max | 0.5 | 0.7 | 0.9 | 1.0 | 1.4 | 1.8 | 2.3 | 2.9 | 3.7 | 4.6 | 5.9 | 7.5 | 9.5 | 12.4 |
| | min | 0.4 | 0.6 | 0.8 | 0.9 | 1.3 | 1.7 | 2.1 | 2.7 | 3.5 | 4.4 | 5.7 | 7.3 | 9.3 | 12.1 |
| c | max | 1 | 1.4 | 1.8 | 2 | 2.8 | 3.6 | 4.6 | 5.8 | 7.4 | 9.2 | 11.8 | 15 | 19 | 24.8 |
| | min | 0.9 | 1.2 | 1.6 | 1.7 | 2.4 | 3.2 | 4 | 5.1 | 6.5 | 8 | 10.3 | 13.1 | 16.6 | 21.7 |
| b≈ | | 2 | 2.4 | 3 | 3 | 3.2 | 4 | 5 | 6.4 | 8 | 10 | 12.6 | 16 | 20 | 26 |
| $a_{max}$ | | 1.6 | 1.6 | 1.6 | 2.5 | 2.5 | 2.5 | 2.5 | 3.2 | 4 | 4 | 4 | 4 | 6.3 | 6.3 |
| l(商品规格范围公称长度) | | 4～12 | 5～16 | 6～20 | 8～26 | 8～32 | 10～40 | 12～50 | 14～65 | 18～80 | 22～100 | 30～120 | 40～160 | 45～200 | 70～200 |
| l 系列 | | 4,5,6,8,10,12,14,16,18,20,22,24,26,28,30,32,36,40,45,50,55,60,65,70,75,80,85,90,95,100,120,140,160,180,200 | | | | | | | | | | | | | |

注：公称规格等于开口销直径。对销孔直径推荐的公差为：公称规格≤1.2：H13；公称规格＞1.2：H14。

## (十二) 平键

(1) 键槽的剖面尺寸(GB/T 1095—2003)

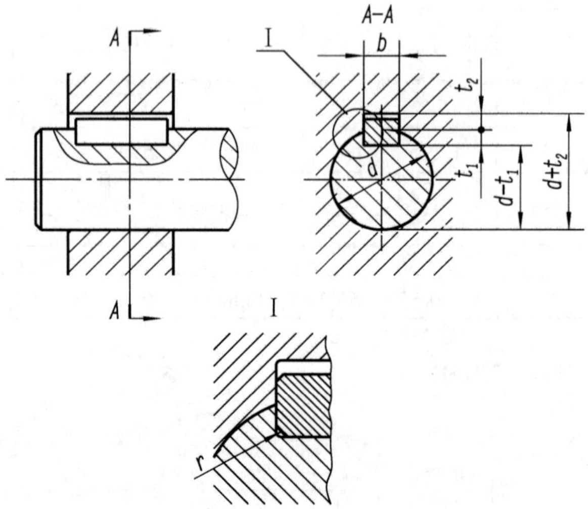


附表 25 普通平键键槽的尺寸与公差 mm

| 键尺寸 $b\times h$ | 键槽 | | | | | | | | | | | |
|---|---|---|---|---|---|---|---|---|---|---|---|---|
| | 宽度 $b$ | | | | | | 深度 | | | | 半径 $r$ | |
| | 基本尺寸 | 极限偏差 | | | | | 轴 $t_1$ | | 毂 $t_2$ | | | |
| | | 正常联结 | | 紧密联结 | 松联结 | | 基本尺寸 | 极限偏差 | 基本尺寸 | 极限偏差 | | |
| | | 轴 N9 | 毂 JS9 | 轴和毂 P9 | 轴 H9 | 毂 D10 | | | | | min | max |
| 2×2 | 2 | −0.004<br>−0.029 | ±0.0125 | −0.006<br>−0.031 | +0.025<br>0 | +0.060<br>+0.020 | 1.2 | +0.1<br>0 | 1.0 | +0.1<br>0 | 0.08 | 0.16 |
| 3×3 | 3 | | | | | | 1.8 | | 1.4 | | | |
| 4×4 | 4 | 0<br>−0.030 | ±0.015 | −0.012<br>−0.042 | +0.030<br>0 | +0.078<br>+0.030 | 2.5 | | 1.8 | | | |
| 5×5 | 5 | | | | | | 3.0 | | 2.3 | | 0.16 | 0.25 |
| 6×6 | 6 | | | | | | 3.5 | | 2.8 | | | |
| 8×7 | 8 | 0<br>−0.036 | ±0.018 | −0.015<br>−0.051 | +0.036<br>0 | +0.098<br>+0.040 | 4.0 | +0.2<br>0 | 3.3 | +0.2<br>0 | | |
| 10×8 | 10 | | | | | | 5.0 | | 3.3 | | 0.25 | 0.40 |
| 12×8 | 12 | 0<br>−0.043 | ±0.0215 | −0.018<br>−0.061 | +0.043<br>0 | +0.120<br>+0.050 | 5.0 | | 3.3 | | | |
| 14×9 | 14 | | | | | | 5.5 | | 3.8 | | | |
| 16×10 | 16 | | | | | | 6.0 | | 4.3 | | | |
| 18×11 | 18 | | | | | | 7.0 | | 4.4 | | | |
| 20×12 | 20 | 0<br>−0.052 | ±0.026 | −0.022<br>−0.074 | +0.052<br>0 | +0.149<br>+0.065 | 7.5 | | 4.9 | | 0.40 | 0.60 |
| 22×14 | 22 | | | | | | 9.0 | | 5.4 | | | |
| 25×14 | 25 | | | | | | 9.0 | | 5.4 | | | |
| 28×16 | 28 | | | | | | 10.0 | | 6.4 | | | |

续附表 25

| 键尺寸 b×h | 键槽 | | | | | | | | | | | |
|---|---|---|---|---|---|---|---|---|---|---|---|---|
| | 宽度 $b$ | | | | | | 深度 | | | | 半径 $r$ | |
| | 基本尺寸 | 极限偏差 | | | | | 轴 $t_1$ | | 毂 $t_2$ | | | |
| | | 正常联结 | | 紧密联结 | 松联结 | | 基本尺寸 | 极限偏差 | 基本尺寸 | 极限偏差 | | |
| | | 轴 N9 | 毂 JS9 | 轴轴和毂 P9 | 轴 H9 | 毂 D10 | | | | | min | max |
| 32×18 | 32 | 0<br>−0.062 | ±0.031 | −0.026<br>−0.088 | +0.062<br>0 | +0.180<br>+0.080 | 11.0 | | 7.4 | +0.20 | 0.40 | 0.60 |
| 36×20 | 36 | | | | | | 12.0 | +0.3<br>0 | 8.4 | +0.3<br>0 | 0.70 | 1.00 |
| 40×22 | 40 | | | | | | 13.0 | | 9.4 | | | |
| 45×25 | 45 | | | | | | 15.0 | | 10.4 | | | |
| 50×28 | 50 | | | | | | 17.0 | | 11.4 | | | |
| 56×32 | 56 | 0<br>−0.074 | ±0.037 | −0.032<br>−0.106 | +0.074<br>0 | +0.220<br>+0.100 | 20.0 | | 12.4 | | 1.20 | 1.60 |
| 63×32 | 63 | | | | | | 20.0 | | 12.4 | | | |
| 70×36 | 70 | | | | | | 22.0 | | 14.4 | | | |
| 80×40 | 80 | | | | | | 25.0 | | 15.4 | | 2.00 | 2.50 |
| 90×45 | 90 | 0<br>−0.087 | ±0.043 5 | −0.037<br>−0.124 | +0.087<br>0 | +0.260<br>+0.120 | 28.0 | | 17.4 | | | |
| 100×50 | 100 | | | | | | 31.0 | | 19.5 | | | |

(2) 普通型　平键( GB/T 1095—2003，GB/T 1096—2003)

## 标记示例

圆头普通平键(A型)，$b$=18 mm，$h$=11 mm，$L$=100 mm，其标记为：

GB/T 1096—2003　键　18×1×1 100

平普通平键(B型)，$b$=18 mm，$h$=11 mm，$L$=100 mm，其标记为：

GB/T 1096—2003　键　B18×11×100

单圆头普通平键(C型)，$b$=18 mm，$h$=11 mm，$L$=100 mm，其标记为：

GB/T 1096—2003　键　C18×11×100

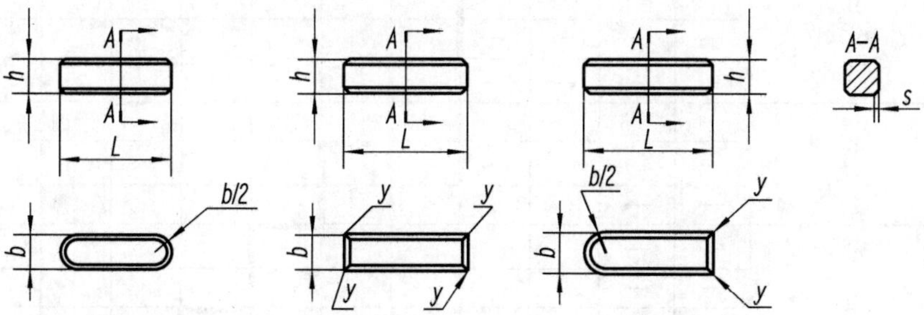


A型　B型　C型

注：$y \leqslant s_{max}$

**附表 26　普通平键的尺寸与公差**　　mm

| | | | | | | | | | | | | | | |
|---|---|---|---|---|---|---|---|---|---|---|---|---|---|---|
| 宽度 *b* | 基本尺寸 | 2 | 3 | 4 | 5 | 6 | 8 | 10 | 12 | 14 | 16 | 18 | 20 | 22 |
| | 极限偏差(*h*8) | 0<br>−0.014 | | 0<br>−0.018 | | | 0<br>−0.022 | | 0<br>−0.027 | | | | 0<br>−0.033 | |
| 高度 *h* | 基本尺寸 | 2 | 3 | 4 | 5 | 6 | 7 | 8 | 8 | 9 | 10 | 11 | 12 | 14 |
| | 极限偏差 矩形(*h*11) | — | | — | | | 0<br>−0.090 | | | | | 0<br>−0.110 | | |
| | 极限偏差 方形(*h*8) | 0<br>−0.014 | | 0<br>−0.018 | | | — | | | | | — | | |
| 倒角或倒圆 *s* | | 0.16～0.25 | | | 0.25～0.40 | | | 0.40～0.60 | | | | | 0.60～0.80 | |
| 长度 *L* 基本尺寸 | 极限偏差(*h*14) | | | | | | | | | | | | | |
| 6 | 0<br>−0.36 | | | — | — | — | — | — | — | — | — | — | — | — |
| 8 | | | | | — | — | — | — | — | — | — | — | — | — |
| 10 | | | | | | — | — | — | — | — | — | — | — | — |
| 12 | 0<br>−0.43 | | | | | — | — | — | — | — | — | — | — | — |
| 14 | | | | | | | — | — | — | — | — | — | — | — |
| 16 | | | | | | | — | — | — | — | — | — | — | — |
| 18 | | | | | | | | — | — | — | — | — | — | — |
| 20 | 0<br>−0.52 | | | | | | | — | — | — | — | — | — | — |
| 22 | | — | | | 标准 | | | | — | — | — | — | — | — |
| 25 | | — | | | | | | | — | — | — | — | — | — |
| 28 | | — | | | | | | | | — | — | — | — | — |
| 32 | 0<br>−0.62 | — | | | | | | | | — | — | — | — | — |
| 36 | | — | | | | | | | | | — | — | — | — |
| 40 | | — | — | | | | | | | | | — | — | — |
| 45 | | — | — | | | | | 长度 | | | | | — | — |
| 50 | | — | — | — | | | | | | | | | | — |
| 56 | 0<br>−0.74 | — | — | — | | | | | | | | | | |
| 63 | | — | — | — | — | | | | | | | | | |
| 70 | | — | — | — | — | | | | | | | | | |
| 80 | | — | — | — | — | — | | | | | | | | |
| 90 | 0<br>−0.87 | — | — | — | — | — | | | | | 范围 | | | |
| 100 | | — | — | — | — | — | — | | | | | | | |
| 110 | | — | — | — | — | — | — | | | | | | | |
| 125 | 0<br>−1.00 | — | — | — | — | — | — | — | | | | | | |
| 140 | | — | — | — | — | — | — | — | | | | | | |
| 60 | | — | — | — | — | — | — | — | — | | | | | |
| 180 | | — | — | — | — | — | — | — | — | — | | | | |
| 200 | 0<br>−1.15 | — | — | — | — | — | — | — | — | — | — | | | |
| 220 | | — | — | — | — | — | — | — | — | — | — | — | | |
| 250 | | — | — | — | — | — | — | — | — | — | — | — | — | |

续附表 26

| | | | | | | | | | | | | | | | |
|---|---|---|---|---|---|---|---|---|---|---|---|---|---|---|---|
| 宽度 *b* | 基本尺寸 | | 25 | 28 | 32 | 36 | 40 | 45 | 50 | 56 | 63 | 70 | 80 | 90 | 100 |
| | 极限偏差 (*h*8) | | 0<br>−0.033 | | 0<br>−0.039 | | | | | 0<br>−0.046 | | | | 0<br>−0.054 | |
| 高度 *h* | 基本尺寸 | | 14 | 16 | 18 | 20 | 22 | 25 | 28 | 32 | 32 | 36 | 40 | 45 | 50 |
| | 极限偏差 | 矩形 (*h*11) | 0<br>−0.110 | | | 0<br>−0.130 | | | | 0<br>−0.160 | | | | | |
| | | 方形 (*h*8) | — | | | — | | | | — | | | | | |
| 倒角或倒圆 *s* | | | 0.6～0.80 | | | 1.00～1.20 | | | | 1.60～2.00 | | | 2.50～3.00 | | |
| 长度 *L* | | | | | | | | | | | | | | | |
| 基本尺寸 | 极限偏差 (*h*14) | | | | | | | | | | | | | | |
| 70 | 0<br>−0.74 | | | — | — | — | — | — | — | — | — | — | — | — | — |
| 80 | | | | | — | — | — | — | — | — | — | — | — | — | — |
| 90 | 0<br>−0.87 | | | | | — | — | — | — | — | — | — | — | — | — |
| 100 | | | | | | | | — | — | — | — | — | — | — | — |
| 110 | | | | | | | | | — | — | — | — | — | — | — |
| 125 | 0<br>−1.00 | | | | | | | | | — | — | — | — | — | — |
| 140 | | | | | | | | | | | — | — | — | — | — |
| 160 | | | | | | 标准 | | | | | | — | — | — | — |
| 180 | | | | | | | | | | | | | — | — | — |
| 200 | 0<br>−1.15 | | | | | | | | | | | | | — | — |
| 220 | | | | | | | | | | | | | | | — |
| 250 | | | | | | | | | 长度 | | | | | | |
| 280 | 0<br>−1.30 | | | | | | | | | | | | | | |
| 320 | 0<br>−1.40 | | — | | | | | | | | | | | | |
| 360 | | | — | — | | | | | | | | 范围 | | | |
| 400 | | | — | — | — | | | | | | | | | | |
| 450 | 0<br>−1.55 | | — | — | — | — | — | | | | | | | | |
| 500 | | | — | — | — | — | — | — | | | | | | | |

## (十三) 半圆键

(1) 键槽的剖面尺寸(GB/T 1098—2003)

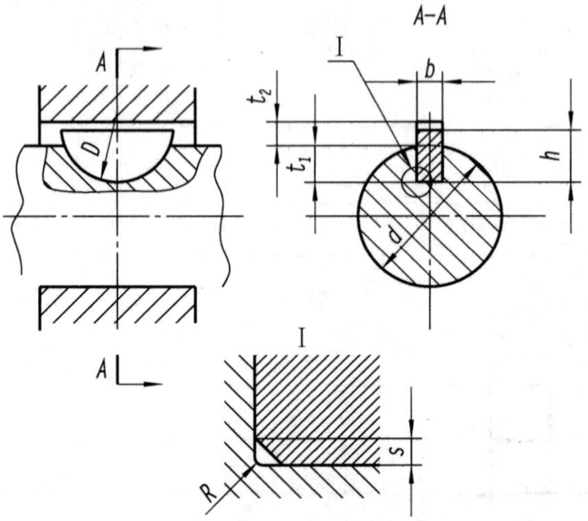


注：键尺寸中的公称直径 $D$ 即为键槽直径最小值。

**附表 27　半圆键键槽的尺寸与公差**　　mm

| 键尺寸 $b\times h\times D$ | 键槽 | | | | | | | | | | | |
|---|---|---|---|---|---|---|---|---|---|---|---|---|
| | 宽度 $b$ | | | | | | 深度 | | | | 半径 $R$ | |
| | 基本尺寸 | 极限偏差 | | | | | 轴 $t_1$ | | 毂 $t_2$ | | | |
| | | 正常联结 | | 紧密联结 | 松联结 | | 基本尺寸 | 极限偏差 | 基本尺寸 | 极限偏差 | | |
| | | 轴 N9 | 毂 JS9 | 轴和毂 P9 | 轴 H9 | 毂 D10 | | | | | max | min |
| 1×1.4×4<br>1×1.1×4 | 1 | | | | | | 1.0 | | 0.6 | | | |
| 1.5×2.6×7<br>1.5×2.1×7 | 1.5 | | | | | | 2.0 | | 0.8 | | | |
| 2×2.6×7<br>2×2.1×7 | 2 | | | | | | 1.8 | +0.10 | 1.0 | | | |
| 2×3.7×10<br>2×3×10 | 2 | −0.004<br>−0.029 | ±0.012 5 | −0.006<br>−0.031 | +0.025<br>0 | +0.060<br>+0.020 | 2.9 | | 1.0 | +0.10 | 0.16 | 0.08 |
| 2.5×3.7×10<br>2.5×3× | 2.5 | | | | | | 2.7 | | 1.2 | | | |
| 3×5×13<br>3×4×13 | 3 | | | | | | 3.8 | +0.20 | 1.4 | | | |
| 3×6.5×16<br>3×5.2×16 | 3 | | | | | | 5.3 | | 1.4 | | | |

续附表 27

| 键尺寸 $b\times h\times D$ | 键槽 | | | | | | | | | | | |
|---|---|---|---|---|---|---|---|---|---|---|---|---|
| | 宽度 $b$ | | | | | | 深度 | | | | 半径 $R$ | |
| | 基本尺寸 | 极限偏差 | | | | | 轴 $t_1$ | | 毂 $t_2$ | | | |
| | | 正常联结 | | 紧密联结 | 松联结 | | 基本尺寸 | 极限偏差 | 基本尺寸 | 极限偏差 | | |
| | | 轴 N9 | 毂 JS9 | 轴和毂 P9 | 轴 H9 | 毂 D10 | | | | | max | min |
| 4×6.5×16<br>4×5.2×16 | 4 | 0<br>−0.030 | ±0.015 | −0.012<br>−0.042 | +0.030<br>0 | +0.078<br>+0.030 | 5.0 | 0.20 | 1.8 | 0.10 | 0.25 | 0.16 |
| 4×7.5×19<br>4×6×19 | 4 | | | | | | 6.0 | | 1.8 | | | |
| 5×6.5×19<br>5×5.2×19 | 5 | | | | | | 4.5 | | 2.3 | | | |
| 5×7.5×19<br>5×6×19 | 5 | | | | | | 5.5 | | 2.3 | | | |
| 5×9×22<br>5×7.2×22 | 5 | | | | | | 7.0 | +0.30 | 2.3 | | | |
| 6×9×22<br>6×7.2×22 | 6 | | | | | | 6.5 | | 2.8 | | | |
| 6×10×25<br>6×8×25 | 6 | | | | | | 7.5 | | 2.8 | +0.2<br>0 | | |
| 8×11×28<br>8×8.8×28 | 8 | 0<br>−0.036 | ±0.018 | −0.015<br>−0.051 | +0.036<br>0 | +0.098<br>+0.040 | 8.0 | | 3.3 | | 0.40 | 0.25 |
| 10×13×32<br>10×10.4×32 | 10 | | | | | | 10 | | 3.3 | | | |

(2) 普通型　半圆键 (GB/T 1099.1—2003)

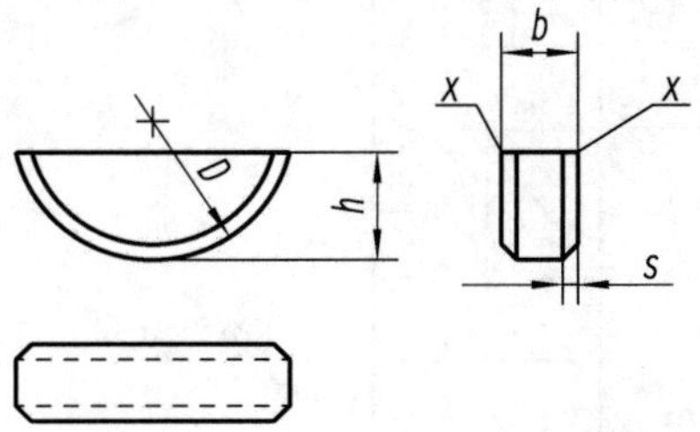


注：$x\leqslant s_{max}$

**标记示例**

宽度 $b$=6 mm、高度 $h$=10 mm、直径 $D$=25 mm 普通型半圆键：

GB/T 1099.1　键 6×10×25

**附表 28 普通型半圆键的尺寸与公差** mm

| 键尺寸 $b \times h \times D$ | 宽度 $b$ | | 高度 $h$ | | 直径 $D$ | | 倒角或倒圆 $s$ | |
|---|---|---|---|---|---|---|---|---|
| | 基本尺寸 | 极限偏差 | 基本尺寸 | 极限偏差 ($h12$) | 基本尺寸 | 极限偏差 ($h12$) | min | max |
| 1×1.4×4 | 1 | 0<br>−0.025 | 1.4 | 0<br>−0.10 | 4 | 0<br>−0.120 | 0.16 | 0.25 |
| 1.5×2.6×7 | 1.5 | | 2.6 | | 7 | 0<br>−0.150 | | |
| 2×2.6×7 | 2 | | 2.6 | | 7 | | | |
| 2×3.7×10 | 2 | | 3.7 | 0<br>−0.12 | 10 | | | |
| 2.5×3.7×10 | 2.5 | | 3.7 | | 10 | | | |
| 3×5×13 | 3 | | 5 | | 13 | 0<br>−0.180 | | |
| 3×6.5×16 | 3 | | 6.5 | 0<br>−0.15 | 16 | | | |
| 4×6.5×16 | 4 | | 6.5 | | 16 | | 0.25 | 0.40 |
| 4×7.5×19 | 4 | | 7.5 | | 19 | 0<br>−0.210 | | |
| 5×6.5×16 | 5 | | 6.5 | | 16 | 0<br>−0.180 | | |
| 5×7.5×19 | 5 | | 7.5 | | 19 | 0<br>−0.210 | | |
| 5×9×22 | 5 | | 9 | | 22 | | | |
| 6×9×22 | 6 | | 9 | | 22 | | | |
| 6×10×25 | 6 | | 10 | | 25 | | | |
| 8×11×28 | 8 | | 11 | 0<br>−0.18 | 28 | | 0.40 | 0.60 |
| 10×13×32 | 10 | | 13 | | 32 | 0<br>−0.250 | | |

## (十四) 常用滚动轴承

(1) 深沟球轴承(摘自 GB/T 276—2013)

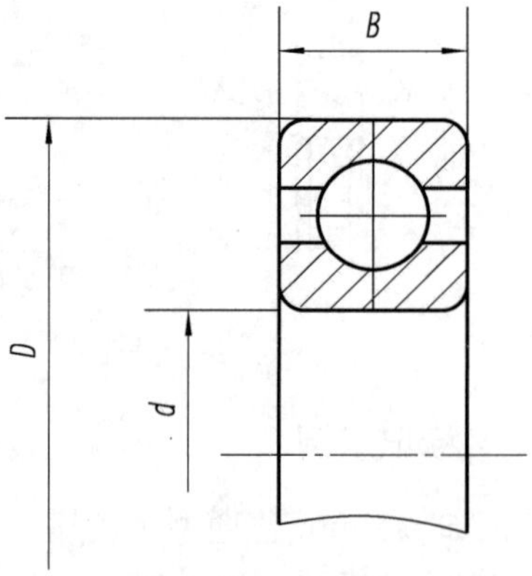


类型代号 6

**标记示例**

类型代号 6 内圈孔径 $d$=60 mm、尺寸系列代号 02 的深沟球轴承：

滚动轴承 6212 GB/T 276—2013

附表 29　深沟球轴承　mm

| 轴承型号 | 尺寸 | | |
|---|---|---|---|
| | *d* | *D* | *B* |
| 尺寸系列代号 10 | | | |
| 606 | 6 | 17 | 6 |
| 607 | 7 | 19 | 6 |
| 608 | 8 | 22 | 7 |
| 609 | 9 | 24 | 7 |
| 600 | 10 | 26 | 8 |
| 6001 | 12 | 28 | 8 |
| 6002 | 15 | 32 | 9 |
| 6003 | 17 | 35 | 10 |
| 6004 | 20 | 42 | 12 |
| 6005 | 25 | 47 | 12 |
| 6006 | 30 | 55 | 13 |
| 6007 | 35 | 62 | 14 |
| 6008 | 40 | 68 | 15 |
| 6009 | 45 | 75 | 16 |
| 6010 | 50 | 80 | 16 |
| 6011 | 55 | 90 | 18 |
| 6012 | 60 | 95 | 18 |
| 尺寸系列代号 02 | | | |
| 623 | 3 | 10 | 4 |
| 624 | 4 | 13 | 5 |
| 625 | 5 | 16 | 5 |
| 626 | 6 | 19 | 6 |
| 627 | 7 | 22 | 7 |
| 628 | 8 | 24 | 8 |
| 629 | 9 | 26 | 8 |
| 6200 | 10 | 30 | 9 |
| 6201 | 12 | 32 | 10 |
| 6202 | 15 | 35 | 11 |
| 6203 | 17 | 40 | 12 |
| 6204 | 20 | 47 | 14 |
| 6205 | 25 | 52 | 15 |
| 6206 | 30 | 62 | 16 |
| 6207 | 35 | 72 | 17 |
| 6208 | 40 | 80 | 18 |
| 6209 | 45 | 85 | 19 |
| 6210 | 50 | 90 | 20 |
| 6211 | 55 | 100 | 21 |
| 6212 | 60 | 110 | 22 |
| 尺寸系列代号 03 | | | |
| 633 | 3 | 13 | 5 |
| 634 | 4 | 16 | 5 |
| 635 | 5 | 19 | 6 |
| 6300 | 10 | 35 | 11 |
| 6301 | 12 | 37 | 12 |
| 6302 | 15 | 42 | 13 |
| 6303 | 17 | 47 | 14 |
| 6304 | 20 | 52 | 15 |
| 6305 | 25 | 62 | 17 |
| 6306 | 30 | 72 | 19 |
| 6307 | 35 | 80 | 21 |
| 6308 | 40 | 90 | 23 |
| 6309 | 45 | 100 | 25 |
| 6310 | 50 | 110 | 27 |
| 6311 | 55 | 120 | 29 |
| 6312 | 60 | 130 | 31 |
| 尺寸系列代号 04 | | | |
| 6403 | 17 | 62 | 17 |
| 6404 | 20 | 72 | 19 |
| 6405 | 25 | 80 | 21 |
| 6406 | 30 | 90 | 23 |
| 6407 | 35 | 100 | 25 |
| 6408 | 40 | 110 | 27 |
| 6409 | 45 | 120 | 29 |
| 6410 | 50 | 130 | 31 |
| 6411 | 55 | 140 | 33 |
| 6412 | 60 | 150 | 35 |
| 6413 | 65 | 160 | 37 |
| 6414 | 70 | 180 | 42 |
| 6415 | 75 | 190 | 45 |
| 6416 | 80 | 200 | 48 |
| 6417 | 85 | 210 | 52 |
| 6418 | 90 | 225 | 54 |
| 6419 | 95 | 240 | 55 |
| 6420 | 100 | 250 | 58 |
| 6422 | 110 | 280 | 65 |

(2) 圆锥滚子轴承外形尺寸(摘自 GB/T 297—2015)

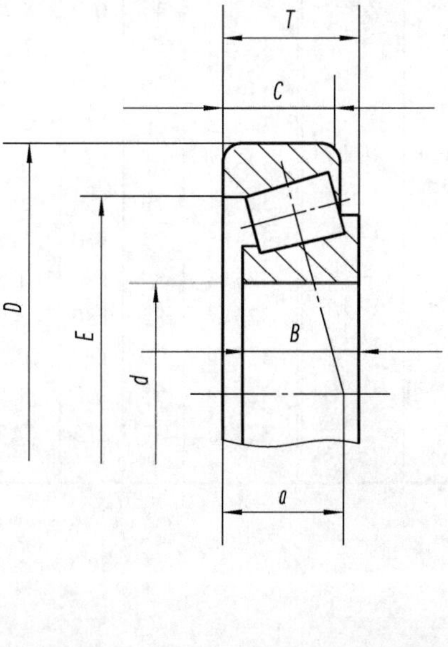


轴承类型　3

## 标记示例

内圈孔径 $d$=35 mm、尺寸系列代号为 03 的圆锥滚子轴承：

滚动轴承 30303 GB/T 297—2015

**附表 30 圆锥滚子轴承** mm

| 轴承型号 | $d$ | $D$ | $T$ | $B$ | $C$ | $\alpha$ | $E$ |
|---|---|---|---|---|---|---|---|
| 尺寸系列代号 02 | | | | | | | |
| 30205 | 25 | 52 | 16.25 | 15 | 13 | 12.6 | 41.1 |
| 30206 | 30 | 62 | 17.25 | 16 | 14 | 13.8 | 49.9 |
| 302/32 | 32 | 65 | 18.25 | 17 | 15 | 14 | 52.5 |
| 30207 | 35 | 72 | 18.25 | 17 | 15 | 15.3 | 58.8 |
| 30208 | 40 | 80 | 19.75 | 18 | 16 | 16.9 | 65.7 |
| 30209 | 45 | 85 | 20.75 | 19 | 16 | 18.6 | 70.4 |
| 30210 | 50 | 90 | 21.75 | 20 | 17 | 20 | 75 |
| 30211 | 55 | 100 | 22.75 | 21 | 18 | 21 | 84.1 |
| 30212 | 60 | 110 | 23.75 | 22 | 19 | 22.4 | 91.8 |
| 30213 | 65 | 120 | 24.25 | 23 | 20 | 24 | 101.9 |
| 30214 | 70 | 125 | 26.25 | 24 | 21 | 25.9 | 105.7 |
| 30215 | 75 | 130 | 27.25 | 25 | 22 | 27.4 | 110.4 |
| 30216 | 80 | 140 | 28.25 | 26 | 22 | 28 | 119.1 |
| 30217 | 85 | 150 | 30.5 | 28 | 24 | 29.9 | 126.6 |
| 30218 | 90 | 160 | 32..5 | 30 | 26 | 32.4 | 134.9 |
| 30219 | 95 | 170 | 34.5 | 32 | 27 | 35.1 | 143.3 |
| 30220 | 100 | 180 | 37 | 34 | 29 | 36.5 | 151.3 |
| 尺寸系列代号 03 | | | | | | | |
| 30305 | 25 | 62 | 18.25 | 17 | 15 | 13 | 50.6 |
| 30306 | 30 | 72 | 20.75 | 19 | 16 | 15 | 58.2 |
| 30307 | 35 | 80 | 22.75 | 21 | 18 | 17 | 65.7 |
| 30308 | 40 | 90 | 25.25 | 23 | 20 | 19.5 | 72.7 |
| 30309 | 45 | 100 | 27.25 | 25 | 22 | 21.5 | 81.7 |
| 30310 | 50 | 110 | 29.25 | 27 | 23 | 23 | 90.6 |
| 30311 | 55 | 120 | 31.5 | 29 | 25 | 25 | 99.1 |
| 30312 | 60 | 130 | 33.5 | 31 | 26 | 26.5 | 107.7 |
| 30313 | 65 | 140 | 36 | 33 | 28 | 29 | 116.8 |
| 30314 | 70 | 150 | 38 | 35 | 30 | 30.6 | 125.2 |
| 30315 | 75 | 160 | 40 | 37 | 31 | 32 | 134 |
| 30316 | 80 | 170 | 42.5 | 39 | 33 | 34 | 143.1 |
| 30317 | 85 | 180 | 44.5 | 41 | 34 | 36 | 150.4 |
| 30318 | 90 | 190 | 46.5 | 43 | 36 | 37.5 | 159 |
| 30319 | 95 | 200 | 49.5 | 45 | 38 | 40 | 165.8 |
| 30320 | 100 | 215 | 51.5 | 47 | 39 | 42 | 178.5 |

| 轴承型号 | $d$ | $D$ | $T$ | $B$ | $C$ | $\alpha$ | $E$ |
|---|---|---|---|---|---|---|---|
| 尺寸系列代号 22 | | | | | | | |
| 32206 | 30 | 62 | 21.5 | 20 | 17 | 15.4 | 48.9 |
| 32207 | 35 | 72 | 24.25 | 23 | 19 | 17.6 | 57 |
| 32208 | 40 | 80 | 24.75 | 23 | 19 | 19 | 64.7 |
| 32209 | 45 | 85 | 24.75 | 23 | 19 | 20 | 69.6 |
| 32210 | 50 | 90 | 24.75 | 23 | 19 | 21 | 74.2 |
| 32211 | 55 | 100 | 26.75 | 25 | 21 | 22.5 | 82.8 |
| 32212 | 60 | 110 | 29.75 | 28 | 24 | 24.9 | 90.2 |
| 32213 | 65 | 120 | 32.75 | 31 | 27 | 27.2 | 99.4 |
| 32214 | 70 | 125 | 33.25 | 31 | 27 | 28.6 | 103.7 |
| 32215 | 75 | 130 | 33.25 | 31 | 27 | 30.2 | 108.9 |
| 32216 | 80 | 140 | 35.25 | 33 | 28 | 31.1 | 117.4 |
| 32217 | 85 | 150 | 38.5 | 36 | 30 | 34 | 124.9 |
| 32218 | 90 | 160 | 42.5 | 40 | 34 | 36.7 | 132.6 |
| 32219 | 95 | 170 | 45.5 | 43 | 37 | 39 | 140.2 |
| 32220 | 100 | 180 | 49 | 46 | 39 | 41.8 | 148.1 |
| 尺寸系列代号 23 | | | | | | | |
| 32304 | 20 | 52 | 22.25 | 21 | 18 | 13.4 | 39.5 |
| 32305 | 25 | 62 | 25.25 | 24 | 20 | 15.5 | 48.6 |
| 32306 | 30 | 72 | 28.75 | 27 | 23 | 18.8 | 55 |
| 32307 | 35 | 80 | 32.75 | 31 | 25 | 20.5 | 62.8 |
| 32308 | 40 | 90 | 35.25 | 33 | 27 | 23.4 | 69.2 |
| 32309 | 45 | 100 | 38.25 | 36 | 30 | 25.6 | 78.3 |
| 32310 | 50 | 110 | 42.25 | 40 | 33 | 28 | 86.2 |
| 32311 | 55 | 120 | 45.5 | 43 | 35 | 30.6 | 94.3 |
| 32312 | 60 | 130 | 48.5 | 46 | 37 | 32 | 102.9 |
| 32313 | 65 | 140 | 51 | 48 | 39 | 34 | 111.7 |
| 32314 | 70 | 150 | 54 | 51 | 42 | 36.5 | 119.7 |
| 32315 | 75 | 160 | 58 | 55 | 45 | 39 | 127.8 |
| 32316 | 80 | 170 | 61.5 | 58 | 48 | 42 | 136.5 |
| 32317 | 85 | 180 | 63.5 | 60 | 49 | 43.6 | 144.2 |
| 32318 | 90 | 190 | 67.5 | 64 | 53 | 46 | 151.7 |
| 32319 | 95 | 200 | 71.5 | 67 | 55 | 49 | 160.3 |
| 32320 | 100 | 215 | 77.5 | 73 | 60 | 53 | 171.6 |

# 四、极限与配合(Ⅳ Limits and Fits)

附表 31 标准公差数值(GB/T 1800.3—1998)

| 基本尺寸 mm | | 标准公差等级 | | | | | | | | | | | | | | | | | | | |
|---|---|---|---|---|---|---|---|---|---|---|---|---|---|---|---|---|---|---|---|---|---|
| | | μm | | | | | | | | | | | | | mm | | | | | | |
| 大于 | 至 | IT01 | IT0 | IT1 | IT2 | IT3 | IT4 | IT5 | IT6 | IT7 | IT8 | IT9 | IT10 | IT11 | IT12 | IT13 | IT14 | IT15 | IT16 | IT17 | IT18 |
| — | 3 | 0.3 | 0.5 | 0.8 | 1.2 | 2 | 3 | 4 | 6 | 10 | 14 | 25 | 40 | 60 | 0.1 | 0.14 | 0.25 | 0.40 | 0.60 | 1.0 | 1.4 |
| 3 | 6 | 0.4 | 0.6 | 1 | 1.5 | 2.5 | 4 | 5 | 8 | 12 | 18 | 30 | 48 | 75 | 0.12 | 0.18 | 0.30 | 0.48 | 0.75 | 1.2 | 1.8 |
| 6 | 10 | 0.4 | 0.6 | 1 | 1.5 | 2.5 | 4 | 6 | 9 | 15 | 22 | 36 | 58 | 90 | 0.15 | 0.22 | 0.36 | 0.58 | 0.90 | 1.5 | 2.2 |
| 10 | 18 | 0.5 | 0.8 | 1.2 | 2 | 3 | 5 | 8 | 11 | 18 | 27 | 43 | 70 | 110 | 0.18 | 0.27 | 0.43 | 0.70 | 1.10 | 1.8 | 2.7 |
| 18 | 30 | 0.6 | 1 | 1.5 | 2.5 | 4 | 6 | 9 | 13 | 21 | 33 | 52 | 84 | 130 | 0.21 | 0.33 | 0.52 | 0.84 | 1.30 | 2.1 | 3.3 |
| 30 | 50 | 0.6 | 1 | 1.5 | 2.5 | 4 | 7 | 11 | 16 | 25 | 39 | 62 | 100 | 160 | 0.25 | 0.39 | 0.62 | 1.00 | 1.60 | 2.5 | 3.9 |
| 50 | 80 | 0.8 | 1.2 | 2 | 3 | 5 | 8 | 13 | 19 | 30 | 46 | 74 | 120 | 190 | 0.30 | 0.46 | 0.74 | 1.20 | 1.90 | 3.0 | 4.6 |
| 80 | 120 | 1 | 1.5 | 2.5 | 4 | 6 | 10 | 15 | 22 | 35 | 54 | 87 | 140 | 220 | 0.35 | 0.54 | 0.87 | 1.40 | 2.20 | 3.5 | 5.4 |
| 120 | 180 | 1.2 | 2 | 3.5 | 5 | 8 | 12 | 18 | 25 | 40 | 63 | 100 | 160 | 250 | 0.40 | 0.63 | 1.00 | 1.60 | 2.50 | 4.0 | 6.3 |
| 180 | 250 | 2 | 3 | 4.5 | 7 | 10 | 14 | 20 | 29 | 46 | 72 | 115 | 185 | 290 | 0.46 | 0.72 | 1.15 | 1.85 | 2.90 | 4.6 | 7.2 |
| 250 | 315 | 2.5 | 4 | 6 | 8 | 12 | 16 | 23 | 32 | 52 | 81 | 130 | 210 | 320 | 0.52 | 0.81 | 1.30 | 2.10 | 3.20 | 5.2 | 8.1 |
| 315 | 400 | 3 | 5 | 7 | 9 | 13 | 18 | 25 | 36 | 57 | 89 | 140 | 230 | 360 | 0.57 | 0.89 | 1.40 | 2.30 | 3.60 | 5.7 | 8.9 |
| 400 | 500 | 4 | 6 | 8 | 70 | 15 | 20 | 27 | 40 | 63 | 97 | 155 | 250 | 400 | 0.63 | 0.97 | 1.55 | 2.50 | 4.00 | 6.3 | 9.7 |

注：基本尺寸小于或等于 1 mm 时，无 IT14～IT18。

**附表 32　轴的极限偏差数值**

| 基本尺寸/mm | | 常用及优先公差带 | | | | | | | | | | | | |
|---|---|---|---|---|---|---|---|---|---|---|---|---|---|---|
| | | a | b | | c | | | d | | | | e | | |
| 大于 | 至 | 11 | 11 | 12 | 9 | 10 | ⑪ | 8 | ⑨ | 10 | 11 | 7 | 8 | 9 |
| — | 3 | —270<br>—330 | —140<br>—200 | —140<br>—240 | —60<br>—85 | —60<br>—100 | —60<br>—120 | —20<br>—34 | —20<br>—45 | —20<br>—60 | —20<br>—30 | —14<br>—24 | —14<br>—28 | —14<br>—30 |
| 3 | 6 | —270<br>—345 | —140<br>—215 | —140<br>—260 | —70<br>—100 | —70<br>—118 | —70<br>—145 | —30<br>—48 | —30<br>—60 | —30<br>—78 | —30<br>—105 | —20<br>—32 | —20<br>—38 | —20<br>—50 |
| 6 | 10 | —280<br>—370 | —150<br>—240 | —150<br>—300 | —80<br>—116 | —80<br>—138 | —80<br>—170 | —40<br>—62 | —40<br>—76 | —40<br>—98 | —40<br>—130 | —25<br>—40 | —25<br>—47 | —25<br>—61 |
| 10<br>14 | 14<br>18 | —290<br>—400 | —150<br>—260 | —150<br>—330 | —95<br>—138 | —95<br>—165 | —95<br>—205 | —50<br>—77 | —50<br>—93 | —50<br>—120 | —50<br>—160 | —32<br>—50 | —32<br>—59 | —32<br>—75 |
| 18<br>24 | 24<br>30 | —300<br>—430 | —160<br>—290 | —160<br>—370 | —110<br>—162 | —110<br>—194 | —110<br>—240 | —65<br>—98 | —65<br>—117 | —65<br>—149 | —65<br>—195 | —40<br>—61 | —40<br>—73 | —40<br>—92 |
| 30 | 40 | —310<br>—470 | —170<br>—330 | —170<br>—420 | —120<br>—182 | —120<br>—220 | —120<br>—280 | —80<br>—119 | —80<br>—142 | —80<br>—180 | —80<br>—240 | —50<br>—75 | —50<br>—112 | —50<br>—189 |
| 40 | 50 | —320<br>—480 | —180<br>—340 | —180<br>—430 | —130<br>—192 | —130<br>—230 | —130<br>—290 | | | | | | | |
| 50 | 65 | —340<br>—530 | —190<br>—380 | —190<br>—490 | —140<br>—214 | —140<br>—260 | —140<br>—330 | —100<br>—146 | —100<br>—174 | —100<br>—220 | —100<br>—290 | —60<br>—90 | —60<br>—106 | —60<br>—134 |
| 65 | 80 | —360<br>—550 | —200<br>—390 | —200<br>—500 | —150<br>—224 | —150<br>—270 | —150<br>—340 | | | | | | | |
| 80 | 100 | —380<br>—600 | —220<br>—440 | —220<br>—570 | —170<br>—257 | —170<br>—310 | —170<br>—390 | —120<br>—174 | —120<br>—207 | —120<br>—260 | —120<br>—340 | —72<br>—107 | —72<br>—126 | —72<br>—159 |
| 100 | 120 | —410<br>—630 | —240<br>—460 | —240<br>—590 | —180<br>—267 | —180<br>—320 | —180<br>—400 | | | | | | | |
| 120 | 140 | —460<br>—710 | —260<br>—510 | —260<br>—660 | —200<br>—300 | —200<br>—360 | —200<br>—450 | —145<br>—208 | —145<br>—245 | —145<br>—305 | —145<br>—395 | —85<br>—125 | —85<br>—148 | —85<br>—185 |
| 140 | 160 | —520<br>—770 | —280<br>—530 | —280<br>—680 | —210<br>—310 | —210<br>—370 | —210<br>—460 | | | | | | | |
| 160 | 180 | —580<br>—830 | —310<br>—560 | —310<br>—710 | —230<br>—330 | —230<br>—390 | —230<br>—480 | | | | | | | |
| 180 | 200 | —660<br>—950 | —340<br>—630 | —340<br>—800 | —240<br>—355 | —240<br>—425 | —240<br>—530 | —170<br>—242 | —170<br>—285 | —170<br>—355 | —170<br>—460 | —100<br>—146 | —100<br>—172 | —100<br>—215 |
| 200 | 225 | —740<br>—1 030 | —380<br>—670 | —380<br>—840 | —260<br>—375 | —260<br>—445 | —260<br>—550 | | | | | | | |
| 225 | 250 | —820<br>—1 110 | —420<br>—710 | —420<br>—880 | —280<br>—395 | —280<br>—465 | —280<br>—570 | | | | | | | |
| 250 | 280 | —920<br>—1 240 | —480<br>—800 | —480<br>—1 000 | —300<br>—430 | —300<br>—510 | —300<br>—620 | —190<br>—271 | —190<br>—320 | —190<br>—400 | —190<br>—510 | —110<br>—162 | —110<br>—191 | —110<br>—240 |
| 280 | 315 | —1 050<br>—1 370 | —540<br>—860 | —540<br>—1 060 | —330<br>—460 | —330<br>—540 | —330<br>—650 | | | | | | | |
| 315 | 355 | —1 200<br>—1 560 | —600<br>—960 | —600<br>—1 170 | —360<br>—500 | —360<br>—590 | —360<br>—720 | —210<br>—299 | —210<br>—350 | —210<br>—440 | —210<br>—570 | —125<br>—182 | —125<br>—214 | —125<br>—265 |
| 355 | 400 | —1 350<br>—1 710 | —680<br>—1 040 | —680<br>—1 250 | —400<br>—540 | —400<br>—630 | —400<br>—760 | | | | | | | |
| 400 | 450 | —1 500<br>—1 900 | —760<br>—1 160 | —760<br>—1 390 | —440<br>—595 | —440<br>—690 | —440<br>—840 | —230<br>—327 | —230<br>—385 | —230<br>—480 | —230<br>—630 | —135<br>—198 | —135<br>—232 | —135<br>—200 |
| 450 | 500 | —1 650<br>—2 050 | —840<br>—1 240 | —840<br>—1 470 | —480<br>—635 | —480<br>—730 | —480<br>—880 | | | | | | | |

**(GB/T 1800.2—2009)** μm

(带圈优先公差带)

| f | | | | | g | | | h | | | | | | | |
|---|---|---|---|---|---|---|---|---|---|---|---|---|---|---|---|
| 5 | 6 | ⑦ | 8 | 9 | 5 | ⑥ | 7 | 5 | ⑥ | ⑦ | 8 | ⑨ | 10 | ⑪ | 12 |
| −6<br>−10 | −6<br>−12 | −6<br>−16 | −6<br>−20 | −6<br>−31 | −2<br>−6 | −2<br>−8 | −2<br>−12 | 0<br>−4 | 0<br>−6 | 0<br>−10 | 0<br>−14 | 0<br>−25 | 0<br>−40 | 0<br>−60 | 0<br>−100 |
| −10<br>−15 | −10<br>−18 | −10<br>−22 | −10<br>−28 | −10<br>−40 | −4<br>−9 | −4<br>−12 | −4<br>−16 | 0<br>−5 | 0<br>−8 | 0<br>−12 | 0<br>−18 | 0<br>−30 | 0<br>−48 | 0<br>−75 | 0<br>−120 |
| −13<br>−19 | −13<br>−22 | −13<br>−28 | −13<br>−35 | −13<br>−49 | −5<br>**−11** | −5<br>−14 | −5<br>−20 | 0<br>−6 | 0<br>−9 | 0<br>−15 | 0<br>−22 | 0<br>−36 | 0<br>−58 | 0<br>−90 | 0<br>−150 |
| −16<br>−24 | −16<br>−27 | −16<br>−34 | −16<br>−43 | −16<br>−59 | −6<br>−14 | −6<br>−17 | −6<br>−24 | 0<br>−8 | 0<br>−11 | 0<br>−18 | 0<br>−27 | 0<br>−43 | 0<br>−70 | 0<br>−110 | 0<br>−180 |
| −20<br>−29 | −20<br>−33 | −20<br>−41 | −20<br>−53 | −20<br>−72 | −7<br>−16 | −7<br>−20 | −7<br>−28 | 0<br>−9 | 0<br>−13 | 0<br>−21 | 0<br>−33 | 0<br>−52 | 0<br>−84 | 0<br>−130 | 0<br>−210 |
| −25<br>−36 | −25<br>−41 | −25<br>−50 | −25<br>−64 | −25<br>−87 | −9<br>−20 | −9<br>−25 | −9<br>−34 | 0<br>−11 | 0<br>−16 | 0<br>−25 | 0<br>−39 | 0<br>−62 | 0<br>−100 | 0<br>−160 | 0<br>−250 |
| −30<br>−43 | −30<br>−49 | −30<br>−60 | −30<br>−76 | −30<br>−104 | −10<br>−23 | −10<br>−29 | −10<br>−40 | 0<br>−13 | 0<br>−19 | 0<br>−30 | 0<br>−46 | 0<br>−74 | 0<br>−120 | 0<br>−190 | 0<br>−300 |
| −36<br>−51 | −36<br>−58 | −36<br>−71 | −36<br>−90 | −36<br>−123 | −12<br>−27 | −12<br>−34 | −12<br>−47 | 0<br>−15 | 0<br>−22 | 0<br>−35 | 0<br>−54 | 0<br>−87 | 0<br>−140 | 0<br>−220 | 0<br>−350 |
| −43<br>−61 | −43<br>−68 | −43<br>−83 | −43<br>−106 | −43<br>−143 | −14<br>−32 | −14<br>−39 | −14<br>−54 | 0<br>−18 | 0<br>−25 | 0<br>−40 | 0<br>−63 | 0<br>−100 | 0<br>−160 | 0<br>−250 | 0<br>−400 |
| −50<br>−70 | −50<br>−79 | −50<br>−96 | −50<br>−122 | −50<br>−165 | −15<br>−35 | −15<br>−44 | −15<br>−61 | 0<br>−20 | 0<br>−29 | 0<br>−46 | 0<br>−72 | 0<br>−115 | 0<br>−185 | 0<br>−290 | 0<br>−460 |
| −56<br>−79 | −56<br>−79 | −56<br>−108 | −56<br>−137 | −56<br>−186 | −17<br>−40 | −17<br>−49 | −17<br>−69 | 0<br>−23 | 0<br>−32 | 0<br>−52 | 0<br>−81 | 0<br>−130 | 0<br>−210 | 0<br>−320 | 0<br>−520 |
| −62<br>−87 | −62<br>−87 | −62<br>−119 | −62<br>−151 | −62<br>−202 | −18<br>−43 | −18<br>−54 | −18<br>−75 | 0<br>−25 | 0<br>−36 | 0<br>−57 | 0<br>−89 | 0<br>−140 | 0<br>−230 | 0<br>−360 | 0<br>−570 |
| −68<br>−95 | −68<br>−95 | −68<br>−131 | −68<br>−165 | −68<br>−223 | −20<br>−47 | −20<br>−60 | −20<br>−83 | 0<br>−27 | 0<br>−40 | 0<br>−63 | 0<br>−97 | 0<br>−155 | 0<br>−250 | 0<br>−400 | 0<br>−630 |

续附表 32

| 基本尺寸/mm | | 常用及优先公差带 | | | | | | | | | | | | | | |
|---|---|---|---|---|---|---|---|---|---|---|---|---|---|---|---|---|
| | | js | | | k | | | m | | | n | | | p | | |
| 大于 | 至 | 5 | 6 | 7 | 5 | ⑥ | 7 | 5 | 6 | 7 | 5 | ⑥ | 7 | 5 | ⑥ | 7 |
| — | 3 | ±2 | ±3 | ±5 | +4<br>0 | +6<br>0 | +10<br>0 | +6<br>+2 | +8<br>+2 | +12<br>+2 | +8<br>+4 | +10<br>+4 | +14<br>+4 | +10<br>+6 | +12<br>+6 | +16<br>+6 |
| 3 | 6 | ±2.5 | ±4 | ±6 | +6<br>+1 | +9<br>+1 | +13<br>+1 | +9<br>+4 | +12<br>+4 | +16<br>+4 | +13<br>+8 | +16<br>+8 | +20<br>+8 | +17<br>+12 | +20<br>+12 | +24<br>+12 |
| 6 | 10 | ±3 | ±4.5 | ±7 | +7<br>+1 | +10<br>+1 | +16<br>+1 | +12<br>+6 | +15<br>+6 | +21<br>+6 | +16<br>+10 | +19<br>+10 | +25<br>+10 | +21<br>+15 | +24<br>+15 | +30<br>+15 |
| 10 | 14 | ±4 | ±5.5 | ±9 | +9<br>+1 | +12<br>+1 | +19<br>+1 | +15<br>+7 | +18<br>+7 | +25<br>+7 | +20<br>+12 | +23<br>+12 | +30<br>+12 | +26<br>+18 | +29<br>+18 | +36<br>+18 |
| 14 | 18 | | | | | | | | | | | | | | | |
| 18 | 24 | ±4.5 | ±6.5 | ±10 | +11<br>+2 | +15<br>+2 | +23<br>+2 | +17<br>+8 | +21<br>+8 | +29<br>+8 | +24<br>+15 | +28<br>+15 | +36<br>+15 | +31<br>+22 | +35<br>+22 | +43<br>+22 |
| 24 | 30 | | | | | | | | | | | | | | | |
| 30 | 40 | ±5.5 | ±8 | ±12 | +13<br>+2 | +18<br>+2 | +27<br>+2 | +20<br>+9 | +25<br>+9 | +34<br>+9 | +28<br>+17 | +33<br>+17 | +42<br>+17 | +37<br>+26 | +42<br>+26 | +51<br>+26 |
| 40 | 50 | | | | | | | | | | | | | | | |
| 50 | 65 | ±6.5 | ±9.5 | ±15 | +15<br>+2 | +21<br>+2 | +32<br>+2 | +24<br>+11 | +30<br>+11 | +41<br>+11 | +33<br>+20 | +39<br>+20 | +50<br>+20 | +45<br>+32 | +51<br>+32 | +62<br>+32 |
| 65 | 80 | | | | | | | | | | | | | | | |
| 80 | 100 | ±7.5 | ±11 | ±17 | +18<br>+3 | +25<br>+3 | +38<br>+3 | +28<br>+13 | +35<br>+13 | +48<br>+13 | +38<br>+23 | +45<br>+23 | +58<br>+23 | +52<br>+37 | +59<br>+37 | +72<br>+37 |
| 100 | 120 | | | | | | | | | | | | | | | |
| 120 | 140 | ±9 | ±12.5 | ±20 | +21<br>+3 | +28<br>+3 | +43<br>+3 | +33<br>+15 | +40<br>+15 | +55<br>+15 | +45<br>+27 | +52<br>+27 | +67<br>+27 | +61<br>+43 | +68<br>+43 | +83<br>+43 |
| 140 | 160 | | | | | | | | | | | | | | | |
| 160 | 180 | | | | | | | | | | | | | | | |
| 180 | 200 | ±10 | ±14.5 | ±23 | +24<br>+4 | +33<br>+4 | +50<br>+4 | +37<br>+17 | +46<br>+17 | +63<br>+17 | +51<br>+31 | +60<br>+31 | +77<br>+31 | +70<br>+50 | +79<br>+50 | +96<br>+50 |
| 200 | 225 | | | | | | | | | | | | | | | |
| 225 | 250 | | | | | | | | | | | | | | | |
| 250 | 280 | ±11.5 | ±16 | ±26 | +27<br>+4 | +36<br>+4 | +56<br>+4 | +43<br>+20 | +52<br>+20 | +72<br>+20 | +57<br>+34 | +66<br>+34 | +86<br>+34 | +79<br>+56 | +88<br>+56 | +108<br>+56 |
| 280 | 315 | | | | | | | | | | | | | | | |
| 315 | 355 | ±12.5 | ±18 | ±28 | +29<br>+4 | +40<br>+4 | +61<br>+4 | +46<br>+21 | +57<br>+21 | +78<br>+21 | +62<br>+37 | +73<br>+37 | +94<br>+37 | +87<br>+62 | +98<br>+62 | +119<br>+62 |
| 355 | 400 | | | | | | | | | | | | | | | |
| 400 | 450 | ±13.5 | ±20 | ±31 | +32<br>+5 | +45<br>+5 | +68<br>+5 | +50<br>+23 | +63<br>+23 | +86<br>+23 | +67<br>+40 | +80<br>+40 | +103<br>+40 | +95<br>+68 | +108<br>+68 | +131<br>+68 |
| 450 | 500 | | | | | | | | | | | | | | | |

续附表 32　μm

(带圈优先公差带)

| r | | | s | | | t | | | u | | v | x | y | z |
|---|---|---|---|---|---|---|---|---|---|---|---|---|---|---|
| 5 | 6 | 7 | 5 | ⑥ | 7 | 5 | 6 | 7 | ⑥ | 7 | 6 | 6 | 6 | 6 |
| +14<br>+10 | +16<br>+10 | +20<br>+10 | +18<br>+14 | +20<br>+14 | +24<br>+14 | — | — | — | +24<br>+18 | +28<br>+18 | — | +26<br>+20 | — | +32<br>+26 |
| +20<br>+15 | +23<br>+15 | +27<br>+15 | +24<br>+19 | +27<br>+19 | +31<br>+19 | — | — | — | +31<br>+23 | +35<br>+23 | — | +36<br>+28 | — | +43<br>+35 |
| +25<br>+19 | +28<br>+19 | +34<br>+19 | +29<br>+23 | +32<br>+23 | +38<br>+23 | — | — | — | +37<br>+28 | +43<br>+28 | — | +43<br>+34 | — | +51<br>+42 |
| +31<br>+23 | +34<br>+23 | +41<br>+23 | +36<br>+28 | +39<br>+28 | +46<br>+28 | — | — | — | +44<br>+33 | +51<br>+33 | — | +51<br>+40 | — | +61<br>+50 |
| | | | | | | — | — | — | | | +50<br>+39 | +56<br>+45 | — | +71<br>+60 |
| +37<br>+28 | +41<br>+28 | +49<br>+28 | +44<br>+35 | +48<br>+35 | +56<br>+35 | — | — | — | +54<br>+41 | +62<br>+41 | +60<br>+47 | +67<br>+54 | +76<br>+63 | +86<br>+73 |
| | | | | | | +50<br>+41 | +54<br>+41 | +62<br>+41 | +61<br>+48 | +69<br>+48 | +68<br>+55 | +77<br>+64 | +88<br>+75 | +101<br>+88 |
| +45<br>+34 | +50<br>+34 | +59<br>+34 | +54<br>+43 | +59<br>+43 | +68<br>+43 | +59<br>+48 | +64<br>+48 | +73<br>+48 | +76<br>+60 | +85<br>+60 | +84<br>+68 | +96<br>+80 | +110<br>+94 | +128<br>+112 |
| | | | | | | +65<br>+54 | +70<br>+54 | +79<br>+54 | +86<br>+70 | +95<br>+70 | +97<br>+81 | +113<br>+97 | +130<br>+114 | +152<br>+136 |
| +54<br>+41 | +60<br>+41 | +71<br>+41 | +66<br>+53 | +72<br>+53 | +83<br>+53 | +79<br>+66 | +85<br>+66 | +96<br>+66 | +106<br>+87 | +117<br>+87 | +121<br>+102 | +141<br>+122 | +163<br>+144 | +191<br>+172 |
| +56<br>+43 | +62<br>+43 | +73<br>+43 | +72<br>+59 | +78<br>+59 | +89<br>+59 | +88<br>+75 | +94<br>+75 | +105<br>+75 | +121<br>+102 | +132<br>+102 | +139<br>+120 | +165<br>+146 | +193<br>+174 | +229<br>+210 |
| +66<br>+51 | +73<br>+51 | +86<br>+51 | +86<br>+71 | +93<br>+71 | +106<br>+71 | +106<br>+91 | +113<br>+91 | +126<br>+91 | +146<br>+124 | +159<br>+124 | +168<br>+146 | +200<br>+178 | +236<br>+214 | +280<br>+258 |
| +69<br>+54 | +76<br>+54 | +89<br>+54 | +94<br>+79 | +101<br>+79 | +114<br>+79 | +119<br>+104 | +126<br>+104 | +139<br>+104 | +166<br>+144 | +179<br>+144 | +194<br>+172 | +232<br>+210 | +276<br>+254 | +332<br>+310 |
| +81<br>+63 | +88<br>+63 | +103<br>+63 | +110<br>+92 | +117<br>+92 | +132<br>+92 | +140<br>+122 | +147<br>+122 | +162<br>+122 | +195<br>+170 | +210<br>+170 | +127<br>+202 | +273<br>+248 | +325<br>+300 | +390<br>+365 |
| +83<br>+65 | +90<br>+65 | +105<br>+65 | +118<br>+100 | +125<br>+100 | +140<br>+100 | +152<br>+134 | +159<br>+134 | +174<br>+134 | +215<br>+190 | +230<br>+190 | +253<br>+228 | +305<br>+280 | +365<br>+340 | +440<br>+415 |
| +86<br>+68 | +93<br>+68 | +108<br>+68 | +126<br>+108 | +133<br>+108 | +148<br>+108 | +164<br>+146 | +171<br>+146 | +186<br>+146 | +235<br>+210 | +250<br>+210 | +277<br>+252 | +335<br>+310 | +405<br>+380 | +490<br>+465 |
| +97<br>+77 | +106<br>+77 | +123<br>+77 | +142<br>+122 | +151<br>+122 | +168<br>+122 | +186<br>+166 | +195<br>+166 | +212<br>+166 | +265<br>+236 | +282<br>+236 | +313<br>+284 | +379<br>+350 | +454<br>+425 | +549<br>+520 |
| +100<br>+80 | +109<br>+80 | +126<br>+80 | +150<br>+130 | +159<br>+130 | +176<br>+130 | +200<br>+180 | +209<br>+180 | +226<br>+180 | +287<br>+258 | +304<br>+258 | +339<br>+310 | +414<br>+385 | +499<br>+470 | +604<br>+575 |
| +104<br>+84 | +113<br>+84 | +130<br>+84 | +160<br>+140 | +169<br>+140 | +186<br>+140 | +216<br>+196 | +225<br>+196 | +242<br>+196 | +313<br>+284 | +330<br>+284 | +369<br>+340 | +454<br>+425 | +549<br>+520 | +669<br>+640 |
| +117<br>+94 | +126<br>+94 | +146<br>+94 | +181<br>+158 | +190<br>+158 | +210<br>+158 | +241<br>+218 | +250<br>+218 | +270<br>+218 | +347<br>+315 | +367<br>+315 | +417<br>+385 | +507<br>+475 | +612<br>+580 | +742<br>+710 |
| +121<br>+98 | +130<br>+98 | +150<br>+98 | +193<br>+170 | +202<br>+170 | +222<br>+170 | +263<br>+240 | +272<br>+240 | +292<br>+240 | +382<br>+350 | +402<br>+350 | +457<br>+425 | +557<br>+525 | +682<br>+650 | +822<br>+790 |
| +133<br>+108 | +144<br>+108 | +165<br>+108 | +215<br>+190 | +226<br>+190 | +247<br>+190 | +293<br>+268 | +304<br>+268 | +325<br>+268 | +426<br>+390 | +447<br>+390 | +511<br>+475 | +626<br>+590 | +766<br>+730 | +936<br>+900 |
| +139<br>+114 | +150<br>+114 | +171<br>+114 | +133<br>+108 | +244<br>+208 | +265<br>+208 | +319<br>+294 | +330<br>+294 | +351<br>+294 | +471<br>+435 | +492<br>+435 | +566<br>+530 | +696<br>+660 | +856<br>+820 | +1 036<br>+1 000 |
| +153<br>+126 | +166<br>+126 | +189<br>+126 | +259<br>+232 | +272<br>+232 | +295<br>+232 | +357<br>+330 | +370<br>+330 | +393<br>+330 | +530<br>+490 | +553<br>+490 | +635<br>+595 | +780<br>+740 | +960<br>+920 | +1 140<br>+1 100 |
| +159<br>+132 | +172<br>+132 | +195<br>+132 | +279<br>+252 | +292<br>+252 | +315<br>+252 | +387<br>+360 | +400<br>+360 | +423<br>+360 | +580<br>+540 | +603<br>+540 | +700<br>+660 | +860<br>+820 | +1 040<br>+1 000 | +1 290<br>+1 250 |

**附表 33 孔的极限偏差数值**

| 基本尺寸/mm | | 常用及优先公差带 | | | | | | | | | | | | | | |
|---|---|---|---|---|---|---|---|---|---|---|---|---|---|---|---|---|
| | | A | B | | C | D | | | | E | | F | | | | G |
| 大于 | 至 | 11 | 11 | 12 | ⑪ | 8 | ⑨ | 10 | 11 | 8 | 9 | 6 | 7 | ⑧ | 9 | 6 |
| — | 3 | +330<br>+270 | +200<br>+140 | +240<br>+140 | +120<br>+60 | +34<br>+20 | +45<br>+20 | +60<br>+20 | +80<br>+20 | +28<br>+14 | +39<br>+14 | +12<br>+6 | +16<br>+6 | +20<br>+6 | +31<br>+6 | +8<br>+2 |
| 3 | 6 | +345<br>+270 | +215<br>+140 | +260<br>+140 | +145<br>+70 | +48<br>+30 | +60<br>+30 | +78<br>+30 | +105<br>+30 | +38<br>+20 | +50<br>+20 | +18<br>+10 | +22<br>+10 | +28<br>+10 | +40<br>+10 | +12<br>+4 |
| 6 | 10 | +370<br>+280 | +240<br>+150 | +300<br>+150 | +170<br>+80 | +62<br>+40 | +76<br>+40 | +98<br>+40 | +130<br>+40 | +47<br>+25 | +61<br>+25 | +22<br>+13 | +28<br>+13 | +35<br>+13 | +49<br>+13 | +14<br>+5 |
| 10 | 14 | +400<br>+290 | +260<br>+150 | +330<br>+150 | +205<br>+95 | +77<br>+50 | +93<br>+50 | +120<br>+50 | +160<br>+50 | +59<br>+32 | +75<br>+32 | +27<br>+16 | +34<br>+16 | +43<br>+16 | +59<br>+16 | +17<br>+6 |
| 14 | 18 | | | | | | | | | | | | | | | |
| 18 | 24 | +430<br>+300 | +290<br>+160 | +370<br>+160 | +240<br>+110 | +98<br>+65 | +117<br>+65 | +149<br>+65 | +195<br>+65 | +73<br>+40 | +92<br>+40 | +33<br>+20 | +41<br>+20 | +53<br>+20 | +72<br>+20 | +20<br>+7 |
| 24 | 30 | | | | | | | | | | | | | | | |
| 30 | 40 | +470<br>+310 | +330<br>+170 | +420<br>+170 | +280<br>+120 | +119<br>+80 | +142<br>+80 | +180<br>+80 | +240<br>+80 | +89<br>+50 | +112<br>+50 | +41<br>+25 | +50<br>+25 | +64<br>+25 | +87<br>+25 | +25<br>+9 |
| 40 | 50 | +480<br>+320 | +340<br>+180 | +430<br>+180 | +290<br>+130 | | | | | | | | | | | |
| 50 | 65 | +530<br>+340 | +380<br>+190 | +490<br>+190 | +330<br>+150 | +146<br>+100 | +170<br>+100 | +220<br>+100 | +290<br>+100 | +106<br>+60 | +134<br>+60 | +49<br>+30 | +60<br>+30 | +76<br>+30 | +104<br>+30 | +29<br>+10 |
| 65 | 80 | +550<br>+360 | +390<br>+200 | +500<br>+200 | +340<br>+150 | | | | | | | | | | | |
| 80 | 100 | +600<br>+380 | +400<br>+220 | +570<br>+220 | +390<br>+170 | +174<br>+120 | +207<br>+120 | +260<br>+120 | +340<br>+120 | +126<br>+72 | +159<br>+72 | +58<br>+36 | +71<br>+36 | +90<br>+36 | +123<br>+36 | +34<br>+12 |
| 100 | 120 | +630<br>+410 | +460<br>+240 | +590<br>+240 | +400<br>+180 | | | | | | | | | | | |
| 120 | 140 | +710<br>+460 | +510<br>+260 | +660<br>+260 | +450<br>+200 | +208<br>+145 | +245<br>+145 | +305<br>+145 | +395<br>+145 | +148<br>+85 | +185<br>+85 | +68<br>+43 | +83<br>+43 | +106<br>+43 | +143<br>+43 | +39<br>+14 |
| 140 | 160 | +770<br>+520 | +530<br>+280 | +680<br>+280 | +460<br>+210 | | | | | | | | | | | |
| 160 | 180 | +830<br>+580 | +560<br>+310 | +710<br>+310 | +480<br>+230 | | | | | | | | | | | |
| 180 | 200 | +950<br>+660 | +630<br>+340 | +800<br>+340 | +530<br>+240 | +242<br>+170 | +285<br>+170 | +355<br>+170 | +460<br>+170 | +172<br>+100 | +215<br>+100 | +79<br>+50 | +96<br>+50 | +122<br>+50 | +165<br>+50 | +44<br>+15 |
| 200 | 225 | +1 030<br>+740 | +670<br>+380 | +840<br>+380 | +550<br>+260 | | | | | | | | | | | |
| 225 | 250 | +1 110<br>+820 | +710<br>+420 | +880<br>+420 | +570<br>+280 | | | | | | | | | | | |
| 250 | 280 | +1 240<br>+920 | +800<br>+480 | +1 000<br>+480 | +620<br>+300 | +271<br>+190 | +320<br>+190 | +400<br>+190 | +510<br>+190 | +191<br>+110 | +240<br>+110 | +88<br>+56 | +108<br>+56 | +137<br>+56 | +186<br>+56 | +49<br>+17 |
| 280 | 315 | +1 370<br>+1 050 | +860<br>+540 | +1 060<br>+540 | +650<br>+330 | | | | | | | | | | | |
| 315 | 355 | +1 560<br>+1 200 | +960<br>+600 | +1 170<br>+600 | +720<br>+360 | +299<br>+210 | +350<br>+210 | +440<br>+210 | +570<br>+210 | +214<br>+125 | +265<br>+125 | +98<br>+62 | +119<br>+62 | +151<br>+62 | +202<br>+62 | +54<br>+18 |
| 355 | 400 | +1 710<br>+1 350 | +1 040<br>+680 | +1 250<br>+680 | +760<br>+400 | | | | | | | | | | | |
| 400 | 450 | +1 900<br>+1 500 | +1 160<br>+760 | +1 390<br>+760 | +840<br>+440 | +327<br>+230 | +385<br>+230 | +480<br>+230 | +630<br>+230 | +232<br>+135 | +290<br>+135 | +108<br>+68 | +131<br>+68 | +165<br>+68 | +223<br>+68 | +60<br>+20 |
| 450 | 500 | +2 050<br>+1 650 | +1 240<br>+840 | +1 470<br>+840 | +880<br>+480 | | | | | | | | | | | |

**(GB/T 1800.2—2009)** $\mu$m

| | H | | | | | | | JS | | | K | | | M | | |
|---|---|---|---|---|---|---|---|---|---|---|---|---|---|---|---|---|
| ⑦ | 6 | ⑦ | ⑧ | ⑨ | 10 | ⑪ | 12 | 6 | 7 | 8 | 6 | ⑦ | 8 | 6 | 7 | 8 |
| +12<br>+2 | +6<br>0 | +10<br>0 | +14<br>0 | +25<br>0 | +40<br>0 | +60<br>0 | +100<br>0 | ±3 | ±5 | ±7 | 0<br>—6 | 0<br>—10 | 0<br>—14 | —2<br>—8 | —2<br>—12 | —2<br>—16 |
| +16<br>+4 | +8<br>0 | +12<br>0 | +18<br>0 | +30<br>0 | +48<br>0 | +75<br>0 | +120<br>0 | ±4 | ±6 | ±9 | +2<br>—6 | +3<br>—9 | +5<br>—13 | —1<br>—9 | 0<br>—12 | +2<br>—16 |
| +20<br>+5 | +9<br>0 | +15<br>0 | +22<br>0 | +36<br>0 | +58<br>0 | +90<br>0 | +150<br>0 | ±4.5 | ±7 | ±⑩ | +2<br>—7 | +5<br>—10 | +6<br>—16 | —3<br>—12 | 0<br>—15 | +1<br>—21 |
| +24<br>+6 | +11<br>0 | +18<br>0 | +27<br>0 | +43<br>0 | +70<br>0 | +110<br>0 | +180<br>0 | ±5.5 | ±9 | ±13 | +2<br>—9 | +6<br>—12 | +8<br>—19 | —4<br>—15 | 0<br>—18 | +2<br>—25 |
| +28<br>+7 | +13<br>0 | +21<br>0 | +33<br>0 | +52<br>0 | +84<br>0 | +130<br>0 | +210<br>0 | ±6.5 | ±10 | ±16 | +2<br>—11 | +6<br>—15 | +10<br>—23 | —4<br>—17 | 0<br>—21 | +4<br>—29 |
| +34<br>+9 | +16<br>0 | +25<br>0 | +39<br>0 | +62<br>0 | +100<br>0 | +160<br>0 | +250<br>0 | ±8 | ±12 | ±19 | +3<br>—13 | +7<br>—18 | +12<br>—27 | —4<br>—20 | 0<br>—25 | +5<br>—34 |
| +40<br>+10 | +19<br>0 | +30<br>0 | +46<br>0 | +74<br>0 | +120<br>0 | +190<br>0 | +300<br>0 | ±9.5 | ±15 | ±23 | +4<br>—15 | +9<br>—21 | +14<br>—32 | —5<br>—24 | 0<br>—30 | +5<br>—41 |
| +47<br>+12 | +22<br>0 | +35<br>0 | +54<br>0 | +87<br>0 | +140<br>0 | +220<br>0 | +350<br>0 | ±11 | ±17 | ±27 | +4<br>—18 | +10<br>—25 | +16<br>—38 | —6<br>—28 | 0<br>—35 | +6<br>—48 |
| +54<br>+14 | +25<br>0 | +40<br>0 | +63<br>0 | +100<br>0 | +160<br>0 | +250<br>0 | +400<br>0 | ±12.5 | ±20 | ±31 | +4<br>—21 | +12<br>—28 | +20<br>—43 | —8<br>—33 | 0<br>—40 | +8<br>—55 |
| +61<br>+15 | +29<br>0 | +46<br>0 | +72<br>0 | +115<br>0 | +185<br>0 | +290<br>0 | +460<br>0 | ±14.5 | ±23 | ±36 | +5<br>—24 | +13<br>—33 | +22<br>—50 | —8<br>—37 | 0<br>—46 | +9<br>—63 |
| +69<br>+17 | +32<br>0 | +52<br>0 | +81<br>0 | +130<br>0 | +210<br>0 | +320<br>0 | +520<br>0 | ±16 | ±26 | ±40 | +5<br>—27 | +16<br>—36 | +25<br>—56 | —9<br>—41 | 0<br>—52 | +9<br>—72 |
| +75<br>+18 | +36<br>0 | +57<br>0 | +89<br>0 | +140<br>0 | +230<br>0 | +360<br>0 | +570<br>0 | ±18 | ±28 | ±44 | +7<br>—29 | +17<br>—40 | +28<br>—61 | —10<br>—46 | 0<br>—57 | +11<br>—78 |
| +83<br>+20 | +40<br>0 | +63<br>0 | +97<br>0 | +155<br>0 | +250<br>0 | +400<br>0 | +630<br>0 | ±20 | ±31 | ±48 | +8<br>—32 | +18<br>—45 | +29<br>—68 | —10<br>—50 | 0<br>—63 | +11<br>—86 |

续附表 33 μm

| 基本尺寸/mm | | 常用及优先公差带 | | | | | | | | | | | |
|---|---|---|---|---|---|---|---|---|---|---|---|---|---|
| | | N | | | P | | R | | S | | T | | U |
| 大于 | 至 | 6 | ⑦ | 8 | 6 | ⑦ | 6 | 7 | 6 | ⑦ | 6 | 7 | ⑦ |
| — | 3 | −4<br>−10 | −4<br>−14 | −4<br>−18 | −6<br>−12 | −6<br>−16 | −10<br>−16 | −10<br>−20 | −14<br>−20 | −14<br>−24 | — | — | −18<br>−28 |
| 3 | 6 | −5<br>−13 | −4<br>−16 | −9<br>−20 | −9<br>−17 | −8<br>−20 | −12<br>−20 | −11<br>−23 | −16<br>−24 | −15<br>−27 | — | — | −19<br>−31 |
| 6 | 10 | −7<br>−16 | −4<br>−19 | −3<br>−25 | −12<br>−21 | −9<br>−24 | −16<br>−25 | −13<br>−28 | −20<br>−29 | −17<br>−32 | — | — | −22<br>−37 |
| 10 | 14 | −9<br>−20 | −5<br>−23 | −3<br>−30 | −15<br>−26 | −11<br>−29 | −20<br>−31 | −16<br>−34 | −25<br>−35 | −21<br>−39 | — | — | −26<br>−44 |
| 14 | 18 | | | | | | | | | | | | |
| 18 | 24 | −11<br>−24 | −7<br>−28 | −3<br>−36 | −18<br>−31 | −14<br>−35 | −24<br>−37 | −20<br>−41 | −31<br>−44 | −27<br>−48 | — | — | −33<br>−54 |
| 24 | 30 | | | | | | | | | | −37<br>−50 | −33<br>−54 | −40<br>−61 |
| 30 | 40 | −12<br>−28 | −8<br>−33 | −3<br>−42 | −21<br>−37 | −17<br>−42 | −29<br>−45 | −25<br>−50 | −38<br>−54 | −34<br>−59 | −43<br>−59 | −39<br>−64 | −51<br>−76 |
| 40 | 50 | | | | | | | | | | −49<br>−65 | −45<br>−70 | −61<br>−86 |
| 50 | 65 | −14<br>−33 | −9<br>−39 | −4<br>−50 | −26<br>−45 | −21<br>−51 | −35<br>−54 | −30<br>−60 | −47<br>−66 | −42<br>−72 | −60<br>−79 | −55<br>−85 | −76<br>−106 |
| 65 | 80 | | | | | | −37<br>−56 | −32<br>−62 | −53<br>−72 | −48<br>−78 | −69<br>−88 | −64<br>−94 | −91<br>−121 |
| 80 | 100 | −16<br>−38 | −10<br>−45 | −4<br>−58 | −30<br>−52 | −24<br>−59 | −44<br>−66 | −38<br>−73 | −64<br>−86 | −58<br>−93 | −84<br>−106 | −78<br>−113 | −111<br>−146 |
| 100 | 120 | | | | | | −47<br>−69 | −41<br>−76 | −72<br>−94 | −66<br>−101 | −97<br>−119 | −91<br>−126 | −131<br>−166 |
| 120 | 140 | −20<br>−45 | −12<br>−52 | −4<br>−67 | −36<br>−61 | −28<br>−68 | −56<br>−81 | −48<br>−88 | −85<br>−110 | −77<br>−117 | −115<br>−140 | −107<br>−147 | −155<br>−195 |
| 140 | 160 | | | | | | −58<br>−83 | −50<br>−90 | −93<br>−118 | −85<br>−125 | −127<br>−152 | −119<br>−159 | −175<br>−215 |
| 160 | 180 | | | | | | −61<br>−86 | −53<br>−93 | −101<br>−126 | −93<br>−133 | −139<br>−164 | −131<br>−171 | −195<br>−235 |
| 180 | 200 | −22<br>−51 | −14<br>−60 | −5<br>−77 | −41<br>−70 | −33<br>−79 | −68<br>−97 | −60<br>−106 | −113<br>−142 | −105<br>−151 | −157<br>−186 | −149<br>−195 | −219<br>−265 |
| 200 | 225 | | | | | | −71<br>−100 | −68<br>−109 | −121<br>−150 | −113<br>−159 | −171<br>−200 | −163<br>−209 | −241<br>−287 |
| 225 | 250 | | | | | | −75<br>−104 | −67<br>−113 | −131<br>−160 | −123<br>−169 | −187<br>−216 | −179<br>−225 | −267<br>−313 |
| 250 | 280 | −25<br>−57 | −14<br>−66 | −5<br>−86 | −47<br>−79 | −36<br>−88 | −85<br>−117 | −74<br>−126 | −149<br>−181 | −138<br>−190 | −209<br>−241 | −198<br>−250 | −295<br>−347 |
| 280 | 315 | | | | | | −89<br>−121 | −78<br>−130 | −161<br>−193 | −150<br>−202 | −231<br>−263 | −220<br>−270 | −330<br>−382 |
| 315 | 355 | −26<br>−62 | −16<br>−73 | −5<br>−94 | −51<br>−87 | −41<br>−98 | −97<br>−133 | −87<br>−144 | −179<br>−215 | −169<br>−226 | −257<br>−293 | −247<br>−304 | −369<br>−426 |
| 355 | 400 | | | | | | −103<br>−139 | −93<br>−150 | −197<br>−233 | −187<br>−244 | −283<br>−319 | −273<br>−330 | −414<br>−471 |
| 400 | 450 | −27<br>−67 | −17<br>−80 | −6<br>−103 | −55<br>−95 | −45<br>−108 | −113<br>−153 | −103<br>−166 | −219<br>−259 | −209<br>−272 | −317<br>−357 | −307<br>−370 | −467<br>−530 |
| 450 | 500 | | | | | | −119<br>−159 | −109<br>−172 | −239<br>−279 | −229<br>−292 | −347<br>−387 | −337<br>−400 | −517<br>−580 |

# 五、常用金属材料及热处理方法(Ⅴ　Common metal materials and heat treatment methods)

附表 34　常用金属材料

| 标准编号 | 名称 | 牌 号 | 说 明 | 应 用 举 例 |
|---|---|---|---|---|
| GB/T 700—2006 | 碳素结构钢 | Q235(A3) | Q 表示钢的屈服强度，数值为屈服强度值，单位为 MPa，质量等级用 A、B、C、D 表示，A 最高 | 吊钩、拉杆、车钩、套圈、气缸、齿轮、螺钉、螺母、螺栓、连杆、轮轴、楔、盖及焊接件 |
| GB/T 699—2015 | 优质碳素结构钢 | 15 | 优质碳素结构钢牌号数字表示平均含碳量(以万分之几计)，含锰量在 0.1%～1.2%的钢，须在数字后加“Mn”<br>含碳量≤0.25%的碳钢是低碳钢(渗碳钢)<br>含碳量在 0.25%～0.06%的碳钢是中碳钢(调质钢)<br>含碳量大于 0.60%的碳钢是高碳钢 | 常用低碳渗碳钢，用作小轴、小模数齿轮、仿形样板、滚子、销子、摩擦片、套筒、螺钉、螺柱、拉杆、垫圈、起重钩、焊接容器等 |
| | | 45 | | 用于制造齿轮、齿条、连接杆、蜗杆、销子、透平机叶轮、压缩机和泵的活塞等，可代替渗碳钢作齿轮曲轴、活塞销等，但须表面淬火处理 |
| | | 65Mn | | 适于制造弹簧、弹簧垫圈、弹簧环，也可用作机床主轴、弹簧卡头、机床丝杠、铁道钢轨等 |
| GB/T 9439—2010 | 灰铸铁 | HT150 | “HT”为“灰铁”二字汉语拼音的第一个字母，数字表示最小抗拉强度<br>如 HT150 表示$\phi$30 mm 试棒的最小抗拉强度值为 150 MPa (2.5 mm<铸件壁厚≤50 mm) | 用于制造端盖、齿轮泵体、轴承座、阀壳、管子及管路附件、手轮、一般机床底座、床身、滑座、工作台等 |
| | | HT200 | | 用于制造汽缸、齿轮、底架、机体、飞轮、齿条、衬筒、一般机床铸有导轨的床身及中等压力(8 MPa 以下)的油缸、液压泵和阀的壳体等 |
| GB/T 11352—2009 | 铸钢 | ZG270—500 | “ZG”系“铸钢”二字汉语拼音的第一个字母，后面的第一组数字代表屈服强度值(MPa)最低值，第二组数字代表抗拉强度值(MPa)最低值 | 用途广泛，可用作轧钢机机架、轴承座、连杆、箱体、曲拐、缸体等 |
| GB/T 1176—2013 | 锡青铜 | ZCuSn5Pb5—Zn5 | ZCu 表示铸造铜合金，合金中其他主要元素用化学符号表示，符号后数字表示该元素质量分数的平均百分数 | 在较高负荷、中等滑动速度下工作的耐磨、耐腐蚀零件，如轴瓦、衬套、缸套、活塞、离合器、泵体压盖以及蜗轮等 |

附表 35 常用热处理方法

| 名称 | 代号 | 说 明 | 应 用 |
|---|---|---|---|
| 退火 | 5111 | 将钢件加热到临界温度以上，保温一段时间，然后以一定速度缓慢冷却(一般在炉中冷却) | 用来消除铸、锻、焊零件的内应力，降低硬度，便于切削加工，细化金属晶粒，改善组织增加韧性 |
| 正火 | 5121 | 将钢件加热到临界温度以上，保温一段时间，然后在空气中冷却，冷却速度比退火为快 | 用来处理低碳和中碳结构钢及渗碳零件，使其组织细化，增加强度与韧性，减少内应力，改善切削性能 |
| 淬火 | 5131 | 将钢件加热到临界温度以上，保温一段时间，然后在水、盐水或油中(个别材料在空气中)急速冷却，使其得到高硬度 | 用来提高钢的硬度和强度极限。但淬火会引起内应力使钢变脆，所以淬火后必须回火 |
| 回火 | 5141 | 回火是将淬硬的钢件加热到临界点以下的温度，保温一段时间，然后在空气或油中冷却 | 用来消除淬火后的脆性和内应力，提高钢的塑性和冲击韧性 |
| 调质 | 5151 | 淬火后在 450～650℃进行高温回火 | 用来使钢获得高的韧性和足够的强度。重要的齿轮、轴及丝杠等零件进行调质处理 |
| 发蓝<br>发黑 | 发蓝或发黑 | 将金属零件放在很浓的碱和氧化剂溶液中加热氧化，使金属表面形成一层氧化铁所组成的保护性薄膜 | 防腐蚀，美观。用于一般连接的标准件和其他电子类零件 |
| 硬度 | HB(布氏硬度) | 材料抵抗硬的物体压入其表面的能力称为“硬度”。根据测定的方法不同，可分为布氏硬度、洛氏硬度和维氏硬度 | 用于退火、正火、调质的零件及铸件的硬度检验 |
| | HRC(洛氏硬度) | | 用于经淬火、回火及表面渗氮、渗氮等处理的零件硬度检验 |
| | HV(维氏硬度) | | 用于薄层氧化零件的硬度检验 |

# 参 考 文 献

## References


[1] 丁一，王健．工程图学基础[M]．北京：高等教育出版社，2021．

[2] 张淑娟，全腊珍．画法几何与机械制图[M]．北京：中国农业出版社，2020．

[3] 瞿元赏，李海渊，朱文博．机械制图[M]．北京：高等教育出版社，2020．

[4] 丁乔．机械制图[M]．武汉：华中科技大学出版社，2019．

[5] 赵建国，何文平，段红杰，等．工程制图[M]．北京：高等教育出版社，2018．

[6] 唐克中，郑镁．画法几何及工程制图[M]．北京：高等教育出版社，2017．

[7] 何建英，阮春红，池建斌．画法几何及机械制图[M]．北京：高等教育出版社，2016．

[8] 何铭新、钱可强、徐祖茂．机械制图[M]．北京：高等教育出版社，2016．

[9] 杜冬梅，崔永军．工程制图与 CAD[M]．北京：中国电力出版社，2013．

[10] 马麟，张淑娟，张爱荣．画法几何及机械制图[M]．北京：高等教育出版社，2011．

[11] 王成刚，张佑林，赵奇平．工程图学简明教程[M]．武汉：武汉理工大学出版社，2011．

[12] 李虹，董黎君．工程制图基础[M]．北京：高等教育出版社，2011．

[13] 陆国栋，张树有，谭建荣．图学应用教程[M]．北京：高等教育出版社，2010．

[14] 周静卿，张淑娟，赵凤芹．机械制图与计算机绘图[M]．北京：中国农业大学出版社，2008．

[15] 麓山文化．中文版 AutoCAD 2018 机械绘图实例教程[M]．北京：机械工业出版社，2018．

[16] 刘源，刘慧玲．SolidWorks 产品设计——实体建模、工程图及减速器教程[M]．沈阳：东北大学出版社，2019．

[17] 杨瑛．SolidWorks 基础教程[M]．北京：机械工业出版社，2015．